THE COOK'S BOOK OF
INGREDIENTS

The Cook's Book of Ingredients

食材百科全书

英国DK出版社　著

丛龙岩　译

中国轻工业出版社

图书在版编目（CIP）数据

食材百科全书 / 英国DK出版社著；丛龙岩
译. —北京：中国轻工业出版社，2025.2
ISBN 978-7-5184-1956-2

Ⅰ.①食… Ⅱ.①英… ②丛… Ⅲ.①食品 -
原料 - 基本知识 Ⅳ.①TS202

中国版本图书馆CIP数据核字（2018）第
094935号

责任编辑：史祖福　方　晓
策划编辑：史祖福　　责任终审：唐是雯
整体设计：锋尚设计　责任校对：晋　洁
责任监印：张　可

出版发行：中国轻工业出版社
　　　　　（北京鲁谷东街5号，邮编：100040）
印　　刷：鸿博昊天科技有限公司
经　　销：各地新华书店
版　　次：2025年2月第1版第5次印刷
开　　本：889×1194　1/12　印张：44
字　　数：737千字
书　　号：ISBN 978-7-5184-1956-2
定　　价：268.00元
邮购电话：010-85119873
发行电话：010-85119832　010-85119912
网　　址：http://www.chlip.com.cn
Email：club@chlip.com.cn
版权所有　侵权必究
如发现图书残缺请与我社邮购联系调换
250043S1C105ZYW

www.dk.com

目录

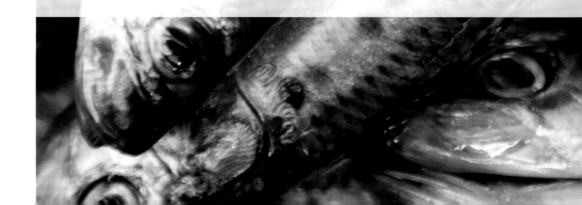

前言（Introduction）

　　在过去的二十年时间里，全世界的美食爱好者和厨师已经见证了一个巨大的全球化市场的茁壮成长。它看起来似乎是一成不变的，但是蓬勃发展的各种产品正源源不断地出现在这里——异域风情的水果，平时难得一见的蔬菜，稀有品种的肉类和家禽类，非同一般的鱼类和海鲜，纯手工制作的干酪和腌肉，只闻其名的香料和香草，正宗的沙司和风味调味料等。产品不胜枚举，而更多的产品正在源源不断地涌来——有时候让我们感觉自己就像一个置身于琳琅满目的糖果店内兴高采烈的孩子一样。

　　工欲善其事，必先利其器，我们需要掌握一些能够让我们做出明智选择所必需的原材料知识。我们需要有能力辨别出原材料的品质——哪些是同类中最出类拔萃的食材，并用尽心思和带着自豪的心情去制作它们。我们需要知道什么时候食物处于其最佳状态，如何去储存它们，使其在自然状态下成熟，如何制备，加以烹调，又或者是以最恰当的方式对它们进行加工处理。不管我们生活在哪里，如果我们想要充分地利用这个丰富的全球化原材料市场，我们就要意识到，在世界某一个地方的寻常的原材料，在另外一个地方，它就会变得与众不同或者被称为异国风味。如果我们辨认不出这些原材料，或者不知道如何去制作它们，我们极有可能对这些能够丰富我们烹饪宝库的原材料熟视无睹，本书给你提供了所有你需要去掌握的，甚至更丰富的深入浅出的详细的原材料信息。这些信息会让初学者和有经验的厨师流连忘返并会告诉他们，专业大厨，充满热情的美食家，甚至还有一些好奇的人，他们的兴趣已经因为可以购买得到的丰富的原材料而被激发出来。

　　在这本书的每一页中，都展示了一种虽然简单但却值得你必须去尝试的原材料，或者与之相类似的原

材料的相关的信息。还留出一定的空间用来讨论鲜为人知的各地区特产，像大麦粥和干肉片这样的食物，其受到的关注程度与鸡肉和干酪等同。对于每一种原材料，都会有一个简短的介绍，原产地描述，以及收获的季节等相关内容，连同如何对原材料的品质和新鲜程度进行评估这样的不传之秘，还有如何对原材料进行最好的制备和最适当的烹调都做了清晰无误的讲解。紧接着是与之相互搭配的原材料在风味上的融合使用建议，这一点即便是最有学问的厨师，都会让其大开眼界。

这本书包含有200多道经典食谱，都是世界上各个地区的地方风味，这些地方风味在世界各地都是大名鼎鼎的名菜。选择去向客人展示一种特别的原材料，会有助于你进一步地去探索其美妙无比的风味。这些来自于世界各地的经典食谱中所使用的原材料，在当地的烹调中都是主角。

这本包罗万象的烹饪百科全书是由一个有美食作家、著名大厨以及美食鉴赏家所组成的团队联手制作完成的，并由世界各地区美食顾问提供技术支持。本书的摄影师们游历过世界上哪怕是最偏远的食品市场，从巴塞罗那的邦奇利亚到旧金山的渡轮广场，到东京筑地，寻找品质最好的原材料进行图示来充实本书。他们通过2500种原材料的插图，在我们面前展示出了一个完整的美食家谱：鱼类和贝类海鲜，肉类，家禽类以及野味类，蔬菜类，香草类，香料类，乳制品和蛋类，水果类，坚果和种子类，谷物类，大米类，意大利面以及面条类，油脂类，醋类，还有调味品类等。

这本书在20年前就已经出版发行了，当时只是薄薄的一本书，书中的图片也少得可怜。渴望对外面世界新奇事物的了解，使得长途旅行日益司空见惯，随着社会发展的多元化趋势，众多的食物正在形成一个

融会贯通的大熔炉。本书会有几页篇幅专门介绍以现代方式收获的新鲜农产品的相关知识，冷链运输体系使得这一切都成为了可能。这本书还缺乏一些有一定深度的内容和烹调专业知识，而互联网的出现，迅速地拉近了我们彼此之间的距离。

在20世纪80年代和90年代，超市雄霸天下，几十年之后，对于生活在西方世界的许多人来说，超市还保留着一站式购物的本质特点。也就是说，我们对食物日益增长的需求，已经与熟食店、肉店、鱼档、蔬菜水果商、农产品商店，以及农贸市场等的显著增长密切相关。它们的货架摆满了琳琅满目的各种产品，绝大多数都是当季时令产品，以及当地土特产品，经过扩大开放渠道之后，我们的选择项会更加丰富。邮购食品公司也日益增多，我们可以订购每一种可以想使用的原材料，从进口的香料和稀有的豆类，到法国鹅肝酱和即烤型松鼠，均可以通过电子邮件或者电话订购——尽管这会错过了通过视觉、触觉以及嗅觉等来评价所提供的产品所带来的感官乐趣。

对于有着强烈求知欲的厨师来说，时间从来没有像现在这么充裕过。食品橱柜里的食物种类每一天都在增加，以前在地理位置上或者文化传统上都是不相往来的那些食物，目前在全世界各地的餐桌上都已经得到了分享。随着前所未有的丰富的原材料展现在我们面前，我们可以从旅途中欣然归来，受到我们在旅途中所享用到的美味食物的灵感启发，在家里你就可以亲自动手来创制出这些菜肴——从制作一种芳香四溢的泰国风味咖喱，或者香辛口感的墨西哥摩尔沙司，到西班牙海鲜饭，或者匈牙利风味烩牛肉等。而不用去管我们是生活在美国达拉斯或者是阿拉斯加，还是生活在法国第戎，是澳大利亚阿德莱德，我们也可以利用这一大好机会，用新的视野，从新的角度，去审视我们自己的那些传统食谱，或许在使用一种新的原材料的基础上，可以给这些传统的食谱一个与时俱进的转变。

伴随着这种虚怀若谷的全球化思维方式，是对周围环境变化的日益深切的关注，对畜牧业的责任感，以及食品生产商的合法收益等。过去二十年因为食品事件所引起的恐慌，已经使许多人在深深的思考有关他们所享用的食品的来源问题，特别是肉类和家禽类。负有责任感的厨师越来越意识到鱼类资源已经枯竭，以及可持续性捕鱼的重要性。在西方国家，那些有能力的人们会越来越多地选择使用当地生产的食物，以减少食物运输的里程浪费。这是一个支持当地养殖户和手工艺生产者的善意举动。自己种植和自己制作，丰衣足食的活动，正在成为饮食文化中的关键性部分。从古巴到澳大利亚，在美国和欧洲的许多地方，将学校花园和空闲的土地预留给社区，用来生产粮食，这种现象，在城市中开始呈上升趋势。在过去的五年中，我们已经见识到了在许多国家里，在面包制作、干酪制作、泡菜制作以及食品加工等方面的复兴大计，而这些传统的技艺，在这之前已经不再是我们日常生活中所必需的特色。

随着这个错综复杂而又激动人心的饮食文化大幕的展开，家庭厨师对实用性的原材料信息需求从未如此之大。本书不但会满足这一需求，更会物超所值。睁大你的双眼，面对着浩瀚的全球化的食品宝藏，本书会带你踏上引人入胜的认知原材料的旅程，给你提供所有你所需要的食材知识，教会你如何去挑选出品质最好的食材。本书是一座优秀的资源库，在每一个层面之下都会不负众望，让你成为购物专家，并且充满自信地去烹调它们。

克里斯汀·麦克费登

本书作者和专家团队成员
（Authors and Experts）

巴伯贵美子 日本原材料方面的顾问。美子出生于日本神户，是DK出版的《寿司》和其他许多有关日本料理出版物的作者。她定期给金融时报周末版撰写有关食物和旅行方面的文章。她促成了BBC广播公司4台食品栏目的播出，并且在多所烹饪学校任教。

杰夫·考克斯 蔬菜类章节的作者。杰夫撰写蔬菜园艺类文章，已经有40年的历史了。他是《有机园艺杂志》的前任编辑，并且已经编写了18本有关食物、葡萄酒以及蔬菜园艺等方面的书籍。

尼古拉·弗莱彻 肉类章节的作者：被认为是世界上撰写肉类文章最权威的作者之一。尼古拉编写了七本有关肉类的书籍。她给厨师和大厨们开展培训，并且还负责指导肉类的品质鉴定工作。尼古拉是一位备受赞誉的食品历史学家，目前居住于苏格兰。

奥利维亚·格列柯 意大利原材料方面的顾问。奥利维亚曾经在托斯卡纳做过大厨，对意大利菜的各个方面和其他菜系都有深入的研究，这之后在托斯卡纳的意大利烹饪学校任教。在经过多年的旅行之后，她安家于伦敦，在那里的烹饪学校任教并为私人客户提供餐饮服务。

特瑞纳·哈内曼 斯堪的纳维亚原材料方面的顾问，是一名大厨、作家，以及食品顾问。《每日电讯报》曾经称特瑞纳是"奈洁拉·劳森在丹麦的代言人"。

朱丽叶·哈伯特 干酪类章节的作者。朱丽叶经常在世界各地担任干酪比赛的评委工作，同时通过不断的写作、培训以及咨询工作等，致力于促进手工干酪的发展。她于1994年创立了英国干酪大奖，以及2000年的英国干酪节。她编写的《世界干酪名册》，于2009年，由DK出版发行。

阿妮萨·埃洛 中东和北非原材料方面的顾问。阿妮萨是一位美食作家、记着和播音员，她出版的书籍包括《黎巴嫩菜》和《地中海街头小吃》等。在伦敦，她开办有自己的烹饪学校。

克拉丽莎·海曼 水果类章节的作者。克拉丽莎是一位屡获殊荣的美食和旅游作家，曾两次获得著名的格兰菲迪美食作家年度杰出奖。她为范围广泛的报纸和杂志写文章，并编写了三本有关美食、旅行、文化以及烹调方面的书籍:《西班牙厨房》《犹太厨房》《西西里厨房》。

C.J.杰克逊 鱼类章节的作者。C.J.杰克逊是比灵斯哥特海鲜培训学校的负责人，这是一所位于著名的伦敦鱼市场的慈善机构。她管理着这所学校，并在学校教授和演示一些课程。她为BBC的美食杂志撰稿，也是《比灵斯哥特鱼市场烹调手册》的作者，还是《利斯的鱼圣经》一书的合著者。

科妮莉亚·克勒格尔 德国原材料方面的顾问。食品料理专家，原材料专家，以及美食作家，科妮莉亚也为国际出版商们从英语翻译、编著，以及出版烹饪书籍。科妮莉亚目前居住在德国慕尼黑。

索菲亚·拉里诺娃–克拉克斯通 南美洲原材料方面的顾问。索菲亚是墨西哥人，出生和生活在伦敦，从事烹饪教师、顾问、作家，以及专门从事墨西哥美食和世界街头美食的播音主持工作。她是《墨西哥妈妈的厨房》和《番茄食谱》（DK出版）等书籍的作者。

珍妮·林福德 乳制品和蛋类，以及坚果类和种子类章节的作者。珍妮是一位美食作家和美食作家协会的会员，同时也是15本书籍的作者，包括《美食爱好者的伦敦》和由DK出版的《英国干酪》等。她在1994年创立了伦敦苏活美食观光公司，为顾客提供伦敦食品店的私人游览导游服务。

克里斯汀·麦克费登 蔬菜类和水果类章节的顾问。是一位拥有着丰富的全球烹饪和原材料相关知识的美食作家。克里斯汀写过16本书，包括《胡椒》《农场商店食谱》和《清爽的绿叶蔬菜和红辣椒》，这三本书都入围了国际美食媒体大奖。

玛利亚–皮埃尔·摩尼 法国原材料方面的顾问。玛利亚–皮埃尔在巴黎长大，生活和工作在伦敦。她是DK出版的《普罗旺斯烹饪学校》和《厨师的香草园》等书籍的作者，以及许多关于法国烹饪和美食等书籍的作者。她每月为《住宅与庭院》杂志食品专栏撰写文章。

珍妮·缪尔 谷物类、大米类、意大利面类以及面条类章节的作者。珍妮在东京跟随荞麦面制作大师学会了制作荞麦面。她是《吃与喝娱乐指南》的编辑，并与许多大厨和其他的美食专家一起为编撰烹饪图书和烹饪网站共事，同时也是许多报纸和杂志的自由投稿人。

林妮·马林斯 东南亚和澳大利亚原材料方面的顾问。林妮是一位备受赞誉的美食作家，她曾广泛游历，以掌握她的烹饪技能。她是七本烹饪书籍的作者，每周为《悉尼先驱晨报》和《纽卡斯尔先驱报》食品专栏撰写文章。也会经常出现在澳大利亚的广播和电视节目中。

吉尔·诺曼 香草和香料章节的作者。是一位屡获殊荣的作家和《美食与酒》的出版商。吉尔是近代最具影响力的美食作家之一。她是DK出版的《香草与香料》《经典的香草食谱》《香料全书》以及《新企鹅烹饪术》等书的作者。她的作品在世界各地被翻译成多种语言出版发行。

海伦·越林萍 中国原材料方面的顾问。海伦是美食和旅游类博客《世界美食指南》的作者，入围了美食作家协会2009年度新媒体奖。她热衷于美食，特别是中餐，并且从享受美食之旅和美食摄影中得到乐趣。

朱迪·里奇韦 油脂类、醋类以及调味品类章节的作者。朱迪是一位橄榄油专家、顾问、作家，且是一位专注于全方位口味和风味节目的播音员。她编写了四本关于橄榄油方面的书籍，包括《周游世界去购买最好的橄榄油》，以及多达60余本关于美食与美酒的书籍。

玛利亚·约瑟·塞维利亚 西班牙原材料方面的顾问。玛利亚是一位美食作家、播音员，还是西班牙驻伦敦大使馆内来自于西班牙的美食与美酒的首席执行官。

鱼类和海鲜类

鱼类概述

当你为购买鱼类而进行精挑细选时，有几个要点要考虑到。鱼的外观、气味和触感都可以用来评价一条鱼的品质好坏。并且你需要知道如何去寻找，以便能够确定哪些是质量最好的标准。为了取得最佳口味，应该尽可能地购买最新鲜的鱼用于烹调中，最好是应季的鱼类——你会发现在食谱中许多鱼在品种之间是可互换的。当然鱼类正在遭受过度捕捞，所以应该充分考虑到鱼类的可持续性繁殖。如果你在为客人提供服务之前就已经将鱼购买好了，要妥善保存好它，以保持鱼的品质处于最佳状态，这一点非常重要。

鱼类的购买

尽可能地选择最新鲜，看上去最好的鱼——眼睛明亮，皮肤细滑有光泽。鱼身上到处都有其品质好坏的特殊标记，这里以溪红点鲑鱼为例（见第59页），在你购买之前，值得你去了解一下。

濒临灭绝的鱼类 世界上的鱼类正在遭受着由于过度捕捞所带来的严重后果，一些渔场濒临衰竭，鱼类濒临灭绝。政府正在实施配额政策，甚至完全禁止捕捞，以解决这个问题。在此期间，消费者也可以发挥出他们的作用，检查鱼来自哪里，是否在可以持续性捕捞的程度内，线捕比渔网式捕鱼或拖网式捕鱼效果更好，因为这样的捕捞方式避免将不需要捕获的副产品和较小一些的鱼类一网打尽，从而会将它们留下来，保持渔场内鱼的容量，选择新的口味来代替旧有的爱好，可以考虑使用绿青鳕鱼和绿鳕鱼来代替濒临灭绝的鳕鱼。认真对待养殖鱼类：这不是有没有的问题，而是养殖场分担了野生渔场的压力。

眼睛 应该明亮，凸出，有黑色半透明的角膜。当鱼不新鲜时眼睛看起来会凹陷，瞳孔呈现灰色或乳白色，并且角膜变得不透明。

鱼鳞 在整条鱼身上看上去应该明亮，有光泽，牢固地附着在鱼皮上。鱼鳞看上去颜色发暗并变得干燥，很容易脱落，表明这条鱼不再新鲜，要避免购买。

鱼皮 新鲜的，去除内脏之后的鱼的鱼皮看上去应该明亮，并且在表面上有着分布均匀的无色透明状黏液，腐烂的鱼会变形，也会褪色。鱼身上的黏液也会变黏并变色。

鱼鳃 一条新鲜的，去除内脏的鱼的鱼鳃是亮红色的。不新鲜的鱼颜色会褪色，变成褐色，黏液会变得黏稠。

气味 一条新鲜的鱼应该基本无味，或者闻起来有让人舒适的海水味，没有潜在而难闻的味道。开始腐烂的鱼会变臭、发酸，味道很大。

鱼肉 质量好的、新鲜的鱼仍然会出现僵硬（僵硬和坚挺）的迹象。这表明鱼离开水的时间没有超过24~48小时，一旦没有了僵硬的迹象，一条质量好的鱼摸起来应该感觉到硬实而有弹性，鱼肉应该牢牢地附着在脊骨上。沿着鱼的背部进行按压，经常是检查鱼肉是否硬实的最好的地方。一旦鱼的状况不佳，它就会变得绵软而松弛，鱼肉很容易从脊骨干上脱落，按压时会按出凹陷。

鱼肉的储存

理想情况下，鱼应该是在当天准备制作时，当天购买，但是，如果你必须在短时间内储存它的话，为了确保其品质和安全起见，对鱼进行适当的处理和冷藏保存的条件都是必不可少的。你可以将鱼在冰箱里冷藏保存24小时以上的时间，但是如果你在购买之后超过了24小时再使用的话，最好还是在购买到这条鱼的当天，就将其冷冻保存。

在家存储鱼 家用冰箱冷藏的温度通常设置在5℃左右，但是鱼应该在0℃储存，所以在家里面的冰箱里储存鱼时，要将鱼摆放在冰箱里温度最低的位置，或者在鱼身周围堆积些冰块是非常重要的。可以将整条鱼放入到冰里，或将盛放鱼肉的容器置于冰上。在非常低的温度下，商业化大批量的对鱼进行冷冻处理的过程，会非常高效而快捷。但在家里却很难做到这一点。将少量的鱼分成两层装入到双层的冷藏袋内进行冷冻，将冷藏袋内的空气尽量排出，并密封好。鱼的冷冻时间不要超过4~6周。

新鲜与冷冻 为了适应不断扩大的市场需求，许多鱼在海上就已经进行了加工处理并进行冷冻保存。对新鲜的鱼进行冷冻处理会延缓由于变质而产生的影响，并且，如果小心翼翼的做到这一点，一般人很难分辨出新鲜鱼和冷冻鱼的区别。鱼身上贴有"海上冷冻"的标签，表示鱼在打捞上船之后的几个小时之内就进行了处理和冷冻。所以鱼的味道通常会比新鲜的鱼要好。鱼在加热烹调之前一定要先解冻。这一步骤应该在冷藏冰箱内缓慢进行——快速解冻会导致鱼肉中的水分流失，破坏鱼肉的质地。

鱼类的制备

你可以购买已经加工好的鱼。但是肯定不会像你购买一整条鱼那么新鲜。将一整条鱼加热烹调之前需要做的准备工作的多少，要根据你打算怎么去做这条鱼来决定。整条的鱼一般在烹调之前，需要去掉内脏、修剪鱼鳍、刮除鱼鳞等，或者你可以直接去掉鱼皮，将鱼肉切割成鱼柳，或者直接切割成鱼排使用。

整条鱼的去内脏处理 这项工作主要是需要你从鱼的腹腔内将所有的内脏去掉。通常需要在鱼的腹部切开一个口。

 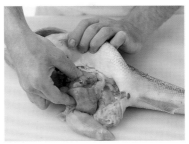

1 将鱼摆放好，在腹部外侧横切一个浅口然后沿着腹部，从尾部一直切割到头部。

2 取出鱼的内脏，并用刀背将粘在脊骨上覆盖着血线的那些薄膜刮除掉。同时除掉这条血线。

3 用冷水将鱼腹部冲洗干净，并去掉腹腔内所有残留的薄膜。用厨房用纸将鱼身里外都拭干。

修剪鱼身并刮鳞 如果你想连鱼皮一起食用，你需要将鱼鳍都修剪掉并刮除鱼鳞，以方便食用。

 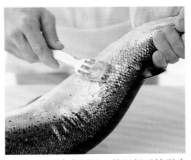 

1 使用厨用剪刀，剪除所有的鱼鳍。沿着鱼尾到鱼头的方向会更方便剪除鱼鳍，要紧贴着鱼身剪。去掉鱼鳞之后将鱼尾剪整齐，因为在刮鱼鳞时，可以让你握住鱼尾将鱼扶稳。

2 使用刀背或者刮鳞器从尾部开始到头部，快速的从鱼身两侧刮掉鱼鳞。要逆着鱼鳞的方向进行。

去掉鱼肉上的鱼皮 一旦你将鱼身上的鱼骨去掉，那么在开始加热烹调之前，你可以从鱼肉上将鱼皮去掉。

1 鱼皮朝下，将鱼肉最薄的那一端朝向身体的方向摆放好。握紧鱼的尾部位置，使用剔鱼刀，将剔鱼刀摆放到手指的前端，与鱼皮呈一定角度，切断鱼肉并切割到鱼皮的位置。

2 从鱼肉和鱼皮之间，采用锯切的动作，沿着鱼肉纵长方向向前推进并进行切割，尽量将刀刃紧贴鱼皮的位置进行锯切。

为什么我买的鱼已经去掉了内脏？ 有一些鱼在售卖时就已经去掉了内脏，这是因为内脏是鱼身上最先开始腐烂的部位。没有去掉内脏的鱼腹（腹壁）是光滑的并且没有任何斑点。因为鱼死亡之后腹部会胀大，并且随着腹壁上出现斑点，可以看到鱼的内脏器官部分。而有些鱼类，像鲅鱼（马鲛鱼）、鲱鱼、西鲱鱼、鳟鱼以及海鲈鱼等都会去掉内脏。去掉内脏之后的鱼一定要清洗干净。

从整条鱼上切割出鱼排 鱼排是一种用途非常广泛的切割方式，因为可以快速而方便的运用于各种烹调之中。特别是适合于铁扒。切割鱼排这种技法只适合于大的整条鱼，而不适合于小鱼或者扁平的鱼类。像三文鱼、金枪鱼以及剑鱼等非常适合于用来切割出鱼排。鱼皮可以保留在鱼排上，但是内脏必须去掉、洗净、刮鳞，并去掉所有的鱼鳍，然后切割成鱼排。

1 将准备好的鱼摆放到身前，鱼脊背朝向身体的位置。在头部紧贴着鱼鳃处，用一把大号的锋利的刀，切割出一个切口，然后切割到底，将鱼头切割下来。

2 然后用刀按照同样的厚度，将鱼切割成4厘米厚的鱼排。一直切割到鱼的肛门位置。将鱼尾部分剔取鱼肉，因为尾部切割成鱼排会太薄了。

从小型的整条鱼身上剔取肉 小圆形的鱼（例如马鲛鱼，或者这里图示的红鲻鱼），在被分割呈两片整齐的鱼肉之后，可以将其快速的铁扒、煎或者煮熟。

1 将鱼背朝向自己，用锋利的鱼刀在鱼头和胸鳍的后部切割一刀，当你感觉到鱼刀已经切割到鱼的脊骨时，就停下来。然后将刀倾斜成一定的角度，朝向身体的方向切割，并将鱼肉抬起。

2 将切割下来的鱼片放到一边，然后把鱼身翻个面，这次让鱼的头部朝向你的身体方向，在另一面鱼肉上重复刚才的切割过程，但是要从鱼的尾部切割到头部。

从扁平鱼上取下鱼肉 一条扁平鱼可以切割下来两片鱼肉，或者如果它是一条特别大的鱼，像这里这一条比目鱼，可以剔取下来四片鱼肉。鱼需要经过刮鳞，去掉头部与鱼鳃，在将鱼肉切割下来之前，先要将鱼修剪一番。

1 将鱼放平稳，鱼尾朝向自己身体的方向，将鱼刀的刀尖从背骨的顶端插入到鱼身中——这条鱼的脊骨清晰可见——沿着鱼身的中间位置切开一个口子。

2 将刀略微倾斜，使得刀尖能够越过脊骨，然后插入到鱼肉中，缓慢地将刀朝下切割，将鱼肉与鱼鳍分离开。

3 把鱼翻转过来，再次放平稳，重复使用在鱼的另一面同样的切割方法，将鱼切割出四块鱼肉，在你剔取完鱼肉之后，如果你愿意，还可以将鱼皮剔下来。

趁手的工具 锋利的刀具是制备鱼时所必需的工具。最好是，你有一把大的25厘米长的厨刀，来完成诸如剁碎鱼骨，切割鱼排等这些需要花费更多力气的工作，反之，一把较柔软的鱼刀可以用来做剔取鱼肉和去掉鱼皮这类轻松的工作。在刮除鱼鳞时，一把刮鱼鳞器会比使用一把刀刮去鱼鳞要容易得多。锋利的厨用剪刀在修剪鱼身和去掉鱼鳍时会很好用。鱼镊子是去除鱼肉中的鱼刺时效率最高的工具。

鱼的加热烹调

　　鱼需要快速制作成熟，大多数的鱼肉加热烹调的时间不宜超过20分钟。鱼类的肌肉构造就是这么容易熟，快速加热烹调的方式特别适合用来制作鱼。

烤鱼 这是我们最熟悉的对鱼进行加热烹调的方法，最适合用于那些小个头的、制备好了的，以及易碎裂开的鱼肉，或者较大个头的，例如一整条三文鱼等。将烤箱预热至190℃，并且在一个烤盘内，要涂抹上一点熔化后的黄油或者油。

1 将鱼肉在准备好的烤盘内摆放整齐，给鱼肉调味，淋洒上一点油或者黄油，或者在鱼肉上涂刷上使用切碎的新鲜香草浸泡过的油。

2 将鱼肉放入到烤箱里烤4～6分钟，具体时间要根据鱼肉的厚度来决定。可以将一把锋利的刀的刀尖轻轻地插入到鱼肉中，来查看鱼肉是否已经烘烤成熟——鱼肉应该是不透明的。

铁扒 适合于用来加热烹调整条小形的鱼（在整个铁扒过程中，需要将鱼翻面）或者是更小一些的鱼肉——最好是带着鱼皮，因为鱼皮会保护鱼肉不被烤干。在享用美味的鱼肉之前，先要将铁扒炉在最高温度下预热几分钟，然后再铁扒鱼肉。

1 用一把锋利的刀在鱼皮上轻划几刀。在鱼肉上涂刷上一层油（或者腌泡汁），用一点盐和现磨的黑胡椒粉调味。

2 根据鱼肉厚度的不同，分别铁扒4～5分钟。在铁扒的中途给鱼翻面一次。取下鱼肉之后静置1～2分钟，然后上桌给客人。

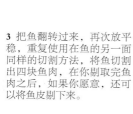

煎鱼 这种加热烹调的方式适合于鱼肉或者整条的小形鱼。鱼在比炸鱼时所使用更小量的油中煎熟，通常会使用葡萄籽油或菜籽油，让鱼变得外酥里嫩。在煎鱼时，当鱼挂上一层面粉、面包糠或者玉米面之后再煎，效果会特别好。

如何辨别已烹调熟的鱼肉 所有切割好的鱼在加热烹调时所需要的时间各不相同。有着半透明鱼肉的生鱼在加热烹调的过程中会变得不透明，颜色也会变浅。一整条连头一起加热烹调的鱼，会有许多明显的标志：加热烹调过程中鱼眼变成了白色，鱼皮马上要脱落，鱼颊能很容易地拔出等。一块鱼肉变得不透明，如果用手指轻轻按压鱼肉上的鱼肉瓣时，会与鱼肉分离开。如果鱼是在一锅清澈的液体中煮时，当鱼肉成熟时，你会看到鱼肉中的蛋白质在鱼肉成熟的那一刻，会从鱼肉中释出。

1 用厨房用纸将鱼肉完全拭干，以去掉多余的水分。将鱼肉两面都裹上调味面粉、面包糠，或者玉米面，将多余的材料抖落干净。

2 将一块黄油与油一起加热至黄油熔化开，并开始变黄。将鱼肉放入到锅内煎1～2分钟至变成金黄色。

3 将鱼肉翻转过来，继续煎1～2分钟。然后将鱼肉从锅内捞出，在厨房用纸上控一下油，然后迅速上桌。

煮鱼 适合于肉质细嫩的鱼肉，或者鱼排，特别是质地为白色的，以及烟熏过的鱼。煮鱼可以保持鱼肉中的水分含量，并且煮鱼的液体可以用来制作成为沙司，或者用来制作成高汤或者汤菜。这种加热烹调的方法可以在特制的煮鱼锅内进行。而且鱼也可以在同样的煮鱼液体中，在温度为180℃的烤箱内烘烤。

1 使用略微带有一点酸味的高汤或者加有调味料的牛奶作为煮鱼的液体。用冷的煮鱼液体没过鱼身，使用小火将锅烧至刚好开锅的程度。

2 一旦煮鱼液体沸腾，立刻改用微火加热，继续煮10～15分钟至鱼成熟。

3 小心地将鱼从煮鱼锅内的液体中捞出，不要让鱼碎裂开。用一起煮鱼的洋葱和香草装饰。

蒸鱼 这种温和而健康的加热烹调方式适合于非常小的整条鱼、鱼肉，或者鱼排等。鱼可以在蒸之前调味，也可以在蒸之后调味，并且可以与调味料，像香草、青葱以及柑橘类水果片等一起蒸。蒸鱼时所产生出的汤汁可以与鱼一起食用，或者用来制作成配鱼食用的沙司。你所需要的所有工具器皿只是一个带锅盖的锅和一个与之配套的蒸笼架。

1 选择一个带着合适锅盖的汤锅，以确保蒸汽不会逸出。锅内加入足量的水，水面不要接触到蒸笼的底部。水中可以加入一些香料。将鱼呈单层摆放到竹制蒸笼或者金属蒸笼里。

2 将锅用中火烧开，然后转成小火加热。将蒸笼放入到锅内的液体之上，或者置于锅上。要确保锅内的液体一直在沸腾，以使得鱼能够快速成熟。在蒸鱼的过程中不要揭开锅盖，因为这样会让蒸汽逸出，并且延长了蒸鱼的时间。

纸包鱼——把鱼包裹起来——是另外一种比较柔和的加热烹调鱼肉的方法。传统的方式是使用一块烤鱼纸将鱼包裹好，但也可以用锡纸，或者香蕉叶等材料来包裹鱼肉。三文鱼的鱼肉最适合于使用这种方式来加热烹调，鳕鱼和比目鱼也同样适合这种方式。鱼肉可以与蔬菜、香草，一点白葡萄酒，或者黄油等包裹到一起。包裹鱼肉时必须密封好，以保持住其中所有的风味，以及重中之重的蒸汽。可以放入一个240℃的烤箱里烤15分钟左右的时间。根据鱼肉的不同厚度决定具体的时间。

鳕鱼（cod）

在遍及大西洋、太平洋，以及北极地区的冷水区域，通过线捕和拖网的方式进行捕捞。鳕鱼是北半球最重要的经济性鱼类之一。鳕鱼或鳕科家族的成员可以通过其脊背上独特的三个背鳍样式来进行辨别。它们是"白色鱼肉"的鱼，由于鱼中主要的油脂都集中于其肝脏之中，所以鱼肉中的脂肪含量很低。鳕科鱼肉有各种颜色，但鳕鱼以拥有美味的肉质而著称，在制作成熟之后，鱼肉会变得鲜美多汁并且芳香四溢。在鳕科鱼中，最受欢迎的鱼种会被限制捕捞，并且会以最低限量供应。鱼类的可持续繁殖生长是引起人们严重关注的一个原因，因此鳕鱼养殖业在最近开始已经发展成为了一种养殖产业。

鳕鱼的切割（cut） 整条鱼（去掉内脏，去掉鱼头，或者保留鱼头）：可以切割成鱼肉、鱼排。大西洋鳕鱼：鱼头，鱼颊，鱼舌，鱼子，鱼肝，鱼鳔，有一些鳕鱼也会用来腌制、风干，以及烟熏等。

鳕鱼的食用（eat） 加热烹调时：可以裹上面糊或者面包糠后炸或者煎，可以烤，用高汤或者牛奶煮，切碎后

的鱼肉可以用来做汤或者海鲜周打汤，鱼肉或者整条的鱼可以用来铁扒。加工制作时：可以冷熏（染色和不染色），可以腌制，干燥处理等。

可以替代鳕鱼的鱼类（alternatives） 鳕鱼在世界上的某些地方已经濒临灭绝。以下的鱼类可以与鳕鱼相互交换使用：黑线鳕，绿鳕，青鳕（绿青鳕），牙鳕，以及条鳕等。

搭配各种风味 莳萝，香芹，月桂叶，柠檬，橄榄油，番茄，橄榄，水瓜柳，大蒜，面包糠，黄油等。

经典食谱 英式炸鱼；奶油烙鳕鱼；希腊红鱼子酱色拉；鳕鱼配香芹沙司。

细长臀鳕（poor cod）
也称之为卡佩兰，细长臀鳕可以生长到40厘米，横跨大西洋东部直到地中海大西洋沿岸都有大规模的捕捞，细长臀鳕在欧洲南部地区非常受欢迎。就如同牙鳕一样，柔软、洁白、精细，脂肪含量很低。非常适合于煎、蒸，或者烤。

仔细留意其背部的三鳍形状，这是典型的鳕科家族中鱼类所具有的特征。

大西洋鳕鱼（Atlantic cod）
也被称为幼鳕，婴鳕，小鳕鱼。大西洋鳕鱼是鳕科家族中数量最多的成员之一。它有着非常明显的特征，鱼身上有着白色的体侧线，黄绿色的大理石花纹般的鱼皮，到了腹部逐渐的变成了白色，以及方形的鱼尾。这种鱼类可以生长到1.5米长。大西洋鳕鱼被北美、许多欧洲国家和斯堪的纳维亚国家所广泛捕捞。这种鱼有着白色的大块的、呈瓣状的鱼肉，带有着一股甘美的海鲜滋味。通常用来制作英式炸鱼，但是也非常适合于煮熟之后制作成鱼肉馅饼，以及烘烤至酥脆后享用。

大西洋鳕鱼有着洁白的肉质和硬实的质地，切成大块和片状均可。

北极鳕鱼（Arctic cod）
北极鳕鱼也被称为北极鳕，在加拿大没有进行商业性捕捞，但在俄罗斯的一些地方却很受欢迎。它主要是以鱼肉的形式进行销售，并且通常都会在海上进行加工处理。北极鳕鱼有着硬实和洁白的肉质，煎或者烤是比较理想的加热烹调的方法。北极鳕鱼的捕捞严重过度——太平洋鳕鱼是一种非常好的替代品。

太平洋鳕鱼（Pacific cod）

也被称为阿拉斯加鳕鱼、灰鳕鱼、处鳕鱼或者特雷斯卡等，太平洋鳕鱼皮上有黑色的斑点和浅色的腹部。它能生长到超过2米，在北太平洋和环太平洋一带生活。被美国、中国、日本、加拿大、韩国捕捞，然后出口到欧洲，在北美和南美都很受欢迎，在加勒比海也深受欢迎，最适合用来制作英式炸鱼，煮鱼和铁扒。

鱼的鱼颊部位被认为是一种美味，会在制备好之后售卖，可以用来煮或者煎炸。

青鳕鱼（绿青鳕，saithe，coley）

肉质硬实而芳香味美，太平洋鳕鱼是一种非常受欢迎的鱼类。

青鳕鱼也被称为绿青鳕、黑鳕、黑鳕鱼、绿鳕鱼等，在美国，有时候会当成绿鳕。这种鳕鱼家族中的主要成员，被认为是鳕鱼最便宜的替代品，并且多年以来，人们一直认为青鳕鱼只是一种非常不错的猫食，因为只有在非常新鲜的情况下，青鳕鱼才算得上是一种美味。青鳕鱼幼鱼生活在表层海水中，随着它们的成长，会游的越来越深。青鳕鱼在北大西洋，美国和欧洲都有捕捞。尽管在夏季的几个月里并不是捕捞它最好的季节，但是青鳕鱼一年四季皆可捕捞。

青鳕鱼的切割（cuts） 整条去内脏后可以带着鱼头或者去掉鱼头，剔取鱼肉。

青鳕鱼的食用 加热烹调时：可以炸，挂糊或者面包糠后煎、烤、在鱼汤中煮，可以蒸，用煮熟的鱼肉制作鱼肉馅饼和鱼饼等。便宜一些的下脚料部分可以用来做汤。加工制作时：可以冷熏和热熏（染色和不染色），干燥处理，腌制，腌渍，烟熏等。

搭配各种风味 黄油，牛奶，啤酒，香芹，细香葱等。

经典食谱 挪威鱼汤；丹麦肉丸（油炸鱼丸）。

如果青鳕鱼足够新鲜，其紧密结合在一起的鱼肉质地就会硬实而坚固。

青鳕鱼（Saithe）

这种鱼的肉质被认为比较粗糙，但却是低估了它的价值。生的时候看上去是灰粉色，但是在加热烹调的过程中会变成白色，鱼肉也成为了易碎裂开的片状，风味绝佳。可以用来制作砂锅鱼或者咖喱类菜肴，因为青鳕鱼与其他浓郁的风味相互之间搭配良好。

青鳕鱼有着厚重的铁灰色鱼鳞，也或者在黑色的脊背上有着一条浓浓的白色的侧线。

经典食谱（classic recipe）

英式炸鱼（油炸鳕鱼和薯片，deep-fried cod and chips）

一道有史以来最经典的英国风味菜肴。传统服务方式是搭配蛋黄沙司一起享用。

供 4 人食用

4×170克鱼肉，去皮
85克普通面粉，多备出1汤勺的量
少许泡打粉
少许盐，加备出一点用于调味
1个蛋黄
1汤匙葵花籽油
100毫升牛奶和水的混合液
900克土豆，去皮，切成厚片
炸油
现磨的黑胡椒粉
柠檬角，用于装饰

1 将鳕鱼肉里的鱼刺全部拔掉。制作面糊：将面粉过筛到一个大碗里，加入泡打粉和少许盐。在面粉中间做出一个窝穴形，加入蛋黄、葵花籽油以及一点牛奶和水的混合液。将面粉搅拌成细滑的液体状，将剩余的牛奶和水的混合液加入进去，制作成面糊。冷藏10分钟之后再使用。

2 将土豆片在冷水中浸泡10分钟，捞出控净水并彻底晾干。将油烧热至170℃，将土豆片分批次的放入到热油中炸几分钟，直到土豆变软——不要让土豆片上色。捞出，在厨房用纸上控净油。

3 将炸锅内的油温加热至180℃。将1汤勺的面粉用少许盐和胡椒粉调味。将鳕鱼肉裹上调味面粉，然后再蘸入到面糊中。用夹子夹住鳕鱼肉，在热油中划动一圈，然后松开夹子，让鳕鱼肉落入到热油中（这个动作会防止面糊粘到炸筐上）。炸5～6分钟，或者一直炸到面糊变成深金黄色。捞出摆放到烤架上，略微调味并保温。

4 复炸土豆片，炸到土豆片变成褐色。这需要炸2～3分钟。捞出倒入到一张干净的厨房用纸上控净油，配炸好的鳕鱼肉一起上桌。

黑线鳕（haddock）

　　鱼贩子所指的黑线鳕来自于鳕科家族，以平、查特、基特、基波以及姜波（从小到大，按照升序排列）进行标记。第二种特指鳕鱼，它生活在大西洋东北部和附近海域中。它既有

在煮熟的黑线鳕下面垫着一层菠菜，这道经典的黑线鳕配莫内沙司是一锅煮好的色彩艳丽的菜肴。

供 4 人食用

675克黑线鳕片，去掉鱼皮，切成4等份

150毫升鱼高汤或者水

300毫升牛奶

45克黄油，多备出一些用于涂抹

45克普通面粉

115克切达干酪，磨碎

盐和现磨的黑胡椒粉

250克菠菜叶，切碎

少许磨碎的豆蔻

60克新鲜的全麦面包糠

2 汤匙切碎的香芹叶

60克帕玛森干酪，磨碎

1 将黑线鳕放入一个深锅中，倒入高汤和牛奶，用小火烧开，然后盖上锅盖，加热至鱼熟。将鱼从锅内捞出并保温。煮鱼的汤汁要保留好。

2 在一个平底锅中加入黄油并加热熔化，加入面粉搅拌均匀。煸炒1分钟，然后将煮鱼的汤汁逐渐加入锅内，并搅拌混合好。边搅拌边加热，直至变得浓稠。拌入切达干酪，然后调味，将锅从火上端离开。

3 把菠菜放入到锅里，盖上盖，并以小火煮，直到菠菜变软。用豆蔻粉调味，盛放到涂抹了油的、耐热浅盘内。将焗炉预热好。

4 把黑线鳕摆放到盘内的菠菜上，浇淋上莫内沙司。将面包糠、香芹以及帕玛森干酪一起混合好，撒到鱼上。放入到焗炉内焗至金黄色并服务上桌。

捕捞配额限制，还有着最小的捕捞大小限制，以确保黑线鳕有着可以持续繁殖生长的资源。

　　黑线鳕的切割 整条（去掉内脏，带着鱼头或者去掉鱼头），剔取鱼肉，鱼子等。

　　黑线鳕的食用 加热烹调时：可以挂糊或者沾面包糠后炸或者煎（可以考虑比鳕鱼更加甘美一类的鱼使用此法），铁扒、烤，在煮鱼汤或者牛奶中煮、蒸，用煮熟的鱼肉制作鱼肉馅饼和制作汤菜等。加工制作时：可以热熏（阿布罗斯烟熏鱼），冷熏（鱼肉不染色和染色），传统的烟熏黑线鳕等。

　　搭配各种风味 香芹、牛奶、香叶、红藻、切达干酪等。

　　经典食谱 黑线鳕配莫内沙司；印度烩鱼饭；英式炸鱼；烟熏黑线鳕奶油土豆汤。

黑线鳕（haddock）
黑线鳕灰色的脊背上有着黑色的侧线和银色的侧翼。传统上是用来制作英式炸鱼，在苏格兰，这道菜受到人们的偏爱，但也可以煮熟之后用来制作鱼肉馅饼和用来制作烤黑线鳕配莫内沙司。黑线鳕带有一股淡雅的，乳脂状的，洁白而甘美的风味。

高品质的黑线鳕会有着乳白色的肉质。

黑线鳕在其肩部位置上有一个黑点，被称为圣彼得的标志或者拇指纹。

绿鳕和阿拉斯加鳕鱼（pollock and Alaskan pollock）

　　绿鳕，也被称为绿色鳕鱼和狭鳕，味道和口感跟鳕鱼有的一拼。绿鳕在商业价值上不是非常重要，是海上休闲运动垂钓者所钓的鱼。在整个北大西洋沿海水域，从纽芬兰一直延伸到伊比利亚半岛都可以捕获到绿鳕。它经常出现在近海浅滩水域，能长到1米的长度，其背部呈橄榄绿色，到了腹部逐渐的变成了银色。绿鳕的身上有一条很细腻的侧线，因为沿着这一条侧线会有些褶皱，看起来就像是被缝合上去的一样。阿拉斯加鳕鱼与绿鳕是近缘物种，与鳕鱼的颜色（在鱼皮上有着黄色的斑点）和鱼肉的质地上（精瘦、雪白、美味多汁）非常相似。在北太平洋繁殖生长，被美国阿拉斯加、俄罗斯和日本捕获，多产于白令海一带。

　　绿鳕和阿拉斯加鳕鱼的切割 整条（去内脏后带着鱼头或者去掉鱼头），剔取鱼肉。

　　绿鳕和阿拉斯加鳕鱼的食用 加热烹调时 可以烤、炸、烘烤、煮、蒸等。加工制作时：可以腌渍、烟熏等。

　　搭配各种风味 番茄、辣椒、意大利腌肉、罗勒等。

　　经典食谱 英式炸鱼。

在非常新鲜时，绿鳕鱼肉的质地会非常硬实，并且可以加热制作成洁白而精致的甘美风味。

阿拉斯加鳕鱼（Alaskan Pollock）
也称为太平洋鳕鱼和狭鳕，这种鱼是世界上食用量最大的鱼，几乎占所有白色鱼群的一半。肉质洁白而硬实，质感中等。非常适合于油炸，或者煮熟之后用来制作鱼肉馅饼。

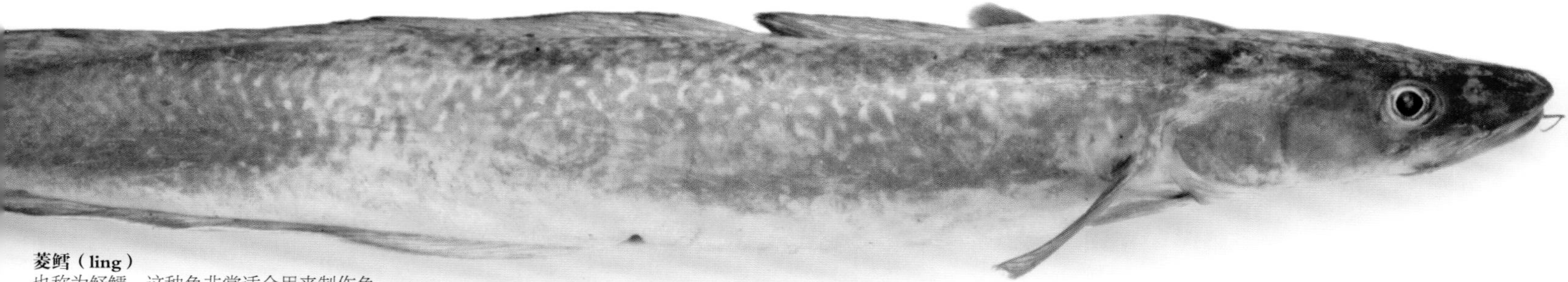

菱鳕（ling）
也称为舒鳕，这种鱼非常适合用来制作鱼肉馅饼、汤菜和炖菜等。这种鱼成熟之后肉质密实而洁白，滋味甘美。盐腌菱鳕是一道爱尔兰传统的美食。

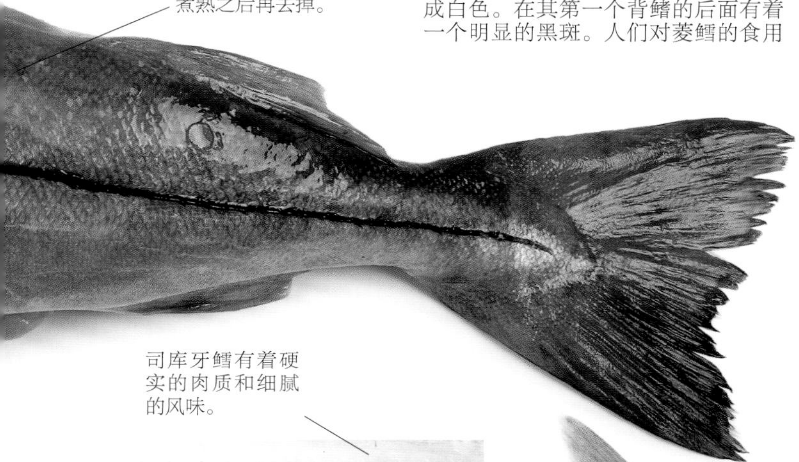

厚而带鳞的鱼皮很容易剔除，但是如果是煮鱼时，可以保留鱼皮，在煮熟之后再去掉。

菱鳕和獠牙鳕（ling and tusk）

这些鱼是鳕科家族中的两个相近似的成员。菱鳕（如图）是产量极大的一种鱼类，生长于大西洋的西北和东北以及地中海西北地区的温带水域中。鱼身细长，最长可以达到2米，沿着背部和两侧的鱼皮呈现红褐色的大理石花纹状，到了腹部位置，逐渐变成白色。在其第一个背鳍的后面有着一个明显的黑斑。人们对菱鳕的食用价值有些低估，菱鳕的食用有着悠久的历史，特别是作为一种咸鱼加入到鱼肉馅饼和汤中。使用线网捕捞到的菱鳕品质处于最佳状态。獠牙鳕，也称之为托斯苛鳕、卡斯柯鳕以及翻车鱼等。在大西洋的西北和东北部温带水域中生长繁殖。它可以长到1.2米长，但所捕获的大多都在50厘米。沿着其脊背处的鱼皮从深红棕色到橄榄绿色一直延伸到腹部的淡黄色，颜色变化各自不同。

菱鳕和獠牙鳕的切割 整条，剔取鱼肉，切割成鱼排等。

菱鳕和獠牙鳕的食用 加热烹调时：可以蒸、煎、铁扒、烘烤等。加工制作时：可以干燥处理，盐腌等。

经典食谱 腌菱鳕配土豆泥。

澳大利亚牙鳕（Australian whiting）

有很多来自于鳝科家族中比较贵重的牙鳕，在澳大利亚、塔斯马尼亚以及新西兰周边海域内都可以捕获到。这些鱼外形长而圆，有两个背鳍，在每一条鱼身上都有着不同数量的脊刺和软鳍条。它们与来自鳕科家族的牙鳕没有什么关系（见第22页）。各种捕捞方式都可以用来对澳大利亚牙鳕进行大规模的捕捞。这些牙鳕都有着各自不同的栖息地。所有的这些鱼类都有着骨质结构和洁白的、呈瓣状质地的肉质。

澳大利亚牙鳕的切割 整条（去掉内脏），剔取鱼肉（单片和厚块/蝴蝶形鱼肉）等。

澳大利亚牙鳕的食用 加热烹调时：可以蒸、煎、铁扒、烘烤等。加工制作时：可以烟熏、干燥处理，盐腌等。

搭配各种风味 橄榄油、黄油、牛奶、香芹、细叶芹等。

经典食谱 鱼肉馅饼。

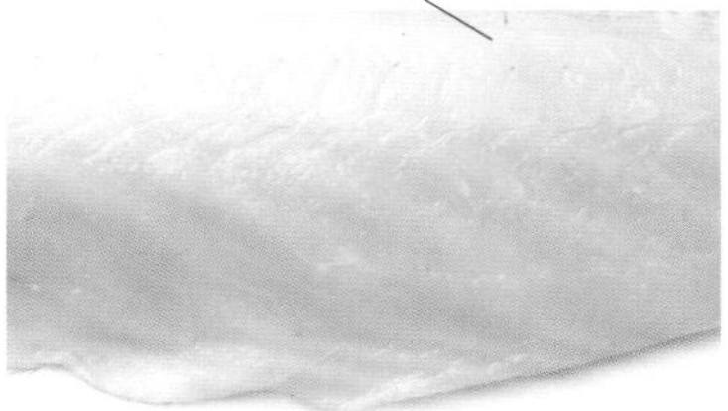

司库牙鳕（school whiting）
在澳大利亚海岸附近海域可以捕获到几种不同的"司库牙鳕"，它们的外观非常相似，在其银色的鱼皮上面，每一种牙鳕都有一些不同的标记。这些牙鳕有着类似于其他牙鳕的柔和而甘美的风味。质地细腻，脂肪含量非常低。在新鲜时，最适合用来蒸、煮和煎。

司库牙鳕有着硬实的肉质和细腻的风味。

如果是带着鱼皮一起加热烹调的话，先要将其厚厚的一层鱼鳞去掉。

桑德牙鳕（sand whitigng）
也被称为银鳕或者夏鳕，体态俊美优雅。这种鱼正被考虑进行水产养殖。它在澳大利亚东海岸的塞纳河岸边用拉网和刺网的方式进行捕捞，是一种备受钓鱼者们推崇的鱼类。

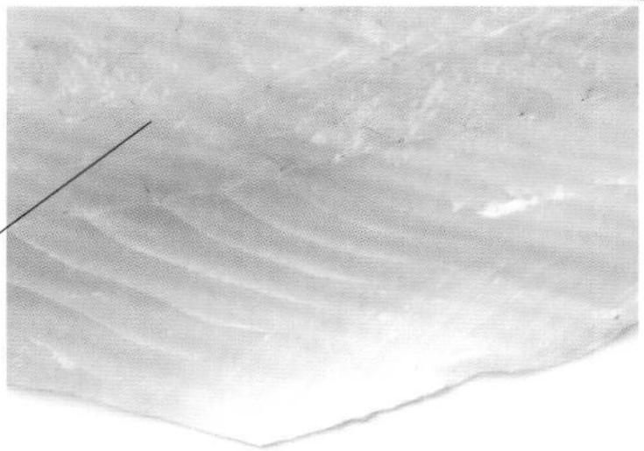

桑德牙鳕的肉质硬实，呈瓣状，风味绝佳。

大西洋鳕鱼（Atlantic whiting）

牙鳕 这个名字是用来描述种类繁多，互不相干的几个鱼种的鱼类总称。包括鳕科、无须鳕科、沙梭科家族中的鱼类。鱼肉的味道随着鱼的种类不同而各自不同，但是大西洋鳕鱼类的肉质始终是白色的。鳕科鱼类在北大西洋地区和周围的海域生长繁殖，与之相关的南蓝鳕鱼则在大西洋西南处被捕获。这两种鱼类的鱼肉都非常易于消化。狗鳕（无须鳕科）有时也被称为牙鳕。大西洋鳕鱼味道非常清淡，因此其价值被许多人所低估（当其不再新鲜时会变得淡而无味）。但是大西洋鳕鱼通常很受鱼贩们的欢迎，因为它比起鳕鱼种群内其他的成员来说往往要便宜得多。大西洋鳕鱼的鱼皮特别薄，在剥鱼皮的时候要格外小心，尽量保留鱼皮，特别是

在铁扒的时候，鱼皮会对其柔弱的肉质起到保护作用。

大西洋鳕鱼的切割 整条（去掉内脏），剔取鱼肉（单片状或者块状/蝴蝶状）。

大西洋鳕鱼的食用 加热烹调时：可以蒸、煎、铁扒、烘烤等。加工制作时：可以烟熏、干燥处理、盐腌等。

搭配各种风味 橄榄油、黄油、牛奶、香芹、细叶芹等。

经典食谱 大西洋鳕鱼馅饼。

柔嫩细腻的大西洋鳕鱼肉，有着精致的质地，脂肪含量非常低。

普特鳕鱼（pout whiting）
也称为围嘴鳕鱼、噘嘴鳕鱼，这种鳕鱼在远至地中海南部水域一直到北海都有它们的身影。其质地易碎，非常容易变质，因此要在非常新鲜时食用。

普特鳕鱼可以由胸鳍后面的黑点进行识别。

牙鳕的肉质非常清淡，应该趁非常新鲜时享用，因为它很快就会失去其风味。

牙鳕（whiting）
虽然一般牙鳕的大小在25～30厘米，但是它可以长到70厘米长，其背部为浅黄褐色，有些时候会夹杂着蓝色和绿色的色块，腹部呈灰色到银白色。其质地清淡而柔和，脂肪含量非常低。

狗鳕（hake）

尽管我们经常会将狗鳕与鳕鱼和鳕科鱼类联系在一起，但是实际上狗鳕来自于无须鳕科家族。在世界上的许多水域里都可以捕获到狗鳕，尤其是在大西洋和北太平洋一带。银狗鳕（也叫作大西洋鳕鱼或者新英格兰鳕鱼）在大西洋西北部水域被捕获。欧洲鳕鱼在整个欧洲都可以被钓到，但在西班牙格外受欢迎。往往被视为

"鳕鱼般"的鱼，其白色的质地与鳕鱼非常相似，但是鱼骨、鱼鳍的形状以及骨架等都不相同。这种鱼看起来非常柔软——对于许多其他种类的鱼来说，柔软清淡的肉质意味着品质不佳，但是狗鳕在加热成熟之后会带有一种坚实的质感。

可以代替的鱼类 狗鳕在世界上的

一些地方属于濒临灭绝的物种。可以与其他鳕鱼家族中的成员互换交替使用。

狗鳕的切割 整条，剔取鱼肉，切割成鱼排等。

狗鳕的食用 加热烹调时：可以煎、烤、煮、炒、铁扒等。加工制作时：可以干制处理、烟熏等。

搭配各种风味 橄榄油，大蒜，烟熏辣椒粉，黄油，柠檬等。

经典食谱 鳕鱼海蛤配绿沙司（巴斯克风味食谱）：卡萨卡哈拉。

狗鳕有着深蓝色、铁灰色的脊背和银色的鱼皮，它的侧线有着黑色的边缘。鱼身侧面的体侧线带有黑边。

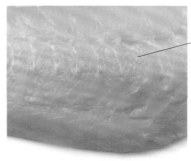

无须稚鳕鱼和蓝鳕鱼（morid cod and blue cod）

无须稚鳕鱼的种类很少，包括新西兰红鳕鱼和瑞巴尔多鳕鱼，多见于澳大利亚南部和东南部的水域以及新西兰。鱼身上沿着脊背长有一条长长的背鳍，朝向尾鳍的方向时逐渐变小。它们的大小从40厘米～1.5米不等。肉质洁白、质地柔软。如同牙鳕一样，这些鱼也最适合在非常新鲜时食用。沙鲈（隶属虎鳉科）是在大西洋、南美沿岸和非洲以及印度洋–太平洋区域，从夏威夷到新西兰的温带海域，还有智利等地生长繁殖。新西兰蓝鳕鱼也是这个种族中的一员。

可以代替的鱼类 不管是无须稚鳕鱼还是蓝鳕鱼，在世界上的一些地方都属于濒临灭绝的物种。可以使用太平洋鳕鱼和狗鳕代替食用。

无须稚鳕鱼和蓝鳕鱼的切割 可以整条，去掉内脏，剔取鱼肉（鱼片或者鱼块）等。

无须稚鳕鱼和蓝鳕鱼的食用 加热烹调时：可以蒸、烘烤、纸包鱼、煮、煎、微波炉等。加工制作时：可以烟熏等。

搭配各种风味 挂面糊、水瓜柳、酸黄瓜、香芹、小叶类香草等。

肉质洁白而甘美多汁，这是一种很受欢迎的美味。

新西兰蓝鳕鱼（New Zealand blue cod） 这种鱼的其他名字包括波士顿蓝鳕鱼、沙鲈等，在毛利语中，叫作拉瓦路或者帕克芮可丽。它是新西兰独有的物种，并由南岛进行商业化捕捞。其洁白的鱼肉质地与来自于真正的鳕鱼家族中的其他白鱼类极其相似，但是肉质会略微粗糙。非常适合油炸、铁扒、蒸和烤。

成年的蓝鳕鱼有着蓝绿的脊背，到了腹部逐渐的变成了白色，幼鱼身上会生长有斑点。

大眼澳鲈（澳洲棘鲷，roughy）

大眼澳鲈指的是一种与众不同的鱼类家族（棘鲷科），包括大眼澳鲈、棘鲷科鱼类以及棘鲷鱼等。它们分布在全球范围内，并被许多国家捕捞上岸。橘棘鲷是获得国际上广泛赞誉的主要品种，它作为鳕鱼的替代品，一直在市场上销售，也被称为海鲈鱼或者深海鲈鱼，橘棘鲷是澳大利亚非常重要的商业性鱼类，常见于欧洲大陆的南海岸以及新西兰一带。橘棘鲷在这些地方被广泛捕捞，直到发现它们的生长和成熟都非常缓慢，因此它们现在成为了严重濒临灭绝的鱼种。在其鱼皮之下的脂肪层经常用于化妆品行业里。

可以代替的鱼类 橘棘鲷在世界上的一些地方属于濒临灭绝的物种。可以使用太平洋鳕鱼或者大西洋鳕鱼代替食用。

大眼澳鲈的切割 偶尔可以整条使用，但通常使用方法是去皮之后剔取鱼肉。

大眼澳鲈的食用 加热烹调时：可以煎、铁扒、炸、烘烤等。

搭配各种风味 橄榄油、辣椒、青柠檬、黄油、啤酒面糊、鲜奶油、奶油等。

欧洲鳕鱼（European hake） 也被称为狗鳕，科林鳕，法国称之为马璐奇鳕，这一物种的鱼类分布于北非、地中海、远至挪威的北部海域，是一种大型的深水鱼，目前遭受过度捕捞所带来的严重影响。

橘棘鲷（orange roughy） 橘棘鲷肉质柔软、滋润而洁白，风味甘美。在去掉鱼皮时，通常会去掉"厚鱼皮"，但是也会去掉就在鱼皮之下的脂肪层。

这种鱼的鱼肉柔软而滋润，色泽洁白，有着甘美而温和的滋味。

欧鳊（鲷鱼，bream）

在全球温带和热带海域之中分布着大量的鳊鱼家族（鲷科）中的鱼类。这个群体中的众多成员（在美国被称为棘鬣鱼），对许多国家来说，都是重要的经济性鱼类。大多数的鳊鱼都有着深色的扁圆形身体，长着一根长长的多刺的背鳍。大面积的鱼鳞很好地覆盖住了鱼身和鱼头。一般而言，不同种类的鳊鱼可以通过其牙齿进行辨识。它们许多都是海洋鱼类，但是也有一些居住在江河入海口处的咸水中或者淡水里。大多数都非常小，不会超过40～70厘米长。这些鱼类需要仔细修剪和刮鳞处理。欧鳊肉质洁白，质地优良，只需简单地煎，就会美味可口。

欧鳊的切割 可以是整条，可以剔取鱼肉，通常会带着鱼皮（去掉鱼鳞），厚的鱼排（体型较大的欧鳊）。

欧鳊的食用 加热烹调时：煎、铁扒、烘烤、酿馅等。

搭配各种风味 茴香、潘诺酒、香菜、柠檬、藏红花、香芹、大蒜等。

经典食谱 纸包烤欧鳊；烤欧鳊（一道经典的西班牙节日菜肴）。

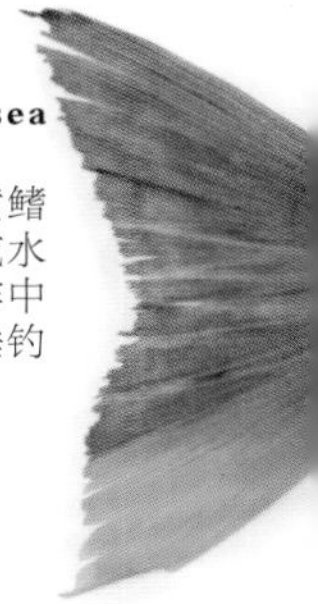

黄鳍鲷鱼（yellow fin sea bream）
常见于印度西太平洋，黄鳍鲷鱼可以生活在淡水、咸水和海水中。可以用来制作中药，是很受欢迎的休闲垂钓鱼类。

其背部的尖角以及臀鳍应在刮除鱼鳞之前修剪掉，因为它们非常尖锐而锋利。

这种鱼的鱼颊(或者称为珍珠)在地中海一带被认为是美味佳肴。

肉质硬实而甘美，金头鲷在地中海的许多地区都深受欢迎。

金头鲷（gilt head bream）
金头鲷是欧洲最受欢迎的鳊鱼，并且在整个地中海地区都有养殖。鱼身上鱼鳞不多，鱼背上有着尖刺状的背鳍以及扁长的腹部，在额头处绵延着一条独具特色的金边。养殖的金头鲷有着色泽洁白而硬实的瓣状鱼肉，质地中等程度。

黑鲷（black sea bream）
也被称为老太婆，在北欧地区和地中海一带很常见，是一种被广泛捕捞的鱼类，如同鲤科家族中的其他成员一样，是一种浅水鱼类。被认为是鲤科家族中一种品质最为优良的餐桌美味。黑鲷可以整条用来加热烹调，或者取出鱼肉；可以用来烤、煎，铁扒鱼肉是加热烹调鱼类时最适合的一种烹调方法。黑鲷因为肉质硬实、质地洁白而在地中海备受推崇。

与金头鲷一样，黑鲷也深受人们追捧。

这种鱼类可以通过后脑勺位置的一块黑斑而进行辨认。

黑点鲷鱼（black spot bream）
也称为真鲷和潘多拉，这种鱼在东大西洋和地中海西部均可以见到。属于雌雄同体的鱼类，当其长度在20～30厘米时，会变成雌性，可以长到70厘米长，但通常捕捞上岸的鱼类长度大约在30厘米。黑点鲷鱼风味绝佳，硬实而洁白的肉质中会略微带有草本植物的芬芳。烘烤、铁扒，以及纸包烤时会美味可口。

金线鱼（红衫鱼，golden threadfin bream）
在金线鱼种群中大约有60个不同的种类（被称为假鲷鱼或者鞭尾鲷鱼）。这种金线鱼在香港叫作黄线鱼，鱼鳍呈粉色和黄色，一条黄线贯通到鱼尾处，是一种体态优雅的鱼类，是东海上一种重要的经济性鱼类。风味精致、口感细腻、质地洁白，最理想的烹调方法是简单地煎或者铁扒即可。

真鲷（red sea bream）
在法国也叫作多拉德，在美国称之为红尾或者红鲷，这种鱼在其非常新鲜时会带有淡雅的蓝色痕迹。在日本，真鲷会在一些特殊场合下使用，如婚宴等，可以作为中药使用。

这种鱼有着绿灰色和银色的鱼皮，带有些许黄色，有一条弯曲的体侧线。

牛眼鲷（bogue）
鲷科鱼家族中的另外一个成员，这种鱼类可以通过其大大的眼睛来进行识别（boops在拉丁语中是牛的意思）。可以在沿海浅水中捕获到，这种鱼可以长到35厘米长。在马耳他深受人们喜爱，是制作马耳他风味汤菜阿尔吉他的主要材料。

牙鲷（dentex）
这是鲷科族群中的另外一个成员，分布在东大西洋到黑海范围内。这是一种肉食性鱼类，以其他种类的鱼为食。一般说来，牙鲷属于独居的鱼类，尽管其平均大小为20～25厘米，但是可以长到1米以上。与番茄、橄榄、橄榄油、马郁兰以及百里香等一起加热烹调之后，在地中海一带深受欢迎，而在北非则是与小茴香、香菜以及八角茴香等一起加热烹调。

刚成年的牙鲷脊背呈深蓝色，并且有着银色的鳍，而更大一些的鱼则为淡红色。

经典食谱（classic recipe）

纸包海鲷鱼（sea bream en papillote）

一道经典的美食，使用精挑细选的香料，将鱼用纸包裹起来进行加热烹调。

供一人食用

1条小海鲷鱼，修剪好，去掉鱼鳞，剔取鱼肉

几片洋葱或者茴香

根据自己爱好选择的香草（可以试试莳萝、龙蒿、迷迭香或者牛至）

黄油粒或者橄榄油

潘诺酒或者白葡萄酒

海盐和现磨的黑胡椒粉

2个柠檬或者青柠檬角，装饰用

1 将烤箱预热至210℃。将鱼肉的鱼皮面朝外，摆放到一大张油纸上。

2 将蔬菜和香草摆放到鱼肉的四周，并略微腌制。撒上黄油粒或者淋上橄榄油，再将潘诺酒或者白葡萄酒淋洒到鱼肉和蔬菜上。再次略微调味。

3 将鱼肉密封包裹好，但不要包裹得太紧，这样可以让蒸汽在其中流通循环。放入烤箱烘烤12～15分钟，或者一直烘烤到鱼肉完全成熟，肉质变得硬实而不透明。

4 将鱼肉直接在纸包中装盘上桌。要享用时，打开油纸，将柠檬汁或者青柠檬汁挤到鱼肉上。

帝王鲷（Emperor bream）

被称为帝王鱼或者帝王鲷，这些鱼类也被称之为清道夫、追船鱼以及棘鬣鱼等。它们属于龙占鱼科家族中的成员，是一种相对较小的鱼类，已知有39个品种，是生活在澳大利亚以及非洲西海岸等地的印度洋-太平洋热带地区礁石海洋中的鱼类。它们是肉食性鱼类，从海底捕食。它们中的大多数鱼类都是深受人们喜爱的食用鱼类，可以从其身上带有的两个背鳍和10个体刺进行辨认。帝王鲷有着米黄色的脊背，鱼身的两侧有褐色的线条，并且在鳃瓣周围有一个橙色的斑块作为标记。沿着身体的侧线一直蔓延到鱼尾处或者到尾鳍处。鱼肉洁白，口感浓郁，质地硬实。

帝王鲷的切割 通常整条使用。
帝王鲷的食用 加热烹调时：可以煎、烘烤或者烤等，风味绝佳。

红斑鲷鱼（Red spot bream）
这种珍奇的鱼类有着硬实的质地和略微甘美的味道。它与印度洋-太平洋的风味原料，如姜、辣椒以及香菜等搭配食用口感良好。

红斑鲷鱼的鱼鳞非常密实，因此在清洗或者剔取鱼肉之前要进行修剪和刮除鱼鳞。

灰鲻鱼（grey mullet）

鲻科家族中风度翩翩的银灰色鲻鱼，生活在世界各地的热带、亚热带和温带海洋中的咸水和淡水海域沿岸附近（在大西洋、太平洋和印度洋等地）。灰鲻鱼是一种很常见的非常受欢迎的食用鱼类，在许多国家都是非常广泛售卖的鱼类，在中医里也有使用。灰鲻鱼类约有75个品种，包括银灰色，细长型并且看不见侧线的品种。它们以嘴巴细小作为主要特点，而有些时候，也以其厚嘴唇为其鲜明特点。

在东南亚，灰鲻鱼都是在池塘中养殖。这种鱼会略微带有一点土腥味，但在烹调加热之前，将鱼肉在少量的酸水中浸泡一会，有助于改善其风味。

灰鲻鱼的切割 可以使用整条没有制备的鱼，可以剔取鱼肉（刮鳞，但是保留鱼皮）。

灰鲻鱼的食用 加热烹调时：灰鲻鱼可以用来煎、烤，或者烘烤等。其鱼子可以新鲜食用，或者烟熏之后食用。加工制作时：可以干燥处理，可以制作成腌制品。

经典食谱 希腊红鱼子酱沙拉；烤灰鲻鱼。

鲻鱼（Common grey mullet）
有许多名字，包括黑真鲻、扁平鲻鱼，或者纹鲻、哈瑞达鲻鱼等，在澳大利亚叫作胖迪或者哈德古德鲻鱼。其橄榄绿色的脊背到腹部的位置有着银色的暗影。

鱼肉呈粉红色，加热成熟之后会变成灰白色，肉质硬实而敦厚。

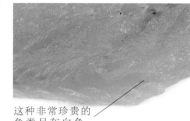

须鲷鱼和红鲻鱼（goatfish and red mullet）

鲻科家族中有许多成员，包括须鲷鱼和红鲻鱼等。其55个不同品种的成员中，许多都有着美丽的斑块和亮丽的色彩。可以在大西洋、太平洋、印度洋等温带和热带海域中捕捞到，有时候在咸水区域内也可以见到它们的身影。这一类的鱼都有着厚厚的鱼鳞，分叉的尾鳍和一对非常明显的球形下颚，可以用它们来探测食物，至于雄性鱼类，则可以以此在发情期吸引雌性鱼类。尽管可以长到30厘米左右的长度，但是绝大多数都会在15～20厘米时进行售卖。红鲻鱼的肝脏被认为是美味佳肴，因此要完整地保存好。在加热烹调之前要对鱼进行修剪和刮鳞处理（不要去掉肝脏）。

须鲷鱼和红鲻鱼的切割 整条（去掉内脏和鱼鳞，保留肝脏），剔取鱼肉。

须鲷鱼和红鲻鱼的食用 加热烹调时：可以试试煎或者铁扒。

经典食谱 普罗旺斯鱼汤配大蒜蛋黄酱；安达卢西亚风味炸鱼；普罗旺斯风味鲻鱼。

这种非常珍贵的鱼类呈灰白色，在加热成熟之后变成洁白色。风味非常精美细致。

红鲻鱼（red mullet）
这种鱼是非常优良的食用鱼，带有许多骨头，因此最好是整条的用来烹调，以便可以很容易地找到鱼骨的位置。红鲻鱼能够与柑橘类水果的风味形成良好的搭配，或者与香草，如细叶芹和龙蒿等，形成完美的风味互补。

这种风味敦厚的鱼肉有着瓣状的质地，比红鲻鱼肉略显粗糙。

印度副绯鲤（Indian goatfish）
印度副绯鲤在其登陆地——阿曼、东非和南非等地非常流行。其肉质硬实而洁白，其风味比起其近亲红鲻鱼，会略微带有一点土腥味。

经典食谱（classic recipe）

煎红鲻鱼（shallow-fried red mullet）

煎，一种非常简单的烹调方法，可以使红鲻鱼本身甘美的细腻风味得到了充分的体现。

供 4 人食用

4条红鲻鱼，去掉内脏、刮除鱼鳞、修剪好，保留鱼头

海盐和现磨的黑胡椒粉

玉米面或者粗玉米粉，挂糊用

葡萄籽油，用于煎鱼

柠檬汁，最后使用

1 腌制鱼，然后将鱼均匀地沾好玉米面或粗玉米粉，将多余的玉米面或玉米粉抖落掉。将一个不粘锅或者铁煎锅置于中火上加热，加入足量能够覆盖过锅底的葡萄籽油。

2 将制备好的鱼放入锅内的热油中煎，要装盘展示的那一面（在装盘时，鱼身最鼓起的那一面）朝下先放到锅内的油中。煎2分钟，或者一直煎到鱼呈金黄色。

3 使用夹子将鱼翻身，继续将鱼的另外一面也煎至金黄色。要测试鱼的成熟程度，可以在鱼身中间位置插入一把薄刃的刀尖，然后将刀尖贴到你的拇指上。如果感觉到刀尖是温热的，则代表鱼肉已经成熟。捞出放在厨房用纸上控净油。

梭鱼（barracuda）

梭鱼也称为海梭鱼和大梭鱼等，这些金梭鱼科家族中的成员，属于迅猛、好斗性的食肉鱼类，长着很多的锋利的牙齿。在几个大洋中都有它们的踪影，但是它们原本是温带海洋中的鱼类，会经常到热带礁石地区居住。从物种上说，还包括西太平洋的大梭鱼以及东太平洋和大西洋的梭鱼品种。梭鱼的大小各自不同，但是只有较小一些的梭鱼可以食用，因为较大一些的鱼肉中含有了毒素（这种毒素会影响到一些生活在某些礁石地区的鱼类。鱼肉中的毒素对鱼类本身没有任何影响，但是这些毒素会给食用它们的人类带来非常不舒服的症状，而且在极少数情况下，被认为是致命的）。不要将这些鱼类腌制的时间过久——特别是在酸性溶液中——因为其鱼肉的质地会改变，在经过加热烹调之后会变得干硬。

梭鱼的切割 新鲜的梭鱼和冷冻的梭鱼都可以切割；可以整条使用，可以剔取鱼肉。

梭鱼的食用 加热烹调时：梭鱼可以煎、铁扒、炸或者烤等。加工制作时：梭鱼可以经过烟熏处理。

搭配各种风味 橄榄油、大蒜、柿椒粉、香料、椰子肉等。

梭鱼肉有着硬实而敦厚的质地，风味绝佳，这种鱼的味道非常好。

梭鱼（Barracuda）
其细长形的鱼身可以制备出长长的鱼肉，肉质密实、敦厚而多汁。这种鱼在简单地使用橄榄油和香草腌制之后铁扒成熟，可以搭配许多种风味，从而制作出风味绝佳的菜肴。

海鲂鱼（john dory）

有几种不同的海鲂鱼分属于两个不同的鱼种群。在世界各地的温带水域中，可以见到属于海鲂科家族中的六个不同品种的海鲂鱼。这些独居的鱼类有着一个宽大而扁平的鱼身和极具特色的背鳍，还有伸缩自如的下巴（这样它们就可以将猎物吸到嘴里）。来自于高的鲷科家族（奥利奥）中的海鲂鱼，包括斑点短棘海鲂鱼和黑色奥利奥海鲂鱼等。与海鲂科家族的海鲂鱼有些相类似，在大大的鱼头上，顶着一双巨大的眼睛。鱼身呈扁平状，鱼皮呈灰色和黑色。这些鱼类可以在澳大利亚和新西兰的水域中见到，在那里，人们已经开始进行了大规模的捕捞。这些鱼类生长缓慢，可以活到100多岁。它们可以长到70～90厘米长。在美国和澳大利亚，银色的海鲂鱼也叫作美国海鲂鱼，日本海鲂鱼，或者巴克勒海鲂鱼等。在西印度洋和大西洋可以捕获到海鲂鱼，海鲂鱼在日本非常受欢迎。亚海鲂鱼是一种常见于印度洋–太平洋水域的、与海鲂鱼相类似的鱼类品种。

海鲂鱼的切割 可以整条使用（通常要去掉内脏）；可以剔取鱼肉。

海鲂鱼的食用 可以试试将海鲂鱼煎、铁扒、蒸，或者烘烤等。

经典食谱 马赛鱼汤。

海鲂鱼（john dory）

海鲂鱼因为其口感绝佳的食用品质而备受推崇。鱼身四周锋利的倒刺在剔取鱼肉之前要先修剪掉。鱼皮淡雅而细腻，整条的加热烹调时可以保留，或者可以去掉鱼皮，以展现出鱼肉上面的三个自然分段。海鲂鱼有着令人惊叹的甘美风味和硬实的质地，通常会与香浓的奶油类沙司、野生菌类、鼠尾草、水瓜柳、柠檬以及鲜奶油等进行搭配。

这些异常锋利的倒刺使得剔取鱼肉的工作非常危险：要使用厨用剪刀剪掉它们。

这种鱼在鱼身的两侧都有一个黑色的标记，在其周围环绕着一圈金色镶边。

这种鱼身上，品质最佳的鱼肉来自于鱼腰部位（鱼肉最厚的部分），用来烧烤和煎，风味绝佳。

鲂鱼（gurnard）

在美国也称之为鲂鲱，在大西洋、太平洋以及印度洋等可以见到各种各样的鲂鱼品种（来自于鲂鲱科家族），直到最近人们对其烹调价值才有所认可。然而，鲂鱼是法国南部传统美食的一部分（那里人们俗称其为格龙丹），经典的炖马赛鱼汤就是一个很好的例子。这种鱼有着一个呈三角形的、多骨的鱼头，逐渐变细的鱼身，以及非常明显的胸鳍。在欧洲有几种不同品种的鲂鱼售卖，包括黄色的、红色的、灰色的以及桶状的鲂鱼等。

在美国和澳大利亚也有各自不同的鲂鱼品种。通常会长到25～40厘米长，鲂鱼可以长到60厘米，超过其体重40%的都是鱼骨。鱼头（去掉鱼鳃）、鱼骨以及鱼皮，可以制作出非常美味的鱼高汤。鲂鱼还有许多的鱼刺，处理起来非常棘手，因为其脊骨非常锋利，并且在每一个鱼鳃的鳃盖处，有许多倒刺状的尖刺。鱼头可以去掉，而鱼肉可以从鱼尾的两边分离出来。

鲂鱼的切割 通常会整条用于加热烹调（不去掉内脏）。

鲂鱼的食用 加热烹调时，可以试试烤、煎和铁扒等。

红鲂鱼（red gurnard）
红鲂鱼也被称之为咕咕鲂鱼和士兵鲂鱼，在欧洲，这是最有利用价值的鲂鱼类之一。可以在英国海岸附近，并向南延伸到地中海一带捕获到。要寻找那些色泽亮丽（深红色或者橙色预示着开始褪色，因为鱼失去了其鲜艳的颜色）的红鲂鱼。

鲂鱼通常最好是与鱼骨一起加热烹调，其鱼尾味道甘美，并且呈片状。

鱼皮呈铁灰色，有着颜色更深一些的斑块。

灰鲂鱼（真鲂鲱，grey gurnard）
该族群中的成员也在从挪威到摩洛哥、马德拉岛和冰岛等大西洋东部水域内生存。灰鲂鱼具有独特的外观，因此在鱼贩的摊位上，可以很容易地辨认出来。甘美风味的鱼肉可以烤或者烧烤，在加热烹调的时候，需要加入一点橄榄油或者意大利烟肉，或者西班牙香肠等原材料，以防止鱼肉变得干硬。

洋枪鱼（齿鱼，toothfish）

这种鱼被称为洋枪鱼和岩石鳕鱼（来自于南极鱼科家族），都是在冷水中生存，特别是在南极地区，但在太平洋的东南部和大西洋的西南部等地也有发现。它们可以生长到相当长的长度，但是大多数打捞上岸的鱼都是大约在70厘米长。洋枪鱼通常会以海鲈鱼的名义进行销售，但是它们与海鲈鱼没有关系。由于洋枪鱼是一种生长缓慢的鱼类，因此人们一直担心它的可持续生长性。MSG（海洋管理委员会）已经颁发许可证，可以在南乔治亚岛巴塔哥尼亚渔场使用延绳钓洋枪鱼。

可以代替的鱼类 洋枪鱼在世界上的一些地方属于濒临灭绝的鱼类。其洁白的肉质与其他白鱼比较而言，有着密实的质地和甘美的风味。因此没有其他最接近的可替代鱼类供选择。但是所有质地硬实、肉质洁白的鱼类，如鳕鱼、海鲈鱼或者绿鳕鱼等，都可以用来代替洋枪鱼使用。

洋枪鱼的切割 鱼排，剔取鱼肉等。

洋枪鱼的食用 加热烹调时：可以煎、铁扒、烧烤、脆皮、炒、烤以及烘烤等。加工制作时：可以冷熏和热熏处理。

肉质稠密而甘美芳香，可以配酱油、芝麻、香菜和辣椒等原材料。

鱼肉质地细腻，这种鱼在美国、日本和欧洲等地成为海鲜中的一种奢侈品。

巴塔哥尼亚洋枪鱼（Patagonian toothfish）
近年来，一些种类的洋枪鱼越来越受到人们的欢迎，因为它们被认为是优质的美食。这类鱼（也被称之为智利海鲈鱼，澳大利亚海鲈鱼，以及南极冰鱼等）已经成为美国加利福尼亚州大厨们的最爱。

狼鱼（wolf fish）

狼鱼种群在大西洋和太平洋水域都能够见到，它们数量稀少。从外观上看就极具攻击性，满嘴都是分布不均匀的牙齿，它们的体型类似于鳗鱼，但鱼身更加粗短。也称为海狼、海洋鲶鱼以及狼鳗（太平洋鱼种常用的名

称），它们的颜色各自不同，从单一的褐色到动感的条状或者斑点状等。其肉质硬实而洁白，口感香醇而风味绝佳。狼鱼在海水中生存，其中有些鱼类已经被过度捕捞，此外，人们也对

快速耗尽的鱼类资源感到了深切的担忧。

可以代替的鱼类 狼鱼在世界上的部分地区属于濒临灭绝的鱼类。下面这些鱼类可以用来代替狼鱼：太平洋

鳕鱼、梭鱼等。

狼鱼的切割 狼鱼有新鲜的或者冷冻的，可以去掉鱼皮，可以剔取鱼肉。

狼鱼的食用 加热烹调时：可以蒸、煎、铁扒、煮以及烘烤等。

鲼带鱼和刺尾鱼（rabbit fish and surgeon fish）

也称为刺足鱼或者银鲛等，鲼带鱼中大约有28个不同的品种。可以在印度洋－太平洋地区和地中海东部地区捕获到，其中有几个品种可以作为食物来源进行捕捞，许多品种的鱼类颜色都很鲜艳，而有一些鱼类非常具有装饰效果，它们在水族馆中深受欢迎。这些鱼类可以长到大约40厘米长，并且可以很容易进行辨认，在其的门牙上有着小的、略微有些撅起的嘴唇，外观就像一只兔子一样。其背鳍呈尖状，尤为锋利，因此需要在加热烹调之前将其修剪掉。在全球海洋中的热带水域里，生活着大约80个不同品种的刺尾鱼，通常生活在暗礁附近。刺尾鱼拉丁语名称的意思是"刺尾"，但

也以刺尾鱼和六棘鼻鱼而被人们所熟知。所有的这些鱼类都有着一个锋利的倒勾，在尾巴的两侧，就如同手术刀一样，这种鱼的身体可以弯曲起来，以保护自己免受其他捕食鱼类的攻击。

鲼带鱼和刺尾鱼的切割 可以整条，不去掉内脏，不进行清理，可以剔取鱼肉。

鲼带鱼和刺尾鱼 加热烹调时：可以铁扒、煎、烘烤，或者加入到咖喱以及炖菜中。

搭配各种风味 泰国和非洲－加勒比海风味的椰子肉、香菜，香料等。

鱼肉温和、精致而洁白，需要与风味浓郁的材料混合使用，以彰显出它们的风味。

鱼尾部的倒刺需要小心地去掉，因为它如同外科医生的手术刀一样锋利。

鲼带鱼（Rabbit fish）
在鱼身两侧，深卡其色的鱼皮上横亘着一些线条状的纹路。洁白的肉质中有着细腻而淡雅的风味，但是鱼肉很容易就会干燥，从而变得淡而无味，是制作那些味道浓郁的或者东方风味的菜肴、咖喱类和炖菜时很好的原材料。

其细滑的鱼皮基本上不需要进行制备，但是要将那些锋利的体刺去掉，然后再去掉内脏或者剔取鱼肉。

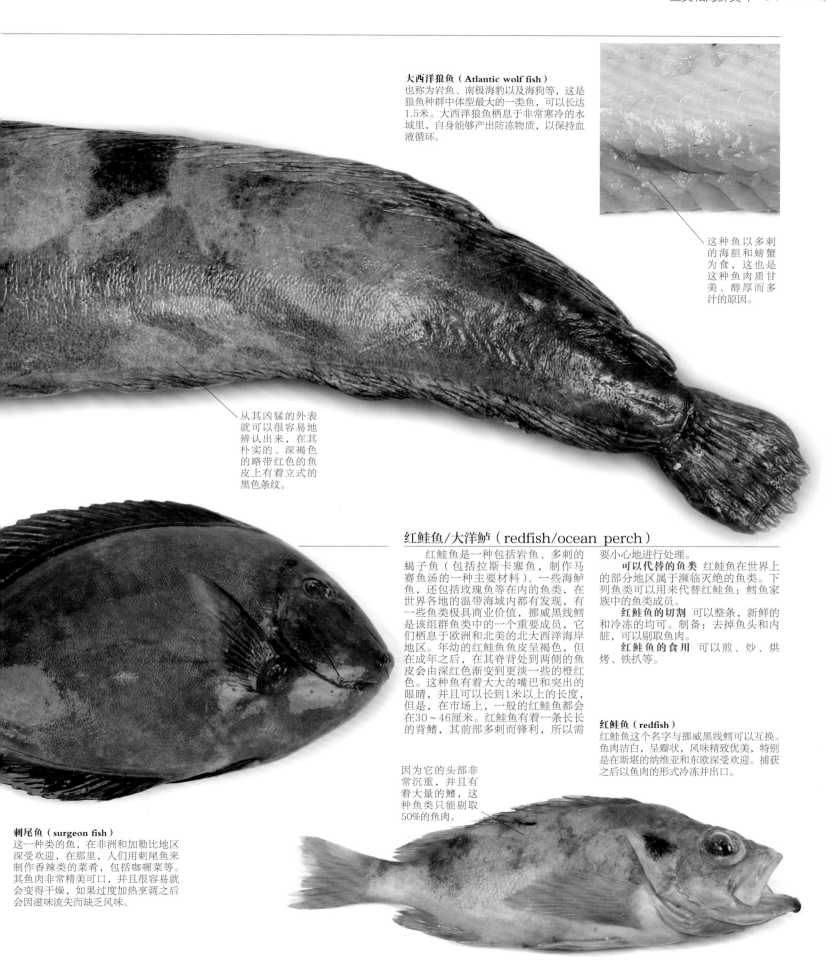

大西洋狼鱼（Atlantic wolf fish）
也称为岩鱼、南极海豹以及海狗等，这是狼鱼种群中体型最大的一类鱼，可以长达1.5米。大西洋狼鱼栖息于非常寒冷的水域里，自身能够产出防冻物质，以保持血液循环。

这种鱼以多刺的海胆和螃蟹为食，这也是这种鱼肉质甘美、醇厚而多汁的原因。

从其凶猛的外表就可以很容易地辨认出来，在其朴实的、深褐色的略带红色的鱼皮上有着立式的黑色条纹。

红鲑鱼/大洋鲈（redfish/ocean perch）

　　红鲑鱼是一种包括岩鱼、多刺的蝎子鱼（包括拉斯卡塞鱼，制作马赛鱼汤的一种主要材料）、一些海鲈鱼，还包括玫瑰鱼等在内的鱼类，在世界各地的温带海域内都有发现，有一些鱼类极具商业价值，挪威黑线鳕是该组群鱼类中的一个重要成员，它们栖息于欧洲和北美的北大西洋海岸地区。年幼的红鲑鱼鱼皮呈褐色，但在成年之后，在其脊背处到两侧的鱼皮会由深红色渐变到更淡一些的橙红色。这种鱼有着大大的嘴巴和突出的眼睛，并且可以长到1米以上的长度，但是，在市场上，一般的红鲑鱼都会在30～46厘米。红鲑鱼有着一条长长的背鳍，其前部多刺而锋利，所以需要小心地进行处理。

可以代替的鱼类 红鲑鱼在世界上的部分地区属于濒临灭绝的鱼类。下列鱼类可以用来代替红鲑鱼：鳕鱼家族中的鱼类成员。

红鲑鱼的切割 可以整条，新鲜的和冷冻的均可。制备：去掉鱼头和内脏，可以剔取鱼肉。

红鲑鱼的食用 可以煎、炒、烘烤、铁扒等。

红鲑鱼（redfish）
红鲑鱼这个名字与挪威黑线鳕可以互换。鱼肉洁白，呈瓣状，风味精致优美，特别是在斯堪的纳维亚和东欧深受欢迎。捕获之后以鱼肉的形式冷冻并出口。

因为它的头部非常沉重，并且有着大量的鳍，这种鱼类只能剔取50%的鱼肉。

刺尾鱼（surgeon fish）
这一种类的鱼，在非洲和加勒比地区深受欢迎，在那里，人们用刺尾鱼来制作香辣类的菜肴，包括咖喱菜等。其鱼肉非常精美可口，并且很容易就会变得干燥，如果过度加热烹调之后会因滋味流失而缺乏风味。

石斑鱼/岩鳕鱼（grouper/rock cod）

在鳕科家族中有几百个成员，包括石斑鱼、新西兰石斑鱼、岩鳕鱼、海鲈鱼，以及一些以鲈鱼命名的鱼类。在石斑鱼家族中包括有大石斑鱼以及珊瑚鳟鱼等，这种鱼类在澳大利亚非常受欢迎。它们通常会被标上克里奥尔语的名字，如croissant和vieille rouge等名字。这个种类繁多的家族中的鱼类是热带水域中的居民，在大西洋、太平洋以及印度洋水域都有它们的身影。这些鱼类中的许多品种都是非常重要的经济性鱼类，并且已经被捕捞到了资源将近衰竭的地步。石斑鱼的鱼皮较厚，并且略带弹性，在鱼皮之下是一层能够引起胃部不适的脂肪层。因此最好是在加热烹调之前将这一层厚厚的鱼皮去掉。

石斑鱼的切割 新鲜或者冷冻的均可，可以整条使用，可以剔取鱼肉，可以切割成鱼排等。

这种鱼类因为弯曲的尾巴看起来像一弯新月，因此，有些时候也被称之为月尾石斑鱼。

在石斑鱼家族中许多鱼鳍的形状都相类似，这里展示的是第一个背鳍和一个圆形的背鳍。

石斑鱼的食用 加热烹调时：可以铁扒和煎。加工制作时：可以腌制。

可以代替的鱼类 这些鱼类在世界上的部分地区属于濒临灭绝的鱼类。下列鱼类可以用来代替它们：鳕鱼、海豚鱼以及产自于可以持续捕捞的澳洲肺鱼等。

搭配各种风味 酱油、芝麻、帕玛森干酪、橄榄油、黄油、青柠檬、红辣椒、香菜、西非荔枝果等。

经典食谱 牙买加风味鱼。

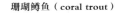

珊瑚鳟鱼（coral trout）
也叫作东星斑，球员鳕鱼和兰娜泰勒岩鳕鱼（澳大利亚叫法），这种色彩艳丽的鱼类已经被列入了濒临灭绝的鱼类之列，在澳大利亚水域之内，这些鱼类被保护性地管理着，这种鱼肉中也会含有一些毒素，会造成中毒。其肉质硬实而洁白，风味甘美，非常适合用来煎、烧烤等烹调方法。

洁白的肉质有着绝佳的风味，一直受到大厨们的偏爱，特别是在澳大利亚。

红石斑鱼（red grouper）
这种在海洋中和亚热带水域中生活的鱼类，活动范围通常会在西大西洋的暗礁附近。在某些地区，已经被捕捞到无法持续生存的地步了。一般来说，这些鱼类的鱼肉都是白色，并且其风味与鳕鱼鱼肉没有什么不同，只是没有那么甘美。

这种鱼类中的所有成员都有着俊美的鱼头和突出的下颚。

大石斑鱼（jewfish）
这一种非常重要的鱼类，生活在亚热带海域中，在靠近大西洋的西部和东部水域以及太平洋东部水域的礁石中生存。这种凶猛的鱼类以甲壳类生物为食物，结果导致其鱼肉的质地硬实，并且风味甘美。但是令人迷惑不解的是，大海鲈鱼也是石首鱼科组群中一种鱼类成员的名字——像黄花鱼。这种鱼非常适合用来烘烤和煎，通常会切割成鱼排使用。

鲈鱼（bass）

常常令人混淆的是，几种不同的鱼类都会以海鲈鱼来命名，但是来自于鲈科家族中的鱼类种群，包括几种鲈鱼和淡水鲈鱼，产于大西洋东部和西部的温带水域中。它们主要是生活在海洋中的鱼类，在野外，它们通常会生活于咸水区域内，而有些时候也会生活在淡水中，特别是美国条纹鲈鱼，是一种非常受欢迎的休闲垂钓鱼类。所有的鲈鱼都有着锋利的体刺和厚而密的鱼鳞，需要在加热烹调之前将它们去掉。鲈鱼通常会拿来与海鲷鱼进行对比，而且在北欧，尽管海鲈鱼非常受欢迎，但是在地中海一带，

海鲷鱼通常是他们的最爱。其风味绝佳，这些鱼类如此受欢迎，这也意味着过度捕捞已经导致了这些鱼类资源开始受到了威胁。在这些鱼类生存的某些地区，目前已经有了法律规定好的最小的捕捞尺寸的鱼，而在另一些地方，休闲捕鱼则会有一段时间的禁渔期。

鲈鱼的切割 可以是整条的没有经过制备的鱼，可以是整条的修剪好并且剔取鱼肉。鲈鱼在刮除鱼鳞之后鲜有去掉鱼皮的。

鲈鱼的食用 可以铁扒、烘烤、煎，或者纸包烤等。

可以代替的鱼类 海鲷鱼。

搭配各种风味 东方风味，像豆豉、芝麻、老抽以及姜等。地中海风味，包括番茄、大蒜、橄榄油以及红椒等。潘诺酒和其他带有一丝八角风味的原材料等。

经典食谱 盐烤鲈鱼。

盐烤海鲈鱼（sea bass in a salt crust-branzino）

这道典型的意大利北方菜肴通常会使用海鲈鱼来制作，并且会搭配蒜泥蛋黄酱或者蛋黄酱一起享用。

供 4 人食用

1条海鲈鱼（1.3~2千克），修剪好并去掉内脏，但不要刮鳞

1千克粗粒海盐

1~2个蛋清

少许水

1 将烤箱预热至220℃。在鱼身上尽可能地切割出一个最小的切口，去掉内脏。清理好并洗净，但是不要刮掉鱼鳞。

2 在烤盘内铺好的一大张锡纸上撒上一层盐，将鱼摆放到盐上。将剩余的盐与蛋清混合到一起，根据需要可以淋洒上一点水。将混合好之后的盐拍打到鱼上，并完全将鱼覆盖住包好。

3 将包好的鱼放入烤箱内烘烤22~25分钟。将鱼取出摆放到一个餐盘内，端到餐桌上，小心地敲碎盐层并去掉。使用干净的餐具，去掉鱼皮，将鱼肉直接从鱼骨上取下，摆放到餐盘内。

海鲈鱼（sea bass）
也叫作鲈鱼，海水鲈鱼，偶尔也会称为海鲦鱼等，这种鱼类生活在从挪威到塞内加尔的大西洋东部海域以及黑海和地中海一带海域里，尤其是在希腊海域。养殖的海鲈鱼风味优良，并且其脂肪沉淀层会根据饲养的过程不同而不同。海鲈鱼在捕捞时，会有一个捕捞的大小尺寸限制，其标准大约在40厘米。海鲈鱼的传统烹调方式是盐烤，添加上各种风味香料之后，使用纸包烤也非常美味可口。

养殖的海鲈鱼会略带一点油腻，味道非常不错，野生的海鲈鱼则带有咸香风味，肉质更瘦一些，而口感醇厚。

锋利的体刺和鱼鳞附着在银色的鱼身上，并逐渐变成白色的鱼腹。

鲈鱼的鱼颊肉风味甘美而清淡，被认为是一种美味。

这些鱼身有一层厚而粗糙的鱼皮，在加热烹调之前需要将这一层厚厚的鱼皮去掉。

美国条纹鲈鱼（American striped bass）
这种温带水域中的鱼，与种群中的其他成员一样，可以在咸水水域、海水和淡水水域中生活。从加拿大的圣劳伦斯到墨西哥湾的西大西洋沿岸，生活着一种非常受欢迎的供垂钓用的鱼类。这其中的一些鱼类已经可以人工养殖了。简简单单地使用豆豉、辣椒、柠檬草、橄榄油以及酱油等调味，然后使用纸包烤，风味良好。

这种鱼类以在其亮银色的鱼身上的黑色条状斑纹而得名。

杰克鱼、鲳参鱼、真鲹以及竹荚鱼（jack，pompano，jack mackerel and scad）

鲹科鱼属是有着超过150余种鱼类的大型群体，其中包括一些非常有名的鱼类。在大西洋、印度洋以及太平洋都有发现，大多数都是贪婪的食肉性鱼类。它们的体型与鲭鱼类的体型并没有什么不同的地方，虽然它们鳍的结构有所不同，但是都有着分叉很深的鱼尾。其中许多品种都是高经济性鱼类，在世界范围内被广泛使用，虽然有报道说产自于某些病区的鱼类带有鱼肉毒素。每个鱼类品种之间的肉质各自不同，但是一般说来，其鱼肉都会呈粉红色，在加热烹调时颜色会变浅，直至变成白色，变成硬实而洁白的瓣状。外来的鱼类品种有着淡雅的甘美风味，并且大多数与风味浓郁的配料搭配良好。

鱼类的切割 根据鱼的种类不同——通常可以是整条使用，剔取鱼肉，以及切割成鱼排等。某些鱼出品的鱼肉会非常大，因此这类鱼肉可以分割成肩肉、腰肉以及尾部鱼肉等。

鱼肉的食用 加热烹调时：可以铁扒、烧烤或者煎等。

搭配各种风味 红绿辣椒、姜、酱油、口味温和的混合香料、椰奶、番茄等。

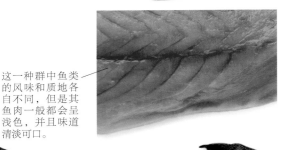

这一种群中鱼类的风味和质地各自不同，但是其鱼肉一般都会呈浅色，并且味道清淡可口。

马鲹（crevalle jack）
马鲹也称杰克、杰克鱼等，在大西洋的东部和西部的亚热带海域和咸水地区都有发现。其鱼肉极易变得干燥，因此需要小心地加热烹调，这种鱼非常适合加上风味黄油或者涂刷上油脂之后煎或者铁扒。

更大一些的琥珀鱼（greater amberjack）
这是鲹科鱼群中个头最大的成员，在地中海、大西洋、太平洋以及印度洋范围内的许多亚热带地区都有发现。在水中游动快速而强壮有力，这种远洋性的鱼类是一种贪婪成性的肉食性鱼类。看起来像无鳔石首鱼，并且有着银灰蓝色的鱼皮和一条精美的金色侧线。可以切割成肉质紧致的鱼排，这是风味绝佳的美食。

呈压缩般的扁平状，有着银色的鱼身和黄色的鱼鳍。

海豚（dolphin fish）

也叫作伦巴拉（在马耳他），而更加经常使用的是其波利尼西亚名字mahi mahi，其意思是"强壮加强壮"。这种在暖水区、海水区和咸水区生活的鱼类，可以在大西洋、印度洋以及太平洋等热带和亚热带的水域中捕获到。海豚生长得非常快速，通常会超过2米。但是我们通常见到的都会在1米以下。海豚是一种引人注目的鱼类，有着圆顶状的鱼头（特别是在成年的雄性鱼身上更加明显），有一条细长的，从鱼头一直延绵到鱼尾的背鳍。海豚肉质稠密而紧致，与浓郁风味的原材料，特别是一些香料搭配，风味良好。

海豚的切割 新鲜的和冷冻的海豚，可以整条的售卖，或者剔取鱼肉。

海豚的食用 加热烹调时：可以煎、烧烤以及炭烧等。

搭配各种风味 加勒比风味的小豆蔻、多香果、茴香、香菜、咖喱、辣椒面等，以及姜、亚洲风味的辣椒、大蒜、发酵鱼子酱、青柠檬等。

经典食谱 伦巴拉（lampuga）。

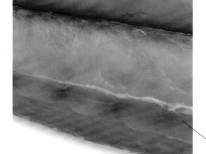

海豚（dolphin fish）
这些珍贵而优质的鱼类有一些品种可以人工产养殖，据说在特产区有鱼肉毒素的报道。要小心仔细地加热烹调，因为比起瓣状鱼肉的鱼类，其加热烹调的时间会出乎意料的长一些。并且在加热烹调的过程中鱼肉会变得干硬。

海豚鱼的鱼肉呈粉红色，并且质地稠密。

鲹鱼有一道弯曲的背鳍，黄色的鱼鳍，在蓝绿色和银色的腹部上有着金色的色调。

有着银色的鱼皮以及黄色的鱼尾。

鲹鱼（trevally）
也叫作银鲹鱼、砂鲹鱼、箭鱼鲹以及吉比等。这种鱼在世界各地都有发现，包括东大西洋和西大西洋、印度洋-太平洋、南非、日本以及澳大利亚等地。其风味有着草本植物的味道，与东方风味和刺激性的风味搭配良好，包括辣椒、姜以及芝麻等。

柔软的鱼肉中含油量非常低，肉质呈粉红色的大理石花纹状，加热烹调之后会变成淡雅的白色。

竹荚鱼（scad）
鲹科家族中的一个成员，也叫作马鲭、杰克等，在法国叫作晨查得。这种特殊的鱼类品种见于大西洋的东北区域，还有一些品种在世界各地的水域中都能够见到。竹荚鱼的质地与鲭鱼相类似，但是鱼刺会更多一些。有着最小尺寸捕捞管制要求。

佛罗里达鲳参鱼（Florida pompano）
也称之为滑溜的鱼，这种鱼类常见于大西洋西部的亚热带海域中。在美国属于优质的鱼类，通常会售卖到非常高的价格。在一些地区属于濒临灭绝的鱼类，而罗非鱼是一种非常不错的替代品。佛罗里达鲳参鱼有着粉红色、黄油风味般的肉质，适合搭配香辛风味和浓郁的风味。

它有着锋利的体刺和一排骨刺状的鳞甲，从侧面一直延伸到鱼尾处。

脊背处闪着晶莹光泽的金属般的蓝色和绿色，有着一个金色的腹部。

鲷鱼（snapper）

这一组群中的鱼类有着超过100种的成员，其中的一些鱼类被称为大海鲈。在世界各地的热带水域中均可以见到它们的身影，其中许多品种都是主要的，可以大批量捕捞鱼类。有些品种的鱼类被认为其捕捞程度已经超出了可以持续生存的水平，正在大力开发的水产养殖，会有力地支持这些重要鱼类的供给。它们的大小各自不同，从25厘米餐盘大小的巴哈马笛鲷或者黄尾笛鲷到大个头的红鲷鱼——大多在46厘米左右上市。这一组群中个头较小的鱼类，包括黄尾笛鲷和巴哈马笛鲷，体型会呈流线型，但是较大一些的鱼类成员，特别是马拉巴尔鲷，蓝鳍笛鲷、布儒瓦鲷以及真正的红鲷鱼，身体会呈侧向的扁平状。正如同许多这种类型的鱼一样，在它们的鳍上有一层厚厚的鳞片和尖刺。整条售卖的鱼在加热烹调之前，需要经过修剪、去掉鱼鳞以及内脏。大多数的鱼肉都呈浅白色，在加热烹调的过程中会变成白色。

鲷鱼的切割 可以是整条、可以剔取鱼肉、切割成鱼排等。

鲷鱼的食用 加热烹调时，可以蒸、煎、铁扒、烘烤、炒等。

可以代替的鱼类 鲷鱼在世界上的部分地区属于濒临灭绝的鱼类。下列鱼类可以用来代替它们：海鲈鱼、石斑鱼等。

搭配各种风味 香油、酱油、姜、大蒜、香菜、棕榈糖、泰国鱼汁等。

经典食谱 烩鱼汤（马提尼克岛风味烩鱼）；卡真风味鲷鱼。

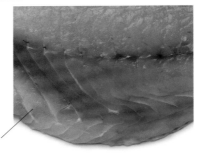

经过加热烹调之后肉质洁白，有着甘美的美好滋味。

红鲷鱼（red snapper）

许多鲷鱼组群中的鱼类都会呈深粉红色，会被错误地称为红鲷鱼，但是这一种是真正的红鲷鱼，也称之为祐戈，这种生活在海洋里暗礁中的鱼类，常见于墨西哥湾和美国东南大西洋海洋一带。鱼身的两侧会从深红色逐渐变成淡红色。只需挤上点柠檬汁就可以加热烹调成美味佳肴，与各种香料搭配使用也会美味可口。红鲷鱼还可以铁扒、煎、烤，或者使用香蕉叶包裹起来，就如同制作纸包鱼一样进行加热烹调。

巴哈马笛鲷（Lane snapper）

这一组群中较小个头的鱼类品种，其大小在15厘米以上。这种鱼有着娇嫩的粉红色鱼皮，在其侧面有着粉红色和黄色的条状纹理，以及粉红色的鱼尾。可以在西大西洋捕获到，巴西是主要的出口国。巴哈马笛鲷可以整条的加上椰奶、青柠檬以及柠檬草调味后铁扒或者烘烤。

在加热成熟之后，味道甘美，粉红色的鱼肉会转变成白色。

硬实的粉红色鱼肉，食用时风味绝佳。

黄尾笛鲷（Yellowtail snapper）

一种引人注目的鲷鱼，有着深粉色、多鳞的鱼皮，在鱼身的侧面有一条醒目的条形黄色纹理和黄色的鱼尾。在美国西大西洋海岸被大量地捕捞。在佛罗里达、西印度群岛以及巴西等地，有着丰富的资源。使用味道温和的香料，如小茴香和香菜腌制效果非常好。

深粉色、多鳞的鱼皮使其成为了鲷鱼家族中一种引人注目的成员。

越南脆皮鱼（Vietnamese crispy fish）

这一款经典的脆皮鱼需要使用大量的鸟眼辣椒来增添辣度，再通过使用棕榈糖对其辣味进行中和。

供 2 人食用

2条450克重的鲷鱼或者帝王鲷，修剪好，去掉内脏，刮除鱼鳞

盐

4汤勺色拉油

3瓣蒜，切成碎末

6个番茄，去籽切碎

2个红辣椒（最好是鸟眼辣椒），去籽切成薄片

1汤勺棕榈糖

2汤勺鱼子酱

6汤勺水

1茶勺玉米淀粉

2棵青葱，切成末

2汤勺切碎的香菜末

1 将鱼头切掉，在鱼身两侧切割出花刀纹路，用盐调味。将一半的色拉油在一个大号煎锅内烧热，将鱼放入煎锅内煎，每一面鱼身煎6～8分钟或者直到将鱼煎熟。

2 将剩余的色拉油在一个大号的煎锅内烧热，加入大蒜、番茄以及辣椒，使用大火翻炒，直至番茄变软。加入棕榈糖、鱼子酱以及水，加热1～2分钟的时间，或者一直加热到锅内的汤汁变得黏稠。拌入淀粉，春葱以及香菜，再继续加热1分钟。

3 将鱼捞出摆放到一个餐盘内，将甘美而黏稠的汤汁用勺浇淋到鱼身上。配米饭食用。

鲳鱼（pomfret）

令人困惑不解的是，pomfret（鲳鱼）这个名字被用来描述来自于几个不同鱼类家族中的各种不同的鱼类。来自于.鲹科、鲳科以及乌鲂科家族组群中的鱼类称为鲳鱼，所有的这些鱼类都可以在东、西太平洋和大西洋的一些地区捕捞到。这些鱼类共有几个特征，包括它们深度侧向型扁平状的鱼身。从这些鱼身上剔取鱼肉的方式，差不多如同扁平的鱼类一样。肉质硬实、洁白，风味甘美，非常适合于煎和铁扒。大西洋鲳鱼是乌鲂科家族中的成员，也被称为雷鲷，咸海扁鲨、射鱼以及乌鲂等。有着钢铁的颜色，几乎黑色的身体，以及大大的眼睛。能够制作出风味绝佳、口感醇厚质地的洁白色鱼肉。

鲳鱼的切割 新鲜和冷冻均可，通常会整条使用，有时候会剔取鱼肉使用。

鲳鱼的食用 加热烹调时：可以煎、烘烤、烧烤、铁扒等。加工制作时：有些鲳鱼可以进行干制处理和腌制处理。

搭配各种风味 中东/北非风味：古斯米、橙子、柠檬、香芹、香菜、摩洛哥香料、混合香料、雪穆拉腌泡汁等。

这种侧向型扁平状的鱼类，剔取鱼肉的方式与扁平的鱼类基本上是一样的。

乌鲳（black pomfret）
鲹科家族中的一个成员，这种鱼在印度洋-太平洋中和含盐的热带水域中都可以捕获到。它是一种浅水鱼类，通常可以长到30厘米长。有着甘美的风味和硬实的质地，可以新鲜食用，也可以干制和腌制。

银鲳鱼（Silver pomfret）
鲳科家族中的一个成员，这种鲳鱼在从波斯湾到印度尼西亚，再到日本的印度洋-太平洋一带的亚热带水域中都有发现。平常在市场上售卖的银鲳鱼大小在30厘米左右。银鲳鱼有着甘美而稠密的洁白色肉质，使用锡纸包裹好之后烧烤，风味美妙无比。也非常适合与古斯米和甘甜的果脯搭配在一起，包括杏脯和杏仁等。

这种鱼类有着一个椭圆形的、银色的鱼身和柠檬色的鱼鳍。

鼬鱼（cuskeel）

　　鼬鱼分布在世界范围内的浅水和深水区域中。它们独具特色的体型与鳗鱼很相似，其细长的鱼身延伸到鱼尾处逐渐变细。鱼身上的背鳍和脊鳍在鱼尾处交合在一起。鼬鱼是胆怯型的海礁鱼类，昼伏夜出觅食。在鼬鱼科种群中有超过200种的不同鱼类，这其中，有一个需要特别留意的鱼类品种是风味无可挑剔的岬羽鼬，其口感醇厚的肉质会让人情不自禁地联想到龙虾肉。从大西洋的东南水域到纳米比亚和南非的西非海岸一带都可以捕捞到鼬鱼。

　　鼬鱼的切割　通常会剔取鱼肉，这种鱼类会剔取长而纤细的鱼肉。

　　鼬鱼的食用　加热烹调时：可以铁扒、煎、烤以及烧烤等。

　　搭配各种风味　黄油、柑橘类水果、腊肠、意大利烟肉、香叶、迷迭香等。

长长的如同鳗鱼般的鼬鱼，有着一个尖尖的鱼头和一层粉色的如同理石般的鱼皮。

白花鱼、石鲈以及石首鱼（Croaker, Grunt and Drum）

　　这些鱼类广泛地生活在全球范围内的淡水中、咸水中以及海水中，这一大种群的鱼类中包括白花鱼、白姑鱼，以及石首鱼等。这些鱼类的名字来自于它们通过振动鱼鳔所发出的声音，在一定的距离之内可以听到这些鱼类所发出呱呱的响声或者震动的声音。其中有代表性的鱼类是科布鱼，或者南极石首鱼。这是一种在南非周边、马达加斯加以及澳大利亚南部水域可以捕获到的非常受欢迎的鱼类。

南极石首鱼被休闲垂钓者们认为是一种极好的垂钓鱼类。

　　鱼类的切割　新鲜时，可以整条的剔取鱼肉。

　　鱼类的食用　加热烹调时：可以铁扒、蒸以及烘烤等。加工制作时：可以干制、烟熏以及腌制等。

　　搭配各种风味　辣椒、青柠檬、橙子、白葡萄酒醋、橄榄油、莳萝等。

　　经典食谱　酸橘汁腌鱼；油炸调味鱼等。

白姑鱼（meagre）
也称为白花鱼和石首鱼，这种鱼分布在东大西洋和地中海一带沿岸的一些亚热带海域中。灰白色的鱼肉成熟之后会变成甘美而密实的洁白色。可以铁扒、烤，或者包裹好之后烧烤。

科布鱼，或者南极石首鱼（kob or mulloway）
在南非非常受欢迎，科布鱼也称为南极石首鱼、平鱼、无鳔石首鱼，而在澳大利亚称其为大海鲈。是一种在海岸中和河口水域中生长的海洋鱼类。也是一种在欧洲寿司市场售卖的生鱼片级别的鱼类。其浅粉色的肉质可以切割成鱼排，用来烘烤或者铁扒。

一种质地硬实的鱼类，浓密的鱼鳞需要在加热烹调之前刮除掉。

南极石首鱼有着令人惊叹的金属般的银蓝色和青铜色的鱼皮，上面有着尖刺状的背鳍。

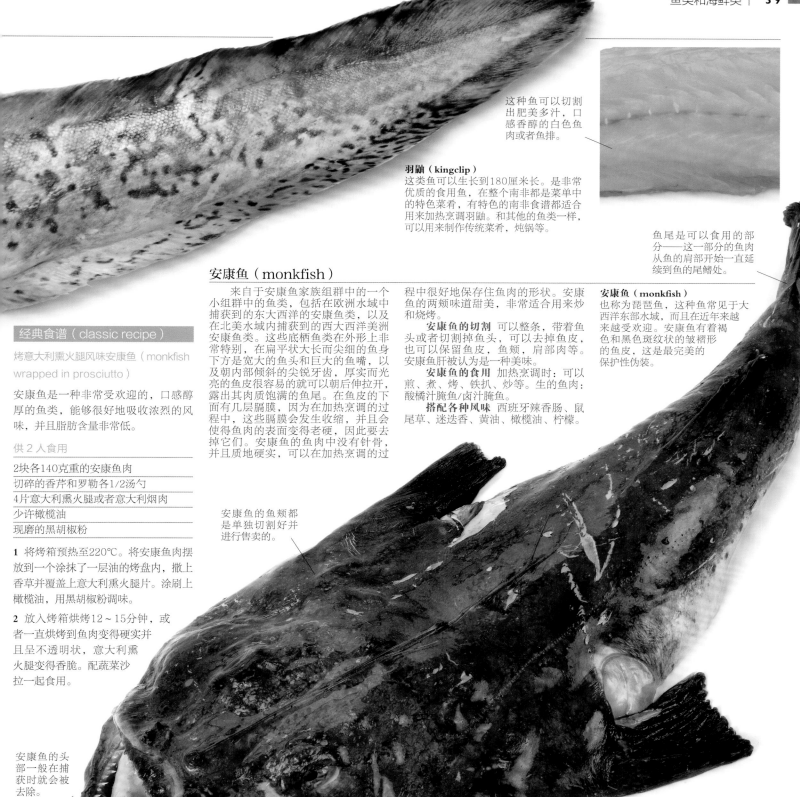

这种鱼可以切割出肥美多汁，口感香醇的白色鱼肉或者鱼排。

羽鼬（kingclip）

这类鱼可以生长到180厘米长。是非常优质的食用鱼，在整个南非都是菜单中的特色菜肴，有特色的南非食谱都适合用来加热烹调羽鼬。和其他的鱼类一样，可以用来制作传统菜肴，炖锅等。

鱼尾是可以食用的部分——这一部分的鱼肉从鱼的肩部开始一直延续到鱼的尾鳍处。

安康鱼（monkfish）

来自于安康鱼家族组群中的一个小组群中的鱼类，包括在欧洲水域中捕获到的东大西洋的安康鱼类，以及在北美水域内捕获到的西大西洋美洲安康鱼类。这些底栖鱼类在外形上非常特别，在扁平状大长而尖细的鱼身下方是宽大的鱼头和巨大的鱼嘴，以及朝内部倾斜的尖锐牙齿，厚实而光亮的鱼皮很容易的就可以朝后伸拉开，露出其肉质饱满的鱼尾。在鱼皮的下面有几层隔膜，因为在加热烹调的过程中，这些隔膜会发生收缩，并且会使得鱼肉的表面变得老硬，因此要去掉它们。安康鱼的鱼肉中没有针骨，并且质地硬实，可以在加热烹调的过程中很好地保存住鱼肉的形状。安康鱼的两颊味道甜美，非常适合用来炒和烧烤。

安康鱼的切割 可以整条，带着鱼头或者切割掉鱼头，可以去掉鱼皮，也可以保留鱼皮，鱼颊，肩部肉等。安康鱼肝被认为是一种美味。

安康鱼的食用 加热烹调时：可以煎、煮、烤、铁扒、炒等。生的鱼肉：酸橘汁腌鱼/卤汁腌鱼。

搭配各种风味 西班牙辣香肠、鼠尾草、迷迭香、黄油、橄榄油、柠檬。

安康鱼（monkfish）

也称为琵琶鱼，这种鱼常见于大西洋东部水域，而且在近年来越来越受欢迎。安康鱼有着褐色和黑色斑纹状的皱褶形的鱼皮，这是最完美的保护性伪装。

烤意大利熏火腿风味安康鱼（monkfish wrapped in prosciutto）

安康鱼是一种非常受欢迎的，口感醇厚的鱼类，能够很好地吸收浓烈的风味，并且脂肪含量非常低。

供 2 人食用

2块各140克重的安康鱼肉

切碎的香芹和罗勒各1/2汤勺

4片意大利熏火腿或者意大利烟肉

少许橄榄油

现磨的黑胡椒粉

1 将烤箱预热至220℃。将安康鱼肉摆放到一个涂抹了一层油的烤盘内，撒上香草并覆盖上意大利熏火腿片。涂刷上橄榄油，用黑胡椒粉调味。

2 放入烤箱烘烤12～15分钟，或者一直烘烤到鱼肉变得硬实并且呈不透明状，意大利熏火腿变得香脆。配蔬菜沙拉一起食用。

安康鱼的鱼颊都是单独切割好并进行售卖的。

安康鱼的头部一般在捕获时就会被去除。

安康鱼有着温和的风味，鱼肉呈略微耐嚼质地的白色。

金枪鱼群（tuna group）

市面上对金枪鱼的大量需求，导致了对这些鱼类被严重地过度捕捞。尽管在全球范围内对其中一些鱼类资源进行了有效的管理，但是更多的鱼类没有做到这一点。要选择那些来自于有可以持续发展资源的金枪鱼，要么是使用钓鱼竿捕捞，要么是线捕。金枪鱼很容易辨认，它们有着子弹形状的鱼身，逐渐变成尖状的口鼻部位，以及深深分叉的鱼尾。这类鱼游动的速度非常快——记录在案的游速大约可以达到每小时70千米。

虽然它们来自温带水域和冷水水域，但是许多种类的金枪鱼能够适应热带和亚热带水域。鱼肉中含量非常高的肌红蛋白让金枪鱼肉呈粉红色到深红色的颜色，赢得了"大海中的玫瑰"的美誉。尽管金枪鱼肉的颜色非常深，但是其肉质细腻，并且所剔取的鱼肉中没有鱼刺。通常会与里脊牛排的质地和风味相媲美。蓝鳍金枪鱼有两个不同的种类，这两类属于极度濒危的鱼类。南方蓝鳍金枪鱼可以在大西洋、印度洋以及太平洋等的温带水域和寒冷的水域中捕获到。但在其产卵期间，它们会迁移到热带海域中。这些鱼类在日本特别受欢迎，在那里，金枪鱼的售价非常高。北部蓝鳍金枪鱼原产于大西洋西部和大西洋东部海域、地

中海和黑海，在日本沿海也在大量养殖。这种鱼类在寿司行业很受欢迎。

金枪鱼的切割 可以整条，或者分段切割，一般会剔取鱼肉和切割成鱼排。腰部的鱼肉和背部的鱼肉非常瘦，用来制作寿司非常受欢迎，腹部的脂肪含量很高，日本人认为有非常高的利用价值。对于那些喜欢吃肉的人们来说，金枪鱼深红色的腰部鱼肉是一个很好的选择，因为其味道非常细腻。在这个组群中管理有方的鱼类成员有着精瘦、厚实的腰肉，非常适合用来炭烧和煎。要避免铁扒，因为铁扒之后的鱼肉会变成没有丝毫吸引力的暗棕色。加工制作时：可以干制、烟熏以及腌制等。金枪鱼子也会干制后售卖。生时：

可以制作寿司和刺身。

搭配各种风味 日本风味：日本酱油、芝麻、照烧、紫苏叶、辣根等。地中海风味：番茄、大蒜、橄榄等。

经典食谱 金枪鱼尼斯沙拉；金枪鱼刺身/寿司；金枪鱼刺身配欧芹酱；照烧金枪鱼。

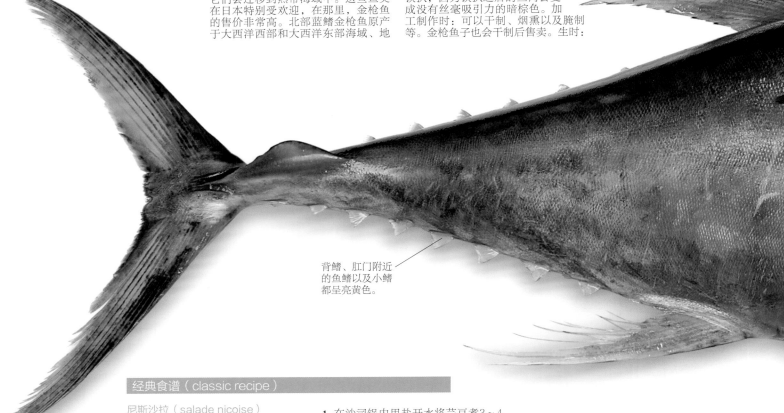

背鳍、肛门附近的鱼鳍以及小鳍都呈亮黄色。

经典食谱（classic recipe）

尼斯沙拉（salade nicoise）

这道著名的法式经典沙拉的量足够大，足以作为一道主菜供应。

供 4 人食用

150克芸豆，摘好
4块150克的金枪鱼排
150毫升特级初榨橄榄油，多备出一点用来涂刷
盐和现磨的黑胡椒粉
2茶勺法国大藏芥末
1瓣蒜，切成细末
3汤勺白葡萄酒醋
半个柠檬，挤出柠檬汁
8条油渍银鱼柳，捞出控净油
1个红皮洋葱，切成细丝
250克圣女果，纵切成四瓣
12个黑橄榄
2棵罗纹生菜心，修剪好并撕成小块状
8～10片罗勒叶
4个鸡蛋，煮熟

1 在沙司锅内用盐开水将芸豆煮3～4分钟，或者一直煮到芸豆成熟。捞出芸豆并快速地浸入到一碗冰水中过晾。

2 将一个铁扒锅用中高温度加热。在金枪鱼排上涂刷上1～2汤勺的橄榄油，并用盐和胡椒粉调味。将金枪鱼排放入锅内，每一面烙2分钟——金枪鱼中间的位置仍然呈浅粉红色。取出金枪鱼放到一边备用。将芸豆捞出控净水。

3 与此同时，制作油醋沙司。将芥末、大蒜、醋、橄榄油以及柠檬汁搅打混合到一起，用盐和黑胡椒粉调味。

4 将芸豆、银鱼柳、洋葱、番茄、橄榄、生菜以及罗勒叶等放入一个大碗里。淋洒上油醋沙司并轻轻拌好。

5 将拌好的沙拉分装到四个餐盘内，将煮好的鸡蛋去壳并切成四瓣，放入餐盘内。将每块金枪鱼切成两半，分别摆放到餐盘内的沙拉上。

黄鳍金枪鱼（yellowfin tuna）
在所有的热带和亚热带海域中都可以捕获到，这种金枪鱼类也叫作黄鳍金枪鱼类和艾莉森金枪鱼。这是一种能够生长到2.5米长的大鱼。从金枪鱼脊背处或者腰部剔取的鱼肉非常瘦且风味醇厚，略带有牛后腿排的风味。而从腹部剔取的鱼肉则含有非常高的脂肪，在日本料理中深受欢迎。

金枪鱼排质地硬实而风味醇厚，几乎可以和牛后腿排相媲美。

金枪鱼的脊背呈黑黑的金属色，逐渐变成深蓝色。

其黄色到银色的腹部通常破裂开，有几条几乎是垂直的线紧贴在鱼的腹部上。

鲣鱼（skipjack tuna）
也称之为带状鲣鱼、带状金枪鱼、巴鲣，在美国和澳大利亚叫作西瓜鱼，这是一种体型较小的鱼，最大可以生长到110厘米。通常在罐头行业中被广泛应用。

马鲛鱼和狐鲣鱼（鲭鱼和鲣鱼，mackerel and bonito）

鲭科家族中大约有54个成员，分布在全球的所有海域中。其中包括马鲛鱼、狐鲣鱼、刺鲅、石首鱼和大西洋鲭鱼等，而金枪鱼组群中的鱼类——对许多国家来说，都是非常重要的经济性鱼类。这些富含油性的鱼类中含有高浓度的人体必需的 ω-3脂肪酸，这些油脂不仅仅在鱼肝中，其全身都有。这一组群中的所有鱼类都应在一个恒定的低温条件下储存。在它们的肉质中自然就会生成高浓度的组氨酸，如果没有在足够低的温度下进行储存，肉质中就会转化出组氨酸，从而引起鲭鱼中毒——胃部不适和腹泻。而更令人困惑的是，"马鲛鱼"和

"狐鲣鱼"这两个名称可以相互称呼，例如，竹荚鱼和圆花鲭鱼，通常会贴上狐鲣鱼的标签。

鱼类的切割 通常整条并且不去掉内脏，较大个头的狐鲣鱼、石首鱼以及刺鲅等均可以剔取鱼肉和切割成鱼排。

鱼类的食用 加热烹调时：可以铁扒、烘烤、烧烤以及烤。加工制作时：可以制作成罐头、烟熏、干制以及腌制等。生时：经过加工之后可以用来制作寿司和刺身。

搭配各种风味 日式风味：日本酱油、芝麻、味淋、米醋、黄瓜和白萝卜、辣椒和香菜等。地中海风味：罗勒、橄榄油、大蒜等。

经典食谱 酒渍马鲛鱼；马鲛鱼配醋栗沙司；烟熏马鲛鱼肉酱；马鲛鱼与大黄；腌马鲛鱼；鱼肉炖锅（巴斯克渔民风味狐鲣）。

大西洋鲭鱼可以从其脊背上的明显的线条，或者图画般的条纹进行辨认。

大西洋鲭鱼（Atlantic mackerel）
这种具有非常重要经济价值的远洋鱼类品种，是这个家族中最靠近北方的鱼类成员。广泛地在北大西洋中，在地中海较小的海域中生存。可以生长到60厘米长。要购买那些仍然是僵硬状态下的大西洋鲭鱼，并尽快地加热烹调。铁扒、烧烤以及烤等，最能够充分的发挥出其乳脂状质地的瓣状鱼肉的风味。

其鱼鳍可以顺着身体合拢，以形成一个流线型的造型，使其能够快速游动。

其下颌处的损伤，可能表明它是被线捕（最好不过），而不是网捕的鱼类。

经典食谱（classic recipe）

烟熏鲭鱼酱（smoked mackerel pate）

苏格兰鲭鱼特别适合使用烟熏进行加工处理。这种鲭鱼酱传统上是与烤至酥脆的薄面包片或者新鲜蔬菜沙拉一起食用的。

供 4 人食用

4条烟熏鲭鱼肉，去掉鱼皮

140克低脂奶油干酪，或者鲜干酪

1汤勺奶油辣根

适量柠檬汁

盐和现磨的黑胡椒粉

1 将鱼肉放入食品加工机内，将鱼肉搅碎。加入干酪和辣根，然后再将鱼肉搅打呈细腻的糊状。

2 拌入适量的柠檬汁，并用盐和现磨的黑胡椒粉调味。

刺鲅（wahoo）
刺鲅有着发着荧光的蓝绿色脊背，两侧银色鱼身上有着钻蓝色的条纹。虽然我们更常见到的是大约1.7米就捕捞上岸的刺鲅，但是它们可以生长到2.5米长。在大西洋、印度洋和太平洋中都能够见到它们的身影，包括加勒比海和地中海一带水域。在一般情况下，这种鱼类是一种独处的鱼，偶尔当其不在浅滩生存时，会形成小的鱼群。属于超级美食，有着硬实、香醇的肉质以及细滑甘美的滋味。在加勒比海，刺鲅鱼片会使用香料进行加工腌制。

刺鲅鱼排的肉质紧致而香醇。

狐鲣鱼（bonito）
有众多的来自于这个名录之下的鱼类：带状狐鲣（东方狐鲣）、马鲛鱼、短鳍金枪鱼、狐鲣以及脊纹海蛇等。狐鲣鱼的活动范围非常广泛：从东太平洋的挪威到南非，从地中海到黑海都可以捕获到；在西大西洋，从加拿大的新斯科舍省到哥伦比亚、委内瑞拉以及阿根廷的北部海域也都可以捕获到。狐鲣鱼可以生长到90厘米长，但是最常见到的一般都在50厘米左右。干制的狐鲣鱼片常用来制作狐鲣鱼汤，这是一道日本风味的汤菜。狐鲣鱼最适合于在鱼肉上涂抹上风味浓郁的调味料或者用腌泡汁腌制之后，用来铁扒或者烧烤。

颜色较深、风味浓郁而口感醇厚的白腹鲭鱼肉有着硬实的质地，鱼肉在加热烹调的过程中颜色会变浅。

白腹鲭非常适合用来制作刺身，其鱼肉在经过简单的加工处理之后，质地会变得硬挺。

许多鱼的脸颊部位，包括鲣鱼等，都被认为是美味佳肴。

白腹鲭（chub mackerel）
白腹鲭也被称为西班牙鲭鱼、日本鲭鱼、南方鲭鱼等。这种大西洋鲭鱼的近亲鱼类，有着相类似的条纹状斑块，但是并不是十分明显。白腹鲭可以生长到50厘米长，更喜欢在温暖的水域中生活，在东西大西洋水域中都有发现。在印度洋－太平洋水域中与之有关联的鱼类——太平洋鲭鱼，可以生长到20～35厘米长。

白腹鲭脊背下面的斑纹颜色较浅。

大西洋马鲛鱼有着修长的银色鱼身，沿着其脊背的两侧有着深色的斑纹，令人印象深刻。

大西洋马鲛鱼（king mackerel）
也称之为石首鱼、大西洋马鲛鱼，常见于西大西洋水域中，从加拿大到美国的马萨诸塞州，到巴西的圣保罗，也可以在大西洋中东部见到它们。最大长度可以达到大约180厘米，但是通常我们见到的都在70厘米左右。喜欢生活在礁石之中，在某些地区，大西洋马鲛鱼会以浮游生物为食，从而导致人类鱼肉毒素中毒。其肉质风味完美，非常适合用来炭烧或者烧烤。

玉梭鱼/蛇鲭鱼（escolar/snake mackerel）

玉梭鱼，也被称为蛇鲭鱼，是蛇鲭鱼组群中的一员，这个组群中还包括了短蛇鲭鱼、梭鱼、帆蜥鱼等。其外形非常凶猛，有着细长的身体和头部，下颌处排列着气势汹汹的锋利牙齿。对于那些包括鲭鱼、飞鱼和鱿鱼等较小形的鱼类来说，它同样是一种贪婪的肉食性鱼类。而反过来，这些鱼类也会被金枪鱼和青金鱼所捕杀。玉梭鱼主要生活在世界各地的热带海洋水域之中，但有一些种类也会生活在温带水域中。作为未成熟的鱼类，它们喜欢在中层水域中活动，而随着它们的逐渐成熟，会移至深水区域之中。虽然蛇鲭科中的成员在全球范围内都有发现，但是大多数的玉梭鱼都是作为其他更有价值的鱼类的一部分而进行捕捞的，这些鱼类包括金枪鱼等。玉梭鱼的鱼肉非常浓郁，在欧洲、美国以及亚洲都非常受欢迎。在那里人们可以将其制作成寿司和刺身。在美国，有时候会被贴上"白金枪鱼"的标签。在日本，玉梭鱼常会用来制作成鱼糕和香肠。在夏威夷和南非，玉梭鱼也非常受欢迎。

玉梭鱼的切割 可以是整条和冷冻的鱼肉。

玉梭鱼的食用 加工制作时：可以烟熏和制作成罐头。加热烹调时：可以铁扒、烤、煎、炸以及烘烤等。

经典食谱 铁扒玉梭鱼配辣汁；照烧玉梭鱼。

玉梭鱼（escolar）

这种鱼有许多不同的名称：蛇鲭鱼、黑油鱼、平鱼、蓖麻油鱼，在澳大利亚叫作追船鱼等。其大小尺寸也各不相同，但足以生长到超过2米的长度。其口感醇厚，但是肉质中油性非常重（含有一种蜡脂的成分），能够引起胃部不适：每次只能少量享用。深剥鱼皮可以去掉大部分的蜡脂。铁扒也有助于消耗掉蜡脂。厚重、多汁的玉梭鱼鱼排可以涂刷上油之后煎或者烤。

玉梭鱼鱼排厚重而油腻。

在经过加热烹调成熟之后，银色的鱼皮可以刮除，因为这一层鱼皮非常细腻。

带鱼/短剑鱼（scabbard fish/cutlass fish）

带鱼或者短剑鱼与蛇鲭鱼密切相关，具有类似的特点。这一组群中的鱼类超过了40个成员。也被称为刀鱼、牙带鱼、带状鱼以及叉尾带鱼等。这种鱼因其非常长而细的鱼身而得名。鱼的颜色也各自不同，但是大多数的鱼类的鱼皮都会呈铁青色或者银色。长长的下巴上生长着犬齿，上面覆盖着一层强力抗凝血剂，所以需要小心翼翼地进行处理。带鱼在全球范围内的许多水域内都有发现，并且在大西洋两岸都可以钓到它们，黑色带鱼是马德拉群岛的美味，必须在其非常新鲜时使用，这种鱼不能够储存。所以这种鱼通常不会以新鲜的形式出口。这些鱼类非常美味可口，质地精美淡雅，几乎呈黄油般的风味。在制备带鱼的时候，可能会有一定的困难。

带鱼的切割 可以是整条，也可以切割出非常长而薄的鱼肉，通常会去掉鱼皮。可以切割成块状。

带鱼的食用 加热烹调时：可以铁扒、煎、烘烤，或者在烧烤炉上烟熏。

经典食谱 斯帕托拉带鱼（意大利风味裹面包糠食谱）；阿洛酒香带鱼（马德拉用葡萄酒加热烹调的食谱）。

河豚/东方鲀（puffer fish/fugu）

这种含有剧毒的鱼类必须格外小心地进行处理，虽然被认为是绝顶美味。在遇到危险时，河豚可以将自己的身体膨胀到许多倍大的程度。河豚在全球范围内的海洋，淡水和咸水水域中都可以生存。日本人独爱这种美味，叫其富具（fugu），由东方鲀属、圆鲀属以及兔头鲀属的鱼类组成（它们也叫作河豚）。每年日本人消耗的河豚有成千上万吨。河豚的名声不佳，因为鱼身中的某些部位里含有河豚毒素，并且毒性非常强烈。这种毒素会导致人体瘫痪和窒息；目前还没有这种毒素的解药，尽管如此，河豚还是一种非常吃香和价格非常昂贵的鱼类。其鱼皮可以用来制作沙拉，或者用来腌制等。

河豚的切割 可以切割出鱼肉；必须由有执照资格的厨师非常小心地进行制备。

河豚的食用 生食时：可以如同东方鲀一样制备。加热烹调时：可以煎。

搭配各种风味 腌姜、酱油、日本青芥辣、日本米醋。

河豚的鱼身圆润。在准备制作生鱼片时，鱼肉会切割得非常薄，鱼皮几乎会呈透明状。

河豚或者东方鲀（puffer fish or fugu）
某些部位的鱼肉中的毒素会导致人体瘫痪和窒息——没有解药；河豚必须由经过专门训练的厨师进行制备，这会非常耗费时间。河豚刺身是一道非常受欢迎的黄酮类菜肴。切割至极薄的河豚鱼片，会拼摆成有特色的菊花造型。

银带鱼（Silver scabbard）
这种带鱼可以生长到2米多长。银带鱼特别受葡萄牙人和马德拉人们的欢迎和尊重，但是在美国这样的国家里，银带鱼的价值被低估了，在捕捉到之后一般都会被丢弃掉。银带鱼的滋味浓郁，有着坚果的芳香和黄油的风味。

带鱼长着长的犬齿：要避免碰到它们。

炭烧剑鱼（chargrilled swordfish）

口感香醇的鱼类包括剑鱼、金枪鱼以及青金鱼，最适合于用来在扒炉上或者烧烤炉上炭烧，而不仅仅只是简单的铁扒。剑鱼鱼排需要使用大火，以便将其烧焦成为金黄色。

供 2 人食用

2块分别为140克的剑鱼鱼排（最好厚度在2.5厘米）

少许橄榄油

盐和现磨的黑胡椒粉

1 将扒炉烧热至开始冒烟的程度。与此同时，在剑鱼鱼排上涂刷上橄榄油并进行调味。

2 用铲刀将鱼排放置到热的扒炉上加热并按压平整。让其加热1~2分钟，或者一直加热到能够从扒炉上铲起来的程度（如果鱼排与扒炉有些粘连，就再多加热一会）。将鱼排翻转过来继续加热，并使用铲子继续按压平整。再继续加热1~2分钟，或者一直加热至鱼排能够从扒炉上铲起来的程度。将火关小，并将鱼排再次翻转到第一次加热的那一面，尽量选择好位置，这样在鱼排上烙印上的条纹会与第一次加热烙印上的条纹呈一定的角度。在将鱼排翻面之前，继续加热1分钟。

3 要避免第三次将鱼排翻面，但是要将鱼排加热至用手触碰时变得硬实的程度。取下先静置1分钟再上桌。可以搭配简单的沙拉或者调味黄油一起享用。

剑鱼和青枪鱼（swordfish and marlin）

长嘴鱼家族中包括剑鱼和青枪鱼，就如同其家族名称所暗示的一样，这些鱼有着很长的喙或者尖刺状的嘴巴。它们能够制作成口感香醇、肉质密实的鱼排，价格昂贵。长嘴鱼在世界各地的大多数温带和热带海洋区域内都有它们的身影。这些大型的、令人印象深刻的鱼类被人类无情地捕杀，已经到了严重濒危的程度。这些鱼类大部分都是生长极为缓慢的种类，需要生长许多年才能够达到成熟期。剑鱼也被称之为阔嘴鱼，类似于旗鱼科家族中的其他鱼类，它们本身就是一个组群。有着这个组群中最长的喙，并且被认为是具有攻击性的鱼类，在受到攻击之前通常会主动攻击，用其尖锐的嘴巴去猛攻并将猎物撕裂开。青枪鱼有四种主要的鱼类，它们可以生长到超过1吨的重量。大西洋旗鱼和青枪鱼关系非常密切，常见于大西洋和加勒比海中。人们一直担心在鱼中含有的这些重金属——可能会带有毒性——在一些长嘴鱼中含有重金属，特别是甲基汞的成分。因此，孕妇和幼儿应避免食用这些鱼类。然而，人们普遍认为，对于普通人群来说，的确有食用这种鱼的重要性——含有重要的人体所必需的ω-3脂肪酸，这是对心脏健康至关重要的一种元素——远远超过了人体可能摄入过多汞的担心。

鱼类的切割 新鲜时：可以切割成鱼排或者整条的脊肉，有时候也可以整条的使用。加工制作时：可以烟熏。

鱼类的食用 加热烹调时：可以炭烧、烧烤以及煎等。生食时：可以制作寿司、刺身以及腌制。

搭配各种风味 罗勒、迷迭香、香菜、温和口味的混合香料，包括小茴香、红椒粉、香菜、柑橘风味水果、橄榄和香油、烟熏牧豆树片。

经典食谱 烟熏青枪鱼配炒鸡蛋（拉美风味）；炭烧剑鱼配欧芹酱。

青枪鱼肉非常紧致而厚实，有着甘美的，几乎是原始的风味。以不带鱼骨或者去掉鱼皮的鱼排的方式进行售卖。对于青枪鱼来说，炭烧和煎是最佳的烹调方式。几乎可以和任何一种风味进行搭配，从野生蘑菇到日本酱油等。

剑鱼（swordfish）

剑鱼最大可以生长到大约4.5米长，可以在大西洋、太平洋以及印度洋和地中海中见到它们的身影。剑鱼是一种非常重要的经济性鱼类，在太平洋中每年都会大获丰收，而现在那里开始进行细心的管理。在北大西洋，生态平衡管理体系是用来保护幼鱼的。剑鱼肉的颜色各不相同，根据其饮食习惯和栖息地的不同而定。口感香醇的鱼排从白色到粉红色不等。

经典食谱 (classic recipe)

凤尾鱼 (鳀鱼，anchovy)

腌制凤尾鱼 (腌制鳀鱼，marinated anchovies)

这是一道经典的西班牙风味食谱。腌制好的凤尾鱼传统上是作为一种餐前冷菜，可以连同其他的鱼类和肉类菜肴一起享用。

供 4 人食用

250克新鲜的凤尾鱼

2 汤勺海盐

300毫升雪利酒醋

4汤勺特级初榨橄榄油

1～2个柠檬，擦取外皮，适量

马郁兰或者百里香枝

盐和现磨的黑胡椒粉

1 将凤尾鱼去掉内脏和鱼骨，洗净并拭干。将制备好的凤尾鱼在一个浅盘内单层摆放好，撒上盐并浇淋上雪利酒醋。盖好之后放入到冰箱内冷藏保存12～18个小时。

2 将鱼取出拭干鱼身上的雪利酒醋，摆放到餐盘内，淋洒上橄榄油、柠檬碎皮 (如果喜欢，还可以挤上柠檬汁) 以及马郁兰。用现磨的黑胡椒粉调味后上桌。

凤尾鱼来自于大约有140个品种的鳀科家族组群，在许多方面与鲱鱼非常近似。它们是小个头的、富含油性的咸水鱼，可以在大西洋、印度洋以及太平洋中见到它们的身影。它们通常会群居于温带水域中，而很少到非常寒冷或者非常温暖的水域中活动。庞大的凤尾鱼群通常会在江河口水域的浅滩中和港湾中游动。小个头的绿色鱼身上有着少许闪亮的蓝色。它们的大小各不相同，从2厘米到40厘米不等。根据种类的不同鱼身的形状也各不相同，但是总体来说，这是一种细长类型的鱼类，一旦捕捞上岸，凤尾鱼需要立即就加热烹调——因为凤尾鱼不易保存——或者使用醋或者盐进行加工腌制。有时候，可以从船上购买到非常新鲜的凤尾鱼。

凤尾鱼的切割 新鲜时：可以整条使用。加工制作时：可以使用广口瓶盐渍、可以腌制，或者用腌泡汁/卤水腌制。也可以用来制作凤尾鱼香精。

凤尾鱼的食用 生食时：可以使用传统的方式腌制，并且享用其原汁原味的原始状态。加热烹调时：新鲜可用的凤尾鱼，可以煎。

搭配各种风味 雪利酒醋、白葡萄酒醋、干葱、马郁兰、牛至、鼠尾草、百里香、香芹、地中海风味橄榄油等。

经典食谱 西班牙风味醋腌凤尾鱼、炸鼠尾草风味凤尾鱼、酿馅凤尾鱼、柠檬风味凤尾鱼、欧芹酱、尼斯沙拉。干制时：香蒜凤尾鱼酱；芦笋莎莎酱；内拉玉米粥；菊苣凤尾鱼沙司 (意大利菜)；凤尾鱼酱 (法国风味)。

欧洲凤尾鱼 (European anchovy)
这个组群中的成员盛产于地中海，在意大利西西里岛、法国和西班牙的海岸附近都可以捕捞到。在那里可以直接在渔船上售卖。沿着北非的海岸线也可以见到欧洲凤尾鱼的身影，最远可以延伸到大西洋的最北部和最南部水域。欧洲凤尾鱼最大可以生长到20厘米长。香咸的凤尾鱼是炭烧牛排的一种经典的配菜。也可以用来制作风味卓越的凤尾鱼黄油。搭配铁扒白鱼，像布里尔比目鱼和多佛比目鱼等，同样会美味可口。

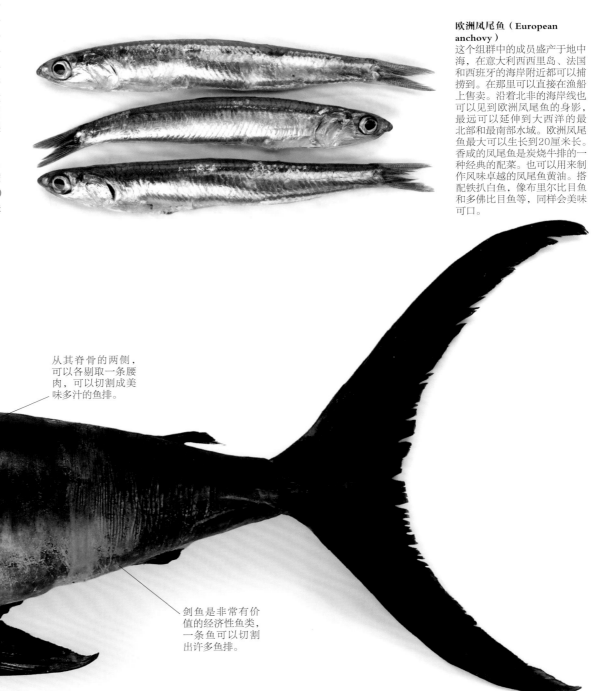

剑鱼的脊背呈黑色或者深褐色，到了鱼身侧面和腹部逐渐变成灰色。

从其脊骨的两侧，可以各剔取一条腰肉，可以切割成美味多汁的鱼排。

剑鱼是非常有价值的经济性鱼类，一条鱼可以切割出许多鱼排。

鲱鱼和沙丁鱼（herring and sardine）

鲱科鱼组群中有50多个品种，包括鲱鱼、美洲西鲱鱼、沙丁鱼/皮尔切得鱼、斯普拉特小鲱鱼、希尔撒鱼以及油鲱鱼等。凤尾鱼（见第47页内容）与这一组群中的鱼类关系密切。这些鱼类大多都是海洋鱼类，但是也有一些是淡水鱼。这些在浅滩生活的远洋性鱼类，主要以浮游生物为食，生长速度非常快。对于大型掠食性鱼类来说，它们是重要的食物来源。鲱鱼是一种富含油性的鱼类，在世界范围内都可以被大量捕捞，为许多国家的人们提供了一种关键性的低成本食物来源。鲱鱼也被普遍认为是世界上资源最丰富的鱼类之一。尽管有些品种的鱼类已经受到资源枯竭的威胁，但另外一些鱼类则被很好地管理着。鲱鱼被大批量的捕捞上岸，但它会迅速腐坏，如果想享用新鲜的鲱鱼，需要在它们尽可能的接近僵直期间就进行加热烹调。在这种情况下，使得鲱鱼会被加工成各种产品。从盐腌（以前的加工方式）到制作成罐头（为适应现在的市场需求）。一整条的鲱鱼，从中间片开，用盐腌制或者泡制好之后再经过烟熏，叫作腌鱼。

鲱鱼（herring）

鲱鱼的切割 新鲜时：整条，去掉内脏，或者剔取鱼肉，冷冻以及制作成罐头等。鱼卵，无论是硬质的还是软质的（受精卵），都非常受欢迎。雌性鱼卵在日本是一道美味佳肴。小个头的、未成年的鲱鱼鱼群被捕捞上岸之后，以银鱼的名字投放到市场上（但是目前被过度捕捞）。加工制作时：可以烟熏、盐腌、浸泡到卤汁中、加工处理，以及制作成罐头等。经过加工处理后的鱼：腌鱼、腌熏鲱鱼、原条热熏鲱，以及腌制鲱鱼等。

鲱鱼的食用 加热烹调时：最适合用来煎，但是也可以铁扒、烧烤、烤以及腌制等。

搭配各种风味 酸奶油、莳萝、燕麦片、培根、辣根、柠檬、水瓜柳，以及香芹等。

经典食谱 鲱鱼燕麦片；鲱鱼培根；香料醋渍鲱鱼卷；罐腌鲱鱼；芥末银鱼。

沙丁鱼（sardine）

沙丁鱼的切割 新鲜时：可以整条，去掉内脏，或者剔取鱼肉。加工制作时：可以烟熏、腌制、加工制作，以及制作成罐头（罐装橄榄油渍沙丁鱼，番茄沙司沙丁鱼等）。

沙丁鱼的食用 加热烹调时：可以煎，铁扒，或者烧烤。

搭配各种风味 地中海风味：橄榄油、大蒜、柠檬、小葡萄干、松子仁、香芹、牛至以及百里香等。

经典食谱 铁扒沙丁鱼配希腊沙拉；烧烤沙丁鱼配牛至和柠檬。

斯普拉特鲱鱼（sprat）

斯普拉特鲱鱼的切割 新鲜时：可以整条（一般需要你自己去掉内脏）。加工制作时：可以烟熏、制作成罐头，或者盐渍等。

斯普拉特鲱鱼的食用 可以铁扒、烘烤，或者煎等。搭配各种风味 甜菜、白葡萄酒醋和红葡萄酒醋、香芹、香菜，以及香菜籽等。

经典食谱 煎斯普拉特鲱鱼配柠檬。

欧洲斯普拉特鲱鱼（黍鲱，European sprat）

也称之为小鲱鱼，或者布瑞斯林，鲱鱼家族中的小个头成员，常见于从大西洋东北部（北海和波罗的海）到地中海、亚得里亚海，波罗的海以及黑海等地的欧洲海域之中。其鱼肉呈灰色，但是在加热成熟之后会变成白色。这种鱼具有细滑而油腻的质地。可以生长到超过16厘米长，但是通常更加常见的多为12厘米大小。

斯普拉特鲱鱼呈令人惊艳的亮银色，有着小小的鱼头和鱼泡状的黑色眼睛。

沙丁鱼或者皮尔彻得鱼（sardine or pilchard）

如果皮尔彻得鱼长度小于15厘米，会被称为沙丁鱼。这种鱼类生长速度非常快，对于许多国家来说都是非常重要的鱼类资源。其体型呈圆形，富含油脂，人体必需脂肪酸ω-3的含量非常高。脊背呈蓝绿色，鱼身两侧和腹部呈明亮的银色，鱼鳞非常疏松。过度捕捞促使政府做出了最小捕捞尺寸的限制（目前是11厘米），沙丁鱼最长可以生长到20～30厘米。沙丁鱼有许多鱼刺，质地粗糙，口感醇厚的肉质风味浓郁。

最好是将沙丁鱼去掉内脏，并且连同鱼骨一起制作，因为鱼身上的细刺，在将鱼制作成熟之后，会更容易的去掉。疏松的鱼鳞也需要使用刀背刮除掉。

大西洋鲱鱼有着蓝绿色的脊背，鱼身两侧则呈亮银色，有着疏松的鱼鳞。

大西洋鲱鱼（Atlantic herring）

也被称为大西洋幼鲱、瑶绫鱼、迪比鱼以及马蒂鱼等，大西洋鲱鱼或者海鲱鱼常见于大西洋两岸等地。这种深海鱼类能够形成数以亿计的巨大鱼群。它们可以生长到45厘米长，但是我们经常见到的是30厘米的鲱鱼。在20世纪90年代，被过度捕捞，但是目前已经有了非常有效的管理措施，有了可持续发展的资源。新鲜的鲱鱼取得最佳口味的方式是，只需简单的铁扒之后配一片柠檬享用。富含人体必需的ω-3脂肪酸，如果在鲱鱼非常新鲜时食用，其瓣状鱼肉会非常细腻而甘美，而且质地也不会太过油腻。鲱鱼多刺，对于某些食用者来说是一种挑战。

葡萄牙鲱鱼在其亮银色的鱼身上覆盖着一层鱼鳞。

葡萄牙鲱鱼（twaite shad）

葡萄牙鲱鱼常见于欧洲西海岸附近，地中海东部，以及这些海岸附近的一些较大的河流中。近年来，葡萄牙鲱鱼在欧洲的许多地区数量都有所下降。其外观与鲱鱼非常相似，但是其体型会更大一些，味道也会更加细腻一些，会制作成非常适口的鱼片，有着精致的青草风味和牛奶般的滋味。如果烹调加热方法适当，其瓣状鱼肉会惹人喜爱而多汁，但是鱼肉中会有大量的鱼刺。

有益健康的油性鱼类，带着天然的咸味，鱼肉风味浓郁，沙丁鱼最适合使用快速而简单的加热烹调方式。

尼罗河鲈鱼、澳洲肺鱼、墨累河鳕鱼（Nile Perch, Barramundi and Murray Cod）

在非洲、亚洲以及大洋洲更加温暖的水域内可以见到几种关键种群内的淡水鱼。尼罗河鲈鱼也被称为维多利亚鲈鱼和卡皮泰纳。这是一种主要生活在淡水中的掠食性鱼类，但是也有一部分生活在淡盐水中。自从被引进到非洲的维多利亚湖之后，在那里，几乎将所有其他种类的鱼消灭殆尽，造成了极大的损失。这是一种重要的经济性鱼类，捕获之后用于出口销售，并且可以卖一个好价钱。主要为野生品种，但也有一部分现在已经开始养殖。澳洲肺鱼，从波斯湾到中国、亚洲和澳大利亚等地都有发现。它们栖息在小溪，河流和河口水域一带。在澳大利亚，这种鱼是作为一种大批量商业化养殖的鱼种，并且是一种主要的出口品种。其在口感和质地方面与尼罗河鲈鱼非常相似。鳕鲈种族中的食肉性的淡水鱼，原产于澳大利亚，并且被称为"鳕鱼"。还有少数几种鱼类是生活在河里，包括墨累河鳕鱼和虹鳟鳕鱼等。现在这些种类中的许多鱼类已经被列为濒危鱼种。虽然在维多利亚有养殖的墨累河鳕鱼，并且所销售的墨累河鳕鱼或者在餐馆中使用的墨累河鳕鱼都是养殖品种，但是墨累河鳕鱼是严重濒危鱼类。以其绝佳的风味而闻名遐迩。

鱼类的切割 整条不需要制备，可以剔取鱼肉和切割成鱼排。

鱼类的食用 加热烹调时：可以煎、铁扒、烧烤、煮以及蒸等。

可以替代的鱼类 墨累河鳕鱼只可以使用养殖的品种。下列鱼类可以用来交换使用：鲷鱼、石斑鱼以及珊瑚鳟鱼等。

搭配各种风味 尼罗河鲈鱼和澳洲肺鱼：小白菜、青柠檬、辣椒、新鲜香草、白葡萄酒等。墨累河鳕鱼：黄油、白葡萄酒、啤酒、白葡萄酒醋、橙子，口味温和到中等风味程度的香料等。

墨累河鳕鱼会被养殖到适合分餐食用的大小。

尼罗河鲈鱼通常是制备好之后进行销售。其整洁，且呈乳白色的鱼肉，用来煎和挂糊炸，或者裹面包糠炸都风味绝佳。鱼肉的滋味与澳洲肺鱼非常相似，并且也可以以类似的方式进行加热烹调。

尼罗河鲈鱼（Nile perch）
尼罗河鲈鱼原产于尼罗河流域以及其他主要的西非淡水河流域，已经被引进到东非和北非，以及北美等地的湖泊中。尼罗河鲈鱼可以生长到2米长，最常见的是剔取其鱼肉，制作成质地硬实、肉质洁白而多汁的鱼肉片。作为一种淡水鱼类，其滋味会略微带有一点土腥味。而新兴的亚洲烹调风味很好地对其滋味进行了补充，如蒸鱼配小白菜和香菇等菜肴。

墨累河鳕鱼（Murray cod）

墨累河鳕鱼如果以重量来衡量，而不是使用长度计量的话，它是已知的澳大利亚最大的淡水鱼。这是一个生长缓慢的鱼类品种，生命周期可以超过30年。其体重可以达到20千克，有史以来最大个头的样本是112千克重。这种鱼的鱼肉风味绝佳，可以制作出质地柔和的、大块的、厚实而洁白的鱼排。这种鱼肉用途广泛，适合使用多种烹调方法和风味组合。还可以使用明火加热烹调，也非常适合制作油炸调味鱼。

质地硬实，口感醇厚的墨累河鳕鱼鱼肉非常适合亚洲风味的加热烹调方式，同样也适合用来制作英式炸鱼。

在将整条的鱼服务上桌之前，需要将鱼鳍、内脏以及鱼鳃等全部都去掉。

较大的鱼可以剔取鱼肉，而较小的鱼则可以去鳞、内脏之后整条加热烹调。

众所周知，澳洲肺鱼的鱼鳞会紧紧地依附于鱼肉上，将鱼鳞去掉的最好方式是使用刮鳞器，从鱼尾往鱼头方向刮掉鱼鳞。

澳洲肺鱼（barramundi）

澳洲肺鱼的幼鱼颜色呈褐色和斑驳的杂色。成年后的澳洲肺鱼可以生长到1.2米长。它们有着尖尖的鱼头和大大的下颚，淡银色的鱼皮上覆盖着盔甲般厚厚的鱼鳞。这种鱼多汁，且呈瓣状的洁白鱼肉中脂肪含量非常低，根据捕捞的地点不同，可能会带有一点土腥味。养殖的澳洲肺鱼很少有比标准规格更大的，它们的风味与野生的澳洲肺鱼也有所不同。澳洲肺鱼深受本地土著居民的欢迎。那里的人们会使用野生的姜叶将整条的大澳洲肺鱼包裹好，在明火的灰烬中加热烹调，制作成"巴拉"（barra）。澳洲肺鱼的鱼颊是一种独具一格的款待客人的美味：其汁液丰富而风味甘美。澳洲肺鱼是烧烤、蒸以及铁扒的绝佳原材料。

鲶鱼和越南大鲶鱼（catfish and river cobbler）

在野外捕获来自于不同种群中的各种鲶鱼，以及在大多数的大陆中养殖鲶鱼，都已经有几百年的历史了。它们生活在内陆的淡水岛屿和沿海水域中。许多鲶鱼类属于夜晚在河底捕食的肉食性鱼类。在世界上的许多地方，鲶鱼被认为是一种美味佳肴。特别是在中欧和非洲等地。来自于这些地方的移民，将鲶鱼带到了美国，而今成为非常受欢迎的南方传统美食的一部分。每一个大陆都有常见的不同

鲶鱼品种。斑点叉尾鲶鱼和蓝鲶鱼原产于美国，生活在淡水溪流、河流和小溪之中。"斑点叉尾"鲶鱼是养殖业中价值数百万的养殖鱼类。越南大鲶鱼和波沙鱼（来自于巨鲶科家族）原产于越南和泰国。最近在国际市场上已经变成非常有价值的鱼类了。

鱼类的切割 鲜活的鱼类；整条的鱼类；可以剔取鱼肉，新鲜的或者冷冻的均可以切割成份装的块状。

鱼类的食用 加热烹调：可以煎、铁扒、烘烤、煮或者炸等。加工制作时：可以烟熏、干制以及腌制。

搭配各种风味 玉米面、芝麻、酸奶油、蘑菇、青葱、香芹、香叶、百里香等。

经典食谱 南方风味油炸玉米面鲶鱼；炸鲶鱼饭；可乐鱼；塔斯卡卢萨鲶鱼。

鲶鱼的鱼皮就如同鳗鱼一样：厚而滑，需要使用夹钳费一些力气将其去掉。

在制备鲶鱼的时候，要小心避开这些鱼刺：有一些鱼刺非常锋利，能够导致伤口感染。

非洲尖齿鲶鱼（African sharptooth catfish）
这种呼吸空气的淡水鲶鱼生活在河流、湖泊和沼泽之中，在非洲、欧洲和美国都有养殖。无论是养殖的鲶鱼还是野生的鲶鱼都可以长到2千克的重量。鲶鱼在美国和非洲都广受欢迎。鲶鱼肉质滋润而多汁，与许多其他种类的淡水鱼一样，带有一种独特的河水的味道。肉质洁白而质地硬实，适合使用各种烹调方法。适合搭配东方风味，包括姜和辣椒等。

罗非鱼（tilapia）

在丽鱼科家族中有100多个不同的鱼类品种，罗非鱼（也被称为圣彼得鱼）是它们的常用名称。这些鱼在温暖地区的淡水条件下生长，在那些地方，它们可以生长到40厘米长。罗非鱼是通过水产养殖方式生产出的仅次于鲤鱼的鱼类，其中的一些鱼类品种在世界上许多地区被广泛养殖。罗非鱼是杂食性的鱼类，水生植物占其日常饮食中的重要部分，因为罗非鱼不需要喂食如同养殖其他种类的鱼时所需要的大量的鱼粉，因此罗非鱼的养殖对生态环境无害。现在人们都会养殖许多不同杂交种类的罗非鱼，用来制作出风味甘美、质地硬实、色泽洁白的鱼肉。罗非鱼属于外来入侵鱼种，在引进养殖的一些地区已经变成一个令人头疼的问题。

罗非鱼的切割 新鲜时：可以整条（无需制备及去除内脏）使用，可以剔取鱼肉。加工制作时：可以腌渍、干制等。

罗非鱼的食用 加热烹调时：可以煎、炸、蒸、烘烤、烧烤或者铁扒等。加工制作时：可以在烘烤和煮熟之后加工成成品。

搭配各种风味 泰国风味：鸟眼辣椒、棕榈糖、鱼子酱、虾酱、香菜、椰子肉、辣椒、高良姜等。

经典食谱 香煎罗非鱼。

罗非鱼（tilapia）
在泰国，罗非鱼被称为石榴鱼，烹调方法也多种多样。这种杂交的罗非鱼，在其灰色的鱼身上有着深灰色的带状条纹，罗非鱼没有被充分利用，但是已经逐渐被人们所接受并受到重视。可以制备出风味甘美的、非常硬实而洁白的鱼肉，适合使用各种烹调方法，并且与许多风味都搭配良好。通常在市场上见到的、养殖的罗非鱼在20~25厘米长。

罗非鱼的鱼鳞非常牢固地粘连在鱼身上，需要使用刮鱼鳞器才可以完全将其鱼鳞去干净。罗非鱼的鱼皮也可以经过加工处理，并用于制革行业中。

在加热烹调之前，要将罗非鱼的鱼鳍修剪掉。

越南大鲶鱼或者
波沙鱼，可以加
工制作成整齐而
洁白的冷冻鱼肉。

越南大鲶鱼（river cobbler）
越南大鲶鱼是巨鲶科家族中的一员，
也被称之为波沙鱼、波科提鱼，以及
红裸翼鲷等。越南大鲶鱼可以生长到
25～30厘米大小。当越南大鲶鱼开始
养殖以后，目前在世界范围之内，是
最广泛的养殖鱼类之一（还有鲤鱼
和罗非鱼）。大量养殖的鲶鱼极大地
减轻了野生鲶鱼中某些品种资源枯竭
造成的威胁。鲶鱼非常容易养殖，并
且对生态环境无害。越南大鲶鱼的味
道非常清淡，但是其鱼肉的质地呈瓣
状，最适合炸，或者添加上一些味道
浓郁的调味品让其滋味丰满。

经典食谱（classic recipe）

炸鲶鱼（deep-fried catfish）

鲶鱼类菜肴，特别是这一道美味的炸
鲶鱼，是美国中西部和南部各州的佳
肴。传统上是搭配卷心菜沙拉和番茄
沙司。其他的风味，如墨西哥辣椒和
克里奥尔风味调料等，也可以加入玉
米面中混合好后使用。

供 4 人食用

| 4块鲶鱼肉，总共大约750克 |
| 300毫升牛奶 |
| 85克普通面粉 |
| 140克细玉米面或者粗玉米粉 |
| 盐和现磨的黑胡椒粉 |
| 油，炸鱼用 |
| 柠檬角，装饰用 |

1 将鱼肉定型，并且浸泡到牛奶中。
将面粉和玉米面一起过筛到一个大盘
内，加入盐和胡椒粉调味。将鱼肉捞
出，均匀地沾上面粉和玉米面。

2 在一个炒锅内加入三分之一满的油，
将油烧热，加入鱼肉炸至金黄色。捞
出摆放到一个餐盘内，再淋洒上一点
盐，在餐盘的一边摆放好柠檬角，食
用时将柠檬汁挤到炸鲶鱼上。

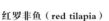

红罗非鱼（red tilapia）
罗非鱼的颜色因品种而异，就
如同锦鲤一样。红罗非鱼在色
彩上呈粉红色，与灰色罗非鱼
的制备加工和烹调加热的方式
完全相同。

罗非鱼的鱼肉呈
洁白色，并且质
地稠密，可以很
好地定型，所以
非常适合用来煎
和铁扒等。

鱼丸（gefilte fish）

这是一道犹太人风味食谱，传统制作方法是将制作好的混合物塞入去掉鱼皮的鱼肉中。

供 4 人食用

1千克鲤鱼或者梭子鱼肉，去掉鱼皮，修整好，去掉内脏，刮除鱼鳞

1汤勺油

1个洋葱，切成细末

2个鸡蛋

1茶勺糖

盐和现磨的白胡椒粉

60克中筋薄饼粉

1 将鱼肉和油一起放入食品加工机内，将鱼肉搅碎，取出放入一个盆里。

2 将洋葱、鸡蛋、糖、盐、胡椒粉以及中筋薄饼粉一起放入食品加工机内，搅打至混合均匀。取出倒入鱼肉盆里，用手将它们搅拌成膏状。

3 将鱼肉膏塑成小苹果大小的球状，冷藏至需用时。

4 放入到使用鱼骨制作好的高汤中煮6～10分钟，或者一直煮到鱼肉丸变硬变熟。

鲤鱼（carp）

鲤科家族中包括鲤鱼、鲦鱼、丁鲷、斜齿鳊、欧鳊、鲦鱼、白鲑，以及苦鱼等，有超过2500个成员；还有水族馆中的观赏鱼类，如锦鲤和金鱼等。总体来讲，大部分的鲤科家族中的鱼类都原产于北美洲、非洲和欧亚大陆。它们没有胃或者牙齿，主要以植物和无脊椎生物为食。这种鱼类的大小各异，从几毫米到1.5～2米长不等。鲤鱼，作为这个家族中最有名望的鱼类，是被最早养殖的鱼类之一。时至今日仍然是世界上产量最高的养殖鱼类，虽然在中国被广泛使用和养殖，但是在很多国家的餐饮文化中，鲤鱼不是很受欢迎的鱼类，它们的鱼肉中带有明显的土腥味，并带有略微浑浊的味道（根据其栖息地不同而有所变化），并且有很多非常细的鱼刺。有一些人工养殖的鱼类品种会出现在中国、东欧以及犹太人市场上，也会在那些无法获得海洋鱼类的内陆国家的市场上出现。垂钓淡水鱼是一个广受欢迎的休闲爱好，而鲤鱼家族中的许多成员受到特别追捧。它们的听觉非常灵敏，对于钓鱼者来说是一项严峻的挑战。

鲤鱼的切割 新鲜时：通常会整条使用，或者使用活鱼。加工制作时：鲤鱼子，可以烟熏和腌渍。

鲤鱼的食用 可以蒸、烤、煎、裹面包糠（使用面包糠加热烹调的方式）、炸以及烘烤等。鲤鱼鱼骨等可以用来制作高汤和鱼汤。

搭配各种风味 红椒粉、黄油、水瓜柳、莳萝、大蒜、香芹、玉米粉、姜、米酒、芝麻等。

经典食谱 蓝色鲤鱼；烤匈牙利鲤鱼配红粉沙司；鱼丸；鲤鱼配茴香沙司。

草鱼（grass carp）
在中国被广泛养殖，这种鱼在美国也被称为草鲤。为了垂钓运动和保持水生植被的需要而被引入到美国和新西兰。尽管草鱼的存在也会对某些植物生命和水生物种有消极影响。草鱼可以生长到1.2米长。有着草本植物的滋味，以及比较浓郁的风味。在东欧国家里，会在宴会上和节假日里食用草鱼。

草鱼呈橄榄色，有着棕黄色的暗影，腹部呈白色。

鲟鱼（sturgeon）

鲟鱼最有名的或许是以其鱼卵制作而成的美味佳肴，市场上以鱼子酱的名称进行销售。鲟鱼也可以制作出风味绝佳的、肉质稠密的鱼片。在鲟科组群中大约有25个品种的鱼类，生活在北半球水域中。有一些品种的鲟鱼会生活在咸水和淡水水域中，其他的鲟鱼会溯河产卵的品种（洄游鱼类会游进淡水水域产卵，然后再游回到大海中）。这种与众不同的鱼类看起来十分像史前生物，这只是因为其部分鱼骨发生钙化和骨质化而造成的原因，但是这种鱼的颅骨和大部分的脊椎骨都是由软骨构成的。鲟鱼的体型细长，沿着其脊背处，生长着成排的鳞甲。大多数种类的鲟鱼，在其下巴处有着敏感的触须，它们用触须定位水底中的食物，然后将食物吸到嘴里。鲟鱼的生长非常缓慢，可以活到100年之久。由于鱼子酱售价高昂，这些鱼类被残酷地过度捕捞，现在有些品种已经属于严重濒危的鱼类。最著名的，以其盛产价值连城的鱼子而闻名的品种包括白鲸、奥西特拉鲟、闪光鲟以及小体鲟等。淡水水域的西伯利亚鲟鱼是养殖的鱼类，主要用来培育雌性鱼，用来取其鱼卵，但是雄性鱼也会取其肉。

鲟鱼的切割 新鲜时：可以整条，可以切割成鱼排，可以剔取鱼肉，取鱼卵。加工制作时：可以烟熏。

鲟鱼的食用 加热烹调时：可以烘烤、煎以及蒸等。加工制作时：可以生食。

搭配各种风味 辣根、酸奶油、甜菜、醋、黄油、柑橘类水果等。

经典食谱 鱼子酱。

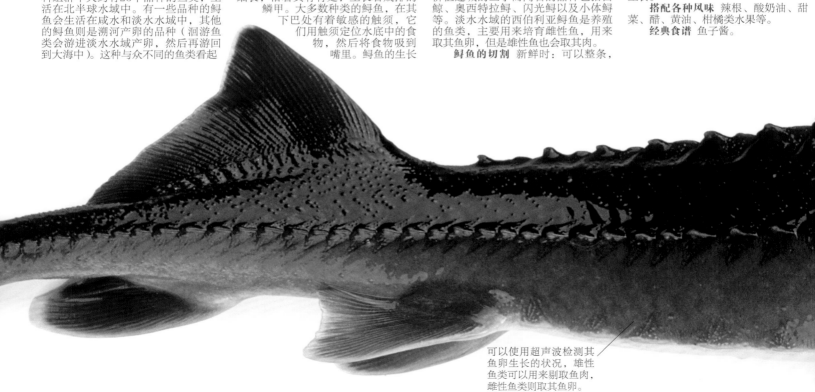

可以使用超声波检测其鱼卵生长的状况，雄性鱼类可以用来剔取鱼肉，雌性鱼类则取其鱼卵。

淡水乌鲂（Freshwater bream）
也称之为鲤鲂，这种鱼类原产于欧洲和巴尔干半岛，在里海、黑海以及咸海等水域内都可以见到它们的身影。捕捞上岸的淡水乌鲂，其个头通常都在30厘米左右长，但是现在我们已经知道，它们可以生长到这个长度的3倍大小。它们的白色鱼肉中没有鲤鱼惯有的土腥味，可以使用香草，如百里香或者迷迭香等，调味后铁扒或者烘烤。

淡水乌鲂上的鱼鳞几乎覆盖全部鱼身，呈铜质镀金色。

鲤鱼（Common carp）
也叫作镜鲤、明镜鱼，或者革鲤。这种鱼脊背部位呈棕色，到了腹部渐变成金色，有时候会呈现更加亮丽的银色。它的侧翼较高，并且与其他的低级鱼类一样，身上带有一层非常浓厚的黏液，在进行加工处理之前要将其清洗干净。传统做法是将鲤鱼浸泡在酸性水溶液中，以有助于清除黏液并且去除其略微土腥的风味。鲤鱼可以生长到1.2米长。

在刮取鲤鱼的鱼鳞之前，因为这些鱼鳞牢固地依附在其鱼身上，要先将鱼身上的黏液清洗干净，否则，因为鱼身太滑而很难握住鱼身进行处理。

制备整条的鲟鱼时要小心一些，其身上的鳞甲非常锋利。

西伯利亚鲟鱼（Siberian sturgeon）
在法国有养殖的西伯利亚鲟鱼，目的是取得其鱼卵。这种鱼类原产于中国和俄罗斯，脊背呈灰棕色，而腹部呈浅色，可以生长到2米长。鱼肉硬实而醇厚，风味尤佳。非常适合铁扒、煎以及烧烤。另见：鱼卵中内容（第98~99页）。

梭鱼（pike）

梭鱼是狗鱼科家族中的一个成员，是肉食性鱼类，以捕食其他梭鱼、小鱼、鸟类以及哺乳类生物（包括小鼠和大鼠）为食。梭鱼是一种淡水鱼，被大规模捕捞并受到垂钓者的喜爱，梭鱼也叫作梭子鱼（通常用来描述较小一些的鱼类）、杖鱼以及狗鱼（美国人的称呼）。梭鱼常见于北美、西欧、西伯利亚以及欧亚大陆等的河流中。梭鱼有几个不同的品种，包括大梭鱼、草梭鱼以及北梭鱼等。在法国最著名的制作方法是用来制作梭鱼丸子，一种使用过滤好的梭鱼鱼肉加上奶油和鸡蛋清制作而成的鱼泥。梭鱼肉质地细腻，但是有许多细

小的鱼刺，这道食谱使得梭鱼肉得到最好的体现，因为其中的鱼刺在服务上桌之前就已经处理掉了。

梭鱼的切割 新鲜时：可以整条，可以剔取鱼肉。加工制作时：可以烟熏、盐渍、干燥、取其鱼卵等。

梭鱼的食用 加热烹调时：可以煎、铁扒、蒸、煮、烤等。

搭配各种风味 淡味黄油（无盐黄油）、鼠尾草、柠檬、奶油、香叶、白葡萄酒等。

经典食谱 梭鱼丸子；传统风味烤梭鱼。

作为捕食者老手，梭鱼尖锐状的鱼头上有着锋利的牙齿。

梭鱼丸子（pike quenelles）

将梭鱼肉搅打成细泥，制作成这一道经典的法国菜肴。

供 4 人食用

| 30克黄油 |
| 15克普通面粉 |
| 5汤勺牛奶 |
| 1片香叶 |
| 225克梭鱼肉 |
| 盐，现磨的白胡椒粉和豆蔻粉 |
| 60克黄油，软化 |
| 1个鸡蛋，蛋清和蛋黄分离开 |
| 2汤勺鲜奶油 |

1 在一个小号沙司锅内加热熔化黄油，加入面粉，用小火加热煸炒30秒钟，然后加入牛奶混合好，再加入香叶，用小火加热并搅拌至烧开，然后再用微火加热熬煮2分钟。将沙司锅从火上端离开，将牛奶糊倒入一个餐盘内冷却。取出香叶不用。

2 将梭鱼肉切成小块，放入到食品加工机内搅打——在搅打的过程中加入盐、胡椒粉和豆蔻粉——一直搅打至呈细腻状。加入冷却后的牛奶糊、黄油、蛋清以及鲜奶油，再次搅打至混合均匀，取一点搅打好的混合物在水中煮熟，尝尝口味如何，根据需要调整口味。

3 将搅打好的鱼泥用细网筛过滤，然后冷藏45分钟。使用两把勺子将鱼泥制作成菱形的形状。在一个煎锅内加入三分之二满的水，用小火加热，然后加入制作好的鱼丸。用小火加热煮8~10分钟，或者煮到鱼丸能够漂浮到水面上，并感觉到硬实。捞出摆放到餐盘内，配黄油汁一起食用（见第67页内容）。

梭鲈、玻璃梭鲈、鲈鱼以及美国黄鲈鱼（zander，walleye，perch and American yellow perch）

淡水鱼中的河鲈科家族成员在全球范围内都可以见到。曾经是那些无法到海边享用海鱼的人们的首选佳肴，目前其中许多的品种已经很少出现在餐桌上了，但是它们仍然受到休闲垂钓者的欢迎，在某些情况下，商业性的捕捞和水产养殖仍然具有生命力。河鲈鱼家族中的成员有着一样的鱼鳍造型：第一个背鳍呈尖刺状（尖刺的数量各不相同），第二个背鳍则比较柔软，这个家族中的成员包括梭鲈、梅花鲈、美国黄鲈鱼、银鲈鱼、大眼鲥鲈以及玻璃梭鲈等。其中个头最大的是梭鲈，一种常见于淡水中的掠夺性的鱼类，有一些也可以在微咸水中捕获到。原产于东欧，但是现在也被引入西欧和美国。鲈鱼（也称为欧洲鲈鱼或者英国鲈鱼），原产于欧洲和亚洲，现在已经被引入南非、新西兰以及澳大利亚等

国家。它的鱼身呈深绿色，有一些条形花纹，多鳞，有着红色的鱼鳍。在寒冷的欧洲水域里，很少有超过40厘米的长度，而在澳大利亚则可以生长得更长一些。另一个深受欢迎的鱼类品种是玻璃梭鲈，与梭鲈密切相关，原产于加拿大和美国北部，玻璃梭鲈无法养殖，但是几十年来，在一些河流水系中，人们一直在对其资源进行补充。

鱼类的切割 通常是整条。

鱼类的食用 加热烹调时：可以煎、铁扒、烘烤、烤等。

搭配各种风味 黄油、香草类（细香葱、鼠尾草、迷迭香、百里香，以及香叶）、柠檬和白葡萄酒醋、奶油和鸡蛋等。

经典食谱 鲈鱼：鲈鱼汤。梭鲈：卢瓦尔风味炖鱼。所有的这些鱼类都可以用来制作鱼丸和鱼丸冻等。

玻璃梭鲈（walleye）
大厨们常说，玻璃梭鲈在所有的淡水鱼中有着最好的味道。这种鱼可以生长到大约92厘米长，而其颜色依据其栖息地而定。其肉质中鱼刺很少，且风味清淡，呈瓣状，口感温和。

在去掉内脏和加热烹调之前，要将其浓密的鱼鳞去掉。

梭鱼在其深橄榄色的鱼皮上，
有着金色的斑纹，在河流的杂
草中给自己提供了很好的伪装。

梭鱼（pike）
这种鱼也叫作北方梭鱼，或者狗鱼（美
国叫法）。梭鱼有着细长的身体，可以生
长到2米以上的长度。鱼肉滋味温和，色
泽洁白，多刺。

美国黄鲈鱼（American yellow perch）
通常被认为是欧洲鲈鱼的亚种鱼类或者是
杂交鱼类。黄鲈鱼常见于美国和加拿大。
其颜色比欧洲相关的鱼类要浅一些，在其
鱼鳞上还有着黄色的色调。以风味细腻而
著称，而因为其个头较小（很少有超过几
厘米长的），是煎鱼的理想材料。在餐厅
中，"鲈鱼"是一个应用非常广泛的名称，
常用来描述这种鱼类和其他种类的鱼类，
会造成混淆。

梭鲈是一种凶猛而
难以捕捉到的野生
鱼类，有着体态长
而优雅的鱼身。

梭鲈（zander）
这种鱼可以达到20千克重，并且可以生
长到92厘米长。其肉质风味细腻，有着
草本植物的质朴口感。尤其受到法国人的
青睐——来自卢瓦尔河谷的几道菜都会以
梭鲈为特色，非常适合铁扒。

鳟鱼（鲑鱼）、碳鱼以及河鳟鱼（trout，char and grayling）

这一组群中的鱼类数量巨大，是全球性的重要食物来源。所有的鱼类都富含油脂，呈粉红色的肉质是以一种甲壳类生物为食，所引起颜色的自然变化。而养殖的鱼类有时候会喂食一些化学成分以达到这种效果。某些种类的鳟鱼会被用于水产养殖或用于鳟鱼养殖的资源。大多数鳟鱼都生活在世界各地的淡水水域中，而另外一些品种的鱼类则是溯游而上，迁移到大海中生存，然后在洄游到它们出生的河里产卵。因为鳟鱼会在泥泞的河床上觅食，因此会带有一股土腥味。养殖这些鱼类时，会在河床上铺满砂石，并且在捕捞之前用干净的水进行净化处理，以防止这一种情况的发生。北美原生的鳟鱼包括虹鳟鱼、玛红点鲑鱼以及溪红点鲑鱼等。其他受欢迎的品种还包括湖红点鲑鱼、金鳟鱼以及切喉鳟鱼等。碳鱼的大小和外观鱼鳟鱼相类似。湖碳鱼可以达到4千克重，北极碳鱼则可以超过6千克重。河鳟鱼是一种在欧洲和北美深受欢迎的野生鱼类。捕捞上岸之后，这种鱼会带有一种独特的新鲜百里香的芳香风味。它不是一种可以进行经济性捕捞的鱼类。

鱼类的切割 可以整条、去除内脏，或者剔取鱼肉、鱼卵等。

鱼类的食用 加热烹调时：可以煎、烘烤、铁扒、烤等。加工制作时：可以热熏或者冷熏，盐渍鱼卵。

搭配各种风味 传统的法国风味：白葡萄酒醋、黄油、柠檬、细香葱、杏仁、榛子等。

经典食谱 面包糠鳟鱼；鳟鱼和塞拉诺火腿；杏仁鳟鱼；绿鳟鱼（捕获之后迅速放入到酸性鱼高汤中煮，就会变成绿色）；醉碳鱼。

虹鳟鱼（rainbow trout）
北美虹鳟鱼在19世纪末被引入欧洲，生长快速，因而被广泛养殖。在欧洲水域之中，野生的鱼类鲜有生长到超过10千克重的，在美国，它们则可以生长到两倍于这个大小。可以整条的烹调，也可以去掉内脏，或者剔取鱼肉后加热烹调。其鱼肉中细小的鱼刺让人很难寻找到。

虹鳟鱼有着亮银色的鱼皮和彩虹色调的斑块。

褐鳟鱼的鱼皮颜色较浅，在其鱼身两侧有着巧克力棕色和橙色的斑块。

一旦制作成熟，虹鳟鱼肉会碎裂成规则的瓣状，有着草本植物的芳香风味。

褐鲑鱼（brown trout）
原产于欧洲的河流中，褐鲑鱼无法从野外大量地捕捞，而是少量养殖的，特别是有机的褐鲑鱼，可以生长到15千克以上的重量。野生的褐鲑鱼通常会更小一些，并且土腥味会特别重。而养殖的鱼类风味趋向于更加柔和而甘美。为了使其风味更加美好，可以使用混合香草将其捆绑好，然后进行烧烤。

北极碳鱼深色的鱼皮上有着浅色的斑点，鱼的颜色会根据其栖息地的不同和一年之中时间的不同而有所不同。

北极碳鱼（arctic char）
也称为远东红点鲑鱼和欧鳟鱼。有一些生活在内陆的冰川湖里，特别是在英格兰北部的湖区里，在上一个冰河世纪末期，它们被困在那里。养殖并捕捞的鱼类的重量在3千克左右。其肉质中的土腥味比鳟鱼要小得多，有着百里香的芳香和切割青草后的清香风味。特别适合水煮之后淋洒上黄油、肉豆蔻，以及配上柑橘类水果，摆放到烘烤至酥脆的薄面包片上享用。

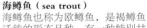

味道浓郁的香草类，如鼠尾草、迷迭香以及香芹等，与北极碳鱼甘美的瓣状鱼肉搭配良好。

溪红点鲑（Brook trout）
也称为溪红点碳鱼、斑点鳟鱼、虹鳟鱼以及方尾鱼等。颜色呈绿色到褐色之间，有着独具特色的大理石花纹。可以生长到65厘米以上，鱼肉为白色到黄色，滋味非常美味可口。

海鳟鱼（sea trout）
海鳟鱼也称为欧鳟鱼，是褐鳟鱼迁徙的形态品种，有一种特别甘美而细腻的风味，而不像鲑鱼那么强烈。可以整条的煮熟，或者剔取鱼肉，配荷兰沙司和柠檬一起享用。

经典食谱（classic recipe）

杏仁鳟鱼（trout with almonds）

鳟鱼是一种非常好的、多用途的鱼类，但是需要添加一些强烈的风味来减轻其有时候所带有的土腥味。

供 2 人食用

2升水

1个洋葱，切成丝

1个胡萝卜，切成片

1根芹菜梗，切成片

1小杯白葡萄酒

1片香叶

2条鳟鱼，刮除鱼鳞、修整好、去掉内脏和鱼鳃

60克淡味黄油（无盐黄油）

60克切碎的杏仁

适量的柠檬汁

1 将水、洋葱、胡萝卜、芹菜、白葡萄酒以及香叶一起放入一个大号炒锅内，烧开之后用小火熬煮10分钟。然后将锅从火上端离开，让其冷却几分钟。

2 将鳟鱼放入锅内的汤汁中，加热烧开，然后改用小火煮12～15分钟。当鱼眼睛变成白色，鱼皮可以脱离鱼身时，表示鱼已经煮熟。捞出摆放到一个盘内，将鱼身拭干，剥除鱼皮，并去掉所有的鱼鳍。摆放到餐盘内，保温。

3 在一个大号煎锅内加热熔化黄油，加入杏仁，用小火加热翻炒，直至杏仁变成了金黄色。将锅从火上端离开，加入2汤勺的柠檬汁，或者根据自己的喜好添加。略微调味，趁热倒入到鳟鱼上，服务上桌。

大西洋鲑鱼（Atlantic salmon）

在大西洋和太平洋水域都能够见到鲑鱼的身影。鲑鱼是溯河产卵的鱼类，将自己生命周期内的一部分时间用于淡水中，一部分用于海洋中。大西洋里只有一个鲑鱼品种，对该种鲑鱼的高度需求而将其称之为"鱼中之王"，就是大西洋野生鲑鱼，其稀有程度已经导致了过度捕捞的威胁，现在许多捕鱼禁令已经公布到位。鲑鱼资源一度是非常丰富的，但一个野生大西洋鲑鱼标本现在已经非常罕见，而随后的价格变得非常高昂。在20世纪80年代，大西洋鲑鱼养殖业变成了一个大规模的商业化企业行为，在其成立初期引起了很多的争议，因为有许多环境问题需要克服。目前，大多数的大西洋鲑鱼都在英格兰和挪威养殖。日本消费了世界上三分之一的鲑鱼，但鲑鱼也深受许多欧洲国家和世界各地人们的喜爱。野生鲑鱼和养殖的品种有着很大的不同。养殖的鲑鱼品质优良，味道鲜美，所含脂肪均匀。

鲑鱼的切割 可以整条，剔取鱼肉，切割成鱼排，鱼头、鱼卵等。

鲑鱼的食用 加热烹调时：可以煎、煮、铁扒、烘烤。鱼头通常用作煮汤。生食时：冷冻，用来制作寿司和刺身。加工制作时：热熏（炉烤三文鱼）和冷熏（见第92~95页内容）。像大马哈鱼那样盐渍鱼卵，一种鱼子酱的替代品（见第96~97页内容）。

搭配各种风味 柠檬、黄油、莳萝、海蓬子、龙蒿、姜、酸模草、甜酱油。

经典食谱 煮鲑鱼配荷兰沙司；莳萝腌渍鲑鱼；面拖鲑鱼（法国菜）；传统的煮并装饰鲑鱼。

大西洋鲑鱼鱼肉特别适合用来烤、烧烤以及煎。

大西洋鲑鱼（Atlantic salmon）
大西洋鲑鱼依据其生命周期中的不同阶段，以及是生活在淡水中还是海水中，可以表述为鱼苗期、生长期、幼鲑期、溯河产卵期等。养殖的鲑鱼会在其生长到3.5~4.5千克时售卖。其鱼肉硬实而滋润，滋味精美。要加热烹调一整条鲑鱼，可以使用一段棉线丈量出鱼身上最厚部分的周长，按照每2.5厘米需要在230℃的温度下，加热4分钟的时间进行计算，成熟后的鲑鱼甘美而多汁。

这道北欧风味菜肴最初是用盐将鱼掩埋在地下制作而成的。

供8~10人食用

200克粗盐

85克糖

1汤勺白胡椒粒，压碎

一大把莳萝，切碎，多预备出2汤勺切碎的莳萝

2汤勺伏特加酒或者白兰地

2千克鲑鱼中段，去鳞、去骨，剔取鱼肉

3汤勺法国大藏芥末

2茶勺糖

1个蛋黄

150毫升葵花籽油

1汤勺柠檬汁

1 将盐、糖、白胡椒碎、莳萝以及伏特加酒或者白兰地混合到一起。将四分之一的混合物放入到一个足够摆放开鱼肉的浅盘内。放入一片鱼肉，鱼皮朝下，用剩余的大部分腌料覆盖好鱼肉，然后将另外一片鱼肉摆放在上面，鱼皮朝上，再将剩余的腌料撒到鱼上。

2 用保鲜膜将鱼覆盖好，再将一个沉重的盘子压在鱼肉上。放入冰箱内冷藏至少18个小时（或者48小时以上），在此期间要将鱼翻转1~2次。

3 擦拭好鲑鱼，使用一把锋利的薄鱼刀，将鲑鱼按照对角线的方向片成薄片，去掉鱼皮。如果冷藏保存，莳萝腌渍鲑鱼可以保存5~6天。

4 制作沙司，将芥末和糖搅拌入蛋黄中。如果喜欢蛋黄酱，则可以再搅入一些油。拌入柠檬汁和莳萝即可。

太平洋鲑鱼（Pacific salmon）

太平洋鲑鱼有几个不同的品种，包括切努克鲑鱼、红鲑鱼、狗鲑鱼、银鲑鱼、粉红鲑鱼以及樱花鲑鱼等。虽然有一些是养殖品种，但是它们属于多产的鱼类品种，被许多太平洋沿岸国家大规模地捕捞，特别是阿拉斯加和加拿大。与大西洋鲑鱼不同，大西洋鲑鱼会洄游到河里产卵，而太平洋品种的鲑鱼会死亡。狗鲑鱼也叫作马苏鲑鱼（经过地中海航运认证）、凯塔鲑鱼、夸拉鲑鱼、卡里扣鲑鱼和牧鲑鱼以及福尔鲑鱼等。它们在北太平洋海域、韩国和日本海域，以及在白令海域内资源丰富。在北极阿拉斯加和南到加利福尼亚的圣地亚哥都可以见到它们的身影。其鱼肉可以是罐装的、干制的以及腌制的等，其鱼卵也可以食用。粉红三文鱼，也称为驼背鲑鱼和驼背大马哈鱼。这是最小个头的太平洋鲑鱼（其平均为2.25千克），可以在北极和太平洋的西北部到中东部海域见到它们的身影。银鲑鱼（经过地中海航运认证），也称之为银大马哈鱼、蓝背鲑鱼、中红大马哈鱼、大眼狮鲈以及银河鱼等。可以生长到大约110厘米的长度，在北太平洋中，从

俄罗斯的阿纳德尔河，南到日本的北海道，从阿拉斯加到加利福尼亚半岛和墨西哥都能够见到它们的身影。其肉质细腻而风味饱满。日本樱花鲑鱼也称之为马苏鲑鱼，可以在太平洋的西北水域、鄂霍次克海以及日本海等海域捕获到。

太平洋鲑鱼的切割 新鲜时：可以整条，可以剔取鱼肉，切割成鱼排等。加工制作时：可以冷冻，制作成罐头等。

太平洋鲑鱼的食用 根据鱼的品种不同，可以使用各种烹调方法。加热烹调时：可以煮、煎、微波炉、铁扒、烘烤、蒸等。加工制作时：可以烟熏、鱼卵、干制、盐渍等。

搭配各种风味 亚洲风味：香菜、酱油、芝麻、辣椒、青柠檬。非常适合木板烧的烹调方法。

经典食谱 面拖鲑鱼；鲑鱼刺身；水煮鲑鱼；烟熏糖渍鲑鱼。

奇努克鲑鱼（chinook salmon）
也称之为国王鲑鱼、太平洋鲑鱼、春鲑鱼、黑鲑鱼、奎那特鲑鱼以及丘布鲑鱼等。这种鲑鱼可以生长到1.5米长，而通常所见到的大小为70厘米左右。可以在北极，以及太平洋的西北部到东北部，从美国阿拉斯加州到加利福尼亚州再到日本都可以捕捞到。这种鱼与大西洋鲑鱼有着相类似的富含脂肪的质地和肉质，也适合使用相同的烹调方法。

在海里时，奇努克鲑鱼在其蓝绿色的脊背上有着众多小的黑色斑点。

野生的大西洋鲑鱼有着发育良好的鱼鳍，沿着脊背位置的铁灰色鱼皮上有着黑色的斑点。而养殖的大西洋鲑鱼会有更多的斑点，并且通常都会带有畸形的鱼鳍。

奇努克鲑鱼的鱼肉比大西洋鲑鱼的鱼肉要略微瘦一些，多汁而甘美，非常适合于铁扒、煎和烘烤。

红鲑鱼（sockeye）
也叫作红色和蓝背鲑鱼。可以在北太平洋海域内捕获到。这是最重要的商业性鱼类之一，可以生长到94厘米以上的长度。肉质较瘦、口感醇厚，密实的肉质中的深橘黄色，来自于其日常食用的甲壳类生物。其加热烹调的时间要比大西洋鲑鱼略微长一点，肉质中缺乏脂肪，也意味着肉质会在加热烹调的过程中变得干硬；可以通过涂抹上油脂或者使用腌泡汁的方式让鱼肉保持水分。

奇努克鲑鱼与大西洋鲑鱼的相似度比其他任何太平洋品种的鲑鱼都要高。

烘烤鲑鱼配欧芹酱和黄瓜（baked salmon with salsa verde and cucumber）

这道冷菜通过搭配一种香辛的绿色沙司，完美地将剩余的鲑鱼进行了充分的利用。

供4人食用

1根黄瓜
350克剩余的烤熟的鲑鱼，分别切成小块状

制作欧芹酱用料
几片罗勒叶
几片薄荷叶
几片扁平的香芹叶
2汤勺白葡萄酒醋，多备一些调味用
2茶勺水瓜柳，漂洗干净，轻轻拭干，切成细末
2瓣蒜、擦碎或切成细末
8条银鱼柳，捞出控净油，切碎
2茶勺英式颗粒芥末
盐和现磨的黑胡椒粉
6汤勺特级初榨橄榄油，多备出一点调味用

1 制作欧芹酱，将所有的香草都切成细末状，放入一个碗里，淋洒上白葡萄酒醋并搅拌均匀。加入水瓜柳、大蒜末以及银鱼柳等，再次搅拌均匀。加入芥末并用盐和黑胡椒粉调味，将橄榄油缓慢地搅拌进去。尝味，并根据口味需要重新进行调味，根据需要还可以加入更多的醋或者橄榄油。将制作好的欧芹酱倒入一个碗里。

2 将黄瓜去皮，纵长切割成两半，用一把茶勺挖出黄瓜籽，将黄瓜切成丁。

3 上菜时，将鲑鱼摆放到一个大盘内，或者分装到4个餐盘内，将欧芹酱用勺舀入到鱼肉上，将切成丁的黄瓜摆放到一边即可。

颌针鱼或长嘴硬鳞鱼以及飞鱼（needlefish or garfish and flying fish）

颌针鱼科（也被称之为长嘴硬鳞鱼）中的长嘴鱼家族成员鱼飞鱼家族密切相关。颌针鱼是一种生活在淡水、咸水、海水等环境中的苗条而细长的鱼类，总计大约有45个品种。它们的下巴有着一个长喙，分布着许多锋利的牙齿。在世界各地的温带和热带水域中都可以见到它们。能够从水中跳出一小段距离以躲避捕食者，一般会在夜间当它们被灯笼和火把吸引到水面上时进行捕捞。飞鱼是一种海洋鱼类，其家族中大约有64个品种。主要分布在大西洋、太平洋以及印度洋的热带和亚热带水域中。它们的胸鳍很长，就如同鸟类的翅膀一样，借助于胸鳍，通过跃出水面超过50米的距离来躲避捕食者——如果在波浪上有上升气流，它们就会振动自己的鱼尾。可以使用几种不同的捕鱼方法：其中一种巧妙的方法是在空中拉网。这些

鱼类有着细长的鱼肉，一般都会呈浅灰色，有着甘美的滋味和淡雅的质地。

鱼类的切割 新鲜时：可以整条、剔取鱼肉以及鱼卵（飞鱼子）。加工制作时：可以干制。

鱼类的食用 加热烹调时：可以煎。生食时：可以制作寿司。

搭配各种风味 秋葵、玉米面、辣椒、洋葱、大蒜、柿椒等。

经典食谱 库库（使用飞鱼制作的巴巴多斯国菜）。

大西洋颌针鱼（Atlantic needlefish）
可以从美国缅因州州到墨西哥湾，以及巴西的大西洋西部水域捕获到。大西洋颌针鱼可以生长到1.2米长，有着甘美多汁的洁白色鱼肉。

在淡水中，鳗鱼会呈深翠绿色，在微咸水中，会恢复复呈深棕色和银色。

欧洲鳗鱼（European eel）
这种鱼类通常可以生长到大约80厘米长。鳗鱼在它们生长的各个不同阶段用来食用时，都非常受欢迎。鞋带鳗鱼或者幼鳗通常会用来油炸食用——欧洲部分地区的美味佳肴。烟熏鳗鱼也是一种美味，因为鳗鱼肉油性非常大，因此特别适合于热熏（见第92～93页内容）。要加热烹调新鲜的鳗鱼，通常会在宰杀后的第一时间就剥除鱼皮，然后去除内脏，切成段状或者剔取鱼肉。要制作烟熏鳗鱼，通常会保持整条的鳗鱼。鳗鱼肉会非常坚实，略微坚韧，呈油性的质地。

鳗鱼（eel）

在鳗鱼组群中已知的有22个成员，它们都有着一个长长的、滑行的、蛇形的鱼身。鳗鱼是一种下海产卵的鱼类：它们在海水中孵化出来，再游回到淡水中成长，然后再回到大海中产卵，然后就会死亡。鳗鱼生活在世界各地的温带、热带和亚热带水域中。根据鳗鱼的种类不同，它们有着自己独特的产卵地。近年来，鳗鱼数量呈大幅下降的趋势，这不仅是过度捕捞造成的，还包括严重的污染问题，它们已经被列为极度濒危鱼类。一些鳗鱼品种在北欧和亚洲等地得到广泛养殖，以尝试着减轻对野生鳗鱼资源造成的压力，但是这对于阻止鳗鱼资源的下降趋势几乎没有什么作用。鳗鱼的肉质硬实，而口感丰富，呈油性的质地。

可以替换的鱼类 鳗鱼在世界上的一些地方濒临灭绝。没有其他的替代选择，但是可以使用像鲭鱼这样富含脂肪的鱼类。

鳗鱼的切割 新鲜时：活鳗鱼、整条鳗鱼。加工制作时：可以整条烟熏，以及剔取鱼肉。

鳗鱼的食用 加热烹调时：可以铁扒、煎、烘烤，以及煮（用来制作鳗鱼结力）。加工制作时：可以烟熏和干制。

搭配各种风味 香叶、醋、苹果、红葡萄酒和白葡萄酒、多香果、丁香、薄荷、香芹、奶油等。

经典食谱 鳗鱼结力；水手鳗鱼（法国菜）；香酥幼鳗；鳗鱼串（意大利菜）；鳗鱼香叶串；香叶烤鳗鱼；煎鳗鱼；腌制鳗鱼（意大利菜）。

长嘴硬鳞鱼（garfish）

长嘴硬鳞鱼也称为长嘴鱼、喇叭鱼或者绿骨鱼等。它以能够发光的绿色骨骼结构而闻名，广泛分布于大西洋东北部和地中海一带的水域中（在北美水域中，有着另外一个组群的鱼类，被认为是"真正的长嘴硬鳞鱼"——雀鳝科中的鱼类），长嘴硬鳞鱼可以生长到大约46厘米长，通常有着新鲜和冷冻的售卖形式。可以尝试煎、铁扒以及串烧这些烹调方法。长嘴硬鳞鱼肉有着精致的口感和细腻的瓣状质地。

大西洋颌针鱼有着银色的鱼皮，其针状的鱼身上鱼肉较少。

日本飞鱼（Japanese flying fish）

飞鱼是日本、越南、印度尼西亚、印度以及巴巴多斯（日本飞鱼在巴巴多斯是国鱼，虽然在这个地区已经被过度捕捞）等国家都是最受欢迎的商业性鱼类。日本飞鱼可以生长到35厘米长，并有着精致的风味，其肉质口感十分醇厚而硬实。调好口味之后可以烧烤或者煎熟。其金色的鱼卵通常会用来装饰寿司（见第98～99页内容）。

海鳝鱼和海鳗鱼（moray eel and conger ell）

在鳗鱼科中的海鳗鱼组群中有着超过190种的已知品种，而海鳝鱼中则有着超过200种的品种。在世界各地的海洋中均可以捕获到它们。它们的营养价值并不是十分的突出：许多都是捕捞的副产品，或者是为了好玩而捕捞。有一些海鳗鱼可以生长到3米多长，体重超过100千克。他们是凶猛的食肉鱼类，有着锋利而尖锐的牙齿——因此在处理活鱼时，要小心翼翼地进行。个头最大和最丰富的海鳗鱼是美国鳗鱼。日本人将生的幼海鳗鱼作为一种美味佳肴，叫作海鳗仔，通常会搭配柠檬醋沙司一起享用。而遗憾的是，海鳗鱼是一种过度捕捞的鱼类。海鳝鱼生活在热带和亚热带的水域中。在成年之后，它们通常会带有非常明显的标记，并且与其他鳗鱼一样，有着细长的鱼身，海鳝鱼以其牙齿锋利、视力差以及嗅觉灵敏而闻名。作为一种凶猛的食肉鱼类，如果受到干扰，它们会攻击人类，造成严重的身体创伤。所有种类的鳗鱼在南美、日本以及中国烹饪中都非常受欢迎。烟熏鳗鱼是欧洲风味的一道美味佳肴。

鱼类的切割 可以整条，或者去掉内脏，切割成鱼块。

鱼类的食用 加热烹调时：可以煎或者烘烤。加工制作时：可以烟熏、干制，有时也可以制作鱼冻。

可以替代的鱼类 没有相近的鱼类可以替换，但是安康鱼有着与之相类似的质地。

搭配各种风味 洋葱、红椒粉、烟熏红椒粉、辣椒、胡椒、橄榄油、红葡萄酒、香芹等。

经典食谱 葡式炖鱼；煎鳗鱼（中东风味）。

海鳗有着光滑而无鳞的鱼皮。从鱼身到鱼尾处会逐渐变细。

海鳗（conger eel）

可以在从挪威到塞内加尔的大西洋东部水域捕获到海鳗，在地中海和黑海水域也可以捕获到。海鳗可以生长到超过3米长。这种鱼有着一股甘美的，可以媲美猪肉的风味，最佳烹调方法是简单地铁扒之后配上风味黄油一起享用。海鳗鱼肉的质地非常密实，也非常适合煎或者砂锅炖。可以与风味浓郁的调味品，像烟熏红椒粉和各种香料搭配得非常好。

海鳗的鱼尾端全部都是鱼骨，因此最好是用来制作高汤。

鳐鱼和魔鬼鱼（skate and ray）

鳐鱼和魔鬼鱼是一个大约有200种软骨鱼类成员的大家庭，从北极到南极的所有海洋中都可以见到它们的身影。许多都是海洋生物，但也有一些种类是生活在咸水水域中的，最常见的品种是拉吉鱼。它们体型扁平，由于其巨大的胸鳍(翅膀)而成为长菱形，其胸鳍从鼻子处一直延伸到尾巴的根部。鱼嘴和鱼鳃位于身体的下部位置。有一条细长的尾巴，有一些种类的鱼的器官中会带有微弱的电流。其鱼卵被储存在一个坚韧如皮革状的空间里，通常被称为美人鱼的钱包。一般情况下，鳐鱼和魔鬼鱼生长极其缓慢，繁殖率非常低。有一些鳐鱼品种在世界范围内被商业性地大规模捕捞，许多品种都已经捕捞过度。在许多海域里，它们种群的数量已经急剧减少。该种类的鱼已经受到捕鱼配额限制，目前由于这些鱼类品种之间几乎没有什么区别，因此很难做出知情的选择。它

们的鱼皮很难剥除，需要戴上厚手套和使用钳子才可以剥除掉，因此通常会在出售之前，就已经将鱼皮剥除掉。软骨鱼类通过鱼鳃排出它们身体内的尿素，如果储存方式不当，就会挥发出明显的氨味。如果闻到了这种气味，就不要购买这条鱼。鳐鱼和魔鬼鱼的胸鳍广受赞誉。它们有着与众不同的纤维组织结构，要比大多数白色的薄鱼肉加热烹调的时间长一点。它们有着草本植物和木本植物的滋味，与柑橘类水果和酸性风味搭配良好。一大块肩根部软骨上的鱼肉在鱼加热成熟之后会与软骨脱离开。

鳐鱼和魔鬼鱼的切割 胸鳍、鳐鱼"头"（从鱼脊背上取下的肌肉）。

鳐鱼和魔鬼鱼的食用 可以煎、炸、煮以及烤等。

可以替代的鱼类 来自于正规渠道进货的安康鱼。

搭配各种风味 调味面粉、醋、水瓜柳、香芹、柠檬汁、黄油等。

经典食谱 鳐鱼配焦香黄油；鳐鱼配黄油和水瓜柳。

鳐鱼配黄油和水瓜柳（skate with beurre noir and capers）

鳐鱼可以使用许多种烹调方法，就像这道法国经典菜肴一样，使用略带酸味的鱼汤来煮鳐鱼。

供2人食用

3升水

1个洋葱，切成丝

1根胡萝卜，切成片

1根芹菜，切成片

2杯白葡萄酒

1片香叶

2条各重175克的鳐鱼胸鳍，去皮

60克黄油

2汤匙白葡萄酒醋，或者红葡萄酒醋

2茶匙水瓜柳

2茶匙切碎的香芹末

1 将水、洋葱、胡萝卜、芹菜、白葡萄酒以及香叶一起放入到一个大号的煎锅内，加热烧开，再用小火熬煮10分钟。将锅从火上端离开，使其冷却几分钟的时间。

2 将鳐鱼胸鳍放入锅内的液体中，加热烧开，然后改用小火加热煮10～12分钟。当胸鳍"肩部"最厚部位的软骨可以轻易地与鱼肉脱离时，表示已经成熟。捞出放入一个餐盘内，并用吸水纸拭干水分。

3 在一个大号煎锅内加热熔化黄油，加热到发出吱吱的声音，然后继续加热至黄油开始变成深色，但是还没有冒烟的程度。加入醋、水瓜柳以及香芹，趁着黄油发出激烈的滋滋声音时，将黄油浇淋到胸鳍上，即可上桌。

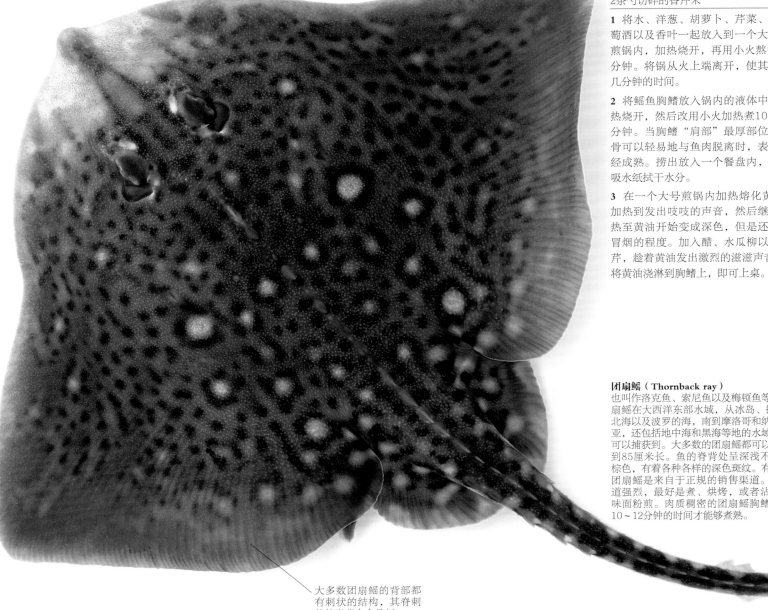

团扇鳐（Thornback ray）

也叫作洛克鱼、索尼鱼以及梅顿鱼等。团扇鳐在大西洋东部水域，从冰岛、挪威、北海以及波罗的海，南到摩洛哥和纳米比亚，还包括地中海和黑海等地的水域内都可以捕获到。大多数的团扇鳐都可以生长到85厘米长。鱼的脊背处呈深浅不一的棕色，有着各种各样的深色斑纹。有一些团扇鳐是来自于正规的销售渠道。其味道强烈，最好是煮、烘烤，或者沾上调味面粉煎。肉质稠密的团扇鳐胸鳍需要10～12分钟的时间才能够煮熟。

大多数团扇鳐的背部都有刺状的结构，其脊刺状的脊背上全是刺。

鲽鱼（比目鱼）和龙利鱼（鳎目鱼）（plaice and sole）

鲽科组群（名字的意思是"侧游"——属于扁平鱼类），博客鲽鱼、一些比目鱼，大比目鱼，以及某些类型的龙利鱼，如檬鲽、龙利鳎鱼、雷克斯鱼，以及北太平洋龙利鱼等。真正的龙利鱼属于鳎科组群中的鱼类。这些鱼类都是居于水底的鱼，并且有着白色的鱼肉，油脂主要集中于其肝脏处。在欧洲、北美以及太平洋北部水域都可以捕捞到。当一条扁平鱼刚孵化出来的时候，是一条小而圆的鱼，随着其生长，开始朝向自己的左侧或者右侧转化，眼睛开始移到鱼头的一侧。大多数的扁平鱼类都是右旋的，因为其眼睛在右侧。这些鱼会利用海底躲藏自己，并且在其上半身上有着高度伪装的鱼皮，使得它们能够与栖息地周围的环境融为一体。野生鲽鱼的下面一侧呈珍珠白色：如果从下面观看的话，白色可以帮助它们融入到周围的环境之中。这些鱼类的味道和质地都非常精致。和其他种类的鱼一样，扁平鱼类闻起来应该很新鲜，触碰起来很硬实。通常在捕捞上岸之前就已经去掉内脏了，以便能够保持鱼肉的品质。大多数的扁平鱼类都会有很厚重的黏液，要尽量清理干净。如果鱼类不够新鲜时，黏液会变的非常黏稠，并且会变色（被称为"凝乳状"），这表明这一条鱼已经不在其最佳品质状态。

鱼类的切割 通常刚上岸就会去掉内脏。可以整条售卖，带着鱼头或者去掉鱼头。横切或者四分之一切割以剔取鱼肉。可以带着鱼皮或者去掉鱼皮。

鱼类的食用 加热烹调时：可以煎、煮、炸或者烘烤等。

搭配各种风味 调味面粉、黄油、柠檬、香芹、面包糠、鼠尾草、棕色蘑菇、越橘、土豆等。

经典食谱 文也鲽鱼/檬鲽；水茴草龙利鱼。

檬鲽（lemon sole）

也称为斯密比目鱼、苏格兰鳎目鱼等，檬鲽可以在北欧的浅海水域捕获到。常见的大小为25～30厘米长。一条非常新鲜的檬鲽有着一层厚厚的乳白色的黏液，不像其他新鲜的扁平鱼类那样，其黏液非常清澈。檬鲽有着一股甘美、柔和的滋味和精致的质地。

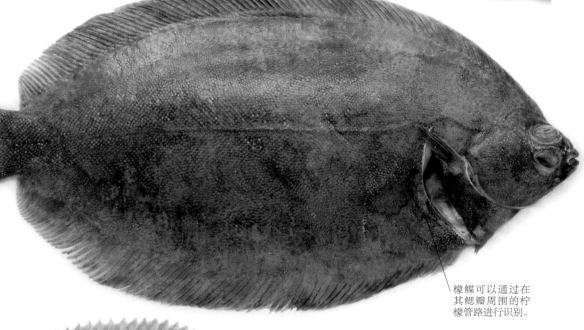

檬鲽只需简单地沾上面粉之后煎熟，铁扒，或者煮熟，味道就会非常鲜美。

檬鲽可以通过在其鳃瓣周围的柠檬管路进行识别。

比目鱼（plaice）

这种比目鱼常见于欧洲水域中，在欧洲也是最受欢迎的扁平鱼类，其口感温和，质地细腻。在其鱼尾处，有一个非常明显的"手腕"形，从鱼头到鱼鳃处有着一道骨峙。另一侧为白色，表面有着人字形的标记，指示出了鱼身上肌带的形状。比目鱼可以生长到60厘米长，但是这么大的鱼非常少见。比目鱼有法定最小捕捞大小的限制。最佳捕捞季节是从五月到十二月/次年一月。

比目鱼有着绿褐色的鱼皮，以及橙色或者被侵蚀的绿色状的斑点。

鲽鱼（比目鱼）和龙利鱼（鳎目鱼）
（plaice and sole）

龙利鳎鱼的上表面呈规整的浅棕色到深棕色。

龙利鳎鱼洁白的瓣状鱼肉，可以油炸、煎，或者铁扒。

龙利鳎鱼（petrale sole）
龙利鳎鱼也叫作太平洋岸鳎目鱼，并被认为是该地区最好的鳎目鱼之一。通常在生长到30厘米左右时进行捕获。它们生活在太平洋东部水域，从阿拉斯加沿岸到加利福尼亚北部水域，以及墨西哥等地的水域之中。一般都会剥除鱼皮，并且剔取鱼肉之后进行售卖。肉质甘美，最适合使用煎的烹调方法。

大羊舌鲆可以制作出非常苗条的鱼肉，最好是将鱼头和鱼鳍修剪好，这样就可以使用整条鱼加热烹调。

大羊舌鲆（witch）
又名灰色比目鱼，偶尔会以托贝龙利鱼的名字在市场上销售。大羊舌鲆生活在大西洋的东部水域，从西班牙北部水域到挪威北部水域，以及在大西洋的西部，从加拿大到美国的北卡罗来纳州一带。大羊舌鲆可以生长到60厘米多长，有着细腻的风味。最适合整条用来烘烤，或者剔取鱼肉后，沾上调味面粉，用黄油煎熟，最后挤上一些柠檬汁。

达布比目鱼（dab）
在大西洋东北部有着丰富的达布比目鱼资源，它是一种较小的扁平鱼。达布比目鱼洁白色的肉质最适合新鲜食用，但是其风味非常清淡。因为达布比目鱼体型较小，因此通常都会在经过修整之后整条带着鱼骨一起用来加热烹调。也有干制的、盐渍的，以及烟熏的达布比目鱼售卖。

达布比目鱼通常都会呈浅棕色，鱼身上有着颜色较深的棕色斑点。

大比目鱼（halibut）

这种鱼有时被称为"海牛"，是所有扁平鱼类中体型最大的鱼。有少量几种大比目鱼品种可以在大西洋和太平洋水域中捕获到，是广受赞誉的鱼类。与所有的扁平鱼类一样，大比目鱼的颜色各不相同，这取决于它们所居住的海底的不同环境。顶层的鱼皮伪装了它们，所以它们能够融入到海底里。大比目鱼的成长非常缓慢，这使得它们非常容易被过度捕捞。野生的大西洋大比目鱼已经被过度捕捞，因此，最好是选择养殖的或太平洋物品种的大比目鱼。野生的大比目鱼可以生长成庞然大物：一些非常巨大的样本，已经登记在案的重量超过了330千克。但是今天捕捞上岸的大多数的大比目鱼都不会超过11～13.5千克重。这种鱼有着稠密而洁白，质地硬实的鱼肉，并且已经变得非常受欢迎，目前被广泛地养殖以满足人们的高度需求量。大比目鱼可以横切成鱼排，或者剔取鱼肉售卖（也叫作弗莱契）。

大比目鱼的切割 大鱼：切割鱼排/大块鱼排。小鱼：整条，剔取鱼肉。

大比目鱼的食用 加热烹调时：可以蒸、煎、铁扒、煮或者烘烤。加工制作时：可以干制、盐渍，以及冷熏等。

搭配各种风味 黄油、调味面粉、豆蔻、酸黄瓜、水瓜柳、柠檬等。

经典食谱 煮比目鱼配荷兰沙司；铁扒比目鱼配白黄油沙司。

大西洋大比目鱼的鱼皮呈规整的棕褐色到黑色之间的颜色。而年幼的大比目鱼则通常会呈大理石花纹状。

鱼颊可以单独从大比目鱼上切割下来：它们甘美而多汁。

大西洋大比目鱼（Atlantic halibut）
这种鱼可以生长到4.5米以上的长度，可以在大西洋的东部和西部水域见到它们的身影，而且被广泛养殖。野生的大西洋大比目鱼会覆盖着一层均匀而清澈的黏液，而养殖的鱼类或许会覆盖着一层墨汁状的黏液，而且通常在其白色的鱼皮那一面上会有深色的斑点。鱼肉非常滋润，非常瘦，带有甘美而温和的风味，因为其肉质中缺乏脂肪，使得大比目鱼很容易就加热烹调过度，并且也很容易变得干硬。

太平洋大比目鱼的鱼皮可以呈橄榄绿、棕色，或者几乎是黑色的，另一面则呈白色。

太平洋大比目鱼可以制作出厚实的、洁白的瓣状鱼肉，有着一股淡雅的风味。

太平洋大比目鱼（Pacific halibut）
太平洋大比目鱼不比大西洋大比目鱼的品质逊色多少，但它的最大尺寸为2.5米。可以在太平洋北部水域：北太平洋渔场中的大比目鱼是该地区最大和最有价值的渔类资源之一。太平洋大比目鱼，以其稠密而硬实，低脂含量的洁白色的鱼肉而闻名，它的味道比起大西洋大比目鱼来说更加温和。最适合铁扒或者煎，然后配上风味黄油享用。

龙利鱼（sole）

在全世界各地的水域之中都可以见到它们的身影，真正的龙利鱼或者鳎科组群中包括大约有165种不同的鱼类。它们都有着相类似的长长的，拖鞋形状的鱼身，以及小小的眼睛、嘴巴和鱼尾。组群中的一些成员在鱼皮上有着好看的斑块和造型，而大多数的鱼皮上有着独特的粗糙的质地——类似于猫的舌头——如果从鱼尾往鱼头方向抚摸过去的话，就会感觉到。龙利鱼最长在70厘米左右，这些鱼类属于右旋鱼，因为其眼睛在头部的右侧。其白色的鱼肉风味精细而独特。

龙利鱼的切割 通常去掉内脏之后整条售卖，也可以修剪好并去皮之后售卖，也可以剔取鱼肉。

龙利鱼的食用 可以铁扒或者煎。

搭配各种风味 柠檬、黄油、调味面粉、黄瓜、薄荷、香菇、蘑菇、松露油、水瓜柳、香芹等。

经典食谱 科尔伯特风味龙利鱼；多利亚柠檬鲽；铁扒多佛龙利鱼配银鱼柳黄油；威尼克龙利鱼。

多佛龙利鱼（dover sole）
也称为普通龙利鱼、舌头鱼，或者滑鱼（小龙利鱼），其价格非常昂贵。可以在大西洋东部水域捕获到，或者以小规模的形式养殖。多佛龙利鱼可以生长到70厘米以上。其白色的肉质非常硬实略带有韧性，口感丰富。当过了其僵直期之后其品质也会非常好，无论是其风味还是质地都会得到升华。

多宝鱼（大菱鲆鱼）、布里尔鲽鱼以及帆麟鲆鱼（turbot，brill and megrim）

大菱鲆家族中包括多宝鱼、布里尔鲽鱼、帆麟鲆鱼等，这个物种叫作陶珀瑙特。在大西洋和太平洋的许多温带海域中均可以见到它们的身影。多宝鱼和布里尔鲽鱼都是非常珍贵的鱼类品种，也是高度经济性的鱼类品种。它们是左旋鱼类，因为其眼睛长在鱼头的左侧。多宝鱼和布里尔鲽鱼的鱼皮颜色也非常相似，但是要注意，它们之间也有着非常明显的差异。多宝鱼几乎是圆形的，在其黑色眼睛那一侧，没有鱼鳞，但是却有着大而锋利的结节。多宝鱼被广泛养殖，是一道美味佳肴，有着硬实而洁白，稠密的肉质，尽管鱼肉呈瓣状，但是其形状可以保持得很好，因而用途广泛。布里尔鲽鱼则呈椭圆形。像许多其他的鱼类品种一样，布里尔鲽鱼可以根据自己的栖息地而变化自身的颜色。生长有鱼鳞，但不是多宝鱼那样的结节。帆麟鲆鱼特别引人注意的是它的大嘴，可以长成管道一样，是高度经济性的鱼类，在南欧是一种非常受欢迎的美食，特别是在西班牙。帆麟鲆鱼最好是在特别新鲜的时候食用，需要添加各种调料品，并且要加入黄油，或者橄榄油以防止其变得干硬。

鱼类的切割 根据品种不同进行处理。整条和带着鱼头的，修剪好的，剔取鱼肉的等。大的多宝鱼可以切割成鱼排。

鱼类的食用 加热烹调时：可以蒸、煎、脆皮、烘烤、烤以及铁扒等。

搭配各种风味 野生蘑菇、香槟酒、奶油、黄油、贝类海鲜高汤、柠檬、格鲁耶尔干酪、帕玛森干酪等。

经典食谱 煮多宝鱼配生蚝和香槟酒。

多宝鱼是一种结实、白色、致密，适合多种烹调方法的鱼。

多宝鱼（大菱鲆鱼）

也被称为小鲱鱼，臀部连接短尾，是所有侧扁形鱼类中最昂贵也是广受欢迎的鱼。它生活于大西洋东北部，横跨地中海，沿着欧洲海岸一直延伸到北极圈。多宝鱼可以长到1米长。它肉质紧密厚实，与其他许多白色鱼类不同，非常适合用旺火煸、水煮、煎炸和烧烤。多宝鱼通常被切成厚厚的、被脊骨贯穿的鱼排出售。它有着丰满的、可识别的、非常精致的甜美风味。

野生多宝鱼从褐色到灰色不等，养殖的则是浅灰色—绿色到深灰色—黑色。

它的头部有着玻璃般的浅棕色鱼皮和白色的底面。

帆麟鲆鱼（megrim）

也称之为麦格、赛尔·布鲁克、斯卡伯勒龙利鱼，或者威夫等。帆麟鲆鱼是深水鱼类，生活在大西洋的东北部水域中。一般常见的是25厘米左右的长度。最好是在修剪之后整条的带着鱼骨一起加热烹调。味道与比目鱼相类似，肉质也呈瓣状，味道鲜美，脂肪含量低。适合搭配一些风味细腻的原材料，如黄油和口感温和的香草类等。

沙鲽鱼的鱼皮呈黄褐色，有着浅色的斑点，看起来非常像多佛龙利鱼。

沙鲽鱼（sand sole）

也叫作鼻鲽鱼、拉斯卡尔鲽鱼，以及大西洋鲽鱼等，常见于大西洋北部和东南部水域，地中海，以及黑海一带。它缺乏如同多佛龙利鱼那样十分出众的风味。属于次重要性地位的经济性鱼类，但是也可堪大用。如同多佛龙利鱼一样，可以整条的去皮之后，带骨加热烹调。

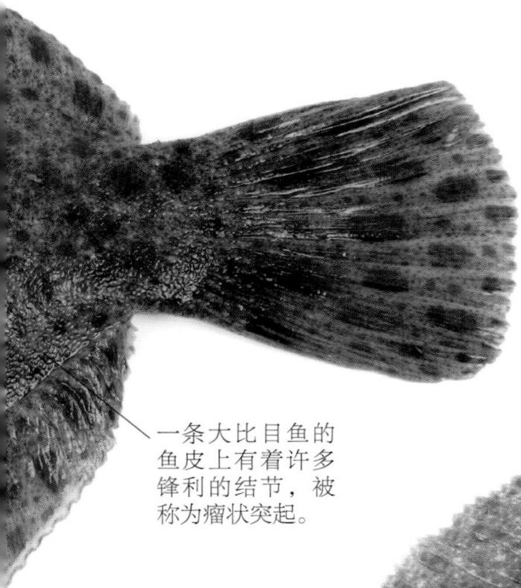

布里尔鲽鱼有着十分出色的细腻而洁白的瓣状鱼肉。最好是用来煎、铁扒，或者烤。

布里尔鲽鱼（brill）

也称为凯特鲽鱼和珍珠鲽鱼，布里尔鲽鱼最大可以达到75厘米长。生活在大西洋东部，从冰岛到摩洛哥，横跨黑海和地中海一带的水域之中。在过去其食用价值一度被人们所低估，但是现在广受赞誉。有着如同大比目鱼一样的鱼鳍和甘美的风味，只是鱼肉更加碎裂一些。

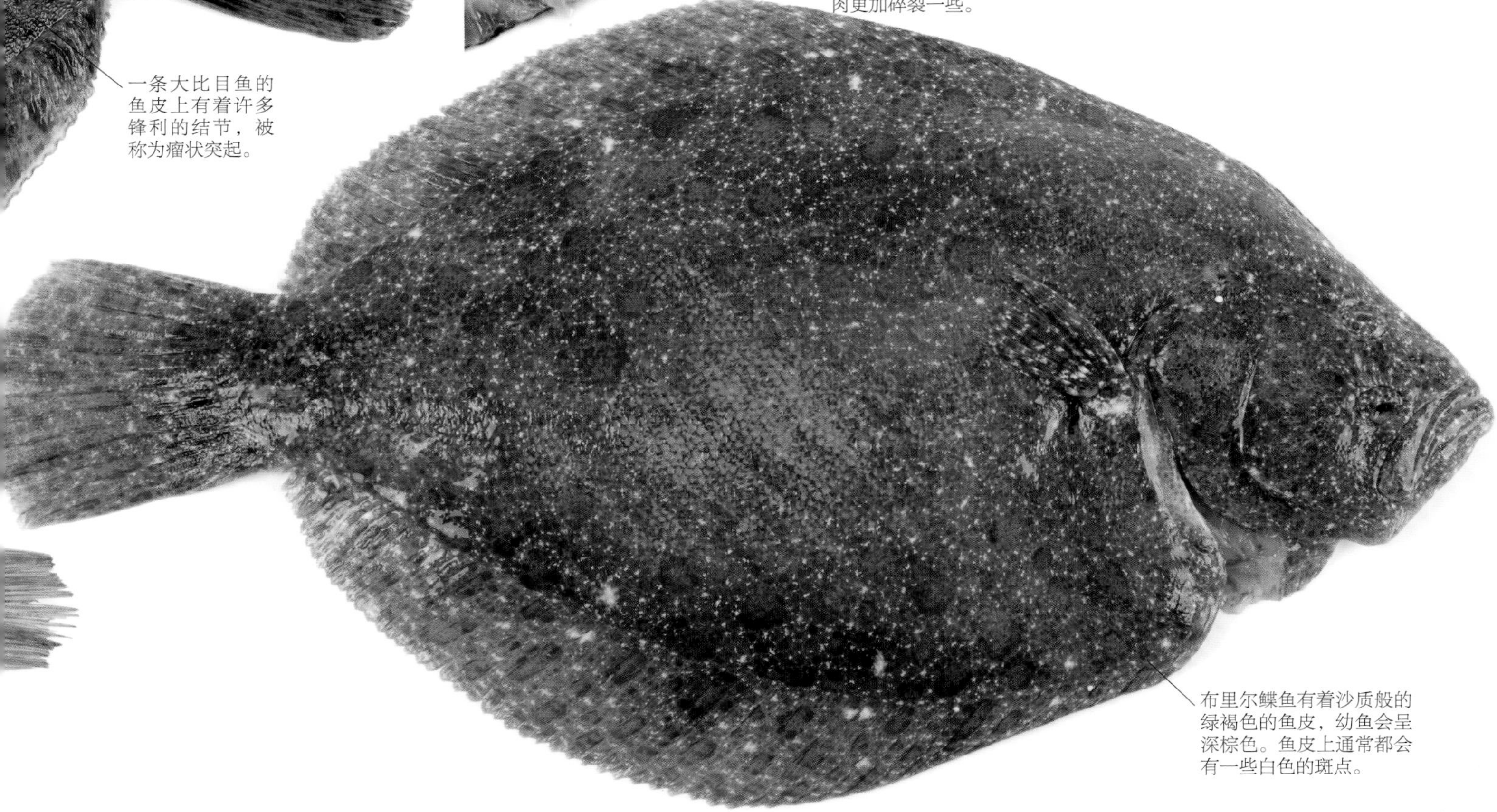

一条大比目鱼的鱼皮上有着许多锋利的结节，被称为瘤状突起。

布里尔鲽鱼有着沙质般的绿褐色的鱼皮，幼鱼会呈深棕色。鱼皮上通常都会有一些白色的斑点。

文也龙利鱼（香煎龙利鱼，sole meuniere）

使用整条的小龙利鱼或者制备好的鱼肉，用澄清后的黄油来进行制作（文也式）是经典的加热烹调鱼类菜肴最简单的方式。

供2人食用

2条檬鲽，剔取鱼肉并去掉鱼皮
2汤勺普通面粉
盐和现磨的黑胡椒粉
4~6汤勺澄清黄油
2汤勺切成细末的香芹
半个柠檬，挤出柠檬汁

1 将鱼肉调味，均匀裹上面粉。单层摆放到一个盘内（不要摆放到一起，因为鱼肉会粘连到一起，并且面粉会变得潮湿）。

2 在一个大号煎锅内加热一半的黄油，直到黄油不再发出声响的程度。慢慢地放入鱼肉，并用一把木铲轻轻地将鱼肉放入黄油里。煎大约1分钟的时间。将鱼肉翻面，再煎30秒钟，或者1分钟。当鱼肉变得洁白，并且硬实时，即为成熟。捞出放入一个餐盘内并保温。可能需要分成两个批次进行煎鱼。

3 将煎锅拭干，加入剩余的2~3汤勺的澄清黄油。加热几秒钟至黄油变成金黄色，然后加入切碎的香芹和挤出的柠檬汁，趁热浇淋到鱼肉上，迅速服务上桌。

生蚝被一致认为是一种美味佳肴，生蚝最好是在新鲜的时候生食，可以挤上几滴柠檬汁用来丰富它们的口感。

贝类海鲜概述

贝类海鲜这个术语涵盖了许多可以食用的海洋生物品种，它们都覆盖着一层保护外壳。它们的分类如下：

甲壳纲类（crustacean）主要是水生贝壳类的一个组群，可以单独迁居。他们有着分成段状的身体，没有脊骨，有腿/钳爪，以及两根触须。这个组群包括龙虾、螃蟹、大虾、小虾以及磷虾等。

软体动物类（mollusc）软体无脊椎动物，有着一层硬壳。它们可以细分为几个组群：

腹足类动物/单壳软体动物（gastropod/univalve）通常会生活在一个盘绕状的壳内，这个组群的种类包括海螺、玉黍螺、蜗牛和法螺等。

双壳类/滤食动物类（fivalves/filter feeders）一般会生活在两个开合的壳体中。它们通常被称为滤食动物类，是因为它们运用将吸入的水过滤的动作进食。从水中提取各种营养物质，然后将水排出。这个组群中的成员包括生蚝、蛤、贻贝以及扇贝等。

头足类动物（cephalopods）一个无脊椎动物组群，头部呈管状，有着若干带有吸盘的手臂，包括章鱼（八爪鱼）、鱿鱼以及墨鱼等。

贻贝是一种双壳类软体动物 一般都会使用蒸的方式，将贻贝蒸至开口。通常会配大蒜、香草，以及一份白葡萄酒或者番茄沙司一起享用。

贝类海鲜的购买

在评价贝类海鲜的品质时，视觉、触觉和嗅觉都是至关重要的几个方面，就如同这只褐色的可食用螃蟹，无论是购买活的、生的、还是熟的，都是如此。

观看 所有活的贝类海鲜都应该呈现出旺盛的生命力，有着明显的活动迹象。一定不要购买死亡的、未煮熟的软体动物类海鲜，因为它们在死亡之后就会迅速变质，食用这样的海鲜不够安全。要避免购买外壳上有裂纹或者碎裂开的海鲜。活的双壳类海鲜应该外壳紧闭，或者在轻轻触碰时会关闭。管状海鲜中的八爪鱼、墨鱼以及鱿鱼应外观洁白，因为其肉质如果不够新鲜，会变成粉红色，应该避免购买。

触摸 熟的或者生的海鲜，螃蟹和龙虾的四肢应该紧紧依附在身体上，如果是在伸展开的状态时，应该会迅速复位。软塌塌的，或者松散的四肢，则表示是死亡了的或者枯萎了的，食用时不够安全。它应该比起它的实际大小感到沉重一些，并且没有水分渗出，一只螃蟹或者一只龙虾感觉非常轻，就表明它是新近脱壳的，也可能是缺失了褐色的肉质部分。其外壳应感觉脆而硬。

闻味 高品质的熟贝类海鲜应该带有一种令人愉悦的新鲜气味以及海鲜的甘美芳香。要避免贝壳类海鲜闻起来有不新鲜的味道、发霉的，以及氨气味道，这是因为这类海鲜已经开始了腐坏，已经远离了可以食用的安全点。

贝类海鲜的储存

所有的贝类海鲜都应该在购买后尽快和尽早地享用。而一旦你将贝类海鲜带回家里，就要立刻打开海鲜的包装，这样海鲜就不会浸泡在包装里的汁液中。可以将它们摆放到一个餐盘内，用保鲜膜覆盖好。鲜活贝类海鲜（甲壳类和软体动物类）可以在冷藏冰箱内短暂的保存一段时间，温度在3℃以下。这些贝类海鲜最好是装入一个带盖的容器内，放置到冰箱的底层位置。要避免将活的贝类海鲜用自来水浸泡，因为这样会缩短它们的寿命。

贝类海鲜的冷冻处理 许多制备好和制作成熟后的贝类海鲜，如果储存在适当的厚塑料包装中，就可以冷冻保存。至于鲜活贝类海鲜，需要在冷冻之前进行加热成熟处理。冷冻的过程必须认真对待，因为贝类海鲜质地柔弱，如果没有包装好的话，容易受到损伤。贝类海鲜的冷冻处理，在很大程度上与冷冻鱼的方式非常相似，通常都会进行包冰处理（单个贝类海鲜都覆盖上一层薄冰—单冻处理），以保护它们免于冻伤。

贝类海鲜的加热烹调

　　为了达到最佳效果，加热烹调贝类海鲜时，需要特别关注和聚精会神。如果过度加热烹调，贝类海鲜会呈纤维状，变得老韧，收缩，干硬，风味尽失。然而未成熟的贝类海鲜，食用时既不安全，也没有味道。

铁扒 这种加热烹调方式会使用旺火，所以最适合用来制备生的贝类海鲜，因为铁扒很容易就会将已经成熟的贝类海鲜再次加热烹调过度。铁扒适合用来制作扇贝，切割成两半并制备好的龙虾，去掉虾线并片开成两瓣的大虾，海螯虾、小龙虾以及鱿鱼等。

1 将贝类海鲜摆放到一个烤盘内，浇淋上一些混合了新鲜香草和调味料的油，腌制2个小时。

2 将铁扒炉预热至中温。将扇贝用一些木签串成串，这些木签需要在水中浸泡30分钟。

3 将扇贝串摆放到铁扒炉上，铁扒2～3分钟，直到全部成熟。成熟时，扇贝会变得不透明。

炸 这是一种加热烹调大虾、生蚝以及扇贝等海鲜时，最受欢迎的方式。鱼类或者海鲜通常会裹上面糊、面粉，或者面包糠，然后再放入到多量的、足够热的玉米油或者花生油中炸熟。

1 将油烧热至190℃。将虾调味，沾匀蛋液。将多余的蛋液抖落掉。

2 将沾好蛋液的虾放到面包糠中，完全覆盖好。用力按压，让面包糠沾得牢一些。将多余的面包糠抖落掉。

3 将虾分批，少量地放入热油中炸，翻动虾，以便将虾炸熟，并上色均匀。需要炸2分钟，或者一直炸至金黄色。

4 当虾变成金黄色，并变得香酥时，用漏勺捞出，在厨房用纸上控净油，趁热上桌。

蒸 这种柔和的加热烹调方式非常适合活着的双壳类海鲜，如蛤和贻贝，还有螃蟹、龙虾以及大虾等。贝类海鲜可以在液体之上，不接触到液体的情况下蒸熟，或者也可以在最小量的液体中蒸熟，就如同这里图示的一样。这样贝类海鲜就会在蒸汽中加热成熟，而不是被煮熟。锅内保留下来的所有液体都可以配着蒸熟的贝类海鲜一起上桌享用，或者用作配贝类海鲜食用时的沙司。

煮 这种非常简单的烹调技法适合用来制作活的腹足类海鲜、活的螃蟹，龙虾组群中的一些成员，以及生的大虾等海鲜。贝类海鲜可以只需在盐水中，或者加入更多风味的海鲜汤中煮熟。在煮之前，就如同其他加热烹调的方法一样，需要提前将贝壳类海鲜制备好。

1 在沙司锅内用油将葱末炒软，加入一杯葡萄酒，一些香草和柠檬汁，盖紧锅盖，烧开。

2 将贝类海鲜加入到锅内，盖紧锅盖，用中高火加热3～4分钟，或者一直加热到贝类海鲜的壳口全部张开。

3 将所有已经张开口的海鲜取出盛入一个汤盘内，将锅内的汤汁晾出，浇淋到盘内的海鲜上。那些没有开口的海鲜要弃之不用。

将一大锅的汁液烧开（足够没过贝类海鲜的液体），将贝类海鲜倒入到锅内，盖上锅盖，用小火加热至成熟——加热成熟的时间根据海鲜品种的不同各自不同。而一旦煮熟，将海鲜从液体中捞出，浸没到冰水中让其快速冷却。这种方式有助于贝类海鲜的肉质从贝壳上脱离下来，也更容易去壳。

搭配各种风味 很多种类的贝类海鲜都很容易的被遮盖住其原汁原味，所以适度调味是成败的关键。每一个国家和每一种餐饮文化中都有自己传统的与贝类海鲜相互搭配的原材料：在欧洲，贝类海鲜通常只是简单的加热烹调并配油基的调味汁一起享用。熟的和冷的甲壳类动物可以搭配柑橘类风味调味汁和蛋黄酱等一起享用。贝类海鲜相互搭配的经典的香草类包括香芹、百里香、香叶、龙蒿、细叶芹，以及细香葱等。在远东地区加热烹调贝类海鲜时，会有自己的独特风味，这些与之相互搭配的原材料包括姜、辣椒、酱油、鱼露以及芝麻等。

鲍鱼（abalone）

鲍鱼被认为是一种十分鲜见的美味佳肴。有野生收获的鲍鱼以及从世界各地许多沿海水域水产养殖中收获的鲍鱼。这种海蜗牛家族中大约有100个不同的品种，大小不一，风味绝佳的鲍鱼肉生活在其耳朵状的壳内。鲍鱼也被称为石决明、海耳朵、耳贝、维纳斯之耳、普利门恩（南非称呼），茂顿菲斯（澳大利亚称呼），以及派亚（新西兰称呼）等。有一些鲍鱼生长得非常缓慢。过度捕捞已经造成了这些资源的明显下降，并带来了价格的疯涨。鲍鱼会依附在岩石表面上，利用其非常强的吸力作用四处活动，并靠食用绿藻生存。

鲍鱼可以食用的方式 新鲜时：可以带壳售卖。加工制作时：鲍鱼肉可以冷冻/鲍鱼排（经过嫩化处理），制作罐头，干制（用来制作风味汤菜），腌渍等。

鲍鱼的食用 在加热烹调之前，通过对鲍鱼进行拍打，可以让其变得鲜嫩，鲍鱼可以煎或者爆炒，因为鲍鱼很容易就会变老。干鲍鱼可以添加到汤菜中，用慢火长时间加热以增加风味。

搭配各种风味 东方风味：木耳、芝麻、酱油、姜、蒜、黄油等。

经典食谱 蚝油鲍鱼。

红鲍（red abalone）

这一品种的鲍鱼是最为常用的鲍鱼，也是鳟鱼组群中个头最大的鲍鱼。生活在太平洋水域，从美国俄勒冈州到加利福尼亚的巴哈，墨西哥等水域内。对鲍鱼的捕捞有条件限制。可以略微烧烤后食用：如果加热过度，鲍鱼就会变得非常老旧。鲍鱼滋味甘美醇厚，有着非常浓郁的海鲜风味。

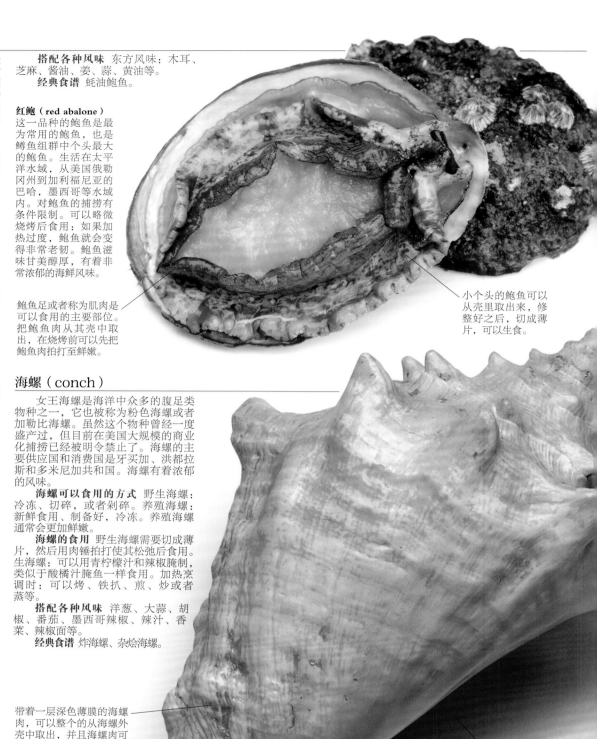

鲍鱼足或者称为肌肉是可以食用的主要部位。把鲍鱼肉从其壳中取出，在烧烤前可以先把鲍鱼肉拍打至鲜嫩。

小个头的鲍鱼可以从壳里取出来，修整好之后，切成薄片，可以生食。

经典食谱（classic recipe）

蚝油鲍鱼（abalone with oyster sauce）

鲍鱼价格非常昂贵，通常会以新鲜的带壳形式和罐装的形式售卖。鲍鱼在中国特别受欢迎。

供 2 人食用

340克罐头鲍鱼，捞出控净汤汁，并保留罐头中的汤汁。

2汤勺葵花籽油或者花生油

少量青葱，切成薄片

1茶勺姜末

2汤勺蚝油

1汤勺酱油

少许糖

5汤勺水

2茶勺玉米淀粉

1 将鲍鱼片成薄片，在一个大号煎锅内将油烧热，加入青葱和姜末，用小火煸炒3～4分钟。加入鲍鱼片快速煸炒。

2 将蚝油、酱油、糖和水一起混合好。加入玉米淀粉和预留好的鲍鱼汤汁搅拌混合均匀。将混合好的玉米淀粉汤汁倒入锅内的鲍鱼中，用中火加热煸炒，直到烧开，汤汁变得浓稠。趁热食用。

如果使用新鲜鲍鱼，将鲍鱼从壳内取出，使用肉锤拍打鲍鱼，使其变得平整、鲜嫩，然后片成薄片。再加入青葱和姜末煸炒。可以使用多一点的水来代替鲍鱼罐头中的汤汁。

海螺（conch）

女王海螺是海洋中众多的腹足类物种之一，它也被称为粉色海螺或者加勒比海螺。虽然这个物种曾经一度盛产过，但目前在美国大规模的商业化捕捞已经被明令禁止了。海螺的主要供应国和消费国是牙买加、洪都拉斯和多米尼加共和国。海螺有着浓郁的风味。

海螺可以食用的方式 野生海螺：冷冻、切碎，或者剁碎。养殖海螺：新鲜食用、制备好，冷冻。养殖海螺通常会更加鲜嫩。

海螺的食用 野生海螺需要切成薄片，然后用肉锤拍打使其松弛后食用。生海螺：可以用青柠檬汁和辣椒腌制，类似于酸橘汁腌鱼一样食用。加热烹调时：可以烤、铁扒、煎、炒或者蒸等。

搭配各种风味 洋葱、大蒜、胡椒、番茄、墨西哥辣椒、辣汁、香菜、辣椒面等。

经典食谱 炸海螺、杂烩海螺。

带着一层深色薄膜的海螺肉，可以整个的从海螺外壳中取出，并且海螺肉可以达到30厘米的长度。高品质的海螺肉呈乳白色，有些许的粉红色和橙色，如果海螺肉已经褪色，变成灰色，并且闻起来有刺鼻的味道，这样的海螺不要购买。

一旦从海螺外壳取出，海螺肉可腌制好之后生食或者使用各种加烹调方法制作成后食用。

海螺（conch）

这种海螺来自于凤凰螺科组群，在卡利克斯岛养殖，在一年四季都有出品（主要在夏季）。在加勒比，干海螺肉或者碎海螺肉可以用来炸、煎熟之后用来制作沙拉，也可以用来作为制作周达汤的主料。其甘美的滋味中有些韧性和果胶的质地。

玉黍螺、峨螺以及骨螺（periwinkle，whelk and murex）

以玉黍螺、峨螺以及骨螺形式出现的海蜗牛在世界范围内的水域中都可以见到它们的身影。它们被少数消费者视为美味。但是其有限的销售数量让其食用性大打折扣。玉黍螺（也称之为田螺）以及峨螺深受北欧人们的喜爱，成为伦敦东区传统的周日茶的一部分。这些海螺的品种大约有180个，但是只有一小部分的品种是可以食用的，峨螺在北美也深受欢迎，在那里，来自于香螺科的海螺品种被捕捞，峨螺带有很咸的海鲜味道，通常被当作海蛤肉。它们的肉质中带有韧性，并且非常厚实。而骨螺来自于小型海蜗牛组群中另外一个家族。只在地中海国家的沿海地区和专门的鱼市场上有售。骨螺与峨螺非常相似，只是肉质更老一些。

玉黍螺、峨螺、以及骨螺的可食用方式 可以带壳，生食或者熟食。玉黍螺：有新鲜和冷冻的，去壳的、用醋腌泡的，以及罐装的。在美国，通常会熟制、去壳，并且修整好之后售卖。

玉黍螺、峨螺，以及骨螺的食用 在煮之前要使用盐水漂洗干净。玉黍螺要带壳煮3～5分钟，峨螺要煮12～15分钟，骨螺要煮10～12分钟。可以带壳一起上桌。使用一根针或者一把叉子将肉从壳内取出。其壳盖（非常硬的谷质壳盖）不可以食用，取下丢弃不用。根据需要，可以裹面包糠煎熟。

搭配各种风味 香辣醋、麦芽醋、盐、柠檬汁等。

经典食谱 原壳田螺配麦芽醋；田螺西洋菜三明治。

为了突出其墨绿色外壳的颜色，在上菜之前，先用少许油将玉黍螺外壳翻拌一些，可以让其外壳变得更加油亮。

玉黍螺（田螺，periwinkle）
这些小海螺在欧洲很受欢迎，并经常手工采收，以确保对它们的栖息地造成最小的破坏。传统上玉黍螺是作为海鲜拼盘的一部分来使用的。其强烈的风味中混合有甘美而香咸的滋味。一定要做到清洗干净。

骨螺的外壳造型美丽，通常都会被收集起来，它们饱满而多刺，有着逐渐收缩到尾部的尖状造型。

骨螺（murex）
几个世纪以来，地中海骨螺一直都是一种非常受欢迎的美味。也有人捕获到十分罕见的紫色骨螺，其味道和峨螺非常相似，需要使用温和的加热烹调方法使其成熟，因为它们很容易就会变得老韧。在法国南部地区，骨螺是海鲜拼盘中传统的不可或缺的一员。

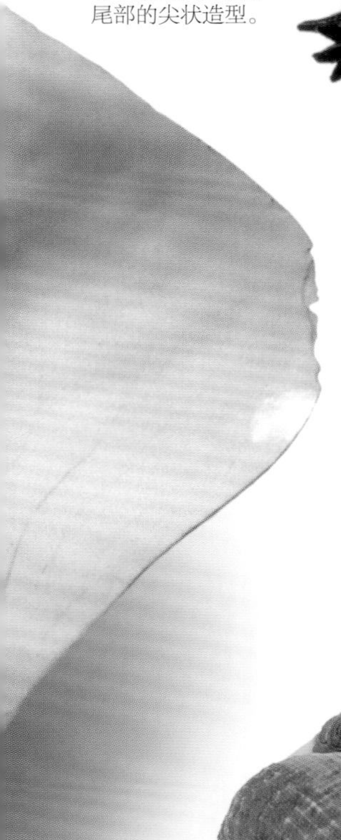

峨螺（whelk）
甲壳类中的峨螺组群中的成员，在世界各地的水域中有着数百个品种。它们是食肉动物和食腐动物。在欧洲，常见的北方峨螺可以在大西洋北部捕捞到，是可以食用的，5～10厘米长，一年四季都可以捕捞到。这一品种的海螺在夏季品质最佳。

许多腹足类动物都有着角质状的足，在加热烹调之前需要将它们修剪掉或者剔除掉。

海蛤（蛤蜊）和鸟蛤（clams and cockles）

在世界各地的水域之中，有数百种海蛤存在，它们是一个可以充分利用的食物来源，为许多国家创造了重要的可观收入。在欧洲、美国和亚洲的一些地区特别受欢迎。帘蛤科组群中的成员都有着坚硬的外壳，以种类来命名的海蛤类，包括文蛤类、杂色蛤类、硬壳蛤类以及圆蛤类等。海螂蛤组群中都有着软质而薄，易碎的外壳结构。在太平洋和大西洋海域中都可以见到这些品种。包括轮船蛤、软壳蛤、伊普斯维奇蛤等。陆蛤（象拔蚌）也被称为尿蛤（因为其长长的虹管而得名）、马蛤等，是世界上最大的海蛤类，也被认为是世界上最长寿的动物。浪蛤来自于马珂蛤科组群，有几个与之相关的品种。竹蛏科组群中包括蛏子，或者称为剃刀蛤，世界各地都可以捕获到。它们看起来像一把剃须刀，边缘部分像剃须刀般锋利。阿曼德蛤来自于蚶蜊科组群。

海蛤和鸟蛤可以食用的方式 新鲜时：活着带壳，去壳取肉，如同制备肉类一样。加工制作时：可以冷冻、盐水腌制，罐头制品等。

海蛤和鸟蛤的食用大的海蛤：切碎或者剁碎后用来制作周达汤。小个头的海蛤等品种：去壳取肉后可以生食。硬质外壳：生食或者蒸至开口之后加入到汤菜中。软质外壳：象拔蚌虹管可以切成片或者切碎后用来制作周达汤，或者切成薄片后用来制作寿司，象拔蚌身体部分可以切成片，拍打之后可以用来煎或者炒。带壳时：可以蒸、从壳内取出：可以配柠檬汁生食，也可以用来制作周达汤。蛏子：可以带壳，铁扒或者蒸，从壳内取出：生腌制作，如同酸橘汁腌鱼一样，或者煎熟。

搭配各种风味 奶油、洋葱、香草、白葡萄酒、番茄、大蒜、香芹、培根、辣椒。

经典食谱 曼哈顿海蛤周达汤（以番茄为主料）；新英格兰海蛤周达汤（以奶油为主料）；海蛤意大利面；酿馅海蛤。

鸟蛤（cockle） 鸟蛤通常会生长到3厘米左右时售卖。洗净，然后用小火在高汤或者葡萄酒中清蒸至开口，然后从外壳中取出上桌。用来制作沙拉会非常美味可口，或者配上一种简单制作的调料汁当作头盘菜享用。它们有着甘美的海洋风味，会有一点老。但新鲜出锅的鸟蛤可以让人一饱口福。

其外壳是紧密闭合的：这表明这些海蛤仍然是活着的。

鸟蛤的外壳上有着波纹。鸟蛤不能长久保存，要尽快使用。

蛏子光滑的棕色外壳非常脆弱，需要小心处理，因为它有着如同剃须刀一样锋利的边缘。

浪蛤（surf clam） 也称为水槽蛤、条纹蛤，或者姥蛤等。在美国的东海岸可以捕获到，在那里受到高度重视并常用于海蛤周达汤的制作中。小的相关品种在欧洲也可以见到。浪蛤非常适合用来制作清蒸类菜肴。在加热烹调之前要检查它们是否还是活着的，漂洗干净，然后在高汤和白葡萄酒中蒸至开口，带有细腻而甘美的风味，回味略有点咸。

象拔蚌（geoduck clam） 也称为太平洋陆蛤或海蛤之王，这种海蛤通常在直径达到10～15厘米时售卖。在其虹管全部伸展开时，可以达到70厘米长。象拔蚌可以活到一百岁以上，可以生长得更大，重达7～8千克。其肉质非常老韧，但是风味浓郁。在日本非常受欢迎。

蛏子（razor clam） 通常在生长到12厘米或者更长一些的时候进行捕获。在加热烹调之前要检查一下蛏子是否还活着：轻拍一下，其外壳应该会立刻紧紧合上。最适合蒸食，或者铁扒（但是容易变老）。从其外壳上取下甘美而鲜嫩的海蛏肉，将其胃部丢弃不用。片开之后可以用来制作像酸橘汁腌鱼一类的菜肴。其滋味与扇贝没有什么不同。

帘蛤（硬壳海蛤，hard-shell clam）也称为圆蛤、圆形蛤，或者文蛤等。小的幼蛤可以称为小帘蛤，生长至半大的海蛤叫作小圆蛤，被认为是美味（生食或者熟食）。小帘蛤可以生着享用，但是更大一些的帘蛤通常会用来制作周达汤。其外壳非常沉重，但是打开之后，就会露出里面甘美鲜嫩，令人愉悦的咸鲜味海蛤肉。

帘蛤的宽度在8~12厘米。

浪蛤有着细滑的米黄色外壳。通常会生长到4~5厘米的直径大小，但最大可以达到16厘米。

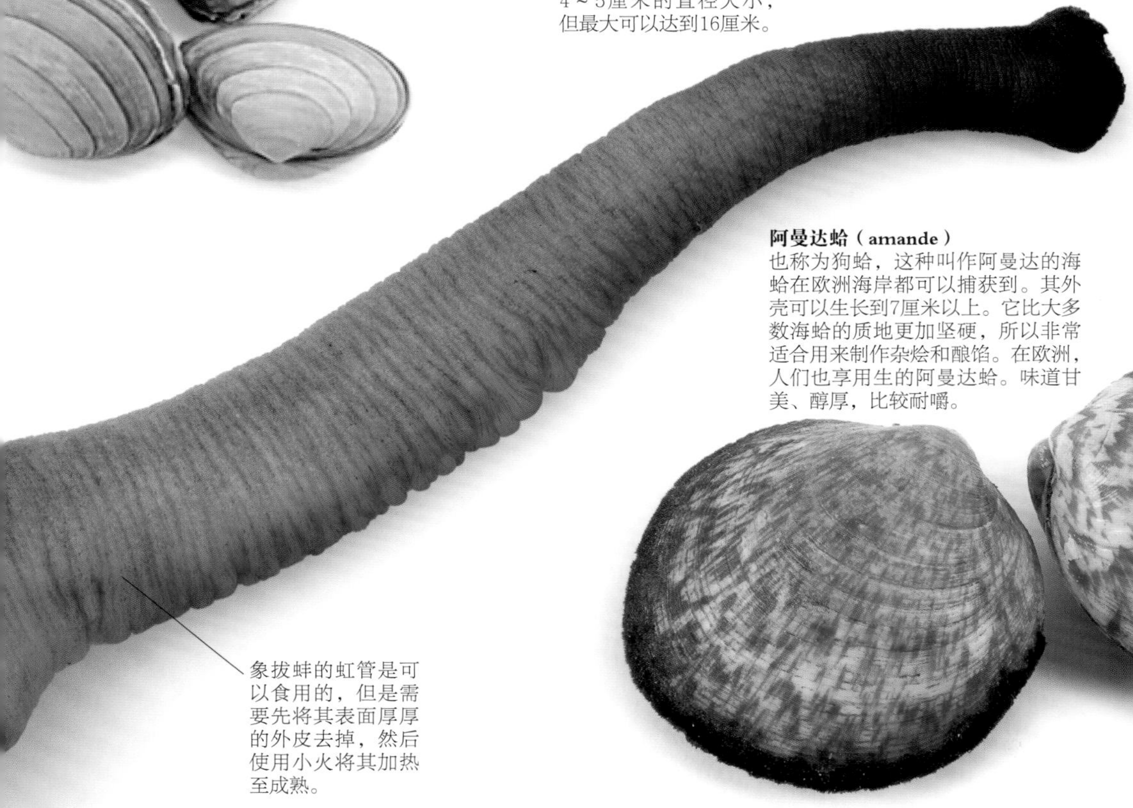

阿曼达蛤（amande）
也称为狗蛤，这种叫作阿曼达的海蛤在欧洲海岸都可以捕获到。其外壳可以生长到7厘米以上。它比大多数海蛤的质地更加坚硬，所以非常适合用来制作杂烩和酿馅。在欧洲，人们也享用生的阿曼达蛤。味道甘美、醇厚，比较耐嚼。

阿曼达蛤呈圆形，在其乳白色的外壳上有着巧克力色的z形斑纹造型。生长到直径4厘米左右时开始捕获。

象拔蚌的虹管是可以食用的，但是需要先将其表面厚厚的外皮去掉，然后使用小火将其加热至成熟。

经典食谱（classic recipe）

新英格兰海蛤杂烩（new England clam chowder）

可以配苏打饼干，或者奶油饼干一起享用。海蛤必须在购买到的当天就进行制作。

供 4 人食用

36个活海蛤
1汤勺油
115克厚切的五花肉培根，切成丁状
2个粉质土豆，去皮，切成1厘米大小的丁
1个洋葱，切成细末
2汤勺普通面粉
600毫升全脂牛奶
盐和现磨的黑胡椒粉，适量
120毫升淡奶油
2汤勺切碎的香芹末，装饰用

1 将所有开口的海蛤拣出丢弃不用，然后剥去外壳，保留汁液。在汁液中加入足量的水，制作出600毫升的容液。将海蛤肉切碎。在一个大号的深边沙司锅内将油烧热，加入培根，用中火加热煸炒5分钟，或者一直煸炒到培根变得酥脆。捞出培根，在厨房用纸上控净油。

2 将土豆和洋葱加入到锅内，翻炒5分钟，或者一直翻炒至洋葱变软，加入面粉继续煸炒2分钟。再加入海蛤汁和牛奶，调味。盖上锅盖，改用小火熬煮20分钟，或者一直加热到土豆成熟。再加入海蛤肉，继续使用小火加热，不用盖上锅盖，加热5分钟。拌入奶油，继续加热，但是不要烧开。装入汤碗中，撒上培根和香芹上桌。

扇贝（scallop）

海扇贝通常称之为扇贝，是所有的贝类海鲜中最受欢迎的海鲜之一。在世界各大海洋中均可以捕捞到，扇贝生存在比大多数的贝类海鲜更深一些的水中。大约有超过500个不同的扇贝品种，其中有些是人类非常重要的经济性食物来源，可以野外捕捞或者养殖收获。扇贝是用捞网捕获或手工采集的（后者被认为是一种更负社会责任的收获方法，由手工采集的扇贝通常比捞网的要大，售价也高）。扇贝是雌雄同体的，由一个强大的内收肌（白色部分）组成，珊瑚状的肉质中或者鱼子中包含着受精卵（橙色部分）以及脾脏（乳白色部分）。在水中膨胀并爆裂开，与卵子混合并受精。这是唯一一种在制备好的情况下被出售的双壳类海鲜。甘美多汁的内收肌是扇贝可以食用的主要部分。其珊瑚状的肉质在欧洲也被食用，而在美国则通常丢弃不用。这一部分也可以在低温烤箱内烘干，然后制作成粉末状，加入到贝类海鲜沙司中，以提供更加浓郁的风味。扇贝有着甘美的海鲜滋味和鲜嫩多汁的质地。其卵子有着更加浓郁，更加强烈的风味。

扇贝的可食用方式　新鲜时：可以带壳食用，带半壳食用，制备好并修整好（加工好）。加工制作时：可以带着籽冷冻，或者去掉籽冷冻，制作成罐头，烟熏处理，某些扇贝可以干制。

扇贝的食用　加热烹调时：可以煎、蒸、煮、烧烤、铁扒、与腌肉一起煎。生时：可以制作腌扇贝和寿司（只取用白色部分）。

搭配各种风味　培根、西班牙香肠、红柿椒、红皮洋葱、橄榄油、香油、豆豉、青葱、姜以及辣椒等。

经典食谱　培根煎扇贝；豆豉炒扇贝或者酱油和姜炒扇贝；焗扇贝；巴黎式扇贝。

海湾扇贝（bay scallop）

这种海湾扇贝可以在北大西洋的西部水域捕获到，沿着美国的海岸线也可以捕获到。在热的黄油中将扇贝两面都煎几秒钟，可以使得扇贝更加鲜嫩，肉质更加甘美。

不要过度加热海湾扇贝，因为它们会收缩，并变得干硬。

扇贝王（king scallop）

这种扇贝可以在欧洲北部的深水区域内捕获到，并且在许多欧洲国家都深受欢迎。外壳呈波纹状，可以防止它如其他双壳类贝类海鲜一样，关闭得太过紧密。扇贝王最佳烹调方式是使用大火煎，尽管高温会让其籽或者珊瑚肉质爆裂开。一定要小心不要将它们加热过度——每一面只需在热锅内加热大约1分钟就足够了。

扇贝王的外壳直径可以达到20厘米。呈乳白色，有着褐色的斑纹。它有一个扁平的底部外壳和一个凹形的顶部外壳。当扇贝带着原壳售卖时，其裙边和深色的胃部都会被去掉。

女王扇贝（queen scallop）

女王扇贝鲜有活着带壳售卖的，它们要不就是从壳内取出售卖，或者修剪好，放到半壳内售卖。女王扇贝有着甘美而清淡的滋味。最适合炒或者用在炖鱼中——女王扇贝非常容易加热过度而变收缩。如果是在其原壳内上桌，最好是配一点调味黄油并且铁扒几秒钟。

剥除扇贝外壳

可以使用一把短刃生蚝刀，打开，或者剥开扇贝和生蚝的外壳。

1 用一把生蚝刀，将贝壳从其关节处打开。从扇贝外壳的圆边处插入生蚝刀，从壳上隔断肌腱，打开并去掉圆形外壳。

2 用一把刀，将扇贝"裙边""裙子"，或者"覆盖物"修剪掉——这里面包含有内脏和许多黑色的斑块。

3 去掉胃囊，并修剪掉其他多余的地方。将制备好的扇贝——珊瑚肉质部分和白色的肌腱——摆放到扇贝的半壳上。

女王扇贝通常生长到不超过6厘米时就被捕获。

贻贝（mussels）

　　贻贝生活在世界各地的凉爽水域中。它们很丰产，可以通过捞网和人工采集从野外收获，贻贝也被大量养殖，可以说是最可持续生长的海产品之一。它们有许多不同的品种。

　　贻贝可以食用的方式 新鲜时：活着带壳，新鲜加热烹调。加工制作时：贻贝肉可以冷冻，可以用盐水或者醋浸泡制成罐头，可以烟熏，通常与其他海鲜一起冷冻保存。绿色贻贝（新西兰青口贝）：通常可以半壳烹调加热成熟，以及冷冻等。

　　贻贝的食用 可以蒸、烤以及铁扒等。青口贝：表面加上各种风味调料

用于烘烤和铁扒。如果要将贻贝加入到沙司中，或者炖菜中需要将外壳去掉。

　　搭配各种风味 白葡萄酒、黄油、大蒜、奶油、姜、柠檬草、香芹、香菜、蒔萝、迷迭香、茴香、法国绿茴香酒等。

　　经典食谱 白葡萄酒煮贻贝，油炸贻贝，西班牙海鲜饭，奶油贻贝，酿馅贻贝，白葡萄酒煮贻贝。

经典食谱（classic recipe）

白葡萄酒煮贻贝（moules marinieres）

这道经典的法国食谱——贻贝在葡萄酒、大蒜以及香草中煮——其意思是以"渔夫的风格"。

供 4 人食用

60克黄油

2个洋葱，切成细末

3.8千克新鲜贻贝，洗净

2瓣蒜，拍碎

600毫升干白葡萄酒

4片香叶

2枝百里香

盐和现磨的黑胡椒粉

2～4汤勺切碎的香芹

1 在一个大号厚底沙司锅内加热熔化黄油，加入洋葱用小火煸炒至变成浅褐色。加入贻贝、大蒜、葡萄酒、香叶以及百里香。用盐和胡椒粉调味，盖上锅盖，烧开，继续焖煮5～6分钟，或者一直加热到贻贝都开口，不时的晃动几下沙司锅。

2 用漏勺将开口的贻贝捞出，没有开口的贻贝丢弃不用。将贻贝放入到碗里，盖好并保温。

3 将煮贻贝的汤汁过滤到锅里并烧开。再用盐和胡椒粉调味，加入香芹，将烧开的汁液浇淋到贻贝上，趁热食用。

贻贝的制备
只使用活着的贻贝：在制备之前要仔细检查。

1 仔细检查贻贝是否活着——它们的外壳应该紧密闭合，并且外壳没有损伤，将外壳洗刷干净。

2 用刀背将所有的藤壶都清除干净。去掉足丝线，也叫作须线。

青口贝（Green-lipped mussel）

也称为新西兰青口贝，或者绿色贻贝，这种贻贝可以生长到24厘米长。在新西兰海岸线周围可以大量捕获到，在那里是重要的经济性资源。青口贝有着深褐色的外壳，边缘处呈翠绿色。其肉质非常敦厚——十分耐嚼——风味非常浓郁。

在绳索上生长的贻贝在其外壳上会有一点藤壶，并且外壳表面光滑。所需要制备的时间也是最少。

紫贻贝（Common mussel）

也称之为蓝色贻贝，紫贻贝生活在世界各地的温带和极地水域之中。其外壳颜色多样，从褐色到蓝紫色不等。紫贻贝会将自己依附在岩石上，如果是养殖的紫贻贝，则会依附在绳索上，通过一条叫作足丝的强力丝线（或者叫作须线），这是它们所分泌的一种蛋白质。它们的滋味略微有点咸鲜，有着浓郁的海洋风味。

经典食谱（classic recipe）

阿斯图里亚斯风味炖海鲜（caldereta asturiana）

这道代表性的炖海鲜菜肴，来自于西班牙的阿斯图里亚斯地区，当天捕捞上岸的所有新鲜鱼类都可以用来制作这道菜肴。

供 6 人食用

1千克白鱼（例如，狗鳕、安康鱼、羊鱼等），剔取鱼肉并去掉鱼皮

4只小鱿鱼，加工制备好

250克大白虾，去壳

500克贻贝和海蛤，制备好（见下面介绍）

150毫升白葡萄酒

3汤勺特级初榨橄榄油

1个大洋葱，切碎

3瓣蒜，切成细末

一小把辣椒面

1满汤勺的普通面粉

200毫升鱼高汤

1大把（6～10汤勺）香芹，切碎

2个大的红柿椒，去籽切成四块

盐和现磨的黑胡椒粉

适量的柠檬汁

1 将烤箱预热至180℃。将鱼肉切成大块，鱿鱼切成四块。白虾去掉虾线。冷藏至使用时。

2 检查贻贝和海蛤是否活着：它们会开口，轻轻触碰会立刻闭上。将葡萄酒放入一个大号的沙司锅内，加热烧开，再继续烧1分钟。将贻贝和海蛤加入锅内，用中火加热3～4分钟，或者一直加热到它们开口。将没有开口的贻贝和海蛤取出丢弃不用。将汤汁过滤，保留备用。取出贻贝和海蛤肉保留备用。

3 在一个大号砂锅内，将油加热，加入洋葱煸炒1～2分钟，或者一直煸炒至洋葱变软。加入大蒜、辣椒面以及面粉，用中火再继续煸炒1～2分钟。将保留好的贻贝汤汁和鱼高汤倒入砂锅内，加入香芹，略微调味。

4 将生的海鲜加入到砂锅内，然后加入红柿椒。鱼肉应该浸泡在沙司汁液中：如果没有，可以多加入一点高汤或者水。将砂锅锅盖密封盖好，放入烤箱内烘烤20～25分钟，或者一直烘烤到全部鱼肉完全成熟。加入熟贻贝和海蛤肉，再放回烤箱内继续烘烤5分钟，或者烘烤到开锅。淋上柠檬汁，配热的酥脆的面包一起食用。

洛克菲勒焗生蚝（牡蛎）（Oysters Rockefeller）

这是一道来自于新奥尔良的传统的午餐菜肴，是风味杰出的头盘。

供 4 人食用

100克嫩菠菜

24个带壳鲜生蚝

75克干葱，切碎

1瓣蒜，切碎

4汤勺扁平香芹叶，切碎

115克黄油

50克普通面粉

2条银鱼柳，控净油并切碎

少许辣椒面

盐和现磨的胡椒粉

海盐或者精盐

3汤勺法国绿茴香酒

1 将菠菜与水一起放入一个沙司锅内，用中火加热，在洗涤菠菜的时候带着菠菜叶。加热的过程中要不时地搅拌，加热5分钟或者一直到菠菜叶变得凋萎。捞出控净水，用力挤压以挤出多余的水分，放到一边备用。

2 与此同时，将开口的生蚝丢弃不用，撬开一个生蚝，保留好生蚝中的汁液，将半壳生蚝放入冰箱内冷藏保存，重复此操作直到所有的生蚝都已撬开并冷藏保存，将生蚝汁液也冷藏保存至需用时。

3 将菠菜与干葱、大蒜和香芹都切成非常细的末状，或者用电动搅拌机或者食品加工机搅打成细末状，放到一边备用。

4 用一个小号沙司锅在中火上加热熔化黄油。加入面粉，煸炒2分钟，不要让面粉变黄。将保留好的生蚝汁液慢慢倒入沙司锅内并搅拌均匀，锅内的混合液会变得非常细滑。再拌入菠菜混合物、银鱼柳、辣椒面以及盐和胡椒粉调味（要记住，银鱼柳是咸的）。盖上锅盖，用小火加热熬煮15分钟。

5 与此同时，将烤箱预热至200℃。在餐盘内撒上一层厚厚的海盐，然后放入烤箱内短暂加热。

6 揭开锅盖，拌入法国绿茴香酒。根据需要尝味并调味。将带有盐的餐盘从烤箱内取出，将6个带壳生蚝摆放到一个餐盘内的盐上面（盐会将生蚝外壳定型）。将制作好的菠菜沙司舀到生蚝上，放入烤箱内烘烤5～10分钟，或者一直烘烤到沙司凝固。趁热上桌。

生蚝（牡蛎，Oyster）

　　享用生蚝是全世界都喜欢的消遣方式，这是一道人人皆知的美味佳肴。如同其他的双壳类软体动物一样，生蚝在其壳内生长，以其强壮的肌肉打开和关闭外壳。其外壳呈椭圆形状，有凹形和扁平形两种形状。开口处有着形如岩石般的褶边。新鲜的生蚝外壳紧闭，如果不使用生蚝刀很难打开。生蚝主要生活在温带沿海水域中，在世界各地都可以收获到野生和养殖的生蚝。两个主要的种类为：牡蛎属，原产于欧洲和美国西海岸一带；巨牡蛎属，原产于亚洲、日本、美国的东海岸一带以及澳大利亚等地。一旦收获了生蚝，就会洗净并按照大小分级。自始至终人们最喜爱的是奶油太平洋生蚝，最初来自于日本海岸，但在北欧以及太平洋东北海域等地都有养殖。在英国哥伦比亚的沿海水域，美国的华盛顿州，俄勒冈州以及加利福尼亚州等地，已经形成了闻名遐迩的养殖产业。同样受欢迎的是小个头的黄油风味的熊本生蚝（来自于日本），被公认为是世界上最好的生蚝。一种更咸的大西洋生蚝是蓝点生蚝，原产于大西洋东海岸以及海湾各州等地，但在美国所有的东海岸线的河床上都有养殖。在不同水域收获的生蚝在风味和外壳的颜色上会有所不同。

　　享用生蚝是一门艺术，就如同品酒一样，有许多专门的美食术语，用来表示不同的口味，包括味道浓的，金属风味的，坚果风味的，草本植物风味的，口味清新的，甘美的，黄瓜口味的，水果口味的，碘味的，土腥味的，以及铜味的等。一个持续至今，仍然在热烈讨论的话题是生蚝是熟食还是生食会更好，不管是原汁原味的，抑或是加有汁料的生蚝。野生生蚝的食用：晚春/初夏时节，当生蚝没有产卵时。养殖生蚝：一年四季均可。

生蚝可以食用的方式 带壳、烟熏、制作罐头等。

生蚝的食用 生食时：半壳供应。加热烹调时：炸、煎、煮、铁扒以及烘烤等。

搭配各种风味 生食时：红葡萄酒醋、美国辣椒汁、柠檬汁。加热烹调时：鳀鱼素、黄油、菠菜等。

经典食谱 半壳生蚝配葱醋；洛克菲勒焗生蚝；生蚝三明治。

本地生蚝（Native oyster）也称欧洲扁蚝，通常摆放在碎冰上生食，搭配由柠檬汁、美国辣椒汁以及葱醋制作成的沙司一起食用。根据大小不同进行分级，从1到4级，最大号的"皇家生蚝"可以达到10厘米大小。

本地生蚝呈椭圆形，有着鳞状的外壳和硬实的质地。

太平洋生蚝的肉质呈浅米黄色，有着细滑的乳脂状的质地。

生蚝去壳
在缝隙处插入生蚝刀尖，小心的撬开生蚝外壳，不要弄伤里面的生蚝肉，过程可以简单地分成两步。

1 用一块厚布将生蚝牢牢地抓稳，将圆鼓起来的那一面外壳朝下摆放好，将生蚝刀尖插入到生蚝外壳的开合处，旋转刀尖找准一个支撑点。

2 用力转动刀柄，缓慢而坚决地将密封的两个半壳撬开。可以听到外壳被撬开的声音。

太平洋生蚝（长生蚝，Pacific oyster）
这种被广泛养殖的生蚝，根据其生长环境的不同，其味道也各不相同。味道从烟熏味到青草味以及酸味不等，从牛奶味到奶油味不一。通常会按其重量进行分级，大小应该是115克，或者11厘米。储存生蚝时，要将其圆鼓起来的那一面外壳朝下摆放，以防止其原汁外溢。

其头部很宽，但是多肉的尾部食用价值更高，要么从制作成熟的龙虾中取出龙虾肉，或者使用卤水腌制均可。

在身体的下方，有着巨大的，壮硕而光滑的橙色爪子。

北美淡水小龙虾（Signal crayfish）
这种淡水小龙虾原产于北美，它们在那里的淡水池塘里、湖泊里、河流中，以及溪流中苗壮成长。这是一种非常健壮的生物，非常容易养殖。由于小龙虾的个头并不大，只有10～15厘米大小，每一人可以按照12～15个供应，多配一些熔化黄油和面包。

一旦在开水中煮熟，其棕绿色的外壳在热敏作用下，颜色会变成鲜红色。

淡水小龙虾（淡水螯虾，freshwater crayfish）

也称为小龙虾（在美国的称呼），螯虾（在法国的称呼）以及卡麦龙虾（西班牙的称呼），小龙虾是淡水甲壳类动物，与龙虾科（海螯虾科）关系密切（见下面内容）。主要在淡水中捕获，许多种类的小龙虾在美国都可以捕获到，它们在路易斯安那州和新奥尔良的法国卡真风味烹饪中具有很高的地位。小龙虾在新西兰、东亚和欧洲的湖泊和河流中也能够旺盛的生长，它们在法国和斯堪的纳维亚地区特别受欢迎。一些澳大利亚近亲品种，包括西澳大利亚的马伦小龙虾和亚比小龙虾，这两种小龙虾都是为了迎合市场高度的需求而养殖的。大多数的小龙虾身体都会分成段状。颜色各有不同，从巧克力棕色到砂石黄不等。同样，大小也各自不同。取决于品种的不同，从7.5~30厘米不等的大小。它们的生命力都非常顽强，但是很难将它们的钳爪固定住，所以要小心处理，以免让锋利的钳爪刺伤自己。许多小龙虾都是在野外通过在溪流和农场的堤坝周围翻动岩石而捕获的。

淡水小龙虾可以食用的方式 整个，最常见的是活的，冷冻小龙虾尾巴，熟小龙虾等。
淡水小龙虾的食用 加热烹调时：煮或者炒熟。
经典食谱 什锦小龙虾；炖小龙虾。

小龙虾（海螯虾，lobsterette）

小龙虾是迷你龙虾，很像大虾，但有着很小的钳爪。许多品种的小龙虾都生活在世界各地海洋里的泥质和沙质海底中。通常都称为意大利螯虾，最受欢迎的品种包括都柏林湾虾和佛罗里达小龙虾。一般情况下，它们是沿着大西洋西岸和大西洋东岸，从冰岛的北部到摩洛哥的南部海域被捕获。在欧洲市场上，特别是法国和地中海，在那里，它们是最受欢迎的海鲜，小龙虾在不列颠群岛周围捕获，然后出口到法国。为了防止过度捕捞，强制规定了不少于7.5厘米大小的小龙虾才可以捕捞上岸。小龙虾的外观与大虾非常相似，绝大多数活小龙虾都会呈湖泊玫瑰色或者珊瑚色。其显著特点是，在经过加热烹调成熟之后，其颜色并不会改变多少，这一点让厨师们非常困惑。其尾部恰好相反，会卷曲到身体的下面，底部的虾肉，会从半透明状变成不透明状。

小龙虾可以食用的方式 新鲜时：整个活的，生食或者加热烹调成熟。冷冻：整个，生的和熟制后，也可以去掉虾头，裹上面包糠，用来制作香酥虾。
小龙虾的食用 加热烹调时：可以煮、烤、煎或者制作香酥虾。炸或者浸熟。
经典食谱 普罗旺斯风味小龙虾；香酥小龙虾和薯片。

挪威海螯虾（都柏林湾大对虾，Dublin Bay prawn）
也叫尼合若普、挪威龙虾以及海螯虾等。这种虾现在因为其甘美而鲜嫩的肉质而备受推崇，目前价格昂贵。处理整只的海螯虾绝对是一个挑战，传统上，其钳爪会被敲碎，然后用龙虾钳将肉整个地夹出来。因为其尾部非常锋利，所以最好用力按压海螯虾的外壳，将其底部压至碎裂，露出虾肉。

其锋利的，刺状的钳爪几乎没有多少虾肉，可以使用一根牙签将它们挑出来，将钳爪敲碎后用来熬煮高汤。

经典食谱（classic recipe）

龙虾浓汤（lobster bisque）

"bisque"这个名词指的是一种奢华的、使用奶油和白兰地制作而成的贝类海鲜汤。这个词被认为来自西班牙语中的biscay。

供4人食用

1只龙虾，大约1千克重，煮熟

3.5汤勺黄油

1个洋葱，切成细末

1根胡萝卜，切成细末

2根芹菜，切成细末

1棵韭葱，切成细末

半个球茎茴香，切成细末

1片香叶

1枝龙蒿

2瓣蒜，拍碎

75克番茄泥

4个番茄，切碎

120毫升干邑白兰地或者白兰地

100毫升干白葡萄酒或者味美思酒

1.7升鱼高汤

120毫升鲜奶油

盐和现磨的胡椒粉

少许辣椒面

半个柠檬，榨取柠檬汁

香葱，装饰用

1 将龙虾切割成两半，从虾壳中取出虾肉，切成小粒状。将钳爪和腿扭下来，在关节处碎裂开，取出虾肉，然后用刀背将所有的外壳都敲碎。

2 在一个大锅内用中火加热熔化黄油，加入蔬菜、香草和大蒜，煸炒10分钟，或者一直煸炒至蔬菜变软。加入龙虾壳翻炒好。拌入番茄泥、番茄、干邑白兰地或者白兰地酒、白葡萄酒或者味美思酒以及鱼高汤。烧开之后用小火炖1个小时。

3 让汤略微冷却，然后舀入一个食品加工机内，快速搅打直至龙虾外壳碎裂成非常细小的颗粒状。用粗眼网筛过滤，用力挤压虾壳，以挤压出更多的汁液，然后再使用细眼网筛过滤一遍。

4 加热烧开，加入制作好的龙虾肉以及淡奶油，然后调味，加入辣椒面和柠檬汁。盛入热的汤碗中，用细香葱装饰。

岩龙虾（岩虾）/龙虾（螯虾）（rock/spiny lobster）

与真正的带钳爪的龙虾不同，岩龙虾或者螯虾没有钳爪，与之相反的是，它们生长有一个石质的外壳（头部），沿着身体长出的短而锋利的刺。一些品种会有着独具特色的橙褐色的外壳，以及绿色、黄色和蓝色点状的斑块，在经过加热烹调之后其颜色会加深。岩龙虾也叫crawfish或者crayfish，在澳大利亚，岩龙虾沿着潮汐地带的岩石海岸，躲藏在裂缝和洞穴里旺盛地生长着。通常在大西洋的西部，从美国北卡罗来纳州到巴西，以及墨西哥湾和加勒比海一带都可以

见到它们的身影。大多数都可以在北半球的热带和亚热带水域中，以及在南半球的某些寒冷水域中捕获到。这些岩龙虾被收获之后，销往世界各地大约90个国家，凭借自身实力就被认定是一种奢华的美味佳肴。尽管有些岩龙虾的甘美风味比起真正的龙虾要逊色一些，但是许多岩龙虾汁液饱满，尾部肉质稠密。如果加热烹调过度，其肉质会变得老硬，并呈纤维状。

岩龙虾可以食用的方式 新鲜和冷冻。整只和虾尾。

岩龙虾的食用 整只虾尾：可以煮、蒸、炸和铁扒等。加热烹调时：虾尾肉可以切成丁炒，也可以添加到汤菜和炖菜中。

经典食谱 柠檬大蒜煮岩龙虾；烧烤岩龙虾。

龙虾的腿肉中含有甘美的汁液，可以从其壳中吸吮出来。

岩龙虾或者小龙虾（Rock/spiny lobster or crawfish）
尽管足够大，大约40厘米长，这些贝类海鲜还是缺乏如同真正龙虾那样的含有饱满肉质的钳爪。相反，这种典型的龙虾品种，尽管也可以从其虾腿部位剔取一些虾肉，但是，其稠密而甘美的肉质主要还是集中在其尾部的虾壳内。

其钳爪中甘美而洁白的虾肉可以使用小号龙虾夹取出来。

熟龙虾的制备
如何敲碎龙虾外壳并且提取其可食用部分，只需简单的三个步骤。

1 将龙虾头从其龙虾身上扭拔下来。

2 从龙虾头部取出龙虾肝。然后从虾尾的两侧切开龙虾外壳，取出完整的龙虾肉。

3 用龙虾钳把龙虾爪夹碎裂开，把肉取出来。可以拌入各种沙拉或者加入调味饭中。

龙虾和龙虾家族成员（lobster and lobster family）

龙虾在世界范围内都被视为一种奢侈级别的美味。龙虾家族中的许多成员都居住在世界各地的海洋之中。龙虾被归于无脊椎动物类中，身上有着坚硬的保护性外壳。生活在洞穴里，或者岩石、泥土和沙子里的裂缝中，以软体动物和其他甲壳类动物为食。一只龙虾的身体由几部分组成：甲壳（龙虾头）以及带着腿的尾部，游泳所用器官，有一些品种的龙虾，叫作钳爪。像螃蟹和其他种类的节肢动物，龙虾为了生长会蜕掉外壳。对于大厨来说，龙虾主要有两种类型：有爪（见下图）和无爪（见对面图）。在海螯虾科中，有几个品种是有爪的，包括欧洲、美洲以及加拿大龙虾和都柏林湾虾（或者叫海螯虾）。欧洲和美洲这两个品种的龙虾都被大量养殖，并从野外进行捕捞，以满足欧洲、美国，以及加拿

大人们的口腹之欲。大多数龙虾都会被单向的诱饵陷阱和捕虾罐所捕获。许多美国龙虾会出口到日本，在日本，龙虾也被视为美味佳肴。欧洲龙虾比美国龙虾少得多，一般情况下，价格也更高。人们通常都想知道到底哪一种龙虾能够提供最好的味道。当制作一份经典的菜肴享用时，如赛美多龙虾，你很难对它们进行区分。通常，大多数龙虾的尾部肉会是甘美多汁而肉质密集的，价值也非常高。在捕获之后，龙虾的爪子一般都会被捆绑着，这使得它们处理起来会更加容易，并抑制它们天然的好斗性和自相残杀行为。但如果捆绑的时间过久，龙虾爪

子里的肉质就会出现萎缩。

龙虾可食用的方式 整个时：可以是活的或者熟的。冷冻：整只制作成熟后冷冻，从壳内取下龙虾肉。罐头等。

龙虾的食用 活龙虾：在煮之前，要短暂的冷冻，或者将其击晕。加热烹调时：煮——每450克需要煮10分钟的时间。铁扒、烘烤，这两种方式都是从其外壳中提取龙虾肉，而龙虾壳可以用来制作大虾浓汤。

经典食谱 赛美多龙虾；纽堡龙虾；龙虾浓汤；花式龙虾。

美国龙虾（American lobster）
也被称之为大西洋或者缅因龙虾，这种传统上大个而多肉的贝类海鲜可以生长到至少61厘米长，需要花费7年的时间达到450克。如果使用龙虾制作主菜，最理想的重量为750克，或者1千克，在其外壳还没有生长到太厚和太重之前食用。

大而重，能够将石块夹碎的爪子，里面满满的都是稠密而甘美的肉质，可以整个的剔取出来，用来装饰菜肴。

经典食谱（classic recipe）

赛美多龙虾（lobster thermidor）

这道极具诱惑力而令人无法抗拒的海鲜菜肴，被认为是为了纪念一曲名为Thermidor的戏剧而命名的。

供 4 人食用

2只龙虾，每只大约675克重，煮熟
适量红粉（柿椒粉），装饰用
柠檬角，配菜用
制作沙司用料
30克黄油
2棵干葱，切成细末
120毫升白葡萄酒
120毫升鱼高汤
150毫升鲜奶油
1/2茶勺英国芥末
1汤勺鲜榨柠檬汁
2汤勺香芹叶，切碎
2汤勺龙蒿，切碎
盐和现磨的黑胡椒粉
75克格鲁耶尔干酪，擦碎

1 将龙虾纵长切割成两半，从爪子和尾部取出龙虾肉，并从头部取出珊瑚状的龙虾子或者龙虾肉。将龙虾肉切割成小块。将龙虾壳清洗干净备用。

2 制作沙司，将黄油在一个小号沙司锅内加热熔化，加入干葱，用小火煸炒至变软，但是不能到上色的程度。加入葡萄酒，烧开，熬煮2～3分钟，或者一直熬煮到燲至一半的程度。

3 加入鱼高汤和淡奶油，大火烧开，搅拌，直到燲至略微浓稠状。再拌入芥末、柠檬汁以及香草，然后用盐和胡椒粉调味。将一半的干酪拌入到沙司中。

4 将焗炉用高温预热。将龙虾肉加入到沙司中，然后分装到龙虾壳内。在表面撒上剩余的干酪。

5 将龙虾放入到铺有锡纸的焗盘内，放入焗炉内焗2～3分钟，或者一直焗到表面冒泡，并且变成金黄色。撒上一点红粉，趁热上桌，配柠檬角。

琵琶龙虾（slipper lobster）

色彩斑斓的扁嘴龙虾，西班牙龙虾，大螯虾或者海螯虾等，所有这些琵琶龙虾，都缺少龙虾上多肉的爪子（就像多刺龙虾一样）。各种各样的琵琶龙虾品种生活在世界各地温暖的海水区域中的海床上。主要是在泰国、新加坡以及澳大利亚周围的海域中。与之相近并且有重要的经济性近亲品种包括莫顿湾螯虾（生活在澳大利亚北部水域中），以及巴尔曼螯虾（生活

在澳大利亚颁布沿海地区）。大多数的琵琶龙虾都有一种甘美、柔和而圆润的味道，质地中等，吃起来有硬质感。

琵琶龙虾可以食用的方式 整只和虾尾。

琵琶龙虾的食用 可以煮、蒸、炸以及烧烤等。

搭配各种风味 黄油、香草，如龙蒿、细香葱，以及莳萝等，大蒜、柑橘类水果、柠檬草、酱油、辣椒等。

经典食谱 海鲜盘；烧烤螯虾尾配大蒜黄油。

巴尔曼螯虾（balmain bug）
有时候也称为福来嘉科螯虾，或者姆得螯虾，这种滋味鲜美的澳大利亚贝类海鲜在悉尼特别受欢迎。其肉只在尾部，口感浓郁而甘美。

一只中等大小的螯虾，大约有25厘米长，应有着坚硬的，玫瑰色的外壳，并且手感要比其实际的大小重一些。

莫顿湾螯虾（Moreton Bay bug）
因昆士兰的莫顿湾而得名，在那里，人们把莫顿湾螯虾当作当地的一种美味佳肴，莫顿湾螯虾看起来很像巴尔曼螯虾（上图），长度在25厘米左右，但是更加饱满，双眼的间距很宽，外壳上还有更多的琥珀色调。这是一种用途非常广泛的螯虾，有着甘美的风味，最好是煮和蒸、炸、煎以及炒等。

琵琶龙虾（Slipper lobster）
绰号为扁平龙虾、螯虾或赛盖尔等，这种大西洋北部无爪龙虾在地中海一带非常受欢迎。小点的琵琶龙虾，在15厘米左右，是传统的贝类海鲜盘的组成部分。琵琶龙虾，只有尾部可以食用。

一旦去掉其坚硬的，如同鹅卵石般的浅红色外壳，其尾部的肉吃起来甘美而硬实。

大虾和小虾（虾仁）（prawn and shrimp）

大虾和小虾在所有的水域都能够很好地成长，不管是冷水还是温水，淡水还是海水。它们广受欢迎，特别是在澳大利亚、美国、欧洲以及日本等地，大虾被广泛捕捞和养殖。对"prawn"和"shrimp"这两个术语不同的使用方法，会让人感到很困惑。在英国和澳大利亚，"prawn"主要指的是暖水中的品种，如大的黑虎虾，还有一些中等个头的冷水品种，如北极虾，而"shrimp"专指较小一些的品种，如褐虾等。在美国，相比较之下，"shrimp"通常指的是"prawn"。一般情况下，个头越大的大虾，其价格也越高。最大个头的虾出产于温水海洋中，或者热带水域中，品种各异，最短在35厘米，相比较冷水小虾而言，在

5厘米左右。

在世界范围内，热带大虾提供了超过四分之三的大虾供应量。它们主要分布在太平洋和印度洋里。它们是由拉丁美洲、澳大利亚、中国、越南、斯里兰卡和泰国等捕捞或进行养殖的。个头较小一些的，生长缓慢的冷水大虾，主要分布在大西洋、北极和太平洋的水域之中，在英国、美国、加拿大、格陵兰、丹麦以及冰岛等被捕获。主要品种包括大西洋白色"虾"，是大虾（不是小虾），太平洋白色"虾"，是大虾（不是小虾），褐虾，北方水虾，以及大黑虎虾等。虾的味道会随种类而异，冷水大虾通常口感会更加甘美一些，但是稠密程度和肉质都要略少一些。

虾的可食用性 冷水虾：新鲜食用和冷冻，煮制成熟等。温水虾：制作成熟，以及冷冻，去皮和用盐水浸泡等。

虾的食用 冷水虾：在解冻之后可以作为沙拉的一部分食用，或者作为醉虾食用。虾皮可以用来制作高汤和风味黄油。温水虾：可以煎、炒、炸、烧烤、铁扒以及烘烤等。可以制作甜美口味，烤熟，用油煎虾和蔬菜。要制作出细腻的风味，可以用水小火煮熟。

搭配各种风味 蛋黄酱、水瓜柳、柿椒粉、胡椒、柠檬汁等。

经典食谱 冷水虾：大虾杯；鳄梨和大虾。温水虾：蒜蓉大虾；天妇罗大虾等。

经典食谱（classic recipe）

芝麻大虾面包托（sesame prawn toasts）

一种混合风味，相互搭配的口感之佳令人拍案叫绝。

供 4 人食用

250克生的虎虾，去皮，切成粒

2棵青葱，切碎

1块1厘米长的鲜姜，去皮擦碎

1茶勺生抽

1/2茶勺糖

1/2茶勺香油

1个蛋清，搅散

现磨的黑胡椒粉

3大片面包，切去四个硬边

2汤勺芝麻

植物油，炸油

香菜叶，装饰用

1 将虾和青葱一起放入一个食品加工机内，搅打几秒钟，制作成糊状。倒入碗里，拌入姜、生抽、糖、香油，与足够的蛋清混合到一起，用盐和胡椒粉调味。

2 将每一片面包都切成三角形，在面包上涂抹上厚厚的一层虾糊。然后在表面上均匀地撒上芝麻。

3 将炸炉中的油加热至180°C。分批放入面包托，带有虾糊的那一面朝下摆放到油中炸2分钟，慢慢地将面包托翻面，继续炸2分钟，或者一直将面包托炸制成金黄色并酥脆。

4 将炸好的面包托用漏勺捞出，在厨房用纸上控净油。趁热食用，上菜时用香菜叶进行点缀。

褐虾（Brown shrimp）
尽管褐虾的长度不会超过5厘米，这种常见被认为是一种非常美味可口的虾，比起个头的温水虾品种来说，其价格要高出不少。褐虾在大西洋东部可以捕捞到，在其活着时，看起来透明状，但是在加热制作成熟之后会变成褐色。褐虾的传统制作方法是以醉虾的方式供客人。尽管需要手工剥去褐虾的外壳，但是非常美味可口，甘美而多汁。

对虾（crevette rose）
当水煮的时候，白色的中美洲虾(右)通常被称为crevette（法语中"小虾"的意思）。其肉质甘美而稠密，可以让所有的海鲜盘更加诱人食欲，或者给海鲜饭增加引人入胜的玫瑰色（米饭和海鲜）。

中美洲虾（Central American shrimp）
一种非常受欢迎的虾类品种，在拉丁美洲和南美国家都有养殖，这些白色大虾在经过捕捞之后，进行分级并冷冻之后出售。通常个头都很大，超过25厘米，它们口感香醇而甘美。其虾皮可以给贝类海鲜高汤提供一种美味的装饰。

深水虾（Deep-water prawn）
以其甘美而温和的口感，以及汁液饱满的质地而著称，在英国有北方虾和格陵兰虾，以及在美国的北方红虾，或者阿拉斯加粉色虾等不同的名称。冷水虾的平均大小在6厘米，一定要在陆地上加热成熟，并进行冷冻销售。其虾壳可以用来制作美味的高汤，是用来制作肉饭、意大利调味饭以及汤菜的理想材料，也可以与黄油搅打到一起，并过滤，以制作成大虾黄油。

大黑虎虾（Giant Black Tiger prawn）
一种肉质敦厚的热带大虾，可以生长到35厘米长，在全球范围内都可以捕捞到，并被广泛养殖，由此带来了一些环境问题。在购买大黑虎虾时，要检查这些虾是否合法的资源。要烧烤大黑虎虾，剪掉虾腿和触须，然后扭转虾身，并将尾部拔除。其滋味圆润甜如蜜，并且汁液饱满。

墨西哥风味大虾杯（prawn cocktail, Mexican-style）

玉米粒和鳄梨给这一道经典的、经久不衰的美食添加了来自于南部边境的特色风味。

供 4 人食用

1汤勺橄榄油
250克生的虎虾
1个青柠檬，榨取汁液
1茶勺美国辣椒汁
1汤勺天然番茄泥
1汤勺切碎的香菜末，多备几枝用来装饰
4汤勺蛋黄酱
1汤勺酸奶油
1/4个生菜球，洗净，切成丝
1个小鳄梨，去核、去皮，切成小丁，撒上青柠檬汁以防止其变成褐色
2汤勺罐装甜味玉米粒，捞出控净汤汁

1 在一个煎锅内加热橄榄油，用旺火将虾煎1~2分钟的时间，或者一直煎到大虾变成粉红色。将虾取出倒入一个碗里，洒上青柠檬汁和美国辣椒汁，搅拌好，直到大虾被调味料完全覆盖好，放到一边使其冷却。

2 将番茄泥和切碎的香菜，与蛋黄酱和酸奶油在一个小碗内一起搅拌均匀。

3 将生菜丝分装到4个甜品玻璃杯内。

4 如果你喜欢，可以留出4个带尾大虾，用作装饰。然后将剩余的大虾剥去皮，再放回到碗里。拌入鳄梨和甜玉米，然后用勺分装入甜品杯内的生菜丝上。

5 在虾的上面再装入蛋黄酱，用留出的带尾虾装饰，将留出的香菜枝也装饰上。

去除虾线并将虾片切开（切割成蝴蝶状）
一些生活在温水中养殖的大虾，不需要去掉虾线（虾肠），因为这些虾在捕捞之前经过了净化（没有喂食），虾线中空空如也。

1 通过首先去掉虾头来剥除虾的外皮，虾皮可以用来制作高汤。

2 去掉虾尾。保留好虾皮，与虾头一起制作高汤。

3 将刀尖对准虾的脊背处切开。

4 将所有黑色的虾线取出（也许虾线内什么都没有）。

5 要将虾制作成蝴蝶虾，沿着虾的脊背处切得更深一些，将虾打开成蝴蝶状。

螃蟹（crabs）

螃蟹大小不一，是许多大陆上人们最喜爱的甲壳类海鲜。用途广泛的螃蟹（它们生活在世界各地的海洋中）和多样化的品种，使得螃蟹在许多国家里都深受欢迎。螃蟹来自于一些不同的组群，包括黄道蟹科、方蟹科、梭子蟹科、石蟹科以及蜘蛛蟹科等家族。一只螃蟹会有一个背甲或者容器形甲壳作为主壳和腿部，并且大多数螃蟹都生长有蟹钳，尽管蟹钳和蟹腿的大小因品种不同而不同。随着螃蟹的生长，它们会周期性地脱壳——在其生长的头两年里比较频繁——每隔2年，螃蟹就会长大。螃蟹里有两种截然不同的肉质：白色肉质部分，生长在蟹钳、蟹腿以及身体之中；褐色蟹肉部分，生长在背甲中，或者蟹壳内。一般情况下，白色的螃蟹肉在两者之中

最受欢迎，其价格也更贵一些，来自于背甲部位的褐色螃蟹肉味道也非常好。有些种类的螃蟹会因为其生长有白色的蟹肉肉而闻名，特别是黄道蟹科组群中的棕色蟹、约拿蟹和珍宝蟹。而在雪蟹和帝王蟹的蟹腿中，有着价值非常高的甘美多汁的蟹肉。雄蟹的蟹钳会更大，因此食用价值更高，母蟹被认为其棕色蟹肉部分的肉质风味更加浓郁，而且其白色肉质部分也不够洁白，通常其价格也不是很贵。许多螃蟹的来源都是可持续性的，尽管这取决于螃蟹的品种和所捕获的区域不同而有所不同。将带卵的螃蟹捕捞上岸可能是非法的，而在某些情况下，将母蟹捕捞上岸也是非法的。

螃蟹的可食用性 加热烹调时：整只和蟹钳，加工制作时：去内脏清理干净/人工挑选，白色蟹肉和褐色蟹肉经过加工和消毒处理（一般会分别冷冻保存）。

螃蟹的食用 活螃蟹：煮——通常每500克螃蟹，需要煮15分钟。加热成熟的螃蟹：可以拌入沙拉中，蟹肉意大利面，米饭类菜肴、炒。生食时：制作寿司。

搭配各种风味 蛋黄酱、辣椒、柠檬、香芹、莳萝、马铃薯、黄油、辣酱油、鳀鱼香精等。

经典食谱 泰式蟹肉饼；辣炒螃蟹；酿馅螃蟹（通常是褐色的可食用螃蟹）；蟹膏；煎软壳蟹；马里兰蟹肉饼。

蓝蟹（Blue crab）

原产于西大西洋一带水域，目前这种螃蟹在日本和欧洲水域都能捕获到。它是一种能够将后腿当做船桨来"游泳"的螃蟹。被称为"破坏者"或者"剥皮者"，蓝蟹在快要到其蜕壳期时，会收缩到身体中，这样，一旦背甲脱落，就会露出下面的柔软而美味的螃蟹身体，此时是捕捞它们的时节。蟹鳃、蟹嘴以及胃囊会被去掉，然后进行冷冻或者准备好在"软壳蟹"季以新鲜螃蟹进行售卖。同样，这些螃蟹中取出的蟹肉，也可以用来制作蟹饼、汤菜以及蘸酱等。蓝蟹出品的旺季通常是在晚春时节和初夏时节。有规定好的蓝蟹最小捕捞尺寸标准。

褐色蟹（Brown edible crab）

这种螃蟹在欧洲北部海域使用诱饵罐进行捕捞。雄蟹以其巨大的蟹钳而闻名，蟹肉甘美多汁。这种螃蟹需要7年左右的时间才能长到500克重。褐蟹有着最小捕捞尺寸的限制，最理想的捕捞重量在1千克左右。在许多地区褐蟹都有最小的捕捞上岸的尺寸规定。传统方式是将加工处理好的螃蟹放回到其干净的甲壳内，配上蛋黄酱、黑面包以及黄油等一起食用。

红色帝王蟹（red king crab）
来自于石蟹科的帝王蟹也被称为石蟹。这是最大的螃蟹组群，以其特别肥美多汁而风味绝佳的蟹腿肉而深受欢迎。红色帝王蟹是这一组群中个头最大的螃蟹之一，其蟹腿可以长到1.8米长。

闪亮的甲壳非常锋利，所以要丢弃不用。蟹腿会被取下来，分开单独售卖。

一旦加热成熟，其外壳会变成鲜红色。肉质最好的部分来自于蟹腿和蟹钳。

珍宝蟹（太平洋大蟹，Dungeness crab）
黄道蟹科组群中的一个成员，珍宝蟹可以在太平洋海域，从美国阿拉斯加州到加利福尼亚州捕获到，并且珍宝蟹是太平洋西北部和加拿大西部最受欢迎的螃蟹。珍宝蟹可以生长到25厘米以上。被公认为是一种美味，风味甘美，在海鲜拼盘中是一种非常受欢迎的螃蟹。只需简单地配上熔化的黄油享用即可。

经典食谱（classic recipe）

酿馅螃蟹（dressed crab）

一道非常经典的英式传统风味菜肴，传统上是使用褐色蟹肉制作而成的。

供 2 人食用

1个1.3~2千克重的褐蟹，蒸熟
少许油
2~3汤勺新鲜的面包糠
适量的英式芥末
适量辣椒面
适量辣酱油
适量现磨的黑胡椒粉
1个煮熟的鸡蛋，装饰用

1 从螃蟹中取出其褐色和白色蟹肉，放到一边备用。这些工作可以通过使用小锤敲碎蟹钳，将蟹身用刀切开，将蟹肉从壳内挖出，将背甲中的褐色蟹肉用勺挖出。蟹嘴、蟹骨、胃囊以及蟹鳃等必须全部取出并丢弃不用。

2 将蟹壳洗净，用少许油涂刷一下。将褐色蟹肉用足量的面包糠混合好，调味。将白色蟹肉放入一个碗里，小心仔细地将所有小的蟹壳碎片全部取出。

3 将白色蟹肉和褐色蟹肉放入洗净的蟹壳内，并将煮熟的鸡蛋白切碎，放入壳内，将蛋黄过筛与切碎的香芹混合好，撒上装饰。配面包一起食用。

螃蟹的制备
打开螃蟹壳并提取蟹肉的四个步骤。

1 首先，用扭动的方法将蟹腿和蟹钳从最靠近身体的外壳处掰下来。

2 一旦露出内壳，就可以将蟹身从背甲中掰开。

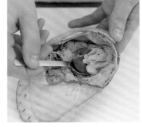

3 去掉蟹鳃和胃囊，从背甲中用勺将可食用的褐色蟹肉挖出来。

4 将蟹钳敲碎开，取出其白色的蟹肉。在蟹钳中间处的蟹肉，可以使用一把龙虾钳将蟹钳夹碎取出。

鱿鱼（squid）

尽管许多种类的鱿鱼在世界各地的海洋中已经生存了几个世纪之久，但是直到近些年来，这种贝类海鲜才在全球范围内流行起来。鱿鱼现在很有可能是最广泛食用的海鲜类，部分原因是鱿鱼非常实用。我们常见的鱿鱼，俗称"墨鱼"，这大概是其最著名的称呼了。鱿鱼的大小范围非常广泛，从小到2厘米的鱿鱼，到体型巨大的鱿鱼，有一些鱿鱼甚至可以生长到长达80～90厘米。鱿鱼的大小决定了使用哪种烹调方法——是快还是慢。鱿鱼的个头越小，其烹调方法越要快速，鱿鱼越大，需要在锅内加热的时间就越长。鱿鱼是由长管状体的身体构成的，一旦制备好，长管状的身体会被称为"鱿鱼筒"，在其身体一端的两侧有一对像翅膀一样的鳍，有时候看起来像箭头，最著名的就是箭鱿鱼。活鱿鱼身体上会覆盖着一层略带有红色的、紫色的，或者咖啡棕色的薄膜，有时带有令人眼花缭乱的褐色"静脉"，或者斑点等形状，用来给自己提供伪装。鱿鱼身上的薄膜非常薄，也很容易被剥离掉，特别是当鱿鱼被冰封，放在包装箱内之后。依附在其头部上的是10根触须，其中的两条比较长，而另外八条比较短。在其触须的中间是硬喙(嘴部)。墨鱼汁包含在鱿鱼管中一个小的银色墨鱼汁囊里，因此而得名墨鱼，在鱿鱼的中间部位是一个内壳层（或者叫作"笔"），有些类似于塑料，在加热烹调之前，应将其拔出不用。高品质的鱿鱼肉应色泽洁白，当开始变得不新鲜时，会变成粉红色。

鱿鱼的可食用性 整个鱿鱼：新鲜、干制、烟熏，以及罐头等。分切鱿鱼：鱿鱼管或者鱿鱼圈可以冷冻，有时候也可以用来作为海鲜杯的组成部分。

鱿鱼的食用 生鱿鱼：可以用来制作寿司。加热烹调时：可以煎、炒、炸、炖或者砂锅煲等。鱿鱼圈或者小块鱿鱼，可以铁扒或者煮。整个的鱿鱼管，切开成为大片，并切割上花刀，用来烧烤，味道鲜美。鱿鱼管也可以用咸香风味的面包糠混合物、粟、藜麦，或者大米来酿馅。要选择中等大小的鱿鱼，通常其鱿鱼管不超过7.5～10厘米的长度，制备好之后，可以切割成三角形，或者圈状，如果是烧烤，可以整个的使用。

搭配各种风味 辣椒、橄榄油、面包糠、柠檬汁、大蒜、青葱、蛋黄酱等。

经典食谱 炒鱿鱼；墨汁鱿鱼；大米酿馅鱿鱼；麻辣鱿鱼等。

肉质较老，翅膀状的鱿鱼鳍最适合切成薄片用来炒，或者留好用来制作风味高汤。

长而多肉的鱿鱼管通常都会切割成鱿鱼圈。美味多汁——如果没有加热烹调过度的话。

其色彩斑驳的外皮最好剥除，并保留下来用来制作高汤，因为这一层外皮在鱿鱼加热烹调时，会让鱿鱼肉质变老并且收缩。

鱿鱼（Common squid）

鱿鱼以坚韧和耐嚼而闻名，但是只有在过度烹调的情况下才会如此。在一个热锅里，鱿鱼根本不需要加热多少时间就可以成熟。最佳成熟时，口感鲜嫩而香醇，有一股细腻而独特的风味。

经典食谱（classic recipe）

炸鱿鱼（fried calamari）

一道诱人食欲的地中海风味美食，可以作为引人入胜的开胃菜。

供4人食用

2个鸡蛋

2汤勺冷的碳酸水

150克普通面粉

1茶勺辣椒面

1茶勺盐

500克小鱿鱼，去掉内脏，清洗干净，切成1厘米左右的鱿鱼圈

250克蔬菜油或者葵花籽油

螺旋状柠檬片，用作装饰

1 将鸡蛋打入一个碗里，加入碳酸水，用手动搅拌器搅打均匀。将面粉、辣椒面以及盐一起放入一个盘内并混合好。将每一片鱿鱼先沾上蛋清混合液，然后再沾上面粉，要确保所有的鱿鱼都完全覆盖好面粉，放到一边备用。

2 在炸锅内将油用大火烧热，然后小心地将鱿鱼放入热油中炸，一次加入一块，不要加入太多。分批次炸制2～3分钟，或者一直炸到鱿鱼呈金黄色。用漏勺捞出，在厨房用纸上控净油，配柠檬片一起享用。

鱿鱼的制备

剥去外皮，修剪好，并在鱿鱼上切割出花刀，就可以准备用来加热烹调了。

1 将鱿鱼嘴（吸口）和眼睛从鱿鱼身体上剥离。

2 将眼睛和两条长触须切掉。从头部去掉鱿鱼鳍，去掉薄膜。

3 从鱿鱼的中心位置，去掉轻如羽毛的"笔"（内层壳）。

4 将鱿鱼管切开，露出鱿鱼子。在鱿鱼上切割出美丽的花刀造型，以防止鱿鱼过度烹调，并且变老。

章鱼（八爪鱼，octopus）

不同种类的章鱼分别栖息在世界各地的热带、亚热带和温带水域中。章鱼通常被认为是最聪明的无脊椎动物之一，章鱼有着敏锐的视力和灵敏的触觉。可以用它敏感的皮肤伪装来改变颜色，甚至于改变其质地，它有一种能够逃避捕捉，以及迷惑捕食者的不可思议的能力。如果这些方法都不行，它会向敌人喷射墨水，在"墨水掩蔽"之下逃逸出去。尽管章鱼很聪明，但大多数章鱼的寿命都不会超过12～18个月。与鱿鱼和墨鱼不同，章鱼没有内层壳，这有利于它们躲藏到里面，从一些细小的裂缝处挤过去。章鱼全身上唯一一坚硬的部分是它的硬喙(嘴部)。其柔软的管状的章鱼身体上装备着八条长长的触须。章鱼在不同的烹调文化中有着各种不同的制备及烹调方法。章鱼在日本料理中被广泛使用，章鱼，或者称为多古（八爪鱼），通常用来制作寿司和章鱼烧（烤章鱼），一些较小的章鱼品种可以活着生食。章鱼在亚洲烹调中也非常流行，也构成了夏威夷美食的主要部分。在欧洲，西班牙是章鱼最大的消费国，其次是葡萄牙。

章鱼的可食用性 新鲜和冷冻，整个的章鱼和制备好的章鱼，以及桶状。制备时：可以腌制和用盐水浸泡，可以制作罐头，烟熏以及干制等。

章鱼的食用 炖或焖，鱼鱿鱼和小墨鱼不同，它们可以短暂而快速地加热成熟，章鱼通常会从小火缓慢的炖制过程中吸收更多的风味。更小一些品种的章鱼或者小章鱼，可以经过烫制一会使其成熟，腌制好之后食用。烫和过凉章鱼，是通过将章鱼在开水中烫一下，然后在冷水中过凉。

搭配各种风味 红葡萄酒、洋葱、香脂醋、香芹、鼠尾草和迷迭香、红椒粉、辣椒、酱油、香油、日本米酒醋等。

经典食谱 炖章鱼；腌泡章鱼；腌制章鱼；红酒章鱼等。

一旦取得内脏和外皮，其肉质饱满的头部就可以切成薄片用来炒，或者使用砂锅慢火炖。

要将触须冲洗干净，以清除掉吸盘内的所有沙砾。薄薄的一层琥珀色的外皮最好保留下来，可以给砂锅炖章鱼添加色彩。

章鱼（Common octopus）
也称为polpo（西班牙和意大利的称呼），章鱼主要分布于大西洋东部水域之中，一般由大型拖网渔船使用底拖网捕获。一只中等大小的章鱼，会超过1米长，并且重达2千克，足够一家四口人享用。尽管看起来个头巨大，当使用慢火加热成熟时，章鱼的大小会有所收缩。

墨鱼（乌贼，cuttlefish）

俗称"墨鱼"，因为它在遇到敌人时能够喷射墨水，墨鱼非常好吃，但却很可能是头足类动物中最不受欢迎的成员。各个不同品种的墨鱼在除了北美一带的水域之外的世界各地的海洋深处繁荣的生长着。墨鱼因为其墨鱼骨和用来迷惑它们的捕食者的墨鱼汁而被捕捞。这种墨鱼汁在经过采集并经过巴氏消毒之后，在商业上有着广泛的用途。用于制作染成黑色的意大利面条，以及用来制作热菜：最有代表性的是用来制作尼禄（黑色）意大利调味饭。墨鱼主要是通过拖网捕获，也可以作为休闲垂钓的诱饵。口感甘美，海鲜味浓郁，质地硬实，肉质醇厚，墨鱼在许多国家都被当做是一种美味佳肴。如果煎得时间超过一分钟，它就会变得老韧，失去其半透明的特质。墨鱼在中餐、日本料理韩国菜、西班牙菜以及意大利菜中特别受重用。

墨鱼的可食用方式 整个墨鱼：不需制备。冷冻：墨鱼汁和墨鱼骨单独销售。加工制作时：可以干制。

墨鱼的食用 墨鱼头部可以切成薄片用来煎、炸，或者烘烤。其八只爪和两条触须最适合用来慢火炖熟，非常受欢迎。

经典食谱 尼禄（黑色）意大利调味饭；辣炒墨鱼；葡萄酒炖墨鱼；托斯卡纳墨鱼沙拉。

剥去外层筋膜，露出里面硬质的洁白的墨鱼肉。

酱墨鱼的褶边要与墨鱼肉剥离开，可以给贝类海鲜高汤添加美妙的风味。

海参（sea cucumber）

虽然在世界各地的海洋中非常常见，但是海参是一种靠后天获得滋味的海鲜，带有一种相当咸的味道，有嚼劲，质地呈凝胶状。这反映在它们的绰号"海中鼻涕虫"上。海参在海床上慢吞吞地四处移动，寻找着食物。在捕捞上岸之后，海参会被去掉内脏，经过熟制，腌制，然后干燥处理，这样就可以长期保存。在准备食用时，海参要用水浸泡，然后用小火长时间煨炖使其嫩化。在中国，海参被认为是一种美味佳肴，会使用米酒和姜慢慢炖好。海参在菲律宾和欧洲部分地区也很受欢迎，特别是在巴塞罗那等地，但它们在地中海和其他海域被过度捕捞。

海参的可食用性 整个的，通常是干制的。

海参的食用 加热烹调时：浸泡并用小火炖，或者焖。

经典食谱 蘑菇烧海参；炖海参。

去掉其外皮，因为其老而韧。新鲜的海参可以干制或者炖熟。

海参（sea cucumber）
几个世纪以来一直都深受渔民的喜爱。被认为是一种美味佳肴，日本人喜欢新鲜食用，而中国人则喜欢干制后食用。它的形状和大小都很像鼻涕虫，可以生长到20厘米长。

海胆（sea urchin）
呈球状、粉红色，生长有尖刺，在不列颠群岛的浅水水域内生长的普通海胆可以长到15厘米以上。对海胆的制备可以说是一种挑战，但随之而来的可以享用其海藻般浓郁而柔滑的滋味——味道不刺激也没有鱼腥味。

海胆（sea urchin）

多刺而且不讨人喜欢，海胆在海底生存。有超过500个品种，并且大多数都是可以食用的。海胆在日本料理、意大利菜、西班牙菜以及经典的法国菜看中都有一席之地。在一些国家的饮食文化中，特别是在日本和地中海国家中，海胆作为一种美味佳肴，非常受欢迎，这导致了海胆被过度捕捞。海胆可以食用的部分是其子，需要仔细提取出来。海胆的入口在它的底部，通过其嘴部，可以使用一把刀将海胆打开。首先将内脏取出去掉，然后用勺子将其乳脂状的橙色子舀出(依附在其外壳的顶部位置)。其子的量较小，相对的价格也较高，但是能够提供一种浓郁的奶油风味，非常像海藻的滋味。在日本，海胆叫uni，可以配寿司新鲜食用，在经过发酵之后制作成海胆酱。

海胆的可食用性 整个的，在一些国家里，是从其外壳中将子提取出来。

海胆的食用 通常生食，它们也可以给奶油鱼露增添风味。

搭配各种风味 柠檬、各种调味品。

经典食谱 海胆意面；海胆蛋卷。

要避免碰到这些刺，要么将海胆切割成两半，或者从中间将其碎裂开，用一把茶勺将中间的子舀出。

狗爪螺（goose barnacle）

取了狗爪螺这样一个非常醒目的名字，是因为它有着像鹅一样长的颈部。像其他甲壳类动物一样，除了在北极之外，它们都生活在沿岸水域中裸露在外的岩石中，狗爪螺肉来自于其柔软而突出的那部分身体，上面覆盖着一层厚厚的外皮。在加热烹调之前，这一层老韧的外皮需要借助于指甲将它们去掉，或者也可以在加热成熟之后将它们去掉。狗爪螺肉有着一股甘美的海鲜风味，非常像螃蟹和小龙虾的滋味。烹调火候恰到好处时，鲜嫩多汁，美味可口，如果加热过度，会变得老韧而咬不动。在葡萄牙和西班牙，狗爪螺被视为一种标志性的美味。

狗爪螺的可食用性 通常整个使用。
狗爪螺的食用 可以蒸或者煮，只需在加有一片香叶和柠檬的盐水中煮2~3分钟即可。

在加热烹调之前，其钙化的软骨部分要去掉，外皮也要剥除。

狗爪螺（Goose barnacle）
在一些地中海国家，狗爪螺是非常受欢迎的美食，狗爪螺通常只需在高汤中简单地蒸熟即可，然后直接带壳上桌。个头大约在25厘米的狗爪螺，2~3个就可以制作出一道美味菜肴。

普通墨鱼（Common Cuttlefish）
原产于大西洋东部水域和地中海一带，是个头最大的墨鱼之一，大约可以生长到40厘米左右。其老韧的触手需要在砂锅中慢炖或者焖熟。

青蛙腿（Frogs' legs）

几个世纪以来，青蛙腿一直与法国菜和意大利菜密切相关。在法国，大斋节期间，青蛙腿被当作非肉类食物来招待客人。最开始使用的青蛙是在法国的荒郊野外和湿地中捕获的，但近期的大规模化产出导致了青蛙被过度捕获。这一物种现已濒临灭绝，目前在法国受到保护。在今天的欧洲和东方烹调中使用的青蛙都是来自于东南亚和美洲。人们越来越担心对青蛙过度食用。品质最好的青蛙腿应肉质饱满，大约6厘米长，有着鸡翅般的质地，但是有着如同鱼肉般的细腻风味。

青蛙腿的可食用性 青蛙通常只食用其腿部。
青蛙腿的食用 在法国，会用柠檬、大蒜以及香芹一起煎。在意大利的各种传统的伦巴第食谱中会使用到青蛙腿。
经典食谱 蛙腿米粥；蛙腿汤。

青蛙腿骨上附着的一小块肉，需要小心地剔取下来。

海胆子（海胆卵，Sea urchin roe）
在多刺的外壳里最珍贵的部分，海胆子通常会生着享用，但是制作成熟之后也会美味可口。可以将其加入到奶油、白葡萄酒和鱼汤中，完美的添加到如煎鱼类菜肴中，如多宝鱼等。

一种独具特色的美味佳肴，海胆子（或"舌头"）通常都会直接从其外壳内取出后生食。它们有一种鲜味（日本人所喜爱的风味），有着精致的咸鲜风味和浓郁的风味。

蜗牛（snails）

煮过的蜗牛会用大蒜和香草黄油一起烘烤，通常会装入蜗牛壳内趁热食用。

世界范围内有着数不清的各种大小的蜗牛存在，但是最常见的是法国庭院蜗牛，在法国被作为可以食用的蜗牛而享用的。最初蜗牛是在大斋节期间食用的，但已成为传统的新年款待宾客的佳肴。法国人每年要吃掉好几吨重的蜗牛。蜗牛不仅在法国深受欢迎，而且在西班牙也很流行，在传统的食谱中有着鲜明的特色，如西班牙肉菜饭（海鲜米饭）等。最初的时候，会采集野生蜗牛，但是随后的情况，就像法国沼泽地里的青蛙一样（如上所述），已经被过度捕获。因此，现在的蜗牛通常都是进口的，在许多餐馆里，会作为一道经典的法国菜肴供应给客人。对蜗牛的制备是非常费事费力的。一旦收集好蜗牛之后，需要一定的净化时间来清除蜗牛中的砂土。这通常要花费几天的时间，需要耐住美食的诱惑来实现的。然后蜗牛会用水浸泡，烫过，再用小火煮熟。要享用时，通常会将蜗牛从其壳内取出，摆放到一个特制的餐具中，用大蒜黄油加热烹调。蜗牛有着弹性的，轻微的沙质感，淡淡的咸香滋味。

蜗牛的可食用性 通常都会制备好，并原壳真空包装好，配大蒜香草黄油。
蜗牛的食用 烘烤。
经典食谱 大蒜黄油焗蜗牛；玉米粥蜗牛。

大蒜黄油焗蜗牛（snails in garlic butter）

勃艮第焗蜗牛，使用大个头的，肉质醇厚的庭院蜗牛，是一道经典的法国美味佳肴。

供2人食用

60克黄油，软化
2瓣蒜，拍碎
1汤勺切碎的香芹叶
鲜榨的柠檬汁
盐和现磨的黑胡椒粉
1罐，410克蜗牛，带壳

1 制作大蒜黄油：将黄油、大蒜以及香芹放入一个食品加工机内，快速搅拌成绿色的黄油，加入柠檬汁并调味。

2 捞出蜗牛肉，控净所有汁液。在蜗牛壳内塞入一些黄油，将蜗牛放入黄油中。然后将更多的黄油塞入蜗牛壳内，盖住蜗牛并压紧，直到全部盖满，并看不见蜗牛为止。冷藏至需用时。

3 将烤箱预热至190℃。将蜗牛壳摆到蜗牛盘里，或者摆放到一个烤盘里，要确保蜗牛壳不会翻倒。

4 放入烤箱内烘烤15分钟直到黄油全部熔化，蜗牛滚烫。多配一些法包一起食用。

热熏鱼类（hot-smoked fish）

热熏是一种短时间的保存用盐水腌制过的或者盐渍过的鱼类或者海鲜的技术。在经过略微的干燥处理之后，放入能够控制温度的烟熏炉里烟熏并使其成熟。初始烟熏时，温度较低，这个阶段的烟熏所持续的时间是由生产者和鱼的种类来决定的。一旦鱼肉染上了烟熏味道，就会在更高的温度下再次被熏制，并让鱼肉成熟。通常以热熏这种方式处理的鱼包括鲭鱼、鳟鱼和鲑鱼（三文鱼）等，以及贻贝和生蚝一类的海鲜等。热熏鱼类有着一种清淡的咸味、浓郁的烟熏味，不透明的外观，以及滋润的质地。虽然烟熏产品会保存好几天的时间，但是热烟鱼的保质期通常要比冷熏鱼短。

热德鱼类的购买 要选择那些肉质滋润，但不是黏滑的烟熏鱼肉，并且有着一股强烈而怡人的芳香。

热熏鱼类的储存 要冷藏保存，但是不要直接存放在冰上。在热熏鱼肉的过程中所添加的盐会自动地延长烟熏鱼类的保质期。

热熏鱼类的食用 热熏鱼类产品可以直接食用，或者添加到其他菜肴中食用。因为它们在热熏的时候已经熟制好。在将热熏鱼类重新加热或将其添加到热菜中需要特别注意。要将它们热透，但是不要过度加热，防止变得老韧，其质地也会有所变化。

搭配各种风味 辣根、奶油和鲜奶油、蜂蜜、酱油和香油、莳萝、香菜等。

经典食谱 牛肉和烟熏生蚝馅饼；烟熏马鲛鱼肉酱；烟熏鳗鱼配甜菜和土豆沙拉；烟熏马鲛鱼饼。

去掉鲱鱼的头部，剥去鱼皮，就会露出味道绝佳的鱼肉。

烟熏鲱鱼（Smoked sprats）
在德国、瑞典、波兰、爱沙尼亚、芬兰和俄罗斯都是一种非常受欢迎的美味佳肴，烟熏鲱鱼也以它们的瑞典名字布利斯林而广为人知。这些鲱鱼都会整条的烟熏，因为它们的鱼刺非常柔软，通常都会整条的食用——有点硬质的鱼鳍和鱼头也可以整个的食用。烟熏的过程会使它们变得多少有些干燥，并带有一种浓郁的风味。

阿布罗斯热熏小鳕鱼（Arbroath smokie）
一种来自苏格兰阿布罗斯的特产。去掉内脏的小黑线鳕鱼，鱼头也去掉，然后用当地特产的黄麻将其尾部成对的捆缚在一起，用盐干腌一个小时，然后使用浓烟熏。可以直接食用，或者用来制作慕斯和烟熏小鳕鱼肉酱等。阿布罗斯热熏小鳕鱼有着一股浓郁的风味。

烟熏贻贝（Smoked mussels）
贻贝先经过熟制，腌制，然后经过热熏。作为海鲜拼盘的内容之一会更加美味可口，也可以拌入沙拉中。烟熏贻贝肉质结实、甘美、诱人食欲。它们可以新鲜烟熏，或者制作成油渍罐头。

使用盐腌的过程，让鲱鱼的质地变得非常干燥。

烟熏贻贝的过程让贻贝具有了硬实而醇厚的质地和浓郁的风味。

烟熏生蚝（Smoked oysters）
质硬而有一点老，经过腌泡和熟制后的生蚝在烟熏炉内熏制后具备了这个风味特色，在东方风味烹调中非常受欢迎。大多数都会制作成油渍罐头，也有新鲜熏制的，或者真空包装的。烟熏的过程会将生蚝本身的部分风味遮盖住。可以用烟熏生蚝来制作牛肉和烟熏生蚝馅饼，或者与奶油干酪混合好之后制作成蘸酱。

烟熏鳗鱼（Smoked eel）
质地硬实而略带弹性，烟熏鳗鱼，被认为是一种可口的美味，尤其是在荷兰，所以其价格比较昂贵。欧洲和新西兰鳗鱼会经过洗净处理，使用干腌法腌制，然后热熏。烟熏风味会充满在其油质的鱼肉中。

炉烤的三文鱼通常会大块的熏制，冷熏的三文鱼会剔取鱼肉熏制）。

炉烤三文鱼（Kiln-roasted salmon）
热熏的优势在于，与冷熏鱼并存的"油腻感"消失不见了。炉烤三文鱼非常适合冷食，撕碎后拌入沙拉中，或者用来取代食谱中的冷熏三文鱼。

烟熏马鲛鱼的鱼皮很容易就可以剥离。

烟熏马鲛鱼（烟熏鲭鱼，Smoked mackerel）
马鲛鱼富含油性的肉质非常适合用来热熏。可以使用整条去掉内脏的马鲛鱼，以及使用剔取的鱼肉熏制。烟熏马鲛鱼可以染色，也可以不染色。马鲛鱼肉可以用胡椒或者其他调味料包裹好。烟熏马鲛鱼可以与香辣的开胃小菜形成很好的搭配，或者与奶油辣根混合后食用。有一些品质绝佳的烟熏马鲛鱼来自于英国，那里所使用的，捕捞的苏格兰马鲛鱼有着浓度很高的油性。

热熏鳟鱼肉有着浓郁的味道，鱼肉很容易剥离。

干熏鲱鱼（Buckling）
这些鲱鱼，有时候会去掉内脏，并且除掉鱼头。采用干腌法腌制几个小时，然后在非常浓的烟雾中热熏几个小时。其成品非常干燥，带有咸味以及烟熏风味，鱼腥味非常浓。

烟熏虹鳟鱼（Smoked trout）
热熏是一种非常有效的加热处理许多富含油性的鱼类品种的方式之一。热熏会去掉一些鱼类的土腥味，特别是虹鳟鱼。你可以购买整条的烟熏好的虹鳟鱼，或者购买烟熏虹鳟鱼肉。

冷熏鱼类（cold-smoked fish）

这种熏鱼的方法需要在一段时间之内进行熏制。鱼在盐水中腌制，并且盐水中使用了相对较多的盐，为的是将鱼肉中的水分尽可能地提取出去。在这种情况下，烟熏的温度是至关重要的：鱼肉的温度不应超过30℃，这样的温度不会让鱼肉成熟，也不会让细菌滋长。鱼熏制1～5天的时间，随着熏制时间的推移，烟熏味道会变得越来越浓郁。一些冷熏鱼可能会在熏制之后被加热成熟（如烟熏黑鳕鱼、鳕鱼和绿鳕鱼）。因为冷熏鱼基本上是生的，没有成熟的鱼会在-18℃冷冻24小时左右，以消灭可能存在于鱼体内的寄生虫（在一些国家，这是法律规定）。冷熏鱼的味道取决于鱼的腌制时间，以及在烟熏炉里熏制的时间。许多冷熏鱼的滋味——如油性鱼类——会通过烟熏而得到强化。

冷熏鱼类的购买 要挑选那些看起来干燥、富有光泽，并且闻起来烟熏味道不是十分强烈的冷熏鱼类。

冷熏鱼类的储存 熏鱼类产品的保质期要比鲜鱼类稍微长一些。一定不要将冷熏鱼类如同新鲜的鱼一样，直接放置到冰上，但是必须放置到冰箱内冷藏保存。

这道菜看是以苏格兰东北部的卡伦的名字来命名的，skink是这一地区一道汤菜或者炖菜的名称。这个食谱传统上要使用烟熏鳕鱼来制作。

供4人食用

2条烟熏鳕鱼（或者4条小的烟熏鳕鱼肉）
300毫升水
1个洋葱，切碎
300毫升牛奶
225克土豆泥（加入30克黄油搅拌均匀）
盐和现磨碎的黑胡椒粉

1 将鱼放入一个大号煎锅内。加入水，放入洋葱。将鱼煮8～10分钟，或者直到将鱼煮熟。将鱼捞出放入一个盘内，剔下鱼肉块，放到一边备用。将剩下的鱼骨再放回到锅内的水中，继续煮15分钟。将煮好的鱼汤过筛到一个大号的罐内，然后将洋葱末尽可能放回到汤中。将牛奶拌入。

2 将牛奶、高汤和洋葱放回到沙司锅内，将土豆泥搅拌进去，搅拌至呈浓稠的，乳脂状的程度。用盐和胡椒粉调味，然后将鱼肉加入到汤中。直接上菜即可。

冷熏鱼类的食用 烟熏三文鱼以及更多的其他手工产品（如烟熏剑鱼、石斑鱼以及金枪鱼等）可以只是简单地切成片状，并且配上鲜榨柠檬汁和面包，或者添加到制作更复杂一些的菜肴中。

搭配各种风味 柑橘类水果、辣根、味道细腻的香草类，如莳萝和香芹。

经典食谱 烟熏鳕鱼配水波蛋；烟熏三文鱼配水瓜柳；印度烩鱼饭；卡伦鳕鱼汤。

烟熏黑线鳕鱼（Finnan haddock）

以芬南渔村命名的烟熏鳕鱼，"冷熏黑线鳕"曾经是最受欢迎的熏鱼品种。要制作冷熏黑线鳕，首先要将黑线鳕清洗干净，然后去掉鱼头，将鱼片开（保留鱼骨），用盐水浸泡（有时候会加入色素），然后熏制——传统熏制方法是使用泥炭熏制。其味道和烟熏未染色的黑线鳕非常相似。烟熏黑线鳕鱼配水波蛋是一道传统的早餐食品。

烟熏大西洋三文鱼（烟熏大西洋鲑鱼，Atlantic smoked salmon）

无论是苏格兰，还是爱尔兰出产的烟熏三文鱼都被认为是美味佳肴，但是野生三文鱼的价格高得令人望而却步，因此大多数烟熏大西洋三文鱼都是使用人工养殖的三文鱼。可以使用泥炭、苹果木或橡树木熏制。熏制时添加威士忌也非常受欢迎。橡树木熏制可以带出一股强烈的味道，泥炭熏制可以产生出一股相当甘美的木质风味。

在熏制的过程中，鱼肉的表面会形成了一层硬皮，称为薄皮。这是经过浓烈烟熏和干燥之后产生的结果。这一层薄皮有时候会被修剪掉，有时会被修剪下来，作为烟熏三文鱼的装饰部分出售，这一部分三文鱼用来制作鱼酱会非常美味可口。

与其他白鱼类不同的是，烟熏黑线鳕通常是带着鱼皮进行熏制的。

黑色鱼肉是剑鱼的肌肉组织部分。它吸收了烟熏的味道。

腌熏鲱鱼（bloater）
腌熏鲱鱼就是将整条的鲱鱼用干盐法在桶里腌制几个小时，然后使用阴燃的方式干熏，将鱼熏干，并带有淡淡的烟熏风味。

染色的黑线鳕鱼鱼肉非常适合用来制作印度烩鱼饭，因为其颜色与白米饭非常搭配。

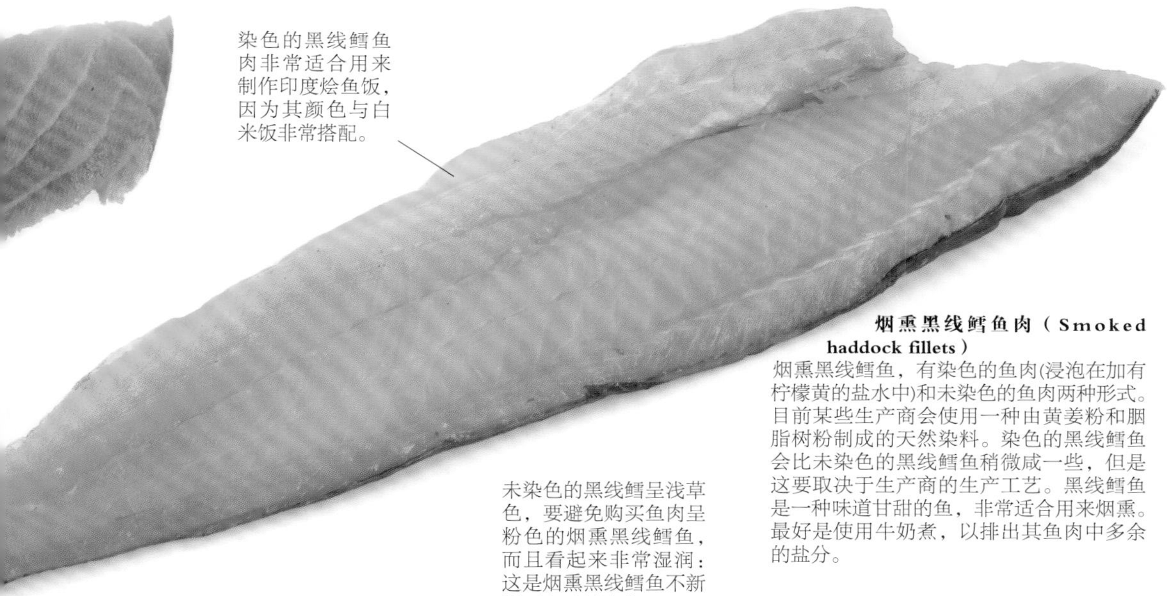

烟熏黑线鳕鱼鱼肉（Smoked haddock fillets）
烟熏黑线鳕鱼，有染色的鱼肉(浸泡在加有柠檬黄的盐水中)和未染色的鱼肉两种形式。目前某些生产商会使用一种由黄姜粉和胭脂树粉制成的天然染料。染色的黑线鳕鱼会比未染色的黑线鳕鱼稍微咸一些，但是这要取决于生产商的生产工艺。黑线鳕鱼是一种味道甘甜的鱼，非常适合用来烟熏。最好是使用牛奶煮，以排出其鱼肉中多余的盐分。

未染色的黑线鳕呈浅草色，要避免购买鱼肉呈粉色的烟熏黑线鳕鱼，而且看起来非常湿润：这是烟熏黑线鳕鱼不新鲜要变质的迹象。

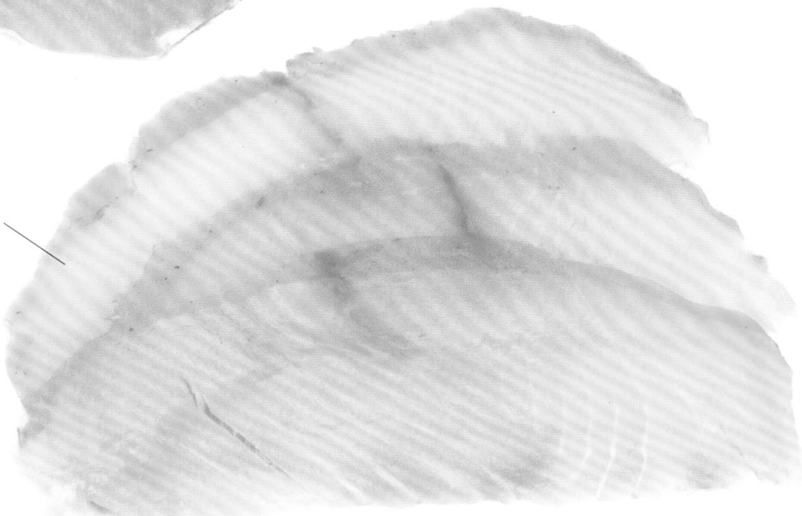

烟熏大比目鱼最好切成薄片，因为其鱼肉有点干，肉质较坚硬。

腌熏鲱鱼的鱼皮非常容易被去掉，露出鱼皮下面可以立即食用的鱼肉。

传统上，腌熏鲱鱼会从鱼的背部切开，从鱼骨处进行烟熏处理，但是也可以剔取鱼肉烟熏处理。

腌熏鲱鱼（kipper）
腌熏鲱鱼是一种冷熏鱼。从其鱼脊处切割开，并进行清理、腌制，有时候也会染色，然后在锯末火上进行熏制。英国出产的鲱鱼通常被认为是制作烟熏鲱鱼是最好的品种。马恩岛的腌熏鲱鱼是熏鲱鱼中的佼佼者。腌熏鲱鱼可以铁扒或者罐焖（将开水浇淋到鱼上并静置一段时间）。腌熏鲱鱼有着一股浓郁的、非常咸的、甘美的，以及烟熏味的味道——但是这些方面会根据生产商的不同而有所不同。

烟熏大比目鱼（Smoked halibut）
大比目鱼有一种精致的味道，而熏制的过程会使得鱼肉的自然风味受到一定的压制。烟熏大比目鱼可以剔取鱼肉或者切割成鱼片。生的烟熏大比目鱼片可以只简单地使用莳萝和一瓣柠檬角进行装饰。

印度烩鱼饭（kedgeree）

这道经典的英裔印度人食谱，在维多利亚时代是一种非常受欢迎的早餐美食。人们普遍认为这一道菜肴起源于印度。

供 4 人食用

60克黄油
1个洋葱，切成细末
1茶勺中度咖喱粉（马德拉斯）
225克熟制的烟熏大比目鱼肉块
170克米饭
盐和现磨的黑胡椒粉
1汤勺切碎的香芹末（可选）
2个煮熟的鸡蛋，剥去外壳，切成四瓣

1 在一个大号的厚底沙司锅内加热熔化黄油，加热洋葱煸炒至变软，并且变成了透明状。加入咖喱粉，用小火煸炒1分钟。

2 加入烟熏比目鱼肉和米饭，用大火加热并翻拌至米饭热透。用盐和胡椒粉调味，并拌入香芹末。将鸡蛋摆放到表面上热透。直接上桌即可。

咸鱼和鱼干（salted fish and dried fish）

人类最早对鱼的保存方法是在太阳下和风中将鱼晒干或风干。而另外的保存鱼的方法是在盐水中腌制或者使用盐干腌。在地中海一带，像鳗鱼、凤尾鱼、沙丁鱼、鲱鱼、金枪鱼和鱼子等一般都会用盐进行腌制。最早的干咸鱼之一是鳕鱼，是被长途跋涉的船只捕获的。鳕鱼在船上会被清洗干净，风干，然后在返航回家的途中用盐水或盐腌制好。用盐腌制鱼类的加工过程会受到天气，鱼的大小和不同的种类以及所使用盐的不同质量的很大影响。鱼必须完全被盐所浸透，或者被盐"穿透"，以确保食用的安全。有两种盐腌方法——将鱼直接放入到盐水中腌制或者使用盐直接腌制，在盐腌制的过程中从鱼身中腌制出来的水分，反过来成为自身的腌汁。腌制鱼类时所使用盐的数量与所使用的鱼和制成的产品不同而不同。鱼类也可以通过干制去掉水分而不用加盐腌制。鳕鱼干就是一种没有加盐腌制的鱼，通常会使用鳕鱼，通过在木架上晒干和风干，或者在特制的干制屋里制作而成。其他的白色鱼类品种，包括江鳕鱼、牙鳕鱼、鲔鱼、鲣鱼以及绿鳕鱼都可以干制，像一些贝类海鲜，如墨鱼、鱿鱼、生蚝、虾仁，以及鲜贝等均可以干制。有一些腌制和干制的鱼类可以重新补充水分，通过在水中浸泡几遍，以尽可能地将盐分析出。然后如同新鲜的鱼类一样加热烹调（其风味会比新鲜的鱼类更加浓烈，还有一种淡淡的，挥之不去的咸香风味）。一些干制的鱼类，像龙头鱼以及墨鱼，可以干制后直接食用。

咸鱼和鱼干的切割 整条鱼（去掉内脏），从脊背处片切开，鱼条。

咸鱼和鱼干的食用 可以试着水煮、煎或者铁扒腌。

搭配各种风味 橄榄油、大蒜、橙子、水瓜柳、洋葱、香芹、牛奶、椰子等。

经典食谱 咸鱼和西非荔枝果；咸鱼鱼糕；咸鳕鱼干；咸鳕鱼泥等。

银鱼柳（咸凤尾鱼，salted anchovies）
最受欢迎的咸鱼之一，银鱼柳也可以使用盐水腌制。非常咸，通常用来摆放到比萨上，或者用来装饰地中海风味菜肴，如尼斯沙拉等。银鱼柳在使用之前可以在牛奶中浸泡一会以除去些盐分，让银鱼柳的味道变得柔和一些，更圆润一些。

风干鲱鱼通常都会原味地整条食用，或者只需简单地配上面包一起享用。它们有着一股甘美而浓郁的风味。

金枪鱼肉干（Dried tuna loin）
金枪鱼肉干在意大利和西班牙是一种美味佳肴（在那里被称为马佳马）。金枪鱼肉条用盐盐渍，然后晒干，制作出类似于肉干一样的质地硬实的鱼干。它有着一股浓郁的香醇风味，可以切碎之后加入到意大利面中或者沙拉里。

咸马鲛鱼可以整条的去掉内脏盐制，或者剔取鱼肉后盐制。

金枪鱼干质地干硬，最好是刨成片状，或者擦碎后使用。味道非常浓郁，只需要添加一点就能给菜肴增添风味。

风干鲱鱼（maatjes herring）
来自阿姆斯特丹，风干鲱鱼也被称之为维尔京鲱鱼，因为风干鲱鱼是使用没有产过卵的小鲱鱼制作而成的。鲱鱼在挪威和丹麦周边海域捕捞，使用中等浓度的盐水浸泡。只去掉其部分内脏，因为其内脏是腌制过程成功的关键。与之相类似的风干鲱鱼来自德国，使用更加浓郁的盐水进行腌制。

龙头鱼（Bombay duck）
小的黄蜂鱼原产于东南亚。在印度是新鲜食用的，通常都会煎熟作为配菜使用。也可以切成鱼条晒干，称之为龙头鱼，它有一股浓烈的芳香以及鱼腥味。

龙头鱼可以在干的情况下作为一道开胃菜直接食用，龙头鱼有一股强烈而浓郁的滋味。

海米（虾干，Dried shrimps）
没有去皮的小虾，用盐轻腌，然后干燥处理，在中国、东南亚和非洲部分地区广泛使用。通常会添加到菜肴中，给菜肴带来一种更加浓郁的风味。

海米有着独具一格的气味，这种气味非常像海鲜的风味。

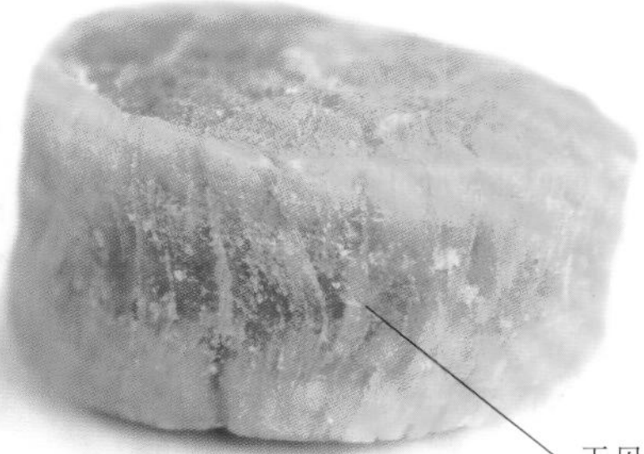

干贝（Dried scallops）
干贝在远东烹调中被广泛使用，一道深受欢迎的食谱，可以作为一种香辣莎莎酱的主料。可以整个的或者捣碎后使用，干贝可以给菜肴带来一股生动的海鲜风味，以及适度的甘美风味。

干贝风味浓郁，质地非常干燥。可以使用干燥的干贝，或者用水浸泡干贝，进行水发使其再次水化。

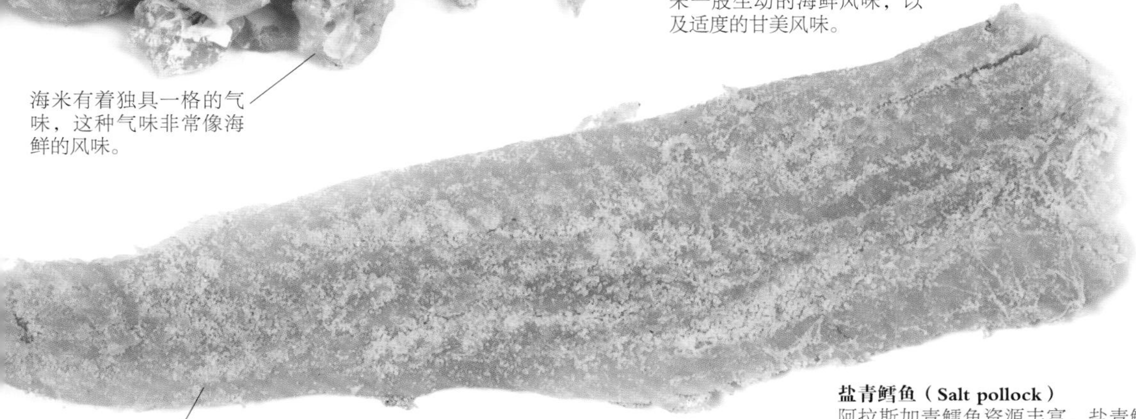

盐青鳕鱼（Salt pollock）
阿拉斯加青鳕鱼资源丰富，盐青鳕鱼在远东和加勒比海地区非常受欢迎。在使用之前需要较长的浸泡时间，非常适合用来煮，或者用来制作鱼饼。它的风味要比盐鳕鱼温和一些，与香料和土豆泥是绝佳搭配。

盐青鳕鱼通常都会以鱼肉或者鱼条的形式售卖。一般都会去掉鱼刺。

盐马鲛鱼（盐鲭鱼，Salt mackerel）
盐马鲛鱼在远东地区深受欢迎，特别是在韩国。盐马鲛鱼在使用之前必须在冷水中浸泡一晚，然后水煮大约30分钟，可以用来制作鱼酱或者沙拉等，也非常适合煎。在经过浸泡之后，马鲛鱼还会带有非常咸香的滋味，其肉质会带有一点纤维感。

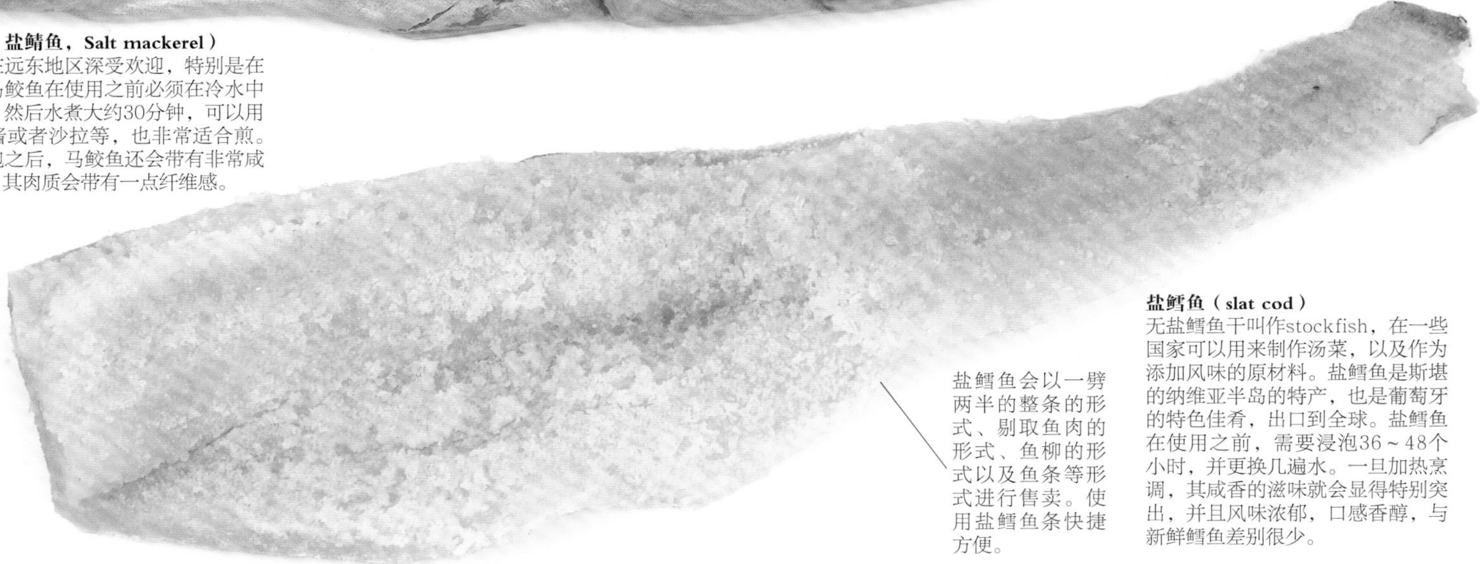

盐鳕鱼（slat cod）
无盐鳕鱼干叫作stockfish，在一些国家可以用来制作汤菜，以及作为添加风味的原材料。盐鳕鱼是斯堪的纳维亚半岛的特产，也是葡萄牙的特色佳肴，出口到全球。盐鳕鱼在使用之前，需要浸泡36～48个小时，并更换几遍水。一旦加热烹调，其咸香的滋味就会显得特别突出，并且风味浓郁，口感香醇，与新鲜鳕鱼差别很少。

盐鳕鱼会以一劈两半的整条的形式、剔取鱼肉的形式、鱼柳的形式以及鱼条等形式进行售卖。使用盐鳕鱼条快捷方便。

奶油鳕鱼酪（brandade de morue）

这道奶油状的盐鳕鱼在地中海国家非常受欢迎，特别是在法国南部地区。

供 4 人食用

450克盐鳕鱼

2瓣蒜，拍碎

200毫升橄榄油

100毫升煮开的牛奶

2汤勺切碎的香芹

少许橄榄油，淋洒用

现磨的黑胡椒粉

切成三角形的面包片，用橄榄油炸至金黄色

黑橄榄

1 将盐鳕鱼在碗里用冷水浸泡24小时，在此期间，每隔3～4个小时需要更换一遍浸泡的冷水。

2 将鳕鱼捞出控净水，放入一个大号煎锅内，加入没过鳕鱼的冷水，用小火加热，煮10分钟，然后将锅从火上端离开，让鳕鱼在开水中再浸泡10分钟，然后捞出控净水。

3 将鳕鱼的鱼皮和鱼骨都去掉，然后取下鱼肉放入一个碗里，加入大蒜一起捣碎成糊状。

4 将捣碎的鱼糊倒入一个锅内，用小火加热。加入足量的橄榄油和牛奶，分次加入，一次加入少许，将鱼糊搅打成乳脂状的白色混合物，能够定形而不流淌的程度。趁热食用，撒上切碎的香芹末，再淋上一些橄榄油，并用黑胡椒粉调味。配炸好的三角形面包片和黑橄榄一起食用。

鱼子（鱼卵，fish roe）

虽然雄性和雌性鱼类的鱼子都可以食用，只有雌性的"硬质"鱼子，或者蛋，作为一种美味佳肴，才在传统上获得了高度的认可，而且通常会价格不菲。鱼白或者"软质"鱼子是雄性鱼的鱼子，或者一些鱼类品种的精子，在某些情况下，也会被认为是一种美味，尤其是在欧洲。有一些品种的鱼类会产生出优质的"硬质"和"软质"的鱼子，这两种鱼子均可以用作装饰或者单独作为开胃菜食用，在许多国家都有着对特色鱼子品种的喜爱。在日本，kazunoko，就是盐腌的鲱鱼的卵，最受欢迎。在东南亚，蟹黄受到特别的喜爱，可以从雌性的青蟹中采集到。在欧洲，"caviare"最初的名字指的是鲟鱼蛋，是一种久负盛名的鱼子酱。传统上，有三种最著名的鲟鱼科鱼子酱——白色大鳇鱼、奥西特拉鲟鱼和闪光鲟鱼——是由俄罗斯人和伊朗人进行加工处理的。但是鲟鱼子的深受欢迎，也导致了对它们的过度捕捞，目前有许多种类都濒临灭绝。作为一种解决方案，法国在进行鲟鱼养殖。

鱼子酱的制备方法多种多样。像大多数的"caviar"类型的产品一样，雌性鱼子被收集之后，会进行冲洗以去除卵膜，然后轻腌，控净多余的汁液，最后进行包装。许多鱼子还要通过巴氏灭菌法进行消毒处理，这样可以将保质期延长几个月的时间。那些鱼子酱的替代品也以类似的方式进行加工处理，包括太平洋鲑鱼的卵（或者大马哈鱼）、大西洋鲑鱼、欧鳟鱼、鳟鱼、鲂鱼、毛鳞鱼、鲤鱼，以及飞鱼等。没有加工成鱼子酱的鱼卵可以新鲜或者加工好之后的方式售卖，有盐腌的和干燥的，或者烟熏处理的形式。大多数的鱼蛋都是柔软而呈半透明状，有着香咸的滋味和颗粒状的质地。

鱼子的食用方式 鱼子酱：可以是新鲜的和经过巴氏消毒过的。其他的鱼子：新鲜的，盐腌的，烟熏的等。

鱼子的食用 除了新鲜的鳕鱼和黑线鳕的鱼子，再加上鲱鱼鱼白，需要熟食以外，通常都会生食。

搭配各种风味 鱼子酱：薄脆面包片、煮鸡蛋蛋清碎末、洋葱末、香芹。软质的鲱鱼鱼子：黄油、水瓜柳、柠檬。烟熏鱼子：橄榄油、大蒜、柠檬等。

经典食谱 希腊红鱼子泥沙拉；炒鸡蛋配鱼子酱；腌金枪鱼卵配松露油和意大利扁面条。

可以替代的选择 鲤鱼子、鲱鱼子、大马哈鱼子以及养殖的鲟鱼子等。

闪光鲟鱼子酱（sevruga caviar）
在白色大鳇鱼、奥西特拉鲟鱼之后，闪光鲟鱼在鲟鱼鱼子酱受欢迎程度排行榜上排名第三。在这三者当中，闪光鲟鱼子是最便宜的，也是最容易购买到的鱼子，因为闪光鲟鱼生长7年就已成年。虽说其鱼子较小，但却呈深银灰色，与白色大鳇鱼、奥西特拉鲟鱼子比较而言，有着强烈的味道。

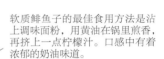

盐鲱鱼子（Salted herring roe）
一个非常受欢迎的鱼子酱的替代品，轻盐腌鲱鱼子在市场上有各种不同的名字。它比鲂鱼子的品质要好，因为它没有经过染色，是理想的开胃菜的装饰配料。

盐鲱鱼子有一股细腻的鱼香味道，以及淡淡的柠檬风味和一点点的咸香风味

软质鲱鱼子的最佳食用方法是沾上调味面粉，用黄油在锅里煎香，再挤上一点柠檬汁。口感中有着浓郁的奶油味道。

腌鲻鱼卵可以作为一道完美的开胃菜享用，刨成薄片，淋洒上一点柠檬汁即可。

腌鲻鱼卵（Bottarga di muggine）
灰色鲻鱼的琥珀色鱼卵，有时被称为"穷人的鱼子酱"，是一道地中海的风味美食。其传统制作方法是：鱼卵被清洗干净，盐腌，加工处理，然后晒干，再进入蜂蜡中保持其风味。要食用时，鱼子可以切成薄片，或者现擦碎，拌入意大利面条中（不需要加热）。

白鲸鱼子酱（Beluga caviar）
猎杀白鲸在一些国家是非法的，白鲸鱼子酱被认为是最顶级的鱼子酱。白鲸是鲟科鱼家族中个头最大的鱼类，据称可以生长20年以上。其鱼子形体较大，柔软，颜色呈烟灰色。是价格最昂贵的鱼子酱之一。传统上，白鲸鱼子酱要使用圆边的，用珍珠母制成的勺子盛放，以保护好鱼子。

鲱鱼子（Herring roe）
市面上有各种不同的名字，雌性鲱鱼子现在很容易就可以购买到，而且可以作为其他鱼子酱的价格比较便宜的替代品销售。它在市场上与鲂鱼子形成竞争，但是鲱鱼子很少染色，这使得它成为装饰菜肴的理想材料。Kazunoko（井上，日语中的鲱鱼子）是一种盐腌的品种，是日本料理中的美味。

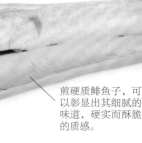

煎硬质鲱鱼子，可以彰显出其细腻的味道，硬实而酥脆的质感。

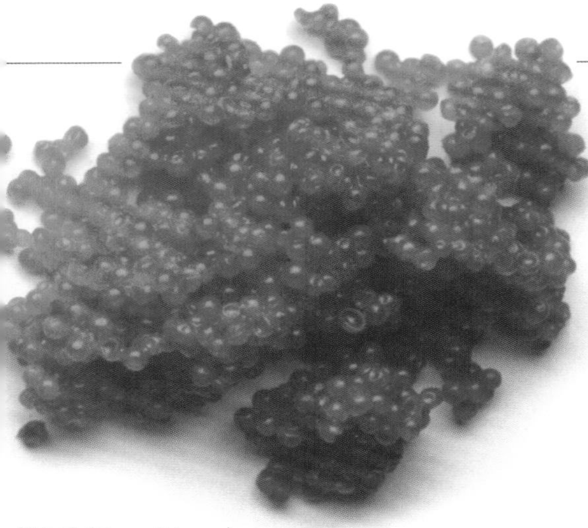

鲂鱼子（Lumpfish roe）
这种非同寻常的，非常小的鱼子，通常会被染成黑色或者橙色。由于其鱼子味道咸而有质感，鲂鱼子非常适合用来装饰薄饼（blinis），或者酸奶油。

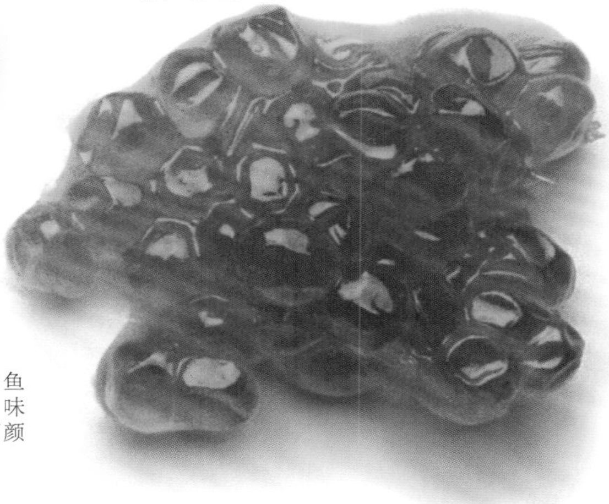

大马哈鱼子（keta）
个头大，晶莹剔透，呈亮橙色，大马哈鱼卵产自于太平洋鲑鱼（或者狗鲑）。其鱼子可以作为开胃菜或者寿司等的顶级装饰配料。大马哈鱼子酱通常都会少量地使用，因为其卵，一旦破裂开，会释放出一股味道浓郁的鲑鱼油，这是相当特殊的。

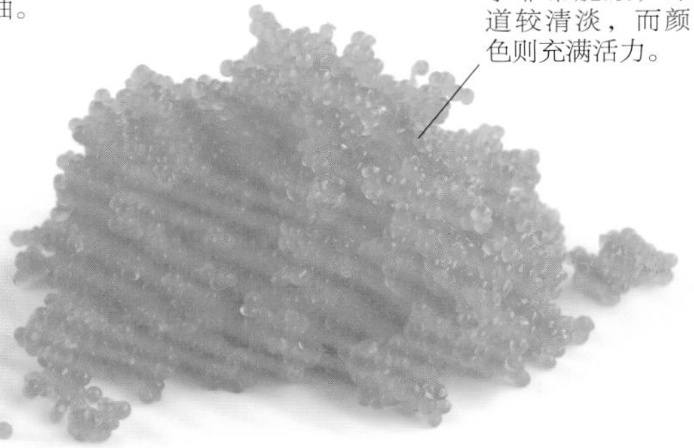

飞鱼的细小的鱼子非常脆嫩，味道较清淡，而颜色则充满活力。

飞鱼子（Flying fish roe）
来自于日本的美味tobiko（飞鱼子）很快就得到了全世界的认可。这是一种细粒状的、松脆质感的鱼卵，呈天然的金色。虽然飞鱼子可以作为一道单独的菜肴享用，但是通常都会用飞鱼子来装饰寿司。飞鱼子可以用墨鱼汁染成黑色，或者使用辣根染成嫩绿色。

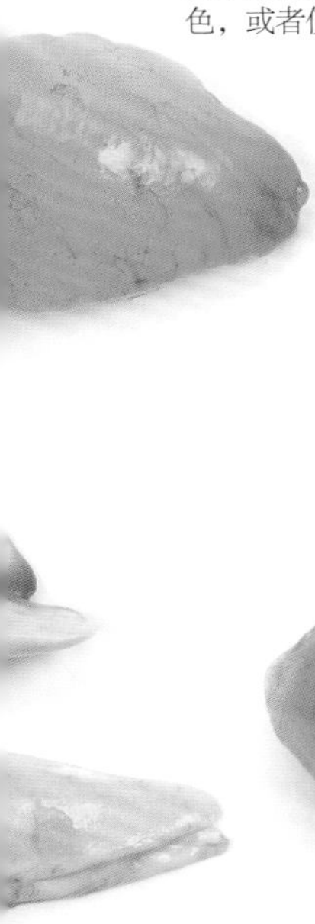

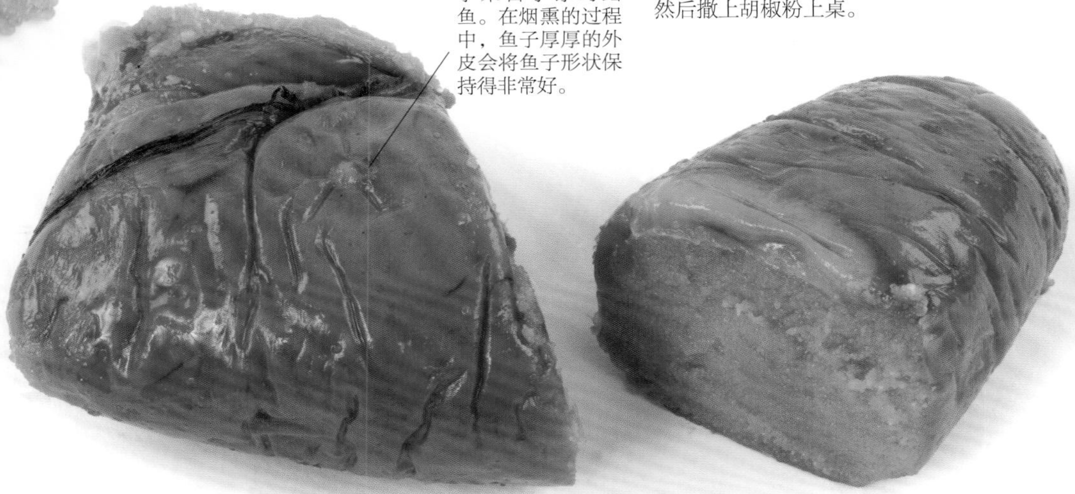

最优质的烟熏鳕鱼子来自于冰岛鳕鱼。在烟熏的过程中，鱼子厚厚的外皮会将鱼子形状保持得非常好。

烟熏鳕鱼子（Smoked cod's roe）
一个可以替代新鲜鳕鱼子的非常受欢迎的替代品，烟熏鳕鱼子、令鳕鱼子，以及灰鲻鱼子主要用来制作土耳其和希腊菜肴希腊红鱼子泥沙拉。盐腌和烟熏的强化加工过程使这种鱼子烙印上了特别密实的质感和特别浓郁的风味。

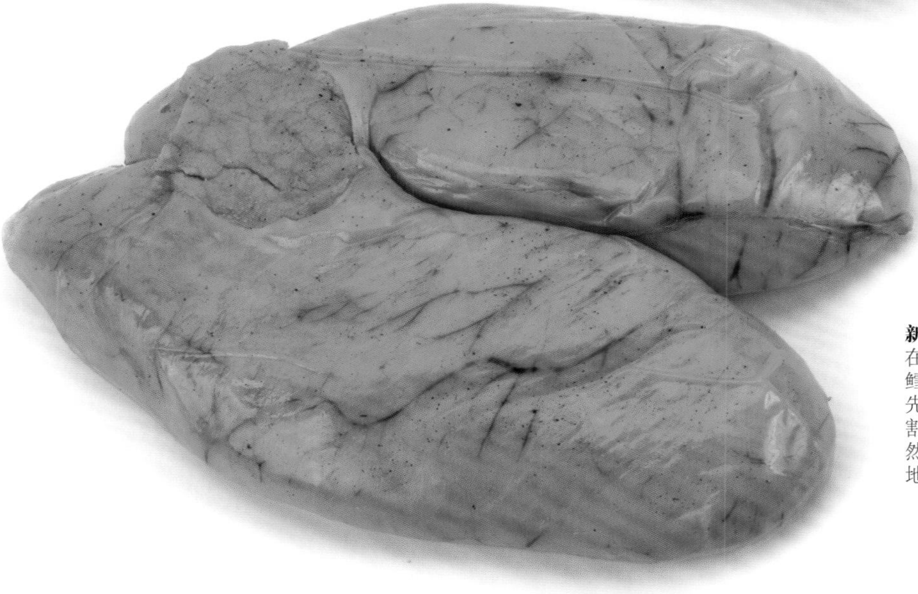

新鲜鳕鱼子（Fresh cod's roe）
在北半球，无论是鳕鱼还是更小一些的黑线鳕鱼的"硬质"鱼子都非常受欢迎。其鱼子先用开水焯一下，以使其凝固定型，然后切割成片状，用面粉、鸡蛋以及面包糠挂糊，然后油炸。更小一些的黑线鳕鱼子只需简单地沾上调味面粉，然后油煎即可。

经典食谱（classic recipe）

希腊红鱼子泥沙拉（taramasalata）

塔拉马（Tarama）是土耳其语，用来表示盐腌后并进行干燥处理的灰鲻鱼的鱼子，这道食谱使用的是传统的制作方式。

供4～6人食用

- 250克烟熏鳕鱼子块
- 1个柠檬，挤出汁液
- 60克新鲜的面包糠，用3汤勺冷水浸泡
- 75毫升特级初榨橄榄油
- 1个小洋葱，擦成细末，用厨房用纸吸干水分
- 红椒粉，撒面装饰用

1 使用一把锋利的刀，将鱼子从中间切割开，小心地将鱼子的外皮剥除。把鱼、柠檬汁和浸泡好的面包糠一起放入一个电动搅拌机内，搅打混合好。

2 在搅拌机转动的过程中，将橄榄油呈细流状加入搅拌机中，直到混合物呈现出如同蛋黄酱的细滑程度。

3 将搅拌好的混合物舀到一个小的餐盘内，混入洋葱。盖好并冷藏30分钟，然后撒上胡椒粉上桌。

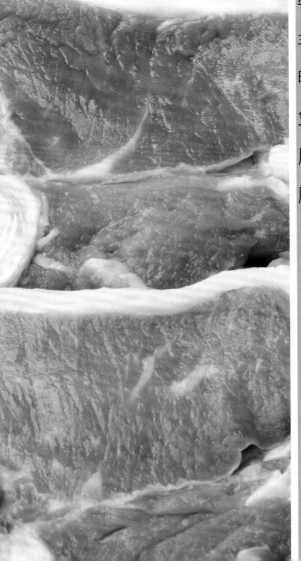

肉类

牛肉/小牛肉/猪肉

羊肉/鸡肉/火鸡肉

鸭肉/鹿肉

兔肉/鹅肉

肝脏/腰子/心脏

腌制的肉类

肉类概述

肉类是人体所需的蛋白质、维生素、铁以及脂肪等营养成分的很好来源，并且一直都是深受人们喜爱的和久负盛名的美食原料，在某种程度上，相对来讲，可以说是价格比较高的原材料。尽管有一部分人根本就不食用肉类，但是从总体上来说，目前所食用的肉类比以往任何时候都要多得多。但是现在，我们更加重视的是使用分量更少的肉类，再加上更多的蔬菜类、谷物类以及豆类等来制作出更加健康的美味菜肴。肉类在使用时，通常是肉质越嫩就会越鲜美，也会更精瘦。一只在繁殖时就非常瘦小的动物，产出的肉类也会非常枯燥而无味，所以，尽管我们会建议去掉肉类表面上大多数的脂肪，但是少量的脂肪，会与瘦肉一起形成风味令人拍案叫绝的大理石花纹，可以看作是人们在享用美食时均衡营养饮食的一部分。各地区在肉类的制备和烹调时各有自己独具一格的特色，但是肉类在切割时的品质却始终如一——某些部位适合铁扒或

者烘烤，而另外一些部位的肉类需要使用小火、长时间的加热以便将它们制作成所期望的滋味鲜嫩和芳香四溢的菜肴。

肉类在将它们烹调成熟的过程中风味会变得更加浓郁，而且更加重要的是，加热烹调的过程也会将许多有害的细菌类杀死。不同部位上肉类特定的切割方式适用于特定的烹调方法，目的在于获取肉类的最佳风味和质地。这其中，有一些肉类，如牛肉，如果品质和风味足够优质的话，是可以生食的。当把这些牛肉切割成非常薄的片状，如切割成意式生牛肉片，或者切成细末状，或者切碎，制作成鞑靼牛排，使其很容易咀嚼时，就会非常受欢迎。

肉类的购买

高品质的肉类应该基本上没有异味，并且脂肪看起来应该呈现出乳白色（羊肉和牛肉）或者白色（猪肉）。一定要使用食谱中规定好的部位上切割下来的肉类。

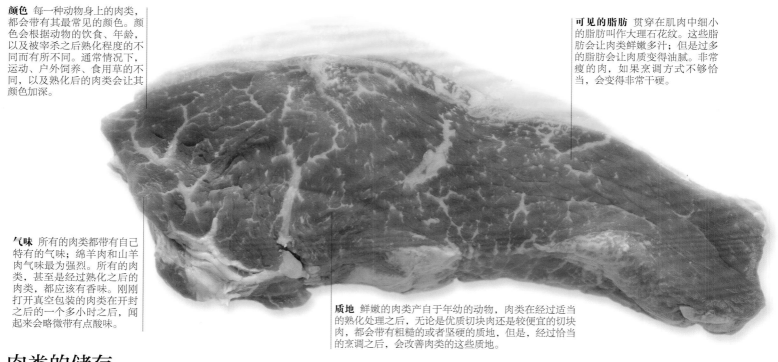

颜色 每一种动物身上的肉类，都会带有其最常见的颜色。颜色会根据动物的饮食、年龄，以及被宰杀之后熟化程度的不同而有所不同。通常情况下，运动、户外饲养、食用草的不同，以及熟化后的肉类会让其颜色加深。

可见的脂肪 贯穿在肌肉中细小的脂肪叫作大理石花纹。这些脂肪会让肉类鲜嫩多汁；但是过多的脂肪会让肉质变得油腻。非常瘦的肉，如果烹调方式不够恰当，会变得非常干硬。

气味 所有的肉类都带有自己特有的气味；绵羊肉和山羊肉气味最为强烈。所有的肉类，甚至是经过熟化之后的肉类，都应该有香味。刚刚打开真空包装的肉类在开封之后的一个多小时之后，闻起来会略微带有点酸味。

质地 鲜嫩的肉类产自于年幼的动物，肉类在经过适当的熟化处理之后，无论是优质切块肉还是较便宜的切块肉，都会带有粗糙的或者坚硬的质地，但是，经过恰当的烹调之后，会改善肉类的这些质地。

肉类的储存

生肉携带各种细菌，因此必须小心储存以防止造成污染。在储存肉类时，要考虑到的最重要的因素是温度——一定不要让肉类变得太热，或者太潮湿。

冷藏保鲜 家用冰箱应该保持在0℃到5℃之间，这是储存肉类的安全温度。将购买回来的肉类从所有的包装中取出，放入一个容器内，或者一个盘内，盖上盖或者盖好保鲜膜，这样会防止肉类对冰箱内的其他产品造成污染，也会避免肉类吸收其他产品的气味。将肉类储存在冰箱内最冷的区域。制作成熟之后剩余的肉类要盖好并且要在冷却之后再储存到冰箱内，要在两天之内使用完。一定要将熟肉储存在冰箱的上层，而不要储存在下层，也不要挨着生肉，以防止受到污染。

冷冻保存 如果肉类是冷冻保存并且是在密封情况下，可以在冷冻冰箱

内保存几年的时间而不会变质。但是，有一些肉类和肉制品（特别是油脂或者肉质熟制品）会随着时间的推移而变质，导致其风味和质地都会变淡，以至于不受人们欢迎。在这种情况下，建议只冷冻保存几个月的时间。并且要在保质期之前进行冷冻保存；排出所有的空气，并使用厚的包装，以避免出现"冷冻效应"，这样的肉类，吃起来味道不佳。肉类在冰箱内储存时，要放入一个盘内，以防止肉类上的汁液对冰箱或者其他的食物造成污染。要确保肉类在加工烹调之前是完全解冻的。

肉类的加工制备

家畜给我们提供了各种各样的肉类制品，每一种产品中都有老嫩之别，也有肥瘦之分。根据我们所购买到的肉质部位不同、切割方式不同、烹调方法不同，以及如何装盘，所有的肉类制品都可以做到美味可口。根据肉类的不同用途，以及切割方式的不同，烹调肉类时所使用的数量也各不相同——例如，肉类是否剔骨，或者是否特别肥腻等。

肉类的切割处理 肉类由纤维组成，并生长出"纹理"。当肉类在加热烹调时，其组织纤维会变老。因此正确的切割方式就显得非常重要，因为有一些肉类，如果按照错误的筋脉纹路进行切割，肉质会变得坚韧而呈纤维状。而如果是顶刀（与纹路垂直，也称横切）切片，其中肉质的纤维就会变得很短，肉质显得更加鲜嫩。这一点在分割烤肉时尤为重要。有一些肉类自然就鲜嫩，所以可以顺着纤维纹路切片，这样也更加容易切割。将肉切成方块形——需要顺着纤维纹路和横着纤维纹路切割——切割出需要快速烹调成熟的块状。

顶刀切割（横着纤维纹路）

粗纹理牛肉的切割，就如同这一块牛腩肉。通常用来炖焖，需要顶刀切割以保持肉质的鲜嫩和美味。去掉脂肪，然后沿着与纤维纹路成直角的方向进行切割。

顺着纤维纹路切割

特级牛肉的切割，就如同这一块里脊肉，因为肉质非常鲜嫩，以至于在切片时的方向选择都不是十分重要，如果需要炒牛肉丝，那么顺着纤维纹路进行切割比较合适，除了切丁之外，不建议顶刀切。

将牛排切割成方块

切块时，将牛里脊先顶刀切成大块，然后再切成片。将牛肉片放平之后，切成所需要大小的块。块状牛肉非常容易成熟，非常适合制作炒牛肉。

蝴蝶型羊腿肉 这是一只羊腿在经过去骨之后的造型，这样的羊腿肉能够摊开，以便于进行铁扒或者烧烤得更加快速和均匀。腿骨中包含着小腿肉，而大腿骨和腰骨则连接着肉多的一端。在朝向手指端或者身体位置切割时要特别小心注意一些。

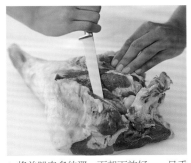

1 将羊腿肉多的那一面朝下放好，一只手握住腰骨并朝向刀背的方向，将刀刃沿着腰骨的边缘，将肉剔下来。

2 剔出腰骨之后，继续切割小腿骨关节处。拽出腰骨，并将四周的肉都剔干净。

3 剔出腰骨之后，朝上抬起，将依附在关节处的肉都剔下来。

4 从关节上继续将小腿骨上的肉剔下（从一侧清晰可见），一直将腰骨和关节剔出。将骨头上所有的肉都剔干净并去掉所有的骨头。

5 将最厚部位的肉切割几刀，以使得整个羊腿肉在菜板上摊开之后厚度均匀。在羊肉上拍击，直到将肉块大体整理成方形。

6 整理成蝴蝶型的羊腿肉，可以用来调味并进行铁扒。如果是用来酿馅并卷成羊肉卷，可以将最厚部位的羊肉片切开，并填补到最薄的位置上，这样制作好的羊肉卷粗细会更加均匀。

在猪肉皮上切割花刀 只需四个简单步骤就可以让肉皮变得香脆：用一把锋利的刀在猪皮表面切上花刀，涂抹上盐和油，用高温烘烤15分钟的时间，然后在剩余的烘烤时间里不要在肉皮表面上的切口处涂抹任何调味品。

使用一把非常锋利的刀或者一把剔骨刀，在猪皮上横向的切割出花刀，保持切割的花刀平行并挨紧一些。首先从猪肉的中间位置朝向一边进行切割，然后将肉转动一圈，再从中间位置朝向另外一侧进行切割，这样的切割方式比从一侧直接切割到另一侧要容易得多。要始终保持刀的方向远离你的另外一只手，并确保刀刃不会朝向你身体的方向滑落。

腌制对于增加肉类的风味来说是必不可少的，如牛肉和猪肉，在铁扒或者烧烤时，就会赋予其生命。根据肉质的种类和切割花刀深度的不同，肉类一般都会腌制1~5个小时。

亚洲风味腌肉 将2汤勺老抽，少许味淋（或者干雪利酒），1汤勺辣酱油，1~2茶勺花椒，以及少许姜末和蒜末一起混合好。再加入少许橄榄油，让汁液变得浓稠一些，然后浇淋到肉上，密封腌制。

地中海风味腌肉 将2汤勺橄榄油，1汤勺柠檬汁，1汤勺红葡萄酒醋，一小捏牛至，一瓣拍碎的蒜以及盐和胡椒粉一起搅拌好。浇淋到肉上，密封腌制。

肉类的烹调

使用高温烹调的方式（铁扒、烘烤、煎、炒等）可以使用鲜嫩的肉类，将肉类烘烤成焦黄的风味，并且也容易成熟，当肉质中心的温度变得不是太高的时候将它们从热源上端离开。随着肉类受热，其肉质会变的坚韧并会流淌出汁液；当肉的内部温度达到77℃时，蛋白质（血液）就会凝固并会失去水分，此时，再继续烹调加热会让肉质变得更加坚韧和干燥。所以，绝大多数需要快速加热成熟的肉类都会制作的略微欠熟一点，静待最后的制作成熟。使用慢火加热烹调（炖焖、罐焖、熬煮）的方法会让较老肉质中的胶原组织（软骨组织）得到软化，从而让肉质变得软烂。

> **肉类的松弛** 经过炸、铁扒和烘烤之后的肉类，如果在烹调的过程中将其制作的略微欠熟一点，并经过松弛之后，肉质会更加鲜嫩多汁。当肉类表面上的蛋白质在经过高温加热硬化之后，在压力的作用下，会将肉类中的汁液朝向肉的中间位置挤压过去。而将制作好的肉类进行松弛会让肉类中的汁液在热量散发的过程中被外层肉质再次吸附，从而能够将切割好的肉片变成滋润而诱人的粉红色。肉类在松弛的过程中会缓慢地继续成熟，所以松弛肉类的过程也是最终完成加热烹调的过程。肉类在松弛时需要注意保温；一个热的餐盘对于牛排来说是非常可取的松弛方式，小块的烤肉类，应使用锡纸覆盖好，中等大小的肉类则需要在锡纸上再覆盖上一块布巾，而大块的肉类和烤脆皮猪肉则最好是不要覆盖并放入降低了温度的烤箱内进行松弛。肉类所需要松弛的时间可以根据肉块的厚度而确定：牛排需要松弛5～10分钟的时间，肉块则需要松弛40分钟以上的时间。

烤肉 带骨的大块肉，带有一层脂肪的肉，如烤牛肋排或者这里图示的烤西冷牛排，需要比瘦肉、无骨的肉块更长的烘烤时间。对于牛肉来说，首先需要在220℃的烤箱内烘烤25分钟，以将牛肉烘烤上色，然后在190℃的烤箱内，按照每450克牛肉需要烘烤15分钟的时间烘烤至三成熟，20分钟烘烤至半熟，以及25分钟烘烤至全熟的时间方式进行烘烤。

烤西冷牛肉

1 将肉块带脂肪的那一面朝上，摆放到烤盘内。如果肉质太瘦，可以涂刷上油脂。但是如果肉块本身带有一层脂肪，则不需要再涂刷上油脂。将烤盘放入到预热好的烤箱内。

2 烤好之后，将烤肉取出，摆放到案板上，覆盖上一张锡纸，让其静置松弛15～30分钟。使用一把切肉刀在肋骨和肉块之间进行切割，以将肋骨分割开。

3 去掉肋骨，将带有脂肪那一面朝上摆放好。顶刀朝下切割，将烤肉切成薄片状。在朝向手的方向切割时，要使用肉叉进行自我保护。

烤羊腿

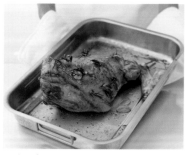

1 将烤箱预热至200℃。使用一把锋利刀，在羊腿上间隔5厘米切割一些深的切口。将切成两半的大蒜和迷迭香一起塞入这些切口中。

2 在羊腿肉的表面上全部涂刷上油或者熔化的黄油，用黑胡椒和少许盐调味，然后将腌制好的羊腿摆放到一个烤盘内。

3 将烤盘放入烤箱内的中间层位置，按照每450克烘烤至玫瑰粉色需要20分钟进行烘烤。烤好之后从烤箱内取出，盖上锡纸，静置松弛20～30分钟。

4 切割烤羊腿时，按照上图所示的，从羊腿中间位置顶刀开始分割。将羊腿肉分割成厚度为1厘米均匀的片状，从中间朝向边缘处进行分割。

烤猪肩肉

1 用一把锋利的刀在猪肩肉上顶刀切割出一些花刀，要平行着进行切割，相互间距为5毫米左右，从肩肉的中间位置开始朝向外侧进行切割。然后转动猪肩肉，再继续从中间位置朝向另外一侧进行切割。把整个猪肩肉上都涂抹好盐和少许的油。

2 将猪肩肉摆放到烤盘内的烤架上，然后用高温烘烤20～30分钟，直到外皮上色。再将烤箱温度降低到150℃并继续烘烤1.5小时。此时，在烤盘内可以放入一些蔬菜（洋葱、胡萝卜、防风根、柠檬等），再继续烘烤1～2个小时。

3 当肩肉烤好之后，取出摆放到一块切割案板上，放置到一个温暖的地方静置松弛20分钟的时间。取出蔬菜并与烤肩肉一起保温。最后，将烤肩肉上的猪脆皮从肉上切割下来，在烤猪肩肉上保留脂肪部分。

4 使用一把锋利的切肉刀将烤猪肩肉切割成厚片状，要顶刀进行切割。用厨用剪刀将脆皮剪成食用大小的块状，与烤肉一起摆放到餐盘内，搭配上烤好的蔬菜和烤肉时滴落的肉汁一起享用。

煎 这种烹调方法适用于所有的牛排类和猪排、羊排类。带有脊线的煎锅比平煎锅使用的油量更少。加热所需要的时间根据肉类的厚度不同而不同：薄至5毫米厚的牛排，需要非常热的锅并且不需要松弛的时间；厚至3厘米以上的牛排则在加热制作成熟之后需要松弛。如果牛排还要更厚一些的话，最好是使用烤箱烘烤成熟。

1 将油烧热至开始冒烟的程度，然后将牛排轻而稳地放入锅内的热油中，煎1~2分钟的时间。

2 将肉翻转，并继续煎1~2分钟的时间。厚一些的牛排可能需要煎2~5分钟，或者更长的时间。

煎 带有脊线的铁锅，可以通过将牛排上滴落的油脂排出的方式在肉上烙印上如同烧烤般的纹路。使用下图所示的技法来煎牛排。

用高温加热煎锅，直到油开始冒烟。在肉上涂刷好油，放入煎锅内煎1~2分钟的时间。将肉翻面之后继续煎1~2分钟。如果是薄片的牛排要立刻服务上桌。将厚一些的牛排再次转动，与第一次煎时的纹路呈45°角，以烙印出美观的花纹。继续加热1~2分钟，或者更长的时间。

三成熟、半熟，或者全熟? 熟练掌握将牛排加热至火候完美的程度，特别是每一个人所要求的"成熟度"大不相同时。查看牛肉的颜色将有助于你判断出牛排的"成熟程度"，同样的道理，你也可以用手指按压法去判断牛肉成熟的"弹性程度"。

三成熟 牛排中间75%的部位是红色的，并且牛排手感非常柔软，略微带有一点弹性。

半熟 牛排中间25%的部位是粉红色的，并且手感有一定的硬度和弹性。

全熟 牛排全部呈现褐色，并且手感硬实，弹性好。

将肉煎上色 肉类在炖焖之前通常先要煎上色，以便让酱汁的颜色加深并提供特殊的风味。偶尔也需要更加细腻的风味和浅一些的颜色——例如，在制作小牛肉的时候——小牛肉只需简单地使用生肉直接慢火炖即可，而不需要先煎上色。

如果不需要整个的烹调，可以将肉切成大块状或者片状。如果你需要浓稠一些的肉质，煎肉之前先将肉在面粉中滚过，沾上面粉之后再煎。在一个大锅内放一些油烧热，将肉加入之后将其全部煎成褐色。

炖与焖 炖与焖都是采用慢火加热的烹调方法，并且在汁液中炖焖可以保持肉类的滋润感。这是使用较便宜的肉类最恰当的物美价廉的烹调方式。炖的烹调方法是将肉切成较小的块状，并完全用液体覆盖住，而焖的烹调方法是将肉切成片状或者整块的肉，在少量的液体中制作而成。肉在煎的时候一次不要加入过多。

1 用水、高汤、葡萄酒，或者其他种类的液体没过锅内的肉。如果是整个的肉块，将液体加到肉的三分之一以上位置即可。

2 在加热烹调的过程中，要检查锅内的汁液是否燻干了，可以根据需要在锅内加入更多的液体。

3 在烹调的最后45分钟内，加入香草，以及切成丁的蔬菜继续加热烹调，这样制作的蔬菜会保持住脆嫩的口感。

制作高汤 制作一批次用量的高汤并冷冻保存至需用时，肯定会物有所值。味道浓郁的高汤，会让许多菜肴，如汤类和砂锅类菜肴味道更加丰厚。肉类菜肴的下脚料和骨头，如肋骨或者脊骨等都可以用来制作高汤，另外再加上软骨，像肘子骨等，可以让制作好的高汤带有丝滑般的质地。

1 在肉骨头上或者肉类的下脚料上涂刷上油，并放入烤盘内。加入洋葱、胡萝卜，以及西芹，分别切成四半。放入230℃的烤箱内烘烤45分钟。

2 将烘烤后的所有原材料一起倒入汤锅内，再加入一些西芹、一片香叶、百里香和迷迭香。倒入能够没过肉骨头的热水。加热烧开，然后盖上锅盖，用小火熬煮1~2个小时。

3 将熬煮好的高汤用一个细筛过滤到一个耐热容器中。如果需要完全清澈的高汤，再使用一块棉布将高汤重新过滤一次。过滤好的高汤可以立刻使用，或者当其冷却之后冷冻保存。

牛肉（beef）

一直以来，牛肉在人们心目中的地位非常高。现如今牛肉的屠宰已经广泛地使用生产线系统，包括野外的养牛场，草地牧场养殖的牛等。在这套系统中，从使用粮食饲养的牛到饲养场中成千上万头的牛。在一些国家里，在饲料中允许添加生长促进剂。甚至是采用有机饲料饲养的，可以广泛提高产量的有机牛肉。最著名的肉牛品种包括有阿伯丁·安格斯，比利时蓝，夏洛莱，神户，利穆赞以及墨瑞灰等。产自于这些牛肉品种的牛肉品质，要远远优于那些主要生产牛奶的奶牛品种。

牛肉的购买 标注了原产地和饲养方式的牛肉很可能比那些没有标注的牛肉质量要更好一些。深红色表明牛肉经过了熟化（3～4周为最佳）。牛的瘦肉中带有脂肪形成的大理石花纹，这样的牛肉经过加热烹调制作，口味俱佳，但是要避免在牛肉的四周有过多的脂肪。

牛肉的储存 要储存牛肉，先包裹好，再放到冰箱的底层：大块肉，可以储存6天以上的时间，牛排和切成丁的牛肉可以保存4天以上，肉馅可以保存2天以上。牛肉可以冷冻保存，密封包装好之后可以冷冻保存9个月以上的时间。

牛肉的食用 生食：切成薄片制作成意大利生牛肉片，或者绞碎制作成鞑靼牛排。加热烹调：鲜嫩的牛排可以煎或者铁扒；顶级牛腿肉和西冷牛排可以烤。这样的牛排制作成三成熟享用时也是非常安全的。肉质较老的牛肉可以炖和焖。肉馅可以用来制作牛肉汉堡，馅饼，以及其他各种菜肴。

与各种风味相互搭配 鲜奶油、辣椒、大蒜、蘑菇、松露、番茄、青葱、龙蒿、迷迭香、鼠尾草、黑胡椒、咖喱粉、柿椒粉、辣根、酱油、蚝油、芥末、红酒等。

经典食谱 夏多布里昂牛排配边尼士沙司；肉酱意大利面；香辣牛肉酱；黑椒牛排；威灵顿牛肉；俄式炒牛肉；红酒炖牛肉；蔬菜炖肉；烤肉糕；佛罗伦萨牛排；醋焖牛肉；茨米斯甜味小锅菜；马屯巴牛肉等。

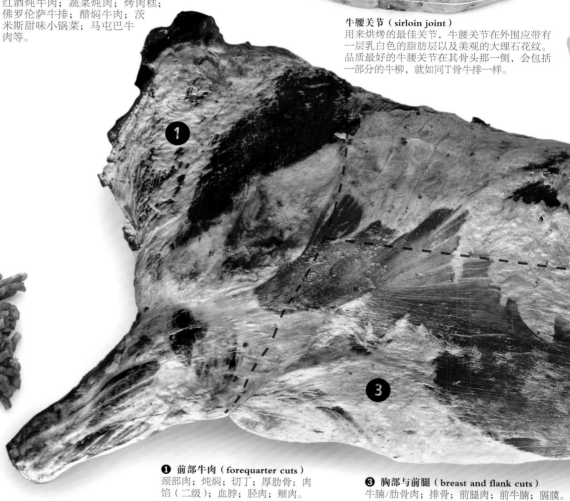

牛腰关节（sirloin joint）
用来烘烤的最佳关节，牛腰关节在外围应带有一层乳白色的脂肪层以及美观的大理石花纹。品质最好的牛腰关节在其骨头那一侧，会包括一部分的牛柳，就如同T骨牛排一样。

❶ 前部牛肉（forequarter cuts）
颈部肉；炖焖；切丁；厚肋骨；肉馅（二级）；血脖；胫肉；颊肉。

❸ 胸部与前腿（breast and flank cuts）
牛腩/肋骨肉；排骨；前腿肉；前牛腩；膈膜。

肉馅（mince）
前肘肉（二级）肉馅非常肥腻，但是风味极佳。腿骨肉做成的肉馅需要加热烹调较长的时间。从肋骨牛排或者腿骨牛排上制作出的肉馅，肉质会特别瘦且非常鲜嫩。

牛肩肉（shoulder）
使用去骨并卷起的牛肩肉会更经济实用，但是需要花费长时间去炖，并要加入许多蔬菜、香草以及香料等。

牛腩（brisket）
用于炖焖，风味非常浓郁，牛腩肉也可以用来制作腌渍牛肉，也非常适合于用来酸渍。

牛腩有时候会非常肥腻，在烹调之前要将多余的脂肪去掉。

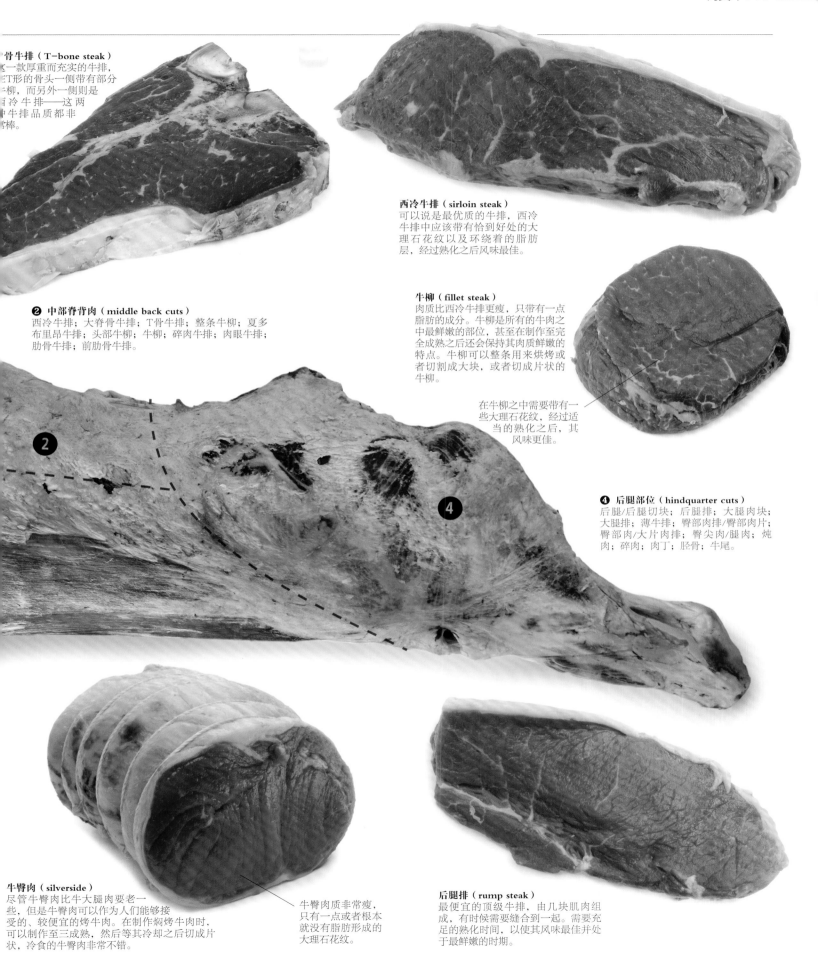

骨牛排（T-bone steak）
是一款厚重而充实的牛排，在T形的骨头一侧带有部分牛柳，而另外一侧则是西冷牛排——这两种牛排品质都非常棒。

西冷牛排（sirloin steak）
可以说是最优质的牛排，西冷牛排中应该带有恰到好处的大理石花纹以及环绕着的脂肪层，经过熟化之后风味最佳。

❷ 中部脊背肉（middle back cuts）
西冷牛排；大脊骨牛排；T骨牛排；整条牛柳；夏多布里昂牛排；头部牛柳；牛柳；碎肉牛排；肉眼牛排；肋骨牛排；前肋骨牛排。

牛柳（fillet steak）
肉质比西冷牛排更瘦，只带有一点脂肪的成分。牛柳是所有的牛肉之中最鲜嫩的部位，甚至在制作至完全成熟之后还会保持其肉质鲜嫩的特点。牛柳可以整条用来烘烤或者切割成大块，或者切成片状的牛柳。

在牛柳之中需要带有一些大理石花纹，经过适当的熟化之后，其风味更佳。

❹ 后腿部位（hindquarter cuts）
后腿/后腿切块；后腿排；大腿肉块；大腿排；薄牛排；臀部肉排/臀部肉片；臀部肉/大片肉排；臀尖肉/腿肉；炖肉；碎肉；肉丁；胫骨；牛尾。

牛臀肉（silverside）
尽管牛臀肉比牛大腿肉要老一些，但是牛臀肉可以作为人们能够接受的、较便宜的烤牛肉。在制作焖烤牛肉时，可以制作至三成熟，然后等其冷却之后切成片状，冷食的牛臀肉非常不错。

牛臀肉质非常瘦，只有一点或者根本就没有脂肪形成的大理石花纹。

后腿排（rump steak）
最便宜的顶级牛排，由几块肌肉组成，有时候需要缝合到一起。需要充足的熟化时间，以使其风味最佳并处于最鲜嫩的时期。

经典食谱（classic recipe）

夏多布里昂牛排配边尼士沙司
（chateaubriand with bearnaise）

这一道制作简单却异常味美的菜肴，是在18世纪法国拿破仑时期为政治家夏多布里昂特别制作而得名的。

供2人食用

450克夏多布里昂牛排（牛柳，中间部位切割出的牛排）

盐和现磨的黑胡椒

50克黄油

2汤勺橄榄油

制作边尼士沙司原材料

100毫升白葡萄酒

2汤勺白葡萄酒醋

1棵青葱，切成细末

1汤勺切碎的龙蒿

2个蛋黄

100克黄油，切成丁

1 将烤箱预热至230℃备用。

2 先制作边尼士沙司。将白葡萄酒、白葡萄酒醋、青葱，以及一半用量的龙蒿一起放入小锅内烧开并熬至汤汁剩下2汤勺的容量。将汤汁倒入耐热碗里，将耐热碗置于一个使用小火加热的热水锅上。拌入蛋黄，然后将黄油逐渐地边搅拌边加入进去，黄油要一块一块地加入，待黄油熔化之后，沙司会变得浓稠，同时不停地搅拌。如果沙司变得过于浓稠，加入几滴水并搅拌好。待所有的黄油都搅拌进去之后，将沙司从热水锅上端离开并过滤。加入剩余的龙蒿，并用盐和黑胡椒调味。将制作好的边尼士沙司保温保存。

3 用盐和黑胡椒腌制牛排，在一个厚底煎锅内将黄油和橄榄油烧热。当锅内的黄油不再冒泡时，加入牛排煎至所有的面都呈均匀的褐色。

4 将牛排放入烤箱内烘烤10~12分钟的时间。从烤箱内取出后放到一个温暖的地方静置松弛8~10分钟的时间（四成熟所需要的时间），或者根据需要松弛更长的时间。

5 将制作好的牛排切成片，呈圆形摆放好，配保温好的边尼士沙司一起食用。

牛肉各部位烹调图表

每一块不同的牛肉部位在烹调时选用正确的烹调方式是非常关键的。按照下表可以准确的寻找到你所选择的牛肉部位最合适的烹调方式。

切割部位名称	说明	铁扒
		所需要的时间是按照2.5厘米厚的牛排计算的
后腿排	从大腿上切割的牛排，纹理要比西冷牛排粗糙，但是非常适合制作烤肉。有些人因为其脂肪含量而当作西冷使用	大腿排：将铁扒炉预热至高温。在牛排上涂刷好油或者熔化的黄油。需要三成熟时，每一面铁扒2.5分钟；需要半熟时，每一面需要4分钟；全熟则每一面需要铁扒6分钟。最后松弛2~3分钟
大腿排	无骨，比西冷牛肉价格便宜，也更瘦一些，但是也非常适合用来烘烤和铁扒/煎。当切成非常薄的片时，叫薄牛排	铁扒时，如同后腿排一样
臀部肉排	可以用来炖焖，这一个部位的瘦肉块需要添加汤汁以防止其变得干硬。只有在不需要制作至完全成熟时，才可以切成片状并使用旺火速成的烹调方式。有时候切成非常薄的片状时可以当做薄牛排使用	铁扒时，如同后腿排一样
T骨牛排	大块的、鲜嫩的牛排，在T形骨头的两侧分别是牛柳和西冷牛排	铁扒T骨牛排时，如同后腿排一样
西冷牛排	肉质鲜嫩，并且有着由脂肪形成的大理石花纹，这种牛排是最受欢迎的牛排之一，肉块上带有的脂肪，使其成为最好的用于烘烤的带骨大肉块牛肉。如果不带骨头，西冷牛排成熟得可以更快一些	铁扒西冷牛排时，如同后腿排一样
牛柳	非常鲜嫩，肉质可以是非常瘦的。在整条里脊肉中，中间部位的切块叫做夏多布里昂，牛柳的两端部位通常用来烘烤，但是也可以炖焖。牛柳通常会切割得较厚，所以烹调的时间要灵活掌握	铁扒牛柳时，如同后腿排一样，但是牛柳每一面铁扒需要2分钟的时间至三成熟；每一面铁扒3分钟至半熟；4分钟至全熟
肉眼排	肉质经过修整，来自于前排骨部位，带有美观的大理石花纹，是非常鲜嫩的牛排（ribeye/entrecote）	铁扒肉眼排时，如同后腿排一样
牛腩	纤维和结缔组织特别粗长，所以需要长时间加热或者顶刀切割。如果采用旺火速成的方法制作成熟，一定不要全部成熟，否则肉质会非常老	不建议使用铁扒进行烹调
牛胸肉	脂肪的存在使得牛胸肉非常适合用来炖焖。也非常适合于用来制作腌制牛肉。切成片状之后可以炸制，但是一定不要全部制作成熟，否则肉质会非常老	不建议使用铁扒进行烹调
厚肋排	肩膀处的腿形肌肉。切成片状之后可以炸制，但是一定不要制作成熟，否则肉质会变得非常老	不建议使用铁扒进行烹调
前段排骨	从肩部西冷牛肉的一端切割下来。价格较便宜，但是前段排骨非常适合用来烘烤和炖焖	不建议使用铁扒进行烹调
臀尖肉	这些切块肉可以卷起来制作成大的肉块，切成片状，或者切成丁用来炖焖，或者切成肉馅	不建议使用铁扒进行烹调
腿肉/颈肉	可以切成片状，或者切成丁，用于慢火炖焖，在这些肉质中的胶原在炖和砂锅中，让肉质呈现出如同丝绸般的质地	不建议使用铁扒进行烹调
肋骨/小排	带肉和脂肪的肋骨。采用炖的方式可以制作出味道丰厚的、原汁原味的佳肴	不建议使用铁扒进行烹调
碎肉块	带有各种各样的大理石花纹和结缔组织。这些从肩部切割下来的肉块非常适合用来炖、焖，以及制作成肉馅	不建议使用铁扒进行烹调
肉馅	高品质的肉馅中没有结缔组织。常用的牛肉馅来自各种肌肉，所以肉馅中的脂肪和筋腱的含量各不相同	不建议使用铁扒进行烹调

煎	烤	炖/焖
烹调时所需要的时间是按照2.5厘米厚的牛排计算的	温度计测定的牛肉内部温度读数：三成熟60℃，半熟71℃，全熟75℃	对于所需要的时间来说，如果牛肉切成了片/丁或者整块的用来炖焖，牛肉的重量并不是最重要的
后腿排：在一个煎锅内将油，或者黄油与油一起烧至冒烟。将牛排放入煎，在将牛排翻面之前不要动牛排。三成熟时每一面煎2.5分钟；半熟时每一面煎4分钟；全熟时每一面需要煎6分钟。然后需要再松弛2~3分钟	大块后腿排：将烤箱预热至190℃。每450克烤20分钟，烤至三成熟时再加上20分钟；每450克烤25分钟，需要烤至半熟时，再加上25分钟；每450克烤30分钟，烤至全熟时，再加上30分钟	后腿排（2.5厘米厚）和大块后腿排：将烤箱预热至160℃。将肉煎上色，并加入汁液。后腿排需要炖1.5~2个小时；大块后腿排需要炖2~3个小时
煎大腿排时，如同后腿排一样。煎薄牛排时，每一面煎1~1.5分钟，并且要立刻服务上桌	如同烤大块后腿肉一样烤大块大腿排	炖大腿排和大块大腿排时与同后腿排和大块后腿排
煎臀部肉排时，如同后腿排	不建议使用烤的烹调方法	如同炖后腿排和大块后腿排
煎T骨牛排时，如同后腿排	不建议使用烤的烹调方法	如同炖后腿排，但是只需要炖1~1.5小时
煎西冷牛排时，如同后腿排	带骨大块西冷：将烤箱预热至230℃，烤25分钟。然后将温度降低至190℃，按照每450克三成熟时，继续烤12~15分钟；半熟需要烤20分钟；全熟需要烤25分钟。静置松弛20~30分钟。大块无骨西冷：将烤箱预热至190℃。每450克烤20分钟，再加上三成熟时需要继续烤20分钟；半熟需要再烤25分钟；全熟需要再烤30分钟。然后静置松弛20~30分钟	如同炖后腿排，但是只需要炖1~1.5小时。炖大块西冷时，需要炖1~2个小时
煎牛柳时，如同后腿排	整条牛柳，夏多布里昂牛排和牛柳尖部：将烤箱预热至230℃。在一个煎锅内用热油将牛柳表面煎上色，然后放入烤箱内烤。每450克三成熟时，需要烤10~12分钟的时间，半熟时需要烤12~15分钟；全熟需要烤14~16分钟。然后静置松弛10分钟	炖牛柳排如同炖后腿排，但是只需要炖1~1.5小时。炖整条牛柳，夏多布里昂，或者牛柳尾需要炖1~2个小时
煎肉眼排时，如同后腿排	如同烤大块后腿排一样的烤大块肉眼排	炖肉眼排如同炖后腿排，但是只需要炖1~1.5小时。大块肉眼排要炖1~2个小时
煎牛腩时，如同后腿排。但是每一面都延长2~3分钟	不建议使用烤的烹调方法	炖牛腩时如同炖大块后腿排
煎片状牛胸肉时，如同后腿排	大块牛胸肉：将烤箱预热至180℃。每450克罐焖烤30~40分钟，再加上30~40分钟	炖大块牛胸肉时如同炖大块后腿排
煎厚肋排时，如同后腿排	罐炖焖厚大块肋排时，如同牛胸肉	炖大块厚肋排时如同炖大块后腿排
不建议使用煎的技法进行烹调	烤大块前肋排时，如同烤大块带骨西冷牛排	炖大块前腿排时如同炖大块后腿排，但是要炖1~2个小时
不建议使用煎的技法进行烹调	不建议使用烤的技法进行烹调	如同炖大块后腿排
不建议使用煎的技法进行烹调	不建议使用烤的技法进行烹调	如同炖大块后腿排，但是要炖3~4个小时
不建议使用煎的技法进行烹调	不建议使用烤的技法进行烹调	炖肋排如同炖大块后腿排，但是要炖3~4个小时
不建议使用煎的技法进行烹调	不建议使用烤的技法进行烹调	如同炖大块后腿排
将油在一个煎锅内烧热。将肉馅制作成小圆饼状，涂刷上油之后放入锅内煎，不时地翻动一下，煎10~15分钟	不建议使用烤的技法进行烹调	将肉馅煎上色，加入液体，用小火，或者放入160℃的烤箱内焖1~1.5个小时（碎肉牛排）或者1.5~2个小时（肉馅）

经典食谱（classic recipe）

肉酱意大利面（肉酱意粉，ragu alla bolognese）

颜色深邃，味道浓郁，慢火熬煮而成的意大利面条沙司，起源于意大利北方的博洛尼亚。也可以搭配意大利宽面条一起享用。

供 2~3 人食用

1汤勺橄榄油
150克意大利烟肉，切成碎末
60克细洋葱末
60克细胡萝卜末
60克细西芹末
300克细牛肉末或者牛肉馅
1汤勺番茄酱
120毫升红葡萄酒
175毫升牛奶，根据需要可以多备出一些

1 在一个厚底沙司锅内将油烧热并用小火将意大利烟肉煎上色。加入各种蔬菜末煸炒至洋葱变呈透明状。再加入牛肉继续煸炒，直到牛肉变成褐色并且散开呈颗粒状。

2 加入番茄酱搅拌均匀，再加入红葡萄酒，然后逐渐加入牛奶，搅拌至完全混合均匀。

3 盖上锅盖，用微火继续加热炖3~4个小时。期间要不时地搅拌，以防止沙司粘连到锅底，如果锅内沙司变得太干，可以根据需要再添加一些牛奶。

4 当肉酱炖好之后，沙司会变得非常浓稠和细滑，并且牛肉馅会全部变成颗粒状。用盐和胡椒粉调味。

小牛肉（veal）

小牛肉属于牛仔肉，是乳品行业的副产品。肉用小牛采用传统的方式进行饲养，并且与母牛分离开，然后使用牛奶进行喂养。其中有一些是在牲畜栏里或者板条箱内进行饲养；而另外一些则升格为在室内饲养。它们在饲养到5~9个月大时，在几天之内就会被宰杀。而放养的肉用小牛（有时候称之为玫瑰小牛肉）会与它们的母亲在一起，可以用草或者粮食当作饲料。使用牛奶喂养的小牛肉肉质呈浅粉色，风味细腻幼嫩，不管是使用粮食还是草喂养（玫瑰色）的小牛肉肉质呈深粉红色。使用草喂养的小牛肉，其肉质通常会比使用牛奶喂养和粮食喂养的小牛肉更瘦一些。

小牛肉的购买 优质小牛肉肉质瘦而结实，带有一点乳白色的脂肪（小牛肉不会像牛肉一样带有明显的大理石花纹）。要避免小牛肉在水中浸泡，否则小牛肉的肉质会成灰白色。

小牛肉的储存 包裹好之后，放到冰箱的底层冷藏保存。大块的小牛肉可以储存6天以上，小牛肉排和肉丁可以保存4天以上，而肉馅则可以保存2天以上。如果冷冻保存，在密封好之后可以保存9个月以上。

小牛肉的食用 大的小牛肉排，小的肉排，以及大块的肉片，可以煎或者铁扒，顶级小牛肉腿和西冷小牛肉排可以烤。所有的小牛肉烹调至三成熟时食用是会非常安全的。前腿部位、腹部以及肉质较老的切块，可以炖或者焖。小牛肉馅可以用来制作汉堡包、馅饼以及其他各种菜肴。

搭配各种风味 奶油、鸡蛋、柠檬、青葱、大蒜、酸模草、蘑菇、酸黄瓜、水瓜柳、迷迭香、龙蒿、百里香、香芹、白葡萄酒、味美思、马沙拉等。

经典食谱 烩牛膝；白汁炖小牛肉；维也纳炸小牛肉排；罗马风味煎小牛肉卷；米兰式炸猪排；小牛肉配金枪鱼沙司。

烩小牛膝（osso buco）

这一款味道香浓的烩小牛膝来自米兰，一定要搭配现做的gremolata调味料一起食用。

供 4 人食用

2汤勺面粉

盐和现磨的黑胡椒粉

4块小牛膝，每块4厘米厚，250克重

85克黄油

350克成熟的番茄，切碎

200毫升白葡萄酒

250毫升牛肉汤

制作gremolata原材料

4汤勺切碎的香芹叶

2瓣蒜，切成细末

2条油浸银鱼柳，控净油并切碎

1个柠檬，擦取碎皮

1 用盐和胡椒粉给面粉调味。将小牛膝在面粉中滚过，使其均匀沾上面粉，并将多余的面粉抖落。

2 将黄油在一个大的耐热砂锅中加热熔化，加入小牛膝煎大约5分钟，或者一直煎到小牛膝每个面都变成褐色，取出放到一边备用。

3 在锅内加入番茄、白葡萄酒、牛肉汤和小牛膝。用盐和胡椒粉调味。将砂锅烧开，然后改用小火，盖上锅盖，继续加热1.5小时，或者一直加热到小牛膝上的肉变得软烂。可以根据需要在加热的过程中添加更多的高汤。

4 制作gremolata，将香芹、大蒜、银鱼柳以及柠檬碎皮一起放到一个碗里混合好。在上菜之前淋洒到小牛膝上。

肋排（rib）
根据切割下来多少根的肋骨而定，可以用来烤或者修整成小牛肉排。其乳白色的脂肪给小牛肉的肉质增添了浓郁丰厚的风味和鲜美多汁的口感。

大块肉片（escalope）
一份大块肉片，从腿部切割下来，将其片切或者敲打成非常薄的大块肉片状，在烹调之前可以添加上馅料或者挂上鸡蛋和面包糠糊。

小牛肉丁（diced veal）
胫肉切成的丁比使用颈部肉或者肩部肉切成的丁要瘦一些，但是需要的烹调时间也更长一些。腿肉切成的丁会瘦而嫩一些。

小牛排（loin chop）
比肋骨排要瘦一些，小牛排在骨头上带有外脊肉和里脊肉，类似于T骨牛排。每块的重量在250~350克左右。完全使用牛奶喂养的小牛肉制作的小牛排，其颜色上呈最浅的粉红色。

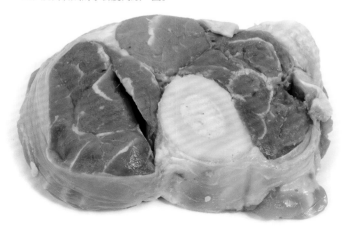

小牛膝（osso buco）
在这些牛膝切片上的小牛筋腱，在小牛膝制作成熟之后，会让小牛膝带有一种多汁的质地，并且骨头中的骨髓会让沙司变得更加浓郁丰厚。

小牛肉各部位烹调图表

每一块不同的小牛肉切割部位在烹调时选用正确的烹调方式是非常关键的。按照下表可以准确地寻找到你所选择的小牛肉部位最合适的烹调方式。

切割部位名称	描述	铁扒	煎	烤	炖/焖
		所需时间根据肉的厚度而定	所需时间根据肉的厚度而定	温度计测定的牛肉内部温度读数：四成熟63℃，半熟65℃，全熟75℃	对于所需要的时间来说，如果小牛肉切成了片/丁或者整块的用来炖焖，那么小牛肉的重量并不是最重要的
腿肉	最理想的大块烤肉部位是大腿肉，有时候也叫作臀肉。此部位的牛排通常会从前大腿肉上或者后腿肉上切割；大块肉片（肉排）使用的腿肉，然后击打成非常薄的片状。瘦的、切成丁的腿肉可以穿成肉串或者用砂锅炖	腿肉排（2.5厘米厚）：将铁扒炉预热至高温。在肉排上涂上油或者熔化的黄油。每一面铁扒2.5分钟至三成熟；每一面铁扒4分钟至半熟，每一面铁扒6分钟至全熟。然后松弛2～3分钟。大块肉片：将铁扒炉预热至高温。在肉片上涂上油，每一面铁扒2分钟（如果肉片沾上了面包糠，则不适合用来铁扒）。肉串：将铁扒炉预热至高温。在肉串上涂上油，每一面铁扒2～3分钟	腿肉排（2.5厘米厚）：在一个煎锅内将油或者黄油与油一起烧热。将牛排放入锅内煎，在翻面之前不要加热。每一面煎2.5分钟至三成熟；4分钟至半熟；6分钟至全熟。然后松弛2～3分钟。大块肉片：在锅内烧热5毫米高度的猪油、油，或者黄油，放入沾好面包糠的大块肉片，每一面煎炸3分钟，或者不沾面包糠的大块肉片，每一面煎炸2分钟。腿肉丁：将油或者黄油以及油一起在煎锅内烧热，放入肉丁煎上色，然后服务上桌；如果是大的丁，则要松弛5分钟	大块腿肉：将烤箱预热至200℃。每450克烤20～25分钟，再加上25分钟。然后松弛10～15分钟	腿肉排（2.5厘米厚）：先将肉排煎上色，再加入蔬菜煎上色，然后加入高汤，用小火炖，或者在180℃的烤箱内焖烤1小时至完全成熟。腿肉丁：如同腿肉排一样炖焖，但是需要1～1.5小时，大块腿肉：如同肉排一样炖焖，但是需要1.5～2个小时
T骨牛排	在T形骨头的两侧包括里脊肉和外脊肉	如同铁扒腿肉排一样铁扒T骨牛排	如同煎腿肉排一样煎T骨牛排	不建议使用此烹调方法	如同炖焖腿肉排一样炖焖T骨牛排
里脊（牛柳）	所有的切块牛排中最嫩的肉质，并且非常瘦。可以去骨切割成大块牛排和牛柳排	如同铁扒腿肉排一样铁扒牛柳排	如同煎腿肉排一样煎牛柳排	大块牛柳排：将烤箱预热至200℃。每450克烤15～30分钟，再加上25分钟。然后松弛5～10分钟	如同炖焖腿肉排一样炖焖牛柳排。如同炖焖腿肉丁一样炖焖大块牛排
颈底肉	西冷的前部位肉。比较嫩，大块肉中会带有大理石花纹，如肋排，带有前端的肋骨，修剪得非常整齐，如同去骨的肉眼排，可以从肋排和去骨肉眼排上切割下来大的肉片	如同铁扒腿肉排一样铁扒大的肉片和肉眼排	如同煎腿肉排一样煎大的肉片和肉眼排	如同烤大块腿肉一样烤西冷的前部位肉和大块肋排肉。如同烤大块牛柳排一样烤大块肉眼排	如同炖焖腿肉排一样炖焖大块肉片和肉眼排。如同炖焖大块腿肉排一样炖焖西冷的前部位肉。如同炖焖腿肉丁一样炖焖大块肉眼排
西冷牛排/外脊	西冷牛排/外脊，也叫作牛柳或者腰部的肉，无论去骨还是带骨，都是顶级的烤肉部位。外脊牛排是最常见的小牛切块牛排	如同铁扒腿肉排一样铁扒小牛肉排	如同煎腿肉排一样煎小牛肉排	如同烤大块腿肉排一样烤大块西冷肉排	如同炖焖腿肉排一样炖焖小牛肉排。如同炖焖大块腿肉排一样炖焖大块西冷肉排
牛腩	覆盖有一层脂肪，否则肉质会非常瘦	不建议使用此种烹调方法	不建议使用此种烹调方法	如同烤大块腿肉排一样烤牛腩	如同炖焖腿肉排一样炖焖牛腩，但是要炖焖2～2.5个小时
牛胸肉	非常油腻，需要添加大量的风味料进行调味	不建议使用此种烹调方法	不建议使用此种烹调方法	不建议使用此种烹调方法	将烤箱预热至180℃。将大块牛胸肉煎上色，然后加上高汤，放入烤箱内焖烤3小时。当成熟之后，将沙司过滤并熬浓
肩肉	无骨肩肉可以制作成美味的肉块，非常适合用长时间加热的方法制作成熟。肩部肉排是从紧挨着肩部的肩胛骨处切割下来的肉排。用来切成丁的小牛肉，所需的部位可以是肩部、颈部，或者胫骨部位	不建议使用此种烹调方法	不建议使用此种烹调方法	不建议使用此种烹调方法	如同炖焖腿肉排一样炖焖肩部肉排。如同炖焖大块腿肉排一样炖焖切成了丁的肩肉。如同炖焖腿肉排一样炖焖大块肩肉排，但是需要2～2.5个小时
颈部/脖子	通常切成丁用来炖，或者绞成肉馅之后来做菜	不建议使用此种烹调方法	不建议使用此种烹调方法	不建议使用此种烹调方法	如同炖焖腿肉排一样炖焖切成丁的颈部肉，但是需要2～2.5个小时
牛膝	切成片状的胫骨和小腿肉，包括带骨髓的腿骨	不建议使用此种烹调方法	不建议使用此种烹调方法	不建议使用此种烹调方法	如同炖焖大块腿肉排一样炖焖小牛膝
肋排/排骨	带有许多骨头的切割肉排，需要慢火长时间加热，需要大量调料，以对油腻的脂肪形成有效的补充	不建议使用此种烹调方法	不建议使用此种烹调方法	不建议使用此种烹调方法	如同炖焖大块胸肉一样炖焖肋排和排骨
肉馅	非常适合用来制作肉丸、汉堡以及所有的意大利面菜肴	将铁扒炉预热至高温。将肉馅按压好穿成肉串，或者制作成小的肉饼状。涂上油，铁扒8分钟至金黄色，期间要翻转两次。将铁扒炉温降低一些，继续铁扒8～10分钟	将油、猪油或者黄油在一个煎锅内加热至中高温度。将肉馅制作成小肉饼，煎15～18分钟，煎的过程中要翻转几次	不建议使用此种烹调方法	在一个煎锅内将肉馅和蔬菜煎上色，然后加入高汤，用小火炖焖，或者放入到180℃的烤箱内焖烤1～1.5小时

猪肉（pork）

猪是最早的家畜之一，传统的饲养方式是在家庭的后院里进行饲养并以残汤剩饭喂食。也有小规模的户外散养的猪，但是今天绝大多数的猪都是在高度集成化的养殖场里进行饲养，以谷物和大豆为基料的饲料喂食。在世界各地的猪饲养中，使用各种不同的药物，而在一些国家，所有的有机食品体系中，禁止在预防性的药物中使用抗生素。饲养的方式，喂养的食物，以及猪的繁殖，所有的这些方面都影响着猪肉产品的风味和质地。集中饲养的猪，猪肉的颜色最浅，肉质也最瘦，在烹调的过程中有时会有汁液渗出。而室外饲养的猪，其猪肉的颜色会更深，肉质也会更硬实一些，风味也更浓郁，脂肪也更美味。也可以用猪肉来制作出猪油，制作猪油时，使用背部的肥肉膘，可以使用现宰杀的猪肉或者下脚料来制作，猪肉还可以用来腌渍和烟熏。许多国家都喜欢使用乳猪，这是使用母乳喂养至2～6周大的猪。乳猪的肉质非常鲜嫩而美味，在经过烤制之后，乳猪的皮会变得香酥而脆嫩。

猪肉的购买 集中饲养的猪，猪肉的价格最便宜。所有猪肉的颜色应为粉红色（浅一些或者深一些的颜色），而不是灰色或者红色。猪肉脂肪应为白色，并且会比其他脂肪更加柔软一些。

猪肉的储存 将猪肉包裹好，储存在冰箱内的底层区域，可以保存3天以上的时间。瘦猪肉可以冷冻保存，紧密包裹好之后，可以储存9个月以上，猪肥肉可以保存3个月以上。

猪肉的食用 加热烹调：猪腿和外脊肉可以烤，如果带皮，在烤之前先要切割上花刀。猪腿和外脊排可以铁扒或煎，肉丁可以炒。大块的肩部肉和肉块可以炖。五花肉块和片可以使用慢火长时间加热的方式成熟，大块五花肉通常可以用来烤，也可以在去骨之后酿馅。可以将薄片的肥肉包裹到大块瘦肉上，然后再烤，或者切成丁用来制作炖菜。肥肉经过熬炼成猪油之后，猪油可以用来制作面点和用来作为炸油使用。加工腌制：猪肉是用来腌渍、烟熏和风干的主要肉类之一。

搭配各种风味 茄子、卷心菜、辣椒、番茄、韭葱、大蒜、洋葱、鼠尾草、迷迭香、苹果、荔枝、橙子、菠萝、李子、姜、丁香、芥末、醋、苹果酒、酱油等。

经典食谱 瑞典肉丸，诺曼底风味猪肉，咕咾肉，蜜汁烤排骨，烤乳猪，佛罗伦萨风味铁扒猪肋排。

在烤之前，猪皮必须切割上花刀，以烤至酥脆而有裂纹，否则在烤好之后会很难进行切割装盘。

大块猪腿卷（rolled leg joint）
非常瘦的肉块，大块猪腿卷可以带骨烹调或者去骨并卷起之后带皮和脂肪一起进行烹调。也有不带猪皮进行售卖的猪腿肉。

❷ **中间脊背切块（middle back cuts）**
猪里脊/猪外脊；大块外脊肉；外脊排；小块外脊排（带着或者不带猪腰）；脊背骨；烤皇冠猪排；猪皮；脂肪。

❶ **后腿及臀部切块（hindquarter cuts）**
大块腿肉；后腿排；后腿大片肉；厚肉块；厚肉排；腿肉切丁/炒；肉馅；猪尾；猪皮。

如同大片猪肉一样进行烹调，后腿排在烹调之前要拍打成非常薄的片。

后腿排（leg steak）
这部分的猪肉非常瘦，所以在烹调时要非常用心，以防止将腿肉排烹调至干硬。使用铁扒或者炒的烹调方法进行制作时，以制作至不呈粉红色为好，或者也可以使用炖的烹调方法进行制作。

腹部肉切片，有时候会带有一点肋骨的成分在其中。

腹部肉切片（belly slices）
像腹部猪肉这样肥腻的部分可以用来进行铁扒或者将脂肪煎至香脆的程度，或者使用慢火加热的烹调方式以增加菜肴的风味。腹部肉也可以制作成肉馅用来制作砂锅菜。

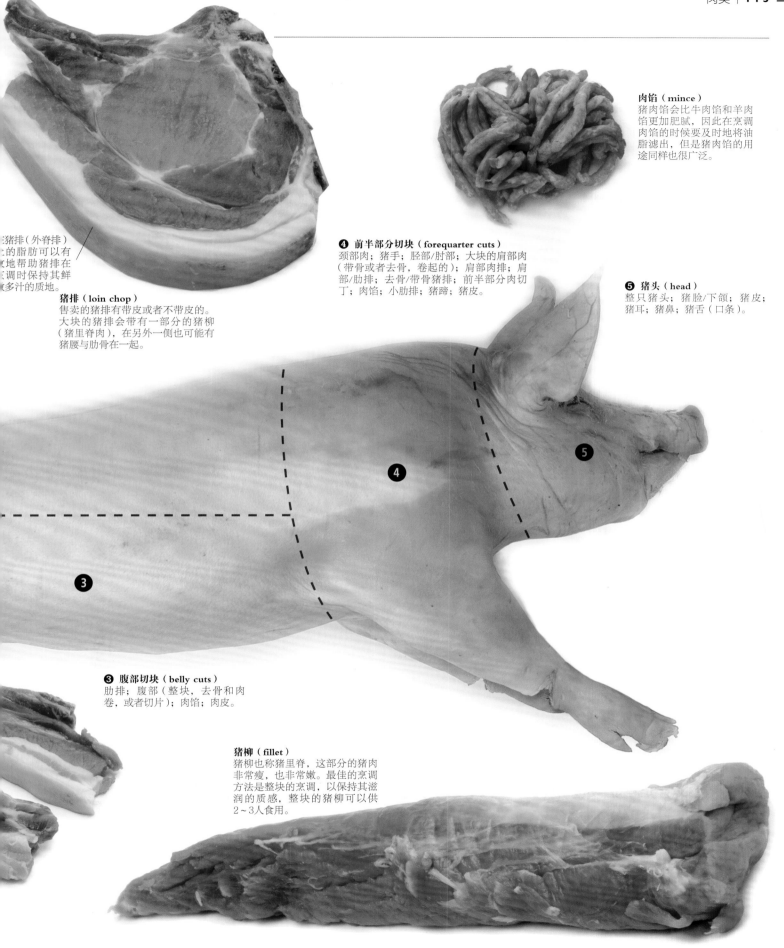

肉馅（mince）
猪肉馅会比牛肉馅和羊肉馅更加肥腻，因此在烹调肉馅的时候要及时地将油脂滤出，但是猪肉馅的用途同样也很广泛。

❹ 前半部分切块（forequarter cuts）
颈部肉；猪手；胫部/肘部；大块的肩部肉（带骨或者去骨，卷起的）；肩部肉排；肩部/肋排；去骨/带骨猪排；前半部分肉切丁；肉馅；小肋排；猪蹄；猪皮。

❺ 猪头（head）
整只猪头；猪脸/下颌；猪皮；猪耳；猪鼻；猪舌（口条）。

猪排（loin chop）
售卖的猪排有带皮或者不带皮的。大块的猪排会带有一部分的猪柳（猪里脊肉），在另外一侧也可能有猪腰与肋骨在一起。

正猪排（外脊排）
上的脂肪可以有
地帮助猪排在
调时保持其鲜
多汁的质地。

❸ 腹部切块（belly cuts）
肋排；腹部（整块，去骨和肉卷，或者切片）；肉馅；肉皮。

猪柳（fillet）
猪柳也称猪里脊，这部分的猪肉非常瘦，也非常嫩。最佳的烹调方法是整块的烹调，以保持其滋润的质感，整块的猪柳可以供2~3人食用。

瑞典肉丸（swedish meatballs）

此道菜被认为是瑞典的国菜，这些风味浓郁的肉丸在所有的斯堪的纳维亚国家里都非常流行。

供 4 人食用

60克新鲜的面包糠

120毫升鲜奶油

60克黄油

1个小洋葱，切成细末

400克瘦猪肉

1/4茶匙现磨的豆蔻粉

1个鸡蛋，打散盐和现磨的黑胡椒粉

制作沙司用料

120毫升牛肉汤

200毫升鲜奶油

1 将面包糠倒入一个碗里，拌入鲜奶油，放到一边浸泡一会。与此同时，在一个小锅内加热15克黄油，加入洋葱，用小火煸炒至洋葱变软并呈透明状。将锅端离开火，放到一边让洋葱冷却。

2 将肉馅和豆蔻粉加入浸泡好的面包糠中，将炒好的洋葱和鸡蛋也拌进去，用盐和黑胡椒粉调味。用保鲜膜盖好之后放入冰箱内冷藏1个小时。

3 用沾过水湿润之后的手，将肉馅塑成高尔夫球大小的肉丸。将制作好的肉丸摆放到一个大的餐盘内，盖上保鲜膜，放入到冰箱内冷藏15分钟。

4 在一个大号煎锅内，将剩余的黄油用中火加热熔化开，分批放入肉丸煎，煎大约10分钟的时间，直到肉丸完全变成褐色并成熟。用漏勺从锅内将煎熟的肉丸捞出，放入垫有吸油纸的餐盘内。

5 制作沙司，将锅内多余的油倒出，然后加入牛肉汤和鲜奶油。用小火加热并搅拌，直到沙司开始冒泡。再继续用小火熬煮2分钟的时间。将制作好的沙司浇淋到肉丸上并服务上桌。

猪肉各部位烹调图表

每一块不同的猪肉切割部位在烹调时选用正确的烹调方式是非常关键的。按照下表可以准确地寻找到你所选择的猪肉部位最合适的烹调方式。

切割部位名称	描述	铁扒
		猪排的厚度为2.5厘米
猪腿	猪后腿虽然是瘦肉，无论带骨还是去骨，也或者是卷起的猪后腿，都是顶级的烤肉用料。如果是带皮的猪后腿，可以在猪皮上刻划几刀，以形成香味扑鼻的脆皮。猪腿排也由瘦肉组成，去骨后的切片；大片猪腿肉非常薄。切成块状的去骨猪腿肉适合于用来穿成肉串和炒	猪腿排，大片猪腿肉，猪肉串：将铁扒炉预热至高温，在肉上涂刷上油。大片猪腿肉每一个面先铁扒3分钟。猪腿排每一面先铁扒3分钟，然后将炉温降低，再继续铁扒2分钟（如果肉排更厚一些，时间也可以延长一些）。肉串每一面铁扒2~3分钟
臀腰肉	来自于背部的臀尖位置，此部位的肉，在烤肉的时候通常会去骨并卷起。就如同最大块的猪排一样	臀部猪排：将铁扒炉预热至高温，在肉上涂刷上油。将臀部肉排的每一个面铁扒2~3分钟。然后降低炉温，每一个面再继续铁扒2~3分钟
猪柳（猪里脊）	细长、鲜嫩、圆锥形的瘦肉，来自于后腰部位。通常会整条的用于烹调中。也可以切割成片状的圆形猪排，或者切成片状之后再从中间切割开成为蝴蝶形，又称之为"valentine steak"	整条的猪柳和厚度超过4.5厘米的厚片：将铁扒炉预热至高温，在肉上涂刷上油。将猪柳的每一个面铁扒2~3分钟至变成褐色，然后将炉温降低，翻面之后再继续铁扒10分钟。然后松弛5~10分钟。圆形猪排和蝴蝶形猪排的铁扒方法如同猪腿一样
猪外脊（猪腰肉）	大块的外脊肉是连着肋骨和猪皮一起售卖的，但是也可以去骨和去皮之后售卖。肋排来自前腰部位，有时也会带皮售卖；两块肋排捆缚在一起并酿入馅料，可以制作成烤皇冠猪排。外脊可以切割成猪排，如果带着肋骨，则可以切割成大块的猪排，并且在猪排的一侧会有脂肪层与猪排粘连在一起	如同铁扒臀部猪排一样铁扒外脊猪排
腹部肉	非常肥腻的部分，可以去骨卷成大块状，或者切成片/丁用来铁扒和炒或者用来腌制，以及使用慢火加热的烹调方式。肋排，从腹部内侧修整下来部分，用来进行腌制、铁扒或者烘烤非常受欢迎	肋排：可以先在烤箱内烘烤20~30分钟，或者用小火炖熟。然后浇淋上腌汁或者沙司，用中火铁扒10~15分钟，再涂刷上一遍沙司之后，翻面铁扒上色。切片腹部肉：用中火的铁扒铁扒腹部肉10~15分钟，翻面几次，然后根据需要，将铁扒炉温升高，将猪皮铁扒至香酥而脆
肩部肉	肩部/肘部大块肉可以带骨或者不带骨，也可以酿馅；使用慢火烘烤的方法味道会更加美味。肩部猪排鲜嫩多汁，在猪排中会带有一部分的骨头。去骨肉切成的丁适合于用来制作炖菜	如同铁扒臀部猪排一样铁扒肩部猪排
乳猪	肉质非常鲜嫩的小猪，通常整只用来烘烤，有时候可以去骨并酿馅	不建议使用此种烹调方法
肉馅	有时会可以非常肥腻。通常可以用来制作沙爹、肉串、汉堡包、香肠，以及其他各种菜肴	将铁扒炉预热至高温，将肉馅按压到扦子上成为肉串，或者制作成为小肉饼状。涂刷上油，铁扒10~15分钟，期间要多翻面几次
颈部肉	带有非常美观的大理石花纹，可以切成片、丁，或者呈大块状的用来烹调	不建议使用此种烹调方法
胫骨肉/肘骨肉	通常有烟熏口味的制品售卖。适合用来制作高汤、带有原始风味的汤类，以及其他各种菜肴	不建议使用此种烹调方法
猪蹄（猪手）	需要使用小火长时间加热烹调；然后待其冷却之后，酿馅，并铁扒	在制作成熟并冷却之后，将其劈为两半，涂刷上黄油，沾上面包糠。用中火的铁扒炉铁扒15~20分钟，直到变得酥脆而呈金黄色
猪头和猪脸/下颌肉	猪头可以整个的烹调成熟用于自助餐中，但是在绝大多数情况下是用来制作腌味。猪脸和下颌肉非常肥腻，可以像腹部肉一样进行烹调，或者腌制成小的火腿状	不建议使用此种烹调方法

煎	烤	炖/焖
猪排厚度为2.5厘米所需要的时间	温度计测定的猪肉全熟时，内部温度读数：80℃	对所需时间来说，如果猪肉切成片/丁或整块的来炖焖，那么其重量并不是最重要的
猪腿排，大片猪腿肉，切成丁的猪腿肉：将油在一个厚底煎锅内烧热至冒烟的温度，放入大片猪腿肉每一面煎2分钟。猪腿排每一面煎2分钟，然后将每一面继续煎2分钟（如果猪腿排更厚一些，所需要的时间就要更长一些）；松弛2~3分钟再服务上桌。肉丁要炒至全部变成褐色	大块腿肉：将烤箱预热至220℃。如果腿肉带皮，在猪皮上刻划几刀并涂抹上盐。烘烤30分钟，然后将烤箱温度降低至160℃，按照每450克需要烘烤23分钟的时间继续进行烘烤。然后静置20~30分钟	腿肉排（2.5厘米厚）：将烤箱预热至160℃。先将腿肉排煎上色，然后加入煎过的蔬菜和汤汁，放入烤箱内焖烤1.5~2个小时。大块腿肉：先与同炖焖腿肉排一样烹调，但是需要盖上盖子焖烤3~3.5小时；如果带皮，需要将温度升高至200℃，在不盖锅盖的情况下，最后再继续焖烤20~30分钟，让猪排变得香脆
如同煎猪腿排一样煎臀腰肉排	如同烤大块腿肉一样烤臀腰肉	如同制作腿肉排一样制作臀腰肉排。如同制作大块腿肉一样制作大块臀腰肉，但是时间需要2~3个小时
整条猪柳和厚度超过4.5厘米的厚片：在一个厚底煎锅内将油或者黄油烧热至冒烟的程度。放入猪柳煎10分钟，期间要翻面使其上色，然后改用小火，继续煎5分钟。然后松弛5~10分钟。猪圆形猪排和蝴蝶形猪排时，如同煎腿肉排一样的制作方法	不建议使用此种烹调方法	整条猪柳：将烤箱预热至150℃。将猪柳煎上色，然后加入蔬菜和汤汁。放入烤箱焖烤1~2个小时，期间要将汤汁不时地浇淋到猪柳上，使其更加油亮
如同煎腿肉排一样煎外脊猪排	如同烤大块腿肉一样制作烤大块外脊肉和肋排	如同制作腿肉排一样制作外脊猪排。如同制作大块腿肉一样制作大块外脊和肋排，但是时间需要1.5~2个小时
大块腹部肉：先用小火炖2个小时，然后使其冷却，切成片状或者厚片状，用旺火在煎锅里煎8~10分钟至香脆金黄。腹部肉切片：用中火煎15~20分钟，期间要翻面几次，然后根据需要，可以改用大火将脂肪和猪皮煎至香脆	肋排及腹部肉片：将烤箱预热至180℃。烘烤20~30分钟，然后浇淋上腌肉或者沙司继续烘烤10~15分钟，直到表面变得油亮金黄。或者使用160℃烘烤1~1.5小时。在烘烤的过程中要不时地将烤盘内的汁液浇淋到肉上；然后将烤箱温度升高至200℃，继续烘烤20~30分钟，将肉烤上色并呈油亮状。大块腹部肉：将烤箱预热至220℃。在猪皮上刻划几刀并涂抹上盐，烘烤20分钟。然后将烤箱温度降低至150℃，继续烘烤3~4个小时	大块腹部肉：用小火炖2~3个小时；切成薄片后食用，可以搭配烤肉的汁液一起食用。或将腹部肉煎上色，然后用130℃的烤箱温度焖烤4~5个小时，待冷却之后，切成片，使用煎锅煎上色或者用烤箱烤上色
如同制作腿肉排一样煎肩肉排	大块肩部肉：将烤箱预热至220℃。在猪皮上刻划几刀并涂抹上盐，烘烤30分钟。然后将烤箱温度降低至150℃，继续烘烤3~3.5个小时	如同腿肉排一样炖焖肩肉排。大块肩部：将烤箱预热至150℃。与蔬菜一起焖烤4~4.5个小时，期间要将汁液不时地浇淋到肉上，以让其变得油亮。肩部肉丁：将烤箱预热至150℃。将肉丁煎至上色，然后加入蔬菜和汤汁，焖烤1.5个小时
不建议使用此种烹调方法	将烤箱预热至230℃。将乳猪捆好定型。在猪皮上刻划出花刀，并涂抹上盐。用锡纸将耳朵、鼻子以及尾巴包好进行保护以免烤焦。放入烤箱内烘烤30分钟。将炉温降低至180℃，按照每450克需要烘烤10分钟的时间进行烘烤，如果酿馅，就按照每450克需要15分钟的时间进行烘烤。每半个小时在乳猪上浇淋上汤汁。烤好之后松弛30分钟	将烤箱预热至150℃。将乳猪整个烤上色，然后与蔬菜一起炖焖3~4个小时。然后将烤箱温度升高至200℃，去掉盖进行烘烤20~30分钟，以让乳猪的皮变得香脆
在煎锅内将油烧热。将肉馅制作成小的圆饼。涂上油，放入锅内煎10~15分钟，期间要不时地翻动小肉饼	不建议使用此种烹调方法	将肉馅和蔬菜煎上色，然后加入汤汁，用小火炖焖1~1.5个小时
不建议使用此种烹调方法	不建议使用此种烹调方法	与同制作大块肩肉一样炖焖颈肉
不建议使用此种烹调方法	不建议使用此种烹调方法	炖焖2~3个小时，或者一直加热至成熟
不建议使用此种烹调方法	经过烹调制作成熟并冷却之后，从中间劈成两半，涂上黄油，沾上面包糠。放入到200℃的烤箱内烘烤15~20分钟，或者一直烘烤到香酥并呈金黄色	用小火炖焖1~2个小时。然后使其冷却，从中间劈成两半，沾上面包糠，然后铁扒或者烘烤
不建议使用此种烹调方法	猪头：将烤箱预热至190℃。经过烘烤之后，用锡纸将耳朵包好，继续烘烤30~45分钟让其上色，去掉锡纸之后再继续烘烤15分钟	猪头：将蔬菜煎上色，与猪头和汤汁一起用小火炖焖，或者放入到150℃的烤箱内烤3~3.5个小时。猪脸和下颌：与蔬菜一起煎上色，然后加入汤汁，盖上盖，用小火炖焖，或者放入190℃的烤箱内烘烤45~60分钟的时间

诺曼底风味猪排（pork a la normande）

苹果、奶油和苹果酒是法国北部诺曼底地区美味佳肴的标志。

供8人食用

2汤勺橄榄油

黄油颗粒

1.35千克去骨猪瘦肉，切成拇指大的丁

2个洋葱，切成细末

2汤勺法国大藏芥末

4瓣蒜，切成细末

6根西芹，切成细末

6根胡萝卜，切成细末

1汤勺切成细末的新鲜迷迭香

3个香脆而酸甜的苹果，切成丁

300毫升法国干苹果酒

450毫升鲜奶油

300毫升热的鸡汤

1茶勺黑胡椒粒

1 将烤箱预热至180℃。在一个大号的铸铁锅内或者一个耐热砂锅内将橄榄油和黄油烧热，加入猪肉，用中火加热并煸炒6~8分钟，或者一直煸炒至肉丁呈金黄色，用漏勺捞出放到一边备用。

2 加入洋葱，用小火煸炒5分钟，或者一直煸炒到洋葱开始变软。加入芥末搅拌均匀。再加入大蒜、西芹、胡萝卜以及迷迭香，用小火加热并搅拌均匀，继续加热大约10分钟的时间，或者一直加热到蔬菜成熟。再加入苹果继续加热5分钟。

3 倒入干苹果酒，然后用大火烧开煮几分钟的时间，让酒精挥发。将猪肉丁放回锅内，并倒入鲜奶油和鸡汤，并拌入胡椒粒。

4 加热烧开，盖上锅盖，放入烤箱内焖烤1个小时，或者一直焖烤到猪肉成熟。在上菜之前调好味并配米饭或者土豆泥一起享用。

羊肉（lamb）

最初饲养羊的目的是为了喝羊奶和使用羊毛；羊肉则是作为一种副产品。但是到了现在，相比较之下，许多羊被饲养在草原上和丘陵地带，只是为了单纯地出品羊肉进行售卖。羔羊是1岁以内的绵羊，出生3～5个月的绵羊叫作春羔。春羔肉颜色为浅粉色，口感柔和；羔羊肉颜色为深粉红色，有着浓重的味道。绝大多数商业化饲养的羔羊会使用青草喂养，以求取得好的风味，在盐碱滩放牧或者在海岸线地带放养的羔羊都会带有自己特殊的风味。在中东地区和亚洲地区，大尾羊是指脂肪堆积在臀部的绵羊，被认为是非常美味的羊肉。

羊肉的购买 一年四季各地羊肉的销路都在增加，而进口的羊肉，有新鲜的和冷冻的两种，有各种部位和大小不同的切块。所有的羊肉都应该带有薄薄的一层白色的脂肪。但是并不能形成大理石花纹，随着绵羊越来越成熟，就会形成大部分的肌肉和外层的脂肪。

羊肉的储存 包装好之后储存在冰箱内的底层，可以保存4天以上的时间，或者在密封包装好之后，可以冷冻保存6个月以上，在包装之前要将锋利的骨头进行处理。

羊肉的食用 烤羊腿、烤羊柳、烤羊脊（烤羊马鞍），以及烤羊排，都可以烤至玫瑰粉红色。烤或者炖焖的羊肩肉，铁扒或煎的羊腿排。焖羊肉丁，以及使用羊肉馅制作羊肉丸子，馅饼以及其他各种美味的菜肴等。

搭配各种风味 酸奶、茄子、萝卜、大蒜、莳萝、薄荷、迷迭香、杏、樱桃、柑橘、李子、柠檬、葡萄干、橄榄、杏仁、小茴香、香菜、红醋栗、牛至。

经典食谱 羊肉丸子；羊肉串；洋葱土豆炖牛肉；羊肉面饼；印度比尔亚尼羊肉烤饭；烤全羊；蔬菜炖羊肉；羊肉手抓饭。

经典食谱（classic recipe）

羊肉丸子（lamb koftas）

在中东和印度地区，会有这种丸子。

供 4 人食用

450克羊肉馅

8枝新鲜香菜，取叶，切成细末

8枝新鲜香芹，取叶，切成细末

1汤勺小茴香粉

1瓣蒜，拍碎

1/2茶勺盐

现磨的黑胡椒粉

1 将16根木签放入开水中浸泡一会。

2 将羊肉馅与香菜、香芹、小茴香粉、大蒜、盐以及适量的黑胡椒粉一起放入一个大碗里，用手彻底搅拌均匀。

3 用湿润的双手舀取2汤勺用量调好味的羊肉馅，揉搓成粗细均匀的香肠形。将剩余的羊肉馅按照此法一共制作出16根香肠形的羊肉丸子。小心地将香肠形的羊肉丸子纵长穿入浸泡好的木签上。

4 将铁扒炉预热至高温，在铁扒炉架上涂上油。

5 将制作好的羊肉丸子串摆放到铁扒炉架上，炉架离火源高度为10厘米。要时常翻动，铁扒大约8分钟就可以让羊肉丸子肉质变成浅粉红色，铁扒10分钟会变成全熟。

因为通常会切割得很厚，如果用两根棉线捆起来，羊肉卷（小块肉）会很好地保持住造型不变。

羊肉卷（noisette）
由去骨后的羊外脊肉制作而成，带有的一层脂肪可以让羊肉在加热烹调后更加滋润，羊肉卷是所有羊肉中最鲜嫩的部分。通常切割得较厚一些，使用烤的烹调方法远比铁扒或者煎要好。

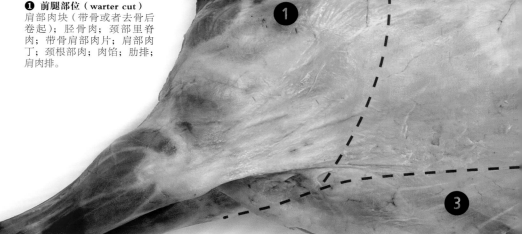

❶ 前腿部位（warter cut）
肩部肉块（带骨或者去骨后卷起）；胫骨肉；颈部里脊肉；带骨肩部肉片；肩部肉丁；颈根部肉；肉馅；肋排；肩肉排。

❸ 胸腹部位（breast and flank cuts）
胸部肉；腹部肉（大块状或者卷起）。

胫骨肉（shank）
推荐使用慢火、带有汤汁的烹调方法进行加热烹调，可以让胫骨上的肉变成多汁的肉冻。食用时，可以每人一块胫骨肉。前腿骨肉会比后腿骨肉略瘦一些。

羊肉馅（minced lamb）
羊肉馅有时候会非常肥，但是可以给菜肴添加风味和滋润感。如果羊肉馅中有太多的脂肪会让菜肴过于油腻。使用腿肉或者胫骨肉会制作出最瘦的肉馅。

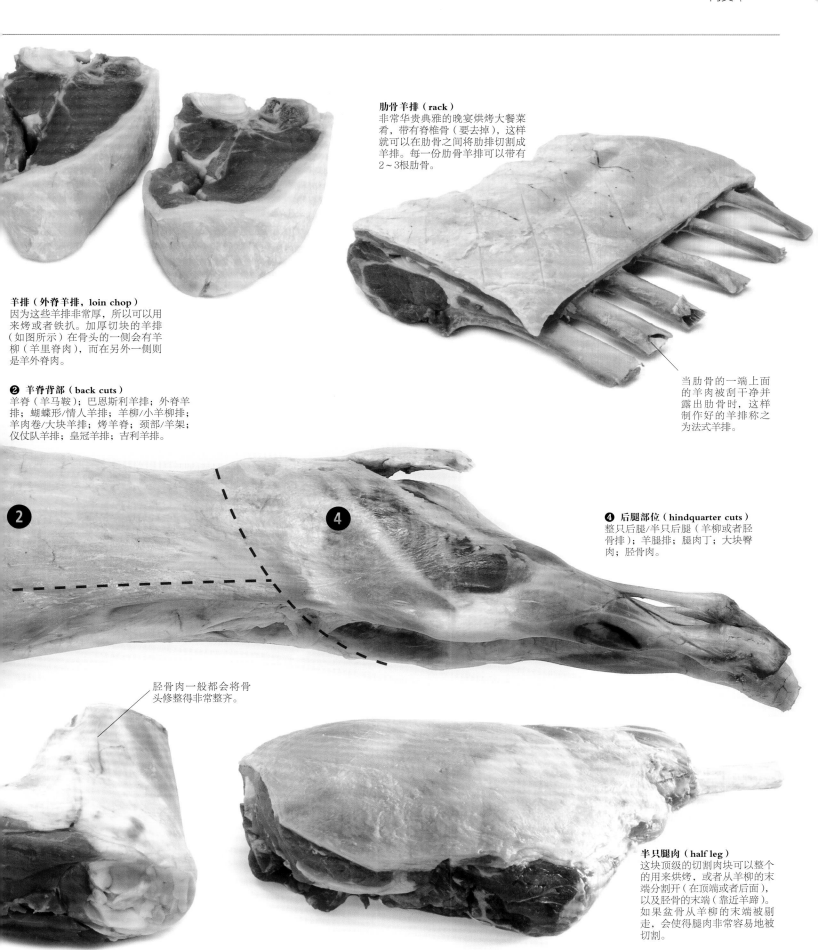

肋骨羊排（rack）
非常华贵典雅的晚宴烘烤大餐菜肴，带有脊椎骨（要去掉），这样就可以在肋骨之间将肋排切割成羊排。每一份肋骨羊排可以带有2~3根肋骨。

羊排（外脊羊排，loin chop）
因为这些羊排非常厚，所以可以用来烤或者铁扒。加厚切块的羊排（如图所示）在骨头的一侧会有羊柳（羊里脊肉），而在另外一侧则是羊外脊肉。

❷ 羊脊背部（back cuts）
羊脊（羊马鞍）；巴恩斯利羊排；外脊羊排；蝴蝶形/情人羊排；羊柳/小羊柳排；羊肉卷/大块羊排；烤羊脊；颈部/羊架；仪仗队羊排；皇冠羊排；吉利羊排。

当肋骨的一端上面的羊肉被刮干净并露出肋骨时，这样制作好的羊排称之为法式羊排。

❹ 后腿部位（hindquarter cuts）
整只后腿/半只后腿（羊柳或者胫骨排）；羊腿排；腿肉丁；大块臀肉；胫骨肉。

胫骨肉一般都会将骨头修整得非常整齐。

半只腿肉（half leg）
这块顶级的切割肉块可以整个的用来烘烤，或者从羊柳的末端分割开（在顶端或者后面），以及胫骨的末端（靠近羊蹄）。如果盆骨从羊柳的末端被剔走，会使得腿肉非常容易地被切割。

烤木莎卡（烤羊肉茄子，moussaka）

这一道广受欢迎的羊肉和茄子菜肴原本来自于巴尔干半岛地区和地中海东部地区。

供 6 ~ 8 人食用

1.8千克茄子

大约150毫升橄榄油

150克黄油

175克面粉

600毫升热牛奶

1/2茶勺豆蔻粉

3个蛋黄

盐和现磨的黑胡椒粉

3个洋葱，切成末

900克羊肉馅

3瓣蒜，切碎

2片香叶

300毫升羊肉或者牛肉汤

1汤勺番茄酱

2汤勺切碎的新鲜牛至

700克成熟的番茄，切碎

85克凯法洛特里或者帕玛森干酪，擦碎

1 预热铁扒炉。将茄子切成1厘米厚的片。在茄子片上涂上一些橄榄油，铁扒至茄子片变得柔软并且两个面都变成了褐色。同样，你也可以用少量的油煎茄子片。

2 在一个沙司锅内加热熔化黄油并拌入面粉，然后将热牛奶慢慢地搅拌进去。用小火加热，同时搅拌直到锅内的牛奶变得浓稠并呈乳白色。将锅端离开火，加入豆蔻粉和蛋黄，搅拌均匀。用盐和胡椒粉调味。

3 将烤箱预热至180℃。在一个煎锅内加热2汤勺的油，将洋葱煎至变得柔软并呈金黄色。加入羊肉馅煎至呈褐色并成为全部分散开的颗粒状。加入大蒜、香叶、肉汤以及番茄酱，搅拌至混合均匀。然后用小火炖30分钟的时间，期间要不时地搅拌。

4 在一个烤盘内涂上油，将一半的茄子片摆放到烤盘上。将制作好的羊肉馅倒入到茄子片上，并将另外一半茄子片摆放到羊肉馅上。将牛至和番茄混合好，然后撒到茄子片上。将制作好的沙司再重新搅拌好，然后均匀地浇淋到番茄表面上。撒上干酪。

5 放入烤箱内烘烤45~60分钟，或者一直烘烤到菜肴中的沙司开始冒泡，表面的干酪呈美观诱人的金黄色。晾凉至温热后食用，不要趁热食用。

羔羊肉和绵羊肉烹调图表

每一块不同的羔羊肉和绵羊肉切割部位在烹调时选用正确的烹调方式是非常关键的。按照下表可以准确地找到你所选择的各个不同部位最合适的烹调方式。

羊肉切块	描述	铁扒
		羊排的厚度为2.5厘米
羔羊肉		
羊腿肉	可以带骨或者去骨后卷起，后腿是顶级的烤羊腿食材。半只大块腿肉可以是臀尖或者是胫骨肉。可以去骨并切成蝴蝶形用来烧烤。鲜嫩的羊排（羊腿排）是从羊腿上或者臀腰部位切割下来的。去骨切成丁的羊腿肉适合用来穿成羊肉串和炖焖	羊腿排：将铁扒炉预热至高温。在羊排上涂上油，将每一个面分别铁扒3~4分钟，然后松弛5分钟。羊腿串：如同铁扒羊腿排一样，但是每一面多铁扒2分钟
羊脊肉（羊马鞍）	来自于羊脊上的顶级带骨烘烤肉块，两侧带有羊外脊肉。羊柳/免翁羊柳是在脊骨下面的小的嫩肉块，通常会整个的用来烹调	羊柳：将铁扒炉预热至高温。在肉上涂上油，将每一面铁扒2分钟，然后松弛5分钟
外脊肉	脊骨以上最鲜嫩的肉质，可以带骨或者去骨后卷起。外脊羊排包括腰眼部分的肉；大块外脊羊排包括羊柳以及部分的羊腰。巴恩斯利羊排是从整条羊外脊上切割下来的片状羊排，包括腰眼肉和牛柳各自在脊骨的两侧位置上。蝴蝶羊排/情人节羊排，是将羊肉切成均匀的两片并打开，以形成一个较薄的心形造型。圆形羊排是小块的、圆形的外脊羊排	铁扒外脊羊排和巴恩斯利羊排以及圆形羊排时，如同铁扒羊腿排一样。铁扒蝴蝶羊排时如同铁扒羊肉串一样。大块外脊肉：先用大火每一面铁扒2分钟让其上色，然后用中火将每一面再铁扒3~4分钟。松弛5~10分钟
底部颈肉	来自于前腿的根部和外脊处，底部颈肉可以切成片状制作成吉列羊排。颈部的羊柳可以制作成美味的烤小块羊排。在将脂肪修整掉之后，并去掉脊骨，底部颈肉就成了羊架。如果露出一端的肋骨，就叫作法式羊排。两块羊架平行倚靠在一起叫仪仗队羊排，两块羊架制作成为圆形并在中间酿入馅料可以成为烤皇冠羊排	如同铁扒羊腿排一样铁扒吉列羊排和颈部羊柳
肩部肉	可以制作成整个的肩肘块，或者切成两半成为前肩肉和肘肉，可以带骨或者去骨后卷起，也可以酿馅。可以切成羊排，带骨或者不带骨，或者去骨后切成丁，在肩部肉上可以有很多脂肪	如同铁扒羊腿排一样铁扒肩部羊排
胫骨肉	从前部的末端和后腿处切割下来的有滋味的切块部分，需要长时间、慢火加热烹调。后腿的胫骨肉的肉质最丰满	不建议使用此种烹调方法
胸部肉	肋骨下方最便宜的切块肉。如果去骨，可以酿馅和做成肉卷	不建议使用此种烹调方法
腹部肉	肉质较老，适合酿馅和慢火长时间加热烹调，或者制作成肉馅使用	不建议使用此种烹调方法
颈部瘦肉	带骨的切片肉，有时候也可以去骨和切成肉丁	不建议使用此种烹调方法
羊肉馅	非常适合用来制作成烤木莎卡或者羊肉丸	将铁扒炉预热至高温。将羊肉馅按压到扦子上，或者制作成小肉饼。涂上油，每一个面铁扒2分钟，然后松弛5分钟
羊腿肉	后腿肉，整只或者半只，可以带骨或者去骨之后卷起。羊腿排是带有圆形腿骨的切片腿肉，肉质非常瘦，去骨之后的腿肉可以切成块，用来制作羊肉串或者用来炖焖	羊腿排和羊肉串：将铁扒炉预热至高温。在羊肉上涂上油或者黄油。将羊腿排每一个面铁扒3~5分钟，并根据口味需要进行调味。羊肉串每一个面铁扒2~4分钟
羊外脊肉	从羊脊骨上剔取的细长的瘦肉块。这块肉在烘烤时与羊排一样，可以包括腰眼和羊柳在内	如同铁扒羊腿排一样铁扒羊外脊排
肋骨肉	吉列羊排/肋排是从肋骨上切取的羊肉片，带有肋骨	如同铁扒羊腿排一样铁扒吉列羊排
羊脊肉（羊马鞍）	用来烘烤的羊肉切块，包括外脊、里脊、脊骨，以及与之相连接的羊皮	不建议使用此种烹调方法
羊肩肉	大块羊肩肉可以是整个的羊肩或者切成两半的大块肉，可以带骨或者去骨之后卷起，也可以酿馅。尽管会很肥腻，但是非常适合用来炖。去骨之后切成块的肩肉会比腿肉肥腻一些	不建议使用此种烹调方法
胫骨肉	味道较好但是肉质却较老。需要长时间小火加热烹调	不建议使用此种烹调方法
腹部肉	肉质纤维较老，适合酿馅和长时间小火加热烹调，或者制作成肉馅使用	不建议使用此种烹调方法
颈部肉	带骨的颈肉切片，可以切成丁状用来炖焖。需要长时间、小火加热烹调	不建议使用此种烹调方法
羊肉馅	可以让菜肴的风味更佳，可以用来制作羊肉丸和汉堡包	将铁扒炉预热至高温。将羊肉馅按压到扦子上，或者制作成小肉饼。涂上油，铁扒至完全成熟

煎	烤	炖/焖
羊排厚度为2.5厘米所需要的时间	温度计测定的羊肉内部温度读数：四成熟63℃，半熟70℃，全熟75℃	对于所需要的时间来说，如果羊肉切成了片/丁或者整块的用来炖焖，那么羊肉的重量并不是最重要的
羊腿排：在一个热的煎锅内将油和黄油烧热。将羊腿排的每一个面煎2分钟至上色，然后用小火继续将羊腿排的每一个面煎2～4分钟。上菜之前要进行松弛。羊肉串：将每一个面煎2分钟，然后趁热上桌食用	羊腿排（2.5厘米厚）：将烤箱预热至200℃。在羊腿排上涂上黄油或者油，放入烤箱内烘烤30-45分钟。大块羊腿肉，去骨或者带骨：按照每450克需要烘烤25～30分钟计算，然后按照每450克需要松弛5分钟计算需要松弛的时间	羊腿排（2.5厘米厚）：将羊腿排煎上色，然后加入汤，并用小火炖，或者放入到190℃的烤箱内焖烤1个小时。切丁羊腿肉：如同炖羊腿排一样炖羊肉丁，但是要炖1～1.5个小时。大块羊腿肉，带骨或者不带骨：将大块羊腿肉煎上色，然后加入汤汁并放入180℃的烤箱内焖烤3～3.5个小时
如同煎羊腿排一样煎羊柳排	如同烤大块羊腿一样烘烤羊脊肉	如同炖羊腿排一样炖外脊羊肉。如同炖大块羊腿肉一样炖羊脊。但是要炖2～2.5个小时
如同煎羊腿排一样煎外脊排、巴恩斯利羊排和羊肉卷。如同煎羊肉串一样煎蝴蝶羊排。大块外脊肉：先将肉块的每一个面都煎2分钟使其上色，然后用中火将每一个面继续煎3～5分钟，再松弛5～10分钟	如同烤羊腿排一样烤外脊排和巴恩斯利羊排。蝴蝶羊排不推荐使用烤的烹调方法。大块外脊肉：将烤箱预热至220℃。将大块外脊肉每一个面都煎上色，然后烤8～10分钟，最后松弛5～10分钟	如同炖羊腿排一样炖外脊肉、巴恩斯利羊排和羊肉卷。蝴蝶羊排不建议使用此种烹调方法。如同炖大块羊腿肉一样炖大块羊外脊肉，但是要炖1～1.5个小时
如同煎羊腿排一样煎颈部嫩肉、吉列羊排和颈底部肉。如同煎羊腿排一样煎大块颈部肉	如同烤羊腿排一样烤颈部瘦肉和吉列羊排。如同烤大块外脊肉一样烤肋骨羊排。如同烤大块羊腿肉一样烤皇冠羊排、仪仗队羊排以及颈部肋排	如同炖羊腿排一样炖颈底部瘦肉和吉列羊排。如同炖大块羊腿肉一样炖颈底部肉、肋骨排以及烤皇冠羊排肉，但是需要炖1～1.5个小时
如同煎羊腿排一样煎肩部羊排	大块肩部肉，带骨或者去骨：将烤箱预热至200℃按照每450克肩部肉需要烘烤20～30分钟计算，然后再加上30分钟。最后再松弛30分钟	如同炖羊腿排一样炖肩部肉排。如同炖羊腿排一样炖切成丁的肩部羊肉，但是要炖1.5～2个小时。如同炖大块羊腿肉一样炖大块羊肩肉
不建议使用此种烹调方法	不建议使用此种烹调方法	胫骨肉：先煎上色，然后加入汤汁并用小火加热，或者放入到160℃的烤箱内焖烤1.5～2个小时
不建议使用此种烹调方法	不建议使用此种烹调方法	如同炖胫骨肉一样炖大块胸部肉
不建议使用此种烹调方法	不建议使用此种烹调方法	如同炖胫骨肉一样炖羊肉
不建议使用此种烹调方法	不建议使用此种烹调方法	如同炖胫骨肉一样炖羊颈肉
在一个热的煎锅内将油和黄油烧热。将肉馅制作成肉饼或者肉丸。将每一个面煎3～5分钟	不建议使用此种烹调方法	如同炖胫骨一样炖羊肉馅
羊腿排和羊肉串：在一个煎锅内将油和黄油烧热。将羊排放到锅内，每一个面煎3-5分钟，然后调味。将羊肉串每一个面都煎2～4分钟	大块羊腿肉：将烤箱预热至230℃。如果需要烤至肉质呈粉红色，每450克大块羊腿肉，需要烤12分钟。然后按照每450克羊腿肉需要松弛12分钟计算	羊腿排和切成丁的羊腿肉：先将羊肉煎上色，然后加入汤汁，用慢火炖，或者放入180℃的烤箱内焖烤1～1.5个小时。大块羊腿肉：先将大块羊腿肉煎上色，然后加入蔬菜和汤汁，盖上锅盖，用小火炖1.5～2个小时
如同煎羊腿排一样煎外脊羊排	如同烤大块羊腿肉一样烤大块外脊羊肉	如同炖羊腿排一样炖焖外脊羊排。大块外脊肉：将烤箱预热至150℃。将大块外脊肉煎上色，加入汤汁，放入烤箱内焖烤50分钟，然后将烤箱温度降低到130℃，搅拌均匀并调味，再继续烤45分钟
如同煎羊腿排一样煎吉列羊排	不建议使用此种烹调方法	如同炖羊腿排一样炖焖吉列羊排
不建议使用此种烹调方法	如同烤大块羊腿肉一样烤羊脊肉	如同炖羊腿排一样炖焖羊脊肉
不建议使用此种烹调方法	不建议使用此种烹调方法	如同炖羊腿排一样炖大块肩部肉，带骨或者去骨后卷起，但是要炖2～2.5个小时。切成丁的肩部羊肉要炖1.5～2个小时
不建议使用此种烹调方法	不建议使用此种烹调方法	如同炖焖羊腿排一样炖焖胫骨肉，但是要炖焖2.5～3个小时
不建议使用此种烹调方法	不建议使用此种烹调方法	如同炖焖羊腿排一样炖焖腹部羊肉，但是要炖焖2～2.5个小时
不建议使用此种烹调方法	不建议使用此种烹调方法	如同炖焖腹部肉一样炖焖颈部肉
在一个煎锅内将油烧至中等热度。将肉馅制作成肉饼。涂上油，放入锅内煎，要不时地翻动，直到将肉饼煎熟	不建议使用此种烹调方法	将肉馅煎上色，然后加入汤汁并用小火炖1.5～2个小时

绵羊肉（mutton）

绵羊肉是指养殖超过两年的成年羊肉，或者更老一些的用来繁殖的母羊（1年之内的绵羊肉称之为lamb，在1~2年之间的绵羊肉称之为hogget）。绵羊肉比羔羊肉的颜色更深，也更肥腻，肉质也更老。绵羊肉有一股别具一格的味道，并带有颜色更黄的脂肪，以及深受饲养的时间和所食用的野生植物影响的风味。绵羊肉在售卖之前要熟化2周的时间。其切割方法与羔羊肉相同，其中羊腿和羊肉丁最受欢迎。有时候山羊肉会被当成绵羊肉进行售卖。

绵羊肉的购买 绵羊肉一般都来自于专门的屠宰场、超市，或者从网上购买。其切块的分量要比羔羊肉略微大一些，这是为了弥补要修剪掉的更多的那些脂肪的分量，特别是从肩部和脊背部位切割下来的肉块。

绵羊肉的储存 将绵羊肉包好之后放置于冰箱的底层，可以储存4天以上。如果需要冷冻，密封包装好，可以储存4个月以上，如果将所有的脂肪去干净，可以冷冻保存6个月以上。

绵羊肉的食用 可以慢火炖、焖烤或者煮。切成丁的羊肉可以使用发酵面团制做成馅饼，以及其他各种菜肴。羊排可以使用慢火铁扒至呈粉红色。腌制的绵羊肉，其滋味类似于腌制的鹿肉。

搭配各种风味 酸奶、胡萝卜、洋葱、根芹菜、萝卜、水瓜柳、牛至、珍珠麦、黑胡椒、小豆蔻、香菜、小茴香、咖喱粉、黄姜粉、红葡萄酒等。

经典食谱 爱尔兰炖羊肉；咖喱羊肉饭或印度式咖喱羊肉；羊肉馅饼；苏格兰浓汤等。

经典食谱（classic recipe）

爱尔兰炖羊肉（Irish stew）

这道经典的爱尔兰炖羊肉是将绵羊肉与土豆一起经过长时间的小火炖煮，以最大限度地体现出其浓郁的风味和鲜嫩的滋味。

供 4 人食用

8 块羊肋排，总重量大约为900克

800克洋葱，切成丝

3根胡萝卜，切成厚片

盐和现磨的黑胡椒粉

1片香叶

800克粉质土豆，去皮，切成厚片

1大枝新鲜的百里香

600毫升羊肉或者牛肉汤

1 将烤箱预热至160℃。将羊排、洋葱、胡萝卜以及三分之一的土豆片一起分层铺设在一个大号的、厚底的砂锅内。在每一层上都撒上盐和黑胡椒粉。

2 将百里香和香叶塞入摆好的原材料中，然后将剩余的土豆片摆放到最上面。将肉汤倒入砂锅内，盖上锅盖，放入烤箱内焖烤2个小时。

3 去掉锅盖后，在烤箱内继续焖烤30~40分钟，或者一直焖烤到菜肴表面呈金黄色。趁热食用。

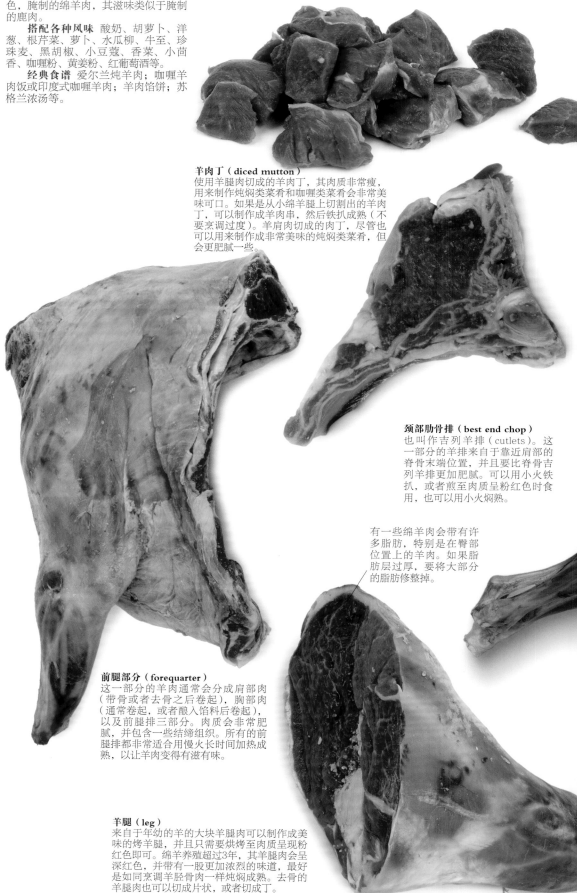

羊肉丁（diced mutton）
使用羊腿肉切成的羊肉丁，其肉质非常瘦，用来制作炖焖类菜肴和咖喱类菜肴会非常美味可口。如果是从小绵羊腿上切割出的羊肉丁，可以制作成羊肉串，然后铁扒成熟（不要烹调过度）。羊肩肉切成的肉丁，尽管也可以用来制作成非常美味的炖焖类菜肴，但会更肥腻一些。

颈部肋骨排（best end chop）
也叫作吉列羊排（cutlets）。这一部分的羊排来自于靠近肩部的脊骨末端位置，并且要比脊骨吉列羊排更加肥腻。可以用小火铁扒，或者煎至肉质呈粉红色时食用，也可以用小火焖熟。

有一些绵羊肉会带有许多脂肪，特别是在臀部位置上的羊肉。如果脂肪层过厚，要将大部分的脂肪修整掉。

前腿部分（forequarter）
这一部分的羊肉通常会分成肩部肉（带骨或者去骨之后卷起）、胸部肉（通常卷起，或者酿入馅料后卷起），以及前腿排三部分。肉质会非常肥腻，并包含一些结缔组织。所有的前腿排都非常适合用慢火长时间加热成熟，以让羊肉变得有滋有味。

羊腿（leg）
来自于年幼的羊的大块羊腿肉可以制作成美味的烤羊腿，并且只需要烘烤至肉质呈现粉红色即可。绵羊养殖超过3年，其羊腿肉会呈深红色，并带有一股更加浓烈的味道，最好是如同烹调羊胫骨肉一样炖焖成熟。去骨的羊腿肉也可以切成片状，或者切成丁。

山羊肉（goat）

自新石器时代开始，山羊便已经被人类驯养，主要目的是为了取得羊奶以及羊肉、羊皮。但是到了现在，所繁殖的山羊品种目的都是专门用来出品鲜嫩的羊肉而养殖的，其味道就如同羔羊肉。乳山羊，其肉质清淡、柔和，并且精瘦。通常都会制作成一道庆典盛宴上的美味佳肴。老山羊的肉质颜色较深，而如果是产自于亚洲和欧洲的野生山羊，其膻味会更加浓烈。

山羊肉的购买 山羊肉通常会通过清真屠宰。小山羊肉（一般都会按照所屠宰的山羊种类名称进行售卖，如卡普拉羊、悉文羊等）会切割成羊排和小羊排、大块的羊肉、羊肉丁以及羊肉馅等。乳山羊通常都会整只进行售卖，重量在15千克左右。而老山羊肉一般在购买回来之后制作成炖焖类菜肴，或者制作成羊肉香肠和羊肉汉堡。

山羊肉的储存 要将山羊肉包裹好，放入冷藏冰箱的底层，可以储存4天以上。或者密封包装好，冷冻保存6个月以上。

山羊肉的食用 使用165℃的烤箱，按照每450克烘烤30分钟，再额外加上30分钟的烘烤时间计算烘烤整只小山羊或者山羊腿，以及大块羊脊肉的烘烤时间。羊排和小羊排可以煎或者铁扒。前颈部肉和切割下来的肉质较老的山羊肉或者野生山羊肉可以炖焖。

搭配各种风味 酸奶、辣椒、大蒜、洋葱、姜、薄荷、橙子、花生、多香果、小茴香、咖喱粉、葫芦巴、风干调味品、蜂蜜、醋、酱油等。

传统食谱 咖喱羊肉；烤乳羊；塔吉炖羊肉。

羊肉丁（diced goat）
羊肉丁常用于制作咖喱羊肉，以及其他一些香辣类的菜肴。从羊腿上切割下来的肉丁质地较瘦，但有一些人会更喜欢味道更浓、也更肥腻的肩部肉丁。

羊腿排（leg steak）
来自于乳山羊和小山羊，羊腿排颜色与羔羊肉相近，可以以同样的方式进行铁扒或者煎。来自较老山羊的羊腿排，其颜色较深，应使用炖或者焖的烹调方法使其成熟。

整只乳山羊（whole kid）
大多数的公山羊都是以乳山羊的形式售卖的，这是因为其肉质在乳山羊成长起来之后要比母山羊老。通常会整只的用来烹调，特别是烤全羊，乳山羊也可以去骨，酿馅，以及卷起之后再烤。

乳山羊的羊肉只带有一点脂肪，所以使用整只来烤的话，要不时地在羊身上涂刷油脂，以防止外皮和较薄的部位（如两侧部位和肋骨等）烤干。

马肉（horse）

在许多国家，人们是不食用马肉的。但是在欧洲的部分地区、亚洲国家以及美洲国家里，却非常喜欢食用马肉。因为马跑得快，所以尽管马肉颜色较深，并且都是瘦肉，但却是出人意料的鲜嫩甘美。其风味中会略微带有一点甜味。小马的肉比老马的肉颜色要浅一些，与鹿肉的颜色相近。马的脂肪在烹调中是非常珍贵的油脂。

马肉的购买 马肉的切割与牛肉相类似，但种类却非常有限。一般都是按照马肉排、马肉块、马肉馅、马肉丁以及脂肪等进行分割。在马肉中可以填充脂肪，所以每份的重量为150～180克。马肉还可以烟熏，以及用来制作香肠等。

马肉的食用 新鲜的马肉：马肉可以生食，制作成生马肉片或者鞑靼马排。加热烹调：如同烹调鹿肉一样烹调来自于脊背和后腿部位的大块马肉和马肉排，可以加热烹调至马肉质带有粉红色的程度。所有前半部分的马肉都需要使用小火加热的方式使其成熟，带有油脂的大块肉要采用炖焖的方法成熟，以保持其滋润的质地。马肉馅可以用来制作汉堡和肉丸，如果是瘦肉馅，在制作其他一些菜肴时可以用来替代牛肉馅。

搭配各种风味 蓝纹干酪、蘑菇、辣椒、辣根、紫苏、姜、洋葱、芝麻生菜、橄榄、柠檬、芥末、胡椒粒、酱油、葡萄酒等。

经典食谱 酒焖马肉；醋焖马肉；马肉刺身；米粉马肉。

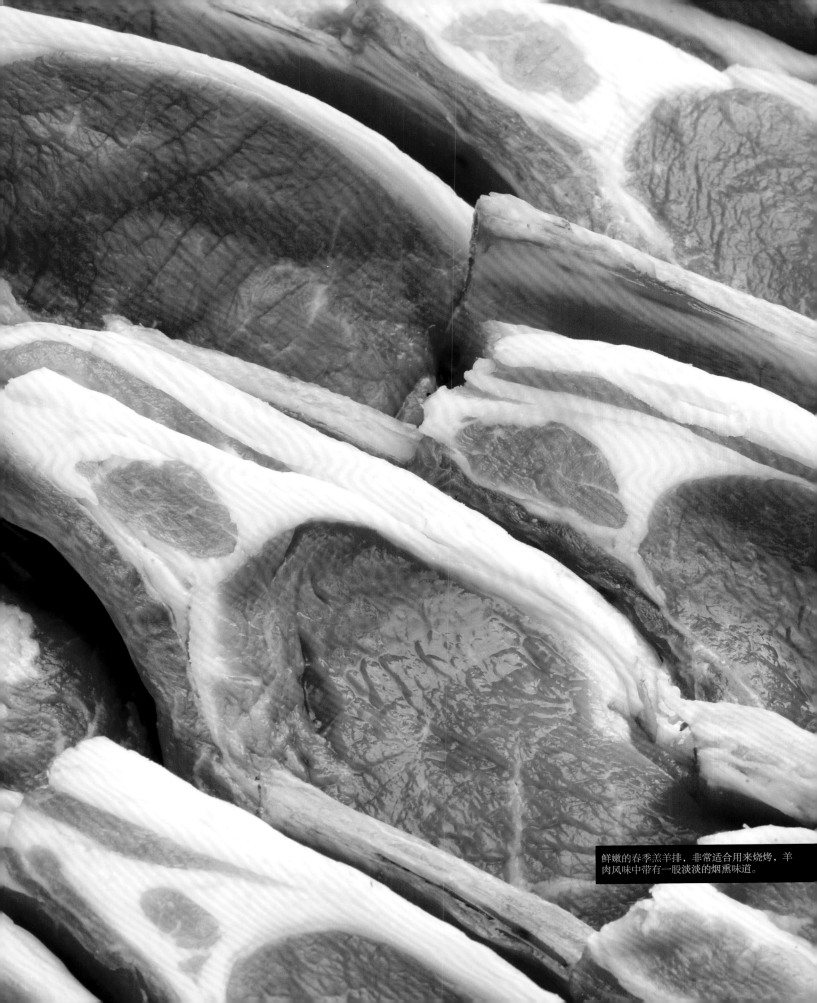

鲜嫩的春季羔羊排，非常适合用来烧烤，羊肉风味中带有一股淡淡的烟熏味道。

家禽类概述

　　由于采用了集约化养殖，现在家禽肉已经变得非常普及，这使得我们每天所食用的肉类价格变得相对便宜，并且在一年四季都可以购买到。不管你是购买整只的家禽，或者是购买胸脯肉、腿肉，又或者是翅膀等切块家禽肉，它们的可食用性都非常强，并且出现了大量流传甚广、风味迥异的各种美味佳肴，以及各种不同的烹调技法。

家禽肉的购买

　　集约化养殖的家禽要比有机家禽或者散养的家禽便宜，但是它们的风味各自不同。要从信得过的渠道购买家禽肉，并检查其肉质是否饱满，外皮是否干燥。

分割切块的家禽肉 要购买那些最适合你烹调食谱所需要部位的切块禽肉，或者是你喜欢的部位。购买整只的家禽通常会比购买切块肉要便宜，并且作为额外的红利，你还可以使用家禽的骨骼和下脚料制作高汤。家禽肉中的胸脯肉是最贵的切块肉，而腿肉次之。

肉质饱满的家禽肉 家禽肉质要饱满和硬实，外皮上没有干硬的斑块、裂口，或者瘀青等。

家禽肉的颜色 使用玉米饲养的鸡类应带有黄色的鸡皮，使用其他原料饲养的家禽类通常肉质会呈淡粉红色，并带有颜色更白一些的外皮。

检查家禽肉的气味 所有的家禽肉应带有一种干净、新鲜的气味，其肉质颜色不正，就是表明不新鲜，并且食用时也不安全。

鸡小腿肉（chicken drumsticks）比胸脯肉更肥腻，肉质的颜色也会更深一些。非常适合用来烘烤、烧烤，以及用来炖焖和砂锅煲。

家禽肉的储存

　　新鲜的家禽肉应该储存在冷藏冰箱里最冷的位置，并且要在购买后的几天内烹调和食用完。要将家禽肉放置在一个密闭容器内，因为不可以让家禽肉的汁液接触到或者滴落到其他食物上。如果家禽肉带有内脏器官，要将它们取出并单独存放。如果购买家禽之后立刻冷冻，可以保存3个月以上。但是化冻时要放入冷藏冰箱内缓慢解冻。制作成熟之后家禽要进行冷藏保存时，应该先让其冷却到室温下，这样可以保存2天以上。

家禽肉的制备

　　整只的家禽肉在烘烤或者炖焖之前要先进行一些制备工作。有一些技法，如去掉胸部的叉骨，就不是必选项，但却会对后续的操作有好处。

整只家禽酿馅 除非一只家禽是准备用长时间小火加热的方式成熟（如焖烤），此外不建议将馅料酿入家禽的腹腔内，因为家禽腹腔里没有成熟的汁液会滴露到酿馅的材料里，会引起食物中毒。这里提供两种可供选择的制作方法。酿馅的材料可以制作成小圆球形，摆放到烤盘内家禽的旁边一起烘烤，或者摆放到另外一个烤盘内进行烘烤。后者适合以肉为主要原料的酿馅材料。另外一种方法（如图所示）是将酿馅材料塞入胸脯上的外皮内，当将外皮烘烤至香脆而焦黄时，这样做可以保护住胸脯肉不会干硬。但是鸭子和鹅不必如此操作，因为它们本身就已经足够肥腻了。

去掉胸部叉骨 去掉胸部的叉骨不是必须的制备工作，但是去掉胸部的叉骨之后，可以更加容易地将家禽切成规整的片状，或者分割成大块状。尽管每一种家禽的外形略有不同，但是其叉骨都会在相同的位置——就在脖子的下面。

1 朝上抬起颈底部的外皮。用手指在腹腔附近去感触叉骨的整个轮廓。

2 使用一把锋利的刀的刀尖，从叉骨上将上面的肉分割开（在叉骨的顶端没有任何肉质）。

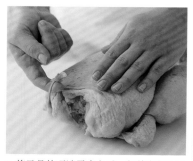

3 将叉骨的顶端露出之后，朝外和朝下反复扭压叉骨，取下叉骨之后将颈部的外皮恢复原样。

从颈部开始酿馅，使用一把甜品勺的背面或者使用手指，伸入到皮下使其与胸脯肉分离开。要小心不能弄破外皮，特别是小型的家禽，像童子鸡或者鹌鹑等。小心而轻缓并且均匀地将馅料塞入皮下，最后将颈部下的外皮朝后折叠，塞入身体的下方以防止馅料漏出。

整只胸脯肉的酿馅 在制作整只胸脯肉的酿馅时，最重要的是所使用的馅料要么是预先制作成熟的，要么是不需要加热太长的时间，以让馅料能够放心食用。过度加热胸脯肉使其变老。正是因为这个原因，最好是不使用任何生肉类来用作胸脯肉的馅料，除非是打算使用小火长时间加热和使其彻底成熟的烹调方法来制作胸脯肉。酿馅能够增加胸脯肉的质地和风味，并且可以添加一系列的酥脆的原材料，如坚果类，或者柔软的原材料，如米饭或者珍珠麦等材料。能够对馅料形成相互补充的风味包括香辣材料，如辣椒；蔬菜类，如柿椒；或者水果类，如葡萄干等。

从脊骨处切割开家禽肉 这一将家禽肉按压平整的技法通常用于小型的家禽类，例如，童子鸡、雏鸟、鹌鹑以及小的猎鸟类。将它们按压平整，这样可以在加热烹调时使其受热均匀——避免某一个部分烧焦，而最厚的部分还没有成熟。这种技法通常会在铁扒和烧烤的时候使用到，而在烘烤的时候则无需如此。按压平整之后的家禽肉在进行烹调之前，可以腌制或者用香料进行涂擦。

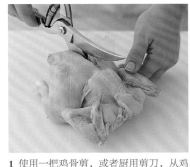

1 使用一把鸡骨剪，或者厨用剪刀，从鸡骨的一端剪开到另外一端。取出并去掉脊骨。

2 将剪开的家禽翻扣过来，掰开并将手掌放置在胸脯的位置，朝下用力地按压（如图所示），以尽可能地将整只家禽按压平整。

1 将手掌扶在胸脯肉的顶端位置上。使用一把小号的、锋利的刀，水平切割开胸脯肉，从胸脯肉的最厚处的中心位置开始切割。使用连续的切割动作始终保持切割位置是在胸脯肉的中间处，并使得刀锋略微倾斜，离手远一些，避免切伤自己的手。

3 如果按压之后的家禽肉质厚薄非常不均匀，如最粗的大腿处，可以在肉质最厚的地方刻划几刀以确保它们能够受热均匀。

4 使用一根金属扦子从小腿处斜穿过大腿、胸脯肉以及翅膀，要确保是平整而过。使用另外一根金属扦子从另外一侧重复此操作步骤。

5 如果有必要，可以在穿过铁扦之后再次按压家禽肉，使其平整到位。这样制作好的非常平整的家禽肉可以用来调味、腌制，之后就可以铁扒了。

制作家禽类高汤 使用自制的高汤可以制作出原汁原味的汤菜和美味可口的沙司。高品质的高汤需要使用一些家禽肉和骨头等来制作，如果一开始没有足够的骨头或者家禽肉，可以将它们冷冻起来，待攒到数量足够时，可以一起取出来制作高汤。一只老鸡的骨头，切成块状之后，可以制作出非常美味的高汤。如果是制作浅色的高汤，不需要事先将鸡骨煎或者烤上色，但是如果需要深颜色的高汤，则需要在鸡骨上涂上油并在200℃的烤箱内烘烤20~30分钟，直到呈现出金黄色，不要让颜色烘烤得更深。

1 将鸡骨头连同选择好的蔬菜（洋葱、西芹、胡萝卜、大蒜）一起放入一个大锅内。加入一小把新鲜的香草（香芹、香菜、百里香、香叶）。不可以加入盐。

2 加入足够没过鸡骨头和蔬菜的水。将锅烧开，撇去浮沫之后盖上锅盖，立刻改用小火继续加热。

2 将馅料塞入切口中。如果感觉切口的深度不够，可以用刀再切割得深一些。用牙签或者扦子将切口缝好，要确保它们不会妨碍到在煎锅内煎胸脯肉。

3 可以在炉灶上用小火加热炖煮，或者放入160℃的烤箱内烘烤，在不煮沸的情况下熬煮或者炖焖1~1.5个小时，此时高汤会变得浑浊。

4 用细筛将高汤过滤到一个干净的广口瓶内，盖好，丢弃鸡骨头和蔬菜不用。在将高汤放入到容器内冷藏或者冷冻之前，先要让其冷却透。

5 制作好的家禽高汤在冰箱内可以冷藏保存2~3天的时间。如果要冷冻保存，可以将高汤倒入一个容器内或者厚的冰袋内，要确保在闭合冰袋之前排出里面所有的空气。

家禽肉的腌制 对家禽肉进行腌制，主要有两个原因：一个是让其肉质更加鲜嫩；另外一个原因是给家禽肉增加风味。目前所售卖的绝大多数家禽肉相对来说其肉质都不老，因此对家禽肉进行腌制的目的不如其最初时那么重要了。就目前而言，风味成为了大家最为关心的了，大多数家禽肉，特别是鸡肉，本身的味道非常清淡，可以使用浓郁的、厚重的腌汁进行浸泡腌制，如果要保留家禽肉的原汁原味，那么要小心地添加各种调味料。腌制的家禽肉要储存在冰箱内，并且要让腌汁没过家禽肉，同时使用保鲜膜覆盖好或者储存在一个密封容器内。家禽肉块在腌制的过程中要翻动几次以腌制得均匀入味。

液体腌制法

葡萄酒、醋，或者柑橘类水果汁与油和各种风味调料，如洋葱、大蒜、香草、香料，或者水果等混合好，制作成腌泡汁，可以涂刷到家禽肉上或者用来浸泡家禽肉块。酸性的材料，如柠檬汁和醋可以让肉质变干，所以要少量使用。

油基腌制法

这是最快速，也是效率最高的将香辣风味传递到家禽肉上的方式。这些油基腌制法所使用的各种材料，包括柠檬、青柠檬，或者橙皮，干香料、辣椒、杜松子、碎香草等。将浓稠状的腌料在家禽的外皮上涂抹上厚厚的一层，进行腌制。

家禽肉的加热烹调

家禽肉的用途非常广泛，根据家禽肉切割部位肉块的不同和烹调时所需要的时间长短不同，可以采用各种各样的烹调方法进行加热烹调。整只的家禽比块状的家禽肉需要更长的烹调时间，可以使用烘烤，或者使用水煮的方法让其风味更加鲜美淡雅。家禽肉块可以烘烤、煎、铁扒、烧烤、焖烤，或者炖焖。

烘烤 所有的家禽肉都可以用来烘烤。从最小的童子鸡到最大个头的火鸡。白色肉质的家禽肉需要使用大量的油或者黄油，以防止在烘烤时肉质变干，但是鸭子本身带有足够的脂肪，能够让鸭肉保持滋润。烘烤时，一开始要使用高温这一点非常重要，高温可以让家禽的外皮变得焦黄，但是持续而长时间的高温会让家禽肉质变干。对于鸡肉来说，每450克需要烘烤20分钟，再额外加上20分钟。烘烤好的家禽肉要进行松弛，让其温度能够从外侧延续到家禽肉的内部使其成熟。

1 将烤箱预热至200℃。在胸脯处涂抹上油或者黄油，再撒上黑胡椒粉。较大体型的家禽会在烘烤的过程中渗出自身的油脂，所以在腌制时，只需涂抹上少量的油即可。将一些芳香调味料（香料、柠檬、百里香、龙蒿等）塞入家禽的腹腔内，可以让其肉质充满芳香风味。

2 将腌制好的家禽摆放到烤盘内，放入烤箱中间位置烘烤15分钟，将胸脯处先烤上色。然后将家禽翻转过来，将烤盘内的汤汁浇淋到家禽身上。再继续烘烤30分钟，这样腿肉就会完全成熟，而胸脯肉也不会变干。将家禽再翻转过来，脊背朝下，并再次浇淋上汤汁，然后继续烘烤。

3 要测试家禽烘烤的成熟程度，可以通过在大腿肉质最厚处朝向腿骨处截出一个孔洞的方式进行测试。如果从孔洞中流出的汁液中，哪怕是带有一点红色，或者粉红色，都要将家禽放回到烤箱内继续烘烤。

4 完全烤熟之后，取出烤好的家禽放入一个热的餐盘内，用锡纸大体覆盖好（覆盖得太紧密，香酥脆嫩的外皮就会变得绵软）。放到一个温暖的地方松弛15~20分钟。

水煮 水煮是一种对家禽肉使用小火而缓慢加热的烹调方式，要让家禽始终浸泡在汤汁中，这样就能够保持家禽肉的滋润和鲜嫩的口感。因为没有将家禽进行烹调上色处理，其肉质会带有一股柔和而淡雅的风味，所以购买一只高品质的家禽是物有所值的。水煮的方法适合那些需要使用特制的高汤来制作相应的美味沙司，来搭配菜肴食用时使用的烹调方法。

1 选择一个大号的汤锅，这样可以宽松地容纳整只家禽，以及随后加入的蔬菜和所需要的汤汁。要倒入足量的能够没过整只家禽的开水。

2 加入适量的各种蔬菜（洋葱、大蒜、胡萝卜、西芹等），以及一小把新鲜的香草。将锅烧开，然后改用小火炖煮40分钟。期间要不时地撇去浮沫。

3 煮好之后，小心地将家禽捞出，因为一不小心家禽就会散架。将所有的汁液从其腹腔内控净。煮好的家禽从汤汁中捞出之后必须立刻服务上桌。

4 如果煮好的家禽需要冷却之后放入沙司中重新加热入味，最好是让其在汤汁中自然冷却，以防止变得干燥。

制作吉列鸡排 鸡和火鸡是制作吉列鸡排时最常用的家禽类。它们可以裹上面包糠，然后像制作维也纳炸肉排一样炸制成熟，如图所示。或者包上馅料之后卷起来，裹上面包糠，再炸制成熟，就如同制作基辅鸡肉卷一样。制作鸡肉卷时，可以使用胸脯肉，也可以使用鸡腿肉，鸡腿肉鲜美多汁，但是制作好的鸡肉卷形状不如胸脯肉那么规整。这两种肉都可以购买到去骨和去皮的成品肉。

1 将大块肉片放入两层铺好的保鲜膜中间，使用擀面杖，在大块肉片上反复敲打，直到将肉片敲打至厚薄均匀，差不多是5毫米的厚度。将其中的筋络去掉。

2 用各种香料和香草，以及芥末、盐和胡椒根据口味需要进行调味。在一个煎锅内加热5毫米深的油，再混入2茶勺的黄油一起加热。

3 在一个浅盘内打入1个或者2个鸡蛋，并搅散，然后将调好味的肉片在打散的蛋液中蘸过。将多余的蛋液抖落掉。

4 将蘸好蛋液的肉片放入面包糠中，将其两面都沾满面包糠，在面包糠中按压肉片，让面包糠粘得均匀并完全覆盖过肉片。

5 在烧热的油中将粘好面包糠的肉片每一面都煎炸2～3分钟直到呈金黄色。捞出在吸油纸上控净油，然后服务上桌。

烧烤 家禽肉在烧烤时要有一点耐心才行，否则想要制作出美味的佳肴会有点棘手。一定不要在高温下制作，也不要心急光想着速成，否则其外皮就会焦黑，而中间的肉质却还没有成熟。适合烧烤的切块家禽肉有翅膀、腿肉，以及带骨大腿肉等部位。先用油基腌制法腌制家禽肉块，然后放入烤箱内烘烤20分钟——这样做能够确保肉质完全成熟，将肉质最厚的位置片开，让其变薄一些，这样就可以用来烧烤了，用中火烧烤5～10分钟。将肉块转移到烧烤架的一角上，再用此处柔和一些的温度继续烧烤15～20分钟使其完全成熟，期间要多次翻面。

炖、焖以及焖烤 这几种烹调方法都涉及要先将肉块进行先期处理使其上色，然后加入汤汁和蔬菜，放到炉灶上，或者放入烤箱内，再使用小火长时间加热。一般说来，炖比焖的汤汁要略微多一些，而焖烤通常会使用整只的家禽，而不使用切成大块或者小块的家禽肉。

1 在一个厚底锅内将少许油用大火烧热至冒烟的程度，放入家禽肉煸炒至上色。要注意一次不要加入太多肉块，因为此时是要将肉块煎上色而不是炖肉块。

2 待肉块完全煎上色以后，在锅内加入青葱并煎上色。再加入大蒜、蘑菇，以及胡萝卜块或者西芹等。改用中火继续加热。

3 再加入适量的水、葡萄酒，或者高汤，并将锅底处所有的粘连物都刮到汤汁中。加入适量的番茄酱，或者龙蒿、百里香、迷迭香、鼠尾草之类的香草用来增添风味。

4 将锅烧开，盖上锅盖，改用小火加热。小块的肉和肉丁需要炖50分钟到1个小时。不要炖过长时间，否则肉质会变干并且软烂成纤维状。

制作肉汁 最棒的肉汁是在烤熟家禽之后的烤盘内制作而成的。因为烤盘内的残留物可以溶入肉汁中。在烤盘内加入少许番茄酱、葡萄酒、香草、香料等材料，大蒜或者柠檬碎皮会给肉汁增添一种独具一格和浓郁的风味。至于肉汁的浓稠程度，则可以根据个人喜好灵活处理。

1 用一把大的金属勺子从烤盘内将油撇除干净，只余留褐色的残留物和烤肉时滴落下来的汤汁。

2 将烤盘摆放到炉灶上并用小火加热，将1汤勺的面粉和一点油混合好加入到肉汁中。加入高汤或者水，将烤盘内的肉汁烧开。

3 当将烤盘内的肉汁熬至所需要的浓度时，用细筛过滤到一个热的容器中，将过滤掉的所有固体物丢弃不用，然后将肉汁搭配着烤肉一起享用。

鸡肉（chicken）

肉质中带有鲜美多汁，柔和清淡的滋味，可以吸收各种丰富而多样的风味，鸡肉是世界上人类食用最广泛的肉类。从经济的角度和易于饲养的角度考虑，最初小农场主们养鸡是为了出产鸡蛋，一旦鸡太老就只适合于用来煮汤了，并且烤鸡是一道非常奢华的美味。时至今日，鸡以集约式的方式被养殖，因此鸡肉变成了可以购买到的最便宜的肉类。童子鸡或者用来烘烤的鸡肉，大约是生长期为12周的鸡，其肉质非常鲜嫩，而更老一些的鸡需要采用炖焖的方法进行烹调，其风味绝佳。阉鸡是经过阉割的公鸡，特别适合产出鲜嫩而肥美的胸脯肉。采用玉米喂养的鸡，会有颜色非常黄的鸡皮和脂肪。

鸡肉的购买 散养、使用玉米喂养的鸡，以及有机鸡的价格会比采用集约式喂养的鸡更贵一些。但是同样会具有更佳的风味和质地。要避免购买带有瘀伤的鸡或者断腿的鸡，以及在肉质中会渗出大量液体的鸡肉。

鸡肉的储存 放置在冷藏冰箱的底层可以储存2天以上。要完全覆盖好以避免污染其他食物。如果鸡的腹腔内有内脏器官，要取出并在当天使用或者冷冻保存好。切块的鸡肉可以冷冻保存，在包裹好之后可以冷冻保存6个月。

鸡肉的食用 童子鸡可以整只的烘烤。切成块的鸡肉可以铁扒、烧烤、煎，或者炖焖、炒鸡柳。肉馅可以用来制作汉堡以及其他各种菜肴。老母鸡通常会用小火加热炖焖或者制作成鸡汤。

搭配各种风味 培根、奶油、洋葱、大蒜、蘑菇、番茄、柠檬、腰果、椰奶、辣椒、百里香、龙蒿、红椒粉、豆蔻、小茴香、藏红花、芝麻、酱油、葡萄酒等。

经典食谱 基辅炸鸡肉卷；咖喱鸡；红酒炖鸡；切尔克斯鸡；龙蒿风味鸡；马伦戈鸡；原汁炖鸡。

腿肉的颜色要比胸脯肉的颜色深一些，一般人认为腿肉会更加鲜嫩多汁。

鸡腿（whole leg）
包含有大腿和小腿，切块鸡腿非常适合于涂上香辣调味料之后用来烧烤，或者用来制作美味可口的炖菜，如红酒炖鸡等菜肴。

大腿肉（thigh）
有带皮或者不带皮售卖的，也有带骨或者不带骨售卖的鸡大腿肉，大腿肉是含有丰富汁液的肉块。带皮烘烤时非常美味，腌制后用小火炖熟味道也会非常棒。大腿肉在去骨之后，可以用来酿馅并卷成鸡腿卷。

鸡肉馅（minced chicken）
非常适合制作特瘦型汉堡和肉丸，鸡肉馅在制作许多菜肴时，也可以用来代替牛肉馅。

小腿肉（drumstick）
腿肉的最末端肉块，小腿肉可以制作成美味小吃，用来烘烤和烧烤也非常受欢迎，不管是原味、腌制之后，还是涂上各种调味料烹调，都深受欢迎。

小腿肉外层的鸡皮能够在烹调的过程中保持肉质的滋润。与大腿肉比较而言，小腿肉含有的脂肪非常少。

鸡肉丁（diced chicken）
质瘦而鲜嫩，鸡肉丁适用砂锅炖，也可以制作成鸡肉串用于烧烤。

鸡翅上的大部分鸡肉都在其根部，紧挨着胸脯肉的位置，所以通常都会将翅尖部位去掉。

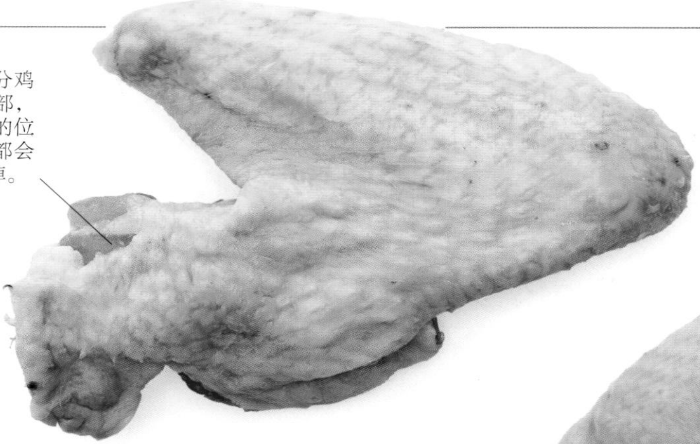

当这一部位的肉连着一部分的腹腔和脊骨时，这一块切割肉块称之为四分之一连胸肉。

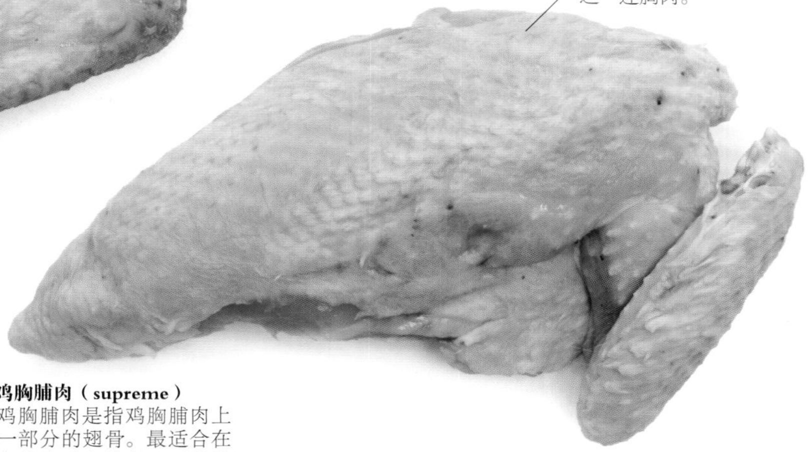

鸡翅膀（whole wing）
在鸡翅膀中相对鸡肉的比例来说，鸡皮和鸡骨会占大多数，但鸡翅膀却是非常美味的小吃食品，烧烤鸡翅，就如同布法罗炸鸡翅一样深受欢迎，同样，鸡翅膀也可以用来制作高汤。

带骨鸡胸脯肉（supreme）
带骨鸡胸脯肉是指鸡胸脯肉上带着一部分的翅骨。最适合在烹调之前先酿入馅料。可以购买到带皮或者不带皮的带骨鸡胸脯肉。

将鸡皮和骨头去掉之后，鸡胸脯肉的肉质会非常瘦，有时候会在烹调之前先沾上面包糠。

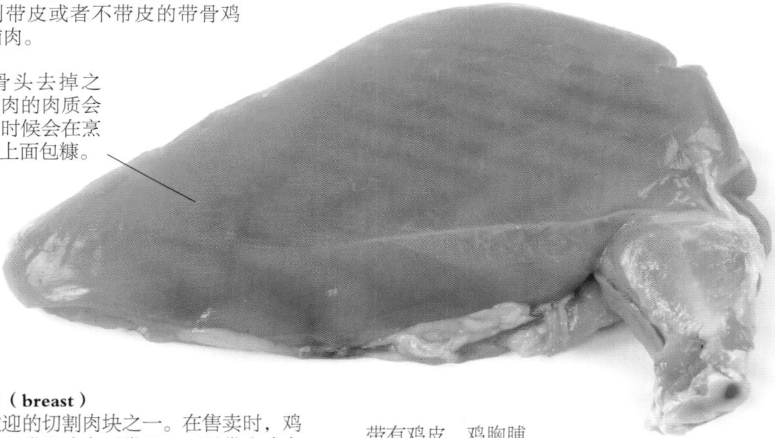

鸡脯肉（breast）
最受欢迎的切割肉块之一。在售卖时，鸡脯肉可以带骨或者不带骨，可以带皮或者不带皮。不带骨鸡脯肉是最受人们喜爱的切割肉块之一，因为其肉质非常鲜嫩并且很容易成熟。去皮、去骨之后的鸡脯肉可以整个的用来制作基辅炸鸡肉卷，或者敲打成大片制作成吉利肉排。

带有鸡皮，鸡胸脯肉非常适合烘烤制作成熟。

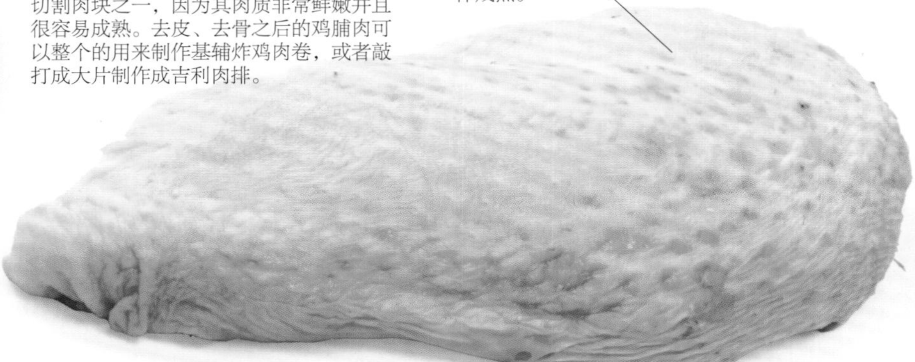

去皮之后的胸脯肉，需要从佐餐的沙司中获取其美味多汁的质感。

鸡柳（goujons）
鸡柳可以指切成片状的去皮鸡胸脯肉，或者是小的从胸脯肉的内侧摘下来的鸡里脊肉。通常用来炒，如果先腌制之后再烹调制作会更加美味。

鸡肉（chicken）

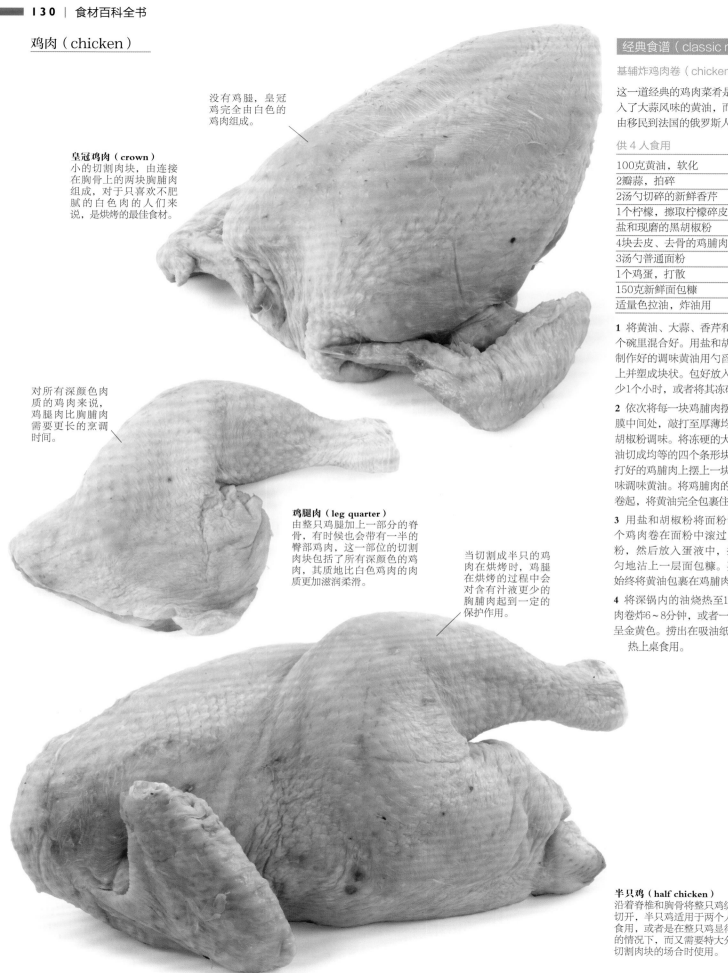

没有鸡腿，皇冠鸡完全由白色的鸡肉组成。

皇冠鸡肉（crown）
小的切割肉块，由连接在胸骨上的两块胸脯肉组成，对于只喜欢不肥腻的白色肉的人们来说，是烘烤的最佳食材。

对所有深颜色肉质的鸡肉来说，鸡腿肉比胸脯肉需要更长的烹调时间。

鸡腿肉（leg quarter）
由整只鸡腿加上一部分的脊骨，有时候也会带有一半的臀部鸡肉，这一部位的切割肉块包括了所有深颜色的鸡肉，其质地比白色鸡肉的肉质更加滋润柔滑。

当切割成半只的鸡肉在烘烤时，鸡腿在烘烤的过程中会对含有汁液更少的胸脯肉起到一定的保护作用。

半只鸡（half chicken）
沿着脊椎和胸骨将整只鸡纵长劈切开，半只鸡适用于两个人一起食用，或者是在整只鸡显得太大的情况下，而又需要特大分量的切割肉块的场合时使用。

基辅炸鸡肉卷（chicken kiev）

这一道经典的鸡肉菜肴是在鸡脯肉中酿入了大蒜风味的黄油，而菜肴的名称是由移民到法国的俄罗斯人所命名的。

供 4 人食用

100克黄油，软化
2瓣蒜，拍碎
2汤勺切碎的新鲜香芹
1个柠檬，擦取柠檬碎皮
盐和现磨的黑胡椒粉
4块去皮、去骨的鸡脯肉
3汤勺普通面粉
1个鸡蛋，打散
150克新鲜面包糠
适量色拉油，炸油用

1 将黄油、大蒜、香芹和柠檬碎皮在一个碗里混合好。用盐和胡椒粉调味。将制作好的调味黄油用勺舀到一张保鲜膜上并塑成块状。包好放入冰箱内冷冻至少1个小时，或者将其冻硬。

2 依次将每一块鸡脯肉摆放于两张保鲜膜中间处，敲打至厚薄均匀。撒上盐和胡椒粉调味。将冻硬的大蒜风味调味黄油切成均等的四个条形块，在每一块敲打好的鸡脯肉上摆上一块条形的大蒜风味调味黄油。将鸡脯肉的边缘朝向中间卷起，将黄油完全包裹住。

3 用盐和胡椒粉将面粉调味。将每一个鸡肉卷在面粉中滚过，使其沾匀面粉，然后放入蛋液中，捞出后，再均匀地沾上一层面包糠。要小心观察，始终将黄油包裹在鸡脯肉中。

4 将深锅内的油烧热至180℃。放入鸡肉卷炸6～8分钟，或者一直炸到鸡肉卷呈金黄色。捞出在吸油纸上控净油，趁热上桌食用。

鸡肉各部位烹调图表

每一块不同的鸡肉切割部位在烹调时选用正确的烹调方式是非常关键的。按照下表可以准确地寻找到你所选择的鸡肉部位最合适的烹调方式。

鸡肉切块名称	描述	铁扒/烧烤	煎	烤	炖焖/砂锅焖烤
		温度计测定的鸡肉内部温度读数：75℃	温度计测定的鸡肉内部温度读数：75℃	温度计测定的鸡肉内部温度读数：75℃	
整只鸡或者半只鸡	包括所有的鸡皮、鸡骨以及脂肪。在烹调之前，要从整只鸡的腹腔内去掉内脏器官。纵长从中间劈切开成两半（通常比整只家禽更经济实惠）	不建议使用此种烹调方法	不建议使用此种烹调方法	整只或者半只鸡：将烤箱预热至180℃按照每450克重量的鸡需要烘烤20分钟计算，再加上20分钟，或者一直烘烤到流出的汁液变得清澈为好	整只或者半只鸡：更加需要，可以先将鸡煎上色，然后加入汤汁以及所使用的各种蔬菜，盖上盖。用小火炖焖，或者放入到160℃的烤箱内焖烤1～2个小时
四分之一只鸡	通常在鸡脯肉中带有翅膀和肋骨，但也有一整根的鸡腿连着大腿以及少许脊骨的切块	将烧烤炉或者铁扒炉预热至中等温度。在鸡肉上涂刷上油，将鸡肉烧烤或者铁扒上色，然后转用小火继续加热，并翻动几次，加热35分钟，或者一直加热到鸡肉中流出的汁液是清澈的为好。在最后加热的10分钟内，在鸡肉上涂抹上烧烤酱或者其他口味的酱汁继续加热烹调至成熟	在一个深边炸锅内将油烧热。用小火煎炸30～40分钟，或者一直煎炸至流出的汁液为清澈状	将烤箱预热至180℃。放入烤箱内烘烤30分钟或者一直烘烤至流出的汁液为清澈状	如同炖焖或者焖烤整只或者半只鸡一样炖焖或者焖烤四分之一只鸡。但是需要1～1.5个小时
皇冠鸡肉	这是整个的鸡胸脯肉：两块胸脯肉连接着胸骨	不建议使用此种烹调方法	不建议使用此种烹调方法	如同烤整只或者半只鸡一样烤皇冠鸡肉	如同炖焖或者焖烤整只或者半只鸡一样炖焖或者焖烤皇冠鸡肉
整条鸡腿肉	由大腿肉和小腿肉组成	如同烧烤或者铁扒切块鸡肉一样烹调整条鸡腿肉	如同煎四分之一只鸡一样煎整条鸡腿肉	如同烤四分之一只鸡一样烤整条鸡腿肉	如同炖焖或者焖烤整只或者半只鸡一样炖焖或者焖烤整条鸡腿肉。但是所需时间为1个小时。也适合用来制作汤菜
鸡大腿肉	可以带着鸡皮和鸡骨，或者去掉鸡皮和鸡骨	如同烧烤或者铁扒切块鸡肉一样烹调鸡大腿肉	如同煎四分之一只鸡一样煎鸡大腿肉，如果大腿去骨之后，可以切成片并用来炒	如同烤四分之一只鸡一样烤鸡大腿肉	如同炖焖或者焖烤整只或者半只鸡一样炖焖或者焖烤鸡大腿肉。但是所需时间为1个小时。也适合用来制作汤菜
鸡小腿肉	包含鸡骨，可以去掉鸡皮，也可以不去掉鸡皮	如同烧烤或者铁扒切块鸡肉一样烹调鸡小腿肉	如同煎四分之一只鸡一样煎鸡小腿肉	如同烤四分之一只鸡一样烤鸡小腿肉	如同炖焖或者焖烤整只或者半只鸡一样炖焖或者焖烤鸡小腿肉。但是所需时间为1个小时。也适合用来制作汤菜
鸡翅膀	相对于鸡肉来说，翅膀上的鸡骨更多	鸡翅膀可以如同切块鸡肉一样烧烤或者铁扒，但是需要加热20～25分钟	如同煎四分之一只鸡一样煎鸡翅膀，但是要煎25～30分钟的时间	如同烤四分之一只鸡一样烤鸡翅膀，但是需要20分钟的时间	如同炖焖或者焖烤整只或者半只鸡一样炖焖或者焖烤鸡翅膀。但是所需时间为1个小时。也适合用来制作汤菜
鸡里脊肉	去骨。通常也将鸡皮去掉，但是也可以保留鸡皮	鸡里脊肉可以如同切块鸡肉一样烧烤或者铁扒，但是需要加热20～30分钟	如同煎四分之一只鸡一样煎鸡里脊肉，但是要煎10～20分钟的时间	不推荐使用此种烹调方法	如同炖焖或者焖烤整只或者半只鸡一样炖焖或者焖烤鸡里脊肉。但是所需时间为1个小时
鸡柳	将鸡脯肉切成厚度为5毫米均匀的条形	将烧烤炉或者铁扒炉加热至中等温度。在鸡柳上涂刷上油，穿成肉串，烹调10～15分钟，期间要翻动几次，让其上色均匀并成熟	在一个煎锅内用大火将油烧热。放入鸡柳翻炒3～5分钟，或者一直翻炒至彻底成熟	不推荐使用此种烹调方法	不推荐使用此种烹调方法
鸡肉丁	去骨之后的肉块	将烧烤炉或者铁扒炉加热至中等温度。将鸡肉丁穿成肉串，烹调10～15分钟，期间要翻动几次，让鸡肉丁全部成熟	在一个煎锅内用大火将油烧热。将鸡肉丁煎上色，然后用小火继续煎5～15分钟，或者一直煎至鸡肉丁完全成熟	不推荐使用此种烹调方法	如同炖焖或者焖烤整只或者半只鸡一样炖焖或者焖烤鸡肉丁。但是所需时间为1个小时
鸡肉馅	用来制作肉丸或者汉堡，或者用来制作其他种类的菜肴	将烧烤炉或者铁扒炉加热至中等温度。将肉馅按压到扦子上或者制作成小的肉饼，其中要包括一些脂肪。根据肉饼的厚度加热10～20分钟，或者一直加热至完全成熟	在一个煎锅内用中火将油烧热。将肉馅按压到扦子上或者制作成小的肉饼，可以加入少许的脂肪。根据肉馅的厚度，放入锅内煎10～20分钟，或者一直煎至完全成熟	不推荐使用此种烹调方法	将肉馅和蔬菜煎上色，然后加入汤汁，用小火炖焖成熟或者放入到160℃的烤箱内焖烤1～1.5个小时

火鸡（Turkey）

现代的火鸡都是来源于北美大陆小型的野生火鸡的后代。目前，火鸡主要是规模化养殖，但是也有一些是散养的火鸡，如青铜火鸡，具有非常棒的口感和味道。一只火鸡的平均大小为5.5千克，个头较小的火鸡会在节假日供应。火鸡肉比鸡肉要瘦一些。深色的肉质（火鸡腿肉）会更肥腻，也比白色的肉质（胸脯肉）含有更多的汁液。

火鸡肉的购买 售卖的火鸡可以是新鲜的和冷冻的两种方式，也可以是整只的或者切成块状的，在一年四季都会有火鸡售卖。要看它饱满的胸脯肉。对于整只火鸡，可以按照每人食用350克来计算，如果是去骨后的火鸡肉，可以按照每人食用150~180克计算。

火鸡肉的储存 将整只火鸡或者切块火鸡放在冷藏冰箱的底部，可以保存2天以上的时间，要完全覆盖好，以避免对其他食品造成污染。在整只火鸡腹腔内如果有内脏器官，要取出并在购买后的当天使用完。包裹好的切块火鸡可以冷冻保存6个月以上，而肉馅则可以保存2个月以上。

火鸡肉的食用 要将冷冻的整只火鸡完全融化并在加热烹调之前的1个小时内让其恢复到室温下。烤整只火鸡、皇冠火鸡、去骨切块和火鸡卷，以及火鸡腿等要确保将它们制作到完全成熟：温度计测定的火鸡肉内部温度读数应该是75℃。可以铁扒、煎，或者炒胸脯肉，火鸡腿肉也可以用来炖焖。火鸡肉丁可以炖焖或者炒，也可以穿成火鸡串铁扒或者煎熟。肉馅可以用来制作汉堡，或者作为瘦肉用来代替使用牛肉馅制作的其他菜肴中。

搭配各种风味 培根、大蒜、辣椒、蘑菇、洋葱、番茄、香菜、鼠尾草、蔓越莓、柠檬、栗子、豆蔻、巧克力。

经典食谱 火鸡肉香辣巧克力酱；烤酿馅火鸡；香鸡排；芥末火鸡腿。

火鸡腿（leg）
最便宜的火鸡肉之一，由大腿肉和小腿肉组成。火鸡肉的颜色在大腿处较浅，而在小腿处变成深色。可以烤，但通常都会用来炖焖。

去骨切块火鸡胸肉（boneless breast joint）
可以用于烤的鲜嫩的切块肉。一块火鸡胸肉显得过于平淡，两块火鸡胸肉在一起就会显得异常饱满。两块去骨火鸡胸肉以连接在一起，但是没有捆缚在一起的形式售卖，叫作蝴蝶胸肉。

火鸡卷（turkey roll）
一个火鸡卷通常由胸脯肉和腿肉一起组成，卷到一起，用来制作成非常容易切成片状的烤火鸡卷。有一些火鸡卷使用的是剔下的碎肉，然后用模具制作成卷状。在两块带骨火鸡胸脯肉中间夹上馅料之后卷到一起也可以作为火鸡卷售卖。可以按照整只火鸡的烹调时间来计算烹调火鸡卷的时间。

在火鸡卷上的鸡皮可以让火鸡卷在烹调的过程中保持滋润。如果火鸡卷是去皮之后售卖，可以包裹上培根片。

火鸡翅上的大部分鸡皮可以让火鸡翅变得香酥脆嫩。

鸡小腿肉颜色
更深一些，并
肉质中带有一
几腱。

皇冠火鸡可以
在鸡皮下酿入
馅料，用来增
添风味并保持
肉质的滋润。

皇冠火鸡（crown）
也叫作带骨胸脯肉（马鞍），这是去掉腿肉和
脊骨的火鸡肉。皇冠火鸡比整只火鸡会更加
方便容易地放到小型的烤箱内烘烤，烘烤所
需要的时间也会更短一些。并且烤熟之后切
割起来也会非常容易。

火鸡胸肉（breast steak）
一片瘦的火鸡胸肉非常适合用来炖、铁扒，或
者煎。如果去皮，火鸡胸肉可以称之为火鸡
柳。当切成或者敲打成非常薄的片状时，叫作
吉列火鸡排。也可以切成丁或者片状用于炒。

火鸡胸肉是整个
火鸡身上肉质最
白，也是最鲜嫩
的部分。

火鸡翅（wing）
火鸡翅上面有一定量的肉质，这使得火
鸡翅成为最实惠的炖焖材料或者非常棒
的煮汤材料。火鸡翅在经过腌制和烧烤
之后，也可以用来制作成深受欢迎的小
吃类食物。

火鸡肉丁（diced Turkey）
火鸡腿肉丁要比胸脯肉切丁颜色要深一些，但
是使用小火炖焖成熟之后会变得鲜嫩多汁。火
鸡肉丁非常适合用来制作炖焖类菜肴和制作馅
饼，也或者制作成肉馅使用。

经典食谱（classic recipe）

火鸡肉香辣巧克力酱（mole poblana）

这一款制作工艺繁复的浓郁的巧克力
风味沙司来自于墨西哥，是搭配火鸡
块的传统风味沙司。

供 10 人食用

10个莫拉托辣椒
9个安祖辣椒
3个帕斯拉辣椒
2个干红辣椒
200克猪油或者玉米油
1个洋葱，切成细末
3瓣蒜，拍碎
2个红辣椒，切成碎末
4个番茄，去皮并切成碎末
10个酸浆果，去皮，切成碎末
115克葡萄干
115克芝麻，烤熟
60克南瓜籽
115克杏仁，切碎
115克花生米，切碎
3个墨西哥玉米饼，烤好，掰碎
1个面包卷，制作成面包糠，并烤熟
10粒多香果
10粒八角
6粒香菜籽
6粒丁香
1条肉桂棒
1/2茶勺豆蔻粉
1升火鸡汤
85克墨西哥巧克力
适量胡椒粉、糖、醋

1 将所有辣椒的蒂把和籽去掉。用
小火加热25克猪油将前三种辣椒
煎至变软，放入食品加工机内。
用50克猪油煎炒蔬菜，直到洋葱变
软，将炒好的蔬菜也放入食品加工机
内，再加入干红辣椒和葡萄干。快速
搅打成细泥状。

2 将各种果仁、坚果、玉米饼、面包
糠和香料用50克的猪油在小火中煎至
金黄色。放入食品加工机内快速搅打
成细腻的糊状，加入一点火鸡汤使其
滋润。将其与搅打成细泥状的辣椒和
蔬菜等一起慢慢地搅拌到剩余的火鸡
汤中。用小火加热，直到沙司变得细
腻而浓稠。

3 在一个大号的深边煎锅内，用剩余
的猪油将火鸡块煎上色，改用小火加
热并加入沙司。加入巧克力，待其熔
化之后再加入胡椒粉、糖和醋调整口
味。用小火加热30分钟。配红米饭或
者墨西哥粽子一起享用。

烤鸭配橙味沙司（duck in orange sauce）

一道深受欢迎的经典的法国香浓烤鸭配上略微带一点苦味的橙味沙司，这道菜肴通常会使用野鸭来制作，但是使用家养的鸭子效果也很好。

供 4 人食用

60克黄油

75克普通面粉

1升热的野味高汤

1只整理好的鸭子，重量大约在2千克左右

2个酸橙

50克糖

3汤勺红葡萄酒醋

1 在一个沙司锅内加热黄油使其熔化。当黄油变成金黄色时，加入面粉煸炒。然后将高汤逐渐搅拌进去直到变成细腻的糊状。烧开后，改用小火继续熬煮大约1个小时，直到将汤汁熬至剩余一半的用量。

2 与此同时，将烤箱预热至200℃。用一把叉子在鸭子外皮上截出一些孔洞，撒上盐腌制。将鸭子胸脯肉位置朝下摆放到烤盘内的烤架上。放入到烤箱内烘烤30分钟。将烤盘内从鸭子身上滴落的油脂倒出，将烤鸭翻转过来，脊骨朝上再烘烤1个小时。烤熟之后从烤箱内取出。待冷却到可以用手进行处理时，从烤好的鸭子上将腿肉和胸脯肉剔下。根据需要，将胸脯肉切割成片状，将腿肉切成块状。放置到一旁保温备用。

3 使用一把削皮刀，将酸橙的外皮削下并切成细丝状。用开水烫煮5分钟，然后捞出控净水，放到一边备用。将两个酸橙的橙汁挤出。

4 在一个小号的沙司锅内加热糖，直到糖熔化开并开始变成焦糖。加入醋（要小心加入，因为在此高温下，醋会飞溅而出），并让焦糖完全溶解开——这需要几分钟的时间。再加入变浓稠之后的高汤以及橙汁，搅拌均匀，加入一大半的橙皮丝。

5 将烤鸭切块放入沙司中煨一会，要小心不要加热过度。在上菜之前撒上剩余的橙皮丝装饰。

鸭肉（duck）

鸭子的饲养已经超过4000年的历史了。现在鸭子都是采用集中饲养的方式进行喂养。绝大多数品种的鸭子都是野生鸭的后裔，带有深色的肉质，并且在皮下带有一层厚厚的脂肪层，而那些从美洲家鸭中培育出的品种，体型更大，肉质也更瘦一些。尽管相对于脂肪和骨骼来说，鸭肉的出品率较低，但是鸭肉却美味多汁并香浓可口。并且鸭子主要饲养的目的是用来出品肝酱制品，而剩余的鸭肉可以制作成为油封鸭（鸭肉在鸭油中腌渍）。鸭油也可以单独售卖而用于烹调中。

鸭肉的购买 散养的鸭子比集中养的家鸭价格要贵得多，但是也具有更优质的风味和品质。从鸭子饱满的胸脯肉就可以看出，最好是没有多余的脂肪层。鸭胸脯肉（鸭脯）可以用来酿入馅料，一个重180克的胸脯肉可以制作出一大份菜肴。如果是整只的鸭子，每人至少要有650克重的分量。

鸭肉的储存 将整只鸭以及切块鸭肉，包装好之后储存在冷藏冰箱内，可以保存3天以上。如果冷冻保存，密封好之后，可以保存6个月以上。

鸭肉的食用 烤整只鸭，按照每千克鸭肉需要在180℃的烤箱内烘烤45分钟计算，然后再继续烘烤20分钟。铁扒、煎，或者烧烤鸭脯肉至粉红色肉质时，可以先在鸭皮处刻划几刀或者截出一些孔洞，以便在加热的过程中可以让脂肪渗出，然后在开始烹调时，先将带有脂肪层的那一面朝下加热。或者切成条状用来煸炒。鸭腿可以铁扒或者烧烤，或者用来炖焖和油封。

搭配各种风味 大蒜、青葱、萝卜、姜、鼠尾草、苹果、樱桃、蔓越莓、李子、橙子、橄榄、杏仁、酱油、海鲜酱、蜂蜜、醋、葡萄酒等。

经典食谱烤 鸭配橙味沙司；油封鸭；北京烤鸭；鸭肉配核桃和石榴沙司；香梨炖鸭；巴托洛美澳鸭；豆炖鸭肉；什锦炖鸭肉等。

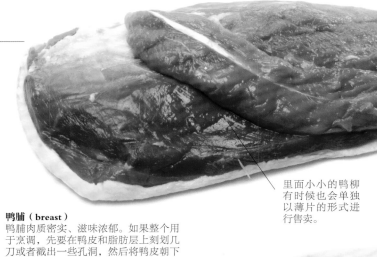

里面小小的鸭柳有时候也会单独以薄片的形式进行售卖。

鸭脯（breast）
鸭脯肉质密实、滋味浓郁。如果整个用于烹调，先要在鸭皮和脂肪层上刻划几刀或者截出一些孔洞，然后将鸭皮朝下煎，或者鸭皮面朝上铁扒，这样做可以让脂肪融化并且释放出多余的脂肪，或者将所有的鸭皮以及脂肪层去掉，切成条状用来制作炒的菜肴。

一整条鸭腿可以制作成为一份菜肴。

鸭腿（leg）
鸭腿的风味非常棒。需要比鸭脯更长的烹调时间才能使其成熟，并且鸭腿中会带有一些肌肉，但是可以用来铁扒、烤，或者用来制作油封鸭。在烹调之前先要在鸭皮和脂肪层上截出一些孔洞或者刻划几刀。

皇冠鸭肉（crown）
非常方便用来进行切割，皇冠鸭肉是两块鸭脯和翅膀一起连接在骨头上，并从鸭身上剔下的。在鸭子中，其鸭脯和鸭腿不如鸡肉一般带有明显的颜色区别。但是鸭脯仍然是最好的烘烤食材。

皇冠鸭肉上通常都会带有鸭翅，但是也可以将鸭翅去掉。

切成条形的鸭脯肉颜色较深，非常鲜嫩，在烹调时易于成熟。

鸭胸薄片和鸭肉条（aiguillettes and goujons）
娇小的鲜嫩的鸭柳来自于鸭脯的内侧位置，带状的一端呈圆锥形，并有细细的筋脉环绕。条形的鸭脯是从鸭脯上切割下来的肌肉。这两种切块都非常适合腌制和炒，鸭脯薄片有时候在锅内加热的过程中会因为肌肉的收缩情况而出现卷曲。

经典食谱（classic recipe）

油封鸭（duck confit）

来自于法国加斯科尼，这道食谱使用具有悠久历史的腌制肉类的方法，通过腌渍并使用自身的脂肪进行烹调。

供 4 人食用

4根鸭腿
175克粗粒海盐
4瓣蒜，拍碎
30克白胡椒粒
1茶勺香菜籽
5粒杜松子
1汤勺新鲜的百里香，切成碎末
1千克鸭油或者鹅油，熔化开

1 使用吸油纸将鸭腿拭干。将海盐、大蒜、白胡椒粒、香菜籽、杜松子以及百里香一起放入一个研钵里，用研杵研磨成糊状。将此糊涂抹到鸭腿外皮上，然后将鸭皮朝下，依次呈单层状地摆放到一个非金属的餐盘内。用保鲜膜盖好，放入冰箱内冷藏腌制12个小时。

2 将烤箱预热至140℃。将腌制好的鸭腿取出，清洗干净并拭干，然后将鸭腿依次摆放到一个足够将鸭腿单层摆放开的烤盘内。浇淋上鸭油。

3 放入烤箱内烘烤1.5个小时，或者一直烘烤至鸭腿变得非常鲜嫩，当用刀尖在鸭腿上肉质最厚的位置戳入时，流出的汁液为透明状。

4 将烤好的鸭腿取出放入一个塑料容器内。将鸭油通过一个细筛过滤到鸭腿中。注意不要将烤盘底部中任何的汤汁舀起，要确保鸭腿肉至少被2.5厘米厚的鸭油所覆盖。让鸭腿冷却透，然后将鸭腿和鸭油一起装入一个大号的宽口的瓦罐内，或者装入一个冷冻袋内。密封好并放入冰箱内冷藏至需用时。

5 当要食用鸭腿时，从鸭油中取出鸭腿，可以煎或者铁扒鸭腿，在烹调的过程中要不时地翻动，直到鸭腿变成金黄色并完全热透。

经典食谱（classic recipe）

酿馅烤鹅（stuffed roast goose）

在英国九月份的米迦勒节或者圣诞节时，这一道香味浓郁的烤鹅是传统的招待宾客的美味佳肴。

供 6 ～ 8 人食用

1只鹅，带有内脏器官，重4.5千克

4个洋葱，切成细末

10片新鲜的鼠尾草叶，切碎

50克黄油

115克新鲜的面包糠

盐和现磨的黑胡椒粉

1个蛋黄

2汤勺普通面粉酸

苹果沙司，配菜用

1 将烤箱预热至230℃。从鹅的腹腔内将多余的油脂去掉。用一把叉子在鹅身体外皮上戳出一些孔洞。用内脏制作出高汤，保留鹅肝备用。

2 用少许水将洋葱和切碎的鹅肝一起煮5分钟，然后捞出控净水。将鹅肝与鼠尾草、黄油、面包糠，以及盐和胡椒粉一起混合好，再将蛋黄混入，松散地塞入鹅的腹腔内，将腹腔缝合好或者用一根扦子穿好，在鹅翅膀处和小腿处盖上锡纸。

3 将鹅胸部朝下摆放到一个深边烤盘内的烤架上。放入烤箱内烤30分钟，然后将鹅翻转过来继续烤30分钟。将烤盘内的鹅油舀出（保留鹅油备用）。将鹅全部盖上锡纸，并将烤箱温度下调至190℃，继续烤1.5个小时。再次将油舀出。去掉锡纸之后再继续烤30分钟。取出烤熟的鹅摆放到一个热的餐盘内松弛30分钟之后再切割。

4 制作肉汁，将3汤勺的鹅油在锅内烧热，拌入面粉煸炒，用小火煸炒5分钟。搅拌进去足量的用鹅内脏熬煮的热高汤制作成浓稠的肉汁。当将鹅从烤盘内取出后，将烤盘内所有的油脂全部倒出，加入肉汁与烤盘内褐色的汁液混合均匀，过滤成为肉汁。

5 将烤好的鹅进行分割，并搭配上肉汁、填充的馅料，以及酸苹果沙司一起食用。

鹅肉（goose）

家养的鹅是食草动物，并且不能在密集的条件下养殖，所以鹅都是散养的家禽类。它们的生长期有季节性，一般来说是在圣诞节期间食用。鹅肉相对于骨头来说，肉质的比例很低，所以鹅肉的价格较贵，但是，其含有的脂肪很少，非常适合用来煎，以及各种烹调方法。因为鹅肉颜色非常深，肉质滋味浓郁，家养的鹅其肉质与野生的鹅有很大的不同，野生鹅的肉质颜色会更深，并且会非常瘦，在煎的时候，肉质会非常老。鹅在饲养时，也用来制作鹅肝。

鹅肉的购买 仔鹅（小鹅，以草饲养），在初秋时节有售，然后鹅开始使用谷物饲养，并开始变肥。一年四季都可以购买到冷冻的鹅肉。通常会整只售卖（可以看到饱满的鹅胸脯肉），也有切块的鹅肉供应。在烤一整只肥大的鹅时，按照每人至少650克的分量供应。

鹅肉的储存 大个头的鹅不适合使用家用冰箱进行冷藏保存，但是如果储存在4℃，或者更低的温度下，可以保存5天以上，否则的话，就要在购买之后的2天之内使用完。如果冷冻保存，密封包装之后可以保存6个月以上，在使用之前，需要提前2天取出进行化冻处理。

鹅肉的食用 小鹅可以酿馅后整只在220℃的烤箱内按照每450克需要烘烤16分钟的时间计算所需要烘烤的时间，其内部温度应达到70℃（倒出并保留大部分的鹅油备用）。可以在鹅的脖颈处的皮下酿入馅料。使用较老的鹅，腿肉，以及野生鹅用于炖或者油封，或者可以将鹅胸脯肉制作成肉馅用来制作砂锅菜、汉堡，以及其他各种菜肴。

搭配各种风味 苹果、洋葱、紫甘蓝、番茄、白豆、姜、鼠尾草、燕麦、杏仁、杏、李子、酱油、红葡萄酒等。

经典食谱 烤鹅；豆焖鹅肉；酿馅鹅颈肉等。

整只鹅（whole goose）
尽管鹅身上的鹅肉并不是很多，但是整只鹅是所有用来烘烤的家禽类中最美味的食材之一。在烹调之前，要仔细检查鹅身体的两端，并将腹腔内多余的脂肪去掉。

鹅身上应覆盖着一层脂肪，但是如果脂肪太多了，就会降低鹅肉的质量。小鹅比成年鹅的脂肪含量要低。

鹅胸脯肉（breast fillet）
鹅身上肉质最鲜嫩的部分，一整只鹅的胸脯肉重量在1千克左右。其中非常厚的脂肪层会让鹅肉的品质明显降低。因为鹅是食草动物，其胸脯肉即使烘烤，或者铁扒至四成熟时食用也会非常安全。

在烹调之前要在最厚的脂肪层上深深地刻划几刀进行处理。

珍珠鸡（guinea fowl）

珍珠鸡原产于非洲，在欧洲驯养珍珠鸡已经有几百年的历史了，目前一年四季都有售卖。珍珠鸡有着类似于使用玉米饲养的鸡一样的黄色鸡皮，其鸡脯肉相对较小。肉质的颜色比鸡肉要深一些，其风味介于鸡肉和山鸡之间。尽管珍珠鸡的肉质鲜嫩，也非常瘦，但是如果不小心翼翼地去烹调，其肉质会变得异常干硬。

珍珠鸡的购买 珍珠鸡通常都会整只售卖，偶尔也会有去骨后的胸脯肉售卖。如果是带骨的珍珠鸡，可以按照每人250～350克的重量进行分割。

珍珠鸡的储存 将整只珍珠鸡或者胸脯肉，包装好之后放入冷藏冰箱的底部位置，可以保存3天以上。如果冷冻保存，要密封包装好，可以保存6个月以上。

珍珠鸡的食用 如同烤整只鸡一样烤整只的珍珠鸡，要确保将珍珠鸡烤至完全熟透，但是不要过度烘烤。为了防止将珍珠鸡烤至干硬的程度，可以在胸脯肉上覆盖上切片培根或者在烘烤的过程中时常将油汁浇淋到珍珠鸡身上。其胸脯肉可以铁扒、煎，或者煮，或者切成丁，或者切成条用来炒。腿肉可以用来铁扒、烧烤或者炖。

搭配各种风味 培根、奶油、蘑菇、青葱、甘薯、香菜、藏红花、龙蒿、百里香、柠檬、葡萄、车前草、栗子、酱油、雪利酒、苹果酒、葡萄酒等。

鸵鸟肉（ostrich）

鸵鸟的日常饮食主要以食草为主，辅以少量的昆虫。原产于非洲，这种大型的、不会飞的鸟，目前在许多国家里都有养殖，为了取得鸵鸟的皮和羽毛，当然还有鸵鸟肉，更小型的澳大利亚鸸鹋鸟同样如此。养殖鸵鸟以商业化的口粮和青草为主食。小鸵鸟的肉质呈现腴的深红色，其口感类似于鹿肉。鸵鸟身上的脂肪都在身体的外层，并且在售卖之前都会去掉，所以其肉质中没有大理石花纹。鸵鸟的胸脯肉非常小，脊背和大腿肉可以作为优质的鸵鸟排和切块鸵鸟肉。其余的腿肉可以切成了或者制作成为肉馅。

鸵鸟肉的购买 鸵鸟肉可以从超市、农贸市场，以及专卖店里购买到。每人份的食用重量为180～200克。

鸵鸟肉的储存 包装好，储存在冷藏冰箱内的底部，可以保存5天以上。储存已经包装好的鸵鸟肉，可以按照包装说明进行储存。去骨切块鸵鸟肉可以冷冻储存一年以上。

鸵鸟肉的食用 脊骨肉和大腿肉可以铁扒、煎、烤以及烧烤。因为鸵鸟肉质非常瘦，烤切块肉和鸵鸟肉片时，应该让其肉质呈现粉红色即可。老的腿肉可以用来炖焖，

也可以制作成为肉馅，用来制作汉堡，以及其他各种菜肴。

搭配各种风味 培根、银鱼柳、大虾、奶油、茴香根、大蒜、柠檬草、李子干、红梅、花生、咖喱酱、姜、蜂蜜、酱油、葡萄酒等。

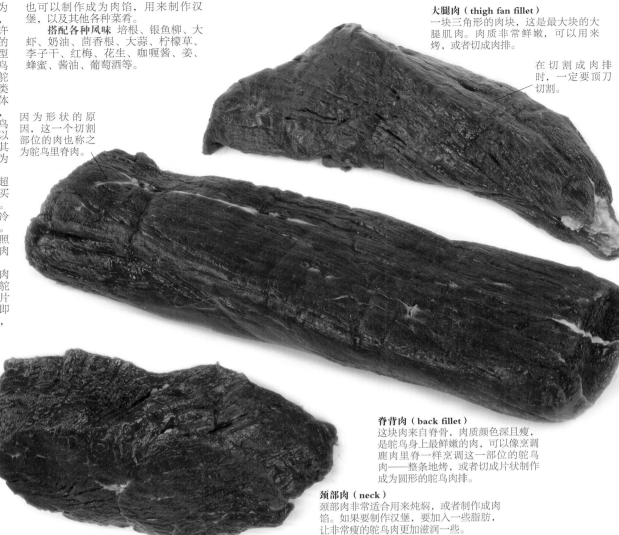

大腿肉（thigh fan fillet）
一块三角形的肉块，这是最大块的大腿肌肉。肉质非常鲜嫩，可以用来烤，或者切成肉排。

在切割成肉排时，一定要顶刀切割。

因为形状的原因，这一个切割部位的肉也称之为鸵鸟里脊肉。

脊背肉（back fillet）
这块肉来自脊骨，肉质颜色深且瘦，是鸵鸟身上最鲜嫩的肉，可以像烹调鹿肉里脊一样烹调这一部位的鸵鸟肉——整条地烤，或者切成片状制作成为圆形的鸵鸟肉排。

颈部肉（neck）
颈部肉非常适合用来炖焖，或者制作成肉馅。如果要制作汉堡，要加入一些脂肪，让非常瘦的鸵鸟肉更加滋润一些。

童子鸡（poussin）

Poussin（童子鸡）是法语名字，用来表示生长到4～6周进行售卖的小鸡。洛克考尼什童子鸡，在北美非常有名，也是一种肉质非常重的鸡类，但也只是饲养到4～6周（根据名称的不同，分为猎鸟或者母鸡）。因为这两种鸡都是未长成的鸡，骨头的含量相对于肉质来说较多，但是其肉质却是鲜嫩多汁。

童子鸡的购买 尽管大多数都是整只售卖，这些童子鸡也可以去骨和酿馅，或者制作成鸡排。整只的童子鸡重量在450克左右，可以作为一人份的用量。考尼什童子鸡（有时候也叫作大童子鸡），重量会超过1公斤，可以供2～3个人食用。

童子鸡的储存 新鲜童子鸡要包装好，放置在冷藏冰箱的底部，可以保存3天以上。如果密封包装好并冷冻，可以保存6个月以上。

童子鸡的食用 整只或者酿馅的童子鸡可以用来烤，或者慢火炖，如果用来烤，要在鸡身上涂抹一遍黄油或者油，并且要撒上海盐让其鸡皮变得酥脆。可以烤40～60分钟，再根据实际情况加上适当的烘烤时间。如果是酿馅童子鸡，其肉质内部的温度要达到75℃。鸡排可以用来铁扒、煎，或者烧烤。

搭配各种风味 培根、大蒜、青葱、番茄、蘑菇、柠檬、藏红花、柠檬草、迷迭香、百里香、龙蒿、香叶、青柠檬、酱油、白葡萄酒等。

经典食谱 烤童子鸡。

许多童子鸡都会整只进行售卖，但是有时候也会将脊骨切割开，制作成这样的鸡排，使鸡肉能够均匀受热，有利于快速烹调成熟。

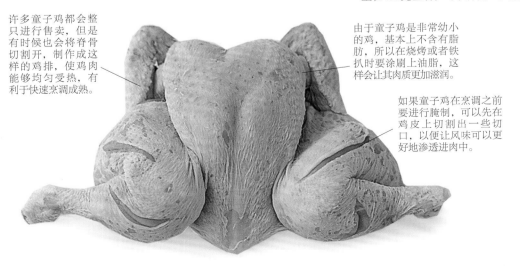

由于童子鸡是非常幼小，基本上不含有脂肪，所以在烧烤或者铁扒时要涂刷上油脂，这样会让其肉质更加滋润。

如果童子鸡在烹调之前要进行腌制，可以先在鸡皮上切割出一些切口，以便让风味可以更好地渗透进肉中。

野味类概述

　　术语"野味肉类"包含了许多野生动物类，大致可以分为毛皮兽类（动物类），以及带有羽毛的禽类（鸟类）。还可以进一步分成陆禽类和水禽类。它们的共同特点都是野生的，并且被狩猎和当作食物。因此，在全球范围内，有大量的野生物种，在某一时段内，几乎每一种野生动物都会被当作食物狩猎。所以本书所列出的野生动物，都是在世界上所广泛销售的品种。每个国家可能有所不同。当然，在有些国家里，如美国，尽管野生动物的食用量非常大，但是销售本土野味是非法的。现在许多野味都是养殖的，有一些还是散养的，所以它们与那些野生动物相类似，而另外有一些则处于半养殖的状态中。

野味肉类的购买

　　野味肉类在购买时，最好是购买当季的，这样野味肉类会处在最新鲜和最佳品质的状态中。那些没有季节性要求的野味肉类，最好是在夏末和秋季购买。人工养殖的野味肉类可以在一年四季都购买得到。

小型的野味类 如鹌鹑，可以使用烧烤的方法快速烹调成熟，或者使用铁扒等烹调方法。在肉身上涂刷上油汁可以增添风味，但是要小心不能让这些油汁的风味遮盖住野味肉类本身的精美风味。

野味肉类的制备

　　野味类传统的售卖方式是带着羽毛，并且不经过开膛处理，经常会以"一串"（一公一母）的形式售卖。现在的野味类，都会去掉羽毛并经过开膛处理，可以直接用于烹调中。公的野味会比母的野味类体型要大一些，尽管可以购买到一串的野味，但是最好是将几个同样大小的野味一起烹调，而不管性别，这样它们就会一起成熟。大多数情况下，野味都会整只的用于烹调中，现在越来越多的是将去骨胸脯肉作为野味肉排来售卖和烹调。偶尔也有"皇冠野味"（两块胸脯肉与胸骨连接在一起）售卖并以这种造型进行烘烤。皇冠野味通常会去掉外皮，这样的话，其肉质上就需要加上培根，或者涂刷上油脂，以便在烹调的过程中

能够对野味类中的瘦肉成分进行保护。小型的野禽类有时候也可以整只加工成野味排，这是将野味从中间脊骨处劈切开后，打开后按压平整，这样做出的野味排在铁扒或者烧烤的过程中会受热均匀。小的野生动物类，如野兔和兔子，通常都会在去皮之后整只进行售卖，偶尔也会切割成块状进行售卖。大型的野生动物类，如鹿和野猪，先如同家养的动物类一样进行分割，虽然它们的切割肉块种类不算多。如果你不准备从头开始制备你的野味，一位好的屠宰人会非常专业地帮你做这些部分的或者全部的加工处理工作。

兔肉的分割切块处理 兔子最好在宰杀后第一时间脱皮。如果带着皮毛进行售卖，在去皮后要清洗兔肉。野兔的个头大小迥异，鲜嫩程度也千差万别。幼兔和家养的兔子都有结实的、多肉的肉质，且非常鲜嫩，可以用来烤，但使用慢火加热的方法，如砂锅炖或焖，效果也不错。肉质老的兔肉可以炖或者使用小火长时间加热的方法使其成熟。考虑到兔肉中骨头较多，每人可以按照350～450克的重量进行分份。

1 将兔肉的脊骨朝下，在菜板上摆放好。使用厨用剪刀，从腹腔内将兔肝剪切下来，放到一边备用。

2 接下来，沿着脊骨方向，剪断球窝关节，将兔腿剪切下来。

3 重复此步动作将另外一条兔腿也剪切下来，并放到一边备用。将兔肉翻过来，将两条前腿在尽可能靠近胸腔的位置处也剪切下来。

4 待所有的兔腿都剪切下来之后，使用一把锋利的厨刀将暴露在外显而易见的脊骨切除。用力按压住厨刀朝下切割，以使得脊骨的切面平整。

5 将兔肉翻转过来，仍然是脊骨朝下摆放好，使用一把锋利的厨用剪刀沿着胸骨位置进行剪切，其胸脯肉将会分成均等的两块。

6 再次将兔肉翻身，将兔胸脯肉按压平整，使用一把锋利的厨刀，整齐地一刀切割而下，让其只有4根肋骨连接在兔子的腰肉上。

7 兔胸脯肉（马鞍）可以铁扒或者烘烤，剩余的兔肉可以用来砂锅炖，而骨头可以用来熬汤。兔肝和兔腰可以煎或者铁扒，也可以与兔肉一起炖或者制作成馅饼。

野味肉类的购买和处理
你可以从超市中购买到能够立即进行烹调的野味肉类，并且专业的销售商还会给你更多的有关野味肉类烹调方法方面的建议。

出品野味肉类的季节 在许多国家，野生的动物类和禽鸟类都会有一个"禁猎期"，就是在一年之中有一段时间野生动物和禽鸟类不能被宰杀，也不能销售其肉类的时间段。禁猎期是为了保护动物能够得到繁殖和喂养下一代，但是，有些物种因为繁育过快，并且没有禁猎期，已经开始泛滥成灾。在每一个国家，都有自己颁布的宰杀野生动物的相关法律规定。一般来说，春季和秋季通常会是颁布禁猎期的时间段。

射杀野生动物 当野生动物被用枪射杀之后，一般会在其肉中发现枪或者子弹的碎片（在养殖的野味中很少会出现这种情况）。这在那些小型的野生动物身上尤其如此，如兔子以及禽鸟类，是被猎枪射杀的，会有许多铅弹遗留在身体中，而像大型的动物类，如鹿和野猪等，是用步枪射杀的，只需要开一枪即可。现在射杀水禽类时，会使用钢珠弹。在我国，受保护的野生动物不允许射杀和食用，国家允许驯养繁殖和经营的可以食用。

野生肉类的悬挂处理和储存 在一些国家，通常会将野生肉类悬挂在一个凉爽、通风的环境中进行熟化处理，以增强其肉质的风味特点。悬挂的时间多少根据野生动物或者禽鸟类的大小不同、周围的空气湿度多少，以及空气流通的环境不同而各有不同。凉爽、干燥的环境最适宜进行熟化处理，并且体型越大的动物，所需要熟化的时间越长。去骨之后的野生肉类有时也可以在真空包装袋中进行熟化处理，与悬挂起来进行熟化处理的肉类相比较，其风味完全不同。使用真空包装的肉类，一定要在烹调之前至少1个小时打开包装。在所有的野味肉类的储存说明中，都会特别强调，储存野生肉类的冰箱内部的温度是4℃及以下。

野味肉类的烹调

　　许多野味肉类的一个共同特点是它们的脂肪含量都非常少，并且肉质中没有大理石花纹。从烹调的角度来看，在一般情况下，野生肉类的肉质颜色越深并且越瘦，其肉质越老，并且越需要在烹调时认真对待——使用高温过度烹调会让其肉质变得干硬。年幼、鲜嫩的野生肉类可以用来烘烤，但是其肉质会变老，而成熟的野生肉类更适合炖焖。

快速烹调 烤、铁扒和煎最适合用来制作野味肉类，但是因为其肉质太瘦，应该将这些肉类烹调至肉质呈粉红色，以防止肉质变得干硬。先将肉上色，然后将肉烹调至中心温度达到45℃。让肉松弛至热量和汁液散开（厚的肉块需要松弛的时间要长一些）。小型的或者薄至1厘米的肉片，或者更薄一些的肉片（薄的肉排或者需要炒时）应该在其上色之后立刻就服务上桌。如果你不喜欢粉红色的肉质，要使用低温慢慢加热使其成熟，除非这块肉是从非常幼小的动物或者禽鸟身上切割下来的顶级鲜嫩的肉块。

快速烹调的野味肉类应该外焦里嫩，中间的肉质呈粉红色。烹调好的大块的肉在切割之前要松弛一会，以确保肉块中的汁液能够均匀地分散开。

慢火烹调 肉质较老且坚韧的野生肉类切块，最好是在汤汁中使用小火加热烹调几个小时。大型野生动物的胸脯肉和瘦的切块肉在使用这样的烹调方法进行烹调之前加入脂肪可以获益良多，应先使肉块上色，以增加风味，然后沉浸到一大锅的汤汁中加热让其滋润回味。还可以加入其他各种风味来增添肉块的风味。肉块可以放在炉灶上使用小火缓慢加热使其成熟，或者使用低温烘烤的方法焖烤成熟。一旦制作成熟，所有的肉块一定要完全浸泡在汤汁中，否则的话，肉质很快就会变得干硬。

将野味禽鸟类，胸脯肉朝下摆放在汤汁中，以保持胸脯肉的滋润，加热到一定程度之后，将其翻转过来，将沙司浇淋到肉身上。

野味肉类的腌制 这种方法，就是将野味肉类在葡萄酒、酸性溶液、油脂、香料以及香草混合液中进行浸泡。并不是所有的野味肉类都需要提前腌制，因为这样会遮盖住野味肉类的原汁原味。但是在一些国家里喜欢腌制野味肉类，因为他们相信这样做会让肉类变得更加香浓，味道强烈或者有瘀伤的肉类可以腌制并且可以获益良多。肉排可以腌制1～2个小时，要烘烤的肉类可以腌制24个小时。值得注意的是，许多孩童不喜欢在炖焖或者砂锅炖菜中的葡萄酒风味，所以可以使用没有经过腌制的带有浓郁的自然风味的肉类来代替经过腌制的肉类。

野味肉类浸泡在浓郁的腌汁中，会让肉类的表面变得干燥。所以，可以在肉类表面上涂刷上油和香料，以保持肉质的滋润和风味。要注意不要将肉类过度烹调。

酿入脂肪和覆盖脂肪 酿入脂肪，是将脂肪深插入到肉中的一种技法。这种技法在将肉类烹调至呈现粉红色时并不需要使用。而如果你想将肉类烹调的超过这个火候程度，如制作炖焖菜肴时，可以使用此种技法。要酿入脂肪，先将脂肪切成条状，用脂肪针穿入到肉中，或者用一把锋利的刀深插入肉中。如果在插入肉中之前先将脂肪冻硬，操作起来会非常简单容易。覆盖脂肪是指在烹调之前用脂肪将肉类进行覆盖。但是这样做不会让内部的肉质得到进一步的滋润，因此一般认为不必要这样做，除非你是在使用明火烹调大的肉块时可以使用此种技法。

使用肥肉覆盖野味肉类是覆盖脂肪时采用的另外一种技法。这里图示的是鹌鹑在烘烤之前覆盖上了葡萄叶和切片培根。

鹿肉（venison）

鹿肉是指从所有种类的鹿身上切割下来的肉。每一个大陆上都有自己的野生鹿品种（有些是引进的品种），它们的大小各不相同。在许多国家里也都有饲养的鹿，有时候，会有一些非洲羚羊的肉冒充鹿肉进行售卖（羚羊属于牛科动物，不是鹿科）。鹿肉的肉质为深红色，肉质特别瘦，如果使用的是夏季以后经过熟化的鹿肉，在鹿肉中会含有许多的脂肪成分。通过悬挂进行熟化处理之后，鹿肉本身精致但却有明显特点的风味会得到加强。当鹿肉带着皮毛悬挂起来进行熟化处理或者进行腌制时，鹿肉本身的滋味也会变得更加浓郁。

鹿肉的购买 野生的鹿肉会受到季节性的限制，而养殖的不在此列。可以从野味供应商处、肉铺以及超市等地方购买到鹿肉。鹿肉需要在宰杀之前经过熟化处理。要避免购买颜色过深、有青斑的鹿肉。顶级的切块鹿肉来自于臀腰部位和脊骨部位。鹿肉一般可以按照每人份大约175克的去骨鹿肉进行分割。

鹿肉的储存 如果购买到的是包装好的鹿肉，可以按照包装说明进行储存。否则，就要将鹿肉覆盖好，放入冰箱内冷藏，可以保存4天以上，或者去掉所有的脂肪之后冷冻保存，在密封好之后，可以保存1年以上。

鹿肉的食用 在烹调之前，提前一个小时打开鹿肉的真空包装袋。顶级的鹿肉切块，可以如同生牛肉片（carpaccio）一样生食。烤顶级鹿肉切块和煎鹿肉排只需制作至肉呈粉红色（如果过度烹调，鹿肉会变得干硬）。小鹿的肩肉也可以用来烤。肉质较老的鹿肉和前腿部位的肉，可以用来炖焖。用来炖焖的大块鹿肉可以酿入肥肉条。鹿肉馅可以用来制作汉堡和肉丸，意大利面条的沙司，馅饼，以及其他各种菜肴等。

搭配各种风味 培根、奶油、茴香球、紫甘蓝、梨、石榴、李子干、红莓、松子仁、杜松子、咖喱粉、姜、巧克力、红葡萄酒等。

经典食谱 炖鹿肉；巴登风味烤鹿肉；红酒炖鹿肩肉；烤鹿腰肉配沙司；猎人式炖鹿肉。

鹿里脊肉（fillet or tenderloin）
去骨后的鹿脊骨肉会带有里脊和外脊肉这两部分的肉。这两块顶级的切割肉块在食谱中会经常混淆，腰肉（loin）会错误地被叫成里脊（fillet），但是这两者的烹调时间差别非常大，因为腰肉有里脊肉的两倍厚，并且鹿的品种不同，切出的肉块尺寸大小也各自不同。

里脊肉中的肌肉朝向一端收缩，而另外一端（这里没有图示）有时候会带有一些更厚的肌肉。而腰肉（有时候也叫作腰部里脊肉）没有如同里脊肉一样形成圆锥形。

臀部肉卷（腿肉，rolled haunch, leg）
小鹿的臀部肉可以整块的用来烤或者去骨之后烤，也或者切成鹿肉排。大的臀部肉块可以带骨烹调，但通常会切割成单人份的用量。这个部位的肉可以卷起并捆缚好，用来烤，或者切成鹿肉排。

臀部鹿肉的肉质如同去皮之后的鸡肉一样瘦，如果用来烤，应该将鹿肉烤至粉红色即可，否则的话会变得干硬。

鹿肉丁（diced venison）
臀部肉切成的丁可以炒、铁扒，或者炖。肩部肉和胫骨肉切成的丁最好用来炖焖，但是不要将这两种肉丁混淆到一起使用，因为它们成熟的程度不同。

经典食谱（classic recipe）

炖鹿肉（viltgryta）

这一道鸡油菌炖鹿肉是一道深受瑞士人喜爱的风味佳肴。配煮土豆和越橘果酱一起食用。

供6人食用

1千克去骨鹿臀部肉，切成丁

植物油或者黄油，用于煎

300毫升鹿肉高汤或者牛肉高汤

2个洋葱，切成末

350克鸡油菌

1汤勺葡萄酒醋

2茶勺糖

盐和现磨的黑胡椒粉

150毫升鲜奶油

2汤勺普通面粉

制作腌汁原材料

300毫升红葡萄酒

2汤勺橄榄油

1/4茶勺黑胡椒碎

1/4茶勺丁香粉

2茶勺杜松子，碾碎

1/2茶勺干燥的百里香

2片香叶

1 在一个大碗内将所有的腌汁用原材料混合到一起，加入鹿肉拌均匀，盖好，放到一边腌制一天的时间，期间要翻动几次。

2 从腌汁中捞出鹿肉控净汁液。将鹿肉拭干，并在一个大锅内用油或者黄油煎上色。加入腌汁和足量的高汤，以没过鹿肉为好。将锅烧开，然后盖上锅盖并用小火炖1.5个小时。

3 在另外一个锅内，用黄油将洋葱煸炒至软。加入鸡油菌煸炒，一直煸炒至水分蒸发掉。拌入葡萄酒醋和糖，然后加入到鹿肉中。

4 继续炖30~45分钟的时间，或者一直炖到鹿肉快要成熟时。用盐和胡椒粉调味。将鲜奶油和面粉一起搅拌好，拌入到汤汁中。再继续炖20分钟的时间，如果汤汁变得浓稠，可以加入更多一些的高汤或者水。

鹿肉各部位烹调图表

　　每一块不同的鹿肉切割部位在烹调时选用正确的烹调方式是非常关键的。按照下表可以准确地寻找到你所选择的鹿肉部位最合适的烹调方式。要记住不同种类的鹿肉，其大小各自不同，所以它们每一个部位的大小也会有所变化。

鹿肉切块名称	描述	铁扒	煎	烤	炖/焖
		根据鹿肉的厚度不同，所需要的时间各种不同	根据鹿肉的厚度不同，所需要的时间各种不同	温度计测定的鹿肉内部温度读数：三成熟60℃，半熟65℃	
臀部肉/后腿肉	幼鹿肉，可以是整条腿肉，而较大的鹿肉，通常会切割成小块状。可以带骨或者去骨，可以卷起并捆缚好。一大块肉也可以卷起并捆缚好，或者缝合成小块状。如果是带骨的大块肉，其"H"形的骨头应该去掉，以便容易分割。去骨的臀肉可以切成鹿肉排或切成丁（不包括胫骨肉）	臀肉排（幼鹿臀肉排）：将铁扒炉预热至高温。在鹿肉上涂上黄油或者油。将两面铁扒至上色，然后降低炉温，继续铁扒，并翻动几次：三成熟时每1厘米厚需要铁扒1.5分钟；半熟时每1厘米厚需要铁扒2分钟。不要过度烹调；如果厚度超过2.5厘米在经过烹调之后，要松弛3～5分钟。切成丁的臀肉（幼鹿臀肉）：可以穿成肉串铁扒上色	臀肉排（幼鹿臀肉排）：在锅内将黄油/或者油烧热，将鹿肉的两面都煎上色，然后改用小火继续煎，期间要翻动几次，最后要松弛几次。三成熟：煎3分钟使其上色，每1厘米厚度再继续煎1分钟，之后按照每1厘米厚度松弛1分钟计算。半熟：煎4分钟使其上色，每1厘米厚度再继续煎1.5分钟，之后按照每1厘米厚度松弛1.5分钟计算。鹿肉丁（幼鹿臀肉）：煽炒或穿成肉串。涂上黄油或油。在热锅内将其煎上色。然后趁热食用	臀肉排（幼鹿臀肉排）：将烤箱预热至230℃。将带骨大块鹿肉烤上色，三成熟：按照每1厘米厚烘烤2.5分钟，然后将烤箱温度降低至80℃。在烤箱内按照每1厘米厚松弛2分钟。半熟的带骨大块肉：按照每1厘米厚烘烤3分钟，按照每1厘米厚松弛3分钟。三成熟的无骨大块肉：按照每1厘米厚烘烤2分钟，按照每1厘米厚松弛2～3分钟。半熟无骨大块肉：按照每1厘米厚烤3分钟，按照每1厘米厚松弛2～3分钟	带骨或者不带骨的大块臀肉（幼鹿臀肉）：将烤箱预热至190℃。将肉煎上色，然后焖烤1.5～2个小时。臀肉排（幼鹿臀肉）：如同焖烤大块腿肉一样炖，但是要焖烤1.5个小时。如果肉块来自于较老的鹿肉，用180℃的烤箱焖烤2～3个小时
鹿脊肉（鹿马鞍）	从鹿的脊骨处切割下来的顶级带骨肉块，由腰肉、里脊肉、脊骨，以及环绕着的鹿皮组成	不建议使用此种烹调方法	不建议使用此种烹调方法	如同烤带骨大块臀肉排一样烤骨鹿肉排	如同炖焖大块幼鹿臀肉一样炖焖脊肉
腰肉/腰部里脊肉	去骨肉，从脊骨上去掉表面的肌肉部分。不要将此部分的肉与里脊肉混淆。腰部肉可以切割成鹿肉排，可以将其切割开一部分，打开之后制作成蝴蝶形肉排	腰肉切块鹿肉排可以如同臀肉排一样铁扒	如同煎臀肉排一样煎腰肉切块鹿肉排	如同烤去骨大块臀肉排一样烤腰肉切块鹿肉排	如同炖焖大块幼鹿臀肉一样炖焖大块腰肉。如同炖焖切丁幼鹿臀肉一样炖焖腰肉排
肋排	腰肉的前端部位，所有的皮和筋脉都已去掉，带有经过修剪之后的肋骨	可以如同臀肉排一样铁扒肋排	不建议使用此种烹调方法	如同烤去骨大块臀肉排一样烤肋排	如同炖焖大块幼鹿臀肉一样炖焖肋排
里脊肉	从脊骨往下肌肉逐渐的变细。比腰肉要小很多。在小鹿身上不常使用，因为它们的里脊肉太小了	可以如同臀肉排一样铁扒里脊肉	如同煎臀肉排一样煎里脊肉	如同烤去骨大块臀肉排一样烤里脊排	如同炖焖大块幼鹿臀肉一样炖焖里脊肉
T骨鹿肉排	臀尖部位与脊骨肉之间的切片，包括一块腰肉和一块里脊肉，各自依附在T形肋骨的两侧	可以如同臀肉排一样铁扒T骨鹿肉排	如同煎臀肉排一样煎T骨鹿肉排	不建议使用此种烹调方法	如同炖焖大块幼鹿臀肉一样炖焖T骨鹿肉排
鹿肉排	带着脊骨/或者肋骨的脊骨肉和肩部肉之间的切片	可以如同臀肉排一样铁扒鹿肉排	如同煎臀肉排一样煎鹿肉排	不建议使用此种烹调方法	如同炖焖大块幼鹿臀肉一样炖焖鹿肉排
肩部肉	去掉胫骨后的整个肩部肉。体型大的鹿可以切成2～3块。可以带骨或者不带骨，通常卷起并捆好成肉卷。肩部鹿里脊肉是前腿后部的腰肉，包含两块肌肉。要切成丁，需要将去骨后的肩部鹿肉去掉好多的筋腱和脂肪部分	可以如同臀肉排一样铁扒肩部肉（幼鹿肩部肉）	如同煎臀肉排一样煎肩部肉（幼鹿肩部肉）	如同烤带骨或者不带骨大块臀肉一样烤肩部肉（幼鹿肩部肉）	如同炖焖切丁肩部肉里脊肉一样炖焖肩部肉：将烤箱预热至160℃。将肉煎上色，然后焖烤2～3个小时，如果肉质较老，则要焖烤4个小时
胫骨肉	前腿或者后腿的下部位置。可以整根的带着肘骨售卖，或者去骨之后切成丁。烩鹿膝使用的就是不同大小的切块腿骨肉	不建议使用此种烹调方法	不建议使用此种烹调方法	不建议使用此种烹调方法	用小火炖，或者在60℃的烤箱内焖烤4个小时，如果肉质较老则需要焖烤4～5个小时
颈部肉	可以切割成厚块，或者去骨之后切成丁，或绞成肉馅	不建议使用此种烹调方法	不建议使用此种烹调方法	不建议使用此种烹调方法	将烤箱预热至160℃。将肉煎上色，然后炖/焖烤2～3个小时，如果肉质较老，则要焖烤3～4个小时
肉馅	在绞成肉馅之前，要将瘦肉中的肥肉和筋脉等去掉	将铁扒炉预热至高温。将肉馅按压到扦子上或者制作成小肉饼。涂上油之后铁扒，不时地翻动，铁扒8～10分钟	将肉馅按压到扦子上或者制作成小肉饼。将锅烧热放入肉馅煎，不时地翻动，煎8～10分钟	不建议使用此种烹调方法	先煎上色，然后用小火炖，或者在160℃的烤箱内焖烤1～2个小时

野猪肉（boar）

这些凶猛的野生动物生存在全世界各地的野外环境中，它们也被为取得野猪肉而养殖，还可以用于家养猪的配种。此外，野生的猪也经常被猎杀，并且会把它们的肉当成野猪肉来售卖。野猪肉颜色发黑并且肉质非常瘦。年幼的野猪肉，肉质颜色要浅一些，食用时味道非常鲜美，因为老的野猪肉质会非常坚韧。养殖的野猪肉比野生的味道更柔和，也更鲜嫩，同样也会更肥腻一些。

野猪肉的购买 可以从野生动物供货商和季节性的专卖店里购买到，一般会在秋冬季节，而养殖的野猪没有季节性限制。可以按照烤肉、大片肉、焖，或者制作成肉馅等进行售卖。年幼的野猪通常整头的售卖。可以按照每人份175克的分量进行分割。

野猪肉的储存 如果购买到的是包装好的野猪肉，可以按照包装说明进行储存。否则，就要将野猪肉覆盖好，放入到冷藏冰箱内，可以保存4天以上，或者去掉所有的脂肪之后冷冻保存，在密封好之后，可以保存6个月以上。

野猪肉的食用 需要加热烹调的：烤臀肉和脊骨肉，可以烤至肉质呈现粉红色即可，野猪腿肉或者脊骨肉排可以铁扒或者煎。如果是肉质较老的野猪肉，可以炖焖，酿入肥肉的切块肉可以炖。所有的前腿肉块都应该使用小火加热的方式成熟，或者加工成为肉馅用来制作配意大利面的沙司、馅饼，以及其他各种菜肴。

搭配各种风味 奶油、辣椒、大蒜、茴香球、苹果、石榴、橙子、蔓越莓、核桃、杜松子、咖喱酱、姜、酱油、红葡萄酒、醋等。

经典食谱 烤野猪腿配烩浆果；意式红酒炖野猪肉；猎人式野猪肉；苹果酒汁野猪柳。

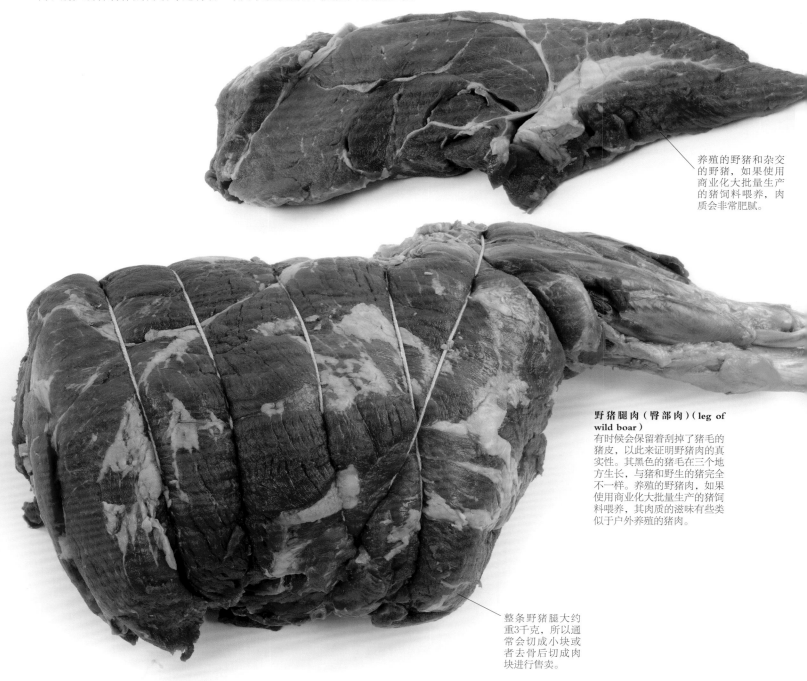

野猪肉排（wild boar steak）
腿肉排适合煎和铁扒，肩部肉排适合炖焖。

养殖的野猪和杂交的野猪，如果使用商业化大批量生产的猪饲料喂养，肉质会非常肥腻。

野猪腿肉（臀部肉）（leg of wild boar）
有时候会保留着刮掉了猪毛的猪皮，以此来证明野猪肉的真实性。其黑色的猪毛在三个地方生长，与猪和野生的猪完全不一样。养殖的野猪肉，如果使用商业化大批量生产的猪饲料喂养，其肉质的滋味有些类似于户外养殖的猪肉。

整条野猪腿大约重3千克，所以通常会切成小块或者去骨后切成肉块进行售卖。

袋鼠肉（kangaroo）

因为袋鼠在它们的原产国澳大利亚，曾经一度被作为害群之马而大量宰杀。因此，袋鼠肉的名声在过去并不是太好。但是，现在要宰杀袋鼠，必须非常困难地获得许可才可以，另外一种方式是从澳大利亚进口袋鼠肉。袋鼠以草饲养、肉质非常瘦，富含铁等矿物质，袋鼠肉在口味和质地上与鹿肉完全不同，与鹿肉相同的一点是，肉质呈现自然的黑色。小袋鼠的肉质也与此非常相似。

袋鼠肉的购买 袋鼠肉可以从大型的超市内和专卖店里购买到。有真空包装和冷冻的两种出售。通常切割成袋鼠肉排、肉丁以及肉块的方式售卖，用来炖焖，或者制作成肉馅使用。

袋鼠肉的储存 真空包装的袋鼠肉可以在冷藏冰箱内保存2周以上的时间，或者根据包装说明进行储存。如果密封包装好，可以冷冻保存1年以上的时间。

袋鼠肉的食用 在烹调之前先将袋鼠肉在油中浸泡15分钟。将袋鼠肉排煎至呈粉红色（过度烹调会让肉质变得干硬）。肉丁可以炖焖或者用来做汤。肉馅可以用来制作汉堡、肉丸、咖喱、馅饼，以及其他各种菜肴等。

搭配各种风味 培根、青葱、胡萝卜、辣椒、茴香球、蘑菇、紫甘蓝、蔓越莓、花生、姜、香菜、小茴香、巧克力、葡萄酒、椰奶等。

经典食谱 乡村风味袋鼠肉；袋鼠尾汤；炖袋鼠肉。

袋鼠肉排的肉质非常瘦，特别是那些老袋鼠的肉质会非常坚韧，所以在烹调的时候要特别小心。

野牛肉和水牛肉（bison and buffalo）

野牛生存于欧洲和北美洲，有时候被叫作水牛（尽管不是真正的水牛）。野牛也可以养殖，也可以与牛杂交繁殖出皮弗娄牛。与此类似的野牛物种是水牛。产自亚洲，养殖水牛的目的是食用和出产牛奶，如制作马苏里拉干酪等。这些所有的动物类所出品的肉与牛肉非常相似，尽管它们的颜色更深并且也更瘦一些，野牛肉和水牛肉其前腿部位上的肉所占的比例较大。与其他带有毛皮的野味一样，从养殖的动物身上切割下来的肉比野生的动物类通常会更鲜嫩一些，而野生的肉质会更老一些，但是饲养的老的水牛的肉质就特别老。

野牛肉和水牛肉的购买 可以从专卖店里购买，有新鲜的和冷冻的两种。它们的切割方式类似于牛肉，相同部位的切块肉（从后腿和脊背部位）被当成是顶级的肉使用。

野牛肉和水牛肉的储存 放置在冰箱内，覆盖好，可以冷藏储存4天以上，或者密封好冷冻可以储存9个月以上（如果肉质非常瘦，可储存1年以上）。

野牛肉和水牛肉的食用 顶级切块肉（西冷、里脊，以及臀尖肉等）可以烤、煎或者铁扒；因为野牛肉和水牛肉的肉质比牛肉更瘦，过度烹调会让肉质变得干硬。其他部位的切块肉可以炖焖或者焖，可以差不多按照所有的牛肉食谱来烹调这些肉类。野牛肉和水牛肉也可以制作成肉馅，用来制作汉堡、意大利面团沙司、馅饼，以及其他各种菜肴。

搭配各种风味 烟熏火腿、奶油、西芹、洋葱、大蒜、姜、蘑菇、番茄、辣椒、芥末、辣根、啤酒、酱油、红葡萄酒等。

经典食谱 炖水牛肉；水牛肉汉堡；烤野牛肉。

即使有一些脂肪，野牛肉和一些水牛肉中也很少有或者根本没有形成大理石花纹，所以在加热烹调时应如同鹿肉一样进行烹调。

野牛西冷牛排（Bison sirloin roast）
野牛肉中的西冷牛排被一层脂肪包裹着，会非常滋润而鲜嫩，这是野牛肉中利用价值最高的切块肉。

兔肉（rabbit）

在世界各地都有野兔的存在，同时野兔也被广泛地饲养，有大规模的商业化和私人饲养两种方式。野兔在许多国家没有禁猎期。其肉质非常瘦，呈浅色，风味非常柔和。但其肉质非常老，除非是幼兔，并且由于饲养方式的不同，野兔肉会比饲养的兔肉味道更浓烈一些。养殖的兔子会比野生的兔子体型要大一些，肉质也更鲜嫩一些，其风味有些类似于散养的鸡肉。

兔肉的购买 野兔通常都会整只售卖，去皮或者带着皮毛，不需要进行熟化处理，母兔或者幼小的、肉质饱满的公兔，肉质口感较好。养殖的兔肉一般都是制备好并加工好了的：整只、切块以及去骨肉块等。后腿和脊骨部位肉质最多，而肩部的肉质相对较少。可以按照每人份250～350克的带骨兔肉，或者每人份175～250克去骨兔肉进行分配。

兔肉的储存 如果是带有毛皮的兔肉，去皮并将瘀伤处去掉，然后无论是野兔还是养殖的兔子，将整只兔切割成块状（带骨或者去骨），盖好之后放入冰箱内冷藏，可以保存3天以上，如果密封好之后可以冷冻保存9个月以上。

兔肉的食用 野生幼兔和家养的切块兔肉可以铁扒、烤或者炖；脊骨肉块和腿肉块最适合用来烤。肉质较老的野兔肉最好使用慢火加热来炖焖或者用来制作馅饼。兔肝和兔腰可以煎。

搭配各种风味 培根、胡萝卜、茴香、大蒜、蘑菇、番茄、橄榄、香菜、香芹、迷迭香、百里香、柠檬、李子干、芥末、酱油、苹果酒、白葡萄酒等。

经典食谱 兔肉馅饼；白葡萄酒烩兔肉；焖兔肉；帕特利亚风味兔肉（焖兔肉配柠檬鸡蛋沙司）。

脊骨肉（saddle）

尽管脊骨肉是最鲜嫩的兔肉，但是在脊骨肉中脊骨所占比重太大，所以，如果兔子较小的话，可以按照每人一个，或者两人一个对脊骨肉进行分配。

对于养殖的兔肉来说，其脊骨肉足够大，可以去骨之后酿入馅料。

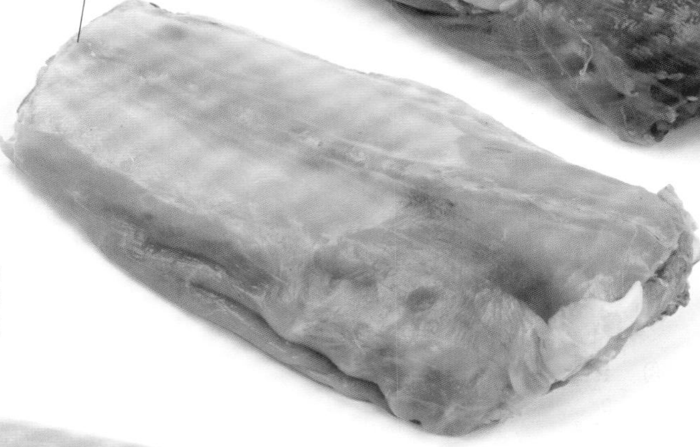

对于较老的野兔来说，在其脊骨肉上的一层色外皮会非常老，在烹调之前，需要一把锋利的刀小心将其去掉。

对于野兔来说，前腿部位上的肉非常少，而养殖的兔肉其肩部位置的肉更多也更鲜嫩。

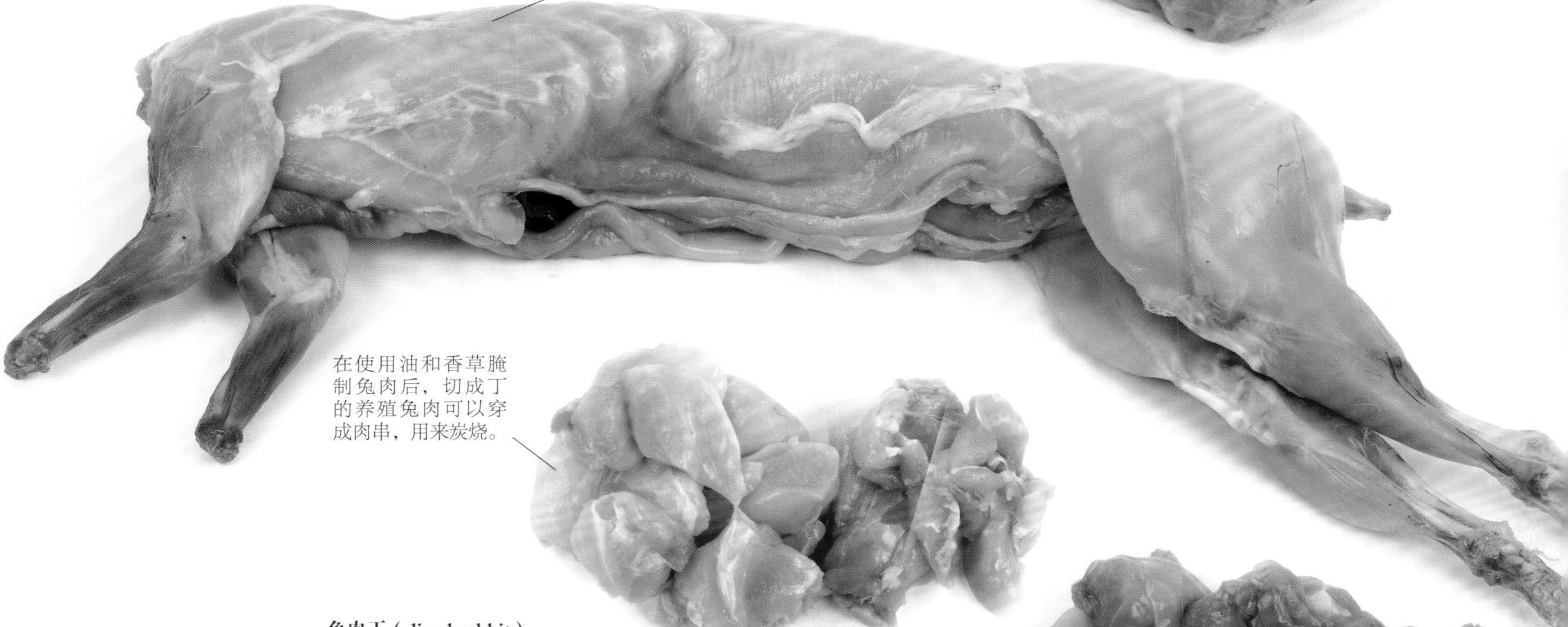

在使用油和香草腌制兔肉后，切成丁的养殖兔肉可以穿成肉串，用来炭烧。

兔肉丁（diced rabbit）

切成丁的兔肉通常来自腿肉。如果肉质中有许多白色/银色的筋脉，这表明这些肉丁来自较老的兔子，肉质会较老。

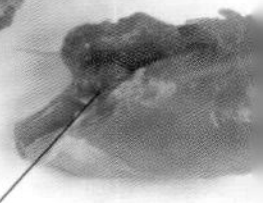

切成丁的野兔肉通常会用来炖或者制作成馅饼，也经常与其他野味肉类混合到一起制作成野味馅饼。

豚鼠肉（guinea pig）

在许多国家，豚鼠被作为一种食用肉类而养殖。在秘鲁，豚鼠也叫作天竺鼠，被认为是美味佳肴而深受人们喜爱——这个传统可以追溯到2500年以前。豚鼠肉在南美的一些国家和亚洲的部分国家里被食用。其风味与兔肉或者深色的鸡肉有所不同。

豚鼠肉的购买 豚鼠肉可以带皮毛销售，但也有去皮之后售卖的，但最好是购买制备好的（去皮并清洗干净，肠子等内脏已经完全处理好，可以直接烹调）。如果作为主菜，可以每人一个豚鼠享用。

豚鼠肉的储存 如果有可能，就在购买到豚鼠肉的当天食用。制备好的豚鼠肉，覆盖好之后，可以冷藏保存2～3天，如果冷冻保存，密封好之后可以保存6个月以上。

豚鼠肉的食用 无论是切成块状，还是从中间将豚鼠肉劈成两半，都可以铁扒、煎或者烧烤，然后可以搭配香辣沙司一起食用。整只的豚鼠肉，还可以将包括肠子和香草之类的材料作为酿馅之后进行烘烤。

搭配各种风味 柿椒、辣椒、木薯根、土豆、米饭、薄荷、牛至、马逊薄荷、青柠檬、花生、核桃、小茴香、柿椒粉等。

野兔肉（hare）

野兔源自欧洲，但现在已经遍布世界各地，无论是在开阔的草原上，还是茂密的山林中，也或者是荒郊野外都有它们的身影。在一些国家，野兔会被养殖，但是不要将其与兔子混养到一起，野兔的肉质颜色要深，而味道更加浓郁，有点类似于鹿肉。与其他的野味一样，幼年野兔（小野兔）的肉比成年野兔的肉质要更加鲜嫩。

野兔肉的购买 野兔在春天时节的繁殖期内是不可以捕捉的。野兔基本都是整只售卖的，或者带有皮毛，偶尔也有切成块状的野兔售卖。要避免购买颜色发黑、有瘀斑的野兔肉。野兔的后腿和脊骨部位是肉质最多的地方。一只小野兔可以供4～5人享用，一只成年野兔可供6～8人享用。一块脊骨肉可以供2人食用。如果要制作炖野兔肉，别忘记保留好野兔的血液备用。

野兔肉的储存 如果野兔带有皮毛，可以悬挂起来保存一周以上，然后去皮并切成块（保留好野兔血液）。在将野兔肉切成块，盖好之后，可以冷藏保存3天以上，如果要冷冻保存，密封好之后可以保存9个月以上。

野兔肉的食用 带骨或者去骨之后酿入馅料的脊骨肉可以烤，肉质呈粉红色即可。小野兔或者养殖的野兔的后腿肉可以烤或者铁扒。或者将所有的野兔肉切成块状，用小火炖熟，在汤汁中加入野兔血液使其变稠，制作成炖野兔肉。

搭配各种风味 培根、奶油、大蒜、姜、蘑菇、杜松子、丁香、巧克力、红醋栗结力、葡萄干、葡萄、酱油、波特酒、葡萄酒、葡萄酒醋等。

经典食谱 炖野兔肉；野兔肉酸甜沙司；烤野兔；洋葱炖野兔。

脊骨肉（saddle）
如果脊骨肉准备用来烤，可以将较老的外层皮皮去掉，并覆盖上培根或者肥肉，让外层脊骨肉能够得到滋润。

在脊骨前端一角处的黑色斑块，表明这是一小块淤斑，要去掉。

腹部部位的肉已经切除，只保留着脊骨肉部分。

整只野兔肉（whole hare）
低洼地出产的野兔比山区出产的野兔体型要大一些，并且风味也被认为比山区出产的野兔肉要好一些。

腿肉（leg）
一只幼年野兔的腿肉可以烤或者铁扒。如果有黑色的斑块表明腿肉受到了污染，所以在烹调之前如果在外皮上有任何肉眼可见的细小黑色斑点，都要去掉。

松鼠肉（squirrel）

松鼠生活在温带森林里的落叶植物和松柏科树木上。红松鼠在绝大多数国家里都是受保护的物种，而体型更大一些的灰色松鼠则被宰杀或者射杀之后用来食用。松鼠的食用没有季节性，但是当松鼠以坚果和浆果为食而变得体型饱满时，其风味会更佳。在食用之前，松鼠肉不需要悬挂进行熟化处理。

松鼠肉的购买 松鼠肉的销售时间大多在中秋到仲春时节，时间跨度会有一年之久。如果有可能，尽量购买去皮之后的松鼠肉，因为松鼠很难

去皮。其后腿和脊骨部位含有的肉最多，如果用来制作焖，可以整只松鼠一起烹调。

松鼠肉的储存 要保存在冰箱内，盖好之后，在购买日期的2天之内使用完，如果是事先包装好的，可以按照包装说明进行储存。去皮之后的松鼠肉也可以冷冻保存3个月以上，如果是瘦的松鼠肉，可以冷冻保存6个月以上。

松鼠肉的食用 去骨之后的松鼠肉可以焖或者使用小火炖，可以用来制作馅饼以及面点。后腿肉和脊骨肉可

以烤、铁扒，或者煎（不要过度烹调松鼠肉，否则肉质会非常老）。

搭配各种风味 培根、奶油、洋葱、蘑菇、番茄、柿椒、辣椒、鼠尾草、龙蒿、香菜、苹果、柠檬、葡萄酒等。

经典食谱 不伦瑞克炖野兔肉；南方风味煎野兔肉。

经典食谱（classic recipe）

炖野兔肉（jugged hare）

这一道香味浓郁、用兔血来增稠的炖野兔肉，无论是在英国还是在法国，都是一道传统名菜，被称之为civet。这道菜也可以使用鹿肉制作。

供6～8人食用

| 1只野兔，2～3千克重，制备好并切成块状（保留肝和血） |
| 2茶勺葡萄酒醋 |
| 60克黄油 |
| 250克五花肉，或者切成丁的咸肉 |
| 15小洋葱，或者青葱，去皮 |
| 2汤勺普通面粉 |
| 300毫升红葡萄酒 |
| 600毫升高汤 |
| 盐和现磨的胡椒粉 |
| 6～8片三角形面包片，用油煎上色，用来装饰 |
| 制作腌汁用料 |
| 1个洋葱，切成丝 |
| 少许新鲜的香草 |
| 1/2杯白葡萄酒 |
| 1/2杯葡萄酒醋 |
| 1/2杯橄榄油 |

1 将葡萄酒醋倒入野兔血中，盖好，与野兔肝一起放到一边备用。将野兔肉块放入一个盆里。将腌汁原材料混合好，倒入到放有野兔肉的盆里，搅拌均匀。盖好之后放到一个凉爽的地方腌制12～24小时，期间要翻动野兔肉几次，让其腌制均匀透彻。

2 将野兔肉从腌汁中捞出并拭干，保留腌汁备用。在一个大号锅内将黄油加热熔化，放入五花肉或者切成丁的咸肉，用小火煎上色，再加入洋葱或者青葱煎。再加入野兔肉块用小火煎上色。

3 加入面粉，并在锅内的油脂中翻炒。再加入红葡萄酒和足量的高汤，锅内汤汁的用量要几乎没过野兔肉块为好。调味，然后盖上锅盖，用小火炖2～3个小时，或者一直加热到野兔肉成熟。

4 与此同时，用2～3汤勺预留出的腌汁将野兔肝制作成肝泥，并与野兔血混合到一起。将野兔血和肝泥用细网筛过滤。

5 将过滤好的野兔血和肝泥倒入锅内搅拌均匀，让锅内的汁液变稠。但是不可以让汤汁再度烧开。尝味之后根据需要重新调味，可以加入更多的盐和胡椒粉，以及预留出的腌汁。

6 趁热食用炖好的野兔肉，用三角形面包片装饰。

松鸡肉（grouse）

松鸡栖息于北半球的森林和群山之中，它们因为被围猎而射杀。松鸡有不同的种类，包括柳松鸡、花尾榛鸡，以及体型更大一些的黑琴鸡和雷鸟等。这些肉质丰满的松鸡不是人类养殖而成的，它们以植物为主食，特别是石楠花，这也让松鸡的肉质呈深色，并带有一股世界上独一无二的风味。雷鸟在松树上生长，带有浓郁的松节油风味特点。

松鸡肉的购买 红色的松鸡，是英国的特产，从八月份"荣耀12日"开始可以猎杀红松鸡，并可以广泛售卖。至于其他的松鸡则通常可以从夏末到冬季结束这段时间内进行猎杀。松鸡一般都是带着羽毛整只进行售卖，但是也有经过处理之后的松鸡出售，或者带骨的松鸡胸脯肉售卖。要避免购买那些射杀时肢体破坏严重的松鸡。一只松鸡或者2个松鸡胸脯肉可供一人食用。

松鸡肉的储存 带有羽毛的松鸡悬挂起来可以保存一周以上的时间，然后可以拔除羽毛并去掉内脏。处理好之后用来烘烤的松鸡肉和胸脯肉，在包装好之后可以冷藏保存4天以上，或者冷冻保存9个月。

松鸡肉的食用 将松鸡肉在牛奶中浸泡一晚上，可以去掉其浓烈的松木的味道。如果是小松鸡肉，可以整只用来烤或者制作成烤皇冠松鸡肉（使用肥肉片或者培根片覆盖到胸脯肉上进行保护），老的松鸡肉可以用来炖焖。胸脯肉可以用来煎、铁扒、炖，或者焖。松鸡腿肉可以用来制作汤菜和高汤，或者炖焖好之后与胸脯肉一起装盘食用。

搭配各种风味 培根、火腿、西芹、青葱、西洋菜、野生菌、土豆片、橙子、蜂蜜、杜松子、红醋栗、蔓越莓、威士忌、葡萄酒等。

经典食谱 烤松鸡配土豆片和西洋菜；红烧松鸡。

鹧鸪（partridge）

鹧鸪是小型的，以种子为食的鸟类，在北半球大多数草原上和农场里都有发现。灰色鹧鸪和石鸡鹧鸪比红腿鹧鸪的风味要更好一些，这些鹧鸪被广泛地饲养，然后在野外释放，供人们猎杀。幼鹧鸪的肉质为浅色，风味更加细腻，也比大个头的老鹧鸪更鲜嫩。

鹧鸪的购买 可以在秋冬季节购买到，鹧鸪一般都是整只售卖，有带有羽毛的，也有处理干净之后售卖的，有时也会有去骨的胸脯肉售卖。要避免购买到那些有瘀斑、胸脯肉被子弹打烂的鹧鸪。整只用来烘烤的鹧鸪重量大约在300克，所以在食用时，每人可以享用一只鹧鸪或者2~4个胸脯肉。

鹧鸪肉的储存 将带有羽毛的鹧鸪悬挂4~7天，然后去净羽毛和内脏。可以直接烘烤的整只鹧鸪和胸脯肉，在覆盖好之后，可以冷藏保存3天，如果冷冻，可以保存9个月以上。

鹧鸪肉的食用 如果是幼鹧鸪（用肥肉片或者培根片覆盖好胸脯肉），可以整只用来烘烤；老的鹧鸪肉可以用来炖焖。鹧鸪胸脯肉可以用来煎、铁扒、炖，或者焖。腿肉可以用来制作汤菜和熬煮高汤，或者炖熟之后与烤胸脯肉一起装盘食用。

搭配各种风味 培根、奶油、卷心菜、西洋菜、小扁豆、青葱、野生蘑菇、葡萄、柠檬、梨、温柏、红醋栗、栗子、杜松子、鼠尾草、巧克力、葡萄酒等。

经典食谱 烤鹧鸪；鹧鸪配小扁豆；酥皮鹧鸪；查尔特勒风味（chartreuse）鹧鸪；佩迪塞斯（perdices）鹧鸪。

山鸡（pheasant）

山鸡是世界上最受欢迎的禽类野味之一，目前在大多数的大陆上都能见到山鸡的身影。它们也被大量地饲养，并被释放到野外供人们猎杀。山鸡出产的时间通常是在秋冬季节。除非山鸡身上有瘀斑，否则，山鸡的肉质比许多禽类的颜色都要浅一些，与散养的鸡肉有些类似。同样，除非山鸡身上有瘀斑，否则，其风味比较柔和。要让山鸡的风味更加鲜美，可以将带着羽毛的山鸡悬挂起来进行熟化处理。

山鸡肉的购买 山鸡一般都是带着羽毛，并且传统上都是成双结对的进行售卖。目前，山鸡都是加工处理好之后进行售卖的，或者制作成烤皇冠山鸡肉，或者制作成去骨胸脯肉。要购买当季的山鸡肉，或者冷冻之后的山鸡肉。一只母山鸡重量在900克左右。一只山鸡可以供2~3人食用，或者每人食用一个胸脯肉。

山鸡肉的储存 带有羽毛的山鸡悬挂起来可以保存一周以上，然后可以去掉羽毛宰杀并去掉内脏。用来烘烤的山鸡肉和胸脯肉，在覆盖好之后，可以冷藏保存3天，如果冷冻，可以保存9个月。

从传统上讲，红松鸡肉是要带着鸡爪一起食用的。在烹调之前，将鸡爪从腹腔内拽出并清理干净，并捆绑好。

如果在胸脯上和鸡腿上遗留有太多的羽毛，在烹调之前要将它们拔除干净。

山鸡的小腿肉中带有许多细小的如同骨质般的肌肉。而大腿肉吃起来口感会更好一些。

在烘烤时，可以在胸脯肉上覆盖好肥肉片或者培根片，以保持胸脯肉的滋润。

幼小的鸟类的翅膀，如鹧鸪的翅膀通常都会去掉，因为它们的翅膀上基本没有肉。

山鸡肉的食用 如果是幼山鸡可以整只的烘烤（如果幼山鸡的肉质特别瘦，可以覆盖上培根片进行保护），肉质较老的山鸡肉可以用来炖焖。胸脯肉可以用来煎、铁扒、炖，或者焖，也可以酿馅或者不酿馅之后上烤。腿肉可以用来制作汤菜和熬煮高汤。

搭配各种风味 培根、奶油、西芹、洋葱、卷心菜、鼠尾草、苹果、酸橙、李子干、核桃仁、芥末、姜、杜松子、柿椒粉、酱油、白兰地、葡萄酒等。

经典食谱 烤山鸡；山鸡肉批；诺曼底风味山鸡；查尔特勒风味山鸡；酿馅山鸡。

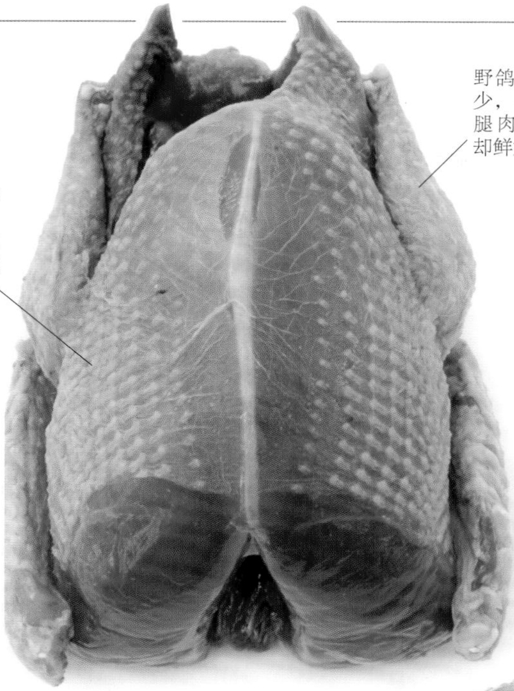

野鸽是典型的瘦肉型肉质，但是乳鸽身上会带有薄薄的一层脂肪。

野鸽腿上的肉很少，但是乳鸽的腿肉，虽然小，却鲜嫩多汁。

在烹调之前，将山鸡腿拢到一起并捆缚好，这样山鸡就会保持造型不变并能够让肉质得到滋润。

绝大部分可食用性的鸽肉来自于胸脯肉这个部位。

在胸脯肉中的主肌肉上，带有一小块可以分离开的里脊肉，与一条筋脉一起连接在胸脯肉上，在烹调时，要将这一条筋脉去掉，否则其会变得很老。

像这里这些孔洞，来自于射杀山鸡时的子弹洞。子弹或许会嵌入肌肉里面。要尽量取出这些子弹。

因为山鸡的饮食不同，每只山鸡中所含有的脂肪差别非常大。如果山鸡肉质中没有脂肪，那么在烹调的时候就要小心一些，以防止山鸡外皮变得干硬。

鸽子肉（pigeon）

鸽子的种类有成百上千种之多，在世界各地都有鸽子在飞翔。野鸽，以种子、植物和水果为食。在一些国家里被大量射杀。鸽子也被饲养用来制作餐桌美食。这类鸽子叫乳鸽，这些幼小的、农场化养殖的鸽子比起它们的野生近亲来说，肉质更肥腻一些，也更鲜嫩一些。所有鸽子的肉质都呈深红色。

鸽子肉的购买 除去受保护的那些鸽子品种以外，鸽子没有禁猎的季节性限制。从屠宰场和野生动物供货商处购买鸽子或者乳鸽。大部分都是经过加工处理好的整只鸽子或者是以胸脯肉或者皇冠鸽子进行包装售卖的。可以直接用来烤的整只鸽子肉，其重量在450克左右，一只乳鸽的重量在350克左右。一只鸽子或者2～3个胸脯肉可以供一人食用。

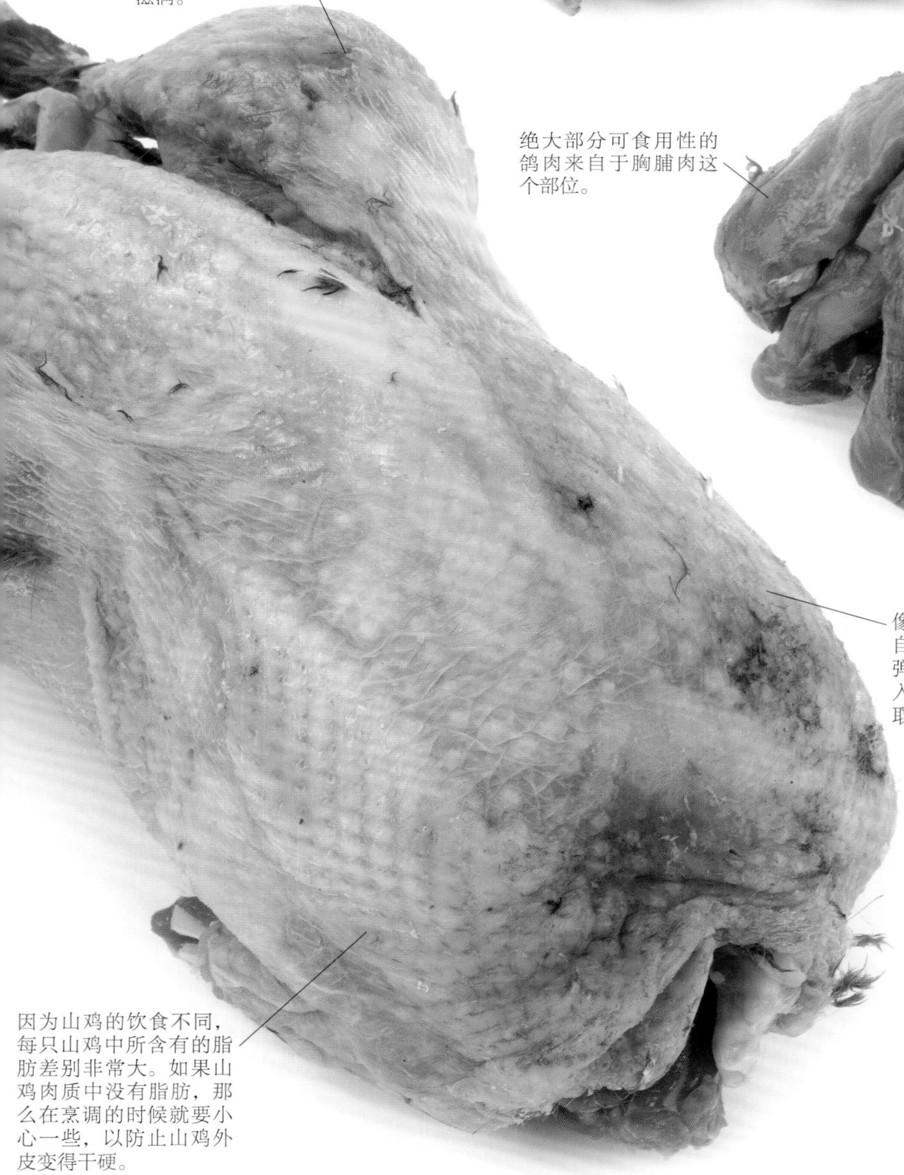

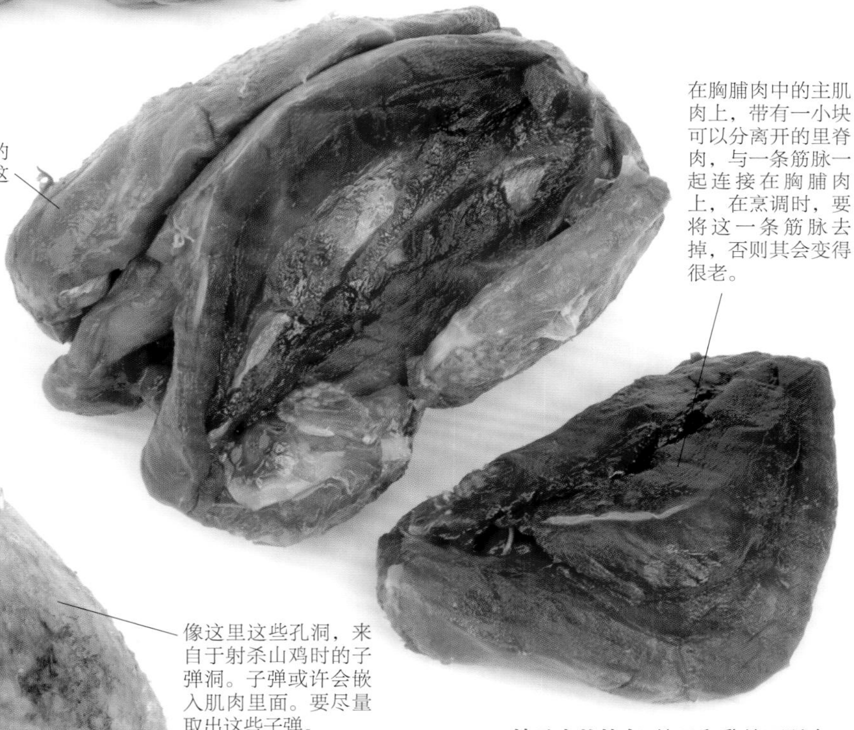

鸽子肉的储存 鸽子和乳鸽可以在冷藏冰箱内储存4天以上，要将其覆盖好，以避免肉质变得干硬。如果冷冻可以保存1年以上。

鸽子肉的食用 整只乳鸽和小鸽子可以用来烤，一般来说，鸽子制作成三成熟或者四成熟即可。老的鸽子肉可以用来炖焖。胸脯肉可以煎或者铁扒至三成熟，也可以用来炖，或者焖。鸽子腿肉可以用来制作成汤菜或者用来制作高汤，或者炖焖好之后与胸脯肉一起装盘食用。

搭配各种风味 培根、奶油、紫甘蓝、蘑菇、菠菜、辣椒、姜、大蒜、橙子、红醋栗、杜松子、巧克力、蜂蜜、酱油、红葡萄酒等。

经典食谱 摩洛哥鸽子肉馅饼；帕隆贝风味炖鸽肉；烤野鸽；茄汁炖乳鸽；开罗风味酿馅鸽子；烧乳鸽。

山鹬肉（woodcock）

山鹬主要栖息在北半球地区，但是也有一小部分生活在南部。它们主要生活在落叶树林或者针阔叶混交树林中。由斯堪的纳维亚北部地区和俄罗斯大批迁移到了欧洲和北美洲。人们普遍都清楚山鹬很难被杀死，并被认为是最美味的野生禽鸟肉类之一，特别是当山鹬与内脏和头部一起烹调时更加鲜美无比。

山鹬肉的购买 山鹬肉一般不会大批量地上市，所以需要你在冬季时通过野味供货商去订购。告知他们要带有羽毛并保留好内脏器官用来烹调，否则的话，他们会去掉羽毛并取出内脏。食用时，一只山鹬肉可供1人食用。

山鹬肉的储存 如果带有羽毛，最长可以悬挂一天，然后可以去净羽毛并取出内脏。如果要保留内脏部分，只需去掉砂囊即可。山鹬肉在完成加工，并在覆盖好之后，可以冷藏保存2天以上，如果在密封好之后可以冷冻保存9个月以上。

山鹬肉的食用 加热烹调：去骨的山鹬肉在酿馅之后，或者整只山鹬可以用来烤，或者从中间劈切开，做成山鹬扒，可以用来铁扒或者煎。如果保留着内脏器官，可以用慢火炖，然后将内脏器官制作成肝酱，涂抹到香酥的面包片上，在装盘时摆放到山鹬肉上。

搭配各种风味 培根、奶油、青葱、根芹、西洋菜、大蒜、姜、苹果、葡萄、香叶、香芹、百里香、豆蔻、酱油、马德拉酒等。

经典食谱 开胃山鹬肉；香槟酒风味山鹬。

要购买带有薄薄一层细腻的脂肪，外皮没有损伤的山鹬。

鹬鸟肉（Snipe）

鹬鸟大约有山鹬的一半大小，鹬鸟生活在沼泽地带和田野上，使用它们的长喙搜寻无脊椎动物为食。在世界各大洲都有它们的许多物种生存。鹬鸟非常难以被猎杀，而在它们的繁殖季节会通常受到保护。如同山鹬肉一样，鹬鸟肉一般也会与它们的内脏一起食用，这样烹调之后制作而成的鹬鸟肉被认为是美味佳肴。

鹬鸟肉的购买 鹬鸟在市面上不常见到，需要在冬季时节向野味供货商提前订购。如果要想将鹬鸟的内脏器官用于烹调，可以要求他们订购的鹬鸟要带有羽毛。否则供货商会去净羽毛并取出内脏器官。每1~2只鹬鸟可供1人食用。

鹬鸟肉的储存 如果鹬鸟带有羽毛，可以悬挂1天，然后去净羽毛并取出内脏器官。如果要保留内脏部分，只需去掉砂囊即可。鹬鸟肉在加工好，并在覆盖好以后，可以冷藏保存2天以上，或者在密封好之后可以冷冻保存9个月以上。

鹬鸟肉的食用 烹调：去骨的鹬鸟肉在酿馅之后，或者整只鹬鸟可以用来烤，或者从中间劈切开，做成鹬鸟扒，可以用来铁扒或者煎。如果保留着内脏器官，可以用慢火炖，然后将内脏器官制作成肝酱，涂抹到香酥的面包片上，在装盘时摆放到鹬鸟肉上。

搭配各种风味 培根、黄油、奶油、青葱、根芹、土豆、西洋菜、大蒜、姜、香叶、香芹、百里香、豆蔻、酱油、马德拉酒、白葡萄酒等。

经典食谱 开胃鹬鸟肉；铁扒鹬鸟肉。

野鸭肉（mallard）

对于所有的水鸟来说，野鸭在野生的鸭子之中是最有名，同时也是分布最广泛的种类。因为它们可以长途跋涉地进行迁移，因此在世界各地都能见到野鸭的存在。令人难以置信的是它们的祖先是家鸭。野鸭是钻水鸭，虽然它们也吃粮食作物，但是野鸭主要还是以植物和种子，以及一些甲壳类动物为食。野鸭通常会在冬季被大量射杀，它们属于长寿鸟类。乳野鸭是餐桌美食。它们的

根据饮食条件的不同，在野鸭身体上所覆盖的脂肪层厚度也各有不同。带有薄薄一层脂肪层的野鸭会对食用品质有明显的提升作用。

鹌鹑肉（quail）

我们常见的鹌鹑是中东地区和地中海地区土生土长的鸟类，但现在世界上绝大多数国家都有鹌鹑的存在。有些鹌鹑会大部队般地迁移，并且通常在春季的繁殖期内会受到保护。鹌鹑也被大量地养殖，为了食用鹌鹑肉和鹌鹑蛋。市面上见到的鹌鹑绝大多数都是养殖的。

鹌鹑肉的购买 鹌鹑不需要悬挂起来进行熟化处理。养殖的鹌鹑（以及鹌鹑蛋）一年四季都有售卖，有时候

可以去骨并酿馅。鹌鹑属于小型的鸟类（140~200克），所以作为开胃菜，每人可以享用1只鹌鹑，作为主菜，可以每人2只。

鹌鹑肉的储存 新鲜的鹌鹑肉，覆盖好之后，在冰箱内可以冷藏保存3天以上，如果冷冻保存，在密封好之后，可以保存6个月以上。

鹌鹑肉的食用烹调 通常整只的鹌鹑可以用来烤，在去骨并酿馅之后，通常会覆盖上培根片以保持鹌鹑

肉质的滋润。或者直接从中间劈开成两半，或者从中间劈切开，做成鹌鹑扒，可以用来铁扒或者炒，还可以用慢火炖。

搭配各种风味 培根、奶油、柿椒、蘑菇、松露、葡萄、温柏、樱桃、李子干、杏仁、蜂蜜、小茴香、肉桂、白兰地、白葡萄酒和红葡萄酒等。

经典食谱 酿馅鹌鹑；扒鹌鹑。

现在大部分的鹌鹑都是养殖的，鹌鹑鲜嫩的肉质颜色在野生鸟类中是最浅的。

其他野鸭类（other wild duc

种类繁多的鸭子（还有一些是杂交品种），其品种多到令人无法统计，并且遍布世界各地，从大个头的美洲家鸭，其体重可以超过5千克，到重量只有140克的小水鸭。潜水鸭的肉质（生活在河流中、河口里和海里的鸭子）有时会品尝到其肉质中带有的鱼腥味，所以，风味最好的鸭子（如野鸭、赤颈鸭和小水鸭等）通常会是餐桌上的首选。品质最优的野生鸭子仅仅在身体上带有一层薄薄的脂肪——有些鸭子身体上根本就没有——并且其肉质呈深色，所以用于那些深色肉质的野生鸟类的烹调技法会比烹调那些家鸭，更适合用来烹调这些野鸭。

野鸭类的购买 如果是小型的野鸭，要购买处理好之后的野鸭（光是拔掉野鸭的羽毛就需要很长的时间）；也有售卖成对鸭胸脯肉的。野生鸭子是在冬季出品，但是可以随时购买到冷冻的野生鸭子。如果整只用来烹调的话，每人一份可以分到450克，如果是鸭胸脯肉的话，可以按照每人份200克进行分配。

野鸭类的储存 野鸭类通常悬挂起来进行熟化处理的时间不会超过一天，潜水鸭根本就不需要进行悬挂处理。要保持整只用来烘烤的野鸭和鸭胸脯肉，在覆盖好之后，放入到冰箱内，可以冷藏保存3天以上，而如果冷冻，在密封好之后，可以保存9个月以上。

肉质是深色的，也比家鸭更瘦，根据其所覆盖的脂肪厚度和饮食习惯，风味的浓郁程度各有不同。

野鸭的购买 野鸭通常是处理好之后整只售卖的，或者以成对的胸脯肉的方式售卖。在冬季可以购买到现宰杀的野鸭肉，在其他时间内可以购买到冷冻的野鸭肉。食用时按照每人1~2个鸭胸脯肉进行分配，或者一只野鸭可供2人食用。

野鸭的储存 覆盖好之后，在冰箱内可以冷藏保存3天以上，如果冷冻，在密封好之后可以保存9个月以上。

野鸭的食用 将野鸭胸脯肉煎或者铁扒到四成熟即可，然后切割成片状装盘食用。如果是幼野鸭可以整只地用来快速烘烤，如果肉质较老，可以用来炖焖。有时候，可以将腿肉单独炖焖，并与烤胸脯肉一起装盘食用。

搭配各种风味 培根、姜、大蒜、蘑菇、洋葱、瑞典芜菁、香菜、香芹、苹果、酸橙、樱桃、红醋栗、苹果酒、红葡萄酒、酱油等。

经典食谱 酸橙风味野鸭；洋葱炖鸭肉；板鸭。

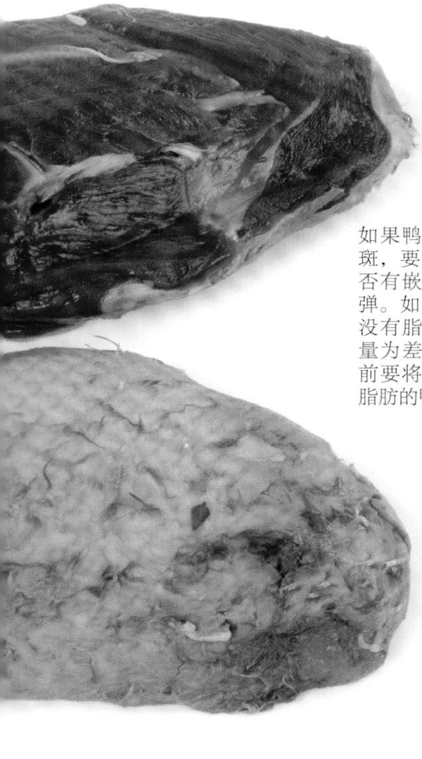

野鸭胸脯肉（mallard breast）
野鸭胸脯肉与家鸭胸脯肉相比较要小得多，也更瘦，每个胸脯肉的重量仅有115~140克。

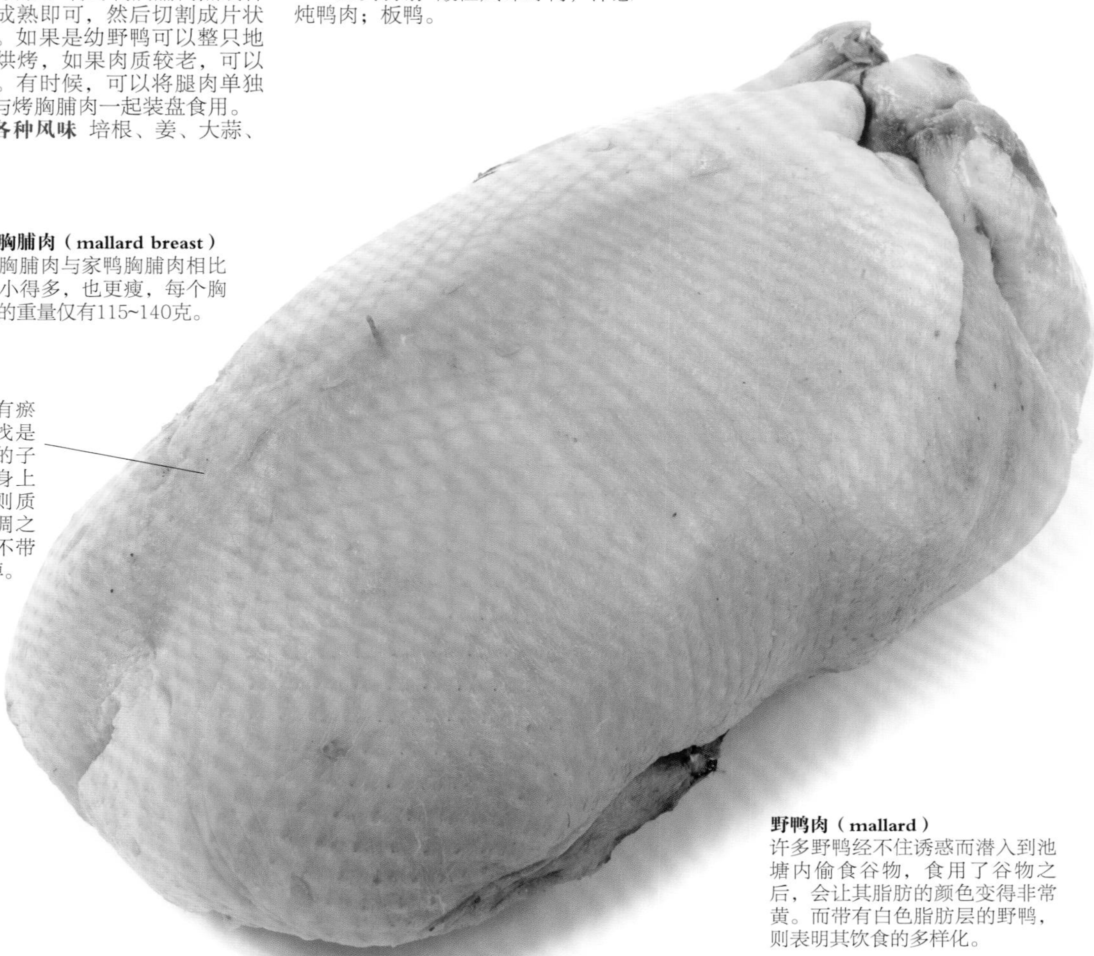

如果鸭子身上有瘀斑，要仔细寻找是否有嵌入肉中的子弹。如果鸭子身上没有脂肪层，则质量为差，在烹调之前要将这一层不带脂肪的鸭皮去掉。

野鸭肉（mallard）
许多野鸭经不住诱惑而潜入到池塘内偷食谷物，食用了谷物之后，会让其脂肪的颜色变得非常黄。而带有白色脂肪层的野鸭，则表明其饮食的多样化。

野鸭类的食用 加热烹调：将鸭胸脯肉煎或者铁扒至肉质呈粉红色，然后切割成薄片食用，鸭肉可以切成条用来炒，或者在沙司中将烤至半熟的鸭胸脯肉煨热之后食用。烤整只乳鸭至肉质呈现淡粉红色。肉质老的鸭肉和腿肉可以用来炖和焖。

搭配各种风味 培根、姜、大蒜、蘑菇、洋葱、香菜、香芹、苹果、酸橙、樱桃、苹果酒、辣酱油、雪利酒、酱油等。

经典食谱 炒鸭脯；红烧鸭肉；莫利洛黑樱桃烤鸭。

小野鸭（teal）
体型最小的野鸭之一，小野鸭的分量几乎不够一人食用，但味道却极佳。

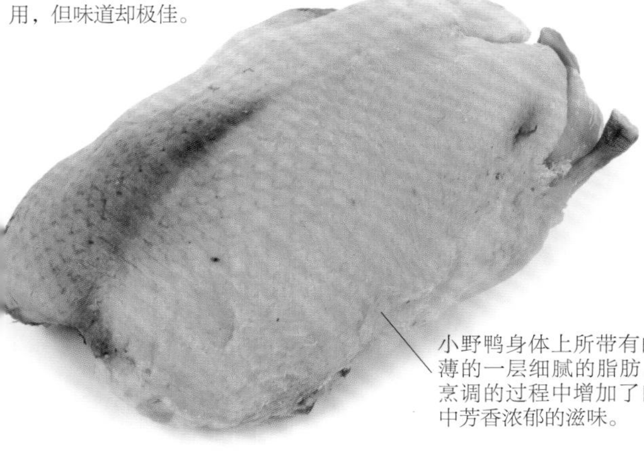

小野鸭身体上所带有的薄薄的一层细腻的脂肪，在烹调的过程中增加了肉质中芳香浓郁的滋味。

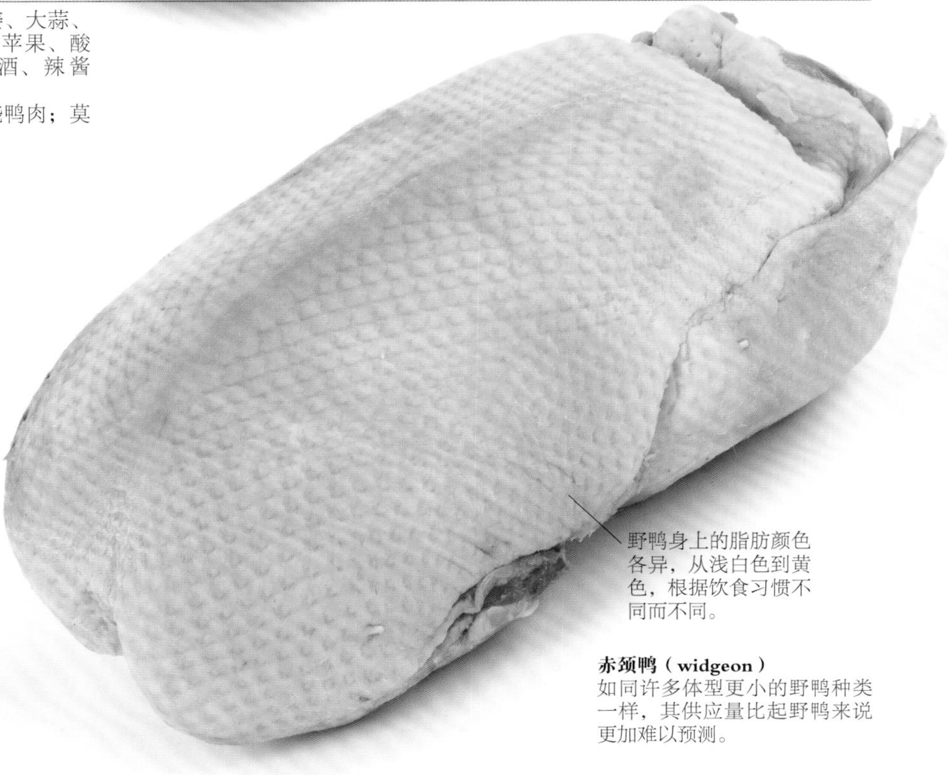

野鸭身上的脂肪颜色各异，从浅白色到黄色，根据饮食习惯不同而不同。

赤颈鸭（widgeon）
如同许多体型更小的野鸭种类一样，其供应量比起野鸭来说更加难以预测。

内脏器官概述

内脏器官，通常也被称之为"家畜下水"或者"内脏"，包含着许多的动物器官部分，其中一些是脏腑器官（肝、腰、心脏、胰腺，等等），一些是四肢（头、足、尾，等等），而另外一些则是从肉上切割下来的（骨头、脂肪、筋膜，等等）。广义上的内脏，包括入口脆硬的腰子，富含胶质而柔软丝滑的尾巴，凝乳般的脑髓，以及入口嘎吱响的软骨——而带有绒毛状的肚子与其他所有的肉类有着本质的不同。而肠子和胃可以用来制作香肠、色拉米以及布丁等。大多数内脏器官都富含各种营养素和必需脂肪酸，而脂肪的含量却非常低。

内脏器官的购买

你可以从超市内购买到那些最常见种类的内脏器官，但是要购买到最好的品种和最佳品质的内脏器官，要与肉贩交朋友。只购买那些看起来干净无污，闻起来气味清新，没有较强烈异味的内脏器官。

内脏器官的储存

一般来说，内脏器官比其他切块的肉类保质期要短得多，应该在购买之后立即进行烹调，或者冷冻保存。

内脏器官的制备

许多种类的内脏器官需要进行彻底的制备处理工作，无论是通过清洗，去掉毛发、筋膜，或者是无用的血管等，也或者是在某些情况下对内脏器官进行腌制。你可以请肉贩帮你做这些工作，或者直接购买他们制备好之后的内脏器官。

制备用来煎的腰子 如果你购买到的是整只的、没有经过处理的腰子，你需要在切割之前将其外围四周的脂肪层剥除。

1 将包裹着腰子的外围脂肪层剥离并丢弃不用，然后用冷水漂洗干净。并用厨房用纸拭干。

2 将腰子竖起摆放好，将腰子上的脂肪核切除，并拉起——这个操作步骤会将覆盖在腰子表面的一层薄膜一起去掉。

3 将剥离下来的脂肪核和薄膜丢弃不用。将还粘连在腰子表面上的脂肪斑块和所有的筋膜都清除干净。

4 根据腰子的自然形态，将腰子切割成一口即食大小的块状，然后将每一块腰子上的所有脂肪斑块去净。

鸡肝的制备 这些鸡肝需要洗净并且在煎之前要将所有的筋膜去掉。

清洗鸡肝，在清理掉绿色的斑块、筋膜，以及各种纤维之前，要先用冷的自来水漂洗鸡肝并进行挑选。使用一把锋利的刀，将这些杂质小心地切除，并丢弃不用。用厨房用纸将鸡肝拭干。

小牛肝的制备 将一大块的小牛肝切割成片状，在许多餐馆内被认为是一道美味佳肴的食材。小牛肝非常适合煎，因为在大火加热时，小牛肝非常容易成熟。

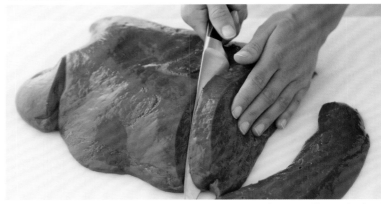

制备小牛肝时，先将所有的筋膜和动脉去掉，并丢弃不用。使用一把大而锋利的刀，将小牛肝切割成均匀的厚片。

内脏器官的加热烹调

许多传统的美味佳肴都是使用各种各样的内脏器官组合制作而成的，有一些使用的是不同种类动物的内脏器官。有一些种类的内脏器官本身就被看做是美味食物，要么是因为它们出众的原汁原味，也或者是因为某一块特别部位的出肉率非常之低。如肥肝，鸭或者鹅育肥之后的肝，是世界上最细腻和最昂贵的食物之一。有几个例外（如生的肝），这些内脏器官需要烹调至完全成熟才可以食用，不管是使用小火长时间加热成熟还是使用慢火炖熟，都要如此。但是，最近这些年来，曾经使用传统的炖或者烤（如心脏），使用的各种内脏切块，目前来看，人们更喜欢使用快速的煎这种烹调方法，将内脏如同牛排一样煎至肉质呈现粉红色即可。

鸡肝应该使用大火在锅内的热油中快速地煎（大约2分钟）。当鸡肝外面变成褐色，而内里还是粉红色之后就可以停止加热了。

肝脏（meat liver）

肝脏或许是在所有的内脏器官中最受欢迎的了。比起味道更加浓烈的猪肝和牛肝，人们更喜欢味道清淡而柔和的小牛肝和羊肝。鹿肝，尽管它们的颜色非常深，却是非常甘美而鲜嫩。

肝脏的购买 从肉店、农贸市场以及超市中都可以购买到，肝脏通常都会切成片状出售。小牛肝和羊肝比牛肝或者猪肝的颜色要浅一些。所有的肝脏闻起来味道要清新而芳香。要制作供犹太人食用的菜肴，肝脏要从符合犹太教规的地方购买（要完全制作成熟）。

肝脏的储存 要将肝脏放入冰箱内冷藏保存，并覆盖好以防止其表面变干燥。整个的肝脏可以保存2~3天，或者切成片可以保存1~2天。因为肝脏中没有脂肪，因此可以完美地冷冻储存一年以上的时间。

肝脏的食用 加热烹调：在加热烹调之前，要先将味道浓烈的猪肝或者牛肝在牛奶中浸泡一会，以增加香味。将暴露在外并且粗的血管去掉，这些血管在烹调的过程中会变老。小牛肝、羊肝和鹿肝可以炒、铁扒，或者炖。猪肝和牛肝可以炖焖，或者酿馅之后烤。可以用来制作肝酱。

搭配各种风味 培根、奶油、洋葱、大蒜、百里香、香芹、柠檬、葡萄干、白兰地、酱油、葡萄酒醋等。

经典食谱 威尼斯风味炒肝；培根炒羊肝；肝酱。

羊肝应带有鲜艳的深红色。

羊 肝（lamb's liver）
带有柔和的风味和鲜嫩的质地，切片羊肝与香脆的培根一起烹调会美味可口。一只完整的羊肝，其重量在450~675克，炖熟之后鲜美异常。

小牛肝（calf's liver）
使用牛奶喂养的小牛肝是所有肝中颜色最浅，也是最鲜嫩的肝。其质地细腻，味道鲜美，非常适合与香草，如鼠尾草或者洋葱一起炒香后食用。

将小牛肝切成薄片，可用于炒，这样就能够让其受热均匀并快速成熟。

猪肝（pig's liver）
由于猪肝的味道非常浓烈，一般会用来炖，或者用来制作肝酱，而不会直接用来煎。整个的猪肝重量在900克左右。

在烹调之前，要去掉中间位置处的白色筋膜，以及周边的薄膜。

家禽肝脏（poultry liver）

其他家禽类的肝脏，如火鸡的肝脏等，也可以食用，但是鸡肝，在目前是应用最为广泛的家禽肝脏，在每一个国家，每一种菜系中都可以寻找到鸡肝的身影。在欧洲，体型更大一些的鸭和鹅肝在育肥之后用来制作肝酱，这是一道久负盛名、备受推崇的美食。

新鲜家禽肝脏的购买 冷冻的鸡肝，以及不常见到的鸭肝和火鸡肝，都是整个的、按重量进行售卖的。要避免购买那些颜色发暗，或者有异味的肝脏。新鲜或者冷冻的肝脏，应该是带有浅浅的肉色，可以从专卖店内购买到。制作成熟的肝可以从熟肉店内购买到。

肝脏的储存 新鲜的鸡肝、火鸡肝以及鸭肝等可以在冰箱内冷藏保存3天以上。要覆盖好以避免污染到其他的食物。新鲜的鹅肝在冰箱内可以冷藏保存10天，制作好的鹅肝酱在一个凉爽的地方可以保存至少一年。

肝脏的食用加热 烹调：鸡肝、火鸡肝以及鸭肝，应该制作完全成熟后才可以食用。将它们切好之后可以与各种的风味调料一起炒熟。它们还可以用来做汤菜、制作馅料，用来给肝酱增添浓郁的风味。新鲜的鹅肝可以快速地煎好，鹅肝酱要切成片之后冷食。

搭配各种风味 培根、鸡蛋、洋葱、大蒜、松露、无花果、葡萄、葡萄干、李子干、酸辣酱、苏特恩白葡萄酒等。

经典食谱 鸡肝酱；洋葱炒鸡肝；鹅肝配白葡萄酒沙司；鹅肝酱。

新鲜的肝可以看到表面上略微有一些色差，并且要符合卫生要求。

肺（lungs）

肺，通常也叫作肺脏（lights），所有动物的肺，都可以在传统的民间烹调中使用到。目前，或许是因为动物的肺带有海绵状的质地结构的缘故，

所以，尽管有一些地区性的特产，如像苏格兰哈吉斯这样的名菜看存于世，但是，肺脏一般只在商业性的产品制作中使用，如制作香肠和布丁等产品。

肺的购买 肺脏在超市内不常见，一般都要提前预定，或者直接从屠宰场和专门的肉店内购买。

肺的储存 肺脏无法真空包装，所以一般都会装在塑料袋内直接出售。将肺连塑料袋一起放入冰箱内冷藏保存，并在购买后的2天内使用完。或者在密封好之后可以冷冻保存6个月以上。

肺的食用 首先要去掉气管和所有的软骨组织，然后用小火煮1~2个小时。待肺成熟之后，可以切成丁或者末等，用来制作汤菜，咸香风味的布丁以及香肠等。肺脏也可以切成片状，在腌制好之后，用来炭烧。

搭配各种风味 洋葱、大蒜、番茄、柠檬、杏仁、燕麦片、肉桂、多香果、胡椒、姜等。

经典食谱 苏格兰哈吉斯（haggis）；煎猪肺；香浓肺汤。

细密、银白色的筋脉在烹调之前必须去掉，因为这些筋脉在加热时会爆裂开。

心脏（heart）

心脏的质地仿若细纤维组织般的瘦肉。可以当作肌肉来使用，心脏需要小心地处理，并使用长时间加热的方式成熟，以避免其变得老硬。小牛的心脏和羊的心脏比牛的心脏要更加鲜嫩也更小一些。家禽类的心脏，通常被包含在其他的内脏器官中，深受南美人的喜爱。在斯堪的纳维亚，鹿心经过烟熏之后被风干处理。

心脏的购买 无论是新鲜还是冷藏的心脏，通常都会是整只的售卖，但是也有切成片状或丁状进行售卖的，可以从肉店、农贸市场以及超市中购买到。整只的，没有经过整理的心脏都会在顶部围绕着一些脂肪，但是在售卖时基本上都会除掉。

心脏的储存 包裹好之后要储存在冰箱内，可以储存一周以上的时间。或者将所有的脂肪全部修剪干净，并密封好，冷冻可以保存6个月以上。

心脏的食用 小号的心脏（兔心脏和家禽的心脏）可以炒，或者如同油封鸭腿般进行油封处理。大号的心脏可以切成两半，或者切成片状，用来铁扒或者煎。心脏也可以整只的用来酿馅之后烤或者炖，还可以切成丁之后炖焖。

搭配各种风味 板油、茴香、洋葱、胡萝卜、鼠尾草、青柠檬、燕麦片、胡椒、红葡萄酒等。

经典食谱 炸丸子；苏格兰哈吉斯（haggis）；妇人式小牛心脏；玉米肉饼。

腰子（kidney）

腰子带有一种好多人喜欢的，别具一格的风味。就如同其他的内脏器官一样，小牛腰子和羊腰子比其他各种动物的腰子颜色都要浅一些，并且在口感上也会更鲜美一些。当腰子在加热烹调时，其质地会变硬，颜色会呈奶油色。

腰子的购买 腰子一般可以从肉店、农贸市场以及超市里购买到。牛腰子和小牛腰子，呈簇群状的叶瓣结构，可以购买到切成片状的和丁状的腰子。其他体型较小，也更细腻幼滑的腰子通常会整个的售卖，一般都是成对的售卖。偶尔羊腰也会有未经过加工，包裹在脂肪中进行售卖的。

腰子的储存 腰子非常不容易保存，所以一定要在冰箱内储存，覆盖好，以防止其变得干燥，并在购买后的1~2天内使用完毕。或者密封包装好之后冷冻，可以保存一年以上。

腰子的食用 去净所有的银色筋膜和内部的软骨组织。小的腰子可以以纵长切成片，用来铁扒或者炒。大的腰子可以切成丁用来炒，然后配沙司一起食用，或者用来炖焖，使其滋味更加浓郁。整个的腰子可以带着本身的脂肪炖焖或者烤。猪腰子在制作成熟之后切碎，可以用在一些法式糕饼或者甜食菜肴中丰富质感。家禽腰子和兔腰子可以煎或者加入炖菜中。

搭配各种风味 奶油、蘑菇、青葱、柠檬、白兰地、芥末、白葡萄酒等。

经典食谱 香辣腰片；牛排和腰子布丁或者馅饼；炒腰片。

在进行烹调之前，要将所有老筋，软骨和筋膜等摘除干净。

羊心（lamb's heart）
重量在175克左右，羊心的肉质非常鲜嫩，至于更大一些的小牛心，其重量在750克左右。这两种心脏都可以切成片状用来炒，或者酿馅之后烤。

肚（胃，stomach）

猪和马只有一个胃，而所有的反刍动物（如牛、绵羊、山羊以及鹿等）都有四个胃。前两个胃起到肚的作用。比起后面那些质地如同蜂巢般的肚更加平滑一些，但是这些肚在经过小火长时间加热成熟后都具有柔软而耐嚼的质地。第四个胃最常见的使用方法是用作盛器来制作咸香风味的布丁，如哈吉斯等。胃部蕾丝状的

网油，通常会用来包裹在肉饼上，以及制作肉批时，铺设到肉批模具中。

肚的购买 在肉店内购买处理干净之后的肚。肚看起来应非常滋润，有一股淡淡的味道和乳白色的颜色。可以购买生的，或者预制过的，以减少自己烹调的时间。

肚的储存 要将肚存放在冰箱内温度最低的位置冷藏保存，并且要密封覆盖好，以避免对其他食物造成污染，并且要在购买之后的2天之内使用完。如果密封包装好，可以冷冻保存6个月以上。

肚的食用 可以切碎或者切成细末用来制作香肠和布丁。炖焖肚时，要先切碎或者切成片，然后用小火炖焖1～2个小时，炖焖时，可以把肚放入调好味道的肉汤中，或者为了让风味更加鲜美，可以用牛奶来炖焖肚。肚也可以用来铁扒或者煎。

搭配各种风味 火腿、牛奶、鸡蛋、洋葱、柿椒、面包糠、豆蔻、香叶、鼠尾草、芥末、丁香、姜、罗望子、香菜、小茴香、葡萄酒、苹果酒等。

经典食谱 洋葱炖肚；白酒炖牛肚；辣味肚肠；牛肚汤；哈吉斯；佛得角风味牛肚。

可以从其蜂巢状的外观进行分辨，这一类型的肚比起表皮平滑的肚，所需要烹调的时间要短一些。

厚裙肉和横膈膜肉（skirt and diaphragm）

厚裙肉和横膈膜肉也叫作腹心肉（扁平肉）或者腹肌肉，厚裙肉或者横膈膜部位的肉是一层带有小量肌肉的厚筋膜，依附于肋骨的内侧位置。尽管其较老，切面呈粗粒状，需要长时间地加热烹调才可以制作成熟，但是却能够给许多菜肴带来非常美味的，香浓的肉香味道。

厚裙肉和横膈膜肉的购买 将多余的脂肪和所有的碎骨去掉，厚裙肉或者横膈膜肉可以从大多数的肉店内作为炖汤的材料而购买到。如果厚的筋膜已经被肉店老板从横膈膜肉上切割下来，并且已经被敲打成为薄片状，肉店或者会将其当成腹心肉排出售，这个部位的肉可以用来煎。

厚裙肉和横膈膜肉的储存 要在冰箱内冷藏保存，并且要在购买之后的一周内使用完，或者密封包装好之后冷冻，可以保存6个月以上。

厚裙肉和横膈膜肉的食用 顶刀（横纹切割）切成片状，以最大限度地让肉质变得鲜嫩一些。腹心肉可以根据需要，提前腌制好，然后可以铁扒、煎，或者炒。但常见的做法是切成片之后用小火长时间炖焖成熟。也可以酿馅之后卷成肉卷用来烤或者炖焖。

搭配各种风味 酸味奶油，胡萝卜，鳄梨，洋葱，柿椒，辣椒，番茄，小茴香，阿里根奴，胡椒等。

经典食谱 墨西哥法士达（fagitas）；康瓦尔郡馅饼（cornish pasties）。

肠子在盐水中会比单纯用盐腌渍的方式更容易进行处理。

肠子（intestine）

在许多国家的传统风味菜肴中都会有用慢火烹调的猪肠这一类的菜肴，除此之外，还有几道使用牛奶喂养的幼畜，还有小牛或者小绵羊的肠制作的菜肴。大肠可以用来制作肉馅布丁，而中等粗细的肠子和小肠可以作为肠衣，用来制作香肠和色拉米。

肠的购买 新鲜的肠需要专门预定（肠的清理是一项非常耗时的工作，最好让肉店给清理好）。腌渍或者盐水浸泡肠子可以用来做肠衣，可以从肉店内，或者供货厂家那里订购，或者通过邮件从网上订购。

肠的储存 新鲜的肠要放到冰箱内冷藏保存，并在2天内使用完。用盐水浸泡的或者腌渍的肠可以在冰箱内冷藏保存6个月以上。

肠的食用 幼畜、用牛奶喂养的动物所出品的新鲜的肠子要彻底清洗干净，然后穿成肉串铁扒，或者炖焖。腌渍和用盐水浸泡的肠子，在使用前要用水浸泡一晚上的时间，然后填入

肉馅或者切碎的肉，以及肥肉制作成香肠，可以烟熏或者风干（肠衣在浸泡好之后，要在1天内使用完，否则会碎裂开）。

搭配各种风味 猪肥肉、鸡肉、牛肥肉、奶油、番茄、蘑菇、松露、大蒜、辣椒、鼠尾草、百里香、胡椒、小茴香、燕麦片等。

经典食谱 肥肠；猪肉小灌肠；香肠。

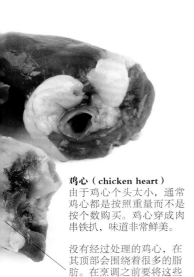

鸡心（chicken heart）
由于鸡心个头太小，通常鸡心都是按照重量而不是按个数购买。鸡心穿成肉串铁扒，味道非常鲜美。

没有经过处理的鸡心，在其顶部会围绕着很多的脂肪。在烹调之前要将这些脂肪全部清除干净。

脑（brain）

鲜嫩可口而又香味浓郁，呈乳白色质地的脑在许多菜系之中都被视为珍宝。小牛脑被认为是其中的佼佼者，然后是羊脑。所有动物的脑之间基本上没有什么大的区别。

脑的购买 脑可以从专卖店里和某些大型超市内购买到。可能需要你提前预定（牛和羊脑在受到疯牛病影响的国家里是不允许售卖的）。一般情况下，要购买最新鲜的和整个的脑，脑闻起来要有新鲜的味道，并带有一点鲜血或者血的斑块。

脑的储存 要覆盖好，放入冰箱内储存，并在购买到的当天使用完。或者密封包装好之后冷冻可以保存4个月以上。

脑的食用 先在盐水中浸泡1～2个小时使血水析出，然后用开水煮15～20分钟，捞出控净水，用重物压制定型并让其冷却，经过这样预制之后的脑，可以切成片用来炒，或者裹上面糊炸。

搭配各种风味 培根、黄油、鸡蛋、水瓜柳、柠檬、青柠檬、椰奶、香芹、肉豆蔻等。

经典食谱 黄油小牛脑；佛罗伦萨风味炸牛脑；热那亚式牛脑。

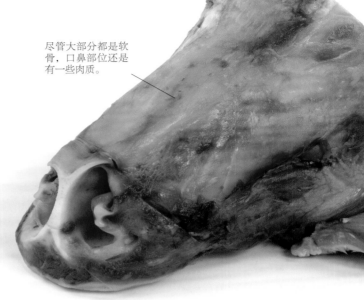

尽管大部分都是软骨，口鼻部位还是有一些肉质。

去掉脊髓，无用的部分，以及所有带有绿色的斑点，只留下两瓣干净的脑。

口鼻（头肉，muzzle）

如同耳朵一样，一只动物口鼻部位的肉是由软骨构成的，所以在厨房内，其主要用途是在制作原汁原味的肉冻时，用来增加脆嫩的质感。

口鼻部位肉的购买 口鼻部位的肉可以从专卖店内购买到（或许需要你提前进行预订）。羊的口鼻通常会带着皮毛售卖。猪的口鼻、小牛的口鼻，以及牛的口鼻一般都是去掉皮，或者烫过并去掉毛之后售卖的。

口鼻部位肉的储存 要覆盖好，在冰箱内冷藏，可以保存2天以上。如果冷冻保存，在密封好之后可以保存6个月以上。

口鼻部位肉的食用 口鼻部位肉一般都会在烹调之前先在盐水中浸泡。口鼻部位肉中的软骨组织需要长时间的、小火加热以让其成熟软化。在制作成熟之后，可以与原汤汁一起食用，或者切成片，也可以切碎之后制作成为肉冻。在一些国家的菜肴制作中，会将口鼻部位的肉与头部其他部位的肉，如舌或者耳朵，有时候会加上足蹄等一起炖焖成熟。

搭配各种风味 蔬菜沙拉、香芹、西芹、酸黄瓜、水瓜柳、丁香、姜、芥末、豆蔻、葡萄酒醋等。

经典食谱 煎醋沙司牛头肉；黑豆炖肉。

在这一端，会有两小块骨头。在烹调之后要将其去掉。

面颊和下颌肉是头部位置肉质最大最多的部位。

舌（tongue）

舌富含营养成分，因为其本身柔软、仿如能融入口般的质地，长期以来都被人们认为是一道美味佳肴。所有的舌在烹调时必须制作成熟，即便是小巧的兔舌和鸣禽类的舌也要如此。羊舌、小牛舌以及鹿舌是最鲜嫩味美的舌，牛舌的味道最为浓郁。牛舌和驯鹿的舌通常会在去皮之后腌制并烟熏。

舌的购买 舌应该购买新鲜的，看起来滋润并呈粉红色或者浅红色，也有使用盐水腌制的舌肉，颜色会更深一些。舌也可以制作成熟之后切成片当作熟食制品，而罐装的舌肉可以直接切成片食用。

舌的储存 新鲜的舌可以在冰箱内冷藏保存2天，用盐水浸泡的舌可以保存1周以上。或者无论是新鲜的还是盐水浸泡的舌都可以冷冻保存6个月以上。

舌的食用 盐水浸泡的舌需要在烹调之前先用冷水浸泡以去掉盐分。用小火加热至舌成熟，然后去掉舌皮和老皮，趁热配着沙司一起食用，或者按压好定型之后使其冷却，然后切片，与咸香口味，呈冻状的原汁一起食用。

搭配各种风味 洋葱、西芹、水瓜柳、酸黄瓜、香芹、栗子、豆蔻、芥末、辣根、酸辣酱、白葡萄酒等。

经典食谱 舌肉冻；蔬菜炖肉；牛舌配洋葱沙司；酸甜舌肉。

耳朵（ear）

尽管羊耳朵也深受人们欢迎，但是最经常食用的耳朵还是猪耳朵和小牛耳朵。耳朵需要使用小火长时间加热以使其软骨成熟。但是耳朵不会完全变软，正是其脆嫩的质地形成了别具一格的特色风味。

耳朵的购买 新鲜的耳朵可以从肉店（可能需要提前预定）购买到。耳朵无论是里外，都要清理干净，所有的毛发都应清理干净。有时候你可以购买到使用盐水浸泡的耳朵，或者预加工好的耳朵，经过这样处理之后的耳朵，可以直接用来铁扒或者煎。

耳朵的储存 将新鲜的耳朵，密封好之后，放入冰箱内冷藏，可以保存3天以上，如果冷冻，可以保存6个月以上。熟的耳朵在冰箱内，可以冷藏保存3天以上。

耳朵的食用 煮熟或者炖熟之后，可以整个食用，酿馅，或者切成片，然后趁热配香辣沙司一起食用，或者冷却之后沾上面包糠，可以烤、煎、或者铁扒。

搭配各种风味 银鱼柳、洋葱、水瓜柳、蔬菜沙拉、百里香、柠檬、芥末、豆蔻、丁香、肉豆蔻、酸辣酱、醋等。

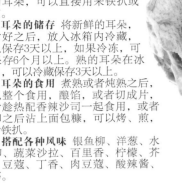

要检查耳朵清理的是否干净，所有的毛发都应清除掉，外层细膜都已经剥除干净。

头部肉（head）

头部肉在许多菜系中都是用来制作庆典类的大菜使用的，整个用来展示，或者去骨之后展示，有时候也会与足蹄一起展示，或者将眼睛作为一道美味佳肴而单独制作。由于在头部肉中包含有肌肉、脂肪，以及软骨组织，脑髓和舌，因此其肉质脆嫩，呈乳白色，纤维状质地，带有香味浓郁的复合味道。

头部肉的购买 整个的头部肉需要从肉店内订购才可以。猪头和小牛头有时候会带皮售卖，但是需要经过开水烫煮并去掉毛发。或者同羊头一样：在去皮之后劈切开成为两半售卖。小牛头也会在处理加工好之后售卖。

头部肉的储存 如果有可能的话，在购买的当日就需要加热烹调制作好，或者在冰箱内冷藏保存不超过1天的时间。头部肉还可以在盐水中浸泡保存1周以上的时间。

头部肉的食用 将头部肉用水浸泡1晚上，然后用小火长时间加热至肉完全成熟。待冷却之后，头部肉可以再烤熟，用来作为餐桌上的展示菜肴。你也可以将头部肉从骨头上剔下，与沙司一起食用，或者腌制好之后食用，或者使用原汁制作成头部肉冻食用。

搭配各种风味 鸡蛋、洋葱、芥蓝、大蒜、橙子、酸黄瓜、水瓜柳、丁香、豆蔻、小茴香、多香果、芥末、糖浆、醋等。

经典食谱 小牛头肉；腌猪头肉或者猪头肉冻；烤野猪头；玉米面肉饼；苏格兰羊头汤。

面颊肉或者下颚肉（cheek or jowl）

面颊肉或者下颚肉是所有动物头部都有的一块风味浓郁，质地稠密的肉质，这一部位的肉属于耐嚼的肌肉，肉质十分老，所以需要长时间的烹调加热，要使用小火烹调至成熟。

面颊肉或者下颚肉的购买 可以从专卖店内购买到，但是通常需要提前预定。牛和小牛的面颊肉或者下颚肉通常会售卖新鲜的并去掉皮。猪的面颊肉或下颚肉一般都是烟熏过或者经过处理的，可以直接加热烹调，有时候也会带着猪皮售卖。

面颊肉或者下颚肉的储存 将新鲜的或者生的处理好之后的肉放入冰箱内冷藏，覆盖好，可以保存4天以上，如果冷冻，可以保存6个月以上。

面颊肉或者下颚肉的食用 牛的面颊肉通常会用小火炖熟，使其香浓味美，或者用来制作腌肉或者咸香风味的馅饼。经过处理好之后的猪面颊肉在加工成熟之后，加上面包糠制作成为肉卷用来制作腌猪头肉，风味火腿，或者用来制作乡村风味汤。

搭配各种风味 培根、胡萝卜、西芹、洋葱、大蒜、鼠尾草、香叶、多香果、红葡萄酒、酱油等。

经典食谱 腌猪头肉（巴斯猪头肉）；黑豆炖肉。

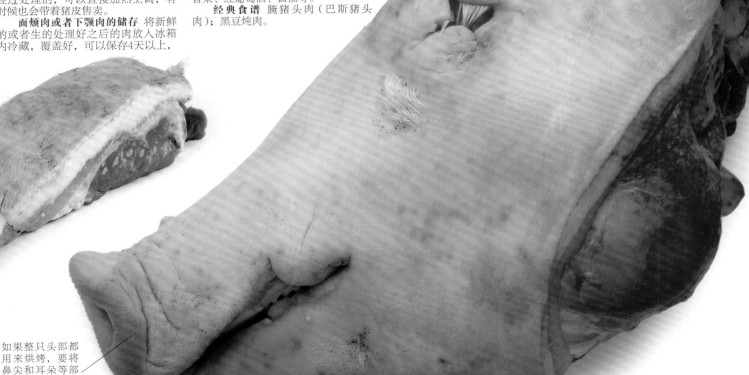

如果整只头部都用来烘烤，要将鼻尖和耳朵等部位用锡纸覆盖好，以防止将这些部位烤焦。

胰脏（sweetbread）

被认为是一种美味的食材，胰脏，包括几个腺体：胸腺，也叫作neck sweetbread（只在幼畜中有，随着年龄的增长会消失），以及胰腺。睾丸有时候也划归于胰脏类中。

胰脏的购买 胰脏可以从专卖店内购买到（或许需要提前预定）。胰脏呈浅肉色，并且没有黑色的斑点。胸腺是通过气管将两个胰脏相连成一对进行售卖的。

胰脏的储存 覆盖好，可以保存在冷藏冰箱内，要在购买之后的24小时内使用完，因为其会迅速腐坏。或者在密封好之后可以冷冻保存6个月以上的时间。

胰脏的食用 先用加有醋的酸性冷水浸泡2～3个小时，然后再用开水焯。去掉所有的筋膜和气管之类的杂物，然后可以煮熟，或者炖熟，再配沙司一起食用，也可以切成片状炒食、铁扒，或者炸熟。

搭配各种风味 奶油、黄油、西芹、水瓜柳、鸡油菌、柠檬、贝夏美沙司、豆蔻、芥末等。

经典食谱 田园式小牛胰腺；珀林斯娜（pollensina）风味胰腺。

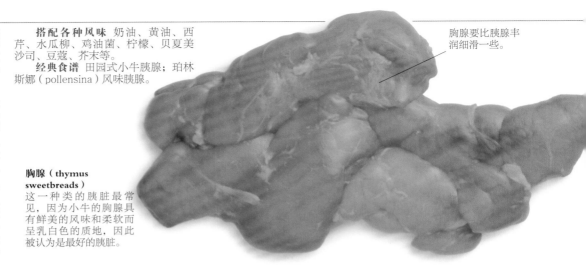

胸腺要比胰腺丰润细滑一些。

胸腺（thymus sweetbreads）
这一种类的胰脏最常见，因为小牛的胸腺具有鲜美的风味和柔软而呈乳白色的质地，因此被认为是最好的胰脏。

胰腺（pancreas sweetbreads）
牛的胰腺要比小牛的胰腺大一些，味道也会略微差一些。

环绕在胰腺四周的筋膜在烹调之前要清除干净，就如同图示的一样。

脾脏（melt，spleen）

脾脏是位于肠道附近的海绵状器官。在烹饪中一般称之为melt，或者milt。其口味有点如同腰子。通常取之于牛、小牛或者猪身上，除了用来制作商业化产品以外，脾脏的食用不是很广泛。但是有一些传统名称会使用到脾脏。

脾脏的购买 脾脏需要从肉店或者专卖店里预定。

脾脏的储存 要放入冰箱内冷藏保存，并覆盖好，在购买后的24小时内使用完。或者密封好之后可以冷冻保存6个月。

脾脏的食用 可以单独或者与其他的内脏器官一起，用小火加热成熟，并搭配香浓的葡萄酒沙司佐餐食用，或者用来给炖焖菜肴、酿馅菜肴增加香浓的风味，也或者用来制作肝酱、肉丸子，或者香肠等菜肴。在西西里岛，其制作方法是切成片后，炸熟并与干酪一起卷起食用。

搭配各种风味 乳清干酪、大蒜、香菜、柠檬、多香果、肉桂、小茴香、马德拉葡萄酒、葡萄酒醋等。

经典食谱 加斯特尔（Guastelle）。

脾脏的颜色会呈深红色，猪和牛的脾脏要比小牛的脾脏颜色要更深一些。

胗（gizzard）

　　胗（胃）与颈、心、肝以及足蹄等器官，一起组成了禽鸟类的内脏器官。因为胗的功能是禽鸟类用来消化食物的，因此其肉质非常老，但是其风味绝佳，常用来制作高汤和汤菜。

　　胗的购买　胗通常会包含在其他的内脏器官内，但是也可以单独购买。单个的胗只比心略微大一点，所以需要几个在一起才能够凑够一份菜肴的用量。鸭和鹅的胗可以腌制好之后装入罐内或者瓶内。

　　胗的储存　新鲜的胗可以在包裹好之后，放入冰箱内，冷藏保存3天以上。如果还没有进行清理，可以将胗切成两半，去掉砂砾和内部厚的那一层筋膜，然后清洗干净。

　　胗的食用　用慢火加热可以制作成高汤用来制作汤菜。要制作油封胗，可以先用盐腌制一晚上，然后用小火在家禽油脂中加热使其成熟。还可以在风味高汤中用小火加热成熟或者炖熟，用来做馅饼的馅料和炖焖的材料。

　　搭配各种风味　鸡蛋、香菜、大蒜、青葱、橙皮、姜、八角、白葡萄酒、米酒、酱油等。

　　经典食谱　油封胗；酿馅鹅胗；禽杂汤；炖禽杂。

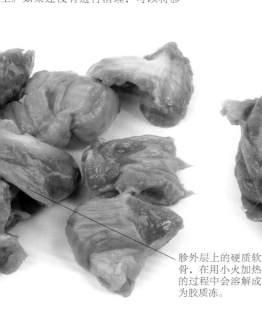

胗外层上的硬质软骨，在用小火加热的过程中会溶解成为胶质冻。

禽爪（poultry feet）

　　禽爪（鸡爪、鸭爪以及鹅爪）在西餐烹调中一般是不使用的，但是它们带有脆嫩、凝胶的质地，在中餐烹调中非常受欢迎。在中东烹调中也会用到。

　　禽爪的购买　鸡爪最容易购买到，接下来是鸭爪。在肉店内或者中餐食品店内，可以购买到新鲜的和冷冻的禽爪（会与内脏器官一起售卖，或者单独售卖）。除了养殖的鹅之外，鹅爪不经常见到。如果可能的话，要避免购买没有清洗过的禽爪，因为这样的禽爪会对其他食物造成污染。

　　禽爪的储存　如果购买到的禽爪没有经过清理，那么就要彻底清洗干净，并用开水烫过，以杀菌消毒，然后进行储存，盖好之后，放入冰箱内可以冷藏保存3天以上。

　　禽爪的食用　禽爪需要使用长时间的小火加热的方式使禽爪中的软骨组织软化成熟。在禽爪制作成熟之后，可以将皮和骨去掉，有时候禽爪在制作成熟之后会非常柔软，以至于禽爪可以整个连骨头一起食用。禽爪可以炖焖、复炸，或者切碎之后放到用原汁制作而成的肉冻中。

　　搭配各种风味　大蒜、青葱、水瓜柳、香芹、柠檬、橙皮、姜、八角、酱油、米酒等。

　　经典食谱　罐焖凤爪；凤爪。

在禽爪中的软骨组织会产生出胶质，会让炖煮禽爪的原汁凝结并凝固。

家禽脖（poultry neck）

　　家禽脖上的皮尽管有时候也会用到，但是通常都会去皮之后售卖，并且当做是内脏器官的组成部分（与心、肝、胗以及爪等一起）。在家禽脖上有一些肉质，但是很难取下，所以，一般都会将家禽脖加入汤锅中熬汤。

　　家禽脖的购买　在你购买一只禽鸟时，其脖子一般都会包括在内脏器官中，但是家禽脖也可以单独购买到，从中餐食品店里，或者清真食品店里均可。新鲜的鸭脖和鹅脖会在养殖它们的地区购买到。罐装的，酿馅的鸭脖和鹅脖可以直接从熟食店内购买到。

　　家禽脖的储存　将新鲜的家禽脖，覆盖好之后保存在冰箱内，可以冷藏保存2天。或者冷冻保存6个月。

　　家禽脖的食用　为了改善风味，可以先将去皮之后的家禽脖烤或者铁扒上色，然后再用小火熬煮制作成高汤，用来制作汤菜。

　　搭配各种风味　鹅肝、大蒜、葱头、百里香、香叶、柿椒粉、辣椒、香菜、玉米面、面条、白兰地等。

　　经典食谱　酿馅鹅脖；鸡脖面条汤。

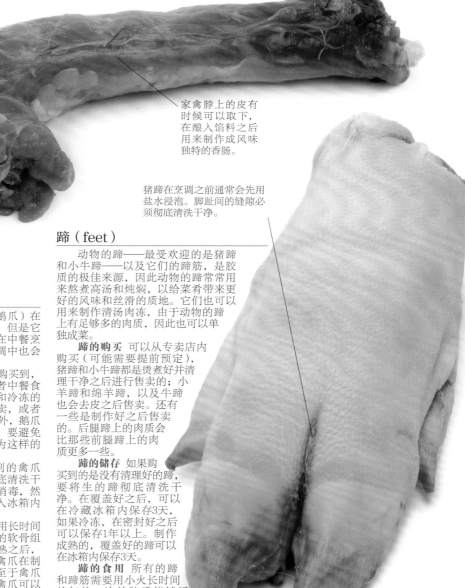

家禽脖上的皮有时候可以取下，在酿入馅料之后用来制作成风味独特的香肠。

猪蹄在烹调之前通常会先用盐水浸泡。脚趾间的缝隙必须彻底清洗干净。

蹄（feet）

　　动物的蹄——最受欢迎的是猪蹄和小牛蹄——以及它们的蹄筋，是胶质的极佳来源，因此动物的蹄常常用来熬煮高汤和炖焖，以给菜肴带来更好的风味和丝滑的质地。它们也可以用来制作清汤肉冻，由于动物的蹄上有足够多的肉质，因此也可以单独成菜。

　　蹄的购买　可以从专卖店内购买（可能需要提前预定），猪蹄和小牛蹄都是烫煮好并清理干净之后进行售卖的；小羊蹄和绵羊蹄，以及牛蹄也会去皮之后售卖。还有一些是制作好之后售卖的。后腿蹄上的肉质会比那些前腿蹄上的肉质更多一些。

　　蹄的储存　如果购买到的是没有清理好的蹄，要将生的蹄彻底清洗干净。在覆盖好之后，可以在冷藏冰箱内保存3天，如果冷冻，在密封好之后可以保存1年以上。制作成熟的蹄，覆盖好的可以在冰箱内保存3天。

　　蹄的食用　所有的蹄和蹄筋需要用小火长时间的加热，让其胶质能够缓慢释放出来，并将软骨组织软化。在用小火长时间加热使其成熟之后，可以沾上面包糠之后铁扒，或者去骨之后，酿入馅料，并重新加热成熟；或者将蹄肉切碎之后与熬煮蹄的原汁一起制作成肉冻。

　　搭配各种风味　洋葱、大蒜、西芹、胡萝卜、香叶、香芹、松露、水瓜柳、柠檬、芥末、姜、小扁豆、塔塔沙司、醋等。

　　经典食谱　铁扒猪蹄；圣·蒙哈德风味猪蹄；意大利猪蹄香肠；希腊风味羊杂汤；小牛蹄肉冻。

在使用小火炖煮之前，如果先将骨头进行上色处理，那些粘连在骨头上的肉质就会给高汤增添浓郁的色彩。

骨头（bone）

　　动物的骨头和家禽类的骨架可以给高汤、汤菜、炖焖菜肴，以及沙司等添加胶质的成分，让它们的风味变得更加浓郁，并带来极佳的口感。因为牛骨和小牛骨中包含有骨髓，在一些国家被认为是非常珍贵的美味佳肴。

　　骨头的购买　家禽类的骨架在肉店里有售，有时候会与内脏器官一起售卖。牛骨、羊骨和猪骨，也可以从肉店内购买到，还可以从农贸市场内买到，或许你需要提前进行预订。所有新鲜的骨头应该闻起来有肉香味。猪的肘骨也有烟熏后售卖的。

　　骨头的储存　所有的骨头都要在冰箱内冷藏保存。鸡架要在购买到的当天就使用完。肘骨和带骨髓的骨要在2天之内使用完，或者在密封包裹好之后，可以冷冻保存4个月以上的时间。

　　骨头的食用　制作高汤、汤菜以及咸香风味的肉冻，先要将骨头上色，然后用小火加热熬煮出其胶质成分（家禽骨架要使用慢火加热，以避免高汤变得浑浊）。要取用骨髓，可以将腿骨烤或者煮，然后将骨髓用勺挖出。

　　搭配各种风味　培根、西芹、洋葱、胡萝卜、水瓜柳、香芹、香叶、百里香、柠檬等。

　　经典食谱　牛肉清汤；烩牛膝；米兰式烩饭。

尾巴（tail）

　　在西方国家，动物身上最受欢迎的这一个最末端部位就是味道浓郁、肉质饱满的牛尾。更小一些的猪尾，尽管肉质不多，但也可以食用。绵羊肥腻的羊尾因为其独具特色的褐色脂肪在中东被视为珍宝，而亚洲的鹿尾被中医用来制作成药膳鹿尾汤。

　　尾巴的购买　牛尾的使用最为广泛，从2~12厘米直径的各种切块都有售卖。猪尾需要提前到专卖店里预定。肥尾羊可以从中东和亚洲的肉店内购买到，也可以从清真专卖店内购买。

　　尾巴的储存　牛尾或者猪尾，在覆盖好之后，可以在冰箱内储存4天以上，如果冷冻，则可以储存超过6个月以上。肥尾羊可以冷冻保存4个月以上。

　　尾巴的食用　因为尾巴需要慢火长时间的加热以使其软韧组织能够分解，并带来丝滑般的质地，因此，牛尾和猪尾可以用在香浓的炖菜和汤菜中。制作成熟之后的猪尾，可以沾上面包糠铁扒至香脆。肥尾羊尾可以生食或者制作成为独具一格的风味菜肴。

　　搭配各种风味　培根、西芹、防风根、胡萝卜、芜菁甘蓝、洋葱、胡椒粒、肉豆蔻、小茴香、多香果、芥末、红葡萄酒、酱油等。

　　经典食谱　炖牛尾；牛尾汤；肉烧豆。

牛尾被一圈淡黄色的脂肪层环绕着，在炖焖牛尾的时候，这一圈脂肪可以让菜肴带有别具一格的风味。

肉皮和脂肪（skin and fat）

　　肉皮和家禽的皮，不管是煮熟之后的鲜嫩多汁，也或者是经过炸或烤之后的香脆可口，其味道都会让人喜爱。如"吱吱响"的英式烤脆皮猪肉。动物肉中的脂肪可以让瘦肉在烹调加热的过程中保持肉质的滋润，并且可以提炼出用来炸、烤时使用的油脂，如猪油，烤肉时脂肪融化后滴落下来成为油汁，以及可以制作出适合犹太食品使用的家禽油等。

　　肉皮和脂肪的购买　猪皮，带有一层脂肪和胎膜，家禽颈部的肉皮可以用来酿馅，肉皮和脂肪可能需要你从肉店内专门预定。

　　肉皮和脂肪的储存　如果肉皮和脂肪上没有带有肉质，新鲜的脂肪可以在冰箱内储存，密封包装好之后可以储存1~2个月，而如果冷冻，可以保存4个月以上。脂肪上面如果带有肉质，如同新鲜的肉皮一样可以在冰箱内冷藏保存1周以上。

　　肉皮和脂肪的食用　切碎之后的肉皮可以煎或者烤至香脆，或者用小火加热后，用来制作腌肉，或者其他可以冷食的肉类菜肴。脂肪可以通过在烤箱内用低炉温烘烤的方法将油脂析出。可以将瘦肉和禽鸟类覆盖上大片的肥肉，或者在烘烤之前在瘦肉中酿入脂肪条。网油可以用来覆盖到小肉饼上或者铺设到肉批模具上。

　　搭配各种风味　青葱、香菜、柠檬、青柠檬、盐、辣椒、胡椒、姜、酱油、米酒等。

　　经典食谱　凉拌猪皮；法式小灌肠；煎鸡皮；炸猪皮。

炖牛尾（braised oxtail）

　　这道传统的英式菜肴滋味浓郁而丰厚。为了让滋味更加突出，可以提前一天制作好。

供4人食用

1.5千克牛尾，切成大块

普通面粉，用来沾牛尾并挂糊

盐和现磨的黑胡椒粉

3~4汤勺烤牛肉滴落的油脂或者植物油

1大个洋葱，切碎

1大个胡萝卜，切成块

1长梗西芹，切成块

1大个防风根，切成块

85克芜菁甘蓝，切成块

750毫升牛肉汤或者水

150毫升红葡萄酒或者波特酒

一束新鲜的混合香草（香叶、百里香、香芹、迷迭香）

土豆泥，配菜用

1　将烤箱预热至160℃。将牛尾块在拌有大量黑胡椒粉的面粉中滚过，在牛尾上挂上薄薄一层调味面粉。在一个大号厚底的耐热砂锅内加热融化油脂或者植物油，将牛尾均匀地煎上色（可以分批煎）。取出放入一个餐盘内。

2　将蔬菜也在面粉中拌过，然后也在砂锅内煎上色（根据需要，可以加入更多的油）。在砂锅内倒入600毫升的高汤，将粘连在砂锅底部所有的残渣全部铲起，并加热，让它们溶解在高汤中。

3　将牛尾加入砂锅中。倒入葡萄酒，将香草束浸入高汤中。盖上锅盖并盖好。加热烧开，然后放入烤箱内烘烤2.5~3个小时。烤好之后从烤箱内取出，让其冷却，然后冷藏保存一晚上的时间。

4　第二天，取出之后将漂浮在表面的油脂去掉，加入剩余的高汤。用180℃温度的烤箱再烤30分钟。趁热配土豆泥一起食用。

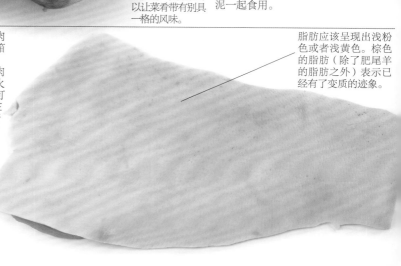

脂肪应该呈现出浅粉色或者浅黄色。棕色的脂肪（除了肥尾羊的脂肪之外）表示已经有了变质的迹象。

在加工香肠的时候使用天然油脂和各种香料对原材料进行腌制，在香肠加热成熟时其滋味就会得到充分释放，从而变得芳香扑鼻，带有一种香味浓郁、别具一格的风味。

培根（bacon）

培根是猪肉用盐腌制（干盐腌制或者盐水腌制），然后通常会经过烟熏制作而成。长期以来都是为了保存猪肉而采用的一种方式。各个国家和不同的地区之间都开发出了具有自己特色品种的猪，以及使用各种不同的切割部位来腌制培根——腹部，脊背，以及腰肉——并且会采用不同的腌制技法。没有经过烟熏或者"绿色"的培根带有浅粉红色的肉质，以及白色的脂肪。而经过烟熏之后的培根颜色会更深一些。鸡、火鸡、鸭、山羊、羔羊，牛肉有时候也会进行腌制，并且作为"培根"售卖。

培根的购买 培根一般都会切成片状，并按照称重进行售卖，培根可以从肉店或者超市内购买到，并且一般都会是真空包装好的。

培根的储存 没有打开包装的培根，在冰箱内可以冷藏保存几周的时间。如果冷冻则可以保存2个月以上。一旦打开包装，就要放入到冰箱内冷藏保存，并且要在一周之内使用完。

培根的食用 将铁扒、煎，或者烤好的切片培根与鸡蛋，鸡肝，或者鱼肝等内脏器官搭配，可以用来制作三明治，或者将培根撒到沙拉上面。或者切成丁与其他各种原材料一起烹调，用来制作意大利面条所需要的沙司，培根也可以用来制作酿馅材料，汤菜和砂锅菜肴，以及咸香风味的馅饼等。

搭配各种风味 鸡肉、腰子、肝、油性鱼和白鱼，鲜贝、大虾、干酪、菜花、土豆、番茄、鳄梨等。

经典食谱 洛林乳蛋饼；培根生菜番茄三明治；小牛肝和培根；英式培根苹果馅饼；主妇式蛋卷。

脊背培根（back bacon）
采用腰背部位的肉制作而成，而脊背肉是培根中肉质最瘦的肉质所在的位置，通常可以铁扒或者煎熟之后搭配早餐的鸡蛋或者用来制作三明治。中部培根，来自于脊背中间部位的肉，带有一块眼睛形状的瘦肉。

烟熏五花肉培根（smoked streaky bacon）
来自腹部的五花肉切片培根，肥肉和瘦肉分层搭配的非常匀称，俗称五花肉，它们非常适合覆盖到鸡肉或者火鸡肉的胸脯上，在烘烤的过程中能防止这些部位的肉变得干燥。

威尔特郡风味培根（Wiltshire cure bacon），这是一种一般会使用盐水腌制法来大批量制作的培根，将盐水注射进肉中并将肉完全浸泡到盐水中进行腌制。这是因为这种腌制的方法制作出的培根，相对采用干盐腌制法腌制的培根来说，其风味更加柔和而均匀。

威尔特郡风味培根通常会带着皮售卖。在加热烹调时，其脂肪会完全熔化，只留下香脆而美味的肉质。

美式培根（American bacon）
来自于肥腻的腹部的肉，美式培根常要经过烟熏。在制作成熟之后，根中的油脂会完全熔化，培根会得非常香脆。被称之为"加拿大根"，它带有腰肉组成的肉眼，被为是比较瘦的培根。

腌肥肉（lardo）
意大利风味培根，使用香料和香草在木桶中用盐水腌制的背部肥肉——在意大利卡拉拉，使用的是大理石容器——腌肥肉具有丝绸般细腻的质地和美妙绝伦的风味。在意大利最经典的做法是将腌肥肉摆放到酥脆的面包上，制作成开胃菜享用。

经过腌制和长时间的风干之后，中式培根的颜色会呈现出红褐色。

腊肉（lap yuk）
照字面翻译，其意思是"蜡肉"（w. meat），这一种风味浓郁的中式培根，使猪的腹部肉，加上中式风味香料进行腌制然后风干制作而成。在使用时，通常会切用来给其他菜肴增添风味。

埃尔郡腌制的独具特色的培根（Ayrshire cure bacon） 这种采用苏格兰方式腌制的培根，将猪皮去掉，制作出不带猪皮的培根。这样可以让使用干盐法腌制的，涂抹在猪肉上的盐能够渗透到肉中，并且根据腌制的时间不同，可以制作出风味非常浓郁的培根。

干腌制法制作的培根（dry cured bacon）
采用干腌制法腌制的培根起与盐水腌制的培根，含有的汁液要少得多。并在烹调的过程中也不会流出乳白色的汁液。干盐腌法，使用的某些材料包括草类、香料类、糖，以及他各种风味调料。

使用干盐法腌制的培根，通常会比采用盐水腌制的培根，肉质更硬，颜色也会更深一些。

洛林乳蛋饼（quiche lorraine）

这道著名的法式咸香风味馅饼，在质地细腻嫩滑、香味浓郁的蛋奶馅料中，加入了口感香脆、风味咸香的培根来增添风味。

供 4 ～ 6 人食用

制作馅饼面团用料

225克普通面粉

115克黄油，切成丁

1个蛋黄

制作馅料用料

200克五花肉培根

1个洋葱，切成细末

75克古老也干酪，擦碎

4个鸡蛋，搅散

150毫升奶油

150毫升牛奶

现磨的黑胡椒粉

1 制作馅饼面团，将面粉和黄油一起放入食品加工机内，快速搅拌至面粉和黄油一起形成细小的颗粒状。再加入蛋黄和3～4汤勺的冰水，再次快速搅拌成一个光滑的面团。取出放置到一个撒有面粉的工作台面上，略微揉搓之后，盖好，放入冰箱内冷藏松弛至少30分钟的时间。同时将烤箱预热至190℃。

2 在一个撒有薄薄一层面粉的工作台面上，将面团擀开成大片状，铺设到一个23厘米大，4厘米深的馅饼模具中。在底部戳出一些孔洞，然后铺上油纸，并放入焗豆（baking beans——焗豆，空烤馅饼面皮或者抟皮时，用来压住面皮，使其不变形用的，又称为压盘石，或烤石——译者注），放入烤箱内烘烤12分钟。去掉油纸和焗豆后，再继续烘烤10分钟，或者一直烘烤至馅饼面皮呈淡金黄色。

3 与此同时，将一个大号煎锅加热，加入培根煎3～4分钟。再加入洋葱煸炒2～3分钟。将煸炒好的洋葱和培根撒到馅饼面皮的底部。再撒入古老也干酪。

4 将鸡蛋、奶油、牛奶以及胡椒粉搅拌均匀。倒入馅饼面皮中。将馅饼模具摆放到烤盘里，放入烤箱内烘烤25～30分钟，或者一直烘烤至馅料呈现金黄色并且刚好全部凝固定型的程度。取出略微冷却之后，切成片状趁热上桌即可。

意大利烟肉（pancetta）

意大利烟肉使用的是猪的五花肉，采用干盐法腌制，然后再风干大约12周的时间。一般情况下不需要经过烟熏，但是会使用香草类、香料类，以及大蒜等调味料来增强腌制时的风味。五花肉会在铺平之后腌制，或者卷起后腌制。起源于意大利的意大利烟肉，在意大利各个地区的腌制技法各不相同，现在意大利烟肉在世界各地都有出品，并被厨师当成非常实用的食材。

意大利烟肉的购买 可以从超市内购买到切成片状或者了状并包装好的意大利烟肉。或者从意大利风味熟食店内购买到现切好的意大利烟肉。

意大利烟肉的储存 带着包装可以放入到冰箱内冷藏保存几周的时间。如果是从熟食店内购买到新鲜的意大利烟肉，在经过宽松一些的包装之后，要放入到冰箱内，可以冷藏保存一周的时间。

意大利烟肉的食用 可以在制作意大利面条沙司时使用，撒到比萨上，砂锅焖豆里，以及用来制作意式调味饭，还可以用来做汤，可以用来包裹着鱼肉和禽类用来铁扒等。切成薄片

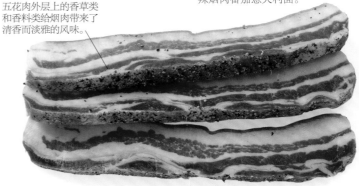

五花肉外层上的香草类和香料类给烟肉带来了清香而淡雅的风味。

并卷曲起来的意大利烟肉可以当作开胃菜食用。

搭配各种风味 帕玛森干酪、芦笋、番茄、辣椒等。

经典食谱 白汁烟肉意大利面；香辣烟肉番茄意大利面。

腌火腿或火腿（gammon or ham）

在世界各地，猪后腿肉都会用来腌制（以前一般都是采用干盐腌制法，但是目前更常用的做法是使用盐水腌制）并进行熟化处理，然后或者再经过烟熏。在英国，gammon 这个单词就是指的采用这样的方式腌制的猪肉。尽管更通俗的叫法是ham。

腌火腿或火腿的购买 没有经过烹调的腌火腿可以购买到预包装好的，或者直接从肉店中购买到厚的切块或者肉排状的腌火腿，或者直接购买带骨或者不带骨的大块腌火腿。也有制作好的可以直接热食或者冷食的熟腌火腿肉。

腌火腿或火腿的储存 没有打开包装的腌火腿可以放到冰箱内冷藏保存几周的时间，或者冷冻保存2个月以上的时间。一旦打开包装，就要放到冰箱内冷藏保存，并且要在一周之内使用完。

腌火腿或火腿的食用 如果盐味比较重，需要在烹调之前多更换几遍水进行浸泡。大块的腌火腿可以在烤好或者使用小火煮熟之后搭配上沙司趁热食用，或者搭配沙拉冷食，或者用来制作三明治。厚腌火腿片和腌火腿排可以煎、铁扒或者炖焖。

搭配各种风味 鸡蛋、菠萝、水果脯、芥末、丁香等。

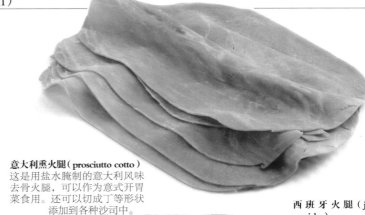

意大利熏火腿（prosciutto cotto）

这是用盐水腌制的意大利风味去骨火腿，可以作为意式开胃菜食用。还可以切成丁等形状添加到各种沙司中。

西班牙火腿（jamon cocido）

在西班牙，去骨之后用盐水腌制的火腿有时候会放置到模具中烤熟，或者煮熟之后再售卖。可以切成片状作为头盘食用或者用来制作面包卷。

史密斯菲尔德火腿（smithfield ham）

被认为是北美地区最好的"乡村风味"火腿，产自于美国弗吉尼亚州史密斯菲尔德，这是采用干盐法腌制的，并经过浓烟熏制的火腿。通常会被烤熟或者煮熟后食用。

巴黎火腿（jambon de paris）

也叫作白肉火腿，在法国最常见的用盐水腌制的去骨火腿。通常会在煮熟之后售卖。可以切片之后搭配芥末一起食用。

巴黎火腿肉质鲜嫩，色泽发白。

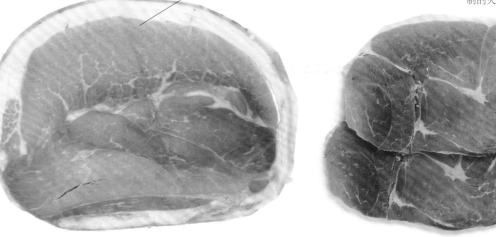

腌火腿或火腿（gammon or ham）

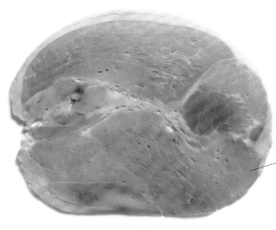

弗吉尼亚火腿（Virginia ham）
使用传统的干盐腌制法进行腌制，然后一般情况下会经过烟熏并进行2~3年的熟化处理，弗吉尼亚火腿通常会带有糖或者蜂蜜的甘甜风味。可以整只的当作火腿进行售卖，或者切成片售卖，基本上都要制作成熟，并且可以即食。

经过长时间熟化处理之后的最佳火腿会呈深肉色。

约克火腿（York ham）
尽管传统的约克火腿是使用干盐腌制法进行腌制的，但是现在差不多都会采用盐水腌制法进行腌制，然后再经过烟熏处理。约克火腿肉质鲜嫩而风味柔和，可以预制好之后售卖，也可以在购买之后煮熟或者烤熟后食用。约克火腿有带骨或者去骨之分。

品质最佳的-法式卷肘火腿中带有优质的瘦肉，存在于瘦肉之中的软骨也是最佳品质的组成部分。

法式卷肘火腿（jambonneau）
制作法式卷肘火腿，需要将在淡盐水中腌制的猪肘煮熟，并且通常会在去掉猪骨之后裹上面包糠售卖。其柔和的风味使其非常适合用来制作成头盘中的冷切肉，或者作为野餐时候的美味。

德国猪肘的表面一般情况下都会全部覆盖一层肉质松软的脂肪，这一层脂肪可以用来增强其风味的浓郁程度。

经典食谱（classic recipe）

蜜汁烤火腿（honey-roast ham）

深受英国人喜爱的菜式，趁热食用时可以作为一道大餐，而作为冷切肉食用时，可以在沙拉、三明治以及汤菜中使用。

供 12 ~ 15 人食用

3千克腌火腿，根据需要确定去掉盐分时所需要浸泡的时间（可以询问肉店）

2根西芹梗，切碎

2根胡萝卜，切碎

1个洋葱，切碎

香草包，8粒胡椒，2片香叶，4枝新鲜的百里香，几根香菜梗，12~16粒丁香，所有这些材料用一块棉布包好系紧

多预备出一小把丁香粒

4汤勺蜂蜜

1.5汤勺英式芥末

1 将火腿、蔬菜以及香草包一起放入一个大号的锅内。加入没过火腿的冷水。加热烧开，然后改用小火加热大约1.75个小时。

2 将煮好的火腿捞出摆放到一个菜板上，去掉蔬菜和煮火腿的汤汁。将烤箱预热到180℃。

3 将火腿上的猪皮去掉，保留一层光滑的脂肪。用一把锋利的刀在火腿上进行刻划，先顺着一个方向平行刻划，然后再沿着另外一个方向平行刻划，最后刻划出一些均匀的菱形块造型。

4 在菱形块的脂肪中间插入丁香粒，按照在每一个菱形块中间插入一粒丁香的方式将丁香粒插好。将制备好的火腿放入烤盘内。将蜂蜜和芥末一起混合好，然后均匀地淋洒到脂肪上。

5 放入烤箱内烘烤大约45分钟，期间将烤盘内滴落的汁液浇淋到火腿上几次，直到将火腿烘烤至呈暗金色。可以趁热食用，或者等其冷却之后放入冰箱内，可以保存一周以上的时间。

其他用盐腌制的肉类（other salt cured meats）

绝大多数腌制的肉类都是使用猪肉腌制的，但是在世界上的许多地方，其他种类的一些肉类也可以进行腌制，不管是使用干盐法为主进行腌制的，还是使用盐水进行腌制的，通常都会称之为腌制。使用干盐法腌制的肉类，可能会被描述成盐腌、腌制、或者"咸肉"，指的是使用干盐法腌制肉类的过程中出现的结晶盐颗粒。

其他用盐腌制的肉类的购买 腌制的肉类通常会切成片状售卖，可以从超市内的熟食摊位上购买到现切的腌肉或者预包装好的腌肉。罐装的咸牛肉可以非常方便地从超市内购买到。

其他用盐腌制的肉类的储存 现切的片状腌肉在宽松的包装好之后可以放到冰箱内冷藏保存1周以上。预包装好的切片腌肉可以根据包装说明进行储存。

其他用盐腌制的肉类的食用 可以用来制作三明治，或者用来制作头盘，或者用来制作沙拉。

搭配各种风味 芥末、酸黄瓜、泡洋葱等。

经典食谱 鲁宾三明治；咸牛肉土豆饼。

咸牛肉（salt beef）
就如同名字一样，是将牛肉用非常咸的调味盐水浸泡制作而成。纵观咸牛肉的历史，在漫长的航海过程中，咸牛肉一直都是水手们在船上主要的食用肉类。通常都会趁热食用，在烤面包片上堆砌着好多的咸牛肉片成为丰盛的一餐。

德国猪手（eisbein）
在德国，用盐腌制的猪手有候会与烟熏猪肘或者猪肉一起用小火炖熟，然后搭配豆或者酸卷心菜一起食用。

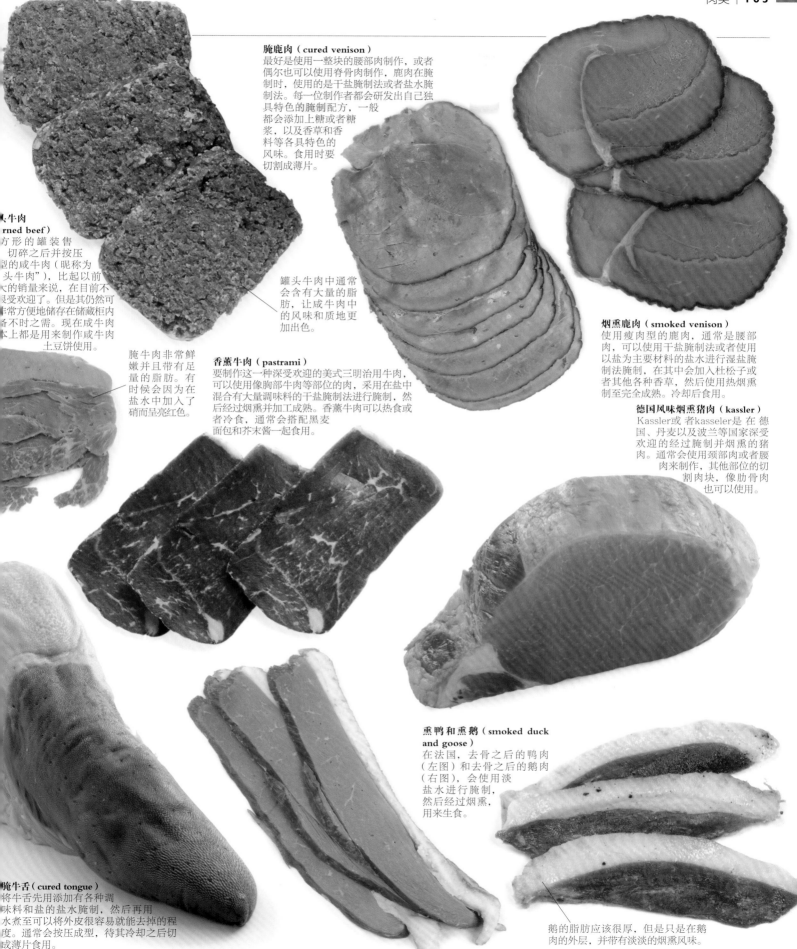

腌鹿肉（cured venison）
最好是使用一整块的腰部肉制作，或者偶尔也可以使用脊骨肉制作，鹿肉在腌制时，使用的是干盐腌制法或者盐水腌制法。每一位制作者都会研发出自己独具特色的腌制配方，一般都会添加上糖或者糖浆，以及香草和香料等各具特色的风味。食用时要切割成薄片。

头牛肉
rned beef）
方形的罐装售
切碎之后并按压
型的咸牛肉（昵称为
头牛肉"），比起以前
大的销量来说，在目前不
受欢迎了。但是其仍然可
非常方便地储存在储藏柜内
备不时之需。现在咸牛肉
本上都是用来制作咸牛肉
土豆饼使用。

罐头牛肉中通常会含有大量的脂肪，让咸牛肉中的风味和质地更加出色。

腌牛肉非常鲜嫩并且带有足量的脂肪。有时候会因为在盐水中加入了硝而呈亮红色。

烟熏鹿肉（smoked venison）
使用瘦肉型的鹿肉，通常是腰部肉，可以使用干盐腌制法或者使用以盐为主要材料的盐水进行湿盐腌制法腌制，在其中会加入杜松子或者其他各种香草，然后使用热烟熏制至完全成熟。冷却后食用。

香薰牛肉（pastrami）
要制作这一种深受欢迎的美式三明治用牛肉，可以使用像胸部牛肉等部位的肉，采用在盐中混合有大量调味料的干盐腌制法进行腌制，然后经过烟熏并加工成熟。香薰牛肉可以热食或者冷食，通常会搭配黑麦面包和芥末酱一起食用。

德国风味烟熏猪肉（kassler）
Kassler或者kasseler是在德国、丹麦以及波兰等国家深受欢迎的经过腌制并烟熏的猪肉。通常会使用颈部肉或者腰肉来制作，其他部位的切割肉块，像肋骨肉也可以使用。

熏鸭和熏鹅（smoked duck and goose）
在法国，去骨之后的鸭肉（左图）和去骨之后的鹅肉（右图），会使用淡盐水进行腌制，然后经过烟熏，用来生食。

腌牛舌（cured tongue）
将牛舌先用添加有各种调味料和盐的盐水腌制，然后再用水煮至可以将外皮很容易就能去掉的程度。通常会按压成型，待其冷却之后切成薄片食用。

鹅的脂肪应该很厚，但是只是在鹅肉的外层，并带有淡淡的烟熏风味。

干腌火腿（dry-cured ham）

火腿被描述为干腌——首先使用盐腌制，然后再经过风干或者长时间的干燥，有时候还要经过烟熏——在欧洲的南部地区或者山区，那里的风足以让火腿进行充分的风干或干燥，是一种传统食品。经过这样加工处理的火腿一般情况下都会用来生食。猪的喂养和饮食习惯不同所形成的地区差异，切割部位的不同（通常会使用后腿肉，但是偶尔也会使用其他部位的肉），腌制的时间和方法不同，以及后续的风干方式的不同，最后是否要经过烟熏处理等等，所有上述这些条件或多或少都会在最大限度的范围内影响到干腌火腿的风味。

干腌火腿的购买 在熟食店内，可以购买到从整根的带骨火腿上切割下来的片状火腿，或者可以从超市内购买到袋装的片状成品火腿。

干腌火腿的储存 带有包装的片状火腿，可以在冷藏冰箱内保存几周的时间，一旦打开包装，就要在1周内使用完。

干腌火腿的食用 切成非常薄的片状，干腌火腿在西班牙可以作为餐前小吃来享用，在法国可以作为开胃菜享用，在意大利可以作为头盘来享用。干腌火腿还可以用来制作三明治和沙拉，以及在制作菜肴的最后时刻加入菜肴中进行调味。

搭配各种风味 帕玛森干酪、酸黄瓜、无花果、蜜瓜、芦笋等。

意大利库拉特拉火腿（culatello）
产自于意大利帕尔玛地区，这是一种使用猪肉制作而成的帕尔玛火腿，比常见的帕尔玛火腿制作的时间更长，个头也更大，同样也更肥腻。此种火腿也需要熟化更长的时间。

伊比利亚火腿（jamón ibérico）
使用黑伊比利亚猪肉制作而成的火腿，经过腌制之后风干1~3年的时间。等级最好的伊比利亚火腿来自在橡树林中牧养的猪，能够制作出最佳口味的伊比利亚火腿。

库拉特拉火腿的肉质中应带有足够多的，分布在瘦肉中的脂肪。

斯佩克火腿（speck）
产自澳大利亚南部和意大利北部多山的边境地区，这种火腿先用加有香草和香料的盐进行腌制，然后使用非常小的烟雾进行熏制而成。

黑森林火腿上面的脂肪应该是白色，肉质则呈粉红色。

巴约纳火腿（Bayonne ham）
这一种先使用干盐法腌制，再使用淡烟雾熏制的火腿来自法国的西南部，在腌制的过程中使用葡萄酒进行腌制，使得火腿带有一股非常别致的风味。

黑森林火腿（black forest ham）
风味浓郁的黑森林火腿产自德国的黑森林地区，是使用盐、香料进行腌制之后，再使用松木采取缓慢的冷烟法熏制而成的。在食用时要切割成薄如蝉翼般的片。

脂肪含量充足，并且呈雪白色，而肉质呈粉红色且鲜嫩多汁。

比利时伊莱斯康火腿（elenski but）
深受欢迎的比利时干盐法腌制的火腿，使用盐腌制40天，然后再风干几个月。在过去，是在农家厨房内进行风干的，所以会带有厨房内的烟熏味。

比利时伊莱斯康火腿肉质应十分结实并呈粉红色，略微干硬，但是仍然可以用一把锋利的刀进行切割加工。

风干颈部肉（coppa）
也叫作圆形颈部肉，是使用猪的颈部肉或者肩部肉腌制而成的火腿。猪肉先在卤汁中浸泡，再用盐腌制，然后按照自然形态进行包装并进行风干处理。有时候会在售卖之前进行熟制。

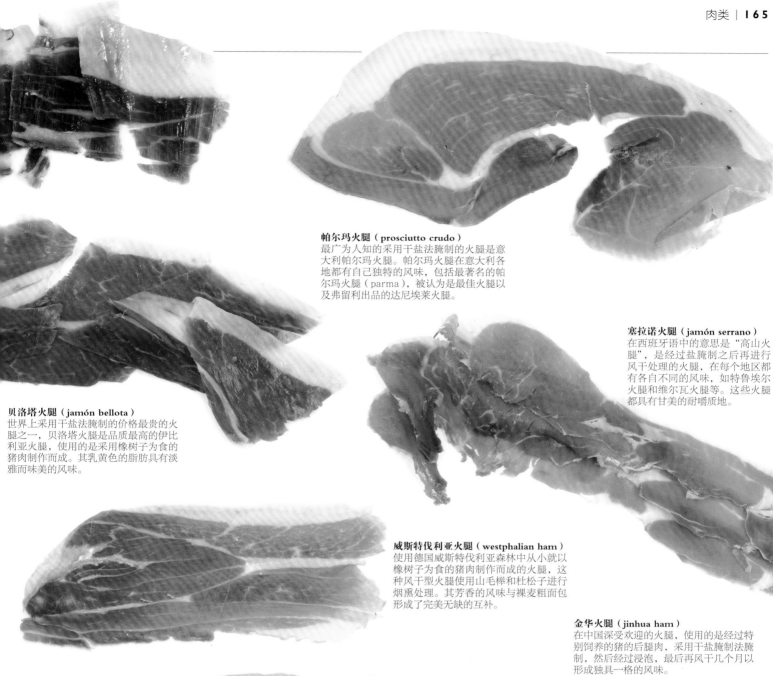

帕尔玛火腿（prosciutto crudo）
最广为人知的采用干盐法腌制的火腿是意大利帕尔玛火腿。帕尔玛火腿在意大利各地都有自己独特的风味，包括最著名的帕尔玛火腿（parma），被认为是最佳火腿以及弗留利出品的达尼埃莱火腿。

塞拉诺火腿（jamón serrano）
在西班牙语中的意思是"高山火腿"，是经过盐腌制之后再进行风干处理的火腿，在每个地区都有各自不同的风味，如特鲁埃尔火腿和维尔瓦火腿等。这些火腿都具有甘美的耐嚼质地。

贝洛塔火腿（jamón bellota）
世界上采用干盐法腌制的价格最贵的火腿之一，贝洛塔火腿是品质最高的伊比利亚火腿，使用的是采用橡树子为食的猪肉制作而成。其乳黄色的脂肪具有淡雅而味美的风味。

威斯特伐利亚火腿（westphalian ham）
使用德国威斯特伐利亚森林中从小就以橡树子为食的猪肉制作而成的火腿，这种风干型火腿使用山毛榉和杜松子进行烟熏处理。其芳香的风味与裸麦粗面包形成了完美无缺的互补。

金华火腿（jinhua ham）
在中国深受欢迎的火腿，使用的是经过特别饲养的猪的后腿肉，采用干盐腌制法腌制，然后经过浸泡，最后再风干几个月以形成独具一格的风味。

葡萄牙烟熏火腿（presunto）
类似于西班牙伊比利亚火腿，这种带有淡淡的烟熏味的葡萄牙烟熏火腿也可以使用黑伊比利亚猪肉制作而成。

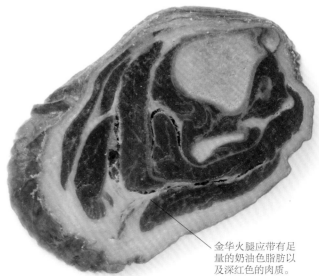

金华火腿应带有足量的奶油色脂肪以及深红色的肉质。

风干肉（air-dried meat）

风干肉制作方法非常简单并且携带方便，伴随着人类对生存的需求，对腌制的肉类进行风干处理有着悠久的历史。这其中火腿是最著名的风干肉制品，其他种类的肉制品也会采用这样的方式进行腌制——通常会先用盐腌制，接下来进行清洗，然后再经过风干或者晒干。在腌制时，可以使用各种辛辣香料、香草进行调味，并且通常会进行烟熏处理。在进行加工处理之前一般要去掉骨头并切成片状或者切碎以加快干燥的进程。

风干肉的购买 风干肉一般来说应该肉质结实而不太过于干硬。

风干肉的储存 只要环境不是太潮湿，干燥的肉类都会具有长达几个月的保质期。不用进行包装，直接放到一个干燥、通风良好的地方保存，或者包裹好之后放入冰箱内冷藏保存。

风干肉的食用 风干肉通常都会生食，作为小吃或者开胃小吃，以及头盘等。偶尔也会用来铁扒或者用油轻煎，或者用来烘烤。

搭配各种风味 硬质干酪、奶油、酸黄瓜、新鲜的无花果、白豆、红皮洋葱、橄榄油等。

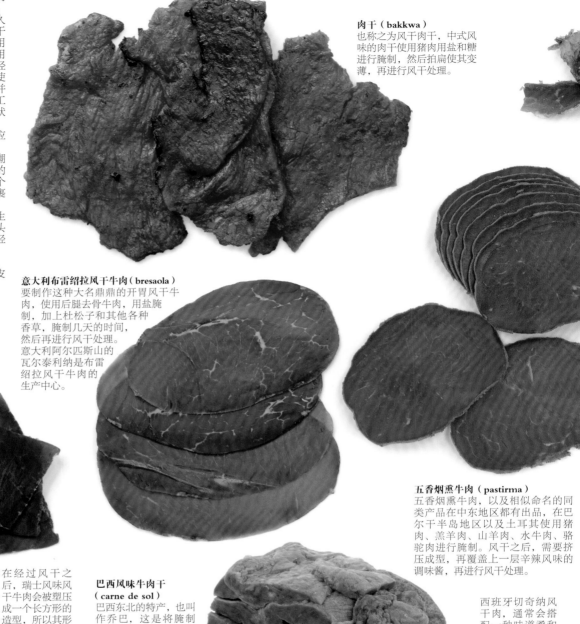

肉干（bakkwa）
也称之为风干肉干，中式风味的肉干使用猪肉用盐和糖进行腌制，然后拍扁使其变薄，再进行风干处理。

意大利布雷绍拉风干牛肉（bresaola）
要制作这种大名鼎鼎的开胃风干牛肉，使用后腿去骨牛肉，用盐腌制，加上杜松子和其他各种香草，腌制几天的时间，然后再进行风干处理。意大利阿尔匹斯山的瓦尔泰利纳是布雷绍拉风干牛肉的生产中心。

五香烟熏牛肉（pastirma）
五香烟熏牛肉，以及相似命名的同类产品在中东地区都有出品，在巴尔干半岛地区以及土耳其使用猪肉、羔羊肉、山羊肉、水牛肉、骆驼肉进行腌制。风干之后，需要挤压成型，再覆盖上一层辛辣风味的调味酱，再进行风干处理。

在经过风干之后，瑞士风味风干牛肉会被塑压成一个长方形的造型，所以其形状会非常规整，食用时要切成薄片。

瑞士风味风干牛肉（bündner -fleisch）
也叫作牛肉干，这是一种产自于瑞士格里桑斯地区的风干牛肉。牛肉在去骨之后，用葡萄酒和盐以及香料进行腌制，然后再经过风干处理。一般情况下不需要烟熏。

巴西风味牛肉干（carne de sol）
巴西东北的特产，也叫作乔巴，这是将腌制好的牛肉在太阳下晒干制作而成的牛肉干（carne de sol 的意思是"晒干的肉"）。

西班牙切奇纳风干肉，通常会搭配一种味道柔和的沙拉汁和干酪片一起食用。

在比尔通肉干的表面上，通常都会布满各种香料，其肉质非常硬。但是内部的肉质则有点软，要用一把锋利的刀进行切割才可以。

比尔通肉干（biltong）
原产于南非，厚的条状或者片状的牛肉或者野味肉，先使用以醋为主料的汁液进行腌制，然后再用盐腌制，最后进行风干处理。

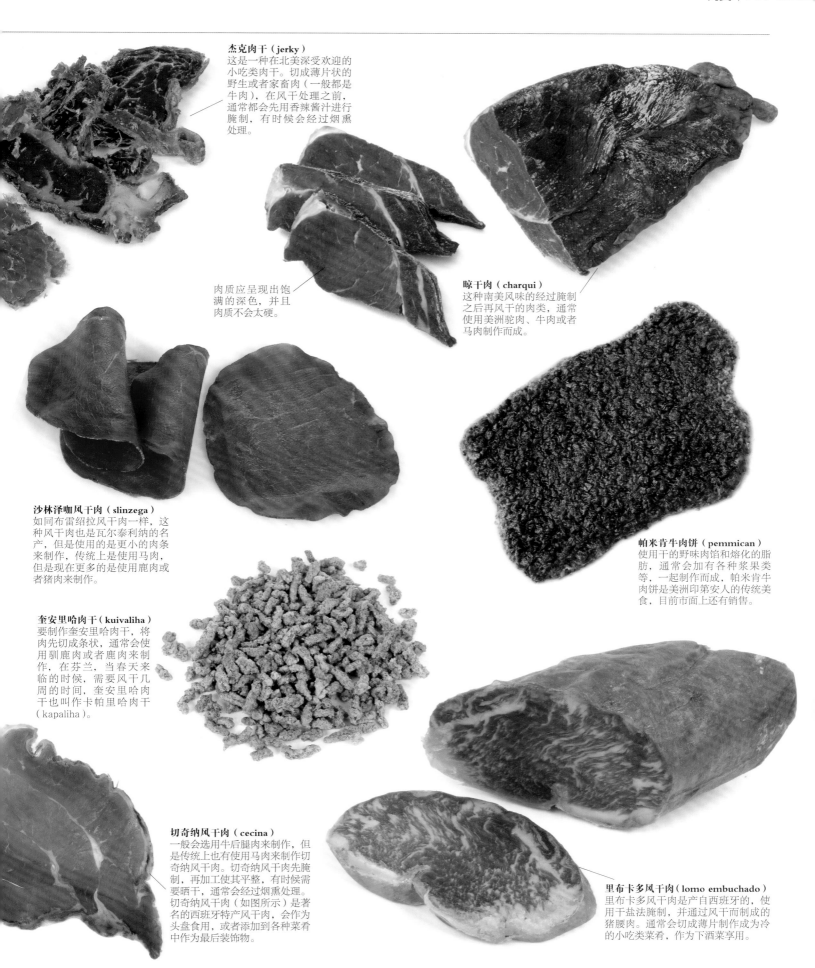

杰克肉干（jerky）
这是一种在北美深受欢迎的小吃类肉干。切成薄片状的野生或者家畜肉（一般都是牛肉），在风干处理之前，通常都会先用香辣酱汁进行腌制，有时候会经过烟熏处理。

肉质应呈现出饱满的深色，并且肉质不会太硬。

晾干肉（charqui）
这种南美风味的经过腌制之后再风干的肉类，通常使用美洲驼肉、牛肉或者马肉制作而成。

沙林泽咖风干肉（slinzega）
如同布雷绍拉风干肉一样，这种风干肉也是瓦尔泰利纳的名产，但是使用的是更小的肉条来制作，传统上是使用马肉，但是现在更多的是使用鹿肉或者猪肉来制作。

帕米肯牛肉饼（pemmican）
使用干的野味肉馅和熔化的脂肪，通常会加有各种浆果类等，一起制作而成，帕米肯牛肉饼是美洲印第安人的传统美食，目前市面上还有销售。

奎安里哈肉干（kuivaliha）
要制作奎安里哈肉干，将肉先切成条状，通常会使用驯鹿肉或者鹿肉来制作，在芬兰，当春天来临的时候，需要风干几周的时间，奎安里哈肉干也叫作卡帕里哈肉干（kapaliha）。

切奇纳风干肉（cecina）
一般会选用牛后腿肉来制作，但是传统上也有使用马肉来制作切奇纳风干肉。切奇纳风干肉先腌制，再加工使其平整，有时候需要晒干，通常会经过烟熏处理。切奇纳风干肉（如图所示）是著名的西班牙特产风干肉，会作为头盘食用，或者添加到各种菜肴中作为最后装饰物。

里布卡多风干肉（lomo embuchado）
里布卡多风干肉是产自西班牙的，使用干盐法腌制，并通过风干而制成的猪腰肉。通常会切成薄片制作成为冷的小吃类菜肴，作为下酒菜享用。

新鲜的肉肠类（fresh sausages）

　　新鲜的肉肠类通常是将调好味的肉馅或者切碎的，没有经过腌制的肉（香肠用肉）灌入天然肠衣中（如动物肠子或者颈部肉皮）或者人造肠衣中，当然也有一些不使用肠衣制作而成的肉肠。在制作肉肠时所使用的肉类多少和调味料的种类千变万化，在制作肉肠的过程中，有时候也会添加一些淀粉类的材料（在英国很常见），以及肉肠中瘦肉和肥肉的比例也各有不同，但是现在肉肠的制作都趋向于高脂肪含量，这样就可以煎或者铁扒出香喷喷的肉肠。有一些新鲜的肉肠会经过淡淡的烟熏之后再售卖。

　　新鲜肉肠的购买 可以从肉店和超市中购买到，肉肠一般都会按照称重售卖，零售或者预包装好的都有。

　　新鲜肉肠的储存 肉肠要在冰箱内冷藏保存，并且要在购买之后的几天内使用完。或者可以冷冻保存6个月以上的时间。

　　新鲜肉肠的食用 新鲜的肉肠一定要在制作成熟之后食用，通常可以煎、铁扒或者烧烤，偶尔也可以烘烤，以便让肠衣变成美观的焦糖色。

　　搭配各种风味 土豆、白豆、洋葱、苹果、鹅油、鼠尾草、芥末、番茄沙司等。

　　经典食谱 烤布丁香肠；什锦香肠砂锅；香肠烩扁豆；斯堪的纳维亚香辣肠；什锦铁扒。

　　坎伯兰香肠（Cumberland sausage）
在这一种英式风味的碎肉香肠中，肉质的含量非常高，使得坎伯兰香肠质地硬实而稠密。可以如同其他新鲜的肉肠一样煎或者铁扒成熟。

坎伯兰香肠会盘绕成一圈进行售卖，或者弯曲起来成一长条的方式进行售卖。

猪肉肠（pork sausage）
标准的英式猪肉肠中会含有不低于42%的猪肉，会有三分之一含量的脂肪，再加上其他的配料和调味料，如香草和香料等。一般情况下，肉肠中肉质成分越高，肉肠的品质越好。

牛肉肠的颜色应非常深，这代表着肉肠中牛肉的含量高。

牛肉肠（beef sausage）
牛肉肠一般情况下会比猪肉肠瘦，并且质地也会更干一些。高品质的牛肉肠中牛肉的含量很高，但是其中还是需要搭配上足够数量的脂肪，以便可以煎或者铁扒出香味浓郁的牛肉肠。

香辣肉肠（merguez sausage）
使用羊肉、牛肉，或者牛羊肉一起，使用羊肠制作而成的肉肠，这一种非常香辣的北美特产肉肠，通常会搭配蒸粗麦粉（库斯库斯）一起食用。肉肠的红色来自于辣椒的颜色。

德国腊肠（German bratwurst）
使用小牛肉、牛肉或者猪肉制作而成的一种口味香辣、肉质细腻的肉肠。

在德国各地有各种不同风味的腊肠，以及各种不同粗细的腊肠，和使用各种不同的原材料制作而成的腊肠。

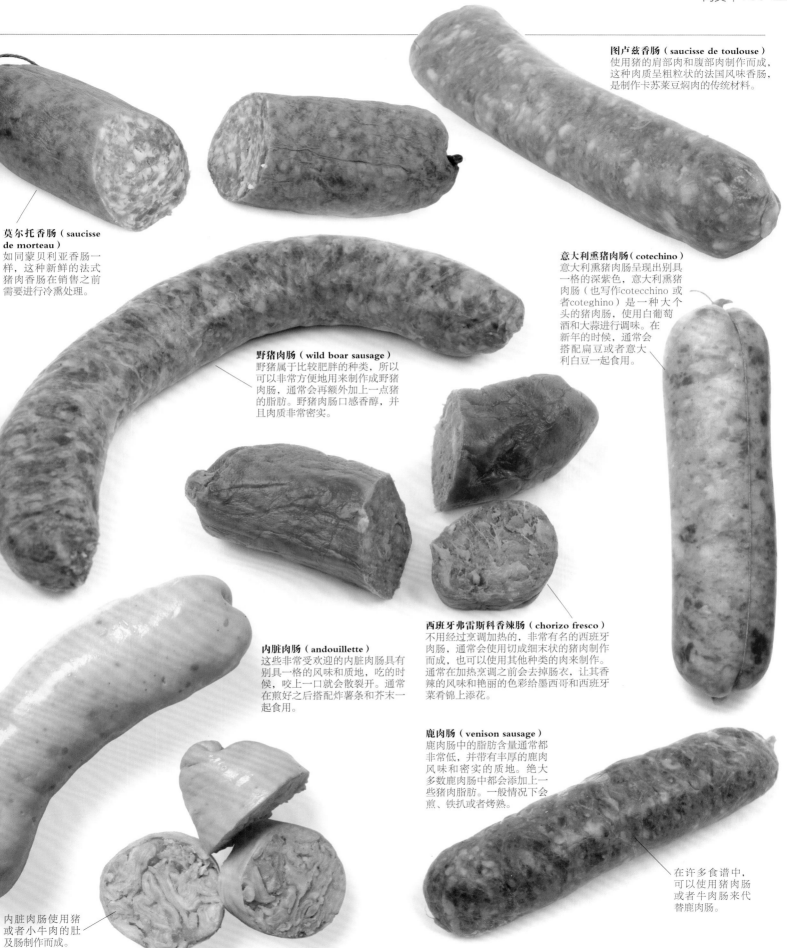

图卢兹香肠（saucisse de toulouse）
使用猪的肩部肉和腹部肉制作而成，
这种肉质呈粗粒状的法国风味香肠，
是制作卡苏莱豆焖肉的传统材料。

莫尔托香肠（saucisse de morteau）
如同蒙贝利亚香肠一样，这种新鲜的法式猪肉香肠在销售之前需要进行冷熏处理。

意大利熏猪肉肠（cotechino）
意大利熏猪肉肠呈现出别具一格的深紫色，意大利熏猪肉肠（也写作cotecchino 或者coteghino）是一种大个头的猪肉肠，使用白葡萄酒和大蒜进行调味。在新年的时候，通常会搭配扁豆或者意大利白豆一起食用。

野猪肉肠（wild boar sausage）
野猪属于比较肥胖的种类，所以可以非常方便地用来制作成野猪肉肠，通常会再额外加上一点猪的脂肪。野猪肉肠口感香醇，并且肉质非常密实。

内脏肉肠（andouillette）
这些非常受欢迎的内脏肉肠具有别具一格的风味和质地，吃的时候，咬上一口就会散裂开。通常在煎好之后搭配炸薯条和芥末一起食用。

西班牙弗雷斯科香辣肠（chorizo fresco）
不用经过烹调加热的，非常有名的西班牙肉肠，通常会使用切成细末状的猪肉制作而成，也可以使用其他种类的肉来制作。通常在加热烹调之前会去掉肠衣，让其香辣的风味和艳丽的色彩给墨西哥和西班牙菜肴锦上添花。

鹿肉肠（venison sausage）
鹿肉肠中的脂肪含量通常都非常低，并带有丰厚的鹿肉风味和密实的质地。绝大多数鹿肉肠中都会添加上一些猪肉脂肪。一般情况下会煎、铁扒或者烤熟。

在许多食谱中，可以使用猪肉肠或者牛肉肠来代替鹿肉肠。

内脏肉肠使用猪或者小牛肉的肚及肠制作而成。

新鲜的肉肠类（fresh sausages）

直布罗陀肉肠（chipolata）
这些细小的肉肠在法国和英国非常受欢迎。通常会使用猪肉制作，但是也可以使用其他种类的肉，如牛肉和鹿肉来制作。

因为个头细小，直布罗陀肉肠在加热时比那些常规的肉肠更容易成熟。

肉肠肉馅（chair á saucisse）
这是用来制作肉肠的肉馅。可以使用任何一种肉类制作而成，但是应该绞成粗馅或者切碎，并且加入足量的脂肪，以保证在煎或者铁扒时味道芳香浓郁。肉馅也可以制作成小肉饼或者肉丸，或者用来制作成家禽类的酿馅。

蒙贝利亚肉肠（saucisse de montbéliard）
肉质饱满而密实的蒙贝利亚肉肠是采用冷熏法制成的新鲜的猪肉香肠。可以铁扒或者煮熟，通常会搭配德国泡菜一起食用。

法式网油肉肠（crépinette）
法式网油肉肠（有时候也写成fricandeaux）是一些使用网油包裹着的小个头、扁平状的肉肠。法式网油肉肠可以是制作成熟之后用来冷食，或者生的进行售卖，用来烤熟之后趁热食用。

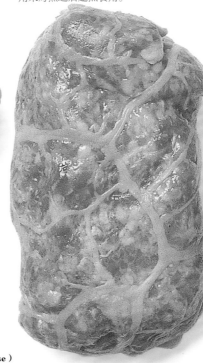

罗恩肉肠是在模具中制作成肉糕状，然后切成方形的片状用来煎熟。

全部成熟和部分成熟的肉肠类

有众多的加工成为部分成熟或者经过部分腌制的肉肠售卖，在购买之后，食用之前需要进一步的加热使其成熟。同样也有那些加工至完全成熟或者经过完全腌制，在购买之后可以立即食用的肉肠出售。这些经过加热使肉肠成熟的过程，可以是煮、烫、烟熏以及风干等。还有一些在售卖之前经过煮或者烫熟的肉肠有时候被称之为黑香肠。这一类肉肠的习惯做法是在食用前需要重新加热。

全部成熟和部分成熟肉肠类的购买 无论是部分成熟的肉肠还是全部成熟的肉肠都应该看起来滋润而不显得潮湿，并且气味清新怡人。

全部成熟和部分成熟肉肠类的储存 除非带有包装，否则，部分成熟的肉肠在冰箱内冷藏储存不应超过1周的时间。全部成熟的肉肠可以储存超过2周的时间，如果冷冻，可以储存6个月以上的时间。

全部成熟和部分成熟肉肠类的食用 部分成熟的肉肠可以烫熟，或者如果肉肠中的脂肪含量非常高，也可以用来煎、铁扒，或者烤熟。也可以添加到其他菜肴中，如浓汤和砂锅菜肴中。根据肉肠不同的类型和质地，全部成熟的肉肠可以用来制作头盘，沙拉，三明治，汤，炖菜以及其他各种菜肴。

搭配各种风味 萝卜、洋葱、土豆、紫甘蓝、白豆、番茄、苹果、果脯、芥末等。

经典食谱 肉肠炖豆；苏格兰灌肚；血肠配苹果；血肠配土豆和苹果；猎人式卷心菜炖肉；什锦炖肉等。

罗恩肉肠（lorne sausage）
也称之为片状肉肠，这种没有使用肠衣的苏格兰肉肠可以使用牛肉或者猪肉制作。通常胡椒粉的味道比较浓郁，可以用来煎熟之后在早餐时食用，有时候还可以用来制作蛋糕卷。

法式血肠（boudin noir）
这一种法式特产的血肠中包含少许或者没有谷物类，但是通常会包含有猪的脂肪丁，有时候还会含有猪肉，还加有苹果、洋葱、栗子，或者其他各种原材料等。法式血肠一般会切成片状，将其煎熟后食用。

白香肠表面上肉眼可见的这些斑点是因为在肉馅中添加了黑胡椒和烘烤的燕麦的原因。

在法式血肠中带有猪血的浓郁色彩。

白肉肠（boudin blanc）
如同其他种类的肉肠一样，白肉肠是在煮熟之后售卖的，然后在食用时可以再经过煎制。白肉肠可以使用猪肉、鸡肉、小牛肉，或者兔肉等制作而成，并且通常会加入奶油和鸡蛋让风味更加丰厚。

白香肠（white pudding）
白香肠中含有动物的脂肪，但是没有瘦肉成分。在苏格兰，白香肠又叫玉米香肠，没有肠衣的叫作skirlie。可以裹上面糊之后炸熟，可以从英国的炸鱼和薯条商店内购买到。

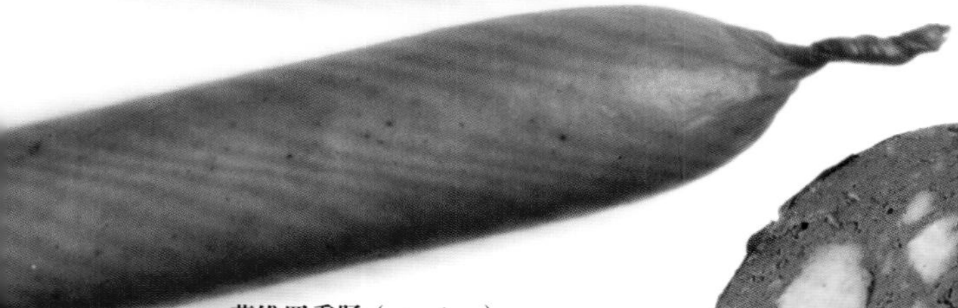

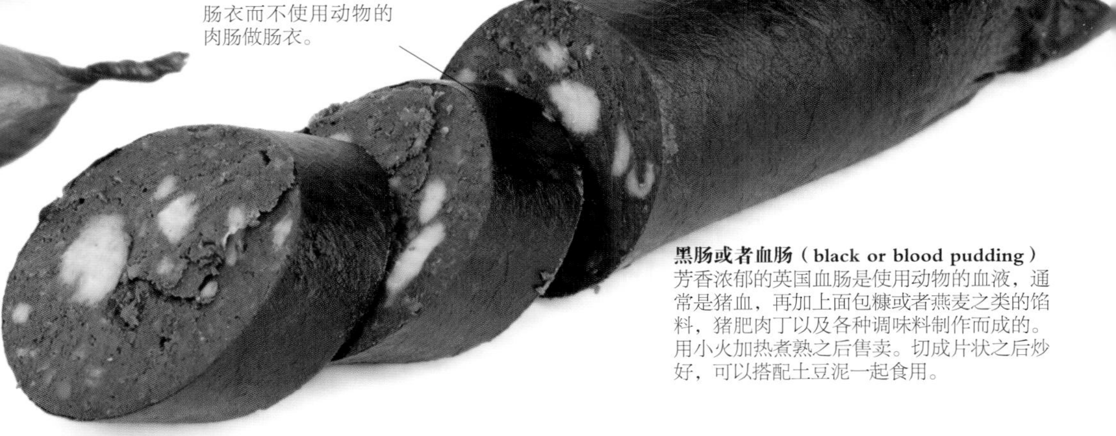

现代所售卖的血肠通常会使用黑色的人造肠衣而不使用动物的肉肠做肠衣。

萨维罗熏肠（saveloy）
类似于法兰克福肉肠，萨维罗熏肠使用略微腌制的猪肉、谷物类作为馅料，在调味之后再经过烟熏。在英国、澳大利亚和新西兰，都是一种非常受欢迎的快餐即食类食品。

黑肠或者血肠（black or blood pudding）
芳香浓郁的英国血肠是使用动物的血液，通常是猪血，再加上面包糠或者燕麦之类的馅料，猪肥肉丁以及各种调味料制作而成的。用小火加热煮熟之后售卖。切成片状之后炒好，可以搭配土豆泥一起食用。

经典食谱（classic recipe）

肉肠炖豆（fabada）
这道菜肴来自西班牙，味道浓郁而香辣的炖豆配有大量的肉肠及培根。配硬质面包一起食用。

供 4 人食用

250克莫思拉血肠（西班牙血肠）
250克西班牙口力佐辣肠
250克西班牙托西诺培根、五花肉培根，或者意大利培根，切成厚片
1汤勺橄榄油
4汤勺红葡萄酒
2罐400克罐装白豆，捞出控净汁液
少许藏红花粉
1片香叶
500毫升鸡汤

1 将莫思拉血肠、口力佐辣肠，以及托西诺培根、五花肉培根，或者意大利培根切成大块状。在一个大号的沙司锅内将油烧热，加入肉肠和培根煸炒，用中小火力煸炒2分钟的时间。再将火力开大一些，加入红葡萄酒，烧开并继续加热2~3分钟的时间。

2 拌入白豆，加入藏红花粉、香叶，以及足量的没过锅内原材料的鸡汤。烧开，然后改用小火，并盖上锅盖，炖焖30分钟的时间。成熟后要趁热食用。

全部成熟和部分成熟的肉肠类

科沙卡血肠的颜色与使用柿椒粉的数量有关。

科沙卡血肠（kishka）
这种血肠来自东欧，在制作科沙卡血肠时，可以加入各种各样的馅料，通常是动物血液，有时候也会加入肝脏。在植物中的主要成分通常会是荞麦，但是有时候也可以使用大麦或者土豆等。科沙卡血肠需要在制作成熟后售卖。在食用之前一般都需要进行进一步加热。

葡萄牙血肠（chourico de sangue）
这种葡萄牙风味血肠可以全部由动物的血液制作而成，但通常会使用与制作西班牙血肠以及其他血肠差不多的原材料。大米、谷物、洋葱、猪肥肉块等原材料。葡萄牙血肠可以与其他肉食一起冷食，或者煮熟之后用来制作砂锅菜肴。

在切成片状之后，鹅肝在鹅肉馅料中清晰可见。

酿馅鹅颈肉（stuffed goose neck）
要制作这道美味的法式酿馅鹅颈肉（酿鹅肝），需要在鹅颈部的皮中酿入鹅肉或者鸭肉、鹅肝、松露、羊肚菌以及其他各种原材料。酿馅鹅颈肉需要制作成熟之后售卖，可以切片后食用。

莫思拉血肠是制作西班牙肉肠炖豆菜肴中必不可少的原材料。

莫思拉血肠（morcilla de burgos）
这或许是最久负盛名的西班牙风味血肠，制作莫思拉血肠时使用大米作为填充的原材料。其他的原材料包括洋葱、松子仁，或者杏仁，以及猪血、猪脂肪、各种调味料等。与其他血肠一样，莫思拉血肠也需要制作成熟之后售卖，但是通常情况下，需要在食用前再进行加热处理。

如同斯拉芬尼特灌肠一样，法哥特肉肠是一种外面包裹着网油的小肉肠。

哈斯利特肉糕（haslet）
按照英国传统的哈斯利特肉糕食谱制作时，使用的是将调味猪肉馅、洋葱末以及谷物类等原材料一起用猪网油包裹好，然后烤熟。可以切成片状搭配沙拉一起食用，或者用来制作三明治。

博洛尼亚摩泰台拉香肠
（**mortadella di bologna**）
这种个头非常大的香肠传统制作方法是使用非常细腻的、调好味的猪肉馅，通常里面会塞有肥肉丁、胡椒粒，或者开心果仁等。产自于博洛尼亚的摩泰台拉香肠被认为品质最佳。切成片状售卖，可以立即食用。通常会用来制作成头盘食用。

有一些葡萄牙血肠，由于添加了柿椒粉而让其颜色变成了大红色。

肉馅羊肚（haggis）
深受苏格兰人们的喜爱，肉馅羊肚使用的是颗粒状的绵羊肝、心脏，用洋葱、牛油、燕麦片和各种调味料一起制作而成的。然后将这些调好味的馅料装入绵羊肚内，烧开并煮熟，肉馅羊肚在食用时只需要热透即可。

制作肉馅羊肚的外皮还会使用绵羊肚，但是现在更多的是使用牛的大肠来制作。

法哥特肉肠（faggots）
英国法哥特肉肠是使用碎末状的猪的内脏器官、腌猪肉或者培根，以及谷物类作为馅料，再加上各种调味料，如豆蔻和洋葱等一起制作而成。制作好之后用慢火烘烤成熟享用，会非常美味可口。

德国血肠（blutwurst）
最著名的德国血肠，在德国各地区有不同的风味，有一些地区制作的血肠需要经过烟熏。但是所有的血肠内都含有猪血，再加上各种肉类，如培根、牛的或者猪的内脏器官等原材料。德国血肠通常都是搭配着煮土豆一起热食。

全部成熟和部分成熟的肉肠类

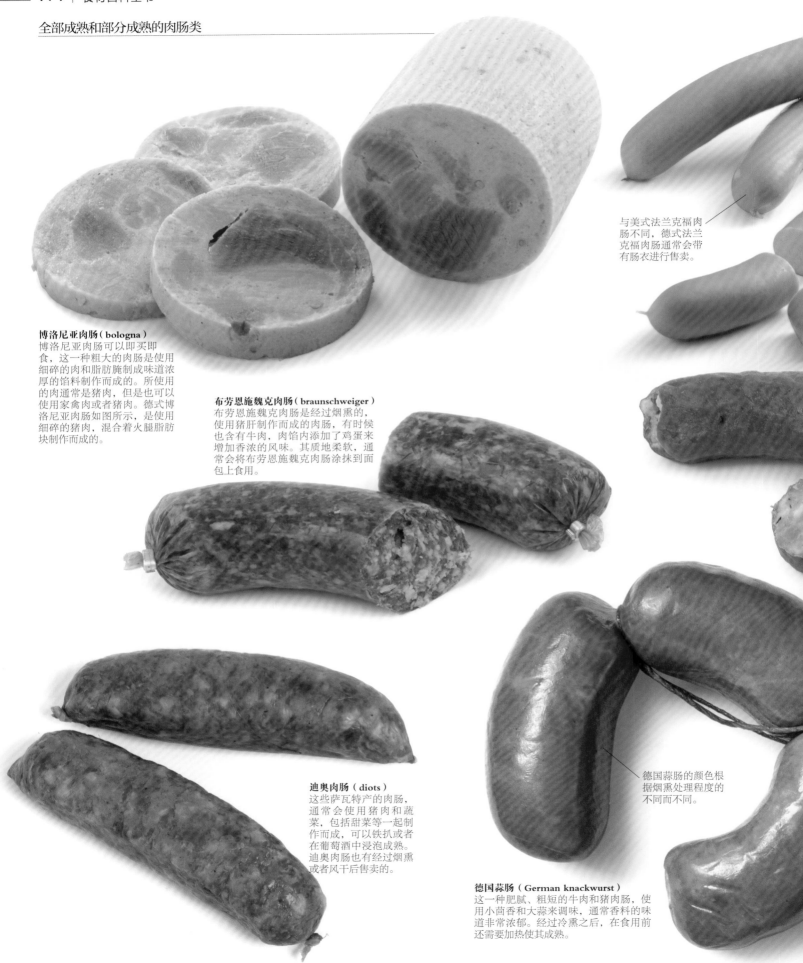

与美式法兰克福肉肠不同，德式法兰克福肉肠通常会带有肠衣进行售卖。

博洛尼亚肉肠（bologna）
博洛尼亚肉肠可以即买即食，这一种粗大的肉肠是使用细碎的肉和脂肪腌制成味道浓厚的馅料制作而成的。所使用的肉通常是猪肉，但是也可以使用家禽肉或者猪肉。德式博洛尼亚肉肠如图所示，是使用细碎的猪肉，混合着火腿脂肪块制作而成的。

布劳恩施魏克肉肠（braunschweiger）
布劳恩施魏克肉肠是经过烟熏的，使用猪肝制作而成的肉肠，有时候也含有牛肉，肉馅内添加了鸡蛋来增加香浓的风味。其质地柔软，通常会将布劳恩施魏克肉肠涂抹到面包上食用。

迪奥肉肠（diots）
这些萨瓦特产的肉肠，通常会使用猪肉和蔬菜，包括甜菜等一起制作而成，可以铁扒或者在葡萄酒中浸泡成熟。迪奥肉肠也有经过烟熏或者风干后售卖的。

德国蒜肠的颜色根据烟熏处理程度的不同而不同。

德国蒜肠（German knackwurst）
这一种肥腻、粗短的牛肉和猪肉肠，使用小茴香和大蒜来调味，通常香料的味道非常浓郁。经过冷熏之后，在食用前还需要加热使其成熟。

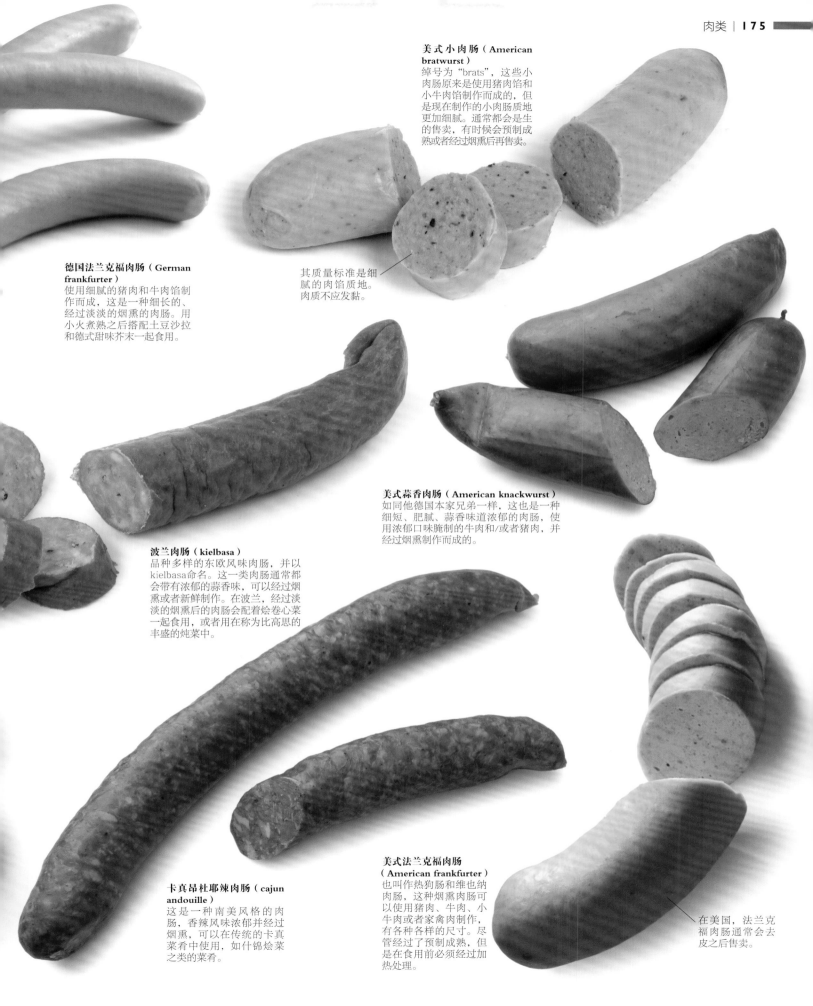

美式小肉肠（American bratwurst）
绰号为"brats"，这些小肉肠原来是使用猪肉馅和小牛肉馅制作而成的，但是现在制作的小肉肠质地更加细腻。通常都会是生的售卖，有时候会预制成熟或者经过烟熏后再售卖。

德国法兰克福肉肠（German frankfurter）
使用细腻的猪肉和牛肉馅制作而成，这是一种细长的、经过淡淡的烟熏的肉肠。用小火煮熟之后搭配土豆沙拉和德式甜味芥末一起食用。

其质量标准是细腻的肉馅质地。肉质不应发黏。

美式蒜香肉肠（American knackwurst）
如同他德国本家兄弟一样，这也是一种细短、肥腻、蒜香味道浓郁的肉肠，使用浓郁口味腌制的牛肉和/或者猪肉，并经过烟熏制作而成的。

波兰肉肠（kielbasa）
品种多样的东欧风味肉肠，并以kielbasa命名。这一类肉肠通常都会带有浓郁的蒜香味，可以经过烟熏或者新鲜制作。在波兰，经过淡淡的烟熏后的肉肠会配着烩卷心菜一起食用，或者用在称为比高思的丰盛的炖菜中。

卡真昂杜耶辣肉肠（cajun andouille）
这是一种南美风格的肉肠，香辣风味浓郁并经过烟熏，可以在传统的卡真菜肴中使用，如什锦烩菜之类的菜肴。

美式法兰克福肉肠（American frankfurter）
也叫作热狗肠和维也纳肉肠，这种烟熏肉肠可以使用猪肉、牛肉、小牛肉或者家禽肉制作，有各种各样的尺寸。尽管经过了预制成熟，但是在食用前必须经过加热处理。

在美国，法兰克福肉肠通常会去皮之后售卖。

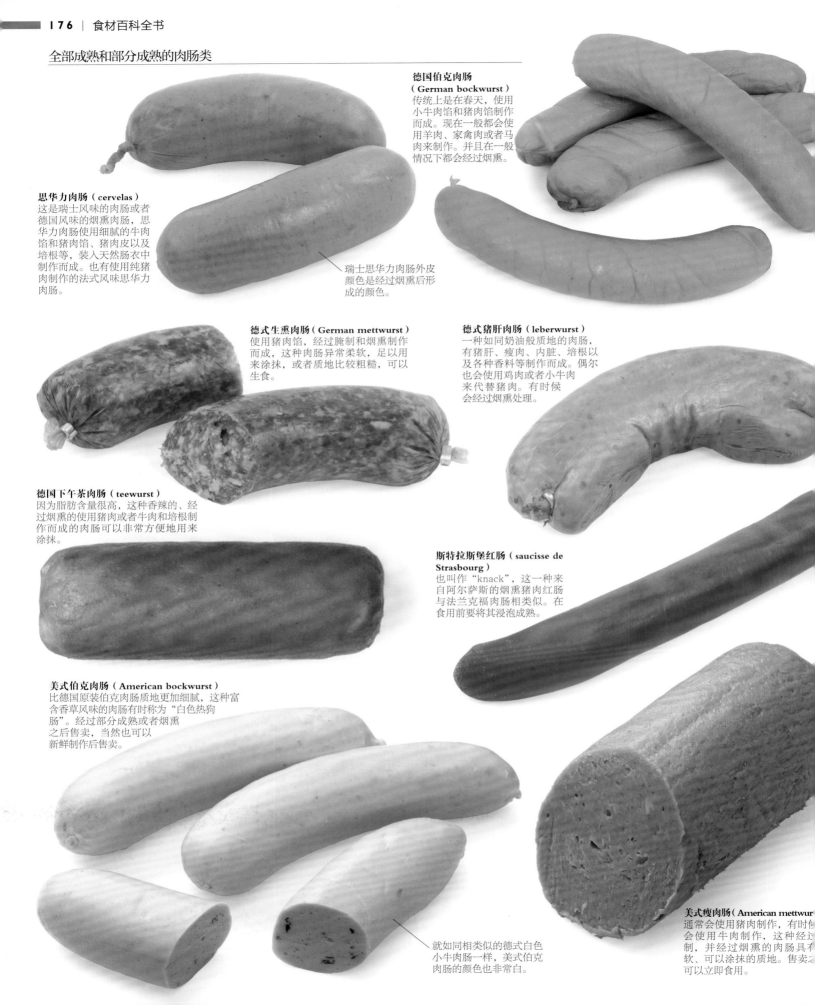

全部成熟和部分成熟的肉肠类

思华力肉肠（cervelas）
这是瑞士风味的肉肠或者德国风味的烟熏肉肠，思华力肉肠使用细腻的牛肉馅和猪肉馅、猪肉皮以及培根等，装入天然肠衣中制作而成。也有使用纯猪肉制作的法式风味思华力肉肠。

德国伯克肉肠（German bockwurst）
传统上是在春天，使用小牛肉馅和猪肉馅制作而成。现在一般都会使用羊肉、家禽肉或者马肉来制作。并且在一般情况下都会经过烟熏。

瑞士思华力肉肠外皮颜色是经过烟熏后形成的颜色。

德式生熏肉肠（German mettwurst）
使用猪肉馅，经过腌制和烟熏制作而成，这种肉肠异常柔软，足以用来涂抹，或者质地比较粗糙，可以生食。

德式猪肝肉肠（leberwurst）
一种如同奶油般质地的肉肠，有猪肝、瘦肉、内脏、培根以及各种香料等制作而成。偶尔也会使用鸡肉或者小牛肉来代替猪肉。有时候会经过烟熏处理。

德国下午茶肉肠（teewurst）
因为脂肪含量很高，这种香辣的、经过烟熏的使用猪肉或者牛肉和培根制作而成的肉肠可以非常方便地用来涂抹。

斯特拉斯堡红肠（saucisse de Strasbourg）
也叫作"knack"，这一种来自阿尔萨斯的烟熏猪肉红肠与法兰克福肉肠相类似。在食用前要将其浸泡成熟。

美式伯克肉肠（American bockwurst）
比德国原装伯克肉肠质地更加细腻，这种富含香草风味的肉肠有时称为"白色热狗肠"。经过部分成熟或者烟熏之后售卖，当然也可以新鲜制作后售卖。

就如同相类似的德式白色小牛肉肠一样，美式伯克肉肠的颜色也非常白。

美式瘦肉肠（American mettwur
通常会使用猪肉制作，有时也会使用牛肉制作，这种经过制，并经过烟熏的肉肠具有软、可以涂抹的质地。售卖可以立即食用。

风干和半风干肉肠（dried and semi-dried sausages）

风干和半风干肉肠一般都会使用经过腌制的肉和脂肪等灌装入肠衣中制作而成。肉肠通过干燥处理进行保存，而在食用之前不再需要加热烹调。那些经过完全干燥的肉肠，例如色拉米一类的肉肠，肉质会非常结实，甚至质地会非常干硬。在进行风干之前，肉肠可以经过烟熏处理以增添其特殊的风味。

风干和半风干肉肠的购买 有整根肉肠或者切片后包装好进行售卖的。在肠衣表面上的白色粉末可以改善肉肠的风味。

风干和半风干肉肠的储存 将整根的肉肠悬挂在一个凉爽、干燥、通风良好的地方，这样这些肉肠就可以保存较长的时间。将切成片状带包装的肉肠放入冰箱内冷藏保存。

风干和半风干肉肠的食用 肠衣一般情况下不被食用。肉肠切成薄片可以用作开胃菜，可以加入沙拉中，或者撒到比萨上。可以用来给干酪、米饭类菜肴、炖菜类，以及面点类等增添风味。

搭配各种风味 干酪、番茄、酸黄瓜、黑橄榄等。

经典食谱 肉肠比萨；肉肠炖豆；西班牙海鲜饭。

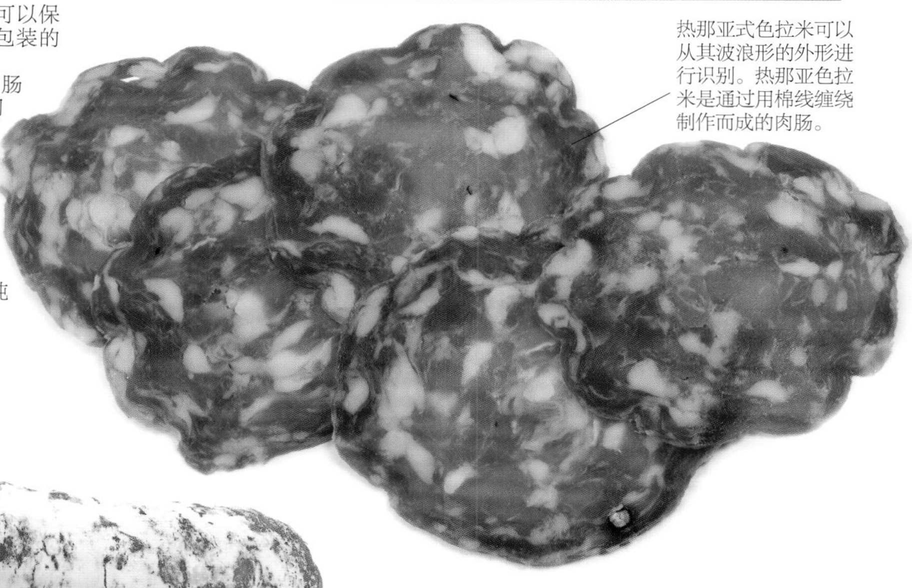

热那亚式色拉米可以从其波浪形的外形进行识别。热那亚色拉米是通过用棉线缠绕制作而成的肉肠。

热那亚色拉米肉肠（salame di genoa）
使用猪肉和小牛肉制作而成，并加入红葡萄酒进行调味并滋润，这是一种具有蒜香风味，并经过风干处理的肉肠，肉肠中的脂肪含量非常高。

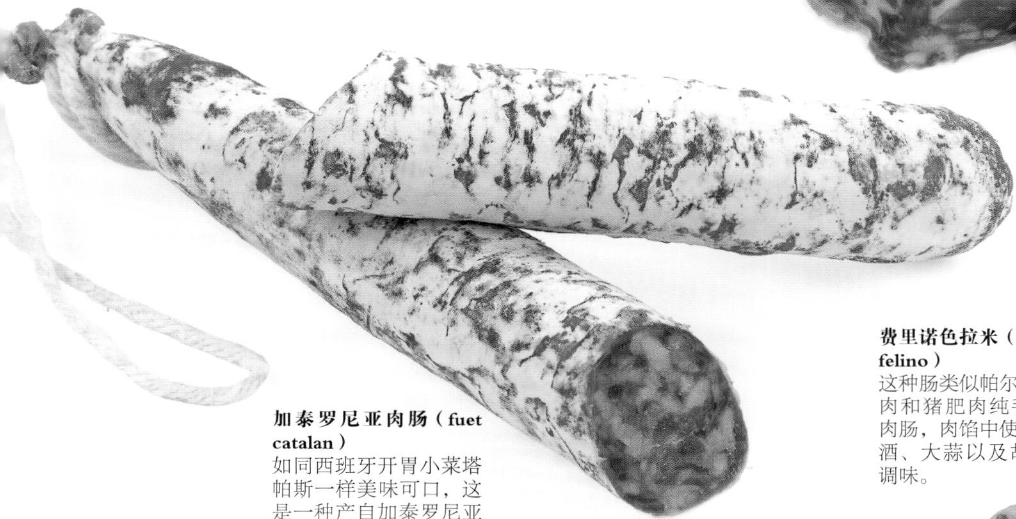

加泰罗尼亚肉肠（fuet catalan）
如同西班牙开胃小菜塔帕斯一样美味可口，这是一种产自加泰罗尼亚的，细长的、经过腌制的猪肉肠。

费里诺色拉米（salame di felino）
这种肠类似帕尔玛，使用猪肉和猪肥肉纯手工制作的肉肠，肉馅中使用了白葡萄酒、大蒜以及胡椒粒进行调味。

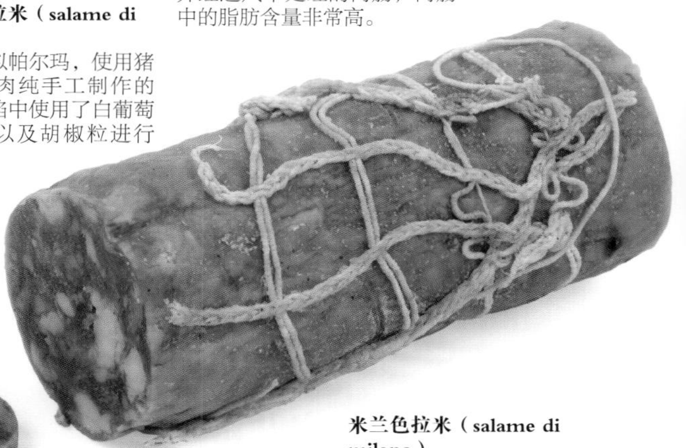

卡西托尼肉肠（cacciatorini）
这种体型小巧的，风干的猪肉和牛肉肠以这样的名字命名（其意思是"猎人色拉米"），是因为猎人可以将卡西托尼肉肠放到随身携带的袋子中当作零食食用。

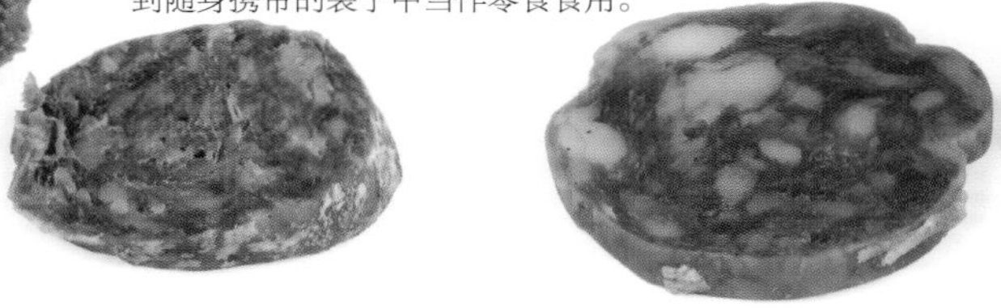

米兰色拉米（salame di milano）
产自米兰的传统风干肉肠，使用猪脂肪和猪瘦肉加上牛肉或者小牛肉制作而成，其中使用了大蒜、胡椒以及葡萄酒进行调味。米兰色拉米是意大利最有名的色拉米之一。

塞基色拉米（salami secchi）
绝大多数意大利风干肉肠都会使用猪肉和猪肥肉制作而成，再加上其他的肉类，包括牛肉、马肉、火鸡肉以及鹿肉等。这些肉在灌装进入肠衣之前都要进行调味腌制。

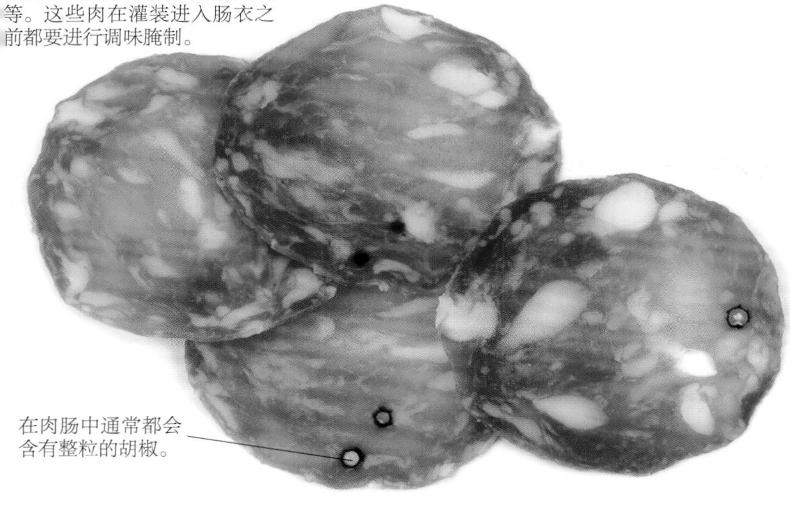

在肉肠中通常都会含有整粒的胡椒。

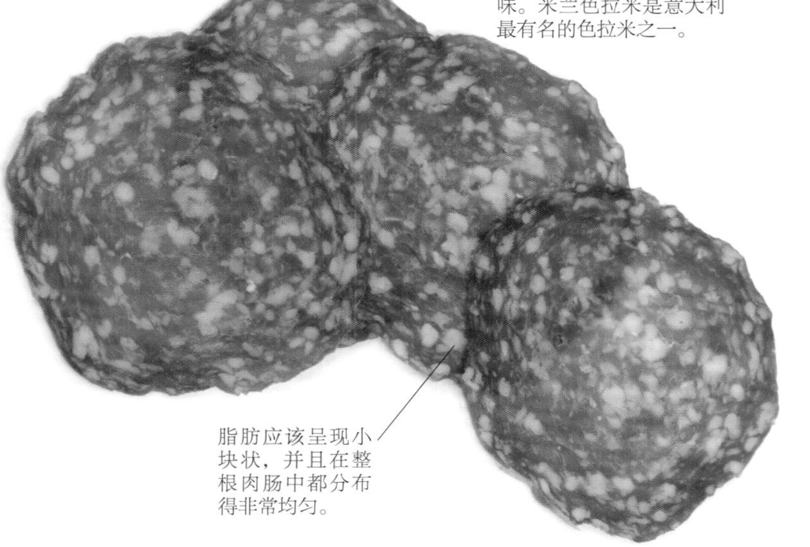

脂肪应该呈现小块状，并且在整根肉肠中都分布得非常均匀。

风干和半风干肉肠（dried and semi-dried sausages）

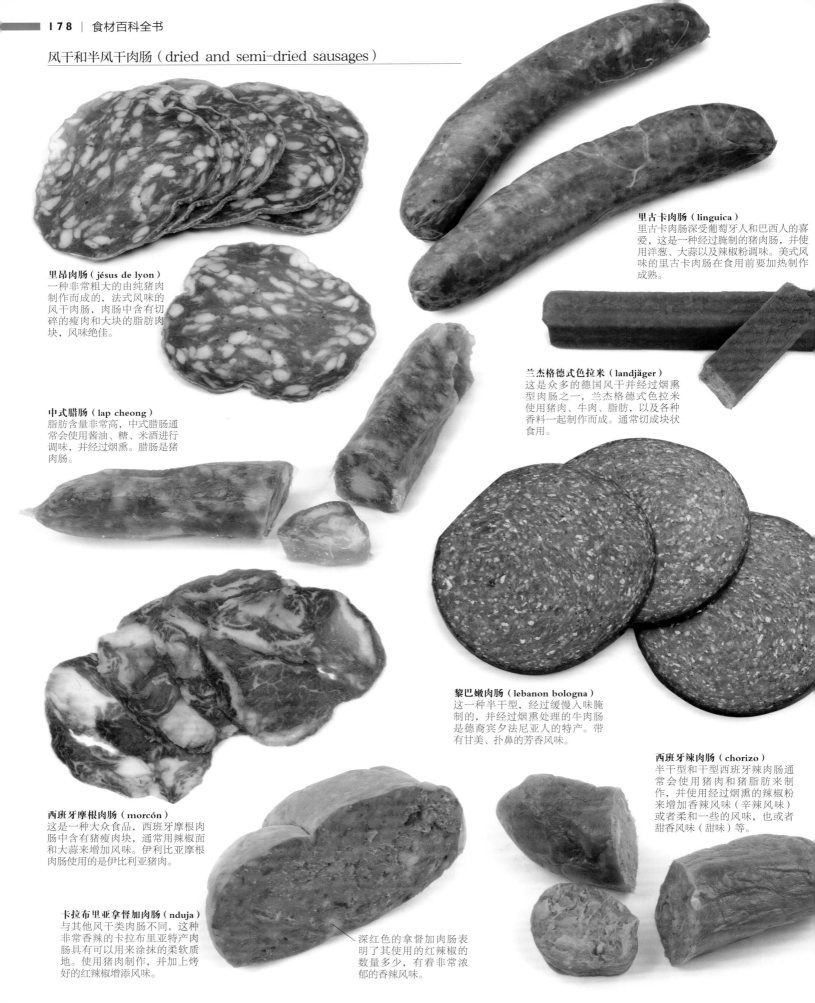

里昂肉肠（jésus de lyon）
一种非常粗大的由纯猪肉制作而成的，法式风味的风干肉肠，肉肠中含有切碎的瘦肉和大块的脂肪肉块，风味绝佳。

中式腊肠（lap cheong）
脂肪含量非常高，中式腊肠通常会使用酱油、糖、米酒进行调味，并经过烟熏。腊肠是猪肉肠。

西班牙摩根肉肠（morcón）
这是一种大众食品，西班牙摩根肉肠中含有猪瘦肉块，通常用辣椒面和大蒜来增加风味。伊利比亚摩根肉肠使用的是伊比利亚猪肉。

卡拉布里亚拿督加肉肠（nduja）
与其他风干类肉肠不同，这种非常香辣的卡拉布里亚特产肉肠具有可以用来涂抹的柔软质地。使用猪肉制作，并加上烤好的红辣椒增添风味。

深红色的拿督加肉肠表明了其使用的红辣椒的数量多少，有着非常浓郁的香辣风味。

里古卡肉肠（linguica）
里古卡肉肠深受葡萄牙人和巴西人的喜爱，这是一种经过腌制的猪肉肠，并使用洋葱、大蒜以及辣椒粉调味。美式风味的里古卡肉肠在食用前要加热制作成熟。

兰杰格德式色拉米（landjäger）
这是众多的德国风干并经过烟熏型肉肠之一，兰杰格德式色拉米使用猪肉、牛肉、脂肪，以及各种香料一起制作而成。通常切成块状食用。

黎巴嫩肉肠（lebanon bologna）
这一种半干型，经过缓慢入味腌制的，并经过烟熏处理的牛肉肠是德裔宾夕法尼亚人的特产。带有甘美、扑鼻的芳香风味。

西班牙辣肉肠（chorizo）
半干型和干型西班牙辣肉肠通常会使用猪肉和猪脂肪来制作，并使用经过烟熏的辣椒粉来增加香辣风味（辛辣风味）或者柔和一些的风味，也或者甜香风味（甜味）等。

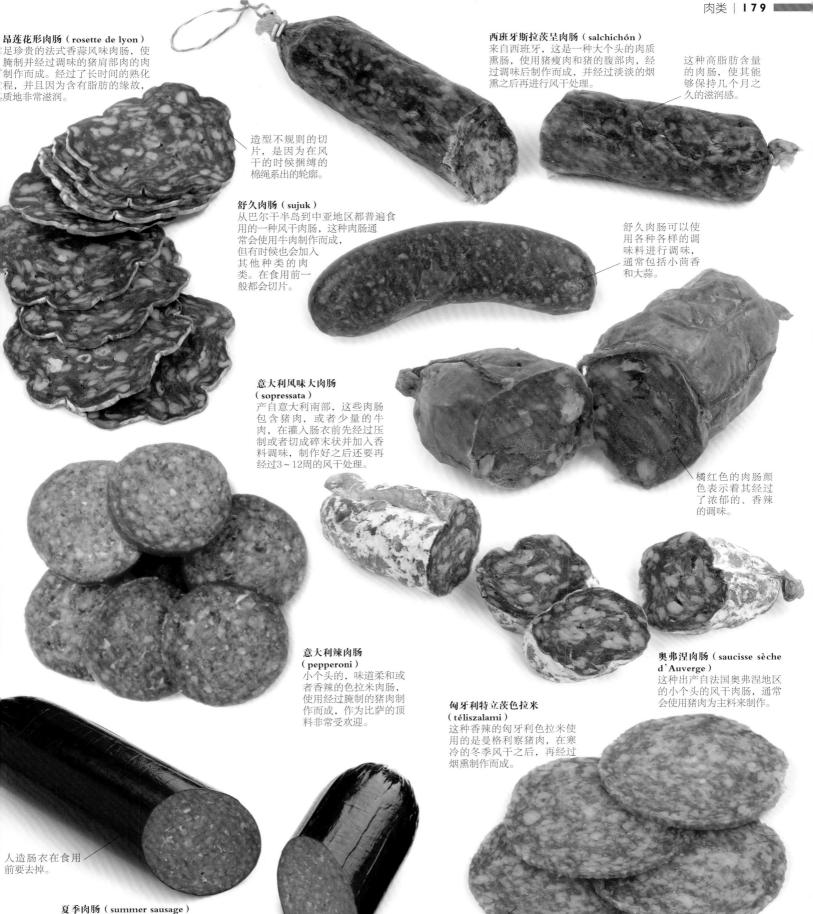

昂莲花形肉肠（rosette de lyon）
足珍贵的法式香蒜风味肉肠，使腌制并经过调味的猪肩部肉的肉制作而成。经过了长时间的熟化程，并且因为含有脂肪的缘故，质地非常滋润。

造型不规则的切片，是因为在风干的时候捆缚的棉绳系出的轮廓。

舒久肉肠（sujuk）
从巴尔干半岛到中亚地区都普遍食用的一种风干肉肠，这种肉肠通常会使用牛肉制作而成，但有时候也会加入其他种类的肉类。在食用前一般都会切片。

意大利风味大肉肠（sopressata）
产自意大利南部，这些肉肠包含猪肉，或者少量的牛肉，在灌入肠衣前先经过压制或者切成碎末状并加入香料调味，制作好之后还要再经过3~12周的风干处理。

西班牙斯拉茨呈肉肠（salchichón）
来自西班牙，这是一种大个头的肉质熏肠，使用猪瘦肉和猪的腹部肉，经过调味后制作而成，并经过淡淡的烟熏之后再进行风干处理。

这种高脂肪含量的肉肠，使其能够保持几个月之久的滋润感。

舒久肉肠可以使用各种各样的调味料进行调味，通常包括小茴香和大蒜。

橘红色的肉肠颜色表示着其经过了浓郁的、香辣的调味。

意大利辣肉肠（pepperoni）
小个头的，味道柔和或者香辣的色拉米肉肠，使用经过腌制的猪肉制作而成，作为比萨的顶料非常受欢迎。

匈牙利特立茨色拉米（téliszalami）
这种香辣的匈牙利色拉米使用的是曼格利察猪肉，在寒冷的冬季风干之后，再经过烟熏制作而成。

奥弗涅肉肠（saucisse sèche d'Auverge）
这种出产自法国奥弗涅地区的小个头的风干肉肠，通常会使用猪肉为主料来制作。

人造肠衣在食用前要去掉。

夏季肉肠（summer sausage）
在美国，summer sausage是一个通用术语，指的是风干的和半风干的，一般情况下要经过烟熏处理的德国风味的肉肠。夏季肉肠口感柔和而且质地滋润。

优质的匈牙利特立茨色拉米在肉肠中的脂肪呈均匀的分布状。

蔬菜类

蔬菜概述

　　蔬菜是人类健康饮食的基础，那些应季的蔬菜和当地采用可持续发展模式种植的绿色蔬菜是最新鲜、最美味，也最有营养的。应季的蔬菜，会达到它们本身所具备的最佳风味。这也是蔬菜产量最高并且最经济的。各地的农民都喜欢种植那些美味可口的蔬菜品种，包括那些传统的优良品种，以及被一代又一代的农民精挑细选出来的，还有被园艺师们千挑万选出来的优质品种。当地的蔬菜种植者们也会经常种植有机蔬菜或者可持续发展的绿色蔬菜品种，所选择的耕种方式，会对环境形成保护并保持土壤的自然肥力，而不去使用化学农药。

蔬菜的购买

颜色艳丽 购买那些带有明亮、鲜艳色彩而没有变黄的蔬菜，特别是菜花类和绿叶蔬菜类。蔬菜表面应没有瘀伤、变色、污损、软斑、切口以及孔洞等，并且不建议购买使用发霉的蔬菜。

质地坚挺 蔬菜应该手感坚硬而沉重，质感过轻或许是因为蔬菜失去了太多水分的缘故。

外层密实 松散的外皮表示蔬菜失去了水分，所以要寻找那些外皮细紧，层次密实的蔬菜。

根部新鲜 要确保蔬菜的新鲜程度和自然品质，检查蔬菜的切面是从根部或者是从母株上收割下来的。切面看起来要新鲜并且湿润，没有变成非常干燥的状态。叶片有光泽并且中脉饱满。

气味清新 蔬菜应该带有一股洁净、新鲜的芳香气味。

蔬菜的储存

　　根据蔬菜的不同种类，不同的蔬菜储存时间各不相同。鲜嫩的叶类蔬菜最好是使用湿润的纸巾松散地包裹好，然后再使用塑料袋密封包装好或者使用冷藏箱储存。根类蔬菜，如胡萝卜和防风根可以放入开口的塑料袋内，在冰箱内的蔬菜盒里储存。其他一些蔬菜，如柿椒和卷心菜等可以使用纸袋包好，储存到冰箱内的蔬菜盒里。还有一些蔬菜，如土豆适合在室温下避光储存，洋葱等则可以直接储存在一个篮子内，番茄摆放到窗台上则可以让其继续成熟。所有的蔬菜在其采摘之后都会开始失去其新鲜度，但是这要根据蔬菜的种类来确定它们水分流失的程度。如果你只需要使用一部分的蔬菜，可以将剩余的蔬菜用保鲜膜包好储存到冷藏冰箱内。

选择肉质结实并且外皮密实，色彩鲜艳的番茄，并且带有番茄特有的芳香气味。

在选择绿色的叶类蔬菜时，要挑选那些脆嫩、新鲜、不带有黄色的绿色叶类蔬菜，并且其中间的筋脉挺拔硬实。

蔬菜的制备

　　有一些蔬菜需要剥去外皮，因为这些蔬菜的外皮太老，味道发苦，可能会带有农药的残留成分，或者纯属个人喜好。并不是所有的蔬菜都需要去皮，一般情况下蔬菜清洗干净之后就可以放心食用了。只需在使用之前洗净和去皮，因为暴露在空气中并且潮湿的蔬菜会引起蔬菜的腐坏变质并让维生素流失。

蔬菜的去皮 蔬菜皮涵盖了老韧到鲜嫩的蔬菜，并且在蔬菜的外皮中通常含有比其肉质更多的营养成分和各种风味。为了保持这些风味并保留蔬菜的营养成分，可以将蔬菜带皮进行烹调。如果你需要将蔬菜去皮，要待蔬菜冷却后再进行。人们要去掉蔬菜外皮的最主要原因之一是去掉外皮中所含的杂质或者农药残留。

南瓜的外皮特别老，需要先将南瓜外皮去掉，再将南瓜切成块状。可以使用削皮刀对南瓜进行削皮处理。

蔬菜的清洗 绝大多数蔬菜最好使用自来水和软毛刷进行清洗。如果无法使用软毛刷进行清洗，可以用一锅水进行清洗。在一些市场中会售卖食品清洁剂，用来去掉油基性的农药，外皮上的涂蜡，以及从店员和顾客的手中递送蔬菜时沾上的油脂。

在韭葱的叶片之间会残留有泥土，所以在使用之前将韭葱彻底清洗干净是必须的。要将所有多余的水滴都抖落干净。

蔬菜的切割处理 蔬菜出产的形状没有整齐划一的，所以，需要将不同的蔬菜分别进行切割以适应各种需要。切割的大小和形状取决于你根据食谱的要求如何使用这些蔬菜而定——不管是切割成大的块状，还是用于精致的配菜，也或者是用来进行装饰。

切条

1 将蔬菜切割成5毫米厚的片状，然后再切割成5毫米宽的条。

2 顺着宽度切割成条，以使得条的长度为4～5厘米。

切成菱形块

1 将蔬菜纵长切割成两半，然后将切割面朝下平稳地摆放到菜板上。

2 从白色的根部开始斜着切割，纵长切割成规整的菱形块。

擦丝

将蔬菜在刨丝器上进行擦切，在擦丝器上挑选出适合自己粗细需要的孔洞大小，或者使用食品加工机进行切割。

切丁

将蔬菜先切割成宽度和厚度均等的条状，然后再将这些条切割成丁。

绿叶蔬菜切条

1 使用一把锋利的厨刀，沿着绿叶蔬菜的中脉两侧将老韧的中脉切除。

2 将蔬菜叶片卷起成香肠状的圆柱形，顶刀切成宽度均匀的条状。

切丝

切丝与切条相类似，但是要将片切成3毫米的厚度，然后再切成3毫米的宽度。

使用蔬菜切割器切片

蔬菜切割器可以将蔬菜切割成非常薄的片状或者条状。使用可调节刀片，可以将蔬菜切割成任何所需要的厚度。

削橄榄球形胡萝卜

1 使用小雕刻刀，依次将胡萝卜的一端削下5厘米的片状。

2 在继续削皮的同时用手指转动胡萝卜，将胡萝卜一直削成一个带有七个面的如同橄榄球的形状为止。

蔬菜的烹调

有一部分蔬菜可以直接生食，但是大多数蔬菜都需要经过加热烹调之后才可以食用，以便对它们所含有的淀粉类和纤维素类成分进行分解，这样会有助于蔬菜类被人体消化吸收。无论采用哪种烹调方式——煮、铁扒、煎、蒸——都会达到这个目的。但是如果将加热烹调时所需要的时间尽可能缩短的话，会对蔬菜的质地和营养成分起到最大的保护作用。

铁扒蔬菜 享用蔬菜的一种美味而健康的烹调方法。大多数蔬菜都可以用来铁扒，但是有一些蔬菜，如胡萝卜和土豆，可能需要在铁扒之前先煮熟。

煮蔬菜 不要将蔬菜煮的时间过长，以避免蔬菜的颜色和营养成分流失到水中。在通常情况下，淀粉类的蔬菜可以用冷水煮，绿色蔬菜应该使用开水煮。

1 锅内的水在加热烧开的过程中，用滤锅将要煮的蔬菜进行漂洗。将蔬菜上的水分控干净。

2 当水烧开后，将蔬菜分成小把，分次加入锅内，继续加热将水烧开，然后使用小火加热直至蔬菜成熟。

3 待将蔬菜煮到所需要的质地程度时，捞出蔬菜控净水分并用冷水过凉，以防止蔬菜的进一步加热。

炸蔬菜 这是一种非常好的烹调处理切成薄片状蔬菜的方式，如土豆、胡萝卜以及甜菜等蔬菜，为了取得最佳的效果，许多鲜嫩的蔬菜挂天妇罗面糊炸制后效果会更好，面糊在炸的过程中防止蔬菜直接接触到热油。如果原材料能够快速炸制成熟，它们就会吸收最少量的油脂。

1 将油加热到一定程度时，放入一小块蔬菜试炸，待蔬菜滋滋冒泡时即可放入蔬菜开始炸制。

2 将蔬菜炸制到所需要的程度——炸好的蔬菜应该香酥脆嫩并呈金黄色。

3 使用一把漏勺从锅内捞出炸好的蔬菜，放在纸巾上控净油，撒上盐调味。

将铁扒锅或者烧烤炉用高温加热15～20分钟，用钢丝刷将铁扒锅或者烧烤炉架擦洗干净，然后涂刷上植物油。将火降低到希望的大小，然后摆放上蔬菜，在蔬菜的两面都涂刷上少许的植物油。加热铁扒4～5分钟，然后在加热到一半的时间时将蔬菜翻面。铁扒好的蔬菜应该保持其鲜嫩的质地，并且刚好成熟为宜。

炒蔬菜 能够最大限度地发挥出原材料本身风味的最美味和最健康的烹调方法，炒蔬菜最成功的秘诀是快速。使用旺火快炒的方法能够确保蔬菜中的质地、风味以及营养成分完美地保留下来，并且只需要使用最少量的油脂进行烹调。

煎炒蔬菜 煎炒是另外一种将蔬菜用大号煎锅，在少量的热油中快速煎蔬菜的方式。在锅内加入蔬菜时，锅内的油会非常热，在煎炒的过程中，蔬菜在锅内来回翻动。为取得最佳效果，一次放入锅中煎炒的用料不要太多。

1 在圆底锅或者炒锅内加热一汤勺或者两汤勺用量的植物油，直到植物油烧热，但是没有冒烟的程度。先加入需要加热时间最长的蔬菜翻炒，然后再将其他蔬菜加入锅内。

2 不停地翻炒蔬菜，将锅内的蔬菜拨到四周的锅边处，以减少其受热的程度。当所有的蔬菜都加入到锅内之后，继续翻炒直到所有的原料刚好成熟。

1 将炒锅放在大火上加热，加入一些植物油或者黄油。待油烧热之后，拌入蔬菜。

2 若有必要，将蔬菜分批放入锅内加热煎炒，并且在锅内不停地煎炒。直到将蔬菜煎炒上色并且鲜嫩可口。

蒸蔬菜 这是一种最健康的加热烹调蔬菜的方式。因为蔬菜没有接触到锅内的水分，就不会造成营养成分的流失，这样，蔬菜会保留住大部分的风味和质感。

烤蔬菜 烤蔬菜可以让蔬菜保持原汁原味，并且呈现出新的质地。这种烹调方法是使用烤箱内干热的温度进行烘烤，让蔬菜外观呈现出诱人食欲的金黄色。

烤盘内放入一点植物油可以改善切成丁状的蔬菜和南瓜等的风味，以及其他各种烘烤的蔬菜类的风味。你也可以在烘烤时拌入一些新鲜的香草，以增加蔬菜的特殊风味。

1 在一个大号汤锅内加入3厘米高度的水并放入一个蒸笼。摆好蔬菜，盖上锅盖，转用大火加热。

2 将蔬菜蒸到所需要的程度——可以使用小刀的刀尖进行测试。要注意不要将蔬菜蒸过了。

腌制蔬菜（蔬菜的加工处理）

时令蔬菜味道最佳，所以当时令蔬菜不再新鲜的时候，可以对它们进行腌制处理，让其风味可以保持几个月之久。一部分蔬菜可以进行干燥处理，有一些蔬菜可以腌制成泡菜，还有一些则可以冷冻保存。要在时令蔬菜大批量上市期间进行腌制。

冷冻蔬菜 像胡萝卜、豆类、西蓝花、豌豆类，以及甜玉米类等硬质蔬菜，都可以进行冷冻处理。在购买到蔬菜的当天就可以将蔬菜进行切割并处理好，最大限度地保留蔬菜本身所有的风味、质地和营养成分。

制作泡菜 与其他保存蔬菜的方法相同，腌制泡菜是一种在蔬菜中加入酸甜口味的方法。在腌制泡菜时使用洁净的、消过毒的广口瓶非常关键。大多数软质蔬菜可以生的进行腌制，但是硬质的根类蔬菜需要通过加热烹调使其变得柔软。将蔬菜放入带有密封盖的广口瓶内，倒满以醋为主料的腌泡汁进行腌制。

蔬菜的干燥处理

这一种技法涉及对蔬菜进行干燥处理，如番茄、蘑菇和南瓜等蔬菜，以及一些水果类，以便能够保留它们的营养成分和增强它们的风味。要对蔬菜进行干燥处理，需要使用干燥机，这样就会保证蔬菜在推荐使用的温度之下48℃进行保存。

1 将准备好的蔬菜切割成所需要厚度的片状，蔬菜片越薄干燥得越快。

2 将切割好的片状蔬菜摆放到烘干盘上，不要过于拥挤。涂刷上一层薄薄的橄榄油。

3 当蔬菜片变脆，易碎时表示已经干燥好了。待其冷却好，然后放置在密封容器内保存。

在将蔬菜冷冻之前，先要经过烫或者煮等加热烹调处理，在托盘内分层分隔好。一旦冷冻好，将蔬菜按照用餐的量，按份分别放入包装袋内或者其他容器内包装好，再进行冷冻保存。

卷心菜（cabbage）

原产于欧洲的大西洋沿岸以及地中海沿岸地区。时至今日，卷心菜在世界各地的温带地区都有种植。有几种卷心菜的叶片是松散型的，但是大多数都是大小不一，形状各异并呈非常密实的圆球形，带有各种不同颜色的光滑的或者带有皱褶的叶片。经过恰当的烹调之后，卷心菜会带有甘美的风味。

卷心菜的购买 尽管卷心菜一年四季都有出产，但是在冬季出品的卷心菜其品质是最佳的。检查其硬实的头部，会带有一股清新的气味，并且外层叶片上没有呈现出黄色。根部的切口应是湿润的，而不显得干燥。

卷心菜的储存 整颗的卷心菜用塑料袋包装好之后放入冰箱中的蔬菜抽屉层内可以保鲜1~2个月。

卷心菜的食用 新鲜卷心菜：红色、绿色或者白色卷心菜切成丝可以用于沙拉中。加热烹调：煮卷心菜，可以释放出硫磺的成分，许多人会感到不舒服，但是煮卷心菜或许是最常见的一种烹调方法。烹调至卷心菜刚好成熟（断生）即可：过度烹调的卷心菜闻起来有一股"菜味"。同样，蒸、炒、煎、烤或者炖，卷心菜叶可以酿馅并卷成卷状，或者使用整棵卷心菜用来酿馅，再用小火加热，或者蒸熟。腌制卷心菜：德国酸菜是传统的腌制卷心菜的方式。

搭配各种风味 培根、香肠、咸牛肉、家禽、猪肉、火腿、大蒜、辣根、杜松子、土豆、杏仁、豆蔻、葛缕子、香菜、芥末、糖等。

经典食谱 炖紫甘蓝；卷心菜胡萝卜沙拉；卷心菜炖咸牛肉；土豆和卷心菜泥；油煎土豆和卷心菜；酿馅卷心菜；德国酸菜；佛拉米式（flamande）紫甘蓝；菜豆汤；面包卷心菜浓汤；肉肠炖菜等。

尖头卷心菜（pointed cabbage）

这一类卷心菜鲜嫩、甘美的菜叶（这里图示的是海思匹卷心菜）形成了一个长长的尖状造型。

没有结球形卷心菜叶的制备

这一种将卷心菜叶切丝的技法适合所有没有结成球形的各种卷心菜：如皱叶卷心菜、圆头卷心菜和夹头卷心菜等。

1 去掉所有绵软的或者变色的卷心菜菜叶。用冷水将菜叶清洗干净，并用厨房纸拭干。**2** 用一把锋利的刀，在每一片菜叶的中间筋脉两侧一定角度地进行切割，切下菜叶中间的筋脉并丢弃不用。**3** 将切割好的大块叶片卷起，根据所需要的宽度将叶片顶刀切割成丝状，较小块的叶片，鲜嫩的叶片可以整片地进行切割。

白色卷心菜（white cabbage）

也被称之为荷兰卷心菜，在一个硬质的菜芯上紧密地包裹着的菜叶形成一个结实的圆头形。这种卷心菜的滋味非常甘美，并且容易保存。

圆头卷心菜（round cabbage）

也叫作球形卷心菜，这种卷心菜可以生食，并且和大多数品种的卷心菜一样可以熟食，但最佳烹调方式是炒和炖。

紫甘蓝（red cabbage）
带有鲜艳美丽的色彩，紫甘蓝比白色的卷心菜味道更加甘美，但是其菜叶较老，所以在加热烹调时，需要的时间更长一些。

扁平状的卷心菜（flat cabbage）
这种卷心菜在中东地区广受欢迎，其扁平状的，白色的圆形头部带有一种柔和的、甘美的风味。

如果在烹调的过程中，不加入酸性的水果、醋，或者葡萄酒，紫甘蓝的颜色会变成绿色。

其菜叶在蒸过之后，非常适合用来酿馅卷起制作成卷心菜卷。

皱叶卷心菜（savoy cabbage）
皱叶卷心菜其波纹状非常美观的菜叶比起其他种类的卷心菜会更蓬松，包裹着圆形的头部，其风味也更醇厚。

孢子甘蓝（brussels sprouts）

孢子甘蓝是由一种卷心菜繁殖而来。当中间圆球形甘蓝成熟之后，会在其侧面生长出许多小圆球形的孢子甘蓝。实际上，孢子甘蓝是沿着一根高茎长出来的小圆形卷心菜。尽管孢子甘蓝属于两年生植物，但是在凉爽、温带气候条件下，是作为一年生的植物，遍地都有种植。其风味带有卷心菜风味。

孢子甘蓝的购买 孢子甘蓝质量最好的时间是在其冬季出产的高峰期，霜冻使得孢子甘蓝风味变得异常甘美。通常孢子甘蓝都是散装售卖，如果你发现孢子甘蓝仍然是连枝的，这样的孢子甘蓝品质是最好的。要购买那些叶片密实，小圆形，比高尔夫球略微小一些的孢子甘蓝；孢子甘蓝个头越小，其风味越佳。外层的叶片变

黄，表示孢子甘蓝较老。其切口处看起来应该是新鲜和湿润的，并且不应该带有非常明显的气味。

孢子甘蓝的储存 与卷心菜家族内的其他成员一样，孢子甘蓝在收获之后就会开始变得带有苦味。尽量在购买当天就使用，或者装入一个塑料袋内密封好放入冰箱内冷藏不超过一周。孢子甘蓝可以冷冻保存。

孢子甘蓝的食用 新鲜的孢子甘蓝：切成细丝可以加入到卷心菜胡萝卜沙拉中或者蔬菜沙拉中。烹调成熟：要注意只需将孢子甘蓝加热烹调至嫩熟即可（可以使用一把小刀的刀尖进行测试）。过度加热烹调之后的孢子甘蓝会散发出一股让人不舒服的味道而无法食用。整个的孢子甘蓝可以蒸、烤、煮、炒以及炖，或者切成丝用来炒。

搭配各种风味 培根和意大利烟肉，奶油，干酪，苹果，柠檬，杏仁，栗子，松子仁，百里香等。
经典食谱 孢子甘蓝和培根，孢子甘蓝和栗子。

要购买那些叶片密实，呈娇小的圆形，外层叶片没有变黄的孢子甘蓝。

菜花（cauliflower）

这是与卷心菜有亲缘关系的蔬菜，在世界各地温带和热带气候下都可以生长。其中有一些品种分别会呈绿色、紫色以及橙色等不同的颜色，有一些菜花的形状是尖状的，我们最熟悉的菜花是圆形的，呈白色的浓密的凝乳状，或者小花球状。菜花中的分枝形成了浓密的，凝乳状的，没有完全开放的花顶。生的菜花风味较柔和，在经过加热烹调成熟之后会带有坚果风味。

菜花的购买 秋季是出产菜花的最佳季节。要精挑细选那些颜色雪白的菜花，而不要挑选那些奶油色或者淡黄色的菜花。坚决不购买那些带有褐色斑点或者绿叶太长的菜花，这两种情况都预示着菜花的质量不佳。要确保购买切口是新鲜的菜花。

菜花的储存 尽管菜花可以保存，但是尽量在购买后就尽快使用。用纸袋包好后可以放入冰箱内冷藏保存3～4天。

菜花的食用 新鲜菜花：可以分成小瓣用来制作沙拉和蔬菜沙拉。加热烹调：整个的菜花或者分成小瓣的菜花可以用来煮或者蒸，小瓣的菜花还可以用来与沙司一起烘烤，挂糊之后炸，或者用来炒。腌制菜花：与其他蔬菜一起用来制作泡菜或者用来制作酸辣酱。

搭配各种风味 褐色黄油，古老也干酪，小麦胚芽，大蒜，荷兰沙司，橄榄油，香芹，柠檬等。

经典食谱 摩洛哥风味炖羊肉和菜花；宾夕法尼亚风味烩蔬菜；干酪焗菜花；香酥菜花；意大利思加图式菜花；波兰式菜花；香辣菜花。

常见的菜花（common cauliflower）
生的菜花风味如同风味清淡的卷心菜，经过烘烤之后，会变得香浓而美味。凝乳状密实而脆嫩的菜花，在制作成咖喱菜肴和用来炒时，会带来令人愉悦的质感。

当将菜花分成小瓣时，可以着其茎秆位置纵长将粗大一的菜花切割成片状，这样，些带有茎秆的切成片状的菜就会如同那些较小的瓣状菜一样，在经过加热烹调之后同一时间内成熟。

罗马菜花（romanesco）
其特色是带有美观的螺旋状的造型，罗马菜花是口味最佳的菜花之一——带有坚果风味，肉感十足，并且还略微带有一点甘美的风味。其质地柔软并且呈乳脂状。

因为菜花非常容易分解开，其鲜嫩而细腻的乳脂状菜花瓣最好是用略微蒸一下的方式或者烤的烹调方法加热成熟。

小个头的菜花（baby cauliflower）
与大个头的菜花隶属于同一种类，小个头的菜花保持体型幼小是因为它们的生长环境过于拥挤。这些小个头的菜花非常适合用来制作蔬菜沙拉，炒，以及在蒸什锦蔬菜时使用。

西蓝花（broccoli）

西蓝花，是一种与卷心菜有亲缘关系的蔬菜，在全世界许多地方的温带气候下都有种植，特别是在那些温度较低的地区。与其近亲菜花一样，西蓝花是由没有长开的植物花头组成的。常见的深绿色西蓝花，也叫作花茎甘蓝，西蓝花的花蕾如同鹅卵石般地，大量地拥簇在一起，反而形成了萌芽状的蓓蕾造型。其颜色有紫色、白色，或者绿色，都成簇的生长在独立的细长的茎秆上。尽管带有许多绿叶，与西蓝花非常相似的一种西蓝花叫作绿叶西蓝花，在意大利也叫作拉布西蓝花，或者萝卜叶。深绿色的西蓝花带有细腻的质地，以及淡淡的一丝甜味般的卷心菜风味，而绿色的西蓝花风味更加甜美也更加鲜嫩。绿叶西蓝花是甜味最小的西蓝花种类，带有令人愉悦的，耐嚼的质感。

西蓝花的购买 尽管一年四季都可以购买到西蓝花，市面上品质最好的西蓝花是从秋季到冬季再到春季。深绿色的西蓝花，其头部应该是密集的，没有缝隙般分开的绿芽，也没有出现黄色花蕾：出现一个黄色的花蕾就表示西蓝花开始呈现出较老的纤维化和木质化。绿叶种类的西蓝花应该带有硬质的茎秆和新鲜的绿叶。切口看起来是滋润的，茎秆没有分离开和干裂。

西蓝花的储存 西蓝花装入塑料袋里，放入冰箱的蔬菜格内可以冷藏保存3～4天。

西蓝花的食用 新鲜的西蓝花：西蓝花可以分成小瓣状，并且茎秆在去皮之后切成条状可以生食，加入到沙拉中或者制作成蔬菜沙拉。烹调加热：西蓝花可以煮或者蒸，加上沙司烤，炖，挂糊后炸，炒，或者煎等。

搭配各种风味 培根、银鱼柳、干酪、香蒜酱、荷兰沙司、柠檬、大蒜、松子仁、橄榄油等。

经典食谱 炒西蓝花；意式罗马纳风味西蓝花；奶油西蓝花；波兰风味西蓝花；干酪西蓝花。

经典食谱（classic recipe）

炒西蓝花（Chinese stir-fried broccoli）

可以将这一款简单易做的中式风味炒蔬菜搭配铁扒肉类、家禽类或者鱼类，以及一些蒸糯米饭一起食用。

供 4 人食用

1汤勺芝麻
1汤勺植物油
1汤勺生抽
少许辣椒碎
4汤勺素高汤或者水
700克西蓝花，分成小瓣，茎部切成薄片状
盐和现磨的黑胡椒粉

1 将大号的不粘炒锅烧热，加入芝麻烘焙，不时地转动锅，将芝麻在锅内烘焙1～2分钟，或者直到芝麻开始变成金黄色。倒入一个餐盘内备用。

2 在锅内加入油、生抽以及辣椒碎，翻炒至混合好。加入西蓝花及切成片的茎，翻炒2～3分钟。

3 加入素高汤并盖上锅盖。继续加热烹调1～2分钟，或者一直加热到西蓝花变成嫩熟。拌入芝麻并用盐和黑胡椒调味。

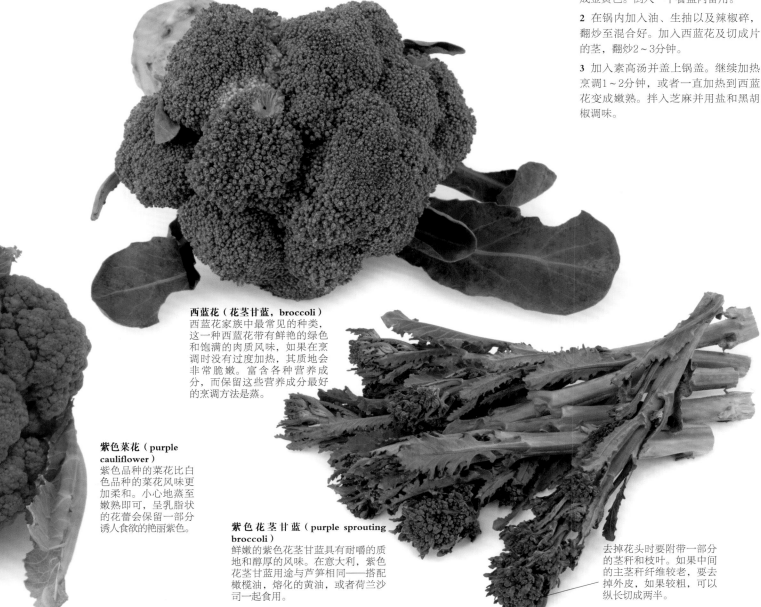

西蓝花（花茎甘蓝，broccoli）
西蓝花家族中最常见的种类，这一种西蓝花带有鲜艳的绿色和饱满的肉质风味，如果在烹调时没有过度加热，其质地会非常脆嫩。富含各种营养成分，而保留这些营养成分最好的烹调方法是蒸。

紫色菜花（purple cauliflower）
紫色品种的菜花比白色品种的菜花风味更加柔和。小心地蒸至嫩熟即可，呈乳脂状的花蕾会保留一部分诱人食欲的艳丽紫色。

紫色花茎甘蓝（purple sprouting broccoli）
鲜嫩的紫色花茎甘蓝具有耐嚼的质地和醇厚的风味。在意大利，紫色花茎甘蓝用途与芦笋相同——搭配橄榄油，熔化的黄油，或者荷兰沙司一起食用。

去掉花头时要附带一部分的茎秆和枝叶。如果中间的主茎秆纤维较老，要去掉外皮，如果较粗，可以纵长切成两半。

亚洲的绿叶蔬菜类（Asian leafy greens）

　　有数百种亚洲的绿叶蔬菜在世界各地的温带和热带气候条件下生长着——如此繁多的种类，即便是植物学家也很难将其进行一一细致地分类。然而，这些绿叶蔬菜大多数都是芸薹属植物，也就是卷心菜族和芥末族（十字花科）的成员。它们中的一些是盛开的多叶植物，而另外一些则是叶片紧密地包裹在一起呈密实的圆形，颜色从红色和紫色横跨绿色到白色不等。风味依次从辛辣的胡椒风味到柔和的甘美风味。其中许多都带有中文"choy"或者"choi"的发音，其中文意思是蔬菜的意思。所有的蔬菜类都富含各种营养成分。

　　绿叶蔬菜类的购买 当冬天寒冷的北风呼啸而来时，这些绿叶蔬菜在更温和的气候条件下的春天和秋天凉爽的天气里惬意地生长着，而它们原产地的季节是冬天。轻微的霜冻会让这些蔬菜味道更加甘美。在购买绿叶蔬菜时，需要检查它们的切口处：切口看起来应该是滋润和新鲜的。茎秆在弯曲时会应声而断，叶片的颜色新鲜而艳丽。

　　绿叶蔬菜类的储存 使用湿润的厨房用纸包裹好，然后放入塑料袋内，再放入冰箱的蔬菜层内冷藏保存。因为在亚洲风味烹调之中，绿叶蔬菜的新鲜程度是至关重要的因素，绿叶蔬菜只能保鲜1～2天。

　　绿叶蔬菜的食用 可以切成丝，或者使用整个的叶片。新鲜绿叶蔬菜：有一些蔬菜可以用来制作沙拉生食。加热烹调：可以炖焖、炒，用来包裹着肉馅，蒸，或者煎等。它可以是单独使用，还可以与其他蔬菜和肉类一起使用。腌制：有一些叶类蔬菜——例如，卷心菜和芥菜等——可以用来制作泡菜。香辣的韩国泡菜是使用大白菜制作而成的。

　　搭配各种风味 大虾，大蒜，姜，青葱，荷兰豆，酱油，蚝油，香油，醋，蘑菇，五香面，八角，香油等。

　　经典食谱 韩国泡菜；春卷。

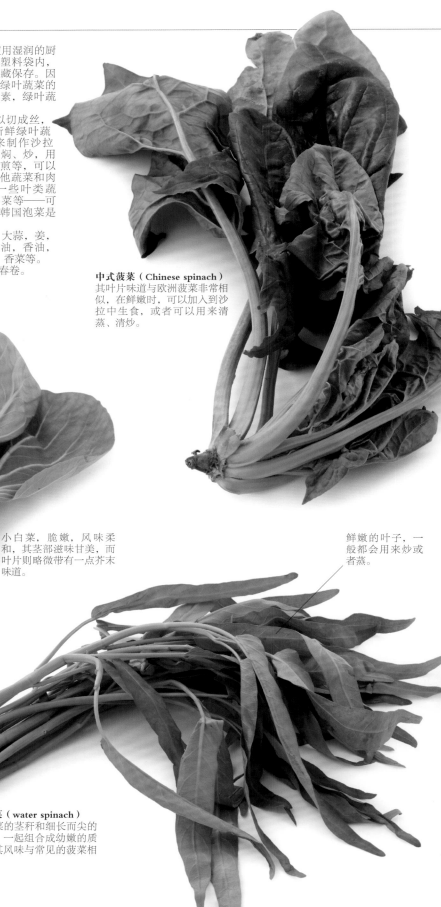

中式菠菜（Chinese spinach）
其叶片味道与欧洲菠菜非常相似，在鲜嫩时，可以加入到沙拉中生食，或者可以用来清蒸、清炒。

小白菜，脆嫩，风味柔和，其茎部滋味甘美，而叶片则略微带有一点芥末味道。

小白菜的根茎非常脆嫩，通常整棵的用鸡汤炖熟。

鲜嫩的叶子，一般都会用来炒或者蒸。

空心菜（water spinach）
空心菜的茎秆和细长而尖的叶片，一起组合成幼嫩的质地。其风味与常见的菠菜相类似。

可以使用其造型雅致的叶片作为盛器，如用来装入米饭或者谷物类制作的沙拉。

日式菠菜（Japanese mustard spinach）
鲜嫩的日式菠菜可以用来制作蔬菜沙拉并生食，当日式菠菜变老之后其风味也更加浓郁，味道也会更辣一些，可以用来炒和做汤，或者腌制成泡菜。

大白菜（Chinese leaf）
也叫作青菜、白菜和北京白菜，大块头，柔和的叶片从茎部伸展开，可以用作沙拉中生食，或者用来做汤和炖菜。

芥蓝（Chinese broccoli），也叫作Chinese kale，芥蓝上偶尔会带有白色的小花。其脆嫩的茎秆、厚大的叶片，以及花蕾都可以食用，最传统的烹调方法是炒或者炖，并配以蚝油。

小油菜（edible rape）
茎秆鲜嫩、质脆，当小油菜成熟时，其小花朵和花蕾都带有如同芥末般的苦味。

盖菜（Chinese mustard green），有不同的种类、颜色、质地和大小的盖菜。常见的红色盖菜带有如同胡椒般的辛辣风味。

亚洲叶类蔬菜（Asian leafy greens）

食用菊花（edible chrysanthemum）

食用菊花（茼蒿）叶片略微带有一点酸味和耐嚼的质地。最适合与肉类一起炒，以及用来做汤。经过开水略烫之后，其嫩叶可以用来制作沙拉。

塌棵菜（Chinese flat cabbage）

塌棵菜，以扁平状的玫瑰花形进行生长。鲜嫩的叶片略微带有一点辛辣风味和脆嫩的质感。在沙拉中咬嚼起来多汁而脆嫩。成熟的叶片更加耐嚼，最合适用来炒。

芥菜类（mustard greens）

芥菜类或者称之为叶芥菜类是指所有的带有一种别具一格的辛辣口味，以各种芸薹属植物命名的植物类。在亚洲、意大利以及南美地区特别受欢迎，其颜色从淡绿色到深红色不一，质地从鲜嫩到耐嚼不等，并且风味包括了从柔和的口感到强烈的辛辣味道。所有种类的芥菜类在温带凉爽的气候条件下都会茁壮生长。

芥菜类的购买 芥菜类一年四季都可以从市场上购买到，但是其品质最好的时期是在深秋到春季这段时间里。要购买那些生机盎然的，新鲜切割的芥菜，避免那些有发黄的迹象或者显出疲软迹象的芥菜。

芥菜类的储存 将没有经过洗涤的芥菜用湿润的厨房用纸包裹好，然后放入一个没有扎口的塑料袋内，再放到冰箱内的蔬菜层内，可以冷藏保存3～4天。

芥菜类的食用 新鲜的芥菜：可以在制作沙拉时，加入几片鲜嫩的芥菜心，让沙拉的口感带有一点香辣的风味。加热烹调：鲜嫩的芥菜叶可以蒸，或者炒，大棵的芥菜和成熟的芥菜，最适合用来炖焖成熟。

搭配各种风味 海鲜、黄油、大蒜、酱油、醋等。

经典食谱 火腿煮芥菜。

羽衣甘蓝（collards）

羽衣甘蓝，除了其如同竹片般更大一号的叶片之外，看起来就像从现代卷心菜种植园内采摘的，野生的，没有长出圆心形状的原生态的卷心菜。羽衣甘蓝在美国南部各州深受欢迎，颜色从绿色到略微朦胧的蓝绿，并带有浓郁的卷心菜味道。英式羽衣甘蓝外观大致相同，然而实际上它们是小的卷心菜，并且风味也更加柔和。

羽衣甘蓝的购买 一年四季都可以购买到，但是其品质最佳时期是在冬季。要挑选那些紧凑、小棵、叶片非常新鲜，并且没有变褐色、黄色，或者失去水分后变成过度疲软状的羽衣甘蓝。检查其根茎部位的切口是否新鲜而滋润。

羽衣甘蓝的储存 应放置到敞开口的塑料袋内摆放到冰箱的蔬菜层内，可以冷藏保存4～5天。在储存时要远离苹果，否则会产生出乙烯气体，这将会让羽衣甘蓝变成黄色。

羽衣甘蓝的食用 可以煮或者蒸、炖、煎或者炒，可以用来做汤和焖。羽衣甘蓝需要加热较长的时间才可以使其成熟。

搭配各种风味 培根、火腿、柠檬、洋葱、土豆、咸肉等。

经典食谱 油浸羽衣甘蓝。

仔细检查切口处，要确定这个部位是湿润的。

叶片看起来应是新鲜的，并且颜色鲜艳。

无头甘蓝（kale）

无头甘蓝起源于欧洲南部地区的甘蓝家族，现代的各种无头甘蓝带有了耐寒的特性，目前在世界各地从寒冷气候到温带气候条件都能够生长。卷叶的苏格兰品种最为人们所熟知。经过霜冻之后的甘蓝叶片会变得更加甘美，并且也增加了其耐嚼的质地和略微带有一点的苦感。

无头甘蓝的购买 秋冬时节是无头甘蓝的高产期。就如同其他所有的绿叶蔬菜一样，无头甘蓝应尽可能的新鲜采摘，上面没有棕色的斑点或者发黄的叶片。

无头甘蓝的储存 装入塑料袋内，放到冰箱内的蔬菜层，可以冷藏保存一周。不要将无头甘蓝与任何种类的水果储存在一起，它们会产生反应，释放出乙烯气体，如苹果，能够让甘蓝的叶片迅速变黄。

无头甘蓝的食用 鲜嫩的无头甘蓝的叶片可以用来制作沙拉。其汁液可以与生胡萝卜汁形成很好的互补作用。加热烹调：可以煮或者蒸、炖、煎、或者炒，或者用来熬汤，以及制作焖等菜肴。

搭配各种风味 香肠、培根、干酪、大蒜、洋葱、土豆、橄榄油等。

经典食谱 葡萄牙风味甘蓝与土豆浓汤；白酒煮海蛤和甘蓝；意大利托斯卡尼风味蔬菜汤；巴西风味蒜香甘蓝；蔬菜汤。

黑甘蓝（cavalo nero）
也叫托斯卡纳黑甘蓝，或者丹尼索尔甘蓝，这一种类的甘蓝家族成员，在意大利托斯卡纳风味的烹饪中被广泛使用。有深深皱纹的甘蓝叶片，质地非常鲜嫩而味道柔和。可以清蒸，或者煎。

可以将叶片从茎秆的中间朝下折，这样上部的叶片就会聚拢在一起，然后将茎秆用力朝上折断，叶片就会从较老的茎秆上剥离下来。

如果纤维太老，要将茎秆的底部去掉，然后将叶片顶刀切割成如同丝带般的条状。

卷叶甘蓝（curly kale）
富含各种营养成分，卷叶甘蓝带有浓郁的，口感醇厚的风味和粗犷的纹理。可以煮或者蒸至脆嫩，然后用黄油或者橄榄油轻拌。

红色甘蓝（red kale）
红色品种的甘蓝比卷叶甘蓝质地要更加柔软，略微的甜味中还带有一丝让人舒适的黄油风味。为了让对比颜色更加诱人食欲，可以尝试着与绿色甘蓝一起加热烹调。

墨西哥藜菜（huazontle）

这是墨西哥独有的植物，类似于藜麦，作为蔬菜来食用时，主要局限于墨西哥和中美洲。墨西哥藜菜没有栽培的品种。如同高粱一般，开花后浓密的抽穗聚集在一枝坚硬的茎秆的顶部。其花穗的味道类似于菠菜，带有泥土的气息，略带酸味，还有一点点的苦味，但是其质地类似于花茎甘蓝。其种子略微带有一点苦涩感。

墨西哥藜菜的购买 在嫩茎上的花穗应是新鲜切割下来的。

墨西哥藜菜的储存 在购买的当天就要使用。

墨西哥藜菜的食用 加热烹调：小嫩叶可以煮或者蒸，但是要少量食用。花穗可以蒸，或者挂上糊后油炸。

搭配各种风味 干酪、柠檬、大蒜、姜、番茄等。

经典食谱 墨西哥藜菜三明治。

经典食谱（classic recipe）

葡萄牙风味甘蓝与土豆浓汤（caldo verde）

这是一道传统的葡萄牙风味汤菜，使用甘蓝（在葡萄牙语中叫作galega cabbage）和土豆制作而成。

供 4 人食用

4个中等大小的土豆（使用淀粉质的土豆），去皮，切成块状
盐和现磨的黑胡椒粉
500克甘蓝，将叶片摘下，洗净，切成细丝
2汤勺橄榄油

1 将土豆块放入沙司锅内，并加入2.4升水，并加入一点盐。将锅烧开，并用小火煮15分钟，或者一直煮到土豆成熟。用一把叉子将土豆轻轻地捣烂，让其在煮土豆的水中浸泡着。

2 将甘蓝在锅内的开水中煮3~4分钟。捞出控净水，放入土豆锅中，再加入橄榄油。继续用小火加热1~2分钟。用盐和胡椒粉调味，趁热食用。

希腊菠菜馅饼（spanakopita）

使用酥皮加上菠菜和莳萝制作而成的一道希腊菜肴。如果喜欢，可以在菠菜馅料的表面撒上一些山羊干酪碎。

供6人食用

1.1千克菠菜叶，彻底清洗干净，然后切碎

盐和现磨的黑胡椒粉

一小把青葱，择好之后切成碎末

50克新鲜莳萝，切碎

少许现磨的豆蔻粉

1个鸡蛋，打散

10张酥皮面皮

3～4汤勺橄榄油

熔化的黄油，涂抹用

1 将烤箱预热至190℃。先加工菠菜：将菠菜放入大号的沙司锅内，洒入一点水，然后加入一点盐。用小火加热几分钟的时间，直到菠菜开始变软。捞出控净水分，然后尽量地将菠菜中的汁液挤干净。将挤净汁液的菠菜放到一个盆里，加入青葱末和莳萝碎，搅拌至混合均匀。用豆蔻粉和盐及胡椒粉调味。再拌入鸡蛋。

2 将酥皮面皮用保鲜膜包好，这样可以防止其干裂，使用时每次只需取用一张酥皮。将一个大约23厘米的方形模具涂抹上油。在模具内铺上5张酥皮，在铺入模具之前，在每一张酥皮上都要涂刷上油（将超出模具之外部分的酥皮折叠好，使其适应模具的大小）。将菠菜馅料用勺舀到模具内的酥皮上，并摊开至完全覆盖过酥皮。在菠菜馅料上再覆盖上5层或者更多层的酥皮，每张酥皮都要如同刚才一样涂刷上油。最后，在表面上多涂刷上一些熔化的黄油。

3 使用一把锋利的刀，将馅饼切割成6块。放入烤箱内烘烤30～35分钟，或者一直烘烤到酥皮变成金黄色。在上桌前先让其略微冷却一会，或者在冷却之后食用。

菠菜（spinach）

菠菜在其原产地的伊朗至今依然是在野外生长着，但其早已在世界各地的温带气候条件下的地区里大量种植。亚洲的菠菜品种是小叶状的、细滑、并且鲜嫩，通常会当作"嫩菠菜"来售卖或者在制作蔬菜沙拉时生食。而大棵的，叶片上起皱的欧美种类的菠菜更适合用来加热烹调后食用。菠菜的风味是甘美中带有丝丝的苦涩，其深绿色的叶片可以给菜肴和食物增色，如制作美丽的绿色意大利面条。新西兰菠菜，属于独特的品种，与菠菜的风味相类似，其使用方式也与菠菜类似，与菠菜不同的是它在烹调时体积不会收缩多少。

菠菜的购买 菠菜一年四季都可以购买到，最佳食用季节是春末到夏天。要购买那些叶片光滑并且是新鲜切割下来的菠菜。避免购买那些叶片碎裂或者沾有泥土的菠菜。

菠菜的储存 将菠菜放入没有系口的塑料袋内，可以在冰箱内冷藏保存3～4天。

菠菜的食用 新鲜菠菜：可以将小叶、鲜嫩的叶片加入到沙拉中，或者分撒到刚出炉的比萨上。加热烹调：新鲜菠菜的体积在加热烹调之后会急剧缩小。菠菜可以煮、蒸，可以用热的黄油或者沙拉汁浇淋、可以煎、炒，或者炖焖等。

搭配各种风味 培根、鱼肉、银鱼柳、鸡蛋、干酪、酸奶、奶油、黄油、橄榄油、大蒜、洋葱、鳄梨、蘑菇、柠檬、豆蔻、咖喱等。

经典食谱 希腊菠菜馅饼；菠菜沙拉；奶油菠菜；印度风味干酪菠菜；佛罗伦萨式什锦蔬菜；菠菜馅饼；菠菜干酪馅饼。

在加热烹调之前，要将菠菜中大的叶片从中间粗糙的中筋脉和粗茎上撕下来。

菠菜（spinach）
菠菜多汁、鲜嫩的叶片带有一种明显的泥土的味道以及酸酸的风味。由于菠菜中含有大量的水分，所以一旦经过加热烹调之后，菠菜的体积会急剧缩小。

在鲜嫩的菠菜叶中，其茎和中筋脉不发达，所以这部分叶片不需要进行处理。

鲜嫩的菠菜（baby spinach）
风味柔和的叶片非常容易碎裂，但是却很柔软。非常适合与培根、鳄梨一起调制成沙拉，或者用来制作菠菜蛋卷，或者制作成菠菜乳蛋饼。

甜菜（chard）

虽然甜菜的表亲红菜头（甜菜头）繁殖有大个头的根部，甜菜（或者叫作瑞士甜菜）却进化成了大片的叶子和肉质的茎秆——两种不同的蔬菜合二为一。今天的甜菜在温带气候条件下，在世界各地被广泛种植。其叶片呈深绿色并有皱褶，其质地介于柔软和耐嚼之间。根据甜菜品种的不同，茎秆和叶片上的筋脉可以是白色、鲜红色、紫红色、深紫色、黄色或者是橙色不等。甜菜带有扑鼻而来令人愉悦的风味和泥土的气息，类似于红菜头或者味道浓郁的菠菜。其近亲是海甘蓝甜菜，与其外观相似，并且加热烹调的方法也相似。

甜菜的购买 甜菜最佳食用季节是在初夏时节和初秋时节。要挑选那些叶片看起来光滑并且新鲜的甜菜，其叶片中间的筋脉应是脆嫩的，而不是柔韧的。茎秆应该是脆硬的，并且没有褐色的斑点。

甜菜的储存 用湿润的厨房用纸成束地包好，装入塑料袋内，放到冰箱的蔬菜层内冷藏，可以保存3~5天。

甜菜的食用 新鲜的甜菜：如果非常鲜嫩，可以直接用来制作沙拉。加热烹调：鲜嫩的叶片可以整个的用来烹调，否则的话，需要将叶片从茎秆上择下单独烹调。带着茎秆的叶片可以蒸、炖焖、煎，或者炒。叶片可以煮、蒸、或者煎，或者用来作为包裹食物的材料使用。

搭配各种风味 火腿、大蒜、洋葱、辣椒、橄榄油等。

经典食谱 克罗地亚蒜香甜菜土豆；黎巴嫩扁豆柠檬汤。

茎秆带有各种颜色的甜菜（colour-stemmed chard） 这些色彩斑斓的各种甜菜都带有独具特色的泥土气息、酸酸的风味。在非常鲜嫩时，可以直接用来制作沙拉生食；否则的话，可以蒸、煮、或者煎，就如同烹调菠菜一样。

其茎秆比瑞士甜菜要纤细一些，在烹调制作时不要加热过度，以保持其鲜艳的色彩。

要将菜叶用清水反复冲洗几次，以去掉隐藏在缝隙中的泥土、砂砾等杂质。

瑞士甜菜（Swiss chard） 其可食用的粗大茎秆部位肉质饱满，瑞士甜菜巨大的叶片上充满着深纹状的皱褶，混合着泥土的气息和略微耐嚼的质地。

其茎秆部位比起叶片需要更长的烹调时间，所以通常会分开进行烹调，茎秆可以切成片状，先加入锅内加热烹调一会。

经典食谱（classic recipe）

克罗地亚蒜香甜菜土豆（blitva and potatoes）

这一道乡村风味的克罗地亚蒜香甜菜土豆配菜，使用了大蒜调味，制作简单却异常美味。

供 4 人食用

675克瑞士甜菜，洗净
4个中等大小的土豆，去皮后切成2厘米大小的丁
盐和现磨的黑胡椒粉
2~3汤勺橄榄油
2瓣蒜，切成细末

1 首先，制备甜菜。将叶片从茎秆上分离开。将茎秆上较老的部分去掉，然后切成2.5厘米的段。将叶片也大体地切割一下，放到一边备用。

2 将土豆放到锅内烧开的盐水中煮10分钟。再加入甜菜茎秆继续煮5分钟，或者一直煮到土豆开始变软。捞出控净水。

3 在一个大号煎锅内加入一点油，并用中火加热。将土豆和甜菜茎秆加入锅内，再加入大蒜。翻炒几分钟，再将甜菜叶放入锅内，继续翻炒10分钟，或者一直加热到甜菜叶片变软，全部成熟为止。在翻炒时，根据需要可以加入更多的橄榄油。在上菜之前用盐和胡椒粉调味。

菊苣和苦菊（chicory and endive）

菊苣和苦菊原产于地中海地区，目前在全世界各地的温带气候条件下都有生长。这两类亲密无间的植物经常被人们相互混淆。菊苣类包括变白的种类（这就是为什么英国人叫菊苣，而美国人叫比利时菊苣）和红叶的种类（红菊苣）。苦菊类包括皱叶苦菊，有时候也叫作frisee，或者巴塔维亚苦菊，也可以直接叫作巴塔维亚，或者苦菊菜（escarole）。虽然菊苣和苦菊的外观不同，但是都是质地脆嫩，带有冰凉的甜意，回味略微带有些苦感。苦菊菜比其他种类的苦菊要更耐嚼一些。

菊苣和苦菊的购买 菊苣和苦菊食用的最佳季节是在冬季。要挑选那些叶片新鲜，边缘处没有褐色，并且切口处也没有变成褐色的菊苣和苦菊。

从中间菜心处朝外延伸的菊苣叶片，或者"中心"处，在菜心的四周应该呈紧密的包围状，其切口应该新鲜并且滋润。

菊苣和苦菊的储存 购买之后要尽早使用，因为其新鲜程度很快就会降低。将它们用湿润的厨房用纸包好，装入塑料袋内，放到冰箱内冷藏，可以保存一天，或者最多不超过两天。

菊苣和苦菊的食用 新鲜时，可以用来制作沙拉，或者整棵的用来制作蔬菜沙拉。烹调加热时：可以煎、炒、铁扒、炖焖，或者焗等。

搭配各种风味 培根、火腿、蓝纹干酪、坚果、大蒜、西洋菜、橄榄油等。

经典食谱 菊苣莫奈沙司；炖苦菊；苦菊配火腿；苦菊沙拉；特拉维索烤红菊苣。

皱叶苦菊（Curly endive or frisée）
卷曲的叶子上有清晰的纹理，具有略带轻微苦味的甘甜风味。可以和其他叶子混合，或用作点缀。

略显粗糙的大个叶片最好撕成一口即食的形状。

从头部将叶片掰下，可以使用整个的叶片来盛放蘸酱。

怀特鲁夫菊苣（witloof chicory）
也叫作比利时苦菊，这是一种脆嫩的、叶片紧密收拢的、呈长矛形的菊苣，其叶片的尖端处会呈现出黄绿色或者红色。这两种类似的菊苣都是滋味甘美并带有坚果风味，还略微带有一点苦感。添加到绿叶类蔬菜沙拉中会增添惹人喜爱的脆嫩质感。

红菊苣铁扒时味异常：将整棵红菊苣纵长切割成两半，涂刷上橄榄油，切面朝下放到铁扒炉上铁扒成熟。

叶片颜色更深的外缘部分比靠近菜心的浅色部分的叶片风味更加浓郁。

巴达维亚苦菊（Batavian endive）
也叫作苦菊菜，比皱叶苦菊的苦味略微淡一些，巴达维亚苦菊的风味更圆润一些，叶片更加柔软，带有令人舒适的耐嚼质地。

这一种苦菊的辨识非常高，在淡淡的绿色的叶片上带有色的斑点，随着种类中绿色的加深其苦味越重。

头部松软的菊苣（loose-headed chicory）
这是苦味最少的苦菊之一，卡斯泰尔弗兰科杂色苦菊带有红色斑点的叶片，其质地比较耐嚼，风味圆润。添加到冬季沙拉中时，能够起到画龙点睛的作用。

红长菊苣（long-headed chicory）
红长菊苣，晚熟品种。飘逸、尖状的叶片带有让人神清气爽的苦味，使用橄榄油、柠檬汁以及大蒜调成的汁搅拌后食用非常美味可口。

粗厚、细长、白色的根部，可以切割成薄片，与叶片一起加入到沙拉中食用。

圆头红菊苣（round-headed chicory）
圆头红菊苣是一种常见的实心状的菊苣品种，叶片紧密的包裹在一起，并带有一点苦甜参半的风味。其叶片具有耐嚼的质地，最适合切成丝用于沙拉中。

芝麻生菜（rocket）

原产于亚洲和欧洲的南部地区，芝麻生菜在全世界各地的温带气候条件下生长良好，实际上芝麻生菜的称呼很多，芝麻菜、尼古拉生菜以及洛凯特等。与此相类似的另外一种蔬菜以火箭生菜的名称进行售卖：*diplotaxis erucoides*和*D. muralis*在美国和欧洲，被称之为"墙上的火箭生菜"。*bunias orientalis*是一种辛辣的土耳其生菜品种，叫作洛卡生菜（rokka）。真正的芝麻生菜和墙上的火箭生菜都是制作蔬菜沙拉的食材，带有泥土的气息，坚果的风味，并且只是在其叶片异常鲜嫩的时刻才略微带有一点苦味，随着炎热天气的来临，生菜中逐渐的生长出了辛辣的风味。洛卡生菜（rokka）风味更加犀利，质地也更粗糙，最好是加热烹调之后食用。

芝麻生菜的购买 芝麻生菜最佳食用期是其鲜嫩时并且要在凉爽的气候条件下生长，所以晚春时节和秋季是其两个收获季。要挑选那些小叶的，并且不超过7.5～12厘米长，没有斑点，呈鲜艳的绿色的芝麻生菜。要检查切口端的新鲜程度。避免那些叶片疲软或者开始卷曲的生菜。

芝麻生菜的储存 用湿润的厨房用纸包好，放入塑料袋内或者密闭的容器内，放到冰箱内冷藏，可以保存3天以上。

芝麻生菜的食用 新鲜时：鲜嫩的春季生菜叶片，带有令人心旷神怡的辛辣品质，并且还带有一点苦味，在添加到甘美的使用生菜制作而成的沙拉中可以做到有益的补充，还可以在制作三明治时直接代替生菜来使用。可以将夏天出产的略带辛辣风味的生菜叶片搅打成蓉状，制作成蘸酱或者香蒜酱用来拌食意大利面，也或者直接搅拌到汤中。加热烹调：可以将土耳其洛卡生菜用来制作蔬菜乳蛋饼，或者其他各种菜肴中。

搭配各种风味 蓝纹干酪、帕玛森干酪、土豆、番茄、柠檬、橄榄油、大蒜、梨、新鲜的百里香、烘烤好的坚果仁等。

尽管非常鲜嫩，真正的芝麻生菜的叶片在晚夏时节会变得非常辛辣。可以与口感柔和一些的生菜叶片混合使用，来中和一下芝麻生菜的辛辣的风味。

蒲公英（dandelion）

蒲公英原产于欧洲和亚洲的北部温带地区，但是经过几个世纪以来的变迁，已经遍布于世界上所有的草坪和草原上。对于我们来说万幸的是，这个我们最熟悉的植物是完全可以食用的——从根部到锯齿状诱人的叶片，以及亮丽的黄色花朵。叶片（蒲公英绿色）在鲜嫩的时候，可以从野外采摘下来，在厨房内使用，蒲公英叶片会带有一股令人愉悦的淡淡的苦味。人工栽培的品种，根据种类的不同，叶片会更大一些，苦味也会更重一些，或者更柔和一些。

蒲公英的购买 春天是蒲公英最鲜嫩的季节。通常市场上只售卖鲜嫩的蒲公英叶片，但是也可以购买到整棵的或者是带根的蒲公英。要检查并确认其叶片是非常新鲜的，并且叶片的切口处仍然是湿润的，这代表着其新鲜的程度。

蒲公英的储存 蒲公英叶片和整棵的蒲公英，装入到塑料袋内，放入冰箱的蔬菜层内冷藏，可以保存2～3天。其根部用湿润的厨房用纸包好之后装入塑料袋内，放到冰箱内冷藏，可以保存一周。

蒲公英的食用 新鲜时：在制作蔬菜沙拉时可以使用蒲公英新鲜而鲜嫩的叶片，或者单独食用时，可以浇淋上热的汁液拌食。蒲公英的根部可以切成片状生食。加热烹调时：可以煮、蒸、炖焖、煎，或者炒。没有开的花蕾可以用来制作煎薄饼，蛋卷，油炸，或者乳蛋饼。其根部可以烤。腌制时：根部可以切成片并制作成泡菜。

搭配各种风味 培根、干酪、大蒜、洋葱、柠檬、芥末、橄榄油、醋等。

经典食谱 蒲公英培根沙拉。

如果茎秆处用指甲划开一个切口时，有白色的汁液流出，那么就表示蒲公英不新鲜了。

琉璃苣（borage）

琉璃苣是原产于欧洲的一年生植物，现在世界各地都有生长，主要是在温带气候条件下的地区。通常会在菜园和香草园内种植。其叶片和花都可以食用，带有如同黄瓜一般的清新而柔和的风味。其鲜嫩的叶片可以用来制作沙拉或者作为蔬菜使用，较老一些的叶片，如同坚挺的毛发，所以最好是经过加热烹调之后再食用，就如同制作炖焖菜肴一样，这样可以使其软化成熟。

琉璃苣的购买 新鲜的琉璃苣大多数见于农贸市场上，其最佳食用时间在春季和夏季的几个月份内。琉璃苣应是新鲜采摘的，那些可爱的蓝色花朵应该呈美丽而明亮的蓝色，也或者是粉色的花瓣围绕着一簇黑色的花粉囊。如果作为蔬菜来使用，要挑选那些茎秆上带着许多鲜嫩的叶片的琉璃苣。

琉璃苣的储存 在购买到琉璃苣的当天就要使用，或者用湿润的厨房用纸包好，装入塑料袋内，放到冰箱内的蔬菜层，可以冷藏保存1天。

琉璃苣的食用 新鲜时：将鲜嫩的叶片切成细丝加入到沙拉中。琉璃苣的花朵可以用来作为冷饮、沙拉，或者其他冷菜里面美轮美奂的饰物。加热烹调时：其叶片可以煮或者煎，作为类似于菠菜一样的蔬菜食用。在意大利，琉璃苣可以用来作为意大利饺和肉卷的馅料，在土耳其，可以用来给豌豆汤增添风味。在德国，使用琉璃苣的叶片制作绿色沙司。腌制时：水晶琉璃苣的花朵（蜜饯琉璃苣花朵）可以用来装饰蛋糕和甜点。

搭配各种风味 鳗鱼或者其他油性的鱼类、清淡的干酪类、酸奶、土豆沙拉、细香葱、莳萝、薄荷等。

经典食谱 皮姆杯；纳瓦拉风味琉璃苣。

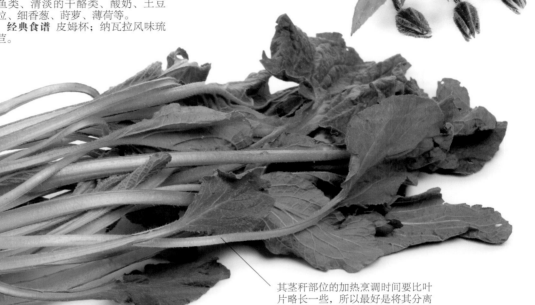

琉璃苣花（borage flowers）
琉璃苣花娇柔，但异常美丽的花朵可以添加到沙拉里和夏日的饮料中进行装饰。

在食用之前，将花心处的雄蕊和黑色的雌蕊去掉。

琉璃苣叶片（borage leaves）
尽管很多人认为琉璃苣是一种香草，但是，琉璃苣也常常被当作蔬菜使用。带有黄瓜风味的叶片在幼苗时非常鲜嫩，在长成大棵以后会变得耐嚼。

其茎秆部位的加热烹调时间要比叶片略长一些，所以最好是将其分离开，并将茎秆部位先加到锅内加热烹调一会。

水菜（mizuna）

属于芥菜家族中的一员，水菜源于中国，但是在日本已经人工栽培了几个世纪之久；时至今日，水菜被认为是日本蔬菜。同时也成为西餐烹调中的食材，主要用来制作沙拉。切细之后，柔软如同羽毛般的叶片在其鲜嫩时略微有些苦中带甜的味道，待其成熟之后则带有了辛辣的味道。

水菜的购买 水菜品质最好的季节是在春季。如同大多数制作沙拉的蔬菜一样，要寻找那些叶片非常新鲜脆嫩，颜色绿油油的水菜，叶片没有变疲软和泛黄的迹象，并且切口端仍然是湿润的。

水菜的储存 使用湿润的厨房用纸包好，装入塑料袋内，放到冰箱内的蔬菜层冷藏，可以保存5天以上。

水菜的食用 新鲜时：水菜可以与其他蔬菜一起用来制作沙拉，如红芥菜。水菜也非常适合用来制作三明治，可以铺垫在海鲜和肉菜的下面，也可以用作菜肴的装饰。烹调加热时：可以蒸或者快炒，可以用来做汤菜以及面条类菜肴等。

搭配各种风味 猪肉、鱼肉、贝类海鲜、姜、柠檬、香油、橄榄油、日本酱油等。

水菜幼苗的叶片相较于大棵的成熟水菜而言基本上没有辛辣的口感。

荨麻（nettles）

荨麻，或者叫大荨麻，是可以食用的野生植物类，生长在温带气候条件下的森林边缘潮湿的背阴处。在世界上的许多地方，荨麻都是在其生长到鲜嫩的时候进行收割，并被当作是绿叶类蔬菜进行加热烹调，加热烹调的过程会让荨麻失去叶片边缘处的"刺"。荨麻属于草本植物类，带有泥土的气息，就如同酸模草一样。

荨麻的购买 荨麻在市场上非常鲜见。当从野外采摘时（以及在制备荨麻时），最好是戴上胶皮手套。荨麻最佳食用期是在仲春时节，刚从土里生长出来的时候。

荨麻的储存 为获得最佳效果，在将荨麻采摘回家之后立刻就进行制备并进行加热烹调制作。

荨麻的食用 只使用荨麻叶片上鲜嫩的尖头部分。如同菠菜一样进行加热烹调——可以煮、蒸、炖焖，或者炒，也或者用来做汤菜。

搭配各种风味 鸡蛋、干酪、奶油、柠檬等。

经典食谱 荨麻汤。

在加热烹调之前，要将荨麻粗的茎秆部分去掉，可以使用厨用剪刀进行相关操作加工，以避开所有的刺齿。

生菜（lettuce）

生菜是一年生或者两年生的草本植物，最早可能起源于地中海东部地区和近东地区。生菜已经被种植几个世纪之久了，目前在世界各地温带气候条件下的地区都有种植。因为能够渗出乳白色的汁液并因此而得名，lactuca（lac的意思是"牛奶"）。早期的生菜带有苦味，但是现代绝大多数品种的生菜口感都较柔和，生菜有着各种不同的形状、大小、质地以及颜色等。有一些生菜能够形成结球，而另外一些生菜的叶片则呈现松散状。

生菜的购买 生菜喜欢温和、潮湿的环境，其品质最佳时间在晚春和初秋季节。新鲜程度是保持生菜品质的关键因素，因为生菜是制作沙拉最基本的原材料。要检查结球生菜的核，如罗纹生菜：应该是脆嫩的，而不是疲软的，并且呈可以弯曲状。如果要购买松散状的生菜，要确保其脆嫩并且叶片在掰弯曲时能够立刻折断开。

生菜的储存 用湿润的厨房用纸将球形生菜包好，装入塑料袋内，放到冰箱内的蔬菜层冷藏，可以保存5天以上。将松散状的生菜装到一个盆里，盖上湿润的厨房用纸，再覆盖上保鲜膜冷藏保存。球形生菜会比松散的叶状生菜保存更长的时间，但是也要在几天之内使用完。

生菜的食用 新鲜时：可以用来制作沙拉（最好是在购买到生菜的当天，或者从菜园内采摘之后就用来制作沙拉）。柔软的生菜叶片可以用来作为非常棒的包裹材料，用来包裹冷的大虾沙拉或者鳄梨等，以及豆薯条等。脆嫩的叶片可以用来包裹中式风味的鸭肉末和其他各种肉类食物。加热烹调时：可以炖焖、蒸，或者切成丝之后与其他种类的蔬菜一起烹调，如豌豆等。生菜还可以用来制作夏日汤菜。

搭配各种风味 银鱼柳、干酪、蛋黄酱、鳄梨、柠檬汁、大蒜、洋葱、番茄、带有苦味和辛辣风味的各种绿色蔬菜、石榴籽、橄榄油或者其他坚果油等。

经典食谱 凯撒沙拉；法式豌豆；法图斯（fattush）。

将生菜叶用手撕成块状要比用刀切割效果更好：因为用刀切割会造成叶片瘀伤。

松散叶的生菜或红色采摘生菜（loose-leaf or red "picking" lettuce）
为可以连续不断地采摘其鲜嫩的叶片而培育的生菜品种，这一种松散状的地中海生菜品种不会长出球形菜心。这一种惹人喜爱的、青铜色的生菜叶片既美味可口又新鲜脆嫩。

不要把外层芳香的叶片丢弃。可以撕成小块后与里层的叶片一起混合使用。

奶油生菜（butterhead）
奶油生菜或许是所有生菜品种中最受欢迎的生菜了，奶油生菜的叶片厚重、柔软、鲜嫩，并带有一股柔和而甘美的风味。

叶片上仿佛飞溅上去的红色斑点，使得雀斑生菜能够给沙拉带来了时髦的设计风尚。

将外层叶片上的粗茎切除，因为这些粗茎会发苦并带有一些纤维的成分。

雀斑生菜（freckles）
一个高品质稀缺物种的直叶生菜品种，带有薄薄的、鲜嫩的叶片，这令我们可以细细地品味它黄油般的质地和甘美的风味。

罗纹生菜（cos or romaine）
所有生菜种类中口感最佳的生菜之一，罗纹生菜以其脆嫩而著称，并且风味醇厚。其多汁味美的叶片非常适合用来制作汉堡包、沙拉、三明治，或者包裹着菜肴一起食用。

生菜（lettuce）

鲜嫩、美味的叶片通常与其他各种鲜嫩的叶片和嫩芽一起，用来制作经典的法式蔬菜沙拉。

松散的外层叶片拥簇着一棵紧凑的菜心，带有着美味可口的、奶油般黄色的叶片。

明威生菜（merveille de quatre saisons）
产自法国的一个非常珍贵的生菜品种，带有清新的、甘美的风味，叶片中带有一点苦味，并且脆嫩、多汁。

红橡木生菜（red oak）
惹人喜爱的松散状的生菜，带有着圆润的甘美风味以及泥土的气息，红橡木生菜的叶片细薄而柔软，其筋脉质脆而鲜嫩。

球形生菜（iceberg）
风味清淡，但是却非常脆嫩，球形生菜是制作三明治和汉堡包的专属生菜。其宽大的叶片也可用来酿入肉类或者鱼类的馅料，卷起来之后蒸熟食用。

小宝石生菜（little gem）
一种可口而甘美的生菜品种，带有紧密包裹在一起的、黄油风味的叶片，以及脆嫩、肉质饱满的茎部。可以为沙拉和三明治增色。

野苣（lamb's lettuce）
野苣呈柔软的、黄油风味的叶片上有着细腻的茎秆。其柔和的风味与辛辣的芝麻生菜或者西洋菜在蔬菜沙拉中能够形成强烈的口味对比。

众多的叶片皱褶中会隐藏着尘土，所以，需要仔细地清洗并拭干。

在嫩枝上生长着娇柔的小叶片，可以整棵地加到沙拉中。

红叶生菜（lollo rosso）
红叶生菜带有温和的风味，略显粗糙的质地，红叶生菜因其特色鲜明的叶片而得名。可以少量地添加到蔬菜沙拉中，让沙拉的颜色和质地形成强烈的对比。

西洋菜（watercress）

　　西洋菜是欧亚大陆上的原生植物，目前已经遍布世界各地的温度地区，并且通常是在流水环境中批量地自然生长。其脆嫩的茎秆和鲜嫩的叶片带有芳香的、辛辣的口感和清新爽口的风味。有许多种类的植物类似于西洋菜，或者用途与西洋菜相类似，包括陆生水芹、水芹（独行菜）以及旱金莲等。尽管这些植物与西洋菜没有丝毫关联，但是这些植物的叶片味道基本相同。

　　西洋菜的购买　一年四季都可以购买到新鲜的西洋菜，其最佳食用期是从秋季到次年春季。对折其茎秆部位——应该不是立刻就会折断而应只是弯曲。要购买那些叶片光滑，呈深绿色的西洋菜，避免购买叶片疲软或者发黄的西洋菜。

　　西洋菜的储存　将没有清洗的西洋菜用湿润的厨房用纸包好之后，装入塑料袋内，可以在冰箱内冷藏保存2天以上。

　　西洋菜的食用　新鲜时：可以用来制作沙拉和三明治，或者用作菜肴的

由于夏天温暖的气候西洋菜辛辣的叶片会长大一些。

装饰。加热烹调时：可以炒，或者用来做汤菜，或者制作沙司。

　　搭配各种风味　黄瓜、红菜头、三文鱼、鸡肉、橙子、土豆等。

　　经典食谱　西洋菜汤。

马齿苋（purslane）

　　这种一年生的蔓生植物，在全世界大多数地区的野外都有生长。几个世纪以来，马齿苋在南欧和中东地区都是被当成食用植物来使用的。其肉质饱满，桨叶状的叶片及茎秆带有一股清新的、涩涩的柠檬滋味，有着脆嫩多汁的质地。

　　马齿苋的购买　购买时要挑选成簇的叶片鲜嫩的马齿苋，因为马齿苋长至成熟后的叶片较老。其叶片和茎秆应该柔软圆润、汁液丰富，颜色应是鲜艳的金绿色。

　　马齿苋的储存　没有清洗的马齿苋用湿润的厨房用纸包好之后，装入塑料袋内，放到冰箱内冷藏，可保存2~3天。

　　马齿苋的食用　新鲜时：将鲜嫩的叶片和嫩芽添加到沙拉中会让口感更加

宜人。马齿苋花也可以添加到沙拉中。加热烹调时：加热烹调能够让马齿苋产生出黏液成分，这些黏液成分可以为汤菜和炖焖类的菜肴提供一种非常棒的增稠剂。马齿苋可以炒、煎、烤、油炸，或者炖焖等。腌制时：可以用白葡萄酒醋制成的卤水进行腌制。

　　搭配各种风味　红菜头、蚕豆、黄瓜、菠菜、土豆、番茄、鸡蛋、菲达干酪（羊干酪）、酸奶等。

　　经典食谱　黎巴嫩蔬菜沙拉；番茄马齿苋酸奶沙拉；辣味马齿苋炖肉。

叶片肉质饱满的马齿苋略微有一点黏性，可以用来给汤菜增稠，并且可以像秋葵一样炖焖。

棕榈心（heart of palm）

棕榈中间可食用的部分被称为棕榈心，其棕榈芽在它们所生长的热带地区是一种让人非常喜爱的食物，在世界上其他的地方也是如此。在成百上千种的不同棕榈中，尽管有许多可以生长出棕榈心，但是绝大多数都是在收获后才生长出各种各样的新芽，如桃树棕。棕榈心带有细腻、柔嫩而松脆的质地，其风味则是结合了马蹄的甘美和洋蓟的芳香，以及大豆的特殊风味。

棕榈心的购买 新鲜的棕榈心一年四季都可以在热带地区的农产品专卖店内购买到。在各地的超市内，最常见的都是罐装的棕榈心。新鲜的棕榈心应呈现出让人看起来舒心的浅黄色。切口端看起来应新鲜、没有干斑。

棕榈心的储存 新鲜的棕榈可以放入带水的容器内，盖好后放到冰箱内储存1～2天。罐装棕榈心在开罐之后也需要以同样的方法进行储存。

棕榈心的食用 新鲜时：可以切成薄片，是制作沙拉的绝好食材，或者搭配熟食制品或者水果一起食用。加热烹调时：可以蒸、铁扒、煎、炒、或者炖焖。腌制时：可以制作泡菜。

搭配各种风味 培根、大虾、蟹肉、青柠檬、油醋沙司等。

经典食谱 酸橙汁腌鱼。

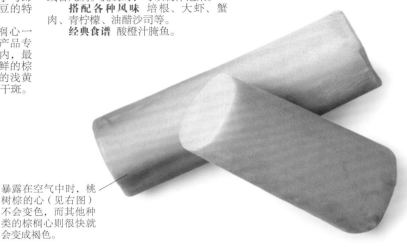

暴露在空气中时，桃树棕的心（见右图）不会变色，而其他种类的棕榈心则很快就会变成褐色。

仙人掌（cactus pad）

仙人掌通常也称之为prickly pear，原产于美洲，但现在已经遍布全世界各地。在温带和热带气候条件下各自生长着众多不同的物种和种类。厚厚的、肉嘟嘟的叶片，或者叫作叶板，在墨西哥烹饪中是一种非常重要的蔬菜，被称为*nopales*。其质地鲜嫩，而其滋味则会让人回味起带一点柑橘风味的芸豆。

仙人掌的购买 仙人掌的叶板，可以在任何时间里进行收获，但是春天是仙人掌品质最佳的季节。许多仙人掌上有"眼"，上面带着刺人的小细刺，但是也有无刺品种的仙人掌。仙人掌的叶板看起来要新鲜，没有凹凸不平的坑或者变得软塌塌的。检查一下叶板连接到母株上的切痕，应是新鲜切割的，没有变成褐色或者变得干燥。

仙人掌的储存 可以用干燥的厨房用纸包好，装入塑料袋内，仙人掌叶板可以在冰箱内冷藏保存4天以上。

仙人掌的食用 使用转头削皮刀将所有的刺和眼都削干净（别忘记戴上胶皮手套），然后将每一个仙人掌叶板的两侧也都削干净。经过这样处理的仙人掌就可以用来煮或者蒸、炖焖、煎，或者挂糊后炸制了。一旦制作成熟之后，仙人掌叶板可以用在沙拉中、鸡蛋类菜肴中，可以用来制作墨西哥薄饼的馅料，制作汤菜以及其他各种菜肴。仙人掌叶板中流出的黏稠汁液可以用来给液体略微增稠，就如同秋葵用法一样。

搭配各种风味 鸡蛋、干酪、洋葱、番茄、辣椒、香菜叶、牛至、百里香等。

经典食谱 印度仙人掌意大利面。

在将叶板上面的刺和眼，以及两侧的外皮削去之后，要清洗干净，以去掉所有的黏性液体。

经典食谱（classic recipe）

蒸洋蓟（steamed artichokes）

这道菜制作简单，采用法式传统的制作洋蓟的方法，并且不需要进行任何的装饰。

供1人食用

1个洋蓟
50克黄油
半个柠檬的汁
盐和现磨的黑胡椒粉
香叶和新鲜的迷迭香梗，用来增添风味（可选）

1 从洋蓟上将外层老的叶片掰下不用，并将洋蓟的茎修理平整。将剩余叶片的尖部剪掉。

2 将洋蓟放入蔬菜蒸锅内（你可以将香叶和迷迭香梗放入锅内的水中，用来增加风味）。盖上锅盖蒸大约30分钟的时间，或者一直蒸到你能够轻松地将外层的洋蓟叶片从洋蓟上剥离开。

3 在一个小锅内加热熔化黄油，然后加入柠檬汁，并用盐和胡椒粉调味，制作成调味黄油。将调味黄油倒入耐热盅里，搭配热的洋蓟一起上桌食用。

4 食用洋蓟时，将叶片一片一片地从洋蓟上撕下，将其厚肉端蘸上调味黄油，放入口中，将叶片中的肉吸出，丢掉叶片。当你取用到洋蓟里面那些浅色的圆锥形小叶片时，取下这些叶片就会露出中间毛茸茸的部分，用勺挖出丢弃不用。然后配着剩余的调味黄油尽情地享用鲜嫩多汁的洋蓟心吧。

洋蓟（artichoke）

洋蓟看起来就像一个还没有绽开的花蕾一样，在世界各地类似地中海气候条件下的地方都可以发现它的踪影。从商业角度来看，意大利和北非出产的洋蓟种类最丰富，从小小的蓓蕾状到大的圆头状，而北美出产的几乎全个头的、绿色的球形洋蓟，则几乎全部产自于凉爽的加州海岸。个头非常小的洋蓟可以整个的食用，而大个头的洋蓟可以食用的部分只有洋蓟心，或者底部，以及叶片底部的肉质部分（苞片部分）。洋蓟心四周的包裹层，是指在洋蓟心周围毛茸茸状的纤维部分，这一部分不能被食用。洋蓟带有泥土的气息，坚果的风味，并略微有一点涩感。

洋蓟的购买 洋蓟的出品季节从晚春可以延续到中秋。要购买那些头部被叶片紧密包裹着的洋蓟，并且其茎部结实。寒冷的天气会让洋蓟的叶片变成棕色，但这不会影响到洋蓟的风味。

洋蓟的储存 为了保持其最佳风味，在将洋蓟购买回家之后就要尽快使用。如果不得不进行储存，可以将其茎部切去一段，用湿润的厨房用纸包好，再装入塑料袋内，放到冰箱内冷藏保存，并且要在1～2天内使用完。

洋蓟的食用 在加工制备洋蓟时，为了防止其变色，可以用柠檬擦拭其所有的切口位置，或者将洋蓟整个的浸泡到加有柠檬汁的水中。在将大个的洋蓟制作成熟之后，其包裹着洋蓟心的那些毛茸茸的纤维部分就会更容易去掉。新鲜的洋蓟：洋蓟心和鲜嫩、多肉的叶片部分均可以在沙拉中或者开胃菜中生食。烹调加热：可以将幼小的、整个的洋蓟挂糊，或者鸡蛋和面包糠，油炸成熟。在意大利，会将洋蓟的叶片尖端进行修整，将面包糠、橄榄油和干酪等混合好酿入到洋蓟叶片的背面，然后放入到烤箱内烘烤。大个头的洋蓟可以炖焖、铁扒、酿馅后烤，使用高压烹调，或者蒸熟，直到一根扦子可以很容易地就能够插入到洋蓟心里。腌制：洋蓟心和鲜嫩的里层洋蓟叶片部分，可以用来制作泡菜，或者用橄榄油进行腌制。

搭配各种风味 肉肠、意大利焖熏火腿、意大利培根、银鱼柳、荷兰沙司、帕玛森干酪、奶油、大蒜、柠檬、橄榄油、白松露、白葡萄酒等。

经典食谱 蒸洋蓟；希腊风味洋蓟；洋蓟配火腿，白葡萄酒和大蒜炖洋蓟；洋蓟炖羊肉；犹太风味洋蓟；巴塞式洋蓟；洋蓟馅饼。

在将整个的洋蓟进行加热烹调之前，使用厨用剪刀将叶片上多刺的尖头部分剪掉。

绿色的球形洋蓟（green globe）
使用最为广泛，这种非常受欢迎的大头状的洋蓟种类具有多汁的肉质叶片，并带有口感香醇的风味。

紫色的小洋蓟（baby purple artichoke）
这种还没有成熟的洋蓟品种，在柔和的洋蓟风味中带有一丝甜蜜感。在经过修整后，其鲜嫩的程度，不管是整个的，还是切成块状，都可以用来油炸。

贝尼卡洛洋蓟（benicaló）
产自西班牙的瓦伦西亚，这是广受赞誉的洋蓟品种，已经取得了PDO（protected designation of origin，原产地命名保护）身份认证。带有一股独具特色的饱满的肉质风味。

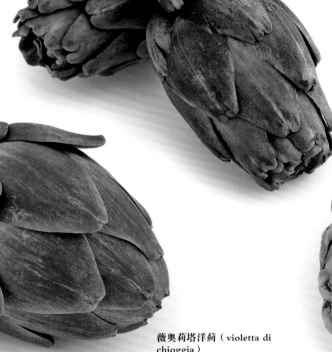

微奥莉塔洋蓟（violetta di chioggia）
比绿色的球形种类的洋蓟更小，也更细长一些，这个帅气的紫色洋蓟品种，带有一层不显眼的茸毛，以及一股浓郁的洋蓟风味。

刺棘蓟（cardoon）

刺棘蓟看起来像一个蔓生的蓟，因为这就是它的本来面目——一种地中海野草的后裔，同时也给了我们洋蓟，无论是刺棘蓟还是洋蓟都喜欢冬天温和而温暖的气候。洋蓟我们食用其未开花的花蕾，而刺棘蓟我们取用的是其长的、中间带叶的茎秆，这些梗宽且扁平，呈银白色，带着多汁且松脆的质地，以及细腻的风味，结合了洋蓟、芹菜和婆罗门参这几种植物的风味，还有着一丝丝八角的风味。刺棘蓟的根部也可以食用，可以与同其他根类蔬菜一样的进行烹调制作。

刺棘蓟的购买 刺棘蓟的长茎非常老，所以要挑选那些茎秆从短小到中等宽的7.5～10厘米刺棘蓟。其切口处会褪色，但这属于自然现象。如果其茎秆是中空的，则表示纤维较多。

刺棘蓟的储存 在购买的当天就要使用，如果有可能，将刺棘蓟装入纸袋内，放到冰箱里，可以保存一天或者两天。

刺棘蓟的食用 将刺棘蓟的茎秆去皮，这样可以去掉老的纤维组织，然后按照芹菜或者茴香的烹调方法进行烹调。新鲜时：鲜嫩的茎秆可以生食，意大利吃法是将去皮后的刺棘蓟茎秆蘸香蒜银鱼柳酱食用。加热烹调时：可以煮、蒸、炖焖，或者煎，可以制作成蓉加入汤菜中。腌制时：可以制作成泡菜。

搭配各种风味 小牛肉、银鱼柳、帕玛森干酪、奶油、柠檬等。

经典食谱 干酪烤刺棘蓟；刺棘蓟配杏仁沙司；家常烤刺棘蓟；银鱼柳刺棘蓟。

这个品种的刺棘蓟的茎上遍布着刺，在烹调之前需要去掉茎秆中的纤维，并去掉叶片。在切面处用柠檬汁进行擦拭，以防止其变色。

竹笋（bamboo shoots）

在中国和日本这样更加温和的温带地区和半热带地区，某一些种类的竹子中的鲜嫩幼芽，在春天开始冒出地面生长，这是一种非常珍贵的蔬菜。不同种类的竹笋的幼芽非常相似——尖牙形状或者圆锥形状的竹笋，当其幼芽刚刚冒出地面的时候就进行收获。竹笋的风味柔和，质地脆嫩。

竹笋的购买 在冬末和初春时节，可以买到新鲜的竹笋。有一些品种的竹笋在一年四季都可以购买到。竹笋应该质地坚硬，并且闻起来甘甜，而不是带有酸味。竹笋的外皮应该没有瑕疵，紧密地包裹着乳白色的笋心。要检查切口端是否新鲜。在西方国家，竹笋通常是以罐装的形式售卖，但是也可以购买到干制的或者腌制的竹笋。

竹笋的储存 没有去皮的新鲜竹笋，在冰箱内的蔬菜层可以冷藏保存至少一个星期。去皮之后并且预先煮好的竹笋，以及使用之后剩余的罐装竹笋，应放入带水的容器内，可以冷藏保存4～5天。

竹笋的食用 由于氢氰酸的存在，新鲜的竹笋在使用之前必须预先加热成熟。在经过加热烹调之后竹笋能够保持绝大部分的松脆质地。首先修剪其根部，并去掉竹笋外层的皮，以暴露出其乳白色的笋心。用盐水煮20分钟。尝一下味道，如果竹笋仍然带有酸味或者苦味，另外更换一锅水再煮5分钟以上的时间。然后将煮好的竹笋切割成所需要的形状或者切成丝，作为具有松弛质感的蔬菜使用，如水萝卜、荸荠、沙葛等。

搭配各种风味 鱼露、鸡蛋、莳萝、味噌、海带、雪利酒、香油、酱油等。

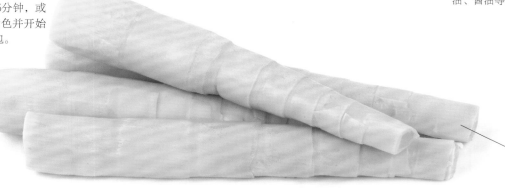

在加热烹调之前，从中间的笋心上，去掉所有的老的、带纤维组织的部分。

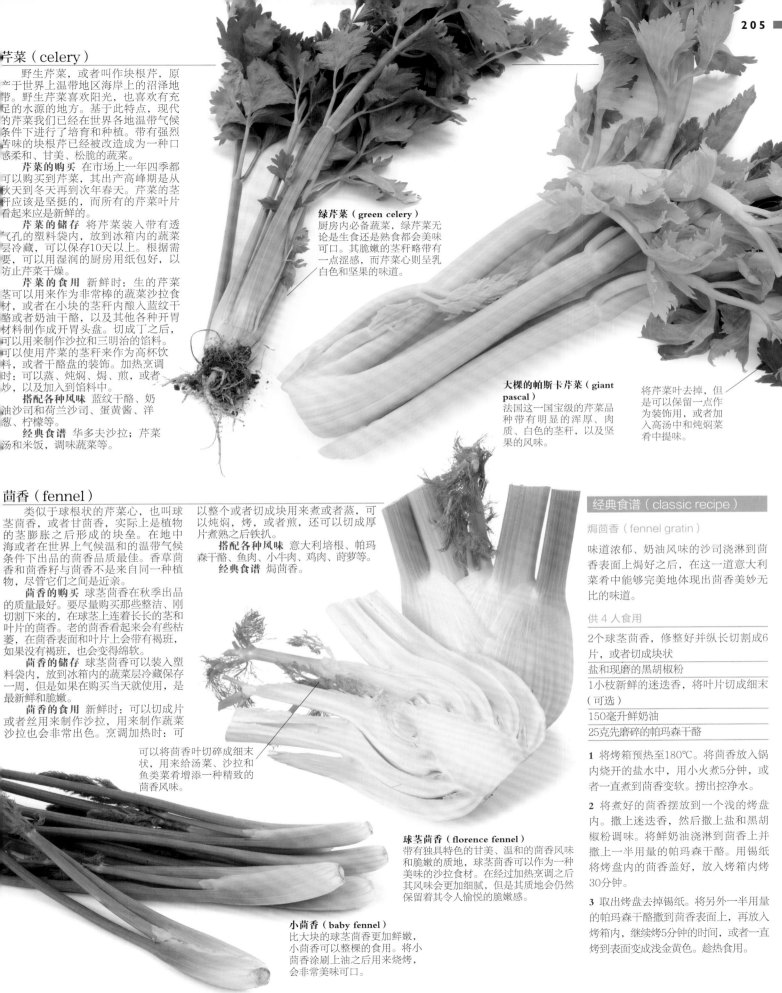

芹菜（celery）

野生芹菜，或者叫作块根芹，原产于世界上温带地区海岸上的沼泽地带。野生芹菜喜欢阳光，也喜欢有充足的水源的地方。基于此特点，现代的芹菜我们已经在世界各地温带气候条件下进行了培育和种植。带有强烈苦味的块根芹已经被改造成为一种口感柔和、甘美、松脆的蔬菜。

芹菜的购买 在市场上一年四季都可以购买到芹菜，其出产高峰期是从秋天到冬天再到次年春天。芹菜的茎秆应该是坚挺的，而所有的芹菜叶片看起来应该是新鲜的。

芹菜的储存 将芹菜装入带有透气孔的塑料袋内，放到冰箱内的蔬菜层冷藏，可以保存10天以上。根据需要，可以用湿润的厨房用纸包好，以防止芹菜干燥。

芹菜的食用 新鲜时：生的芹菜茎可以用来作为非常棒的蔬菜沙拉食材，或者在小块的茎秆内酿入蓝纹干酪或者奶油干酪，以及其他各种开胃材料制作成开胃头盘。切成丁之后，可以用来制作沙拉和三明治的馅料。可以使用芹菜的茎秆来作为高杯饮料，或者干酪盘的装饰。加热烹调时：可以蒸、炖焖、焗、煎，或者炒，以及加入到馅料中。

搭配各种风味 蓝纹干酪、奶油沙司和荷兰沙司、蛋黄酱、洋葱、柠檬等。

经典食谱 华多夫沙拉；芹菜汤和米饭，调味蔬菜等。

绿芹菜（green celery）
厨房内必备蔬菜，绿芹菜无论是生食还是熟食都会美味可口。其脆嫩的茎秆略带有一点涩感，而芹菜心则呈乳白色和坚果的味道。

大棵的帕斯卡芹菜（giant pascal）
法国这一国宝级的芹菜品种带有明显的浑厚、肉质、白色的茎秆，以及坚果的风味。

将芹菜叶去掉，但是可以保留一点作为装饰用，或者加入高汤中和炖焖菜肴中提味。

茴香（fennel）

类似于球根状的芹菜心，也叫球茎茴香，或者甘茴香，实际上是植物的茎膨胀之后形成的块垒。在地中海或者在世界上气候温和的温带气候条件下出品的茴香品质最佳。香草茴香和茴香籽与茴香不是来自同一种植物，尽管它们之间是近亲。

茴香的购买 球茎茴香在秋季出品的质量最好。要尽量购买那些整洁、刚切割下来的，在球茎上连着长长的茎和叶片的茴香。老的茴香看起来会有些枯萎，在茴香表面和叶片上会带有褐斑，如果没有褐斑，也会变得绵软。

茴香的储存 球茎茴香可以装入塑料袋内，放到冰箱内的蔬菜层冷藏保存一周，但是如果在购买当天就使用，是最新鲜和脆嫩。

茴香的食用 新鲜时：可以切成片或者丝用来制作沙拉，用来制作蔬菜沙拉也会非常出色。烹调加热时：可

以整个或者切成块用来煮或者蒸，可以炖焖、烤，或者煎，还可以切成厚片煮熟之后铁扒。

搭配各种风味 意大利培根、帕玛森干酪、鱼肉、小牛肉、鸡肉、莳萝等。

经典食谱 焗茴香。

可以将茴香叶切碎成细末状，用来给汤菜、沙拉和鱼类菜肴增添一种精致的茴香风味。

球茎茴香（florence fennel）
带有独具特色的甘美、温和的茴香风味和脆嫩的质地，球茎茴香可以作为一种美味的沙拉食材。在经过加热烹调之后其风味会更加细腻，但是其质地会仍然保留着其令人愉悦的脆嫩感。

小茴香（baby fennel）
比大块的球茎茴香更加鲜嫩，小茴香可以整棵的食用。将小茴香涂刷上油之后用来烧烤，会非常美味可口。

经典食谱（classic recipe）

焗茴香（fennel gratin）

味道浓郁、奶油风味的沙司浇淋到茴香表面上焗好之后，在这一道意大利菜肴中能够完美地体现出茴香美妙无比的味道。

供 4 人食用

2个球茎茴香，修整好并纵长切割成6片，或者切成块状

盐和现磨的黑胡椒粉

1小枝新鲜的迷迭香，将叶片切成细末（可选）

150毫升鲜奶油

25克先磨碎的帕玛森干酪

1 将烤箱预热至180℃。将茴香放入锅内烧开的盐水中，用小火煮5分钟，或者一直煮到茴香变软。捞出控净水。

2 将煮好的茴香摆放到一个浅的烤盘内。撒上迷迭香，然后撒上盐和黑胡椒粉调味。将鲜奶油浇淋到茴香上并撒上一半用量的帕玛森干酪。用锡纸将烤盘内的茴香盖好，放入烤箱内烤30分钟。

3 取出烤盘去掉锡纸。将另外一半用量的帕玛森干酪撒到茴香表面上，再放入烤箱内，继续烤5分钟的时间，或者一直烤到表面变成浅金黄色。趁热食用。

风味甘美，带有脆嫩的质地，小红丁萝卜
（樱桃萝卜）可以给沙拉增添缤纷的色彩。

芦笋（asparagus）

芦笋生长在世界各地的温带地区气候条件下，因为那里夏季里的水无论是雨水还是灌溉用水都非常丰富。芦笋的粗细从铅笔大小到拇指粗细的都有。所有的芦笋不是绿色就是紫色，白色芦笋，在欧洲被认为是非常珍贵的品种，只需将绿芦笋在生长过程中简单地避光，使其无法产生叶绿素。绿芦笋和紫芦笋带有独具特色的风味，而白芦笋的风味则较为柔和和甘美一些。

芦笋的购买 自然生长的芦笋属于春天的作物，但是种植者们已经掌握了如何让芦笋在夏天和初秋时节都能够生长。要挑选那些新鲜、充满生机的，切口端整洁的芦笋。生长着的芦笋尖应该呈紧密的包裹状。

芦笋的储存 芦笋应尽快地使用，如果可能的话，最好是在购买当天就使用。如果有必要，芦笋也可以

储存，不要去皮，在冰箱内可以冷藏保存2天以上，可以放入一桶水里，并遮盖上一个塑料袋。

芦笋的食用 将芦笋茎上老的根部直接掰断。然后，如果你喜欢，可以在加热烹调之前将芦笋的外皮削掉。芦笋茎上老的纤维基本上都在外皮中，所以你只需削掉薄薄的一层芦笋外皮即可。新鲜的芦笋；鲜嫩的幼芦笋可以生食，尽管会有一些人不喜欢这样做。加热烹调：可以蒸、小火煮、炒、烤、焗，或者炭烧等。

搭配各种风味 培根、银鱼柳、三文鱼、荷兰沙司、干酪沙司、奶油、帕玛森干酪、柠檬、橙子、香蒜酱、芥末、油醋沙司等。

经典食谱 芦笋配荷兰沙司；普里马韦拉风味烩饭；米兰风味芦笋。

细芦笋（sprue asparagus）
这些非常纤细的芦笋，是"疏伐"（thinnings）后的作物，通常以散装的方式售卖。其质地鲜嫩而风味柔和，最适合用来炒或者制作汤菜。

芦笋应笔挺而饱满。

购买到的一大把芦笋应该是大小粗细基本均匀，这样在烹调加热时它们受热才会均匀。

芦笋的制备（preparing asparagus）
将大个头的芦笋外皮削掉，以去掉所有的木质纤维并加工制作出专业级的效果。

1 用冷水漂洗干净。2 掰断底部的粗糙的木质部分，当弯曲芦笋时，能够自然掰断（也可以切断）。3 如果想将底部的芦笋外皮削掉，可以使用一把转头式削皮刀，沿着芦笋，从头部方向朝底部方向进行削皮处理。

紫色芦笋（purple asparagus）
紫色品种的芦笋往往比绿色品种的芦笋更加甘美，所含纤维也更少一些。

白色芦笋的外皮有时会很老，所以应将外皮去掉。

绿芦笋（green asparagus）
在所有种类的芦笋中，绿芦笋的风味最为明显。纤细的芦笋最适合用来略微蒸一下，粗壮一些的芦笋可以刷上油，铁扒至略微上色。

白芦笋（white asparagus）
白色芦笋比绿色芦笋风味要更柔和一些。芦笋刚从土里冒芽时就让其避光生长，这样就可以防止它变成绿色。

水萝卜（radish）

人们普遍认为水萝卜原产于西亚地区，目前水萝卜在全世界各地的温带气候条件下都有生长。它们的大小、形状、颜色，以及辛辣程度差别非常大——从小的、辛辣的红色圆球形，到大个头的、风味柔和的白色圆柱形，以及特辣型、黑色外皮的萝卜等。水萝卜可以分成三类：西方的或者小的水萝卜，包括我们所熟悉的红色、圆形或椭圆形的水萝卜品种；还有冬季的，以及东方的种类。还有根据水萝卜所生长的叶片和种子进行品种分类的。

水萝卜的购买 尽管水萝卜一年四季都会生长，西方种类的水萝卜品质最佳时期是在晚春到秋天这段时间。它们的质地结实，并且没有裂口和缝隙。如果水萝卜上面带有叶片，应该是新鲜并呈绿色。

水萝卜的储存 去掉叶片，不需要清洗，然后用湿润的厨房用纸包好，装入塑料袋内，放入冰箱内的蔬菜层冷藏保存。无论是西方种类的，还是东方种类的水萝卜都应该在3～4天内使用完，而冬季种类的水萝卜则可以储存2周以上。

水萝卜的食用 新鲜时：可以添加到沙拉中和莎莎酱里，水萝卜可以用来制作出精致的蔬菜沙拉，当然冬季种类的水萝卜需要腌制以降低其辛辣的风味。在日本，将水萝卜擦碎是制作刺身的传统装饰。加热烹调时：东方种类的和冬季种类的水萝卜非常适合用来炒、蒸，或者煎，也可以加入到汤菜和炖焖菜肴中。腌制时：东方种类的水萝卜可以用来腌制成泡菜；或者腌制后晾干使用。

搭配各种风味 熏鱼、干酪、土豆、青葱、细香葱、香芹、柑橘类水果、醋等。

经典食谱 韩国泡菜。

红冰锥水萝卜（red icicle）

红冰锥水萝卜可以长到15厘米长，属于西方的品种，比白色的水萝卜要更耐嚼一些。其松脆的肉质非常适合切成细末之后用来制作莎莎酱。

白冰锥水萝卜（white icicle）

这种锥形的西方水萝卜品种带有细腻、柔和的风味。切成薄片之后与红色水萝卜一起制作成沙拉会非常美味可口。

要将冬季种类的水萝卜黑色外皮去掉，因为黑色的外皮质地较老。

樱桃水萝卜（cherry radish）

这一种小巧玲珑的圆形西方种类的水萝卜，品质最佳时期是在夏季，带有略微的辛辣风味，和脆嫩、白色的肉质。

法式水萝卜（French breakfast）

在超市内大量供应，法式水萝卜比起其他品种的西方种类的水萝卜风味更加柔和。与海盐一起搭配可以作为一道美味的蔬菜沙拉。

冬季的水萝卜（winter radish）

在欧洲大陆非常受欢迎，这一种冬季的黑色水萝卜具有白色的、浓郁的辛辣风味的肉质，质地密实，略微发干。特别适合用来制作泡菜，或者擦碎之后与蛋黄酱混合使用。

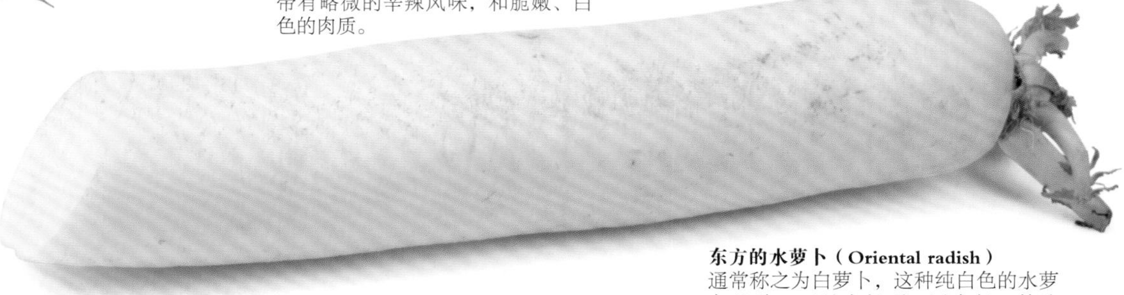

呈现圆柱体形状，使得东方种类的水萝卜非常容易地就可以切成规整的圆片形状。

东方的水萝卜（Oriental radish）

通常称之为白萝卜，这种纯白色的水萝卜品种，可以生长到46厘米长。其脆嫩、多汁的肉质中带有非常柔和的风味。可以添加到腌制类菜肴中和莎莎酱中增加质感。

球茎甘蓝（kohlrabi）

球茎甘蓝深受德国人的喜爱，从东欧到匈牙利和中东地区，球茎甘蓝在世界其他地区现在也开始受到欢迎。其膨胀的茎部，仅在地面上生长，颜色有浅绿色，或者紫色之分。在酥脆嫩的肉质中结合了卷心菜的风味并带有萝卜的滋味，但却更加甘美和细腻。球茎甘蓝的叶片也很美味。

球茎甘蓝的购买 夏季和秋季是球茎甘蓝出产的高峰期。如果你购买到带有叶片的球茎甘蓝，叶片的新鲜程度会让你明了球茎甘蓝的品质如何，如果没有带着叶片，要确保球茎甘蓝质地硬实，球茎饱满无瑕疵，呈现亮丽的浅绿色或者紫色。如果其球茎比网球大的话，极有可能变老。

球茎甘蓝的储存 不需要清洗其球茎，只需去掉其茎部的叶片，然后装入塑料袋内，放到冰箱内的蔬菜层，可以冷藏保存一周以上。其叶片和茎秆非常容易枯萎，所以要尽快使用。

球茎甘蓝的食用 新鲜时：可以像吃苹果一样的食用去皮并切成块状的球茎甘蓝。也可以用来制作蔬菜沙拉，或者擦碎后用来制作沙拉和卷心菜沙拉。加热烹调时：其球茎、叶片和茎秆均可以加热烹调。加热烹调会让球茎甘蓝中的萝卜风味更快地挥发出来。可以焗、烤、煮、蒸、煎，或者炒等。或者切碎之后加入汤菜中和炖菜中。有一种传统的烹调大个头的球茎甘蓝的方式是掏空它并酿入馅

球茎甘蓝（kohlrabi）

虽然味道类似于萝卜，球茎甘蓝清爽、脆嫩的肉质中汁液更加丰富，因此最好是生食。也可以经过略微加热后食用。在使用之前，球茎甘蓝要去掉外皮。

料，然后炖熟。球茎甘蓝的叶片可以如同烹调卷心菜一样的进行烹调。腌制时：可以切成片状制作成泡菜。

搭配各种风味 黄油、奶油、柠檬、香芹等。

经典食谱 球茎甘蓝沙拉，酿馅球茎甘蓝。

紫色球茎甘蓝（purple kohlrabi）

在去皮之后，虽然紫色球茎甘蓝的风味通常会更加柔和，但是在去皮之后会变成绿色。

瑞典甘蓝（swede）

这一种卷心菜家族（十字花科）中的根状成员在世界各地温带较寒冷的地方广泛生长，也称之为芜菁甘蓝、瑞典芜菁或者俄罗斯芜菁，在苏格兰，叫作"neeps"，带有醇厚的、浓郁的甘甜味道。其肉质颜色介于橙黄色到米黄色之间，并且在经过烹调加热之后会变深一些。

瑞典甘蓝的购买 秋天和冬天是瑞典甘蓝出产的黄金季节。要购买那些中等个头大小的，没有任何腐烂、凹坑或疤痕的甘蓝。避免购买到那些涂过蜡以保持水分的甘蓝——它们肯定不是新鲜的，并且涂蜡会密封住霉变的斑点，使得其品质加速变坏。

瑞典甘蓝的储存 瑞典甘蓝在冰箱内的蔬菜层里妥善冷藏，可以保存3~4周，之后会失去水分，品质会逐渐下降。

瑞典甘蓝的食用 新鲜时：甘美、松脆的瑞典甘蓝可以切成条状用来制作蔬菜沙拉，或者擦碎加入到各种沙拉中。烹调加热时：可以煮、蒸、烤、如同炸薯片一样炸，或者加入

到汤菜中和炖焖菜肴中。腌制时：可以用来制作泡什锦蔬菜或者酸辣酱等。

搭配各种风味 培根、洋葱、胡萝卜、奶油、柠檬、豆蔻、百里香等。

经典食谱 肉馅羊肚配甘蓝。

黄色瑞典甘蓝（yellow swede）

这一种质地细腻，黄色肉质的瑞典甘蓝，与紫色的瑞典甘蓝风味非常相近。可以擦碎后生食，可以在冬季的沙拉中增添色彩，也适合用来烤。

紫色瑞典甘蓝（purple swede）

这是一种带有柔和风味，质地非常细腻的瑞典甘蓝品种——在微甜的风味中带有一丝丝的苦涩感。将其汁液烘烤至呈焦糖色时，其甘美的滋味会更加丰厚。而煮的方法会让其风味变得更加柔和一些。

防风根（parsnip）

防风根生长在欧洲和亚洲的野外，从古希腊和罗马时代起，人们就开始人工栽培。时至今日，现代防风根都是在世界各地的温带地区条件下生长。其乳黄色的根部里带有着淡淡的香芹和胡萝卜风味，并且回味甘甜绵长。

防风根的购买 冬季出产的防风根风味最甘美。要确保其根部质地硬实，没有任何的疤痕。防风根新鲜程度的标识：带有令人愉悦的芳香气味，其顶端没有再生的绿色斑纹。

防风根的储存 在储存之前不要清洗防风根，只需使用干燥的厨房用纸包好，并装到塑料袋内放入冰箱内的蔬菜层冷藏，这样就可以保存几周的时间。

防风根的食用 如果要去皮，只需去掉薄薄的一层外皮。要将大个头的、老的防风根的心去掉，因为其质地会发柴变老。新鲜时：切成条状用来制作蔬菜沙拉。烹调加热时：防风根的用途非常广泛，但是除非你打算将防风根制作成蓉泥，否则不要加热烹调过度，因为防风根在加热时很快就会变得软烂如泥。防风根可以蒸或者煮，像炸薯片一样炸，铁扒、烤至油亮酥脆、炖，或者煎。可以用来做汤和焖类菜肴等。

搭配各种风味 咖喱粉、豆蔻、大蒜、香芹、百里香、土豆、龙蒿等。

经典食谱 咖喱防风根汤；焗防风根等。

使用清洗干净的外皮，配上其他各种蔬菜边角料，可以制作出冬季蔬菜高汤。

汉堡香芹（Hamburg parsley）

正如其名字一样，这一种用途非常广泛的根部粗大的香芹，主要是在欧洲的东部和北部种植，是一种非常受欢迎的蔬菜。汉堡香芹的风味（也叫作萝卜根香芹或者香芹根）呈草本植物风味并略带甜味。就如同香芹和块根芹的组合风味。其芳香的叶片同样也可以食用，主要用来做装饰。

汉堡香芹的购买 这种根状蔬菜最佳出产季节是在冬天：在经历过几场霜冻的洗礼之后会变得更加甜美。在市场上销售时，其顶端通常都会被修剪掉，但是如果能够寻找到根部上带着绿色枝叶的汉堡香芹，你会得到两种合二为一的蔬菜。要确保汉堡香芹的根部没有带着泥土，并且质地硬实，带着清新、令人愉悦的芳香气味。如果带有许多小根须则表示其根太老，或者储存的时间过长。

汉堡香芹的储存 汉堡香芹存放在塑料袋内，放入冰箱内的蔬菜层冷藏，可以保存至少3周，但超过3周之后，就开始变得绵软而且会失去甘甜的风味。

汉堡香芹的食用 新鲜时：可以擦碎加入到沙拉中，或者切成片状用来制作蔬菜沙拉。加热烹调时：可以烤、焖、煮，或者蒸、煎，或者炒。或者加入到汤菜中、炖菜中，或者与其他根类蔬菜混合使用。其叶片可以如同香芹一样使用。腌制时：可以用来制作泡菜。

搭配各种风味 鸡肉、鱼肉、野味、鸡蛋、蘑菇、胡萝卜、土豆、萝卜等。

经典食谱 香芹汤。

块根芹（celeriac）

芹菜根，或者块根芹，最适合在凉爽宜人的温带地区生长。在圆球形的根部表面厚厚的、粗糙的外皮下，隐藏着脆嫩而雪白的肉质。带有提神的、淡淡的香草风味，其滋味则是在芹菜的风味中混合了香芹和防风根的风味。

块根芹的购买 块根芹出品的旺季是在晚秋到冬季这一段时间内。要挑选那些至少同小个头的柚子大小的块根芹。比其实际大小应该感觉要沉重一些，并且触摸时质地硬实，特别是在顶端长有叶片的地方。

块根芹的制备

要将块根芹上大量的外皮都去掉，以露出其脆嫩的白色肉质。

1 用一把锋利的刀将块根芹的头尾部分切除。使用一把更小一些的刀，削掉外层的老皮。**2** 将块根芹肉切成块，并浸泡到一碗水里，在水里加一块柠檬，以防止块根芹变色。

块根芹的储存 块根芹在冰箱内可以冷藏保存2周以上，将没有去皮的块根芹装入纸袋内，放到冰箱内的蔬菜层。但是最好还是在其新鲜时尽早使用。

块根芹的食用 新鲜时：切成条形用来制作蔬菜沙拉，或者擦碎后用来制作沙拉。烹调加热时：可以蒸、煮、焖、烤、炸，或者煎等。或者用来制作汤菜和炖菜。在将其煮熟之后，可以制作成蓉，然后与等量的土豆泥一起混合好食用。可以将切成丁状的块根芹与芹菜一起制作成家禽的酿馅材料。腌制时：可以独自制作成泡菜或者与其他各种蔬菜一起制作成泡菜。

搭配各种风味 培根、帕玛森干酪、大蒜、土豆、香芹、莳萝、橄榄油、芥末等。

经典食谱 芹菜蛋黄酱。

萝卜（turnip）

属于卷心菜家族（十字花科）中一个根部膨胀的成员，萝卜来自于北欧和斯堪的纳维亚，偏爱凉爽和寒冷的天气环境，这样的条件可以让萝卜变得又甜又脆。萝卜作为农作物栽培已经至少有4000年的历史了。长久以来，这种美味的蔬菜一直都被当作家畜类的饲料。在世界各地，如今有几十种不同品种的萝卜在销售。从白色，味道柔和的，可以小到如同樱桃的萝卜，或者大到如同橘子一样的球形，一直到根部的形状如同旋转的陀螺形，其前端呈现出紫色或者绿色的萝卜，以及深红色的大个头的圆柱形的萝卜等。萝卜带有清新的，略微辛辣的甘美而令人愉悦的滋味。而萝卜顶端粗糙的纹理或者绿色的部分会特别辛辣。

萝卜的购买 所有的萝卜，越幼小越鲜嫩，因此要购买那些根部不超过高尔夫球大小的萝卜，从秋天到冬天再到来年春天，最理想化的是购买到带有叶片的萝卜。如果萝卜顶端的叶片是新鲜的，萝卜也就会新鲜。萝卜要质地硬实，不能皱巴巴的，或者触摸起来太软。也要避免购买个头特别大的萝卜，因为其质地会比较粗糙，甚至其中的纤维过多，而味道会过于浓烈。

萝卜的储存 放到冰箱内的蔬菜层中冷藏不超过1周的时间。要装入塑料袋内，以保持萝卜的水分。因为萝卜在储存的过程中，水分流失得非常快。

萝卜的食用 小个头的、鲜嫩的萝卜只需擦洗干净即可使用，而较老的萝卜最好是去皮后使用。新鲜时：可以切割成条状，用来制作蔬菜沙拉，或者擦碎用来制作沙拉。加热烹调时：萝卜经过适度的烹调成熟之后会保持其鲜嫩的质地，过度的烹调则会让萝卜变得淡而无味并且绵软。可以煮（特别是与土豆一起煮）、烤、煎或者炒，或者用来炖等。腌制时：萝卜可以整个的或者切成片状，用来腌制成泡菜。

搭配各种风味 羊肉、培根、鸭肉、干酪、培根、蘑菇、土豆、雪利酒等。

经典食谱 爱尔兰炖羊肉；腌萝卜；鸭肉炖萝卜；什锦泡菜等。

白萝卜（white turnip）
颜色洁白，圆形的东京萝卜（上图），带有柔和的风味和脆嫩多汁的质感，如水皮萝卜一样。

萝卜叶片（turnip tops）
有一些品种的萝卜会生长着风味绝佳的叶片，可以如同加热烹调其他绿色蔬菜一样进行烹调加工，也或者用来制作泡菜。

萝卜的根部是专门为萝卜的叶片成长而生，其根须稀少而味苦。

紫色萝卜（purple turnip）
与其他萝卜的叶片相似，通常在其根部由紫色变成了白色。在其幼小时，风味甘甜而味美。

豆薯（jicama）

原产于中美洲地区，豆薯目前在全球所有热带地区的各个角落里都有栽培。在墨西哥，豆薯是一种非常受欢迎的蔬菜，在中国和远东的其他地方也是如此。其乳白色的肉质带有令人愉悦的柔和风味——有点类似于梨或者苹果的风味——且质地多汁并保持着松脆的口感，无论是使用新鲜的豆薯还是经过烹调加工之后的豆薯，都会如此。豆薯可以与其他食物形成完美的搭配。

豆薯的购买 豆薯在一年四季都可以购买到，但是在东方或者拉美国家的市场上，其最新鲜的季节是从秋季到春季。要挑选那些外表无瑕疵的豆薯，看起来带有新鲜的光泽感。发暗的、老的豆薯会变得干硬，并且遍布老的纤维组织。

豆薯的储存 整个的豆薯，不用装到袋子里，放到冰箱内的蔬菜层，可以冷藏保存2周以上。如果你只使用了整个豆薯的一部分，要将豆薯上没有使用部分的切面处用保鲜膜密封好。

豆薯的食用 豆薯，如同洋姜一样，对于某些人来说难以消化吸收，所以最好是从一开始就慢慢地、潜移默化般地一点一点加入你的日常饮食中。新鲜时：可以擦碎、切成丁，或者切成丝加入沙拉中增加松脆的质感。豆薯也非常适合用来制作水果沙拉。可以切成片或者条用来制作蔬菜沙拉——可以在豆薯上撒上青柠汁、盐和辣椒面，就如同墨西哥菜的制作方法一样。加热烹调时：可以蒸、煮、烤、炒、煎，或者焖等。腌制时：可以切成条状用来制作泡菜。

搭配各种风味 辣椒、青柠檬、鳄梨、杧果等。

经典食谱 青木瓜沙拉等。

只需要在使用豆薯之前去掉外皮和粗糙的纤维层，露出脆嫩的肉质。

芋头（taro）

如同生活在世界各地温带地区的人们以玉米，或者玉蜀黍、土豆以及小麦为主食一样，芋头也是全球生活在热带地区人们的主食。虽然被称之为根类植物，但是实际上芋头属于球茎类植物，或者属于膨胀的茎秆类。芋头有许多不同的品种，从大小到形状都非常多样化，其名称也不胜枚举，包括dasheen、eddo以及colocasia等。大个头的芋头质地密实，而个头较小的芋头在成熟之后质地更加细腻，也更加乳脂化。芋头带有独具特色的芳香风味，介于栗子、椰子和白色土豆的风味之间。大个头品种的芋头风味会更加浓郁，小个头品种的芋头风味会更加柔和。

芋头的购买 芋头在一年四季都可以购买到。要挑选那些质地非常坚硬、没有裂开、不绵软、无斑点或者泥土的芋头。

芋头的储存 在一个通风良好、避光阴凉的地方存放不超过2天，因为芋头品质会流失得非常快。

芋头的食用 加热烹调时：可以蒸、煮、煎、或者炸，或者加入到汤菜和炖菜中。加热成熟后的芋头，可以加工成蓉泥，用来作为制作苏夫里或者炸丸子的主料。腌制时：可以用糖浆浸泡，就如同糖炒栗子。

搭配各种风味 甜薯、辣椒、八角、肉桂、豆蔻、香油等。

经典食谱 夏威夷芋头泥。

芋头的制备
生的芋头会刺激皮肤和眼睛，所以在处理制备芋头时，可以戴上胶皮手套。

1 将芋头在自来水下冲洗，同时使用一把锋利的刀，或者削皮刀去掉芋头的外皮。2 将结实、湿润的芋头肉质上变软的部分和变色的部分都去掉，然后切割成片或者丁备用。

小个头的芋头可以带皮煮或者烤，而大个头的芋头最好是在加热烹调之前将其外皮去掉。

山药（yam）

山药的种类众多，常用的名称就有几百种，其形状也各有不同，从块状的，到圆形的和细长形的，以及在大小和颜色上也变化其巨大。在热带地区——以及在温带地区随着进口山药数额的增长——如同土豆、玉米，或者豆类一样都变成了主食。成熟之后的山药，带有柔和的淀粉的风味，以及蓬松的质地或者面糊状的质地，可以非常容易地接纳各种美味的沙司，山药还可以用来制作众多菜肴的基础材料。

山药的购买 根据供应情况，山药一年四季在市场上都可以购买到。它们的质地应坚实，并且手感沉重，没有绵软的地方或者太多的泥土或者凹凸不平。山药品质的好坏与山药个头的大小没有关系。可以确定的是，山药应该闻起来干净而新鲜。

山药的储存 在室温下可以储存一周以上的时间。

山药的食用 山药不可以生食，并且在加热烹调之前需要将外皮去掉。有一些种类的山药会对皮肤有刺激，所以在制备山药的时候可以戴上胶皮手套。山药可以煮、蒸、烤、煎，或者切成片炸，也可以加入到炖肉菜肴中。

搭配各种风味 鸡蛋、干酪、奶油、咖喱粉、椰子等。

经典食谱 山药泥。

在将山药切开时，其肉质上会带有一层黏液，应将这层黏液去掉。在加热烹调之前要将山药漂洗干净。

甜菜根（beetroot）

尽管古希腊人曾经食用过带有小的可食用根部的甜菜，但是直到16世纪的时候，我们现代意义上所说的甜菜根才被研发出来。目前甜菜根在世界各地的温带气候条件下都有生长。它们在颜色、形状以及风味等各方面各自不同，但是，最共同的一点是它们都是球形，带着红色的、鲜艳的汁液。这种蔬菜最主要的特点之一是它甘美的甜味。

甜菜根的购买 甜菜根一年四季都可以购买到，但是其最佳品质期是在仲夏到晚秋时节这段时间内。其所有的叶片应该带有光泽并且新鲜，而其根部应该触感坚硬，在其外皮上，没有泥土、切口，或者擦伤。小个头到中等个头的甜菜会比老的、体型粗大的更加鲜嫩一些，因为它们会有木质纤维成分。甜菜根也有真空包装好的成品售卖。

甜菜根的储存 新鲜的甜菜根存放在纸袋内，放入冰箱的蔬菜层可以冷藏保存2周以上的时间。在储存之前要将其顶部的叶片去掉。

甜菜根的食用 如果甜菜根上还带有叶片，可以取下来作为单独的蔬菜进行加热烹调。就如同加热烹调与它们相类似的甜菜叶片一样。新鲜时：

生的甜菜根泥土味会非常重，有时候可以擦碎之后作为沙拉的食材。加热烹调时：在加热烹调之前不要去皮，否则其鲜艳的汁液就会渗出来。甜菜根可以烤或者整个的煮，当用刀尖戳甜菜根时，能够轻易地戳进去，就表示甜菜根已经成熟。切成片之后可以蒸。腌制时：甜菜根制作泡菜时非常简单，放入冰箱内可以保存几周的时间。

搭配各种风味 培根、烟熏三文鱼、酸奶油、山羊干酪或者其他种类的干酪、橙子、红糖、豆蔻、辣根等。

经典食谱 罗宋汤；卷心菜胡萝卜沙拉等。

生甜菜根的制备
制备时可以戴上胶皮手套以保护双手不染上甜菜汁液的颜色。

1 将甜菜根的头尾两端切掉。使用削皮刀，薄薄地削去一层甜菜根的外皮。2 将甜菜根擦碎可以用来制作沙拉，或者添加到汤菜中，或者使用切片器，或者锋利的刀切成薄薄的片之后使用。

熟甜菜根的制备
整个甜菜根在制作成熟后，其外皮可以轻松地用手指剥去。

1 用自来水漂洗干净。将顶端修剪好，要小心不要戳破外皮，然后可以带皮煮、蒸，或者烤至成熟。待冷却之后，将外层薄皮剥去。2 经过这样处理的甜菜根就可以切成片、切碎，或者切成丁使用了。

甜菜根的茎和叶都可以食用，但是极易枯萎。从甜菜上将其分离开，并在1～2天内使用完。

红色甜菜根（red beetroot）
质地硬实、鲜艳多汁的肉质，带有独特的泥土芳香和甘美的风味。红色甜菜根特别适合与其他红色蔬菜一起加热烹调，或者与可以吸收这些红色汁液的原材料一起使用。

黄色甜菜根（yellow beetroot）
波比高登黄色甜菜根是特别美味的、带有细腻、鲜嫩肉质的甜菜根。在其长至不超过高尔夫球大小时，品质最佳。在制作红色和黄色甜菜根沙拉时可以形成具有冲击力的强烈对比色。

这一种甜菜根在经过加热烹调之后还会保持其鲜艳而明亮的色彩，并且在切割时也不掉色。

甜菜根中彩色条纹状的肉质在切成薄片并使用生的甜菜根的情况下，可以在沙拉中起到画龙点睛的作用。

条纹形状的甜菜根（striped beetroot）
栽培条纹形状的甜菜根，其观赏价值大于食用价值，条纹形状品种的甜菜根口味比起红色的甜菜根要柔和得多。在成熟之后，条纹形状的甜菜根会褪色，并且其肉质会变成规整的粉红色。

圆柱的形状，使得这些甜菜根非常适合切成规整的圆片，用来制作三明治和沙拉。

细长型甜菜根（elongated beetroot）
这些细长的、圆柱形的甜菜根品种具有柔和的风味，深红色的、细腻的肉质。沿着其根部最后逐渐变成纤维状，即便是长大之后也是如此。

经典食谱（classic recipe）

罗宋汤（borscht）

浓郁的风味令人心满意足，这一道风味淳朴的罗宋汤取自风靡整个东欧的版本。

供 4 人食用

2个大个头的红甜菜根
1个洋葱
1根胡萝卜
1根西芹茎
45克黄油或者鹅油
400克罐装碎番茄
1瓣蒜，拍碎（可选）
1.7升蔬菜高汤
2片香叶
4粒丁香
2汤勺新鲜柠檬汁
盐和现磨的黑胡椒粉
200毫升酸奶油

1 将甜菜根、洋葱、胡萝卜以及西芹茎大体擦碎。

2 在一个大号的沙司锅内，用中火加热熔化黄油或者鹅油。加入擦碎的蔬菜煸炒大约5分钟，或者一直煸炒到蔬菜变软的程度。

3 将碎番茄和大蒜加入锅内，再继续熬煮2~3分钟，期间要不断地搅拌。将蔬菜高汤也拌入锅内。

4 将香叶与丁香一起用一小块棉布包好，也加入锅内。将锅内的汤烧开，然后改用小火加热，盖上锅盖，慢慢熬煮1小时20分钟。

5 取出香料包不用。加入柠檬汁搅拌均匀，用盐和胡椒粉调味。

6 将制作好的罗宋汤用勺舀入热的汤碗内，用酸奶油在每一碗汤的表面上都淋洒出螺旋状的装饰造型，趁热配黑麦面包一起食用。

选择那些幼小的、细长的、颜色鲜艳的胡萝卜，给各种沙拉添加上甘美的风味和脆嫩的质感。

胡萝卜（carrots）

我们现在所食用的胡萝卜，属于野生的胡萝卜品种——目前还有野生品种——来自阿富汗。我们都知道胡萝卜在17世纪时在荷兰得到了广泛开发，目前在世界各地的温带气候条件下的地区都有种植。除了我们所熟悉的细长、圆锥形的橙色胡萝卜之外，也有可能是圆柱形的、粗短形的、圆形的，或者手指大小的，以及紫色、黄色、深红色，或者白色等不同的颜色。所有的胡萝卜在其新鲜时，都带有清新爽口的滋味和芳香的风味，胡萝卜中所含有的天然糖分，使得其本身特别的甘美可口。

胡萝卜的购买 尽管胡萝卜一年四季都可以购买到，但是在晚春时节，胡萝卜在幼嫩的时候购买是最好的。如果你购买到的是带有羽毛状叶片的胡萝卜时，要确保这些叶片看起来新鲜而亮丽，而如果是修整好的胡萝卜，那么胡萝卜上应没有泥土。其质地应该非常硬实，而不绵软。要避免购买那些生长出白色的细须状幼芽的胡萝卜。

胡萝卜的储存 胡萝卜装入塑料袋里，放入冰箱内的蔬菜层，可以冷藏保存2~3周，但是随着时间的推移，胡萝卜会逐渐地失去其新鲜感和风味。储存时要去掉胡萝卜上的羽毛状叶片。

胡萝卜的食用 为了取得最佳效果，胡萝卜只需根据需要清洗、擦洗，或者刮洗干净即可，而无需去皮；而较老的胡萝卜则需去皮。新鲜的胡萝卜可以切成细长条状用来制作蔬菜沙拉。刮擦成丝带状用来制作沙拉。使用榨汁机榨制出新鲜、甘美的乳状胡萝卜汁。制作成熟时：胡萝卜在厨房内属于用途广泛的蔬菜，可以烤、煮、炖、蒸、煎，或者炒等。当在加热烹调的过程中胡萝卜中所含有的糖分转化成为焦糖之后，可以丰富菜肴的风味。胡萝卜天然的甜美风味很久之前就已经应用到蛋糕和西点的制作中了。腌制时：可以与其他各种蔬菜，如洋葱和青椒等一起制作成泡菜，或者用来制作甜味果酱或者蜜饯等。

搭配各种风味 牛肉、柠檬、橙子、姜、西芹、细叶芹、茴香、豌豆、松子仁、豆蔻、百里香、香芹等。

经典食谱 胡萝卜蛋糕；调味蔬菜；克雷西浓汤；维希胡萝卜汤。

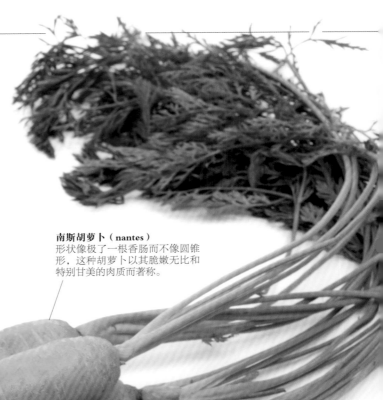

南斯胡萝卜（nantes）
形状像极了一根香肠而不像圆锥形，这种胡萝卜以其脆嫩无比和特别甘美的肉质而著称。

尚特奈胡萝卜（chantenay）
在完全成熟时，尚特奈胡萝卜小而粗短。其风味非常浓郁，且在使用前不需要去皮。

红胡萝卜（red carrot）
实际上是呈非常深的橙色，这一品种的胡萝卜是澳大利亚出品的，具有浓郁的风味，最适合生食，可以用来制作蔬菜沙拉和其他各种沙拉。

其鲜艳的色彩是因为富含胡萝卜素及其他种类的抗氧化剂，有助于预防疾病。

小胡萝卜（finger carrot）
小红萝卜身材苗条而细小。它们通常整个的用来制作蔬菜沙拉和其他各种沙拉，而很少用来制作热菜。

英白拉多胡萝卜（imperator）
大个头的、长且直的胡萝卜，在市场上是最常见的品种。其风味甘美而可口，非常适合生食或者加热烹调使用。

黄色胡萝卜（yellow carrot）
常见于美国，并且被认为富含叶黄素，这是一种能够增强眼睛健康的物质。

胡萝卜在储存之前要去掉顶端的叶片，因为这些叶片会吸收胡萝卜本身的水分。

紫色胡萝卜（purple carrot）
原产于阿富汗的野生胡萝卜就是紫色的，而培育的新品种则恢复了颜色，这些胡萝卜在为我们提供丰富的胡萝卜风味的同时，还提供了对人体有益的花青素和番茄红素。

经典食谱（classic recipe）

胡萝卜蛋糕（carrot cake）

这款细腻滋润的美式蛋糕的表面可以涂抹上一层柔软蓬松的传统美式干酪糖霜，或者只需简单地淋洒上一些糖粉进行装饰。

可供8人或者8人以上食用

215克普通面粉

200克白糖

1.5茶勺小苏打

1茶勺泡打粉

1茶勺肉桂粉

各0.5茶勺丁香粉、豆蔻粉、多香果粉以及盐

150毫升芥花籽油，或者玉米油

3个鸡蛋

165克去皮，擦碎的胡萝卜

125克切碎的核桃仁

150克葡萄干

制作干酪糖霜用料

225克软质干酪

75克软化的无盐黄油

2茶勺香草香精

450克糖粉，过筛

1个橙子，擦取外皮

1 将烤箱预热至180℃。在一个23厘米×30厘米的烤盘内涂上油。在一个大碗内，将面粉、糖、小苏打、泡打粉、香料以及盐混合好。

2 将油和鸡蛋一起搅打好，然后拌入面粉材料中，直到混合均匀。加入胡萝卜、核桃仁以及葡萄干混合好。

3 将搅拌好的混合物倒入涂过油的烤盘内，涂抹平整。放入烤箱内烘烤30～35分钟，或者一直烘烤到在烤盘中间插入一把刀子，拔出时刀尖是干净的为好。在烤盘内冷却好。

4 制作干酪糖霜，将干酪、黄油和香草香精用搅拌器搅打至细腻状。然后逐渐加入糖粉，并继续搅打。将擦碎的橙皮用胶皮刮刀拌入。将搅拌好的干酪糖霜涂抹到冷却后的胡萝卜蛋糕表面上。

婆罗门参和鸦葱（salsify and scorzonera）

原产于地中海地区，婆罗门参也叫作oyster plant，具有细长的、杂乱无序且呈浅褐色的细小根须。与婆罗门参经常混为一谈的是另外一种根类植物——鸦葱，它带有深褐色的、类似于树皮一样的外皮，以及零星的根须。圆锥形的婆罗门参的形状会逐渐呈现出尖细状，而鸦葱却是厚度均匀形。尽管有不同的地方，这两者的肉质都呈现相似的乳白色，而其风味则会让人回忆起洋蓟的味道，因此两者之间在食谱中可以交替使用。

婆罗门参和鸦葱的购买 从秋季到春季时节，在市场上要挑选质地硬实，根须看起来新鲜的婆罗门参和鸦葱。如果呈现松软状或者干枯状，表示它们太老了，其顶端位置，如果是连接在一起，应呈现鲜艳的绿色。要避免选择那些根须凹凸不平或者有瑕疵的婆罗门参和鸦葱。

婆罗门参和鸦葱的储存 婆罗门参和雅葱都可以进行储存，储存前不要洗涤，装入纸袋内，摆放到冰箱内的蔬菜层里，可以冷藏保存一周以上。

其根须可以在烫熟之后冷冻保存。

婆罗门参和鸦葱的食用 在去皮并切成片之后，要放到加有柠檬汁的酸性水溶液中以防止其变色。新鲜时：婆罗门参和鸦葱都可以生食。如果足够鲜嫩的话，可以添加到沙拉中。加热烹调时：包括其根须，最好是用来煮或者蒸熟，然后只需简单地用黄油炒制一下即可。还可以烤、煎，或者炸，或者添加到汤菜和炖焖类菜肴中。腌制时：如同腌制根须一样腌制其花朵和蓓蕾。

搭配各种风味 帕玛森干酪，贝夏美沙司（白色沙司），洋葱，青葱，橄榄油，柠檬，豆蔻等。

经典食谱 香煎婆罗门参饼；奶油婆罗门参；婆罗门参汤团；鲜贝婆罗门参。

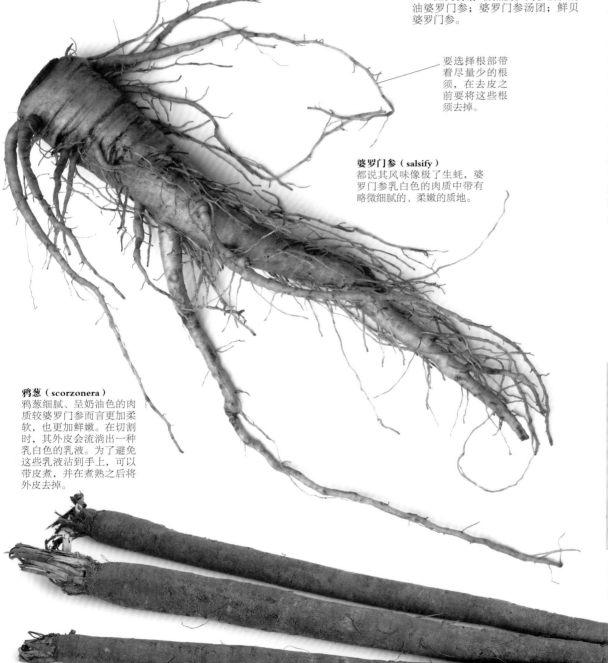

要选择根部带着尽量少的根须，在去皮之前要将这些根须去掉。

婆罗门参（salsify）
都说其风味像极了了生蚝，婆罗门参乳白色的肉质中带有略微细腻的、柔嫩的质地。

鸦葱（scorzonera）
鸦葱细腻、呈奶油色的肉质较婆罗门参而言更加柔软，也更加鲜嫩。在切割时，其外皮会流淌出一种乳白色的乳液。为了避免这些乳液沾到手上，可以带皮煮，并在煮熟之后将外皮去掉。

鸦葱可以通过其像树皮一样的外皮和匀称、圆柱形的外形而轻易地辨认出来。

经典食谱（classic recipe）

香煎婆罗门参饼（salsify fritters）

可以将这些香酥美味的地中海炸婆罗门参当做肉类或者鱼类简易易做的配菜。

供4人食用

400克婆罗门参，去皮，并切成大小均匀的小块状

50克黄油

1瓣蒜，拍碎

现磨的黑胡椒粉

1汤勺普通面粉

1汤勺橄榄油

1 将切好的婆罗门参片放入烧开的盐水中煮大约20分钟，或者煮到婆罗门参开始变软。注意不要煮过了。捞出控净水。

2 将煮好的婆罗门参捣碎，然后加入一半的黄油，大蒜以及适量的胡椒粉之后再制成泥。将制作好的婆罗门参泥分成4份，分别塑成圆饼形。

3 将婆罗门参圆饼沾上一层面粉。将橄榄油和剩余的黄油一起放入不粘锅内烧热，加入圆饼，煎2分钟左右，或者直到煎成金黄色。将圆饼翻面之后再煎大约2分钟至金黄色成熟。趁热食用。

婆罗门参和鸦葱的制备
这两者的根部在去皮并切割之后都极易变色，所以要立刻用柠檬擦拭或者放入酸性水溶液中。

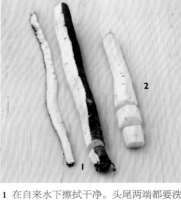

1 在自来水下擦拭干净。头尾两端都要洗净，然后用一把锋利的刀削去外皮。**2** 顶刀（横切）成一口即食大小的块状或者更薄一些的片状。

荸荠（water chestnut）

荸荠是球茎状的热带植物（膨胀起来的叶柄底部），主要在中国南方和东南亚一带栽培。在许多国家都是以灌装的方式售卖，但还是新鲜的品种最好并且可以生食，此时荸荠带有甘美、令人陶醉的风味，以及令人舒心的脆嫩的质地。荸荠的大小和形状与栗子有些类似，其洁白的肉质被一层硬实的褐色外皮所包裹着。

荸荠的购买 新鲜的荸荠有可能在东方风味市场内购买到。其球茎应硬实，并且表面上没有产生软点或者皱缩，闻起来应没有异味。一次购买的数量可以多一些，因为去皮后，荸荠会去掉许多的分量。

荸荠的储存 荸荠在没有去皮的情况下，装入纸袋内，放到冰箱的蔬菜层里，可以冷藏保存1~2周。而一旦去皮，要全部浸泡到淡盐水中，在带盖的容器内，放到冰箱里，可以保存1周以上。去皮之后的荸荠还可以冷冻保存。

荸荠的食用 新鲜时：切成片状的荸荠可以放入各种沙拉中（甚至水果沙拉中也可以添加）以及东方菜肴中。在切成薄片之后也可以用来制作精致的蔬菜沙拉。加热烹调时：如果用开水烫煮5分钟之后再去皮，会更加容易。荸荠可以煮、蒸、或者炒，也或者加入到汤菜和米饭里，以及面条类

> 一旦切开，要迅速地将脆嫩的白色肉质的荸荠浸泡到淡盐水中，以防止其变色。

菜肴中用来增强质感。腌制时：可以风干或者制作成泡菜，在中国，新鲜的荸荠可以用糖浆制作成蜜饯。

搭配各种风味 大虾、牛肉、鸡肉、猪肉、蚝油、酱油、姜、香油等。

经典食谱 炒什锦；腊肉春卷。

牛蒡（burdock）

牛蒡原产于中国，然后朝东横渡到日本，朝西横跨到欧洲。目前在温带和热带气候条件下都有栽培，而在东亚最为常见。同时在日本料理中最受人们欢迎。尽管牛蒡在英国常用来为一款软饮料增添风味，但是在西方饮食文化中鲜见牛蒡的身影。在日本牛蒡被叫作gobo，精挑细选出的优秀牛蒡系列品种有悠久的种植历史。其质地细腻、脆嫩，并带有一股类似于婆罗门参般的泥土的风味。

牛蒡的购买 牛蒡的根部储存于泥土中，所以一年四季在市场上都可以见到，但是当年种植后的收获季节是秋天和冬天。要寻找购买那些根部坚硬而不是绵软的牛蒡。

牛蒡的储存 牛蒡的根装到纸袋内，放入冰箱内的蔬菜层里可以冷藏保存大约一周。

牛蒡的食用 要反复擦洗干净，然后放入加有柠檬汁的酸性水溶液中，浸泡大约30分钟的时间，以去掉其苦味。新鲜时：特别鲜嫩的根部可以如同小红萝卜一样在沙拉中使用。烹调加热时：可以焖、煮、蒸、或者炒等。可以如同其他种类的根类蔬菜一样使用，添加到汤菜中和炖菜中。在日本使用胡萝卜与牛蒡加上酱油和芝麻制作成一种传统风味的菜肴。腌制时：可以制作成泡菜。

搭配各种风味 贝壳类海鲜，干酪，贝夏美沙司，荷兰沙司，醋，酱油等。

经典食谱 炖牛蒡。

莲藕（lotus root）

莲花生长在全亚洲温暖气候条件下，其根像极了大号的、串联在一起的香肠，是一根真正的地下根茎——从地下的根上生长而成。其风味柔和并带有泥土的芳香，类似于洋蓟，而其脆嫩的质地，会让人想起豆薯和荸荠。莲子和鲜嫩的荷叶也可以食用。

莲藕的购买 莲藕随时可以在市场上购买到，特别是东方风味商店里。要购买那些莲藕的根部切割处是湿润和有黏性的，而不要购买切割处是干燥的莲藕。要避免那些根部带有黑斑、凹陷、或者软点的莲藕。最佳品质的莲藕会呈浅米色。

莲藕的储存 没有切断的整根莲藕可以装入纸袋内，放到冰箱的蔬菜层，冷藏保存2~3周。而一旦切成片，并烫过之后，要使用冷水过凉，淋洒上柠檬汁，然后放入带盖容器内，放到冰箱内，可以冷藏保存3~5天。

莲藕的食用 去皮，去掉莲藕相互连接处的纤维段。然后可以切成片状，或者切成块状。加热烹调时：经过加热之后莲藕还会保留着其大部分的脆嫩质地。在烫过之后，切成片状

的莲藕可以用来制作沙拉。莲藕还可以煮、蒸、或者焖熟之后作为蔬菜使用，可以添加到汤菜中，可以炖、以及炒。腌制时：烫熟之后的片状莲藕可以制作成糖拌藕（这是中国特色）。在中国台湾地区，莲子也可以制作成甜食。在日本，莲藕通常会制作成泡菜。

搭配各种风味 柑橘类水果，大蒜，洋葱，香菜，细叶芹，八角等。

经典食谱 炖莲藕。

> 牛蒡纤细而长长的根部不需要去皮。

> 当顶刀切割成片状时，莲藕就会露出美观的多孔造型。

要精挑细选那些最适合于你菜肴的那些品类的土豆——不管你是需要烤土豆，切成片状，也或者是制作土豆泥都应该如此。

土豆（potato）

土豆起源于8000多年以前的南美安第斯山脉。它是全世界所有人的主食品种，其主产地位于中国、俄罗斯、印度以及美国等国家的温带地区。土豆有不同的大小，从小球状到巴掌大小的都有，而其颜色从棕褐色到粉红色、红色、蓝色以及紫色均有。制作成熟后的土豆，其口味鲜美无比；只好用第五种滋味称之为"美味"了。

通用性土豆是质地介于蜡质土豆和粉质土豆之间的土豆，使其在厨房内成为用途非常广泛的土豆。

蜡质土豆在其制作成熟后，还会保持其形状不变。

粉质土豆在其制作成熟之后，其质地通常会变得柔软而蓬松；而如果是在煮熟之后，粉质土豆会裂开。

土豆的购买 秋天和冬天是土豆品质最好的时节——这样土豆就会有一个系统而完整的生长季，并且在被挖掘出来之前，会在土壤中有充足的时间进行熟化。要挑选质地坚硬，外皮没有破损的土豆，没有绿色的斑块，没有泥土或者凹点。土豆上的"斑点"应紧闭。

土豆的储存 寒冷的天气会让土豆的淀粉转化成糖分，并且光线会让土豆产生毒素，如茄碱，这会让土豆变成绿色，所以储存土豆时要放在凉爽的室温条件下避光保存，例如，可以装入纸袋内，或者封闭的篮子里，然后放到避光的橱柜内。这样可以保存1~2周。

土豆的食用 加热烹调时：通用性的土豆品种都可以使用这样的烹调方法加热烹调——煮、蒸、烤、炸、煎——而另外一些的土豆品种只适合特定的烹调方法。蜡质土豆适合用来煮和蒸，以及炖菜中。粉质土豆最适合烤或者制作土豆泥，但是不适合煮。

搭配各种风味 培根、火腿、干酪、奶油、酸奶油、蘑菇、块根芹、大蒜、洋葱、萝卜、莳萝、小茴香、豆蔻、百里香、橄榄油等。

经典食谱 西班牙鸡蛋卷；奶油烤土豆；土豆团子；德式土豆沙拉；烤土豆；土豆烙饼；苹果土豆饼；土豆面包；土豆饼；土豆卷心菜泥；土豆泥；安娜土豆；土豆片；炸土豆片。

经典食谱（classic recipe）

西班牙鸡蛋卷（Spanish omelette）

传统的扁平状的鸡蛋卷，在西班牙叫作蛋饼，只使用土豆、洋葱和鸡蛋制作而成。

供 4 人食用

5个中等大小的通用性土豆

300毫升橄榄油

3个中等大小的洋葱，切成四瓣，然后再顶刀切成弧形的丝

盐和现磨的黑胡椒

5个鸡蛋

1 将土豆去皮，切成大约5毫米厚的片。将橄榄油倒入煎锅内（最好是不粘锅），加入土豆，用小火煎炸大约15分钟的时间，或者直到土豆变软。用漏勺将土豆片捞出，放到一个大碗内冷却。

2 将锅内的大部分油倒出（你可以将倒出的油过滤，并在步骤4中继续使用）。在锅内加入洋葱及一点盐。用小火加热煸炒洋葱，直到洋葱变软，并开始变成焦糖色。加入土豆混合好，放到一边使其冷却。

3 用一把叉子搅散鸡蛋，然后倒入冷却好的土豆和洋葱混合物中。用盐和胡椒粉调味。翻拌土豆，让所有的土豆都沾上蛋液，在翻拌的过程中尽量不要将土豆弄碎太多。

4 放到烤箱烘烤前，先将烤箱预热至200℃。在炒锅内加热1汤勺过滤好的橄榄油，然后将搅拌好的土豆混合物小心地滑落到锅内，将土豆在锅内抹平。然后将火降低到中低火，加热大约6~10分钟，或者锅内的土豆基本上凝固好。

5 将锅放入烤箱内，继续烘烤10分钟，或者一直烘烤到土豆凝固并且变成金黄色。同样，在将锅内的土豆的底部煎好之后，你可以将土豆翻扣到一个餐盘内，然后再滑落到锅内，将另一面也煎成金黄色。

6 将制作好的土豆从锅内取出，使其略微冷却（或者冷却透），然后切割成块状。热食或者冷食均可。

蜡质土豆（waxy potato）

马夫那土豆（marfona）
大个头，肉质形的土豆品种，这种土豆的风味略微强烈一点。最适合用来烤或者煮。

法国小土豆（French fingerling）
如同其他小土豆一样，这种法国土豆的淀粉含量很低。其奶油色的、稠密的肉质中带有黄油的风味，非常适合用来煮或者蒸，也或者用来制作土豆沙拉。

通过快速擦洗会去掉杰西·路也土豆上的泥土，然后就可以带皮加热烹调，享用土豆的美味了。

宾杰土豆可以通过其浅色、丝滑的外皮轻易地辨认出来。

宾杰土豆（bintje）
荷兰传世般的土豆品种，宾杰土豆带有独特的坚果风味和乳脂状的质地。是厨房内必备的食材，推荐用宾杰土豆制作意大利团子。

杰西·路也土豆（Jersey royal）
这种著名的优良传统品种来自于英国海峡群岛，是第一批在春天收获的土豆之一。其细腻、蜡质般的肉质中带有一股独特的香浓、如同黄油般的风味。

粉质土豆和通用性土豆（floury and all-purpose potatoes）

马里斯土豆（maris piper）
在英国大量种植的主要土豆品种，这是一种风味饱满，质地蓬松的土豆。特别适合制作土豆泥、烤土豆，以及用来制作土豆片。

爱德华国王土豆（King Edward）
英国非常著名的土豆品种，爱德华国王土豆的风味饱满，质地蓬松。由于其质地介于粉质土豆和蜡质土豆之间，因此在厨房内是不可多得的多面手。

土豆汤团（potato gnocchi）

这些轻若无物的汤团，起源于意大利的拉齐奥。制作好的汤团可以冷冻保存一周以上。

供 4 人食用

750克粉质土豆

2个鸡蛋，搅散成蛋液

200克普通面粉

用于制作沙司原材料

150克淡味黄油（无盐黄油）

20片新鲜的鼠尾草叶片，切碎，保留出几片用作装饰

半个柠檬的柠檬汁

盐

现磨的黑胡椒粉

1 将整个的，洗净之后没有去皮的土豆放到开水中煮熟。捞出控净水。当土豆冷却到可以用手拿取时的温度时，将土豆去皮，使用土豆捣碎器或者金属筛子，将土豆制作成不含有颗粒的细泥状。

2 将温热的土豆泥倒在案板上。在中间做出一个窝穴形，加入搅散的蛋液以及四分之一用量的面粉。用手将所有材料揉搓成团，只需成型而不粘连即可。根据需要可以多加入一些面粉，但是要注意不要加入过多的面粉。

3 将和好的土豆泥分成四份。分别用手在撒有少许面粉的工作台面上揉搓成2厘米粗细的香肠形状。再切割成3厘米长的段。用一把叉子的背面轻轻按压上花纹。根据需要，可以用一块湿布盖好，保持2个小时以上的时间直到开始加热制作。

4 将一大锅水用小火烧开。加入汤团，煮大约2分钟的时间，或者一直煮到汤团能够在水中浮起。用漏勺捞出，在厨房用纸上控净水之后，移到一个热的浅盘内备用。

5 在煮汤团的同时，可以制作沙司。在一个锅内放入黄油和切碎的鼠尾草，加热至黄油熔化。加入柠檬汁并用盐和胡椒粉调味。

6 将制作好的沙司浇淋到餐盘内的汤团上。装饰好鼠尾草叶片之后，立刻趁热服务上桌。

在烤土豆之前，特别是土豆上那些深的斑点应该仔细的刷洗干净，以去掉所有的泥土。

埃德泽尔蓝色土豆（edzell blue）
20世纪在英国繁殖而成的土豆品种，其外皮和肉质都呈深蓝色。最适合用来煎，或者炸（如炸土豆条或者炸薯片），除此以外还可以用来烤土豆。但是不适合用来煮，因为其肉质会分解。

底西瑞土豆（desiree）
一种荷兰通用性的土豆品种，底西瑞土豆的风味令人愉悦，并且其质地介于粉质土豆和蜡质土豆之间。特别适合用来烤，制作土豆泥，煮，或者炸。

路斯特土豆最适合用来带皮煮或者蒸，以防止其粉质状的肉质在加热时裂开。

肯纳贝克土豆（kennebec）
一种产自北美的土豆品种，以美国缅因州的一座大山的名字命名，肯纳贝克土豆是一种中等粉质的土豆，并且带有令人愉悦的风味。特别适合用来烤，制作土豆泥，或者炸。

路斯特土豆（rooster）
深受爱尔兰人喜爱的土豆品种，路斯特土豆带有粉质土豆的质地，使得它非常适合用来烤，制作土豆泥，以及油炸。

在擦洗干净并烤好之后，土豆的外皮香脆而耐嚼，并且其风味浓郁。

约克郡的杜克红土豆（red duke of York）
这种需求量巨大的传统土豆品种，以醇厚的风味而著称。尤其适合用来烤，在煮的时候要特别小心，因为其肉质会逐渐裂开。

维瓦尔第土豆（vivaldi）
一种用途非常广泛的土豆品种，带有细腻的肉质和独特的黄油风味。被称之为不用黄油的土豆，其卡路里含量要比其他品种的土豆低得多。

蜡质土豆（waxy potatoes）

琳达土豆（Linda）
这一种德国土豆品种以其别具一格的风味，易溶于口的乳脂状质地而著称于世。深受有机种植农场主们的欢迎。

拉特土豆（la ratte）
在法国生长广泛的一种小个头的土豆品种，以其淡雅的，如同栗子般的风味，细腻而硬实的肉质而著称。特别适合用来煮和制作沙拉。

罗斯维尔粉色土豆（pink roseval）
珍贵的法国土豆品种，以其细腻、硬实的肉质，以及开胃，略带泥土的风味而著称。特别适合用来煮或者炸，也适合用来制作沙拉。

尼古拉土豆（nicola）
一种德国的土豆品种，尼古拉土豆因其硬实、黄色的肉质和带有的黄油风味，特别适合用来制作沙拉。也特别适合用来焗和制作砂锅类菜肴。

班贝格尔土豆（bamberger）
巴伐利亚北部地区独有的土豆品种，这个深受当地人欢迎的传统土豆品种，带有一股坚果般的风味，它细腻的肉质使其在煮熟之后质地还十分硬实。非常适合用来制作土豆沙拉和焗一类的菜肴。

夏洛特土豆（Charlotte）
一种优质的法国土豆品种，带有细腻的、略微黏稠的肉质以及一股清新的柔和的风味。最适合清煮，或者带着皮蒸熟。

拉索达红土豆（red lasoda）
一种风味柔和的北美土豆品
种，有着硬实而细腻的质地。
在煮熟之后其形状不会有变
化，这个特点使它非常适合用
来制作土豆沙拉和焗一类的
菜肴。

孔戈蓝色土豆（congo blue）
这一种引人注目的传世般的
土豆品种，带有醇厚的、如
同栗子般的风味，而其肉质
是蜡质土豆，但是略微带有
干硬的质地。可以给沙拉添
加别具一格的、色彩缤纷的
效果。

可以通过如同薰衣草
般的淡紫色的肉质斑
点进行分辨。孔戈蓝
色土豆在蒸的时候比
煮会更好地保持其颜
色不变。

安雅土豆（anya）
是一种介于法爱跑粉色土
豆和西瑞红色土豆之间的
土豆，安雅土豆带有令人
舒适的、泥土的风味和质
地细腻的肉质。最适合用
来带皮煮，或者蒸，也可
以用来炸。

焗多菲内土豆（焗奶油土豆，gratin
dauphinois）

一道著名的法式风味菜肴，带有浓郁的
奶油风味，并且使用大蒜和豆蔻增香。

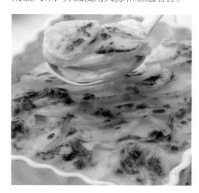

供 4 人食用

900克大小均匀的蜡质土豆
盐和现磨的黑胡椒粉
600毫升鲜奶油
1瓣蒜，切成两半
现磨碎的豆蔻粉
45克黄油，室温下

1 将烤箱预热至180℃。在一个焗盘内
涂抹上黄油备用。

2 将土豆去皮，切成均匀的、3毫米厚
的圆形片——也可以使用切割器或者
食品加工机，安装上适当的刀片之后
切割。用冷水将切好的土豆片洗净，
控净水，并用厨房用纸或者毛巾拭干
水分。

3 在涂抹好黄油的焗盘内将土豆片分
层排列好，在每一层上都撒上盐和胡
椒粉调味。

4 将鲜奶油倒入沙司锅内，加入大蒜
和磨碎的豆蔻粉，加热至刚好沸腾
时。将加热好的鲜奶油浇淋到焗盘内
的土豆片上，在土豆表面上撒上一些
小颗粒状的黄油。

5 将焗盘覆盖上锡纸，放入烤箱内烘
烤1个小时。然后去掉锡纸，再继续烘
烤30分钟，或者一直烘烤到当用刀尖
测试时，土豆成熟，并且表面变成金
黄色的程度。从烤箱内取出之后，立
刻趁热食用。

粉质土豆和通用性土豆（floury and all-purpose potatoes）

诺瓦尔威特劳特土豆（vitelotte noire） 也被称之为中国松露，这是一种来自于秘鲁的古老土豆品种，肉质略微呈粉质状，粉色和白色相间，如同大理石花纹，风味比较柔和。此种土豆在制作成熟之后会保持其颜色不变，因此，特别适合煮或者蒸至嫩熟后使用。

育空金土豆（yukon gold） 这种黄色肉质的加拿大土豆品种，以其如同黄油般的风味而著称。含有淀粉和细腻的颗粒状的质地，因此非常适合用来制作土豆泥，炸和烤。

其细滑、薄薄的外皮给土豆增添了风味，在煮或者烤的时候，可以保留并食用。

普利美拉土豆（primura） 一种大个头的，风味柔和的荷兰土豆品种，特别适合用来烤。在煮熟之后其形状会保持不变，其足够硬实的肉质非常适合用来制作沙拉。

木薯（cassava）

木薯，也称之为树薯和树葛，是一种粗壮的，马球球杆状的热带根类植物，带有多毛的棕色毛皮或者外皮以及白色的肉质。被认为最早起源于巴西，目前在世界各地的许多热带气候条件下的国家里都有种植，其产量按照吨计算，不到土豆产量的三分之一。尽管其主要用来制作各种不同形态的淀粉（例如，木薯粉和珍珠木薯粉等），但是木薯根也可以当做蔬菜食用，其口感温和，带有黄油的风味。新鲜的木薯叶片也可以食用。

木薯的购买 作为一种热带的根类植物，木薯在一年四季都可以见到。其根应坚硬，外皮干净，没有裂纹。要避免购买根部带有深的黑色裂纹，或者在皮质之下带有大块黑色斑块的木薯，以及带有软点的木薯。木薯的叶片看起来要鲜嫩。

木薯的储存 木薯极易腐坏变质，所以最好是在购买后立刻使用。如果不得不进行储存，最好是整根的储存在一个凉爽、避光的地方，最多不超过几天的时间。而一旦将木薯切开了，要使用保鲜膜覆盖好，放入冰箱内，只能储存一天。如果有任何变色的部分，在使用时，要将这一部分立刻切掉不用。

木薯的食用 有一些品种的木薯中含有氰糖苷的成分，所以木薯根或者其叶片都不可以直接生食，其含有的糖苷成分在经过加热烹调之后会分解掉。加热烹调时：在将木薯的根部去皮之后，可以烤，煮，可以用来炖菜，炒，或者如同炸薯片一样炸。其叶片可以如同绿色蔬菜一样煮熟，或者用来作为包裹食物的材料，用来制作烤制菜肴使用。木薯粉可以用来当作增稠剂使用，而珍珠木薯粉可以用来制作布丁以及其他种类的甜食。腌制时：木薯在世界上的某些国家里可以用来制作啤酒，而在加勒比海地区，将木薯煮过之后，可以用来制作浓郁的黑色糖浆，叫作"木薯浓汁（cassareep）"，这是西印度群岛菜肴胡椒煲的基础材料。

搭配各种风味 黄油，大蒜，柑橘类水果，香菜，辣椒等。

经典食谱 西米布丁；加勒比炖牛肉；胡椒煲等。

如果用大火煮熟，木薯的肉质会分解成丝状，所以在加热烹调时，需要将去皮的木薯切成块状，或者片状，放到冷水中，用小火煮开，再用慢火继续加热成熟。

甘薯（sweet potato）

甘薯与常见的土豆没有任何关系，与山药也没有丝毫关系，但是它们相互之间有时候会造成混淆。甘薯原产于中美洲，在全世界已经成为主要的人体所需要的碳水化合物食物来源，目前在热带和温带地区被广泛栽培。甘薯的种类繁多，有各种不同颜色的外皮和肉质，在经过烹调之后，橙色肉质的甘薯品种会变得甘美、滋润，呈乳脂状，而那些白色或者浅黄色肉质的甘薯在制作成熟之后会更干燥一些，质地也会更硬一些。

甘薯的购买 在温带地区，晚夏和秋季是甘薯的出产高峰期，而在热带地区，甘薯一年四季都有出产。甘薯最好是质地硬实，肥大，光滑无斑点。应感觉比实际大小要沉重一些。

甘薯的储存 在凉爽的室温下，甘薯可以保存10天以上，甘薯不可以放到冰箱内储存，因为寒冷的环境会加速其品质的流失。

甘薯的食用 加热烹调时：甘薯可以煮，蒸，烤，炸甘薯片，或者制作成天妇罗，或者煎等。制作成泥状的橙色肉质的甘薯，也被广泛地用来制作蛋糕、面包以及松饼等，同样也可以用来制作馅饼、布丁以及卡仕达等。白色肉质品种的甘薯尤其受到亚洲人们的青睐，它们的用途与白色土豆相似。腌制时：在许多国家，可以切成片之后干燥，或者制作成蜜饯。

搭配各种风味 苹果，红糖，糖蜜，姜，枫叶糖浆，蜂蜜，柑橘类水果，辣椒，山核桃，豆蔻，百里香等。

经典食谱 香酥甘薯片；甘薯馅饼；焦糖奶油酱等。

擦洗干净并烤熟之后，甘薯的外皮香酥而干脆。

纳特甘薯（boniato）
加勒比海地区深受欢迎，博纳特甘薯比其他类的甘薯甜味和滋润程度都略少，其肉质令人愉悦而蓬松的质地，制作成泥之后烘烤特别美味。

朱尔甘薯（jewel）
带有代表性的甘美、滋润的肉质，这一种橙色肉质品种的甘薯特别适合用来烤，煮，制作甘薯泥等。也可以用来制作蛋糕和馅饼等甜食。

经典食谱（classic recipe）

香酥甘薯片（sweet potato crisps）

香酥甘薯片在19世纪50年代在纽约被研发出来。这些由甘薯以及其他的根类蔬菜制作而成的油炸食品成为现代经典。

炸油适量

450克甘薯

海盐（可选）

1 在一个深锅或者炸锅内将油烧热至180℃。与此同时，将甘薯去皮，使用切片器或者食品加工机，将甘薯切成非常薄的片状。

2 在将油烧热之后（你可以在油中放入一片甘薯片来测试油温，甘薯片会立刻漂浮起来并开始吱吱冒泡），将甘薯片分批放入油中，使用漏勺或者油炸篮将甘薯片全部按压到油里。

3 油炸1~2分钟，或者一直炸到酥脆，两面都呈淡金黄色，不要炸得颜色过深。将炸好的甘薯片捞出，在厨房用纸上控净油。在上桌服务之前，根据自己的喜好，可以撒上海盐。

北美菊芋（jerusalem artichoke）

尽管起着北美菊芋这样一个名字，北美菊芋的英文中有artichoke这个单词，但是它并不是洋蓟：北美菊芋是一种产自于北美的向日葵物中（第一个来自于欧洲的探险家发现印第安人培育的这些块茎类，带有洋蓟的味道）。并且耶路撒冷与之也没有丝毫的关系——在意大利，被称为吉拉索（girasole），发音与耶路撒冷（jerusalem）非常相似，因而得此绰号。更让人困惑的是，通常这种带节的、球根状的块茎，在美国叫作sunchoke，在法国叫作topinambour。北美菊芋在世界各地的温带气候条件下的地区都会非常容易生长。其味道有点甜，带有坚果风味和泥土的气息，生食时，其质地脆散，而在制作成熟之后会变得柔软。

北美菊芋的购买 冬季和早春时节是这些块茎类植物出产的高峰期。北美菊芋应该质地硬实，看起来新鲜，没有汁液流出或者疤痕。

北美菊芋的储存 要装入纸袋内放到冰箱内的蔬菜层里，可以冷藏保存2~3周。

北美菊芋的食用 这些块茎类植物，无论是生的还是熟的，都很难被消化吸收。新鲜时：生的北美菊芋可以切成片状用来制作蔬菜沙拉，或者擦碎或者切碎用来制作沙拉。烹调加热时：可以煮，蒸，烤（如同土豆一样）或者用来焗。可以炒，煎，或者如同炸薯片，炸薯条一样炸。可以制作成泥用来做汤。腌制时：可以制作成泡菜。

搭配各种风味 贝夏美沙司和荷兰沙司，黄油，奶油，姜，柠檬汁，青葱等。

经典食谱 巴勒斯坦汤；北美菊芋炖肉。

除非因为美观的原因，否则其外皮不需要去掉。用自来水清洗并擦洗干净，同时将小的凸点都去除。

瓜类蔬菜（squash）

原产于墨西哥和中美洲，在欧洲发现新大陆之前，瓜类蔬菜的种植至少有7000年的历史了。目前在世界各地的热带、温带气候条件下都有生长，瓜类蔬菜有各种不同的颜色、形状和大小。

西葫芦（夏南瓜，summer squash）是在其外皮变硬，并且种子成熟之前收获的鲜嫩瓜类。其质地滋润，风味柔和。

笋瓜（冬南瓜，winter squash）是在秋季收获的瓜类蔬菜，因为其会继续发育成熟，所以可以存储过冬。其肉质更加致密实，因此而带有香浓、丰厚的甘美风味。

瓜类蔬菜的购买 尽管有许多种瓜类蔬菜在一年四季都可以购买到，就如同名字所表示的含义，西葫芦最好是在夏季使用，笋瓜最好是在秋冬季节使用。依据个人偏好，要选择那些幼小、鲜嫩的西葫芦，如15~20厘米的瓜，因为此时其所含水分最少。要避免所有带有沟缝、裂口、软点或者切口的瓜。要确保笋瓜硬质外皮上没有带有泥土。

瓜类蔬菜的储存 西葫芦应该尽快地使用，装入塑料袋内，放到冰箱里，可以冷藏保存2天以上。整个的笋瓜在一个凉爽的地方，摆放到一摞厚报纸上，可以储存几周的时间。如果切开了，要覆盖好并存储到冰箱里。

瓜类的食用 整个的西葫芦都可以食用，除非其籽非常硬。在加热烹调之前或者之后，要去掉笋瓜上较老的外皮，以及中间的籽和纤维部分。新鲜时：鲜嫩的西葫芦可以擦碎或者擦成丝带状用来制作沙拉。加热烹调时：可以蒸、煎、用来制作天妇罗、酿馅之后烤，或者用来制作汤菜和炖菜等；笋瓜也可以用来煮。擦碎后的西葫芦可以加入到蛋糕和松饼面糊中；制作成蓉的笋瓜可以用来制作成馅饼和奶油冻等的馅料。

西葫芦的花，特别是那些绿皮西葫芦的花，也可以食用；在酿入馅料之后，挂上一层稀薄的面糊炸熟，会非常美味可口。腌制时：西葫芦可以制作成泡菜。笋瓜籽去壳之后可以烘烤并入味，如南瓜子和冬南瓜子等。南瓜也可以制作成蜜饯作为一道甜食食用。

搭配各种风味（西葫芦）培根，帕玛森干酪，紫苏，咖喱粉，肉桂，以及橄榄油；（笋瓜）切达干酪，古老也干酪，苹果，梨，大蒜，姜，枫叶糖浆，鼠尾草，百里香等。

经典食谱 炖什锦蔬菜；南瓜馅饼；都灵风味西葫芦；南瓜云吞；南瓜馅饼；酿馅西葫芦花；油炸西葫芦；巴斯克薄饼。

西葫芦（summer squash）

黄色西葫芦（yellow courgette）
如同绿色西葫芦品种一样，黄色西葫芦具有一股柔和的、淡雅的蘑菇般的芳香风味和鲜嫩的肉质以及外皮。可以与绿色西葫芦一起混合，制作成夏日色彩缤纷的菜肴。

要挑选质地硬实、肉质鲜嫩，外皮光滑的西葫芦。其外皮可以增添风味和质感，因此，不需要去皮。

绿色西葫芦（green courgette）
也叫作zucchini，绿色西葫芦的风味和质地与黄色西葫芦是一样的。小个头的绿色西葫芦的品质要优于大个头的西葫芦，因为大个头的西葫芦会生长出纤维的成分，并且味道也会更淡一些。

可食用的花朵极易碎裂，所以在制备的过程中要轻拿轻放，小心一些。在酿馅之前要将花朵中间的雄蕊掐掉。

如果外皮上带有些许脏污，立刻浸泡到冷水中，可以清理掉这些粘附于外皮上的污垢。

圆形胡瓜（round squash）
与细长的西葫芦相类似，圆形胡瓜也带有相似的柔和风味。它们的外形使其非常适合于切割成两半之后用来酿馅。而更小一些的圆形胡瓜，可以用来炒或者整个的蒸。

帕蒂扁胡瓜（patty pan squash）
这些扁平状的、边缘呈圆形的胡瓜，颜色有黄、绿或者白色，外皮非常薄，而肉质鲜嫩。比外皮多得多的肉质含量极大地改善了胡瓜的风味和质地。

意大利条纹瓜（striata d'Italia）
一种意大利条纹形的珍贵瓜类品种，比其他大多数瓜类的风味都浓郁得多，并且带有如同黄油般的细滑质地。在切成片煎炒之后，其形状会保持不变。

意大利尼策圆形瓜（Tondo di nizza）
可以很容易从斑驳的花纹里面带有的浅绿色条纹中辨认出来。这种圆形品种的夏南瓜，带有微妙的，令人舒适的肉质风味。在其生长到比一个高尔夫球略微大一些的时候，味道和品质最佳。

要检查底部的口割处：茎部的切口要湿润并且是新鲜切割的。在加热烹调前要将其茎去掉。

长颈胡瓜（crookneck squash）
长颈胡瓜的外皮非常细嫩，质地硬实，带有一股清新的柠檬风味。如果其球形的根部比较粗大，可以先顺长切割成两半，然后再切成块状，这样会让其受热均匀。

经典食谱（classic recipe）

炖什锦蔬菜（ratatouille）

这道在地中海南部深受欢迎的菜肴，无论是热食还是冷食都会非常美味可口，食用前可以淋洒上一些果味的橄榄油。

供 4 人食用

4汤勺橄榄油

1个洋葱，切碎

1瓣蒜，切碎

1个西葫芦，切成片

1个小茄子，大约225克，切成2.5厘米的块状

1个红柿椒，去核，去籽，切成2.5厘米的块状

150毫升蔬菜高汤

2个成熟的大个头番茄，去皮，切碎，或者使用400克罐装碎番茄

2茶勺切碎的牛至叶片，保留2～3小枝用作装饰

盐和现磨的黑胡椒粉

1 在一个大号的耐热砂锅内用中火将油烧热。加入洋葱煸炒5分钟，或者一直煸炒至洋葱变软并变成透明状。加入大蒜、西葫芦、茄子以及红柿椒继续煸炒5分钟。

2 加入蔬菜高汤，番茄及番茄汁液，以及切碎的牛至叶。继续加热至烧开，然后改用小火加热并半盖锅盖。继续加热至蔬菜成熟，期间要不停地搅拌。

3 用盐和黑胡椒粉调味，将制作好的炖什锦蔬菜用勺舀到一个餐盘内并迅速服务上桌，用牛至小枝装饰。也可以让其冷却透之后放入冰箱内，冷食。

笋瓜（winter squash）

南瓜（pumpkin）
南瓜较其他的瓜类，通常含有更多的纤维和水分。如果购买到的是切成块状的南瓜，要在几天之内使用完，因为一旦切割开，其肉质非常容易腐坏变质。

斯帕盖蒂笋瓜（spaghetti marrow）
一种滋味芳醇的瓜类，其肉质在加热烹调的过程中会分解成为如同意大利面条形状的细条形。可以当做意大利面条使用，带着沙司或者不用沙司，或者加入到沙拉中，汤里，以及炖菜中。

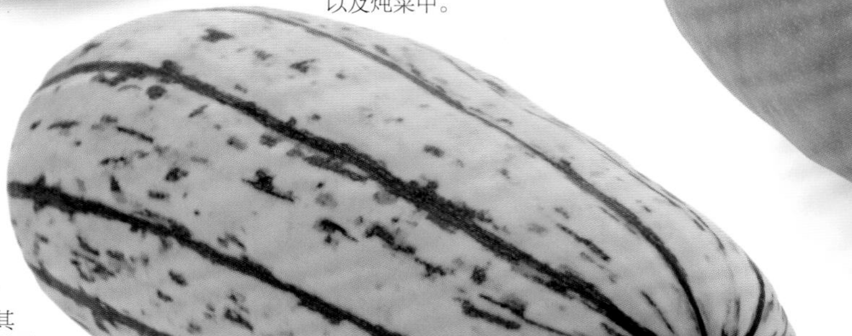

德利卡特小南瓜（delicata）
也叫作甘薯南瓜，这种南瓜以其特别细滑、滋润以及蜂蜜般风味的肉质而著称。可以用来制作南瓜派和蛋糕等。

土耳其头巾南瓜（Turk's Turban）
一种形状非常与众不同的瓜，有着清淡的、略微干燥的、橙黄色的肉质。其内部的空腔比起大多数南瓜都要大得多，因此，相应的其肉质也会少出一些。

库里红南瓜（red kuri）
这种日本品种的南瓜，带有细滑的黄油般的肉质和浓郁的、甘甜风味。非常适合用来制作汤菜以及各种甜食菜肴。

要确保南瓜带有5厘米长的干茎，否则南瓜的保存期超过几周的时间就会变软。

其底部的这一部分可以切割下来并掏空用来酿馅，或者用来作为引人入胜的盛器，用来盛汤。

苦瓜（bitter melon）
经过略微的烫煮之后，这种多汁的、肉质中带有苦味的笋瓜会更加美味而适口。然后再撒上盐并腌制30分钟后再加热烹调。在加工制作之前，先要将苦瓜的瓤和籽去掉。

王储瓜（crown prince）
一种非常有名的笋瓜品种，有着鲜嫩而细腻的质地，甘美的肉质。非常适合用来烤熟之后制作成蓉泥状，然后用来制作汤菜和蛋糕等，或者用来制作成意大利饺的馅料。

在烤熟之后，其肉质会非常容易挖出，因为其老硬的、浅蓝灰色的外皮非常难以剥离掉。

葫芦瓜（bottle gourd）
这个热带品种的瓜类带有坚果风味，以及比大多数其他的笋瓜更加硬实的质地。切成片状或者切成块状之后，制作成咖喱菜肴，炒熟之后其形状会保持不变。

冬瓜（Winter melon）
在其幼小时，冬瓜会带有一层茸毛，外皮为绿色，肉质厚实、洁白，有点甜。在中国，常用来制作成深受欢迎的冬瓜汤。

随着冬瓜的逐渐成熟，其外皮上会生长出蜡质涂层，使其能够保存几个月之久。

色彩鲜艳，充满活力和坚果芳香风味的南瓜，是最理想的制作热汤，咖喱类菜肴，以及炖焖类菜肴的原材料。

南瓜馅饼（南瓜派，pumpkin pie）

使用冬南瓜制作馅饼的馅料，比起南瓜来讲，风味会更加浓郁，质地也会更加细腻。南瓜馅饼可以搭配香草冰淇淋或者白兰地黄油一起食用。

供 8 人食用

1个大个头的，或者2个小个头的冬南瓜（大约1.8千克）

2个鸡蛋，蛋清蛋黄分离开

350毫升鲜奶油

6汤勺红糖

2汤勺白糖

150克金色糖浆

2汤勺糖蜜或者黑蜜糖

1茶勺肉桂粉

各1/4茶勺的丁香粉，豆蔻粉，多香果粉和姜粉

1茶勺香草香精

1/2茶勺盐

23厘米制作好的，没有烘烤过的油酥馅饼面皮，5厘米深

1 将烤箱预热至180℃。将冬南瓜切成两半并去掉籽。将冬南瓜的切面朝上摆放到一个烤盘内，烤盘内放一点水。放入烤箱内烘烤1~1.5个小时，或者一直烤到冬南瓜变软，并且部分位置因为变软而塌陷。

2 将冬南瓜从烤箱内取出，将烤箱温度降低到160℃。将冬南瓜肉用勺挖出，烤焦变色的部分肉质丢弃不用，称出450克，放入一个大碗里备用。

3 在碗内加入蛋黄，鲜奶油，糖，糖浆，糖蜜或者黑蜜糖，各种香料，香草香精，以及盐。用搅拌器搅拌均匀或者使用食品加工机搅拌均匀，直到细滑。

4 在另外一个碗里，将蛋清打发至湿性发泡的程度。轻轻地拌入冬南瓜混合物中。然后用勺舀到馅饼面皮中，放入烤箱内烘烤大约1.5小时，或者一直烘烤到在馅料中间插入一把小刀的刀尖，拔出时是干爽的为好。从烤箱内取出馅饼，并冷却到可以搭配冰淇淋或者白兰地黄油的温度。

笋瓜（winter squash）

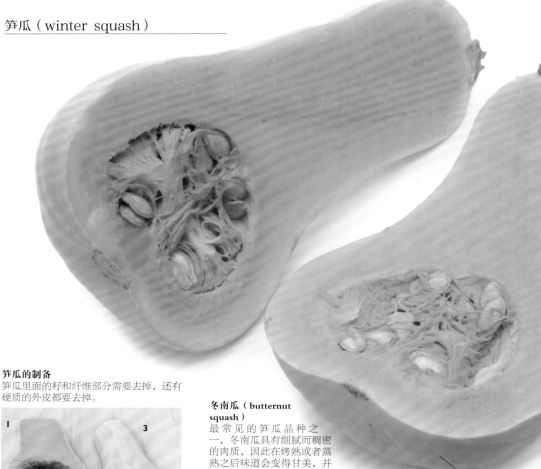

笋瓜的制备
笋瓜里面的籽和纤维部分需要去掉，还有硬质的外皮都要去掉。

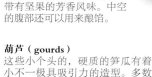
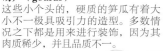

1 在菜板上扶稳笋瓜，纵长将笋瓜切割成两半，从带有茎的一端一直切割到腹部端。你需要一把大号的、锋利的刀进行切割。**2** 使用一把勺子或者一个小号的冰淇淋勺，从切割好的两半笋瓜中分别将籽和纤维部分全部去掉。**3** 如果在加热烹调之前要先去掉外皮，将笋瓜切成段状，然后使用削皮刀或者锋利的刀削皮。要在笋瓜制作成熟之后去掉外皮，可以使用一把小刀协助进行剥皮，或者直接使用一把大勺将笋瓜肉从外皮中挖出即可。

冬南瓜（butternut squash）
最常见的笋瓜品种之一，冬南瓜具有细腻而稠密的肉质，因此在烤熟或者蒸熟之后味道会变得甘美，并带有坚果的芳香风味。中空的腹部还可以用来酿馅。

冬南瓜老硬的外皮非常难以去掉。最好是先切成块状，再用一把锋利的小刀去掉其外皮。

葫芦（gourds）
这些小个头的，硬质的笋瓜有着大小不一极具吸引力的造型。多数情况之下都是用来进行装饰，因为其肉质稀少，并且品质不一。

将顶端三分之一的部分片切下来，在酿馅烘烤时，用来作为保护内部馅料的盖子。

杰克小南瓜（jack be little）
非常讨人喜爱的小南瓜，杰克小南瓜带有橙黄色，非常甘美且令人舒心的黏稠状的肉质。非常适合掏空之后酿入馅料并整个的用来烘烤。

小青南瓜（acorn squash）
一种味道柔和的瓜类，略带甜味，有着硬实而呈橙黄色的肉质，烘烤时若在其腹腔内加上一点黄油和一些红糖，经过烘烤之后的味道绝佳。

日本南瓜（kabocha）
原产于新西兰，日本南瓜质地浓密而细腻，肉质略微干燥。其风味让人回想起在栗子的风味中带有一丝丝的甘美味道。

从茎部到底部带有非常明显的脊骨线，使得小青瓜会被很容易地辨认出来。

外皮非常厚，很难切割。在切成大块烤熟之后就会非常容易将外皮去掉。

西葫芦（vegetable marrow）
一种超大尺寸的成熟西葫芦，这种西葫芦质地中汁液丰富，风味清淡，可以通过添加美味的馅料和香辣的调味料改善其风味。

肉质足够密实，可以切成薄片或者切成小块，在加热烹调的过程中不会碎裂开。

黄瓜（cucumber）

有充分的证据表明，黄瓜原产于印度的南部地区，在史前时期就已经开始种植了。野生的黄瓜个头小并且带有苦味，于是人们一直在进行尝试——之后获得了成功——培养出来了比野生黄瓜个头更大也更甜的黄瓜。黄瓜在炎热的天气和有充足水分的情况下，在任何地方能够茁壮生长，世界各地无论是热带还是温带地区。黄瓜的长度和粗细各有不同，颜色和外皮的质地也大有不同。因为黄瓜中的水分含量非常高，其脆嫩的肉质会让人感觉非常清新爽口。

黄瓜的购买 对于黄瓜来说，炎热的盛夏季节是其品质最佳时期。幼嫩的黄瓜有着柔软的，易于食用的籽，在挤出黄瓜汁时，其籽还会保持整粒状，黄瓜汁液始终都会呈现绿色，不会出现黄色的斑块。

黄瓜的储存 装入塑料袋内，放到冰箱内的蔬菜层里，可以保存不超过一周。而黄瓜一旦切开，要使用保鲜膜密封好，包括切口端，并且要在2～3天内使用完。

黄瓜的食用 如果想吃新鲜美味的黄瓜，如同制作酸黄瓜一样，带刺的黄瓜需要去皮（外皮可以保留，用来制作泡菜）。细滑外皮品种的黄瓜则不需要去皮。新鲜时：黄瓜可以切成条状，用来制作蔬菜沙拉和蘸酱，或者用来制作各种沙拉。加热烹调时：可以蒸、小火炖，或者煎，或者挖空之后用来酿馅之后烤。腌制时：可以制作泡菜或者腌制成咸菜。

搭配各种风味 银鱼柳，奶油干酪，菲达干酪，酸奶，酸奶油，莳萝，小茴香，薄荷，番茄等。

经典食谱 黄瓜酸奶酱；希腊沙拉；希腊黄瓜酸奶酱；莳萝风味酸黄瓜；西班牙冷汤；黄瓜三明治。

黄瓜的制备

你可以将切割成两半的黄瓜挖空并填入美味的馅料后烤熟。或者切成规整的小块。

1 切去黄瓜的两端。**2** 使用削皮刀，将绿色外皮削掉。**3** 将黄瓜切成两半，将多汁而绵软的黄瓜籽挖出。**4** 根据需要切成片或者丁。

腌制用黄瓜（pickling cucumber）

腌制用黄瓜是典型的粗短型黄瓜，带有硬质而脆嫩的肉质，在腌制时可以保持其质地不变。这一类黄瓜也非常适合生食。

如果生食，要去掉腌制用黄瓜的外皮。其外皮带有苦味并且不易消化。

带刺的黄瓜（ridge cucumber）

比起切片型黄瓜更加短而胖，此种黄瓜带有柔和的风味，以及脆嫩，略微干燥，洁白的肉质。在使用之前要先去皮。

带刺的黄瓜有着细小的黄瓜籽，有时候这些籽会发苦。在食用之前最好是将籽去掉。

亚美尼亚黄瓜（Armenian cucumber）

从学术角度讲，亚美尼亚黄瓜是瓜，这一种特别细长的品种，也叫作长码黄瓜，带有非常薄的，可食用的外皮，不带苦味。其长度在30～38厘米时品质最佳。

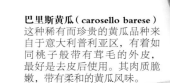

巴里斯黄瓜（carosello barese）

这种稀有而珍贵的黄瓜品种来自于意大利普利亚区，有着如同桃子般带有茸毛的外皮，最好是去皮后使用。其肉质脆嫩，带有柔和的黄瓜风味。

玻珀莱斯黄瓜（burpless cucumber）

这种黄瓜被认为不会引起消化系统的素乱，来自于英国的切片型黄瓜，以其薄薄的、可食用的外皮，以及风味柔和的、脆嫩的肉质而闻名。

玻珀莱斯黄瓜的中间是果冻状的组织结构，而没有黄瓜籽。

黎巴嫩黄瓜（Lebanese cucumber）

这些小个头的带有中东特色的水果，有着薄薄的、可以食用的外皮，未发育成熟的籽，以及密实、脆嫩的肉质和独具一格的黄瓜风味。

等间距纵长的削去黄瓜的外皮，会让切割好的黄瓜片上带有一圈极具吸引力的轮廓造型。

温室黄瓜（common greenhouse cucumber）

这种切片型黄瓜带有典型的、薄薄的、没有苦味的外皮，以及未发育成熟的籽。其脆嫩、风味柔和的肉质，适合用来制作三明治和沙拉等。

经典食谱（classic recipe）

黄瓜酸奶酱（raita）

一种冷食的，以酸奶为主料的蘸酱，这是大多数印度菜肴都要搭配的一种传统酱料。

可以制作出 300 毫升

1根黄瓜，去皮

1/2茶勺盐

1/2茶勺小茴香，烘烤好

120毫升原味全脂酸奶

1/2茶勺白糖

1瓣蒜，拍碎

1汤勺切碎的新鲜薄荷

1汤勺切碎的新鲜香菜

1 将黄瓜细细地擦碎，用盐拌均匀，腌制1个小时。

2 尽量将黄瓜中的汁液全部挤出。

3 将小茴香籽用研钵和研杵捣碎成粉末状，与其他各种材料一起加入黄瓜中，混合好之后冷藏保存。

佛手瓜（chayote）

这种梨形的属于葫芦科中的成员，原产于墨西哥和中美洲。在世界各地都有种植和使用，从加勒比海到欧洲，再到亚洲，再回到美洲。在不同的烹饪菜系中，根据佛手瓜本身结合了西葫芦、黄瓜，以及甘蓝的综合风味，而形成的柔和的风味和质地，开发出了广泛的用途。其细滑的外皮最常见的颜色是淡绿色和奶油色，有着明显的纵长生长的凹槽形，其肉质呈乳白色。

佛手瓜的购买 佛手瓜一年四季在市场上都可以购买到，它们来自原产地、热带地区的农场里。要购买那些个头的，肉质硬实的佛手瓜，手感非常沉重，佛手瓜上没有切口、凹陷，或者软点、褐色斑块等。

佛手瓜的储存 装入纸袋内，卷起并卷紧，放到冰箱内的蔬菜层里，可冷藏保存几周。

佛手瓜的食用 幼嫩的佛手瓜，可以连皮一起食用；较老的佛手瓜在烹调之前或者烹调之后要去皮。在切割时，要注意其肉质中会渗出一些滑腻的物质，能够刺激皮肤过敏。新鲜时：佛手瓜通常要经过加热烹调，但是也可以将生的佛手瓜擦碎后用来制作沙拉和莎莎酱。加热烹调时：所有适合西葫芦的烹调方法均适用于佛手瓜。可以蒸、煎、炒、铁扒、烤（可以切成块状，或者切割成两半并酿馅之后烤），或者用来制作汤菜等。其嫩芽和花，以及含有淀粉的块根也都可以食用。腌制时：可以制作成泡菜或者用来制作酸辣酱。

搭配各种风味 鱼肉，贝壳类海鲜，干酪，大蒜，洋葱，辣椒等。

经典食谱 奶油佛手瓜。

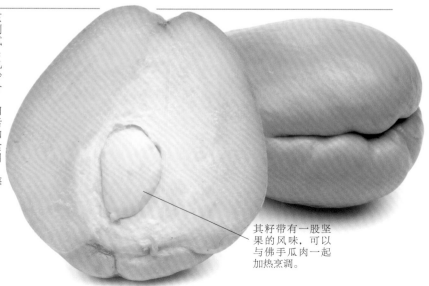

其籽带有一股坚果的风味，可以与佛手瓜肉一起加热烹调。

法式洋葱汤（French onion soup）

这道巴黎经典菜肴，在每一碗洋葱汤中都分别额外添加了满满一勺的白兰地酒，因而获得了口感上的冲击力。

供 4 人食用

30克黄油

1汤勺葵花籽油

675克洋葱，切成细丝

1茶勺糖

盐和现磨的黑胡椒粉

120毫升红葡萄酒

2汤勺普通面粉

1.5升热的牛肉高汤

4汤勺白兰地酒

8片法式面包片，烤好

1瓣蒜，切成两半

115克古老也或者艾曼特尔干酪，擦碎

1 在一个大号的厚底锅内，用小火加热熔化黄油和葵花籽油。加入洋葱煸炒，撒入糖和适量的盐及黑胡椒粉，翻炒均匀。盖上锅盖后继续用小火加热，期间要偶尔翻炒几次，一直煸炒30～40分钟，或者一直将洋葱煸炒至呈深黑色。不要让洋葱粘连到一起从而变成焦煳状。

2 去掉锅盖并倒入红葡萄酒。改用中火继续加热，并持续煸炒5分钟，或者一直煸炒至葡萄酒几乎燥干。撒入面粉继续煸炒2分钟，然后倒入牛肉高汤并烧开。改用小火加热，盖上锅盖，继续熬煮30分钟。尝味并根据口味需要加入更多的盐和黑胡椒粉调味。

3 将焗炉预热到高温。将制作好的洋葱汤用勺舀入耐热汤碗里，并在每一个汤碗里分别拌入1汤勺的白兰地酒。用切好的蒜瓣涂抹法式面包片，然后在每一个汤碗中放入2片面包片。在面包片上撒上干酪。放入焗炉里焗2～3分钟，或者一直焗到干酪开始冒泡并变成金黄色。趁热立刻服务上桌。

洋葱（onion）

洋葱的种植横跨辽阔的中亚或者西亚以及近东地区。从寒冷的北方，到温暖的南方，对于世界上所种植的大多数洋葱来说，世界各地的温带地区至今仍然是它们的故乡。洋葱颜色的范围从白色到黄色和绿色，再到红色和紫色，从球根形到细长和纤细如铅笔般，从甜美到辛辣，丰富而多彩。生食的洋葱，洋葱的口味从柔和到非常辣和辛辣；在加热烹调之后，洋葱能促进食欲大开或者有些呈现出甘甜的味道。野生的洋葱，在温带地区无处不在，通常个头较小，无论是其芳香气味还是风味，都会更强烈一些。

洋葱的购买 洋葱一年四季都可以购买到，但是从晚夏到冬季，再到春季，是其品质最佳的季节。用手挤压时其质地硬实，即使洋葱碎裂开，其外层上仍然还会包裹着薄薄的外皮。辛辣的褐色、白色以及红色的洋葱会带有小巧而紧凑的茎部；味道带有甜味的洋葱其茎部较宽松，不易于储存。青葱，是幼小的洋葱，通常会作为春季作物进行种植，并且大多称之为绿洋葱，大葱，沙拉洋葱，香葱，葱等其他各种名字，其顶端都应带有亮丽的绿色。要避免购买白色的洋葱上带有绿色——这样的洋葱太老。所有的洋葱闻起来味道要清新。

洋葱的储存 辛辣的褐色、白色和红色洋葱，也叫作能够储存的洋葱，装在网眼袋内，放置到一个凉爽、避光的地方可以长时间保存。无论是甜味洋葱，还是青葱，这些种类的洋葱要尽快使用，但是放置在冰箱内可以储存一周或者两周的时间——甜味洋葱要使用厨房用纸分别包好之后放入到一个纸袋内，而青葱要放入一个打开的塑料袋内保存。

洋葱的食用 新鲜时：青葱可以加入各种沙拉中，或者用作装饰。无论是辛辣的，还是甘甜的洋葱丝均可以放置到三明治中或者汉堡包里，或者用来增添沙拉的质感。加热烹调时：聪明的厨师都知道每一道美味佳肴始于切洋葱。只需略微加工之后，洋葱可以煮，蒸，烤，煎，炖，烧烤，烤，炸，或者炒等。腌制时：洋葱，特别是小个头的白色洋葱，非常适合制作成泡菜。

搭配各种风味 培根，肝脏，羊肉，干酪，鸡蛋，帕美森干酪，蘑菇，番茄，豌豆，百里香，香芹，香叶，橙子，香脂醋等。

经典食谱 法式洋葱汤；印度风味炸洋葱；苏比斯沙司；法国尼斯洋葱酥；鹅肝配洋葱；炸洋葱圈；酿馅洋葱；阿尔萨斯洋葱馅饼。

洋葱的制备

所有的洋葱都可以使用相同的方式切成丁状。保留洋葱的根部，这样当你在切割洋葱的时候，洋葱会保持形状不变

1 将洋葱的茎端去掉，并剥去外皮，然后纵长切割成两半。将其中的半个洋葱，切面朝下，朝向根部位置直切下去，只保留根部少许部分不切断。然后再水平地朝向根部位置片切几刀。2 再次直切，与第一次的直切形成垂直的角度，这样就会切割出大小均匀的洋葱丁。

棕色洋葱（brown onion）
厨房内用量最大的洋葱，辛辣的棕色洋葱在众多菜肴中都可以使用到。可以生食，炸，炖，焖，煮或者烤。

白色洋葱（white onion）
白色洋葱在生食时会比较辛辣，但是在经过加热烹调之后口味会柔和一些。因为其脆嫩、多汁的质地，非常适合挂糊后炸洋葱圈食用。

甜味红洋葱（sweet red onion）
其汁液呈红色，而白色的肉质非常甘美。生食时会比较辛辣。将其汁液烘烤至呈焦糖色时，其风味会比较柔和。

青葱（Spring onion）
在其未长大成熟，细长的时候就开始收获。青葱具有脆嫩、直茎的特点，并且带有略微辛辣的风味。可以为各种沙拉和炒菜增添风味。

白色叶葱（white bunching onion）
像一小把青蒜，白色叶葱风味柔和，生食时会非常美味，也可以添加到各种沙拉中。其中空的绿色茎秆部分可以切成片状用来装饰菜肴。

特批杜洋葱（torpedo onion）
一种纺锤形的洋葱品种，特批杜洋葱风味柔和而多汁。因为它比常见的褐色洋葱含有更多的水分，因此不能长时间储存。

卡勒考特葱（calcot）
西班牙加泰罗尼亚地区的一个特有品种，卡勒考特葱类似于幼小的青蒜。传统做法是铁扒至焦黄色，并搭配一种香辣的沙司一起食用。

经典食谱（classic recipe）

印度风味炸洋葱（炸洋葱面糊，onion bhajis）

这种传统的印度风味油炸小吃食品，在英国深受欢迎，它使用的是鹰嘴豆粉、香料，加上洋葱炸制而成的。

供 4 人食用

2个洋葱，切成碎末
115克鹰嘴豆粉
2茶勺小茴香籽
1/2茶勺黄姜粉
1茶勺香菜粉
1个青辣椒或者红辣椒，去籽切成细末
植物油，炸油用

1 在一个大碗里，将洋葱、鹰嘴豆粉、茴香籽、黄姜粉、香菜粉以及辣椒末混合均匀。加入足量的冷水（大约为8汤勺）将碗里的原材料混合成为浓稠的面糊。

2 将油在锅内烧热至190℃的炸油温度。将调制好的面糊分批地放入油中，要小心地将勺内的面糊尽可能地放低至热油的表面时，将面糊的大小掌握在差不多如同高尔夫球般，再放入油中炸制。炸制过程中要不时地翻动，直到炸成金黄色。

3 用漏勺将炸好的洋葱面糊捞出，在厨房用纸上控净油。

4 当将所有的面糊都炸完之后，将油重新烧热，将捞出的炸洋葱面糊分批再次放到热油中炸制，第二次炸制时，将炸洋葱面糊重新炸制成香酥的金黄色。捞出放在厨房用纸上控净油，趁热食用。

洋葱（onion）

珍珠洋葱（pearl onion）
在其非常幼小时就收割，珍珠洋葱带有一股柔和的甘美风味和松脆的口感。通常用来装饰菜肴，或者添加到炖菜中，或者制作成泡菜，作为鸡尾洋葱使用。

野生洋葱头（lampascioni）
这些略带有苦味的幼小的野生洋葱头，在意大利南部地区被认为是绝佳的美味。非常适合用醋腌制成泡菜，或者添加到蛋卷中和各种沙拉里。

蓝珀葱（ramp）
也称之为野韭葱、野生大蒜，或者野生洋葱等，这是在北美部分地区发现的野生品种。其叶片切碎之后会散发出浓郁的大蒜风味，使用方法与大蒜或者青葱一样。

熊葱（ramsons）
晚春时节，在英国的野外可以发现熊葱，切碎之后会散发出浓郁的大蒜风味。因而也得名野生大蒜和熊蒜。其叶片可以制作成翠绿的汤菜或者美味可口的香蒜酱，也非常适合添加到各种沙拉中和各种炒菜中。

株芽洋葱（tree onion）
因为在其细长的茎秆端生长着一个小鳞茎得名。株芽洋葱非常辣。添加到沙拉中，菜中，或者在泡菜中，都可以增添一种具一格的风味。

当一道菜肴中只需加入少量的洋葱来增加风味时，可以将小鳞茎切成细末后使用。

红葱头（shallot）

红葱头如同它的近亲洋葱一样，来自于西亚或中亚地区。目前红葱头几乎在世界各地都有种植，从东南亚地区到西欧国家。红葱头不止一个鳞茎，如同洋葱一样，一个红葱头会由2～3个单独的鳞茎或者葱头瓣构成。其外皮层铜色、细腻的肉质则呈紫红色或者蓝灰色。而风味如同洋葱一样，虽然更甜一些，味道也更复合一些，但是仍然带有辛辣的口感。

红葱头的购买 秋天和冬天是红葱头出产的高峰期。它们应质地硬实而干燥，没有软点，没有发芽，带有洋葱的味道。

红葱头的储存 将红葱头放到干燥的容器内，储存在一个凉爽、避光、空气流通的地方，可以储存2个月以上，红葱头不可以在冰箱内储存。

红葱头的食用 新鲜时：切碎后可以加到各种沙拉里，或者切成细丝状摆放到三明治上。切成丁后可以搭配腌鱼或者奶油肉片。加热烹调时：去皮之后可以整个的烤熟；炖过之后制作成沙司；可以焗；或者煎上色。腌制时：可以整个的用来制作成泡菜。

搭配各种风味 蘑菇，红葡萄酒，香芹，酸模草，百里香等。
经典食谱 边尼士沙司；波多雷斯沙司；黄油白沙司。

法国灰色葱头（French grey shallot）
深受大厨们的喜爱，其球茎带有一股特殊的风味——浓郁而醇厚，甜美，辛辣。赋予众多的法国菜肴无处不在的神韵。

香蕉形葱头（banana shallot）
这些汁液丰富的单头葱头，也叫作易查理葱头，给炖菜、焖菜以及汤类菜肴带来了甘美而细腻的风味。非常适合纵长切开，然后烤熟或者煎至金黄色。

韭葱（leek）

韭葱很可能是遍布整个欧洲的野生洋葱的后代。它们在世界各地的温带气候条件下都会生长良好，特别是北方比较寒冷的地区。长而圆润的茎部由许多层的叶片紧密包裹在一起而形成。在地里挖掘出来时会呈白色，当暴露在光线之下后会变成绿色。在加热烹调时，韭葱会散发出一股柔和的风味，其风味比起洋葱家族中的其他成员会更内敛一些，但是生食时仍然会比较辛辣。

韭葱的购买 购买韭葱的最佳季节是从初秋到冬末。要购买那些从其根部到顶端绿色部分的中间白色部分较长的韭葱。其根部不应该变得干燥。品种好的韭葱，在弯曲的时候，会有一些"弹性反馈"；而硬实的韭葱会较老。要挑选那些茎部较直，圆润饱满的韭葱，而不要挑选那些其根部已经

开始形成球形的韭葱。

韭葱的储存 韭葱在冰箱内需要单独使用一个密封的塑料袋隔离开存放在蔬菜层内，可以保存一周以上的时间。

韭葱的食用 新鲜时：顶刀切割成非常薄的圆圈形用来制作沙拉。烹调加热时：可以煮、蒸、煎、或者切成片之后炒；可以炖，或者整棵，或者切成两半之后用来铁扒。可以用来制

作汤菜，可以焖，可以制作成美味的馅饼馅料。

搭配各种风味 鱼肉，奶油，黄油，干酪，豌豆，香芹，土豆，柠檬，橄榄油。

经典食谱 土豆韭葱糖；苏格兰韭葱鸡肉汤；韭葱风味汤；普拉萨蛋卷。

土豆韭葱汤（vichyssoise）

尽管这道汤菜起的是法国名字，但是如同丝绸般细滑的这道冷汤其实是1917年在纽约的利兹卡尔顿饭店创制的。

供 4 人食用

30克黄油

3棵大的韭葱（只使用其白色的部分），切成薄片

2个土豆（总重量大约为175克），去皮切成丁

1根西芹条，切碎

1.2升热的蔬菜高汤

盐和现磨碎的黑胡椒粉

150毫升鲜奶油，多备出一些用来装饰

2汤勺切成末的细香葱

1 在一个厚底锅内用中火加热熔化黄油。加入韭葱煸炒。然后改用小火继续加热，并盖上锅盖，不时地转动一下锅，大约加热5分钟的时间，或者一直加热到韭葱开始变软但是没有上色的程度。

2 加入土豆、西芹翻炒，再加入高汤，用盐和胡椒粉调味。将锅烧开，期间要不停地搅拌，然后盖上锅盖用小火继续熬煮大约30分钟的时间，或者一直熬煮到蔬菜成熟。

3 将锅从火上端离开，让其略微冷却，然后用搅拌机搅打成非常细腻的泥状（可以分批进行搅打）。

4 用细眼筛过滤，以确保其嫩滑细腻的质感。拌入鲜奶油。让其冷却，然后冷藏至少3个小时。

5 上菜时，将冷藏好的汤分装到4只碗里，用留出的鲜奶油在汤的表面画出螺旋形的装饰花纹，撒上细香葱和现磨碎的黑胡椒粉做装饰。

小韭葱（baby leek）
在初秋时节非常美味，小韭葱切成薄片后用于沙拉中会非常美味。也可以用来作为风味调味料撒到披萨和咸香风味的馅饼表面，也非常适合用来铁扒。

粗外叶不能浪费。可将他粗切后放入汤锅中。

圆形的红韭葱（round red shallot）
尽管它们像极了小洋葱，但是圆形的红韭葱带有美味可口的甘美而华丽的风味，而且不会盖过主料的风味。它们是形成众多浓香型风味沙司的主料。

韭葱（leek）
韭葱的形状从纤细如同铅笔一般大小到肥大而粗壮般不等。可以给各种各样的菜肴增加口感香醇的质感和风味。与洋葱不同，韭葱在切割的时候不会刺激到眼睛而流泪。

新鲜的豆类（fresh beans）

在发现新大陆之前，欧洲人唯一可食用的豆类是蚕豆。而没有经过太久的时间，新大陆出产的豆类就被欧洲人认可了。今天这些豆类在全世界的温带地区随处可见，并且有数以百计的不同品种，有一些带有可食用的豆荚可以整个的食用，而另外一些则需要从豆荚中取出之后才可以食用。后者被称之为壳豆，或者去壳豆——实际上通常情况下新鲜的豆类都会在干燥之后食用。

豆类的购买 初夏时节到秋季是购买新鲜豆类的最佳季节。那些可食用的豆荚应该呈现翠绿色并且质地硬实：朝向一边弯曲，可以清脆地折成两半。较老一些的豆类，则无光泽且不易折断，并且有可能更加坚韧。

豆类的储存 新鲜的可食用豆荚的豆类和壳豆类，应该在购买后尽快使用，但是如果要储存豆类，可以将豆类装入塑料袋内，放到冰箱内最多可以储存1~2天。新鲜的豆类冷冻保存效果也很好。

豆类的食用 加热烹调时：可食用豆荚的豆类和壳豆类都可以蒸或者煮。腌制时：可以制作成泡菜。

搭配各种风味 培根，鹌鹑，贝夏美沙司，银鱼柳，杏仁，蘑菇，番茄，洋葱，大蒜，帕玛森干酪，牛至，香芹等。

经典食谱 蚕豆酱；豆煮玉米；炖芸豆；里昂式扁豆；梨，豆角和培根。

何达豆（helda bean）
一种欧洲品种呈扁平形状的豆类，带有脆嫩的、完全可以食用的豆荚，带有少许柠檬的清新风味。

菜豆（snap bean）
这些圆润饱满，带有可食用豆荚的豆类，松脆的质感让人舒心，并且略微带有草本植物的芳香风味。

何达豆在不超过15~17厘米的长度时，其品质最佳。而随着其生长的长度越长，品质会变得越老。

蚕豆（broad bean）
蚕豆也叫作fava bean，这种壳豆类带有独具一格的风味——肉感丰富，并略带有草本植物的芳香。蚕豆在幼嫩时多汁而甘美，随着成熟度的增长，开始变得带有粉质感，并且风味越来越浓郁。

一般情况下四季豆的豆荚都会非常鲜嫩，基本上不需要择。

棉豆（利马豆，butter bean）
可以作为去壳豆食用，比其晒干之后再食用要好得多，棉豆（在美国叫作利马豆）带有一股比较柔和的甘美以及泥土的芳香风味，肉质呈乳脂状，外皮有点韧性。

四季豆（French bean）
这种经典的四季豆是夏季美味。其风味浓郁，并略微带有一点泥土的芳香以及脆嫩的质感。四季豆可以整个的食用，豆荚以及豆子均可以食用。在经过加热烹调之后会保持亮丽的绿色（翠绿色）。

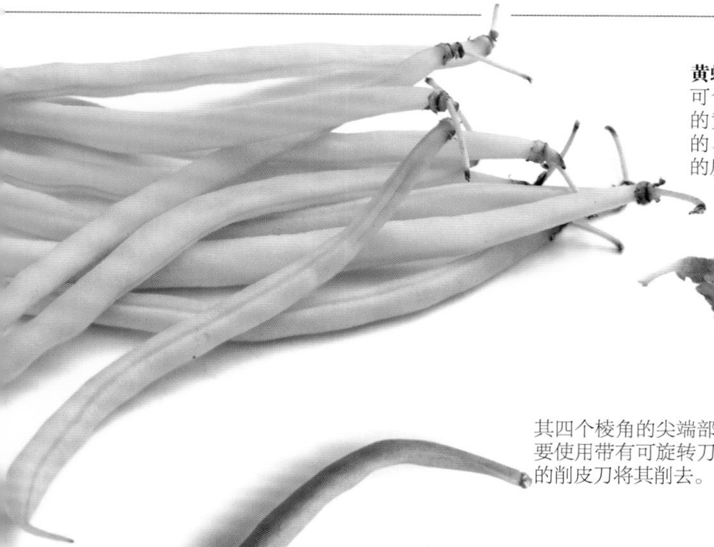

黄蜡豆（yellow wax bean）
可食用豆荚类品种，珍品般的黄蜡豆具有一股特别浓郁的、黄油般的风味以及脆嫩的质地。

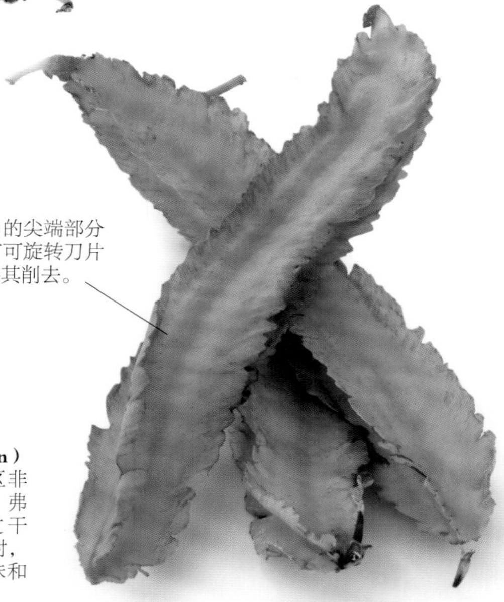

其四个棱角的尖端部分要使用带有可旋转刀片的削皮刀将其削去。

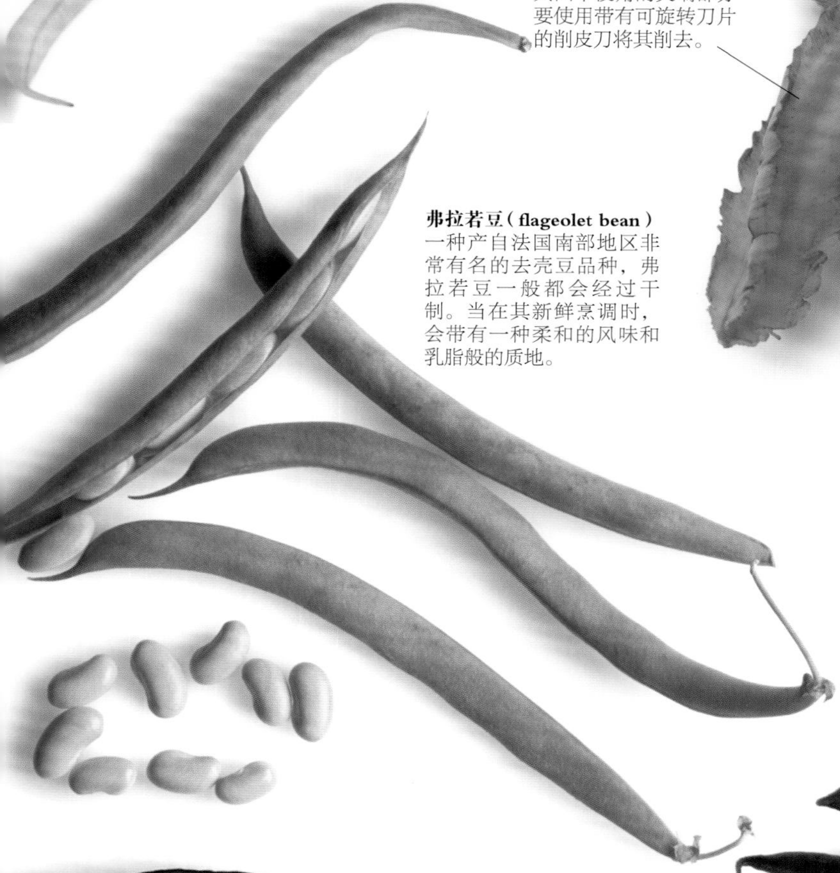

弗拉若豆（flageolet bean）
一种产自法国南部地区非常有名的去壳豆品种，弗拉若豆一般都会经过干制。当在其新鲜烹调时，会带有一种柔和的风味和乳脂般的质地。

四棱豆（winged bean）
属于热带品种，四棱豆，或者叫作芦笋豆，其豆荚和豆子全部都可以食用。带有略微耐嚼的质地和如同芦笋般的美味。

其鲜嫩的尖部不需要择去。

紫色扁豆（purple haricot bean）
这些带有可食用豆荚，不含有纤维的豆类，质地非常细滑和脆嫩。在经过烹调成熟之后会变成深绿色。

紫四季豆（purple bean）
四季豆的紫色品种，具有令人舒适的脆嫩质地和清新的柠檬风味。在经过加热烹调之后，其紫色会消失，并恢复成深绿色。

经典食谱（classic recipe）

蚕豆酱（broad bean dip）

这种希腊或者墨西哥风味蘸酱是最好的野餐食品。可以搭配面饼和煮熟的鸡蛋一起食用，或者搭配意大利式烤面包片一起食用。

供 8 人食用

750克新鲜的蚕豆

3汤勺橄榄油

1小个洋葱，切成细末

盐和现磨的黑胡椒粉

400克罐装白豆，控净汁液并漂洗干净

1汤勺切碎的新鲜莳萝

2棵青葱，切成薄片

1 将蚕豆从它们的豆荚中取出，将豆荚放到一边备用。

2 在一个用小火加热的厚底锅内加热油。再加入洋葱用小火煸炒大约5分钟，或者一直煸炒至洋葱变软并且变成透明状。

3 将蚕豆加入锅内，再继续煸炒10～15分钟。加入500毫升水，用盐和胡椒粉调味，并半盖锅盖。继续用小火加热大约25分钟，在加热的过程中可将部分蚕豆挤压成泥状。捞出控净水并让其冷却。

4 将冷却好的蚕豆混合物放入搅拌机或者食品加工机内。加入白豆、莳萝以及青葱，快速搅打至浓稠的泥蓉状。用盐和胡椒粉调味。

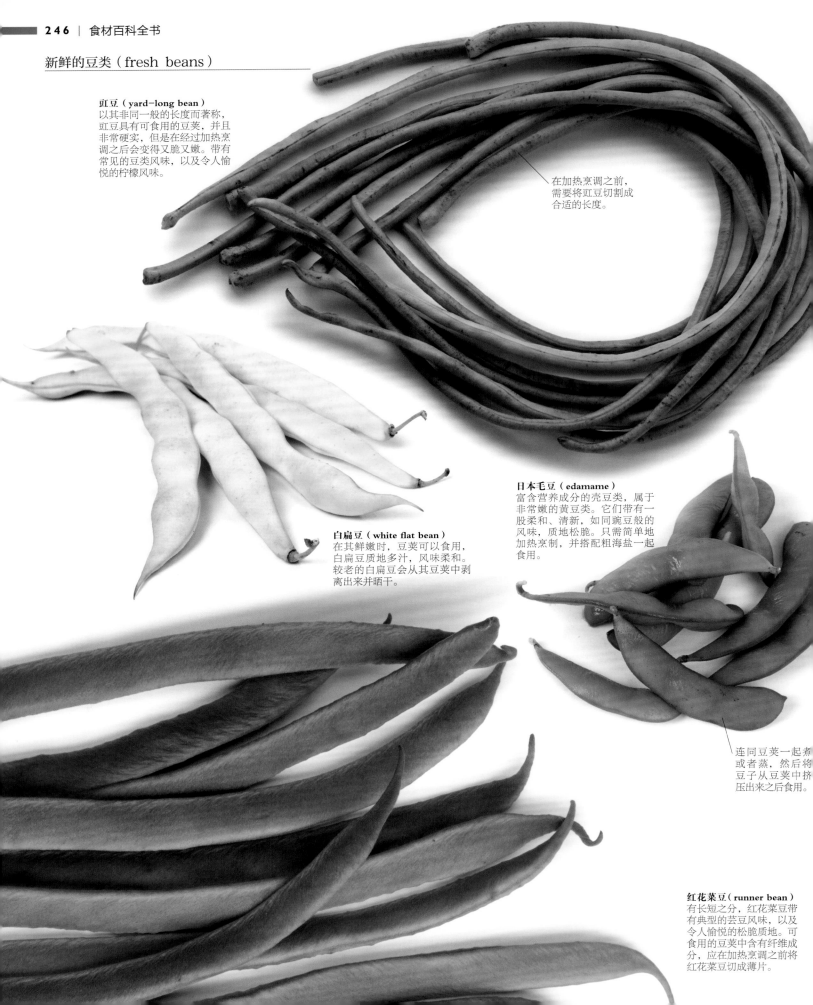

新鲜的豆类（fresh beans）

豇豆（yard-long bean）
以其非同一般的长度而著称，豇豆具有可食用的豆荚，并且非常硬实，但是在经过加热烹调之后会变得又脆又嫩。带有常见的豆类风味，以及令人愉悦的柠檬风味。

在加热烹调之前，需要将豇豆切割成合适的长度。

白扁豆（white flat bean）
在其鲜嫩时，豆荚可以食用，白扁豆质地多汁，风味柔和。较老的白扁豆会从其豆荚中剥离出来并晒干。

日本毛豆（edamame）
富含营养成分的壳豆类，属于非常嫩的黄豆类。它们带有一股柔和、清新，如同豌豆般的风味，质地松脆。只需简单地加热烹制，并搭配粗海盐一起食用。

连同豆荚一起煮或者蒸，然后将豆子从豆荚中挤压出来之后食用。

红花菜豆（runner bean）
有长短之分，红花菜豆带有典型的芸豆风味，以及令人愉悦的松脆质地。可食用的豆荚中含有纤维成分，应在加热烹调之前将红花菜豆切成薄片。

豌豆类（peas）

原产于土耳其、叙利亚以及约旦，青豆或者豌豆目前在世界各地的温带气候条件下的各个地区都有种植。豌豆，是从其豆荚中剥离出来之后用于食用的，已经繁殖出两种鲜嫩的可食用豆荚：嫩豌豆和甜脆豌豆。都是从藤本植物上直接采摘下来的，青豆非常甘美，尽管在储存时，青豆会迅速失去它们的甜美滋味。甜脆豌豆和嫩豌豆比起青豆，带有着更加浓郁的草本植物的风味，同样的，甜豌豆也美味甘甜。

豌豆类的购买 所有的豌豆类，尽管在凉爽的秋季也会生长，但是豌豆类在晚春时节味道最甘美也最是丰产。其新鲜程度是至关重要的。豆荚应呈现均匀一致的绿色，没有褐色、黄色，或者腐坏的斑块。而青豆要寻找那些豆粒圆润饱满，在豆荚中并不挨得太紧密，要避免那些因为青豆过大而使得豆荚过于肥大的青豆。嫩豌豆和糖脆豌豆应是脆嫩而滋润。

豌豆类的储存 新鲜的豌豆类应在购买后尽快使用，以保留它们的甘美滋味。装入密封的塑料袋里，放到冰箱内，可以冷藏保存最长不超过1～2天的时间。如果需要长时间的储存，可以在烫熟之后冷冻保存。

豌豆类的食用 新鲜时：豌豆在采摘下来加热成熟之后食用，相信瞬间会被一扫而空。而嫩豌豆和甜脆豌豆，可以作为蔬菜沙拉或者添加到各种沙拉里食用。加热成熟时：可以煮或者蒸至嫩熟。也可以炒，嫩豌豆和甜脆豌豆也可以如同制作天妇罗一样炸熟。

搭配各种风味（豌豆和甜脆豌豆）培根，火腿，洋葱，蘑菇，薄荷等；（嫩豌豆）杏仁，鸡肉，蘑菇鼠尾草等。

经典食谱 法式风味青豆；豌豆烩饭；什锦豌豆；豌豆和薄荷汤。

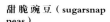

甜脆豌豆（sugarsnap peas）
比嫩豌豆更圆润和肥大，可食用性强，肉质饱满的豆荚和豆子的质感松脆而甘美。甜脆豌豆可以整个的，或者切成宽一些的片状之后食用。

豌豆
肥美多汁的豌豆有独特的甜草风味和脆嫩的口感。为了防止豌豆变成淀粉，需采用轻度的烹调方法。

糖荚豌豆（mangetout）
也叫作荷兰豆、雪豆，扁平的、可食用的豆荚和微小的豆子带有一股甘美的草本植物的风味。在炒菜时，糖荚豌豆会给菜肴增加脆嫩的质感和鲜艳的色彩。

豌豆苗（pea shoots）
豌豆茎秆上鲜嫩的叶片和嫩芽均可以食用，带有非常浓郁的豌豆风味。在经过蒸或者炒之后会非常美味可口，也可以加入各种沙拉中生食。

青豆（petits pois）
青豆天生就是个头娇小的品种，是所有的豌豆中最为甘美的豆类。生食时美味可口，也可以经过略微的加热烹调之后食用。

小豌豆只需在开水中烫煮1分钟或者2分钟即可。

经典食谱（classic recipe）

法式风味青豆（petits pois à la francaise）

这一道传统的法国菜肴，在没有新鲜的嫩青豆的情况下，通常会使用罐装的青豆来制作。

供 4 ～ 6 人食用

250克小洋葱

75克软化的黄油

500克去壳的嫩青豆，或者冷冻的，或者罐装的青豆

120毫升火腿高汤或者水

1茶勺糖

盐和现磨的黑胡椒粉

1汤勺普通面粉

2汤勺切碎的新鲜薄荷或者香芹

2棵生菜心，如宝石生菜，修整好，并切成细丝

1 将洋葱放入开水锅中，并重新加热烧开，烫煮之后捞出控净水。之后将洋葱去皮。在一个大号沙司锅内加热熔化50克黄油，加入洋葱，并用中火煸炒2分钟。

2 加入豌豆和高汤烧开。撇去浮沫，加入糖和适量的盐及胡椒粉调味。继续用小火加热熬煮5～8分钟。

3 将剩余的黄油与面粉混合到一起形成面糊。将制作好的面糊呈小块状地加入到锅内，并不停地搅拌。最后锅内的汁液会变稠。

4 拌入薄荷或者香芹以及生菜，注意，在汁液中它们会迅速变软枯萎。将制作好的豌豆倒入到一个餐盘内，趁热食用。

为了最大限度地保持新鲜程度和甘美风味，红椒的外皮应该硬实有光泽，而豆类在掰开时应该应声而断。

鹰嘴豆泥（hummus）

鹰嘴豆泥（在阿拉伯语中，叫作"chickpeas"）在中东已经有几个世纪的历史了，目前在世界各地随处可见。

供6人食用

150克干的鹰嘴豆，浸泡一晚上，然后捞出控净水，或者使用2400克罐装鹰嘴豆代替

2大瓣蒜，拍碎

2个柠檬，挤出柠檬汁

5汤勺橄榄油，多备出一些用作装饰

150毫升芝麻酱

盐

卡宴辣椒粉，适量

2汤勺切碎的新鲜香芹叶，用作装饰

热的皮塔饼，切成条状，配餐用

1 将浸泡了一晚上的鹰嘴豆放入大号锅内，倒入没过鹰嘴豆的冷水。加热烧开。半盖锅盖之后，用小火加热熬煮2~3个小时，或者一直熬煮到鹰嘴豆熟烂。捞出控净汁液，保留汁液备用（如果使用的是罐装鹰嘴豆，从罐内捞出鹰嘴豆后控净汤汁并漂洗干净）。

2 将2~3汤勺的鹰嘴豆放置到一边备用。将剩余的鹰嘴豆放入搅拌机或者食品加工机内，加入大蒜、柠檬汁、橄榄油，以及150毫升保留出的煮鹰嘴豆汁液。快速搅打成蓉泥状（如果使用的是罐装的鹰嘴豆，要加入足量的热水，以确保将鹰嘴豆搅打成浓稠的、乳脂状的浓稠程度）。加入芝麻酱继续搅拌，直到搅打成细腻嫩滑状。用盐和卡宴辣椒面调味，舀出装入碗里。

3 在表面淋洒上一些橄榄油。用香芹末装饰，并撒上少许卡宴辣椒面，最后用留出的鹰嘴豆装饰。搭配热的皮塔饼一起食用。

干的豆类，豌豆类和扁豆类（dried beans, peas and lentils）

在世界各地的温带和热带气候条件下均可以生长，豆类植物提供了人类生长所需要的主食之一：可食用的豆类在其豆荚内长大成熟，有时候会在其新鲜时食用，但是更常见的是干燥之后的豆类。这些干燥之后的豆类、豌豆类以及扁豆类（通常统称为豆类），在大小、形状和颜色上各自不同，从黑色到褐色、绿色、红色，以及黄色到白色等，还有些豆类会带有斑点或者斑块。在这些豆类制作成熟之后，它们的风味由柔和到开胃，可以从它们所带有的非常明显的"大豆风味"，以及口感香醇几方面进行分辨。

干的豆类，豌豆类和扁豆类的购买 如果想购买袋装的干豆类，要检查包装袋上有没有任何破损的痕迹，这些痕迹或许是动物撕咬造成的。如果要大批量地购买，干豆类应该干净并没有碎裂，没有灰尘或沙砾，也没有任何腐败变质的迹象。

干的豆类，豌豆类和扁豆类的储存 在一个密闭的容器内，干豆类可以长时间在凉爽、干燥的地方保存，但是随着时间的延长，干豆类会变得越发干燥，因此需要更长的加热烹调时间。绝大多数的干豆类都有加工成罐头之后进行售卖的。

干的豆类，豌豆类和扁豆类的食用 加热烹调时：先要将干豆类换几次水浸泡至少2个小时，或者最好浸泡一晚上的时间。先用大火煮10分钟左右，然后用小火一直加热煮至成熟。扁豆和干豌豆在加热烹调之前通常不需要浸泡，也不需要最初10分钟的大火煮制时间。将盐、糖，或者酸性的原材料，如番茄等在最后时刻加入锅内，因为这些原材料早加入的话会延缓豆类成熟的时间。豆类煮至成熟之后，这些干豆类可以用来制作各种沙拉和意大利面等菜肴，或者搅打成蓉泥状，用来制作汤菜和蘸酱等。

搭配各种风味 培根，血肠（黑布丁）、火腿、干酪、奶油、辣椒、胡椒、土荆芥、大蒜、洋葱、牛至、大米、番茄等。

经典食谱 豆香煎饼；托斯卡纳豆汤；鹰嘴豆泥；红豆米饭；意大利面豆汤；印度风味炖扁豆；非洲豆饼；辣椒肉末；白豆炖肉；波士顿烤豆；巴西烧豆；煎菜豆泥；富尔梅达梅斯；意大利蔬菜浓汤；法里纳塔；扁豆饭；马德里肉汤；扁豆炖猪肘。

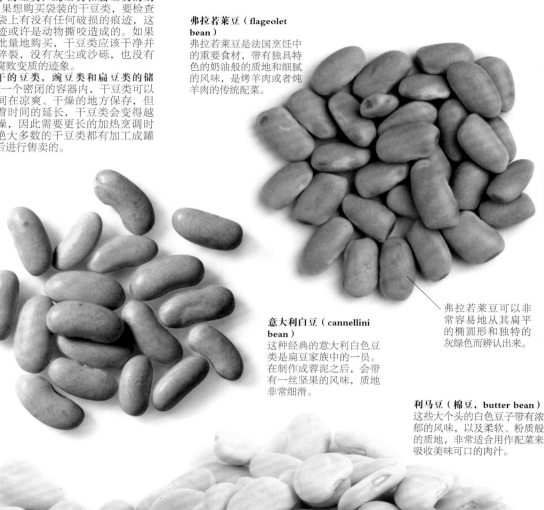

弗拉若菜豆（flageolet bean）
弗拉若菜豆是法国烹饪中的重要食材，带有独具特色的奶油般的质地和细腻的风味，是烤羊肉或者炖羊肉的传统配菜。

弗拉若菜豆可以非常容易地从其扁平的椭圆形和独特的灰绿色而辨认出来。

意大利白豆（cannellini bean）
这种经典的意大利白色豆类是扁豆家族中的一员。在制作成蓉泥之后，会带有一丝坚果的风味，质地非常细滑。

利马豆（棉豆，butter bean）
这些大个头的白色豆子带有浓郁的风味，以及柔软、粉质般的质地，非常适合用作配菜来吸收美味可口的肉汁。

红眼豆（欧洲士兵豆，European soldier bean）
带有水果的芳香风味和粉质的口感，红眼豆非常适合用来制作汤菜和制作成蓉泥状。在浸泡和加热烹调之后会变得非常饱满圆润。

绿豆（mung bean）
以绿豆芽而著称，绿豆带有一股浓郁的风味和乳脂状的质地。在加热烹调之前不需要提前浸泡。

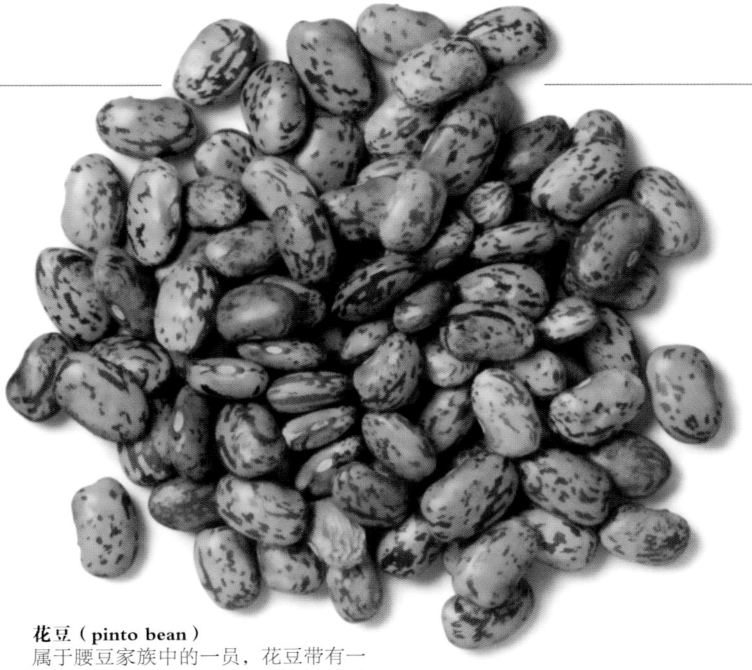

黄豆（soya bean）
这些质感丝滑的豆类几乎没有味道，然而在所有的豆类中它们所含有的蛋白质和脂肪含量最高。黄豆非常适合用来炖焖，也可以用来制作成豆类制品，如豆腐、味噌、酱油以及豆浆等。黄豆需要很长时间的浸泡和加热烹调的时间才可以让它们成熟（熟烂）。

花豆（pinto bean）
属于腰豆家族中的一员，花豆带有一股令人舒心的泥土芳香和粉状的质地。通常用来制作墨西哥煎菜豆泥。

红腰豆（red kidney bean）
最有名的是用整粒的红腰豆来制作辣椒肉末，红腰豆带有一股浓郁的、醇厚的风味，以及柔软的、粉质的质地。

腰豆中包含有一定的毒素，这些毒素在最初10分钟的熬煮时间里会通过加热被破坏掉。

小利马豆（baby lima bean）
尽管不如大利马豆那样带有浓郁的黄油风味，这种小号的利马豆带有乳脂状的和鲜嫩的质地以及柔和的栗子风味。

红小豆（adzuki bean）
以带有坚果风味和略微甘美的滋味而著称，红小豆在中国和日本尤其受欢迎，他们使用红小豆来制作甜美的豆类甜点。红小豆可以很好地保持形状不变，即使在煮烂的情况下也是如此。

鹰嘴豆（chickpea）
带有坚果的风味和细腻的黄油般的质地，鹰嘴豆非常适合用来制作蘸酱和各种沙司。也非常适合用来制作咖喱菜肴和炖菜类，因为鹰嘴豆在制作成熟之后能够保持形状不变。

红小豆在烹调时可以不浸泡。

豆香煎饼（falafel）

在中东地区，豆香煎饼是深受人们欢迎的街头美食，这道菜肴也可以使用鹰嘴豆或者干的蚕豆制作，或者使用两者混合制作而成。

供 12 人食用

225克干的鹰嘴豆，用冷水浸泡一晚上，或者使用2400克罐装的鹰嘴豆

1汤勺芝麻酱

1瓣蒜，拍碎

1茶勺盐

1茶勺小茴香粉

1茶勺黄姜粉

1茶勺香菜粉

1/2茶勺卡宴辣椒粉

1汤勺切成细末的新鲜香芹

1个小柠檬，挤出柠檬汁

植物油，炸油

切成两半的烤饼和沙拉，配菜用

1 将浸泡好的干鹰嘴豆捞出控净水，放入沙司锅内。加入足量的能够没过鹰嘴豆的冷水。烧开后改用小火熬煮2~3个小时，或者一直熬煮到鹰嘴豆成熟。捞出控净汁液（如果使用的是罐装的鹰嘴豆，捞出控净汤汁并漂洗干净）。将鹰嘴豆装入食品加工机内，加入芝麻酱、大蒜、盐、香料、香芹以及柠檬汁等，快速搅打至呈细末状，而不要搅打至蓉泥状。

2 将搅打好的鹰嘴豆混合物倒入碗里，盖好，冷藏至少30分钟（或者冷藏8个小时以上）。

3 将双手蘸水湿润，将鹰嘴豆混合物分开并揉搓成12个圆球形。从顶端略微按压下去成扁平状。

4 在一个深锅内加入5厘米深的植物油。分批放入鹰嘴豆饼煎炸，需要3~4分钟，或者一直煎炸至呈淡金黄色。捞出，在厨房用纸上控净油，趁热食用，与沙拉一起用烤饼卷起用。

托斯卡纳豆汤（tuscan bean soup）

在托斯卡纳烹饪中，干豆类被广泛使用，这一道汤菜就是来自这个地区的一道经典的农家菜肴。

供 4 人食用

4汤勺特级初榨橄榄油，多备出一些用于淋洒装饰用

1个洋葱，切碎

2根胡萝卜，切成片

1棵韭葱，切成片

2瓣蒜，切碎

400克罐装碎番茄

1汤勺番茄蓉

900毫升鸡汤

盐和现磨的黑胡椒粉

400克罐装菠萝蒂豆或者白豆，控净汁液并漂洗干净

250克意大利卷心菜或者绿色蔬菜，切成丝

8片意大利夏巴塔面包

现擦碎的帕玛森干酪，装饰用

1 在大号沙司锅内将油烧热，加入洋葱、胡萝卜和韭葱用小火加热煸炒约10分钟，或者一直煸炒到蔬菜变软，但是还没有变色的程度。加入大蒜继续煸炒大约1分钟。再加入番茄及汤汁、番茄蓉以及鸡汤。用盐和胡椒粉调味。

2 用一把叉子将一半的豆类挤压成泥状，放入锅内。加热烧开，然后改用小火炖大约30分钟。再将剩余的整粒的豆类和蔬菜丝加入锅内，继续用小火加热熬煮30分钟。尝味，并根据需要进一步调味（为了取得最佳风味，可以冷却之后冷藏保存，然后在第二天使用时再重新加热）。

3 准备上菜时，将面包烘烤至金黄色。在每一个汤碗里摆放好两片面包，淋洒上橄榄油。再将汤用勺舀到汤碗内，在表面撒上帕玛森干酪，并淋洒上更多一些的橄榄油装饰。

干的豆类，豌豆类和扁豆类（dried beans, peas and lentils）

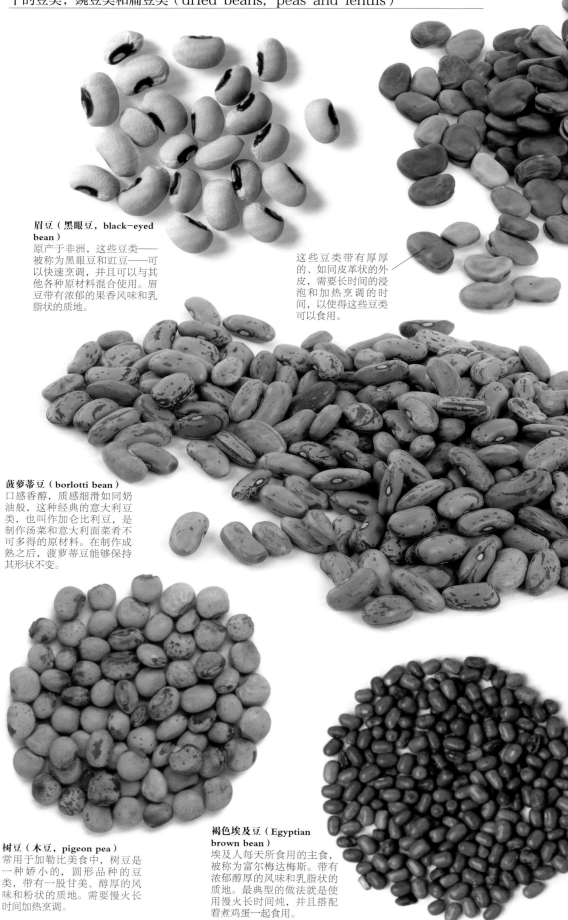

眉豆（黑眼豆，black-eyed bean）
原产于非洲，这些豆类——被称为黑眼豆和豇豆——可以快速烹调，并且可以与其他各种原材料混合使用。眉豆带有浓郁的果香风味和乳脂状的质地。

这些豆类带有厚厚的、如同皮革状的外皮，需要长时间的浸泡和加热烹调的时间，以使得这些豆类可以食用。

菠萝蒂豆（borlotti bean）
口感香醇，质感细滑如同奶油般，这种经典的意大利豆类，也叫作加仑比利豆，是制作汤菜和意大利面菜肴不可多得的原材料。在制作成熟之后，菠萝蒂豆能够保持其形状不变。

树豆（木豆，pigeon pea）
常用于加勒比美食中，树豆是一种娇小的、圆形品种的豆类，带有一股甘美、醇厚的风味和粉状的质地。需要慢火长时间加热烹调。

褐色埃及豆（Egyptian brown bean）
埃及人每天所食用的主食，被称为富尔梅达梅斯。带有浓郁醇厚的风味和乳脂状的质地。最典型的做法就是使用慢火长时间炖，并且搭配着煮鸡蛋一起食用。

黑豆（black turtle bean）
深受中美洲和南美洲人们喜爱的一种豆类，黑豆带有非常浓郁的坚果风味和醇厚的质地。特别适合用来制作成汤菜和砂锅类菜肴。

豆（broad bean）
蚕豆带有一股独特的泥土芳香和粉状的质地。非常适合用制作炖菜，或者制作成蚕豆之后用来制作豆香煎饼，这一种在中东深受人们欢迎的头小吃。

一旦煮好之后，这些异常美丽的红色条纹就会消失，而变成规整的暗粉色。

西班牙帕尔迪纳扁豆（Spanish pardina lentil）
以其芳香四溢的坚果风味而著称，帕尔迪纳扁豆在制作成熟之后不会变成熟烂状，因此非常适合用来制作沙拉。也可以制作成蓉泥后用来制作成香浓的汤菜。

法国绿色小扁豆（French green lentil）
被认为是法国美食，带有斑点的绿色小扁豆，在制作成熟之后会带有浓郁的泥土芳香和硬实而鲜嫩的质地。通常作为沙拉或者配菜来食用。

褐色小扁豆（brown lentil）
可以快速制作成熟，褐色小扁豆带有坚果的风味和柔软的质地。在制作成熟之后会保持其形状不变，但是，如果用小火长时间加热烹调，会碎裂开。

干豌豆瓣（split pea）
干豌豆瓣带有一股甘美的泥土芳香风味。在加热烹调时，干豌豆瓣不需要提前浸泡，并且可以快速成熟，但是不会保持形状不变，因此非常适合用来制作成蓉泥，可以用来制作汤菜，烤蔬菜以及豆酱等菜肴。

卡斯泰卢乔小扁豆（castelluccio lentil）
原产于意大利翁布里亚，这些扁豆以其浓郁的泥土芳香和乳脂般的质地而著称。尽管这种扁豆的外皮非常薄，并且在加热之后可以快速成熟，但是还会保持其形状的完整性。

红扁豆瓣（split red lentil）
这是最常见的扁豆品种，红扁豆瓣带有一股柔和的风味。因为其外皮已经被去掉，因此在加热之后可以快速成熟，而且其内部的籽会分离开。因为它很容易就会变得柔软并且会分解开，红扁豆瓣非常适合用来制作成细滑的汤菜。

豆芽类（sprouted beans and seeds）

绝大部分的豆类和扁豆类，以及葫芦巴、南瓜和芥菜等的籽，如同谷物类（小麦、玉米和黑麦等）一样都可以发芽，从而生长出营养价值非常高的幼苗，或者幼芽——这项技术在亚洲已经有几千年的历史。绿豆芽是最受欢迎的大批量种植的豆芽之一。这些豆芽带有一股清新、纯粹的草本植物的清香风味以及清爽、脆嫩的质地。而其他种类的豆芽则带有各种不同的风味和质地：苜蓿芽是辛辣风味，而小麦芽则带有甘美的泥土芳香。

豆芽类的购买 商业化大批量种植的豆芽一年四季都可以购买到。要确保其新鲜而脆嫩，豆芽的尖牙没有变色或者枯萎。自己在家里栽培各种豆芽也是非常容和易简单的事情。

豆芽类的储存 新鲜豆芽放置在密封的塑料袋内，在冰箱里可以冷藏保存1~2天。

豆芽类的食用 黄豆芽需要加热烹调几分钟的时间，以使其容易被消化吸收。新鲜时：可以用来制作各种沙拉或者三明治。加热烹调时：可以用来炒，或者加入到馅料中用来制作春卷或者鸡蛋卷。各种麦芽可以用来给面包提味。

搭配各种风味 酱油，姜，鱼露，香油等。

经典食谱 港味凉糕。

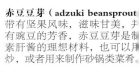

赤豆豆芽（adzuki beansprout） 带有坚果风味，滋味甘美，并有豌豆的芳香，赤豆豆芽是制素肝酱的理想材料，也可以用炒，或者用来制作砂锅类菜肴。

绿豆芽（mung beansprouts） 甘美并带有坚果风味，清爽的脆嫩质地，绿豆芽非常适合用来炒，也可以用在沙拉和三明治中生食。

鹰嘴豆芽（chickpea sprouts） 质脆而嫩的鹰嘴豆芽带有一股坚果风味以及泥土的芳香。特别适合与加工成熟的鹰嘴豆一起制作成富含营养成分的鹰嘴豆泥。

黄豆芽（soya beansprouts） 这些粗壮、多汁的黄豆芽带有独具一格的豆类风味，但是在发芽之后很快就会变酸。因此需要在非常新鲜时就使用。

苜蓿芽（alfalfa sprouts） 质地脆嫩而风味柔和，苜蓿芽的营养成分特别丰富，是制作三明治的理想材料，或者淋洒到鸡蛋卷上和汤里。

小麦芽（wheat grass） 小麦芽本身就是一种完美的食材，汁液丰富。一旦经过加工处理，就会变成深绿色，风味饱满的汁液中富含叶绿素。

扁豆芽（lentil sprouts） 这些小巧纤细的豆芽带有一股泥土的气息以及扁豆本身的芳香风味。可以添加到扁豆沙拉中以增加特殊风味，或者用作制作汤菜，烤坚果，或者制作成素肝酱等。

大蒜（garlic）

大蒜原产于中亚地区，目前大蒜已经征服了全世界。其辛辣的风味和特点能够让所有菜肴的滋味变得更加丰厚，可以毫不夸张地说，在地球上几乎每一个厨房里，大蒜都是不可或缺之物。就同葱头一样，大蒜以单独的蒜瓣组成一个蒜头的方式生长，每一个蒜瓣都有自己独立的纸质状的包裹物。大蒜通常都会在其成熟之后才收获，然后再进行干燥处理，但是也可以在大蒜还未完全成熟时就收获，称之为青蒜或者鲜蒜，并且在其还没有干燥之前就使用。根据具体的制备方法不同，大蒜风味可以是柔和的和甘美的，或者是非常辛辣的，以及芳香型的等。大蒜有两个亚种：软茎的大蒜有着柔软的、薄薄的茎秆，而硬茎的大蒜则生长有长长的、木质状的茎秆，在茎秆的顶端是籽荚，能够开花并结出鳞茎。

大蒜的购买 仲夏时节是出品干燥大蒜品质最好的季节（青蒜或鲜蒜需要在晚春和初夏时节收获）。蒜头应质地坚实，带有薄薄的外皮。在寒冷的月份里，要避免蒜头生长出带有苦味的小绿芽。

大蒜的储存 大蒜存放在一个凉爽、避光，并有少量空气流通的地方可以保存几周的时间。

大蒜的食用 大蒜切开得越多，其风味就越辛辣：拍碎的大蒜或者捣碎的大蒜，其风味要比整瓣的大蒜、切成两半，或者切成片状的蒜瓣要强烈得多。新鲜时：只需一点大蒜，其辛辣的风味对菜肴的提味就会很大。可以用来制作沙拉酱汁，各种沙司，以及腌汁等，或者用来涂抹到面包上。加热烹调时：一定不要让大蒜焦煳，否则其滋味会发苦。大蒜可以整头的烤，整瓣的炖，可以煎，或者炒，或者用来制作各种沙司，汤菜，以及炖焖菜肴等。拍碎后的蒜瓣可以用来涂抹肉类，或者塞到肉皮下面。腌制时：可以制作泡菜。

搭配各种风味 羊肉，牛肉，鸡肉，猪肉，鱼类，海鲜类，豆类，意大利面条，土豆，番茄，茄子，蘑菇，西葫芦等。

经典食谱 蒜泥蛋黄酱；希腊风味大蒜土豆蘸酱；大蒜蛋黄酱；香蒜酱；保加利亚黄瓜冷汤；意大利格瑞毛拉塔沙司；蒜香鸡；图姆；大蒜面包等。

硬茎大蒜（hard-neck garlic）

这种硬茎的大蒜品种，叫洛特雷克玫瑰，被认为是法国品质最好的大蒜，具有独具一格的醇厚风味，并带有丝丝的甘美。

为了能够品鉴到大蒜的最佳风味，可以用刀面将蒜瓣拍碎，或者加上一点盐将蒜瓣研磨碎。

软茎大蒜（soft-neck garlic）

这是一种经典的白色外皮的大蒜，加州早熟大蒜，在美国是一种常见的品种。它带有令人舒适的柔和味道，并且储存时间长。

青蒜（green garlic）

备受大厨们的推崇，青蒜也叫作鲜蒜，带有湿润的、柔韧的外皮以及柔软多汁的蒜瓣。其风味比成熟后的大蒜更加温和，叶片非常密实。

青蒜鲜嫩的蒜瓣是夏季最佳的清淡的美食。切成薄片之后用在三明治中生食也非常美味可口。

大瓣蒜（象蒜，elephant garlic）

不是真正意义上的大蒜，有点类似于韭葱，大瓣蒜有着特大号的蒜瓣。其风味出人意料的柔和，并带有一丝洋葱的味道。

象蒜肥大的、多肉质的蒜瓣可以切成厚片，并用黄油煎炒，然后可以作为配菜享用。

蒜泥蛋黄酱（aioli）

这道大蒜味道浓郁的沙司来自于普罗旺斯，非常适合搭配浸熟的鱼类菜肴，热的蔬菜类，以及蔬菜沙拉等菜肴一起食用。

可以制作 450 毫升

2汤勺白葡萄酒醋

1个鸡蛋，常温下

2个蛋黄，常温下

1汤勺法国大藏芥末

1汤勺红糖

盐和现磨的黑胡椒粉

3瓣蒜，拍碎

300毫升橄榄油，或者使用一半的橄榄油和一半的葵花籽油

2汤勺柠檬汁

1 将白葡萄酒醋、鸡蛋、蛋黄、芥末、红糖以及适量的盐和胡椒粉一起放到一个小碗里，将小碗摆放到一块折叠好的茶巾上。使用搅拌器将混合物搅打至浓稠状。然后加入油，一开始时要一滴一滴地加入，每次加入油之后都要不停地搅拌。

2 当搅打的沙司变得浓稠并且呈乳脂状时，加入油的速度可以更快一些，每次可以加入1汤勺油。当所有的油都搅拌完毕之后，再将大蒜和柠檬汁搅拌进去。装入带有拧盖的广口瓶内冷藏保存。

玉米杂烩汤（奶油玉米汤，weetcorn chowder）

关于这道香浓且充满质感的北美风味汤菜有很多种不同的食谱，其制作方法最早可以追溯到1880年。

供4～6人食用

4个鲜玉米棒

盐和现磨碎的黑胡椒粉

2片香叶

2汤勺橄榄油

1个洋葱，切碎

4片鲜鼠尾草叶，切碎，或者1/2茶勺干鼠尾草

1茶勺鲜百里香叶，或者1/2茶勺干百里香

1根胡萝卜，切碎

2根西芹梗，切碎

1个土豆，去皮，切碎

120毫升牛奶

淡奶油和柿椒粉，装饰用

1 将玉米叶和须去掉，然后剥下玉米粒，并刮干净玉米棒上的玉米汁。将玉米粒和玉米汁放到一边备用。将玉米棒放入大号沙司锅内并加入500毫升水，适量的盐以及香叶。加热烧开，然后改用小火，盖上锅盖，再继续用小火加热15分钟。取出玉米棒和香叶丢弃不用。保留汤汁备用。

2 在洗干净的沙司锅内加热橄榄油，加入洋葱煸炒至软且变成透明状。加入鼠尾草、百里香、胡萝卜、西芹以及土豆。继续加热煸炒大约5分钟，或者一直加热到蔬菜开始变软。加入保留好的汤汁，再继续用小火加热大约10分钟，或者一直加热到土豆熟烂。

3 与此同时，将玉米粒放入另外一个沙司锅内，倒入没过玉米粒的冷水。加热烧开并煮2分钟，放到一边备用。

4 将牛奶加入汤锅的蔬菜中，然后使用电动搅拌器或者食品加工机，快速搅碎至细腻状。加入玉米粒连同煮玉米粒的汤汁和玉米汁。如果喜欢，可以再次使用搅拌机将玉米粒大致地搅碎一些。

5 将搅打好的汤重新加热烧开，根据需要调味。然后舀入热的汤碗里，将鲜奶油呈细流状地淋洒到汤中，撒上一点柿椒粉装饰。趁热食用。

玉米（sweetcorn）

我们称之为玉米的蔬菜呈种子穗状，或者穗状，是玉米的一种类型，作为一种禾本科类，从全世界的热带地区到所有的有足够生长期的北部地区都有种植。其他的玉米类产品包括玉米淀粉、玉米面和粗玉米粉以及玉米花等。在玉米穗上，其鲜嫩的玉米粒，一排一排地生长在中间的玉米芯（玉米棒）上，玉米穗被长长的、细滑如丝的缨须包裹在薄薄的玉米叶中。玉米可以根据其所含糖分的多少进行分类：超甜玉米比标准玉米或者普通糖分的玉米含有高出4～10倍的糖分。

玉米的购买 盛夏时节是玉米的出产季节。要检查玉米穗的切口端，要确保其没有变干燥。玉米叶应是湿润的，并呈鲜绿色，带有新鲜如丝般的缨须。如果可以的话，用指甲截破一粒玉米，寻求呈乳白色液体状，而不是清澈的液体或者凝聚成膏状的玉米。

玉米的储存 所有玉米中所含有的糖分都会在采摘之后迅速流失，所以在购买到的当天就应使用。如果必须要储存一天或者几天的时间，要将玉米连同玉米叶一起储存，用湿润的厨房用纸包裹好，放入冰箱内冷藏保存。从玉米棒上取下的玉米粒则可以冷冻保存。

玉米的食用 可以带玉米叶一起烤，或者剥去玉米叶（去掉玉米叶和缨须）后用来煮、烤，或者烧烤等。玉米粒可以煮、炖、烤，或者炒。

搭配各种风味 培根、黄油、干酪、奶油、辣椒、青柠檬、黑胡椒等。

经典食谱 玉米杂烩汤；烤玉米棒；豆煮玉米等。

白玉米（white sweetcorn）
在美国最受欢迎的玉米品种之一，是含有普通糖分的银色女王玉米品种。风味优良而多汁，玉米粒比较耐嚼。

玉米的制备
玉米穗可以带着玉米粒整个的用来烹调，或者从玉米棒上剥下玉米粒用来做汤菜。

1 剥掉所有的玉米叶和缨须。**2** 在菜板竖直扶好玉米穗，使用一把锋利的刀，从玉米穗的一个面垂直切割下玉米粒。**3** 在碗里竖直扶好玉米穗，但是要倾斜一定的角度，用刀纵长切割而下，以保留好剩的玉米汁液。

玉米笋（baby corn）
与发育完全的玉米穗不同，玉米笋是整根都可以食用的，包括中间的玉米芯。它带有柔和的风味和松脆的质地，是炒菜的常用材料。

双色玉米（彩色玉米，bi-coloured sweetcorn）
带有观赏性质的超甜玉米品种，蜂蜜珍珠玉米带有额外甘甜的风味和鲜嫩多汁的玉米粒。

秋葵（okra）

秋葵，也叫作羊角豆，是一年生的漂亮豆荚类，在世界各地的热带和亚热带地区都有生长。秋葵原产于埃塞俄比亚，从那里传播到非洲各地，然后再传播到了全世界。秋葵带有柔和的，甘美的蔬菜风味。在切开秋葵豆荚的时候，就会流淌出黏液；这种黏液同玉米淀粉一样，有助于增稠热菜类菜肴。

秋葵的购买 秋葵在最炎热的盛夏季节品质最佳。要寻找那些长为7.5～10厘米的小豆荚，最好是现采摘的，带有翠绿的色彩。红色秋葵会略微长一些，在10～12厘米。要避免选购干燥、松软的秋葵，因为这样的秋葵已经失去了其甘美的风味。

秋葵的储存 秋葵不易保存，所以要在购买到秋葵的当天就要使用，或者只能在一个凉爽的地方储存1～2天的时间，秋葵不要在冰箱内储存。

秋葵的食用 新鲜时：红色秋葵可以用来制作成蔬菜沙拉或者切成片状用来制作沙拉。加热烹调时：可以蒸，炖，或者带着沙司一起烤，挂面糊或者玉米糊后炸，可以炒，或者煎等。腌制时：新鲜而甘美的小秋葵可以制作成泡菜。

搭配各种风味 黄油，大蒜，辣椒，咖喱粉，椰奶，青椒，番茄等。
经典食谱 秋葵汤；炒番茄秋葵；秋葵肉糕。

黄色玉米（yellow sweetcorn）
黄色的班塔姆小粒玉米，是早熟、糖分普通的玉米品种，带有回味无穷的甘美风味。玉米粒则呈乳脂状的质地。

秋葵（okra）
以其幼滑的质地而著称，秋葵口味鲜嫩而甘美，带有类似于红花菜豆般的柔和风味。

红色秋葵（red okra）
红色秋葵与绿色秋葵在质地和风味上都非常类似。经过加热之后，红色秋葵会变成绿色。

辣椒（pepper）

辣椒，不管是柿椒还是辣椒，都是辣椒属的成员，并且原产于美洲的热带地区。风味柔和型的辣椒，大小各异，从2.5厘米圆形的樱桃状到灯笼形的辣椒品种均有；而颜色从未成熟时的绿色，到成熟后的红色、黄色、橙色、紫色、褐色，以及近似于黑色等；辣椒的风味从甘美到微辣。成熟的辣椒比没有成熟时的青椒肉质更厚实，也更甘美一些。

辣椒的购买 夏天和初秋是辣椒最佳的出产季节。要挑选那些果实有光泽并且质地硬实的辣椒，辣椒上没有软点或者泥土；手感应该有些沉重，而不是轻若无物。辣椒的茎端切口看起来应是新鲜而湿润。

辣椒的储存 装入纸袋内或者开口的塑料袋内，辣椒可以在冰箱内冷藏储存2周以上。辣椒一旦切开，应该在24小时之内使用完。

辣椒的食用 新鲜时：可以切成条状用来制作蔬菜沙拉，或者加入各种沙拉中。加热烹调时：可以酿馅后烤，可以铁扒、烧烤或者碳烤，或者炖等；可以切成块煎、炒，或者挂上面糊后炸。腌制时：可以用醋或者油腌制。

搭配各种风味 鸡肉，羊肉，银鱼柳，大蒜，玉米，洋葱，番茄，橄榄，水瓜柳，干酪等。

经典食谱 炖辣椒；酿馅辣椒；乐思科；番茄辣椒炒鸡蛋；炖什锦蔬菜。

辣椒的制备

所有的辣椒都带有白色的筋脉和籽，需要在食用或者加热烹调之前将其去掉。

1 用冷水将辣椒洗净。使用一把小刀，沿着茎部切割一圈，然后轻拉以去掉辣椒的茎。**2** 将辣椒纵长切割成两半。从两瓣辣椒中分别去掉筋脉和籽。**3** 切成条状或者丁状，用来准备生食或者加热烹调。

辣椒去皮

将辣椒烧焦并去掉外皮，可以使辣椒变得柔软并带有一股淡雅的烟熏风味。

1 使用长柄夹夹住辣椒，在明火上烧烤（或者放入焗炉里焗），直到辣椒的外皮变成黑色并且外皮全部起泡。**2** 将烧焦的辣椒放入塑料袋内或者纸袋内，扎紧，让其静置5~10分钟，让辣椒中的热气散发出来，这样就会使辣椒的外皮脱落。从袋内取出辣椒，用手指将烧焦的辣椒外皮剥掉。**3** 连同辣椒芯一起，去掉辣椒茎，并去掉辣椒内部的籽。**4** 将去掉外皮之后的辣椒撕成块状并纵长切割成条状。

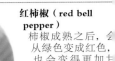

红柿椒（red bell pepper）
柿椒成熟之后，会从绿色变成红色，也会变得更加甘美，肉质也更丰厚。因其有着方形的外形，因此，可以用来酿馅或者整个烤。

青柿椒（green bell pepper）
没有成熟的青柿椒比成熟后的青柿椒外皮要薄一些，带有独特的草本植物的风味，而当其成熟之后，风味会变得圆润醇厚。

帕德龙辣椒（padrón）
这些薄皮的辣椒是西班牙美味，经过油炸之后搭配粗海盐一起享用。其风味从柔和到辣均有。

羞涩美人（blushing beauty）
这一种甘美而风味十足的辣椒，开始是绿色，变浅之后成为淡黄色或者乳白色，当成熟之后，有些部位会变成红色。

匈牙利蜡辣椒（Hungarian Wax）
这一个品种的辣椒带有中等厚度的肉质，风味并不是太辣。与柿椒的使用方法相类似——可以用来制作沙拉，炒，焖，以及制作泡菜等。

匈牙利蜡辣椒尽管在成熟后会变成红色，但是通常会在其外皮仍然为黄色时就食用。

纳德洛辣椒薄薄的，鲜嫩的外皮不需要去掉，使得这一种辣椒非常适合快速油炸。

意大利辣椒（peperoncino）
带有甜味和柔和的辣度，这种肉质较薄的辣椒非常适合用来制作以番茄为主料的菜肴类。通常会以罐装或者玻璃瓶装的泡菜形式进行售卖。

阿纳海姆辣椒（anaheim）
一种辣度较柔和，肉质中等的辣椒，通常在其为绿色时，新鲜采摘后用来生食，或者等其变红之后晒干。最佳食用方法是酿入干酪，再挂面糊炸熟后食用。

纳德洛辣椒（sweet frying pepper）
意大利珍品辣椒。纳德洛辣椒在绿色时，带有一股柔和的风味，而当其变成红色之后味道变得非常甘美。用来与切成片状的意大利香肠一起炒，并搭配一种柔软的面包卷一起食用是一道美味佳肴。

西班牙干红辣椒（Spanish dried red pepper）
这里图示的辣椒品种，叫作诺拉（nora），带有令人舒适的泥土风味和中等的辣度。通常用来给米饭类菜肴增添风味，是制作红椒杏仁沙司（romesco sauce）以及红柿椒粉时必不可少的原材料。

经典食谱（classic recipe）

炖辣椒（peperonata）

这一道意大利风味炖菜可以热食或者冷食，可以搭配脆皮面包和蔬菜沙拉一起食用，可以搭配热的意大利面条或者作为铁扒肉类菜肴的配菜一起享用。

供 4 人食用

2汤勺橄榄油

1个洋葱，切成丝

2瓣蒜切成细末

2个红柿椒，切成两半，去籽，切成条

2个青柿椒，切成两半，去籽，切成条

6个熟透的番茄，去皮后切碎

盐和现磨的黑胡椒粉

少许新鲜的紫苏叶

1 在大号煎锅内或者耐热砂锅内将油烧热，加入洋葱煸炒大约5分钟，或者一直煸炒至洋葱变软并呈透明状。加入大蒜继续煸炒一会。

2 加入红柿椒和青柿椒，用小火继续炒5分钟。盖上锅盖后炖5～10分钟，期间要不时地搅拌，不让其粘连到一起。

3 加入番茄并用盐和胡椒粉调味。将锅盖半盖，并继续加热大约20分钟，或者一直加热到辣椒变得非常软。在装盘上菜之前拌入紫苏叶。

茄子（aubergine）

茄子原产于亚洲的热带地区，这一种蔬菜历史悠久，古罗马人认为茄子有毒，称之为mala insane（疯狂的苹果），从这之后派生出了意大利茄子和希腊茄子。时至今日，茄子在世界各地被广泛种植。其形状可以是大而圆的形状，或者细长形，鸡蛋形，也或者是仿佛一串葡萄形；而颜色也是各种各样，从最为常见的深紫色，到薰衣草般的颜色、绿色和白色等。在其幼嫩至可以溶于口的肉质中，在略微的苦味中带有一点香草的风味，茄子非常容易吸收其他原料的风味。

茄子的购买 盛夏和秋季是出产茄子的最好季节。要选择那些个头相对较小、质地硬实的茄子，外皮光滑，茎把处呈翠绿色。在老的茄子上使用拇指按压时，会留下拇指的按压痕迹。这样的茄子会带有苦味，含有的水分也更多。

茄子的储存 茄子在购买回家后应该当天就使用，或者至少第二天都要使用完。不要将茄子放入冰箱内冷藏保存，可以放在一个凉爽的地方，直至使用为止。

茄子的食用 尽管现在使用盐析出茄子中的苦味被认为是没有必要，但是这一加工步骤作为最初的准备工作，在之后烹调的过程中会有助于减少茄子吸收油脂的数量。加热烹调时：可以烤、焖、铁扒、烧烤或者炭烧，可以炒，煎，挂面糊后炸，或者炖等。腌制时：可以制成泡菜。

搭配各种风味 火腿，羊肉，干酪，马祖丽娜干酪，硬质干酪，大蒜，蘑菇，番茄，柿椒，柠檬，牛至，薄荷，百里香，辣椒，橄榄油等。

经典食谱 巴巴加诺什蘸酱；希腊木莎卡；帕尔玛干酪茄子；土耳其酿馅茄子；萨尔纳；炖什锦蔬菜；茄子鱼子酱；茄子泥；茄子沙拉；诺尔玛意大利面；扣肉炖蔬菜。

意大利白色长茄子（Italian long white aubergine）
这一个白色的茄子品种具有非常耐嚼的质地以及舒心的风味，会令人想起蘑菇的芳香。几乎没有籽，带有一丝苦味。

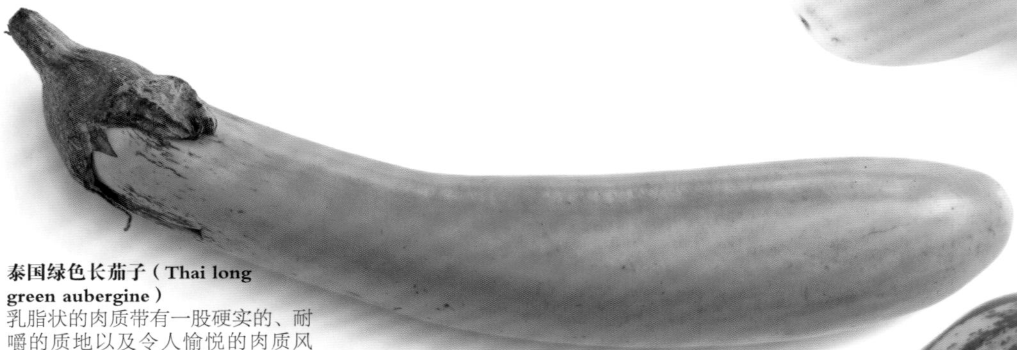

意大利白色长茄子的洁白外皮和肉质在制作成熟之后会变得非常软烂。

泰国绿色长茄子（Thai long green aubergine）
乳脂状的肉质带有一股硬实的、耐嚼的质地以及令人愉悦的肉质风味，但是却含有一些苦味。最佳烹调方法是切成片之后与各种香料一起炒或者用来制作成咖喱菜肴。

泰国绿色茄子（Thai green aubergine）
个头娇小但是风味浓郁，这些肉质脆嫩、硬实的茄子是制作泰国传统菜肴绿色咖喱鸡的关键材料。

蛋形深紫色茄子（oval deep purple aubergine）
常见的、肥壮的、加长形的茄子，在制作成熟之后会变化成为具有复合感的风味和丝滑般的质地。非常适合切成厚片之后用来铁扒，或者整个的烤熟之后加上各种香料一起制作成茄子泥。

即便制作成熟之后，茄子的外皮还是会保持住吸人眼球的斑驳的条纹。

意大利条纹形茄子（Italian striped aubergine）
罗莎·比安卡，传世般的茄子品种，具有硬质的、乳脂状的肉质，是制作帕尔马干酪茄子的必选材料。

泰国豌豆茄子（Thai pea aubergine）
一种迷你的绿色茄子品种，略微带有一点苦涩的味道和脆嫩的质地。其籽在肉质中的高含量对比，使得这种茄子带有令人舒适的松脆质感，在制作成熟之后，这种茄子的肉质也不会变得软烂。

圆形绿色茄子（round green aubergine）
有时候也叫作苹果茄子，这种茄子具有硬实、脆嫩的质地，以及适度的、柔和的苦味，切成段状之后可以用来制作咖喱类菜肴，或者用作亚洲风味的沙拉中生食。

东亚紫色茄子（East Asian purple aubergine）
细长的紫绿色茄子，具有柔和的风味和甘美的滋味以及规整的大小。

如同大多数的茄子品种一样，其可食用的外皮可以给制作好之后的菜肴增添风味。

意大利圆形茄子（Italian round aubergine）
珀斯珀萨，一个广泛种植的茄子品种，没有苦味，肉质细腻，在制作成熟之后会保持其形状不变。这种扁圆形的茄子形状使其非常适合用来酿馅和烤。

巴巴加诺什蘸酱（蒜香茄子酱，baba ghanoush）
在中东风味的餐前小吃中如果没有这一款奶油状的蘸酱就是美中不足。食用时搭配切成条状的热的皮塔饼。

供 6 人食用

900克茄子，纵长切成两半
2瓣蒜，拍碎
2汤勺特级初榨橄榄油
2汤勺原味酸奶
3～4汤勺芝麻酱
2～3汤勺鲜榨柠檬汁
盐和现磨的黑胡椒粉
新鲜的香菜叶，装饰用

1 将烤箱预热至220℃，在一个烤盘内涂刷上少许油。将切成两半的茄子里面的肉用刀刻划好，但是不要弄破茄子外皮，然后将茄子切面朝下反扣到烤盘内。放入烤箱烘烤25～30分钟，或者一直烘烤到茄子肉变得软烂并朝内部塌陷。

2 将茄子取出放入漏勺内，让其冷却大约15分钟的时间。

3 将茄子肉用勺挖出放到食品加工机内或者搅拌机内，去掉茄子皮不用。在机器内加入大蒜、橄榄油、酸奶、3汤勺芝麻酱以及2汤勺柠檬汁，搅打至细腻的程度。尝味之后，根据需要可以添入更多的芝麻酱和柠檬汁，然后用盐和胡椒粉调味。

4 用勺将制作好的茄子酱舀到碗里，撒上香菜叶之后即可上桌。

无论你是制作一份沙拉，汤菜，还是制作一份沙司，都要精挑细选出最适合你需要的番茄品种。

鳄梨（牛油果，avocado）

鳄梨原产于中美洲和加勒比地区，时至今日这种热带水果在世界范围内有超过500个品种在种植。不同的鳄梨从粗糙的外皮，娇小个头的哈斯品种到外皮细滑，体型巨大的墨西哥和危地马拉品种不一。今天绝大多数商业化生产的品种都是后两者的杂交后代，并带有几分柔和的坚果风味和细滑的油性质地。鳄梨，有时候也叫作牛油梨，这是因为其外形，以及含有丰富的单不饱和脂肪酸的原因（高品质），含有钾的数量大体与香蕉类似，而可溶性纤维的成分是苹果中含量的两倍。

鳄梨的购买 由于鳄梨是从树上生长成熟的，你可以购买一些质地硬实的，并放置在家里自行成熟。或者直接购买成熟的鳄梨；用拇指轻轻按压鳄梨，在靠近鳄梨茎把处会出现一个按压后形成的浅浅的"印痕"。

鳄梨的储存 让鳄梨在窗台处或者橱柜上自然成熟（不要放入冰箱内），然后在成熟后食用。如果只使用了鳄梨的一半，将没有使用到的那一半鳄梨的肉质上用柠檬汁涂抹覆盖好，然后用保鲜膜包裹好，以防止其变色，可以放入冰箱内冷藏保存2～3天。

鳄梨的食用 尽管有时候鳄梨可以烤食或者用来制作汤菜，但是最好是新鲜食用。可以切成片状用来制作三明治，加入到各种沙拉中，特别是海鲜沙拉，与糖和菠萝一起混合食用，或者制成泥蓉状用来制作冰淇淋。

搭配各种风味 帕尔玛火腿，牛肉干，大虾，番茄，葡萄，青柠檬，芒果，菠萝，糖，香脂醋等。

经典食谱 鳄梨酱；三色水果沙拉等。

鳄梨上最宽的位置上方区域就是测试其成熟程度的地方，可以使用手指轻轻地按压这个位置。

谢威尔鳄梨（sharwill）
中等个头，小核的鳄梨品种，带有坚果风味以及浓郁的油性肉质，其质地可以非常容易进行涂抹。

鹅卵石般的外皮，在鳄梨成熟之后几乎会变成黑色。

与小个头的哈斯鳄梨不同，福诶尔特鳄梨的外皮非常细滑，在成熟之后也会保持绿色不变。

哈斯鳄梨（hass）
唯一全年生的鳄梨品种，哈斯鳄梨是制作鳄梨酱和涂抹酱的首选品种。其乳脂状的肉质具有丝滑般的细腻感，其风味美妙异常，并且带有浓郁的坚果风味。

鳄梨的制备

鳄梨的肉质在切开之后很快就会变成褐色，所以只需在使用之前进行制备即可，或者在鳄梨切面上淋洒上一些柠檬汁。

1 在茎把的根部位置，将一把锋利的刀的刀尖插入，然后围绕着核切割一圈，将外壳和果肉切透。反向扭转切割好的两半鳄梨，以使得它们从核上分离开，并露出核。2 小心地，但却要用力地将刀刃砍在核上，然后转动刀把，将核从果肉上分离开。当然你也可以使用一把茶勺将核挖出。3 要将鳄梨肉从壳内取出，需要再次将鳄梨分别纵长切成两半，然后轻缓地将外壳与果肉剥离即可。

福诶尔特鳄梨（fuerte）
一种非常容易去掉外壳的鳄梨品种，带有柔和的风味和浅黄色的肉质，非常适合切成片状。这是制作各种沙拉和莎莎酱的理想材料。

经典食谱（classic recipe）

鳄梨酱（guacamole）

墨西哥风味的鳄梨酱通常只是将鳄梨肉与青柠檬汁搅拌在一起制作而成，但是在众多不同版本的鳄梨酱中有加入辣椒、香菜、洋葱和番茄等的不同风味。

供 6 人食用

3 个大个头的、熟透的鳄梨

半个青柠檬，挤出汁液

半个洋葱，切成细末

1 个熟透的番茄，去籽后切碎

1 个红辣椒，去籽后切成细末

盐

10 根新鲜的香菜，切碎，多备出一点用来装饰

2 汤勺酸奶油（可选）

1 将鳄梨切割成两半，去掉核，将鳄梨肉用勺挖出，放入搅拌碗里，用一把叉子将鳄梨肉捣碎。

2 加入青柠汁混合好，然后加入洋葱、番茄和辣椒，混合均匀。再拌入切碎的香菜，用盐调味。

3 如果使用了酸奶油，在此时搅拌进去，将搅拌好的鳄梨酱堆到一个餐碗里。用香菜叶装饰，并搭配墨西哥玉米片一起食用。

番茄（tomato）

这种热带植物所结出的果实——几乎在所有的温带气候条件下的地区都可以生长，甚至是西伯利亚——在世界上所有的烹饪中都是一种重要的原材料。现代的番茄种类，颜色从接近于黑色到黄色、橙色和红色，再到接近于白色。大小及形状从豌豆大小到巨大的球体状，而风味从甜美到酸爽的都有。

球形番茄（globe tomatoes）是一种经典的，有点类似于圆球形的番茄，并且颜色五彩缤纷。

樱桃番茄（cherry tomatoes）是一种小个头的，圆形的，含糖分特别高的番茄。

牛排番茄（beefsteak tomato）是一种大个头的番茄，形状通常会有一点扁平，口感香醇。

李子番茄（plum tomatoes）呈椭圆形，因为其肉质中含有很高的固体成分，因此可以用来制作出最佳品质的番茄沙司。

番茄的购买 番茄的高产期是在夏天到初秋时节这段时间。要寻找那些成熟的番茄，这样的番茄味道最佳。不是当季的番茄，其质地应硬实，表面没有瑕疵。放在家里，这样的番茄

会经过几天的时间继续成熟。

番茄的储存 番茄要在室温下存放，不要放到冰箱内储存，除非番茄熟透了。要将番茄摆放好，这样番茄相互之间就不会接触到，因为它们在橱柜上或者窗台上会继续成熟。

番茄的食用 新鲜时：小个头的番茄可以整个的享用；大个头的番茄可以切开。加热烹调时：番茄可以整个的烤（可以添加或者不用添加馅料），可以铁扒、炒、煎，或者炖等。可以用来制作沙司或者汤菜。可以加入砂锅内炖。腌制时：烘干之后可以浸泡到橄榄油里。可以用来制作番茄沙司或者酸辣酱等。绿色的番茄（未成熟的番茄）可以制作成泡菜。

搭配各种风味 帕玛森干酪，马祖丽娜干酪，罗勒，大蒜，洋葱，青葱，香芹，甘蓝，香脂醋，牛至，百里香，马郁兰等。

经典食谱 番茄沙司；西班牙番茄汤；意式鲜干酪番茄沙拉；番茄奶油汤；盖斯特根番茄；普罗旺斯风味酿番茄；番茄面包汤；番茄面包沙拉；酿馅番茄；番茄洋葱沙拉；阿拉比亚塔通心粉；烤蔬菜等。

金皇后番茄（golden queen）
一种珍稀的番茄品种，带有柔和的风味和多汁的质地，以及黄色的肉质，最适合用来制作沙拉，可以与风味更加浓郁种类的番茄混合使用。

球形番茄（globe tomatoes）

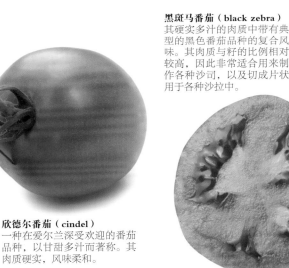

欣德尔番茄（cindel）
一种在爱尔兰深受欢迎的番茄品种，以甘甜多汁而著称。其肉质硬实，风味柔和。

黑斑马番茄（black zebra）
其硬实多汁的肉质中带有典型的黑色番茄品种的复合风味。其肉质与籽的比例相对较高，因此非常适合用来制作各种沙司，以及切成片状用于各种沙拉中。

摇钱树番茄（moneymaker）
英国的珍贵番茄品种，摇钱树番茄带有浓郁的番茄风味，酸甜适口，肉质多汁。

司徒皮斯番茄（stupice）
一种在捷克培养的番茄品种，酸甜适口，质地多汁。非常适合整个的当作零食食用，以及用来制作各种沙拉。

番茄沙司（tomato sauce）

据说是意大利大厨——弗朗西斯科·莱昂纳第，在1790年首先创造出了用于意大利面条的番茄沙司。

制作 600 毫升

4汤勺葵花籽油

1个洋葱，切碎

1瓣蒜，切碎

4汤勺番茄蓉

4个熟透的牛排番茄，去皮切碎，或者2罐400克的罐装碎番茄

8片新鲜的罗勒叶，撕碎

盐和现磨碎的黑胡椒粉

1 在大号的沙司锅内加入葵花籽油，并用中火烧热。加入洋葱煸炒，直到洋葱变软并变成金黄色。再加入大蒜，继续煸炒几分钟的时间。

2 加入番茄蓉、番茄碎及其汁液，一半用量的罗勒叶，以及盐和胡椒粉。不盖锅盖，改用小火炖大约20分钟的时间，或者一直炖至番茄变得浓稠。期间要不时地搅拌，在上桌之前将剩余的另外一半罗勒叶拌入。

樱桃番茄（cherry tomato）

这种一口即食大小的番茄品种，最好是连着花萼一起购买。

阳光金果（sungold）
许多人都认为这是樱桃番茄中口感最佳的品种。其酸甜口味非常适中，薄而脆嫩的外皮，以及汁液丰富的肉质——最适合用来制作各种沙拉，或者整个的用来当作小吃食用。

黄色梨形番茄的顶端呈锥体状，使得它从其他品种的樱桃番茄中一眼就能够辨认而出。

由于其肉质比绝大多数品种的樱桃番茄都要厚实一些，葡萄番茄可以快速烹调成熟，以制作成沙司或者莎莎酱。

黄色梨形番茄（yellow pear）
最古老的番茄品种之一，这个品种的番茄大约能够生长到2.5厘米长，有时候会连枝叶一起售卖。其风味柔和中带有甘甜的滋味，是购买到的那些口感太酸的番茄的绝佳替代品。

葡萄番茄（grape tomatoes）
充满吸引力的细长形番茄，甘美异常，并且汁液丰富，质地硬实，但是外皮却是鲜嫩的。由于是一口即食大小，尤其受到儿童们的欢迎，是午餐盒饭中的理想配菜。

这一个品种的番茄，无论是外皮还是肉质，都呈深紫红色。

黑樱桃番茄（black cherry）
与许多黑色的番茄品种一样，黑樱桃番茄带有深度的、丰厚的、令人心满意足的番茄风味。可以与红色和黄色的番茄一起混合后使用，它们在沙拉中形成了色彩分明的对比色。

樱桃番茄（cherry tomatoes）
这些小果型的番茄品种，通常会比大个头的番茄更加有滋有味。用来作为零食享用时会非常方便，或者在油中略炒使其碎裂开，可以制作成色彩丰富的比萨酱料。

卡排番茄（beefsteak tomatoes）

在开水中烫30秒钟，其外皮就会很容易剥离。

考斯徒劳图·弗洛伦蒂诺番茄（costoluto fiorentino）
来自于意大利佛罗伦萨的一种非常古老的，用途广泛的番茄品种。其质地细腻甘滑。

直径宽大，白兰地酒番茄非常适合切成片状之后用于各种沙拉和三明治中。

白兰地酒番茄（brandy wine）
属于美食级别的番茄品种，白兰地酒番茄以其独具一格的，酸甜适口的特点而广受赞誉。

步尤番茄（cuor di bue）
来自于意大利的利古利亚，这是一种肉质饱满的，心形的番茄，以用其制作高品质的沙司而闻名。

潘塔诺番茄（pantano romanesco）
来自罗马的番茄品种，通常用来制作沙司。其肉质中带有丰厚而浓郁的番茄风味。

蒙特色拉特番茄（montserrat）
一种大个头的西班牙番茄品种，带有厚实的、甘美的肉质，酸度很低，汁液中带有黏性，并具有诱人食欲的芳香风味。与洋葱和大蒜一起炖熟之后，可以制作成风味香浓的沙司。

牛排番茄（beefsteak tomatoes）

番茄即便是在成熟之后，还是会保持其美丽的橙绿色。

长绿番茄（evergreen）
无论是风味还是外观都别具一格，番茄中的酸甜口味达到了完美的融合。其硬实的肉质特别适合用来制作各种沙拉、三明治，以及用来煎。

热那亚·科斯特洛特番茄（costoluto genovese）
这种在番茄表面带有深深棱纹的意大利珍宝级的番茄品种，来自于热那亚，带有仿佛浓缩般的、刺激的番茄风味以及厚实的肉质，较生食而言，它更加适合用来制作味道浓郁的沙司。

如同许多的牛排番茄品种一样，这种番茄在切开之后会暴露出错综的果心。与果肉相伴在一起，其果心构成了制作番茄沙司时的主体。

李子番茄（plum tomatoes）

罗马番茄（Roma）
一种非常常见的李子番茄品种，肉质稠密而风味浓郁，这是用来制作沙司和汤菜最好的番茄之一。

番茄在切成两半或者切成片状来铁扒或者烤之后，会保持形状不变。

奥利维德番茄（olivade）
这种魅力四射的李子番茄中果肉和果汁含量的比例非常高，使得其成为制作沙司的最佳选择，同时也可以用在沙拉中和三明治中生食。

番茄中的大部分风味都呈胶冻状环绕在番茄籽周围，所以不要将番茄籽丢弃。

圣马沙诺番茄（san marzano）
以其引以为傲的、浓郁的番茄风味和香醇的口感而著称，这是用来制作罐装番茄以及番茄酱的传统品种。许多人认为这种番茄是世界上用来制作番茄沙司时所使用的最好的番茄。

西班牙番茄冷汤（gazpacho）

这种冷的，不需要加热烹调的西班牙冷汤菜来自安达卢西亚，在天气变得异常炎热的时候，这样的冷汤总是非常受欢迎。

共 4 ~ 6 人食用

- 厚片白面包，去掉四周的硬边
- 千克番茄，多备出一些用来配餐
- 半根黄瓜，去皮，切成细末，多备出一些用来配餐
- 个小个头的红辣椒，去籽后切碎，多备出一些用来配餐
- 瓣蒜，拍碎
- 汤勺的雪梨醋
- 盐和现磨的黑胡椒粉
- 20毫升特级初榨橄榄油，多备出一些用来配餐
- 个煮熟的鸡蛋，蛋清和蛋黄分离开并分别切碎，用来配餐

1 将面包片放入到一个碗里，倒入冷水，在制备番茄的时候，将面包浸泡一会。将番茄放入耐热碗里，倒入足够没过番茄的开水，烫20秒钟，或者一直烫到番茄外皮开裂。捞出番茄用冷水过凉，然后去掉番茄的外皮。将番茄切成两半，去掉番茄籽不用，将番茄肉大体切碎。

2 将番茄肉、黄瓜、红辣椒、大蒜以及雪梨醋一起放入食品加工机内或者搅拌机内。将浸泡面包的水控净并挤干面包中的水分，加入番茄混合物中，用盐和胡椒粉调味，快速搅打成细腻状。再加入橄榄油，并再次快速搅打并混合均匀。如果搅打好的汤过于浓稠，可以加入一点水。将制作好的汤倒入大汤碗里，盖上保鲜膜，放入冰箱内冷藏至少1个小时。

3 在准备上汤之前，将预备好的番茄、黄瓜、红辣椒切成细末。将这些材料与蛋清和蛋黄一起分别摆放到汤碗里。将汤舀到汤碗里并服务上桌，让喝汤的客人根据自己的需要，添加各种材料，包括淋洒上橄榄油等。

绿番茄（tomatillo）

绿番茄原产于墨西哥和中美洲的高原地区，现在绿番茄在这些地区仍然是日常烹调时必不可少的原材料。最近已经在大多数的北美和南美地区开始流行，然而在世界上的其他地方并没有多少知名度。尽管绿番茄与番茄有点亲缘关系，有时候也会称之为墨西哥绿番茄，但是绿番茄更接近于它的表亲，酸浆果或者灯笼果，以及地樱桃等，绿番茄也带有薄薄的外层叶片。其个头从樱桃到李子大小的都有。成熟之后的绿番茄会变成亮黄色，甚至是暗紫色，其肉质也会变得非常甘美，但是一般情况下，都会在其还是绿色时使用，此时绿番茄的酸味较强烈，并带有一丝柑橘的风味。

绿番茄的购买 绿番茄的出产期可以从夏天延续到秋天。其质地应该硬实，触摸时略微带有一点黏性，没有瘀伤、刮伤，或者软点。其薄薄的外层叶片应呈浅金黄色，而不应该是深褐色。

绿番茄的储存 装入塑料袋内，放到冰箱里，可以冷藏保存2周以上。

绿番茄的食用 新鲜时：可以切碎放到各种沙拉中，可以制作莎莎酱以及鳄梨酱等。可以在制作西班牙冷汤汤时代替番茄使用。加热烹调时：可以熬煮成沙司，可以煮、煎、烤，或者炖。腌制时：可以用来制作酸辣酱。

搭配各种风味 鸡肉、三文鱼、比目鱼、辣椒、玉米、洋葱、香菜等。

经典食谱 西芹酱；摩尔酱。

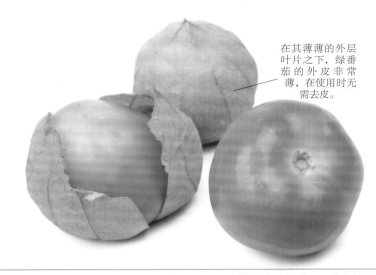

在其薄薄的外层叶片之下，绿番茄的外皮非常薄，在使用时无需去皮。

面包果（breadfruit）

面包果原产于从马来西亚到南太平洋岛屿，再到西印度群岛这些地区。这一个大个头的、圆形的、粉质的水果目前在其他热带气候条件下的地区也有种植。要在其刚刚成熟，但还呈绿色时就要加热烹调，面包略微带有一些类似于水果面包般的口感和质地。在其成熟之后，质地会发生变化——变成更加黏稠的，最后成为黏液状——发展成水果风味，但是即便是完全成熟，面包果的口味还是会比较平淡。

面包果的购买 面包果一年四季都可以购买到，要挑选那些绿色的面包果，这样在家里经过几天的存放可以让其达到所期望的成熟程度。要避免购买那些在表面上有软点或者已经切开过的面包果，因为这样的面包果很快就会碎裂开。

面包果的储存 装入厚塑料袋内密封好，放到冰箱内蔬菜层冷藏保存，或者放到一个凉爽的地方保存，可以保存7 ~ 10天。要避免在保存时温度过低，因为会将面包果的肉质冻伤。

面包果的食用 加热烹调时：可以使用与制作土豆一样的烹调方法：煮或者蒸，烤，或者切成片炸。可以将面包果制作成蓉泥状用来做汤，或者用来做甜味布丁，面包，蛋糕和馅饼的馅料等。

搭配各种风味 辣椒、柿椒、番茄、大蒜、洋葱、香菜、小茴香、豆蔻、青柠檬等。

幼嫩的面包果的肉质呈硬质和粉质状，随着面包果的成熟，其肉质会变得更加柔软和略微带有黏性。

蘑菇和菌类（mushroom and fungi）

我们所说的蘑菇类是指土壤传播菌类的子实体。它们从活着的或者死去的植物中吸取各种营养素，在全世界的温带气候条件下的各个地区都能蓬勃生长。能够给各种食品增添或质朴醇厚，或芳香开胃的风味。其风味的特点和浓郁程度，几乎完全依赖于它们所属的蘑菇类型，而不是依据于它们不同的栽培方法，它们各自颜色、大小不同。大多数烹调所用的菌类都带有盖和茎，但并不是全部如此，例如，尘菌就呈球形而无茎。

蘑菇和菌类的购买 蘑菇的收获季节可以从夏末持续到初冬，其中有一些品种，例如，羊肚菌在春季就会出现。无论你购买到的是哪一个类型的蘑菇，都应该是新鲜收获的：检查其根部的切割位置，不应该是干硬的。当然还要闻一下味道——芳香中带有泥土的气息和甘美的风味，而不应带有酸味。如果你在寻找野生蘑菇，一定不要当场食用，除非你能够完全肯定这一种蘑菇可以食用。野生蘑菇味

道鲜美，但也足以致命。

蘑菇和菌类的储存 新鲜的蘑菇可以装入密封的纸袋内放到冰箱内冷藏保存超过一周以上。蘑菇在干燥之后可以储存几个月之久，用热水浸泡之后会恢复如初。

蘑菇和菌类的食用 新鲜时：可以切成薄片加入到沙拉中增添幽香。有一些蘑菇，像金针菇，可以整个的在三明治中使用并生食。加热烹调时：蘑菇几乎适用所有的烹调方法。炒、烤、铁扒、烧烤、煎或者蒸等。腌制时：蘑菇有时候可以采用油泡的方式进行腌制，有一些品种的蘑菇可以制作成泡菜，可以制作成调味番茄沙司，但是蘑菇最常见的保存方法是干燥法。

搭配各种风味 牛肉、猪肉、家禽肉、鸡蛋、大蒜、洋葱、豌豆类、番茄、雪利酒、柠檬、牛至、香芹等。

经典食谱 蘑菇汤；俄罗斯炒牛肉；蘑菇馅；蘑菇小牛排；希腊式蘑菇。

栗蘑或者双孢蘑菇（chestnut or crimini mushroom）
这是波多贝罗蘑菇（褐菇）的幼小时的版本，这种通用性非常强的蘑菇带有坚果的风味和香醇的质地。可以生切成片放到沙拉中，但是最好还是煎或者炒食。

蘑菇的制备

在使用之前，栽种的蘑菇无需去皮，所有的部分均可以食用。

1 使用一把锋利的小刀，切除其茎部的末端，或者将茎部切去一部分。**2** 使用湿润的厨房用纸或者一把毛刷，将蘑菇上的泥土拭净，保留好蘑菇茎。如果蘑菇太脏或者带有沙土，放到漏勺内冲洗一下并拭干。**3** 将蘑菇切成片，或者切成所需要的形状。

波多贝罗大（portobello mushroom）
一种大个头的、口感香醇，肉质硬实而风味浓郁的蘑菇。其较大块头的体型，使其在制作汉堡时可以作为肉类的完美替代品。

经过浸泡之后，将其木质的硬茎切除不用。只使用其顶盖。

蘑菇的外皮中含有多种风味，所以栽培蘑菇只需使用湿润的厨房用纸擦拭干净即可。

干香菇（Chinese dried mushroom）
浓缩的风味和浓郁的芳香集于一身，干香菇先浸泡至柔软，然后其使用方法与新鲜蘑菇相同。

香菇（shiitake mushroom）
香菇在西方国家广泛使用，在日本广受赞誉。带有淡淡的木质风味和耐嚼的质地，最适合用来炒或者加入汤菜中。

金针菇（enoki mushroom）
成簇的栽培生长，金针菇带有脆嫩的质地和柔和的蘑菇芳香风味。非常适合用来做汤菜和炒菜，或者用来在沙拉中和三明治中生食。

圣乔治蘑菇像极了一些毒素非常高的蘑菇，所以在野外采摘它们的时候要格外小心。

圣乔治蘑菇（St George's mushroom）
一种在春天出产的蘑菇品种，圣乔治蘑菇带有粉状的质地，并且闻起来有点类似于黄瓜的味道。通常用来在黄油中煎熟，使其风味得到强化。

扁圆形白蘑菇（flat white mushroom）
这类蘑菇是完全长大后的双孢蘑菇，带有硬实的质地以及泥土的芳香风味。这类蘑菇可以铁扒、煎、酿馅，或者烤。

要找寻那些蘑菇的顶盖处有光泽，没有斑点或者裂纹的蘑菇。用手触摸的时候感觉光滑。

双孢蘑菇（button mushroom）
一年四季中使用非常广泛，双孢蘑菇带有非常柔和的风味，可以通过在黄油中煸炒而增加风味。双孢蘑菇也可以用于各种沙拉中，或者在蔬菜沙拉中生食。

滑子菇（nameko mushroom）
在日本非常流行，并大量出口，滑子菇在经过加热烹调之后会彰显出结力般滑嫩的质地，是制作日本汤菜和炒菜的理想材料。

要充分利用各种各样的可食用蘑菇类，每一种蘑菇都会带有自己独具特色的美感、质感以及宜人的风味。

蘑菇（mushrooms）

其喇叭般的形状和凹陷的蘑菇盖使得鸡油菌非常容易辨认。当鸡油菌成熟之后，其引人注目的黄色会逐渐消褪。

草菇（straw mushroom）
原产于中国，这些圆锥形的蘑菇味道呈中性，可以与其他各种原材料形成完美的搭配。草菇极易腐坏，通常以罐装的形式售卖。

鸡油菌（chanterelle or girolle）
广受赞誉的鸡油菌带有细腻、鲜嫩的肉质，以及明显的坚果和水果风味，是鸡蛋类菜肴、鸡肉、小牛肉，以及猪肉类菜肴的有效补充。最适合用来炒。

牛肝菌（Cep or porcini）
牛肝菌是所有蘑菇品种中最受尊崇的一种，以其细滑、乳脂状的肉质，浓郁而可口的风味，以及高雅的造型而著称，煎食时会非常美味，也可以加入意大利调味饭以及意大利面条菜肴中。

野蘑菇（field mushroom）
可以从其厚厚的白色肉质和令人愉悦的泥土芬芳中辨认出，野蘑菇带有粉红色的或者褐色的菌褶——不会是白色的，因为这是人类发现的致命毒菌。野蘑菇非常适合用来铁扒和炒。

干牛肝菌（dried cep or porcini）
片状干的牛肝菌可以从熟食店或者超市内购买到。其风味非常集中——非常适合用来给沙司和汤类增味。用热水浸泡时非常容易涨发。

其细滑、褐色、闪耀着光泽的蘑菇盖的底部带有毛孔而不是菌褶。

红棕色牛肝菌（bay bolete）
这种牛肝菌比起其他牛肝菌的味道更加柔和，但是其肉质还是会呈现出相类似的乳脂状的质地。在加入大蒜和香芹煎炒后会增强其风味。

布纳姬菇（buna-shimeji）
这些充满诱惑力的日本簇栽蘑菇有着坚果风味和脆嫩的质地。生食时带有很重的苦味，因此一定要加热烹调成熟之后食用。

要修剪开并去掉底部的簇根，保留其茎部并连在蘑菇盖上。然后将其单独地分离开。

当蘑菇盖的直径生长到大约7.5厘米时，这些蘑菇的品质最佳。在切割开蘑菇盖之后，蘑菇盖会渗出一些乳白色的物质成分。

在使用羊肚菌烹调之前，只需来回甩动羊肚菌的头部，以去掉所有的昆虫，并用毛刷刷掉所有的泥土。

松乳菇（saffron milkcap）
在欧洲深受欢迎，这一种蘑菇带有坚果的风味和略微松脆的质感，在经过加热烹调时其形状发生变化。非常适合用来制作浓郁的奶油类沙司。

羊肚菌（morel）
最受追捧的野生蘑菇之一，羊肚菌带有独具一格的、仿佛牛排一样的风味，只需简单地煸炒一下，其风味就会令人惊叹。羊肚菌一定不可以生食。

寻找那些菌褶呈黄色到乳白色的蘑菇，其菌褶从蘑菇盖的最外沿一直向下延伸到茎部。

平菇（oyster mushroom）
幼平菇非常鲜嫩，并且风味柔和，带有一丝八角的芳香，成熟之后会带有刺激性并变老。可以用来炒，或者加到东方风味的汤菜中。

经典食谱（classic recipe）

蘑菇汤（mushrooms soup）

这一道细滑的汤呈现了蘑菇中浓烈的原汁原味，可以搭配热的松脆的面包一起食用。

供 4 人食用

1汤勺橄榄油
30克黄油
1个洋葱，切成细末
盐和现磨的黑胡椒粉
2瓣蒜，切成细末
4小枝百里香，将叶片去掉
450克蘑菇，一半栗蘑，一半白蘑菇，其中一半的蘑菇切成细末，另外一半切成小粒
900毫升蔬菜高汤或者鸡汤
切成细末的香芹，用来装饰

1 在大号沙司锅内加热橄榄油和黄油。当黄油熔化以后，加入洋葱煸炒，并加入盐和胡椒粉调味。用小火煸炒5分钟左右，或者一直煸炒至洋葱变软并变成透明状，不要将洋葱煸炒上色。再加入大蒜和百里香煸炒几秒钟。

2 加入蘑菇细末，用小火继续煸炒大约5分钟，或者一直煸炒至蘑菇开始流出汁液。加入切成小粒的蘑菇，再继续煸炒5分钟，加入一点高汤并烧开，然后倒入剩余的高汤，用小火熬煮20～30分钟，或者一直熬煮到蘑菇完全成熟。

3 分批将蘑菇汤放入搅拌机内快速搅打成非常细腻的状态。将每批次搅打成蓉泥状的蘑菇汤都倒入一个干净的锅内。重新加热，如果蘑菇汤过于浓稠，可以略微加入一点水，然后调味。烧开之后用勺舀到汤碗里，撒上香芹之后服务上桌。

蘑菇（mushrooms）

喇叭菌（horn of plenty）
这也称为黑蘑菇，带有强烈的泥土芳香风味。其薄薄的肉质特别适合用来干制，然后粉碎成粉末状，用来作为美味的调味料。

喇叭菌可以从其质脆易碎的、波浪形的边缘，韧性的茎秆，以及没有菌褶这些特点轻易地辨认出来。

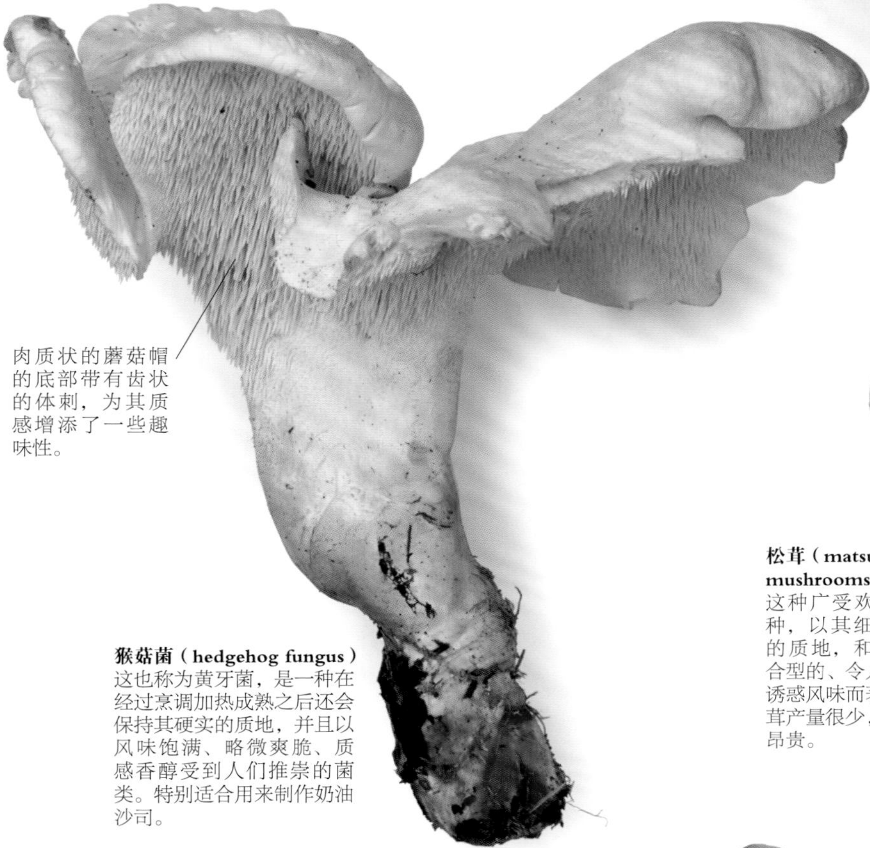

肉质状的蘑菇帽的底部带有齿状的体刺，为其质感增添了一些趣味性。

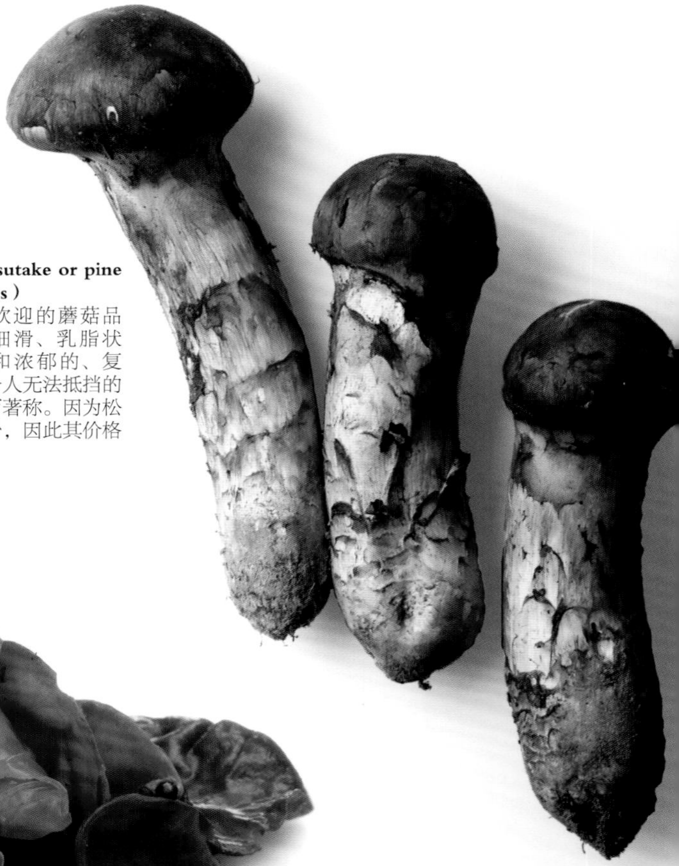

松茸（matsutake or pine mushrooms）
这种广受欢迎的蘑菇品种，以其细滑、乳脂状的质地，和浓郁的、复合型的、令人无法抵挡的诱惑风味而著称。因为松茸产量很少，因此其价格昂贵。

猴菇菌（hedgehog fungus）
这也称为黄牙菌，是一种在经过烹调加热成熟之后还会保持其硬实的质地，并且以风味饱满、略微爽脆、质感香醇受到人们推崇的菌类。特别适合用来制作奶油沙司。

其干燥的肉质在用温水浸泡至柔软时，可以恢复原状。

云耳（cloud ears）
这些中国的干菌类本身没有滋味，但是极易吸收其他材料的风味。在加热成熟之后会变成凝胶状。

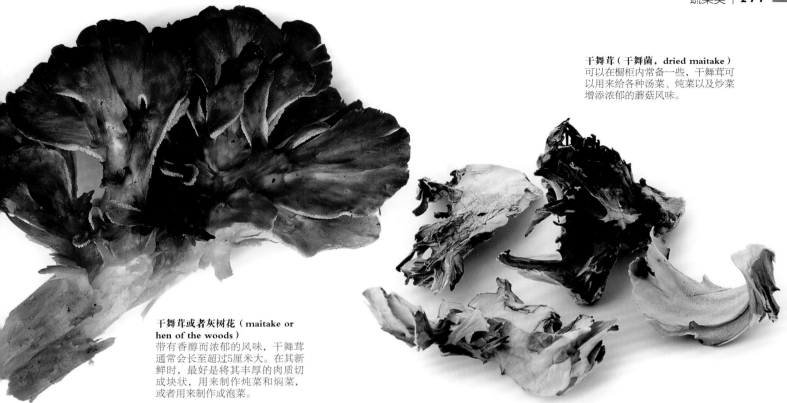

干舞茸（干舞菌，dried maitake）
可以在橱柜内常备一些，干舞茸可以用来给各种汤菜、炖菜以及炒菜增添浓郁的蘑菇风味。

干舞茸或者灰树花（maitake or hen of the woods）
带有香醇而浓郁的风味，干舞茸通常会长至超过5厘米大。在其新鲜时，最好是将其丰厚的肉质切成块状，用来制作炖菜和焖菜，或者用来制作成泡菜。

松露（truffles）

松露是芳香型真菌的子实体，在温带地区，水源充足的树根下生长（特别是橡树、也包括山毛榉、白杨树、榫树、鹅耳枥、榛子树、松树等）。曾经有一段时间，在法国，松露一度被认为只有佩里戈尔出产的黑色的，或者在意大利阿尔巴出产的白色的，且是随着松露栽培技术的进步，这种状况已经改变了许多，并且松露产业在许多地方，如中国、美国太平洋的西北部地区，以及除了法国和意大利以外的欧洲国家里，都得到了长足发展。黑色的佩尔戈尔松露呈木炭色，内部带有白色的筋脉状的纹理，而意大利白色的松露外观呈米黄色，内里呈黄褐色并带有白色的筋脉纹理。所有的松露都带有浓烈的芳香风味，以及在泥土的芬芳风味中带有花香和果香的意蕴。

松露的购买 不同种类的松露产自于不同的季节：黑松露在隆冬时节品质最佳，白松露则在秋天品质最佳。因为物以稀为贵，因此松露的价格昂贵，所以在购买松露的时候，要确保你采购到的松露质地硬实而不绵软，带有清爽的水果和泥土的芳香。收缩的、干瘪的松露会失去它们的芳香风味。

松露的储存 新鲜的松露很快就会失去其风味。用干燥的厨房用纸包好之后放入纸袋里，在冷藏冰箱内可以储存1~2天的时间。

松露的食用 新鲜时：擦成薄片或者刨成薄片，在上菜之前，摆放到热菜的表面上，特别是意大利面条或者意大利调味饭上面。烹调成熟时：热的黄油或者鸭油能够让加入到菜肴中的松露保留其芳香和风味。可以将松露片在烘烤家禽之前塞入胸脯肉的皮下。可以加入鸡蛋中用来制作蛋卷或者炒鸡蛋。奢侈一些的，可以将整个的松露与鹅肝一起用面皮包裹好之后烘烤，或者用马德拉酒炖。

搭配各种风味 家禽和野禽类，鸡蛋类，干酪，鹅肝，土豆，意大利面条，米饭等。

经典食谱 黑松露意大利面；松露干酪火锅；佩里格沙司；松露鹅肝酱；意大利松露调味饭；松露鸡肉。

松露或者阿尔巴松露（white or alba truffle）
松露会散发出引人注目的复合型的泥土的芳和风味，能够让人想起大蒜与其他菜肴烹调的芳香风味。白松露的质地应该硬实，很容就可以刨成片状用来装饰菜肴。

黑松露或者佩里戈尔松露（black or périgord truffle）
带有森林中的新鲜泥土以及巧克力般的芳香风味，黑松露比白松露风味更加淡雅，因此而广泛使用。黑松露带有硬实、如同软木塞般的质地。

生的松露薄片可以给各种菜肴增添浓郁的风味。松露的外皮要保留，以便不浪费一丝一毫的松露。

海洋蔬菜类（sea vegetables）

海洋中有各种藻类，我们称之为海藻类生长的温床。因为很多的海藻类都是可食用的，并且营养丰富，可以恰如其分地将各种藻类描述成海洋蔬菜类。其他的在海洋周围，沿着海岸线和湿地等地方生长的植物类，也可以划归于这一类食物中。在深海中所收获的海洋蔬菜都是洁净的——尤其是在日本海的北部，那里的海洋蔬菜是重要的和正规的食物来源地之一，还有美国的太平洋西北海岸沿线，加拿大的东海岸，以及北大西洋沿岸的一些国家。海洋蔬菜呈现五花八门的性状、大小以及颜色等，并且风味系列也呈现着从柔和到带有浓郁的海洋风味。那些如海篷子和海甘蓝等带有茎秆的海洋蔬菜质地鲜嫩，并带有适口的咸味。

海洋蔬菜类的购买 海洋蔬菜类根据种类不同，一年四季都可以购买到新鲜的，这些蔬菜应该湿润而柔软，没有腐坏。大多数的海藻类都是干燥后售卖的，可以水发后恢复原状，或者制作成片状或者粉末后在厨房内使用。

海洋蔬菜类的储存 新鲜的海洋蔬菜应该在其湿润时用塑料袋包装好，在冰箱内可以冷藏保持一周以上的时间。干燥的海藻类可以在橱柜内储存。

海洋蔬菜类的食用 新鲜时：海带和海篷子可以用来制作沙拉。在爱尔兰和苏格兰，以及在北大西洋沿岸的渔民和妇女们都会生食红皮藻，就如同嚼口香糖一样，因为其质地坚韧而耐嚼，并且其风味会缓慢地释放出来。干燥的海苔片可以用来制作寿司。加热烹调时：根据所使用的海洋蔬菜的种类不同，可以煮、蒸、炖，或者焖等。可以用来做汤（如昆布，一种海带制品，用来制作鱼汤），或者用来给各种汤菜增添风味。腌制时：可以干制或者制作成泡菜。

搭配各种风味 海鲜，土豆，洋葱，酱油，味噌，鸡蛋，姜等。

羊栖菜（hijiki）
干的羊栖菜带有非常咸的味道，非常适合搭配带有甜味的蔬菜类，如胡萝卜和南瓜等。使用温水可以快速涨发好。

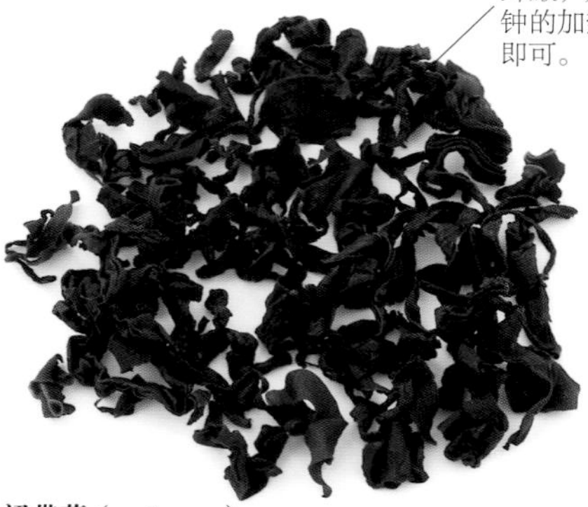

一旦涨发好之后，其叶片会变得非常鲜嫩，只需要几分钟的加热烹调时间即可。

裙带菜（wakame）
裙带菜带有柔和的植物风味和鲜嫩的质地。特别适合用来制作成汤菜和沙拉，或者添加到蔬菜中或者豆类菜肴中。

在使用之前，要使用自来水将墨角藻冲洗干净，然后再浸泡20分钟。

墨角藻（bladderwrack）
墨角藻带有浓郁的海藻风味，特别适合制作快速烹调的菜肴，如制作各种汤菜和炒菜等。因为其碘的含量非常高，因此传统制作方法是用来制作成保健茶或者保健汤。

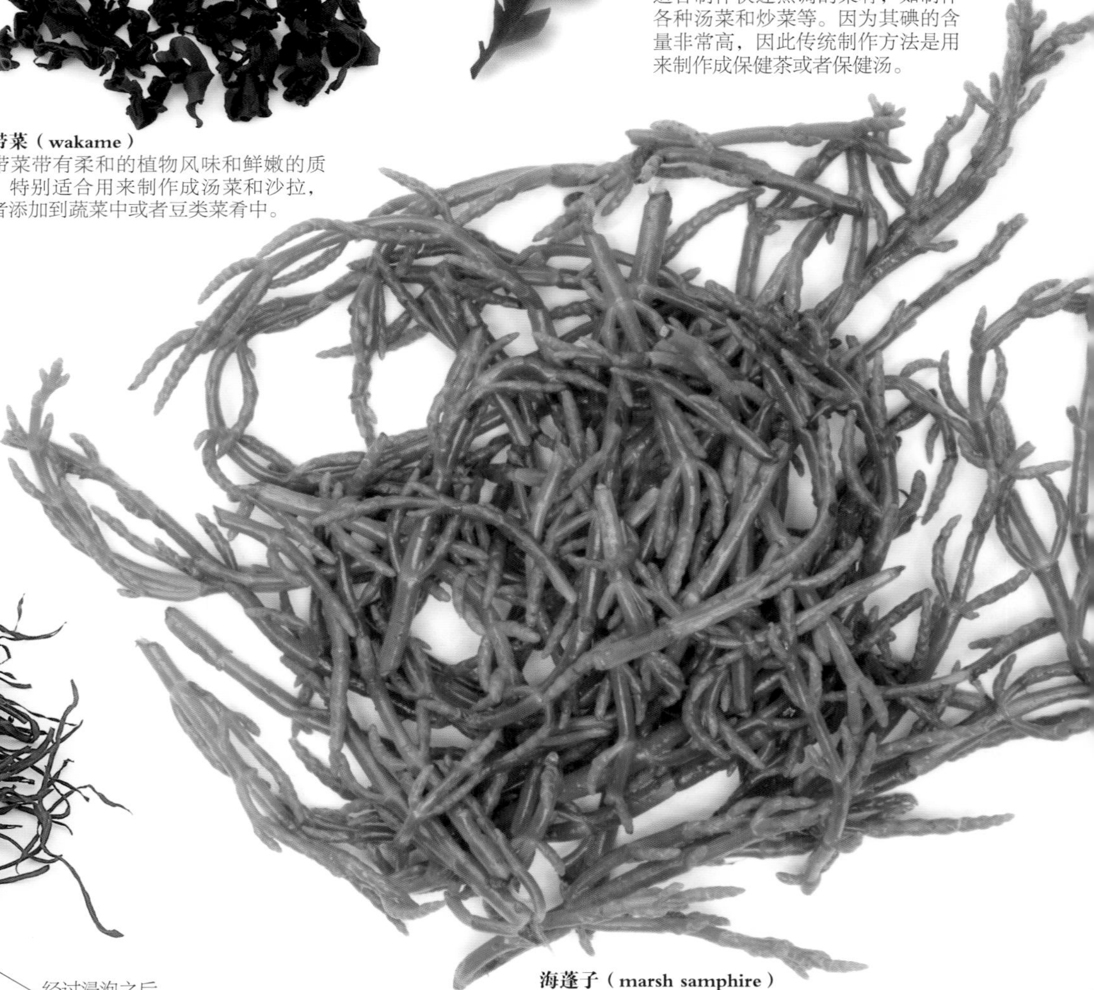

良布海藻（arame）
良布海藻是一种柔和而风味甘美的海藻，含有特别丰富的碘。制作成各种汤菜和炒菜时美味可口，也可以淋洒到米饭上进行装饰。

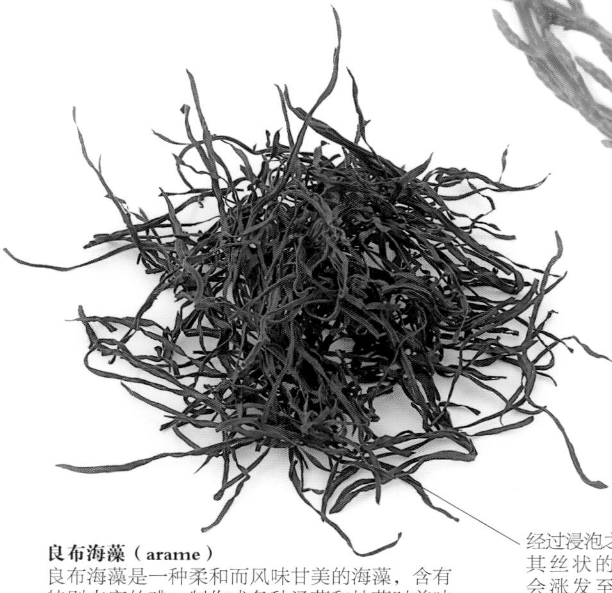

经过浸泡之后，其丝状的藻体会涨发至体积的三倍大。

海篷子（marsh samphire）
沿着北欧的海岸线和河口处生长，海篷子长有薄薄的、肉质饱满的叶片，带有开胃般的咸味。海篷子最好是略微蒸过或者进行腌制。在礁石上生长的海篷子与海篷子外观相类似，但是其只在岩滩上生长，并带有浓郁的树脂味道。

红皮藻（dulse）
在爱尔兰和苏格兰等地深受欢迎，红皮藻风味醇厚，质地呈凝胶状。非常适合于长时间的炖和用来制作汤菜，或者与煎土豆一起搭配后食用。

在使用之前，可以将海苔片在煤气火苗上，或者电炉上轻轻烘烤。当海苔片变脆香时即可。

海带（kelp）
在北大西洋沿岸出产，海带以其醇厚的风味而著称。可以用来制作美味而富于营养的高汤，或者将其煮熟后作为蔬菜使用。

海苔（nori）
在日本由人工制作而成，经过干燥并压制成如同纸巾般的薄片。口感呈柔和的海洋风味，成张的海苔片可以用来制作寿司，或者用来包裹鱼肉或者肉类一起食用。

琼脂（石花菜，冬粉，agar-agar）
这种无味无色的，从各种海洋蔬菜中提炼出来的胶状物质，是一种实用性非常广泛的，可以替代胶冻的素食胶质。作为胶冻使用时，其使用的方式，有时候会加上红色的色素（见左图）。

海白菜（sea lettuce）
大个头的、边缘呈波浪形的叶片带有一股柔和的咸味。其鲜嫩的质地使其可以直接在沙拉中生食。同样，也可以添加到清汤中，或者用黄油煎至脆嫩后食用。

香草类

细叶芹/龙蒿

小茴香/薰衣草

月桂叶/罗勒/牛至

香芹/迷迭香

酸模草/鼠尾草/百里香

香草类概述

　　香草类通常会用来给一道菜肴增加香味和风味，而不是给菜肴提供主要的味道。莳萝、香芹以及细叶芹等的淡雅风味，非常适合搭配鱼类和海鲜类；而更加芳香的迷迭香、牛至以及大蒜等会与炖菜或者烤羊肉，或者烤猪肉等形成完美搭配。根类蔬菜与百里香和迷迭香尤其适合，茄子适合普罗旺斯香草，豌豆适合细香葱，番茄适合罗勒和香芹等。要牢记，香草的风味与菜肴本身的风味形成平衡并进行互补是非常重要的，要合理并适量地使用香草，这样就不会压制住其他原材料的风味。

新鲜香草黄油是意大利面条简单却美味的搭配。现做现切一些香芹叶、罗勒叶、龙蒿叶、百里香叶，或者其他地中海出产的香草，都是现煮好的意大利面条绝佳的搭配。

香草类的购买

　　目前大量使用的新鲜香草所发挥出的作用日益明显，已经占据了许多厨房内原来小包装的干燥香草类的位置。有一些香草是以干燥的形式售卖的，如罗勒和香芹，不值得购买使用，因为这些香草的芳香风味和口感都会淡而无味。这样的香草要使用新鲜的。新鲜香芹的清新草本植物香味，与从一束罗勒中飘散而出的带有茴香和丁香的芳香的复合香味，首先会让我们的嗅觉飘飘然，再然后是我们的味蕾。与许多香草不同，这两种香草如果大量使用也不会遮盖住其他原料的味道——就如同使用罗勒制作的香蒜沙司和使用香芹制作的塔博勒沙拉一样。那些浓郁的香草，如龙蒿、百里香、鼠尾草、薄荷以及迷迭香等，在干燥之后使用效果非常好，因为能够保留其香味，并通常会将其风味进行浓缩。不管是新鲜的香草还是干燥之后的香草，都应该适量地使用，否则香草会遮盖住食物中其他原料的风味而不是形成有效的补充。

香草的储存

　　最理想的情况是，使用刚刚采摘下来的新鲜香草，因为此时的香草最是香味扑鼻，风味最佳，不过，这里有几种方法可以用来储存一段时间的香草，而不会对其风味造成太多的损失。不管是冷藏储存、冷冻储存，或者是干燥后储存，都需要在采摘之后尽快进行储存以便取得最好的效果。

储存新鲜的香草类

冰箱是储存新鲜切割下来的香草最佳的地方，可以将香草的茎秆浸泡到水中，或者盖上一张湿润的厨房用纸进行储存。

冷冻切碎的香草类

可以将洗净并拭干的香草切碎，放入小锅内或者冰格内，再加上一点水或者油冷冻成冰块。然后扣出，放入塑料袋内进行储存。

冷冻香草蓉

将香草放入食品加工机内，加入一点橄榄油搅打成泥蓉状，并分别塑好型。将制作好的香草蓉装到袋里或者塑料盒里并冷冻保存。

干燥后在广口瓶内保存

将新鲜切割下来的香草，在棉布上稀疏地摆放好，放置在一个凉爽、干燥的地方，直到香草的叶片变得脆硬。将大的叶片弄碎或撕成条状，在茎秆上保留好小的叶片。然后密封储存在容器中。

微波保存香草类

香草也可以通过微波炉快速而简单地进行干燥处理。将干净的香草叶和小枝的香草均匀地摊和铺好的双层厨房用纸上，放入到微波炉内，使用全功率状态运行2分钟半。冷却后放入密封容器内储存。

新鲜而柔嫩的混合香草能够提升蔬菜类菜肴、各种沙拉以及肉类菜肴或者炖焖家禽类菜肴的风味。将混合香草切碎或者撕碎后撒到制作好的菜肴的表面上即可。

香草的制备

根据食谱的要求，香草可以整枝的使用，也可以切碎，或者捣碎成泥蓉状后使用。柔嫩的叶片状香草最好是新鲜使用，或者在烹调的最后时刻添加到菜肴中。

刀碎 可以根据菜肴的需要，对香草进行适当的切碎处理。切成细末的香草可以更好地与其他原材料混合成一体，并直接将香草的风味添加到菜肴中，因为切成细末状的香草会有更多的切面暴露在外。香草还可以制作成香草油，以便能够更快地混合到食物中，但是香草油在经过加热烹调之后会失去其风味，大本切碎的香草可以更长时间地保存其风味和质地，并且在经过烹调加热之后也能更好地保留其风味，但是在质地细腻的菜肴中会显得有些不相称。

使用半月形刀剁碎香草

有些厨师喜欢在切碎大量的香草时，使用弧状的半月形刀。这种刀具可以轻松自如地前后晃动着反复进行切割。

使用刀切碎香草

使用一把大号的、锋利的刀，否则会让香草受到淤伤。用没有握刀的那只手的手指扶住刀尖处，以上下运动的方式快速地进行切碎操作。

如果要将诸如酸模草一类的叶片切成丝，在切割之前，要将每一片叶片上较粗的筋脉去掉。将几片大小相类似的叶片叠摞到一起，并紧紧地卷起。使用一把锋利的刀，将卷紧的叶片切割成非常细的丝状。

捣碎 香草，香草可以使用研钵捣碎成糊状，大蒜在研钵内加上一点盐就会非常容易的捣碎成蒜泥状。而使用食品加工机可以更加快速的将香草打碎成更细腻的末状。一些香草类少司，例如香蒜酱，就是使用食品加工机制作而成的香草少司。

1 香蒜酱是使用捣碎的香草制作而成的少司。开始时，将一些罗勒和大蒜放入大号的研钵内捣碎成粗糙的泥蓉状。

2 逐渐地加入一些松子仁、擦碎的帕玛森干酪以及橄榄油，再继续捣碎成细腻的糊状。

混合香草

无论是干燥的还是新鲜的香草都有许多种不同的使用方式组合。甚至连最经典的混合香料的组成也会根据所要制作菜肴的种类不同而要有所变化——这就是你在制作欧洲风格的香草束时要遵循的原则，中东风格的混合香草，或者南美风格的混合香草，在香草中都有可能包括着各种香料。

将下和摘下 香草叶，有一些香草——细香葱、细叶芹、香菜等——茎秆非常柔软，但是在大多数情况下，都需要在使用之前将它们的叶片从茎秆上将下来。小的叶片和小枝可以整个的在沙拉中使用或者用来装饰菜肴，但是大多数的叶片要根据所制备的菜肴的不同情况，需要切碎、切成片，或者捣碎后使用。要保持叶片的完整性，直到使用之前再进行加工处理，否则其风味会散发掉。

将下叶片

用一只手握紧香草的茎秆，使用另一只手的拇指和食指沿着茎秆朝前推，将叶片将下来。

摘下叶片

从茎秆上摘下茴香叶片，用一只手将一枝茴香朝上抬起，将茎秆上粗一些的茎枝都采摘下来。

香草束，这一小捆香草，在法式烹饪中，是用来给慢火加热成熟的菜肴增添风味的。使用一根棉线将所有的香草捆缚到一起（有时候也可以使用棉布包好）。在上菜之前，要将香草束取出不用。传统的香草束包含有一片月桂叶，2~3根新鲜的香芹茎秆以及2~3小枝百里香。

香草的加热烹调

在加热烹调时，要尽早地加入各种香草，以便将其风味更好地释放到菜肴中。干燥的香草类应该在开始烹调时就加入进去，带有较老叶片的香草类，如迷迭香、薰衣草、冬香薄荷、百里香以及月桂叶等，经得起长时间的加热烹调。如果你将一枝香草加入菜肴中进行加热烹调，在上菜之前要取出这一枝香草。在使用慢火长时间加热成熟的菜肴中，要重新焕发出香草的芳香风味，可以在加热烹调快要结束的最后阶段在锅内拌入少许切成细末状的香草叶片。那些风味浓郁的香草类，像薄荷、龙蒿、小茴香、马郁兰以及独活草等，可以在加热烹调的任何时间段内加入菜肴中。口味细腻的香草油类，如罗勒油、细叶芹油、莳萝油、香菜油、紫苏油以及香蜂草油等，在经过加热之后，其风味很快就会消失。为了保持这些香草油的口感、质地、颜色，只需在上菜之前将香草油添加到菜肴中即可。

藿香（agastache）

　　藿香是薄荷科中耐寒而美丽的多年生植物种类。其中的两个品种值得厨师特别关注——茴藿香，茴香属，原产于北美；韩国薄荷，玫瑰属，原产于东亚。这两种香草在厨房内可以交换着使用。第三种香草，墨西哥藿香，在墨西哥野外生长，其叶片和花朵可以用来制作香草油。

　　藿香的购买 尽管藿香都可以从种子中生长，但是有各种专门的母株幼苗售卖。在叶片鲜嫩时就可以采摘下来，在开花之前最是芳香。

　　藿香的储存 藿香的叶片非常硬实，装入塑料袋内放到冰箱的蔬菜层，可以冷藏保存4～5天。最好是使用新鲜的藿香。干燥后的藿香叶片只用来制作藿香油。

　　藿香的食用 可以用来装饰菜肴，或者在上菜之前加入热菜中。在沙拉中只需添加几片叶片就能给沙拉增添八角的味道。可以与其他夏季出产的香草混合到一起，加入薄饼面糊中或者蛋卷中，或者加入香草沙司中用来搭配意大利面条。藿香通常会添加到茶叶中或者夏季饮料里，切碎的藿香叶片也可以用来腌制鱼类和海鲜类，或者制作搭配鱼类及海鲜类的沙司，用来制作鸡肉或者猪肉类菜肴，或者在米饭中使用。其本身带有的甜味可以对许多蔬菜的风味形成有效的补充，并且藿香叶非常适合搭配水果。

　　搭配各种风味 芸豆，西葫芦，根类蔬菜，冬南瓜，番茄，夏季浆果类，带核水果类等。

韩国薄荷（Korean mint）
尽管带有桉树和柠檬的气味，但是其滋味更类似于茴香，带有着挥之不去的八角风味。

茴藿香（anise hyssop）
也称之为甘草薄荷，茴藿香带有甘美的八角芳香和风味。其花朵与海索草相类似，但是与八角和海索草毫不相干。

韭菜（Chinese chives）

　　原产于中亚和北亚地区，韭菜也在中国、印度以及印度尼西亚的亚热带地区生长。韭菜的叶片呈扁平状而不是如同普通的细香葱一般带有中空的叶片。有时候韭菜可以种植在一个黑暗避光的地方：在这个过程中会生长出淡黄色的嫩芽（韭黄），这是美味的珍品。

　　韭菜的购买 东方特产店内一年四季都会售卖成把的韭菜和韭黄。韭菜在任何时间内，都可以在使用时现切割下来，韭菜的花蕾，生长在茎秆上，开花之后称为韭花。

　　韭菜的储存 韭菜一旦切割下来，很快就会枯萎——韭黄枯萎的速度最快。绿色的韭菜装入塑料袋里，放到冰箱内可以冷藏保存几天的时间，但是韭菜的味道会太过浓烈。

　　韭菜的食用 新鲜时：绿色的韭菜叶可以切割成段状，用开水略烫后，用来搭配猪肉或者家禽肉。可以在最后时刻加入到炒牛肉、大虾、豆腐，或者许多蔬菜中，给菜肴增添辛辣的风味。可以用来制作春卷，或者几根韭菜一起沾均匀面糊后油炸。淡黄色的韭黄可以加入汤里，面条类菜肴中，或者在最后时刻加入蒸的蔬菜里。韭菜花蕾也是珍品蔬菜，可以用在沙拉中和鸡蛋类菜肴中，鱼类和干酪类菜肴中。

　　腌制时 在中国和日本，韭花加工成泥状后加入盐制作成韭花酱。

　　搭配各种风味 面条，绿色蔬菜，猪肉，海鲜，鸡肉，姜，五香面等。

韭菜的叶和花比常见的细香葱带有更加浓郁的大蒜风味。

细香葱（chives）

　　这种洋葱家族中最娇柔，味道也最精致的成员，原产于温带地区的北部，在整个欧洲和北美地区有长期的野外生长历史。目前被广泛种植，细香葱如同草一般簇生长，其亮丽的绿色茎叶，质地松脆。整棵的细香葱都会带有淡淡的洋葱风味和芳香气息。

　　细香葱的购买 如果要购买细香葱，应该是挑选脆嫩而不绵软的，但是最好还是自己种植细香葱。

　　细香葱的储存 最好是在切割下来后立即使用。干燥后的细香葱没有什么用处，但是在切碎和冷冻之后，会恢复一些风味，并且在冷冻之后可以直接取出使用。

　　细香葱的食用 细香葱一定不要加热烹调，因为加热会让其风味消失殆尽。在切碎或者剪短后，可以加入汤菜中，沙拉里（特别是土豆沙拉）、沙司里（可以拌入浓稠的酸奶中制作成开胃小菜，用来搭配铁扒鱼肉类菜肴，或者与酸奶油混合好，浇淋到烤土豆上，用来调味）。

　　搭配各种风味 鳄梨、西葫芦、土豆、根类蔬菜、奶油干酪、烟熏三文鱼等。

　　经典食谱 混合香料。

切碎细香葱
因为细香葱娇小的外形，因此会很容易用剪刀或者刀切碎。

1 将细香葱归拢成一束，轻轻地将一端在菜板上截几下，使其茎秆位置变得规整。**2** 用厨用剪刀横着剪断至所需要的长短，或者用一把大号的、锋利的刀切割成所需要的长短。

其亮丽的花朵带有淡淡的洋葱滋味，装饰到各种沙拉表面或者蛋卷上会格外好看。

柠檬叶（柠檬马鞭草，lemon verbena）

柠檬叶原产于智利和阿根廷。在被携带到欧洲之后，被法国的香水制造商们提炼后制作成香草精油。其味道中会散发出令人陶醉的芳香气息，然而却不过于浓烈，比柠檬更具柠檬风味。却却没有柠檬那么尖酸。柠檬叶在经过加热烹调或者干燥之后，其芳香气息还会保留得非常完好。

柠檬叶的购买 专业的香草苗圃内有幼苗出售。其叶片在整个成长期都可以随时采摘。

柠檬叶的储存 新鲜的叶片可以在冰箱内冷藏保存1~2天，成枝的柠檬叶可以放在加水的玻璃瓶内，放置在一个凉爽的地方保存24小时。切碎的柠檬叶可以在小盆内冷冻保存，或者冷冻成冰块后保存。干燥后的柠檬叶片，其芳香的风味可以保持1年以上。

柠檬叶的食用 新鲜时：可以整枝的加到冰茶中或者夏季冷饮中，或者浸泡柠檬叶来制作饮料。与糖浆一起煮水果，切碎柠檬叶之后用来制作水果沙拉或者制作馅饼，或者用奶油浸泡之后用来制作冰淇淋。在蛋糕模具中铺上几片柠檬叶，可以让海绵蛋糕或者黄油蛋糕带有柠檬的芳香风味。加热烹调时：可以将几枝柠檬叶放入鱼或者家禽的腹腔内，或者切碎后用来制作馅料或者腌料。其充满活力的清新滋味也非常适

合肥腻的肉类，如猪肉和鸭肉等，也可以用来制作蔬菜汤，以及用来制作调味肉饭等。

搭配各种风味 杏，胡萝卜，西葫芦，蘑菇，米饭，鱼肉，鸡肉，猪肉，鸭肉等。

其叶片带有芳香的风味，当弄碎或者揉搓时会更加浓郁。

当归（angelica）

一种轮廓优美的两年生植物——花茎或许会超过2米高——当归最适合在凉爽的气候条件下生长，在斯堪的纳维亚北部和俄罗斯也能够顽强的生长。整株的植物都是甜美芳香型的。其幼嫩的茎秆和叶片中带有麝香的滋味，温馨，苦中带甜，略带泥土的芳香，还含有芹菜、八角以及杜松子的气息。其花朵带有蜂蜜的芳香。

当归的购买 可以从香草苗圃内购买到，当归也可以用种子种植。幼嫩的茎秆和叶片最好在第一个夏天和接下来的初春时节收割下来使用。

当归的储存 其叶片要放入塑料袋里，可以在冰箱内冷藏储存2~3天，幼嫩的茎秆则可以储存1周以上。

当归的食用 加热烹调时：将幼嫩的叶片和茎秆加入腌汁和汁液中，可以用来加工鱼类和海鲜类，或者当作蔬菜来加热烹调——煮或者蒸当归在冰岛和斯堪的纳维亚北部地区非常受欢迎。可以将当归叶片添加到各种

沙拉里、制作成酿馅、沙司以及莎莎酱等。切成片状的幼嫩茎秆或者切碎的叶片可以与大黄混合好，用来煮水果、做馅饼，以及制作果酱等，也可以用来浸泡在牛奶中或者奶油中，用来制作冰淇淋和卡仕达酱。腌制时：可以用糖煮其鲜嫩的茎秆。从其种子和根茎蒸馏而成的精油可以用来给味美思酒和利口酒增添风味。

搭配各种风味 杏仁，榛子，杏，橙子，大黄，李子，草莓，鱼肉，海鲜等。

在经过揉搓之后，鲜嫩的当归叶片和茎秆会散发出甘美的麝香风味。

莳萝（dill）

一年生的植物种类，原产于俄罗斯、西亚以及地中海东部地区，莳萝因为其形如同羽毛状的叶片和种子而被广泛种植（通常称之为莳萝叶）。莳萝的叶片带有清爽的八角和柠檬的芳香风味。其滋味中带有八角和香芹的风味，柔和却持久不变。其椭圆形，略显扁平的种子，闻起来味道像芳香的葛缕子，而其滋味是在八角的风味中带有一抹锐利和挥之不去的温馨。印度莳萝，亚种属，主要以种子栽培生长，其种子比欧洲种子颜色浅，也更细长一些。用来制作更加辛辣一些的咖喱调味品是首选。

莳萝的购买 在市场上要选择一束看起来脆嫩而新鲜的莳萝。

莳萝的储存 莳萝要尽早地使用，在塑料袋内，冷藏保存在冰箱里会变枯萎。冷冻会比干燥更好保存莳萝的风味。莳萝的种子可以保质两年。

莳萝的食用 新鲜的莳萝在过度加热之后会失去其风味。所以可以在冷菜中使用，或者在加热烹调的最后时刻加入热菜中。可以将切碎的莳萝加入沙拉汁中和奶油沙司中，用来搭配蔬菜和肉类菜肴，也可以添加到海鲜类菜肴中。在希腊，可以用来制作酿馅葡萄叶，在伊朗可以加入米饭中。莳萝子可以用来加入需要慢火加热烹调的菜肴中，或用来制作泡菜等。在斯堪的纳维亚，莳萝子可以添加到面包和蛋糕中。

搭配各种风味（叶片）甜菜头，蚕豆，胡萝卜，根芹，西葫芦，黄瓜，土豆，

菠菜，鸡蛋，鱼类和海鲜类，米饭，（莳萝子）卷心菜，洋葱，土豆，南瓜，醋等。

经典食谱 莳萝腌制三文鱼；莳萝风味酸黄瓜；菠菜配莳萝和干葱；土豆莳萝沙拉。

羽毛状的叶片像极了小茴香，但是莳萝的叶片要更细小一些。

椭圆形，略显扁平状的莳萝子可以用在慢火加热烹调的菜肴中，也可以用来制作泡菜等。

芹菜（celery）

野生芹菜，或者叫作块根芹，是来自于17世纪种植在花园内的芹菜和块根芹繁殖而成的一种古老的欧洲植物。切割下来的芹菜和芹菜叶类似于原始的野生芹菜，带有深绿色的，有光泽的叶片，类似于扁叶状的香芹。在其笔直的茎秆上生长着大量的叶片，从而形成一棵茂密的植物。中国芹菜（山芹）叶片颜色呈中等程度的绿色，像那些花园芹菜一样。而与之不相干的水芹和越南芹菜则带有直立的茎秆和娇小的锯齿状的叶片。水芹口感清新，其带有的香芹滋味比芹菜中的苦感特性更加突出。

芹菜的购买 芹菜的自然生长地是沼泽地带，但是也很容易在水源充足的泥土地内从种子开始成生长。

芹菜的储存 切割下来的芹菜可以保存4～5天，中国芹菜通常会带根售卖，如果整棵带根的储存，可以至少保存1周，水芹可以保存1～2天，芹菜都要装入塑料袋内，放到冰箱内储存。

芹菜的食用 加热烹调将会去掉所有种类芹菜的苦涩味道，但是还会保留着其本身其它芳香的风味。切割的芹菜实用性非常强，因为你可以将其叶片采摘下来，用来代替芹菜茎秆，制作成香草束，用来制作汤菜以及炖菜等。在荷兰和比利时，其叶片的用途如同香芹一样，用来装饰菜肴，或者在上菜之前拌入菜肴中。在法国，切割的芹菜是以制作汤菜所使用的香草进行售卖的。在希腊，用来制作鱼类和肉类砂锅菜肴非常受欢迎。中国芹菜会用来当作调味料以及蔬菜使用。鲜有生食的情况。芹菜茎秆可以切成片状用来炒菜使用，叶和茎秆在

整个东南亚地区，都可以用来给汤菜、炖菜、米饭以及面条等菜肴增添风味。水芹，因为其风味柔和，在越南作为一种沙拉香草而广受欢迎，或者在经过略微的加热烹调之后，加入到各种汤菜和鱼类以及鸡肉类菜肴中。泰国人也以差不多相似的方式使用芹菜，可以搭配辣酱生食，或者烫过之后搭配香辣酱。在日本用芹菜来制作寿喜烧。芹菜籽可以用来给各种汤菜、炖菜增添风味，可以添加到沙拉和沙司中，可以用来制作面包等。

搭配各种风味 卷心菜，土豆，黄瓜，番茄，鸡肉，鱼肉，米饭，酱油，豆腐等。

经典食谱 绿汁鳗鱼。

芹菜籽（celery seeds） 芹菜籽比起其母本植物，带有更加浓烈的芳香风味和滋味。具有渗透性和辛辣风味，叶片在品尝时，有点苦涩感和火辣感。要小量食用。

细叶芹（chervil）

细叶芹原产于俄罗斯南部，高加索地区以及欧洲的东南部地区。当细叶芹沙司和汤菜出现在法国、德国以及荷兰的餐馆里的菜单中时，是传统的新生命诞生的象征，细叶芹的上市，标志着春天的到来。细叶芹在餐馆中通常是作为装饰品使用。细叶芹在烹调中应该被广泛地使用。它带有甜美的芳香风味，并且滋味细腻而舒缓，带有淡雅的八角风味，以及淡淡的香芹、莳萝子还有胡椒的气息。

细叶芹的购买 细叶芹可以非常容易地从种子开始生长。要避免细叶芹开花。

细叶芹的储存 装到塑料袋内或者用湿润的厨房用纸包好，可以在冰箱里的蔬菜层内储存2～3天。

细叶芹的食用 可以撒到蔬菜上，或者添加到各种沙拉里（可以试试加到热的土豆沙拉里，或者红菜头干葱，或者细香葱沙拉里）。拌入混合香料中，或者单独使用，加入鸡蛋里，用来制作蛋卷或者炒鸡蛋。可以加到以土豆为主料制作的汤菜中，或者使用蛋黄和奶油勾芡的更加浓稠一些的汤菜中，或者是加入清汤中等。细叶芹可以在油醋沙司中和以黄油或者奶油制作而成的沙司中添加上更加细腻的风味，用来搭配鱼肉类、家禽类以及蔬菜类菜肴。

搭配各种风味 芦笋、蚕豆、芸豆、红菜头、胡萝卜、小茴香、生菜、豌豆、土豆、番茄、蘑菇、奶油干酪、鸡蛋、鱼类和海鲜、家禽、小牛肉等。

经典食谱 混合香草；法兰克福绿酱；细叶芹汤。

柔软的如同羽毛状的芹菜叶片，可以制作成既美观漂亮又美味可口的沙拉装饰。

切割芹菜（cutting celery） 切割芹菜的叶片或者芹菜叶带有草本植物的，如同香芹般的，混合着温馨而略带有一点苦感的芳香气息和滋味。

中国芹菜（Chinese celery） 整棵的售卖时，会带有芹菜根，中国芹菜尽管其茎秆是中空的，也更细小一些，看起来像一棵的绿色花园芹菜。

中国芹菜的叶片略带苦味，有着如同香芹一样的风味。

龙蒿（tarragon）

龙蒿原产于西伯利亚和西亚地区，16、17世纪时在欧洲还鲜为人知，直到法国菜的兴起龙蒿才开始在厨房被人们使用。事实上，龙蒿之中最好的种植品种通常被称之为法国龙蒿（或许，在德国，被称之为德国龙蒿），以区别于品质较低的，带有苦涩感的俄罗斯龙蒿品种。法国龙蒿，属苜蓿科。带有中绿色的叶片，其甜美的芳香风味中，暗含着松木、八角或者甘草的芳香，风味浓郁而细腻，带有香辛的八角风味和一丝罗勒的风味，回味甘美。

龙蒿的购买 在超市内会有少量的龙蒿售卖，所以最好是自己种植龙蒿。其叶片在需要使用的时候可以随时采摘，并且在仲夏时节，其整个的茎秆都可以取下，在干燥后使用。在购买龙蒿的时候，要检查标签上注明的是法国龙蒿，如果龙蒿的种类没有特别标注出来，或许会是俄罗斯品种的龙蒿。

龙蒿的存储 新鲜幼嫩的小枝龙蒿，装入塑料袋内，放到冰箱里的蔬菜层，可以保存4～5天。在干燥后，龙蒿大部分的芳香风味会流失。如果将叶片，整个的或者切碎后冷冻保存，可以保留住龙蒿的大部分风味。

龙蒿的食用 适量地使用龙蒿，就会增强其他种类香草的风味。新鲜时：小心地加入一点龙蒿，就会给蔬菜沙拉增添一股令人愉悦的丰厚风味。龙蒿非常适合用来制作腌汁，用来腌制肉类和野味类，可以用来给山羊干酪和菲达干酪提味，可以用橄榄油腌制，可以用来制作用途广泛的香草醋，以及风味黄油等。加热烹调时：长时间的加热烹调会让龙蒿的芳香气息减弱，但是其风味并不会流失。在制作许多法国鱼类、家禽类，以及鸡蛋类菜肴时，龙蒿都是不可或缺的主要原材料。它给蘑菇、洋蓟以及蔬菜炖肉类菜肴增添了一股清新的、香草的芳香气息，与番茄搭配，其效果几乎与罗勒一样。可以使用龙蒿茎秆垫底用来烘烤鱼肉、鸡肉，和兔子等。

搭配各种风味 洋蓟、芦笋、西葫芦、番茄、土豆、婆罗门参、鱼和海鲜、家禽、鸡蛋等。

经典食谱 边尼士沙司；酸辣酱；塔塔沙司；混合香草等。

要保持龙蒿的叶片与其茎秆的完好无损，用来作为烤鱼、烤野味以及烤家禽类菜肴的垫底材料。

经典食谱（classic recipe）

边尼士沙司（béarnaise sauce）

这道用黄油制作而成的龙蒿风味沙司，是搭配法国风味的铁扒牛排时所必需的沙司。搭配羊排也同样出色。

- 150毫升干白葡萄酒
- 3汤勺白葡萄酒醋或者龙蒿醋
- 3个干葱，切成细末
- 5小枝新鲜的龙蒿
- 盐和现磨碎的白胡椒粉
- 180克淡味黄油
- 3个蛋黄
- 1汤勺切成细末的新鲜龙蒿，或者切碎的龙蒿和细叶芹的混合物

1 将白葡萄酒、白葡萄酒醋、干葱、龙蒿枝以及适量的白胡椒粉一起放入小号的厚底锅内，用小火加热。一直熥至锅内的汤汁还剩余2～3汤勺为止。用细眼网筛过滤好，用力挤压干葱和龙蒿，最大限度地将其风味提炼出来。将过滤好的汁液倒回锅里。放到一边备用。

2 在另外一个锅内，用小火将黄油加热熔化。将锅从火上端离开，让黄油冷却到微温的程度，然后将澄清后的黄油倒出，锅内剩余的白色残液丢弃不用。

3 将盛放有浓缩后的葡萄酒和醋混合汁液的锅用微火加热，将蛋黄和一点盐搅拌进去。然后加入澄清黄油，每次加入一汤勺左右的量，同时持续不停地搅拌。等到加入的黄油被搅拌吸收之后再加入下一勺的黄油。

4 在加入最后一勺黄油之前，将锅从火上端离开，锅的余温足以让最后一勺黄油混合好。拌入切碎的香草，并根据自己的口味调味。趁热食用。

辣根（horseradish）

原产于东欧和西亚地区，至今仍然生长在俄罗斯和乌克兰的大草原上。辣根在烹任上的应用应该也是起源于那里。辣根的滋味辛辣而锐利。

辣根的购买 新鲜的辣根在逾越节之前是很难被找到的——辣根是逾越节家宴的五种苦菜之一。干燥的辣根可以买到粉状的或者小片状的。

辣根的储存 新鲜的辣根从土里挖出来之后，在干燥的土地上可以保存几个月的时间，装入塑料袋内，放到冰箱里，其良好的风味可以保存2～3周，甚至是切开和使用了一部分的辣根也是如此。

辣根的食用 擦碎后的辣根会释放出非常刺激的味道，含有挥发性油的成分，但是很快就会消散，并且在加热烹调之后也不会保留下来。在擦碎之后，就要立刻洒上柠檬汁，以保持其洁白的色泽和辛辣风味。辣根非常适合用来制作各种土豆沙拉，或者其他的根类蔬菜沙拉等，还有助于油性鱼肉的消化吸收。可以与杏果酱和芥末等混合好，用来给火腿上色增亮。几片鲜嫩的叶片就可以给一份蔬菜沙拉增添一种令人愉悦的刺激风味。

搭配各种风味 苹果、牛肉、烤腌火腿，或者火腿、香肠、油性或者烟熏鱼、海鲜、鳄梨、红菜头、土豆等。

经典食谱 奶油辣根；辣根苹果酱等。

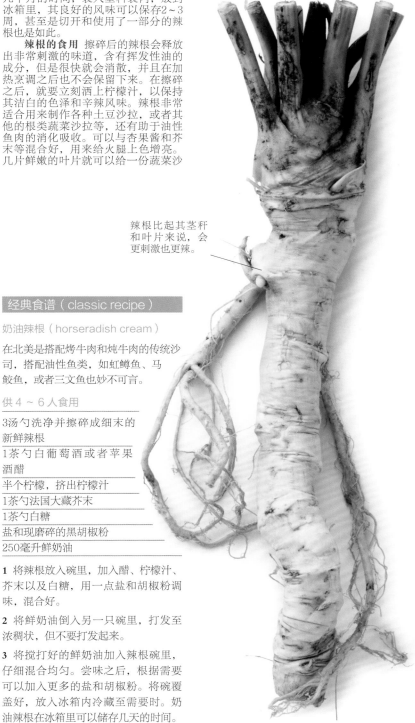

辣根比起其茎秆和叶片来说，会更刺激也更辣。

经典食谱（classic recipe）

奶油辣根（horseradish cream）

在北美是搭配烤牛肉和炖牛肉的传统沙司，搭配油性鱼类，如虹鳟鱼、马鲛鱼，或者三文鱼也妙不可言。

供4～6人食用

- 3汤勺洗净并擦碎成细末的新鲜辣根
- 1茶勺白葡萄酒或者苹果酒醋
- 半个柠檬，挤出柠檬汁
- 1茶勺法国大藏芥末
- 1茶勺白糖
- 盐和现磨碎的黑胡椒粉
- 250毫升鲜奶油

1 将辣根放入碗里，加入醋、柠檬汁、芥末以及白糖，用一点盐和胡椒粉调味，混合好。

2 将鲜奶油倒入另一只碗里，打发至浓稠状，但不要打发起来。

3 将搅打好的鲜奶油加入辣根碗里，仔细混合均匀。尝味之后，根据需要可以加入更多的盐和胡椒粉。将碗覆盖好，放入冰箱内冷藏至需要时。奶油辣根在冰箱里可以储存几天的时间。

艾蒿（mugwort）

艾蒿在欧洲、亚洲以及美洲的大多数地区的野外自发地生长着。带有杜松子和胡椒的芳香风味，淡淡的辛辣风味中夹有一丝薄荷和甜美的芬芳。其风味也与之类似，柔和中带有苦涩的回味。

艾蒿的购买 在德国，艾蒿有新鲜的也有干燥的售卖，而在另外的地方，如果你想要使用新鲜的艾蒿需要你自己去种植。在艾蒿花蕾开花之前，可以将其鲜嫩的叶片采摘下来：开花之后会带有令人不愉快的苦味。干燥的艾蒿也可以从许多日本风味商店内购买到。

艾蒿的存储 新鲜的艾蒿叶片可以在冰箱里可以保存几天的时间。干燥的花蕾和叶片，在密闭的容器内可以保存一年以上的时间。

艾蒿的食用 新鲜时：鲜嫩的叶片可以切成丝状撒到蔬菜沙拉上。加热烹调时：艾蒿的芳香风味会随着加热烹调而挥发出来，所以要趁早加入到菜肴中。艾蒿适合多脂鱼类肉类以及家禽类，并有助于这些菜肴的消化吸收。艾蒿非常适合用来制作酿馅材料和腌泡汁，也非常适合给高汤增添风味。艾蒿在日本叫作艾草，被当作蔬菜来使用，也用来给荞麦面条调味。在整个亚洲，艾蒿鲜嫩的叶片都可以用来煮或者炒。

搭配各种风味 豆类、洋葱、鸭肉、野味、鹅肉、猪肉、鳗鱼、米饭等。

经典食谱 糯米团（日本米糕）。

艾蒿的叶片，顶端非常细滑，而背面呈白色的茸毛状。

法国菠菜（orach）

法国菠菜在欧洲和亚洲的许多温带地区的野外生长。原本俗称为山菠菜，曾经在野外密集生长，但是也被栽培种植，被当作一种蔬菜使用。在经过长久时间的沉寂之后，被人们重新当作一种充满吸引力的沙拉香草而走红。绿色的法国菠菜或许会带有红色的茎脉，红色的法国菠菜会带有梅红色的叶片和茎秆。法国菠菜带有柔和的、令人舒心的菠菜风味而不过于芳香浓烈。

法国菠菜的购买 法国菠菜有时候会包含在高档的蔬菜沙拉包装袋内。其籽和植物或许可以从专门的温室内购买到。其叶片可以从夏天到初秋时节进行采摘。

法国菠菜的储存 最好是将叶片采摘下来之后直接使用，但是如果装入一个塑料袋内，放入到冰箱里的蔬菜层可以保存1~2天的时间。

法国菠菜的食用 新鲜时：其娇小的、三角形的叶片，特别是红色的叶片，在沙拉碗里会增添一种引人入胜的装饰效果。加热烹调时：绿色或者红色的法国菠菜均可以与菠菜或者酸模草（能缓解后者的酸性）一起蒸或者炒。

搭配各种风味 叶类蔬菜，如卡塔龙尼亚菊苣、玉米沙拉、生菜、日本沙拉菜、芥菜等。

其心形的叶片使得法国菠菜可以给沙拉碗增添极具吸引力的装饰效果。

风轮菜（calamint）

这些芳香扑鼻的、多年生植物值得我们去更好地了解。对于厨师来说，较小一些的风轮菜，是荆芥属，也叫作nepitella或者mountain balm，是一种对人体非常有益的香草。这是一种茂密的植物，带有茸毛状的、淡灰色的叶片，果实很小，在整个夏天都会盛开着淡紫色的或者白色的花朵。整棵的风轮菜闻起来呈温馨的薄荷风味，带有丝丝的百里香和樟脑的气息。其滋味呈令人愉悦的辛辣风味，温和，在薄荷以及胡椒的风味之中，回味会有些许的苦感。普通的或者野生的风轮菜，是林地水属，芳香风味不太浓郁，但是可以用相同的方式使用。大花朵的风轮菜，属于大花蔷薇，是一种引人注目的园林植物，其叶片可以进行浸泡萃取。

风轮菜的购买 风轮菜与切割下来的香草不同，属于专门的苗木植物。其叶片从春天到夏末都可以采摘。

风轮菜的储存 新鲜的小枝风轮菜，如果装入塑料袋内，放入冰箱里，可以保存1~2天。要长久地保存风轮菜，在干燥之后要放到一个密封好的容器内。

风轮菜的食用 较小的风轮菜在西西里岛和撒丁岛是非常受欢迎的调味品，在托斯卡纳也是如此，风轮菜会与蔬菜一起使用，特别是制作蘑菇菜肴时。土耳其人把风轮菜当作一种风味柔和的薄荷来使用。风轮菜非常适合烤、炖野味，以及铁扒鱼类菜肴，用来制作蔬菜类和肉类的酿馅，用来制作腌泡汁和沙司等。干燥的风轮菜

在压碎之后，风轮菜的叶片会散发出一股美妙的、温和的薄荷芳香风味。

叶片可以用来浸泡萃取。

搭配各种风味 茄子、豆类、鱼类、蔬菜类、扁豆类、蘑菇、猪肉、土豆、兔子肉等。

土荆芥（epazote）

原产于墨西哥的中部和南部地区，长期以来，土荆芥都是尤卡坦半岛和危地马拉的玛雅美食中的一种主要原材料。目前，在墨西哥南部、南美洲的北方国家以及加勒比群岛被广泛种植和使用。土荆芥的使用方式在北美被广泛传播，但是仍然留下了深深的欧洲印记。它的名字指的是一种令人不愉快的名字——epatl 的意思是"臭鼬"，tzotl的意思是"汗液"。那些不喜欢它的人，把它的气味描述为松节油或者油灰，而另外一些人则会想起土荆芥所带有的如同薄荷以及柑橘类的风味。味道刺激而提神，苦味中还带有绵长的柑橘滋味。

土荆芥的购买 在土荆芥所生长的地区，可以在市场上购买到新鲜的土荆芥。而在世界上的其他地方，几乎不可能寻找到，除非是自己种植。在新鲜的土荆芥不可寻时，可以使用干燥的叶片：干燥的土荆芥滋味更加清淡。要确保你使用的是叶片而不是土荆芥的茎秆，因为其茎秆也有干燥后售卖的——适合用来制作茶，但是不适合用来加热烹调。

土荆芥的储存 新鲜的土荆芥可以放到冰箱内，用湿润的厨房用纸覆盖好或者将其茎秆浸润到水中。

土荆芥的食用 要少量地使用土荆芥：因为它很容易就会遮盖住其他风味，大剂量的使用会让人食物中毒，并引起头晕。土荆芥可以用来制作莎莎酱，其风味非常适合用来加热烹调，在最后菜肴制作完成之前15分钟加到菜肴中，这样就可以避免散发出苦味。在墨西哥，通常会加入豆类菜肴中，一部分原因是用来增添风味，而另外一部分原因是帮助消化。在切

成细末之后，土荆芥可以用来制作各种汤菜、炖菜以及墨西哥烤玉米饼等菜肴。

搭配各种风味 白干酪、西班牙辣香肠、猪肉、鱼肉以及贝类海鲜、青柠檬、蘑菇、洋葱、青椒、南瓜、甜玉米、绿番茄、豆类、绿色蔬菜类、米饭等。

经典食谱 墨西哥摩尔酱。

在加热烹调时，只使用其叶片，而不使用其茎秆部分。

金盏菊（万寿菊，marigold）

金盏菊从亮黄色到深橙色的花朵长期以来都被用来给食物增色，并带有略显辛辣的风味。在格鲁吉亚共和国，金盏菊和法国金盏菊的花瓣在干燥之后磨成粉状，与甘美的麝香和少许柑橘皮一起，用来制成一种珍贵的香料。在欧洲和北美，新鲜的金盏菊花瓣会与几片其辛辣的叶片一起，用来作为各种沙拉的装饰物。墨西哥薄荷金盏菊，在墨西哥和美国南方可以用来替代龙蒿使用。在秘鲁，华卡提（huacatay）也被称之为黑薄荷酱，带有浓郁的柑橘类的芳香风味和些许桉叶的气息，回味则带有点苦感，是制作传统菜肴时所必需的一种调味品。

金盏菊的购买 新鲜的金盏菊花可从超市内购买到。金盏菊和法国金盏菊植物可以从园艺中心购买到，或者你自己可以从种子开始种植。墨西哥薄荷金盏菊可以从专门的香草温室内找寻到。华卡提在南美之外的地方很难找寻到新鲜的，但是在美国有瓶装的香草酱出售。

金盏菊的储存 金盏菊和法国金盏菊的花瓣和鲜嫩的叶片应该在采摘之后立刻使用。墨西哥薄荷金盏菊叶片如果装到一个塑料袋内，在冰箱里可以储存一天或者两天的时间。金盏菊花瓣可以用低温烤箱进行干燥处理，然后研磨碎，干燥的金盏菊花瓣和碎末可以在密封好的容器内储存。

金盏菊的食用 金盏菊花瓣和鲜嫩的叶片可以给各种沙拉带来活力和动感。可以将金盏菊花瓣加到曲奇中和小蛋糕里，可以加入到卡仕达酱、风味黄油以及各种汤菜里。可以将薄荷金盏菊加到鱼类、鸡肉类以及其他食物中，与龙蒿形成良好的互补，可以将华卡提与辣椒混合好用来给铁扒肉类、汤菜以及炖菜等调味。干燥的金盏菊花瓣曾一度被假冒并代替藏红花使用过，现在仍然用来作为一种廉价的食用色素给米饭上色。

搭配各种风味 格鲁吉亚，干燥的金盏菊花瓣：辣椒、大蒜、核桃仁。墨西哥，薄荷金盏菊：鳄梨、甜玉米、南瓜、番茄、甜瓜类、夏日浆果类、核果类等。

干燥的、粉末状的法国金盏菊花瓣，在格鲁吉亚是一种珍贵的香料。

法国金盏菊（French marigold）
法国金盏菊的芳香风味中带有独具一格的麝香风味，在淡淡的柑橘气息中会让人回想起香菜籽的风味。

墨西哥薄荷金盏菊（Mexican mint marigold）
其叶片会比薄荷中的八角风味更加浓郁一些，并带有些许干草的气息和一些香辛的味道。墨西哥薄荷金盏菊的其他英文名字，冬龙蒿或者墨西哥龙蒿，都与其带有与龙蒿相仿的滋味有关。

几片金盏菊的叶片就可以给各种沙拉增添上一抹胡椒的风味。

盆栽金盏菊（pot marigold）
这种金盏菊有单瓣花和双瓣花之分。新鲜的花瓣中带有淡雅的、略微苦涩的芳香以及泥土的气息。

春美草（claytonia）

春美草也称之为冬季马齿苋和矿工的生菜，春美草外观较纤弱，然而却是耐寒的一年生植物，原产于北美。可以作为一种极佳的沙拉香草来使用。其"矿工的生菜"这个名字，来自于在加利福尼亚淘金热时期矿工们吃野生植物以防止得坏血病（春美草富含维生素C）。其叶片整个地环绕着细滑的茎秆，从夏初开始，其细小的、白色花朵就会盛开在其纤细的茎秆上。尽管没有芳香的风味，春美草却带有一股温和而舒心，清新又清爽的风味。

春美草的购买 春美草可以在南美草原上有遮阴的野外采摘到，但是在其他地方却鲜有发现。春美草属于草本苗木植物，或者你可以从种子开始自己种植。

春美草的储存 最好是现采摘现使用，但是也可以装入塑料袋内，放到冰箱里的蔬菜层保存1～2天。

春美草的食用 新鲜时：叶片、鲜嫩的茎秆以及花朵均可以在沙拉碗里对各种沙拉做到有益的补充，特别是在冬季，当其他种类的沙拉蔬菜颜色比较单调时更是如此。加热烹调时：叶片和鲜嫩的茎秆可以炒——可以单独，或者与其他种类的蔬菜一起——加入一点蚝油调味。

搭配各种风味 芝麻生菜、酸模草以及其他各种叶状生菜，清淡的调味沙拉汁等。

其美丽的花朵可以食用。可以与叶片和茎秆一起加入到沙拉碗里。

香菜（芫荽，coriander）

原产于地中海和西亚地区，香菜目前在世界各地广泛种植。它既是香草也是香料，在众多美食佳肴中都是一种主要的材料。其新鲜的叶片在亚洲风味、拉丁美洲风味以及葡萄牙风味菜肴中都是不可或缺的材料。在泰国烹调中，其细长的根也会经常使用。在西餐烹调中，香菜籽是作为一种香草来使用的；在中东地区和印度烹调中其籽和叶在厨房内都非常常见。香菜的叶、根，还有未成熟的籽都带有相同的芳香风味，清新、似柠檬与姜的风味中带有些许鼠尾草的风味。香菜根比起叶片来，更具辛辣感和麝香风味。香菜的风味淡雅清淡却呈复合味的趋势，带有些许胡椒、薄荷以及柠檬的芳香。

香菜的购买 新鲜的香菜可以从市场上购买到，在东南亚的商店里成把的连根一起售卖。

香菜的储存 在塑料袋内，放到蔬菜层，在冰箱里可以储存3～4天。要长时间的储存，可以切碎之后在冰格内冷冻保存（干燥的香菜不值得使用，因为其风味流失殆尽）。

香菜的食用 除了在咖喱类菜肴或者用来制作相类似的调料酱之外，都要在烹调的最后时刻才加入香菜：高温和长时间加热会降低其风味。在亚洲大多数地区都盛产香菜，可以添加到各种汤菜中，各种炒菜中，咖喱类菜肴中，以及炖菜菜肴中。在泰国菜肴中使用香菜根来制作咖喱酱。印度人和墨西哥人则喜欢用香菜和绿辣椒一起制作酸辣酱、开胃小菜以及莎莎酱等。在中东，香菜是制作辛辣的调味酱，以及各种混合风味调料所不可缺少的材料。在葡萄牙美食中擅长用香菜来搭配土豆类、蚕豆类，以及他们最杰出的蛤类菜肴。

搭配各种风味 鳄梨、黄瓜、根类蔬菜、甜玉米、椰奶、鱼类和海鲜类、柠檬和青柠檬、干豆类、米饭等。

经典食谱 泰国风味蘸酱；也门辣酱；车木拉酱；酸橘汁；鳄梨酱。

鸭儿芹（mitsuba）

这种在凉爽气候条件下多年生的植物在日本的野外生长，在日本料理中被广泛使用。目前鸭儿芹在世界各地都有种植。鸭儿芹也被称为日本香芹、日本细叶芹以及三叶草等，鸭儿芹几乎没有芳香气味，但是却带有独具一格的柔和而令人舒心的滋味，带有部分的细叶芹、当归以及芹菜的风味，还带有几分酸模草的涩味和几丝丁香的风味。

鸭儿芹的购买 可以从日本料理商店或者东方风味商店内购买到。否则的话，可以从香草苗圃里整株的购买，然后可以从春天到秋天收获其叶片和纤细的茎秆。

鸭儿芹的储存 如果用湿润的厨房用纸包裹好，或者装入塑料袋内，放到冰箱里的储存层，其叶片可以保存5～6天。

鸭儿芹的食用 新鲜时：水芹菜般的芽苗和鲜嫩的叶片非常适合用来制作各种沙拉。加热烹调时：快速地烫过使其脆嫩，或者在最后时刻加入到炒制的食物中，过度烹调会破坏导致的风味。

搭配各种风味 鸡蛋、鱼肉和海鲜、家禽、米饭、蘑菇、胡萝卜、防风根等。

经典食谱 松茸蘑菇汤；天妇罗。

其薄薄的叶片风味淡雅，最好在烹调加热的最后时刻添加到菜肴中，这样可以最大限度地保留其风味。

mitsuba，在日语中的意思是"三叶"，之后在英语中符合其名字的意思为trefoil（三叶草）。

越南香蜂草（Vietnamese balm）

越南香蜂草，原产于亚洲东部和中部的温带地区。好多年以来在东南亚都是作为烹饪香草和药材使用的。今天，这种浅绿色、带有锯齿状叶片和淡紫色花朵，生长茂密的植物在德国和美国那些有大量越南人集中居住的地方都有种植，但是西餐厨师却不太了解它。越南香蜂草带有清新的、柠檬的芳香和淡雅的花香，与其风味相同。

香蜂草的购买 在其本土以外的地区，越南香蜂草主要是在苗圃中种植，以香草的形式供应给制作东南亚风味的餐馆使用。其叶片可以从春天到初秋季节采摘，并且在东方风味商店内售卖。

香蜂草的储存 其将叶片装入塑料袋内，放到冰箱内的蔬菜层，可以冷藏保存3~4天。其嫩枝可以从东方风味商店内购买到，可以要求带根的，这样就能够插入水中后让其生长，然后再自己种植。

香蜂草的食用 新鲜时：可以与其他香草一起用到许多越南菜肴的制作中。加热烹调时：在泰国菜中，其叶片经常会被加热成熟，从而当作一种蔬菜来使用，但是香蜂草在东南亚烹调中也常用来给蔬菜类、蛋类，以及鱼类菜肴、汤菜和面条米饭类菜肴调味用。

搭配各种风味 茄子、黄瓜、生菜、蘑菇、青葱、杨桃、鱼类、海鲜类等。

越南香蜂草的叶片风味会让人回想起蜂蜜花的芳香，但是其风味更加凝炼，有点类似于柠檬草的风味。

山葵（wasabi）

这种多年生草本植物主要生长在日本寒冷的山间小溪旁边，在美国加利福尼亚州和新西兰也开始了种植。山葵带有强烈的烧灼感，会令嗅觉受到刺激，瞬间的尖锐风味却是清新而令人荡气回肠。

山葵的购买 在日本之外的地方，山葵很少会有新鲜售卖的，但是你可以在日本食品商店内的冷藏或者冷冻冰箱里找寻到。大多数情况下，都会以管装的酱状或者罐装的粉状售卖。因为山葵价格较高，因此，风味刺鼻的辣根与芥末混合到一起，再加上绿色素，会用来代替山葵酱或者山葵粉使用。而真正的山葵酱价格比冒牌货要高出两倍有余，并且其保质期也要更短。

山葵的储存 新鲜的山葵在塑料袋内，放入冰箱里可以储存一周的时间。山葵粉有几个月的保质期。管装的山葵酱会比山葵粉更快地失去风味。

山葵的食用 山葵在加热烹调时会失去其风味，所以通常都会搭配冷菜或者添加到冷菜里使用。在日本料理中，主要用来搭配生的鱼类菜肴：在刺身（生鱼片）盘中总会配上一小堆山葵末或者山葵酱，个人可以根据口味爱好与酱油混合后成为蘸酱。配鱼汤和酱油，使用山葵可以制作出非常流行的山葵沙司。使用山葵用来腌制和制作沙司，或者制作成搭配牛排的风味黄油，都能够给菜肴增加强烈的辛辣感。在使用山葵粉的时候，用水混合好之后浸渍大约10分钟的时间，让其发挥出具有穿透力的芳香和风味。

搭配各种风味 鳄梨、牛肉、生鱼肉、米饭、海鲜等。

因为其芳香的风味，多疙瘩的山葵根有时候也被称之为日本辣根。

刺芹（culantro）

这种鲜嫩的两年生植物在加勒比海岛的野外生长，有各种不同的名字，shado beni（特立尼达），chadron enee（多米尼加），以及recao（波多黎各）等。在东南亚也有种植，在世界各地其他的名字有长香菜或者刺香菜、锯叶草，以及中国香芹或者泰国香芹等，其西班牙名字叫作culantro。就如同拉丁语的名字所表述的一样，浓郁的气息中带有一些腐臭的味道。其滋味带有泥土的风味，辛辣而非常刺激——就如同浓缩版的香菜风味中有点苦感的成分。

刺芹的购买 叶片成捆，有时候会带着些根，在东方风味商店内有售。成棵的刺芹或许会在一些香草苗圃被购买到，其叶片在整个生长季节里都可以通过割断地面以上的部分而进行采摘。

刺芹的储存 新鲜的叶片可以在冰箱内冷藏保存3~4天。要想储存更长久的时间，可以将叶片中间较厚一些的筋脉去掉，将叶片加一点水或者葵花籽油，搅打成泥状，然后在冰格内冷冻保存。

刺芹的食用 刺芹可以在使用香草制作的菜肴中使用，但是要减少用量。在其本土地区，用来给汤菜、炖菜、咖喱类菜肴、米饭和面条类菜肴，肉类及鱼肉类菜肴增添风味。这是特立尼达风味腌制肉类和鱼类所使用的一种关键材料。在亚洲国家，刺芹通常会用来缓解牛肉的味道，因为许多人认为牛肉过于刺鼻。在越南，鲜嫩的叶片总会与其他香料一起用来搭配菜肴使用。

搭配各种风味 牛肉、鱼肉和海鲜、米饭、面条等。

经典食谱 拉普；莎莎酱等。

如果刺芹叶片上的锯齿状边缘部分太过于棘手，可以去掉边缘的锯齿部分，或者将这些叶片用到热菜的制作中。

小茴香（fennel）

这一种身材高挑、身姿曼妙的多年生植物，是地中海的原生物种，现在在世界上的许多地区都有种植，是最古老的栽种植物之一。小茴香叶片和茎秆带有柔和的滋味，尽管小茴香的风味在干燥之后会保持的良好，但是最好还是在采摘之后立刻使用。小茴香籽比小茴香叶片的味道还要浓郁。不要与茴香球或者球茎茴香混淆到一起，因为它们是用来作为蔬菜使用的。

小茴香的购买 整棵的小茴香可以从园艺中心购买到。小茴香的收获季节从春季到秋季。野生小茴香的花粉呈一种风味非常浓烈的金绿色粉尘状，可以从网上购买到。

小茴香的储存 新鲜的小茴香可以装入塑料袋内，在冰箱里保存2~3天。在小茴香籽变成淡黄绿色时，可以将其穗收割下来进行干燥处理。干燥的小茴香籽在密封好的容器内可以保存2年以上。最好在需要时将小茴香籽现磨碎后使用。

小茴香的食用 在春天，新鲜的小茴香可以给各种沙拉和沙司增添一些活泼的韵味。之后出产的小茴香，可以装饰花朵或者撒上一点花粉，会给冷汤类、奶油海鲜汤类以及铁扒鱼类菜肴增添上一股八角的芳香风味。小茴香尤其适合与油性鱼类一起制作锡纸烤鱼；西西里人在制作沙丁鱼意大利面时大量使用小茴香调味。在普罗旺斯，整条的红鲻鱼、鲈鱼以及鲷鱼

都会在铺好一层新鲜或者干燥的小茴香茎秆上烤或者铁扒。小茴香籽可以加入到泡菜中、汤菜中和面包里；可以试试将小茴香粉和黑种草一起混合好，用来制作风味面包，就如同在伊拉克制作的一样。在希腊，小茴香叶片或者小茴香籽会与菲达干酪和橄榄混合到一起，用来制作独具风味的面包。小茴香籽在法国阿尔萨斯和德国用来给泡菜调味，而在意大利，在烤猪肉时会使用到小茴香籽。在印度次大陆，小茴香籽会用来制作玛萨拉辛辣香料粉。用在调味肉汁中，给蔬菜或者羊肉调味，还可以用来制作一些甜味菜肴。印第安人会在饭后咀嚼小茴香籽，作为口腔清新剂使用，并帮助消化。茴香花粉可以给海鲜、铁扒蔬菜、猪排以及意大利面包等带来令人陶醉的风味。

搭配各种风味 红菜头、豆类、卷心菜、韭葱、黄瓜、番茄、土豆、鸭肉、鱼类和海鲜、猪肉、扁豆、米饭等。

经典食谱 中式五香粉，印度五香粉等。

在厨房里，只有鲜嫩的叶片和茎秆部分适合使用。

绿茴香（green fennel）
尽管茴香根如今已经不再使用，但是，整棵茴香的所有部分都可以食用。其芳香的风味非常柔和，如同八角般，其口味清新愉悦，略带甜味，散发出丝丝的樟脑气息。

紫茴香（bronze fennel）
比起绿茴香的风味要略微淡雅一些，紫茴香品种的风味与绿茴香相类似，但却更柔和，芳香风味要更淡一些。

小茴香籽（fennel seed）
小茴香籽的风味比起莳萝籽要略淡一些，但是比八角却更涩一些，并且回味之中苦甜参半。在使用之前要将小茴香籽烘熟，以发挥出其甘美的风味。

车前草（woodruff）

正如其名字所表示的意思一样，车前草是一种低矮的、蔓生的，在自然栖息地生长的多年生草本植物。原产于欧洲和西亚地区，车前草目前也在北美的温带地区种植。车前草生长有小的白色花朵和规整的、如同鸟的颈毛状的，狭窄的，有光泽的叶片，使得车前草在春天里成为了最具魅力的园艺植物。新鲜的车前草带有一种清香风味，但是在切割下来之后会散发出新鲜的干草风味和香草香精的风味。其花朵的芳香风味会比叶片更加清淡，并且其风味与芳香气息会遥相呼应。

车前草的购买 成棵的车前草可以从园艺中心和香草苗圃里购买到。其叶片和花朵可以在春天以及初夏时节进行采摘，再晚一些时间之后，其芳香风味就不那么明显了。

车前草的储存 小枝的车前草最好在采摘下来之后，在使用之前保存1~2天的时间：因为当车前草的叶片开始变得枯萎或者开始变得干燥时，其芳香气息会得到加强，并且车前草在经过冷冻之后还会保持其芳香的风味。

车前草的食用 因为车前草含有香豆素，一种过量使用能够导致肝脏受损的物质成分，而目前香豆素被认为是一种致癌物质，因此应该使用非常小的分量。而最幸运的是，我们只需使用1~2根其茎秆就会得到其令人愉悦的芳香风味。车前草可以浸泡在腌汁中用来腌制鸡肉和兔肉，可以用来制作冷沙司用来搭配沙拉，可以浸泡在酒中，用来制作萨芭雍或者雪芭，在上菜之前要取出车前草或者只使用其汁液。

搭配各种风味 苹果、瓜类、梨、草莓等。

经典食谱 车前草沙拉；或者麦宝（一种葡萄酒饮料，在德国，用来庆祝五一节和其他节日）。

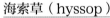

可以用美丽的、星状的车前草花朵来装饰各种沙拉。

鱼腥草（houttuynia）

这种多年生、喜水性强的植物，作为一种香草，并不被西餐厨师所喜欢，但是在东南亚国家却被广泛使用。鱼腥草原产于日本，现在大多数东亚国家的野外都有生长。其深绿色叶片的品种在厨房内是最常见的，而人工培育的著名鱼腥草品种"变色龙"，带有多彩的叶片，并因此而得名。其风味略带酸味和涩感，并带有类似于越南香菜和香菜的风味，还带有类似于鱼的腥味。因此恰如其分地称之为鱼腥草和越南鱼薄荷。人们对这种香草是又爱又恨。

鱼腥草的购买 苗圃里和园艺中心里会售卖这种植物，作为地被植物中的装饰。在购买之前可以将鱼腥草的叶片弄碎并闻味道——有一些叶片闻起来让人讨厌，而另外一些叶片带有刺激风味，然而却令人愉悦。其叶片从春天到秋天都可以采摘。

鱼腥草的储存 将其叶片装入塑料袋里，放到冰箱内的蔬菜层，可以保存2~3天。

鱼腥草的食用 新鲜时：鱼腥草最常见的是生食，用来搭配牛肉和鸭肉，或者与生的蔬菜一起用来蘸食特辣的辣椒酱。用来制作蔬菜沙拉时，可以与生菜、薄荷以及鲜嫩的鱼腥草叶片和花朵一起搭配。加热烹调时：在日本，鱼腥草常用来当作蔬菜使用而不是香草，与鱼和猪肉类菜肴一起用慢火炖熟。在越南，鱼腥草非常受欢迎，切碎之后可以用来蒸鱼和鸡肉。其叶片也可以切成丝，用来装饰东方风味的清汤，炒蔬菜，以及海鲜类菜肴等。

搭配各种风味 鱼肉、鸡肉、鸭肉、猪肉、牛肉、辣椒等。

在将鱼腥草弄碎之后，鱼腥草的叶片在香菜的芳香风味中带有些柑橘的风味和一点鱼腥味。

海索草（hyssop）

原产于北非地区、欧洲南部以及西亚地区等地，海索草是一种英俊飘逸的植物，很早以前在中欧和西欧就已经被种植。它带有浓郁而令人舒适的樟脑和薄荷的芳香风味。深绿色叶片的滋味清爽怡人，但却持久、辣、带有薄荷的味道，并略带些苦味——会让人想起迷迭香、薄荷和百里香的风味。海索草小小的花朵比其叶片的风味更加细腻。

海索草的购买 海索草由种子种植后生长良好。因为其基本上是常绿植物，其叶片甚至在冬季都可以采摘使用。

海索草的储存 将新鲜的叶片装入塑料袋内，放到冰箱里的蔬菜层，可以保存大约一周的时间。无论是其叶片还是花朵，在干燥之后还会保留其绝大部分的风味。

海索草的食用 可以将几片叶片和鲜嫩的枝丫拌入各种沙拉中（其花朵可以用来作为画龙点睛般的装饰），或者添加到汤菜中或者兔肉、小山羊肉以及炖野味菜肴中。在肥肉，如羊肉上反复涂擦可以有助于肉类的消化吸收。海索草非常适合用来制作水果馅饼和烩水果等，以及使用风味独特的水果，像杏、莫利洛黑樱桃、桃以及覆盆子等制作而成的雪芭和甜点等。长久以来，海索草都会用来给夏日不含酒精的饮料（软饮）、餐后酒以及利口酒等来增添风味。

搭配各种风味 杏、桃、红菜头、卷心菜、胡萝卜、蘑菇、冬南瓜、鸡蛋类菜肴、野味、干豆类等。

海索草应该少量地使用，否则它会遮盖住其他原材料的风味。

薰衣草（lavender）

原产于地中海地区，薰衣草在世界上许多地方都被商业化地大量种植，主要是用来提炼其芳香油。作为一种用途广泛的调味品，薰衣草无论是在咸味类菜肴还是甜味类菜肴中的用途都有卷土重来的趋势。带有渗透性、甘美的花香，香辛的风味中有着丝丝的柠檬和薄荷的回味，在余味中还带有一抹樟脑的气息以及一点点的苦涩感。其花朵的风味比起叶片要更加浓郁。

薰衣草的购买 园艺中心和香草苗圃内都会提供各种薰衣草的不同品种。其花朵最好是在盛开时采摘，此时的薰衣草油效果最好。而叶片在其整个的生长季节里随时都可以采摘。

薰衣草的储存 新鲜的薰衣草花朵和叶片，装入塑料袋内，放到冰箱里可以储存一周以上的时间。干燥后的花朵可以保存一年或一年以上的时间。

薰衣草的食用 薰衣草的风味过于浓烈，所以要适量地使用。新鲜时：可以将鲜花和糖一起研磨成粉末状，用于烘焙和制作甜品。可以将薰衣草花朵在制作果酱或者果冻，以及烩水果等的最后时刻加入其中。可以浸泡在奶油、牛奶、糖浆，或者葡萄酒中，用来给雪芭、冰淇淋、慕斯，以及各种甜品增添风味。可以将薰衣草花瓣撒到甜品或者蛋糕上用作装饰。将几片叶片切碎后用来制作沙拉。加热烹调时：可以将切碎的薰衣草花瓣加入到米饭中，或者用来制作蛋糕、酥饼，或者在烘烤之前加入到糕点中。可以用切碎的花瓣和叶片给烤羊腿、烤兔肉或者砂锅兔肉、鸡肉，以及野鸡类菜肴调味。可以加入到腌料中涂抹到菜肴上。也可以用来制作高品质的香草醋。

搭配各种风味 浆果类、李子、樱桃、大黄、鸡肉、羊肉、野鸡、兔肉、巧克力等。

经典食谱 薰衣草冰淇淋；薰衣草酥饼；薰衣草果冻等。

薰衣草冰淇淋（lavender ice cream）

这一道制作简单的奶油冻基于法式风味冰淇淋，并加入了薰衣草典雅的花香风味。

供 6 ～ 8 人食用

300毫升全脂牛奶

4粒薰衣草干花（可以用大约1茶勺的花瓣代替）

4个蛋黄

100毫升白糖

300毫升淡奶油，轻轻打发

1 将牛奶倒入小号锅内。将薰衣草花朵从茎秆上取下，将花瓣撒到牛奶中。将锅内的牛奶加热到四周开始冒泡为止。将锅从火上端离开，放到一边让其浸泡半小时的时间。

2 用细网筛过滤牛奶，并倒到一个干净的锅内。将蛋黄和糖放入碗里，并搅打至混合好。再重新加热牛奶至四周冒泡的程度，然后慢慢地倒入蛋黄混合液中，同时不停地搅拌。再重新放到火上用小火加热，同时持续不断地搅拌，需要搅拌15～20分钟，或者一直搅拌到液体变成浓稠状。注意不要将其烧开。然后使其冷却。

3 拌入鲜奶油，然后倒入冰淇淋机中并进行搅拌。待到开始变凝固的程度时，将其倒入一个冷冻容器内，放到冰箱内冷冻至凝固。要在几周的时间内食用完毕。

法国薰衣草（French lavender）

这种茂密植物的花香扑鼻，也叫作西班牙薰衣草，其所含有的樟脑的芳香风味比英国薰衣草要更强烈一些。

花朵的基座非常牢固，但是其花瓣可以很容易地摘下来。

叶片较老，如同迷迭香的叶片般，需要在使用之前细细地切碎。

英国薰衣草（English lavender）
也叫作普通薰衣草，这是一种最适合用来加热烹调的薰衣草品种，因为其含有的樟脑风味非常低。其芳香四溢的花朵的颜色可以是淡紫色、紫色或者白色。

水田草（rice paddy herb）

水田草原产于亚洲的热带地区。其在池塘旁野生，也被种植在水稻田里。在20世纪七八十年代随着东南亚移民被带到了其他国家。水田草也以其越南名字rau om以及"ran om"而被人们所认识。蔓延式的小小香草带有迷人的柑橘的花香和麝香的芳香，以及一点小茴香的质朴风味。

水田草的购买 成棵的水田草可以从苗圃内购买到，其叶片在整个的生长季节里都可以随时采摘。或者可以从越南社区内的商店里购买到！

水田草的储存 将其茎秆装入塑料袋里可以在冰箱内的蔬菜层里冷藏保存几天的时间。

水田草的食用 新鲜时：越南人会将其切碎后，在加热烹调的最后时刻加入蔬菜中和酸汤中，包括在一些鱼类菜肴中也是如此，而更经常的用法是与其他香草一起，给大多数的越南风味菜肴增添风味。在泰国北方地区，水田草用来搭配辣味的泰国鱼露，以及用椰奶制作的咖喱类菜肴等。其带有的柠檬芳香风味，也使得水田草适合用来制作甜味类菜肴。加热烹调时：马来西亚厨师会将水田草当做蔬菜使用，就如同使用菠菜一样。

搭配各种风味 椰奶、鱼类和海鲜、青柠檬汁、面条类、米饭、绿色蔬菜和根类蔬菜等。

月桂叶（bay）

月桂树原产于地中海东部地区，但是长久以来在北欧地区和美洲地区都有种植。月桂树尽管最好是在温暖的气候条件下生长，但也可以在阳光充足的寒冷气候条件下保护性地生长。在树上生长的叶片带有一股甘美的芳香风味，夹杂着丝丝的豆蔻和樟脑的气息，并带有能够让人冷静的涩味。新鲜的月桂叶还带有一点淡淡的苦味，完全干燥后的月桂叶仍然会带有浓烈而持久的风味。在花开之后结出的紫色浆果是不可以食用的。

月桂叶的购买 新鲜的月桂叶一年四季都可以直接从树上摘下来之后使用。干的月桂叶在超市中就可以见到。

月桂叶的储存 要想将月桂叶完全干燥，可以将其平铺在一个避光、空气流通良好的地方，直到月桂叶变得干燥易碎，然后可以将其储存在一个密闭容器内，放在一个干燥、避光的地方保存好。

月桂叶的食用 使用2~3片月桂叶就可以给一道供4~6人食用的菜肴调味。如果你在菜肴中加入了过多的月桂叶，其味道就会过于浓郁。月桂叶会缓慢地释放出其味道，所以最适合在制作高汤、汤菜、炖菜、沙司、腌汁以及泡菜时使用。可以将新鲜的月桂叶粉碎后使用，以释放出其芳香成分，只在需要使用的场合下才可以将干的月桂叶弄碎或者粉碎。可以在烘烤之前，将一片或者两片月桂叶摆放到自制的肝酱或者肉批上。可以将月桂叶加入炖鱼中，或者与柠檬和茴香一起混合填入鱼腹中，用来烤鱼。将月桂叶穿到肉串上（先要将干的月桂叶浸泡好），或者将月桂叶加入肉饭中。可以用月桂叶给卡仕达酱和大米布丁以及煮水果类菜肴带来一股令人愉悦的、别具一格的芳香风味。土耳其人用月桂叶来给蒸羊肉和慢火炖羊肉增添风味，而摩洛哥人在制作鸡肉和羊肉炖锅时会加入月桂叶，法国人会在制作普罗旺斯炖牛肉时加入月桂叶。在土耳其香料集市上，盒装的无花果脯里通常都会铺满一层月桂叶。

搭配各种风味 牛肉、鸡肉、野味、羊肉、鱼肉、栗子、柑橘类水果、菜豆、扁豆、米饭、番茄等。

经典食谱 香草束；贝夏美沙司。

新鲜月桂叶（fresh leaves）
月桂叶一年四季都可以从树上采摘下来。新鲜的月桂叶，略微带有些苦味，但是在1~2天之后或者到其枯萎之后，其苦味会逐渐地消失掉。

干月桂叶（dried leaves）
干燥的月桂叶会保留其芳香风味至少一年的时间，尽管在其刚干燥时风味最佳（干月桂叶会变得没有光泽，颜色呈灰绿色）。如果其颜色变成黄色或者褐色，表示它们的存放时间过久并且风味尽失。

独活草（lovage）

独活草原产于西亚和东欧。野生的独活草和种植的独活草，从形状上无法区分，作为香草使用时，长久以来都顺其自然。在欧洲以外的其他地方，独活草的使用从来没有真正地流行起来过。独活草的叶片带有浓郁的芳香风味，有点类似于芹菜的风味。在法国，独活草叫作 *celeri batard*，或者 false celery），但是风味会更加刺激，并带有麝香的回味和丝丝的八角、柠檬以及酵母的风味。其小小的，有脊骨线的籽非常芳香，并带有与叶片相类似的风味，但是却增加了柔和感和一抹丁香的风味。

独活草的购买 很少有切割下来之后售卖的独活草，但是你却可以非常容易地自己种植：从香草苗圃里可以购买到独活草籽和成棵的独活草，并且在使用的时候可以随时摘下叶片。独活草籽和独活草粉，干燥的根可以从某些香料供货商处购买到。

独活草的储存 用塑料袋包裹好后，其叶片可以在冰箱内冷藏保存3~4天。独活草也可以进行干燥处理或者冷冻处理，经过处理之后的独活草会保留其绝大部分的风味。干燥后的独活草叶片，其酵母风味和类似于芹菜的风味比新鲜的独活草更加浓郁。独活草籽在密封容器内可以保存一年或者两年。

独活草的食用 几乎在所有菜肴的制作中，独活草都可以如同芹菜或者香芹一样的使用，但是独活草的风味要比这两者更加浓郁，所以要小心翼翼地使用。经过加热烹调处理之后，能够降低其刺激性的风味。新鲜时：几片叶片用在蔬菜沙拉里效果就会非常不错。加热烹调时：可以使用叶片，将茎秆和根部切碎后用在砂锅中和炖菜里。鲜嫩的叶片可以用来做汤，单独使用或者搭配土豆、胡萝卜，或者洋姜等，独活草也经常在海鲜周达汤中使用，较老一些的叶片则非常适合用来制作成家禽类的酿馅，给豆类菜肴或者土豆类菜肴提味，如制作成土豆饼配切达干酪或者格鲁耶尔干酪。整粒的籽或者粉状的籽可以用来制作泡菜、沙司、腌汁、面包以及饼干等。

搭配各种风味 苹果、胡萝卜、西葫芦、蘑菇、土豆和其他的根类蔬菜、番茄、甜玉米、洋葱、奶油干酪、鸡蛋类菜肴、火腿、羊肉、猪肉、干豆类、米饭、烟熏鱼、金枪鱼等。

芳香的独活草籽可以用来制作泡菜、沙司、腌汁、面包和饼干等。

带有筋脉、中空的茎秆可以在烫过之后作为蔬菜使用。

薄荷（mint）

薄荷的风味是世界上最受欢迎的味道之一，薄荷能够瞬间使人冷静并兴奋，其风味甘美芳香。薄荷原产于南欧和地中海地区，长久以来在世界范围内的温带气候条件下都有种植。薄荷很容易杂交生长，这在其名称上造成了一些混乱，但是对于厨师来说，薄荷主要就分成两大类：绿薄荷和胡椒薄荷（欧薄荷）。绿薄荷及其家族成员，风味醇厚而清新，并带有浓郁而甘美的芳香风味，其中还包含着柠檬的清香。胡椒薄荷及其与之相关的品种，带有浓郁的薄荷醇风味和一点火辣辣的感觉。对于绝大多数菜肴来说，胡椒薄荷的风味过于浓烈，因此其主要用来制作糖果和为牙膏调味使用。

薄荷的购买 可以从市场上购买到成把的切割好的薄荷。或者可以从园艺中心成棵的购买，其叶片在薄荷的整个生长季节里都可以随时随地地采摘。市场上最常见到的干薄荷叶是绿薄荷。

薄荷的储存 将购买到的、成把的新鲜薄荷插入一瓶水中，在厨房里可以保持2天的时间，也可以放到冰箱里。干燥的薄荷要放入密封容器内保存。

薄荷的食用 新鲜的薄荷可以给众多的蔬菜调味，也非常适合用来给肉类和铁扒鱼类调味，不论是用来制作腌汁、沙司，或者是莎莎酱均可。在中东地区，薄荷是组成餐前小菜材料的一部分。在越南，用来加入沙拉里。在东南亚风味蘸酱和参巴酱中也会看到薄荷的身影：薄荷能够给咖喱中的香辛风味起到一丝降温的作用。其带有的清新爽口的效果增强了水果沙拉和冰块的风味，而在制作巧克力甜点和蛋糕时，加入到其中的薄荷的清爽气息是非常受欢迎的。在阿拉伯国家里，以及地中海东部四周的国家里，更喜欢使用干薄荷而不是鲜薄荷。

搭配各种风味 羊肉、土豆、胡萝卜、番茄、巧克力、酸奶等。

经典食谱 摩洛哥薄荷茶；薄荷沙司和果冻；帕罗斯沙司；塔博勒沙拉；黄瓜酸奶酱；酸奶拌黄瓜；薄荷朱丽酒。

弄碎之后，鲜嫩的香蜂草叶片会带有一股清新而挥之不去的柠檬芳香风味。

香蜂草（蜂蜜花，香蜂叶，lemon balm）

香蜂草属于薄荷家族中的多年生植物，原产于欧洲南部和西亚地区，目前在所有的温带地区被广泛种植。在其鲜嫩的叶片中带有柔和的柠檬和薄荷的风味，而在成熟之后，较老的叶片的风味更加冷淡。在加热烹调时一定要使用新鲜的香蜂草叶，并且要足量使用，因为其芳香风味非常柔和。也可以搭配使用几种颜色的香蜂草，如杂色的"黄色香蜂草"。

香蜂草的购买 香蜂草籽和成棵的香蜂草，可以从香草苗圃内购买到。其叶片应该在其生长季尽早采摘，因为随着成熟，其风味会变得越来越淡而无味。

香蜂草的储存 将新鲜的香蜂草叶片装入塑料袋内，放到冰箱的蔬菜层，可以冷藏保存3～4天。其叶片也可以在干燥之后储存在一个密封容器内，这样保存的香蜂草叶片可以保留其风味5～6个月。

香蜂草的食用 新鲜时：香蜂草主要用途是制作能够让人心情舒缓、头脑冷静的香蜂草茶，可以使用新鲜的或者干燥的香蜂草叶片来制作。味道浓郁的香蜂草茶，滋味甘美柔和，是制作高品质雪芭的主要材料。可以将其鲜嫩的叶片进行浸渍，用来制作夏日冷饮，或者混入沙冰中，将叶片撕碎后可以用来制作蔬菜沙拉或者番茄沙拉，切碎之后的香蜂草叶片可以撒到蒸好的蔬菜上，或者炒好的蔬菜上，也可以拌到米饭中或者碎小麦中。香蜂草也可以用来制作风味淡雅的香蜂草风味黄油和香蜂草风味醋，也非常适合用来制作水果类甜品和各种奶油沙司。加热烹调时：可以用来制作各种沙司、酿馅材料、腌汁以及用来搭配鱼肉和家禽的莎莎酱等。

搭配各种风味 苹果、无花果、杏、瓜类、油桃、桃、浆果类、胡萝卜、蘑菇、西葫芦、番茄、白色软质干酪、鸡肉、鱼肉等。

摩洛哥薄荷（Moroccan mint）
以其细腻而香辛的风味而广受赞誉，这种薄荷比绿薄荷的甜味要淡一些。可以用于所有需要使用薄荷的菜肴中，并且特别适合用来制作薄荷茶。

绿薄荷（spearmint）
最广泛种植的薄荷品种，这种薄荷适合在所有需要使用薄荷的食谱中使用。干燥之后的薄荷叶，尽管失去了新鲜薄荷的甘美风味，但是其芳香风味仍然会刺激而集中。

叶片最好是在开花之前的一段时间内采摘，此时的薄荷精油风味最为饱满。

鲍尔斯薄荷（Bowles mint）
这种薄荷风味细腻，可以在所有需要使用薄荷的菜肴中使用。其叶片带有柔软的、毛茸茸的质感，所以在使用之前需要细细地切碎。

山薄荷（mountain mint）
这种优雅飘逸的植物不是真正的薄荷，但是其鲜嫩的叶片和花蕾可以用来代替薄荷使用。山薄荷原产于美国东部地区，其风味和口味都是薄荷的味道，但是却更苦涩一些。

黑色胡椒薄荷可以通过其深绿色的叶片中带有的淡紫色和深紫色茎秆而辨认出来。

黑色胡椒薄荷（black peppermint）
杂交品种，这一种色彩迷人的薄荷质地细腻，风味香辛。由于滋味辛辣，所以黑色胡椒薄荷最好在制作各种甜点和冷饮时少量地使用，在使用新鲜的叶片或者干燥后的叶片用来制作茶叶时也要少量地使用。

苹果薄荷（apple mint）
之所以称之为苹果薄荷，是因为在其细腻的薄荷风味中带有熟透了的苹果风味，这一品种的薄荷带有一股非常好闻的味道。整棵的苹果薄荷都会带有一层茸毛。其叶片的质地没有多少鲜明的特点，所以最好是切成丝以后使用。

可以使用巧克力薄荷漂亮而美丽的叶片去装饰冰淇淋和沙冰。

巧克力薄荷（chocolate mint）
巧克力薄荷带有着令人愉快的芳香风味，这种品种的薄荷是制作餐后巧克力风味的甜点和蛋糕的最佳材料。

经典食谱（classic recipe）

摩洛哥风味薄荷茶（Moroccan mint tea）

长久以来，薄荷都以其能够帮助消化的功能而广受赞誉，这也就解释了这款甘美的薄荷茶深受人们欢迎的原因，在整个北非地区，绝大多数菜肴都会有这道茶陪伴在左右。

供 8 人食用

3汤勺散装绿茶或者5袋绿茶包

一小把新鲜的摩洛哥薄荷或者绿薄荷

2升水

200克白糖

1 将绿茶和鲜薄荷一起放入大号茶壶里。

2 将适量的水倒入大号锅内（或者装到水壶里），将水烧开。将开水慢慢地倒入茶壶里。让其浸泡大约5分钟的时间，期间可以轻轻搅动一两次。加入白糖，搅拌至白糖完全溶化开。

3 将浸泡好的热茶水过滤到小的耐热玻璃杯或者茶杯里，并服务给客人。同样，如果想要制作冰薄荷茶，将茶水过滤好之后让其冷却，然后倒入玻璃茶杯里，摆放在冰块上服务给客人。

姜味草（micromeria）

姜味草是原产于南欧地区、高加索地区、中国西南部地区以及北美西部地区的多年生草本植物或者矮生灌木。在这些地区，姜味草一般都是用来作为烹调使用的香草，以及用来制作化学浸剂。在欧洲，姜味草在巴尔干半岛能够特别茁壮地成长。有一些种类的姜味草其风味趋向于薄荷风味，而另外一些则趋向于百里香和香薄荷的风味。其中的千根草品种风味最值得称道：浓烈的芳香风味中带有柔和的百里香和香薄荷的风味，其中还含有丰富的不饱和脂肪酸。

姜味草的购买 姜味草没有如同切割好的香草般售卖的，但是在一些专业的香草苗圃中会囤积着成棵的姜味草。姜味草也可以从野外采摘到。其叶片的收获季节可以从春天到晚夏。

姜味草的储存 小枝的姜味草，装入塑料袋内，放到冰箱里的蔬菜层，可以冷藏保存几天的时间。

姜味草的食用 意大利厨师使用带有百里香与香薄荷芳香风味的姜味草鲜嫩的叶片给各种汤菜、腌汁以及菜肉蛋饼调味，作为酿馅材料用于肉类和蔬菜中，可以在烤鸡或者烤鸽子时使用。切至细碎的叶片可以添加到意大利面条沙司中，或者在铁扒之前撒到肉类或者家禽上面。在巴尔干风味烹调中，其叶片的用途与百里香一样。姜味草能够让熟透了的番茄的滋味更加饱满，也能够让柔软的、新鲜干酪味道更加突出。几片切碎之后的姜味草叶片就能够让使用夏季浆果制作而成的甜点滋味更加丰厚。

搭配各种风味 番茄、鸡肉、鸽子肉、软质干酪、夏日浆果等。

如果自己种植了姜味草，就可以从春天到晚夏时节随意地采摘其叶片使用。

将娇小而鲜嫩的叶片和盛开的花朵采摘下来，留待厨房内使用。

佛手柑（bergamot）

佛手柑这个名字的由来，或许是源自于与巴干橙（香柠檬）相类似的芳香风味，佛手柑的另外一个名字是蜜萝柑，这是因为其花香吸引了大量蜜蜂的缘故。佛手柑也被称之为奥斯维戈茶——来自于靠近安大略湖的奥斯维戈大峡谷，是印第安人部落在那里制作奥斯维戈茶的地方。佛手柑原产于北美，而佛手柑的栽培品种具有艳丽的、旋涡形的、色彩不同的花朵和略微不同的芳香风味，可以与野生的佛手柑的使用方法相同。整棵的佛手柑带有独具一格的柑橘的芳香风味、在柑橘风味中还加上了一点温馨的香辛味道。其花朵的风味比其叶片的风味要更加精致。

佛手柑的购买 成棵的佛手柑在香草苗圃内和园艺中心里有售。在其花朵盛开之时要采摘下来，而其叶片可以在整个夏季都可以采摘。

佛手柑的储存 其花朵和叶片很快就会变得枯萎，因此在采摘下来之后最好立刻使用。或者可以将它们切碎后冷冻保存，或者干燥后保存。

佛手柑的食用 可以将切成丝状的嫩叶和花瓣加入到蔬菜沙拉和水果沙拉中。可以将其叶片切碎后加到酸奶中或者奶油中用来制作成沙司，或者与香芹和橙子混合好制作成莎莎酱，用来搭配猪肉串或者明火烤鱼。佛手柑的花朵非常适合与奶油干酪和黄瓜一起制作三明治。干的佛手柑叶片会用来浸渍：在北美地区，干的佛手柑叶片可以当作香草茶购买。可以试试在一壶印度茶里面加入几瓣新鲜的或者干的花瓣，或者几片叶片，或者给自制的一壶柠檬水或者夏日冷饮中增添一种淡雅的芳香滋味。

搭配各种风味 苹果、柑橘类水果、猕猴桃、瓜类、草莓、木瓜、鸡肉、鸭肉、猪肉、番茄等。

香根芹 (sweet cicely)

香根芹是一种不被人重视的，天生就带有甜味的，风味细腻的香草。一种耐寒的多年生原生物种，从欧洲遥远的西部地区到高加索地区的高地牧场都有种植，在北欧经过长时间的人工种植后，目前在其他的温带气候条件下的地区都可以种植。到春末季节，体型较大的、枝叶轻若羽毛的香根芹会结出甘美的、风味芳香的、蕾丝般白色的花朵，然后是结出大个头的、讨人喜爱的穗。整棵的香根芹都是芳香型的：带有着引人注目的麝香气味，并夹杂着一点独活草和八角的气息。其风味趋向于八角的风味，并带有一些芹菜的风味和令人愉悦的甘美风味。未成熟的籽，其风味更加浓烈并呈现出坚果般的质地，带有光泽，在成熟后呈黑色的籽风味要弱一些，多纤维而耐嚼。

香根芹的购买 可以从香草苗圃里购买到成棵的香根芹，也可以自己从种子开始种植。从春季到秋季都可以收获其叶片。花朵可以在春天采摘，而绿色未成熟的籽则是在夏天收获。

香根芹的储存 其叶片最好是在采摘之后立刻使用，但是如果使用湿润的厨房用纸包裹好，可以保存2~3天，或者可以装入塑料袋里，放到冰箱内冷藏保存。

香根芹的食用 新鲜时：鲜嫩的叶片可以给蔬菜沙拉和黄瓜等增添独特的风味，可以加到奶油和酸奶沙司中，用来配鱼类或者海鲜等。可以将叶片切碎后用来制作蛋卷和清汤。可以拌到胡萝卜泥、防风根泥或者南瓜泥中，用来增强甘美的风味。其叶片和籽可以给水果沙拉和奶油干酪类甜点添加风味。其花朵可以用来装饰沙拉。加热烹调时：可以在热菜中使用（要在烹调的最后时刻加入到菜肴中，以获取最大的风味），可以添加到蛋糕中和面包里，在水果馅饼中增加甜度和芳香风味。将叶片和绿色的籽与醋栗和大黄一起加热可以降低水果中的酸度。

搭配各种风味 杏、大黄、草莓、鸡肉、大虾、鲜贝、根类蔬菜等。

柔软如羽毛状的叶片从初春到晚秋时节，都会保留着翠绿的色泽和可食用性。

香桃木 (myrtle)

香桃木原产于地中海盆地的丘陵地区和中东地区。丛生灌木型，带有弱小的、有光泽的、椭圆形的叶片。在夏天会盛开白色的花朵，在秋天会结出紫黑色的浆果实。整棵的香桃木属于芳香型的，其叶片在略微的树脂味道中带有一股甘美的香橙花的回味。口感如同杜松子般，并带有一些湿感。其浆果味道甘美中带有丝丝的杜松子、多香果和迷迭香的味道。其花朵的芳香风味更加细腻。

香桃木的购买 成棵的香桃木可以从专门的苗圃中购买到。其叶片在一年之中都可以采摘使用，花蕾和浆果在其成熟时也可以采摘。

香桃木的储存 从香桃木上采摘下新鲜的叶片和花朵可以直接使用，或者在干燥之后放入密封容器内储存。一旦干燥之后，花蕾和浆果不像叶片那般易碎裂开。其花蕾和浆果在弄碎之后可以作为香料使用。

香桃木的食用 新鲜时：可以直接从香桃木上摘下其花朵，加到各种沙拉里或者用来装饰菜肴。加热烹调时：在制作炖焖类菜肴时要谨慎使用，将其叶片在加热烹调快要结束时加入。与百里香或者香薄荷混合好之后可以用来给肉类和野味类调味，或者与茴香混合好，用来给鱼类调味。可以将香桃木的浆果和一瓣蒜一起放入鸽子或者鹌鹑的腹腔内，用来烤或者炸，或者用来如同杜松子一样地使用它们。在意大利的南部地区，香桃木叶片会用来包裹小块的、新制作好的干酪，随着干酪的熟化，会给干酪增添上一种淡雅的风味。

搭配各种风味 猪肉、野猪肉、鹿肉、野兔肉、鸡肉、鸽子肉、鹌鹑等。

樟脑草 (猫薄荷，catnip)

原产于高加索地区和欧洲南部地区，这种讨人喜爱的植物目前在许多温带气候条件下的地区被广泛种植，在野外也可以发现它的踪影。樟脑草或者猫薄荷这样的名字是可以交替使用的——叫猫薄荷是因为从其碎裂开的叶片中散发出来的气味，可以让猫进入一种兴奋而幸福的状态之中。樟脑草呈灰绿色，其心形叶片的背面被一层白色所覆盖，其花朵呈白色到淡紫色，其中点缀着红色的斑点。在弄碎之后，其叶片会散发出一股甘美的、如同薄荷般的芳香气味，其滋味也如同薄荷般尖锐，并带有一点酸味和苦感。

樟脑草的购买 成棵的樟脑草可以从园艺中心和专业的苗圃内购买到，或者自己从种子开始栽种。其叶片从春天到夏天都可以采摘使用。

樟脑草的储存 小枝的樟脑草，装入塑料袋里，放到冰箱内的蔬菜层，可以冷藏保存1~2天。

樟脑草的食用 樟脑草在过去是一种比现在要更加重要的烹饪香草。现在意大利仍然在制作各种沙拉、汤菜、鸡蛋类菜肴以及蔬菜用的酿馅材料时使用。几片风味锐利的叶片就可以给蔬菜沙拉或者混合香草沙拉添加上激爽的风味。其浓郁的风味也非常适合给肥肉类调味。樟脑草在制作香草茶中被广泛的使用。

搭配各种风味 鸭肉、猪肉等。

樟脑草叶片是要少量地使用，因为其风味过于浓烈刺激。

罗勒（basil）

原产于亚洲的热带地区，罗勒目前几乎可以在所有的温度适宜的条件下种植生长。罗勒有许多不同的品种，有一些名字体现出了它们的芳香气味和外貌特征。甜罗勒呈现复合风味，甘美而香辛的风味中带有丝丝的丁香和八角的意蕴。其风味温和中带有类似于胡椒和丁香的芳香并带有薄荷和八角的回味。紫罗勒、灌木罗勒、皱叶罗勒以及花边罗勒等，有着基本相同的风味和芳香。亚洲罗勒，又名泰国罗勒、甘草罗勒、圣罗勒、泰国柠檬、柠檬罗勒以及青柠罗勒等，与西方出产的罗勒风味不同，因此能够制作出不同风味的罗勒精油。

罗勒的购买 绝大多数罗勒的叶片容易折断和枯萎，所以，在购买到成把的切割好的罗勒时，要检查其新鲜的叶片不要有变软下垂和颜色变黑的情况出现。在香草苗圃中会供应许多不同种类的罗勒，包括亚洲罗勒，其叶片到霜降之前一直都可以采摘下来使用。

罗勒的储存 切割下来的罗勒，用湿润的厨房用纸包裹好，或者放入塑料袋里，放到冰箱内冷藏，可以保存2～3天。而更健壮的泰国罗勒可以保存5～6天。罗勒叶如果冷冻妥当，可以保存3个月以上。罗勒叶加入一点水或者橄榄油搅打成泥蓉状可以放到冰格内冷冻好。同样，将罗勒叶装入密封罐里，每层之间撒上盐，再倒入油，完全覆盖好之后可以密封保存。罗勒放到冰箱里：其叶片会变黑，但是可以用来制作精油，会非常美味。

罗勒的食用 罗勒在加热烹调时，很快就会失去其风味，所以，在热菜中使用，用来加深菜肴的风味时，要留出一小部分在菜肴制作完成时再加入到菜肴中，用来增加菜肴的芳香风味。罗勒叶片可以撕碎，或者用刀切碎、切成丝之后使用，但是这种方式的切割，会造成罗勒叶的瘀伤，并让其颜色迅速变黑。在西方烹调中，罗勒因为擅长与番茄搭配而久负盛名，无论是在沙拉里、沙司中，也或者是汤菜里均可以使用。大蒜、橄榄油、柠檬和番茄都是其天然的调味伙伴。罗勒是制作热那亚香蒜酱的必需材料，以及与之大同小异的在法国南部流行的法国香蒜酱。罗勒也是制作家禽类酿馅材料中非常有效的调味品，可以用来给鱼和海鲜，特别是龙虾和鲜贝调味，可以用来给烤小牛肉和羊肉调味。与覆盆子也是绝配。在亚洲

烹调中，罗勒可以给各种沙拉、炒菜、汤菜以及咖喱类菜肴调味。要将罗勒在加热烹调的最后时刻加入菜肴中，这样其叶片的芳香风味就会与菜肴中的各种风味进行完美的结合。罗勒也在制作泰式绿咖喱酱时使用。

搭配各种风味 西方罗勒：马祖丽娜干酪和其他各种干酪、鸡蛋、奶油干酪、茄子、菜豆、西葫芦、柠檬、橄榄、豌豆、比萨、土豆、覆盆子、米饭、甜玉米、番茄。亚洲罗勒：牛肉、鸡肉、猪肉、鱼和海鲜、椰奶、面条、米饭等。

经典食谱 香蒜酱；法国香蒜酱；泰国绿咖喱酱。

罗勒的制备

一种快速切碎罗勒叶的技法是在切割之前，将所有的叶片紧紧地卷到一起。

1 将罗勒叶片从其茎秆上摘下来，一次将几片紧紧地卷到一起。**2** 使用一把锋利的刀将卷好的罗勒叶片切成细丝。

甜罗勒（sweet basil）
这也叫作热那亚罗勒，这种罗勒叶片肥大，白色的花朵娇小。适合于西餐中的所有烹调方法，是最适合用来制作香蒜酱、法国香蒜酱以及番茄沙拉的罗勒品种。

甜罗勒带有与众不同的亮丽、丝滑般的大叶片。

紫罗勒（purple basil）
这一种大漂亮美丽的罗勒，也叫作紫叶罗勒，带有紫色或者几乎是黑色的叶片和粉红色的花朵。紫罗勒的风味芳香浓郁，并带有丝丝的薄荷和丁香的清新风味。可以在各种和植物类菜肴中使用，也可以给色彩缤纷的沙拉增添画龙点睛的效果。

圣罗勒（holy basil）
圣罗勒是一种带有强烈的香辛而甘美风味的罗勒品种，并带有丝丝的薄荷和樟脑的气息，还有一抹麝香的风味。其风味在经过加热烹调之后会得到强化。生食时，圣罗勒的滋味会略微带点苦感。是泰国菜肴辣椒和罗勒炒鸡的不可或缺的材料，在制作肉类咖喱菜肴时，也广泛地使用到。

皱叶罗勒（o.b.purple ruffles）
这是一种叶边带有皱褶并且带有光泽的深紫色大叶片和粉红色花朵的观赏性植物。其风味柔和甘草相类似。"绿皱褶罗勒"带有石灰绿色的多皱褶的大叶片和白色的花朵。

柠檬罗勒（lemon basil）
这一种在生长时浓密而紧凑的罗勒具有一股清新的柠檬芳香风味。在印度尼西亚，柠檬罗勒叫作kemangie，与鱼和海鲜一起炸熟后食用。可以添加到沙拉里，撒落到鲜贝上，铁扒鱼肉上，或者猪肉串上。

小罗勒（bush basil）
也称为希腊罗勒，一种生长非常紧凑的小叶薄荷，开白色的花朵，带有一股胡椒般的芳香风味。在花盆内生长良好。使用方法与甜罗勒一样，其叶片可以整片地加入沙拉中。

非洲蓝色罗勒（O African blue）
这个品种的罗勒外观引人注目，带有着令人垂涎欲滴的风味。其叶片呈斑驳的紫绿色，花朵是紫色的。带有浓烈的胡椒和丁香的芳香风味，并夹杂着些薄荷的清香和一丝樟脑的回味。可以搭配米饭、蔬菜以及肉类等，非常适合用来搭配土豆沙拉，用来制作香蒜酱也非常美味可口。

甘草罗勒（liquorice basil）
这是一种装饰性非常强的植物，也叫茴香罗勒，叶片上带有紫色的筋脉，茎秆是红色的，花穗呈粉红色，有着一种令人舒适的如同八角和甘草的芳香风味。使用方法与泰国罗勒相同。

泰国罗勒（Thai basil）
泰国罗勒带有着一股令人陶醉的甘美的胡椒芳香风味，回味中伴随着明显的八角风味，以及温馨的八角和甘草的混合味道。

青柠罗勒（lime basil）
这种罗勒与柠檬罗勒有些类似，但是其叶片的颜色要略深一些，并且其中青柠檬的芳香风味更加明显，而不是柠檬的风味。青柠罗勒可以在各种沙拉中使用，也可以在鱼和海鲜菜肴中使用。

罗勒（o.b. amon）
种罗勒原产于墨西其叶片的颜色被紫色射，花朵是粉红色带有着非常明显的、的肉桂风味和暗含着脑气息一起混合后而的甘美的芳香风味。搭配豆类和干豆类菜或者搭配香辣风味的菜等。

皱叶罗勒（lettuce basil）
这种罗勒带有绵软的皱褶形的大叶片以及柔软的质地。非常适合用来制作各种沙拉，或者切碎之后与切成丁状的番茄和特级初榨橄榄油一起混合好，用来搭配意大利面条。皱叶罗勒在意大利南部广受赞誉。

泰国柠檬罗勒（Thai lemon basil）
这也叫作毛罗勒，或者白满拉，这种罗勒带有讨人喜爱的柠檬和樟脑的芳香风味，以及胡椒和柠檬的风味。泰国厨师会将其在上菜之前拌入面条类菜肴中，或者咖喱鱼中。其籽在经过浸泡之后可以用来制作椰奶一类的甜品和冷饮等。有时候也被当作绿色的圣罗勒售卖。

经典食谱（classic recipe）

香蒜酱（pesto）

这种用于意大利面条的热那亚沙司，非常适合用来搭配蔬菜类菜肴，或者用作蘸酱，或者用来涂抹到面包片上。

供 4 ~ 6 人食用

4小把罗勒叶

1瓣蒜，去皮并拍碎

30克松子仁

30克帕玛森干酪或者佩克里诺干酪，擦碎

5~6汤勺特级初榨橄榄油

1 将除了橄榄油之外的所有原材料一起放入食品加工机内搅打。如果要想制作出稀薄一点的沙司，可以多加入一些橄榄油。

2 将溅落在机器四壁上的原材料刮到沙司中，从投料孔内将橄榄油缓慢地加入，将沙司搅打成为一种浓稠的绿色沙司。

3 如果没有食品加工机，可以将大蒜和罗勒放入大号的研钵内，用杵研磨成泥状。然后加入松子仁，继续研磨碎，再将沙酪和橄榄油交替着加入，直到研磨成浓稠的糊状。根据需要，可以加入更多的橄榄油。

牛至和马郁兰（牛至属植物）（oregano and marjoram）

薄荷家族中低矮而浓密的多年生植物，牛至和马郁兰原产于地中海一带和西亚地区。这两种植物通常会被混淆到一起。与之不相干的，却有着类似芳香气息的植物，也会被称之为牛至。其最基本的滋味是温和、略带一些锐利的风味，一点点苦感中带有丝丝的樟脑气息。而在马郁兰的风味之中，在温带气候的生长条件下，则增加了一股甘美而细腻的香辛风味，牛至的风味则更趋向于浓郁而香辛。并带有一点刺激的风味，这种风味通常会是柠檬的清香，在寒冷气候条件下生长，其风味会有所减弱。希腊出产的牛至和墨西哥出产的某些牛至的风味普遍要更加浓郁一些。

牛至和马郁兰的购买 超市里会有干燥的和新鲜切割好的，乃至成棵的牛至和马郁兰出售。有几种不同的，甚至是在干燥之后以希腊名称*rigani*进行售卖的。从香草苗圃中购买到香草籽或者成棵的牛至和马郁兰之后，自己种植成活是非常简单方便的事情。这样你就可以随心所欲、随时随地采摘其叶片使用，要干制牛至和马郁兰，只需在其生长出花蕾之后进行处理即可。

牛至和马郁兰的储存 要将新鲜切割好的牛至和马郁兰装入塑料袋内，放到冰箱里，可以保存2～3天。要将它们进行干燥处理，可以将成把的香草茎秆悬挂在一个通风良好而干燥的地方，在完全干燥之后，摘下叶片存放于一个密封的容器内，可以保存一年以上。干燥的马郁兰和牛至会比新鲜时带有更加强烈的芳香气息和更加浓郁的风味。

牛至和马郁兰的食用 牛至在绝大部分的意大利烹调中，已经变成了一

种不可或缺的原材料。特别是在制作意大利面条沙司、比萨以及烤蔬菜时都要使用到牛至。对于希腊人来说，在希腊烤肉、烤鱼以及希腊沙拉中，牛至是他们最喜爱的香草。在整个西班牙和拉美国家里，在炖肉和烤肉、制作汤菜以及烤蔬菜时，都会用到牛至。在墨西哥，牛至是制作豆类菜肴、卷饼、玉米饼馅料以及莎莎酱等的关键调味料。牛至在经过加热烹调时，会很好地保持其风味，而马郁兰在经过加热烹调后会失去大部分的风味；因此，应该在加热烹调的最后时刻加入到菜肴中。马郁兰适合用来制作沙拉（可以使用叶片和花蕾），可以在鸡蛋类菜肴中使用，可以加入蘑菇沙司中，可以用来给鱼和家禽类调味。可以制作出味道非常棒的沙冰。可以用来搭配马祖瑞娜干酪和其他未经过熟化的干酪等。

搭配各种风味 鸭肉、羊肉、家禽、小牛肉、鹿肉、鱼和贝壳类海鲜、干酪、鸡蛋、茄子、豆类、胡萝卜、西葫芦、柿椒、瓜类蔬菜等。

墨西哥牛至（Mexican oregano）
这是一种叶片呈灰绿色的椭圆形，花朵是乳白色的惹人喜爱的植物。与柠檬马鞭草近似，含有非常高的香草精油。

甜马郁兰（sweet marjoram）
这一种美丽的植物，也叫作多节马郁兰，带有灰绿色，略微毛茸的叶片和串状的白色花朵。其滋味比常见的牛至品种更加细腻，也更甜一些，不适合长时间的加热烹调。

白鲜马郁兰（cretan dittany）
也叫作蒿泊马郁兰，只在克里特岛和希腊南部地区出产，这种植物比绝大多数种类的马郁兰都要更要短小一些，带有深粉红色的花朵。其风味与甜马郁兰非常相似。非常适合用来搭配铁扒鱼肉。

厚实的、银色的叶片是白鲜马郁兰与其他种类的马郁兰的不同之处。

盆栽马郁兰（pot marjoram）
有时候也称之为西西里马郁兰，但却是原产于希腊和小亚细亚，这是一种矮矮的灌木植物，带有柔软的浅绿色叶片，白色或者粉红色的花朵。与甜马郁兰是近亲，但是甜味要清淡一些，并且也更香辛一些。

希腊或土耳其牛至（Greek or Turkish oregano）

也叫作温特马郁兰，这种植物原产于欧洲的东南部和西亚地区。生长着小而白的花朵，带有独特的胡椒气息。是在希腊和土耳其种植最广泛的香草品种，也是最重要的经济作物，是在欧洲和北美售卖的干牛至的主要来源。

金叶牛至（golden-leaved oregano）

这种牛至是一种健美的，带有茂密叶片的地被植物。可以与普通的牛至以相同的方法使用，但是其风味会更加柔和。

普通牛至（common oregano）

这种牛至的风味浓郁，适合搭配铁扒类菜肴和用来制作酿馅、风味浓郁的汤、腌汁、烩蔬菜，甚至汉堡包都可以使用。

普通牛至的茎秆为红色，带有浅黄绿色的叶片，叶片背面呈毛绒状。

叙利亚牛至（Syrian oregano）

这种牛至在中东是专门为烹饪使用而栽培的植物，其风味香辛，会令人想起百里香、牛膝草以及牛至的风味，但是叙利亚牛至的风味会更加尖锐。有时候会作为中东香料扎阿塔（za'atar）售卖。

班兰（pandan）

　　班兰或者露兜树属物种，生长在从印度到东南亚、澳大利亚北部以及太平洋群岛等地。带有光泽的剑形叶片，通常会用来当作调味品和食物的包裹材料来使用。其叶片闻起来甘美而清新，花香馥郁，带有淡淡的麝香风味，以及一丝新切割下来的草香味。其滋味呈令人愉悦的草香味和花香味。科瓦香精（kewra essence）是莫卧儿王朝皇帝最喜爱的调味品，就是从露兜树花中提炼出来的，带有甘美、淡雅的麝香风味和玫瑰花香。

　　班兰的购买 新鲜的班兰叶可以从东方风味商店内寻找到。无论是冷冻的，或者是干燥的班兰叶，其芳香的风味都可以与新鲜的班兰叶相媲美。

　　班兰的储存 新鲜的班兰叶片放在塑料袋内，放到冰箱里储存好，可以保存2～3周。科瓦香精或者科瓦香水（使用科瓦香精加水勾兑而成），如果密封好并避开强光，可以保存2～3年。

　　班兰的食用 其叶片可以经过揉搓或者加热以释放出芳香的风味。揉搓时，可以使用一把叉子的刺尖反复揉搓或者刮擦，然后将班兰叶系成一个宽松的结，这样叶片中的纤维组织就不会散开。就如同马来西亚和新加坡人一样，可以在蒸米饭之前，将一两个系好的叶片加入米中，这样蒸好的米饭就会带有一股淡淡的清香风味。那里的厨师们也用班兰叶片来给使用糯米和木薯粉制作而成的小甜饼、蛋糕以及奶油类的甜点调味，也用班兰叶做汤或者咖喱。泰国厨师会将使用班兰叶包裹好的鸡肉蒸或者炸，也或者将班兰叶编织起来，作为甜品的盛器。科瓦香精可以用一点水稀释后在上菜之前淋洒到菜肴上。在印度，科瓦香精通常会用来给风味肉饭和肉类菜肴调味，也会用来给甜食和冰淇淋调味。

　　搭配各种风味 鸡肉，椰奶，咖喱类菜肴，棕榈糖等。

芳香天竺葵（scented geranium）

芳香天竺葵给我们提供了可以模仿其他各种植物香型的充沛香料。芳香天竺葵有几百个不同的品种，有苹果或者柑橘类水果的味道，有肉桂、丁香、豆蔻或者薄荷的味道，有玫瑰或者松树的味道等。并且呈现出丰富多彩的形状和色彩：叶片可以是叠花形、花边形、蕨类植物形，或者是皱褶形，而其颜色也各有不同，从深绿色到浅绿色、醇和的灰绿色、银绿色，或者奶油绿色等。最适合用来烹调的是散发着柠檬和玫瑰芳香风味的天竺葵品种。

芳香天竺葵的购买 每年春天都会有芳香天竺葵的幼苗出售。其叶片在整个夏季都可以切割下来之后使用。

芳香天竺葵的储存 切割下来的芳香天竺葵叶片非常硬实，因此装入塑料袋里放到冰箱内的蔬菜层，可以储存4～5天。干燥后的芳香天竺葵叶片还会保留其芳香的风味，但是却不适合用来加热烹调。芳香天竺葵的花朵最好是在使用的时候再摘下来。

芳香天竺葵的食用 芳香天竺葵的叶片在轻轻碾压时会散发出其芳香的风味。可以将这样的芳香天竺葵叶片浸泡到糖浆中用来制作沙冰或者经过浸泡后使用，或者用来浸泡水果，或者在稀释之后用来制作清爽宜人的饮料。用叶片浸渍过的奶油或者牛奶，可以用来制作冰淇淋和卡仕达酱。可以在熬煮黑莓或者混合浆果时，将几片叶片加入锅内，用来制作夏日布丁或者果酱。将一把叶片用糖掩埋到一个广口瓶内，腌制2周的时间，然后可以使用带有芳香风味的这种糖制作各种甜点和蛋糕等。将玫瑰风味的芳香天竺葵叶片铺设到蛋糕模具中，可以给海绵蛋糕或者黄油蛋糕增添一种令人回味的清香风味。芳香天竺葵的花朵带有淡雅的芳香气息，可以用来给各种甜品进行美轮美奂的装饰。

搭配各种风味（柠檬风味芳香天竺葵）桃、杏、李子；（玫瑰风味芳香天竺葵）苹果、黑莓、覆盆子等。

桂花天竺葵（fragrans）
通常称之为豆蔻天竺葵，这一品种的天竺葵带有皱褶形的凹口状叶片，以及独具一格的豆蔻芳香风味。

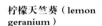

柠檬天竺葵（lemon geranium）
最适合用来加热烹调的天竺葵品种之一，柠檬天竺葵是一种生长有粗糙的小叶片，茎秆硬实的天竺葵。带有清新怡人的柠檬芳香风味。

轻轻地摩擦其叶片，就可以闻到柠檬的芳香风味。

普利芧斯夫人天竺葵（lady plymouth）
这种叶片呈深凹形的天竺葵品种带有混合着柠檬、薄荷以及玫瑰的芳香风味。

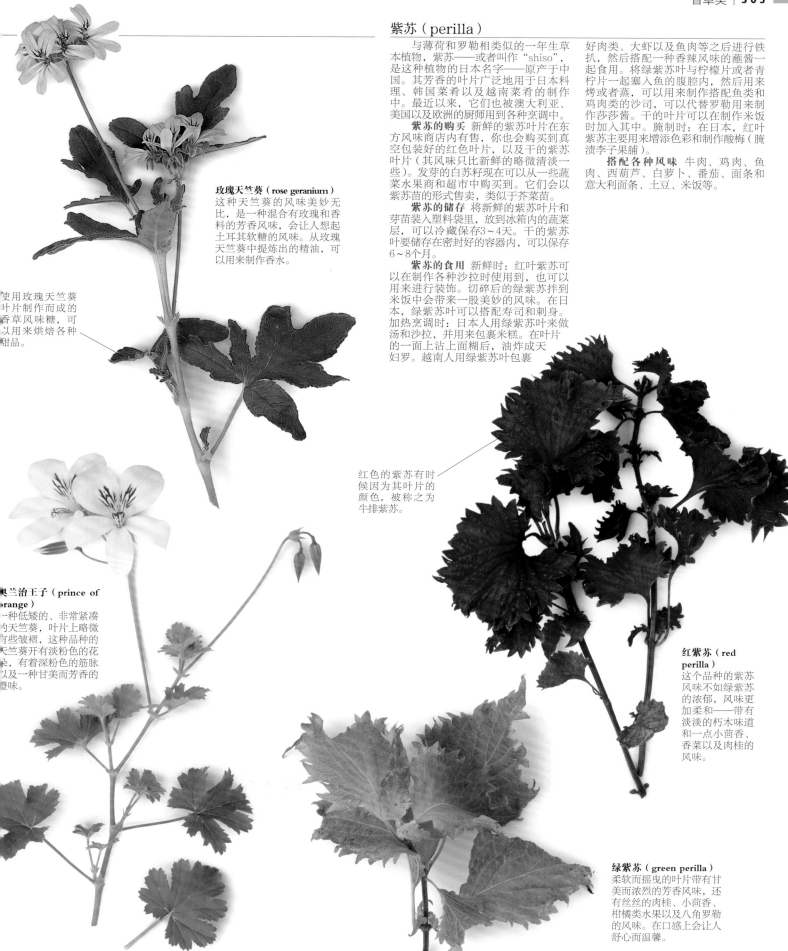

紫苏（perilla）

与薄荷和罗勒相类似的一年生草本植物，紫苏——或者叫作"shiso"，是这种植物的日本名字——原产于中国。其芳香的叶片广泛地用于日本料理、韩国菜肴以及越南菜肴的制作中。最近以来，它们也被澳大利亚、美国以及欧洲的厨师用到各种烹调中。

紫苏的购买 新鲜的紫苏叶片在东方风味商店内有售，你也会购买到真空包装好的红色叶片，以及干的紫苏叶片（其风味只比新鲜的略微清淡一些）。发芽的白苏籽现在可以从一些蔬菜水果商和超市中购买到。它们会以紫苏苗的形式售卖，类似于芥菜苗。

紫苏的储存 将新鲜的紫苏叶片和芽苗装入塑料袋里，放到冰箱内的蔬菜层，可以冷藏保存3~4天。干的紫苏叶要储存在密封好的容器内，可以保存6~8个月。

紫苏的食用 新鲜时：红叶紫苏可以在制作各种沙拉时使用到，也可以用来进行装饰。切碎后的绿紫苏拌到米饭中会带来一股美妙的风味。在日本，绿紫苏叶可以搭配寿司和刺身。加热烹调时：日本人用绿紫苏叶来做汤和沙拉，并用来包裹米糕。在叶片的一面上沾上面糊后，油炸成天妇罗。越南人用绿紫苏叶包裹

好肉类、大虾以及鱼肉等之后进行铁扒，然后搭配一种香辣风味的蘸酱一起食用。将绿紫苏叶与柠檬片或者青柠片一起塞入鱼的腹腔内，然后用来烤或者蒸，可以用来制作搭配鱼类和鸡肉类的沙司，可以代替罗勒用来制作莎莎酱。干的叶片可以在制作米饭时加入其中。腌制时：在日本，红叶紫苏主要用来增添色彩和制作酸梅（腌渍李子果脯）。

搭配各种风味 牛肉、鸡肉、鱼肉、西葫芦、白萝卜、番茄、面条和意大利面条、土豆、米饭等。

玫瑰天竺葵（rose geranium）
这种天竺葵的风味美妙无比，是一种混合有玫瑰和香料的芳香风味，会让人想起土耳其软糖的风味。从玫瑰天竺葵中提炼出的精油，可以用来制作香水。

使用玫瑰天竺葵叶片制作而成的香草风味糖，可以用来烘焙各种甜品。

奥兰治王子（prince of orange）
一种低矮的、非常紧凑的天竺葵，叶片上略微有些皱褶，这种品种的天竺葵开有淡粉色的花朵，有着深粉色的筋脉以及一种甘美而芳香的橙味。

红色的紫苏有时候因为其叶片的颜色，被称之为牛排紫苏。

红紫苏（red perilla）
这个品种的紫苏风味不如绿紫苏的浓郁，风味更加柔和——带有淡淡的朽木味道和一点小茴香、香菜以及肉桂的风味。

绿紫苏（green perilla）
柔软而摇曳的叶片带有甘美而浓烈的芳香风味，还有丝丝的肉桂、小茴香、柑橘类水果以及八角罗勒的风味。在口感上会让人舒心而温馨。

香芹（欧芹，parsley）

绝大多数的西餐厨师差不多都会认为香芹是唯一的一种不可或缺的香草。香芹是一种使用非常广泛的二年生耐寒植物，原产于地中海东部地区。今天，在世界上大多数的温带气候条件下的国家里都有种植。香芹呈略微香辛的芳香风味和淡淡的八角以及柠檬风味。其清新宜人的草本植物风味中有着淡雅的胡椒风味。有两种类型的香芹：平叶香芹和卷叶香芹。两种类型的香芹都能够增强其他调味品的风味，也是一些传统的混合调味料中必不可少的材料，像调味香料和香草束等。

香芹的购买 香芹一年四季都可以在许多地方购买到。要挑选大把的香芹或者成棵的香芹，而不要选择小袋包装的，因为这样的香芹质量要差得多。

香芹的储存 在将香芹装到塑料袋之前要将看起来绵软而脏乱的小枝叶去掉，然后放入冰箱内，可以冷藏保存4~5天。要想保存得更长久，可以将香芹切碎之后装入一个小容器内冷冻保存，或者放到冰盒内加入一点水之后冷冻保存。

香芹的食用 新鲜时：适合用做装饰，卷叶香芹也会给诸如蛋黄酱和其他各种沙司增添一种淡雅的草本植物的芳香风味和惹人喜爱的绿意。加热烹调时：平叶香芹用于加热烹调时风味会更好一些。在菜肴出锅之前将切碎后的香芹加入菜肴中，以获得清新的风味。香芹茎秆非常适合用来给高汤以及长时间炖焖一类的菜肴调味。

搭配各种风味 鸡蛋、鱼肉、扁豆、米饭、柠檬、番茄、大部分的蔬菜等。

经典食谱 阿根廷香辣酱；大蒜香芹酱；格力毛塔沙司；莎莎酱；塔布勒沙拉；香芹沙司；香草束；混合香料；芝麻酱香芹沙拉等。

卷叶香芹（curl parsley）
可以切成细末用来制作各种冷沙司和沙拉汁。小枝的香芹经过油炸之后可以用来给炸鱼进行装饰。

平叶香芹（flat-leaf parsley）
也叫作法国香芹或者意大利香芹，比卷叶香芹具有更加持久的精致风味和细腻的质地。在加热烹调时使用平叶香芹，会保留其风味。

阿根廷香辣酱（chimichurri）

这一道清新爽口的香草沙司，在阿根廷是用来搭配铁扒肉类一起食用的。可以尝试着搭配美味的馅饼和蔬菜一起尝鲜，或者在上汤之前拌入汤菜中。

可以制作出240毫升

4瓣蒜，切成细末

1茶勺黑胡椒粉

1/2茶勺粗辣椒面

1茶勺烟熏味柿椒粉

2茶勺切成细末的鲜牛至

1把新鲜的香芹叶，切成细末

100毫升橄榄油

5汤勺红葡萄酒醋

盐

1 将所有的原材料装入一个带盖的广口瓶内，摇晃均匀，混合到一起。

2 静置3~4个小时之后再使用。

越南香菜（rau ram）

Rau ram是非常受人们欢迎的一种亚洲热带香草的名字。但是这种香草仍然会以越南香菜、越南薄荷、daun kesom（马来西亚语中的名称），以及叻沙叶等不同的名称进行售卖。在20世纪50年代移民到法国和70年代移民到美国的越南人将越南香菜带到了那里，从那时起，开始培养了大批狂热的越南香菜爱好者。这种香草闻起来更像是一种带有一丝清新柑橘类水果风味的，穿透力更强的香菜，其滋味与香菜相类似——清新宜人的风味中带有刺激性的辛辣的胡椒风味。

越南香菜的购买 在东方风味商店里会有成把的越南香菜出售。成棵的越南香菜也有可能从专门的香草苗圃内购买到，越南香菜能够在肥沃而湿润的泥土中茁壮生长。其叶片可以在夏天到秋天的季节里采摘。

越南香菜的储存 如果购买的是状态良好的新鲜越南香菜，装入塑料袋内，放到冰箱里的蔬菜层，可以冷藏保存4~5天。

越南香菜的食用 新鲜时：其叶片可以用来制作沙拉盘：越南人用越南香菜、辣椒和青柠汁给美味的鸡肉卷心菜沙拉调味。泰国厨师用生的越南香菜叶制作红辣椒酱，或者将越南香菜切成丝之后加入咖喱酱中。在新加坡和马来西亚，越南香菜最流行的一种使用方法是用来做辣味米粉汤中带有芳香风味的装饰，辣味米粉汤是一种使用鱼肉、海鲜以及椰奶制作而成的香辣风味的汤。加热烹调时：越南香菜比香菜更能经受热量的考验，如果在烹调加热的中途，将越南香菜加入菜肴中，就能够给菜肴带来一股细腻的风味。

搭配各种风味 家禽类、猪肉、鱼和海鲜、鸡蛋、面条、辣椒、椰奶、豆芽、红辣椒和青辣椒、沙拉香草类、马蹄等。

越南香菜可以通过其叶片上面的栗子色标识而轻易地辨认出来。

迷迭香（rosemary）

原产于地中海地区，但是长久以来在整个欧洲和北美的温带气候条件下的地区都有种植，迷迭香非常耐寒，除了最北方的寒冷区域之外都可以种植。迷迭香的芳香气味非常强烈，舒心的胡椒和树脂风味，并略微有点苦感，丝丝的松木和樟脑气息合为一体。迷迭香的叶片在切割下来之后，其风味会消散而花朵的风味比迷迭香的叶片风味要柔和一些。

迷迭香的购买 新鲜的迷迭香枝叶可以从食品店里购买到。或者可以购买成棵的迷迭香，或者用切割下来的迷迭香再种植，其叶片和小枝的迷迭香在一年四季都可以随时采摘。

迷迭香的储存 新鲜的迷迭香小枝在冰箱内可以保存几天的时间，或者可以插入一瓶水中。在干燥之后，迷迭香会保留其大部分的风味，并且其叶片可以非常容易地碾碎后使用。

迷迭香的食用 迷迭香的风味非常浓烈，长时间的加热烹调也不会减少多少，所以要明智地适量使用，即便是慢火炖的时候也是如此。较老的叶片可以切碎之后加入菜肴中，这样的话，迷迭香就可以被食用。可以与蔬菜一起用橄榄油煎炸，然后用来腌制，特别是可以用来腌制羊肉，可以将几枝迷迭香垫在肉块的下面或者家禽类的下面，用来烧烤或者烘烤。使用较老的、结实的迷迭香茎秆作为扦子来制作肉串，或者用来作为烤肉时涂抹油脂的刷子，鲜嫩的小枝条可以浸泡在牛奶、奶油或者糖浆中，用来制作风味甜点，或者浸泡在夏日饮料中，如柠檬汽水，用来增添风味。迷迭香花朵可以放入冰格中冷冻好，制作成冷饮类的美轮美奂的装饰。迷迭香也非常适合用来制作饼干，甜味的和咸味的均可，还可以用来制作意大利佛卡夏面包和其他各种面包等。

搭配各种风味 家禽、兔肉、猪肉、羊肉、小牛肉、鱼肉、鸡蛋、扁豆、南瓜、茄子、卷心菜、番茄、蘑菇、防风根、土豆、洋葱、橙子、杏、奶油干酪等。

经典食谱 普罗旺斯香草。

酸模草（sorrel）

酸模草在欧洲和西亚的许多草地牧场里的野外生长。酸模草从古埃及时代，就因为其能够给油腻的食物带来酸性的风味而受到人们普遍的青睐。

酸模草的购买 酸模草从种子开始种植会旺盛地生长，或者从香草苗圃内购买成棵的酸模草。其叶片可以从春天一直采摘到冬天酸模草逐渐枯死。酸模草在食品商店内不会经常见到，因为其叶片枯萎得非常快。

酸模草的储存 其叶片最好是在采摘下来之后的1~2天内使用完毕，可以将酸模草装入塑料袋内，放到冰箱里的蔬菜层冷藏保存。酸模草干燥后的效果不好，但是其叶片可以冷冻保存。

酸模草的食用 因为酸模草带有酸味，因此最好是与其他食物一起使用。新鲜时：切成丝的酸模草叶可以给各种沙拉添加上一种清爽宜人的口感，可以在沙拉汁中加入一点蜂蜜或者糖，以中和酸模草的酸味。切成丝的酸模草也可以加到蛋卷、烤鸡蛋和炒鸡蛋中，可以加到奶油类的菜肴中和沙司中，或者用来装饰鱼类菜肴。加热烹调时：酸模草在加热时成熟得非常快，并且其体积也会骤减，颜色也会变成毫无生气的卡其色，可以用来做汤或者沙司，或者与菠菜一起加热烹调。

搭配各种风味 鸡肉、猪肉、小牛肉、鱼肉（特别是三文鱼）、青口贝、鸡蛋、扁豆、韭葱、生菜、黄瓜、番茄、菠菜、西洋菜等。

经典食谱 法兰克福绿酱；法式酸模草沙司；立陶宛奶油酸模草汤配烟熏香肠；乌克兰绿色罗宋汤。

圆盾形酸模草（buckler leaf sorrel）
也称之为法国酸模草，比起普通的酸模草，这种酸模草带有一股较温和的、柠檬清香风味浓郁的、多汁的风味。

普通酸模草带有如同菠菜般的外形和质地。

普通酸模草（garden or common sorrel）
常见的酸模草品种，这一种类的酸模草的口味范围，包括从清爽宜人到浓郁，到刺激，再到带有涩感的风味，较大的叶片略微带有一些苦感。

鼠尾草（sage）

鼠尾草原产于地中海北部地区。有着各种不同的质地，柔软的叶片——从浅灰绿色到绿色中带有银色或者金色的斑点，以及呈深色叶片的紫色鼠尾草等——使得鼠尾草成为魅力四射的园林植物的同时，也是厨师调味宝库中非常宝贵的香草。鼠尾草的风味可以是柔和型、麝香型、浓香型，也或者是浓郁的樟脑型，并带有些涩感和一股温和的香辛风味。通常情况下，杂色的鼠尾草品种会比普通鼠尾草的风味柔和一些，并且其中的一些品种还会带有非常明显的水果的芳香风味：菠萝鼠尾草和黑醋栗鼠尾草闻起来就像所命名的水果的味道，而快乐鼠尾草则带有麝香葡萄的芳香风味。

鼠尾草的购买 切割好的新鲜鼠尾草，还有干的鼠尾草差不多都可以从超市内购买到。如果你自己种植了鼠尾草，那么鼠尾草叶从春天到秋天都可以采摘。

鼠尾草的储存 最理想的是，采摘下鼠尾草叶片后立刻就使用。如果你是购买的鼠尾草，用厨房用纸包好后放到冰箱内的沙拉层里，可以保存几天的时间。干的鼠尾草，如果避光保存的话，可以储存6个月以上的时间，比新鲜的鼠尾草味道更加浓郁，也增加了少许霉酸的味道，因此最好是单独存放，特别是要避开茶叶存放。

鼠尾草的食用 鼠尾草不是一种口感精细的香草品种，所以要少量使用。因为鼠尾草有助于肥腻和油腻的食物消化吸收，因此鼠尾草是这些菜肴的传统合作伙伴，如在制作酿馅猪肉、鹅以及鸭时。鼠尾草在制作猪肉香肠时也是一种风味绝佳的调味料，在德国，还会用鼠尾草来搭配鳗鱼。在希腊，用来炖肉和家禽，甚至也用到茶中。意大利人用鼠尾草和肝与小牛肉一起制作煎小牛肉卷，并用来给佛卡夏和波伦塔调味。也会将几片鼠尾草叶片在黄油中略微加热，用来制作成一种非常简单易做的意大利面条沙司。所有的鼠尾草都生长有让人喜爱的头巾状的花朵，可以用来当做美丽的装饰。

搭配各种风味 干酪、干豆类、苹果、洋葱、番茄、月桂叶、葛缕子、芹菜叶、大蒜、姜粉、独活草、马郁兰、柿椒粉（红椒粉）、香芹、薄荷、百里香等。

经典食谱 鼠尾草洋葱酿馅；鼠尾草风味黄油；煎小牛肉卷等。

黄斑鼠尾草（salvia officinalis icterina）
这种栽培品种的鼠尾草带有美丽的金绿色的叶片，但是却很少开花。其风味要比普通鼠尾草柔和得多。

紫色鼠尾草（purple sage）
这种鼠尾草带有麝香和香辛的口感，比普通鼠尾草的辛辣风味要弱一些。很少开花，但是一旦开花，与蓝色的花朵对应着的是让人惊讶的紫绿色叶片。

三色鼠尾草（*S.o.*Tricolor）
这应该是在所有的鼠尾草中最令人感兴趣的品种了，叶片呈斑驳的绿色、乳白色和粉红色，有着蓝色的花朵。其风味非常清淡而温和。

普通鼠尾草（common sage）
普通鼠尾草有宽叶和窄叶的不同品种。其鲜嫩的绿色叶片比起较老一些的灰色叶片的香辛风味要淡一些。窄叶鼠尾草会开有漂亮的淡紫色、蓝色或者白色的花朵。而宽叶鼠尾草却很少开花。

快乐鼠尾草（克拉里鼠尾草，clary sage）
这种芳香型的两年生鼠尾草带有一股如同麝香葡萄般的芳香风味，其口味略苦而芳香。叶片可以用来挂糊后油炸，而其花朵可以制作成为美轮美奂的、可食用的装饰。

菠萝鼠尾草（凤梨鼠尾草，pineapple sage）
要在室内过冬，这种鼠尾草可以生长成大型的灌木状。其长长的叶片带有一股清新的菠萝芳香气味，但不过于明显。叶片可以铺设到蛋糕模具中给海绵蛋糕增添芳香的风味。

希腊鼠尾草（Greek sage）
这种品种的鼠尾草有着灰绿色的茸毛状的大叶片，芳香风味浓郁，并带有着明显的树脂气息。在烹调中或者在草本茶中都要根据需要酌量使用。

经典食谱（classic recipe）

热鼠尾草黄油（sizzling sage butter）

这一款沙司浇淋到诸如带馅料的意大利饺或意大利面上之后会非常美味可口，同样，这款沙司也非常适合所有类型的意大利面条。

供 4 人食用

| 450克干意大利面 |
| 85克黄油 |
| 2瓣蒜，去皮切成两半 |
| 16片新鲜的鼠尾草叶片 |
| 现擦碎的帕玛森干酪，装饰用 |

1 用一大锅开水煮意大利面，水里要放盐，一直将意大利面煮到有嚼劲的程度。在煮意大利面的同时，在另外一个小炒锅内，用中火将黄油和大蒜一起加热至大蒜变成金黄色。

2 将鼠尾草叶片加入黄油中加热，同时要搅拌，直至鼠尾草散发出芳香的气味，大约需要煸炒30秒钟。将大蒜捞出不用。将煮好的意大利面捞出控净水，放入热的意大利面盘里。倒入热的黄油和鼠尾草，拌均匀。配足量的帕玛森干酪趁热食用。

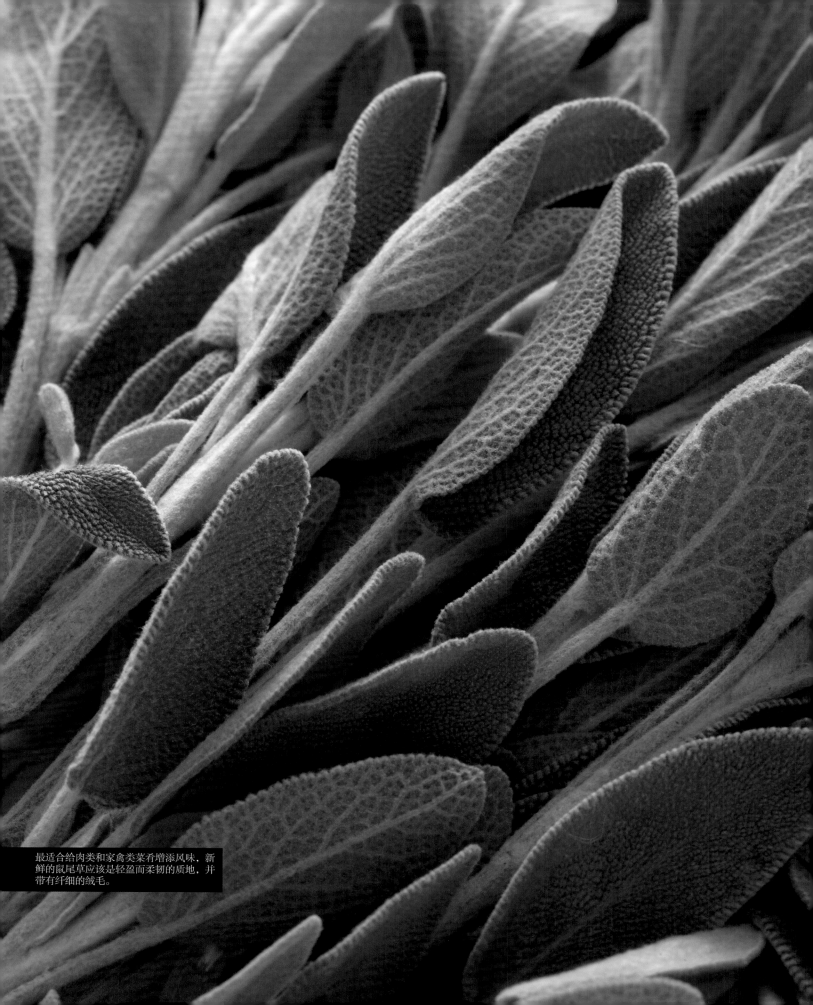

最适合给肉类和家禽类菜肴增添风味，新鲜的鼠尾草应该是轻盈而柔韧的质地，并带有纤细的绒毛。

小地榆（salad burnet）

小地榆是一种枝叶曼妙而浓密的多年生植物，带有利齿状深绿色的叶片。外形精巧，但实际上却彪悍而耐寒，其常绿的叶片通常会因为被覆盖上的薄薄一层雪花而变得更加坚挺。小地榆原产于欧洲和西亚地区，被早期的欧洲殖民者带到了北美洲，目前在那里也是以自然的状态生长着。鲜嫩的叶片带有最佳的风味——较老一些的叶片会变得带有苦味，最好是加热后食用。小地榆不是芳香型植物，它带有温和的淡淡的涩感，仿若黄瓜的风味，夹杂着丝丝刺激的风味。

小地榆的购买 在欧洲的一些地方，你可以在市场上购买到新鲜的小地榆，从晚春到秋季，会在香草和沙拉蔬菜的旁边发现它的身影。小地榆很容易地就可以从种子开始种植，除了最寒冷的冬天之外都可以成活。

小地榆的储存 将小地榆装入塑料袋内，放到冰箱里的蔬菜层，可以冷藏保存一天或者两天。

小地榆的食用 新鲜时：其柔软如同羽毛状的鲜嫩叶片会带有细腻的风味，最佳的享用方式是生食。将叶片加入各种沙拉中——在秋季和冬季特别受欢迎，因为此时人们所感兴趣的叶类蔬菜出现短缺。可以将小地榆的叶片撒到汤中和砂锅里，或者切碎之后用作蔬菜类、鸡蛋类菜肴的装饰。与龙蒿、细香葱以及细叶芹混合到一起，可以制作成为混合香草，还可以制作成香草黄油。加热烹调时：较老一些的叶片最适合与其他绿色蔬菜（如菠菜等）一起蒸或者炒，或者在加热烹调的最后时刻，加入砂锅里或者汤菜里，以保持其风味。

搭配各种风味 鱼肉、鸡蛋、奶油干酪、蚕豆、黄瓜、绿叶蔬菜、番茄、细叶芹、细香葱、春美草、薄荷、香芹、迷迭香、龙蒿等。

黄樟（sassafras）

黄樟是一种原产于美国东部地区，从迈阿密到佛罗里达等地的芳香型的观赏树木。印第安人教会了早期的移民者如何使用黄樟树叶、树皮和树根来制作茶。在现代，黄樟树根是制作麦根沙士的主要原材料之一。定居在路易斯安那州，讲法语的加拿大人使用乔克托族人（北美印第安人）传授的方法，使用干燥的、粉状的黄樟树叶给炖焖一类的菜肴来调味和增稠。其鲜嫩的叶片带有涩感和柑橘类水果及茴香的芳香风味，其树根闻起来带有樟脑的味道。黄樟叶粉呈略酸的味道，就如同带有丝丝的木质风味的柠檬酸模草的风味。其风味可以通过短暂的加热而散发出来。

黄樟的购买 其树叶可以大批量地制作成粉末状，可以在春天采摘下来，然后干燥并制成粉末。最好不要使用新鲜的黄樟树叶，因为其天然就会形成黄樟素，是一种致癌物质。现在，黄樟树的树根、树皮和树叶在进行售卖或者大批量的加工之前都会经过加工处理，将黄樟素去掉。购买制作好的黄樟叶粉、黄樟茶，或者浓缩茶，仅需购买"无黄樟素"标志的产品。有一些品牌的黄樟叶粉会除黄樟叶粉之外，再混合上其他种类的香草粉，如月桂叶、牛至、鼠尾草，或者百里香等香草的成分。

黄樟的储存 黄樟叶粉可以保存6个月，黄樟茶可以保存1年的时间。

黄樟的食用 黄樟叶粉，或者秋葵黄樟叶粉，只在美国路易斯安那州的烹调中使用，但是它们也是卡真烹调中和克里奥风味汤菜和炖焖菜肴调味和改善菜肴品质的关键原材料。尤其是在香辣秋葵浓汤中使用，这是一道使用各种蔬菜、肉类或者海鲜制作而成的一种丰盛的香辣汤菜，搭配米饭一起享用。呈黏液状特点的黄樟叶粉可以让菜肴变得浓稠，只需将制作好的菜肴从火上端下之后，将黄樟叶粉拌入即可，加热会让黄樟叶粉变得有韧性而黏稠。

搭配各种风味 肉类、海鲜、米饭等。

经典食谱 香辣秋葵浓汤。

黄樟树上翠绿色的大叶片，在叶尖上有一个、两个或者三个叶瓣。

香薄荷（savory）

顾名思义，香薄荷芳香四溢，在香料还没有出现在欧洲之前，香薄荷应该是风味最浓郁的调味料之一。夏香薄荷原产于地中海东部地区和高加索地区，冬香薄荷则产自于东欧地区、土耳其以及北非等地。这两种香薄荷被罗马人带到了北欧地区，被早期的移民者带到了北美地区。所有香薄荷种类都带有胡椒的刺激风味。夏香薄荷带有一股细腻的草本植物的芳香和风味，这是一种令人愉悦的香辛风味，并带有淡淡树脂的味道，会让人联想起百里香、薄荷以及牛膝草的风味。冬香薄荷带有更加独特的极具渗透性的芳香和风味，有着鼠尾草和松木的回味。夏香薄荷的叶片非常鲜嫩，而冬香薄荷的叶片则较老。香薄荷属中包含着许多带有香辛风味、辛辣风味的植物，在薄荷—百里香—牛至范围之间，有着各种各样我们常见的名字。在它们的原产地，许多品种都是用来作为调味品使用的。

香薄荷的购买 香薄荷作为一种切割好的香草进行售卖的情况并不多见，但是成棵的香薄荷可以从苗圃内购买到，或者你也可以自己从种子开始种植。

香薄荷的储存 放入塑料袋内冷藏保存，香薄荷可以保存大约6天的时间。如果冷冻保存，香薄荷可以很好地保留其风味，切碎或者小枝状的香薄荷进行冷冻均可。

香薄荷的食用 尽管不同的香薄荷在一定程度上可以交换着使用，但是，这两者在使用的过程中都要明智而谨慎地使用。冬香薄荷的用量比夏香薄荷的用量要少得多。新鲜时：夏香薄荷切碎成细末后，可以添加到各种沙拉里，特别是土豆、豆类以及扁豆类的沙拉里。加热烹调时：因为香薄荷的风味浓郁，这两种香薄荷都适合在需要长时间加热烹调的肉类和蔬菜类菜肴以及酿馅中使用。香薄荷最经常用来调味的是豆类，就如同其德国名字是*bohnenkraut*（豆类香草）所表示的：夏香薄荷最适合芸豆和蚕豆，而两者都可以与菜豆和其他各种豆类搭配使用。

搭配各种风味 兔肉、鱼肉、干酪、鸡蛋、豆类、甜菜、卷心菜等。

冬香薄荷（winter savory）
这是一种生长紧凑的木质状的灌木植物，有着坚硬的、光滑的深绿色叶片。在普罗旺斯，叫作"poivre d'ane"或者"pebre d'ai"，在地中海一带其使用范围要比夏香薄荷更加广泛。

夏香薄荷（summer savory）
这种香薄荷带有柔软的、浅灰色的叶片。非常适合用来给油性的鱼类，像鳗鱼和马鲛鱼等调味。

曼那克什（manaqish）

一种美味的中东风味面包，配酸奶和橄榄趁热食用。

制作面团材料

500克原味面粉，根据需要可以多准备一些

1/2袋活性干酵母

2茶勺细海盐

600毫升特级初榨橄榄油

250毫升温水

撒面材料

6汤勺百里香混合调料

120毫升特级初榨橄榄油

1 将面粉、酵母和盐一起放入大号的搅拌盆里，在中间做出一个窝穴形。将橄榄油倒入窝穴里，使用手指头将橄榄油混合到面粉中直到完全吸收。将温水逐渐地加入面粉中，同时不停地拌动。直到能够将面粉揉搓成一个粗糙的、带有黏性的面团。

2 将烤箱预热至高温。将面团摆放到一个撒有面粉的工作台面上。揉搓2~3分钟，如果面团粘手，可以多撒一些面粉。用一个盆扣住面团，让其醒发15分钟。继续揉面一次，直到面团变得光滑和有弹性。将面团塑成圆形，淋上油，放入一个涂抹了油的盆内。用保鲜膜覆盖好，让其在一个温暖、无风的地方醒发2个小时。到第一个小时的时间后，将面团按压折叠一次。

3 将面团均等地分割成十份。将每一份小面团再揉搓成圆球形，盖上湿毛巾继续醒发45分钟。然后将每一份小面团分别擀成15~17.5厘米大小的圆形，在工作台上撒上面粉，在擀开面团的同时也要撒上些面粉，要确保擀开面团形成均匀一致的圆形。用撒有面粉的油纸盖好面团，让其松弛15~20分钟。

4 制作撒面用的材料，将百里香混合调料以及橄榄油在一个碗里混合好。从圆形面饼的内侧边缘处捏紧并抬起，使整个圆形的面皮形成一个窝状造型。在每一个面皮里面涂刷上为其1/8厚度的调味料。在面皮的边缘处再涂刷上橄榄油，让其再次松弛15~20分钟。

5 放入预热好的烤箱内烘烤6~8分钟，或者一直烘烤到面皮涨发起来并呈浅金黄色。趁热食用。

百里香（thyme）

百里香主要在地中海盆地炎热、干旱的山坡上野外生长，比起那些在寒冷地区种植的品种，其风味要浓郁丰厚得多。野生的百里香呈木质状，散乱无形。栽培种植品种的百里香茎秆较鲜嫩并且浓密，有数百个不同的百里香品种，每一种都带有略微不同的芳香气味。整棵的百里香在轻轻刮擦时，会散发出一股温和的泥土芳香和胡椒的辛辣风味。其口感香辛，并带有丝丝的丁香和薄荷风味，并有一抹樟脑的回味，以及充满口腔的清新余味。众多的百里香品种给厨师提供了大量的不同风味的选择。

百里香的购买 普通的和柠檬风味百里香可以从超市内购买到新鲜的。许多种类的百里香在香草苗圃中都会有售，但是要确保用手指轻轻摩擦时，能够闻到其芳香的气味。只在需要使用的时候再采摘——越经常采摘越好，否则百里香会疯长并变老。制作干燥的百里香，只需在其开花之前采摘即可。

百里香的储存 切割下来的百里香放在塑料袋里储存在冰箱里，可以冷藏保存一周以上的时间。干燥的百里香经过一个冬天仍然会保留其风味。

百里香的食用 与大多数的香草不同，百里香能够适应长时间的慢火加热烹调，要适量地使用百里香，以能够增强其他香草的风味，而不是要突出百里香自己的风味。在法国风味的炖焖类菜肴中，从法式炖锅到什锦砂锅，百里香是不可或缺的香草，西班牙风味炖锅，以及那些墨西哥和拉美国家的风味炖锅等，通常还会与辣椒一起使用。在英国，百里香会用来制作酿馅材料、馅饼以及炖兔肉等。在中东风味的烹调中也是一种很常见的调味料。干的百里香是制作克里奥和卡真风味菜肴的关键原材料。在秋葵浓汤和什锦烩饭中也能见到百里香的身影。可以用百里香给肝酱和肉批、蔬菜浓汤、番茄和葡萄酒制作的少司类、炖菜和砂锅类菜肴调味，以及用来制作腌汁腌制猪肉和野味等。柠檬百里香还可以用来制作饼干、面包和水果沙拉等。

搭配各种风味 羊肉、兔肉、干豆类、茄子、卷心菜、胡萝卜、番茄、洋葱、土豆、甜玉米等。

经典食谱 曼那克什；香草束；中东混合香料。

普通百里香（common thyme）
这也叫作花园百里香，这是一种由地中海野生品种的百里香栽培而成的百里香品种，带有灰绿色的叶片和白色或者是淡紫色的花朵。有许多种类的花园百里香品种，包括英国"阔叶百里香"和法国"窄叶百里香"品种。这是在烹调中最常用到的百里香品种。

匍枝百里香（creeping thyme）
比普通百里香的风味要柔和一些，这种百里香遍布整个地中海地区，同时在欧洲中部和北部也有栽培。这种百里香只能新鲜使用：可以将其娇小的叶片撒到各种沙拉上，或者铁扒蔬菜上。与海索草一起混合使用效果会更好。

中东百里香（za'atar）
在中东，这种深色叶片的百里香，以其阿拉伯名字扎阿塔（za'atar）来称呼。用其他香草，百里香-香薄荷-牛至制成的混合香草也叫作这个名字：包括叙利亚牛至，锥形百里香以及色巴香薄荷。这些香草都可以与芝麻和漆树粉混合，制作而成混合香料叫作扎阿塔。

柠檬百里香（lemon thyme）
对厨师来说，柠檬百里香是紧随在普通百里香之后的最重要的百里香品种。柠檬百里香可以给鱼类和海鲜类、烤鸡或者小牛肉等菜肴带来一股清新爽口的柠檬风味。

橙味百里香（orange scented thyme）
这种栽培品种的百里香叶片，作为风味调味料，可以用来代替橙皮使用。

锥形百里香（conehead thyme）
阿拉伯人用波斯语称这一品种的百里香为扎阿塔，或者波斯百里香。在中东地区，这是一种使用最广泛的百里香。

坚果类和种子类

杏仁

夏威夷果

榛子/开心果

亚麻籽/芝麻

南瓜子

坚果类和种子类概述

富含蛋白质成分,坚果和种子是有食用价值和营养价值的原材料。尽管坚果类和种子类鲜有自己单独成菜的时候(除了作为零食之外),但是它们的用途却非常广泛,可以在咸味和甜味菜肴中使用。它们常常在糖果制作中出现,像榛子和杏仁之类的坚果,它们尤其与巧克力是绝配。在烘焙中,坚果类和种子类都可以用来装饰——摆放到或者淋洒到面包、蛋糕、饼干以及糕点类的表面——也可以作为调味料使用。粉状的坚果和种子在许多烹调中传统上都是作为增稠剂来使用的,从墨西哥南瓜子沙司或者意大利香蒜酱(使用松子仁制作而成)到非洲花生汤和炖菜类。许多坚果,在栽培之后用来榨取油脂在烹调中使用,如花生等,或者用来制作沙拉酱汁,如核桃油。葵花子可以撒到谷粮类中,用来增加矿物质的含量,南瓜子可以撒到各种沙拉上,而芝麻则可以用到各种酱中。

坚果类和种子类的购买

坚果类可以购买到带壳的或者去壳的,整个的、片状的,或者是粉状的。无论你购买哪一种形式的坚果,都要根据你打算如何在烹调中使用它们而定,并根据食谱的要求而定。坚果类和种子类都有新鲜的售卖,但是主要还是以干燥之后的形式售卖。一年四季都可以购买到坚果类和种子类,它们并不是时令性的原材料——除了在秋天收获的栗子和大榛子以外。要小批量地购买新鲜的坚果类,因为几周之后它们就会变质,并且要仔细看好它们的保质期。

坚果类和种子类的制备

种子类一般不需要进行制备处理就可以直接食用,或者直接进行烘烤。但是,如果购买到的是带壳的坚果类就需要先将壳去掉,以取得其能够食用的部分。有一些坚果类的外壳非常薄,可以很容易地使用坚果钳夹碎开,但是有一些较大个头的坚果类,如椰子等,就需要多付出一些努力才可以获取其肉质。

椰子去壳 这种大个头的坚果带有非常厚实而坚硬的外壳,需要打碎其外壳以暴露出里面的椰子肉。在购买椰子的时候,要挑选手感沉重的,充满椰汁(可以通过轻轻摇晃进行核实)——手感沉重的椰子,会含有更多的肉质。在准备打碎椰子的时候,手边要预备好一个干净的碗用来盛椰汁用,这些椰汁可以用来制作泰国风味沙司用。

坚果类和种子类的储存

因为它们含有非常高的油脂成分,大多数的坚果类和种子类很快就会变质,因此应该将它们储存在一个凉爽、干燥的地方,并且要尽快地食用。一种能够延长许多去壳坚果类和种子类保质期的方法是将它们装入塑料密封容器里或者玻璃广口瓶内,放到冰箱里冷藏保存。

坚果类的储存

带壳的坚果类比去壳的坚果类保质期要长得多,因为它们带有一种天然的保护层。你可以将像杏仁一类的坚果放到一个编织袋内在室温下存放好。

种子类的储存

像南瓜子一类的种子类最好是存放在一个干净的、干燥的、密封的塑料容器内,或者是一个广口瓶内,在一个凉爽、避光的地方存放好,以防止它们变质并防止它们吸收其他食物的气味。

需要购买整粒的坚果还是去壳后的坚果? 购买带壳或者去壳的坚果各有利弊,所以,最后还是要根据个人喜好而定。去壳后的坚果类在用之前需要较短的制备时间,但是它们很快就会变质,除非装入密封容器内放到冰箱内冷藏或者冷冻保存,因为在常温下,坚果中的油性会释放出来而令坚果变质。去壳后干燥的坚果类,可以在常温下保存几周的时间。而带壳的坚果类在购买时通常会更便宜一些,因为它们在使用之前需要先去壳。它们在常温下保存的时间也会更长一些,会超过6个月,但是在经过一段时间,在逐渐失去水分以后,它们的状况仍然会持续恶化。

1 使用一根金属扦子从椰子的根部插入,这样可以让椰子里的椰汁流出,然后可以打开椰子。

2 用一把锤子或者一根棍棒用力敲击椰子壳,以敲碎椰子外壳,然后将椰子掰开成两半。

3 用一把刮刀小心地将椰肉从外壳上剥离开。先将椰肉在其壳内切成块状,会更容易取出椰肉。

4 在将取出的椰肉切碎之前,要用一把锋利的刀或者削皮刀将椰肉上褐色的部分去掉并丢弃不用。

敲碎 许多坚果类，像山核桃和核桃等，带有厚实的、坚硬的外壳，需要将其砸裂开，所以花适当的钱去购买一把趁手的坚果钳来做这项工作是非常值得的。这些坚果仁上面的外皮可以食用——去掉这层外皮太难了。

切碎 使用一把大号的、锋利的刀，将坚果类切开成所需要的大小——粗粒或者细末——用手关节带动刀进行切割，较大个头的、扁平一些的坚果类，如杏仁，可以用这种方式进行切割。

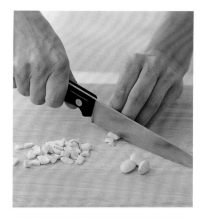

切片 将每一粒坚果平放在菜板上，使用一把大号的、锋利的刀将坚果切成所需要厚度的片状。较大个头的、细滑的坚果，如杏仁，可以切割成杏仁条——将每一片杏仁都纵长切割成细条状。

研磨 将去壳后的坚果类在搅拌机或者食品加工机内磨碎成如同细面包糠一样的颗粒状。如果使用食品加工机，要小心不要搅得过碎，因为坚果类在搅碎的过程中会释放出它们的油性，搅得过碎就会制作成坚果黄油。

坚果类和种子类的加热烹调

坚果类和种子类生食时非常美味可口，但是加热烹调会展示出它们另外的一面：加热会让它们散发出自身的风味和油脂并提升它们的质感，也让它们的口味更加松脆。烤、烫过的坚果类和轻烤过的坚果类，都可以在甜味类和咸味类菜肴中使用，并且经过轻烤过的种子类，撒到各种沙拉上，或者用来制作早餐麦片会非常美味可口。

烤 在世界各地，坚果类和种子类最常见的食用方法是经过简单的烘烤之后用盐来调味后享用。尽管商业化的经过烘烤并调味的种子类产品随处可见，但是在家里自己烘烤一些坚果类和种子类既简单又放心。况且，你还有自己的优势，可以根据自己的兴致酌情多加或者少加盐，并根据你自己的选择，用各种香料或者调味料来给坚果调味。

将烤箱预热至160℃。用油将坚果轻轻地搅拌（每200克坚果使用1茶勺的油），加入适量的各种调味料，将坚果均匀地撒到一个烤盘里。放入烤箱内烘烤20分钟，中间要转动并晃动几次烤盘。

2 将烘烤好的坚果从烤箱内取出，然后倒入干净的棉布或者茶巾里，包好，然后打开并用手指反复揉搓，去掉坚果的外皮。待完全冷却之后，将去皮之后的坚果储存在一个密封的容器内。

烫 有一些食谱会要求将杏仁一类的坚果烫一下，这是一项非常简单的工作，需要去掉其褐色的外皮。

1 将坚果放入耐热碗里，倒入足量的能够没过坚果的开水。放到一边静置浸泡3分钟，然后控净水。

2 待到坚果冷却到足以用手拿取的程度时，只需简单地用手指反复揉搓，去掉坚果的外皮即可，留下变白的坚果仁。

轻烤 这是一种在使用坚果类和种子类制作菜肴之前，快速而方便地增强大多数坚果类和种子类风味的极佳方式。在轻烤它们的时候，不要放任不管，相反，要经常搅拌它们，因为坚果类和种子类非常容易变得焦糊。

用中火加热一个煎锅。将坚果类或者种子类在锅内翻炒几分钟，直到它们变成浅褐色并散发出芳香风味。

杏仁（almonds）

在许多类似于地中海的气候条件下，杏仁树都可以栽培成活。有两种类型的杏仁：苦杏仁，不是用来食用的而是用来榨取油脂和香精，给食物添加风味；另一种是甜杏仁，无论在甜味和咸香风味的菜肴中都能够大显身手。甜杏仁带有精致细腻而独具一格的风味。

杏仁的购买 杏仁从夏天到秋天都可以收获，所以这段时间是新鲜的带壳杏仁上市的时间。要挑选质地硬实的坚果，在摇晃的时候不会连续地发出咯咯的声音。有多种形式的去壳杏

甜杏仁（sweet almond）

心形的马尔卡纳杏仁是甜杏仁中的西班牙品种，以其优良的风味而广受赞誉，通常会在烘烤之后配着饮料享用。

仁，包括没有烫过之后去皮的，去皮的，切成细丝的，切碎的，以及研磨成粉状的等。

杏仁的储存 没有去壳的杏仁可以在一个凉爽、干燥的地方储存1年的时间。去壳的杏仁放到一个密封容器内，可以储存在一个凉爽、干燥、避光的地方，并且要尽快使用。或者可以在冰箱内冷藏保存6个月以上的时间，或者可以冷冻保存1年以上的时间。

杏仁的食用 新鲜时：可以作为零食享用，或者加入早餐的谷粮类中。

加热烹调时：可以用来制作蛋糕、饼干、糕点、花色小点心、蛋白霜以及其他各种甜点。可以用来制作果仁糖和杏仁糊（杏仁膏）。可以加入炒菜中，沙司里，炖菜和咖喱类菜肴中。

搭配各种风味 羊肉、鸡肉、虹鳟鱼、肉桂、蜂蜜、巧克力等。

经典食谱 杏仁意大利饼；杏仁饼干；印度咖喱鸡；杏仁虹鳟鱼；意大利杏仁硬蛋糕；杏仁果酱挞；牛奶冻。

在购买带壳的杏仁时，要避免购买到那些已经碎裂开、发霉，或者变色的杏仁。

苦杏仁（bitter almond）

从苦杏仁中提炼出来的杏仁油，一般都用来给蛋糕类和糖果类，像杏仁饼干等，以及意大利杏仁酒等调味。

巴西坚果（Brazil nuts）

原产于南美洲，巴西坚果是生长在亚马孙雨林中一种乔木的种子，这种乔木可以生长超过500年之久。这种乔木目前还没被栽培成功过，这种坚果主要由巴西和玻利维亚在野外采摘用于出口。乳白色，如蜡般的质地中带有一股柔和、甘美的风味。

巴西坚果的购买 巴西坚果在雨季时收获（11月到来年3月）。如果想购买带壳的巴西坚果，要选择那些看起来沉重的，在摇动的时候不会发出咯咯的声音的坚果。

巴西坚果的储存 因为巴西坚果富含多元不饱和脂肪酸的成分，去壳后的巴西坚果很快就会变质。如果你打算在购买到之后马上食用，你可以将巴西坚果放到一个密闭容器里，在一

个凉爽、干燥的地方保存。同样，你也可以将巴西坚果储存在一个密封的塑料容器内，放到冰箱内冷藏保存6个月，或者冷冻保存1年以上。带壳的巴西坚果可以在一个凉爽、干燥的地方储存2个月。

巴西坚果的食用 巴西坚果的外壳很难去掉，所以你需要购买去壳后整粒的巴西坚果。因为富含脂肪，它们可以作为美味可口的小吃，以及作为酿馅材料、饼干、蛋糕和糖果类等食品的很好的补充。

搭配各种风味 香蕉、果脯、巧克力、太妃糖、枫叶糖浆等。

经典食谱 巧克力脆皮巴西坚果；巴西坚果蛋糕。

非常棘手的厚外壳，在没有将里面的果仁弄碎的情况下很难使其外壳碎裂开。

夏威夷果（macadamias）

原产于澳大利亚，夏威夷果树目前在其他国家里都有种植，包括夏威夷和南非——澳大利亚特有的一种植物非常鲜见地变成世界范围内的商业化的食品作物。在其厚实、坚硬的外壳里面，是蜡状质地，如同黄油般，风味甘美的果仁。

夏威夷果的购买 如果不从树上直接采摘，夏威夷果在晚春和夏季完全成熟的时候会自然地从树上掉落到地面上。因为夏威夷果带有非常坚硬的外壳，因此通常都会去壳之后整粒的售卖，可以是生的或者烤熟的。要购买浅色的没有瑕疵和变色的夏威夷果。

夏威夷果的储存 如果是带壳的夏威夷果，可以在一个凉爽、避光的地方储存几个月的时间。而去壳后的夏威夷果应该装在一个密闭的容器内，储存在一个凉爽、避光的地方，并且要尽量在购买之后就使用完。要想保存的时间长久一些，要将夏威夷果装入一个密闭容器内，放到冰箱里，可以冷藏保存6个月以上，或者冷冻保存1年以上。

夏威夷果的食用 可以将烘烤之后用盐腌入味的或者芳香风味的夏威夷果，搭配各种饮料，当作小吃享用。无盐的夏威夷果可以用来制作饼干、蛋糕、各种糕点、糖果以及冰淇淋，或者用于各种沙拉、家禽类的酿馅中，

去壳后的夏威夷果个头较大、圆形，且呈浅金黄色。

及其他各种咸香风味的菜肴。

搭配各种风味 鸡肉、香蕉、太妃糖、椰子、巧克力、枫叶糖浆等。

经典食谱 夏威夷果脆皮鸡；夏威夷果馅饼。

杏仁意大利饼（almond Macaroons）

这些考究的杏仁饼干，其起源可以追溯到18世纪的意大利。可以搭配餐后咖啡一起享用。

制作 12 ~ 20 个

115克烫过的杏仁

75克白糖

1 ~ 2滴杏仁香精

1个蛋清

1 将烤箱预热至180℃。在一个或者个烤盘内铺好油纸。

2 将杏仁在食品加工机内快速搅碎成细腻的颗粒状。加入白糖再次快速地搅打，直到混合均匀。加入杏仁香精和蛋清，混合成一个柔软的、带有黏性的糊状。（同样，也可以使用研钵将杏仁研磨成细末状，然后倒入一个碗里，加上白糖、香精以及蛋清混合成糊状）。

3 将双手沾水湿润，将1茶勺用量的杏仁糊塑成大小均匀的圆形。将这些圆形杏仁糊，均匀地间隔着摆放到烤盘里。

4 放到烤箱内烘烤10~12分钟，或者一直烘烤至杏仁饼变成浅金黄色。从烤箱内取出杏仁饼，摆放到网架上冷却。杏仁饼应该内里略微柔软。放入密封容器内存放。

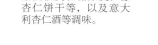

石栗果仁（candlenuts）

在所有的热带地区，从印度到太洋岛屿，以石栗来命名，是因为在史上石栗树是用来作为最原始的灯（火把）使用的：石栗树中非常高的油脂含量说明它们非常容易燃烧。这柔软的、奶油色的圆形石栗果仁，有非常明显的如同蜡质般的质地和众不同的苦味。

石栗果仁的购买 要想从它们坚硬石栗果中成功地取出其果仁是非常困难的事情，所以石栗果仁都是去掉壳之后售卖的。一年四季之中都会去壳后的石栗果仁售卖。要挑选那整粒的而不是破碎的石栗果仁，这是石栗果仁在去掉外壳取出果仁的加工过程中小心翼翼操作的标志。因为它们腐坏变质的速度非常快，因此要一批量地的情购买。

石栗果仁的储存 要储存在一个凉、干燥、避光的地方，并且要尽快用。

石栗果仁的食用 加热烹调时：生石栗果仁有毒性，所以在食用之前必须经过加热烹调。在许多菜肴的制作中，在使用石栗果仁作为调味料或增稠剂使用之前，通常都会先经过烤，然后将其压碎成颗粒状或者细状。主要在东南亚国家使用，如印尼西亚和马来西亚等，但是在夏威夷也会用到。

搭配各种风味 虾酱、海米、辣、大蒜、高良姜等。

经典食谱 辣牛肉；椰汁米粉；夏威夷坡克；沙爹串。

腰果（cashews）

原产于南美洲，腰果树被葡萄牙人引进到印度，之后在许多其他地方的热带地区都有种植，包括非洲、中美洲、以及西印度群岛等地。由于腰果很难从其坚硬的外壳中提取出来，而其外壳中含有强烈的刺激物质成分，因此，腰果通常都会去壳之后售卖。腰果带有柔和的坚果风味和脆嫩的质地。

腰果的购买 去壳后的腰果，一年四季都可以购买到生的或者是烘烤熟之后盐霜口味的。要挑选大个头的、完整的腰果，避免那些小个头或者碎裂了的腰果。

腰果的储存 去壳之后，没有经过烘烤的腰果可以装入一个密闭容器内，放到一个凉爽、干燥的地方保存几周的时间。要想更长久地保存腰

腰果可以轻易地从其细长而弯曲的形状上辨别出来。

果，要将腰果装入一个密封的塑料容器内，放到冰箱里冷藏保存，可以超过6个月或者冷冻保存1年以上。

腰果的食用 新鲜时：其风味广受赞誉，咸味的或者香辣风味的腰果，在享用饮料的时候是非常受欢迎的零食。加热烹调时：在烹调时，原味的腰果可以整个地或者呈粉末状地加入到咸鲜风味和甘甜风味的菜肴中，从炒菜和咖喱类菜肴到制作饼干和甜食均可。

搭配各种风味 鸡肉、甜玉米、黑胡椒、辣椒、烟熏柿椒粉等。

经典食谱 香辣腰果；腰果炒鸡肉；腰果咖喱鸡；腰果软糖。

你在购买石栗果仁的时候，或许无法辨别出其是生的还是熟的，因为它们生食时含有毒素，所以，如果无法肯定，可以在使用之前将其烤熟。

花生（peanuts）

这种植物的种子属于豆科作物，起源于中美洲和南美洲，但现在许多国家都有种植，包括中国、印尼西亚、北美以及尼日利亚等国家地区。因为花生生长在地下，因此被称之为落花生和地下荚等。在其一个带有纹路的外壳中都包含有1~4粒的花生仁，每一粒花生仁都包裹着一层纸一样薄的外皮。

花生的购买 无论是去壳的花生，还是带壳的花生，在一年四季中都可以购买到。去壳后的花生仁有多种形式，包括生的（对于厨师来说用处最广）和经过烘烤之后盐霜口味的或者咸味的等。在购买带壳的花生时，要挑选那些花生仁感觉起来沉重的。要避免购买到破损的或者皱皮的花生。

花生的储存 去壳后的花生（花生

仁）最好是在购买之后尽快食用，但是花生仁也可以装入一个密闭容器内，放在一个凉爽、干燥的地方短时间保存，在冰箱内可以冷藏保存3个月，或者冷冻保存1年。变质的或者发霉的花生一定要扔掉，因为它们含有毒素。没有去壳的花生在一个凉爽的地方可以储存6~9个月。

花生的食用 花生，无论带壳还是去壳，都是一种非常受欢迎的零食。制成蓉泥后，自己就可以制作出花生黄油酱，或者用来制作咖喱菜肴、炖菜、各种沙司，以及在烘焙中使用。

搭配各种风味 洋葱、青芥辣、巧克力、焦糖、红糖等。

经典食谱 花生酱拌杂菜；加纳风味炖花生；花生曲奇；沙嗲酱。

花生薄而脆弱的外壳，表示其可以用手指捏碎裂开，而不需要使用坚果钳。

榛子（hazelnuts）

在许多温带气候条件下的国家里种植着超过一百多个品种的榛子，而土耳其是世界上最大的榛子生产国。圆形的果仁，也叫作欧洲榛子或者菲尔伯特，带有甜美的风味和令人愉悦的松脆质感。新鲜"绿色"的榛子比起成熟的、熟透的榛子汁液更饱满而口感也更加柔和。

榛子的购买 新鲜的榛子可以在夏末季节里购买到。成熟时间差不多的榛子可以连带着它们脆弱的褐色外壳或者去掉外壳之后售卖，在榛子是生的情况下，可以通过烫或者烤以去掉其外皮。如果购买到的是带壳榛子，要挑选那些外壳光滑无瑕疵，并且手感沉重的榛子。

榛子的储存 将带壳或者去壳的榛子放置在一个凉爽、干燥的地方储存，去壳后的榛子要尽快地食用。或者将去壳后的榛子放入一个密闭的塑料容器内，在冰箱里可以冷藏保存6个月，或者冷冻保存1年。

榛子的食用 烤榛子提升了其风味，并使得其薄薄的外皮非常容易去掉。可以当作零食享用。可以在蛋糕中、饼干中以及各种甜点中，还有各种咸香风味的菜肴中使用。

搭配各种风味 鱼肉、苹果、李子、肉桂、咖啡、巧克力等。

经典食谱 红椒杏仁酱；牛轧糖；土耳其软糖等。

罗曼娜榛子（tonda gentile romana）
这一种小个头的，风味浓郁的意大利榛子品种与意大利皮埃蒙特地区有关，以盛产高品质的榛子而闻名。许多意大利糖果都会用到它们出品的榛子。

肯特州大榛子（kentish cobnut）
这种栽培品种的榛子在其还是绿色（在其风味还非常柔和的时候）和变成褐色并成熟之后都可以收获后食用。

其薄薄的外皮略带苦味，所以通常都会去掉。

如果其柔软的外壳是绿色和新鲜的，表明肯特州大榛子鲜嫩多汁。

圣乔瓦尼榛子（san giovanni）
传统上都是带着其厚而光滑的外壳进行售卖，这种意大利品种的榛子用来制作意大利脆饼和各种糕点非常美味可口。

开心果（pistachios）

野生的开心果树是中东地区的原生品种：几个世纪以来，伊朗人一直将开心果和栽种的开心果树所结的果实视作非常珍贵的坚果类。目前开心果也在其他温带地区的国家里大批量地种植。在其坚硬的外壳里和薄薄的外皮下，可食用的果仁呈现出一种非常艳丽的绿色，并且带有一股细腻而独特的风味。

开心果的购买 一旦成熟，开心果自然地就会从一端裂开：在挑选没有去壳的开心果时，要挑选那些在一侧有开口的开心果。新鲜的开心果，带有柔软的粉红色的外壳，只在秋天收获后的短暂时间内可以寻获到。干的开心果一年四季都可以购买到。去壳后的开心果，有整粒的、两瓣的以及切碎后售卖的。烫过之后原味的开心果带有着深绿色的色彩，对厨师来说用途非常广泛。

开心果的储存 开心果可以放入一个带盖的容器里，放在一个凉爽、干燥、避光的地方保存1周或以上的时间。要想更长久地保存开心果，要放入一个密封的塑料容器内，在冰箱里可以冷藏保存4~6周，或者冷冻保存1年以上。

开心果的食用 无论带壳还是去壳的开心果（通常都会带壳烘烤并加盐调味）都是非常流行的零食。烫过的、原味的开心果，可以在甜点、蛋糕、饼干以及甜味糕点中使用，可以用来制作冰淇淋、制作甜味沙司等，可以用在米饭中，制作香肠，并且可以用来给甜味和咸味菜肴进行美轮美奂的装饰。

搭配各种风味 鸡肉、鱼肉、巧克力、香草、印度香米等。

经典食谱 果仁蜜饼；卡萨塔冰淇淋；皮拉夫肉饭；开心果软糖。

开心果仁外面薄薄的一层皮在经过烘烤并加盐调味之后通常都会与果仁一起食用。

栗子（chestnuts）

栗子是一种食用价值极高的种子类（坚果类），甜栗树已经被栽培几个世纪之久了。在世界各地的温带气候条件下的地区里，生长着众多的栗子树品种。在其多刺外壳的保护下，栗子本身是一种圆形的、棕色而光滑的坚果，带有浓郁、甘美的坚果风味以及粉质的质地。

栗子的购买 秋季是收获栗子的季节，随之而来的是新鲜的栗子在商店内售卖的时间只有短短的几个月。在购买带壳的新鲜栗子的时候，要挑选那些质地硬实、手感沉重、外观无瑕疵的栗子，在晃动栗子的时候，不会发出咔嗒咔嗒的声音。去壳并去皮的栗子会广泛采用真空包装、冷冻以及干燥等方法进行加工处理。

栗子的储存 新鲜的栗子要储存在一个凉爽、干燥的地方，并且要在购买之后尽快地食用，因为栗子会变得干硬，并且很快就会变质。没有去壳的新鲜栗子可以储存在一个密封的塑料容器内放到冰箱里，能够冷藏保存超过1个月的时间，或者冷冻保存2～3个月的时间。

栗子的食用 加热烹调时：因为栗子中的单宁含量很高，因此栗子不可以生食。传统的方式是带壳烘烤，然后去皮作为零食食用。在厨房里，栗子可以用于咸香风味和甜食菜肴中，用于各种汤菜，酿馅材料，炖熟之后用来制作糕点和甜点等。

搭配各种风味 鸡肉、香肠用猪肉、孢子甘蓝、洋葱、豆蔻、香草、肉桂、巧克力等。

经典食谱 栗子蓉蛋糕；糖炒栗子；内斯尔洛得什锦水果布丁；奶油栗子粉；里昂式奶油蛋糕。

栗子的制备

新鲜的甜栗子需要加热烹调后使其成熟，所以你可以将栗子的外壳和皮去掉。做这项工作时，要在栗子冷却到可以用手拿取的程度时立刻进行。

1 要确保栗子外壳上没有任何的虫洞、裂纹，以及其他的损伤。使用一把锋利的小刀，在每一个栗子的扁平面上刻划出一个十字形的切口。**2** 在热水中煮或者放到烤箱内烘烤15～20分钟，或者一直加热到十字形的切口变大一些为止。**3** 趁着栗子还是温热的时候，使用一把锋利的小刀，去掉栗子的外壳和薄薄的一层外皮。

西洋栗（sweet chestnut）
欧洲出产的栗子品种，原产于西亚地区，以其甘美的风味而著称。

马诺尼栗子（marrone del mugello）
以其甘美的口感而广获好评，马诺尼栗子是生长在托斯卡纳地区的传统栗子品种。

在购买带壳的栗子时，要挑选那些外壳光滑、有光泽，没有虫眼的栗子。

松子（pine nuts）

在气候温和的温带地区生长着许多不同品种的松树，它们出产美味可口的松子，包括欧洲的意大利五叶松子，中国、日本和韩国出产的红松子，以及南美和墨西哥出产的矮松子等。大批量地采集松果是一件非常耗费时间的事情。松子，又称作松子仁或松果仁，其价格较贵。但是带有精致、淡雅、甘美的风味和柔软、油性的质地。它们深受所有厨师的喜爱。

松子的购买 松子通常都会带壳并煮熟之后售卖。要挑选那些光滑、无瑕疵的浅色松子。松子的大小和形状各不相同，根据来自不同地区的松树而定：意大利五叶松子形状细长，而红松子短而粗。

松子的储存 因为松子含油量非常高，在很短的时间内就会变味，因此，去壳后的松子仁只能在一个凉爽、避光、干燥的地方短时间储存，带壳的松子可以储存得更长久一些。或者，可以将去壳后的松子仁放入一个密封的塑料容器内放到冰箱冷藏保存3个月或者冷冻保存9个月。

松子的食用 烤松子可以改善它们的风味。松子仁可以在所有类型的咸香风味和甜味菜肴中使用，从用于意大利面条和鱼类的各种沙司，到各种炖焖菜肴、酿馅材料、沙拉，以及各种汤菜到各种饼干、蛋糕、糕点，以及甜点等都可以使用松子仁。

搭配各种风味 鸡肉、鱼肉、菠菜、罗勒、薄荷、肉桂、香草、巧克力、蜂蜜等。

经典食谱 意大利松子仁饼干；冰淇淋；可巴饼；热那亚香蒜酱。

松子生长在松树上松果锥形叶片之间的缝隙处。

山核桃（pecans）

这种原产于美洲的坚果在温带气候条件下的地区被大量种植，主要是在美国。与它的近亲核桃不同，山核桃带有一层薄薄的、光滑的硬质外壳，但与核桃一样的是，其果仁也有两部分。其风味呈现柔和的黄油般的口感，其口味甘美，质地爽脆。

山核桃的购买 秋季是带壳的新鲜山核桃上市的季节，带有湿润的质地和非常甘美的风味。要挑选那些形状均匀的山核桃，在用手摇晃山核桃的时候不会发出咔嗒咔嗒的声音。去壳后的山核桃一年四季都有售卖，要挑选那些肉质饱满、颜色一致的山核桃。

山核桃的储存 无论是带壳还是去壳后的山核桃（装到一个密封容器内），都需要在一个凉爽、干燥的地方储存。要享用它们的最佳美味，最好是在购买到山核桃之后的几周时间内就食用。同样也可以将山核桃装入一个密封好的塑料容器内在冰箱里冷藏保存6个月或者冷冻保存1年。

山核桃的食用 山核桃可以敲碎后取出果仁生食。盐霜山核桃或者是香酥山核桃可以搭配饮料一起享用。在烹调中也可以使用山核桃，将山核桃切碎或者分成完整的两瓣，用来制作

蛋糕、糕点、糖果、冰淇淋以及各种面包等。咸香风味菜肴也可以使用山核桃。

搭配各种风味 鸡肉、火鸡、甘薯、香蕉、肉桂、枫叶糖浆、巧克力等。

经典食谱 山核桃派；墨西哥山核桃蛋糕；新奥尔良果仁糖；山核桃圣迪。

在山核桃外壳的一端，有着独特的尖头。

经典食谱（classic recipe）

山核桃派（pecan pie）

这一种甜美而香浓的山核桃派，来自于美国南方，也可以使用巴西胡桃或者核桃仁来制作。

供 6 人食用

250克甜味油酥面团
125克黄油
2汤勺金色糖浆
50克淡色红糖
50克深色红糖
300克两瓣状的山核桃果仁
2个鸡蛋，打散

1 将烤箱预热至200℃。将甜味油酥面团擀开，用来铺设到一个20厘米大小的活动底派模具中。放入冷藏冰箱中松弛大约10分钟。

2 用一把餐叉在派模具底部的面皮上戳上一些孔，然后铺上一张油纸，并填上烤豆。放入烤箱内烘烤15分钟，或者一直烘烤到面皮呈淡淡的金黄色。取出烤豆和油纸，将面皮继续烘烤5分钟，以让底部的面皮变得脆硬。取出放到一边备用。

3 将烤箱温度下调至160℃。在一个锅内加热熔化开黄油和糖浆，然后将锅从火上端离开，拌入红糖和坚果。让其冷却，再拌入打散的鸡蛋。

4 将混合好的馅料用勺舀到模具中，均匀地摊开。放到烤箱内烘烤30～40分钟，或者一直烘烤到呈金黄色并酥脆，派中的馅料应该还略微有些柔软的程度。冷却之后再服务上桌。

虎坚果（tiger nuts）

这种坚果实际上是一种小个头的可以食用的块茎，是尤莎草的果实，生长在欧洲南部地区和非洲的部分地区。虎坚果干燥之后，其褐色的、多皱纹的果实，在西班牙叫作"chufa（尤莎草）"，带有一股柔和的、甘美的坚果风味和坚果般的质地。

虎坚果的购买 经过商业化大批量加工处理之后的虎坚果，干净且干燥，在一年四季都可以购买到，有带皮或者不带皮的售卖方式。要挑选那些硬实、没有皱缩、没有瑕疵和孔洞的虎坚果。成品的虎坚果粉也有售卖的。

虎坚果的储存 干的虎坚果要放置在一个带盖的容器里，在一个凉爽、干燥的地方可以保存1年以上的时间。

虎坚果的食用 干的虎坚果需要

浸泡几个小时使其补充水分之后再使用，将所有浮起和漂浮在表面的虎坚果丢弃不用。在加纳，虎坚果是用来生食或者烤熟之后食用的，也用来制作甜点和软饮料。在西班牙，也是如此，用虎坚果来制作饮料，叫作奥查塔，是一种清新爽口而甘甜的乳白色饮料。虎坚果粉，不含有谷蛋白，可以用来烘焙。

搭配各种风味 柠檬、肉桂等。

经典食谱 奥查塔（horchate）。

干的虎坚果外形是皱巴巴的，但是看起来不显得皱缩。

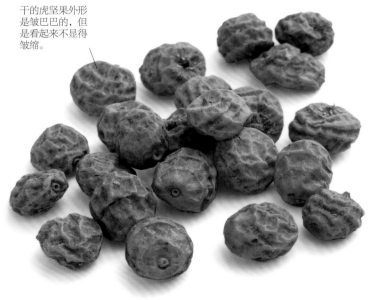

银杏果（ginkgo nuts）

银杏果，生长在银杏树上，在中国、日本和韩国深受欢迎。众所周知，银杏的水果，包含着可以食用的坚果，会带有一股香辛的，不为人喜的气味。而银杏果本身闻起来则带有一股令人愉悦的甘美风味。

银杏果的购买 新鲜的银杏在这几个原产国家之外非常鲜见。通常都会干燥之后售卖，带壳或者去掉壳，也有罐装的银杏果售卖。要挑选那些外壳光滑，没有瑕疵或者疤痕的银杏果。

银杏果的储存 没有去壳的银杏果可以放在一个容器内，在一个凉爽、避光、干燥的地方可以储存几个月。去壳后的银杏果仁极易腐坏，要放在一个容器内，放入冰箱里，可以储存4～5天的时间。

银杏果的食用 在中国，烤熟后制作成盐霜的银杏果是一种非常受欢迎的零食。原味的银杏果，在中国、日本和韩国，可以加入到甜味或者咸香风味的汤菜中、粥里以及炖菜中。日本人将银杏果穿到扦子上，然后用炭火烧烤，作为日式风味串烧。

搭配各种风味 鸡肉、桂圆、姜、香兰叶、酱油等。

经典食谱 日式蒸蛋；银杏大麦甜点；银杏串烧；糖水银杏。

在其薄薄的、褐色的外皮里面是浅黄色的果仁，在加热成熟之后，颜色会变深一些，或者会带有绿色的暗影。

核桃（walnuts）

在世界各地的温带地区都有生长，许多品种的核桃树长期以来以出产美味的核桃而受到重视。核桃在其刚长好之后就可以采摘（绿色或者新鲜时），但是绝大多数的核桃会在树上让其成熟后再采摘。

核桃的购买 秋天是收获核桃的季节，并且此时是享用新鲜核桃的最佳时间。在购买带壳的核桃时，要挑选那些手感沉重，在拿起来摇晃时，不会发出咔嗒咔嗒声音的核桃。核桃也有去壳后售卖的，呈两瓣或者碎片状，一年四季都可以购买到。

核桃的储存 去壳后的核桃（核桃仁）要放入到一个带盖的容器内，在一个凉爽、干燥、避光的地方储存，并尽快地使用。或者放入一个密封的塑料容器内，在冰箱内冷藏储存6个月，或者冷冻储存1年。带壳的核桃，可以在一个凉爽、干燥的地方储存3个月以上。

核桃的食用 可以加入谷物食物中、各种沙拉里，以及混合后制作成小吃。研磨碎后可以用来制作各种沙拉。可以用来制作甜味和咸香风味的菜肴，从汤菜和馅料到各种面包、蛋糕以及糕点等。

搭配各种风味 香蕉、果脯、奶油、蓝纹干酪等。

经典食谱 核桃泡菜；咖啡核桃蛋糕；石榴核桃炖鸡；核桃莎莎酱；核桃面包；核桃酸奶冷汤。

黑核桃（black walnut）
外壳坚硬的美国黑核桃，以其绝佳的风味而著称。质地中含有油性，是制作蛋糕和饼干时很好的原材料。

索伦托核桃（sorrento walnut）
这种意大利的核桃品种，带有光滑的外壳和令人愉悦的风味。因为这种核桃会非常容易地从其壳内取出整个的核桃仁，因此，都会用来在大批量制作糖果时使用。

绿色核桃或者鲜核桃（green or "wet" walnut）
在核桃还没有完全成熟时，其整个的核桃，包括外皮，即后来成熟后的外壳，在制作成泡菜或者腌制之后，都可以食用。

核桃泡菜（pickled walnut）
未成熟的绿色核桃，新鲜食用时会太酸，所以通常都会用加有各种香料的醋浸泡后食用（见右侧食谱）。

英国核桃（English walnut）
它也叫作波斯核桃或者欧洲核桃，这是一种广泛栽培的核桃，在所有的甜味和咸香风味的菜肴制作中使用都会美味可口。

核桃泡菜（腌核桃，pickled walnuts）

在英国，从17世纪开始，没有成熟的嫩核桃就已经开始在加有各种香料的醋中进行腌制。

制作 1.5 千克

450克盐

1千克鲜核桃

用来制作香料醋的用料

1升麦芽醋

1汤勺香菜籽，拍碎

12粒多香果籽

2~3个红辣椒，根据需要可以去籽

75克黑砂糖

1 制作卤水，在一个大碗里用500毫升开水溶化1半用量的盐。让其冷却（卤水一定要冷却之后使用，以防止细菌生长）。

2 用一把餐叉在核桃上戳出一些小孔，然后放入卤水中。要确保核桃完全浸没在卤水里：根据需要可以在核桃上面扣上一个餐盘压住核桃。腌制5天的时间。

3 重新按照上述方法，使用剩余的盐和另外500毫升开水再制作一个批次的卤水。捞出核桃，再浸泡到新制作好的卤水中，再腌制7天的时间。

4 捞出核桃控净卤水，在一个托盘内摊开，晾2~3天的时间。要时常翻动一下核桃，直到全部变成均匀一致的黑色。

5 在准备制作核桃泡菜的前一天，制作香料醋。将醋和各种香料在一个不锈钢或者搪瓷沙司锅内混合好并加热烧开。加入糖搅拌至溶化开，然后将锅从火上端离开。让其静置入味24小时。

6 将制作好的香料醋过滤到一个干净的不锈钢或者搪瓷沙司锅内，重新加热烧开。将晾好的核桃放入到一个经过高温消毒的广口瓶内，塞紧，然后浇淋上热的香料醋。使用耐酸瓶盖盖好广口瓶并贴上标签。在使用之前至少要让其浸泡熟化3个月。

莲子（lotus nuts）

它来自莲藕的花朵中可食用的籽或者果实，在亚洲有长久的食用历史。今天，中国是世界上主要的莲子生产国家。莲子通常都会干燥之后售卖，并去掉莲子心（以去掉它们带有苦味的绿色胚芽），在莲子外面会有一层褐色的薄膜或者去掉薄膜后露出里面浅色的莲子均有售。莲子带有柔软、甘甜和坚果的风味。

莲子的购买 莲子很少有新鲜的，最常见到的是干的莲子。也有罐装、冰糖莲子以及带有甜味的莲子糊售卖的。

莲子的储存 干莲子要储存在一个容器内，在一个凉爽、干燥、避光的地方可以保存1年以上的时间。

莲子的食用 在使用之前，莲子要先经过漂洗。一般会在加热烹调之前先浸泡，或者烘烤。可以用来制作甜味和咸香风味的菜肴，加各种汤菜和炖焖类的菜肴等。冰糖莲子在中国是一种非常流行的零食，莲子糊通常用来制作各种糕点和甜食。

搭配各种风味 鸡肉、姜、陈皮等。
经典食谱 月饼；莲子汤；莲子粥。

莲子应该呈现奶油色。没有脱色或者变成黄色。

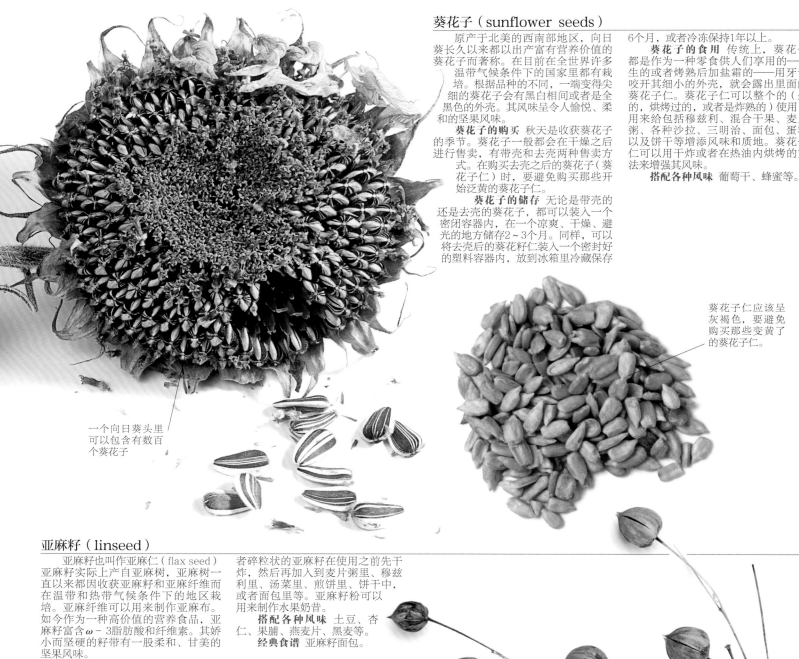

葵花子（sunflower seeds）

原产于北美的西南部地区，向日葵长久以来都以出产富有营养价值的葵花子而著称。在目前在全世界许多温带气候条件下的国家里都有栽培。根据品种的不同，一端变得尖细的葵花子会有黑白相间或者是全黑色的外壳。其风味呈令人愉悦、柔和的坚果风味。

葵花子的购买 秋天是收获葵花子的季节。葵花子一般都会在干燥之后进行售卖，有带壳和去壳两种售卖方式。在购买去壳之后的葵花子（葵花子仁）时，要避免购买那些开始泛黄的葵花子仁。

葵花子的储存 无论是带壳的还是去壳的葵花子，都可以装入一个密闭容器内，在一个凉爽、干燥、避光的地方储存2～3个月。同样，可以将去壳后的葵花籽仁装入一个密封好的塑料容器内，放到冰箱里冷藏保存6个月，或者冷冻保持1年以上。

葵花子的食用 传统上，葵花子都是作为一种零食供人们享用的——生的或者烤熟后加盐霜的——用牙齿咬开其细小的外壳，就会露出里面的葵花子仁。葵花子仁可以整个的（生的、烘烤过的，或者是炸熟的）使用，用来给包括穆兹利、混合干果、麦片粥、各种沙拉、三明治、面包、蛋糕以及饼干等增添风味和质地。葵花子仁可以用干炸或者在热油内烘烤的方法来增强其风味。

搭配各种风味 葡萄干、蜂蜜等。

葵花子仁应该呈灰褐色，要避免购买那些变黄了的葵花子仁。

一个向日葵头里可以包含有数百个葵花子

亚麻籽（linseed）

亚麻籽也叫作亚麻仁（flax seed）亚麻籽实际上产自亚麻树，亚麻树一直以来都因收获亚麻籽和亚麻纤维而在温带和热带气候条件下的地区栽培。亚麻纤维可以用来制作亚麻布。如今作为一种高价值的营养食品，亚麻籽富含ω-3脂肪酸和纤维素。其娇小而坚硬的籽带有一股柔和、甘美的坚果风味。

亚麻籽的购买 一年四季都可以购买到，亚麻籽有整粒的、碎粒的，或者研磨成粉状的亚麻籽粉等售卖的。在购买整粒的亚麻籽时，要挑选那些整洁、饱满、带有光泽的亚麻籽，不要有任何的碎片。无论是整粒的、碎粒状的，还是粉末状的亚麻籽，都应该是甘美的风味，如果滋味发苦，最好不用，因为已经变质。

亚麻籽的储存 整粒的亚麻籽可以在一个密封的容器内，在一个凉爽、避光、干燥的地方储存2年以上。亚麻籽粉很容易腐坏，因此要在一个密闭容器内保存，并放在一个凉爽、避光、干燥的地方储存，尽快地使用。同样，可以在冰箱内储存或者冷冻储存9周以上的时间。

亚麻籽的食用 亚麻籽可以整粒的或者碎粒状的使用，用来给各种菜肴增添质感，但是为了有助于消化吸收亚麻籽，通常都会建议使用亚麻籽粉。为了增强风味，可以将整粒的或者碎粒状的亚麻籽在使用之前先干炸，然后再加入到麦片粥里、穆兹利里、汤菜里、煎饼里、饼干中，或者面包里等。亚麻籽粉可以用来制作水果奶昔。

搭配各种风味 土豆、杏仁、果脯、燕麦片、黑麦等。

经典食谱 亚麻籽面包。

开花之后，其纤弱的蓝色花瓣就会枯萎，显露出充满亚麻籽的头部。

根据品种不同，亚麻籽可以是褐色、红褐色，或者是深黄色不等。

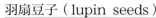

芝麻（sesame seeds）

原产于非洲，为了收获芝麻而对野生的芝麻植物进行栽培有着悠久的历史。现在芝麻被广泛地种植于世界各地的温带和热带地区，从非洲到亚洲均有种植。根据芝麻的种类不同，小小的芝麻可以是白色、金黄色，或者黑色，所有的芝麻都带有相同的浓郁的坚果风味，以及泥土的芳香风味。

芝麻的购买 芝麻通常都会去壳后售卖。因此随着存放时间的延长芝麻会变腐败，要检查包装上面的保质期。芝麻酱（东方种类和中东种类）也要检查。

芝麻的储存 芝麻可以放入一个密封容器内，在一个凉爽、避光、干燥的地方储存3个月以上的时间。或者装入一个密闭的塑料容器内放到冰箱里储存6个月以上，或者冷冻保存一年以上。

芝麻的食用 烘烤和研磨碎的芝麻可以增强其风味。芝麻在世界各地所制作的各种甜食和咸香风味的菜肴中，都能够起到很大的调味作用。还有许多经典的使用芝麻为主要材料制成的调味品，如中东扎阿塔酱和日本的七香粉。芝麻可以在米饭和面团类菜肴中使用，并且可以在煎炸之前用来给食物挂糊，可以撒到沙拉上和蔬菜上，可以加入到面包、饼干、糕点里面，以

及各种甜食中。芝麻酱可以用来给各种蘸酱、沙司、沙拉酱等增加浓郁的风味，还可以作为烘烤和制作糖果的甜味酱。

搭配各种风味 鸡肉、鱼肉、花生、蔬菜、米饭、面条、蜂蜜、柠檬等。

经典食谱 棒棒鸡；戈马豆腐；芝麻蜜饼；芝麻菠菜；香芹芝麻酱；芝麻大虾托；芝麻糖；扎阿塔混合香料。

要购买那些没有碎粒的、整洁的芝麻。

羽扇豆子（lupin seeds）

它也叫作羽扇豆，羽扇豆子是某些羽扇豆类植物的种子，在世界上许多的温带地区都有种植，包括北美和南美、地中海、中东以及澳大利亚等地。羽扇豆子被食用已经有几个世纪之久了，考古中发现的证据表明在古埃及和古希腊时期就已种植。尽管新的"甜味"羽扇豆子品种已经开发出来了，但是由于羽扇豆子太硬也太苦，在食用之前需要长时间的浸泡。饱满的黄色羽扇豆子被一层厚厚的外皮所包裹着，取出其子之后，带有一股坚果的风味和耐嚼的质地。

羽扇豆子的购买 羽扇豆子有干的或者即食的和真空包装的各种形式。在购买干的羽扇豆子时，要购买那些光滑无瑕疵的羽扇豆子。

羽扇豆子的储存 干的羽扇豆子要放入一个密闭的容器里，在一个凉爽、干燥、避光的地方可以保存3～6个月。

羽扇豆子的食用 要制备羽扇豆子，首先要将其浸泡24小时，然后用开水烫5分钟，再浸泡4～5天，并且要多次换水（由此可见，即食羽扇豆子是更加便捷的选择）。在世界上许多国家里，烤羽扇豆子和盐霜羽扇豆子都是非常受欢迎的小吃食品，包括黎巴嫩和意大利，他

们习惯上都是在畅饮啤酒时伴食。

搭配各种风味 橄榄油、黑胡椒等。

经典食谱 托姆斯（Tormus）。

在羽扇豆厚厚的外皮里面，是黄色而耐嚼的子。

南瓜子（pumpkin seeds）

南瓜子也叫珀皮塔，生长在南瓜里。在墨西哥，南瓜子已经有几千年的食用历史了，南瓜子在太阳下晒干。在每一粒浅色的椭圆形外壳或者外皮里面是可食用的脆弱的绿色南瓜子仁，带有淡雅的坚果风味。

南瓜子的购买 干的南瓜子，无论是带壳的还是去壳的，一年四季都可以购买到。要挑选那些饱满而不是干瘪的南瓜子。要使用新鲜的南瓜子，你可以购买一个鲜南瓜（通常会在秋季的月份里采摘）；挖出南瓜子，并将其与南瓜纤维分离开。

南瓜子的储存 新鲜的南瓜子必须

在彻底干燥之后储存。因为其含油量很高，所以非常容易腐坏，因此要将南瓜子放入一个密闭容器内，在一个凉爽、干燥的地方储存，并且要尽快地使用。或者你可以将它们装入一个密封的塑料容器内放入到冰箱里冷藏保存几周，或者冷冻超过6个月。

南瓜子的食用 干烤和炸南瓜子可以增强其风味。新鲜的或者干的，去壳的或者带壳的南瓜子在烤好之后通常都会加盐和各种香料调味，从而作为一种小吃享用。南瓜子也经常在蛋糕、面包以及饼干的制作中使用。或者用来作为沙拉和汤菜美味的装饰，

特别是主料是南瓜的菜肴。在墨西哥烹调中，南瓜子会研磨成粉状，用来给各种沙司增稠和增加风味。

搭配各种风味 杏、南瓜、辣椒、肉桂、姜、枫叶糖浆等。

经典食谱 南瓜子大虾；墨西哥玉米卷配南瓜子沙司。

作为一种小吃或者装饰而深受欢迎的南瓜子，在去壳后被广泛使用。

香料类

辣椒类/柑橘类

香菜/姜黄

八角/黑种草

漆树粉/丁香

罗望子/姜

香料概述

　　人们对地方特色美食的了解和需求越来越多。传统风味、家庭口味，以及个人爱好决定着各种香料的使用情况，并且甚至在他们制作菜肴时，都会使用到非常标准化的混合香料——马沙拉、卜步思、瑞帕斯等与之相类似的调味香料无穷无尽。复合口味的混合香料使用各种香料（或者香草）进行合理搭配，使得各种风味相辅相成。有一些是因为它们的味道，而另外一些是因为它们的芳香风味。有一些带有酸性的特点，其他一些香料，颜色或许是需要考虑的最重要的因素。各种香料在不同时间内加入菜肴中，可以让菜肴的口味有着根本的不同。不管它们是否先经过烘烤，如果各种香料在一开始加热烹调时就加入到菜肴中，香料就会将自身风味融于菜肴中，如果是在加热烹调即将结束之时，撒到菜肴上，香料的芳香风味就会对最后制作好的菜肴风味进行强化。

香料 在世界各地的许多烹饪技法中扮演着重要的角色并发挥着决定性的作用，特别是在印度、远东地区以及南美等地。香料可以整个的、粉状的，或者酱状的加入咖喱中、炖菜中、腌汁中和印度烧烤菜肴中，用来增加热量、风味以及芳香气味。

香料的制备

　　许多香料在加入菜肴中或者用来制作混合香料，或者用来制作香料酱之前，都需要做一些准备工作。通过拍碎、切割以及研磨等方法，有助于释放出香料中的挥发油和香料中的芳香气味。拍碎的大块香料只是用来给菜肴增添风味，因此在菜肴上桌之前要取出来。风味较柔和的香料有时候会切割成小块状，可以作为菜肴的一部分食用，其他的香料应该磨碎、切成薄片，或者切成丝状之后使用。

烘烤 将所有的香料在一个干热的锅内进行烘烤，这种方法在印度烹饪中尤其常见。烘烤香料的过程使得香料的风味更加浓郁，并且更容易进行研磨。有一些菜肴需要先将香料在锅内煎炒一下，再将剩余的原材料加入。煎炒，能够彰显出香料的风味，并且会将风味浸到锅内的油里。煎炒之后的香料比起直接使用生的香料制成的菜肴会更加芳香扑鼻，但是一旦加入了汤汁，香料所释放出来的芳香风味就会大打折扣。

现研磨的香料与粉末状香料的对比 你自己将新鲜的香料研磨成粉末状或者碎粒状比起你购买到的研磨好的粉末状成品香料，一定会更加芳香浓郁。你立刻会体会到你不辞劳苦地研磨好的香料与之有着天壤之别，可以对比一下，取一茶勺的香菜籽研磨好之后，把它们放到一边静置一个或者两个小时。将另外一茶勺的香菜籽研磨成粉末状，先闻一下早先静置的那一茶勺研磨好的香菜籽的风味，然后再闻一下刚刚研磨好的香菜籽的风味，你就会发现早先研磨好并静置一段时间的那些粉末状的香菜籽的风味会有一部分已经散发掉了。成功地制作出自己独树一帜的混合香料，会使自己非常有成就感，与从袋里挤出的香料或者从瓶里倒出的成品香料没有什么不同之处。在许多国家里，这样制作好的混合香料会经常用到，没有所谓的永恒不变的固定食谱存在。

在炉火上烘烤

1 将一个厚底锅放到炉火上加热至放到锅底上方的手掌感受到热的程度时，随着用中火加热的同时，将香料倒入锅内，不停地翻炒或者不断地翻锅。

2 加热至香料变色并且开始冒烟，开始散发出令人陶醉的芳香风味。如果香料的颜色变深得太快了，可以将炉火关小一些，要确保香料不至于变得焦煳。

在烤箱内烘烤

要烘烤一定数量的香料，在预热至250℃的烤箱里进行烘烤会更加简便。将香料在一个烤盘内摊开，放入烤箱里烘烤至变色。冷却之后再研磨。

煎炒香料 在煎炒香料之前，先要将制作这一道菜肴的所有原材料都准备好，因为这些原材料需要在香料煎炒好之后立刻加入锅内。有一些香料只需要在锅里煎炒几秒钟的时间，而另外一些香料则需要煎炒1分钟以上的时间。所有的香料都需要煎炒上色，并且其中有一些，如小豆蔻，会在煎炒的过程中膨胀开。将剩余的原材料加到锅里的时候要将锅从火上端离开，并且要快速搅拌，以防止香料在热油里变得焦黑。

1 在一个厚底锅内倒入薄薄的一层葵花子油，用中火加热，直到你看到从锅里的油面开始冒出一些油烟。

2 先将整粒的香料放入锅内煎炒，然后再放入粉末状的香料。香料在锅里遇到热油会发出滋滋的声音，并且会迅速变成褐色。要密切观察，并且要不断搅拌，以防止香料变焦煳。

擦碎 新鲜的根类香料和根茎类，如山葵和辣根、姜以及与之相关的香料，通常最好是擦碎后而不要切碎后使用。日式擦碎器，就是专门设计好的用来擦碎山葵和姜用的，比所有的西式擦碎器擦碎的更加细腻。尽管大多数的香料都是粉末状的，但是一些大块的香料用来擦碎还是非常容易的。在擦碎整个的豆蔻时，可以使用豆蔻擦碎器，或者使用普通擦碎器上的最细孔进行擦碎。

擦碎高良姜

西式的非常锋利的擦碎器会将高良姜擦碎成浆状，因此适合各种各样的擦碎方式，如提取它的汁液等。

擦碎干姜

干姜、黄姜以及莪术等都非常坚硬，因此最好是使用细小孔的柑橘类擦碎器或者使用锉刀进行擦碎。

榨取汁液

制作许多亚洲菜时，需要使用原汁原味的姜汁，可以快速地从一块鲜姜中榨取出来。

将姜擦碎或者使用食品加工机将姜打碎成细末状。用一块干净的棉布或者茶巾将其包裹好，拧紧并将汁液挤到一个碗里。

切片和切丝 有一些菜肴需要将新鲜香料切割成圆片形，而另外一些则需要将香料切割成丝状或者切割成细末状。将姜、高良姜，或者莪术（白色的黄姜）等香料切割成片和丝的最好的技法见下图所示。柠檬草应该从根部开始顶刀切割成薄片状，以防止其质地中纤维过多。青柠檬叶如果想要食用，就应该切割成细小如针状的丝。

1 根据需要将新鲜的须和根尽量都去掉，将木质纤维和干疤切除。

2 使用一把锋利的刀，顶刀连续地切成薄片。

3 将切好的薄片摆好，用手指扶稳，切成非常细的丝状。

4 将切好的细丝归拢整齐，再顶刀切割。如果想切得更细小些，可以将它们堆积起来，如同剁碎香草一样再剁得细小些。

混合 有一些整个的香料——如多香果、肉桂以及丁香等——非常芳香，但是大多数情况下都需要压碎或者粉碎后使用，以释放出它们的芳香风味。数量较多的香料可以使用一台搅拌器进行磨碎和混合，但是绝大多数香料都难以使用一台食品加工机研磨到均匀的程度。有一些香料只需要压碎后使用，而不需要细磨成粉状。使用杵和臼（研钵）来研磨香料可以让你看到并控制香料研磨的多少——并且在研磨的过程中还可以享受到香料的芳香气味。

使用杵和臼研磨

选择一个深的、结实的、质感粗糙的研钵，因为许多香料的质地非常硬实，并且需要考虑到研磨时手部要使用相当大的力量。

使用擀面杖碾碎

将香料放入塑料袋里，也可以将种子类的香料在一个硬质工作台面上摊开，然后使用一个擀面杖将香料碾碎。

使用研磨机磨碎

较多数量的香料，使用一台电动咖啡研磨机进行研磨会非常容易。要确保研磨机专用于香料的研磨，以防止相互间串味。

制作香料酱

在一个研钵内将大蒜或者姜捣碎，然后加入粉末状的香料，以及一点液体，制作成细滑的香料酱，可以用来制作印度菜肴、东南亚菜肴以及墨西哥菜肴等。

混合香料 马沙拉就是一种混合香料，包含有两到三种，甚至是一打或者更多的香料种类。可以直接添加到菜肴中，整个的或者磨成粉末之后在加热烹调的不同阶段加入菜肴中。对于米饭和一些肉类菜肴，使用整个的香料是传统做法。最常见的粉末状混合香料是格拉姆马沙拉（辣味香料），在印度北方烹调中使用这种混合香料，最适合用来制作肉类和家禽类菜肴，特别是那些加有番茄或者洋葱制作的菜肴，并且香料通常都会在菜肴快要制作好的时候再加入菜肴中，以便提升其他原材料的风味。

格拉姆马沙拉 也可以用来制作风味绝佳的香酥豆或者扁豆汤。从黑豆蔻荚中选取2汤匙的黑豆蔻（去掉豆蔻荚），掰碎1.5根的肉桂。与4汤匙的香菜籽，3汤匙的小茴香，2汤匙的整粒丁香，掰碎3片香叶，一起用中火烘烤——这个过程会需要8~10分钟。然后让香料冷却好，研磨成粉状，过筛。这种马沙拉混合香料在一个密封的广口瓶内可以储存2~3个月。

高良姜（山奈，galangal）

高良姜主要有两种：大高良姜，原产于爪哇岛，以及小高良姜（南姜），原产于中国南方的沿海地区。这两种姜在整个东南亚地区、印度尼西亚以及印度广泛栽培。大高良姜是一种主要在东南亚国家的厨房内使用的香料。大高良姜的芳香风味是适度的辛辣并带有樟脑的气味。令人不解的是，几种与小高良姜带有相类似属性的植物也被称之为大高良姜。这其中之一是香姜。在印度尼西亚，捣碎后的干香姜可以添加到各种菜肴中；在中国，可以与盐和油一起混合好，配烤鸡一起食用；在斯里兰卡，在经过烤制之后研磨成粉末状，用来制作印度香饭和咖喱等。手指根（黄姜，fingerroot），也叫作中国钥匙，甲猜（泰国沙参）和凹唇姜等，是另外一种生长在东南亚的高良姜植物品种。甲猜，是制作某些泰国咖喱酱的主要材料，也用来制作汤菜。

高良姜的购买 新鲜的大高良姜可以从东方风味商店内和一些超市中购买到。可能被叫作当地名称：kha（泰国），lengkuas（马来西亚），或者laos（印度尼西亚）。干的片状和粉状的高良姜都被广泛使用，在卤水中使用时，可以代替新鲜的高良姜。

高良姜的储存 新鲜的高良姜根茎在冰箱里可以保存2周，或者也可以冷冻保存。高良姜粉可以保存2个月，干的片状高良姜至少在一年之内都可以保持它们的风味。

高良姜的食用 如同姜一样，新鲜的高良姜非常容易去皮并且擦碎或者切成末。一般都会将高良姜干制后使用，干的高良姜片可以加入汤菜和炖菜中，但是先要用热水浸泡。在食用之前要将高良姜取出来，因为吃起来会太老。在整个东南亚地区，高良姜在制作咖喱类菜肴和炖菜、制作辣椒酱、沙嗲、汤菜，以及各种沙司时，都会使用新鲜的高良姜。在泰国是制作某些咖喱酱的一种主要材料，就如同马来西亚娘惹烹调风味中制作叻沙香料一样。在泰国烹调中，通常会更偏爱与其他亚洲国家烹调中使用姜一样的方法使用高良姜，特别在制作鱼类和海鲜类菜肴时。高良姜也特别适合用来制作鸡类菜肴，以及许多酸辣风味的汤菜，高良姜给椰奶鸡汤提供了主要风味，这是一种十分受欢迎的使用鸡肉和椰奶制作而成的汤菜。从中东到北非再到摩洛哥（在制作香料时）一般都会用高良姜粉来制作混合香料。擦碎后的高良姜和青柠檬汁在东南亚地区通常会用来制作成一种深受欢迎的大补之药。

搭配各种风味 鸡肉、鱼和鱼露、椰奶、小茴香、大蒜、姜、柠檬草、柠檬、青柠檬、葱头、罗望子等。

经典食谱 椰奶鸡汤；泰国风味咖喱酱；摩洛哥混合香料。

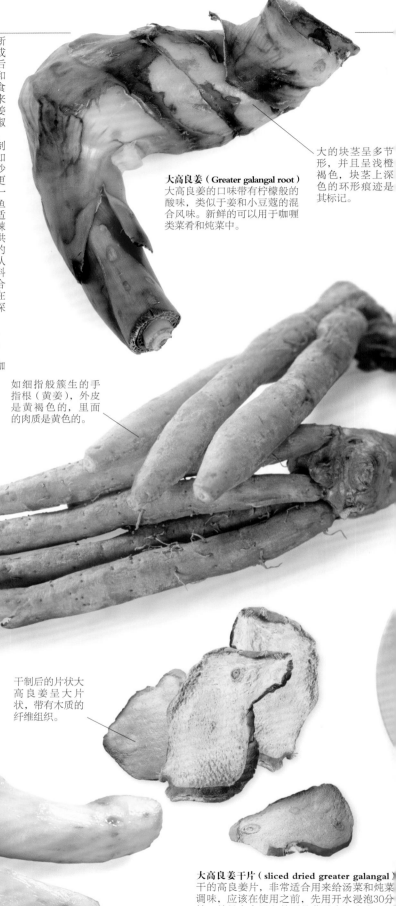

大高良姜（Greater galangal root）
大高良姜的口味带有柠檬般的酸味，类似于姜和小豆蔻的混合风味。新鲜的可以用于咖喱类菜肴和炖菜中。

大的块茎呈多节形，并且呈浅橙褐色，块茎上深色的环形痕迹是其标记。

如细指般簇生的手指根（黄姜），外皮是黄褐色的，里面的肉质是黄色的。

手指跟（黄姜，fingerroot）
手指跟块茎带有一股甘美的芳香风味，呈清新爽口的柠檬口味，以及挥之不去的温暖舒心感觉。其风味介于高良姜和姜之间。在西方国家，通常会新鲜使用或者使用干制成片状的。

干制后的片状大高良姜呈大片状，带有木质的纤维组织。

香姜（aromatic ginger）
这种野生植物的叶片，在印度尼西亚叫作复活莉莉（resurrection lily）、沙姜（kencur），在马来西亚叫作姜叶（cekur），在泰国叫作洪（hom），生食时用来搭配泰国咖喱鱼和马来沙拉等菜肴。

大高良姜干片（sliced dried greater galangal）
干的高良姜片，非常适合用来给汤菜和炖菜调味，应该在使用之前，先用开水浸泡30分钟。并且在食用之前要从菜肴中取出来，因为它们在咀嚼时，会带有较多的令人不愉快的木质纤维。

黑豆蔻（草果，香豆蔻，black cardamon）

几种豆蔻属植物的较大颗的种子，在所生长的地区被广泛地使用，有时候也会被售卖，研磨成粉状之后，可以作为绿色豆蔻价格便宜的替代品。在豆蔻属中最重要的品种是大印度豆蔻或者尼泊尔豆蔻，原产于喜马拉雅山脉的东部地区。这个特殊的豆蔻品种，通常被叫作黑豆蔻，不会用来代替绿色豆蔻使用，并且在印度烹调中扮演着截然不同的角色。黑豆蔻的颜色呈各种明暗度有所不同的褐色，其风味通常会带有比绿豆蔻更浓那一些的樟脑风味。

黑豆蔻的购买 黑豆蔻最好是购买整个的豆荚，以确保其没有碎裂开。豆荚内部的黑豆蔻子，应该带有黏性而不干燥。

黑豆蔻的储存 黑豆蔻豆荚可以储存1年的时间或者在一个密封好的广口瓶内存放得更久远一些。最好是购买黑豆蔻豆荚，且在使用前再进行研磨，以保证其风味浓郁。

黑豆蔻的食用 黑豆蔻是制作印度香料格拉姆马沙拉的一种重要材料，与丁香、肉桂以及黑胡椒等一起制作而成。这种辛辣的混合香料可以在一开始烹调时就加入菜肴中，或者在菜肴快要制作好之前撒到菜肴上，用来增添更加浓郁的风味效果。当在蔬菜类菜肴或者炖肉类菜肴中使用整个的黑豆蔻豆荚时，在上菜之前应该将其取出，但是黑豆蔻子可以粉碎之后溶到沙司中。因为其风味过于浓烈，所以要分开使用。黑豆蔻偶尔也会在制作糖果和泡菜时使用到。

搭配各种风味 咖喱肉类和蔬菜类、酸奶、肉味饭，以及其他米饭类菜肴、印度藏茴香、绿豆蔻、香叶、辣椒、肉桂、丁香、香菜籽、小茴香、豆蔻、胡椒等。

经典食谱 格拉姆马（garam）沙拉；唐都里（tandoori）混合香料。

黑豆蔻豆荚（whole pods）
黑豆蔻豆荚带有棱纹，通常多毛，在成熟之后会呈深红色。在干燥之后，会变成非常深的黑褐色。

黑豆蔻子（seeds）
黑豆蔻子带有一股柏油味道，类似于松子仁的口感中带有涩感，烟熏的味道和丝丝的泥土芳香气息。常用来给格拉姆马沙拉以及唐都里混合香料等增添风味浓郁的程度。

在每一个黑豆蔻豆荚里面是细小的、黑色的、带有黏性的子，其带有的黏性是其新鲜程度最好的标志。

黑豆蔻粉（Black cardamom ground powder）
如果说绿豆蔻是一种"冷"香料，那么黑豆蔻就是一种"热"香料，是制作米饭类菜肴和咖喱类菜肴时的一种非常重要的原材料。

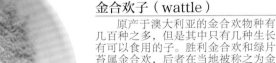

大金合欢子粉（Ground greater galangal）
粉末状的大金合欢块茎呈沙子般的浅褐色，带有一股酸味和柔和的姜味。这种粉末状的大金合欢子在制作许多混合香料时都会用到。

金合欢子（wattle）

原产于澳大利亚的金合欢物种有几百种之多，但是其中只有几种生长有可以食用的子。胜利金合欢和绿片苫属金合欢，后者在当地被称之为金合欢树，是两种最经常用来收获金合欢子的植物。富含营养成分，长久以来当地的澳大利亚人都是作为食物提供的。食物爱好者对植物类食物产生的浓厚兴趣使其对金合欢子有了新的需求。在干燥之后，经过烘烤，以及研磨成粉末状之后，绿色的未成熟的金合欢子会变成一种深褐色的粉末状。其风味带有一些咖啡和烘烤后的榛子风味，以及一丝巧克力的味道。

金合欢子的购买 金合欢子的价格十分昂贵，因为其是从野外采集到的，并且制备时需要的劳动力众多，目前，这项工作仍然主要由当地妇女在灌木丛中进行着。由于对金合欢子需求的增长也导致了价格高涨。经过烘烤之后研磨成粉末状的金合欢子，会在一些香料供应商以及熟食店内售卖。

金合欢子的储存 装入一个密封的容器内，可以保存2年以上。

金合欢子的食用 金合欢子的风味在热的汤汁中会完全挥发出来，不要让汤汁烧开，否则其口味会变苦。其汤汁可以过滤并单独使用，或者将粉末状的金合欢子留下以增加质感。金合欢子可以用来给甜品、特别是奶油类——或者是酸奶类——为主料的甜点，如慕斯类、冰淇淋类等，以及干酪蛋糕类增添风味，还可以在蛋糕中的奶油馅料中使用。试试看把金合欢子加入甜味面包面团中，或者淋洒到面包上和黄油布丁上的效果。金合欢子液体有时候也可以用来代替咖啡饮用。

搭配各种风味 家禽、鱼肉、酸奶、冰淇淋、巧克力、面包、糕点等。

经典食谱 金合欢冰淇淋；金合欢子干酪蛋糕。

深褐色的金合欢子粉末就如同咖啡粉一样，带有一股浓郁的、经过烘烤之后的芳香气味。

摩洛哥豆蔻（Grains of Paradise）

摩洛哥豆蔻是一种开有艳丽的、喇叭状花朵的多年生的根苇子植物所结出的细小的种子，产于西非潮湿的热带海岸一带。摩洛哥豆蔻其他的名字包括朝天番椒、天堂椒，以及偶尔会用到的鳄椒等。目前摩洛哥豆蔻仍然在这些地区出产，这其中加纳是主要的出口国。摩洛哥豆蔻的口味特别辛辣，并带有水果的香味，芳香气味与之类似，但更清淡一些。这种香料最早是在13世纪时，通过横穿撒哈拉沙漠的商队被带到欧洲的，并且从那时起，人们开始喜欢用它来代替真正的胡椒，并用来制作香料葡萄酒和啤酒。摩洛哥豆蔻目前在西方的烹调中，除了用来制作斯堪的纳维亚阿瓜维特酒之外，在别的方面使用得很少。

摩洛哥豆蔻的购买 香料供应商处会储存有摩洛哥豆蔻，可以从西印度风味商店或者非洲风味商店内购买到，或者从保健食品商店内购买到。

摩洛哥豆蔻的储存 整粒的摩洛哥豆蔻可以在一个密封好的容器内保持其风味达几年之久。

摩洛哥豆蔻的食用 摩洛哥豆蔻可以在使前，研磨成细腻的、芳香的粉末状，并且要在制作炖焖羊肉和蔬菜类菜肴的最后时刻加入菜肴中。摩洛哥豆蔻子可以用来制作香料酒。在西非国家，以及西印度群岛的小范围内，摩洛哥豆蔻大多用于调味使用。

搭配各种风味 茄子、羊肉、土豆、家禽、米饭、西葫芦、番茄、根类蔬菜、多香果、肉桂、丁香、小茴香、豆蔻等。

经典食谱 突尼斯五香粉；摩洛哥混合香料。

摩洛哥豆蔻子（whole seeds）
在其果实里，包含着60～100粒红褐色的子，这些子嵌入在白色的果肉之中。它们是制作突尼斯五香粉的主要原材料。

摩洛哥豆蔻碎
（crushed seeds）
碎裂后的摩洛哥豆蔻子将其红褐色的外皮分解开来，露出了里面白色的果肉。摩洛哥豆蔻与小豆蔻有关，但是摩洛哥豆蔻的风味中没有那些香料中的樟脑气息。

摩洛哥豆蔻粉（ground seeds）
摩洛哥豆蔻子应在使用之前再研磨成粉状，因为摩洛哥豆蔻风味流失得非常快。胡椒中混合一点小豆蔻和姜可以用来代替摩洛哥豆蔻使用。

柠檬香桃木（Lemon Myrtle）

柠檬香桃木树原产于澳大利亚沿海地区的热带雨林之中，其主要产地是昆士兰。柠檬香桃木已经被引进到南欧、美国南部、南非等地，在中国和东南亚因为要获取其精油而被广泛种植。柠檬香桃木只在澳大利亚的厨房内才占有一席之地，但是现在开始逐渐受到广泛的关注。其芳香气味是清新而爽口的柠檬风味，就像那些柠檬草和柠檬马鞭草一样，当其叶片被掰碎后其风味会更加浓郁。滋味会更强烈，也更像柠檬皮的味道。其回味是令人难以忘怀的桉树风味或者是樟脑风味。

柠檬香桃木的购买 在澳大利亚之外的地方，柠檬香桃木叶或许只有干制的或者粉末状的。干燥柠檬香桃木叶片的过程会让其风味得到强化。整片的，干燥的叶片和粉末状的柠檬香桃木可以从香草或者香料供应商那里，以及一些超市内购买到。粉状的柠檬香桃木一次只需少量购买即可。

柠檬香桃木的储存 干的叶片和粉末可以在一个密封好的容器内，在一个避光的地方存放几个月。

柠檬香桃木的食用 柠檬香桃木用途非常广泛，可以用来在使用柠檬草或者柠檬皮的地方代替它们，虽然此举会更加节俭，但是味道会更浓郁。

如果加热烹调的时间过长，就会散发出来一种令人不愉快的桉树味道。因此，最好在制作酥饼、饼干，以及用于像小甜饼的面糊之类的，不要在如同长时间烘烤的蛋糕那样的场合使用。最适合用来给快速炒制的菜肴，以及鱼饼等增添风味。与醋、糖、罗勒，加上橄榄油混合好，可以制作出一种搭配蛋糕的沙司，或者作为沙拉汁使用。其有助于蛋黄酱、各种沙司提味，以及用于腌制鸡肉或者海鲜用的

腌汁中，与其他香料混合之后可以制作成风味绝佳的涂抹香料，涂抹到鸡肉或者鱼肉表面，用来烧烤或者铁板扒。也可以用来制作成风味醋，以及柠檬水和花草茶等。

搭配各种风味 鸡肉、猪肉、鱼肉、海鲜、酸奶、大多数的水果、米饭、茶、灌木番茄、八角、罗勒、辣椒、茴香、高良姜、姜、山椒、香芹、胡椒、百里香等。

柠檬香桃木树叶研磨之后，呈粗糙的淡绿色的粉末状。

柠檬香桃木树叶，可以制作成粉末，无论是新鲜的还是干燥之后的，可以整个的使用。

胭脂树子（annatto）

胭脂树子是一种同名的，小棵常青树结出的橙红色的子，原产于南美的热带地区。在哥伦布发现新大陆之前，胭脂树子都是用来作为给食物、面料、油漆上色用的染料。在西方国家，胭脂树子（或者叫作achiote，是墨西哥纳瓦特尔语中的胭脂树名称）目前仍然被用来给像黄油、干酪以及熏鱼等配色。巴西和菲律宾是胭脂树子的主要生产商，但是胭脂树在中美洲、哥伦比亚，以及亚洲的部分地区普遍种植。有棱角的、红色的胭脂树子带有隐约的花香或者是薄荷的香味。它们能够给食物带来一股令人愉快的泥土气息。

胭脂树子的购买 作为种子，整粒的或者粉末状的，可以从西印度风味商店内或者香料供应商处购买到。种子应该是呈现出一种健康的锈红色，要避免阴暗、呈褐色的种子。粉末状的胭脂树子通常会与玉米淀粉一起混合，有时候也会与其他香料，例如小茴香等一起混合使用。

胭脂树子的储存 胭脂树子和粉应该装入一个密封的广口瓶内避光保存。胭脂树子可以保存至少3年。

胭脂树子的食用 胭脂树子可以在热水中浸泡以获取其带有颜色的汤汁，用来炖菜和米饭中。在加勒比海地区，胭脂树子用油煎到深橙色，煎胭脂树子的油留出用来制作菜肴。干的胭脂树子也可以研磨成粉末状之后使用。在牙买加，将胭脂树子与洋葱和辣椒一起加入沙司中用来制作阿开木煮咸鱼。在菲律宾，胭脂树子粉可以加入汤菜和炖菜中，主要是用来增加颜色效果，是制作皮片（pipian）的主要原材料，这是一道猪肉和鸡肉制成的菜肴。在墨西哥可以制作成胭脂树子酱——尤卡坦半岛红色里卡多（yucatan recado ojo）——当地最有名的一道菜肴，pollo pibil（腌制好的鸡肉用香蕉叶包裹好，在炭火炉里烤）。

搭配各种风味 牛肉、猪肉、家禽、鱼（特别是腌鳕鱼）、鸡蛋类菜肴、秋葵、洋葱、胡椒、干豆类、米饭、西葫芦、甘薯、番茄、大多数的蔬菜、多香果、辣椒、柑橘汁、丁香、小茴香、土荆芥、大蒜、牛至、柿椒粉、花生等。

经典食谱 皮片；尤卡坦半岛红色里卡多。

带壳胭脂树子（annatto pod）
在每一个橙红色的胭脂树子的壳内，包含着大约50粒胭脂树子。带壳的胭脂树子在收获之后会涨裂开，经过在水中的浸泡之后，然后将胭脂树子进行干燥，用来当做香料使用。

干的整粒的胭脂树子（Whole dried seeds）
胭脂树子主要用来作为食用色素，给米饭、高汤以及炖菜类等增添色彩，可以将1/2茶勺的胭脂树子用1汤勺的开水浸泡1个小时，或者一直浸泡到水变成深金色。

胭脂树子粉（ground seeds）
干燥的锈红色的胭脂树子会非常硬，使用电动研磨机会很容易将其研磨成粉末状。胭脂树粉在许多国家里都会与其他各种香料混合到一起后使用，以给各种菜肴增添鲜艳的色彩和风味。

伏牛花子（barberry）

小檗属植物属有许多不同的品种，与十大功劳属密切相关，在欧洲、亚洲、北非以及北美的温带地区气候条件下生长。是多年生的植物，有着稠密、多刺和齿形的叶片，它们全部都生长有可以食用的果实——带小檗属植物的果实上会有一些红色的暗影。在伊朗以及更远的东部国家，伏牛花子仍然采用野外采摘、天然晒干的方式进行收获，并储存好，用来在厨房内制作菜肴时使用。椭圆形的小浆果带有一股淡淡的芳香气息，会让人想起醋栗的味道，但其中会有一点酸酸的回味，仿佛来自苹果酸的味道。北美的俄勒冈葡萄品种——青叶，也是从野外采摘的，其使用方式与伏牛花子相类似。

伏牛花子的购买 干燥后的伏牛花子除了在伊朗风味商店内能够购买到之外，在它们的出产地以外的地方很难购买到。其子应该是红色的而不应该呈深色，或者你可以从苗圃内购买到成棵的伏牛花植物，可以从七月份到晚夏时节都可以采摘到独属于你自己的伏牛花子，并将它们晒干。

伏牛花子的储存 干的伏牛花子可以储存几个月的时间。如果冷冻保存的话，伏牛花子会保持住其颜色与风味。

伏牛花子在的食用 加热烹调时：所有使用柠檬汁来调味的菜肴，伏牛花子也都可以用来调味；新鲜的伏牛花子可以在烤羔羊肉或者绵羊肉的最后几分钟时淋洒到肉上，伏牛花子会碎裂开，并让肉中沾染上其淡淡的酸味。用研钵研碎干伏牛花子之后，可以与其他香料和香草一起给肉丸、肝酱以及腌汁来调味，或者与盐一起混合好，在烧烤前涂抹到羊肉串上，以给羊肉串带来一股酸爽的风味。用黄油或者油小火煎好之后，淋洒到米饭类菜肴上，可以给米饭添加上酸酸的味道，并增加飞溅般的色彩感，就如同在中亚和伊朗的制作方法一样。伏牛花子也可以用于制作成酿馅材料、炖菜以及肉菜中。在印度，干的伏牛花子可以加入甜点中，就如同酸醋栗一样。腌制时：因为其果胶的含量非常丰富，因此可以非常容易制作成果冻或者果酱。或者用糖浆、醋来腌制以制作出酸酸的风味。在过去，伏牛花子也用来制作甜食和糖果等，最著名的伏牛花子果酱产自于鲁昂，是仅剩的使用伏牛花子制作而成的传统食品。

搭配各种风味 羊肉、家禽、酸奶、米饭、杏仁、开心果、月桂叶、豆蔻、肉桂、香菜、小茴香、莳萝、香芹、藏红花等。

经典食谱 伏牛花子果酱。

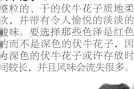

伏牛花子（whole barberries）
整粒的、干的伏牛花子质地柔软，并带有令人愉悦的淡淡的酸味。要选择那些色泽是红色的而不是深色的伏牛花子，因为深色的伏牛花子或许存放时间较长，并且风味会流失很多。

芥末（mustard）

　　黑色芥末和白色芥末或者黄色芥末都原产于南欧和西亚地区，褐色芥末来自于印度，白色芥末在欧洲和北美种植的历史非常悠久。在中世纪时期的欧洲，芥末是普通民众能够消费得起的一种香料。法国人在芥末中添加入其他各种材料的时间始于18世纪，而英国人会去掉芥末子的外皮并进行研磨，以得到精研的芥末粉。整粒的芥末子几乎没有什么芳香气味，但是在研磨成粉末状之后，闻起来就会辛辣扑鼻，加热烹调也会释放出其辛辣的风味、泥土的芳香气息。芥末的辛辣滋味是由其所含有的一种酶，叫介子酶所决定的，介子酶在水中具有活性。英式芥末粉与冷水混合均匀之后，会开发出芥末的活性和辛辣的滋味。要制作混合芥末，先将芥末子用水浸泡，然后用酸性液体混合之，例如醋、葡萄酒或者啤酒等。法国芥末比英国芥末味道更加柔和，有三种不同的制作方法：波尔多芥末，尽管使用的是白色的芥末子，但却是褐色的，其中包含着糖和香草，通常是龙蒿；大藏芥末（第戎芥末），使用的是褐色芥末子（但是要去掉外皮），色浅而味道浓郁，使用白葡萄酒或者酸葡萄汁制作而成；莫城芥末，是一种非常辣的芥末，使用的是芥末粉和芥末子

碎制作而成的。在德国，巴伐利亚芥末是波尔多类型的芥末，但是杜塞尔多夫芥末是辛辣版的大藏芥末。荷兰兹沃勒芥末，使用莳萝给芥末调味，非常适合于搭配腌三文鱼。柔和的北美芥末是使用白芥末子制作而成的芥末，并使用胡椒粉来调配颜色。芳香风味的柔和型萨沃拉芥末在南美是一种深受欢迎的芥末。黄色品种的芥菜在日本用于加热烹调中，并且可以作为一种调味品，可以使菜肴非常辣。野生的芥菜，以及油菜籽，通常会用来加工出品芥末油，就如同褐色芥末一样。

　　芥末的购买　白色芥末子和褐色芥末子随处可见。黑色芥末子则很难寻找到，褐色芥末子可以用来代替黑芥末子，但是效果要差得多。英式芥末粉和各种各样制备好的芥末也很容易购买得。

　　芥末的储存　所有的芥末都可以长时间的储存。一定要保持干燥。制备好的芥末使用之后最好在室温下保存，可以保存2～3个月。

　　芥末子的食用　在南印度，褐色芥末子经过干烤或者在热油中，或者酥油中炸过之后，可以散发出一种惹人喜爱的坚果风味，可以用来制作踏地卡或者巴哥哈混合香料。在

孟加拉，使用生的芥末子制成的芥末酱可以制作成用于咖喱类菜肴的芥末酱，特别是鱼肉配芥末沙司。用褐色芥末子制作而成的辛辣风味的芥末油，给许多印度菜肴增添了独具一格的风味。芥末粉可以给烧烤酱提味，并且非常适合于给肉类和根类蔬菜调味，可以在烹调加热的最后时刻加入到菜肴中。制备好的芥末主要是作为一种调味品来搭配砂锅炖肉，或者冷食的烤肉类。各种芥末也非常适合于用来制作许多不同种类的冷沙司类，从油醋沙司到蛋黄酱等，可以搭配蔬菜或者鱼类菜肴等。芥末也非常适合于搭配众多的干酪菜肴。甜味芥末，使用蜂蜜或者红糖制作而成，非常适合于用来给鸡肉、火腿或者猪肉等上色，也可以作为一种刺激性的辛辣调味品加入到水果沙拉中。新鲜的芥末

芽可以用来制作沙拉，就如同芥末和水田芹一样，切成丝的芥末菜叶是根类蔬菜和番茄沙拉很好的装饰。

　　搭配各种风味　牛肉、兔肉、香肠、鸡肉、鱼肉、海鲜、味道浓郁的干酪、卷心菜、咖喱类菜肴、木豆等。

　　经典食谱　印度五香粉；萨巴香料粉。

芥末油醋沙司（mustard vinaigrette）

芥末的加入给这款油醋沙司增添了恰如其分的刺激风味，使用高品质的橄榄油可以取得最佳品质的口感。

可以制作出足够4人用量的芥末油醋沙司

2汤勺白葡萄酒醋

盐和现磨的黑胡椒粉

1茶勺法国大藏芥末或者芥末子酱

6汤勺特级初榨橄榄油

1 将白葡萄酒醋放入小碗里或者调味瓶内，加入一点盐和现磨的黑胡椒粉，然后搅拌均匀。加入芥末再次搅拌均匀。

2 加入橄榄油并搅拌至完全混合好。使用前让其静置入味15分钟，使得其风味充分混合好，在使用之前需要再次搅拌一下。

白色或黄色芥末子（White or yellow mustard seed）
沙黄色的欧洲芥末子比在日本使用的东方品种的芥末子个头要大一些，在西餐烹调中，整粒的白色芥末子主要用于制作泡菜和腌制，以及腌汁时使用的香料。

黑色芥末子（Black mustard seed）
黑色芥末子比褐色芥末子要大一些，呈椭圆形而不是圆形。在咀嚼时，味道浑厚，散发出的热量会影响到嗅觉和视觉，以及味觉。

褐色芥末子（Brown mustard seed）
褐色芥末子具有持久的芳香风味。比起其辛辣和芳香风味，会略带苦感。主要用于印度南部的菜肴烹调中，在那里褐色芥末子叫作拉伊（rai）。

水瓜柳（capers）

水瓜柳植物是一种在地中海周边地区野生的小型灌木，南至撒哈拉沙漠以及远东的伊朗北部地区，尽管其最早或许起源于亚洲的西部和中部地区。水瓜柳在许多国家里拥有相同气候条件下的地区被成功种植——其中重要的生产国有塞浦路斯、马耳他、法国、意大利、西班牙等。水瓜柳带有咸味和一丝柠檬的风味。其质量取决于其原产地、腌制的方法以及大小。水瓜柳的种子也可以腌制，其叶子和嫩芽都可以制作成风味清淡的泡菜的风味。

水瓜柳的购买 腌制口味的水瓜柳，其质地要比制成泡菜的水瓜柳味道要好一些。风味强烈的大个头的西西里岛水瓜柳都会经过干盐腌渍，是品种最好的水瓜柳。

水瓜柳的储存 腌渍的水瓜柳通过被腌汁浸泡，可以保存较长的时间，取出之后不能被重新腌制或者放回到腌汁中，尤其是用醋腌制的水瓜柳。

水瓜柳的食用 腌制的和腌渍的水瓜柳在使用之前都需要先进行漂洗。在热菜中使用时，要在加热快要结束的时候加入：长时间的加热会导致水瓜柳产生出一种不受待见的苦味。绝大多数的鱼类菜都可以与水瓜柳一起进行各种形式的烹调或者用水瓜柳进行装饰。腌鳕鱼通常会使用水瓜柳和青橄榄作为配菜，这是在西西里和伊奥里亚群岛制作鱼类菜肴的标准配菜组合，在西班牙，搭配炸鱼类菜肴时，会使用水瓜柳和杏仁、大蒜以及香芹的组合。水瓜柳也非常适合于用来搭配鸡肉或者兔肉砂锅类菜肴，以及用来增强许多使用较肥腻的肉类制作而成的菜肴的口感。在匈牙利和澳大利亚，可以用水瓜柳给利普陶软质干酪调味。水瓜柳和水瓜柳子可以单独食用，就如同橄榄一样，或者作为开胃菜与冷切肉、烟熏鱼以及干酪等一起享用。

搭配各种风味 肥腻的肉类、家禽、鱼肉、海鲜、洋蓟、茄子、芸豆、酸黄瓜、橄榄、土豆、番茄等。

经典食谱 水瓜柳橄榄凤尾鱼酱；水瓜柳酸辣沙司；水瓜柳蛋黄酱；塔塔沙司；普坦尼斯卡莎莎酱；英式水瓜柳沙司。

水瓜柳子（caper berries）
水瓜柳子是水瓜柳植物结出的小个头的半熟的果实。通常会用醋进行浸泡腌制，其口感与水瓜柳相类似，但是没有那么强烈的风味。

水瓜柳花蕾（caper buds）
水瓜柳花蕾通常都会用醋腌制或者用盐腌渍。用醋腌制的水瓜柳（用水将醋或者盐漂洗干净后），味道非常强烈、清新、带有咸味，并有些柠檬的味道。

经典食谱（classic recipe）

水瓜柳黄油（caper butter）

一种传统风味的黄油，是搭配鱼类菜肴或者烧烤肉类菜肴的绝佳配菜。

制作 115 克

115克黄油，软化

3茶勺水瓜柳，如果是腌渍的，要漂洗干净并切碎

半个柠檬，挤出柠檬汁（可选）

1 将黄油放入小碗里，用一把木勺，将黄油搅打至乳化状。加入水瓜柳继续搅打至混合均匀。如果使用了柠檬汁，要慢慢地将柠檬汁搅打进去。

2 将混合好的水瓜柳黄油用勺舀到一小张防油纸上，卷起成香肠形状，将其两端卷紧。放到冰箱里冷藏至变硬，然后根据需要切成片状使用。

柿椒粉（paprika）

辣椒原产于美洲，在哥伦布1492年航海之后在西班牙开始种植，是西班牙人首先将辣椒干制并研磨成粉末状，制作出了辣椒粉，或者柿椒粉。辣椒籽随后到达了土耳其，并在那里得到种植，随后遍布了整个土耳其帝国。柿椒粉的芳香风味趋向于淡雅而内敛，有一部分柿椒粉会带有焦糖的丝丝气息，水果风味，或者烟熏风味不等，而另外一些柿椒粉则带有刺鼻的气味，略微发热的感觉。匈牙利厨师通常会备有不同等级的柿椒粉，并会从中挑选出一种最适合于要制备菜肴所需要的柿椒粉。辣椒酱和辣椒沙司在匈牙利也有生产。

柿椒粉的购买 柿椒粉通常都会以在罐内或者袋内密封的方式进行售卖。匈牙利和巴尔干柿椒粉会比西班牙柿椒粉略微辣一些。葡萄牙和摩洛哥柿椒粉则类似于西班牙柿椒粉。产自于美国的柿椒粉风味较柔和。西班牙辣椒粉，其辣味使用橡树木点火烘干，以使其带有了烟熏风味的烙印。

柿椒粉的储存 所有的柿椒粉都应该在密闭的容器内保存，并要避光，否则会失去其活力。

柿椒粉的食用 柿椒粉一定不要过度加热，因为加热过度其味道会变苦。在匈牙利烹调中，柿椒粉是主要的香料和着色剂。与洋葱一起在猪油中略炒，可以成为传统的肉菜和家禽类菜肴主要的汤汁成分，并且可以给土豆、米饭以及面条类菜肴和许多蔬菜类菜肴增添丰富的色彩和添加风味。塞尔维亚厨师使用柿椒粉的方式与此大同小异，也同样在西班牙米饭和土豆类菜肴中使用，可以搭配鱼肉，在蛋卷中使用，是制作柿椒杏仁沙司的主要材料。在摩洛哥，广泛地用于各种混合香料，在炖羊肉中，薛木拉鱼肉中均可以使用，在土耳其，可以给各种汤菜、蔬菜类菜肴以及肉类菜肴，特别是猪内脏类菜肴调味。在印度，柿椒粉主要作为红色用来给食物上色，在全世界范围内都用柿椒粉来给香肠以及其他肉制品调味。

搭配各种风味 牛肉、小牛肉、鸡肉、鸭肉、猪肉、白色干酪、干豆类和蔬菜类、米饭等。

经典食谱 匈牙利牛肉蔬菜汤；红粉小牛肉或者红粉鸡肉；匈牙利炖鸭肉或者炖鹅肉；红椒杏仁沙司。

西班牙辣椒粉（红椒粉，Spanish paprika or pimpentón）
以薇拉原产地出品的柿椒名称命名的西班牙辣椒粉，保证了消费者得到的是纯手工采摘而制成的高品质的西班牙辣椒粉，以其独具一格的烟熏风味和口感而著称。在西班牙，红椒粉用于制作sofrito——一种使用洋葱作为主料的，加有许多材料的炖菜。

柿椒粉（paprika）
柿椒粉可以是甜味的，甘苦参半的，或者辣的，根据所使用的温和型或者轻度辛辣风味的辣椒而定，在柿椒粉中也会有一定数量的辣椒籽和辣椒筋脉研磨成的粉。

辣椒（chillies）

辣椒现如今是世界上使用量最大的香料作物：几百种不同品种的辣椒在所有的热带气候条件下的地区都有生长，每天食用辣椒的人数大约是世界人口的四分之一。在其原产地美洲，以及整个亚洲和非洲，新鲜辣椒和干辣椒，以及辣椒制品，都可以用来作为使用最广泛的，提高食欲最物美价廉的一种手段。印度是最大的辣椒生产国和消费大国，每一个地区都会使用自己专属的当地品种。最擅长使用辣椒的是墨西哥菜肴。在墨西哥，新鲜辣椒和干辣椒通常都会起一个不同的名字，并且特别的辣椒会用到特制的菜肴中，在菜肴中加入了错误的辣椒会明显地影响到菜品最后所形成的风味。辣椒有多种颜色、形状以及不同的大小：它们可以小如嫩豌豆粒，或者长至30厘米。许多种类的辣椒不仅能够以其辛辣的口味刺激食欲，还因为其具有水果味、花香味、烟熏味、坚果味、烟草味，或者甘草味等各种不同的口味而为人称道。口味从略微刺激的微辣到能够辣到令人跳起的特辣。辣椒的刺激感是在其籽、白色的筋脉、肉质以及外皮中存在着辣椒素的缘故。辣椒素有助于消化和吸收，能够令人体出汗并起到凉爽的效果。辣椒素的含量取决于辣椒的不同品种和其成熟的程度，去掉辣椒籽和筋脉会降低其辣度。绿色的未成熟的辣椒，在其生长至成熟和变红之后，其辣度会改变，所以干制会改变辣椒的风味。在世界各地，可以使用整个的干辣椒以及辣椒碎片、辣椒油和辣椒面等。而辣椒粉，是将辣椒面与小茴香、干牛至、柿椒粉以及大蒜粉一起混合好之后制成的。辣椒沙司和辣椒酱在大多数出产辣椒的地区都有制作。

辣椒的购买 所有新鲜的辣椒都应该带有光泽而细滑的外皮，用手指触碰时感觉到硬实。干辣椒根据品种不同，其外观也各自不同。专业的商人会告诉你辣椒所属的原产国、种类、风味特点以及辣度等（辣度规定为1~10，10表示为特辣）。高品质的辣椒面闻起来会有果香风味、泥土气息和辛辣的刺激感，并包含有天然油脂的痕迹，会将你的手指略微染上点辣椒的颜色，带有一点淡橙色表明辣椒面中籽的含量非常高，使得辣味更加刺激。稀薄的香辣沙司会标注为辣莎莎酱或者辣椒沙司，有的会在辣椒中混入一些具有收敛性的原材料，例如青柠檬或者罗望子等。而浓稠的辣椒沙司可以是中辣或者辣的，通常会带有甜味。印尼辣椒酱和泰国辣椒酱为最辣的辣椒酱，中式的辣椒沙司从中辣到辣不等。

辣椒的储存 新鲜的辣椒可以在冰箱里储存一周或者更久的时间。干辣椒在一个密封容器内可以差不多无限期的储存。

辣椒的食用 在墨西哥、大个头的肉质饱满的珀布兰诺钟形辣椒是作为蔬菜使用的，一般都会用来酿馅。

嘉里裴诺和塞拉诺斯辣椒可以加入到莎莎酱里，制作酿馅和泡菜等，干的安楚思和佩斯拉斯辣椒通常制作成辣椒面用来给沙司增添浓郁的风味。在北美的西南部地区，墨西哥辣椒会用来制作带有墨西哥烙印的菜肴。西印度群岛更趋向于使用辣椒来制作脆汁、开胃小菜以及炖焖类菜肴等。在安第斯周边的国家里，辣椒叫作阿吉，更多的是用来作为调味料以及作为调味品使用，一碗吴褚拉吉哇——使用辣椒和当地香菜制作而成的一种特殊莎莎酱——是餐桌上不可或缺之物。许多安第斯辣椒品种只有当地的名称，其中有一些口感较柔和，有一些带有苦味，特别是一种黄色的辣椒品种，而另外一些则带有葡萄干和李子干的浓郁风味。辣椒在巴西巴伊亚烹调中也占有着重要的地位。中等辣度的辣椒在印度尼西亚和马来西亚烹调中也会使用到。更辛辣一些的辣椒品种则会在泰国咖喱和印度咖喱中使用到。日本的三塔卡斯和邯塔卡斯辣椒风味类似于卡宴辣椒。

搭配各种风味 大多数香料、月桂叶、香菜、越南香菜、椰奶、柠檬和青柠檬等。

经典食谱 柏柏尔（berbere）；辣椒粉；辣酱汤；哈里萨辣椒酱；杰克调味料；韩国泡菜；红番辣椒酱；成皮酱；红椒杏仁酱；参巴辣椒酱等。

米拉索辣椒（mirasol）
一种深受欢迎的秘鲁辣椒品种，米拉索辣椒在墨西哥也有出品，其干制后的辣椒称之为瓜基洛。在其绿色、黄色或者成熟以后，变成红褐色之后均可以使用，带有果香味并充满活力，米拉索辣椒可以给菜肴添加上美丽的颜色。非常适合于搭配肉类、豆类以及蔬菜类菜肴。

塞拉诺辣椒（Serrano）
这种墨西哥辣椒呈中绿色、圆柱形、质地脆嫩，带有明显的清新的青草风味，有非常辛辣的籽和筋脉。成熟之后会变成亮红色，通常会用来制作成各种沙司。

洛卡托辣椒（rococo）
原产于安第斯山脉，洛卡托辣椒肉质饱满，颜色从黄色到橙红色不等。新鲜的洛卡托辣椒可以用来制作各种沙司，或者当做蔬菜使用，通常会用来酿入肉类和干酪等各种馅料。

卡宴辣椒（Cayenne）
卡宴辣椒在成熟之后，形状细长，并呈椭圆形和亮红色。世界各地都有种植，其风味呈酸性，略微的烟熏味道和特辣的口感。

红樱桃辣椒（Red cherry bomb）
红樱桃辣椒在成熟之后由绿色变成了亮红色，并且制作成泡椒、酿馅或者烘烤时风味绝佳，还可以用来制作莎莎酱和沙拉。

韩国辣椒（Korean）
这种亮绿色，呈弯曲状的辣椒，与泰国辣椒有关联。新鲜的韩国辣椒可以用来与鱼、肉以及炖蔬菜等一起加热烹调，可以用来炒，或者酿馅后炸熟。

泰国辣椒（Thai）
可以新鲜使用，也可干制后使用，这种细长型的辣椒呈亮红色或者绿色，辣味持久。可以整个用来制作咖喱菜肴和用来炒，或者切碎之后用来制作成辣椒酱和蘸酱等。

墨西哥辣椒（jalapeno）
墨西哥辣椒呈绿色，有一些墨西哥辣椒带会有深色的斑块，形状与雷鱼同，肉质非常肥腻而脆嫩厚实。有时候可以经过烘烤并去皮，其风味较清淡，中等辣度。红色的墨西哥辣椒在完全熟透之后会更加甘甜，辣度也会有所降低。墨西哥辣椒也会以"泡椒"的形式售卖，被广泛的用作调味品食用。

牙买加辣椒（Jamaica hot）
这种西印度辣椒呈亮红色、矮胖状，肉质较薄，滋味甘美并且非常辣。可以用来制作莎莎酱、泡菜，以及咖喱菜肴等。

苏格兰波纳特辣椒（Scotch bonnet）
颜色从黄绿色到橙红色不等，头部带有皱褶，底部呈扁平状。苏格兰波纳特辣椒非常辣，并且带有一股厚实的水果味和烟熏风味。可以用来制作许多加勒比辣沙司和干调味料等。

墨西哥钟形辣椒体型较大，呈绿色，三角形，沿着底部的茎秆会有一条脊骨状的纹路。

哈瓦那辣椒（habanero）
呈灯笼状，带有水果风味，颜色从中绿色到成熟后变成黄色、橙色以及红色，哈瓦那辣椒主要在尤卡坦半岛地区使用，可以生食或者烤熟后食用，可以用来给豆类和各种沙司增添风味。烘烤后的哈瓦那辣椒与盐和青柠檬汁混合后可以制作成一种辣味沙司。

阿马里诺黄辣椒（aji amarillo）
一种在秘鲁常见的辣椒品种，有新鲜的和干制的，当这种辣椒被叫作cusqueno时，会非常辣并带有如同葡萄干般的芳香风味。可以搭配土豆、天竺鼠肉、酸橘汁腌鱼以及其他各种海鲜类菜肴等。

墨西哥钟形辣椒（波布拉诺辣椒，poblano）
这种辣椒在经过烘烤并去皮之后，酿入馅料或者炸熟之后会非常美味可口。尤其适合搭配玉米和番茄，其风味浓郁。干制后的钟形辣椒叫安祖辣椒，这是一种在墨西哥和美国非常受欢迎的干辣椒。

辣椒（chillies）

瓜基洛辣椒（guajillo）
这种墨西哥辣椒在其暗红色
中夹杂着些褐色，细长而苗
条，有着细滑的外皮。酸度
非常高，由此而带来一股令
人愉悦而浓郁的刺激风味。
在经过浸泡并混合之后可
以用来制作墨西哥玉米卷饼
沙司或者掰碎后用来制作炖
菜。瓜基洛辣椒也常用来给
食物上色。

赤拉卡辣椒（chilaca）
墨西哥赤拉卡辣椒肉薄，呈深红色，带有光
泽和垂直的脊线。其浓厚的风味中带有一丝
甘草的味道。经过烘烤并去皮之后，可以用
于蔬菜类菜肴中，可以搭配干酪，可以用来
制作沙司，有时候也可以制作成泡菜。

墨西哥卡斯卡贝尔
辣椒呈圆形和深红
色，带有细滑和半
透明的外皮。

卡斯卡贝尔辣椒（cascabel）
在经过烘烤之后，卡斯卡贝尔辣椒
呈微酸的烟熏风味和令人舒适的坚
果风味。辣度为中度，在经过烘烤
并与番茄或者树番茄混合好之后，
可以制作成莎莎酱，或者掰碎后用
于炖菜中。

朝瑞瑟罗辣椒（choricero）
制作西班牙风味辣香肠时，朝瑞
瑟罗辣椒是人们最喜欢使用的辣
椒，它赋予了使用腌制的猪肉制
作而成的香肠一股烟熏的芳香
风味。

车普特勒辣椒（chipotle）
这是烟熏的干墨西哥辣椒。颜色
从铁锈红到咖啡色，并带有皱
纹，有一股烟熏的、甘美的
巧克力风味和口感。可以整
个的用来给汤菜和炖菜调
味，也有罐装的以清淡的泡
椒形式售卖的。

贵恩地拉辣椒（guindilla）
砖红色细滑的辣椒，这种长
锥形的西班牙辣椒一般都以
干制的形式使用。呈大块状
的辣椒先经过浸泡并加入菜
肴中用来增加辛辣的风味，
在上菜之前要将其取出丢弃。

克什米尔辣椒（kashmir）
这种辣椒在印度的其他地区生长，在克什米
尔也有，其颜色为深红色，在甘美的气息
中带有明显的辛辣感。在印度，称之为lal
mirch。也常用来给食物增加上一种大红色。

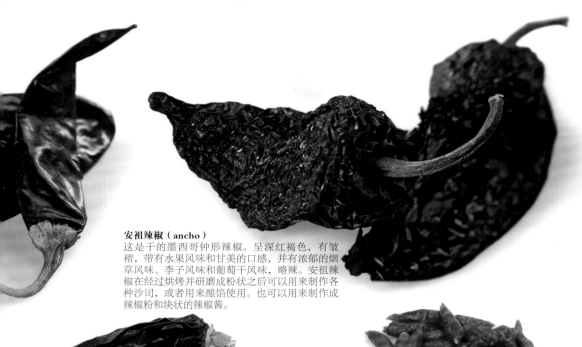

安祖辣椒（ancho）
这是干的墨西哥钟形辣椒。呈深红褐色，有皱褶，带有水果风味和甘美的口感，并有浓郁的烟草风味、李子风味和葡萄干风味，略辣。安祖辣椒在经过烘烤并研磨成粉状之后可以用来制作各种沙司，或者用来酿馅使用。也可以用来制作成辣椒粉和块状的辣椒酱。

裴坤辣椒（pequin）
这些辣椒也称之为朝天椒，体型娇小，呈绿色、橙色或者红色，通常都会整个的使用，以给一道菜带来"最终"的风味。裴坤辣椒是特辣的辣椒，可以新鲜使用或者干制后使用。

帕斯拉辣椒（pasilla）
帕斯拉辣椒是干制的赤拉卡辣椒，细长、有皱褶，几乎是呈黑色。带有涩感，在浓郁的风味中夹有香草的丝丝气息，属于复合口味并回味持久。经过烘烤并研磨成粉末状之后，可以用来制作成各种沙司，或者用来制作搭配鱼肉的热沙司。

辣椒碎（chilli flakes）
由温和型到中等辣度的辣椒制作而成，在匈牙利、土耳其以及中东地区，这些辣椒碎通常会当做餐桌上的调味品使用。在韩国和日本使用更辣的辣椒碎来作为调味品。

辣椒粉（chilli powder）
这种混合了辣椒面、小茴香、干牛至、柿椒粉以及大蒜粉的辣椒粉，是用来给墨西哥辣椒酱和其他美国西南风味菜肴调味用的。

卡宴辣椒粉（Cayenne powder）
卡宴辣椒粉是最辣的辣椒面。也是最常用的辣椒粉，在各种菜系中均可以使用。其果实通常都会经过干制后研磨成粉状，或者将辣椒制成糊状并烘烤成糕饼状，然后研磨成粉状并过筛制作成卡宴辣椒粉或者辣椒面。

黄辣椒粉（yellow chilli powder）
辣椒面的颜色从黄色到红色到红褐色不等。黄色辣椒粉在南美烹调中使用，其味道可以是温和型的或者是辣的。

经典食谱（classic recipe）

葛缕子汤（caraway soup）

这是一道令人回味无穷的蔬菜汤。搭配涂抹了黄油的酥脆面包会更加津津有味。这道食谱制作非常简单，制作好的味道浓郁而浓稠的汤菜，会需要加入一点水进行稀释。

供 4 人食用

25克黄油

1汤勺橄榄油

1个洋葱，切成细末

少许盐，多备出一点，用来调味

2瓣蒜，切成蒜末

2个芹菜茎秆，切成小粒

2根胡萝卜，切成小粒

1~2茶勺葛缕子

3个中等个头的土豆，去皮，切成小丁

1升热的蔬菜高汤或者鸡汤

少许香芹，切碎，用来装饰（可选）

1 将黄油和橄榄油加入锅内加热。一旦黄油熔化，加入洋葱和少许盐，用小火煸炒大约5分钟的时间，或者一直煸炒到洋葱变软并呈透明状。在加入大蒜、芹菜，以及胡萝卜继续煸炒，用小火加热大约10分钟的时间知道胡萝卜开始变软。

2 加入葛缕子继续煸炒，然后加入土豆并进行煸炒。根据需要，用现磨的黑胡椒粉和少许盐调味。加入高汤烧开，然后用小火继续熬煮15~20分钟，直至土豆变得软烂。

3 将煮好的混合物用搅拌机（最好分成两次）搅拌至细腻状，如果太稠，可以加入一点热水稀释。将搅打好的汤倒入一个干净的锅内，尝味并调味，根据需要撒上香芹末。

葛缕子（caraway）

葛缕子在其原产地种植——亚洲和北欧以及中欧（荷兰和德国是主要的生产国）——再加上摩洛哥、美国以及加拿大等。罗马人使用这种香料与蔬菜和鱼类一起烹调，中世纪的厨师们用葛缕子给各种汤菜和豆类，或者卷心菜类菜肴增添风味。在17世纪时的英格兰，葛缕子被广泛地用在面包、蛋糕以及烘烤水果中，将葛缕子粘上糖可以制作成葛缕子果脯。目前可以用葛缕子精油制成利口酒，例如阿夸威特利口酒和库梅尔利口酒等。葛缕子带有辛辣的芳香气息，就如同其风味一样，温和而甜中带苦，较辛辣，带有一丝陈皮的气息，还有淡雅但却挥之不去的一丝八角的风味。鲜嫩的叶片，比其籽的辛辣风味要淡一些，滋味和外观类似于莳萝。

葛缕子的购买 葛缕子可以购买到粉状的，但是一般都会整粒的使用，因此最好购买整粒的：在需要使用的时候会非常容易地研磨成粉末状。在家里的花园里，葛缕子可以从种子开始种植生长。

葛缕子的储存 葛缕子在一个密封的广口瓶内可以储存至少6个月以上，一旦研磨成粉末状，葛缕子很快就会失去其风味。

葛缕子的食用 在中欧，特别是来自那里的犹太人的烹调中，葛缕子常用来给黑麦面包或者裸麦面包、饼干、油饼、香肠、卷心菜、汤菜以及炖焖类菜肴等。带出了许多德国南部和澳大利亚菜肴的口味特点。无论是裸麦粉粗面包或者烤猪肉，卷心菜胡萝卜沙拉，或者是酸卷心菜，以及给

葛缕子呈弯曲的尖状，褐色的颜色中带有浅褐色的脊线。

和法国明斯特干酪和德国姜饼等调味。葛缕子也用于北非风味的烹调中，主要作蔬菜类的菜肴中，以及制作混合香料中，例如突尼斯塔比利（使用葛缕子、香菜籽、大蒜以及辣椒一起混合制成的一种香料）和哈里萨辣酱等。在摩洛哥有一道传统的使用葛缕子制作而成的汤菜——就如同在匈牙利一样，葛缕子也是制作匈牙利牛肉汤的一种主要调味料。葛缕子鲜嫩的叶片可以给各种沙拉、汤菜，或者新鲜的白色干酪等增添一股十分有趣的风味。

搭配各种风味 鸭肉、鹅肉、猪肉、面包、苹果、卷心菜、土豆以及其他根类蔬菜，番茄等。

经典食谱 塔比利辣酱；哈瑞萨辣酱。

红花（Safflower）

像蓟一样的红花是一种古老的作物，传统上只是在当地小量种植，用来作为药材、染料、为食物着色，或作为香料使用。现在葛缕子在世界许多地方都有种植，主要是作为一种油料作物。无良的商人有时候用它冒充更加昂贵的藏红花向旅游者进行兜售。而实际情况是，红花在一些国家里，被称之为冒充的藏红花或者假的藏红花。红花是开有球形花朵的植物，在干燥之后研磨成碎末。有一点芳香气味，但是闻起来是草本植物的味道，还带有一点皮革的味道。其风味是苦的，并略带辛辣风味。

红花的购买 红花可以从一些香草供应商那里购买到，在其出产的国家里，通常可以在市场上购买到。或许有以蓬松的、干花瓣的形式售卖的，或者以压缩的花朵形式售卖的。在土耳其，普遍使用红花，并被冠之以土耳其藏红花的名字售卖。

红花的储存 要储存在一个密闭容器内。其风味会在6~8个月之后消退。

红花的食用 红花可以给米饭、炖焖类菜肴以及汤菜等添加上一种淡金色——在印度和阿拉伯世界，通常都会以此种方式使用红花——但是红花无法带来如同藏红花一样的颜色深度或者复合风味。红花花瓣可以直接加入到菜肴中，或者用温水浸泡，以获得带有颜色的汤汁。葡萄牙的厨师们在炖鱼的调味酱中使用红花调味，以及在炸鱼所使用的醋沙司中加入红花调味。在土耳其，在加热烹调中会使用到红花，但更常见的做法是用红花来装饰肉类和蔬菜类菜肴。

搭配各种风味 鱼肉、米饭、根类蔬菜、辣椒、香菜叶、小茴香、大蒜、柿椒粉、香芹等。

在干燥之后，红花在颜色上会呈现出黄色到亮橙色，到砖红色。

肉桂（cinnamon）

真正的肉桂是斯里兰卡土生土长的特产，到了18世纪后期，肉桂开始在爪哇岛、印度以及塞舌尔等地种植。干的条形肉桂皮是朝向另一侧卷曲，形成了一个鹅毛笔状的造型，其树皮内侧的小块（叫作羽毛）连同包花状的树皮，不足以卷曲成条状的肉桂皮，而主要用来制作成肉桂粉。肉桂带有温馨的令人愉悦的甜味，木质的芳香风味淡雅却尖锐，其口味芳香而柔和，带有一丝丁香和柑橘的回味。

肉桂的购买 肉桂有许多不同的等级。根据肉桂的厚度，卷曲状的条形肉桂可以分成欧陆式、墨西哥式或者汉堡式等；薄的欧陆式卷曲状的条形肉桂风味最为细腻。卷曲状的条形肉桂可以从香料供货商处、熟食店内以及超市里购买到。肉桂粉使用最广泛，但是风味极易流失，所以要少量地购买使用。

肉桂的储存 卷曲状的肉桂条，如果在一个密闭容器内储存，可以在2~3年内保持住其风味。

肉桂的食用 肉桂的细腻风味非常适合于各种甜品和香料面包和蛋糕的制作中。可以用来制作苹果派或者用来烤苹果，朗姆酒黄油煎香蕉，以及加入红酒中用来煮梨等。在中东和印度烹调中也是许多肉类和蔬菜类菜

桂皮（cassia）

桂皮是原产于印度阿萨姆邦和缅甸北部地区的一种月桂树的干树皮。色大多数桂皮都是从中国南方和越南出口的，最佳品质的桂皮来自于越南北方地区。桂皮在干燥之后，会卷起来形成一个疏松的卷曲形状的红褐色的条形桂皮，通常会以块状的形式售卖。其风味是在甜美中带有独具一格的刺激风味，以及带有一点涩感。其干燥的未成熟的果实，或者说是花蕾，也可以作为香料使用。它们带有一股温馨而柔和的芳香气息，而其风味呈麝香的风味，甘美而刺激，但是其风味没有如同桂皮那样凝而不散。干的菜桂叶片（通常叫作印度香叶），来自与之相仿的肉桂树，在北印度烹调中使用。它们带有一股香料茶的气味，在持久而弥漫的温和的麝香气息中带有丁香和肉桂的香气以及柑橘的回味。

桂皮的购买 桂皮、花蕾以及香叶可以从香料商店内购买到。桂皮和肉桂在许多国家里都可以相互代替使用，并且其标记有时候也会令人感到困惑：在美国，桂皮被当做肉桂售卖，或者桂皮-肉桂进行混合售卖，人们更倾向于真的肉桂，因为其会散发出显著的香气和风味。

桂皮的储存 块状的桂皮或者卷曲状的条形桂皮在一个密闭容器内，可以储存2年。

桂皮的食用 可以制作成混合香料，用来在烘焙和制作甜食时使用。其刺激性的风味适合于油腻的肉类，例如鸭肉或者猪肉，也非常适合于搭配南瓜、扁豆以及豆类。桂皮在中国是一种必不可少的香料，可以用来给炖焖类菜肴以及肉类沙司调味，并可以制作五香粉。在印度，用桂皮来制作咖喱和肉饭。桂皮的花蕾也非常适合用在烩水果中。菜桂叶在印度比尔亚尼菜和印度咖喱中以及马沙拉中会常用到。

搭配各种风味 肉类和家禽类、苹果、李子、西梅、豆类、根类蔬菜等。
经典食谱 五香粉。

干的菜桂叶呈椭圆形，并带有三根长的筋脉。

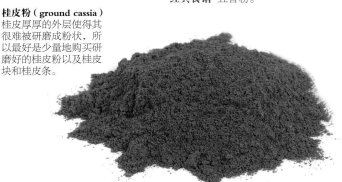

桂皮粉（ground cassia）

桂皮厚厚的外层使得其很难被研磨成粉状，所以最好是少量地购买研磨好的桂皮粉以及桂皮块和桂皮条。

桂皮（cassia bark）

软木状的桂皮外皮比起肉桂来较厚一些也更粗糙一些，在成块的售卖时，通常会保留着这些外皮。

搭配各种风味 羊肉、家禽、米饭、巧克力、咖啡、杏仁、苹果、杏、茄子、香蕉、梨、小豆蔻、丁香、香菜籽、小茴香、姜、豆蔻、罗望子等。
经典食谱 鸽肉杏仁馅饼；伊朗炖菜配米饭。

肴中非常不错的调味品。摩洛哥厨师在羊肉或者鸡肉炖锅中广泛地使用肉桂、在炖焖类菜肴中可以搭配古斯古斯，特别是可以给比斯提拉调味，这是一种在松脆的酥皮内加入鸽子肉和杏仁烤制而成的一种馅饼。美味的阿拉伯杏仁羊肉中，使用肉桂和其他香料调味，也用来制作伊朗考瑞士（炖菜配米饭）。在印度，肉桂用来制作

马沙拉或者混合香料等，用来制作酸辣酱和调味品，以及用来制作卤肉饭等。墨西哥是肉桂的主要进口国，用来给咖啡和巧克力饮料调味，肉桂茶在中美洲和南美洲非常受欢迎。一度曾经以香料酒的形式在欧洲流行。肉桂，与丁香、糖，以及橙子片混合到一起，可以成为一种独具特色的调味料，用来制作香料葡萄酒。

肉桂卷（cinnamon rolls）

这些口味甘美而香味十足的肉桂卷比你想象之中的口味要清淡得多，享用之后令人意犹未尽、欲罢不能。配热巧克力一起食用会美味到无以复加的程度。

供9人食用

300克普通面粉，多备出一些用于面扑

3茶勺泡打粉

100克软化的黄油

200毫升牛奶

50克熔化后的黄油

50克白糖

2汤勺肉桂粉

3汤勺糖粉，过筛（可选）

1 将烤箱预热至200℃。将面粉过筛，并与泡打粉一起放入大碗里，加入少许盐混合均匀。用手指将黄油揉搓少许到面粉中，直到混合好。

2 加入牛奶，用圆形刮板将面团归拢到一起，然后用双手（手上要先沾上些面粉）将面团从碗里取出，放到一个撒有面粉的工作台面上。轻轻揉制，然后擀开成为一个40厘米×25厘米大小的长方形。

3 在擀开的面团上涂满熔化后的黄油，然后撒上白糖和肉桂粉，要确保每一个边角处也要撒上。然后如同瑞士蛋糕卷的卷法一样将面团卷起，切割成九个3厘米厚的圆形片。放入烤箱内烘烤15分钟，或者一直烘烤到成熟，并变成金黄色。从烤箱内取出，摆放到烤架上冷却。

4 可以直接上桌或者加上糖粉之后上桌，如果使用糖粉的话：将糖粉和水一起混合好，直到糖粉变成了浓稠的可以流动的程度，淋洒到肉桂卷上，让其凝固。

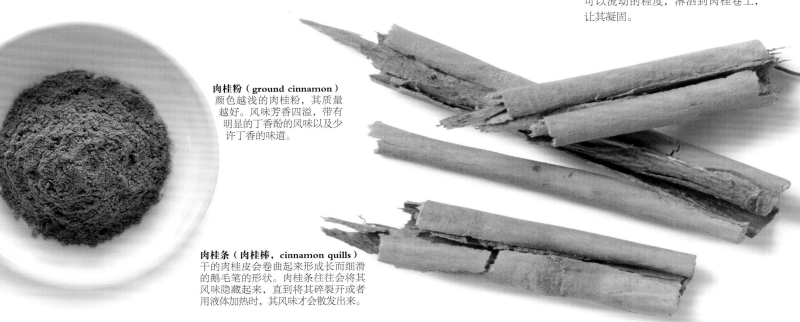

肉桂粉（ground cinnamon）

颜色越浅的肉桂粉，其质量越好。风味芳香四溢，带有明显的丁香酚的风味以及少许丁香的味道。

肉桂条（肉桂棒，cinnamon quills）

干的肉桂皮会卷曲起来形成长而细滑的鹅毛笔的形状。肉桂条往往会将其风味隐藏起来，直到将其碎裂开或者用液体加热时，其风味才会散发出来。

香菜（芫荽，coriander）

很少有植物能够让厨师既当作香草，同时也能够当作香料使用，而香菜无疑是在这之中以这两种形式使用最广泛的植物。作为一种香料作物，香菜在东欧、印度、美国、中美洲和其原产地西亚以及地中海等地都有种植。在上述所有这些地区中，香菜被广泛使用，有时候也会与新鲜香草一起混合使用。球形摩洛哥香菜种子比椭圆形的印度香菜种子更为常见。但是印度香菜的风味比摩洛哥香菜要更加甘美。尽管各种香菜籽和香菜叶的气味和口味截然不同，在印度和墨西哥菜肴中却能够做到相互补充。

香菜的购买 最好是购买整粒的香菜籽，并根据需要在使用之前随时研磨。

香菜的储存 在一个密闭的容器内，香菜籽可以保存9个月。

香菜的食用 比起使用其他众多的香料来说，厨师们使用香菜的数量最大，因为香菜的风味较柔和。在印度，香菜是构成许多咖喱和马萨拉调味料的主要成分。乔治亚混合香料和伊朗艾德文混合香料通常都包含有香菜，就如同中东巴哈拉特混合香料一样，在所有这些地区里，香菜都是制作蔬菜类菜肴、炖焖类菜肴以及香肠时最受欢迎的调味料。在欧洲和美洲，香菜籽是作为腌制泡菜时使用的香料而使用的，可以给酸甜口味的泡菜和酸辣酱带来一股令人愉悦的柔和风味。法式风味菜肴希腊式蔬菜，就是使用香菜调味的。香菜是制作腌汁、鱼汤，或者制作汤类菜肴使用的高汤时不可或缺的香料。

搭配各种风味 鸡肉、猪肉和火腿，鱼肉、苹果、柑橘类水果、蘑菇、洋葱、梨、李子、土豆、温柏、干豆类等。

经典食谱 哈里萨辣酱；突尼斯塔布里混合香料；埃及杜卡香料；大多数的马萨拉香料。

香菜粉（ground coriander）
香菜粉是构成制作蛋糕和饼干所使用的英式甜味混合香料的主要成分。其风味与秋季水果搭配会相得益彰——苹果、李子、梨、温柏等——可以用来烘烤馅饼或者用来烩水果。

香菜籽（coriander seeds）
成熟后的香菜籽带有一股甘美的树木般的芳香风味，并带有胡椒和花香的回味。其口感甘美、圆润，柔和中带有一丝橙皮的清新风味。

香菜粉（ground coriander）
北非厨师使用香菜粉来制作哈里萨辣酱，塔布里混合香料，拉斯尔香料以及其他各种混合香料等。在墨西哥，香菜粉通常会与小茴香一起使用。

小茴香籽（cumin）

小茴香籽是一种小型的伞状的草本植物的种子，只原产于一个地方，就是埃及的尼罗河流域，但是长久以来，在最炎热的地区——东地中海、北非、印度、中国以及美洲等地都进行了栽培。椭圆形的小茴香籽的气味强烈而浓厚，刺激的辛辣芳香的风味挥之不去，其风味浓郁，略带苦感，带有泥土的芳香以及温和却持久的刺激风味。黑色的小茴香是十分昂贵的小茴香品种，生长在克什米尔、巴基斯坦北部以及伊朗等地，在这些地方以及海湾国家中使用到。

小茴香籽的购买 小茴香籽随处可见，无论是整粒的，还是粉状的都有售卖。黑色的小茴香籽可以在印度风味商店内购买到，也能够以达达-杰拉的名字购买到，这是一种混合了小茴香籽和香菜籽的混合香料。

小茴香籽的储存 小茴香籽可以在一个密封的广口瓶内储存几个月的时间，但是小茴香粉的储存期却非常短暂。

小茴香籽的食用 小茴香籽要少量的使用。为了取得最佳风味，只在需要使用的时候再研磨小茴香籽。在早期的西班牙菜肴中会将小茴香籽、藏红花以及八角或者肉桂等一起混合使用。今天，小茴香籽在烹调中有众多的使用方法。在北非的摩洛哥香肠中可以使用，在葡萄牙的猪肉香肠中可以使用，在荷兰的干酪中可以使用，在德国的泡菜中可以使用，在阿尔萨斯的椒盐派瑞滋中可以使用，在西班牙叫作摩尔肉串的餐前小吃中会使用到（摩尔皮赤图斯），在黎巴嫩的鱼类菜肴中会使用到，在土耳其烤肉饼中也会使用到，以及叙利亚的石榴和核桃沙司中等都会使用到。小茴香籽是咖喱粉和马萨拉中不可或缺的原材料，也是大批量售卖的辣椒面中的一种原材料。经过烘烤之后的黑色小茴香籽也会加入肉饭和面包中。

搭配各种风味 鸡肉、羊肉、硬质干酪或者风味浓烈的干酪、茄子、豆类、面包、卷心菜、扁豆、洋葱、土豆、德国酸菜、南瓜等。

经典食谱 伊朗混合香料；巴哈拉特；巴巴尔（berbere）；卡真混合香料；西班牙杜卡；印度五香面；萨巴粉；也门香辣酱。

小茴香籽（cumin seeds）
如果小茴香籽在研磨成粉状之前经过烘焙，或者整粒经过油炸，其芳香的风味会得到强化。小茴香在摩洛哥古斯米中会使用到，在墨西哥——美国风味的香辣肉酱中也会用到，在墨西哥本地的各种混合香料中，其使用量一般不会太大。

黑小茴香籽（black cumin seeds）
这些黑色的小茴香籽比起普通的小茴香籽颜色要更深一些，也更娇小一些，并且闻起来也更为甘甜，带有介于小茴香和葛缕子之间的复合型的温和风味

小茴香粉（ground cumin）
在所有喜欢香辣食品的国家里，小茴香都会用来制作面包、酸辣酱、泡菜、芳香风味的混合香料，以及在炖肉类或者蔬菜中使用到。小茴香粉和香菜的混合香料，给绝大多数的印度食品带来一种辛辣的风味特点。

青柠檬（泰国柠檬，kaffir lime）

青柠檬是从原产于东南亚的一种常绿的灌木树上采摘的果实，其叶片和外皮能够给本地区的风味菜肴带来一股清新的柑橘类风味。青柠檬在美国佛罗里达、加利福尼亚以及澳大利亚等地都有生长。英语名字"kaffir"或许源自于殖民地时期所使用的名字，或者由另外一个名字演变而来。有一些厨师会更喜欢用泰国名字称呼它们：马库特青柠檬。其叶片的表面呈深绿色并带有光泽，而叶片的背面颜色则较浅并且没有光泽。叶片中带有一股独特的、挥之不去的风味和柑橘类的芳香——一种不完全像柠檬，也不完全像青柠檬的风味。

青柠檬的购买 新鲜的青柠檬叶片和果实可以从东方风味商店内和有些超市内购买到。青柠檬应该质地硬实，相对于大小来说手感要沉重。你也可以购买干的青柠檬叶片和青柠檬皮，比起新鲜的青柠檬，其强烈的芳香风味要淡一些，用盐水保存的青柠檬皮也是如此。

青柠檬的储存 新鲜的叶片装在一个塑料袋里，放入冰箱内可以保存几周，或者也可以冷冻保存一年以上。青柠檬可以放入冰箱内冷藏保存，或者在一个凉爽的房间内储存。放在一个密封的容器内，干的叶片和青柠檬皮可以保存6~8个月。

青柠檬的食用 如果青柠檬叶片是用来食用的，在上菜之前可以不用取出，将叶片中间的筋脉去掉，然后切成细丝。用来给西餐菜肴增添一股柑橘类的风味，其叶片可以在鸡肉砂锅中使用，在炖鱼或者烤鱼时使用，或

者用来制作搭配鸡肉或者鱼类的沙司时使用。青柠檬薄薄的外皮最好使用细孔擦碎器擦取下来，擦取下来的青柠檬外皮可以用来制作咖喱酱以及鱼糕等。在印度尼西亚和马来西亚，青柠檬叶片和青柠檬皮可以用来制作鱼类和家禽类菜肴。如果你购买的是腌制好的青柠檬皮，在使用之前，要洗净并将其中白色的部分去掉。在使用慢火加热烹调的方法制作菜肴时，要将干的切成丝的外皮略微浸泡一下。

搭配各种风味 猪肉、家禽、鱼肉、海鲜、蘑菇、面条、米饭、绿色蔬菜等。

经典食谱 泰国咖喱酱。

新鲜的青柠檬叶（fresh leaves） 青柠檬叶片带有一股刺激性的芳香，清新的花香和柑橘类的风味。在加热烹调时会保持住其风味，是泰国汤菜、炒菜以及咖喱类菜肴能够带有浓郁的柑橘类风味的主要风味来源。

干燥的青柠檬叶片应该是绿色而不是黄色，如果要食用的话，要切成细丝。

新鲜的青柠檬（fresh fruit） 青柠檬呈梨形，表面不光滑，呈灰绿色。加入一点青柠檬汁的酸味就足够，要少量使用。其外皮略带有苦味，带有浓郁的柑橘类风味，在擦取其外皮时，尽量要避免擦取到白色发苦的部分。

柑橘类水果（citrus）

在厨房内，柑橘类水果是酸性风味的提供者。日本人使用的小个的柑橘类水果的外皮，叫作日本柚子，其带有一股诱人的、淡雅的芳香风味。干的橙皮或者橘子皮（陈皮）是中国特色的风味，在突尼斯，带有苦味的橙子皮和水果用来制作泡菜的汤汁。

柑橘类水果的购买 干的柚子皮在日本风味商店内可以购买到，东方风味商店内会有陈皮的库存。在中东和伊朗风味商店内有干的带有苦味的橙皮、所有形式的干的青柠檬皮，以及摩洛哥腌制的柠檬等原材料的售卖。

柑橘类水果的储存 在密闭的容器内储存，干的柑橘类外皮和果实可以长期存放。

柑橘类水果的食用 干的或者新鲜的柚子皮给日本风味的汤菜、慢火炖的菜肴（炖锅），以及芳香扑鼻的柚子风味的味噌调味料增添了芳香的风味。羽贝士（Yubeshi），一道传统的甜食，是在西柚的外壳内加入糯米、酱油以及糖浆一起蒸熟后制作而成的。陈皮可以与花椒和八角混合好，再加上老抽和米酒。在美国海湾各个州，干的青柠檬，

通常叫作阿曼青柠檬，会用来制作炖菜和肉饭。在伊朗，干的青柠檬也会用来给炖菜，特别是炖羊肉增添风味。

搭配各种风味 家禽、羊肉、米饭、豆蔻、丁香、多香果、胡椒、姜、肉桂、香菜等。

经典食谱 羽贝士（Yubeshi）；摩洛哥柠檬和橄榄炖鸡。

整个的青柠檬干（whole dried limes） 在其上戳出一些孔洞之后就可以整个加入炖菜中，在加热的过程中青柠檬干会变软，当做配菜一起使用时，可以将青柠檬汁挤出。美国海湾各州以及伊朗用青柠檬干来制作炖鱼类和炖肉类菜肴，以及肉饭等菜肴。

陈皮（sliced dried peel） 制作干的橘子皮或者橙皮，是将果肉食用完之后，将外皮上所有白色的部分都去掉，将外皮摆放到一个架子上，让其风干4~5天。橘子皮可以用在四川菜和海南菜的烹调中，加入炒菜中或者给炖猪肉或者炖鸭肉增添浓郁的风味。

腌制柠檬皮（preserved lemon peel） 将原汁腌制的柠檬外皮切碎，可以用来给咸香风味的摩洛哥炖锅增添刺激的风味，特别是可以与青橄榄一起制作成著名的摩洛哥炖鸡。其咸香风味的汁液非常适合用来制作成沙拉汁。

黄姜（turmeric）

属于姜科家族中的一名成员，黄姜是一种原产于南亚地区的健壮的多年生植物，自古代以来，就作为调味料、染料和药物而受到人们的重视。印度是黄姜的主要生产国，并且超过90%的黄姜在其国内使用。其他的生产国还包括中国、海地、印度尼西亚、牙买加、马来西亚、巴基斯坦、秘鲁、斯里兰卡以及越南等。新鲜的黄姜块茎质地松脆，带有姜的辛辣和柑橘类的芳香风味，以及在柑橘类的风味之中夹有一丝令人愉悦的泥土气息。干的黄姜呈复合风味，浓郁的树木的芳香风味中带有花香、柑橘类芳香和姜的回味。其口感是略微带有苦味和酸味，中度的辛辣感、温和，带有麝香的风味。

黄姜的购买 新鲜的黄姜可以从东方风味商店内购买到。阿勒皮和马德拉斯是印度等级最佳的黄姜粉。

黄姜的储存 新鲜的黄姜在冰箱里可以储存2周以上，黄姜冷冻保存的效果也非常好。干的黄姜在一个密封良好的容器内可以保存2年。

黄姜的食用 黄姜与其他各种香料具有很好的互补性和协调性，因此在许多混合香料中都有它的身影。新鲜的黄姜在整个东南亚地区制作的各种香料酱中都会使用到，在制作叻沙、炖菜以及蔬菜类菜肴时都会使用到黄姜。从黄姜碎中提取的黄姜汁，在印度尼西亚和马来西亚，用来给节日菜肴中的米饭类菜肴增添风味和色彩。

在马来西亚，其芳香的叶片可以用来包裹食物，黄姜的嫩芽在泰国是被当作蔬菜食用的。在北非的炖锅和炖菜类菜肴中也会使用到黄姜，尤其是在摩洛哥混合香料拉斯尔中也会用到黄姜，以及哈瑞拉，一道举国皆知的汤菜中都会使用到黄姜。在伊朗，黄姜和干的青柠檬一起用来给吉赫米赫，一道香味浓郁的用来浇淋到米饭上的炖焖沙司调味。无论是东方风味的，还是西方风味的泡菜和开胃小菜都广泛地使用黄姜进行调味。

搭配各种风味 肉类、家禽类、鱼肉、鸡蛋、茄子、豆类、扁豆类、米饭、根类蔬菜、菠菜等。

经典食谱 马萨拉（masalas）；咖喱粉和咖喱酱；拉斯尔混合香料；吉赫米赫（gheimeh）。

新鲜的黄姜块（fresh rhizome）
新鲜的黄姜应该是质地硬实而饱满。黄姜块通常会在切成片状、切成碎末或者擦碎后使用。去皮并切成片状的黄姜可以用来制作泡菜和开胃小菜。其口感和颜色俱佳，黄姜也可以用来作为一种防腐剂使用。

黄姜粉（dried ground turmeric）
在印度和西印度群岛地区，黄姜粉与其他香料混合后是制作马萨拉、咖喱粉以及咖喱酱的主要材料。能够给予蔬菜和扁豆类菜肴一种温和的风味。

黄姜干（whole dried rhizome）
黄姜干看起来像一块坚硬的黄色木头，自己在家里几乎不可能将其研磨碎，但是可以擦碎后使用。黄姜能将你的手指、器具以及衣服染上色，所以在使用黄姜的时候要小心一些。

姜黄（zedoary）

原产于东南亚和印度尼西亚的亚热带潮湿的森林地区，姜黄在6世纪时被带到欧洲。在中世纪时，与它的近亲高良姜一起开始变成了一种在厨房内受欢迎的食材。直到最近，其在烹饪上的用途还只是局限在东南亚一带。但是随着近期人们对这一地区美食重视程度的提高，已经开始让新鲜的姜黄在世界其他地方也有了用武之地。在印度尼西亚，姜黄有一个令人误解的名字肯卡，姜黄也作为香姜来使用。新鲜的姜黄带有一层薄薄的褐色的外皮，以及脆嫩的，如同柠檬颜色般的肉质。其口感是令人愉悦的麝香风味，类似于鲜姜，并带有一丝苦感。

姜黄的购买 无论是新鲜的姜黄（通常标注为"白黄姜"）还是干的姜黄片，均可以从东方风味商店内购买到。这种香料也可以研磨成粉状，姜黄粉的颜色通常呈红褐色。

姜黄的储存 新鲜的姜黄在冰箱里可以储存2周以上。

姜黄的食用 新鲜时：切碎的姜黄、干葱、柠檬草以及香菜叶一起可以制作成一种口感非常棒的香料酱，在使用椰奶加工制作蔬菜时使用。在泰国，新鲜的姜黄，在去皮之后切成丝或者切成薄片之后，可以加入各种沙拉中或者用来与根类食材一起搭配红番辣椒酱一起享用。在印度尼西亚和印度，新鲜的姜黄可以用来制作泡菜。干的姜黄在制备咖喱和各种调味料，在那些使用干的黄姜或者姜制作而成的菜肴时，可以使用姜黄（代替它们）。在印度尼西亚，鲜嫩的姜黄芽可以生食，花蕾可以用在沙拉中，其长长的芳香的叶片可以用来包裹鱼肉并给鱼肉增添风味，而在孟买，使用新鲜的姜黄和蔬菜制成的汤非常受欢迎。

搭配各种风味 羊肉、鸡肉、鱼肉、鹰嘴豆、咖喱，以及炖菜、扁豆、绿色蔬菜、辣椒、椰奶、香菜叶、大蒜等。

经典食谱 孟买姜黄和蔬菜汤。

新鲜姜黄块（fresh rhizome）
新鲜的姜黄用途开始增多。通常会与其他各种新鲜香料混合后一起使用，或者用来作为一种脆嫩的装饰。其口感有时候被描述为类似于青柠果的风味。

干姜黄碎（crushed dried rhizome）
干的姜黄带有麝香风味和令人愉快的芳香，以及一丝樟脑的气息。其风味辛辣，类似于干姜，酸味较弱而苦味较重，在口感上，最后会有一点柑橘类的风味。

藏红花（saffron）

藏红花中包含着干的藏红花柱头。原产于地中海和西亚地区，在古代文明时期，藏红花是作为一种染料，给食物以及葡萄酒增加色泽和风味而使用的。西班牙是藏红花最主要的生产国。大约需要8万朵藏红花花朵，加上需要手工采摘的柱头，才可以生产出450克的藏红花。怪不得藏红花是世界上最贵重的香料。品质最好的藏红花呈深红色，叫作西班牙库普和克什米尔藏红花，在伊朗叫作萨高尔。一些同品种的较厚的黄色的藏红花，被归于下一个等级中：在西班牙或者克什米尔叫作曼查，在伊朗叫作蒲舍尔。高品质的藏红花，在希腊和意大利也有出品。等级较差的藏红花通常呈褐色，藏红花丝也杂乱无序。藏红花的气味特点非常明显：浓郁、刺激、带有麝香风味和花香，并且经久不衰。其口感淡雅而具有穿透力，温和且带有泥土气息。麝香风味挥之不去。

藏红花的购买 姜黄、万寿菊花瓣和红花经常会被不法商人用来冒充藏红花。它们没有藏红花那样具有穿透力的芳香风味，所以在购买前要先闻一下气味。

藏红花的储存 藏红花丝如果密封保存的话，至少可以保存2～3年。

藏红花的食用 藏红花给许多地中海风味鱼汤和炖菜类，例如普罗旺斯鱼汤和加泰罗尼亚海鲜等菜肴带来独具特色的风味。给烩贻贝和土豆，或者白葡萄酒烤鱼等菜肴增强了风味。

藏红花米饭是给瓦伦西亚风味肉饭、米兰式烩饭、伊朗保罗米饭、印度莫卧儿烤饭，或者一道简单的蔬菜肉饭等所使用的口味绝佳的米饭。在瑞士，藏红花面包和蛋糕是圣卢西亚灯火节日的美食。在英国，康沃尔郡的藏红花蛋糕和面包曾经是传统美食。藏红花冰淇淋，无论是欧洲风味，还是中东乳香风味，也或者是印度风味都值得一试。

搭配各种风味 鸡肉、野味、鱼肉、鸡蛋、芦笋、胡萝卜、韭葱、蘑菇、南瓜、菠菜等。

经典食谱 米兰式烩饭；普罗旺斯风味鱼汤；西班牙海鲜汤；大蒜蛋黄酱；瑞典藏红花面包。

经典食谱（ classic recipe）

藏红花米饭（ saffron rice）

这道色彩艳丽的米饭菜肴巧妙地利用了藏红花的芳香风味。特别适合于搭配鸡肉类菜肴一起享用。

供 4 人食用

250克印度香米或者泰国香米，漂洗干净

1/2茶勺藏红花

少许盐

1 将香米放入中号锅内，然后从壶内量出900毫升水，拌入藏红花浸渍。

2 将藏红花水浇淋到香米中，加入少许盐并搅拌均匀，将锅烧开，然后转为小火加热。盖上锅盖，用小火继续加热12～15分钟或者一直加热到藏红花水被完全吸收。将锅从火上端开，不要揭开锅盖，继续焖5～10分钟，让米饭成熟。

3 当米饭成熟之后，用一把叉子将米饭松散开并趁热食用。根据需要，可以挤入一点柠檬汁调味。

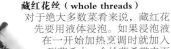

藏红花丝（ whole threads）
对于绝大多数菜肴来说，藏红花先要用液体浸泡。如果浸泡液在一开始加热烹调时就加入到菜肴中，会给菜肴带来更具特色的颜色，之后再加入，有助于藏红花的芳香四溢。要避免过多的使用藏红花，因为其口味会变苦，并且会带有药味。

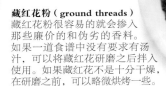

藏红花粉（ ground threads）
藏红花粉很容易的就会掺入那些廉价的和伪劣的香料。如果一道食谱中没有要求有汤汁，可以将藏红花研磨之后拌入使用。如果藏红花不是十分干燥，在研磨之前，可以略微烘烤一些。

柠檬草（香茅，lemon grass）

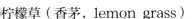

柠檬草是一种艳丽的、带有纤维的、叶片边缘呈锋利状的热带禾草，在室内过冬时，其温带气候条件可以让柠檬草生长茂盛。其球状的根部给予东南亚风味烹调一种令人回味无穷的芳香风味和柠檬香味。以前，在该地区之外，很难见到柠檬草，目前新鲜的柠檬草被广泛使用，这要感谢泰国菜、马来西亚菜、越南菜以及印度尼西亚菜日渐流行的趋势。在澳大利亚、巴西、墨西哥、西非以及美国佛罗里达和加利福尼亚等地都有种植。柠檬草的风味酸爽清新，如同柑橘类一样，带有胡椒的气息。

柠檬草的购买 新鲜的柠檬草可以在蔬菜水果商处和超市内购买到。要购买茎秆硬实的柠檬草，不应有处褶或者显得干燥。冷冻干燥的柠檬草其芳香的风味会保持得非常好，但是风干的柠檬草会失去其挥发性油，擦碎的柠檬草要比风干的柠檬草更加有风味。柠檬草蓉也有售卖，但是风味会流失。

柠檬草的储存 新鲜的柠檬草，如果用塑料袋包装好，放入冰箱里，可以保存2～3周。冷冻柠檬草可以很好地保存6个月以上。冷冻干燥的柠檬草，要密封保存，其保质期会很长。

柠檬草的食用 与其他香料和香草一起捣碎之后使用，柠檬草捣碎呈糊状之后可以给咖喱类菜肴、炖菜以及炒菜类菜肴增添风味。柠檬草是新加坡和马来半岛南部地区娘惹风味烹调的关键材料。在泰国风味叻、咖喱菜肴以及汤菜中都会使用到柠檬草，在越式沙拉和越式春卷中都会使用到柠檬草，在印度尼西亚，用于鸡肉和猪肉的布姆巴斯（混合香料）中会使用柠檬草。斯里兰卡的厨师们将柠檬草与椰肉一起混合使用。如果你栽种了柠檬草，其上半部分的叶片可以制作成清新宜人而爽口的柠檬草茶。

搭配各种风味 牛肉、鸡肉、猪肉、鱼肉和海鲜、面条、大多数的蔬菜、罗勒、辣椒、肉桂、丁香、椰奶、香菜叶、高良姜、姜、黄姜等。

经典食谱 泰国风味叻；越式沙拉；印度尼西亚布姆巴斯。

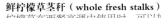

鲜柠檬草茎秆（ whole fresh stalks）
柠檬草在西餐烹调中使用时，可加入煮鱼或者鸡肉的高汤里。将少许切碎的柠檬草茎秆用油醋沙司浸泡24小时，或者单独使用，或者配姜或者茴香籽一起，可以用来煮桃或者梨。

揉搓后的柠檬草茎秆（ bruised stalks）
揉搓后的柠檬草会释放出柠檬草的挥发性油的风味。如果在炖菜或者咖喱菜肴中要使用整根的柠檬草，要将其外皮剥除，反复揉搓其茎秆，在上菜前要取出柠檬草茎秆。

片状柠檬草（ sliced lemon grass）
如果打算直接使用在汤菜中或者沙拉中的柠檬草，先要将柠檬草顶端部分切除不用，将剩余部分的茎秆切成环状的薄片，可以从其更加柔软的根部开始切割。

小豆蔻（砂仁，cardamom）

小豆蔻是一种生长在印度南部的西高止山脉的热带雨林中（也叫作小豆蔻山）的常年生长的野生灌木的大个头的果实，在斯里兰卡，也有与之相关的品种在生长。这两种小豆蔻在所在地区的原产地都有栽培，在坦桑尼亚、越南、巴布亚新几内亚以及危地马拉也有种植，并且成为主要的小豆蔻输出国。产自于印度喀拉拉邦的绿色小豆蔻豆荚，传统上是设定小豆蔻的质量及其价格的标准依据，但是危地马拉出产的小豆蔻品质几乎与之相同。小豆蔻芳香浓郁，风味却柔和而持久。其口感呈柠檬的芳香和花香，带有一丝樟脑或者桉树的气息，有点辛辣和烟熏的味道，随之而来的是一种苦甘参半的回味，但却清爽而清新。

小豆蔻的购买 小豆蔻最好是购买豆荚状的，这样的小豆蔻会呈绿色而饱满坚硬状。

小豆蔻的储存 小豆蔻豆荚在一个密封好的广口瓶内，可以储存一年或更长的时间。

小豆蔻的食用 小豆蔻对咸香风味的食物和甜食的风味都有提升作用。去掉豆荚之后的小豆蔻籽，既可以轻轻地揉搓后煎炸，也可以先经过炒烤，之后研磨成粉末状，再添加到菜肴中。在印度和黎巴嫩、叙利亚、海湾各国，以及埃塞俄比亚等地，小豆蔻都是制作许多混合香料必不可少的主要材料之一。可以用来制作糖果、糕点、布丁以及冰淇淋（印度风味冰淇淋），并且可以用来给茶增添风味，在阿拉伯国家用小豆蔻来制作咖啡。斯堪的纳维亚半岛是欧洲最大的小豆蔻进口商，在那里以及在德国和俄罗斯，小豆蔻被用来制作香味扑鼻的糕点和面包。

搭配各种风味 苹果、橙子、梨、甘薯、干贝类等。

经典食谱 巴哈瑞特香料；豆类香料酱；印度达尔；马萨拉（masalas）；印度米饭布丁（卡尔）；足葛辣酱。

要挑选那些质地硬实而饱满，并呈绿色的豆荚，其中带有深褐色或者褐色的籽，并且感觉有点黏性。

甘草（liquorice）

甘草在欧洲的种植历史有一千多年了，在中国则至少有两千多年甚至更长的种植时间。甘草目前仍然被用来当作药材使用，并且还用来给烟草和牙膏调味，还用来制作甜食，但是甘草根也会在经过干制之后用来当作香料使用。甘草的芳香风味甘美而温和，带有药香味，其口感非常甜美，有泥土的气息，并有着如同八角般的回味和苦咸的余韵。

甘草的购买 干的甘草根可以从香料供应商处购买到，甘草粉可以方便地从中国风味商店内购买到。甘草植物可以很容易地从甘草籽或者切割下来的甘草根开始种植成活。甘草根可以在秋天从土里挖出，然后花几个月的时间将其干燥。

甘草的储存 甘草根如果非常干燥的话，其保质期可以说几乎没有时间限制，甘草也可以根据需要，切成片状或者研磨成粉状。甘草粉要密封保存好。

甘草的食用 甘草要少量地使用，否则其苦味会过于浓烈。亚洲风味的香料高汤或者腌泡汁内通常都会含有甘草和其他香料。以饮料的形式添加，例如森布卡利口酒和法国茴香酒，其风味可以进入到各种菜肴中，甜味食品和咸香味食品均可添加。西方国家用甘草给甜食和冰淇淋调味。在土耳其，新鲜的甘草根可以生食，并且可以研磨成粉状用在烘焙中。

搭配各种风味 桂皮、丁香、香菜籽、小茴香、姜、花椒、八角、冰淇淋等。

经典食谱 罗思尔香料；中式五香面。

甘草浸膏（shaped extract）
甘草浸膏呈硬质的、黑色而光滑的形状，并被塑成条状、圆形以及其他各种形状。条形的甘草浸膏以其耐嚼而在亚洲深受欢迎。英国人用甘草浸膏来制作彩色的甘草什锦糖以及甘草含片，叫作甘草甜饼。

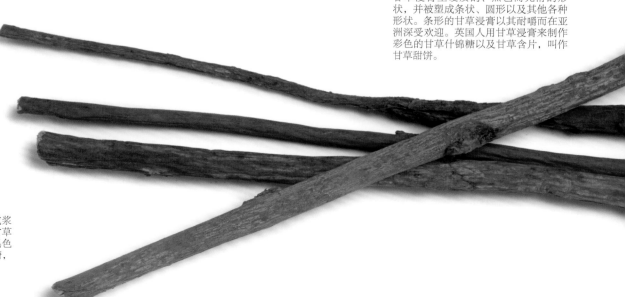

干甘草根（dried roots）
甘草根是干燥的，通常会碾碎成浆状，经过制造商熬煮并提炼出甘草浸膏，荷兰人将甘草浸膏塑成黑色的、咸味的形状，并叫作甘草糖，有各种不同的形状造型。

阿魏（asafoetida）

阿魏是一种从大茴香属的三种物种中，或者叫巨型茴香——一种高大的，带有臭味的多年生伞状植物，原产于伊朗和阿富汗的干旱地区，所获取的干燥、凝胶状的胶质。在这些地区也有栽培。在莫卧儿帝国时，被引入印度，至今在印度仍然是一种受欢迎的香料。阿魏可以以"泪滴"的形式，单独的小块，或者以包含着眼泪的"块状"形式出现，加工成规整的块状之后售卖。固体的阿魏几乎没有什么味道，但是在碎裂开之后会散发出硫化合物的气味。粉状的阿魏带有一股浓烈的、令人不是十分愉快的味道，会让人想起腌制大蒜，以及松露似的，其无处不在的气味。其口感呈苦味，有麝香味以及酸味——当单独闻味道时，会令人不愉快，但是经过短暂的热油煎炸之后，就会如同洋葱般令人感觉愉悦。

阿魏的购买 在印度，有众多的不同品质的阿魏售卖，颜色较浅的、水溶性的阿魏，比起深色的、油溶性的阿魏质量要好一些。在西方国家，阿魏都是以固体状或者粉状的形式售卖的。

阿魏的储存 在一个密封罐内（也可以保留住其风味），固体的阿魏可以保存几年的时间，而粉状的阿魏则至少可以保存大约一年的时间。

阿魏的食用 阿魏应该适量地使用。少许的用量就可以增强一道菜肴或者混合香料的风味，例如萨姆巴尔香料等。在印度西部和南部地区，用阿魏给干豆类和蔬菜类菜肴、汤菜、泡菜、开胃小菜，以及各种沙司等调味。婆罗门者和那教教派用阿魏来代替大蒜或者洋葱，因为他们的教派明令禁止食用大蒜和洋葱。阿魏也非常适合用来制作许多鱼类菜肴。在阿富汗，将阿魏加上盐，用来加工腌制肉类。可以尝试着在加热烹调肉类之前，先用一块阿魏涂抹到铁扒炉上或者扒炉上。

搭配各种风味 肉类、新鲜的鱼肉或者咸鱼肉、谷物类、干豆类、大多数的蔬菜等。

经典食谱 萨姆巴尔香料；查特马萨拉混合香料。

**块状和泪滴状阿魏
（ whole lumps and tears ）**
固体的阿魏，可以是块状或者泪滴状，都可以用来与充当吸收剂的其他粉末状的材料一起研磨，例如米粉等。一道菜肴只需使用一小块阿魏即可。在使用大蒜的菜肴中，可以使用阿魏（代替）。

阿魏粉（ ground tears ）
阿魏粉的使用最为广泛，与淀粉或者阿拉伯胶混合好，以使其能够形成块状。褐色的阿魏粉质地较粗糙而味道浓郁，黄色的阿魏粉（加入了黄姜粉），味道较清淡。

烛果（kokam）

烛果是一种与山竹果有关联的常绿树木所结出的果实，原产于印度，几乎全部是沿着马拉巴尔海岸线的热带雨林生长。小而圆，带有黏性的果实是整个的干燥加工的或者裂开的。其外皮也会干燥，并有着如同皮革般的外观。烛果带有温和的水果香味，香脂醋般的气味，酸甜可口、呈单宁的涩味，干的烛果通常会带有一点咸味的感觉，以及挥之不去的有点甜的回味。

烛果的购买 干的外皮和烛果酱可以从印度风味商店内和香料供应商处购买到。其外皮的颜色越深，烛果的品质越好。烛果通常会贴上黑色山竹果的标签进行售卖。

烛果的储存 在一个密封好的广口瓶内，干的烛果外皮和烛果酱可以保存一年以上。

烛果的食用 在印度，烛果是被当做一种比罗望子更加温和的酸性材料而使用的。整个的烛果或者切成片状，可以添加到菜肴中增加风味，但是在上菜前要将其取出来。干的烛果或者烛果外皮通常会用水和液体浸泡好，用来加热烹调干豆类或者蔬菜。要制作萨尔烛果汤，液体中会加入姜末、洋葱末，以及辣椒、小茴香，或者香菜一起调味，可以作为开胃菜和一道冷的配菜，搭配火辣的、以椰汁为主料制作而成的鱼肉咖喱。在印度喀拉拉邦，烛果以"鱼罗望子"而著称。烛果与椰奶（加上棕榈糖或者不加棕榈糖），可以制作成鹰嘴豆糊，这是一种芳香扑鼻的饮料。

搭配各种风味 鱼肉、秋葵、车前草、土豆、南瓜、扁豆等。

经典食谱 萨尔烛果汤；鹰嘴豆糊。

干的烛果包含有硬质的籽，在享用一道菜肴之前，要将其用来调味的烛果取出，要谨防有漏网的籽残留在菜肴中。

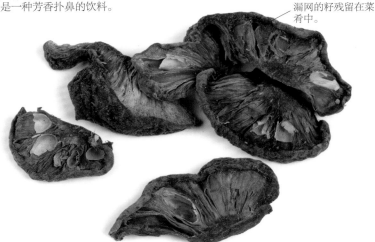

八角（star anise）

八角当然是最漂亮的香料，原产于中国的南方地区和越南，有着悠久的医用和烹饪历史。是中国常绿木兰树的果实。目前在印度、日本以及菲律宾等地都有栽培。其气味是小茴香的味道——像大茴香的味道——八角和大茴香都包含着带有茴香醚的香精油。八角的风味中还带有温馨的甘草般的回味。在刺激性的甘美风味中有着适度的，能够让舌尖产生麻木的效果，还有着宜人的清新爽口的余韵。

八角的购买 最好是购买整个的或者是瓣状的八角。

八角饼干（star anise biscuits）

这些入口即溶的风味饼干，每咬一口，就有来自八角温热的甘草风味满口留香。

制作 18 ~ 20 块饼干

8粒完整的八角，用电动研磨机，或者使用小型食品加工机研磨成粉状（使用新鲜的八角，风味会更加浓郁）。

125克自发面粉

1茶勺泡打粉

50克黑砂糖

4汤勺蜂蜜

100克熔化的黄油

1 将烤箱预热至190℃。将研磨成细粉状的八角倒入一个碗里（如果八角粉里面还是有颗粒，可以过筛将颗粒部分去掉），加入自发面粉、泡打粉以及黑砂糖，混合均匀。此时加入蜂蜜，然后在加入熔化后的黄油，用一把木勺混合均匀成为面团。

2 在一个烤盘上涂刷上薄薄的一层油。舀取满满的一勺面团，放入烤盘内，用手略按压。要确保每一个饼干四周有足够的空间，因为在烘烤的过程中饼干会摊开一些。

3 放入预热好的烤箱内烘烤10~15分钟，或者一直烘烤到饼干开始变成金色。此时的饼干仍然还是绵软的，但是过一会就会变硬，让其在烤盘内先冷却5分钟，然后将饼干移到烤架上冷却，可以冷却好之后再服务上桌。饼干单独食用或者配一杯餐后甜酒一起享用都会美味可口。

八角的储存 八角，无论是整个的还是瓣状的，如果避开强光在一个密闭的容器内，可以保存至少一年的时间。

八角的食用 在中餐烹调中，八角会用来做汤菜和高汤，可以用来制作蒸鸡和猪肉的腌泡汁，可以用来卤鸡、鸭，以及猪肉等——肉质经过在一种深色的高汤中炖过之后会变成红褐色，其风味使用的是香料和酱油调味。八角也会用来给茶鸡蛋上色和增添风味。是中式五香面的主要原材料。越南厨师也会将八角用到使用慢火炖的菜肴中、制作的高汤中以及越南米粉中（牛肉米粉汤）。八角的风味在印度南部喀拉拉邦风味的某些菜肴中会比较突出，在印度南方的某些菜肴中，用八角来作为大茴香的一种廉价的代替品。西餐厨师会用八角来给鱼肉和海鲜增添风味，用在煮无花果和梨的糖浆中调味，以及给热带水果增加香料的风味。在西方烹调中也用八角来给饮料增添风味，例如法国茴香酒和茴香甜酒等，以及用来制作口香糖和糖果等。八角除了能够给鱼类和海鲜以及一些水果类的菜肴增添风味之外，还可以增强韭葱、南瓜以及根类蔬菜等的芳香风味。

搭配各种风味 鸡肉（煮鸡肉的高汤）、牛尾、猪肉、鱼肉和海鲜（煮鱼和海鲜的高汤）、无花果、热带水果、韭葱、南瓜、根类蔬菜、桂皮、辣椒、肉桂、香菜籽、小茴香籽、大蒜、姜、柠檬草、青柠檬皮、花椒、酱油、陈皮等。

经典食谱 中式五香面；越南米粉；八角饼干。

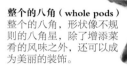

整个的八角（whole pods）
整个的八角，形状像不规则的八角星，除了增添菜肴的风味之外，还可以成为美丽的装饰。

瓣状八角（broken pods）
干的八角在只需要少量使用的情况下，会非常容易掰开成块状。八角的风味很有穿透力，因此要适量使用。在过去的欧洲食谱中显示了八角会用来给糖浆、饮料以及蜜饯果酱等增添风味。

八角粉（ground pods）
为了保持最佳风味，八角和籽要一起用研钵或者电动研磨机研磨成粉末状，并尽快使用。同样，你也可以少量地购买八角粉使用。

杜松子（Juniper）

杜松子是生长在北半球多刺的、常绿灌木或者小棵的树木所结出的果实，特别是在白垩丘陵一带。杜松子是柏树家族中的一员，是唯一可以食用的果实。娇小的、深紫色的、光滑的杜松子的风味是令人愉悦的木材的味道、苦乐参半，就如同金酒（杜松子酒）一样——用杜松子来作为金酒和其他烈性酒的调味料的方法至少可以追溯到17世纪。其口感纯正而清爽，在其略微带有点甜的味道中附加有一点烧灼感和一丝松子仁和树脂的气息。

杜松子的购买 杜松子一般来说要购买整粒的和干燥的。在南方地区生长的杜松子，其风味更佳，如果你有机会在托斯卡纳地区度假，在野外偶遇到杜松子时，很值得采摘。

杜松子的储存 干的杜松子，装入一个密封好的广口瓶内可以储存几个月。

杜松子的食用 使用研钵会非常方便地将杜松子研磨成碎末，杜松子能够给许多菜肴带来一股温和但却是刺激而弥久的风味，无论是咸香风味的菜肴还是甜食均可。杜松子只需在使用之前研磨成碎末即可，以保持其风味。杜松子对于野味类菜肴和油腻的食物来说是一种天然的去腥解腻的原材料。可以在卤水中和腌泡汁中使用，可以用来制作馅料和肉酱，还可以用来制作搭配肉类的沙司等。斯堪的纳维亚人将杜松子加入腌泡汁中用来泡制牛肉和麋鹿肉，加入红葡萄酒中用来腌制猪肉，之后再进行烤肉。在法国北部地区，在鹿肉类菜肴和肝酱中都有杜松子的身影，在比利时，用金酒制作小牛肉腰子火焰菜，在阿尔萨斯和德国，用来制作德国泡菜。在大卫·伊丽莎白（法国乡村美食）的五香牛肉食谱中，腌制牛肉的干性原材料中就包含有杜松子。

搭配各种风味 牛肉、猪肉、野味、鹅肉、羊肉、鹿肉、苹果、芹菜、葛缕子、大蒜、马郁兰、胡椒、迷迭香、香薄荷、百里香等。

经典食谱 德国酸菜；五香牛肉。

新鲜的杜松子十分柔软而且容易碰伤，所以最好是购买整粒的干杜松子。

芒果干（amchoor）

杧果干原产于印度和东南亚地区。高大的、常绿的杧果树目前因为能够收获杧果而被广泛种植。杧果树的每一个部分从某种程度上来说都可以做到物尽其用——树皮、树脂、树叶、花朵、果核等。其果实可以生食；无论是绿色（未成熟的杧果）还是成熟的杧果都可以用来制作酸辣酱和泡菜。在印度，绿杧果薄片也可以晒成杧果干。杧果干使用未成熟的果实制作而成，是印度的特产。其带有一股水果在晒干之后会带有的令人愉悦的、芳香的酸甜口味，以及一股酸酸的但回味甘甜的果香。

杧果干的购买 杧果干可以从印度风味商店和东方风味商店内购买到，通常会制成粉状。可能被贴上"杧果粉"的标识。但是也可以以杧果干的形式售卖。

杧果干的储存 杧果干可以储存3～4个月，杧果粉装入一个密封好的广口瓶内可以储存一年以上的时间。

杧果干的食用 杧果干在印度北方地区素食烹调中用来给烩蔬菜和汤类菜肴、土豆帕克拉以及萨莫萨三角饺等增添一种强烈的热带水果风味。杧果干非常适合用来炒蔬菜，用来制作成面包和糕点的馅料，以及用在腌泡汁中，将家禽、肉类以及鱼肉等变得鲜嫩。也是在制备泥炉烧烤肉类时的一种非常重要的原材料。是马萨拉混合香料的关键原材料，这是一种来自于旁遮普的口味清新、带有涩感的混合香料，用来制作蔬菜类和干豆类菜肴，以及制作水果沙拉。杧果干在较多的时候是作为一种带有酸味的调味料，用来制作木豆类菜肴和酸辣酱等。在西印度群岛，酸辣酱已经与当地的原材料进行了很好的融合，带上了当地特色。

搭配各种风味 茄子、菜花、秋葵、干豆类、土豆等。

经典食谱 马萨拉混合香料。

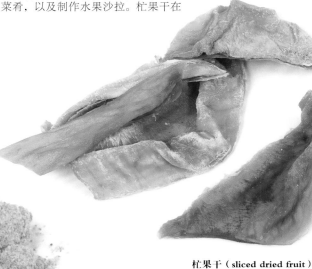

杧果干（sliced dried fruit）
干的片状杧果，通常会呈淡褐色，并且看起来像极了纹理粗糙的木块。杧果干常用于制作泡菜：如果在咖喱菜肴中使用，应该在上菜之前取出来。

杧果粉（amchoor powder）
结块状的杧果粉很容易就可以压碎开，并在不额外添加水分的情况下给菜肴中增添酸味：1茶勺杧果粉的酸度等同于3汤勺的柠檬汁。

细腻的杧果粉会略微呈现出纤维般的质地，并且应该呈浅褐色。

咖喱叶（Curry leaves）

咖喱叶产自于喜马拉雅山的丘陵地带，以及印度、泰国北部，还有斯里兰卡等地野生的小棵的落叶树。这种树目前在印度南方和澳大利亚北方都有栽培。经过揉搓之后，其新鲜的叶片会散发出强烈的芳香气味，气味中带有麝香风味、辛辣的气息和一丝柑橘的回味。口感较温和并且令人舒适，带有柠檬的清香和淡淡的苦感。新鲜的咖喱叶片在没有增加辣度的前提下，通常会给那些与之相关的咖喱类菜肴添加一种淡淡的香辛的风味。

咖喱叶的购买 新鲜的咖喱叶可以从印度风味商店和其他亚洲风味商店内购买到，这些咖喱叶或许会贴上"meetha neem"或者"kari patta"的标签。

咖喱叶的储存 新鲜的咖喱叶要装入一个密封好的塑料袋内放到冷冻保鲜室内保存，在冷藏冰箱里可以保存一周。

咖喱叶的食用 咖喱叶可以在加热烹调时使用，可以与菜肴一起食用或者在上菜之前取出来。可以用在长时间的炖肉类菜肴中，可以用在印度喀拉拉邦风味以及金奈风味（马德拉斯市）的咖喱鱼中，在制作斯里兰卡混合咖喱时，也会使用到咖喱叶。与芥末籽、阿魏，或者洋葱等一起煸炒之后，咖喱叶可以作为一种风味调料，在加热烹调的开始阶段，或者加热烹调的最后时刻，在百格拉或者塔迪卡印度风味餐厅餐厅中，用来给扁豆类菜肴增添风味和颜色。

搭配各种风味 羊肉、鱼肉和海鲜、扁豆、米饭、大部分的蔬菜类、小豆蔻、辣椒、椰肉、香菜叶、小茴香、葫芦巴籽、大蒜等。

经典食谱 查特尼椰肉；马萨拉混合香料。

新鲜的咖喱叶只需在加入菜肴前从其茎上剥离下来即可。

新鲜的咖喱叶（fresh leaves）
这些新鲜的咖喱叶在印度南方风味烹调中广泛使用。例如古吉特拉邦的素菜类菜肴，在印度北方，与香菜叶的使用方法基本一样，在酸辣酱中（特别是椰肉查特尼中）、开胃小菜中，以及制作海鲜的腌泡汁中均可以使用新鲜的咖喱叶。

黑种草籽（nigella）

Nigella 是黑种草（love-in-a-mist）植物学上的名字，它是一种开着淡蓝色花朵和有着轻若羽毛叶片的美丽的园林植物。由种子种植的这种植物，相对来说接近于但不是一种装饰性植物，原产于西亚和南部欧洲地区，在那里的野外生长并得到栽培种植。印度是黑种草的最大生产国，同时也是一个较大的消费国家。暗淡无光的黑色小黑种草籽通常会被误当作黑色的洋葱籽而售卖掉。黑种草籽没有过于浓烈的芳香气味，当摩擦其绿色的叶子时，其风味有点类似于温和的牛至。其口感呈现出坚果风味、泥土气息，胡椒的风味，苦味非常重、干涩，并且穿透力极强。其质地松脆。

黑种草籽的购买 黑种草籽在香料供货商处会有库存，在印度风味商店和中东风味商店内有售。可以购买整粒的籽，因为其可以很好地保存，而如果购买黑种草籽粉，其中或许会掺入其他杂质。

黑种草的储存 在一个密封好的容器内，黑种草籽可以保存住其风味两年以上的时间。

黑种草籽的食用 可以将黑种草籽单独或者与芝麻或者小茴香一起淋洒到面饼上、面包卷上，以及咸香风味的糕点上。也非常适合于用来烤土豆和其他根类蔬菜。印度厨师通常在将黑种草籽淋洒到素菜类菜肴和各种沙拉上之前，先进行干烤或者油煎，以发挥出黑种草籽的风味。在孟加拉国，会与芥末籽、小茴香以及葫芦巴等混合好，用来制作一种当地风味的混合香料——印度五香面，可以给干豆类菜肴和蔬菜类菜肴增添一种独具一格的风味。而在印度，黑种草籽用来制作印度风味肉饭、卡尔马斯以及咖喱等。可以用在泡菜中。在伊朗，黑种草籽是一种非常受欢迎的泡菜用香料，用于水果和蔬菜的腌制。与香菜籽和小茴香籽一起研磨成粉状之后，可以给中东风味土豆或者什锦蔬菜蛋卷增添风味和浓郁程度。

搭配各种风味 面包、干豆类、米饭、绿色和根类蔬菜、多香果、小豆蔻、肉桂等。

经典食谱 印度五香面。

黑种草籽呈黑色和泪滴的形状，最好是购买黑种草籽，并根据需要研磨成粉状之后使用。

肉豆蔻（nutmeg）

这种呈伞状生长的常绿色树木，原产于印度尼西亚的班达岛，这里通常被称之为香料之岛，出产的香料分成了各具特色的两种，肉豆蔻和肉豆蔻外皮（豆蔻衣，mace）。格林纳达目前种植着世界上近三分之一的肉豆蔻。要生产出肉豆蔻，需要将树上结出的果实分离开，以露出其带有硬壳的核。依附在其硬壳上的条状外皮就是肉豆蔻外皮，带着硬质外壳的果核就是肉豆蔻。这两种香料具有相类似的浓郁、清新以及温和的芳香风味，肉豆蔻比起肉豆蔻外皮，闻起来甘甜但是带有更浓郁的樟脑风味和松子般

的风味。这两种香料的口味温和而芳香风味强烈，但是肉豆蔻带有一丝丁香和更浓郁一些的甘苦的木材的风味。

肉豆蔻的购买 肉豆蔻最好是购买整个的。

肉豆蔻的储存 在一个密封好的容器内，肉豆蔻的保质期可以说是无限期的，并且肉豆蔻在需要时，可以非常容易地研磨成或者擦碎成肉豆蔻粉。一旦制作成肉豆蔻粉，肉豆蔻会非常快速地失去其风味。

肉豆蔻的食用 你可以在甜味和咸香风味的菜肴中使用肉豆蔻来调味。肉豆蔻在炖焖类菜肴中和绝大多数的

鸡蛋类和干酪类菜肴中都会有很好的发挥。荷兰人毫不吝啬地将肉豆蔻添加入卷心菜、菜花、蔬菜泥、炖肉类，以及水果布丁中，而意大利人会更加慷慨地将肉豆蔻加入混合蔬菜类菜肴、菠菜、小牛肉，以及馅料中或者用来搭配意大利面的各种沙司中。在法国，会与胡椒和丁香一起使用，用在慢火加热炖制的菜肴和白汁炖肉中。在印度，会使用少量的肉豆蔻，用来添加到莫卧尔风味菜肴中。与肉豆蔻外皮一起使用，阿拉伯一直以来都会用它们来制作风味脍炙人口的绵羊和羔羊类菜肴。这两种香料在北非

的传统混合香料中都有它们的身影。半熟的肉豆蔻，在其上截出一些小孔洞（如同绿色的核桃一样），先经过浸泡之后，再用糖浆煮两遍，一度曾经是马来西亚非常流行的一道甜食。

搭配各种风味 鸡肉、小牛肉、羊肉、鱼肉和海鲜杂烩汤、干酪和干酪类菜肴、鸡蛋类菜肴、牛奶类菜肴、卷心菜、胡萝卜、洋葱、土豆、南瓜派、菠菜、甘薯、小豆蔻、肉桂、丁香、香菜、小茴香、玫瑰、天竺葵、姜、肉豆蔻外皮、胡椒、玫瑰花蕾等。

经典食谱 法式混合香料；汉奥特香料；突尼斯五香面。

肉豆蔻仁（nutmeg kernels）
肉豆蔻仁最好是购买整个的，并且只是在需要的时候才研磨使用。班达肉豆蔻和槟榔屿肉豆蔻，以及肉豆蔻外皮被认为品质要优于西印度出产的肉豆蔻。

肉豆蔻籽（nutmeg seeds）
肉豆蔻籽可以与豆蔻仁一起购买到完整的，仍然在其硬质的外壳里。这一层外壳会从肉豆蔻仁上被剥离掉，并且丢弃不用。

肉豆蔻碎末（grated nutmeg）
肉豆蔻碎末在欧洲，无论是甜点还是咸香味的菜肴中，被广泛的使用。可以给蜂蜜蛋糕、香浓的水果蛋糕、水果类甜点以及水果宾治等增添风味。

肉豆蔻外皮（肉豆蔻衣，mace）

这种香料来自于像杏一样的肉豆蔻果实，是一种在其硬质外壳上的条状的薄薄的覆盖物，或者是依附在硬质外壳上的一层外皮。其果核就是香料肉豆蔻。将这一层外皮从果核上剥掉之后，将果核压扁并进行干燥处理，然后储存在一个避光的地方。剥下来的肉豆蔻外皮叫作"blades"。肉豆蔻外皮带有浓郁而温和的肉豆蔻芳香风味，但是闻起来味道会更加强烈，并且在明显而活泼的花香中带有一丝胡椒和丁香的气息。肉豆蔻外皮的口感呈温和而芳香的味道，细致中带有柠檬的风味，而在余味中又带有明显的苦感。

肉豆蔻外皮的购买 肉豆蔻外皮要比外皮更常见，但是后者更值得去挑选购买。

肉豆蔻外皮的储存 将肉豆蔻外皮放入一个密封好的容器内可以长期保存，并且可以使用咖啡研磨机研磨成粉状。粉状的肉豆蔻外皮的风味比许多其他的粉状香料的风味更容易保存。

肉豆蔻外皮的食用 肉豆蔻外皮和肉豆蔻可以相互代替使用，但是肉豆蔻外皮的风味要更加清淡一些，并且会保持这道菜肴柔和的色彩。肉豆蔻外皮能够提升贝夏美沙司和洋葱沙司、清汤、海鲜汤、罐焖肉类、干酪苏夫里、巧克力风味饮料以及奶油干酪类甜品等的品质。

搭配各种风味 鸡肉、小牛肉、羊肉、肝酱类、鱼肉和海鲜杂烩汤、干酪和干酪类菜肴、鸡蛋类菜肴、牛奶类菜肴、卷心菜、胡萝卜、洋葱、土豆、南瓜派、菠菜、甘薯、小豆蔻、肉桂、丁香、香菜、小茴香、玫瑰、天竺葵、姜、肉豆蔻、柿椒粉、胡椒、玫瑰花蕾、百里香等。

经典食谱 腌渍香料。

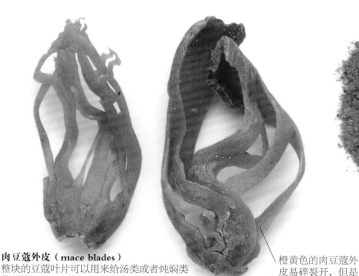

肉豆蔻外皮（mace blades）
整块的豆蔻叶片可以用来给汤类或者炖焖类菜肴增添风味，但是要在上菜之前取出。肉豆蔻和肉豆蔻叶片滋味和芳香风味相类似，肉豆蔻因为价格更加便宜而被广泛使用。

橙黄色的肉豆蔻外皮易碎裂开，但是用手指挤压时，会渗出肉豆蔻油。

肉豆蔻外皮粉（ground mace）
粉状的肉豆蔻外皮的风味非常不错。口感温和的马萨拉混合香料、风味芳香的辛辣的马萨拉混合香料，通过控制小豆蔻的使用量，使用小豆蔻、肉豆蔻外皮、肉桂、黑胡椒以及丁香等一起制作而成。

茴芹（anise）

这种纤细的植物，原产于中东和地中海东部地区，目前在整个欧洲、亚洲以及北美等地被广泛的种植。称之为大茴香或者洋茴香，栽培种植的目的是为了收获籽，但是其鲜嫩的叶片也可以用来作为香草使用。其椭圆形的小籽颜色各异，从浅褐色到灰绿色不等，表面带有颜色更浅一些的脊线。其风味和滋味都是甘美的，类似于甘草般的，温和的水果香味，印度茴芹会带有一点苦感。茴芹的叶片带有与之相同的芳香风味、甘美的甘草气息，以及清淡的胡椒韵味。带有茴芹风味的精油可以用来制作蒸馏酒和利口酒，如茴香烈酒、法国茴香酒和茴香利口酒等。

茴芹的购买 茴芹籽最好购买整粒的，并且只需在使用之前研磨成粉状即可。同样，茴芹香草也可以从香草园中购买到。

茴芹的储存 在一个密封好的容器内，茴芹籽至少在两年之内可以保持其风味。要想получ你自己种植的茴芹进行干燥，可以将茴芹籽头放入一个纸袋内，悬挂到通风良好的地方晾干即可。

茴芹的食用 在欧洲，茴芹主要是用来给蛋糕，例如加泰罗尼亚无花果脯和杏仁蛋糕，以及意大利无花果和干果"色拉米"等添加风味，也会用来给各种面包、特别是黑麦面包、饼干以及水果类甜点调味。可以加入

到斯堪的纳维亚风味炖猪肉和根类蔬菜制作的菜肴中。葡萄牙人在煮栗子时，会将少量的茴芹加到水里，用来增添一股淡雅的芳香气味。在整个地中海地区，茴芹通常会用来给炖鱼类菜肴增添风味。在中东地区和印度，茴芹主要用来制作面包和咸香风味的菜肴，摩洛哥卡拉奇尔，是一种甜味的面包卷，就是使用茴芹和小茴香制作而成的。在伊朗，在一种用于腌制蔬菜的混合香料中，就使用了茴芹。茴芹在有助于消化方面也体现出了其价值：与槟榔叶、坚果以及其他各种香料一起制作成了在用餐结束前所提供给客人的传统美食帕安。新鲜的茴芹叶可以加入到各种沙拉中，也可以给胡萝卜、甜菜、防风根，以及鱼汤等进行美丽的装饰。

搭配各种风味 猪肉、鱼肉和贝壳类海鲜、苹果、栗子、无花果、南瓜、根类蔬菜、印度藏茴香、多香果、小豆蔻、肉桂、丁香、莳萝、小茴香、大蒜、黑种草、肉豆蔻、胡椒、八角、干果仁等。

经典食谱 摩洛哥卡拉奇尔；黎巴嫩风味油炸蔬菜和五香蛋奶饼；伊朗混合腌料。

茴芹籽（whole seeds）
茴芹籽的风味比大茴香和八角的风味更加敏锐。印度厨师会将茴芹籽进行干烤处理，以便在用来制作蔬菜咖喱或者鱼肉咖喱之前，让其芳香的风味得到增强，或者将其在热油中快速地进行炸制，用来给扁豆类菜肴进行装饰。

在购买茴芹籽时，要仔细检查其中夹杂的茎秆和外壳等的含量是否为最小。

茴芹籽粉（ground seeds）
茴芹籽粉芳香的风味很快就会消散，所以要在需要使用的时候再研磨。在摩洛哥和突尼斯，可以用茴芹籽粉来制作茴芹风味面包，在黎巴嫩，可以用来制作油炸蔬菜和五香蛋奶饼。

荜澄茄（cubeb）

荜澄茄，也叫作爪哇胡椒和尾状胡椒，是一种胡椒家族里的热带藤本植物所产的果实，原产于爪哇岛和其他的印度尼西亚群岛。那里的人们从16世纪开始就在爪哇岛种植荜澄茄，在欧洲，普遍用荜澄茄来代替黑胡椒使用的历史也有200年之久。但是目前，荜澄茄在西方国家却几乎不为人知，在香料爱好者的影响之下，人们对荜澄茄又重新感起了兴趣。荜澄茄比胡椒粒略微大一点，带有一股温暖而舒心的芳香风味，会散发出淡淡的胡椒香味，也带有一点点桉树和松节油的气息。生的荜澄茄带有浓郁的松子般的

刺激性风味，伴随着一丝挥之不去的苦感，在加热烹调的过程中，会散发出多香果的风味。

荜澄茄的购买 荜澄茄除了能够从某一些香料供货商处购买到之外，在市面上很难寻获到。要适量地购买，尽管荜澄茄有着能够保持住其芳香风味的特点，但是它们每次只需要少量地使用即可。

荜澄茄的储存 如果密封保存，荜澄茄籽可以保存长达两年之久。

荜澄茄的食用 荜澄茄在印度尼西亚烹调中会经常使用到，可以在肉类和蔬菜类菜肴中使用，在斯里兰卡也会少量使用。荜澄茄从7世纪开始通过和阿拉伯商人进行交易而传播开，荜澄茄在阿拉伯烹调中的主要用途就是在摩洛哥芮思尔混合香料中使用。

搭配各种风味 羊肉、小豆蔻、肉桂、鼠尾草等。

经典食谱 摩洛哥芮思尔混合香料；北非风味羊肉炖锅。

荜澄茄带有沟痕和皱褶，以及一段短小的尾部。要整粒的购买，只在需要时进行研磨即可。

胡椒（pepper）

香料贸易的历史基本上就是对胡椒的追求史，无论是从数量上，还是价值上，胡椒至今都仍然是世界上最重要的香料。印度、印度尼西亚、巴西、马来西亚以及越南是胡椒的主要生产国。胡椒的原产地不同，其风味特点也会有所不同。因此，会根据其生产地的不同而进行分类。印度马拉巴尔出产的黑胡椒品质最佳，代利杰里是最大颗粒级别的胡椒。产自印度尼西亚的门托克白胡椒被认为是品质最好的白胡椒。黑胡椒带有一股细腻的、水果般的香味，辛辣的香味中带有温和的、木柴般的以及柠檬的气息。胡椒的口感是在辣和刺激性的风味中带有一股清新的、具有穿透力的风味。白胡椒的芳香风味较淡，闻起来有点类似于发霉的味道，但却带有一股强烈的辛辣风味以及一点甘甜的风味。红胡椒或者粉红胡椒粒，是完全成熟后的胡椒果实，带有一股淡雅的，几乎是甘美的水果滋味，其内核带有一股缓和而绵长的热辣风味。无论是红胡椒还是绿胡椒均可以用卤水或者醋浸渍之后进行包装出售。绿胡

椒粒（未成熟的胡椒）的辣度是无法忍受的，其口感清淡。印度黑胡椒产自于印度和印度尼西亚，其钉状的果实在收获之后会晒干。

胡椒的购买 黑胡椒和白胡椒在研磨成粉状之后很快就会失去其风味，所以最好是购买整粒的胡椒，并且在使用之前，根据需要，用胡椒研磨器碾碎或者用研钵捣碎。

胡椒的储存 胡椒的味道不甜也不咸，只是辛辣而已。尽管主要用于咸香风味的菜肴中，但是也可以用于水果的甜味面包和蛋糕的制作中。在加热烹调的过程中，胡椒可以彰显出其他香料的风味，并且会很好地保持住其本身的风味。黑胡椒的芳香风味可以从世界各地的美食中体验到，胡椒可以给汤汁、高汤、沙拉汁、沙司、混合香料以及腌泡汁等调味。黑胡椒粉可以给炖菜和咖喱菜肴增添浓郁的风味，也可以用来给煮过之后只是加了一点黄油的蔬菜以及熏鱼肉调味。用卤水浸渍的胡椒粒在使用之前先要漂洗去咸味。在烤双肉之前，可以将黄油与绿胡椒碎和姜一

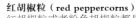

红胡椒粒（red peppercorns）
红胡椒粒或者粉色胡椒粒都是成熟后的胡椒，通常都会使用卤水或者醋腌制保存。其籽带有一股柔和的、绵长的热辣感。而将其外皮去掉之后，会进行干燥处理，用来制作成白胡椒粒。

多香果（allspice）

多香果原产于西印度群岛和中美洲的热带地区。哥伦布发现它生长在加勒比群岛上并且自认为找到了他所一直要寻找的胡椒，因此，多香果的西班牙语名字就叫作pimienta（胡椒），转化成英语名字叫pimento。这个名词后来改称为牙买加胡椒，这是因为大部分的多香果作物，而且当然是最好品质的多香果，出自这个岛屿。多香果带有一股令人愉悦的温馨而芬芳的香气。多香果这个名字也反映出其带有辛辣的滋味，类似于一个胡椒风味的混合体，包括有丁香、肉桂以及豆蔻，或者豆蔻外皮的风味。多香

果绝大部分的风味是在其外壳中，而不是在其籽里。

多香果的购买 购买整个的多香果要好于购买多香果粉，因为多香果粉会很快失去其风味。可以购买整个的或者粉状的多香果。

多香果的储存 多香果很容易碎裂开，如果储存在密封好的容器内，可以长久地保存。

多香果的食用 在发现美洲大陆之前很久的一段时间里，岛上的人们就使用多香果来对肉类和鱼类进行加工处理。西班牙人从他们这里学会了如何使用多香果，并将多香果运用到了油炸调味鱼和其他各种调味汁中。在

中东，多香果会用来给烤肉调味。多香果可以用来制作肉馅，以及在一些印度风味咖喱中也会用到多香果。在欧洲，多香果会整个的使用，用来制作泡菜，或者研磨碎之后制作混合香料。世界各地所出产的大部分多香果都会进入食品行业中，用来大批量地制作番茄沙司和其他各种沙司，以及用来制作香肠、肉饼、斯堪的纳维亚腌鲱鱼，以及德国酸菜等。

搭配各种风味 茄子、大部分的水果、南瓜、根类蔬菜等。

经典食谱 油炸调味鱼；肉饭；印度咖喱。

整个的干多香果（whole dried berries）
在牙买加，多香果仍然是制作杰尔克调料酱的重要材料，可以用来涂抹到鸡肉上、肉类上，或者鱼肉上之后用于烧烤。其用途最广泛的是制作成多香果碎粒而不是制作成多香果粉末，用在早餐面包、汤类、炖菜类以及咖喱类菜肴中。

多香果粉（ground berries）
在欧洲，多香果粉用来给蛋糕、布丁、果酱以及水果馅饼等增添一种柔和而温馨的风味。也能够提升菠萝、李子、黑醋栗和苹果的风味。

在烘烤之前，在鸡皮上反复涂抹，用绿胡椒来制作胡椒牛排，效果也非常好。红胡椒可以按照相类似的方法使用。在法国，在混合胡椒中，混合黑胡椒是为了增加其芳香风味，而加入的白胡椒是为了增加其辛辣风味，是一种非常受欢迎的混合胡椒。

搭配各种风味 肉类、鱼和海鲜、大多数蔬菜、罗勒、小豆蔻、肉桂、丁香、椰奶、香菜、小茴香、大蒜、姜、柠檬、青柠檬、豆蔻、香芹、迷迭香、百里香等。

经典食谱 巴拉瑞特；柏柏尔；辣味马萨拉；拉斯尔混合香料；法国四香粉；胡椒牛排。

长胡椒（印度黑胡椒） 在外观上像极了黑灰色的柔黄花，通常会整个的使用。

长胡椒（印度黑胡椒，long black pepper）
长胡椒主要在亚洲地区、非洲东部地区以及在北非等使用慢火加热的菜肴中，也在泡菜中使用。长胡椒闻起来甜美芳香，在开始时会有点黑胡椒的滋味，但是回味会有一点麻辣。

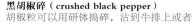

黑胡椒碎（crushed black pepper）
胡椒粒可以用研钵捣碎，沾到牛排上或者鱼肉上，用来铁扒或者烘烤。黑胡椒碎还可以加入混合香料以及南美和南亚风味的腌泡汁中。

绿胡椒粒（青胡椒粒，green peppercorns）
绿胡椒带有淡雅的芳香，以及一股令人愉快的清香风味。与更加甘美的香料，例如肉桂、姜、香叶、茴香籽以及柠檬草等，一起混合好，可以给猪肉、鸡肉和海鲜等调味。绿胡椒在经过发酵和干燥制作可以用来制作成黑胡椒粒。

白胡椒粉（ground white pepper）
白胡椒粉比黑胡椒更适合于用在浅色的沙司和奶油汤中，以保持这些菜肴的美观。白胡椒比黑胡椒的精油含量要少，因为其精油包含在外皮中，在清洗的时候已经被去掉了，这也解释了为什么白胡椒的芳香风味要淡一些的原因。

漆树果（sumac）

漆树果是一种装饰性灌木的果实，主要生长在地中海周围，特别是西西里岛，现在已经被广泛地种植。在中东的部分地区也能够发现其身影，主要是在土耳其（安纳托利亚）及其原产国伊朗。漆树的浆果在其完全成熟之前就要进行采摘，然后晒干，并粉碎成砖红色或者棕红色的粉末。漆树果只带有淡淡的芳香，口感为酸爽的水果风味，带有一点苦涩感。

漆树果的购买 在其生长地之外的其他地区，漆树果通常只有颗粒状或者细粉状出售。

漆树果的储存 在一个密闭容器内，漆树果粉可以储存几个月。整粒的漆树果可以保存一年。

漆树果的食用 漆树果本身基本上没有什么味道，但是在加入菜肴中之后会彰显出食物本身的风味，就如同在菜肴中加入盐一样。在加热烹调食物之前，可以用漆树果粉涂抹到食物上：黎巴嫩人和叙利亚人会用来制作鱼类菜肴，伊拉克人和土耳其人会用在蔬菜类菜肴中，伊朗人和格鲁吉亚人会用来烤肉串。在土耳其和伊朗的烧烤屋里，一小碗的漆树果粉通常会与一碗辣椒面一起摆放到餐桌上。漆树果也会用在砂锅鸡肉或者砂锅蔬菜中，在炖焖类菜肴中，以及用来制作鸡肉的酿馅等。搭配上生的洋葱丝，可以用来作为开胃菜食用。将漆树果粉与酸奶一起混合好，再配上新鲜的香草，可以制作成一种蘸酱或者成为菜肴的配菜。

搭配各种风味 鸡肉、羊肉、鱼肉和海鲜、茄子、鹰嘴豆、扁豆、洋葱、松子仁、酸奶等。

经典食谱 阿拉伯风味蔬菜沙拉；扎阿塔混合香料。

漆树果粒（whole berries）
如果要使用整个的漆树果，先要用水浸泡20~30分钟，然后用力挤压出所有的汁液，就可以在腌泡汁和沙拉沙司、肉类和蔬菜类菜肴中使用了，并且可以用来制作一种清凉爽口的饮料。

漆树果粉（ground berries）
漆树果粉通常会撒到扁面包上，在制作黎巴嫩面包沙拉和阿拉伯风味蔬菜沙拉时，会带来酸爽的口感，漆树果粉也是使用香料和香草制作扎阿塔混合香料时的一种关键材料。

马哈拉卜（mahlab）

这种能够让人神清气爽的香料，在中东以外的地区鲜有人知，产自一种在整个中东地区和南部欧洲地区野外生长的酸樱桃树。这种酸樱桃树会结出一种娇小的、薄薄肉质的黑色樱桃，从樱桃核内取出的柔软的、黄色的果仁，在晒干之后可以制作成香料。马哈拉卜带有甘美的芳香和一丝杏仁及樱桃的气息。在令人垂涎欲滴的坚果风味中，有着柔和的杏仁芳香以及些许苦感的回味。

马哈拉卜的购买 马哈拉卜最好是购买整粒的并根据需要进行研磨：一旦研磨成粉末状，其风味就会非常快地消散掉。

马哈拉卜的储存 整粒的马哈拉卜要储存在一个密封的容器内，这样可以保存几个月。

马哈拉卜的食用 在希腊、塞浦路斯、土耳其，以及邻近的阿拉伯国家，从叙利亚到沙特阿拉伯，马哈拉卜粉主要在烘焙中使用，特别是在用于节日场合下的各种面包和糕点中。马哈拉卜辛辣的气息能够给希腊复活节辫子面包——卒瑞凯；亚美尼亚叫作朝洛克的面包卷；阿拉伯马茂拉，一种小个头的用坚果或者枣作为馅料，被黎巴嫩基督教徒用作复活节庆典的一种糕点；以及土耳其坎迪尔面包圈，，当每年的五个宗教节日夜晚，清真寺内的灯光被点亮时，所制作的庆典面包等增添香味。马哈拉卜粉也会用来给各种糖果增添风味。

搭配各种风味 杏仁、杏、枣、开心果、玫瑰花水、核桃、八角、肉桂、丁香、乳香脂、黑种草、豆蔻、芝麻等。

经典食谱 希腊卒瑞凯；亚美尼亚朝洛克；阿拉伯马茂拉；土耳其坎迪尔面包圈。

马哈拉卜粉应该呈浅乳色，如果颜色变深或者变黄，表示存放的时间过久了。

马哈拉卜果仁粉（ground kernels）
可以试试将一点马哈拉卜果仁粉添加到香料或者添加到水果面包、糕点中。马哈拉卜最适合用咖啡研磨机研磨成粉。如果研磨起来较困难，可以根据食谱的需要，加入少许盐或者糖，以有助于将马哈拉卜果仁研磨碎。

马哈拉卜果仁（whole kernels）
米色的马哈拉卜果仁的肉质呈乳白色，带有着柔软而耐嚼的质感。

乳香脂（mastic）

乳香脂是一种产自于希腊奇奥斯岛上的常青树木所产的树脂。大部分的乳香脂都出口到了土耳其和阿拉伯国家。这种树上生长着许多筋脉，里面富含乳香脂，就遮盖在树皮之下。当多节的树干上的树皮被切割开之后，其黏性的树脂就会渗透出来，随着与空气的接触，这些树脂会变成半透明的硬质卵状或者椭圆形的"泪滴"状，呈淡金色。干燥后的泪滴状树脂质地脆弱，但是在咀嚼时，会呈现出与同口香糖一样的耐嚼性特点。乳香脂带有一股淡雅的松子芳香风味，其口感仿佛如同令人愉悦的矿物质味道，微苦，并具有清洁口腔的作用。

乳香脂的购买 乳香脂价格非常昂贵，但是每次只需要使用一点点的量。可以从希腊和中东风味商店内以及香料供应商处购买到乳香脂。

乳香脂的储存 乳香脂要保存在一个凉爽的地方。

乳香脂的食用 如果乳香脂是粉状的，那么就可以均匀地混合到一道菜肴里。其主要的用途是在烘焙、甜点以及糖果等方面使用。希腊人用乳香脂给节日面包，特别是在复活节时制作的来增添风味，塞浦路斯会在他们的复活节制作的干酪糕点，夫劳安士中使用乳香脂。与汤和玫瑰花水或者橙花水一起，乳香脂可以用来给牛奶布丁增添风味，可以与果脯和坚果一起做成馅料用来制作各种糕点，可以用来制作土耳其软糖和果酱等。在伊兹密尔可以用乳香脂来制作成乳香脂风味汤，乳香脂炖菜，以及乳香脂糖果等。

搭配各种风味 鲜干酪、杏仁、杏、枣、开心果、核桃、多香果、小豆蔻等。

经典食谱 希腊复活节面包；塞浦路斯复活节干酪糕点。

乳香脂变硬之后会变成"泪滴"状，在烹调使用之前要先研磨成粉末状。

粉红胡椒（pink pepper）

粉红胡椒是巴西胡椒树所产的果实，其原产国不仅仅是巴西，还有阿根廷和巴拉圭。这种树作为一种观赏树或者遮阴树被引种到许多地方，目前几乎在全世界每一个温带地区都有栽培生长。留尼旺岛是世界上唯一一个大规模种植粉红胡椒的地方。碎裂开的粉红胡椒的芳香气味会呈现出令人愉悦的水果风味，并带有清爽的松子气息。带有果香味道、树脂风味以及甜美的芳香。有点类似于杜松子之味，但是没有那样浓的风味。粉红胡椒没有如同真正的黑胡椒那么热辣的气息。

粉红胡椒的购买 干燥的粉红胡椒在香料供应商处和超市内有售——经过冷冻干燥的粉红胡椒的风味和颜色最佳。也有用卤水或者醋浸泡，装瓶或者装罐之后售卖的。

粉红胡椒的储存粉红胡椒粒要在一个密闭容器内保存，并且在需要时再粉碎或者研磨后使用。

粉红胡椒的食用 经过腌渍后会让粉红胡椒粒变得柔软，可以非常容易地粉碎后使用。干燥的粉红胡椒粒会带有一层非常容易碎裂开的、薄薄的一层外皮，包裹着里面一个硬质的胡椒籽。要少量地使用粉红胡椒——不要像制作一份胡椒牛排那样，大量的使用粉红胡椒。粉红胡椒最适合制作鱼类或者家禽类菜肴时使用，但是与野味类菜肴和其他味道浓郁的菜肴也很搭配，就与同使用杜松子一样。粉红胡椒可以制作出口感非常柔和的沙司，用来搭配诸如龙虾、小牛排以及猪排等各种原材料。

搭配各种风味 家禽、小牛肉、野味、猪肉、浓郁而肥腻的肉类、鱼肉和贝壳类海鲜、细叶芹、茴香、高良姜、泰国青柠叶、柠檬草、薄荷等。

经典食谱 鱼或者家禽配粉红胡椒粒沙司。

粉红胡椒粒可以非常容易地使用研钵研磨碎，或者用刀背拍碎。

玫瑰花（rose）

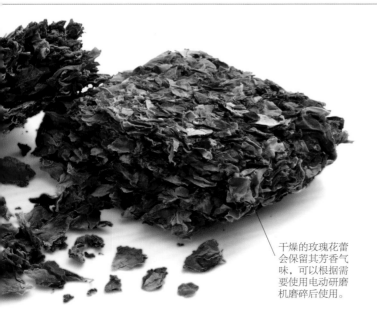

干燥的玫瑰花蕾会保留其芳香气味，可以根据需要使用电动研磨机磨碎后使用。

西方国家的厨师很少有人会将玫瑰花作为一种香料来使用，但是在整个阿拉伯世界、土耳其以及伊朗，还有远东的北印度地区，干的玫瑰花蕾或者花瓣以及使用它们蒸馏出来的玫瑰花水等，有着种类繁多的消费方式。土耳其和保加利亚是玫瑰油（玫瑰精油）和玫瑰花水的最大生产国。只能使用芳香风味浓郁的玫瑰花，例如非常芳香的大马士革玫瑰，出自巴尔干半岛、土耳其，以及中东等地的罗莎玫瑰等。绝大多数的玫瑰花都用来加工制作成玫瑰花水，但是你也可以购买到美丽而香气十足，并且是干燥的粉红色玫瑰花蕾。

玫瑰花的购买 玫瑰花水和玫瑰精油可以从中东、印度、伊朗以及土耳其风味商店内购买到。其中有些商店也会售卖干的玫瑰花蕾。

玫瑰花的储存 干的玫瑰花蕾储存在一个密封的容器内，可以保存一年以上的时间。

玫瑰花的食用 将新鲜的或者干的玫瑰花瓣浸泡到糖浆中，可以用来制作甜点和饮料，或者将花瓣和糖一起放入一个广口瓶内，给糖增添一股淡雅的玫瑰花香，可以用这种糖来给奶油和蛋糕增添风味。在印度，磨成粉末状的玫瑰花蕾可以用在腌泡汁中，还可以用来给印度咖喱酱增添上清香典雅的风味。在孟加拉国和印度旁遮普，玫瑰花水可以给诸如玫瑰奶球和奶豆腐汤圆、印度奶昔和卡尔布丁（一种大米布丁）等这样的甜点突出其风味特点。在摩洛哥，玫瑰花蕾是芮思尔混合香料中的一种用料。突尼斯厨师似乎最喜欢使用玫瑰花蕾，用来制作成混合香料，用来添加到众多的菜肴。使用肉桂粉和玫瑰花蕾与黑胡椒混合好，可以制作成印度风味巴拉特，用来给烤肉调味，还可以给使用温柏等炖的水果，以及搭配鱼肉或者羊肉所使用的古斯米等调味。

搭配各种风味 家禽、羊肉、鱼肉、苹果、杏、栗子、温柏、米饭、甜点类以及糕点类等。

经典食谱 芮思尔混合香料；印度风味巴拉特；玫瑰奶球；印度奶昔。

灌木番茄（akudjura）

灌木番茄，茄属植物，是一种可食用的众多的野生番茄中的一员，原产于澳大利亚西部和中部地区的沙漠中，或者灌木丛之中。至今，还没有人工种植的灌木番茄——万幸的是可以从野外采集到。灌木番茄的香味暗含着焦糖和巧克力的风味，其滋味是树番茄和番茄的混合味道，带有一点苦感和让人心旷神怡的余韵。

灌木番茄的购买 灌木番茄一般会整个的售卖，而更常见的是研磨成一种橙褐色的粉末状，叫作灌木番茄粉。

灌木番茄的储存 灌木番茄粉在一个密封的容器内，可以保存2～3个月。

灌木番茄的食用 灌木番茄粉在加热烹调前必须先浸泡20～30分钟，在甜味和咸香风味的菜肴中都可以使用。可以用来代替番茄干或者柿椒粉，并且可以给以番茄为主料制作成的沙司和炖肉类菜肴增添风味，特别是匈牙利烩牛肉。灌木番茄粉，可以撒到沙拉上、汤里、鸡蛋类菜肴中以及蒸的蔬菜上。在澳大利亚，用整个的灌木番茄来制作砂锅类菜肴，以及一种趣味版本的丹皮尔，这是一种传统的像面包一样的"丛林食物"。灌

木番茄粉可以添加到甜味饼干中、酸辣酱中、沙拉酱中，开胃小菜和莎莎酱里。将灌木番茄粉、金合欢以及山胡椒混合到一起，可以用来与卡真黑暗香料一样的使用方法，特别是用在鱼类菜肴中，在与其他种类的混合香料后，灌木番茄粉可以用来制作烧烤和腌制肉类的调料，特别是用来腌制瘦的袋鼠肉。

搭配各种风味 瘦肉、鱼肉、干酪类菜肴、苹果、洋葱、胡椒、土豆、柠檬香桃木等。

经典食谱 丛林食物（布什图克，澳大利亚土著人食用的食物）。

褐色的灌木番茄干具有十分耐嚼的质地。

丁香（cloves）

丁香树是一种生长有芳香树叶的小型的热带常绿树木。其深红色的花朵很少盛开，未盛开的花蕾构成了香料。原产于摩鹿加群岛、火山岛，现在是印度尼西亚的一部分，丁香在罗马时代经由亚历山大从陆地运抵到了欧洲。目前，马达加斯加、桑给巴尔，以及奔巴岛是丁香的主要出口地，印度尼西亚产量巨大，但几乎都是自产自销。丁香的芳香风味独特而温馨，带有一丝胡椒和樟脑的气息。其口感圆润，但也非常刺激，带有辣味和苦味，在口腔会给人留下麻木的感觉。

丁香的购买 整粒的丁香无论是个头还是外观千差万别。丁香粉则呈深褐色。

丁香的储存 整粒的丁香在密封好的广口瓶内可以储存一年的时间。而丁香粉的风味会流失得非常快。

丁香的食用 丁香无论是在制作甜食还是制作咸香风味菜肴中都非常合适，可以用于烘焙、甜点、糖浆以及腌制等几乎所有的地方。在欧洲，丁香常用于腌制泡菜或者研碎后作为香料使用。荷兰人会把丁香大量地用于干酪制作中，英国人则用丁香来制作苹果馅饼。在德国，制作的香料面包中会看到丁香的身影。在中东和北美，丁香会制作成混合香料，用来给肉类菜肴或者米饭增添风味，通常会与肉桂和小豆蔻混合好之后使用。

搭配各种风味 火腿、猪肉、苹果、甜菜、紫甘蓝、胡萝卜、洋葱、橙子、南瓜、巧克力等。

经典食谱 四香粉；五香面；格拉姆马萨拉（什香粉）。

丁香粒（whole cloves）
高品质的丁香应该洁净而完整。如果用手指甲挤压时，应该会渗出一丁点香油。要适量使用，因为丁香的风味很容易遮盖住其他香料的风味。

丁香粉（ground cloves）
丁香必须使用电动研磨机研磨成粉末状。在印度，丁香粉是制作格拉姆马萨拉的主要材料，在中国是制作五香面的主要材料，而在法国是制作四香粉的主要材料。

独活草（香旱芹，ajowan）

独活草，原产于印度南部地区，是一种小型的一年生伞形科植物，与葛缕子和小茴香有亲缘关系。其籽，颜色呈绿色或者褐色，与芹菜籽相类似，在印度是一种非常受欢迎的香料。独活草在巴基斯坦、阿富汗、伊朗以及埃及也都有种植和使用。其口感辣而苦，经过加热烹调，其风味会变得柔和一些，类似于百里香或牛至，但是风味会更浓郁一些，并且带有胡椒的风味。如果单独咀嚼独活草，会让舌头变得麻木。

独活草的购买 独活草可以在印度风味商店内购买到，在商店里，独活草可能被称之为安吉万或卡鲁姆。

独活草的储存 独活草籽在一个密封好的广口瓶内可以长时间保存。

独活草的食用 独活草要小心谨慎地使用，使用太多会让菜肴带有苦味。只需在使用之前，将整粒的独活草籽进行揉搓或者压碎，或者使用研钵研磨好，最大限度地发挥出其风味。独活草与淀粉类食物有着天然的亲和力，因此在南亚地区用来制作面包（印度油饼）、咸香风味面点（印度帕克拉），以及油炸风味小吃（特别是使用鹰嘴豆制作的小吃）。独活草还可以用来给泡菜和根类蔬菜调味。通常会与干豆类一起使用，并且是制

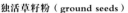

独活草籽粉（ground seeds）
独活草籽通常会整粒的使用，或者研磨碎之后使用。独活草籽不需要提前研磨，在使用之前进行研磨即可。在印度吉吉拉特邦，用独活草籽粉来调制面糊，制作炸蔬菜和帕克拉，与辣椒和新鲜香菜一起可以给普地阿斯或者煎薄饼调味。

山胡椒（山椒，mountain pepper）

山胡椒产自于一种小型树种，原产于澳大利亚塔斯马尼亚高地、维多利亚以及新南威尔士等地。早期的殖民者很快就发现了山胡椒粉可以用来当做调味料使用。此种树的所有部分都会散发出芳香风味。其树叶带有一股温馨的芳香风味和柑橘风味。其口感类似于花椒，而不是黑椒的味道，特别是其回味更是如此。新鲜山胡椒最初的口感是甘美的水果风味，紧跟其后的是在嘴里咬碎之后所留下的非常辛辣的滋味所带来的麻。山胡椒粒比山胡椒叶的风味更加浓郁，而干燥的山胡椒叶会比胡椒的风味要浓郁。与之相关联的澳洲林仙属植物的树叶和浆果，会被当作多丽歌胡椒进行售卖，这是是以其生长地所在的新南威尔士多丽歌山而命名的。

山胡椒的购买 在澳大利亚，新鲜和干燥的山胡椒叶和山胡椒粒都有售卖。而在其他地方，干的山胡椒叶磨成的粉末，以及用卤水腌制的山胡椒粒则较常见。无论哪种形式的山胡椒叶和山胡椒粒都要少量购买，因为其用量极少，并且一旦研磨成粉末状之后，风味很快就会流失掉。

山胡椒的储存 新鲜的山胡椒叶和山胡椒粒，如果装入一个扎紧口的塑料袋内，放到冰箱里，可以储存几周的时间。干燥的山胡椒叶和山胡椒粒要装入一个密封的容器内储存。

山胡椒的食用 山胡椒粒的味道非常浓郁。可以在需要长时间炖的肉类中和豆类菜肴中，或者混合蔬菜汤中加入一点山胡椒碎或者整粒的山胡椒用来调味。长时间的加热烹调会让山胡椒的刺激风味和辛辣感有所降低，并让山胡椒的风味融入菜肴中。或者也可以试着将山胡椒加入传统的法国

作某些混合咖喱时使用的主要材料。在印度北方地区，在将独活草加入到菜肴中之前，会与其他各种香料一起先使用酥油炸制。在西方最有名的一道菜或许是用独活草给最受欢迎的孟买什锦小吃调味。与柠檬汁和大蒜一起混合好，可以制作成一种口味绝佳的用来涂抹到鱼肉上的调味料，将鱼肉腌制1～2小时之后再炸熟。

搭配各种风味 鱼肉、芸豆、干豆类、根类蔬菜、豆蔻、肉桂、丁香、小茴香、茴香籽、大蒜、姜、胡椒、黄姜粉等。

经典食谱 柏柏尔（berbere）；马萨拉混合香料。

胡椒沙司中，山胡椒也非常适合牛肉菜肴和浓郁的、风味绝佳的野味类菜肴——特别是野兔或者鹿肉等。在澳大利亚，山胡椒通常会与其他灌木类香料混合，例如金合欢和柠檬香桃木以及百里香等，非常适合于用来制作腌泡汁或者直接将混合香料涂抹到羊肉上。

搭配各种风味 野味肉类、牛肉、羊肉、干豆类、南瓜、根类蔬菜、香叶、大蒜、杜松子、柠檬香桃木、马郁兰和牛至、芥末等。

经典食谱 胡椒沙司。

干燥的山胡椒粒可以用胡椒磨进行研磨，通常会以山胡椒碎的形式售卖。

罗望子（tamarind）

罗望子是从生长在罗望子树上如同豆子一样的豆荚中获取的，原产于东非，有可能是马达加斯加，这使得罗望子成为了唯一原产于非洲的重要香料。罗望子树，这种生长着飘逸的树冠的常绿树木在史前时期就已经在印度种植。在豆荚中包含着呈深褐色、带有黏性和众多纤维的果肉，可以萃取并挤压成糕饼状，这里面通常会包含着晶莹的黑色罗望子。可以深加工成罗望子酱和浓缩型罗望子酱。罗望子几乎没有味道，略带酸味，也带有甜味和水果的滋味。这种香料一直以来都供出口——主要是来自印度——用来制作像辣酱油一类的调味品。

罗望子的购买 可以从印度风味商店内和香料供货商处购买到，或许可以购买到干的块状罗望子，其中带有或者没有罗望子籽，或者购买到浓稠的，相当干燥的罗望子酱，或者液体较多的深褐色浓缩型罗望子酱。偶尔，或者碰巧会淘到新鲜的罗望子树叶，罗望子肉干以及干粉状的罗望子等。

罗望子的储存 所有加工好的罗望子几乎都可以长久地保存。

罗望子的食用 可以试试将罗望子与盐混合好，在加热烹调之前，用来涂抹到鱼肉或者肉类上，或者用酱油和姜一起制作成腌泡汁用来腌制猪肉或者羊肉。在印度和东南亚国家，罗望子通常会作为酸味剂（非常类似于西方国家使用柠檬和青柠檬一样的方式），用来制作咖喱、萨姆巴尔、酸辣酱、腌泡汁、蜜饯、泡菜以及沙冰等。与粗糖和辣椒一起用小火熬煮成糖浆，可以用来配鱼肉食用的蘸酱。在印度尼西亚，会用来制作各种沙司，咸香风味和甜味沙司均可，可以代替柠檬用来制作独具风味的酸甜口味的菜肴。在印度，罗望子粉会用来制作蛋糕。在伊朗，会将酿馅之后的蔬菜，在罗望子风味浓郁的高汤中烘烤。在中东，使用罗望子糖浆制成的一种如同柠檬水一样的饮料深受欢迎，在中美洲和西印度群岛也有罐装的罗望子饮料出售，可以单独饮用，或者加入热带水果饮料中饮用，或者与冰淇淋一起制作成奶昔。牙买加人将罗望子用在炖菜中，配米饭一起食用，在哥斯达黎加，用罗望子来制作一种酸味的沙司。在泰国、越南、菲律宾、牙买加以及古巴，罗望子肉也可以撒上糖或者配蜜饯水果，用来作为一道甜食享用。

搭配各种风味 鸡肉、羊肉、猪肉、鱼肉和贝类海鲜、卷心菜、扁豆、蘑菇、花生、大多数的蔬菜、阿魏、辣椒、香菜叶、小茴香、高良姜、大蒜、姜、芥末、虾酱、酱油、（红糖或者棕榈）糖、黄姜粉等。

经典食谱 果阿风味咖喱；泰国风味酸辣汤。

罗望籽（whole seeds） 其籽娇小、呈带有脊线的椭圆形状，颜色从灰绿色到红褐色不等。在研碎之后，会散发出一股浓郁的、类似于百里香的香气。

罗望子豆荚（whole pods） 未成熟的豆荚在越南和泰国制作酸汤和炖菜时会使用到。在那些种植罗望子的地区，特别是泰国和菲律宾，鲜嫩的罗望子叶和花，可以用来制作咖喱和酸辣酱。

罗望子块（block） 印度风味商店和香料供货商处通常会售卖干的块状罗望子。在使用时，可以将一小块罗望子块，大约相当于1汤勺的用量，用少量的开水浸泡10~15分钟。然后搅拌开，让罗望子肉变得松散，再挤出水分，过筛以去掉其中的纤维。

浓缩型罗望子酱（concentrate） 浓缩型罗望子酱带有一股"加热烹调"之后的气味，让人不禁回想起糖蜜的风味和一股刺激的酸味。在使用时，可以将1~2茶勺的浓缩型罗望子酱用一点水搅拌好。

罗望子叶和罗望子籽（leaves and seeds） 在使用山胡椒代替真正的胡椒时，可以使用真正胡椒用量一半的罗望子叶粉末，而如果你使用的是罗望子籽，用量可以更少一些。干燥的罗望子叶比新鲜的罗望子叶味道要浓郁的多。

罗望子酱（paste） 将罗望子酱加入菜肴中，可以中和辣椒和辛辣香料所带的辣度。罗望子酱可以给许多辛辣的南印度菜肴，例如果阿风味咖喱和古吉拉特炖蔬菜等增添上独具特色的酸味。也可以加入泰国风味酸辣汤中和中式风味酸辣汤中。

香草冰淇淋（vanilla ice cream）

没有什么佳肴能够比得过自制的乳香浓郁的香草冰淇淋了。如果搭配新鲜的浆果类一起享用会美味可口到无以复加，或者可以将果仁酒，或者是杏仁饼干碎放入盛放香草冰淇淋的玻璃杯的底部。

供 4 人食用

1根香草豆荚

300毫升牛奶

3个鸡蛋黄

85克白糖

300毫升鲜奶油

1 将香草豆荚从中间劈开，将香草籽刮取下来，再将香草籽和香草豆荚和牛奶一起放入厚底锅内。用小火加热至牛奶快要沸腾时，将锅从火上端离开，盖上锅盖，放到一边使其浸渍30分钟，然后取出香草豆荚。

2 在一个大碗里，搅拌好鸡蛋黄和白糖。然后慢慢搅入浸渍好香草风味的牛奶，再将搅拌好的牛奶鸡蛋黄液体倒回锅里。

3 用小火继续加热，同时要不断地搅拌，直到牛奶鸡蛋黄混合液变得略微浓稠，浓稠的程度以液体能够粘在勺子背面为好。不要将混合液烧开，否则会形成结块。

4 将熬煮好的混合液倒回碗里，并使其完全冷却。

5 将鲜奶油略微打发，拌入冷却之后的混合液中。

6 要手工制作冷冻冰淇淋，可以将混合液倒入冷冻箱内，冷冻至少3~4个小时，然后取出，将所有冰晶都捣碎。再次冷冻2个小时，再取出将冰晶捣碎，之后冷冻至需要时即可。使用冰淇淋机冷冻时，将熬煮好的混合液倒入冰淇淋机内，并按照冰淇淋机说明书进行操作搅拌冷冻。这个过程要花费20~30分钟的时间。然后取出装入冷冻箱内冷冻至需要时。

7 要将冰淇淋服务上桌，提前10~20分钟将冰淇淋从冰箱内取出，使其回软以利于挖取。冰淇淋冷冻保存的时间可以超过3个月。

葫芦巴（fenugreek）

原产于西亚和东南欧地区，葫芦巴在中东和印度烹调中使用非常广泛，但是尚未得到西餐厨师的认可。生的葫芦巴籽的气味是某些咖喱粉中特别芳香风味的主要来源。葫芦巴的口感与芹菜相类似，但是带有苦感，其质地呈粉质状。新鲜的葫芦巴叶（梅提）呈草绿色并带有略微辛辣的涩感。其干燥的叶片会带有干草的气息。

葫芦巴的购买 葫芦巴籽和叶可以从伊朗和印度风味商店内购买到。

葫芦巴的储存 在一个密封好的容器内，葫芦巴籽和干燥的叶片可以在一年及更长的时间内保持其风味。新鲜的葫芦巴叶片要在冰箱内冷藏保存，并且要在3天之内使用完。

葫芦巴的食用 在印度，葫芦巴被素食主义者们广泛食用。与扁豆和鱼类搭配食用效果非常好，在印度南部多用于木豆和鱼类咖喱的烹调中，以及当地风味的面包制作中。葫芦巴籽可以用来制作泡菜和酸辣酱，以及用来制作传统的混合香料。在埃塞俄比亚，葫芦巴是柏柏尔混合香料的主要成分。在土耳其和亚美尼亚，会使用葫芦巴粉和辣椒与大蒜一起混合好，涂抹到腌牛肉上，或者牛肉干上。在也门，葫芦巴籽用来制作海碧荷，这是一道风味浓郁的蘸酱。葫芦巴会给孟加拉风味炖蔬菜，或者苏卡塔斯菜肴等增添苦感。葫芦巴叶可以添加到伊朗风味炖羊肉和波斯风味炖蔬菜中。

搭配各种风味 绿色蔬菜和根类蔬菜、番茄等。

经典食谱 萨姆巴尔香料粉；印度五香粉；柏柏尔；葫芦巴蘸酱。

新鲜葫芦巴叶（fresh leaves） 新鲜的葫芦巴叶在印度被当做蔬菜使用，可以与土豆、菠菜或者米饭等一起加热烹调。也可以切碎之后加入到面团中，用来制作印度烤饼和薄煎饼等。

葫芦巴籽（whole seeds） 只需略微干烘或者在锅内略微煎炒一下，其风味就会变得圆润，并且可以让葫芦巴籽带有坚果的香味，以及焦糖或者枫叶糖浆的滋味，但是一定不要加热太长的时间，否则葫芦巴籽会发苦。经过烘烤之后的葫芦巴籽要立刻使用。

在需要使用时再烘烤并研磨葫芦巴籽，因为粉末状的葫芦巴风味会流失的非常快。

香草（香子兰，vanilla）

香草是一种多年生的攀爬兰花的果实，原产于中美洲。阿兹特克部落掌控着相当复杂的，从像豆类一样发酵好的果实中提取香兰素结晶体的方法。新鲜的香草豆荚没有香味或者滋味。经过发酵之后，会散发出一种有浓郁、圆润、强烈的芳香风味，有着一丝甘草或者烟草的气息，与其雅致、甘美的水果风味或者奶油风味相得益彰。在香草的风味中还含有一丝葡萄干或者李子的风味，或者是烟熏味、辛辣的风味。现今，香草主要从墨西哥、法属留尼汪、马达加斯加、塔希提以及印度尼西亚等地出口。

香草的购买 香草的价格非常贵，因为属于劳动密集型生产方式。品质最佳的香草豆荚会带有一层淡淡的、白霜状的香兰素结晶。你有可能从香料供货商处，而不是从超市里购买到高品质的香草豆荚。在购买香草香精的时候，要购买瓶子上贴有"天然香草香精"标签的香草香精，并标注所含酒精成分的多少，通常酒精的含量是其体积的35%。

香草的储存 在一个避光、密闭的容器内储存，香草豆荚可以存放两年。

香草的食用 可以整个的使用，或者从中间劈开，用来给奶油、卡仕达酱、冰淇淋以及糖等增添风味，一整根的香草豆荚在糖浆中或者奶油中浸泡过之后，可以洗净、晾干，并重复使用。在煮水果时，可以加入香草豆荚，或者在烘烤水果之前将香草豆荚摆放到水果上。可以使用香草香精给蛋糕和挞类调味。香草与海鲜、特别是龙虾、鲜贝以及青口贝和鸡肉等非常搭配。香草可以增强根类蔬菜的口感，在墨西哥，制作黑豆时会使用到香草。

搭配各种风味 鱼肉、牛奶、鸡蛋、苹果、瓜类、桃、梨、大黄、草莓等。

经典食谱 香草冰淇淋。

在香草豆荚中的细小而带有黏性的黑色香草籽，可以使用一把刀的刀尖取下来。

干香草豆荚（wholed ried pods） 优质的香草豆荚会呈深褐色或者黑色，细而长，有些皱褶，湿润、发亮、柔软，香气四溢。

香草香精（vanilla extract） 由香草豆荚在酒精中浸泡所得，香草香精带有甘甜的芳香风味，以及细腻的滋味。要避免购买人工合成的香草香精，以及使用废弃材料制作的香草香精，这些香草香精中会带有令人倒胃口的气味，并且在回味之中会带有令人不舒服的苦感。

花椒和山椒（sichuan pepper and sansho）

这两种香料，一种是中国四川菜的传统用料，另外一种则是日本料理中的用料，它们都是花椒树上结出的干果。也叫作花胡椒和日本胡椒，不要将这两种香料与从胡椒树上采摘下来的黑胡椒和白胡椒相互混淆。花椒的芳香风味非常浓郁，带有木材的气味，也有些辛辣，并有一丝柑橘皮的风味。山椒的风味扑鼻，并且非常刺激。这两种香料吃到嘴里都会有麻辣的效果。山椒叶有着一股薄荷和罗勒的芳香，以及一股清新而柔和的风味。

花椒和山椒的购买 在东方风味商店内和香料供货商处都有整粒的花椒或者花椒面售卖。山椒也可以以山椒粉的形式从这些地方购买到。而山椒叶在日本之外的地方则很难寻获到。

花椒和山椒的储存 整粒的花椒和山椒，以及花椒面和山椒粉可以储存在一个密封的容器内。山椒叶装入一个塑料袋内，放到冰箱里，可以储存几天的时间。

花椒和山椒的食用 花椒是制作喜马拉雅牦牛、牛肉以及猪肉类菜肴时的传统调味料，也是素食水饺的主要调味料。山椒在日本被当作餐桌上的调味料而使用，也是七种混合香料——七味粉中的主要原料，也会用来给乌冬面（荞麦面条）、汤菜、砂锅菜肴以及日式烧鸡等调味。

搭配各种风味 黑豆、辣椒、柑橘类水果、大蒜、姜、香油和芝麻、酱油、八角等。

经典食谱 花椒：五香面；花椒盐；山椒：七味粉。

花椒粒（whole Sichuan pepper）
可以干烤，在锅里加热3~4分钟，以释放出芳香油。花椒粒在加热后会冒烟，所以要仔细观察，并将变黑的花椒粒丢弃不用。待冷却之后再研磨碎。

花椒在使用之前，要将其带有苦味的黑色籽从花椒粒中去掉。

花椒面（Ground Sichuan pepper）
花椒面可以作为一种调味料使用。花椒通常会用来与家禽类和肉类一起烤、铁扒，或者炸，也用来炒蔬菜。也非常适合于在制作芸豆、蘑菇以及茄子时使用。花椒面在每次使用之前要少量地研磨，因为其风味会流失。

芳香的叶片类（aromatic leaves）

在世界上的许多地方，各种各样树木上所生长的芳香的树叶都可以用来作为调味料使用。这些芳香的叶片类有时候被误导成香叶（月桂叶）。虽然它们的使用方式与香叶可能相类似，但是它们的芳香属性却截然不同。新鲜而柔软的墨西哥胡椒叶，生长在中美洲和美国得克萨斯，有着淡淡的辛辣风味和麝香的芳香，还有着一丝薄荷和八角的风味。干燥的叶片带有一股柔和的八角茴香的芳香和一点柑橘类水果的风味。带有微辣风味的假蒌叶通常会在泰国和越南菜肴中使用。原产于马来西亚和印度尼西亚的色兰树，是丁香树的近亲，有着柠檬味道的芳香树叶。种植鳄梨树是为了得到令人赞叹的鳄梨叶，其光滑的、带有芳香风味的树叶，会呈淡雅的榛子——八角复合风味，或者是甘草的风味，可以作为鳄梨的附属品。

芳香叶片类的购买 新鲜和干燥的墨西哥胡椒叶，在拉丁风味商店内有售，与干燥的鳄梨树叶一样。新鲜的假蒌叶可以从东南亚风味商店内购买到，干燥的色兰叶可以从印度尼西亚风味商店内购买到。大多数干燥的芳香叶片类都有可能进行邮购或者从网上购买到。

芳香叶片类的储存 干燥的叶片可以很好地保持住其风味，新鲜的叶片在冷冻保存时相互之间要衬以保鲜膜进行保护。

芳香叶片的食用 这里所介绍的芳香叶片类，在烹调中所使用的方式基本相同：可以用来包裹食物，可以添加到汤菜、蔬菜和肉类菜肴中，也可以加到炒菜中等。

搭配各种风味 姜、辣椒、大蒜、柠檬草、红椒粉、高良姜等。

鳄梨叶（牛油果，avocado）
无论是新鲜的还是干燥的鳄梨叶都可以在墨西哥的一些地区使用，用来给玉米粉蒸肉、炖菜，或者烧烤肉类调味，或用来作为包裹菜肴时使用。鳄梨叶通常会经过轻微地烘烤，然后整片使用或者研磨成粉末状之后使用。

假蒌（lá lót）
假蒌会在泰国风味菜肴中使用到，用来包裹块状的食物——烤椰子、花生、姜、葱头、辣椒等——来作为小吃享用。越南人会用假蒌来包裹春卷。

色兰（salam）
在制作像汤一样的什锦蔬菜类菜肴、炒蔬菜时，或者烹制牛肉、炖鸡或者鸭，以及在巴厘岛上烤肉或者烧烤肉类时都会使用新鲜的色兰叶。经过加热烹调之后色兰叶的芳香风味会被开发出来。干色兰叶片的芳香风味要比新鲜的色兰叶少得多。

色兰叶非常大而光滑，形状呈心形。

墨西哥胡椒叶（Hoja santa）
墨西哥胡椒叶是墨西哥烹调的特色，特别是在韦拉克鲁斯和瓦哈卡。通常会使用胡椒叶来包裹鱼肉或者鸡肉，用来蒸或者烤。可以与鱼肉或者鸡肉一起，分层铺在砂锅里，也是制作玉米粉蒸肉的风味调料。也常会用来与其他香草一起制作成绿摩尔尔沙司。

合理使用并发挥出各种色彩缤纷和芳香四溢的香料特点，可以信手拈来的将你费尽心思制作完成的美味佳肴渲染成带有着精致淡雅的芳香风味，或者是带给你令人拍案叫绝的无穷回味。

姜味蛋糕（ginger cake）

在你将姜味蛋糕奉送给客人享用之前，提前2天或者3天来制作这款美味芳香、滋润软糯的姜味蛋糕肯定会物有所值。姜味蛋糕在一个密闭容器内可以储存得非常完好，而随着时间的推移，其风味会更加醇厚可口。可以将姜味蛋糕按照每份进行装盘，分别搭配上一小勺的泽西奶油或者鲜奶油一起享用。

225克金色糖浆
225克黑蜜糖
225克黄油
350克白糖
350克普通面粉，过筛
1~2茶勺姜粉
1茶勺混合香料
1茶勺小苏打
2个鸡蛋，打散
170毫升开水

1 将烤箱预热至180℃。将一个25厘米圆形蛋糕模具涂抹上油并铺上防油纸。将金色糖浆、黑蜜糖、黄油以及白糖一起放入沙司锅内。先用小火烧开，直到糖完全熔化，然后改用中火继续加热。

2 将面粉、姜粉、混合香料以及小苏打一起放入大碗里，倒入经过加热熔化后的材料。

3 将所有材料用一把木勺混合好。加入打散的鸡蛋并再次混合好。最后加入开水。

4 将所有的原材料充分混合好。倒入到准备好的蛋糕模具中。放入烤箱内共烤40~50分钟，或者一直烘烤到用手轻轻地按压蛋糕表面时能够再涨起的程度。从烤箱内取出，让其在模具中冷却好。

擦取鲜姜（grating fresh ginger）
这是一种最简单的制备姜丝的方法，因为用一把刀切割姜丝会耗费过多的时间。

1 用一把刀将生姜去皮。2 使用研磨器（擦菜板）的粗眼位置，呈一定角度地擦取生姜。3 擦取的细姜丝要立即使用，否则就会失去其风味。

鲜姜（生姜，fresh ginger）

鲜姜是一种类似竹子一样的翠绿植物的地下块茎。这是一种超过3000年使用历史的非常重要的香料，在中国、印度以及澳大利亚北方地区都有种植。鲜姜带有一股浓郁而柔和的清新香味、木材的气息和柑橘类的风味，味道辣而刺激。日本人和韩国人会使用薄荷的芽和嫩枝，它们带有淡雅而松脆的质地。一种野生的姜，叫火炬姜，被认为是姜花，或者是火炬状的姜，在泰国和马来西亚应用广泛。

鲜姜的购买 姜可以新鲜使用，可以切碎后使用，也可以在加工之后使用，还可以冷冻之后制作成酱使用。Hajikami shoga是制作成泡菜的姜芽，腌生姜，泡红姜以及泡姜芽都可以从东方风味商店内购买到，包装好的或者是瓶装。泡姜和鲜姜、姜芽等主要在亚洲风味商店内有售。

鲜姜的储存 鲜姜可以在冰箱里，或者放置在一个凉爽的地方储存10天。

鲜姜的食用 在中国，鲜姜常用于鱼类和海鲜类、肉类、家禽类以及蔬菜类菜肴的烹调，特别是卷心菜和绿叶蔬菜，也可以添加到汤菜中、各种酱汁中，或者用来制作腌泡汁等。在日本，新鲜擦碎的姜和姜汁会用来制作天妇罗蘸酱，制作各种酱汁，以及用于铁扒和烧烤的食物中。在印度，姜会用来制作酸辣酱和开胃小菜、用来腌制肉类和鱼类，并用来制作沙拉等。切片的姜可以用来给汤、豆腐、沙拉、用醋腌制的菜肴以及泡菜等增添风味。

搭配各种风味 辣椒、椰子、大蒜、青柠檬、青葱等。

经典食谱 中式风味炒菜。

鲜姜（whole fresh rhizome）
在亚洲，鲜姜都会用于咸香风味菜肴的制作中。姜在去皮之后，可以擦碎、切片，或者切成丝使用，或者不用去皮，直接切成大块状，经过使用之后，在食用菜肴之前取出丢弃。

鲜姜质地硬实，没有干瘪，肉质饱满，手感沉重。

姜片（sliced rhizome）
被寿司爱好者所熟知，gari的意思是用甜味醋浸泡的薄姜片。

姜丝（shredded rhizome）
泡红姜先是使用盐腌制，然后再用醋腌制的姜。这种亮红色的泡姜，在搭配海鲜类菜肴时，无论是在颜色上，还是口味上都会形成鲜明的对比。

姜糖（crystalized ginger）
要制作这种微略辛辣的糖果，可以将切成小丁的嫩姜先用浓稠的糖浆熬煮，然后晾干，再沾上白糖制作而成。

干姜（dried ginger）

亚述人和巴比伦人会将干姜用于烹调中，就如同埃及、希腊以及罗马人一样。在中东和欧洲风味菜肴中研发出了使用干姜而不是鲜姜的方法，这是因为在古代商队通过沙漠运输而形成的一种习惯。今天印度是主要的干姜出口国。整块的干姜，其芳香风味要比鲜姜少得多，但是一旦拍碎后或者研磨成姜粉之后，其口味非常柔和并且在其胡椒风味中带有淡淡的柠檬风味。其滋味火辣而持久。

干姜的购买 干姜可以购买到块状的、片状的以及粉状的，块状的干姜研磨起来非常困难。根据干姜的原产地不同，其品质和风味也会有非常大的差异。牙买加出品的干姜粉因其淡雅的芳香风味和细腻的质地从而被认为是品质最佳的干姜粉。

干姜的储存 如果密封好，干姜块至少可以保存2年，干姜粉可以保存1年。

干姜的食用 在亚洲，干姜会在制作许多辛辣的混合香料时使用。水果与干姜的风味非常般配，因此，干姜非常适合于用来制作香料风味酱。在阿拉伯国家，干姜会用来与其他各种香料混合，制作成炖锅、古斯米，或者与水果一起用于慢火烹调的肉类中。可以给姜味啤酒和葡萄酒，以及软饮类饮料增添风味。

搭配各种风味 南瓜、胡萝卜、果脯、香蕉、梨、菠萝、橙子、坚果、肉桂、丁香等。

经典食谱 柏柏尔（berbere）；五香面；腌渍香料；四香粉；拉舍尔香料；姜饼。

块状干姜（dried rhizome pieces）
干燥的、浅米色的姜块在拍碎之后会散发出一股温和的芳香风味。整块的干姜主要用于腌汁香料中。

干姜粉（ground ginger）
在西方国家，干姜粉是制作许多面包、蛋糕和各种糕点的一种主要材料。干姜与鲜姜的口感截然不同，它们之间不可以相互替代使用。

乳制品类和蛋类

乳制品和蛋类概述（dairy and egg essentials）

　　乳制品和蛋类在世界各地众多菜系中都是最主要的原材料。它们被顺理成章地认为都是用途非常广泛的食物原料，并且可以采取各种不同的烹调方法来使用它们。我们很难想象，在加热烹调时，如果没有鸡蛋、黄油、奶油、牛奶或者酸奶时我们该怎么办。所有这些风味精美的原材料给数不胜数的各种菜肴增添了质感和一股温和但却是独具一格的浓郁风味。根据其自身的特点，它们可以是消耗性食材和享用性食材，但是无论是在制作咸香风味菜肴还是甜食菜肴的过程中，它们也都会发挥重要作用，例如新鲜的意大利面条、各种糕点、蛋糕、蘸酱以及各种传统的沙司等。具体到蛋类和乳制品类，一种是鸟类的产品；一种是动物的主要产品。虽然我们使用来自不同鸟类所产的蛋，但是母鸡所下的蛋是全世界出品最广泛和消耗量最大的蛋，这个术语"蛋"通常的意思是指"鸡蛋"。与之相类似的是，在乳制品行业中，"奶"通常的意思是指牛奶，因为在国际上，奶牛提供了绝大部分奶的缘故。

乳制品 在烘焙中是必不可少的原材料，黄油有助于制作出完美无瑕的饼干，并且现打发的奶油可以制作出理想的、充满豪华感的装饰。

乳制品和蛋类的购买

　　乳制品所属原材料品种繁多，但是花费一点时间对它们着重了解一下，在购买乳制品和蛋类的时候，肯定会得心应手，知道该买什么。

牛奶和酸奶 在购买这两种原料的时候，一定要仔细看其保质期，并且最好是购买还未到保质期的产品。如果你喜欢，可以购买有机产品，并且可以从全脂、半脱脂或者脱脂牛奶中进行选择。可以根据你的口味偏好，购买各种不同脂肪含量的、不同风味的以及细腻柔滑程度不同的，或者浓稠程度不同的酸奶。

干酪 要确保干酪包装完好，外皮上没有裂纹的痕迹或者变色的现象。如果有可能，尽量闻一下干酪的味道，观察一下是否有不属于这类干酪独有的气味。

鸡蛋 要挑选有机和散养的鸡所下的蛋。核对保质期，并且在购买之前，要确保鸡蛋没有碎裂开或者破损。

乳制品和蛋类的储存

　　要获得乳制品的最佳风味品质，需要将乳制品存放于密闭的容器内，以防止乳制品吸收异味，并保持在适当的温度下。

牛奶、奶油和黄油 牛奶在新鲜时要冷藏或者冷冻储存——不要等牛奶过期（牛奶在冷冻时会膨胀，所以在冷冻保存牛奶之前，要将盛放牛奶的容器预留出一部分的空间）。奶油中的脂肪含量很高，像凝脂奶油，会比低脂奶油，例如淡奶油，冷冻保存的效果要更好一些。牛奶和奶油可以冷冻保存一个多月的时间。黄油在包装好的情况下，可以冷藏或者冷冻保存八个月以上。

酸奶 酸奶可以冷藏或者冷冻保存三个月以上的时间。在解冻时，需要将冷冻的牛奶、奶油、黄油以及酸奶放入冷藏冰箱内自然解冻。

鸡蛋 要在一个凉爽、干燥的地方储存鸡蛋，最好是在冰箱内冷藏保存，并且要在保质期之内使用完。鸡蛋在使用之前要恢复到室温。

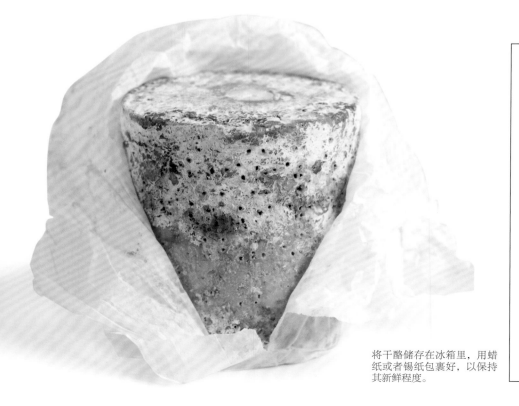

将干酪储存在冰箱里，用蜡纸或者锡纸包裹好，以保持其新鲜程度。

如何储存干酪 首先，干酪应该在凉爽的地方保存。传统上干酪要在地窖内或者储藏室内储存，但是时至今日，大多数的家庭里不再有这样的储存空间条件，我们可以用冰箱代替。然而相对于储存干酪所要求的大气环境来说，冰箱实际温度太低也太干燥了，但是你可以尽可能地采取一些积极主动的措施来储存干酪，干酪应该包装好之后再储存，一方面可以防止干酪的芳香味道与其他食物串味，也可以防止其他食物中浓烈的气味将干酪串味。一定要密封包装好，因为任何暴露在外的干酪部分很快就会变得干硬并开始腐烂。最理想的是使用蜡纸来包装干酪，因为经过这样包装的干酪可以保持湿润的程度并可以让干酪得到呼吸。使用锡纸包装是第二选择，要避免使用保鲜膜包装的干酪，因为这会让干酪在密封状态下产生水珠并且会让干酪的滋味发生异。如果您购买到的干酪使用的是塑料包装，那么在储存之前需要重新使用蜡纸或者锡纸再次进行包装。将包装好的干酪放入塑料容器内，并盖上合适的盖子，然后连同塑料容器一起储存到冰箱里——如果可能的话，要放在冰箱内温度最高的地方，远离冰箱内的冷凝器。

乳制品和蛋类的制备

　　除非你是将带壳的鸡蛋用来制作煮溏心鸡蛋或者煮熟鸡蛋，在大多数的食谱中都会要求进行一些初步的准备工作或者需要掌握一些简单的加工技巧。这些步骤通常都会是最基础的工作但却是至关重要的，例如将蛋黄和蛋清分离以及搅打和打发鸡蛋等。这些操作步骤在随后的菜肴制作过程中会让你受益良多，因为，它们会直接影响到菜肴最终的口感。

鸡蛋的分离 许多食谱都需要将鸡蛋进行分离，也就是说，要将鸡蛋的蛋黄和蛋清分离开。

1 将鸡蛋在一个摆放稳定的碗的上方拿好，轻轻敲裂开并从裂纹处进行分离，用双手分别拿好两半鸡蛋壳，让蛋清从蛋壳中滴落到下方的碗里。

2 要小心不要让蛋壳上面锋利的边缘处将蛋黄割裂开，将蛋黄倒入到另一个蛋壳中，让剩余的蛋清全部滴落到碗里。

打发蛋清 打发蛋清这种技法常用来给像法式蛋奶酥、蛋糕以及蛋白霜之类的菜肴增添轻盈的质感。打发蛋清的过程会将空气混入到蛋清中，这样蛋清就会变得浓稠并让其体积明显增大。为了获得最佳效果，可以使用一个大号的、敞口的金属碗和一个球形的搅拌器进行此项工作。

1 首先，要确保蛋清中没有任何蛋黄残留，并且是在室温下。将蛋清倒入大号的干燥且没有油脂的碗里。

2 随着继续打发，半透明的蛋清开始转变成不透明的白色，并且开始膨胀起来，逐渐占满碗内的空间。

3 要测试是否将蛋清打发到了所需要的浓稠程度，抬起搅拌器，粘连出一点打发好的蛋清，如果蛋清能够呈尖状竖立起来（湿性发泡阶段），表示已经打发好了。

搅打奶油 高脂厚奶油和鲜奶油是最适合进行搅打处理的奶油，因为在奶油中含有30%的脂肪是搅打奶油时所需要的最低要求，这两种奶油中的脂肪含量都非常高。搅打好的奶油通常会用来夹入到蛋糕和甜点中或者用来装饰蛋糕和甜点，也或者用来搭配各种水果。食谱会明确地告诉你应该将奶油搅打至湿性发泡，还是干性发泡的程度。

1 将冷的奶油倒入一个经过冷冻的大碗里，或者摆放在冰块中的大碗里。使用手持式球形搅拌器或者一个电动搅拌器进行搅打。

2 在碗里呈圆周运动的方式对奶油进行搅打，随着空气被搅打进入到奶油中，奶油会变浓稠，并形成轻柔而蓬松的团状。

3 一旦将奶油搅打至湿性发泡的程度，就要小心不要过度地搅打，否则奶油中的脂肪就会开始形成黄油。

乳制品和蛋类的加热烹调

　　由于大多数的乳制品本身通常都会在烹调中当作原材料使用，而不是当作菜品直接食用——干酪除外——每一道食谱都会清晰无误地告诉你，在不同的情况下，各种食物应该如何进行合理搭配并进行适当的加热烹调。

煮鸡蛋 一种非常简单的、不添加任何油脂的加热烹调鸡蛋的方法就是煮鸡蛋。根据个人喜好，鸡蛋可以煮成溏心鸡蛋——这样的煮鸡蛋蛋清会凝固，但是蛋黄还会流淌，或者可以将鸡蛋煮得更久一些，直到将鸡蛋煮熟——蛋黄和蛋清都变凝固。

澄清黄油 这是一种去掉水分和杂质之后的黄油，以其浓郁的风味而著称，可以作为烹调用油来使用，因为澄清黄油比普通黄油的燃点要高得多。

要澄清黄油，可以将黄油加入厚底沙司锅内，用小火加热，这样黄油就会熔化但是不要将黄油加热到变成褐色的程度。撇净浮沫，然后小心地将清澈的金黄色黄油倒入到锅底一层乳白色的杂质留在锅内并丢掉不用。冷却之后的澄清黄油可以在冰箱内储存几周的时间。

要煮一个溏心鸡蛋，将鸡蛋放入冷水锅内，加热将锅烧开，然后用小火继续煮3分多钟。

要将一个鸡蛋煮熟，将鸡蛋放入冷水锅内，加热将锅烧开，然后用小火继续加热7分多钟。

蛋类（eggs）

禽鸟蛋在众多的饮食文化中，一直以来都是一种非常重要的食材，作为一种风味柔和使用广泛的原材料，蛋类在烘焙、各种面糊和沙司中大量使用，并且也作为一种主要原材料用来制作菜肴，例如蛋卷等。

蛋类的购买 蛋类根据其重量，按照从小到大分级进行售卖。用来描述禽鸟类所产蛋类的术语容易造成混淆："农场新鲜"和"农场喂养"的蛋类，指的是在室内大规模养殖的，有着些许可以自由活动空间的禽类所产的蛋；"散养"的意思是禽类在室外有一定的自由活动区域；"有机"的意思是禽类是在散养的状态下成长并且喂食有机食物。购买蛋类的时候一定要仔细检查蛋壳上有没有裂纹，不要购买蛋壳上有裂纹的蛋。

蛋类的储存 带壳的蛋类应该在20℃以下的恒温条件下储存，最好是储存在冰箱里。因为蛋壳具有渗透

性，所以蛋类会比较容易串味。要避免这一点，可以将蛋类储存在带盖的容器内。某些食谱，例如荷包蛋（水波蛋），需要使用非常新鲜的鸡蛋。要测试蛋的新鲜程度，可以将蛋放入水中。一个新鲜的蛋会下沉到水的底部，储存的时间越长，蛋的重量就会越轻。还有一些会要求在使用前，要将蛋类恢复到室温。蛋清冷冻保存得效果非常好，但是蛋黄为了保持其质地不变，需要在冷冻前，加入一点盐或者糖对蛋黄进行稳定化处理。

蛋类的食用 可以煮、煎、水波以及炒等，蛋类对于制作咸香风味的菜肴和甜味菜肴都非常适合，可以使用全蛋，或者分离成蛋清、蛋黄之后使用。蛋黄是制作卡仕达酱和乳化类的沙司，例如蛋黄酱或者荷兰沙司的一种关键的原材料。蛋清可以打发起来，将空气混入蛋清中，用来制作如舒芙蕾、蛋白霜以及蛋糕等。

搭配各种风味 干酪和奶油、面包、米饭、大部分种类的香草和胡椒风味的沙拉、番茄、柿椒、芦笋、菠菜、芥蓝、洋葱、土豆，像金枪鱼和三文鱼等油性的鱼类、香肠和咸肉类（特别是猪肉类）、众多的香料，如那

些在西班牙、墨西哥、中东以及印度烹饪中所使用的香料等。

经典食谱 班尼迪克蛋；中式蛋花汤；蛋酒；蛋黄酱；蛋白霜。

鹌鹑蛋（quail）
这些娇小易碎、口味鲜美的鹌鹑蛋属于奢侈品。可以用来制作成开胃小吃，煮熟之后配芹菜盐，或者用来制作成迷你型的苏格兰蛋。

鹌鹑蛋壳上有深褐色的斑块，并且蛋黄相对于蛋清来说所占的比例很高。

鸡蛋（hen）
一种风味柔和，使用广泛的食物原料，鸡蛋是世界范围内所有的禽类蛋中所使用最为广泛的蛋。可以制作水波蛋、煮蛋、煎蛋，或者是炒蛋等。可以用来制作蛋花汤、蛋白霜、西班牙鸡蛋饼；法式蛋奶酥和萨巴里安尼（意大利甜点）。

经典食谱（classic recipe）

班尼迪克蛋（eggs benedict）

细滑的黄油沙司使得班尼迪克蛋成为早餐或者早午餐中真正的不二之选。

供 4 人食用

8个鸡蛋

4个英式松饼

黄油，用于涂抹松饼

1份荷兰沙司（制作方法见第373页内容）

1 在两个大号沙司锅内加入开水至5厘米的高度。用小火加热至锅底开始冒出小气泡时，小心地在每一个锅里打入4个去壳后的鸡蛋。

2 用小火继续加热1分钟，然后关火让鸡蛋在锅内的热水中浸泡6分钟，使用带眼勺将鸡蛋从锅内捞出，放到厨房用纸上控净水。

3 与此同时，将铁扒炉预热到高温，将每一个松饼切割成两半，将两面都烘烤上色。

4 在松饼上涂抹好黄油，在每一个餐盘内摆放好两片松饼。在每一片松饼上摆放好一个水波蛋，用勺将温热的荷兰沙司浇淋到水波蛋上。

驼鸟蛋（ostrich）
驼鸟蛋的平均重量在1.5千克左右，相当于24个鸡蛋，驼鸟蛋的风味柔和。可以煮、水波或者是炒，要记住，这么大个头的蛋，意味着需要更长的加热烹调时间。

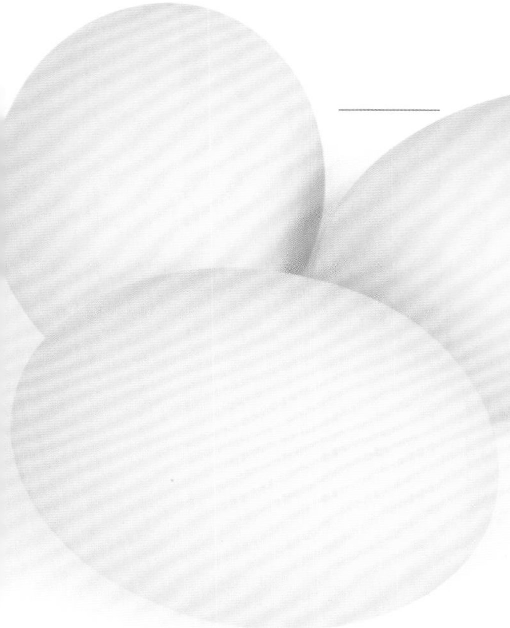

鸭蛋（duck）
比起鸡蛋的个头要大一些，外壳也要厚一些，鸭蛋的蛋黄较大，蛋清内水分也比较多，使其风味非常浓郁。鸭蛋可以用来烘焙，例如制作海绵蛋糕，或者用来制作中式茶蛋等。

海鸥蛋有着美丽而斑驳的蓝绿色蛋壳。

海鸥蛋（gull）
黑头鸥所产的蛋十分少见，是英国春天时节的美味佳肴，海鸥蛋是通过有资质的收获者进行收获的。带有一股淡淡的鱼腥味，在煮熟之后可以搭配芹菜盐一起享用。

鹅蛋（goose）
从晚春到夏季的时令美味。这些大个头的鹅蛋风味非常浓郁，可以炒、煎、水波以及煮等，或者用来制作成一种特色鲜明的海绵蛋糕。

松花蛋（thousand year）
一种中国人制作的腌制食品，在鸭蛋外面包裹着一层石灰膏并储存3个月。鸭蛋黄呈灰绿色，而蛋清则呈琥珀色，带有独具一格的咸香风味。洗净之后，去掉外壳，切碎后可以用来制作皮蛋粥。

咸鸭蛋（salted）
一种中国人制作的腌制食品，将鸭蛋在卤水中浸泡或者用一层带有咸味的木炭灰膏包裹后制作而成。咸鸭蛋带有一股浓郁的咸香风味。洗净、去皮之后可以用来做粥、汤、馅料，或者用来制作月饼等。

用石灰膏腌制之后，蛋的外壳形同大的灰色鹅卵石。

蛋卷（folded omelette）

这道标志性的法国风味菜肴制作起来非常快捷，并且可以加入许多不同的原材料来制作。

供 1 人食用

18～20厘米不粘锅（要从锅底测量）
3个鸡蛋
盐和黄姜粉
15～30克黄油

1 用一把叉子将打到碗里的鸡蛋搅散开，直到蛋黄和蛋清完全混合均匀。用盐和胡椒粉调味。

2 用大火在不粘锅内熔化15～30克的黄油，直到黄油起泡但是并没有上色的程度。将搅打好的蛋液倒入锅内，晃动不粘锅让蛋液均匀地平摊在锅底上。

3 用一把叉子搅拌锅内的蛋液，并使用叉子的背面反复涂抹，以保持锅内的蛋液呈圆形且平整。待20～30秒后，或者当蛋液开始凝固但仍然呈糊状时停止搅动。

4 使用叉子，将锅边的蛋卷朝向近乎中间的位置折叠过来，就如同折叠一封信一样。抓牢锅把，将锅呈45°角抬起。快速地朝上抬起靠近锅沿的锅把，以让这部分蛋卷朝上翻起，卷到刚才折叠过来的那一部分蛋卷上。使用叉子将蛋卷完全压紧"封口"。

5 取一个热的餐盘，倾斜不粘锅，将蛋卷滑落到餐盘内，趁热食用。

经典食谱（classic recipe）

卡仕达奶油酱（法式克林姆酱 Crème Pâtissière）

这种甘美的卡仕达奶油酱是一种香浓而呈乳脂状的馅料，可以用来给水果挞和泡芙等填馅使用。

制作 300 毫升

| 300毫升牛奶 |
| 2个蛋黄 |
| 60克白糖 |
| 20克普通面粉 |
| 20克玉米淀粉 |
| 1/4茶勺纯香草香精 |

1 将牛奶倒入沙司锅内，加热至即将沸腾的状态。

2 将蛋黄和白糖在一个碗里搅打均匀，加入面粉和玉米淀粉混合好，将热牛奶倒入，并搅拌均匀。

3 将搅拌好的混合液倒回锅内，用小火加热，同时不停地搅拌，直到混合液变得细滑并且没有颗粒产生，一旦混合液开始冒泡，改用微火，继续加热1～2分钟，加热至面粉成熟。

4 将制作好的卡仕达奶油馅略微冷却，然后拌入香草香精。制作好的卡仕达奶油馅可以立刻使用，或者覆盖好之后冷却至需要时。

奶（milk）

目前在大多数国家里，"milk"通常指的是"牛奶"，然而在世界上许多地方，milk指的是其他哺乳类动物所产的奶，特别是在欧洲南部地区，包括山羊奶和绵羊奶，水牛奶在亚洲使用非常广泛，骆驼奶常见于中东和北非，牦牛奶在中国的部分地区很受欢迎。传统上，奶是多种营养成分、蛋白质和钙等的重要来源，奶中包含有水分、蛋白质、脂肪、糖分以及矿物质等。所有的奶都呈不透明状，但是颜色各异，从亮白色到乳黄色不等。在工业化国家里，奶都是大批量生产的，奶牛，像弗里赛奶牛或者赫尔斯泰因奶牛等，已经被繁殖成能够大量产奶的奶牛，然后再经过加工处理，通常会经过均质化处理（让脂肪分布均匀），巴氏消毒法消灭细菌等。如果奶没有经过均质化加工处理，就会分离成两层，圆形的脂肪颗粒会浮在表面，而液体成分会在底部。

奶的储存 奶极易腐败变质，并且很快就会变酸，因此在购买之后，应该将奶储存在冰箱里，并且要尽早使用完。奶可以冷冻保存（会膨胀），但是仍然应在一个月之内用完。

奶的食用 奶的适用范围非常广泛。大多数的奶都可以饮用，制作成酸奶和干酪，并且可以作为一种常用的原材料在加热烹调时使用。可以直接饮用，可以制作成奶昔，或者加入到茶、咖啡以及热巧克力中享用。在烹饪中，可以用来制作各种沙司、汤类、面糊类以及甜品等。在加热奶时一定要小心，因为奶一旦煮开，很快就会沸溢。奶加热之后的特点之一是会形成奶皮，奶皮由奶中的蛋白质组成。在加热时奶非常容易凝固，因此，有一些食谱会建议在奶中添加一些粉质的原材料，以防止其凝固。

经典食谱 贝夏美沙司；卡仕达奶油酱；英式奶油酱；牛奶焦糖酱；约克郡布丁；牛奶炖猪肉（意大利牛奶炖猪肉）。

全脂牛奶（Full-fat cow's milk）
也称之为"全乳奶"，全脂牛奶中含有3.5%的脂肪。有着乳脂状的质地和风味，非常适合用来制作贝夏美沙司、卡仕达酱以及烤大米布丁或者khoya等。也可以用来制作印度甜品，例如玫瑰奶球等。

半脱脂牛奶（Semi-skimmed cow's milk）
脂肪含量有所降低，通常是1.7%，这种奶可以代替全脂牛奶。尽管半脱脂牛奶更稀薄一些，但是口感基本相同。可以添加到茶里、咖啡中，或者热巧克力饮料中。可以用来制作面糊、甜点、沙司以及汤菜等。

脱脂牛奶（Skimmed cow's milk）
这种奶脂肪含量为0.1%～0.3%。比起半脱脂牛奶，脱脂牛奶要稀薄得多，液体呈水质状，乳脂的风味非常淡。可以用来搭配麦片类，或者用来制作饮料等。

泽西牛奶（Jersey cow's milk）
泽西奶牛所产的牛奶脂肪含量特别高，为5%。其黄油般的黄色和香浓的乳香风味非常令人称道，是制作那些需要浓郁牛奶风味菜肴的最佳用料，例如大米布丁或者贝夏美沙司等。

脱脂乳（Buttermilk）
尽管最初是作为制作黄油所剩余的副产品，但是现在大多数脱脂奶都是用低脂奶发酵制作而成的。其质地比牛奶要更浓郁一些，并且带有柔和的、略酸的风味。可以用来烘焙，非常适合用来制作司康饼或者苏打面包。

超高温消毒牛奶（UHT milk）
超高温消毒牛奶，是将牛奶加热到138℃1～2秒钟的时间，这个过程产生出"长寿"奶，可以不用放到冰箱内冷藏保存，只要你购买的是密封好的超高温消毒牛奶，牛奶中就会带有一股独具一格的熟奶滋味。

绵羊奶（Sheep's milk）

呈亮白色，带有浓郁的坚果风味，绵羊奶中的脂肪和蛋白质含量非常高。可以代替牛奶使用，用绵羊奶制作的酸奶和干酪深受欢迎，如菲达干酪、佩科里诺干酪、洛克福干酪等。

水牛奶（Buffalo's milk）

由水牛产出的奶，在这种亮白色的奶中，蛋白质、钙和乳糖的含量非常高，带有浓郁的风味，水牛奶是理想的饮料，例如制作印度奶茶、印度干酪和马祖丽娜干酪等。

山羊奶（Goat's milk）

呈亮白色，有着淡淡的坚果滋味，山羊奶是天然的同质奶，特别适合于对牛奶过敏的人群。山羊奶可以饮用，也可以代替牛奶在烹调中使用。

法式奶油酱（Crème Anglaise）

一款风味浓郁的法国卡仕达酱，使用蛋黄和牛奶制作而成，其传统风味是加入香草豆荚。是享用热的水果类甜品时的最佳拍档。

制作 300 毫升

300毫升牛奶

1个香草豆荚，纵长劈开

3个蛋黄

3汤勺白糖

1茶勺香草香精（可选）

1 在沙司锅内加热牛奶和香草豆荚至快要沸腾时，将沙司锅从火上端离开并静置10分钟，让香草豆荚的风味充分融入牛奶中。可以将香草豆荚中的部分香草籽刮到牛奶中。取出豆荚，洗净之后让其干燥，然后储存到一个密闭容器内留待下一次使用。

2 与此同时，将蛋黄与白糖一起在一个碗里搅拌均匀。边冲入热奶边搅拌，将搅拌好的混合物倒回到沙司锅内。

3 将沙司锅重新用中小火加热，在持续加热的过程中不断地用一把木勺搅拌，直到锅内的牛奶变得浓稠到足以挂在木勺的背面的程度。一旦加入蛋黄，就不可以让牛奶烧开，否则会形成结块。

4 用网筛过滤到碗里，并根据需要使用。如果在制作过程中使用了香草香精，此时可以加入。如果想在冷却之后使用，要不时地搅拌一下，以避免表面形成结皮，并冷藏至需要时。

玉米尔奶（Ymer）

一种产自丹麦的乳制品，它使用脱脂牛奶，加入活性细菌培养而成。其过滤后的制品，有浓稠的质地、柔和的酸味。可以和麦片类和水果一起享用，或者用在沙拉汁和沙司中。

炼乳（Condensed milk）

炼乳中糖的含量为50%，为了能够长期储存，在炼乳添加了足量的糖并经过热处理。其甘美的甜味使其成为制作软糖以及香蕉太妃馅饼等甜品的理想材料。

牛奶焦糖酱（dulce de leche）

一种豪放的焦糖牛奶类甜点，在拉美国家非常受欢迎。

供 8 人食用

3升全脂牛奶

600克糖

3汤勺白葡萄酒醋

香草冰淇淋、新鲜水果或者烩水果和锥形华夫饼（可选），配餐用

1 在大号沙司锅内将牛奶和糖一起烧开。然后转为小火继续加热，并加入白葡萄酒醋，白葡萄酒醋会让牛奶和汤分离。

2 用小火熬煮3个小时，或者一直加热到锅内的液体全部蒸发，只余留下几乎是固体的太妃糖。待完全冷却之后放入一个餐盘内。

3 可以搭配香草冰淇淋、新鲜水果，例如切成片状的香蕉，或者烩水果等一起享用。剩余的太妃糖可以搅拌到略微回软的香草冰淇淋中，然后再次冷冻好。食用时装入锥形华夫饼中或者小冰淇淋杯中享用。

费姆简克酸奶（FilmjÖlk）

一种产自瑞典的乳制品，这种酸味牛奶带有一股令人舒适的、柔和的酸味。脂肪含量为3%，以其富含营养和钙而著称。可以直接饮用，倒到麦片上和新鲜水果上食用均可，或者以其柔和的酸味为特色用于制作沙拉汁。

淡奶（Evaporated milk）

通过加热蒸发掉奶中50%的水分，这种浓稠的乳脂般的牛奶，带有一股浓郁的乳脂状的成熟风味。可以用来制作饮料和甜味沙司，例如巧克力软糖沙司，或者用于甜品中，例如厄瓜多尔的三奶蛋糕等。

意式奶油冻配草莓泥（Pannacotta with Strawberry Purée）

草莓作为时令水果中的一种，可以用来搭配这一款乳脂状的意大利风味甜品。

供 4 人食用

半小袋的鱼胶粉

300毫升鲜奶油

3～4汤勺白糖

1茶勺香草香精

250克草莓，去蒂，可以多预备几个草莓用来装饰

1 将2汤勺水加入小号耐热碗里，倒入鱼胶粉，静置浸泡3～5分钟，或者直到鱼胶粉变成柔软的海绵状。在沙司锅内加入四分之一满的水，将其烧开，然后将沙司锅从火上端离。将装鱼胶粉的耐热碗放到沙司锅内隔水加热，直到鱼胶粉完全熔化，期间可以晃动几次耐热碗。

2 将鲜奶油和2汤勺的白糖在另外一个锅内混合好，并用中火加热烧开，然后再转为小火继续加热熬煮，期间要不时地搅拌至糖完全熔化。关火，拌入香草香精，然后再将熔化好的鱼胶粉丝细流状地搅拌进去。将香草香精风味的鲜奶油过滤到4个模具中，让其完全冷却。用保鲜膜包好，冷藏至少3个小时直到凝固。

3 上菜时，将每一个模具的底部在热水中快速地浸泡几秒钟。一次一个，依次进行，将一个餐盘扣在模具上并翻扣过来，轻轻晃动餐盘，让奶油冻从模具中滑落到餐盘内，抬起模具并移走。将草莓泥用勺舀到每一个奶油冻的周围，用整个草莓装饰。

奶油（cream）

长久以来，奶油都被认为是一种奢侈品，它采集于牛奶中风味最浓郁的部分——牛奶中的脂肪，或者"乳脂"，比牛奶本身味道更加浓稠和浓郁。其基本颜色为"奶油色"，有众多不同的渐变色，从白色到金黄色不等。其质地，浓稠而呈乳脂状的柔滑，带有温和的、丰富的滋味。从传统上讲，在牛奶被均质化生产之前，奶油就已经通过将牛奶放到一边静置而制作出来了，让牛奶脂肪自然地漂浮到表面，然后可以撇出，这个过程让奶油开始变得"成熟"，其结果是带有淡淡的酸味。如今，奶油的生产通常都会使用机械化，采用离心力的方式，从牛奶中进行分离，这是一种十分快速的过程，可以制作出"新鲜的"奶油，在其风味中没有丝毫酸味。目前，在全世界产奶的国家里，奶油被大量生产，包括欧洲、美国、英国以及澳大利亚等。

奶油的储存 奶油应该在冰箱里冷藏储存，并且要在购买后的几日内，在其变质腐坏之前使用完。高脂肪含量的奶油，例如浓奶油，冷冻保存得效果非常好，但是低脂肪含量的奶油品种，例如淡奶油，不可以冷冻保存。

奶油的食用 奶油是一种通用性非常强的原材料，在甜味菜肴和咸香风味菜肴中均可以使用。高脂肪奶油可以加热而不会分离，这一特点使得其成为制作热菜类菜肴，例如各种沙司时的最理想选择。一般情况下，奶油只是简单地作为热的或者冷的甜品的伴食材料。在咸香风味的烹调中，

奶油可以用来给各种沙司、炖焖类菜肴、煲类菜肴以及咖喱类菜肴增稠和增添浓郁的风味，可以作为挞类和馅饼类的馅料。奶油也广泛地应用在各种甜品的制作中：是制作巧克力泡芙、乳脂松糕、焦糖布丁以及冰淇淋等的理想原料。其细滑的质地和柔和的风味，也使其成为了一种在调制鸡尾酒时非常受欢迎的原材料。

经典食谱 焦糖布丁；乳酒冻；意式奶油冻，香草冰淇淋等。

淡奶油（Single cream）

其脂肪含量为18%，这是一种质地稀薄的奶油，是浇淋用的理想奶油。其低脂肪的含量使得淡奶油不适合用来打发或者煮熟，因为这样的方式会让淡奶油结块。在北美地区和澳大利亚，使用"light cream"这个词组，指的是相同的产品。

浓奶油（高脂厚奶油，厚奶油，Double cream）

非常浓郁的奶油，有着不低于48%含量的脂肪，浓奶油质地浓稠，风味完美。在热菜烹调中是一种高价值的原材料。可以添加到各种沙司中，可以用来制作甜和咸香风味的馅饼和挞类，或者作为一种浓稠的奶油沙司浇淋到各种甜品上。

鲜奶油（打发奶油，Whipping cream）

脂肪含量为30%～40%，这种奶油可以用搅拌器打发成轻柔的蓬松状的质地。可以将打发好的鲜奶油用于装饰甜品，如馅饼、糕点和乳脂松糕，以及蛋糕等。未经打发的鲜奶油，可以作为一种质地轻柔的浇淋奶油使用，可以用来制作水果沙拉、煮水果、甜味挞、巧克力蛋糕、各种挞等。

酸奶油（Soured cream）

通过在淡奶油中添加一种乳酸菌制作而成，这种质地浓稠的白色奶油带有一股酸性的风味，脂肪含量为12%～20%，是制作甜食和咸香风味菜肴理想的食材。可以用来制作蘸酱、开胃小吃、煲类菜肴或者干酪蛋糕等。可以搭配烤土豆一起食用。其柔和的酸味与墨西哥香辣肉酱、鳄梨酱或者扁豆汤等形成强烈的对比。酸奶油在加热后会结块，所以一定要在制作热菜的最后时刻加入菜肴中。

法国鲜奶油（Crème fraîche）

通过在牛乳中添加一种乳酸菌制作而成的法国风味奶制品。这是一种特色鲜明的、略带有酸味的浓稠状的奶油。高达38%的脂肪含量，使得法国鲜奶油在煮开之后也不会形成结块，这个特点让它比酸奶油的用途更加广泛。法国鲜奶油可以用来制作各种沙司、煲类菜肴、咸香风味馅饼以及沙拉酱汁等。可以配甜点一起食用，例如烤布丁、巧克力蛋糕和水果等。

焦糖布丁（Creme Brulee）

这道广受欢迎的法式甜点，由烤好的奶油蛋羹组成，表面上有一层精细而香脆的焦糖。

供 6 人食用

500毫升淡奶油

1个香草豆荚，从中间纵长劈开

5个蛋黄

50克白糖

12汤勺糖

1 将烤箱预热至140℃。将奶油倒入锅内，加入香草豆荚。用小火将奶油加热至快要沸腾时，将锅从火上端开，让其浸渍1个小时。

2 将蛋黄和白糖一起在一个碗里搅拌混合好。将香草豆荚从锅内取出，并使用刀尖将香草豆荚中的香草籽刮到锅内的奶油中。

3 将锅内的奶油搅拌进蛋黄混合液中，然后过滤到量杯内。将量杯中的奶油依次分装入6个耐热焗盅内，摆放到烤盘内，在烤盘里注入半烤盘的开水。放入烤箱内烘烤40分钟，或者一直烘烤到布丁凝固好。从烤盘内取出，冷却之后冷藏保存。

4 服务上桌之前，在每一个焗盅内的布丁表面均匀地淋洒上2汤勺的糖。放入焗炉内将表面的糖焗成焦糖，然后冷却至需用时。

凝脂奶油（Clotted cream）

产自英国西部的一种传统美食，凝脂奶油风味浓郁而质地浓稠并略带甜味，颜色从浅色到金色不等。通过加热牛奶乳脂而制得，其脂肪含量高达55%～60%。Qashta和kaymak是产自于中东的类似产品。凝脂奶油可以配糕点、蜜饯以及蜂蜜等一起用。凝脂奶油可以配司康饼和果酱一起享用，或者与甜点一起食用。

法国黄油非常适合用来烘焙，在其非常细
腻的风味中有着浓郁的乳脂状的质地。

酸奶（yogurt）

一种用途广泛、营养丰富的乳类食品，有着细滑的质地和柔和的酸性风味，酸奶在世界上许多地方都可以消费到。它是通过在加热的牛奶中添加乳酸菌进行培养，然后放置在一个温暖的地方进行发酵制作而成的。这个发酵的过程让牛奶变得浓稠，而乳酸菌则给酸奶添加了一股独具一格的酸性风味，不同的乳酸菌会培养出不同的酸奶风味，口感从柔和到刺激的均有。传统上，酸奶可以使用各种动物的奶来制作，包括牛奶、羊奶、山羊奶以及水牛奶等。酸奶是一种富含营养成分的食品，含有丰富的钙，目前被广泛生产。除了普通的酸奶、没有经过调味的酸奶，或者"天然"酸奶品种以外，酸奶还有许多不同的甜味和不同风味的版本。在过去，酸奶被认为有助于消化。特别是"活性"酸奶，时至今日，酸奶仍被认为对人体有益，酸奶中包含有活性和有益菌，例如益生菌，被认为能够帮助人体促进健康消化。

酸奶的储存 酸奶在购买后，应该覆盖好放入冰箱内冷藏保存。酸奶可以冷冻保存，但是应在冷冻后的3个月内用完。

酸奶的食用 酸奶可以直接饮用，或者加上糖、蜂蜜等将酸奶变成甘甜的口味。酸奶清新爽口，广泛地应用于制作开胃饮料，例如爱兰咸酸奶或者印度酸奶等。因为酸奶本身风味温和，也是理想的制作蘸酱的基料，非常适合与黄瓜、茄子和香草（例如薄荷等）相互搭配。酸奶因为具有让肉质变得鲜嫩的特点，因此也可以用来制作腌泡汁，使用牛奶制作的酸奶在将其烧开时，很容易就会结块。要防

止其在加热的过程中分离，只需简单地混入一些用少许水搅拌好的湿淀粉（在450克酸奶中，加入用1汤勺水溶解并混合好的1茶勺的玉米淀粉）。另一种在制作菜肴时，对酸奶进行稳定化处理的传统方式是将蛋拌入酸奶。酸奶可以加入冰沙中，配水果和甜品一起享用，可以用来制作蘸酱、沙司、沙拉汁和腌泡汁等，可以在上菜之前拌入汤菜中。

经典食谱 赖达（黄瓜酸奶酱）；印度酸奶；印度食克汉；爱兰咸酸奶；酸奶黄瓜；薄荷酸奶酱。

原味酸奶（natural yogurt）
这种制作简单、不添加任何调味料的酸奶，可以使用牛奶、山羊奶、绵羊奶或者水牛奶制成。其质地细腻而浓稠，风味柔和，带有酸味。原味酸奶用途广泛，用来制作甜品和咸香风味菜肴都非常适合。可以直接饮用，或者加上蜂蜜、糖，从水果变成甜味。可以用来给冰沙和沙拉汁增稠和增添风味，可以用来作为腌泡汁，将肉类变得鲜嫩，或者作为蘸酱的基料。

山羊奶酸奶（Goat's yogurt）
使用山羊奶制作而成的酸奶，这种亮白色的酸奶有着一种清新爽口、风味独特、略微带有坚果的风味。可以配蜂蜜、糖或者水果一起享用，可以用来制作冰沙、沙拉、蘸酱，或者用于沙拉或者意大利面条的酱汁。

斯科伊尔酸奶（冰岛脱脂酸奶，skyr）
产自冰岛的一种传统乳制品，斯科伊尔酸奶是使用脱脂牛奶加入活性细菌培养而成的，制作好之后的酸奶需要过滤。目前都会使用牛奶代替绵羊奶来制作斯科伊尔酸奶。这种酸奶是一种质地浓稠而细滑的酸奶，有着温和的酸性风味。可以配新鲜水果、糖或者蜂蜜一起享用。

牛奶酸奶（Cow's yogurt）
这种酸奶带有一股温和的、略微发酸的风味。加热时极易结块，所以首先要确保其稳定性。它可以直接饮用，或者配麦片和甜点一起享用，可以用来制作清新爽口的蘸酱和饮料，可以作为清爽的开胃品配着浓郁而香辣的咖喱类菜肴一起享用。

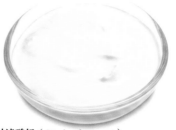

过滤酸奶（Strained yogurt）
有一些酸奶，例如希腊酸奶，需要使用布进行过滤，通常会用棉布过滤掉多余的水分，以制作出一种浓稠的、乳脂状的质地和风味柔和而饱满、脂肪含量为8%～10%的酸奶。拉宾，是中东出品的过滤酸奶，其质地从乳脂状到浓稠状——如同软质干酪一样。可以配蜂蜜、水果或者面包等一起享用，也可以与蛋黄混合好，制成一种浇淋到莫萨卡上的沙司。

绵羊奶酸奶（Sheep's yogurt）
这种白色的酸奶有一种清新而尖酸的风味以及乳脂状的质地。可以配蜂蜜、糖或者水果作为甜食享用，可以给沙拉汁增添风味，或者用作各种饮料和蘸酱的基料，如爱兰咸酸奶或者希腊酸奶黄瓜酱等。

卡斯柯酸奶（Kashk）
一种产自于伊朗的乳制品，卡斯柯酸奶使用干酪乳制作而成，传统做法是晒干并卷成球形，或者研磨成粉末状，卡斯柯酸奶带有独具一格的酸味。约旦出品的卡斯柯酸奶品种称之为嘉美得。可以用来给汤菜、炖菜沙司以及蘸酱等增稠和增添风味。

黄油（butter）

一种柔软的、乳脂状的、可以涂抹的，最好是涂抹到面包上的乳制品，黄油自古以来就是最常见的乳制品。它是通过搅拌奶油直到牛奶脂肪或者"乳脂"形成为细滑的包含有80%脂肪的黄色结块，带有细腻而独具一格的奶油风味。几个世纪以来，制作黄油的方法，都是使用手工搅拌的方法。目前大多数的黄油都是批量生产的，使用在大桶里搅拌奶油的方式进行，然后经过揉捏以改善其质地。世界上的大部分黄油都是使用牛奶制成的，以其乳脂状的风味和细滑的质地为特色。而其颜色，根据奶牛所饲养的方式不同和黄油生产方式的不同，从浅乳色到深黄色不等。以标准化方式生产的牛奶黄油，目前在世界上许多地方使用，包括北美、英国和澳大利亚，被称为"甜乳黄油"，呈黄色，带有温和的但却饱满的风味。

在欧洲大陆，最常使用的黄油是乳酸牛奶黄油，由奶油脂制成，由于在奶油中添加了乳酸菌，因此黄油中会略带酸味。也叫作"成熟"黄油、"培养"黄油，或者"发酵奶油"黄油等，其颜色通常会呈浅色，带有一股细腻的乳脂状风味。不管是甜味乳脂黄油，还是酸性牛奶黄油，均可以用来进行涂抹或者当做烹调用油使用。

黄油的储存 黄油遇热会变软和熔化。要保存黄油的新鲜程度，应将黄油在冰箱内冷藏保存，这样保存的黄油会变得坚硬。要包装好（使用原包装、油纸包装或者保鲜膜包装），以延缓其酸败的时间，并可以防止其风味在空气中受到污染。包装好的黄油，也可以冷冻保存，时间可以长达8个月以上。延长黄油保质期的一种方法是澄清：首先用小火加热熔化黄油，将表面的浮沫撇干净，让黄油中的牛奶固形物沉到底部，然后将其浓郁的金黄色液体用棉布或者细眼网筛过滤，以去掉所有的沉淀物。

黄油的食用 黄油可以涂抹到面包上、烘烤好的面包片上、圆面包上，或者圆饼上。黄油也可以用于烘焙。作为一种用途非常广泛的烹调用油，黄油可以给许多菜肴增加上独特的风味，从蛋糕到酥皮，从蛋卷到小甜饼等。当用少量黄油在锅内进行煎炸时，要小心不要让其烧焦糊，因为黄油的燃点比起其他油脂要低得多。在使用黄油炒菜时，一个非常实用的技巧是，在黄油中添加入少量的油脂，这样可以防止黄油轻易焦糊。在加热烹调时，推荐黄油用来烘焙蛋糕、饼干、司康饼以及糕点等，黄油可以用来制作奶油糖霜或者风味黄油，可以给土豆泥、沙司或者蔬菜增添风味。

经典食谱 焦化黄油；白色黄油沙司；牛角面包；白兰地黄油；奶油糖果沙司；荷兰沙司。

淡味黄油（无盐黄油，unsalted butter）
黄油中不含有盐分，这种黄油带有一种温和的、淡淡的甜味，最适合用来烘焙，因为可以精确地控制盐的用量。所以可以用来涂抹到面包上，或者用来作为烹调用油，在制作糕点和蛋糕等甜点时都是最佳选择。

咸味黄油（盐味黄油，salted butter）
以前在黄油中加盐是为了保存黄油，而现在则是口味的需要。在黄油中添加1%～2%的盐，这种黄油具有一种淡淡的咸香风味。可用来涂抹到面包上或者作为烹调用油使用，从制作蛋糕到制作蛋卷，是制作甜味和咸香风味菜肴的首选。

柔软的质地是法国著名的伊斯尼黄油的标志。

伊斯尼黄油（Beurre d'Isigny）
享受原产地名称保护，这种法国乳酸黄油，传统上是在法国北方生产的，呈金黄色，带有细腻的乳脂风味。可以用来烘焙，用来制作荷兰沙司，或者用作各种风味黄油的基料。

山羊奶黄油（Goat's butter）
搅拌山羊奶制作而成的黄油，这种浅色的黄油带有一股细腻但却别具一格的、淡淡的坚果风味，以及丝滑的柔软质地。可以用来涂抹面包或者当作烹调用油。

酥油（Ghee）
一种传统的印度乳制品，酥油是通过澄清黄油并加热去掉其中多余的水分之后制作而成的，一旦凝固，就会形成带有浓郁的坚果风味的、细滑的乳黄色的糊状。酥油可以在常温下储存几周的时间，因为其燃点要比黄油高得多，所以它是一种非常实用的烹调用油。可以用来制作咖喱类、扁豆类菜肴，印度风味甜品，或者涂抹到印度风味玉米面包上，例如罗蒂丝等。

经典食谱（classic recipe）

荷兰沙司（hollandaise sauce）

这是使用广泛的制作快捷的沙司。

1汤勺白葡萄酒醋

半个柠檬，榨取柠檬汁

3个蛋黄

盐和白胡椒粉

175克黄油

1 将白葡萄酒醋和柠檬汁放入小号沙司锅内，加热烧开，然后关火。

2 与此同时，将蛋黄放入食品加工机或者搅拌机内，用一点盐和白胡椒粉调味，搅打1分钟。在机器转动的过程中，将柠檬汁和白葡萄酒醋的混合液缓慢地加入蛋黄中。

3 将黄油放入小号沙司锅内，用小火加热至黄油熔化。当黄油开始形成泡沫时，将锅从火上端离，在机器转动的过程中，将熔化后的黄油逐渐加入机器中形成浓稠的沙司。制作好的荷兰沙司要立刻使用。

衣其列黄油（艾旭黄油Beurre d'Échiré）
享受原产地名称保护，这种法国乳酸风味黄油，传统上使用的是在法国的多克斯-斯瓦雷斯地区，衣其列村19公里范围内放牧的奶牛所产的奶制作而成的。制作的数量非常少，这种黄油以其独具一格的口感和柔软的质地而著称。可以用来涂抹或者当作烹调用油，尤其适合用来制作酥皮。

新鲜干酪（fresh cheese）

　　新鲜干酪在制作好之后在几天内，甚至几个小时内就要食用，鲜有时间去开发出除了牛奶本身风味之外的潜在风味。但是这并不意味着新鲜干酪淡而无味。正相反，其淡雅的风味可以从所使用的奶中缓缓释放而出：牛奶中芬芳的青草气息；山羊奶中独有的草本植物的芳香；羊奶中丰富的内涵；水牛奶中的皮质、土质风味。新鲜干酪因为其色泽非常洁白，因此极易辨认，通常富有光泽，并且没有外皮。除了这些显而易见的特点之外，它们之间也有更多的不同点，特别是在质地方面，其范围横跨柔软、易碎裂、可涂抹，或者呈奶油状到坚硬至可切成片状不等。

　　新鲜干酪的购买 因为新鲜干酪的水分含量极高，因此它们的保质期非常短暂，除非新鲜干酪是浸渍在盐水中或者油脂中。如果有可能，在购买之前仔细检查一下它们是否带有一股清新的芳香和新鲜的色泽。

　　新鲜干酪的储存 密封包装好之后放入冰箱内冷藏保存，并且在购买后尽早使用。

　　新鲜干酪的食用 新鲜时：新鲜干酪是制作涂抹酱和蘸酱的基料，也可以用来制作众多的甜点。干酪装饰、干酪卷，或者撒到菜肴表面上装饰等，与香草或者香料一起搭配，可以制作成超级干酪盘。加热烹调时：新鲜干酪可以烤或者铁扒，如果铁扒的时间过长，新鲜牛奶会融化滴落，或者在沙司中分解开。

　　搭配各种风味 新鲜水果和果脯，像番茄、菠菜、橄榄等地中海蔬菜类。

　　经典食谱 博瑞克（boreks）；三色沙拉；希腊沙拉；菠菜和乳清干酪方饺；意大利薄饼饺；卡罗扎；干酪茄子；烟熏三文鱼和奶油干酪百吉饼；玛塔尔干酪；利普陶软干酪；芬奴格尔干酪球；提拉米苏；油煎酥卷；心形干酪蛋糕。

挪威杰托斯特干酪（gjetost）
拥有法国芥末的颜色和软糖般的质地，这种干酪并不是每个人都喜欢，但是挪威人喜欢它甜美的焦糖和花生酱的风味，以及独具特色的芳香，山羊奶的口感。

如果你感觉菲达干酪味道太咸，只需在冷水中或者牛奶里浸泡10~15分钟即可。

法国波尔斯因干酪（boursin）
富含浓郁的诺曼底牛奶和奶油，使得波尔斯因干酪成为了一种湿润的，奶油味十足的，甜美的，带有一点酸味的，非常香浓的干酪。如同冰淇淋一样入口即化。

波尔斯因干酪可以使用精挑细选出的等量的大蒜和香草制作而成，或者滚上一层热辣的胡椒碎。

土耳其白干酪（Beyaz Peynir）
根据产地、生产商、季节以及所使用奶的种类不同，这种类似于菲达干酪的白干酪从强烈风味到柔和风味，从咸香风味到特别咸，从硬质到柔软等各自不同。在土耳其烹调中占有重要地位。

在煎干酪时，不要使用任何油脂，因为油脂会封住干酪，不容易形成酥脆的焦糖色外皮。

哈罗米干酪（Halloumi）
制作这种塞浦路斯风味干酪，要用手工揉搓凝乳块，挤出其中多余的乳清，以制作成一种质地硬实而稠密，容易切割成形的干酪。正是由于不断的揉搓，才赋予了哈罗米干酪本身非同凡响的能力——在加热烹调的过程中能够保持住形状而不熔化。

克瑞斯森扎干酪（crescenza）

这种精致、滋润的意大利干酪，其名字源自于拉丁语carsenza，其意思是"扁平面包"，因为当将克瑞斯森扎干酪存放在一个温暖的地方时，干酪会发酵，像涨发的面包一样会鼓起，使得其薄薄的外皮涨裂开。

外表覆盖的一层烤燕麦，增强了其风味，并增添了一种令人愉悦的质感。

凯伯克干酪（caboc）

一种传统的苏格兰干酪，使用添加了奶油增香的牛奶，在不加入凝乳酵素的情况下，靠其自然凝固，这是一种非常浓郁、细滑，而且黄油风味非常浓郁的干酪，带有坚果般的口感，但略带一点酸奶油般的风味。

原产地保护菲达干酪（feta PDO）

在希腊，无菲达干酪不用餐，这种深受欢迎的干酪因为质地坚硬而易碎裂。如果使用的是山羊奶制作的菲达干酪，颜色会非常洁白，有着清新的口感和野生香草的意蕴；使用绵羊奶制作而成的乳白色菲达干酪味会更加浓郁一点，也会更呈乳脂状一点。在烘烤或者铁扒时，菲达干酪不会完全熔化。

奶油干酪（cream cheese）

温和而柔滑的奶油干酪有着新鲜柠檬般的活力，使其最适合涂抹到百吉饼、吐司面包或者饼干上。奶油干酪是脂肪含量最高的干酪之一，这就是为什么奶油干酪味道会如此好的原因所在。低脂版的奶油干酪会包含有乳清粉，口感中会略微有一点颗粒感。

英尼斯·巴顿干酪外表会裹上一层香草、烟灰、粉红胡椒粒，或者切碎的坚果等。

英尼斯·巴顿干酪（Innes Button）

这种娇小的、未经高温消毒的英国山羊干酪有着如同慕斯般的柔软度，入口即化，并释放出其柠檬的清新爽口风味，在最后会有一抹核桃和白葡萄酒的风味。

弗赖斯干酪（Fromage Frais）

正如其名，这是一种非常新鲜的干酪，也是一种制作非常简单的干酪。控净汁液之后，非常柔软的凝乳会被成型、腌制，以及服务上桌享用。白干酪与之相类似，但是会更加细滑。

博瑞克（boreks）

这些酥脆的菲达干酪馅糕点来自土耳其，传统做法是制作成雪茄形或者三角形。

制作 24 个

175克菲达干酪，切成细末，少许现磨的豆蔻碎末

1茶勺干薄荷

现磨的黑胡椒粉

8张费罗酥皮，每张40厘米×30厘米，如果是冷冻的，需要解冻

60克黄油，面粉，撒面用

1 将烤箱预热至180℃。将菲达干酪放入碗里，加入豆蔻碎末和干薄荷，用黑胡椒粉调味。

2 将费罗酥皮叠放到一起，纵长切割成宽度为10厘米的3组长条形。

3 每次取一条酥皮（将剩余的酥皮条用保鲜膜覆盖好）。在酥皮上涂刷上黄油，并舀入一茶勺量的干酪混合物放入到酥皮的一端。将酥皮覆盖过干酪混合物，并卷成雪茄形。卷过三分之二的长度时，将两侧酥皮完全包裹住干酪混合物，卷紧并密封好。

4 在工作台面上撒上一点面粉。将卷好的酥皮干酪卷依次摆放到面粉上，并用一块湿布覆盖好。

5 将卷好的干酪酥皮卷摆放到一个涂抹好油脂的烤盘里（单层摆放）。在酥皮干酪卷上涂刷上剩余的黄油，放入烤箱内烘烤10～12分钟，或者一直烘烤到酥脆并呈金黄色。最好是将新鲜出炉的酥皮干酪卷供客人享用，趁热食用或者温热时食用。

新鲜干酪（fresh cheese）

经典食谱（classic recipe）

三色沙拉（insalata tricolore）

以意大利国旗上面的三种颜色命名，制作这道沙拉的主要材料一定要有水牛马祖丽娜干酪、番茄和罗勒。

供 4 人食用

1个熟透的鳄梨
半个柠檬，挤出汁液
4个熟透但是肉质硬实的番茄，切成薄片
250克水牛马祖丽娜干酪（净重），切成薄片
12片罗勒叶，撕碎
4小把芝麻生菜
橄榄油
海盐
现磨的黑胡椒粉

1 将鳄梨切成两半，去掉果核，然后去皮切成片状。用柠檬汁拌好，以防止其变色。

2 将番茄片、马祖丽娜干酪片和鳄梨片交替着分别在4个餐盘内摆放成美观的环状造型，将其中大片的原料从中间切开。将撕碎的罗勒叶撒到表面上。

3 在每一个环形的中间位置放入一些芝麻生菜。将橄榄油淋洒到菜肴上，并撒上海盐，再撒上现磨的黑胡椒粉，立刻食用。

图匹干酪（tupi）
来自一道古老的加泰罗尼亚牧羊人的食谱，这种可涂抹的干酪使用的是新鲜的和腌制好的干酪，加入橄榄油和白兰地酒或者利口酒混合好之后制作而成的。这是一种匪夷所思的非常有趣的干酪，有着粥样的质地，非常浓烈的香辛风味，还略微有一点臭味。对于胆小的人来说，这不算是一种干酪。

印度袙尼干酪（paneer）
袙尼干酪在众多的印度菜肴中是不可或缺的一部分，是印度次大陆上为数不多的当地出品的干酪之一，因为当地绝大部分的奶都用来制作成了酸奶或者冰淇淋。袙尼干酪质地与菲达干酪有些类似，但是并不能碎裂成颗粒状，只有淡淡的咸香风味。制作时加入柠檬汁，而不是凝乳酵素，用来使奶凝结，从而制作成印度袙尼干酪，因此，袙尼干酪尤其适合素食者。

布兰科白干酪（Queso blanco）
简单一点说就是"白色干酪"，这种干酪在墨西哥和拉美国家深受欢迎。布兰科白干酪就像介于咸味农家干酪和马祖丽娜干酪之间的一种干酪，有着如同黄油般的温和风味和硬实的、带有弹性的质地。可以淋洒到辛辣类菜肴上，如什锦菜卷和鸡肉馅饼等菜肴的表面上。

原产地保护水牛马祖丽娜干酪（Mozzarella di bufala PDO）
马祖丽娜干酪，全世界各地都有制作，从味道浓郁、多汁的纯白色球状用牛奶制作的、质地坚韧的块状黄色干酪，风味各自不同，适合于用来制作家庭风味比萨。但是，在这么多干酪之中，没有一种能比得上原产地保护水牛马祖丽娜干酪，它是由坎帕尼亚帅气的水牛所产的水牛奶制作而成的。

拉巴尼干酪（labane）
在整个中东地区随处可见，这种美味香浓而又醇厚细滑的干酪，在许多家庭里，都是使用一块布将浓稠的全脂酸奶过滤整晚上的时间制作而成的。传统吃法是在早餐时享用，或者配橄榄油、当地新鲜的香草、松子仁以及皮塔饼一起享用。

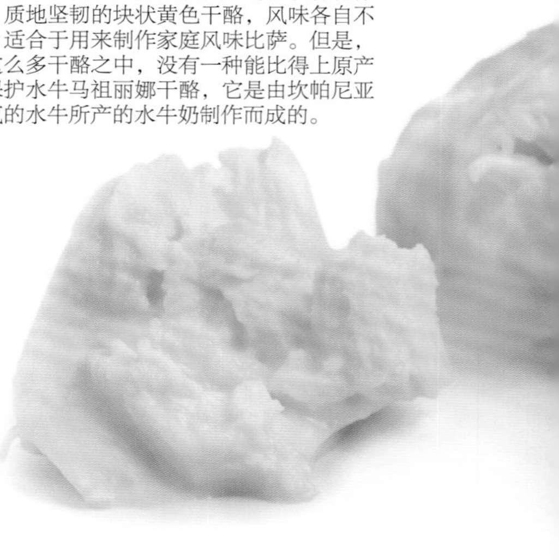

伽温干酪（Pant-Ys-Gawn）
以威尔士最初制作此种干酪的家庭农场的名字而命名的，这种用山羊奶制作而成的干酪可以添加或者不添加新鲜香草。其质地细滑，呈乳脂状，以温和的山羊奶的回味清新爽口。可以在酥脆的面包上涂抹上厚厚的一层再享用。

苏赛克斯软干酪（Sussex Slipcote）
这种干酪的名字起源于一个古老的英文单词，意思是"小"（小片）块的"农家"（家舍）干酪。这种干酪非常湿润，几乎成慕斯状，有着柠檬的清新风味以及典型的羊奶的甘美风味。最适合用来涂抹到面包上或者饼干上，在制作烤土豆或者其他种类的烤蔬菜类菜肴时也是极佳的添加材料。

这种大蒜香草风味类的干酪，最适合制成碎末后大量地撒到热的烤土豆上。

马斯卡彭干酪（Mascarpone）
这种质地细滑而异常香浓的意大利干酪通过加热奶油使其自然地分离或者凝结，在此时乳清被排出。甘美的柠檬味道以及黄油的芳香使得其成为制作甜点的最佳材料，同时也是酸味水果的最佳拍档。马斯卡彭干酪是制作著名的意大利甜品——提拉米苏的最关键原料。

里科塔干酪（ricotta）
与其他干酪不同，这是一种以干酪制作过程命名的干酪：在意大利，里科塔的意思是"加热两次"，因为此种干酪是通过重新加热制作硬质干酪所剩余的乳清而得到的。呈乳白色，带有一点酸味，有着淡雅的柠檬清香。其中有一些里科塔干酪会经过加工和加盐，或者经过烟熏处理。可以用来制作烤意大利面一类的菜肴和奶油类的甜点。

熟化后的新鲜干酪（Aged Fresh Cheeses）

正如其名字所表述的，这是指新鲜干酪在洞穴中或者地窖中进行了熟化处理。霉菌和酵母菌会在干酪表面皮层上生长，在这个过程中，干酪会失去水分并开始收缩，让其皮层起皱。所有的新鲜干酪，每一种在熟化的过程中都会开发出自己专属的个性特点。形状各不相同，从小的圆形和金字塔形，到锥形、喇叭形以及圆柱形等。干酪通常都会覆盖一层香草、香料或者灰烬，或者用葡萄叶或者栗树叶包好，让霉菌在其上生长。大多数山羊干酪，在刚制作好时，湿润、呈乳脂状，气味芳香，而随着熟化（成熟）的进行，质地逐渐的变得更加疏松易碎，滋味会呈坚果风味，然后质地转变成密实的片状，并且带有刺激的风味，易碎裂。使用牛奶，或者羊奶制作而成的干酪，其特色是更加柔软，而且味道也更加甘美。

熟化后的新鲜干酪的购买 最有名的熟化后的新鲜干酪是产自于法国的卢瓦尔——你可以在法国市场上，摆放在摇摇欲坠而斑驳的桌子上的，铺满稻草的小木箱子里看到这种干酪——但它们在世界各地出现的频率越来越高。根据干酪本身的口感和购买者的喜好程度不同，这种干酪可以在熟化过程中的不同阶段进行售卖：购买干酪的最好方法是到一家声誉良好的干酪商那里购买，并听取他们的建议。

熟化后的新鲜干酪的储存 熟化后的新鲜干酪购买后可以直接食用，因此，最好是购买到干酪的当天就享用，或者在第二天食用。将干酪摆放在一个密封容器内，在一个凉爽、潮湿的地方储存好，或者放入冰箱内冷藏保存。

熟化后的新鲜干酪的食用 新鲜时：如果没有这些诱人食欲的、外观古朴的干酪来装点你的干酪盘，就称不上真正的完美无缺。加热烹调时：可以切成片状，淋上橄榄油，摆放到酥脆的圆形法式面包片上铁扒或者烘烤。一种熟化后的新鲜干酪，例如克劳汀·德·查维格诺尔干酪，以这种方式加热烹调时，散发而出的坚果风味和芳香气味令人赞不绝口。

搭配各种风味 松脆面包或者水果面包，胡椒味的叶类沙拉，像芝麻生菜、西芹、菊苣、生菜、果脯、核桃仁等。

经典食谱 吉福干酪沙拉。

可以食用的脆皮外壳，使用的是迷迭香、百里香、杜松子以及小而辛辣的辣椒制作而成的。

花丛干酪（Fleur de Maquis）
这种别具一格的羊奶干酪的名字，意思是：马基之花，指的是科西嘉美丽如画的风景。松脆而芳香的外壳与柔软的干酪是完美搭档，干酪整体的味道相当甜美。

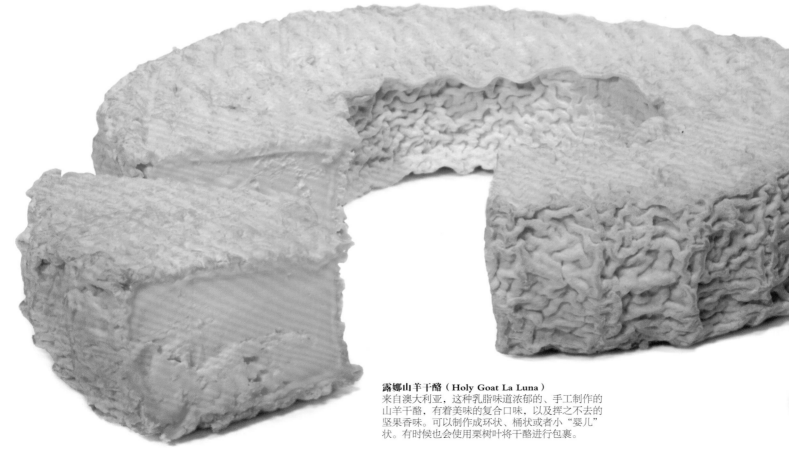

露娜山羊干酪（Holy Goat La Luna）
来自澳大利亚，这种乳脂味道浓郁的、手工制作的山羊干酪，有着美味的复合口味，以及挥之不去的坚果香味。可以制作成环状、桶状或者小"婴儿"状。有时候也会使用栗树叶将干酪进行包裹。

随着熟化过程的延续，栗树叶变得干燥，而干酪变得柔软。

库劳特干酪（Bouton-de-Culotte）
个头最小的法国干酪，其名字的意思是：裤子纽扣，是在晚夏时节制作好之后，从秋天储存到冬天之后使用的一种传统干酪，在熟化变硬之后，可以擦碎之后制作成当地的一种风味浓郁的干酪，福尔干酪。

法定产区保护巴农干酪（banon AOC）
以栗树叶包装，拉菲草进行捆绑的古朴之风的方式进行售卖。这种法国山羊干酪的风味先是柔和之中带有酸味，然后转变为淡雅的坚果风味，之后会发挥出一股独特的山羊奶的风味。

法定产区保护普瓦图干酪（Chabichou du Poitou AOC）
引人注目的、带有白色皱褶的外皮上沾满着灰色的、黄色的以及蓝色的霉菌，其中隐藏着一种质地脆硬到几乎可以碎裂开的法国干酪，充斥着坚果和香浓的山羊奶风味，随着其熟化程度的深入会变得干燥，其风味会更加强烈。

皮拉尔干酪（Pérail）
这种法国干酪比起大多数的牛奶干酪来说，特点不是那么突出，这或许是因为其非常短暂的熟化周期。但是仍然带有清晰的坚果风味，有着细滑的质地和脆嫩的外皮。可以尝试着搭配无花果脯和鲜核桃仁一起享用。

在外皮上涂抹的一层红椒粉给人一种热辣而香辛的感觉。

阿韦纳干酪（Boulette d'Avesnes）
在法国使用玛瑞里斯干酪的新鲜凝乳，捣碎之后与香草和香料一起混合好，制作而成的一种干酪，其风味香辣刺激。一杯杜松子酒会彰显出其与众不同、层次分明的组合风味。

法定产区保护查维格诺尔干酪（Crottin de Chavignol AOC）
这是在全世界范围内售卖的最经典的卢瓦尔山羊干酪，以其刺激的风味而著称，在其熟化过程中的各个阶段都可以食用：刚制作好之时，质地鲜嫩，而随着熟化时间的延续，会变得越来越硬，越来越松脆，味道越来越强烈。

熟化后的新鲜干酪（Aged Fresh Cheeses）

在外皮涂抹上一层用当地生长的山核桃磨成的粉，给干酪增添了一种松脆的质地和浓郁的坚果风味。

圣马尔瑟兰干酪（Saint-Marcellin）
几个世纪以来，这种色泽清淡而呈乳脂状的干酪，在法国的多芬地区都是由家庭作坊式和小农场式制作的。传统上使用的是山羊奶来制作，时至今日，除了个别之外，全部都会使用牛奶来制作。经过烘烤其风味尤佳。

干酪的内部从坚硬到呈乳脂状，至几乎变成液体状，有着一股淡淡的、细腻的柠檬清香风味，并带有一股坚果的芳香气息。

吉夫山核桃干酪（Pecan Chèvre）
这种乳脂状的山羊干酪产自美国的佐治亚州，随着熟化过程的深入，它的口感会变得非常浓烈，外皮会带有酸酸的口感。最好是刚制作好时就享用——与成熟的桃子是最佳搭配。

其独具特色的外皮上覆盖着一层灰色和黑色的霉菌。

法定产区保护洛卡马杜尔干酪（Rocamadour AOC）
有着一层鲜嫩而呈乳脂状的外皮和内里的干酪，这种法国山羊干酪口感温和，奶味淡雅，但是风味甘美，坚果味道浓郁。配新鲜的熟无花果一起享用为宜。

蒙特伊诺布洛干酪（Monte Enebro）
这种西班牙手工艺式山羊干酪的风味，随着熟化时间的持续，会从一种淡雅的乳脂状的柠檬风味转化到一种独特的香辛口感。可以添加到甜菜沙拉中，或者挂糊后油炸，配橙花蜜一起享用。

普利尼圣皮耶尔干酪因为其外形别致，而被起绰号为"金字塔"和"埃菲尔铁塔"。

沃巴什炮弹形干酪（Wabash Cannonball）
这种坚硬而略显干燥的北美山羊干酪，来自于美国印第安纳州，有着山羊奶的风味和柠檬的清香。沾满灰烬的外皮带着一股宜人的麝香风味，在口感的最后是香浓的脱脂乳风味。最理想的搭配是果脯和气泡酒。

法定产区保护普利尼圣皮埃尔干酪（Pouligny Saint-Pierre AOC）
湿润、柔软、易碎裂，这种法国山羊干酪的风味，会随着熟化时间的推移而发生变化，从柑橘风味到坚果风味，再到辛辣和带有山羊奶的风味。如同所有的熟化的新鲜干酪一样，是干酪盘中或者铁扒时不可或缺的干酪品种。

蓝纹干酪与洛克福干酪相类似，但是使用的是牛奶而不是羊奶制作而成的。

蓝纹干酪（blue cheeses）

与相对应的白色干酪不同，蓝纹干酪中会有蓝色霉菌在干酪内部生长：在潮湿而凉爽的理想条件下，蓝色霉菌会通过外皮上的裂缝进入干酪中。但是，现今，霉菌通常都会以粉末状的形式添加到奶中，然后经过几周的时间，与制作好的干酪进行充分融合，再让空气进入奶中，霉菌就开始逐渐变成了蓝色。蓝色霉菌创作出了一系列的美观而奇妙的干酪，并提供了非凡而多样化的风味和口感。所有的蓝纹干酪都具有香辛的，略微有点金属的味道，并且味道会比其他干酪更咸一些，但是每一种蓝纹干酪，无论是从乳脂状和醇厚的口感到甘美和浓郁的香草味道，还是从稠密的黄油味道，到蜜糖风味，都会形成自己专属的独特风味。大多数欧洲的蓝纹干酪会用锡纸包裹，以保持它们的外皮保持湿润而粘连，并可以放缓在干酪表面生长出过多的霉菌，而干酪中间湿润的环境会发展出大量的、呈不规则状的蓝色条纹和蓝色的空隙，传统的英国风味蓝纹干酪会干燥、粗犷、易碎，外皮为橙褐色，通常布满着蓝色和灰色的霉菌，会形成一种密度更高，更加紧凑的结构纹理。霉菌会在其中穿透而过，形成更细长的条纹图案，在切开之后看起来就如同碎裂开的瓷器一般。也有在蓝色中夹杂着软白色外皮的干酪品种，但是这部分干酪，必须将蓝色霉菌注射到刚制作好的干酪中，因为对于霉菌在干酪中自然的传播生长来说，干酪的质地过于黏稠和密实。

蓝纹干酪的购买 使用锡纸包裹的蓝纹干酪的外皮应是湿润的，但是不应该过分潮湿和湿软。硬质外皮应是干的并且没有裂纹，有一部分蓝纹干酪或许会略显粘连。

蓝纹干酪的储存 如果你拥有一大块蓝纹干酪，最好是储存在一个凉爽而通风的地方。否则，需要使用蜡纸包好放入密闭容器内，在冰箱里冷藏保存。

蓝纹干酪的食用 新鲜时：蓝纹干酪在所有的干酪盘中都是不可或缺的干酪品种，最适合搭配核桃面包一起享用，淋上几滴蜂蜜就会彰显出蓝纹干酪口感的微妙之美。除了软白色或者布里风味干酪之外，蓝纹干酪可以为沙拉增加丰厚的口感：可以试着将蓝纹干酪碎淋洒到弗拉若莱豆、核桃仁以及芝麻生菜上，然后再浇淋上蜂蜜口味的油醋沙司。加热烹调时：可以将少量的蓝纹干酪拌入奶油沙司中，用来搭配铁扒牛排一起享用。可以与刚煮好的意大利面和松子仁搅拌到一起，或者用来给意大利面酿馅。给各种汤菜、法式蛋奶酥以及咸香风味的慕斯增添风味。可以将蓝纹干酪碎淋洒到比萨上。

搭配各种风味 核桃仁、蜂蜜、辛辣的叶类生菜，例如芝麻生菜和西洋菜等，西芹、菊苣、梨等。

经典食谱 蓝纹干酪沙司；斯蒂尔顿干酪和芹菜汤；洛克福干酪馅饼。

巴克姆蓝纹干酪（Barkham Blue）
使用海峡群岛的奶制作的具有黄油般质感的干酪，其中间的颜色呈深黄色，使得这一种质地优良的牛奶干酪的口味与其颜色一样令人拍案叫绝。

比雷蓝纹干酪（Beenleigh Blue）
英国极少数使用羊奶制作而成的蓝纹干酪之一。这是一种味道浓郁、甘美，并且略带松脆感，含有一丝焦糖风味的蓝纹干酪。其粗犷的干酪内部略显黏稠。可以用来制作沙拉或者直接食用。

吉普斯兰蓝纹干酪（Gippsland Blue）
这是澳大利亚第一种手工作坊生产的蓝纹干酪，口感浓郁，呈乳脂状，其品质最佳期是从晚秋到次年早夏时节，当其形成一种柔软而黏稠的纹理时，其中会穿插一些粗犷的蓝色纹理。

法定产区保护科斯蓝纹干酪（Bleu des Causses AOC）
比大多数蓝纹干酪的熟化期都要长，在科斯高原的天然石灰岩洞穴中进行熟化处理，这种使用法国牛奶制成的干酪，其风味根据所生产的季节不同而有所不同。夏天生产的象牙黄色的干酪比冬季生产的口感浓郁的白色干酪要柔和一些。

法定产区保护奥佛涅蓝纹干酪（Bleu d'Auvergne AOC）
以其原产地法国的一个省份命名的一种蓝纹干酪，这种干酪带有一种非常刺激而迷人的风味，可以制作成美味的沙拉沙司、可以加入到热的意大利面菜肴中，或者用于菊苣、果仁和生蘑菇制作的沙拉中。

蓝纹干酪（blue cheeses）

法定产区保护佛姆德阿姆博特蓝纹干酪（Fourme d'Ambert AOC）
法国最古老的干酪品种之一，具有非常显著的风味以及圆润的香辛口感。其质地呈乳脂状，粗犷而浓郁，香气中含有一丝熟化时的地窖的气息。可以搭配苏特恩甜味白葡萄酒或者巴纽尔斯甜酒。

丹麦蓝纹干酪（Danablu or Danish Blue）
起源于20世纪初期的丹麦，这种蓝纹干酪目前在世界各地都非常流行。有着深蓝紫色的纹理，细滑却松脆而湿润的质地，带有一种刺激的、咸咸的，纯金属的味道和乳脂状的风味。

原产地名称保护卡伯瑞勒斯蓝纹干酪（Cabrales DOP）
这种味道非常强烈的手工制作干酪，布满蓝色的条纹，在西班牙皮奥斯山脉单独的富含霉菌的洞穴中熟化而成。尽管干酪的气味有一点臭，但是一股强烈的乳脂风味会扑鼻而来。

卡舍尔蓝纹干酪（Cashel Blue）
在爱尔兰最受欢迎的一种干酪，这种使用牛奶制作而成的蓝纹干酪柔软而丝滑，从霉菌的纹理中会散发出柔和的风味。与土豆卷心菜泥融为一体后风味尤佳，或者掰碎后加入沙拉中或细滑的西芹汤中。

星期一蓝纹干酪是全世界唯一一种制作成方形而不是圆柱形的蓝纹干酪。

星期一蓝纹干酪（Blue Monday）
柔软而呈乳脂状，这种块状的，柔软而呈乳脂状的苏格兰蓝纹干酪有着一股令人叹为观止的温和的香辛风味，并带有一股麦芽糖和巧克力风味。

多塞特文尼蓝纹干酪（Dorset Blue Vinny）
在从前，每一个典型的多赛特农家都会制作这种干酪——是一种制作黄油所剩余的牛奶的最佳用途。由于未经高温消毒中的乳脂含量会随着时间的变化而变化，因英国干酪有时候会呈现出易碎裂的质地，而又会呈现出乳脂状。带有坚果风味，但是不浓郁。可以试着搭配传统的多赛特小点心和酒一起享用。

德尔斯拉特蓝纹干酪（Dolcelatte）
其意思是"甜味牛奶"，这是一种甘美的，如同冰淇淋般融于口中的干酪。它是为那些觉得传统的蓝纹干酪口味过于浓烈和香辛，而更喜欢风味柔软，温和一些的人士所制作的蓝纹干酪。只在工厂中生产，也许会贴上德尔斯拉特戈尔根朱勒干酪（Gorgonzola Dolcelatte）的标签。

康沃尔蓝纹干酪（Cornish Blue）
有着如同戈尔根朱勒干酪般呈乳脂状的质地和蓝色的粗纹。这种英国蓝纹干酪有着出人意料的温和而甘美的风味，随着熟化的进行，会变得更加香辛而刺激。最适合用来增添风味——但是不可过量——意大利调味饭、各种沙司以及开胃菜等，与水果搭配也会非常美观。

可以搭配煮土豆和带有果味的当地红葡萄酒一起享用。

法定产区保护得吉克斯侏罗蓝纹干酪（Bleu de Gex Haut-Jura AOC）
这种异常密实、坚硬的蓝纹干酪，产自法国的小乳品厂，使用的是在侏罗山脉牧场中放牧的奶牛所产的奶制作而成的。干酪内部柔软的质地中带有斑点状的蓝色条纹，略带有苦味和咸香的风味。

法定产区保护洛克福蓝纹干酪（Roquefort AOC）
这种著名的法国产羊奶蓝纹干酪是世界上最优质的干酪品种之一。在全世界只有七个生产商，每一个生产商都会使用相同的基本生产流程，然而每一个生产商都有自己独特的风味和专属的个性化特点。当完全熟化之后，风味香辛而浓烈，令人垂涎欲滴。不幸的是，有一些洛克福干酪在仅仅只产生出几丝蓝纹，并且风味还没有产生变化，在制作好后的初期——其质地呈松脆状，还没有黏合到一起时，就被消费掉了。

蓝纹干酪（blue cheeses）

原产地保护斯提尔顿蓝纹干酪（Stilton PDO）
斯提尔顿蓝纹干酪是以其著名的生产地（斯提尔顿比尔酒店）进行命名的，而不是其首先制作的地方（附近的梅尔顿莫布雷镇）。这是为数不多的被欧盟授予原产地保护名称（PDO）的英国干酪之一。斯提尔顿蓝纹干酪未熟化就食用时，味道会刺激而冲，但是经过熟化之后，会有一股浓郁的奶油味，回味时可口，偶尔也会有一抹核桃的味道。

布法罗蓝纹干酪（Buffalo Blue）
制作这种干酪，使用的是来自英国的水牛所产的奶。比起用牛奶制作的干酪，其颜色要苍白一些，乳脂更浓一些，会带有一股泥土的芳香，而蓝紫色的霉菌条纹赋予了干酪强烈的味道和略咸的口感。

梅雷迪斯蓝纹干酪（Meredith Blue）
澳大利亚第一种使用羊奶制作的蓝纹干酪，纯手工制作，并且在乳制品厂旁边的旧集装箱内进行熟化。由于羊奶的出产季节性非常强，因此此种干酪最佳品质期为早春时节，此时柔软的、内部呈乳白色的干酪熟化到了带有咸味的蓝色霉菌的深色斑块。

呈不均匀和不规则状散布的蓝色霉菌条纹和斑块，赋予了浓郁的乳脂状干酪一股香辛的风味。

什罗普郡蓝纹干酪（Shropshire Blue）
抛开这个名字，这种干酪实际上首先是在苏格兰制作而成的。基于斯蒂尔顿干酪食谱而研发的，其口感温和但是奶油味道浓郁，在干酪中蓝色的条纹与橙色的干酪形成了鲜明的对比。在其香辛风味之后会有一丝焦糖的甘美风味。可以掰碎之后加入到沙拉中，或者融化到汤菜中。

戈尔根朱勒蓝纹干酪（Gorgonzola DOP）
被认为是第一种蓝纹干酪，其起源，在民间充满着传奇色彩，所有有关意大利戈尔根朱勒蓝纹干酪的一切都与性有关：其质朴而优雅的外观，入口即溶的质地，散发着麝香的芬芳以及其甘美香辛的风味。如今，只有经过批准授权的生产商才能生产此种干酪，并且要使用意大利指定区域的牛奶（通常要经过巴氏消毒）。可以拌入沙拉中，或者加入沙司和蘸酱里。

甘布左拉蓝纹干酪（Cambozola）
也称之为巴伐利亚布瑞赛蓝纹干酪。这种干酪融合了卡忙贝尔干酪和戈尔根朱勒干酪的风味，而比这两者风味更加柔和，带有非常浓郁的奶油滋味和香辛的风味，是制作干酪盘最受欢迎的干酪。

蓝纹干酪汁（blue cheese dressing）

美国人最喜爱的一种沙司，从牛排到蔬菜沙拉均可以搭配蓝纹干酪汁，要使用可以很容易弄碎的蓝纹干酪，如戈尔根朱勒干酪、罗格河干酪或者洛克福干酪等。要避免使用有着一层柔软外皮的干酪，例如，甘布左拉干酪。

大约制作 600 毫升

250毫升蛋黄酱

150毫升酸奶油

3汤勺牛奶

1汤勺苹果醋

1小瓣蒜，拍碎

115克蓝纹干酪，弄碎呈碎末状

盐和现磨的黑胡椒粉

1 将所有的原材料，除了盐和胡椒粉以外，在一个碗里，使用搅拌器或者电动搅拌机搅打至细腻状，其中仍然要保留一些小颗粒状的干酪。用盐和黑胡椒粉调味。

2 盖好，放入冰箱内冷藏保存，最好是冷藏一晚上，以让其风味得到充分融合发挥。根据需要使用即可。将没有使用的蓝纹干酪汁放入一个干净的带盖子的瓶内，拧紧瓶盖后放入冰箱内，可以保存2周以上。

罗格河蓝纹干酪（Rogue River Blue）
有着非常醇厚的风味，这种来自美国俄勒冈州的蓝纹干酪，质地硬实，但口感却湿润而细滑。相比许多蓝纹干酪来说，含盐量都要少许多，在奶油风味和甘美风味之后会有一点香辛的风味。与甜点，例如煮梨或者卡尔瓦多斯舒芙蕾等都是绝佳搭配。

罗格河蓝纹干酪外表使用葡萄叶包裹着，并在梨白兰地酒中浸泡。

其内部应呈淡褐色，而不应该呈褐色或者暗色，外皮粗糙而脆硬，有一些非常明显的孔洞。

美塔格蓝纹干酪（Maytag Blue）
尽管需求量非常大，这种使用牛奶制作而成的北美风味蓝纹干酪仍然使用纯手工制作，就如同其在1941年第一次制作时的方式完全一样。虽然是在洞穴中熟化，但是其外皮总是会保持着洁白的颜色。其风味具有诱惑力：一开始是奶油风味和钢铁般的蓝纹干酪风味，然后转化成为像柠檬一样的酸甜风味。最适合用来制作沙拉，或者在牛排上融化开，或者加入以水果为主料的甜品中。

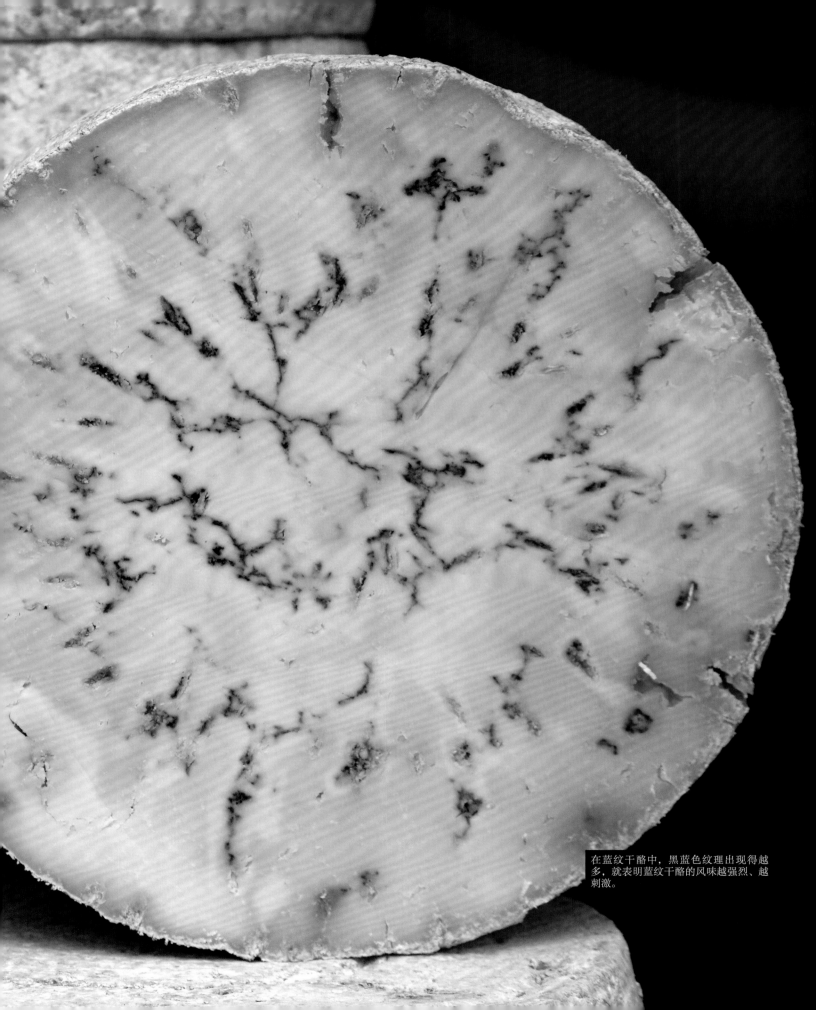

在蓝纹干酪中，黑蓝色纹理出现得越多，就表明蓝纹干酪的风味越强烈、越刺激。

软质白干酪（soft white cheeses

这种类型的干酪其典型的特征是有着一层白色的硬质外皮，干酪在刚制作好时略呈白垩状，在经过熟化之后变成了柔软的乳脂状，几乎可以流淌，带有一股细腻而明显的蘑菇芳香风味。使用绵羊奶制作的软质白干酪会带有一股淡淡的甜美风味，而那些使用山羊奶制作的软质白干酪，会带有杏仁的风味，甚至是杏仁膏的风味。工厂化大量生产的软质白干酪品种会趋向于带有一层厚厚的、天鹅绒般的外皮，看起来更像是一种包装，而不是干酪的一部分。与之相反的是，手工制作的软质白干酪，会生长出一层更薄一些的白色外皮，上面有斑驳的红色或者黄灰色的霉菌斑点。这一层白色外皮保护着干酪不会变得干硬，并且会加快其熟化的过程，这就是为什么软质白干酪被称之为霉菌成熟干酪的原因。

软质白干酪的购买 软质白干酪最好在购买到之后的几天内食用完，因为冷藏会让其变得干燥。如果包装之内的干酪底部的外皮看起来受潮并有些粘连，很有可能是因为干酪放置时间过长的原因。

软质白干酪的储存 在原包装内，或者使用蜡纸包裹，而不要使用保鲜膜，因为保鲜膜阻止了干酪的呼吸作用。最好将大块的和整个的软质白干酪放入食品储藏室内保存，否则的话，要放入冰箱内保存。不要被在干酪切口处生长出来的可食用白色霉菌惊吓到——这一层白色霉菌是在告诉你，干酪具有活性，只不过是为了保护干酪里面柔软的质地不会变得干燥。

软质白干酪的食用 新鲜时：这些美丽诱人的干酪，最佳口味是在室温下，搭配脆皮面包和一杯葡萄酒一起享用时。加热烹调时：小个头的整个软质白干酪需要烘烤大约15分钟的时间，然后可以用大块的面包或者生的蔬菜蘸食干酪中间融化的部分。或者将干酪的外皮切掉，然后将干酪摆放到面包上，或者牛角面包上铁扒之后享用，可以铺上一层烤辣椒或者甜味的酸辣酱一起享用。

搭配各种风味 新鲜水果和果脯、浆果、西芹、胡萝卜等。

经典食谱 卡芒贝尔干酪。

绿胡椒软质山羊干酪（Green Peppercorn Chèvre）
质地硬实而易碎裂，这种产自于美国纽约州的山羊干酪带有一股柠檬的清新风味，这完全是由于绿胡椒的风味渲染而成的。其味道清淡爽口，与夏日的新鲜蔬菜沙拉和番茄是绝配。

法定产区保护诺曼底卡芒贝尔干酪（Camembert de Normandie AOC）
法国最著名的干酪之一，这种干酪使用木箱包装。有AOC（法定产区保护）身份标志，这种干酪必须使用生牛奶制作。呈水果风味，并带有淡淡的蘑菇和霉菌的芳香风味。当地人最喜欢的熟化程度是干酪中间呈白色而不是呈乳脂状的时候。

法定产区保护纽夏特心形干酪（Coeur de Neufchâtel AOC）
正如其名称所表述的，这种法国干酪呈心形，在被简单地称为纽夏特干酪时，这种干酪也可以制作成小的圆柱形或者砖块的形状。干酪内部的质地硬实，但是会略微带些颗粒，有着细腻的牛奶风味和咸味，当地人喜欢将这种干酪融化在热面包上当做早餐享用。

卢库卢斯干酪（Lucullus）
产自于诺曼底，以一位著名的罗马将军和美食家的名字命名，这是一种非常浓郁的、口感丰富并带有坚果味道的干酪。可以配饼干或者脆皮面包一起享用。干酪中含量非常高的奶油成分意味着它比其他软质白干酪性质更加稳定。因此可以在冰箱内保存更长的时间。

法定产区保护默伦布里干酪（Brie de Melun AOC）
与其他的布里干酪不同，这种干酪能够让凝乳凝固成型，主要依靠的是乳酸发酵的方式而不是凝乳菌的作用。这种法国干酪，在制作好之后，散发出柠檬的清新风味时就可以售卖，或者在完全熟化之后，带有一股水果风味和浓郁的发酵风味再售卖。

在其白色的外皮上，覆盖着一层细碎的、干燥的夏日青草、香草以及草地上的花朵等材料。

皮蒂维耶干酪（Pithiviers）
在这种法国牛奶干酪柔软的质地中，带有一股淡淡的草地上的花朵和蘑菇的芳香，散发着强烈的风味。

法定产区保护莫城布里干酪（Brie de Meaux AOC）
在法兰西岛附近生产，称为国王的干酪（The King of Cheeses）。它的历史可以追溯到查理曼大帝时期，今天仍然是深受全世界人们喜爱的干酪。它差不多是在所有的软质白干酪中风味最强烈的干酪。而随着熟化的深入，其风味越发强烈。如果它闻起来有氨气的味道，表示其品质有所恶化。

在其熟化的高峰期，布里干酪内部会呈光滑而柔软的质地，让你无法抗拒，带有一股独具特色的咸香风味和蘑菇的滋味。

经典食谱（classic recipe）

烤卡芒贝尔干酪（CAMEMBERT EN BOÎTE）

在其原包装木盒内烘烤是一种奇思妙想的创新。使用普拉味美思酒和百里香给干酪增添了美味的芳香。

供 4～6 人食用

1个圆形的卡芒贝尔干酪，在原包装木盒内

1瓣蒜，切成两半

2茶勺普拉味美思酒或者干白葡萄酒

1茶勺橄榄油

2茶勺切碎的新鲜百里香

现磨的黑胡椒粉

1 将烤箱预热至200℃。打开干酪的包装，用大蒜在干酪的表面上反复涂抹。然后将去掉包装的干酪放回到原包装木盒内，摆放到烤盘上。

2 用一根扦子在干酪表面上插出许多的小孔洞。小心地将普拉味美思酒和橄榄油淋到干酪表面上，用一把勺子涂抹均匀。

3 再在表面撒上百里香和一些黑胡椒粉。将木盒的盖子盖上。放入烤箱内烘烤25分钟，或者一直烘烤到用手触摸干酪中间的外皮时，感觉到干酪已经融化的程度。

4 取出，去掉干酪木盒的盖子，将开口的木盒摆放到一个餐盘内，放到餐桌的中间位置。立刻搭配热的、松脆的法式面包块用来蘸食（撒满香草的干酪外皮也可以食用）。

软质白干酪（soft white cheeses）

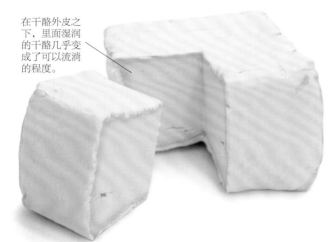

嘉普龙干酪（Gaperon）
传统的嘉普龙干酪是在法国的奥佛涅生产的，悬挂在厨房内的嘉普龙干酪数量的多少，象征着这家农夫财富的多少。这是一种无论是质地还是形状都非同寻常的干酪，这种干酪使用脱脂奶并混合了大蒜和胡椒粒制作而成的。

令人念念不忘的布里干酪，沙珀姆干酪最佳享用方式是搭配在同一地方生产的红葡萄酒。

在干酪外皮之下，里面湿润的干酪几乎变成了可以流淌的程度。

沙珀姆干酪（Sharpham）
由英格兰的德文郡生产，刚制作好时，质地硬实并略带些颗粒，但是随着熟化过程的进行，逐渐由外至内开始变软。其风味略咸，乳香中有着蘑菇的风味。

玛丽花干酪（Flower Marie）
在英格兰的东萨西克斯制作而成，味道甘美的绵羊奶让这一种手工制作的干酪带有了一种焦糖的微妙风味，而其柔软的外皮则带有一股蘑菇般的口感和芳香。可以涂抹到大块的新鲜出炉的脆皮面包上。

摩羯座山羊干酪（Capricorn Goa
制作好之后就可以食用，这种干酪于英格兰的萨默赛特，带有淡雅的风味，而随着熟化程度的深入，会出一种咸甜风味，变得更加柔软，风味更加浓郁。切成片状之后，可放到烤好的蔬菜上铁扒或者只需搭杯白葡萄酒或者一杯麦酒享用即

布瑞拉特·萨伐仑干酪（Brillat-Savarin）
以18世纪一位著名的美食家的名字命名的一种干酪，这种使用三倍奶油制作而成的法国牛奶干酪每百克脂肪含量为75%。在刚制作好时，干酪没有外皮，并且其质地类似于浓稠的鲜奶油，一旦食用过，干酪就会生长出一层白色的薄薄的外皮，其质地也会变得甘美异常，呈乳脂状，而且非常柔软。

瓦鲁珀小干酪（Little Wallop）
这种英国山羊干酪先是用萨默赛特苹果白兰地酒洗过，然后再用葡萄叶包裹好。刚制作好时，会散发出一股温和的乳脂清新风味，随着熟化，逐渐带有一股坚果风味，在明显的山羊奶复合风味中带有着一丝来自于苹果白兰地酒所形成的酵母和发酵的苹果风味，给干酪盘增添了优雅的光彩。

在干酪外皮开始生长之前，在凝乳中会撒上一些黑藤灰，在干酪成熟之后，其外皮会呈现令人喜爱的辛辣风味。

伍德赛德伊迪斯干酪（Woodside Edith）
以提供原始配方的法国妇女的名字来命名的一种干酪，这种使用澳大利亚山羊奶制作而成的干酪在刚制作好时会带有美妙的坚果风味。随着熟化时间的推移，中间白垩质的干酪逐渐分解成一种光滑的、凝固的优雅质地。它是制作干酪盘时理想的干酪。

格瑞特-帕里干酪（Gratte-Paille）
这种使用三倍奶油制作而成的法国干酪，在熟化好之后，在其白色的外皮上会烙上草垫的印痕。在其刚制作好时，浓郁的风味中充满着美妙的草莓滋味，在熟化好之后，会开发出一种略带活力的、挥之不去的刺激风味，最好是独自享用。

法定产区保护查尔斯干酪（Chaource AOC）
这种呈乳脂状质地的乳白色干酪，果香浓郁，还有着淡淡的蘑菇芳香，随着这种法国干酪熟化的进行，味道会变得更强烈，更咸香。当熟化好之后，与当地的葡萄酒、香槟酒都会形成绝配。

拉格斯通干酪（Ragstone）
肯特郡的拉格斯通里奇以他的名字来命名这种英国山羊干酪。这种干酪呈乳脂状，口感轻柔，带有一丝蘑菇的风味和柠檬的清香。因为这种干酪会非常容易切割成圆片状，因此最好是用来铁扒和烘烤，趁热让其变得绵软而在菜叶上流淌。

康斯坦特布利斯干酪（Constant Bliss）
这是一种十分罕见的干酪品种，因为使用生牛奶制作的柔软的干酪在美国通常情况下是见不到的。这种干酪产自于美国佛蒙特州，有着咸香风味、黄油般的质地和如同爆米花一样的味道。随着熟化的深入，康斯坦特布利斯干酪开始变得柔软而香浓，但是不会呈流淌状。

半软质干酪（Semi-soft Cheeses）

半软质干酪外观各异，并且比其他所有的干酪品种都更有质感，它们可以被分成两大阵营：干皮和洗皮。干皮干酪通常都会用盐水洗一次或者两次，范围从有弹性的、温和的、甜美的以及芳香坚果风味的、几乎没有形成外皮的到坚韧性的、花香型的以及带有厚厚的皮革般的香辛型的外皮等。洗皮干酪会频繁地在盐水池内浸泡干酪，这样就会制作出又湿润又有黏性的从浅橙色到红褐色外皮颜色不等的干酪。它们用盐水洗涤的次数越多，其外皮就会变得更柔软、更有黏性，也更难闻。这一类干酪比起干皮类型的干酪会更柔软，还有辛辣、香咸、烟熏、甚至是肉类的滋味和芳香的干酪。当干酪刚制作好时，其质地会呈颗粒状，并且在其表皮的下面会变得柔软，并随着熟化时间的持续进行，干酪会变得柔软、温和、或者甚至能呈流淌状。洗皮类型的干酪包括那些被称之为特拉比斯特或者修道院风味的干酪。

半软质干酪的购买 半软质干酪一旦切割开，不会继续进行熟化，因此，当半软质干酪达到了你喜欢的成熟程度的时候，就可以购买，并要立即享用。

半软质干酪的储存 干皮类型的半软质干酪可以在冰箱内很好地保存，但是那些洗皮类型的半软质干酪如果长时间在太冷的地方保存，会变干燥并且苦味加重。

半软质干酪的食用 新鲜时：温和型的半软质干酪，像艾德姆干酪或者哈瓦蒂干酪等都是传统的早餐型干酪，而其他味道更加浓郁类型的干酪是所有干酪盘中必不可少的干酪品种。加热烹调时：干皮类型的半软质干酪因为其带有弹性的质地，可以伸

展开，但是仍然会定型的特点，因此在铁扒时，味道一流。相反的，因为干酪的这一特点，它们不适合用来制作沙司。但是，洗皮类型的干酪会在沙司中完全融化开。当烘烤整个的干酪时，干酪会变得更加甘美，香味也更加扑鼻，这使得它们可以制作出令人耳目一新的头盘类菜肴。

搭配各种风味 甜味的泡洋葱和腌渍小黄瓜，甜味的酸辣酱，果脯等。

经典食谱 拉格莱特；干酪火锅。

卡乔塔干酪（Caciotta）

在意大利各地都有制作，可以使用各种类型的奶来制作，卡乔塔干酪是以新鲜干酪或者半软质干酪来售卖的。当使用牛奶制作卡乔塔干酪时，其风味温和而甘美，当使用绵羊奶或者山羊奶或者混合羊奶来制作卡乔塔干酪时，其风味非常强烈、黄油味道浓郁，并且带有蘑菇的清香。

哈瓦蒂干酪（Havarti）

很有可能是丹麦最有名气的干酪，哈瓦蒂干酪甘美而香醇，呈十足的乳脂状。有一些类型的哈瓦蒂干酪会含有葛缕子。这种最适合于小吃的干酪是制作开面三明治的理想材料，可以切成片状之后铁扒，或者加入各种沙拉中。

原产地保护阿泽堂干酪（Azeitão DOP）

这种看起来非常淳朴的绵羊干酪来自葡萄牙。味道非常淡雅而甘美，并略带酸味，最后会带有高脂的香料味道。将其顶部切开后，可以将内部流淌的干酪用勺挖出，装入到小酥皮挞里，然后再撒上些牛至，可以作为餐前小吃享用，或者与坚果面包一起享用。

阿泽堂干酪在用盐水洗涤之前会用布包好并定型。

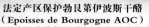

法定产区保护勃艮第伊波斯干酪（Epoisses de Bourgogne AOC）

这种风味绝佳的法国洗皮干酪是在十六纪时被制作而成的。新鲜的伊波斯弗莱干酪质地硬实，湿润，在略带颗粒感的味中有着一股温和的咸香风味。而伊波阿菲尼干酪有着一股强烈的风味，刺激香辛芳香，以及柔软丝滑的质地。加热调会让其展现出更加甘美的一面。

托尔塔干酪（Torta Extremeñas）

华贵的西班牙托尔塔干酪，在干酪接近液体状的内部，带有着独特的泥土风味。产自于埃斯特雷马杜拉的这种干酪有三个版本：巴洛斯托尔塔（如图所示），凯撒托尔塔以及塞丽娜托尔塔。经过烤箱加热之后食用会美味可口，可以使用面包棒蘸食内部液体状的干酪享用。

阿德勒汉干酪（Ardrahan）

最受爱尔兰人们喜爱的洗皮干酪之一，这是一种质地柔软而浓稠的干酪，呈乳脂状，带有甜咸香味。随着熟化的深入，其味道会逐渐加深，融化之后风味绝佳。

亚尔斯伯格干酪可以轻易地辨认出来，它有着大的圆形的孔洞，以及柠檬黄的颜色。

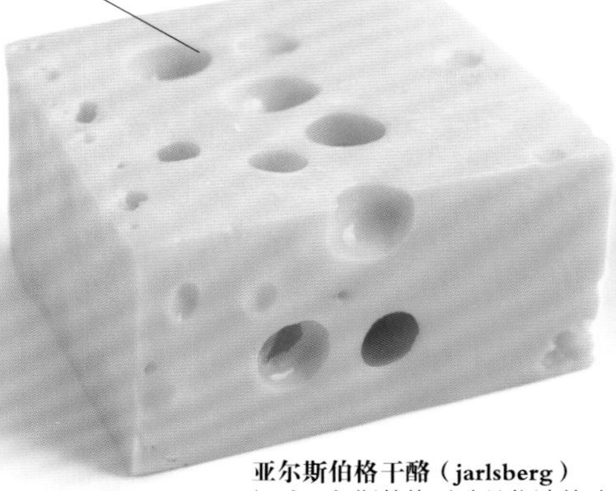

亚尔斯伯格干酪（jarlsberg）
挪威亚尔斯伯格干酪是仿造的瑞士埃曼塔尔干酪，但是质地更加柔软，更加甘美，干果香味要淡一些。它是一种用途非常广泛的干酪——主要用于三明治和沙拉中，或者如同拉克雷特干酪一样融化之后配蔬菜沙拉一起享用。

这种诱人的，带有黏性的外皮带给干酪的是一种烟熏培根的强烈风味。

埃德姆干酪在其独具特色的红色蜡皮包裹之下的是有着一层薄薄外皮的干酪。

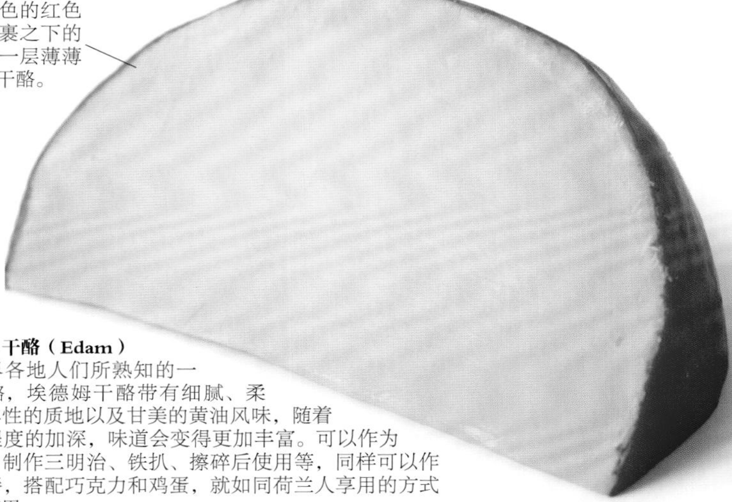

希迈啤酒干酪（Chimay à la Bière）
这是比利时西多会修道士制作的干酪，他们还制作希迈特拉普斯特啤酒，并用这种啤酒来洗涤干酪。干酪硬实而呈皮革状的外皮有着一股令人陶醉的啤酒花的芳香风味，而内部呈乳脂状的、柔软的干酪带有水果的风味以及非常明显的经过烘烤的啤酒花的风味。这是一种风味绝佳的融化后使用的干酪。

东方凯瑞干酪（Carré de l'Est）
这种法国洗皮干酪呈方形。刚制作好时柔软而带有颗粒感，在熟化好之后几乎成液体状，带有令人愉悦的咸香风味。

埃德姆干酪（Edam）
全世界各地人们所熟知的一种干酪，埃德姆干酪带有细腻、柔软、弹性的质地以及甘美的黄油风味，随着熟化程度的加深，味道会变得更加丰富。可以作为零食、制作三明治、铁扒、擦碎后使用等，同样可以作为早餐，搭配巧克力和鸡蛋，就如同荷兰人享用的方式一样享用。

原产地名称保护芳提娜干酪（Fontina PDO）
这种独具特色的意大利干酪外面有着一层带有黏性的洗皮，而干酪的内部则呈柔软的质地，口味温和，带有坚果风味。其最著名的做法是用来制作干酪火锅，一道将干酪、鸡蛋和奶油经过搅打混合到一起的菜肴。

车富路堤干酪（Chevrotin）
法国车富路提洗皮干酪是一种类似于瑞布罗申干酪的干酪，只是车富路提干酪使用的是山羊奶。阿拉维斯车富路提法定产区保护干酪（如图所示）具有一种细腻芳香的山羊奶风味。乳脂状的、甘美的农家风味法定产区保护日山脉车富路提干酪有着一股浓郁的纯朴风格的外皮和细滑至融化状的干酪，干酪中有着不规则的小孔。

半软质干酪（Semi-Soft Cheeses）

外皮使用盐水定期进行洗涤，最后再使用当地出产的白兰地酒，渣酿白兰地进行洗涤。

艾米香贝丹干酪（Ami du Chambertin）
在1950年伴随着著名的葡萄酒——哲维瑞-香贝丹葡萄酒，在其产地附近制作而成的一种干酪，这是一种非常劲道的，呈香辛口感的，并且呈乳脂状质地的干酪。

萨瓦多姆干酪（Tomme de Savoie）
在法国阿尔卑斯，许多标榜为萨瓦多姆的干酪，风味系列从温和的奶香风味，到伴着咸味刺激风味的坚果风味，以及草本植物的风味或者有着农家庭院的芳香风味。其中有一些干酪还会用香草或者香料来增添风味。

朗格瑞思法定产区保护干酪（Langres AOC）
这种气味浓烈的法国干酪在刚制作好时，在品尝时会有一点辛辣。随着熟化的深入，其质地会发生变化，从开始的颗粒状变成非常黏稠的乳脂状，入口即化。

里伐洛特干酪的绰号——"上校"，来自于缠绕在干酪四周的五条莎草，或者带子。它们就像军装上的条纹，象征着军衔的等级。

里伐洛特法定产区保护干酪（Livarot AOC）
诺曼底最古老的干酪品种之一，品质上佳的里伐洛特干酪应该有着一层硬实而略带黏稠的外皮，带有一种强烈而非常刺激的气味，口感咸香而辛辣。

法定产区保护萨瓦瑞布罗申干酪（Reblochon de Savoie AOC）
刚制作好时，这种柔软的法国干酪有着甘美的类似于水果的风味，随着熟化进程的进行，干酪不再变得甘美，而是变成了新鲜的核桃滋味，并有一丝山花的气息。萨瓦瑞布罗申干酪传统的享用方法是搭配脆皮农家面包、当地风味的熟食以及酸黄瓜。

蒙特里杰克干酪（Monterey Jack）
俗称"杰克"，这是一种最受欢迎的北美风味干酪之一。刚制作好的杰克干酪，在非常温和的风味中有着一点乳酸的滋味，有时候会添加香料、柿子椒或者辣椒等给干酪增添风味。

干酪盛放在一种用云杉树皮环绕而成的圆盒子里面。

勃艮第干酪饼（Palet de Bourgogne）
这种外皮带有浓烈芳香风味的勃艮第干酪，每隔两天就要使用盐水和渣酿白兰地洗涤一次，质地细滑而呈乳脂状，它带有一种与伊波斯干酪和阿米香贝坦干酪不一样的风味，也没有那么强烈或者具有穿透力的味道。

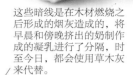

蒙特迪奥法定产区保护干酪（Mont d'Or AOC）
在法国-瑞士边境一带的群山中制作而成的一种干酪，这是一种几乎是在所有干酪品种里质地最丰满的干酪，并且可以直接用勺从原包装盒内舀出享用。只需将其厚厚的外皮卷起，就可以尽情享用其甘美而质朴的风味。

这些暗线是在木材燃烧之后形成的烟灰造成的，将早晨和傍晚挤出的奶制作成的凝乳进行了分隔，时至今日，都会使用草木灰来代替。

明斯特法定产区保护干酪（Munster AOC）
当自然熟化好之后，这种来自阿尔萨斯和洛林的洗皮干酪，会带有一种浓郁的，极具穿透力的农家气味和浓郁的奶香味道。也有一种使用小茴香增添风味的明斯特法定产区干酪。

本都依维柯法定产区保护干酪（Pont-l'Evêque AOC）
这种诺曼底洗皮干酪是有史以来法国最古老的干酪之一。刚制作好时，会带有一股绵长的甘美滋味，经过熟化后的干酪会带有一股更加浓烈，更加丰富的咸香的风味。

摩尔比耶法定产区保护干酪（Morbier AOC）
由孔泰的干酪商制作而成的干酪，这种洗皮法国干酪有着柔软而精致的质地，带有非常明显的风味和温和的奶香风味。熟化的时间越长，口感就会越甘美和浓烈。

古比干酪（Gubbeen）
这种农家风格洗皮干酪产自爱尔兰，呈细腻的乳脂状，在香醇的口感中还有着一丝淡雅的香草和花香气息。在制作比萨和蛋卷时，能够完全融化开。

柔软的质地使得其成为铁扒、小吃以及制作墨西哥风味菜肴的完美食材。

圣内克泰尔法定产区保护干酪（Saint-Nectaire AOC）
法国品质最佳的干酪之一，在其熟化期，其厚厚的外皮会散发出一种微妙的、淡淡的农家稻草和蘑菇的气息，而干酪内部柔软柔顺的质地有着一股明显的坚果滋味、奶香以及牧草的芬芳。可以搭配脆皮面包一起享用。

半软质干酪（Semi-Soft Cheeses）

米里斯干酪（Milleens）
可能是爱尔兰第一种使用现代手工艺方式制作而成的干酪，其独具魅力的柔软质地，可以变成油腻的流淌状。其风味醇厚而有层次，有着农家庭院的芳香。可以搭配面包，最好是爱尔兰苏打面包一起享用。

特提拉产区保护干酪（Tetilla DO）
这种深受欢迎的干酪来自于西班牙的西北地区，只需七天的熟化时间，当其内部呈甘美、清爽的黄油香味以及油腻感时，就可以准备食用了。当完全熟化时，特提拉干酪变成了更加硬实，弹性更强的质地，会有淡淡的酸味的风味。搭配甜温柏酱或者酸甜口味的苹果蓉一起享用，是餐后的美味佳肴。

特拉提干酪独具特色的造型赋予它西班牙语"小乳房"的名字。

臭主教干酪（Stinking Bishop）
以一种古老品种的用来制作佩里（梨酒）的梨的名字来命名的干酪，并且用这种酒来洗涤干酪，英国品种的臭主教干酪比起名字所描述的味道要淡一些。其质地浓郁而醇厚，味道甘美，几乎是流淌状的柔软质地。

原产地名称保护达雷吉欧干酪（Taleggio PDO）
产自意大利一个以其他品种的干酪闻名于世的一个地区，达雷吉欧干酪质地柔软而饱满，几乎呈液体状。可以配水果一起享用，或者用来制作意大利面和意大利调味饭等菜肴。要小心地缓慢地融化干酪，并不停地搅拌好，否则的话，达雷吉欧干酪会凝结成为块状而不会融化开。

干酪的外皮带有一点韧性，因此在食用之前或者加热烹调之前要将其切除。

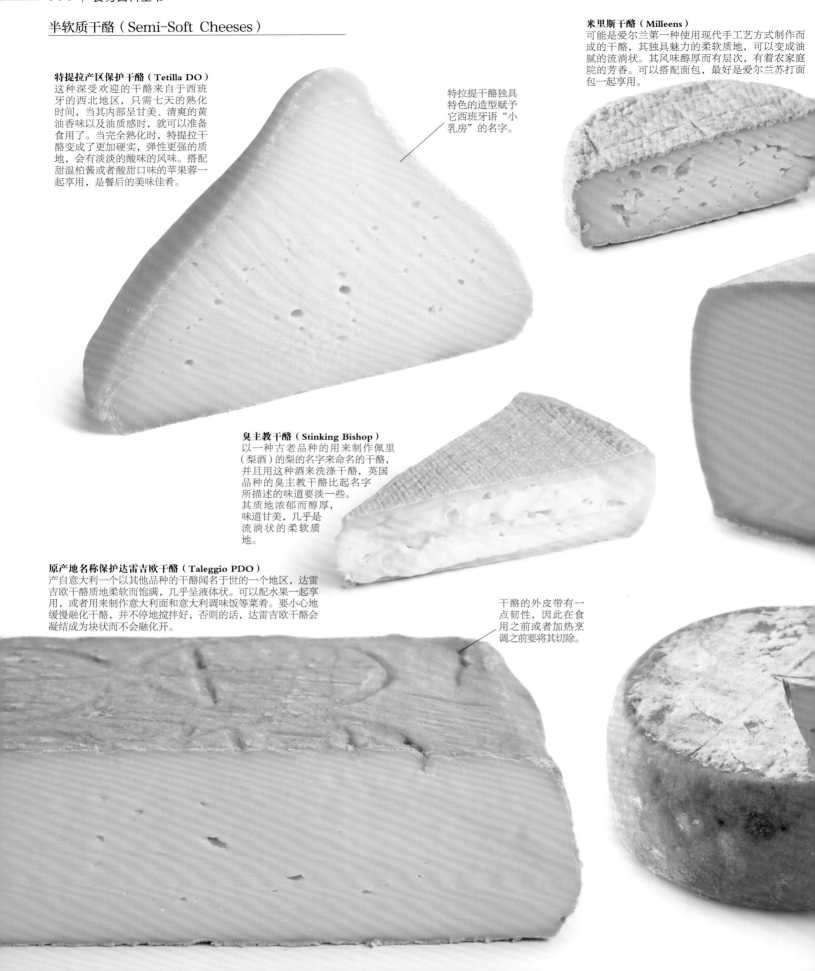

卡纳里加尔干酪饼（Torta de Cañarejal）
使用绵羊奶和蓟花凝乳酵素制作而成的干酪，因此，给这种干酪带来了独特的略微苦涩的风味，这种手工制作的干酪是西班牙饼状干酪中最具乳香风味的干酪，也是一种非常芳香的干酪，有着柔软而朴实的风味。

用勺舀出干酪内部丝滑的部分，或者用面包棒蘸食。或者摆放到铁扒牛排上使其融化开，并配焦糖洋葱一起享用。

拉克雷特干酪（Raclette）
这种洗皮干酪在法国和瑞士都有生产，柔韧如皮革状，里面呈细滑而柔顺状，有着一股浓郁的果香——咸香风味。传统上，一个大的车轮状的干酪是被切割成两半，并摆放到一堆明火上方。随着加热，当干酪的切面处冒出泡泡时，干酪被刮取到滚烫的土豆上（享用）。

菠萝弗洛干酪（Provolone）
一种意大利风味新鲜可拉伸的凝乳干酪，在传统上是穷人食用的干酪，因为只取用一小块干酪，就可以给很多菜看增添风味。多尔斯品种的菠萝弗洛干酪带有温和、甘美的奶香，在刚制作好时，可以铁扒后食用。熟化后的多尔斯干酪或者登泽干酪，可以用来给意大利调味饭增添更加浓烈的菠萝弗洛干酪的辛辣风味。

布雷干酪（Bourrée）
产自美国佛蒙特州，这种北美风味的洗皮干酪有着相对温和的花香。其质地细滑、香浓，食用时，会稍微有点粘附上颚，有着类似于花生的风味，在最后的口感上，其风味会变得更加强烈。最好的食用方法是简单地搭配一些酸辣酱。

经典食谱（classic recipe）

拉克雷特干酪（干酪土豆，Raclette）

像干酪火锅一样，这是一种传统的瑞士/法国菜看。其名字来自于法语 racler，意思是"刮下来"。

供 4 人食用

20～24个小的蜡质土豆，洗干净
400克片状拉克雷特干酪（20片）
大约28片什锦熟肉薄片（例如色拉米、蒜香肠、干腌生火腿以及各种熟火腿等）
配菜：酸黄瓜、葱头片，或者泡葱头、圣女红果以及调好味的蔬菜沙拉。
法式面包和黄油（可选）

1 用淡盐水将土豆煮15～20分钟，或者一直煮熟，捞出控净水，放回到锅里（或者放入一个耐热盘内）。

2 在煮土豆时，将干酪片摆放到一个餐盘内，将各种肉食摆放到另外一个餐盘内。将它们与配菜一起摆放到餐桌上（有一些客人会喜欢在土豆上涂抹上黄油）。

3 在餐桌上分别摆放好拉克雷特干酪托盘，将焗炉摆放到餐桌的中间位置，打开加热开关。将带盖的盛放土豆的锅或耐热盘摆放到焗炉的上方加热保温。

4 享用时，将一片干酪摆放到干酪托盘内，并放到焗炉里焗，将一到两个土豆和一些配菜放到自己的餐盘内。当干酪焗至开始熔化时，将其滑落到土豆上，配肉类和配菜一起享用，根据个人口味和用量，重复此操作步骤。

5 如果你没有这样的干酪焗炉，你可以将所有的土豆放入一个浅的耐热盘内，将干酪片铺到土豆上，放入一个焗炉内，用低温焗至干酪熔化。然后与配菜一起服务上桌。

硬质干酪（hard cheeses）

所有的传统干酪生产国都会用牛奶、山羊奶或者绵羊奶来制作硬质干酪。硬质干酪有两种基本的类型：未加热加工的干酪，这种类型的干酪，可以在其口感仍然是温和而有弹性的时候就食用。加热的加工干酪，这种类型的干酪在加工压缩成型之前需要进行加热处理。硬质干酪在外观上有着很大的不同，形状上，从鼓状或者细圆柱体到大的车轮状，或者桶状，而干酪的外皮，从光滑而富有光泽状到粗糙而有凹痕状不等。硬质干酪刚制作好时，或许会呈现出乳脂状和柔韧性，带有略微刺激的风味或者如同黄油般的甘美风味。随着熟化，它们开始变得干燥，并变成稠密状，口感加重，并且口味也变成了复合风味。

硬质干酪的购买 硬质干酪一旦被切割开，即使在密封包装好的情况下也会变得干硬，因此要购买大块的硬质干酪而不要购买小块的，并且要尽快使用完。非常硬的用来擦碎的干酪，像帕玛森干酪，最好是购买小块的，并且要在几天之内使用完，否则的话，它们就会开始失去其美妙无比的风味。

硬质干酪的储存 用保鲜膜密封包裹好（如果有可能，其外皮不要密封包裹，特别是干酪盛放在包装盒内时，否则的话，其芳香风味会与干酪的风味相互串味），包装好的干酪要放入到冰箱内冷藏保存。

硬质干酪的食用 新鲜时：所有类型的硬质干酪，最通用的做法是都可以用来制作沙拉、蘸酱、沙拉汁和三明治等。它们也是所有干酪盘中的必备干酪品种。加热烹调时：硬质干酪，例如格鲁耶尔（古老也）干酪和波福特干酪在加热之后会变得有弹性，使得它们更加适合用来铁扒和制作火锅，而不是用来制作沙司，其他种类的硬质干酪经过加热后会完全融化，而那些非常硬的干酪，例如帕玛森干酪，简单溶解的干酪，使得这两种类型的干酪都非常适合制作各种沙司、汤菜、乳蛋饼以及焗类菜肴等。

搭配各种风味 干果和新鲜的水果，水果干酪、坚果等。

经典食谱 干酪蛋奶酥（干酪舒芙蕾）；干酪棒；干酪沙司；瑞士干酪火锅；威尔士干酪；传统风味汤团；干酪通心粉；干酪泡芙；农夫的午餐；干酪土豆千层饼；干酪焗菜花。

法定产区保护博福特干酪（Beaufort AOC）
享誉世界的干酪品种之一，博福特干酪是在法国阿尔卑斯生产的，在郁郁葱葱的夏季牧场生产的干酪被称为波弗特·达尔佩奇，冬天生产的浅色干酪被称为博福特·德海尔。刚制作好的博福特干酪质地硬实，但是却入口即化，有着浓郁的、层次分明的咸香口味和水果风味。单独食用最佳，也可以用来制作干酪盘。

卡尔菲力干酪（Caerphilly）
威尔士卡尔菲力干酪是一种有着温和的柠檬清香口味的疏松干酪。随着熟化的进行，会变得更加柔软，乳脂风味更浓郁，味道也更加复合。卡尔菲力干酪可以用来制作甜味或者咸香风味的菜肴，特别是威尔士干酪菜肴。

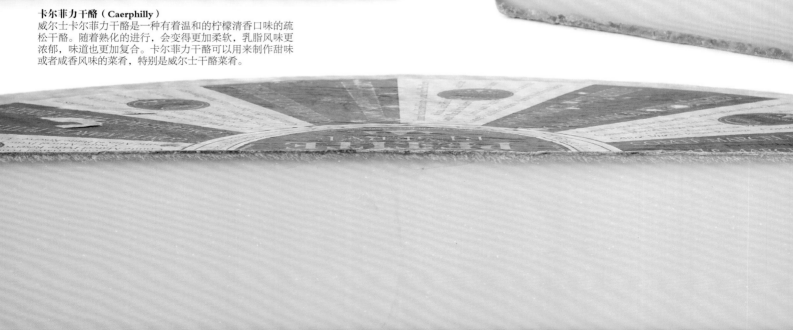

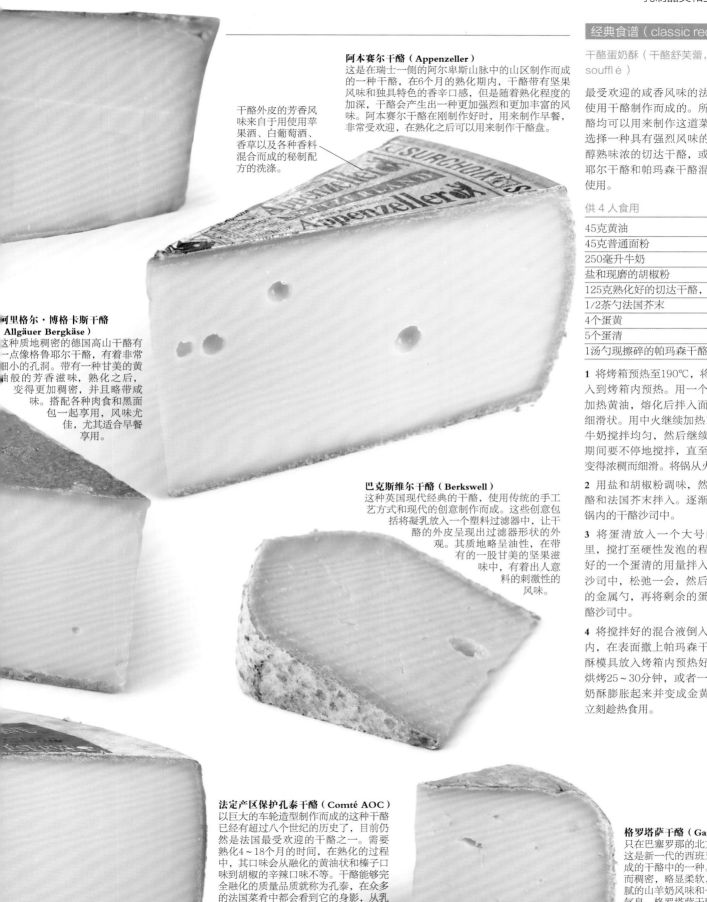

阿本赛尔干酪（Appenzeller）
这是在瑞士一侧的阿尔卑斯山脉中的山区制作而成的一种干酪，在6个月的熟化期内，干酪带有坚果风味和独具特色的香辛口感，但是随着熟化程度的加深，干酪会产生出一种更加强烈和更加丰富的风味。阿本赛尔干酪在刚制作好时，用来制作早餐，非常受欢迎，在熟化之后可以用来制作干酪盘。

干酪外皮的芳香风味来自于用使用苹果酒、白葡萄酒、香草以及各种香料混合而成的秘制配方的洗涤。

阿里格尔·博格卡斯干酪（Allgäuer Bergkäse）
这种质地稠密的德国高山干酪有一点像格鲁耶尔干酪，有着非常细小的孔洞。带有一种甘美的黄油般的芳香滋味，熟化之后，变得更加稠密，并且略带咸味。搭配各种肉食和黑面包一起享用，风味尤佳，尤其适合早餐享用。

巴克斯维尔干酪（Berkswell）
这种英国现代经典的干酪，使用传统的手工艺方式和现代的创意制作而成。这些创意包括将凝乳放入一个塑料过滤器中，让干酪的外皮呈现出过滤器形状的外观。其质地略呈油性，在带有的一股甘美的坚果滋味中，有着出人意料的刺激性的风味。

法定产区保护孔泰干酪（Comté AOC）
以巨大的车轮造型制作而成的这种干酪已经有超过八个世纪的历史了，目前仍然是法国最受欢迎的干酪之一。需要熟化4～18个月的时间，在熟化的过程中，其口味会从融化的黄油状和榛子口味到胡椒的辛辣口味不等。干酪能够完全融化的质量品质就称为孔泰，在众多的法国菜肴中都会看到它的身影，从乳蛋饼和挞类到各种沙司和沙拉等。

格罗塔萨干酪（Garrotxa）
只在巴塞罗那的北方地区制作，这是新一代的西班牙手工制作而成的干酪中的一种。其质地硬实而稠密，略显柔软，带有一股细腻的山羊奶风味和一丝核桃仁的气息。格罗塔萨干酪是制作西班牙风味小吃塔帕斯的理想材料，或者是作为餐后小吃，搭配核桃仁一起享用，令人回味无穷。

干酪蛋奶酥（干酪舒芙蕾，cheese soufflé）

最受欢迎的咸香风味的法式蛋奶酥是使用干酪制作而成的。所有的硬质干酪均可以用来制作这道菜肴，但是要选择一种具有强烈风味的干酪，例如醇熟味浓的切达干酪，或者是将格鲁耶尔干酪和帕玛森干酪混合到一起后使用。

供 4 人食用

45克黄油
45克普通面粉
250毫升牛奶
盐和现磨的胡椒粉
125克熟化好的切达干酪，擦碎
1/2茶勺法国芥末
4个蛋黄
5个蛋清
1汤勺现擦碎的帕玛森干酪

1 将烤箱预热至190℃，将一个烤盘放入到烤箱内预热。用一个小号沙司锅加热黄油，熔化后拌入面粉煸炒至呈细滑状。用中火继续加热1分钟。加入牛奶搅拌均匀，然后继续加热烧开，期间要不停地搅拌，直至加热到牛奶变得浓稠而细滑。将锅从火上端离开。

2 用盐和胡椒粉调味，然后将切达干酪和法国芥末拌入。逐渐将蛋黄拌入锅内的干酪沙司中。

3 将蛋清放入一个大号的干净的碗里，搅打至硬性发泡的程度。将打发好的一个蛋清的用量拌入锅内的干酪沙司中，松弛一会，然后用一把大号的金属勺，再将剩余的蛋清叠拌入干酪沙司中。

4 将搅拌好的混合液倒入蛋奶酥模具内，在表面撒上帕玛森干酪。将蛋奶酥模具放入烤箱内预热好的烤盘内，烘烤25～30分钟，或者一直烘烤到蛋奶酥膨胀起来并变成金黄色。取出，立刻趁热食用。

在整个干酪表面的这层粉质的保护性外皮，
会随着干酪熟化程度的深入，对干酪的颜
色、稠密程度和风味等方面都起到增长作用。

香酥干酪条（cheese straws）

在18世纪时非常流行的开胃点心。这些松酥的小点心后来发展成为正式晚宴之后的一道开胃的风味点心，或者作为一道宵夜的小吃。

大约可以制作出 45 份

115克普通面粉

1/2茶勺芹菜籽盐

适量卡宴辣椒粉

60克黄油，切成小颗粒状

85克切达干酪（或者其他风味的硬质干酪），擦碎

1个鸡蛋，打散

1 将烤箱预热至180℃。

2 将面粉放到碗里，拌入芹菜籽盐和卡宴辣椒粉。再加入黄油，用手指将面粉和黄油揉搓成如同面包糠般的颗粒状。最后拌入擦碎的干酪。

3 加入足量的能够将颗粒面粉混合成为硬实面团的蛋液。轻轻揉制，将面团揉搓成没有裂纹的圆球形面团，然后在撒有薄薄一层面粉的工作台面上擀开成为大约5毫米厚的长方形大片。

4 将擀好的长方形大片切割成大约10厘米宽的长方形，然后再切割成短的，大约如同小拇指宽度的条形。用铲子铲入涂抹有油脂的烤盘内。将剩余的所有面团都按照此法制作成条状。

5 放入烤箱内烘烤大约15分钟，或者一直烘烤到呈浅金黄色并成熟。

硬质干酪（hard cheeses）

卡斯泰尔马尼奥干酪（castelmagno PDO）
这种意大利风味干酪的中间位置非常疏松。这种干酪的味道在刚制作好之后，非常清新，在经过熟化之后会变得非常浓郁而芳香。卡斯泰尔马尼奥干酪在当地是淋上一些野花蜂蜜之后食用。

柴郡干酪（cheshire）
英国最古老的干酪品种之一，最初是使用牛奶制作而成的，这些奶牛放牧在柴郡的盐碱地内。因此柴郡干酪具有非常细腻、松脆芳香的质地，口齿间会留有咸香的风味。常见的颜色为洁白色，但是通常会带有一点淡橙色。以胭脂树红进行调色。可以铁扒、烘烤，或者擦碎之后加入各种汤菜中和沙拉里。

高达干酪（gouda）
刚制作好的高达干酪柔软甘美，带有水果的风味，但是经过至少18个月的熟化之后，高达干酪颜色开始变深，质地变得易碎并呈颗粒状。每一口吃下去都会体会到其更加复合的口味特点，口齿间风味浓郁而细滑。高达干酪经过熟化之后，其浓郁的滋味非常适合于用来制作热菜，从焗的菜肴到挞类和意大利面条类，以及干酪盘中。

切达干酪（cheddar）
来自英国西南部，正宗的农家干酪，质地坚硬但却可以弯曲自如，带有泥土的风味和可口的芳香。刚制作好的切达干酪风味柔，如同黄油一般，随着熟化的程度加深，风味得到了强化，其质地也变得越来越坚硬。切达干酪通常会用来制作三明治，也非常适合用来制作各种沙司，制作烤土豆，用来制作焗的各种蔬菜类菜肴，或者用来铁扒。

杰克干干酪（dry jack）
最硬的蒙特雷杰克干酪，在20世纪30年代的美国制作而成，用来替代帕玛森干酪。带有颗粒状的脆弱质地和浓郁、醇厚的坚果风味。适合用来制作各种沙司和舒芙蕾，或擦碎后用来制作意大利面条类菜肴、墨西哥玉米饼、玉米卷饼等。

格鲁耶尔干酪（古老也干酪，gruyere AOC）
瑞士最受欢迎的干酪，刚制作好的格鲁耶尔干酪质地硬实而稠密，带有一股坚果的风味。经过8个月的熟化之后，各种风味融为一体，变成了浓郁的坚果风味，并带有泥土的芳香。是制作瑞士干酪火锅的必备干酪，也非常适合于用来制作意大利面条、沙拉、蔬菜菜肴以及各种沙司。

格拉维拉干酪（graviera DOC）
这种希腊干酪大体上是基于瑞士格鲁耶尔干酪制作而成的。在克里特岛主要使用绵羊奶制作而成，在甘美的水果风味中带有清新的芳香和焦糖的混合味道。特拉维拉干酪产自于纳克索斯岛，主要使用牛奶制作，味道更加浓郁，呈更加细腻的乳脂状，坚果的风味也更加强烈。这一种经典的餐桌干酪也可以在烘烤干酪类糕点时使用。

质地细腻、紧密的康塔尔干酪是先研磨成乳脂状，然后采用干盐法制作而成。

经典食谱（classic recipe）

干酪沙司（cheese sauce）

这种经典的干酪沙司是厨师用来搭配鱼类、蔬菜类或者意大利面等菜肴的传统沙司。

可以制作出 300 毫升

20克黄油

20克普通面粉

300毫升牛奶

1/2茶勺法国大藏芥末（可选）

60～85克熟化好的切达干酪（或者其他风味的硬质干酪），擦碎

盐和现磨碎的黑胡椒粉

1 在小号不粘沙司锅内加热熔化黄油。加入面粉煸炒1分钟。

2 将锅从火上端离开，逐渐将牛奶拌入锅内，直到搅拌至细腻状。再次将锅放回到火上加热，并烧开，继续加热煮煮2分钟，同时要不停地搅拌。直到变得浓稠，细腻光滑。

3 根据需要拌入大藏芥末和干酪，用盐和胡椒粉调味。根据菜谱要求使用即可。

肯塔尔干酪（Cantal AOC）
法国最古老的干酪品种之一，肯塔尔是仅有的一种与制作切达干酪相类似的制作方法制作的干酪。刚制作好的肯塔尔干酪带有一股柔和的坚果风味以及牛奶风味。经过完全熟化之后的肯塔尔干酪风味非常浓郁，强烈而刺激。

硬质干酪，（hard cheeses）

原产地保护马杰洛干酪（queso majorero DOP）
这一种独具特色的西班牙干酪，风味各自不同，从乳脂状的清新口感中带有细腻而芳香的山羊奶风味到呈现出一种更加强劲的杏仁的甘美风味等。其传统食用方法是擦碎后放入蔬菜汤类菜肴中或者夏日沙拉中。

林肯郡普车干酪（Lincolnshire Poacher）
这种深受人们喜爱的英式现代农家干酪是在1980年创制出来的，类似于切达干酪。坚硬而耐嚼，口味生动而多变，它给我们提供了一种完整滋味的体验机会。这种干酪可以搭配面包或者饼干一起享用，可以铁扒，或者与洋葱、培根一起烘烤，或者焗土豆等。

伊比利干酪（Ibérico）
干酪上面印有编制而成的干酪篮子模具的印记，伊比利干酪如同许多传统的西班牙干酪一样，使用混合奶制作而成，每一种奶都会增添上自己独特的风味：牛奶的乳脂状的醇香风味，绵羊奶甘美的坚果芳香以及来自于山羊奶的草本植物的芬芳等。无论是制作西班牙餐前小吃塔帕斯，还是擦碎后食用，都风味绝佳。

米莫雷特干酪（Mimolette）
这种干酪原产于荷兰，但是在法国北方地区又有着悠久的制作历史。它使用与制作埃德姆干酪相同的方法制作而成。随着干酪的成熟，其干酪质地变得易碎，而其风味发展的更加强烈。可以作为开胃菜享用，或者破碎后用来制作各种沙司。

兰开夏郡干酪的制作方式独具特色，是将凝结了2~3天的凝乳混合到一起制作而成的干酪，这种制作方式使得其外观斑驳陆离。

兰开夏郡干酪（Lancashire）
刚制作好的兰开夏郡干酪称之为"乳脂状"兰开夏郡干酪，其质地湿润而易碎，几乎就像炒好的鸡蛋一样，并且融化的速度非常快。经过熟化之后，美味的兰开夏郡干酪会更加结实而干硬，带有一种更加脆硬的质地。

曼彻格干酪独具特色的质地是坚硬且干燥，然而其风味却香浓而柔滑，几乎呈油性。

曼彻格干酪（Manchego DOC）
曼彻格干酪因马德里南部地区广阔而干燥的高原拉曼查而得名。浓稠而甘美、芳香四溢的奶采自于在高原上放牧的绵羊，这就是为什么曼彻格干酪能够独一无二的原因。它有着非常明显的浓郁风味，让人情不自禁地想到巴西坚果和焦糖的风味，最后的口感会略带一点咸香风味。

经典食谱（classic recipe）

瑞士风味干酪火锅（Swiss cheese
fondue）

这道深受人们喜爱的瑞士农家菜肴采用
了法国词汇fondue，意思是"融化"。

供 4 人食用

1瓣蒜
350毫升干白葡萄酒
225克格鲁耶尔干酪，擦碎
225克艾文达干酪，擦碎
2汤勺樱桃酒
2汤勺水
2汤勺玉米淀粉
适量现磨碎的豆蔻
法式面包，配餐用

1 将蒜瓣切成两半，用来完全涂抹厚度
沙司锅的内壁，最后将蒜瓣丢弃不用。

2 将干白葡萄酒倒入锅内，加热至葡
萄酒开始出现小泡的程度。将干酪逐
渐加入到锅内，一直搅拌，直到干酪
在葡萄酒中完全熔化开。

3 当将所有的干酪全部拌入葡萄酒中
后，将樱桃酒和水与玉米淀粉一起混
合好，也倒入锅内。用小火加热，同
时不停地搅拌至呈细腻状，并且干酪
开始冒泡的程度，用豆蔻调味。

4 将干酪火锅点燃。当火锅热了之
后，将制作好的干酪液体倒入火锅内
（如果你没有干酪火锅，可以将沙司
锅放置到小蜡烛架上加热，或者放置
到一个小的热盘上，以保持干酪的热
度）。搭配切成丁的法式面包，使用干
酪叉，用来蘸食。

原产地保护格拉娜·帕达诺干酪（Grana Padano PDO）
12世纪，由西多会的修道士所创制，与帕玛森干酪非
常相似，这种硬质干酪目前在意大利的帕达那山谷中生
产，由众多的奶牛场制作。厚而富有光泽的外皮保护着
里面质地易碎的干酪，有着一股绵长而甘美的水果风
味，馥郁的芬芳中有着淡淡的干果香味。可以擦碎后淋
洒到意大利面条类菜肴上，或者用来制作意大利饺等。

**原产地保护佩克里诺·罗曼诺干
酪（Pecorino Romano PDO）**
在公元前100年，原产地保护佩
克里诺·罗曼诺干酪被认为是必
不可少的罗马军团的给养，这种
硬实而密实的干酪，质地易碎而
松脆，并有着典型的绵羊奶的甘
美风味，以及独具一格的咸香口
感。擦碎后淋洒到意大利面条菜
肴上或者意大利调味饭上是最佳
食用方法。

庞德霍珀干酪（Pondhopper）
传统的荷兰和意大利干酪制作方法被组合在一起，制作
成了这一种独一无二的，来自美国俄勒冈州的山羊干
酪。使用麦芽酒进行洗涤，使其带有一种细滑的乳脂状
的柔顺感以及啤酒花的芳香和口感。庞德霍珀干酪与樱
桃干和核桃面包、坚果风味啤酒是天然的最佳拍档。

**原产地保护佩科里诺·萨尔多干酪
（Pecorino Sardo PDO）**
产自撒丁岛，多尔斯是一种刚制作
好的，有弹性的，白色的绵羊干
酪，有着黄油的香味和芬芳的花
香，而熟化后的干酪风味会更加浓
郁，充满着令人愉悦的香辛风味和
咸香风味。
佩科里诺·萨尔多干酪是当地的一
道叫作库林诺斯的菜肴的基本原材
料，一种使用里科塔干酪和香草制
作而成的一种意大利饺。

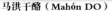

马洪干酪（Mahón DO）
马洪干酪产自梅诺卡的巴利阿里群岛，其外皮用黄油、红椒粉和橄榄油的混合物反复
涂擦。刚制作好的马洪干酪非常柔顺，带有黄油风味，口味非常温和，但是当熟化好
之后，会变得非常坚硬，略微带有些颗粒，与帕玛森干酪相同。马洪干酪传统上是作
为开胃菜食用的，淋洒上一些橄榄油，并用一枝新鲜的迷迭香装饰。

硬质干酪（hard cheeses）

原产地保护斯韦达尔山羊干酪（Swaledale Goat PDO）
产自约克郡北部地区，这种质地硬实的英式干酪有甘美的口感，带有用来浸泡干酪所使用的咸香风味的盐水的烙印，有着温和的山羊奶的风味。这种干酪会发展出一种天然的褐色外皮，或者在熟化到第三天的时候覆盖上一层蜡，以保持其质地微柔软的质地。在制作蛋奶酥和挞类时，要选择使用风味细腻的斯韦达尔山羊干酪。

圣·乔治干酪（São Jorge DOP）
马德拉群岛茂盛的青草和咸味的牧草让这种干酪烙印上了一股浓郁的香辛风味，它有着清新爽口的气味和坚硬而易碎的质地。它被誉为是一种介于切达干酪和高达干酪之间的干酪，干酪中会带有一些细小的孔洞，是干酪火锅的理想用料，圣·乔治干酪也可以给干酪盘增添一种精细的风味，可以配梨和马斯喀特葡萄一起享用。

手工制作的木质干酪包装盒造成了奥斯泰珀克干酪非同寻常的形状。

红莱斯特干酪（Red Leicester）
与切达干酪的制作方法相类似，这种干酪有着甘美而柔和的清香风味，随着熟化的进行，其风味得到了强化。可以摆放到吐司面包上或者添加到馅饼里，或者用来给干酪盘增添色彩和风味。

奥斯提珀克干酪（Oštiepok PGI）
来自斯洛伐克的传统绵羊奶干酪，这种干酪与波兰的奥次次匹克干酪非常相似。由于被天然熏制过，因此这种干酪带有烟熏味道，并且略带咸香和来自于绵羊奶的焦糖风味。通常会摆放到餐桌上食用，也可以与腌肉和香肠等一起伴食。

这种颜色独具一格的干酪呈稠密的蜡状，质地细滑。

普莱森特干酪（Pleasant Ridge Reserve）
美国威斯康星州手工制作的阿尔卑斯风格的干酪，这是唯一的一种从春季到秋季，在牧场放牧的高峰期制作的干酪。这种干酪在刚制作好时，风味各异，从特别的水果风味和甘美口感，到熟化好之后的略带酸味和咸香风味等。这是一种极易的融化干酪。

圣华金干酪（San Joaquin Gold）
这种加州的原创干酪是受到瑞士山地干酪的启发制作而成的。其风味醇厚，质地松脆。随着熟化的进行，混合风味中的坚果味道和青草味道开始凸显。

圣华金干酪被制作成为个头巨大的，重达13.8千克的轮子造型。

斯巴润茨干酪在擦碎之后加入意大利面和汤类菜肴中都风味绝佳。

法定产区保护斯巴润茨干酪（Sbrinz AOC）
尽管斯巴润茨干酪非常坚硬而且带有颗粒，产自瑞士的斯巴润茨干酪，因为使用全脂奶来制作，因此比帕玛森干酪易碎性要低一些，它有着独具一格的，来自于牧草草地中鲜花的芳香，香辛中略带有咸香风味。擦碎后加入意大利面和汤类菜肴中都风味绝佳。

隆卡尔干酪（Roncal DOP）
在比利时一侧的比利牛斯山脉中制作而成的一种绵羊奶干酪，隆卡尔干酪质地稠密，有着细滑的外皮，上面印着干酪包装棉布的印痕。随着熟化的进行，会带有丝丝的坚果风味，越来越刺激的风味以及一股绵绵不绝的回味。

温斯丽黛尔干酪（Wensleydale）
由华莱士和格罗米特创作出来的一种干酪，温斯丽黛尔干酪是英国最古老的干酪之一。它有着稠密但却呈鳞片状的质地以及一种淡雅的野花蜂蜜的味道，与清新爽口的酸味相得益彰。在约克郡，人们喜欢将干酪搭配一份苹果派一起享用。

原产地保护欧索依拉提干酪（Ossau−Iraty PDO）
这种干酪引用的是欧索山谷的名字，在贝阿恩以及依拉提的森林，在巴斯克地区，还有着众多美妙无比的绵羊奶干酪，香味浓郁，持久而绵长，且有几分坚果的味道。以传统而时尚的方式享用是搭配当地出产的黑樱桃果酱，叫作Itxassou。

温彻斯特超级高达干酪（Winchester Super Aged Gouda）
由一位来自荷兰的干酪制造商在加利福尼亚制造而成，这是一种质地稠密，并且在嘴里咀嚼时有松脆感的干酪。在熟化好之后，其甘美的黄油风味，会变得强烈而鲜明。是经典的干酪盘中所使用的干酪。

经典食谱（classic recipe）

威尔士干酪（Welsh rarebit）

这也叫威尔士兔子（Welsh rabbit），是英式风味的瑞士干酪火锅，涂抹在烤面包片上。在表面上要摆放一个荷包鸡蛋。

供 4 人食用

15克黄油

1汤勺普通面粉

适量的卡宴辣椒粉

4汤勺烈性啤酒，或者牛奶

1/2茶勺英式芥末

225克传统的英式传统的质地疏松的干酪，例如卡尔费里干酪，兰开夏干酪，温斯利代尔干酪，或者柴郡干酪，或者其他种类的硬质、略带疏松的干酪均可以，弄碎或者擦碎。

盐和现磨碎的黑胡椒粉

4片面包片，烘烤好

1 将焗炉预热。在沙司锅内加热熔化黄油。拌入面粉和卡宴辣椒粉并翻炒1分钟。将锅从火上端离开，将烈性啤酒或者牛奶倒入搅拌好。

2 将锅重新放回到火上加热并烧开，期间一直搅拌到汁液变得浓稠。再拌入芥末和干酪，直到干酪熔化。用盐和胡椒粉调味。

3 将烘烤好的面包片摆放到焗炉的烤架上。将锅内的干酪混合物用勺舀到面包片上，并覆盖均匀，然后焗大约4分钟，或者一直焗到干酪混合物呈金黄色并开始冒泡。趁热食用。

添加其他风味的干酪（flavour-added cheeses）

带有亮丽的颜色，添加有各种风味的干酪琳琅满目地陈列在世界各地的熟食店内。它们看起来非常时髦，但是实际上已经有很长久的历史了：自从人类学会制作硬质干酪并且储存在家里柴火上方的屋檐下时，烟熏干酪就已经存在了。在16世纪时，荷兰的干酪制作者们就已经迅速地将从东印度群岛带回来的异国风味香料融和到艾德姆干酪和高达干酪中，生产出诱人食欲的混合风味的干酪。今天，添加到干酪中的绝大多数干酪，都是大名鼎鼎的硬质或者半软质干酪，混合了各种水果、香料或者香草。干酪有四种不同的类型。天然熏制的干酪带有金黄色到焦糖色的外皮，但是里面干酪的颜色没有受到烟熏的色泽影响。传统风味的干酪（基于荷兰干酪制作方法，原材料与新鲜的凝乳一起进行熟化处理）吸收之后添加的各种原材料的芳香风味和精华并得到强化。形成干酪外皮的风味的原材料有许多种类，例如葡萄叶、葡萄汁，或者烘烤好的啤酒花印压到外皮中等。二次成型的干酪，是主要的加入各种风味的干酪，是将刚制作好的干酪弄碎，并混合进去各种所需要的原材料，然后再次成型。

添加其他风味干酪的购买 所使用的各种原材料应该对干酪风味的形成起补充作用，而不是压制和遮盖住干酪的风味，因此，要找寻一家能够让你在购买这些原材料之前欢迎你进行品尝的供货商。

添加其他风味的干酪的储存 放入密闭容器内放到冰箱内储存。

添加其他风味的干酪的食用 新鲜时：添加了大蒜或者香草，或者其他各种经过烟熏处理的风味干酪，与各种三明治和沙拉搭配非常好。那些添加有果脯的干酪，可以作为特色菜品，用来代替甜品。制作成熟时：添加有各种风味的传统风格的半软干酪或者硬质干酪，可以如同没有添加风味的同类干酪一样，在制作成熟之后，可以给那些常见的菜肴，现烤土豆或者意大利面条类菜肴增添个性化的特色——天然熏制的干酪特别适合这些菜肴。

温斯利代尔干酪（wensleydale）

制作这种干酪时，将鲜温斯利尔干酪弄碎，并混入蔓越莓，然后再重新成型。原来的温斯利代尔干酪是硬质干酪，但是在混入蔓越莓并重新成型之后，再经过压制，就制作出了非常柔软，几乎可以涂抹的干酪。

卡尔卡诺干酪（calcagno）

这是撒丁岛和西西里岛的特产，由绵羊奶制作而成，在新鲜的乳脂状干酪过滤之前加入胡椒粒，并加入盐，然后再进行熟化处理。随着干酪熟化程度的深入，干酪变得更加鲜咸，也更芳香辛辣，并且羊奶的风味也变得更加清晰明显。新鲜的卡尔卡诺干酪可以搭配烤柿椒，而熟化后的卡尔卡诺干酪可以擦碎后撒到意大利面条上或者蔬菜类菜肴上。

科斯塔干酪（san simon da costa）

带有独具一格的铜色外皮的西班牙干酪是使用白桦木经过细火慢熏之后制作而成的。在烟雾中混合有黄油的芳香和滋味，其整体风味则是柔和中带有些咸味。加热之后会完全融化，因此非常适合用来搭配米饭、意大利面条以及蔬菜类菜肴，或者添加到各种沙拉中。

伊迪阿扎巴尔干酪（idiazabal DOP）

最佳品质的天然熏制干酪，一般都会储存在巴斯克牧人小屋的屋椽下，刚制作好的干酪在屋椽下能够吸收到柴火的烟熏味道。目前，使用的是山毛榉木进行冷熏处理。这种干酪质地坚硬并非常耐嚼，带有非常美妙的培根风味。在西班牙的巴斯克地区，用来添加到鱿鱼调味饭中。

莱顿卡里卡斯干酪（karikaas vintage leyden）
用小茴香来增添风味，这种传统风味的莱顿干酪，产自新西兰，带有浅黄色的光泽，硬质却柔顺，风味甘美、香辛，并带有一丝丝的咖喱风味。经过2年的熟化之后，会变得更加干硬、浓郁并带有焦糖的芳香。

佩科里诺松露干酪（pecorino tartufo）
将黑松露薄片添加到新鲜制作好的绵羊奶凝乳中，这样在凝乳进行熟化处理的过程中，黑松露的芳香风味精华会被凝乳中的颗粒充分吸收。最后结果是绵羊奶的甘美风味和泥土的芳香气息，与黑松露中的坚果风味达到了美妙的平衡。

酗酒干酪（formaggio ubriaco）
这款干酪被命名为酗酒（"喝醉"），是因为刚制作好的干酪是在桶装的、酿酒所遗留的碎葡萄皮和葡萄籽里进行熟化处理而得名。风味浓郁的乳脂状干酪与葡萄酒别具一格的味道和芳香风味进行了完美的融合。与玉米粥和蘑菇是绝佳搭配。

莱顿干酪在烤土豆上能够完全融化，或者与味道浓郁而香辣的腌制肉类形成互补作用。

康沃尔郡亚格干酪（yarg cornish cheese）
康沃尔郡亚格干酪也许是最有名的英国干酪，风味柔和，质地疏松的亚格干酪被相互编制而成的荨麻叶所包裹着。随着时间的延长，荨麻叶开始逐渐碎裂开，使得干酪变得非常柔软且呈乳脂状，并散发出细微的蘑菇芳香气味，让干酪也带有了些许植物的风味。弄碎之后可以撒到面包脆片、法式面包、烤土豆、意大利面条以及焗的菜肴上等。

内格尔卡仕干酪（nagelkaas）
内格尔卡仕干酪在整个荷兰都有出产，这种经典的高达风格干酪使用了丁香和小茴香来增添风味。

水果类

木本水果类/核果类

浆果类/灌木果类

柑橘类/热带水果类

水果概述

在我们所食用的所有食物类别里，水果或许是其中最能诱人食欲的。但是，在实际从商店购买水果时，水果的外观具有一定的欺骗性。琳琅满目的各种水果被研发出来是为了满足市场的需求，而不是单单为了满足人们的口舌之欲：其结果是，为了水果的美观和延长保存期的需要，而牺牲掉了其甘美的口味。一个色彩艳丽的红苹果带有让人失望的粉质、干涩的肉质。一个大个头的、长相甜美的草莓更可能会是淡而无味。一个红彤彤的杏也会是无滋无味。闻闻味道，用手触摸以及老练的眼光，都有助于购买到品质最佳的水果。例如，成熟的伊丽莎白瓜会香气扑鼻，这一点会非常明显。成熟的木瓜会变成黄色。紫色的无花果和麝香葡萄在其几乎熟透的时候是其品质最佳时刻。

水果的购买

如果有可能，在你购买水果前可以轻轻地触摸水果以检验其成熟程度：许多种水果，特别是核果类，在触摸时，应感觉到硬实但不是坚硬，并且在完全成熟时，只需略微用力就会有触感。甘美多汁的水果感觉起来应该比它们的实际大小要沉重一些，并且所有的水果看起来要新鲜光亮，硬实，没有疤痕，诱人食欲（除非是百香果，打开后会有刺激的味道）。如果水果带有叶片或者茎杆，要确保它们翠绿而新鲜。要尽量购买时令水果和当地出产的水果，因为任何水果被通过空中或者海上运输到数千公里之外的地方，通常都会为了运输的需要，选择在其未成熟时就进行采摘。因此水果的味道永远不会与新鲜采摘时，以及盛产的高峰期时一样好。通过冷冻、装瓶以及干燥法对水果进行保存，无论何种方式，都会让我们在一年四季可以随时随地的享用到这些健康而美味的水果。

> **水果的变色** 有一些水果的肉质，例如苹果、梨以及香蕉等，在切开后或者暴露在空气中时会快速氧化而变成褐色。为了防止这种变色情况出现，可以用一个柑橘类水果，例如柠檬、青柠檬或者橙子的切面涂擦或者涂刷到暴露在外的水果的所有切面上。或者将切好的水果在一碗酸性水溶液中（冷水加柠檬汁）浸渍一下。

将未成熟的水果催熟 可以通过将未成熟的水果与已经成熟的水果一起放到纸袋内的方式将其催熟。纸袋只需宽松地捆好，让些许空气可以进入，在室温下存放好，并且要避免阳光直射。要确保纸袋和袋内的水果始终是干爽的。

水果的储存和成熟

成熟的水果很快就会变坏，所以要竭尽所能地小心处理它们，尽量不要购买在几天之内食用不完的太多水果。水果通常要储存在冰箱内的底部位置或者在一个凉爽的储物柜内。但是最好是在食用之前让其恢复到室温。有一些水果，例如香蕉，一定不要冷藏储存。"熟水果"意味着"水果成熟"，但是并不是所有的水果都会在采摘之后变得成熟，例如，杏、油桃、樱桃以及浆果类等，会变色和变软，但是它们不一定会变得更加甜美或者增加汁液。为了增快水果成熟/变软的进程，像苹果、梨、杧果和菠萝等水果，可以试试下面这些小技巧。

将水果摆放到一个干燥而阴凉的窗台上，或者一个托盘里，要确保它们之间没有相互接触到（为了防止传播霉变），避免阳光直射，否则水果会皱缩并变得干瘪。一旦水果变软，就放入冰箱内冷藏保存。

绝大多数水果在成熟的过程中会散发出天然的乙烯气体，这样的话，作为水果成熟过程中的副产品，可以让水果进一步成熟。这样就可以将水果一起储存在一个碗里或者一个纸袋内，加速水果成熟的进程，让成熟的水果催熟没有成熟的水果。

如果你想更进一步加速水果成熟的过程，可以将一个苹果或者一根香蕉（两者都能够释放出高浓度的乙烯气体）放入装有水果的袋子内。这些水果每天都要检查，以确保它们没有熟过头，并且要将已经成熟的水果从袋内取出。水果一旦变软，如果不打算立刻食用，要将其存放到冰箱里。每天检查水果以确保它们不变质。

在采摘之后可以自行成熟的水果
· 苹果、梨、李子、大多数的甜瓜、猕猴桃、杧果、菠萝、木瓜、西番莲、香蕉

在采摘之后易变质的水果
· 杏、桃、油桃、樱桃、葡萄、橄榄、柔软的浆果类、葡萄干、大黄、柑橘类水果、西瓜

水果的制备

　　大多数的水果都非常容易制备——只需简单地清洗就可以准备食用——而另外还有一些水果其鲜美的果肉会躲藏在坚韧粗糙的外皮之下。为了让水果能够搭配甜点一起食用，有些水果打成果泥会更加美味可口。

制作果蓉 软质水果，如浆果类，可以在新鲜时搅打成果蓉，而另外一些水果，则需要先将它们炖熟或者煮熟，以让这些水果变软，再用来打成泥蓉状。在将水果打成果蓉之前，要将所有的水果清洗干净，并将那些需要去掉外皮的水果进行削皮处理，还要将所有的果核去掉。

1 将新鲜的或者加热烹调制作好的水果放入电动搅拌机内，使用脉动按键反复短暂地搅打几次，将果肉搅碎。

2 将搅碎的果实过滤，以去掉果仁和籽。根据需要，如果想让果蓉更甜美一些，可以冷藏处理。

水果的加热烹调

　　当水果新鲜和成熟之后，其滋味最是鲜美甘甜，但是将水果继续加热烹调处理可以改变果肉的质地，并且还可以增加相互之间的味道。加热烹调也可以让熟过头的水果有更好的利用价值。

煮水果 对有核水果的一种最好的处理方式，选择那些质地硬实，不是太成熟的水果，因为这样的水果在加热烹调的过程中能够更好地保持住其形状。你可以用柠檬、橙子或者各种香料给煮水果的糖浆调味，或者直接用果汁、红葡萄酒加糖来煮水果。

1 将去核后的水果与糖浆一起用小火熬煮。水果可以切成两半或者切成片状。要确保所有水果都能够浸没在糖浆中。

2 用小火煮10～15分钟，或者一直将水果煮熟，用漏勺将煮好的水果捞出。然后将煮水果的糖浆熬浓，过滤好之后，配煮好的水果一起食用。

铁扒水果 水果是由水和糖组成的，铁扒水果，可以通过熬去水果中的水分和将水果中的天然糖分变成焦糖而将其风味进行浓缩提炼。柑橘类水果经过铁扒之后会变得柔软，口味会由酸变甜。而热带水果，如菠萝和香蕉等，切成片状或者穿成水果串用来铁扒，风味绝佳。

铁扒切成两半的柑橘类水果，涂抹上黄油，撒上糖，或者淋上蜂蜜。放大烧烤炉上铁扒，或用焗炉焗至柔软，且表面变成焦糖色。

铁扒菠萝片，将菠萝切成厚薄均匀的圆片，在菠萝的两面都均匀地涂抹上黄油和糖，或者蜂蜜。将菠萝焗至绵软并变成焦糖色。

炸水果 可以选用质地硬实的水果，特别是菠萝、杧果以及木瓜等热带水果适合用这种烹调方法。炸水果最好的方式是将水果块先蘸好面糊——为了取得香酥脆嫩的效果，软炸水果可以使用亚洲风味的天妇罗面糊。在挂糊之前，要将水果的表面拭干，以使得面糊能够挂在水果表面上，并保持住水果的汁液不流失。

1 将水果去皮并切成厚度均匀的片状，用夹子或者手指将水果片均匀地蘸满面糊。

2 在加热至190℃的油温中炸制水果3～5分钟，直到水果变得香酥脆嫩、呈金黄色，捞出在厨房用纸上控净油，并撒上糖。

烘烤水果

烘烤水果可以让水果中天然的甜味得到加强。在烤箱内用低温慢烤是处理硬质水果，如苹果和梨等最好的烹调方法，因为烘烤可以让水果变得柔软而且加热得更加彻底，从而让水果的风味得到充分发挥。

1 要烘烤整个苹果，先从去掉苹果核开始，注意要将所有残留的籽和筋膜都去掉，在苹果的中间腹腔位置或许会有漏网之鱼。

2 在苹果中间酿入干果和坚果馅，用刀在苹果四周果皮上切割出一些刻痕，以让苹果在烘烤的过程中能够胀大，将酿好馅的苹果放到烤盘上，在苹果的顶端放上一些黄油，用200℃烤箱烘烤45分钟。

3 苹果一旦烘烤成熟，立刻从烤箱内取出。将烤苹果连同烤苹果时滴落的汁液，再配上糖浆，或者一勺鲜奶油，或者冰淇淋等一起享用。

水果的保存

　　随着时间的推移，水果自然就会腐烂变质，但是现在已经开发出行之有效的水果保存技术，能够延缓水果腐坏变质的速度。这样我们就能够以各种不同的方式长期享用到各种水果。无论是采用加热，还是加入糖或者酒，或者晒干、冷冻，也或者是组合使用这些加工方法，在家里享受保存水果的整个过程是妙趣横生并物有所值的事情。

制作果酱 使用水果制作果酱是值得称道的事情，但不要使用熟透的水果。有瑕疵的水果通常都不是处在品质最好的时期，不能制作出高品质的果酱。还有一些水果，如樱桃和草莓等，本身不含有足够的果胶成分（一种天然的凝结剂），不能凝固成果酱，需要额外添加果胶以帮助果酱凝固。绝大多数果酱都含有等重的水果和糖，但是其确切的数量会根据各自食谱的不同而不同。自制果酱可以储存一年以上。

将水果和糖一起放入大号沙司锅内。用小火慢慢熬煮至糖完全熔化。然后用大火煮至105℃：所需熬煮的时间长短要根据使用的水果和食谱的要求而定。

可以通过将适量的果酱放入碗里并让其略微冷却凝固的薄片测试法进行果酱凝固程度的测试。用木勺舀取适量的果酱，如果最后滴入到碗里的果酱呈片状，而不是细流状，就说明果酱可以凝固。

使用皱纹测试法，也可以用来进行测试果胶的凝固程度。用勺舀取适量的果酱放到冷的浅盘内。一旦略微冷却之后，用手指在浅盘内推动果酱，如果果酱凝固好了，果酱会随着手指的推动略微形成皱纹状的皱褶。

制作果冻 果冻是由熬煮好的水果过滤后的汁液制作而成的。果冻非常容易制作，储存一些果冻，无论是用来制作开胃的菜肴还是风味甘美的甜食都会非常方便实用。果冻可以储存一年以上。制作果冻与制作果酱的方法基本相同，并且除了使用尼龙滤网或者果汁过滤袋之外，所使用的设备工具也基本相同。这些设备工具在使用前，必须用开水烫过。富含果胶的水果类，如黑醋栗和红醋栗等，非常适合用来制作果冻。其他的水果，如黑莓，最好与其他含有丰富果胶类的水果，如苹果或者使用糖与果胶一起混合使用。

1 在沙司锅内，用小火加热水果。这样的加热方法有助于将水果中天然的果胶提炼出来。一旦将水果熬煮到足够软烂时，可以使用一把木勺的背面反复挤压水果将其捣烂。

2 将果肉用勺舀入尼龙滤网内，或者悬挂着的果汁过滤袋内，让其在碗的上方滴落一晚上的时间。不要挤压滤网内或者过滤袋内的水果，否则果胶会变得浑浊。

3 将水果汁与糖一起煮开并达到凝固点，撇去表面浮沫，但是不可以搅拌。尽快地装到消过毒的广口瓶内，如果停留的时间太长，果冻就会在锅内开始凝固。

将水果装瓶 在过去几十年的时间里，瓶装水果一直深受欢迎，这是一种用来保存大批量水果的极佳方法。要挑选刚好成熟、没有疤痕的水果，并使用适当的带盖的广口瓶，能够拧紧，并且是宽颈的广口瓶。一旦水果装好瓶，要将装瓶的水果储存在一个凉爽、避光的地方，可以储存10～12个月。

1 将水果漂洗干净，去掉果核，保持果肉完整或者切成瓣状或者切成片。将水果尽可能紧密地装入消过毒的广口瓶或者瓶子内，而不破坏水果的肉质。

2 将装好瓶的水果放到铺好防油纸的烤盘内。将糖浆装满至广口瓶内的瓶颈处并盖好，拍打广口瓶以排出所有的空气泡，并再次装满糖浆。

3 去掉广口瓶上所有的塑料密封件，将烤盘放入150℃的烤箱内，根据水果的特点和食谱的要求，确定好需要烘烤消毒的时间。取出水果，待冷却之后立即密封包装好。

用酒保存水果 所有的水果都可以用酒来保存。可供选择的水果和酒类有很多。例如，可以用白兰地腌制樱桃，用朗姆酒和各种香料来腌制小柑橘，或者用波特酒腌制李子等。要选用刚好成熟的水果在良好的环境下进行腌制。

1 将水果洗净并擦干，塞入消过毒的广口瓶内，不要碰坏或者对水果造成损伤。

2 将糖装入广口瓶内（要装到广口瓶的三分之一满），再倒入酒，这样酒就会完全覆盖过水果。

3 将广口瓶盖好，并拍打和转动瓶身，以释放出所有的空气泡，再在顶部加入酒并重新密封好。让糖全部融化，不时地转动瓶身，可以加速糖的融化过程。

4 储存在一个凉爽、避光的地方，并让糖完全融化开，水果完全吸收酒精成分并熟化。根据所使用水果的不同，这个过程可能需要2~3个月。

水果的干燥处理 可以将苹果、无花果、带核水果、梨以及香蕉等，用低温（50~60℃）的烤箱，烘烤8~24个小时，时间根据烤箱的不同和所使用水果的不同而定。

1 将水果去籽（根据需要），并去掉带核水果所有的核。将水果切成厚度均匀的薄片，并将烤箱预热至非常低的温度。

2 将水果片摆放到网格状烤盘内，放入烤箱内烘烤至水果的质地类似于麂皮状，冷却之后密封储存在消毒广口瓶内。

冷冻水果 冷冻是将水果在品质最好的时候冻起来，是非常实用而简单的保存水果的方法。首先将水果洗净并彻底拭干，草莓和覆盆子只在绝对有必要的情况下才进行漂洗。水果要避免瘀伤和破损。保存水果有三种主要的冷冻方式：干冻、糖冷冻和糖浆冷冻。有些水果或许需要先在水中或者糖浆中略烫一下。也可以将水果蓉和水果汁进行冷冻。一种非常好的方法是在制冰格内少量地进行冷冻。冷冻可以将水果保存8~10个月。

1 将水果在一个烤盘内均匀地单层摆放好，将烤盘放入冷冻冰箱内，将水果冻硬。

2 待水果冷冻好，放入冷冻袋内包好或装入冷冻箱内（水果要单独包装以免粘连到一起），贴上标签，放到冰箱内冷冻好。

制作果皮蜜饯 有些水果，如柑橘类水果片和皮，酸碱类水果以及菠萝等，制作蜜饯会比其他水果效果更好。

制作柑橘类水果果皮蜜饯 可以将等量的柑橘类果皮和等量的白糖，一起放到加有水的沙司锅内，加热烧开，再用小火慢慢熬煮到果皮变成透明状。取出果皮放到餐盘内晾干，然后蘸匀砂糖。将制作好的蜜饯果皮放入消过毒的广口瓶内密封好，储存在凉爽、避光的地方。

挂糖霜 这是一种非常吸引眼球的技法，可以使用葡萄和红醋栗来达到这样的装饰效果。经过挂糖霜处理的水果不会比新鲜水果保存期长出多少，但是至少可以保持住几天的新鲜程度。

1 水果上保留好梗。将一个或者两个蛋清略微搅打，然后将水果蘸上蛋清或者用毛刷将蛋清液体涂刷到水果上。

2 用一把茶勺将白糖淋洒到水果上，或者让水果在白糖中滚动，这样水果就会沾满白糖。让水果风干即可。

苹果（apples）

苹果，生长在世界各地的温带气候条件下，苹果的种类繁多，颜色从绿色到红色、黄色，以及黄褐色不一；而口味从酸到甜；质地从脆到软。绝大多数苹果都可以生食或者熟食。

苹果的购买 苹果一般在秋季收获，但是根据苹果品种的不同，也会有晚夏和隆冬季节上市的。要挑选那些外观无瑕疵，外皮无皱褶的苹果。在苹果的茎把处会散发出淡淡的芳香气味——可以用手指轻轻按压这个地方。苹果的颜色和气味关系不大：有时候色泽鲜艳，晶莹如同蜡质的外皮之下掩盖着的是绵软无味的肉质。

苹果的储存 苹果可以放入一个不扎口的塑料袋内放到冰箱底部冷藏保存几周。根据需要，可以放到冰箱的水果冷藏盒内。如果要大批量地储存苹果和长期储存苹果，可以用报纸将每一个苹果都单独包好，摆放到一个凉爽、避光、空气流通的地方；苹果可以去皮和核之后干燥后保存。苹果还可以冷冻保存。

苹果的食用 由于苹果中含有单宁，因此一旦切开后就会变色。要防止这种情况的发生，可以用柠檬在苹果切面处反复涂擦，或者将苹果放到加有柠檬汁的酸性水溶液中。新鲜时：在室温下可以整个食用。去皮，或者带皮用来增添色彩，然后切成片状或者丁，用来制作沙拉。加热烹调时：切成片状或者切碎用来做挞、馅

饼，或者炸苹果，也可以煮熟之后制作成苹果泥，用来制作沙司。可以去核之后整个的烤。腌制时：可以装瓶之后用糖浆腌制；可以制作成酸辣酱或者苹果酱；也可以干燥成苹果圈。

搭配各种风味 猪肉，鹅，黑布丁，干酪，西芹，紫甘蓝，黑莓，葡萄干，坚果仁，肉桂，丁香，豆蔻，香草，苹果酒，苹果白兰地等。

经典食谱 苹果卷；苹果沙司；苹果挞；烤苹果；苹果馅饼；华多夫沙拉；苹果布丁；苹果排；糖霜苹果；苹果蛋糕；诺曼底派；油炸苹果等。

苹果的制备

苹果薄薄的外皮非常容易去掉，并且在去掉果核之后，苹果可以整个的使用，或者切成四瓣，或者切成片，也或者切成丁之后使用。

1 用削皮刀削掉苹果外皮，或者使用一把锋利的小刀去掉苹果皮。要使用整个苹果，可以使用去核器去掉苹果的核。2 也可以将去皮后的苹果切成块状，然后再使用一把小刀去掉核。

红彤彤的外皮和甜蜜的芳香风味，让这种苹果有另外一个充满想象力的名字"草莓苹果"。

丹齐格苹果（danziger kantapfel）
一种古老的荷兰-德国苹果品种，口味酸甜适中，用途非常广泛。

博斯科普美人苹果（belle de boskoop）
来自于荷兰的苹果品种，这种品质优良的苹果具有脆嫩的肉质。因为其肉质略微有些酸，因此特别适合生食，或者用来制作苹果沙司和苹果卷。

考克斯黄苹果（cox's orange pippin）
这种芳香四溢、黄绿色中夹有橙红色的苹果，肉质脆嫩多汁风味极佳，是英国最受欢迎的甜点苹果。

安诺卡苹果（annurca）
在意大利南方广泛种植的苹果品种，这种苹果肉质脆嫩，具有细腻而芳香的风味。无论是生食还是热食俱佳。

布瑞本苹果（braeburn）
超市中最受欢迎的苹果，布瑞本苹果原产于新西兰。其硬度中等，肉质多汁，风味适口。可以享用生食时的美味，也可以制作挞和馅饼。

安诺卡苹果是一种中小个头的、呈扁平状的苹果。

要选择那些外皮细滑，有光泽的苹果，并且没有瘀伤的痕迹。

发现号苹果（discovery）
在亮丽的红色外皮中带有一抹绿色，其脆嫩、多汁，略带酸甜的肉质，使其成为英国最具吸引力的苹果之一。在生食之前，略微冷藏一下，可以更加彰显出其独特的风味。

博斯科普美人
是一种个头较大，外皮粗糙，呈黄褐色的苹果。

艾尔斯塔苹果（elstar）
甘美中略带松脆，这种中等个头的荷兰苹果风味介于英格利特·玛丽和金冠苹果之间。是一种甘甜如蜜，深受欢迎，食用方便的苹果，适合整个食用，或者用于水果沙拉中。

艾尔斯塔苹果带有红黄相间的如同大理石花纹般的红色外皮。

阿罗马苹果（aroma）
瑞典培育的一种苹果品种，带有优质的、浓郁的苹果风味以及能够融入口中的多汁肉质。适合生食和烤熟后食用。其外皮呈现出红扑扑的光滑细腻特点。

经典食谱（classic recipe）

苹果卷（apple strudel）

这一款中欧地区的传统糕点中可以加入众多不同的馅料，但是苹果卷是其中最受欢迎的。费罗酥皮是一种在制作苹果卷时，使用起来非常方便的酥皮替代品。

供 4 ～ 6 人食用

600克苹果，去皮，去核，切成大小适中的块

1个柠檬，擦取碎皮，挤出柠檬汁85克白糖

2茶勺肉桂粉

50克葡萄干

6张费罗酥皮（要使用一块干净的、湿润的棉布覆盖好，以防止酥皮变干燥）

50克黄油，软化

2汤勺干燥的面包糠

糖粉，撒面装饰用

1 将烤箱预热至200℃，在一个大号烤盘内涂上黄油。

2 将苹果、柠檬碎皮和柠檬汁、糖、肉桂粉以及葡萄干一起混合均匀，放到一边备用。

3 将一块干净的棉布摆放到工作台面上，在棉布上摆放好一张费罗酥皮，让酥皮的长边靠近自己身体的方向。在酥皮上涂刷上融化的黄油，然后再覆盖上另外一张费罗酥皮，第二张酥皮要覆盖到第一张酥皮的一半位置，这样可以增加苹果卷的长度。在第二张酥皮上也涂刷上黄油。其余的酥皮按照此法重复此操作步骤，直至完成酥皮的操作。

4 将面包糠沿着酥皮的长度撒到酥皮上，留出5厘米边缘部分不撒面包糠。

5 将苹果混合物摆放到酥皮的中间位置，然后在底层棉布的协助下，使用如同卷瑞士蛋糕卷一样的方法将酥皮卷起。将两端捏紧，塞入酥皮的底部位置。

6 将卷好的酥皮卷再次涂刷上黄油，小心地移入烤盘内，将酥皮的接口处放置到底部。

7 放到烤箱内烘烤30～40分钟，或者一直烘烤到呈金黄色并香酥为止。用铲刀将苹果卷从烤盘内移出，然后小心地摆放到餐盘内，撒上糖粉装饰。可以趁热食用或者冷却后食用，食用时可以配鲜奶油。

甜点苹果（dessert apples）

苹果沙司（apple sauce）

苹果的风味可以与香浓的肉类菜肴形成鲜明的对比，深受人们喜爱。这里的苹果沙司非常适合搭配烤猪肉。

供 4 人食用

500克酸甜苹果
150毫升水
20克白糖，或者多备出一些
半个柠檬，挤出汁液
半根肉桂条
适量盐
30克黄油

1 苹果沙司可以提前制备好，在冰箱内可以保存3天以上。

2 将苹果去皮、去核、切碎，放入厚底锅内，加上水、糖、柠檬汁、肉桂条以及盐。盖上锅盖，用中火加热12~15分钟，期间要不时地晃动几下锅，或者一直熬煮到苹果成熟，但是没有将汤汁熬干的程度，去掉肉桂条。

3 将锅从火上端离开，使用一把叉子将黄油搅拌进去，根据需要，可以将苹果用一个粗眼网筛过滤一下，或者用搅拌机搅打成蓉泥，让制作好的沙司具有细滑的质地。制作好的苹果沙司可以趁热食用，冷食也可。

嘎拉苹果（gala）
这种广泛种植、色彩鲜艳的苹果原产于新西兰。此种苹果带有甘美的、可口的风味，口感温和，但是非常适合用来制作各种沙拉、馅饼以及蛋糕等。

澳洲青苹果（granny smith）
来自澳大利亚，这种个头略大的苹果带有细滑、晶莹的绿色外皮（在某些气候条件下会变成黄色），肉质硬实、松脆，味道非常强烈，能够给水果沙拉添加妙趣横生的口感。

格洛斯特苹果（gloster）
格洛斯特苹果是一种个头较大，呈深红色的心形苹果。质地较轻，肉质脆嫩爽口，是使用甜点苹果时的最好选择。

格洛斯特苹果色泽诱人，呈深红色，肉质脆嫩、甘美。

格罗斯滕苹果（grasten）
也称之为格拉文施泰因苹果，这种经典而完美的苹果品种带有强烈而芳香的风味。在其短暂的出产季节里，格罗斯滕苹果可以新鲜享用或用来制作成苹果沙司。

富士苹果（Chinese Fuji）
与肯特富士苹果是同一个品种，这种扁圆形的苹果口味清新爽口而甘美。在冰箱内冷藏后效果会更佳，非常适合生食和用来制作苹果沙司。

富士苹果的外皮颜色是黄绿色中带有粉红色的条痕。

肯特富士苹果（kent juji）
这种苹果与金冠苹果具有相同的甜如蜜的口感，肉质脆嫩、硬实、汁液丰富。富士苹果在日本、新西兰、巴西以及美国和欧洲都有种植。

艾达红苹果（ida red）
大个头的，圆形的，略呈扁圆的艾达红苹果保存期很长，其干硬的肉质可以制作出蓬松的、淡粉红的苹果沙司。非常适合用来烤，或者用来制作苹果沙司。

艾达红苹果的外皮应该光亮，并呈深红色。

金冠苹果的颜色从浅绿色到金黄色不等。

金冠苹果（golden delicious）
在超市里最受欢迎的苹果品种，带有薄薄一层外皮的金冠苹果质地脆嫩，含糖分很高，风味柔和。最适合冷藏之后生食，也非常适合用来烤。

格罗斯滕苹果的外皮带有诱人的红色和黄绿色的条痕。

反扣苹果挞（tarte tatin）

这款著名的反扣苹果挞，所使用的苹果要在烘烤成熟之后还会保持住它们的形状，例如金冠苹果就非常适合用来制作反扣苹果挞。

供 4 ~ 6 人食用

800克苹果
半个柠檬，挤出柠檬汁150克白糖
150克淡味黄油
300克甜味油酥面团（或者酥皮面团）

1 将烤箱预热至200℃。

2 将苹果去皮、去核、切成四瓣。淋上柠檬汁，放一边备用。

3 在一个浅边锅内用小火加热将糖熔化，使用烤箱将糖烤化会更加安全一些（可以使用厚底煎锅）。当糖开始变成焦糖时，加入黄油，并继续加热至呈现出如同太妃糖一般的颗粒状。将锅从火上端离开。

4 将苹果摆放到锅里，排好，压紧。根据需要，可以摆放两层。

5 用中小火继续加热15~20分钟，黄油糖浆溶液开始变得浓稠，并在苹果块的四周沸腾冒泡。此时不要搅拌或者移动苹果。然后将锅放到一边冷却一会。

6 将油酥面团擀成一个圆形的、大小如同锅一般的面皮，然后覆盖到苹果上。修整好并将边缘部分塞入锅内，使其完全覆盖苹果。

7 放入烤箱内烘烤20~30分钟，直到油酥面团变得香酥，并呈金黄色。

8 取出并在锅内冷却5~10分钟。然后将一个餐盘覆盖到锅上，并小心地反扣过来，将苹果挞扣出到餐盘内，反扣时，可以使用高温手套以保护双手和胳膊。

苹果（apples）

乔纳森苹果（jonathan）
一种品质优良，个头中等，用途广泛的苹果品种，在南美深受欢迎。其外皮较硬，细腻光滑的深红色中透着些许绿色。其芳香四溢的特点使得乔纳森苹果非常适合烘烤，同时也能够给各种沙拉添加脆嫩的质感。

皮诺瓦苹果（pinova）
一种现代的德国苹果品种，在美国叫作皮纳塔，皮诺瓦苹果个头较大，呈椭圆形，外皮中带有红黄相间的条纹。可以用来制作苹果卷或者配干酪一起食用。

皮诺瓦苹果的肉质脆嫩而多汁，带有酸甜可口的风味。

红粉佳人苹果（pink lady）
一种用来生吃的漂亮苹果，外皮呈鲜嫩而浓郁的粉红色，肉质脆嫩而硬实，酸甜可口。

加拿大瑞妮特苹果（reinette du Canada）
这种中等个头的苹果具有略显呆板的黄绿色外皮和白色的肉质。其肉质脆嫩而少汁，风味甘美。可以用来制作馅饼或者生食。

红蛇果（red delicious）
这种大个头的，心形的深红色苹果品种外皮油亮而坚硬，肉质则甘美、松脆。最好是冷藏后生食。

瑞恩苹果（reine des reinettes）
这种大个头的，风味优良而芳香的法国苹果品种，带有略微粗糙的黄色外皮，其中还夹杂着些黄褐色，是制作苹果馅饼的不二选择。

绿苹果（bramley）
英国最有名的烹调用苹果，呈黄绿色，个头特大，呈不规则的形状。极易成熟变得软烂，是制作苹果沙司和苹果馅饼的首选苹果品种。

瑞妮塔苹果（reineta）
这些大个头的，扁圆的西班牙苹果带有黄褐色的外皮，其汁液丰富，风味突出，无论是生食还是烤或煮都是理想的食用方式。

粉红珍珠苹果（pink pearl）
这种圆锥形的苹果，带有脆嫩多汁的粉红色肉质和酸甜可口的风味，可以作为甜点或者作为小吃食用。

就如同名字所代表的意思一样，粉红珍珠苹果带有美丽的、珍珠般的粉红色外观。

英格丽·玛丽苹果的外皮，在深红色中带有黄褐色的条痕。

英格丽·玛丽（Ingrid Marie）
这种苹果与考克斯黄苹果有亲缘关系，在北欧深受欢迎，可以用来烘烤和烹调。

经典食谱（classic recipe）

香烤苹果和核桃（spiced baked apple with walnuts）

这款传统的英国家庭风味布丁可以搭配着鲜奶油、奶油酱，或者淋洒上奶油后食用。

供 4 人食用

4个大个头的苹果（例如，绿苹果或者金冠苹果）

85克核桃仁，大体切碎

1汤勺的葡萄干

1汤勺的红糖

1/2茶勺的肉桂粉

25克黄油，软化

1 将烤箱温度预热至180℃。

2 将苹果擦拭干净，可以使用苹果去核器或者锋利的小刀将苹果去核。在每一个苹果的外皮上，沿着中间位置呈水平状切割一圈，然后将苹果摆放到一个涂抹有黄油的耐热浅焗盘内。

3 将核桃仁、葡萄干、红糖以及肉桂粉与黄油一起拌好。

4 将搅拌好的核桃仁混合物装入每一个苹果的果核空间处，在耐热焗盘内加入1厘米深的水。

5 将耐热焗盘放入烤箱里烘烤30分钟，或者一直烘烤到苹果成熟，取出，待略微冷却后，小心地将苹果从耐热焗盘里取出，摆放到餐盘内，趁热食用。

梨（pears）

梨主要生长在欧洲、澳大利亚、新西兰、美洲以及南非等地的温带地区的气候条件下。梨与苹果有亲缘关系，但是梨有一个长长的茎部，并呈球根状。其精细、颗粒状的白色肉质柔嫩多汁且芳香。梨是从内部开始成熟的，其肉质会逐渐从硬质转变成毛绒状，味道很快就变得难闻，所以梨一旦完全成熟之后，就要尽快食用。

梨的购买 梨的传统收获时间是在深秋季节。通常梨的收获时间比苹果要短一些。一旦采摘以后就会很快成熟，因此，绝大多数梨都会在成熟之前从树上采摘下来，在成熟之后，如果按压其茎把的底部会略微弯曲。一定不要购买那些太绵软的梨或者有瘀伤的梨，并且要轻拿轻放，因为它们极易碰伤。

梨的储存 成熟的硬质梨要放在纸袋内在室温下存放。一旦成熟后，要放在没有扎口的袋中，储存到冷藏冰箱的底层，但是要在常温下食用。去皮之后，切成两半的梨可以在糖浆中冷冻保存。

梨的食用 在制备梨的时候，要在梨的切口处涂抹上柠檬汁以防止其变色，或者将切好的梨放入一碗加有柠檬汁的酸性水溶液中保存。新鲜的梨：根据需要可以去皮，然后整个食用；或者切成四瓣，或者切成片状用来制作水果沙拉。过熟的梨可以用来制作沙司和沙冰。加热烹调：略微生一点的梨最适合在加热烹调时使用。去皮、切碎，或者切成片状，然后煮熟或者烤熟用来制成甜点和馅饼。可以去皮，保留梨把，然后整个用来烤。腌制时：可以与糖浆或者酒一起装瓶，可以制作水果黄油，或者用来制作酸辣酱和泡菜等。

搭配各种风味 野味，蓝纹干酪，帕玛森干酪，芝麻生菜，西洋菜，柠檬，核桃，杏仁，肉桂，姜，奶油糖果，巧克力，香草，龙蒿，香脂醋，红葡萄酒等。

经典食谱 煮梨配巧克力沙司和香草冰淇淋；红酒梨；炖梨和紫甘蓝；香梨炖鸭；皮克卡克尼cpi。

贵妃梨（conference）
可以从其细长形和外皮上带有的褐色斑块而轻易地辨认出来这种梨。随着梨的成熟，贵妃梨会从绿色变成黄色。贵妃梨味道甜美、呈乳脂状，汁液丰富，最适合于用来制作水果沙拉以及煮、烤，或者装瓶腌制。

宝斯克梨（beurre bosc），可以从其外皮上深色的黄绿色斑块上辨认出来。

宝斯克梨（beurre bosc）
这种梨可以从其锥形的长颈部和长长的梨把等外观上辨认出来。这种梨带有芳香的风味，肉质脆嫩，甘甜而浓郁，在煮熟或者烤熟之后会保持形状不变。

塞克尔梨是一种小个头的，壮实的赤褐色梨。

赛克尔梨（seckel）
质地呈颗粒状味美香浓，这是最适合搭配干酪和坚果生食的梨，也非常适合制作酸渍梨或者制作梨味黄油。

其硬质的外皮和球形的外形下隐藏着的是精细的果肉，是质地最细腻的甜点梨之一。

哈迪梨（beurré hardy）
这种法国品种的梨是通用性，带有粗糙的青铜色或黄褐色的外皮。其成熟的、淡粉红色的肉质鲜嫩而甘美，带有黄油般的质地。

尚莎顺红梨（red sensation）
类似威廉姆斯红梨（巴特利特梨），这种有着双重用途的梨是在晚夏时节成熟的。丰富的汁液中带有细滑脆嫩的质地和亮红色的外皮。

阿巴特梨（abate fetel）
阿巴特梨个头大，呈细长形，底部为圆形。这种梨汁液丰富，甜美的白色肉质中带有极佳的松脆感，是实用性非常强的全能型的梨。

这种梨带有黄褐色的斑点和柠檬黄色的外皮，食用时非常柔嫩。

寇蜜斯梨（doyenné du comice）
被认为是风味最佳的甜点梨，这种梨的粉红色肉质呈乳脂状，汁液丰富，带有能够融入口的质地和芳香的风味。可以作为特色甜点上桌新鲜生食。

寇蜜斯梨外形饱满而粗壮。

昂儒梨（anjou）
一种腹部较宽的形状不规则的梨，有着明显的黄色到青柠檬绿色的外皮，这种梨肉质脆嫩，芳香四溢，充满甘美的汁液。非常适合新鲜生食以及与香料一起煮食。

经典食谱（classic recipe）

煮梨配巧克力沙司和香草冰淇淋（poires belle hélène）

这一道在19世纪时非常著名的法国甜点，是将煮梨、香草冰淇淋以及热巧克力沙司完美组合到一起之后形成的神来之笔。

供 8 人食用

225克白糖

1根细长条形的柠檬外皮

几滴香草香精

8个熟透的梨，去皮，切成两半，并去核

300克巧克力，切碎

60克淡味黄油，切成粒状

150毫升鲜奶油

1升香草冰淇淋

100克烘烤好的杏仁片

1 将糖放入宽边的厚底沙司锅内，加入柠檬皮和1.2升水。用小火加热，同时进行搅拌，直到糖完全熔化，在烧开之后，继续用小火煮1分钟。将锅从火上端离开，加入香草香精。

2 将切成两半的梨，切面朝上摆放到沙司锅内，最好是摆放成一层。盖上锅盖之后继续用小火焖煮15～20分钟，或者一直将梨煮熟。

3 将梨取出放入大碗里，浇淋上糖浆盖过梨。让其冷却，然后冷藏保存。

4 用热水隔水加热，将巧克力和150毫升水一起熔化，并搅拌均匀至细腻状，然后加入黄油和鲜奶油。将制作好的巧克力沙司放入热水中隔水加热保温。

5 上桌之前，将香草冰淇淋挖到每一个餐盘内。在每一个冰淇淋上摆放好两瓣梨，这样梨就会搭在冰淇淋上。在梨上浇淋上巧克力沙司，再撒上杏仁片，立刻服务上桌。

梨（pears）

威廉姆斯红梨（red Williams）
威廉姆斯红梨是威廉姆斯科属中的成员，在北美地区被称之为巴特利特梨，只是在颜色上与金绿色标准有些不同。所有的威廉姆斯红梨都带有典型的瘦腰形状，颗粒状的质地以及甘美的麝香风味，威廉姆斯红梨无论是生食还是加热烹调都很好。

外皮呈金绿色，带有斑点和褐色的斑块。

威廉姆斯巴梨（Williams bon chrétien）
这是在英国有大约1770年种植史的威廉姆斯品种的梨。在美国，这种梨进口之后被称为巴特利特梨，属于其他的威廉姆斯品种。其矮胖的喇叭形状的梨脆嫩多汁，略微带有一些麝香风味，非常适合用来加工制作成梨脯。

帕斯梨（passe crassane）
欧洲南部在冬末时节出产的梨，这是一种大个头的，带有明显的褐色斑点和青黄色外皮的梨。尽管帕斯梨的汁液饱满而甘美，但是其质地还是略微粗糙，这样的梨最适合加热烹调食用。

经典食谱（classic recipe）

红酒煮梨（pears in red wine）

红酒煮梨是一种制作非常简单，但却是非常经典的法式甜品。搭配打发的奶油一起享用，也可以用梨味白兰地来增添风味。

供 4 人食用

4个大个头的、质地硬实的梨，如贵妃梨等

1个柠檬的柠檬汁

1瓶（750毫升）上好的红葡萄酒，最好是波尔多红葡萄酒

150克白糖

1小根肉桂条

1 将烤箱预热至150℃。将梨去皮，并从底部将核去掉，保持好梨把和整个梨的完整。在梨上淋洒一些柠檬汁，以防止其变色，放到一边备用。

2 将红葡萄酒、白糖以及肉桂条放入小的耐热砂锅内。用小火烧开，并搅拌至白糖熔化。加入梨，单层摆放好，然后盖上锅盖，放入烤箱里烘烤2个小时，烘烤到中途时，将梨翻转一次，这样烤好之后的梨整个都会变成葡萄酒红色。

3 将烤好的梨从烤箱内取出，让梨在原汁中浸泡至冷却，然后使用漏勺将梨捞出至餐盘内。

4 将砂锅放回到大火上烧开，并熬煮至呈糖浆状的程度。取出肉桂条，将糖浆浇淋到梨上。冷却之后放到冰箱内冷藏保存至需用时。

亚洲梨（Asian pears）

原产中国、日本以及韩国等地，亚洲梨或者东方梨树在整个东亚地区、凉爽的、潮湿的澳大利亚、印度、新西兰，以及美国的温带地区都有种植。通常称之为那许（nashi），日本梨，韩国梨，或者苹果梨等。亚洲梨有两个主要的品种：圆形的"红色梨"，带有浅绿色到黄色或者青铜色的外皮，以及梨形的"绿色梨"，带有黄绿色的外皮。所有的亚洲梨都质地脆嫩，带有白色的肉质，细腻的风味以及丰富而甘美的汁液。

亚洲梨的购买 亚洲梨的出产季节一般是从初夏到早秋。亚洲梨会在树上成熟，在采摘下来准备食用时，其硬质的肉质中带有甘美的芳香气味。由于亚洲梨的外皮极易碰坏，所以绝大多数的亚洲梨都会采用独立的包装方式以相互碰撞而产生瘀伤和斑块。要避免选择那些看起来绵软、有皱褶，或者有污迹的梨。

亚洲梨的储存 亚洲梨最好是储存在一个没有系紧口的纸袋内，放到冰箱内冷藏保存。大多数的亚洲梨可以保存3个月以上。

亚洲梨的食用 与其他种类的梨一样，亚洲梨在切开之后需要涂刷上柠檬汁以防止其变成褐色。新鲜时：根据需要，可以去皮，然后去掉籽和所有的硬质肉质。可以将整个梨，经过略微冷藏之后食用；或者切成薄片，或者切成块状，用来制作水果沙拉或者咸香口味沙拉使用。切碎或者挤出梨汁可以用来制作腌泡汁。在日本，是在亚洲梨上撒上盐之后食用的。加热烹调时：切成细末或者挤出梨汁用来制作甜味的亚洲风味沙司和菜肴。可以用加入香料的糖浆煮。腌制时：可以加入水果结力或者果酱中。可以用糖浆进行腌制。

搭配各种风味 牛肉，木瓜，杧果，青柠檬，辣椒。酱油，姜，豆蔻，八角，米醋，蜂蜜等。

经典食谱 生拌牛肉；韩国烤肉。

世纪梨（Nijisseiki）

这个品种的"绿色梨"在日本和美国深受欢迎。这种梨成浅绿色，并且汁液非常丰富，是非常理想的制作水果沙拉或者咸香味沙拉的食材。

丰水梨特别适合用来制作各种沙拉或者新鲜时作为一种小吃类的水果生食。

丰水梨（hosui）

丰水梨的含义是"含有丰富的汁液"，这是一种个头相当大的，圆形的，呈金黄色的"红色梨"，汁液丰富，肉质甘美。具有与丰水梨相似的外观，个头更小一些的梨是味道甘美而浓郁的幸水梨，在日本，其意思是"幸福的汁液"。

新世纪梨（shinseiki）

这种圆形的、浅色的日本品种的"绿色梨"，带有柔和的风味和乳白色的肉质。可以在新鲜时生食或者煮熟后食用。

仙人果（prickly pear）

有时候被称之为"印度无花果"或者"仙人掌果"，桶形的仙人果是一种仙人掌的果实，原产中美洲和美国的南部地区，但在世界其他地区也有生长。正如同其名字所表述的一样，仙人果的外皮被一层细小的、锐利的、发丝般的尖刺所覆盖。仙人果成熟之后会从绿色变成黄色和深粉红色。其橙粉色的肉质带有如同香瓜般的质地以及甘美、芳香的风味。其小而脆的种子可以生食，但是在经过加热烹调之后会变硬。

仙人果的购买 要挑选那些没有瑕疵的仙人果。在冬季挑选仙人果时，从市场上购买到的仙人果，其刺通常都会被去掉，但是在使用前必须要小心翼翼地去掉仙人果的外皮，因为其外皮上可能还会有一些肉眼看不到的细针刺，可能会扎到手掌里。

仙人果的储存 小心地将仙人果包好之后放到凉爽的地方储存。仙人果肉泥可以冷冻保存，或者切成片状之后放入糖浆中保存。

仙人果的食用 新鲜时：可以切成片状或者切成块状新鲜食用。可以加入水果沙拉和冰淇淋中。肉泥过滤之后可以用来制作软饮，加热烹调时：可以制作成炖水果和沙司。可以将仙人果的果肉加入各种沙司中，以及用来制作成蛋糕的夹馅。腌制时：可以用来制作果酱，柑橘酱以及果冻等。可以制作成糖果用来装饰蛋糕和各种甜食。

搭配各种风味 帕尔玛火腿，鲜干酪，青柠檬，柠檬，杧果，百香果，奶油，姜等。

经典食谱 仙人果果酱；仙人果果冻。

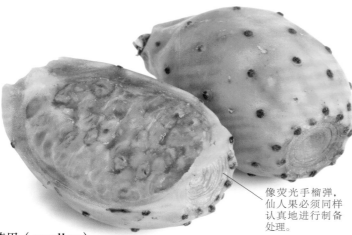

像荧光手榴弹，仙人果必须同样认真地进行制备处理。

欧楂果（medlar）

小个头的褐色果实，大小如同高尔夫球般，在其茎把的对面，底部上有一个开口，就如同一个杯子一样，露出其内部的五个截面。欧楂果树生长在温带气候条件下的野外地区，也可以在某些私人花园里见到它的踪影，但市面上很少有种植的。在20世纪90年代，是作为有着红色果实的稀有品种在南美被发现的。其成熟后的果实是绿色的，非常坚硬，带有酸味，因此实际上都是在熟透之后和半腐坏的情况下食用。这个过程被称之为"软化"，要么是因为经过霜冻，要么在一个通风的地方储存了几周的时间而引起的。

欧楂果的购买 到了晚秋或者初冬时节，欧楂果的褐色外皮会起皱并变成黄褐色。在成熟之后，其果肉是不透明的，带有黏性，如同糖般的甘美风味并带有一点涩感。柔软到足以用勺子挖取。

欧楂果的储存 为了加快其腐坏或者软化的过程，整个未成熟的欧楂果可以冷冻，以让细胞结构组织碎裂开，然后在室温下让其"腐坏"。

欧楂果的食用 新鲜时：可以生食。将其外皮剥落，吸吮果肉，或者挖出果肉食用，或者切成两半之后用勺子挖出食用。加热烹调时：可以用其果肉给肉类沙司增添浓郁的风味。制作蜜饯时：可以制作结力冻或者凝乳。

搭配各种风味 肉类、野味、干酪、各种香料、葡萄酒等。

经典食谱： 欧楂果冻；欧楂果干酪（凝乳）。

干瘪之后的棕色果实会露出茎把对应着的底端带壳的籽。

温柏（quince）

这种金黄色的果实常见于多数温带地区，尤其是与中东、希腊、法国以及西班牙密切相关。温柏在大小和形状上既像苹果又像梨。其肉质硬且带有颗粒，生食时会有让人不舒服的酸味，但是在制作成熟之后，温柏会变得柔软，带有一股独具一格的芳香风味和美丽迷人的纯金色彩。温柏一旦去掉外皮，要放入加有柠檬汁的水中，以防止其变成褐色。

温柏的购买 温柏最常见于秋季，在小店里或者市场上进行销售。尽管其金黄色的外皮较老硬，但却芳香四溢。要挑选那些颜色均匀，没有褐色斑块的温柏。未成熟的温柏的外皮带有一层绒毛，但是在成熟之后会变得细滑。其不多的绒毛斑块可以擦掉。

温柏的储存 放入碗里，在凉爽、干燥的地方可以储存一周以上。保存时要与其他种类的食物分开，因为其香气过于浓郁，并且具有穿透力。根据需要，可以用厨房用纸包好后放入冰箱里，可以冷藏保存两周以上。在加热烹调之前要洗净。要冷冻保存时，要去皮、去核、切成片状，并且要用稀糖浆煮熟。

温柏的食用 加热烹调时：去皮、去核、切碎之后可以用来制作各种沙司和肉类菜肴、挞、馅饼和馅料。制成蓉泥之后可以用来制作慕斯和水果奶油。制作蜜饯时：可以制作成果酱和果胶或者制作成浓稠的结力酱等。

搭配各种风味 猪肉、羊肉、鸡肉、野味、干酪、苹果、梨、姜、丁香、肉桂等。

经典食谱 温柏炖羊肉；波斯风味酿温柏；温柏干酪。

经典食谱（classic recipe）

温柏干酪（quince cheese）

在西班牙，温柏干酪叫作温柏膏，通常会搭配绵羊干酪一起食用，例如曼切格干酪等。

供 4 人食用

制作1.25千克

1千克温柏

900克白糖

3个柠檬，挤出柠檬汁

1 将温柏切成大约4厘米见方的块状。放到沙司锅内，加入覆盖过温柏的水。用小火加热熬煮30分钟，半盖锅盖，一直将温柏熬煮到非常柔软的程度。在煮的过程中或许需要加入更多的水。同样，也可以用锡纸包好温柏块，放入到预热至180℃的烤箱里烘烤大约1个小时，直到温柏变得柔软。

2 将温柏捣碎成泥状，用细网筛过滤成细腻的糊状。

3 将过滤好的温柏蓉泥放入一个厚底锅内，加入糖和柠檬汁。用小火熬煮20分钟，期间要不时地搅拌，直到白糖完全熔化。

4 将火加大到中火的程度，继续熬煮，并且也要不时地搅拌，直到温柏蓉泥变得非常浓稠。此时温柏蓉泥的颜色会变得略微加深。要仔细观察，因为到此程度时，温柏蓉泥会粘锅并煳锅。

5 把制作好的温柏蓉泥装入经过高温消毒的广口瓶内，密封好并贴上标签。

黄色的温柏外形看起来有些不正规，但是却带有美妙而甜蜜的芳香风味。

形的、如杏色的枇杷果成熟之后非易碰伤。

枇杷（loquat）

也称为日本枇杷，枇杷是为数不多的属于苹果和梨家族中的亚热带水果之一。枇杷原产中国和日本南部地区，但是现在已经在许多其他地区都有种植，例如夏威夷、佛罗里达、西班牙以及巴西等。它们最适合在温带气候条件下或者是在更加凉爽的热带高海拔地区生长。枇杷看起来很像极了小号的杏，呈淡橙色、外皮带有绒毛，与杏颜色相近似的肉质，并带有几粒较大个头的、扁平状的、不可食用的籽。枇杷汁液丰富而且美味甘甜，带有一股令人愉悦的酸爽风味。

枇杷的购买 枇杷是晚春时节的时令水果，在采摘之后很快就会腐坏变质，并且极易碎裂，所以在处理和运输枇杷的过程中要小心谨慎。要挑选那些鲜嫩、颜色饱满的枇杷果，并带有一些褐色的斑点——这些斑点表明枇杷已经成熟。由于枇杷带着枝叶可以保存较长的时间，因此市面上有时候会有带着枝叶一起售卖的枇杷果。

枇杷的储存 枇杷的保存期非常短暂，所以应该在购买后就食用或者立刻使用。如果是熟透的枇杷，可以冷藏保存，在使用前要仔细清洗干净。可以去掉茎向、顶部或者籽之后放入糖浆中冷冻保存。

枇杷的食用 新鲜时：可以横切开并去掉籽，将果肉用勺挖出。根据需要可以去皮。可以切割成四瓣后加入水果沙拉中，可以制作冰淇淋，或者用来制作蛋糕的馅料等。加热烹调时：可以用糖浆煮。切碎之后加入到沙司中。制作蜜饯：切碎或者制蓉后用来制作果胶、果酱以及利口酒等，可以制作成糖果或者果脯。

搭配各种风味 家禽类、虾仁、山羊干酪、香草冰淇淋、苹果、梨、橙子、桃、柠檬、青柠檬、姜、烈性酒等。

经典食谱 特色水果沙拉；枇杷果酱；中式枇杷鸡。

无花果（figs）

无花果在地中海气候条件下的各个地区生长广泛，通常用于出口，特别是来自于法国、希腊、土耳其以及巴西等国的。个小而矮胖，颜色各异，从深紫色到金黄色，青柠檬色以及浅绿色等。但是，颜色几乎与口味没有关系，其味道更取决于它们的生长环境和成熟程度。无花果在成熟之后，所有品种的肉质都甘甜如蜜而多汁，其颜色从浅粉红色到深粉红色不等，布满细小的、可以食用的籽。

无花果的购买 成熟后的无花果可以在夏天和秋天采摘，但是无花果非常娇贵，不适合运输。无花果应选择无瑕疵、手感沉重的，略微按压就会凹陷。其香味应是淡雅而柔和，在其茎把上会有几粒晶莹的糖浆，这表明无花果已经完全成熟。

无花果的储存 成熟的无花果应该尽快食用，但是也可以在冰箱内冷藏保存一天，然后在取出在室温下食用。没有完全成熟的无花果可以在室温下存放，直到外皮变软。无花果可以冷冻保存，用来作为原材料使用。

无花果的食用 新鲜时：可以整个食用。如果其外皮较硬，可以去掉并丢弃不用。可以切成两半、四半，或者将无花果切成块状，但是不切断，然后朝上轻轻挤压形成一朵花的造型。可以添加到各种沙拉中。可以酿入甜味的馅料。加热烹调时：可以整个或者切成两半后在糖浆里煮。可以烘烤或者炖，用来制作沙司和甜味或者咸香风味的菜肴。制作蜜饯时：可以装入瓶内或者用来制作成果酱。可以制成果脯等。

搭配各种风味 腌肉、沙拉、酸奶、奶油、干酪、水果、坚果、八角、杏仁蛋白软糖、加强葡萄酒等。

经典食谱 无花果和帕尔玛火腿；鸭肉配无花果；无花果挞；无花果果酱。

经典食谱（classic recipe）

肉桂和蜂蜜烤无花果（baked figs with cinnamon and honey）

制作非常简单，但却是一道时尚的甜品。浇淋上奶油之后，可以热食或者在常温下食用。

供 4 人食用

6个硬无花果

2汤勺清蜂蜜

2汤勺白兰地酒或者朗姆酒

肉桂粉适量

1 将烤箱预热至180℃。将无花果竖直着切成两半，果肉朝上摆放到一个烤盘里。

2 在无花果肉上淋上蜂蜜和白兰地酒，在每一个无花果上撒一些肉桂粉。

3 放入烤箱内烘烤20分钟，或者一直烘烤到无花果变软。每10分钟检查一次无花果，因为它们成熟的时间或许会略有差异。

在成熟之后，白无花果看起来饱满圆润，颜色呈浅绿色。

白无花果（white fig）
白色无花果涉及一系列的无花果品种，但是实际上都会呈淡绿色，带有如同草莓一样的粉红色肉质，无花果无论是新鲜食用还是制造蜜饯都非常美味。

褐色土耳其无花果（brown Turkey fig）
这种无花果饱满、柔软的红色肉质和紫蓝色外皮是其典型的标志特色。味道非常吸引人，最好是新鲜食用。

黄色无花果（yellow fig）

这种无花果包括一系列的黄绿色无花果品种，其肉质颜色从浅琥珀色到黄绿色和深红色不等。果肉中含籽众多，这些籽实际上是单独的细小的果实。

黑色无花果（black mission fig）
这一著名的无花果品种带有薄薄的黑紫色外皮，以及如同西瓜般粉红色的肉质和分分钟就可以食用消化的籽。其风味浓郁而甘美，也非常适合制作成果脯。

李子（plums）

李子在温带气候条件下的地区被广泛种植。品种众多，果肉有橙红色的、橙黄色的，或者金绿色的，果皮的颜色则有紫色的、红色的、绿色的，或者是黄色的。口味有甘甜和酸的，汁液丰富，所以有一些李子更适合新鲜生食而不是用来做菜，而有一些两者均可。欧洲品种的李子比东方所出产的李子个头更小一些，也更硬实一些。蜜李是一种李子与杏的杂交品种，李子是显性亲本。主要在美国加利福尼亚地区种植，它们甘甜、多汁而芳香。

李子的购买 在仲夏到初秋时节可以购买到李子，并且尽量早日食用。李子的质地应该硬实，用手指轻轻按压时，会略有弹性，并略微变色。而不是感觉会将李子压扁。要避免购买质地坚硬、起皱、枯萎以及带有褐色斑块的李子。

李子的储存 成熟的李子可以放入一个开口的纸袋内，在冰箱的蔬菜层冷藏保存几天的时间。未完全成熟的柔软的李子可以放在一个纸袋里，在室温下存放。李子可以在糖浆中冷冻保存，或者制成蓉泥。

李子的食用 在李子的接缝处切开并扭动两半李子肉，可以将李子肉分开。新鲜时：可以作为小吃或者添加到各种沙拉里。加热烹调时：李子可以带着外皮，在需要保持住其外形的各种菜肴中使用。可以制成蓉泥制作慕斯，以及各种沙司。可以在糖浆中煮或者烤。可以用来制作派（馅饼）、挞、馅料、布丁以及速发面包等。可以用面片包起来烘烤，可以用来炖。切成两半用于铁扒。腌制时：可以用糖浆或者白兰地酒一起装瓶腌制。可以制成果酱、果脯等。

搭配各种风味 羊肉、鸭肉、猪肉、火腿、鹅肉、杏仁、各种香料、马斯卡彭干酪、白兰地酒等。

经典食谱 李子果酱；烤酥皮李子；李子和马斯卡彭干酪挞；李子馅汤团；结晶蜜李；焦糖李子派；李子蛋糕；甜味什锦；格鲁吉亚卡乔汤。

用刀在李子上的天然接缝处进行切割，将李子切成两半，然后去掉李子核。

圣罗莎李子（santa rosa）
特大号圆形的李子，这种李子质地硬实、富有光泽，带有深紫红色的外皮和一股两人舒适的酸味，可以新鲜生食，或者用来制成脆皮水果馅饼。

理查李子（flavor rich）
带有黑色外皮，松脆的琥珀色肉质的蜜李，甜度为中等，非常适合用来制作挞和各种沙司，新鲜生食时也非常不错。

青梅是一种椭圆形的黄绿色或者酸绿色，并带有粉白色花瓣的果实。

青梅（greengages）
带有独具一格的甘美和芳香风味，青梅虽然也可以用来制作风味绝佳的果酱和挞类，但最适合新鲜生食。

维多利亚李子（victoria）
维多利亚李子是英国经典的用来制作甜点的李子品种，在夏季出产的时节非常短暂。个头较大，椭圆形，呈略带粉红的黄色，维多利亚李子生食时甘美可口，但也是制作热菜和果酱类的绝佳选择。

黑刺李子（sloe）
黑刺李子属于野生李子，是黑刺李上黑色的小果实，黑刺李是一种野生的矮生灌木。黑刺李子吃起来太酸，但是却可以用来制作风味绝佳的果酱，或者自制的黑刺李杜松子酒。

西洋李子（damson）
深蓝色的小西洋李子，有着大大的果核以及芳香的酸味，西洋李子可以用来制作品味俱佳的果酱。它们在仲夏的出产时节非常短暂，所以要第一时间购买。

金点李子（coe's golden drop）
一种非常古老的英国李子品种，带有纯黄色的外皮和肉质以及溶于口的甘美风味。

女皇风味李子（flavor queen）
绿黄色的大个头李杏，带有甘美、多汁的果肉和脆嫩的外皮。可以新鲜生食或者用来制作莎莎酱和蛋糕等。

米拉贝拉李子（mirabelle）
米拉贝拉李子个头较小，是一种在迷人的黄色中带有粉色腮红的李子，通常还会点缀着红色的斑点。非常甘甜，主要用来制作李子挞、果脯以及生命之水（eaux-de-vie）。

经典食谱（classic recipe）

李子果酱（plum jam）

绝大多数的李子都可以制作美味果酱。装入广口瓶内，在一个凉爽、避光的地方可以储存一年以上，但一旦打开瓶子，就要存放到冰箱里。

大约制作2.5千克

1.5千克果肉硬实的李子

1.5千克白糖

1 将李子切割成两半，去掉果核（如果李子太硬，去掉果核不太容易的话，可以连带着果核一起熬煮，待果肉煮软烂之后用漏勺将果核捞出即可）。

2 将李子放入一个厚底锅内或者制作果酱专用锅内。不要装入超过锅的一半容量，以确保能够有足够的空间用来快速熬煮。加入600毫升的水烧开。然后改用小火加热，慢慢熬煮大约30分钟的时间，或者一直熬煮到李子变得软烂。熬煮李子所需要的具体时间要根据李子的成熟程度而定。

3 加入白糖并搅拌至完全溶化，然后加热烧开。用中火继续加热并快速地加热15~20分钟，或者一直熬煮到非常浓稠的程度，达到果酱的凝固点。

4 将锅从火上端离开，将表面的浮沫撇干净。让果酱静置大约5分钟，然后舀入一个热的、经过高温消毒的广口瓶内，盖上瓶盖并密封好。

杏（apricots）

杏种植在世界各地温暖的温带气候条件下的地区。土耳其、伊朗和意大利是最大的生产商，但是杏在澳大利亚、智利、南非以及美国加利福尼亚等地也是非常重要的出口农作物。最具特色的，小酒窝形的果实，橙金色的柔软外皮中带着红扑扑的深粉红色，成熟之后如蜜般甘甜，有些芳香的汁液，美味可口。其核内的果肉，可以用来给果酱、饼干以及意大利苦杏酒调味。

杏的购买 杏在收获之后，从五月到九月份，杏不会更进一步成熟。但是在完全成熟之后，杏也会变得易破裂开和易受伤。这就是为什么许多杏会在还没有完全成熟时就会采摘下来。其造成的结果是，你会购买到长毛、没有水分，或者淡而无味令人失望的杏。要挑选那些饱满、光滑、略微柔软，并且色彩艳丽的杏，不要选择那些颜色苍白、发暗，或者青色的杏。

杏的储存 杏可以在室温下储存几天的时间（如果杏是硬的，几天之后会变软，但是不会进一步成熟），或者放入一个开口的纸袋里，放到冰箱的底层。杏还可以去皮、去核之后，浸入糖浆中冷冻保存。

杏的食用 根据杏的自然纹理将杏切成两半，并来回转动几次分离开。新鲜时：可以作为小吃直接食用。可以加入水果沙拉里或者用来制作水果盘。加热成熟时：切成两半之后可以用来制作挞和糕点等。可以用糖浆或者葡萄酒煮熟。可以切成两半，酿入馅料，烘烤好之后作为甜点食用。可以搅打成泥蓉之后用来制作甜味或者咸味沙司。可以加入米饭中和古斯米（蒸粗麦粉）等菜肴中。可以用来炖、烤和制作酿馅等。制作果酱蜜饯时：可以制作果酱和蜜饯。可以装瓶之后用糖浆或者利口酒浸泡，可以制作成杏脯。

搭配各种风味 羊肉、猪肉、家禽、火腿、酸奶、奶油、卡仕达酱、橙子、杏仁、米饭、姜、香草、甜味白葡萄酒等。

经典食谱 杏和杏仁挞；杏酱和杏果冻；杏冰淇淋；五香杏仁；杏果丹皮。

经典食谱（classic recipe）

杏和杏仁挞（apricot and almond tart）

也可以使用新鲜的桃或者油桃来制作这款深受欢迎的欧式风味甜点。热食时可以搭配鲜奶油一起食用。

供4～6人食用

250克油酥面团或者酥皮面团

2汤勺杏果酱

500克鲜杏，切成两半并去掉杏核

25克烫过的杏仁片

3汤勺意大利苦杏仁酒

25克金砂糖

25克黄油

1 将烤箱预热至220℃。

2 将面团擀成一个30厘米×23厘米的长方形。用一把锋利的刀将四边切割整齐。摆放到一个涂刷了薄薄一层油的烤盘里。

3 将果酱涂抹到擀开的面团上，四周留出2厘米的边缘不涂刷果酱。

4 将切成两半的杏，切面朝上，在面团上整齐摆放好，四周留出1厘米的边缘。

5 将杏仁片撒到杏上。再淋上苦杏仁酒，然后是金砂糖。在每一个杏上面，摆放上一点黄油粒。

6 放入烤箱内烘烤10分钟，然后将烤箱温度下调至200℃。再继续烘烤20分钟，或者一直烘烤到面皮和杏变得油亮，并且呈金黄色。

杏的外皮看起来柔软，如同点缀着些许粉红色斑点的金色麂皮。

帕特森杏（patterson）
一种深受欢迎并广泛种植的杏，帕特森杏的耐用性和保质期都非常长久。用来烘烤和加热烹调都是上上之选。

帕特森杏之后，饱满，形态用手触摸柔软。

皇家布伦海姆杏（Royal Blenheim）
一种口味淡雅，形状美观的优良品种，皇家布伦海姆杏的外皮带有麝香风味和柔软的绒毛。这种品种的杏非常少见，品味到新鲜的皇家布伦海姆杏是件幸运的事。

金斯翠克杏（Goldstrike）
这种大个头的、多肉型的杏带有一种讨人喜爱的橙色和红色。新鲜时可以生食，或者制作成美味的果酱。

尽管其核个头大，但是核的大小意味着是会有大量的肉供你享用。

可以充分利用肉质饱满的红彤彤的桃来丰富你的水果盘——其甘美的芳香风味就是其熟透之后的标志。

桃和油桃（peaches and nectarines）

这些传统的夏季水果在全世界如同地中海气候环境条件下的地区都有种植。桃的外皮上通常带有一层绒毛。而油桃则没有，作为桃的一种类型，油桃带有细滑的外皮和较强烈的风味。这两种水果的主要出口国家有西班牙、意大利、法国以及美国等国家。核肉分离型的桃，桃肉很容易从桃核上分离开；而粘核类型的桃，其桃肉大多"粘"在桃核上。

芳香的桃和油桃的白色肉质（酸味含量很低），非常适合生食，而黄色肉质的桃和油桃则非常适合来烘烤和加热烹调。

桃和油桃的购买 可以通过触摸的方式进行挑选，但是要小心对待它们；成熟后的桃和油桃，肉质能够轻轻按压下去，并带有一股甘美的芳香风味。要挑选那些外皮没有擦伤的桃和油桃。避免购买任何肉质特别硬实或者颜色发暗的桃和油桃，或者果肉非常柔软，带有皱褶，擦伤，或者外皮有刺伤的水果。

桃和油桃的储存 在室温下可以存放几天，或者放到一个开口的纸袋内，在冰箱底层冷藏保存一周以上的时间。不管是桃还是油桃都适合冷冻保存。

桃和油桃的食用 新鲜时：洗净后可以在室温下生食，整个的或者切成两半均可（沿着桃皮上的天然纹路进行切割，并朝反方向扭转以分离两半果肉）。根据需要，可以将桃的外皮去掉，然后切成块状或者切成片，用来制作水果沙拉和各种甜点，切成丁可用来制作莎莎酱，果蓉可用来制作冰淇淋、沙冰、冷汤以及各种沙司等。加热烹调时：可以切成片用来炒，或者切成两半，酿入馅料并经过烘烤后用来作为热的甜品享用。切成两半后可以铁扒，用作咸味菜肴享用。制作蜜饯果脯时：可以与糖浆或者酒一起装瓶，可以制作成果酱和果冻等，使用未完全成熟的桃和油桃可以用来制作成酸辣酱，可以制作成桃脯等。

搭配各种风味 牛肉、鸭肉、酸奶、百香果、杧果、姜、豆蔻、辣椒、香槟酒、雪利酒、苦杏仁酒等。

经典食谱 蜜桃冰淇淋；红衣主教式蜜桃；蜜桃马卡龙；油桃莎莎酱；贝里尼鸡尾酒。

桃的去皮
在开水中快速地烫一下，可以将带有绒毛的桃外皮松弛下来，很容易地从果肉上揭下。油桃通常不需要去皮，因为它们的外皮非常细滑而薄。

1 使用一把锋利的小刀，在桃的头部外皮上切割出一个十字形的小切口。**2** 将桃在开水中浸泡30秒钟。**3** 从水中将桃捞出，用手指将其外皮揭掉。

经典食谱（classic recipe）

蜜桃冰淇淋（蜜桃梅尔巴，peach melba）

根据传说，这是艾斯科菲尔以歌剧歌手内莉·梅尔巴夫人的名字命名的一道著名的甜点。

供 4 人食用

225克新鲜的覆盆子

1～2汤勺白糖

1茶勺柠檬汁

2个大个头的，熟透的桃（或者4个小的桃）

500毫升香草冰淇淋

烘烤好的杏仁片，配餐用

1 将覆盆子用细眼网筛挤压过滤，然后放入一个小号的，最好是搪瓷沙司锅内。

2 将沙司锅用微火加热，将覆盆子果蓉加热，然后用木勺将白糖拌入。当白糖完全溶化之后，将锅从火上端离开，加入柠檬汁搅拌好。

3 让覆盆子果蓉冷却，然后装入容器里，密封好，冷冻1～2个小时。

4 将桃去皮并切割成两半，将桃核也去掉。

5 将香草冰淇淋分装到4个经过冷冻的餐盘内，在每一份冰淇淋上面摆放好半个桃肉。在每个桃肉上舀入一些梅尔巴（覆盆子果蓉）沙司，并撒上杏仁片。

巴伦红桃（Red Baron）
体型较大，色彩艳丽，这种核肉分离型的桃质地硬实，并带有汁液丰富的黄色肉质。其细腻精致的风味使得巴伦红桃成为使用全面的赢家。无论是生食时和加热烹调时均可以尽情享用。

桃（peaches）

多纳桃（Donut）
这种桃叫作多纳是因为它的造型像极了中间有些凹形的甜甜圈，这种桃在温和而甘美的风味中带有一丝杏仁的风味。可以新鲜生食，或者用来制作莎莎酱，或者切成两半用来铁扒。

海文红桃（Red Haven）
海文红桃属于核肉分离型的品种，质地硬实，黄色的肉质中带有一股浓郁多汁的风味，使用范围非常广泛，也是制作馅饼和果酱最受欢迎的品种。

在将桃肉切割成两半时，可以根据其表面上天然的纹路作为参考。

贵妇人桃（Rich Lady）
这种类型的桃是早熟品种，核肉分离型，黄色肉质，以其美丽的颜色和美味的口感而闻名遐迩。可以新鲜生食，可以用来制作甜点和冰淇淋等。

油桃（nectarines）

维格尼油桃（pêche de Vigne）
维格尼油桃在法国罗纳河谷地区只有短暂的几周出品时间，这种小个头的油桃在完全成熟之后，在其厚厚的灰色外皮之下是深粉红色的肉质。具有最细腻精致的风味，所以可以保存着用来制作成一道特别的甜点。

其美丽而芳香的红色肉质口感介于白桃和覆盆子之间。

在这种核肉分离型的品种中，果核可以很容易地从果肉上分离开。

顶香（Flavortop）
这种品质优秀的硬质而甘美的油桃带有黄色的果肉。在美国深受欢迎，生食和加热烹调都非常理想。

巴布科克（babcock）
一种小个头到中等个头不等的桃，外皮上没有绒毛并呈红扑扑状。其白色的肉质鲜嫩多汁，并且甘美芳香。可以新鲜生食或者用来制作美味诱人的贝里尼饮料。

格罗（Arctic Glo）
肉质为白色的油桃，带有独具一格的甜美而酸爽的风味，格罗油桃最适合当做零食或者甜点新鲜生食。

切开之后，白色的果肉中会带有一些美丽的粉红色。

卡兰达（calanda）
这种大个头的，肉质硬实并且甘甜美味的西班牙桃，成熟之后，手工包装在蜡纸袋中。无论是作为甜点食用还是加热烹调都无比味美。

金色肉质的卡兰达桃与其桃皮的颜色相得益彰。

雪珍珠（snow pearl）
圆形的雪珍珠带有色泽柔和的外皮，这种油桃质地硬实，白色的肉质紧紧地贴在桃核上，是制作馅饼和烘烤时的首选。

要选择那些肉质饱满、硬实，带有光泽的樱桃，而不要选择那些外皮上带有裂纹的樱桃。

樱桃（cherries）

原产西亚地区，樱桃目前在全世界温带气候条件下的地区都有种植。樱桃主要有两种类型：肉质饱满的甜樱桃型（尽管可以用于加热烹调中，但是最好还是生食），可以是硬实而脆嫩或者柔软多汁，以及通常个头更小一些的酸樱桃型（通常情况下不用来生食，但是却非常适合用来加热烹调），另外还有酸甜杂交品种的樱桃等。樱桃的颜色众多，从浅乳黄色到深红色和黑色等。

樱桃的购买 在夏天最好是购买带茎把的樱桃，要购买那些看起来肉质饱满、硬实，并且带有光泽的樱桃。

从其呈弯曲状的绿色茎把上就可以看出樱桃的新鲜程度。要避免购买那些过于柔软、有碰伤，或者带有裂纹的樱桃，也或者看起来干瘪和萎缩了的樱桃。酸樱桃在盛夏季节的出产期非常短暂。

樱桃的储存 将樱桃（没有经过水洗和带茎把的樱桃）装入开口的纸袋里，放到冰箱的底层，可以冷藏保存几天。要想较长时间地保存樱桃，可以将整个樱桃或者去核的樱桃浸泡在糖浆中冷冻保存。

樱桃的食用 新鲜时：甜樱桃或者杂交樱桃可以在室温下新鲜生食，可

以添加到水果沙拉里，用来装饰蛋糕和甜点。加热烹调时：樱桃可以在制作蛋糕、馅饼、烩水果、汤菜以及甜味或者咸味沙司中使用。制作蜜饯果酱时：可以制作成樱桃果酱，可以用白兰地或者糖浆腌制，可以制作成泡樱桃或者水晶樱桃等、可以制作成樱桃脯。

搭配各种 风味鸭肉、野味、杏仁、甜味香料、巧克力、柑橘类水果、白兰地、格拉巴酒等。

经典食谱 樱桃馅饼；黑森林蛋糕；鸭翼配蒙特默伦西樱桃；水果蛋糕；樱桃朱比丽等。

斯特拉樱桃是一种肉质饱满的樱桃，外形几乎呈现方形。

雷尼尔樱桃（rainier）
一种带有金色外皮和黄色肉质的漂亮樱桃品种，雷尼尔樱桃是一种汁液丰富而甘美异常的樱桃。其价格昂贵，因为雷尼尔樱桃娇弱而易受伤，所以要小心处理。

斯特拉樱桃（stella）
这一种甘美的樱桃品种，颜色可以呈现出深红色或者黑紫色，带有纯粹的柔和风味。如同肉质柔软的宾樱桃一样，在北美非常受欢迎，可以新鲜生食或者用来制作馅饼、各种沙司，或者水果蛋糕等。

莫雷洛黑樱桃（morello）
红灿灿或者黑油油的莫雷洛黑樱桃带有强烈的酸味和黑色的汁液。不能生食，但是用白兰地或糖浆腌制时风味甘美而多汁，可以用来制作果酱或者冷汤等。

蒙特默伦西樱桃（montmorency）
晶莹剔透的酸味蒙特默伦西樱桃汁液清澈，风味清新而味酸，可以买来制作各种沙司，可以制作冷汤，或者搭配鸭肉一起食用。

巴巴多斯樱桃（barbados cherry）
也被称之为阿斯若拉，这种小的果实尽管与樱桃极为相似，但却毫不相关。汁液爽口清新，带有令人愉悦的酸爽，巴巴多斯樱桃通常会用来制作成果脯和蛋糕。

葡萄（grapes）

这些喜爱阳光的果实在大多数温暖的温带气候条件下均可以生长。这里图片展示的葡萄品种是新鲜食用的葡萄或者甜点用葡萄品种，主要在西班牙、南非、智利、澳大利亚以及美国加利福尼亚等地栽培。它们比起制作葡萄酒所用的葡萄品种要大且甘美的多，尽管这其中会有一小部分的葡萄品种也可以用来制作葡萄酒。新鲜食用的葡萄可以有籽或无籽。葡萄树上生长的葡萄叶也可以在厨房内使用，特别是在地中海东部地区。

葡萄的购买 传统上葡萄是在夏天和秋天采摘（除了温室内栽培的葡萄品种），最好是成串并单独包装运输的葡萄，并且葡萄上应该还要带着自身的尘土。在成串的葡萄茎秆上带有轻微的擦伤表明这些葡萄已经不新鲜了。白葡萄应带有一圈琥珀色的光晕，大小均匀的翠绿色品种的葡萄酸味较大。黑色品种的葡萄不应该带有一点绿色。要避免那些外皮有皱褶的葡萄，或者那些带有褐色斑点的葡萄。

葡萄的储存 葡萄非常娇贵并且很容易受伤，所以要最低限度地进行处理。成串的没有经过洗涤的葡萄可以小心地分层摆放到厨房用纸上，再放入开口的纸袋里，放到冰箱内，可以保存5天以上。葡萄可以在糖浆中冷冻保存。

葡萄的食用 新鲜时：可以在咸香风味和水果风味的沙拉中使用，可以榨取葡萄汁，或者在室温下新鲜享用，特别是搭配软质干酪或者风味浓郁的干酪一起享用。加热烹调时：最好是去皮去籽。煸炒之后可以用来制作奶油和葡萄酒沙司，可以用来制作家禽类的酿馅材料，可以用来制作馅饼和布丁。腌制时：可以用来制作果酱和果冻，或者与糖浆一起装瓶保存。

搭配各种 风味家禽、肝脏类、野味、鱼肉、干酪、核桃仁、白兰地酒等。

经典食谱 维罗尼克龙利鱼；葡萄挞；法赞风味卡夫卡斯基；鸭肝配葡萄；巴伐利亚奶油配葡萄干；鹌鹑与葡萄。

瑞比尔葡萄（ribier） 一种大个头的受欢迎的带籽葡萄品种，这种葡萄质脆、带有黑又亮的外皮和多汁的肉质，风味柔和。一串这种葡萄是干酪盘中最完美的装饰物。

要挑选呈三角形的成串的葡萄，这样的葡萄肉质饱满，个头均等。

葡萄经过小心而谨慎的运输后，还会保留着满身尘土。

康科德葡萄（concord） 北美最古老的葡萄品种，这种葡萄呈中等到较大的个头，深蓝色。可以新鲜生食或者用来制作深色的彩色果酱、果冻以及榨取葡萄汁等，同样也可以用来制作葡萄酒。

意大利葡萄（Italia） 这种广为人知的马斯喀特带籽葡萄品种带有一种美味的鲜花风味、多汁的肉质和薄薄的外皮。可以切成两半并去籽之后用来制作水果沙拉。

洛萨达·马斯喀特葡萄（muscat rosada） 也叫洛萨达·马斯喀特尔葡萄和洛萨·马斯喀特葡萄，这种美味的葡萄带有一股浓郁的麝香风味。其外皮脆嫩而肉质多汁，带有葡萄籽。可以保留好用来制作特别的水果甜点或者新鲜生食。

橄榄（olives）

西班牙是世界上最大的食用橄榄生产国，橄榄在所有类似于地中海类型的气候条件下均可以栽培。橄榄有几百个不同的品种，数不尽的风味、质地，以及肉质多少的不同等。所有的橄榄首先都会是绿色的，在完全成熟之后会变成黑色——有一些品种的橄榄最适合在绿色时就采摘，其他品种的橄榄则需要在变成黑色之后采摘。第一次采摘时，橄榄非常苦，必须用盐、油或者水调制成的卤水腌制。其最终的口味也会由在腌汁卤水中所使用的油、香草以及香料的口味和风味所决定。

橄榄的购买 为了取得最佳口味，要购买那些带核的橄榄——散装或者瓶装，也或者是罐装橄榄——因为去核之后的橄榄易碎裂。一般来说，要挑选那些肉质饱满、带有光泽的橄榄，根据橄榄的品种不同，即使是小的、有皱褶的橄榄品种也会美味可口。

橄榄的储存 散装的橄榄或者那些腌渍的或者用卤水浸泡的橄榄应该在2~3天内用完。用橄榄油浸没的橄榄可以在一个凉爽、避光的地方保存几个月。如果出现了发霉的情况，在漂洗干净之后，再重新用橄榄油浸没。

橄榄的食用 新鲜时：可以作为零食或者开胃菜食用。可以加入沙拉中，或者切成细末之后制作成涂抹酱。加热烹调时：可以去核之后加入砂锅中，用于各种沙司中，或者用于面包面团中。

搭配各种风味 鱼肉、肉类、家禽、干酪、意大利面条、柿椒、番茄、大蒜、柠檬蜜饯、橙子、香草、香料等。

经典食谱 橄榄酱；尼斯沙拉；尼斯洋葱挞；番茄橄榄意大利面；橄榄佛卡夏面包；厄瓜多尔橄榄风味鸭子；橄榄沙拉等。

橄榄酱（tapenade）

这道普罗旺斯风味橄榄酱涂抹在面包上，或用来作为蔬菜沙拉的蘸酱，也或者作为铁扒鱼肉和鸡肉时的涂抹酱。

供 8 人食用

225克黑橄榄，去核

2瓣蒜，大体切碎

30克控净汁液的水瓜柳、漂洗干净

50克银鱼柳，大体切碎

60克罐装金枪鱼罐头（可选）

1汤勺柠檬汁

1汤勺白兰地酒

120毫升橄榄油，或者按需要使用

现磨的黑胡椒粉

1 在一个食品加工机内，将除了橄榄油和黑胡椒粉以外的所有原材料搅打混合到一起，将橄榄油逐渐地加入进去，直到搅拌至所希望的浓稠程度。用黑胡椒粉调味。

2 同样，也可以用研钵将橄榄、大蒜、水瓜柳、银鱼柳以及金枪鱼（如果使用的话）等一起用杵捣碎并研磨成糊状，并将柠檬汁、白兰地以及橄榄油逐渐地加入进去混合好，然后用黑胡椒粉调味。

谭琦橄榄个头较小，肉质饱满，颜色黑漆漆的。

谭琦橄榄（tanche）

来自普罗旺斯的尼昂，这些橄榄风味浓郁而美味，是制作这一地区传统菜肴的理想原材料。

皮晓丽橄榄（picholine）

暗绿色的皮晓丽橄榄带有出人意料的坚果风味的脆嫩肉质。它们不但可以制作成诱人食欲的开胃菜，还可以制作出风味俱佳的炖鸡和炖鱼类菜肴。

曼赞尼拉橄榄（manzanilla）

来自塞维利亚的卡其色、大个头的、丝滑的橄榄，曼赞尼拉橄榄一般会以酿入柿椒的方式售卖。无论是整粒的还是酿入馅料的，都是美味的马提尼橄榄。

塔加斯卡橄榄（taggiasca）

用加有芳香类香草的卤水腌制的橄榄，这些娇小的黑色利古里亚橄榄带有一股浓郁的果香风味，恰好适合与各种饮料一起细嚼慢咽地享用。

酿馅绿橄榄（stuffed green olives）

小的绿橄榄通常都会去掉橄榄核并酿入红柿椒、杏仁、银鱼柳、水瓜柳、洋葱、柠檬或者芹菜等之后售卖。

阿尔贝吉纳橄榄（arbequina）

这些娇小的、坚果风味的褐色西班牙橄榄适合搭配着开胃酒一起食用，例如冰镇费诺雪利酒，或者作为西班牙小吃组合中的一员。

尼斯－考奎鲁斯橄榄（nicoise-coquillos）

带有淡雅的坚果风味，这些幼小的黑紫色橄榄来自于法国的南方地区，非常适合用来制作普罗旺斯风味菜肴，如尼斯洋葱塔等。

卡拉马塔橄榄（kalamata）

希腊卡拉马塔橄榄是大个头的、杏仁形状的深紫色橄榄，带有一股浓郁的果香风味。无论是作为开胃小菜还是用来加热烹调都美味无比。

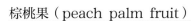

盐渍橄榄干（dry salt-cured olives）

干制或者盐渍法非常适合用来加工处理黑橄榄，制作出的皱缩的橄榄别具风味。可以作为小吃享用，加入面包中烘烤，或者用来制作成橄榄酱。

棕桃果（peach palm fruit）

也叫佩吉巴依（pejibaye palm），野生的棕桃果原产于中美洲和南美洲的热带雨林中，在许多国家都有种植，例如巴西、委内瑞拉、巴拿马等，是哥斯达黎加特别重要的经济作物。小个头的灯笼状的果实，因为带有如同桃一样的红色、橙色以及黄色而得名。在加热烹调时，与煮熟的山药般干燥的质地中会带有一股坚果的风味。用棕桃果制成的棕桃果粉会用来制作糖果和面包。

棕桃果的购买 在原产地国家之外的专卖店内偶尔会购买到新鲜的棕桃果。也可以购买瓶装或者罐装的腌制好的棕桃果。

棕桃果的储存 没有破损的、生的棕桃果，在冰箱里可以保存几周的时间不变质。如果棕桃果处理不到位并且有淤伤，几天之后就会发酵。

棕桃果的食用 棕桃果不可以生食。加热烹调时：洗净之后，切开去籽及外皮。用盐水煮几个小时之后可以配酱汁一起食用。可以用来制作炖菜、烩水果以及果胶等。烤熟之后可以当做小吃或者用来酿入家禽肉中的馅料。可以制作成果泥或汤菜。腌制时：可以使用卤水或者糖浆腌制。棕桃果也可以经过发酵之后用来自制葡萄酒。

搭配各种风味 酸奶油、蛋黄酱、黄油、青柠檬、蜂蜜、盐等。

经典食谱 奶油棕桃果汤。

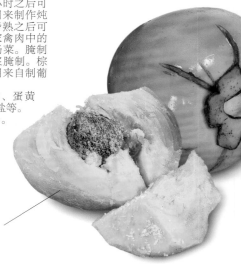

橙色或者黄色的肉质，中间有一个大个的籽，不可以生食。

枣（dates）

这种棕枣树结出的果实是在有水资源的，炎热而干燥的气候条件下栽培的。品种众多的枣，其颜色、形状、大小以及甜美的程度各自不同。枣的类型主要有三种，以其中的水分含量进行划分：软型（例如海枣），半软型（例如诺尔枣），以及干枣（例如色瑞枣）等。

枣的购买 新鲜枣的最佳品质期通常是从十一月到次年一月，枣的外观看起来要圆润饱满，光滑细腻而富有光泽。枣在干制而或者经过部分干制之后，其外皮会略微起皱，但是颜色看起来仍然要均匀而滋润。无论是带着茎的新鲜的枣，或者是成箱售卖的枣，它们闻起来都应带有蜂蜜的味道。要避免购买那些萎缩或者有瑕疵的枣。

枣的购买 新鲜的枣在密封的容器内，在冰箱里可以储存一周。包装好的干枣，在室温下可以储存几周，或者在冰箱里可以储存几个月。枣不要冷冻保存，除非你确信能够保持它们的新鲜程度：它们在原产地就已经冷冻保存，并且在售卖之前一直在冷冻保存。

枣的食用 根据需要，可以将其薄如纸的外皮去掉。作为小吃享用，可以酿馅，或者切碎后加入各种沙拉中和烩水果中。加热烹调时：将枣去核之后切碎，可以用来制作成酿馅材料，并且可以用来制作米饭和古郯米类的菜肴。可以加入甜品中、蛋糕里、饼干里、茶点中，以及咸香风味的炖焖类菜肴中。腌制时：可以用来制作酸辣酱、果酱以及糖浆等。

搭配各种风味 家禽、羊肉、培根、干酪、奶油干酪、浓缩奶油、酸奶、柠檬、橙子、坚果、杏仁膏、巧克力等。

经典食谱 酿馅枣；枣和核桃面包；鸡肉炖锅；香酥枣。

红褐色的斯瑞枣在其干燥的外皮上有些蓝色的花斑。

斯瑞枣（thoory）
原产于阿尔及利亚，这种枣质地硬实而耐嚼，并带有坚果的风味，同时也富含各种营养成分（这就是为什么有时候斯瑞枣被叫作"面包枣"的原因）。非常适合当作小吃，也同样非常适合用来烘焙和在加热烹调中使用。

新鲜时，金巴尔西枣肉酥脆而甘美，略微带有涩感。

梅德杰尔枣（medjool）
大个头的、紫褐色的梅德杰尔枣，质感柔软，多肉，甘美中带有黏性。可以作为甜品食用。

巴尔西枣（barhi）
这种圆形的枣带有一股浓郁的风味和香脆的质感。在其成熟之后，巴尔西枣颜色会变深、变得柔软，多皱，有滋有味。新鲜的巴尔西枣在中东非常受欢迎，非常适合慢慢享用。

努尔枣（deglet noor）
这种大个头的、略带皱褶的金褐色枣的肉质晶莹剔透，并带有甘美而柔和的风味。努尔枣更多的是用于加热烹调和在烘焙中使用。

椰子（coconut）

椰子树苗壮成长在热带地区的海岸线上。顶级的椰子肉出口国家是印度尼西亚、菲律宾以及斯里兰卡等，除了这些原产国之外，椰子通常都会去皮后售卖，以暴露出其毛茸茸的外皮之下的硬质外壳。在椰子硬质的外壳之下，是一层稠密而厚实的、糖果状的白色椰肉。椰子中也会包含着一些稀薄的、甜美的椰子汁，可以作为非常美味的饮料。

椰子的购买 要选择相对于其大小来说手感沉重的椰子。并确保椰子是新鲜的，将椰子放置到耳朵边上并进行摇晃：应该能够听到椰子汁在椰子里面四处流动的声音。如果椰子里面没有椰子汁，那么里面的椰子肉会带有腐败的味道。椰子外壳上的纤维应是干燥的，并且没有裂纹，也不潮湿或者带有泥土，特别是在椰子"眼"的周围。

椰子的储存 整个椰子可以在一个凉爽、干燥的地方储存一周的时间。新鲜擦碎的椰丝在一个盖好的容器里，放入到冰箱内，可以储存两周的时间，大块的椰子肉要浸泡到水里或者椰子汁里，并且要覆盖好。椰丝或者椰肉末可以冷冻保存。

椰子的食用 新鲜时：新鲜的块状椰子可以作为口味极佳的小吃食用。擦碎的椰丝可以加入到早餐麦片中，沙拉里，冷的布丁中，或者冰淇淋里。加热烹调时：椰丝可以用于咖喱菜肴、饼干、蛋糕以及甜点的制作中，或者用液体浸泡，用来制作成椰奶和椰味奶油。腌制时：可以制作椰子果酱，可以制作成椰子干或者椰子丁。

搭配各种风味 鸡肉、贝壳类海鲜、酸奶、辣椒、米饭、香蕉、柑橘类水果、热带水果、樱桃、香草、咖喱类、棕榈糖等。

经典食谱 椰子奶油派；仙馔密酒；椰味米饭；椰丝饼干；椰味果酱。

整个椰子的制备

在将椰子壳破裂开之前，需要将椰子"水"或者椰子汁倒出来。

1 拿稳一根粗的金属钎子，或者一把螺丝刀，对准椰子"眼睛"处，用锤子进行敲击。将椰子汁倒出。**2** 用锤子在椰子四周进行敲打。当出现裂纹之后，将椰子掰成两半。**3** 用一块厚毛巾盖住碎裂开的两半椰子，再用锤子将椰子敲碎成块状。**4** 将椰子肉上的褐色椰子外壳去掉，然后使用手动刨丝器或者食品加工机将椰子肉擦碎。

椰子外壳被一层粗又硬的棕色纤维所覆盖，在其一侧会有三个软点，或者叫作"眼"。

蓝莓（blueberries）

蓝莓原产于树林中、森林里和冻土地带的荒野之中，以及北半球的温带地区。现在蓝莓被广泛种植在世界各地，特别是在美国的缅因州和密歇根州，以及加拿大、波兰、匈牙利、澳大利亚、新西兰、南非和南美洲等地。产在高丛灌木上的蓝莓个头较大，大小均匀，但是相比野生的小个头蓝莓而言，其独具特色的味道略有不如。大多数的蓝莓都是从人为管理的低矮的灌木上采摘下来的。覆盆子与蓝莓是近亲。

蓝莓的购买 养殖的蓝莓一年四季都有售的，但是其品质最佳期是在六月到九月这段时间。要避免购买那些扁状带有汁液瘀痕的蓝莓，因为这样的蓝莓或许已经开始腐败变质，并会发霉。不要购买那些破损、受到挤压，或者皱缩的蓝莓。

蓝莓的储存 加工处理蓝莓时要小心一些。蓝莓在冰箱里可以冷藏保存几天的时间。或者冷冻保存（在冷冻保存蓝莓时，蓝莓不要洗涤，因为洗涤会让蓝莓的外皮变得坚韧）。

蓝莓的食用 新鲜时：可以作为小吃或者甜点食用，可以单独享用，或者放置到水果沙拉里均可。蓝莓果泥可以用来制作沙冰和冷汤，过滤之后可以制作成蓝莓汁。加热烹调时：可以烘烤成蓝莓馅饼和蓝莓果挞，可以做成蓝莓果粒，脆皮蓝莓馅饼，蛋糕以及松饼等。可以炖煮之后做成甜味沙司和咸香风味沙司，可以用来烩水果，或者制作干酪蛋糕装饰等。腌制时：可以制作成蓝莓果酱，果冻或者开胃小菜，可以用糖浆浸泡，或者制作成蓝莓干（蓝莓果脯）等。

搭配各种风味 野味、奶油、酸奶油、酸奶、柠檬、青柠檬、杏仁、薄荷、肉桂、多香果、巧克力等。

经典食谱 蓝莓松饼；蓝莓馅饼（蓝莓派）；蓝莓小甜饼；蓝莓干酪蛋糕；蓝莓蛋糕；肉桂蓝莓挞。

经典食谱（classic recipe）

蓝莓松饼（blueberry muffins）

新鲜烘烤出炉的蓝莓松饼是南美珍品，在早餐或者早午餐时享用。

制作 12 个

280克普通面粉

1满汤勺的泡打粉

1/2茶勺的盐

1/2茶勺擦碎的豆蔻

1/2茶勺肉桂粉

75克白糖

250毫升牛奶，常温

3个鸡蛋，打散

125克无盐黄油（淡味黄油），融化开并放凉

225克新鲜蓝莓

1 将烤箱预热至200℃。在一个12杯的松饼模具内摆放好松饼纸杯，或者在模具里涂抹好黄油。

2 将过筛后的面粉与泡打粉、盐、豆蔻以及肉桂粉一起放入盆内，加糖搅拌均匀。

3 在另一个盆内，将牛奶和鸡蛋搅拌好，倒入融化的黄油搅拌好。将混合液倒入面粉中，并轻轻地翻拌，以便将所有的材料混合好：混合好的面糊应该是足够湿润并带有颗粒状的面粉。不要过度搅拌。再将蓝莓拌入。

4 将搅拌好的面糊均匀地分装到12个松饼纸杯内或者模具内。放入烤箱内烘烤大约20分钟，或者一直烘烤到松饼变得质地硬实，涨发起来并呈金黄色。用一根牙签插入松饼的中间位置，拔出时牙签为干净时，表示已经烘烤好了。

5 从模具内将松饼取出（连纸杯一起），摆放到烤架上冷却。

蓝莓（blueberry）
个头较小，肉质饱满，呈圆形，口味甘美而温和，略带酸味和硬实的质地。生食时也美味可口，经过加热烹调之后其风味会得到增强。

在其深蓝色的外皮上，盛开着一朵独具一格的银色的花朵。

美洲越橘（huckleberry）
在美洲的野外生长，美洲越橘带有质地松脆的籽和酸甜的口感。可以用来制作馅饼和挞，或者用来制作各种肉类沙司等。

美洲越橘与蓝莓是近亲，但是个头更小一些，颜色也更深一些，汁液也更丰富。

云莓（cloudberries）

在斯堪的纳维亚北部地区的泥煤地和沼泽地，以及西伯利亚和加拿大到北极的区域都有云莓的身影，云莓是纯手工在野外辛勤采摘收获的。这种风味独特、美味扑鼻而来的柔软而多汁的浆果，在斯堪的纳维亚半岛以及萨米和因纽特人看来尤为珍贵。在北美，云莓也被叫作烤苹果浆果。

云莓的购买 云莓在晚夏时节采摘，但是因为云莓难以运输，它们在原产地之外的地区十分鲜见。

云莓的储存 云莓要轻拿轻放。在冰箱内储存，并且要尽快食用。要长期储存它们，可以冷冻保存。

云莓的食用 新鲜时：仔细漂洗干净，然后根据需要，可以配一点糖作为甜品享用。加热烹调时：可以加入布丁里和水果汤里。可以炖煮甜味沙司。加工制作时：可以制作成果酱和利口酒。

搭配各种风味 软质干酪、冰淇淋、鹿肉等。

经典食谱 云莓果酱；云莓小甜饼。

云莓看起来像金色的树莓。

蔓越莓（cranberries）

原产于北方温带地区，蔓越莓在北美得到了大批量的种植。其蜡色的浆果在生食时，会带有一股爽到牙齿的酸味和硬实的、松脆的质感。其诱人的颜色从亮丽的淡红色到深红色不等。与之相类似的充满活力的红色越橘，在斯堪的纳维亚也经常被称之为"蔓越莓"，与蔓越莓是近亲。蔓越莓也可以制作出色香味俱佳的开胃小菜和蔓越莓汁。

蔓越莓的购买 蔓越莓最佳品质期是在冬季采摘的高峰期，当其变成晶莹剔透的红色时。装袋时要避免那些

熟透的或者皱缩的蔓越莓。

蔓越莓的储存 装入系紧口的塑料袋内，放到冰箱里，可以保存2周以上。或者也可以冷冻保存，在没有化冻之前就可以使用。

蔓越莓的食用 因为蔓越莓太涩，因此需要大幅增加其甜度。新鲜时：可以磨碎成开胃小菜，可以过滤之后制作成蔓越莓汁。加热烹调时：可以炖熟之后制作成各种沙司和甜品。可以用来制作挞、馅饼、松饼、蛋糕以

及冻糕等，也可以制作成蔓越莓酱，用来为家禽类和肉类酿馅用。加工制作时：可以制作成果冻，果脯，或者与糖浆一起装瓶腌制。

搭配各种风味 火鸡、鹅肉、火腿、油性鱼类、苹果、橙子、坚果类、红葡萄酒、干邑白兰地、肉桂等。

经典食谱 蔓越莓果冻；蔓越莓沙司；蔓越莓和橙子开胃小菜。

要挑选那些质地硬实、颜色亮丽、大小均匀的蔓越莓。

黑莓（blackberries）

黑莓或者叫荆棘，在南北半球地区温度较低的地方和温带地区的野外生长。目前黑莓在美国俄勒冈州、墨西哥、智利、塞尔维亚以及东欧的其他国家里被广泛种植。有众多的杂交和栽培品种，包括罗甘莓、杨氏草莓以及奥拉里莓等，还有其近亲露莓等。现在商业化培育的无刺黑莓品种，让大批量的采摘变得轻而易举。在采摘时，黑莓会带有硬芯（花托），不会继续成熟。

黑莓的购买 在夏天和初秋时节，成熟的小核果（圆形的小球体组成了每一个黑莓）应该质地硬实而多汁，颜色美观。不要购买那些看起来是绿色、有损坏，或者萎缩的黑莓，要避免那些流淌有汁液的扁形黑莓，因为这表示黑莓已经过了其最佳品质期。

黑莓的储存 尽管黑莓可以在冰箱内冷藏保存1~2天，但是在采摘之后或者购买之后要尽早食用：用厨房用纸轻轻地拭净黑莓上的水分，放入纸袋内，系好口保存。黑莓也非常适合冷冻保存。

黑莓的食用 新鲜时：常温下享用其风味最佳。可以作为小吃或者甜点食用，可以搅碎用来制作沙司，可以制作冷的甜点以及沙冰，或者制作成黑莓汁等。加热烹调时：可以用来制作成热的甜点、馅料、馅饼以及挞等。加工制作时：可以制作果冻或者风味醋，或者与糖浆一起装瓶腌制。

搭配各种风味 家禽、野味、甜奶油、酸奶油、苹果、软质水果（无核小水果）、榛子、杏仁、燕麦、蜂蜜、香草、肉桂等。

经典食谱 黑莓和苹果馅饼；夏日布丁；黑莓果冻；黑莓果酱。

黑莓（blackberry）
栽培的黑莓，例如深受欢迎的尼斯品种，应该看起来质地硬实、肉质饱满、光滑圆润。尽管绝大多数黑莓呈现出午夜黑色，但是还是能够找到红色黑莓的。

野生黑莓（wild blackberry）
野生的黑莓在应季之初就要采摘：首批成熟的黑莓品质最好，随后批次的黑莓，个头会更小一些，肉质也更硬一些。可以用来制作果酱和果冻。

野生的黑莓没有栽培的黑莓果肉多，并且其籽也更多。

博森莓（boysenberry）
黑莓、覆盆子杂交的罗甘莓，呈美丽而迷人的酒色。这种莓果比黑莓更加柔软，个头也更大一些，带有细小的籽，可以制造出美味的冰淇淋。

要选择芳香四溢的、带有白色花朵的深色
蓝莓。其花朵会呵护着蓝莓在阳光下逐渐
生长，并且这是蓝莓新鲜程度的标志。

覆盆子（树莓，raspberries）

覆盆子在世界各地潮湿的温带地区都有种植。通常都会呈深红色——虽然也有白色、琥珀金以及其他颜色的覆盆子——每一种色调娇艳，纤细的三角形浆果其实是一簇簇丛生的天鹅绒般的毛茸茸的小核果。在成熟以后，覆盆子从仍然生长在其茎把上，硬质的白色中心，或者称为"外壳"上脱落下来。酸酸的黑色覆盆子在北美洲东部地区非常常见，很适合用来制作覆盆子汁。覆盆子也有许多杂交品种。

覆盆子的购买 不同品种的覆盆子有着不同的生长时间，但是覆盆子品质最佳时间段是在夏天和初秋时节。要挑选那些质地硬实、颜色美丽而干燥的覆盆子。要避免购买那些流淌有汁液的扁形的覆盆子，因为这表示覆盆子已经过了最佳品质期。不要购买有破损或者有皱缩以及有霉斑的覆盆子。

覆盆子的储存 如果可能，在购买到覆盆子的当天就使用。覆盆子极易受损，所以要轻拿轻放。可以用厨房用纸轻轻地将表面所有的水分拭干，然后放入塑料袋内，系好口，冷藏保存1~2天。覆盆子可以冷冻保存，可以在糖浆中冷冻（覆盆子会失去一部分细腻的质地），或者将覆盆子制作成覆盆子蓉。

覆盆子的食用 新鲜时：可以作为小吃或者甜食在常温下享用。可以与其他原材料混合好制作成沙司，冷藏之后用来制作冰镇甜点以及沙冰等。

加热烹调时：可以用来制作成热食的甜点、可以制作成覆盆子馅料、馅饼以及挞等。加工制作时：可以与糖浆一起装瓶，或者制作成覆盆子果汁、覆盆子风味醋以及果酱等。

搭配各种风味 家禽、野味、甜奶油、酸奶油、桃、其他各种浆果类、榛子、杏仁、燕麦片、蜂蜜、香草、肉桂、红葡萄酒等。

经典食谱 红果羹；覆盆子果酱；覆盆子库里（美尔巴沙司）；夏日布丁；英式水果蛋糕。

经典食谱（classic recipe）

红果羹（rote grutze）

这道菜肴来自德国北部地区，这种红色的烩水果，可以制作成为一道美味芳香而略甜的甜点。

供 4 人食用

250克樱桃，去核

175克覆盆子

150克红醋栗

115克黑莓

115克草莓，如果个头较大，可以切成四瓣

50克金砂糖

2汤勺玉米淀粉

1 将所有的水果放入沙司锅内，加入150毫升水，用慢火加热烧开。然后改用小火继续加热。

2 用2汤勺冷水将玉米淀粉和金砂糖一起混合好，形成细腻的糊状。慢慢地将玉米淀粉糊搅入到熬煮的水果中。用小火加热，同时不断地搅拌，直到汤汁变得浓稠。

3 关火让其冷却，然后将熬煮好的水果舀入餐盘内。冷藏好之后可以搭配奶油一起享用。

覆盆子是由几十个幼小的小核果组成，每一个小核果都包含有饱满的果汁。

覆盆子（raspberry）
柔软而娇柔的覆盆子，带有一股强烈的，略微刺激的芳香风味。在成熟之后，覆盆子汁液饱满，会沾染到手上和衣物上。

罗甘莓（loganberry）
黑莓和覆盆子杂交的品种，这种细长而带有光泽的深红色浆果，如果没有完全成熟的话，会非常酸。罗甘莓在夏日的出产季节非常短暂，所以要物尽其用地来制作馅饼和进行加工处理。

色彩丰富而艳丽的大个头的浆果，如果新鲜食用时，其风味酸而刺激。

草莓（strawberries）

肉质饱满而汁液丰富的草莓在所有温带气候条件下的地区都可以生长。许多杂交后的草莓有不同的大小和颜色，从鲜红色到橙红色不等，其形状可以是圆锥形、球形、椭圆形，或者是心形等。其肉质围绕着一个硬的浅色的外壳生长，在浆果的表面覆盖着一层细小的籽。野生草莓可以在树林中和牧场的背阴处寻获到，其个头比大批量售卖的草莓要小得多。

草莓的购买 草莓通常都会装在浅篮里售卖，有时候在夏季出产高峰期会松散地摆放。草莓在采摘之后不会继续成熟。要挑选那些质地硬实、多汁、风味芳香的草莓，其花萼应该亮丽而新鲜。要避免购买盛放草莓的浅篮里被汁液污染的草莓，这种情况表明草莓已经变成了黏糊状。

草莓的储存 成熟的草莓极易腐坏变质，所以要尽快食用。已经发霉或者被压扁裂开的草莓要丢弃不用，然后轻地覆盖好，放入冰箱的底层保存。草莓也可以冷冻来制作成草莓蓉。

草莓的食用 新鲜时：可以直接当做甜食享用。可以蘸融化的巧克力享用。可以摆放到干酪蛋糕和各种挞的表面进行装饰。可以制作成草莓蓉用来制作草莓库里，可以用来制作冷冻甜点以及奶昔等。加热烹调时：可以用来制作馅饼的馅料。加工制作时：可以用糖浆装瓶腌制；可以制作草莓果酱；或者制作成草莓风味醋等。

搭配各种风味 奶油、冰淇淋、凝乳酪、黄瓜、橙子、大黄、杏仁、香草、玫瑰水、巧克力、黑胡椒等。

经典食谱 草莓果酱；意大利风味草莓冰淇淋；草莓酥饼；草莓冰淇淋；法式草莓蛋糕；草莓马沙拉葡萄酒；草莓和大黄馅饼。

经典食谱（classic recipe）

草莓果酱（strawberry jam）

草莓可以制作出深受人们喜爱的传统风味果酱。要使用风味浓郁而甘美的草莓来制作。

可以制作 1.8 千克

1.5千克草莓

1.5千克白砂糖

4个柠檬挤出的柠檬汁

1 在一个大号瓷碗或者玻璃碗里，将草莓和白砂糖分层摆放好，然后淋上柠檬汁。用保鲜膜覆盖好，放置到一个凉爽的地方浸渍24小时。

2 将碗里所有的原材料全部倒入沙司锅内，用小火加热烧开。然后继续用小火加热熬煮5分钟。将锅从火上端开，盖上锅盖，再静置48小时。

3 再次加热将锅烧开。撇净表面所有的浮沫，然后一直加热到果酱变得非常浓稠。

4 将锅从火上端离开。用勺舀入一个热的消过毒的广口瓶内并密封好。

钱德勒草莓（chandler）
这种大个头的、质地硬实的草莓，以其扁平的三角形为特色。色彩艳丽，风味绝佳，有着广泛的用途。

阿尔比恩草莓（albion）
一种美国加利福尼亚州的现代草莓品种，生长季节非常漫长，阿尔比恩草莓是一种个头巨大，呈深红色的圆锥形草莓，口味浓郁而甘美。制作成的甜点和蛋糕令人回味无穷。

这种草莓看起来像一个红色的纺锤，根部有亮绿色的花萼。

艾尔桑塔草莓（elsanta）
在英国最受欢迎的一种大批量栽种的草莓，艾尔桑塔草莓带有光泽的漂亮外观，风味非常柔和。非常适合于用来制作冷的甜点，例如慕斯等。

米兹辛德勒草莓（mieze schindler）
一种传统的德国草莓品种，这种草莓呈饱满的心形造型，带有一股美味而丰富的水果风味。可以新鲜享用，可以制作成果酱，或者用来制作成红果羹。

野生的草莓尽管个头较小，但是风味却胜过栽培的草莓太多。

野生草莓（wild strawberry）
也叫fraises des bois，有野生的品种和栽培的品种（如果常见的话，叫作阿尔卑斯草莓）。这些娇小而脆弱的红色或者白色草莓带有一股精致而芳香的口感。可以用来制作挞或者作为特色的甜点。

意大利风味草莓冰淇淋（strawberry semifreddo）

加入的蛋白甜饼颗粒带来的酥脆质地和甘美风味，这是意大利草莓冰淇淋特色风味的转折点。

供 6～8 人食用

色拉油，涂刷用

225克草莓，去蒂，多备出一些草莓和红醋栗，用于装饰

250毫升鲜奶油

50克糖粉，过筛

115克制作好的蛋白糖饼，压碎成颗粒状

3汤勺覆盆子风味利口酒

制作库利用料

225克草莓，去蒂

30～50克糖粉，过筛

1～2茶勺柠檬汁、白兰地、格拉巴或者香脂醋

1 在一个20厘米的圆形卡扣式模具内涂上一薄层色拉油，并在模具的底部铺好一张防油纸。放到一边备用。

2 用电动搅拌器或者食品加工机将草莓搅打成蓉状。在一个碗里，将鲜奶油和糖粉一起打发到中性发泡的程度。将草莓蓉和打好的鲜奶油一起叠拌均匀，然后再将蛋白糖饼颗粒和利口酒也叠拌进去。将混合物装入模具中，并将表面涂抹平整，用保鲜膜覆盖好。放到冰箱内冷冻至少6个小时，或者一晚上。

3 与此同时，制作库利，用电动搅拌器或者食品加工机将草莓搅打成蓉状，然后将其用细眼网筛过滤，以去掉草莓籽。将25克的糖粉拌入过滤好的草莓蓉中。尝一下甜度，并根据需要，可以加入更多的糖粉。再加入柠檬汁、白兰地、格拉巴或者香脂醋增添风味。

4 在上桌之前，将冷冻好的意大利风味草莓冰淇淋从模具中取出，并揭掉防油纸。用一把热的刀子将冰淇淋切割成块状。将草莓库利用勺舀到餐盘内，并将切割好的冰淇淋块摆放到库利上。用整个的草莓和红醋栗装饰。

沙棘果（sea buckthorn berries）

原产于亚洲和欧洲的北部温带地区，多刺的沙棘因为其浆果富含营养成分和极高药用价值，而在北美和中国被大量种植。一开始是非常酸的味道，亮丽的橙色，富有光泽而肉质饱满的椭圆形浆果，柔软而多汁，而一旦"腐烂"或者在露天经过霜冻，会变得富含油脂。尽管有一些无刺的沙棘已经被养殖栽培，野生的沙棘果只能从树上摇晃下来。在斯堪的纳维亚，当沙棘果还是在树枝上时，会使用一种特制的工具，将沙棘果的果汁挤压出来。

沙棘果的购买 沙棘果主要是以加工处理好的形式进行售卖，如沙棘果汁、沙棘糖浆、沙棘茶、沙棘果蓉，或者沙棘果粉等。

沙棘果的储存 要将新鲜的沙棘果放在一个凉爽而干燥的地方保存，但是要尽快食用。

沙棘果的食用 新鲜时：可以洗净之后蘸糖食用，或者榨成沙棘汁加糖后饮用，也可以制作成沙司。以粉状形式购买的干的沙棘果粉可以加入酸奶和麦片中。加热烹调时：可以加入麦片粥和热的甜点中。加工制作时：可以制作成沙棘果酱或者沙棘果胶。沙棘果还可以增加烈性酒的风味。

搭配各种风味 奶油、冰淇淋、苹果汁、燕麦片等。

经典食谱 沙棘果冰淇淋。

秋天时节，在落叶灌木细长的枝条上，会挤满着宛如花环般的色彩艳丽的沙棘果。

在玫瑰果成熟之后，其娇艳欲滴的色彩让人舍不得采摘。

玫瑰果（蔷薇果，rose hips）

秋季时分，这些晶莹而亮丽的橙红色玫瑰果实会玫瑰花瓣凋落之后才显露出来。玫瑰果与蔓越莓不同，带有水果般浓郁的香辛风味。

玫瑰果的购买 玫瑰果没有大批量种植的，必须要从花园里或者野外自行收集。在首次霜降之后就要进行收集或者搜寻，最好是采集野玫瑰的果实或者玫瑰的果实（不可以使用从那些喷洒过杀虫剂的植物上采集到的玫瑰果）。玫瑰果在成熟之后是可以食用的。要避免购买那些熟过的，绵软的，或者有皱褶的玫瑰果。

玫瑰果的储存 装入系紧口的塑料袋内，放入冰箱里，可以冷藏保存2周以上，也可以将整个的玫瑰果冷冻保存。

玫瑰果的食用 玫瑰果中维生素C的含量非常丰富。玫瑰果中包含着非常细小的毛茸茸的籽，会对人体的肠胃形成刺激作用，要在食用之前将其去掉。新鲜时：可以将果肉挖出后食用。加热烹调时：可以搅碎成果蓉状用来制作各种沙司、布丁、果丹皮以及糖果等。加工制作时：可以用来制作糖浆、香甜酒以及果胶等。干燥之后可以用来制作水果茶。

搭配各种风味 火鸡、野味、苹果、坚果、蜂蜜等。

经典食谱 玫瑰果果胶；玫瑰果糖浆。

桑葚 (mulberries)

桑葚是世界各地温带地区生长的桑葚树上所结出的果实。黑色的桑葚呈诱人食欲的紫黑色，并且有甘美的麝香风味，大个头的圆润饱满的桑葚中含有着丰富的能够将手指染上颜色的汁液。白色的桑葚口感会更加温和一些，并且特点也不够鲜明。但是在干燥之后，桑葚会进化出更加浓郁的风味，并且会带有松脆的质感。红色的桑葚与黑色的桑葚相类似，也广受赞誉。

桑葚的购买 在晚夏时节，桑葚在采摘之前必须等其完全成熟：桑葚通常会让其熟落到地面上。在商店里，不太可能购买到桑葚，但是如果你知道某人拥有一棵桑葚树，你可以精挑细选出肉质饱满、质地硬实的精品桑葚。

桑葚的储存 要尽快使用掉桑葚。在冰箱里，桑葚最多只能保存一两天的时间，就开始发酵或者开始发霉。桑葚可以冷冻保存。

桑葚的食用 新鲜时：在常温下，可以作为风味甜点享用，可以压榨出桑葚汁或者制作成桑葚蓉，用来制作饮料和鸡尾酒等。加热烹调时：可以用来制作馅饼、布丁、沙冰以及冰淇淋等。加工制作时：可以用来制作果酱或者果胶。可以用来制作成风味醋或者伏特加等，或者制作成桑葚脯。

搭配各种风味 家禽肉、羊肉、野味、奶油、梨、柑橘类水果等。

经典食谱 夏日布丁；烤羊肉配桑葚沙司；沙司果胶；桑葚冰淇淋。

惹人注目的浆果非常柔软多汁，使得它们非常受各种鸟类的喜爱。

成熟之后的桑葚非常脆弱并且易破裂，需要格外小心地对待。

花楸浆果 (rowanberries)

在晚夏和秋季，这些有点涩的、鲜红色的或者橙色的浆果开始成熟，成串地生长在山梨树上，或者花楸树上，这是在欧洲和亚洲北部凉爽、温带地区的乡村和城市地区都能够见到的一种树木。花楸浆果富含维生素C，但是生食时会带有毒性。

花楸浆果的购买 花楸浆果没有大量售卖的，所以需要你在首次霜冻之后去收集（霜冻有助于降低花楸浆果的苦感）。要在鸟类等将它们从树上叼走之前对它们进行采摘。

花楸浆果的储存 花楸浆果可以在一个封口的纸袋内或者一个容器内，放到冰箱的底层，冷藏保存几天。如需要更长的保质期，可以冷冻保存：冷冻保存还有助于减弱其苦味。

花楸浆果的食用 在生的时候，花楸浆果具有毒性，但是在经过加热烹调之后可以去掉其毒性。加热烹调时：可以用来制作各种沙司、馅饼以及果粒等。加工腌制时：可以制作成果胶或者蜜饯，可以用来制作乡村葡萄酒和利口酒等。

搭配各种风味 羊肉、绵羊肉、鹿肉、家禽肉、灌木篱墙水果等。

经典食谱 花楸浆果果胶。

接骨木浆果 (elderberries)

接骨木生长在北半球和南半球的温带地区。它的果实在夏末开花之后，呈扁而宽大的簇生状。黑紫色的小浆果在采摘时极易破碎而爆裂开。其滋味呈酸性而果肉中多籽。尽管澳大利亚是世界上接骨木浆果最主要的生产国，但是接骨木浆果不是一种十分重要的经济作物。如果你自己从野外采摘接骨木浆果，从树上采摘下来的接骨木浆果要远离道路，以避免对环境造成污染。

接骨木浆果的购买 如果你在市场上发现了接骨木浆果，要挑选那些带有光泽的黑色浆果。

接骨木浆果的储存 接骨木浆果可以存放到一个容器内，在凉爽、干燥的地方保存，但是在采摘之后，要尽快地使用。接骨木浆果也可以冷冻保存。

接骨木浆果的食用 接骨木浆果不适合生食。加热烹调时：可以作为馅饼的馅料，可以制作成果粒和甜点。可以用来制作水果汤和烩水果。可以炖烂之后用来制作沙司。加工制作时：可以用来制作乡村葡萄酒和甜香酒、果胶以及果酱等，可以用来制作成风味醋，或者整个制作成果脯。

搭配各种风味 野味、蟹肉、苹果、灌木篱墙水果、草莓、柠檬、核桃仁、肉桂、多香果、豆蔻、丁香等。

经典食谱 接骨木浆果汤；接骨木浆果果酱或果胶；接骨木浆果酒或甜香酒。

经过简单的冲洗之后，使用一把餐叉可以将其茎从浆果上分离开。

醋栗（加仑子，currants）

醋栗树丛最适合在凉爽潮湿的温带气候条件下茁壮生长，在欧洲北部、亚洲、北美、澳大利亚以及新西兰等地都有种植。醋栗是成串生长的，像极了成串的娇小的、亮晶晶的葡萄，其颜色包含了黑色、红色，再到白色不等。醋栗的汁液饱满而柔嫩，并有一些可以食用的籽。果实呈酸性，但是，这也意味着，醋栗比起生食更适合于用来烹调。

醋栗的购买 在仲夏时节，要成篮的购买，防止醋栗受到损伤。新鲜采摘的醋栗应该带有一股浓郁的芳香风味，并且看起来紧凑、亮丽、富有光泽。要避免购买篮子里到处都溅洒有汁液的醋栗，或者看起来发黏、枯萎，或者落满浮土的醋栗。

醋栗的储存 尽可能地在购买到醋栗的当天就要使用完。在将黑醋栗覆盖好后放入冰箱里，可以保存几天，最好是单层摆放好。冷冻保存时，不要进行密封，或者也可以制作成蓉泥后再冷冻保存。在使用之前要将醋栗

漂洗干净。根据需要可以掐掉花萼。

醋栗的食用 新鲜时：用一把餐叉从成串的醋栗上将醋栗与其茎把脱离开。可以蘸糖作为甜食享用，或者蘸上糖粉用作蛋糕的装饰。加热烹调时：醋栗可以整粒的或者制作蓉泥之后来制作各种沙司和咸香风味的炖菜等。可以煮熟之后做成水果汤，可以制作成热布丁、果粒、馅饼、奶油拌水果、奶油馅以及沙冰等。加工制作时：可以与糖浆一起装瓶，或者用来自制葡萄酒和利口酒等。可以加工成果酱、果胶，果糖或者酸辣酱等。

搭配各种风味 鸭肉、野味、羊肉、火腿、软质干酪、柠檬、梨、桃、薄荷、肉桂等。

经典食谱 红醋栗果胶；黑醋栗果酱；夏日布丁；黑醋栗酒。

白醋栗（Whitecurrants）

这些半透明的精致浆果呈梨形，带些许粉红色。个头比红醋栗略小，但是也更甜美一些，可以新鲜生食，或者加工制作成果酱等食品。也可以与蛋清和糖一起制作成甜点。

红醋栗（redcurrands）

晶莹剔透的深红色浆果比起黑醋栗个头上要微小一些，但是也更娇贵并且易破裂开，具有刺激性的风味。非常适合用来制作果胶、糖浆以及用作蛋糕和甜点等美轮美奂的装饰。

这些娇小的、圆形的深紫色浆果有着饱满的汁液。

黑醋栗（blackcurrants）

黑醋栗的酸味非常浓烈，是制作馅饼、沙司以及果酱等最经典的选择。其芳香的叶子可以用来给冰淇淋增添风味。

鹅莓（gooseberries）

鹅莓在凉爽、潮湿的温带气候条件下生长，如北欧、亚洲以及澳大利亚和新西兰的部分地区。鹅莓呈椭圆形或者圆形，大小各异。鹅莓内部小的可食用的籽被一层可脱落的肉质所覆盖。鹅莓可以分成两大类：加热烹调型和甜品型。鹅莓在采摘下来之后不会继续成熟。

鹅莓的购买从晚春时节最早的适合于加热烹调型鹅莓到仲夏时节出产的更加柔软的甜品型，鹅莓的盛产期非常短暂。要选择那些非常新鲜、硬实，带有光泽的鹅莓，避免购买没有光泽、带有皱褶，或者带有裂口的鹅莓。购买加热烹调型鹅莓时，要选择略生，但不是非常坚硬的鹅莓。

鹅莓的储存 鹅莓最好是在购买或者采摘的当天就使用。加热烹调型的鹅莓可以装入塑料袋内系好口，放到

冰箱里储存一周，甜品型鹅莓可以保存2～3天。鹅莓在使用之前要摘去根叶。鹅莓冷冻保存的时候要敞口，鹅莓还可以在糖浆中冷冻，或者制作成鹅莓蓉泥。

鹅莓的食用 加热烹调时：将鹅莓煮熟之后和/或者制成蓉泥之后，可以用来制作奶油拌水果、奶油馅、慕斯以及沙冰，还有果粒和挞等。可以用鹅莓来制作咸香风味的沙司和酿造等。加工制作时：可以与糖浆一起装瓶。可以用来制作果酱和自制葡萄酒。

搭配各种风味 猪肉、马鲛鱼、卡忙贝尔干酪、奶油、柠檬、肉桂、丁香、莳萝、茴香、接骨木花、蜂蜜等。

经典食谱 鹅莓沙司；鹅莓果酱；鹅莓馅饼；鹅莓拌奶油。

甜品型鹅莓通常呈红色，但是也有粉红色、黄色、白色或者绿色的鹅莓。

甜点型鹅莓（dessert gooseberries）

这些鹅莓应该有些绵软但是不应熟透，并且闻起来带有甘美的芳香，可以在常温下享用。鹅莓的外皮通常会非常光滑。

加热烹调型鹅莓（cooking gooseberries）

酸性的加热烹调型鹅莓呈典型的青柠檬绿色，厚实的、带有纹理的外皮覆盖着纤细的绒毛。

大黄（rhubarb）

大黄在伏尔加河部分流域的野外生长，那里是大黄的原产地。今天，在世界各地温带气候条件下凉爽的室外和温室内都有栽培，在这些地方，一年四季都有大黄可取。不同品种的大黄有着不同的大小和颜色，但是所有的品种都带有大黄的刺激性风味，这是由其长长的叶柄中所含有的草酸所产生的效果，这也是植物中唯一可以食用的部分（绿叶中含有毒性）。

大黄的购买 出产大黄的最佳品质时间最早是在仲春时节，在七月份会有第二批次的大黄出产。要寻找那些茎秆光滑而硬实的大黄，并且要检查其茎秆两端切口的新鲜程度。温室种植的大黄，其茎秆通常会比室外生长的大黄的茎秆更加甜美，颜色也会更深一些。

大黄的储存 大黄的茎秆在冰箱内可以保存一周的时间，用湿润的厨房用纸包好，再装入到一个塑料袋内，这样大黄就不会变得干瘪。

大黄的食用 有一些种类的大黄会带有纤维，需要削去薄薄的一层外皮。新鲜时：要适量食用（如果吃的大黄数量过多，大黄中含有草酸使得铁元素在人体内无法吸收），新鲜的大黄茎秆中带有一股令人无法抗拒的酸甜风味。加热烹调时：可以炖焖、烘烤等。除了在许多甜食中使用之外，（可以用来制作馅饼、奶油类甜点以及果酱等），大黄可以制作出一种风味绝佳的沙司用来搭配油性的鱼类菜肴或者猪肉类菜肴。

搭配各种风味 草莓、柑橘类水果、李子、肉桂、红糖、姜等。

经典食谱 草莓大黄馅饼；大黄碎饼；奶油大黄；然巴巴卡格（rabarberkage）。

龙珠果（physallis）

也叫灯笼果，亮晶晶的橙金色果实被薄如纸张的、如同薄纱一样的外皮所包裹。一眼望去，有点像充满气体的中式灯笼。龙珠果汁液丰富，带有微小的籽，有着一种让人神清气爽的酸甜滋味。大小如同一粒樱桃，它们被大量种植在南非、南美、澳大利亚、新西兰以及印度等地的温带和热带地区。

龙珠果的购买 龙珠果看起来应该质地硬实，呈蜡色，并且没有瘀伤。成熟后的龙珠果外皮会呈米黄色，果实中应带有一股温和的甘美芳香风味。

龙珠果的储存 在外皮的包裹之下，龙珠果可以在一个凉爽的地方保存一周或者两周。在使用之前要将龙珠果清洗干净。冷冻保存龙珠果时要去掉外皮。

龙珠果的食用 新鲜时：在室温下可以生食。可以蘸巧克力或者翻糖作为餐后甜点享用。加热烹调时：可以煮熟之后作为甜点，可以制作成沙司和冰淇淋等。可以添加到蛋糕中和挞里。加工制作时：可以用来制作蜜饯，可以与糖浆一起装瓶。

搭配各种风味 白鱼肉、鲜贝、酸奶、进口水果、坚果、龙蒿、巧克力、橙味利口酒等。

经典食谱 龙珠果果酱；餐后甜点。

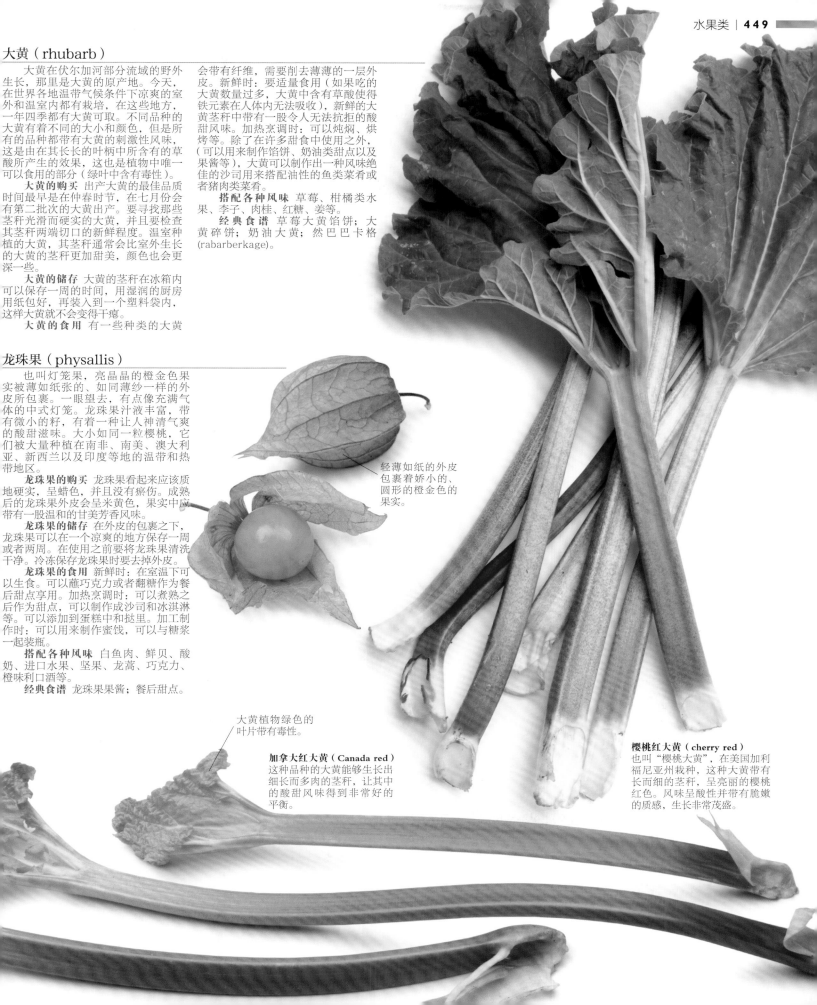

轻薄如纸的外皮包裹着娇小的、圆形的橙金色的果实。

大黄植物绿色的叶片带有毒性。

加拿大红大黄（Canada red）
这种品种的大黄能够生长出细长而多肉的茎秆，让其中的酸甜风味得到非常好的平衡。

樱桃红大黄（cherry red）
也叫"樱桃大黄"，在美国加利福尼亚州栽种，这种大黄带有长而细的茎秆，呈亮丽的樱桃红色。风味呈酸性并带有脆嫩的质感，生长非常茂盛。

橙子（orange）

橙子是柑橘类家族中的资深成员，被广泛种植在地中海和世界各地的亚热带地区，特别是西班牙、美国、巴西、中国以及墨西哥等国家。橙子的种类繁多：橙子的大小和橙皮的厚度差异也非常大，口感从酸到甜不等，风味浓郁的程度也各有千秋，并且有些有籽，有些没有籽。硬实并带有苦味的橙皮中含有非常浓郁的芳香风味，并富含芳香精油。另外一种属于橙子的种类是柑橘，柑橘这个名词通常指所有小个头的，外皮较松弛并且带有纤维状筋脉和橙色外皮的水果类。柑橘比橙子的个头要更小一些，也更加扁平一些，通常风味不是很酸并且可以非常容易地分离成瓣状。在柑橘类家族中有一组成员叫作橘子，当然其确切的术语名称会让人眼花缭乱。在英国，橘子往往是指个头特别小的，带有籽的，外皮上有着卵石状花纹的水果。但是在美国，橘子一词通常会更加普遍地用来代替柑橘这个名称，指的是小个头的柑橘类水果，包括无核小蜜橘和克莱门斯小柑橘（见451页内容）。

橙子的购买 冬季的橙子无论是从风味还是所含汁液方面来说，一般都会比夏季的橙子要好一些。要挑选那些外皮亮丽、整洁并富有光泽的橙子。手感应比橙子本身大小要重一些，闻起来有芳香风味。要避免购买那些看起来干瘪或者发霉，或者有褐色斑块的橙子。若要使用橙皮或者橙子外层皮，没有打蜡的橙子是最佳选择。

橙子的储存 要将橙子放在一个凉爽的地方，或者直接摆放到冰箱里冷藏，可以保存2周以上，要在橙子的外皮起皱之前使用完，个头小一些的橙子没有大个头的橙子的保存期长。为了更长时间的保存橙子，可以将去皮之后的橙子分离成橙子瓣和切成片状或者将整个冷冻保存。

橙子的食用 新鲜时：去皮分离成瓣状，或者将橙子肉切成片状，用来添加到甜味和咸香风味的沙拉中以及烩水果中。橙子可以榨取橙汁作为饮料享用，可以制作成果胶以及沙冰等。加热制作时：可以整个的煮熟（去皮）。将擦取的橙子外层薄皮和橙汁一起用来给砂锅类菜肴、各种沙司、蛋糕，还有饼干等增添风味。加工制作时：可以制作成橙味果酱。可以与糖浆或者酒一起装瓶浸泡。可以制作成橙味糖果，或者制作成干橙皮。

搭配各种风味 牛肉、鸭肉、腌猪腿肉、鲜贝、番茄、甜菜、黑橄榄、坚果、丁香、肉桂、姜、巧克力、酱油、马沙拉葡萄酒等。

经典食谱 橙味果酱；酸橙沙司；马耳他沙司；焦糖橙子；橙味可丽饼；杏仁橙味蛋糕；鸭肉配橙味沙司；茴香橙子沙拉。

味酸且多籽，苦橙最适合用来制作果酱和加热烹调。

苦橙（bitter oranges）
与甜橙不同，带有苦味的橙子品种，例如塞维尔橙（酸橙）不适合用来生食。但是，因为它们太酸，皮厚，籽多的缘故，能够有助于果酱凝固，因此是传统的用来制作橙味果酱所使用的橙子。塞维尔橙是一种出品时间非常短暂的早熟品种。

巴伦西亚橙（valencia）
在世界上占主导地位的大量种植的橙子品种，生长期较长，皮薄而且容易去掉，具有令人神清气爽的酸甜风味。无论是生食还是榨取橙汁都是不二之选。

佳发橙（jaffa）
近乎无籽的佳发橙带有浅色而厚的橙皮，非常容易剥离。肉质甘美而松脆，汁液中橙子的风味非常浓郁。生食时风味绝佳，也可以用来制作甜味橙皮蘸巧克力享用。

佳发橙是一种在冬季出品的带有亮丽的橙色肉质的上佳橙子。

粗糙而薄的橙皮呈红扑扑的颜色，里面包含的橙肉色彩令人过目难忘。

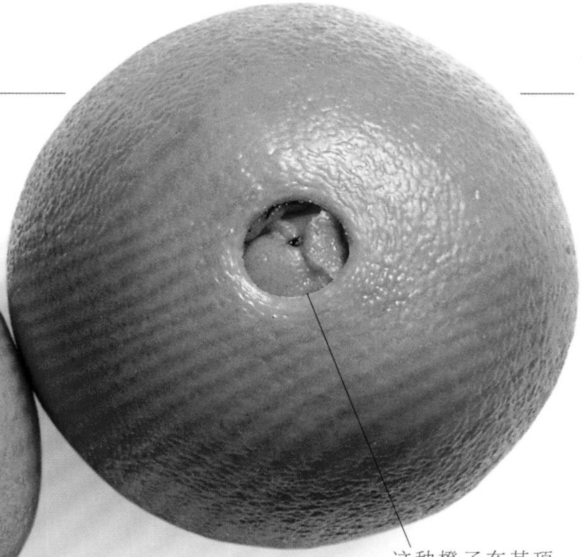

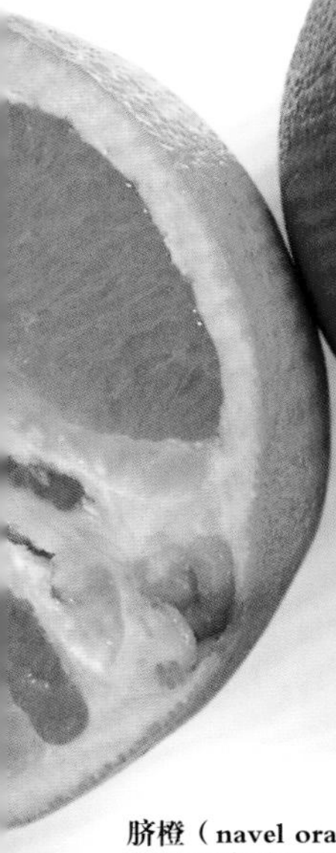

这种橙子在其顶端，带有着独具特色的凸起部分，在这一凸起部分中包含着一个迷你小橙子，或者称之为“橙子肚脐”。

脐橙（navel orange）
脐橙在商业利用价值上仅次于瓦伦西亚橙，味美而甘甜的脐橙无籽而皮厚。这种橙子最佳品质期是在冬季，无论是生食、榨汁，还是用来加热烹调时都口感极佳。

瓦伦西亚橙在其多汁的肉质中几乎不包含有籽。

血橙（blood oranges）
这些小个头的橙子带有色彩饱满的肉质，呈现出红宝石色彩——其橙汁也是如此——是制作马耳他沙司和沙冰的关键材料。

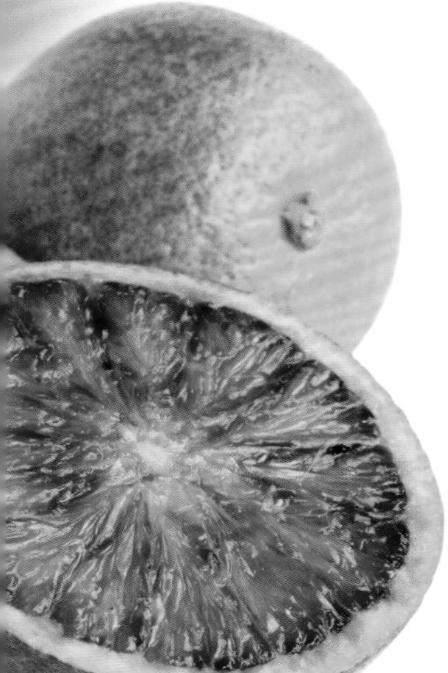

经典食谱（classic recipe）

橙味果酱（marmalade）

像塞维利亚橙等苦橙是制作独具特色的橙味果酱所不可缺少的橙子品种。

大约可以制作 4.5 千克

1.5千克塞维利亚橙，榨取2个柠檬的柠檬汁

3千克白糖，在烤箱中用低温烤热

1 将橙子上薄薄的一层橙色外层皮去掉，不要将橙皮上白色的部分去掉。根据需要，可以将削下的橙子外层皮切成细丝或者细末，保留好备用。

2 将橙子切割成两半，并挤出橙汁。放到一边备用。其籽也要保留好。

3 将白色的橙皮切碎，与籽一起装入棉布袋里并捆好。将棉布袋与切成丝的橙子外层皮一起放到厚底锅内。

4 将橙汁和柠檬汁过滤到锅内。加入3.4升水。用小火加热烧开，然后在不盖锅盖的情况下继续用小火熬煮大约2个小时，或者一直熬煮到橙子外层皮变得软烂，锅内的汁液熥至剩余一半的程度。

5 取出棉布袋。将温热的白糖加入锅内并搅拌至溶化。改用中火继续熬煮15~20分钟，或者一直熬煮至果酱达到了可以凝固的程度。

6 将表面所有的浮沫都撇净，关火之后静置10~20分钟。期间要偶尔搅拌几次，然后用勺舀入消过毒的热广口瓶内，盖好，并密封好。

克莱门斯小柑橘（clementine）

在地中海和世界各地的亚热带气候条件下的地区都有种植，包括西班牙、摩洛哥、墨西哥以及澳大利亚等地，克莱门斯小柑橘是柑橘类家族中个头最小的柑橘。它们看起来像极了亮丽的橙色高尔夫球，克莱门斯小柑橘带有薄薄的、亮丽的外皮和易碎的隔膜，几乎没有籽。柑橘汁甘美，芳香风味中带有令人难忘的刺激回味。

克莱门斯小柑橘的购买 可以在冬季购买到，要选择那些果实硬实而且手感比起实际大小要重一些的柑橘，外皮上没有软点或者皱褶。克莱门斯小柑橘在状况良好的情况下，闻起来气味应该清新而芳香。

克莱门斯小柑橘的储存 要放在一个凉爽的地方，或者不覆盖的情况下，放到冰箱里冷藏，可以保存一周以上，要在小柑橘外皮起皱变枯萎之前用完。或者切成块状冷冻保存。

克莱门斯小柑橘的食用 新鲜时：可以去皮之后作为零食享用，或者添加到沙拉中。可以榨汁用来制作冰果露和沙冰。加热烹调时：可以将切成块状的小柑橘略微煎过或者铁扒好之后作为配菜使用。加工制作时：可以用来制作橙味果酱（柑橘果酱）。可以整个的用糖浆或者利口酒装瓶腌制，可以制作成琉璃柑橘作为糖果享用。

搭配各种风味 贝类海鲜、猪肉、鸡肉、鸭肉、菠菜、胡萝卜、胡椒、叶类蔬菜、杏仁、香菜叶、巧克力、蛋白霜饼、橙味甜酒等。

经典食谱 柑橘类果酱；橙肉沙冰。

在圣诞节期间，克莱门斯小柑橘通常会带着枝叶一起售卖。

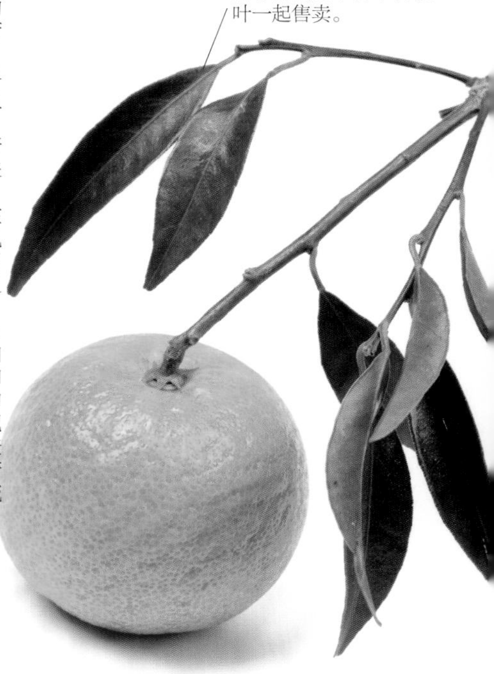

萨摩蜜橘（无核小蜜橘，satsuma）

萨摩蜜橘是蜜橘类别中使用最广泛的柑橘品种。在几个世纪之前由日本人所研发，它们通常呈扁平的形状，有着非常容易剥离的、细腻而厚的外皮，风味淡雅而甘美，籽极少。如同其他柑橘类水果一样，它们在地中海和全世界范围内的亚热带地区广泛种植，而中国是最大的生产国。

萨摩蜜橘的购买 在冬季，萨摩蜜橘的汁液和风味在其最佳时期，可以广泛使用。其外皮应该亮丽而光滑。蜜橘手感应该比其个头要沉重一些，气味芳香。要避免购买那些看起来发干、有破损，或者发霉的蜜橘。

萨摩蜜橘的储存 在一个凉爽的地方可以储存一周，或者放到冰箱里不用覆盖，可以冷藏保存2周以上，在其外皮起皱之前要用完。萨摩蜜橘汁和蜜橘块均可冷冻保存。

萨摩蜜橘的食用 新鲜时：去皮后可以作为小吃或者甜点享用，或者添加到各种沙拉中。其外层薄皮和蜜橘汁液可以用来制作沙冰、沙司、莎莎酱、甜点以及鸡尾酒等。加热烹调时：可以将切成块状的蜜橘略微煎过或者铁扒好之后作为配菜食用。或者整个的用于蛋糕中。加工制作时：可以将蜜橘块用糖浆或者酒一起装瓶腌制，或者用来制作橙味果酱（柑橘果酱）。

搭配各种风味 贝类海鲜、猪肉、鸡肉、鸭肉、叶类蔬菜、菠菜、胡萝卜、胡椒、香菜叶、杏仁、蛋白糖霜饼、巧克力、橙味甜酒等。

经典食谱 柑橘类果酱。

其松弛的外皮使得萨摩蜜橘很容易剥离，所以非常适合给孩童当作零食享用。

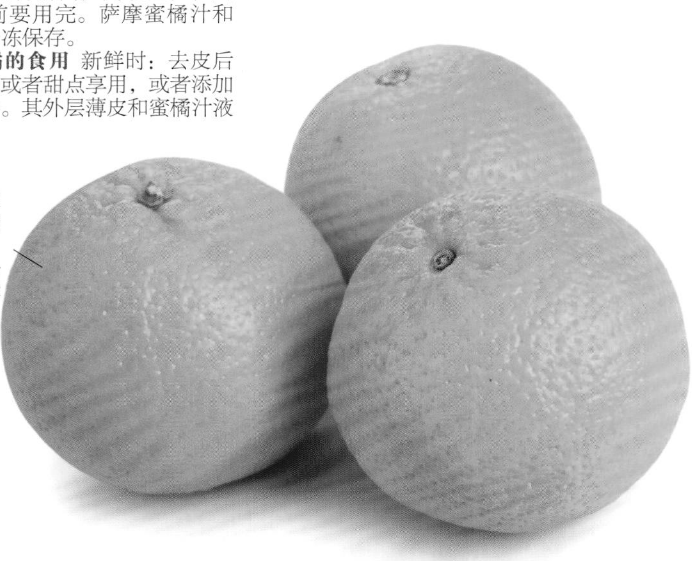

西柚（葡萄柚，grapefruit）

在地中海和亚热带地区，如美国、南非以及以色列等国家和地区都有种植，这种水果叫葡萄柚是因为其以簇生的方式在常绿树上生长，像特大号的黄色葡萄。西柚有着矮胖的圆形的外皮，根据品种的不同，其外皮的厚度也不同，有着非常苦的筋膜和皮膜。其汁液丰富的肉质从浅黄色到粉红色或者深红色不等，玫瑰色肉质品种的味道会更加甜美。

西柚的购买 西柚的出产期主要是从晚秋到春季。要挑选那些果实带有芬芳的香味，并且外皮光滑没有斑痕或者破损，以及手感硬实并且沉重，没有软点的西柚。外皮绵软表示其汁液和肉质的缺失。西柚上带有些许的绿色，并不是表示其果实未成熟。

西柚的储存 与所有的柑橘类水果一样，西柚在树上成熟，并且在采摘下来之后不会继续成熟。在室温下可以存放几天的时间，或者在不包装的情况下，可以在冰箱里储存2周以上。西柚汁和块状西柚可以冷冻保存。

西柚的食用 新鲜时：可以切成两半或者块状单独食用或者添加到沙拉中。可以榨取西柚汁作为饮料和制作沙冰。加热烹调时：可以切成两半铁扒。可以将西柚汁加入各种沙司中。加工制作时：可以用来制作柑橘果酱。其外皮可以制作成蜜饯。

搭配各种风味 鸡肉、腌猪腿、烟熏猪肉、大虾、鳄梨、菠菜、柠檬、薄荷、姜、豆蔻、椰子、蜂蜜、红糖、樱桃白兰地酒等。

经典食谱 西柚果酱。

白色西柚（white grapefruit）

白色西柚品种，如马什西柚，不以其肉质鲜嫩而通常以其丰富的西柚汁而为人称道，其肉质呈浅黄色。其果实往往会带有薄而呈浅黄色的外皮，一层细长的筋膜和几粒籽。可以制作风味绝佳的西柚果酱。

粉红色西柚（pink grapefruit）

粉红色西柚品种，如广受欢迎的粉红色马什西柚，会比白色西柚个头要小一些，并且其保质期也会更长一些。可以将粉红色西柚添加到烩水果中，或者咸香风味的沙拉里。

制备西柚的两种方法

要将整个西柚分离成瓣状，先要将西柚去皮，或者将西柚切成两半，以使得西柚瓣容易分离开并享用。

1 用一把锋利的刀，将西柚的头尾两端各切掉一小片。2 将西柚扁平面朝下摆放好，将西柚的外皮切割下来，用刀沿着西柚肉瓣的轮廓线进行切割，并尽可能地将白色的筋脉都去掉。3 要取下所有的西柚瓣，沿着每一肉瓣一面的筋膜处进行切割。然后再在另外一侧的筋膜处切割，以使得肉瓣能够从筋膜上分离开。

1 将西柚横切成两半。2 用一把弯曲的锯齿刀（西柚刀）或者一把雕刻刀，分别沿着两半西柚肉的外侧切割一圈，使得肉瓣和外皮分离开。要取出每一个肉瓣，沿着肉瓣的两侧将筋膜切掉。

浅色的、像珊瑚色肉质没有籽，并且汁液饱满丰盛。

红色西柚（red grapefruit）

肉质中色彩艳丽的品种，像宝石红和里约红西柚品种，含有丰富的汁液，酸甜的口感，并且几乎无籽。可以用来烩水果和制作各种沙拉，以及用来榨取西柚汁。

光滑而薄的外皮会呈现出有些暗红的色彩。

柠檬（lemon）

色彩鲜艳的柠檬在无霜的地中海气候条件下的地区蓬勃生长，如南加利福尼亚州、西西里岛、希腊以及西班牙等地。柠檬的个头和形状各有不同，就算是有着一样的柠檬外皮，也会有的厚，有的薄，有的光滑，有的生长有疙瘩。外皮光滑的柠檬往往会含有更多的汁液，其他品种外皮较厚的柠檬，非常适合取柠檬外皮使用，用糖熬煮，或者加工成柠檬果酱等。酸味的柠檬汁会增强其他食物的风味，也会用来当作防腐剂使用。

柠檬的购买 柠檬最佳品质期是在冬季，柠檬应该光滑、颜色艳丽、质地硬实，并且手感要比其实际的大小重一些。要避免购买皱缩的柠檬或者带有霉斑的柠檬。如果要擦取柠檬的外皮或者想使用柠檬的外皮，可以购买没有打蜡的柠檬。

柠檬的储存 整个的柠檬可以在冰箱内冷藏保存2周的时间，在室温下使用时可以榨取最多的柠檬汁。切开的柠檬要用保鲜膜覆盖好，冷藏保存，并尽快地使用完。柠檬可以整个的冷冻保存，或者切成片状和块状冷冻保存，柠檬汁可以在冰格内冷冻保存。

柠檬的食用 新鲜时：柠檬可以榨取柠檬汁用来制作沙拉沙司、腌泡汁以及各种饮料等。加热烹调时：可以将柠檬汁加入到各种挞、馅饼、汤菜、开胃小吃以及乳化类的沙司中。擦取柠檬外皮可以用于烘焙和甜点的制作中。可以将柠檬的外皮去掉白色的部分之后加入砂锅类菜肴中。加工制作时：可以将柠檬切碎之后用来制作果酱和蜜饯。可以用来腌泡整个或者切成块状的水果，可以制作蜜饯柠檬皮等。

搭配各种风味 鸡肉、小牛肉、鱼肉、贝类海鲜、鸡蛋、黄油、洋荆芥、大蒜、橄榄、奶油、鼠尾草、龙蒿、香菜籽、水瓜柳、橄榄油、金酒（杜松子酒）等。

经典食谱 柠檬沙冰；鸡肉柠檬蛋羹；柠檬水；柠檬挞；煎小牛肉片配柠檬；柠檬蛋白霜馅饼；柠檬糖。

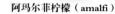

阿玛尔菲柠檬（amalfi）
也叫作索伦托柠檬，这种柠檬独特的香味和风味是受欧洲法律保护的。其长有疙瘩的外皮芳香风味非常浓郁，并且柠檬的肉质异常甘甜，是制作意大利柠檬甜酒最佳的柠檬汁。

尤蕾卡柠檬（eureka）
这是一种广泛种植的、外皮光滑的椭圆形柠檬，在其一端带有一个小的乳头，是一种汁液饱满、风味浓郁的柠檬，这种柠檬用途非常广泛。

像蛋形的柠檬因外皮非常不平整，所以看起来有点畸形。

香橼的肉质非常干而多籽，通常会与白色的柠檬外皮一起丢弃不用。

香橼（citron）
一般会在初秋时节上市，香橼基本上没有汁液，但是其外皮因为带有芳香的风味而在制作泡菜、蜜饯、糖果以及东方风味茶时使用非常广泛。

美亚柠檬（meyer）
一种产自美国加利福尼亚州的柠檬柑橘杂交品种，美亚柠檬的酸度非常低，以至于可以生食，因此其美味可口的果汁只需要添加少许糖分或者不需要添加糖分。

费米奈劳柠檬（Femminello）
在意大利，是最重要的柠檬"家庭成员"，这些柠檬呈典型的椭圆形，有着细腻而不平整的外皮和丰富的汁液。可以用在所有的烹调方式中和用来榨取汁液。

柠檬沙冰在国际上是一款非常经典的饮品，用于一餐结束时，或者在两道菜肴之间饮用的清淡而爽口的饮品。

大约可以制作出 750 毫升

6个大柠檬，最好是没有打蜡

250克白糖

1个蛋清

1 使用削皮刀，从3个柠檬上削下薄薄的一层长条形状的外皮。要确保不要削下白色的柠檬外皮，否则制作好的沙冰味道会变苦。

2 将白糖、柠檬皮以及250毫升水一起放到锅内烧开。然后继续熬煮5分钟的时间，制作成糖浆。将锅从火上端离开，使其冷却。

3 挤出所有柠檬的柠檬汁，倒入量杯。加足量的水，使其达到400毫升。然后与糖浆混合好，盖好后冷藏保存一晚上。

4 将冷藏好的柠檬汁混合液过滤到一个冰淇淋机内，按照冰淇淋机使用说明进行操作。当开始结冰时，将蛋清搅散，加入柠檬混合液中。当沙冰开始变硬后，放入冰箱内冷冻保存。

5 如果没有使用冰淇淋机制作沙冰，可以将柠檬混合液放入容器内，盖好，放入冰箱内冷冻1~2个小时，或者大约有2.5厘米的柠檬混合液开始在容器四周结冰。将冰搅拌成颗粒状，然后盖好，再放回冰箱内冷冻，大约30分钟后，取出继续搅拌至冰破碎开，然后将蛋清叠拌进柠檬混合液中，继续冷冻至凝固。

6 在上菜之前半小时，将沙冰放到冷藏冰箱内，让其略微变软一点。

青柠檬（lime）

青柠檬在世界各地炎热、潮湿的热带地区生长得极为旺盛。通常呈圆形，带有薄薄的、光滑的、亮绿色或者黄绿色的外皮。青柠檬带有一股独具特色的、刺激程度不同的酸性风味的青柠檬汁。最广为人知的两个青柠檬品种为塔希提青柠檬或者波斯青柠檬和墨西哥青柠檬或者基青柠檬。如同柠檬一样，青柠檬汁对其他的食物有增强风味和防腐作用。

青柠檬的购买 要挑选那些光滑硬实、果实饱满的青柠檬。避免购买那些带有褐色斑块或者看起来已经变黄了的青柠檬。要挑选果实手感比起其大小要重一些的青柠檬，这样的青柠檬表明其汁液含量较高。青柠檬的外皮要比柠檬薄的多，所以取青柠檬外皮时要小心一些。

青柠檬的储存 青柠檬可以整个的在冰箱内冷藏保存2周，但是在使用前要先从冰箱内取出使其恢复到室温。而一旦切开青柠檬，要用保鲜膜包好，冷藏保存，并在两天之内用完。青柠檬可以整个的或者切成片状和块状的冷冻保存。青柠檬汁可以在冰盘内冷冻保存。

浅色的、带有凹坑的酸绿色外皮晶莹剔透，充满活力。

像又短又粗的手指头，这类青柠檬在成熟之后可以呈绿色或者紫色。

手指青柠檬（finger lime）
这种澳大利亚柑橘类水果不是真正意义上的青柠檬，但是能够榨取与青柠檬相类似的令人愉悦的酸味汁液。在轻轻拍碎之后，其细小的液囊会砰地碎裂开，流淌出一股令人神清气爽的汁液。将其汁液挤到生蚝或者鱼肉上会非常美味可口。

青柠檬的食用 新鲜时：青柠檬可以挤出汁液用来制作沙拉汁、腌泡汁、饮料以及鸡尾酒等。加热烹调时：可以用青柠檬汁和青柠檬外皮制作各种甜点、馅饼以及烘烤食品等。加工制作时：可以用来制作泡菜、酸辣酱、果酱、果胶以及青柠檬酱等。可以干燥之后用来制作中东风味菜肴。

搭配各种风味 家禽、鱼肉、壳类海鲜、番茄、鳄梨、柠檬、杧果、木瓜、蜜瓜、香料、辣椒、美国辣椒汁、朗姆酒、龙舌兰酒、薄荷等。

经典食谱 青柠檬汁腌鱼；青柠檬馅饼；青柠檬泡菜；玛格丽塔酒。

塔希提青柠檬（tahiti lime）
也叫波斯青柠檬，这是一种大个头的、绿色的、无籽青柠檬。其浅色的细粒状的果肉带有一股锐利的风味，特别适合于用来调味，制作莎莎酱以及腌泡汁等。

蜜柚（Honey pomelo）
产自中国的一种无籽柑橘类品种，口味柔和而多汁，肉质呈浅色并带有一股蜂蜜的芳香风味。带有小颗粒的外皮可以用来制作蜜饯或者加入柑橘类酱中。

其他的柑橘类水果（other citrus）

广义上的柑橘类水果可以理解为所有由小的汁囊组成的瓣状果肉类水果，带有一层白色的果皮（衬皮），以及芳香的、油性的、带有苦味的外皮，这一层外皮可以在烹调中使用。与其他我们更熟悉的家族成员一样，如橙子和柠檬，其他柑橘类的酸度或者甜度以及所含有的籽的多少也各自不同。采用杂交的方式和新品种的研发，使得柑橘类水果的队伍不断扩大，品质不断提高。

其他柑橘类水果的购买 除了热带柑橘类，柑橘类的主要出产季一般从晚秋到春季都有出品。所有的柑橘类水果都应该芳香四溢，手感硬实并沉重，外皮应该光滑并且无瑕疵、污渍以及软点等。绵软的外皮表示其缺乏果汁和果肉。带有些许绿意的外皮并不是说水果没有成熟。

其他柑橘类水果的储存 所有的柑橘类水果都会在树上成熟，因此在采摘之后不会继续成熟。可以在常温下储存几天，或者不用包装，直接放入冰箱内冷藏保存2周。柑橘类水果的果汁和果肉都可以冷冻保存。

搭配各种风味 贝类海鲜、烟熏鱼肉、家禽肉、火腿、猪肉、菊苣、苦菊、西芹、菠菜、黑巧克力、丁香、豆蔻。

默科特柑橘（murcott）
有时候也叫甜橘，默科特柑橘是众多柑橘中的一种，是柑橘和橙子的杂交品种。果汁丰盛，滋味异常甘甜，使其成为早餐奢侈的饮料。

明尼奥拉柑橘（Minneola）
这种柑橘和西柚杂交的水果，果肉多汁而无籽，带有一股强烈而刺激的风味，使得这种水果作为零食来享用时清新爽口，还可以用来制作沙司和甜品。

这种橘子的外皮较老，使得这种水果特别难以去皮。

牙买加丑橘（柚橘，ugli™）
一种牙买加水果，介于橘子、酸橙和西柚之间，牙买加丑橘带有绿色的外皮，外皮较厚并且有疙瘩，但是非常容易去皮。浅色的肉质爽口甘甜。可以直接食用，可以榨汁用来制作沙拉汁，外皮也可以制作成蜜饯。

艳丽的橙色明尼奥拉柑橘在其茎的根部，有一块独具特色的鼓起。

肉质甘美而芳香，并因此而得名。

带有一层薄薄外皮的金橘非常柔软而肉质饱满，可以整个食用。

金橘（kumquat）
尽管不是真正的柑橘类水果，金橘在厨房中会被当作柑橘类水果使用。娇小可爱，苦甜参半的金橘外皮里有着饱满欲滴的汁液。

红心柚（Red pomelo）
有时候也叫夏道克（文旦），这是西柚的始祖，有着一层厚厚的、绵软的外皮和鲜红的果肉。比西柚要更甜一些，酸味也略微少一些，用来制作沙拉和莎莎酱会非常美味可口，但是要确保去掉所有的白色外皮和筋脉。

经典食谱（classic recipe）

炖香甜金橘（Spiced Kumquats）

可以将这一款现代经典的甜品搭配奶油类甜品，或者搭配咸香风味的肉类菜肴，如鸭肉、猪肉或者腌猪腿等。炖香甜金橘可以在冰箱里冷藏保存几周。

供 4 ~ 6 人食用

450克金橘
125克白糖
1小根肉桂条
4粒丁香
2个豆蔻荚
1粒八角

1 将金橘切成两半，并去掉籽。

2 将金橘放入沙司锅内，加糖、香料和150毫升水。加热烧开，然后改用微火，不盖锅盖，炖20~30分钟，或者一直将金橘炖烂。

3 将锅端离开，让其冷却，然后冷藏保存。根据需要，在上菜之前可以将香料去掉。

要挑选那些手感沉重的西瓜，在拍打时
能够产生共振。因为这样的西瓜最甜、
最新鲜，成熟程度也最高。

甜瓜（sweet melon）

甜瓜在世界各地炎热而光照充足的地区都有种植。甜瓜产量最高的国家是中国、土耳其、伊朗以及美国。甜瓜无论是颜色还是形状都各自不同，大小从仅供一人食用，到大到足够多人食用。甜瓜中两个主要的种类是夏季甜瓜和冬季甜瓜。夏季甜瓜在外皮上带有一道鼓起的交叉棱纹或者网状线。冬季甜瓜带有光滑的或者细小的黄色脊状外皮和浅色的肉质。在所有的甜瓜品种中，饱含汁液的肉质包围着中空的腹腔，里面充满着带尖的籽。

甜瓜的购买 按压一下对应着茎秆的底部位置：如果甜瓜是成熟的，这一位置很容易就会按压下去。甜瓜应感觉起来比其大小要显得重一些，并通过其外皮散发出令人愉悦的芳香风味。如果闻起来麝香味较浓，说明熟过了。甜瓜的外皮应较厚并且没有疤痕。

甜瓜的储存 如果你想让甜瓜更加成熟一些，可以将其在常温下放置好。成熟的瓜最好在一个凉爽、空气流通的地方储存，也可以在冰箱内冷藏保存，用保鲜膜包好之后，可以储存一周以上的时间。挖成圆球形的甜瓜或者切成块状之后可以冷冻保存，或者在糖浆中冷冻保存。

甜瓜的食用 新鲜时：切成两半去掉籽之后就可以食用，或者挖成圆球形，切成块状，或者角状后食用。要注意的是，经过冷藏后，绝大多数的甜瓜会更加清新爽口，但是其风味会有所减弱。甜瓜可以添加到水果沙拉里，莎莎酱中，沙冰里，果泥中以及冷汤里。加热烹调时：可以快速地煎炒一下用来制作咸香风味的菜肴。加工制作时：可以添加到果酱中。

搭配各种风味 家禽、烟熏肉类或者腌制的肉类、海鲜、干酪、热带水果、覆盆子、黄瓜、椰奶、姜、胡椒、薄荷等。

经典食谱 意大利风味蜜瓜火腿；甜瓜冷汤。

克伦肖甜瓜（crenshaw）

一种特大号的夏季甜瓜。茎秆端较突出，外皮光滑，有淡淡的棱纹，芳香扑鼻，有着如同三文鱼般的粉红色肉质，可以直接当作甜食享用，或者配合香草冰淇淋一起享用。

安布莎甜瓜（ambrosia）

安布莎甜瓜是一种非常芳香的杂交甜瓜，有着网状的浅色外皮和非常小的带籽的腹腔。可以新鲜食用，或者用来制作水果沙拉。

桃色肉质的安布莎甜瓜，味道非常甘甜。

肯纳瑞甜瓜（canary）

这是一种大个头的冬季甜瓜，外皮上略有皱纹，呈亮丽的黄色，绿白色的肉质清新爽口。香气浓郁，令人赏心悦目。可以单独享用，或者作为节日水果拼盘的一部分。

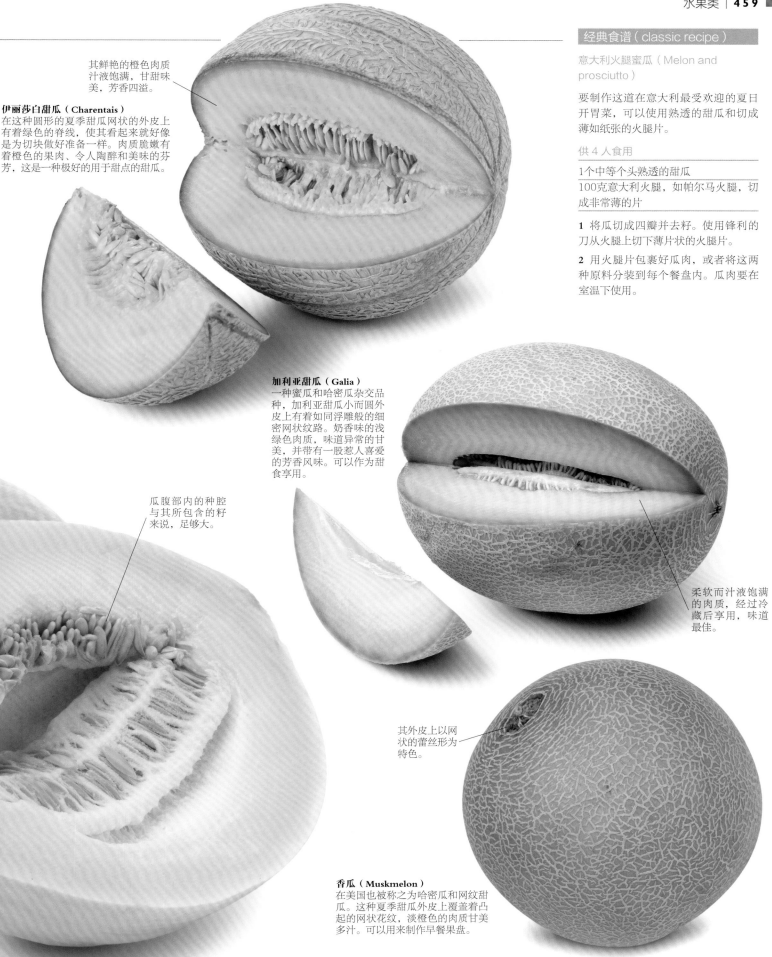

其鲜艳的橙色肉质
汁液饱满，甘甜味
美，芳香四溢。

伊丽莎白甜瓜（Charentais）
在这种圆形的夏季甜瓜网状的外皮上
有着绿色的脊线，使其看起来就好像
是为切块做好准备一样。肉质脆嫩有
着橙色的果肉、令人陶醉和美味的芬
芳，这是一种极好的用于甜点的甜瓜。

加利亚甜瓜（Galia）
一种蜜瓜和哈密瓜杂交品
种，加利亚甜瓜小而圆外
皮上有着如同浮雕般的细
密网状纹路。奶香味的浅
绿色肉质，味道异常的甘
美，并带有一股惹人喜爱
的芳香风味。可以作为甜
食享用。

瓜腹部内的种腔
与其所包含的籽
来说，足够大。

经典食谱（classic recipe）

意大利火腿蜜瓜（Melon and
prosciutto）

要制作这道在意大利最受欢迎的夏日
开胃菜，可以使用熟透的甜瓜和切成
薄如纸张的火腿片。

供 4 人食用

1个中等个头熟透的甜瓜
100克意大利火腿，如帕尔马火腿，切
成非常薄的片

1 将瓜切成四瓣并去籽。使用锋利的
刀从火腿上切下薄片状的火腿片。

2 用火腿片包裹好瓜肉，或者将这两
种原料分装到每个餐盘内。瓜肉要在
室温下使用。

柔软而汁液饱满
的肉质，经过冷
藏后享用，味道
最佳。

其外皮上以网
状的蕾丝形为
特色。

香瓜（Muskmelon）
在美国也被称之为哈密瓜和网纹甜
瓜。这种夏季甜瓜外皮上覆盖着凸
起的网状花纹，淡橙色的肉质甘美
多汁。可以用来制作早餐果盘。

甜瓜（sweet melon）

蜜瓜（白兰瓜，Honeydew）
冬季最有名的甜瓜，蜜瓜带有光滑的浅黄色，或者黄绿色的外皮，以及呈乳白色的肉质。是制作瓜船造型的开胃菜所使用的最经典的瓜类。

浅色而多汁的肉质所环抱着的腹腔内，充斥着大个头的椭圆形的瓜籽。

欧盖尼瓜汁液丰富而甘美的肉质中有着些许的绿意。

欧盖尼瓜（ogen）
欧盖尼瓜的外皮呈黄绿色，在浅色的网状外皮中有着段状的条纹。甘美而芳香，可以直接食用，或者与腌制的肉类一起食用。

萨普瓜就像橄榄球一样，呈独具一格的椭圆形。

萨普瓜（Piel de Sapo）
这是一种深受欢迎的西班牙瓜类品种，有着厚厚的、粗糙的深绿色脊状外皮，以及浅色的清新爽口的肉质。可以直接享用，或者配烟熏火腿一起食用。

西瓜（watermelon）

西瓜在热带和亚热带地区都能够生长。其主要的出品国家有中国、土耳其、伊朗、美国以及巴西等。西瓜的形状有圆的，也有细长的，有些西瓜品种有着深绿色的外皮，而另外一些品种的外皮呈浅绿色和深绿色的条纹。滋味甘美、入口即溶，解渴爽口的瓜肉通常呈深粉红色，但也有黄色或者白色的瓜肉。尽管目前无籽西瓜非常常见，但是西瓜是唯一的一种瓜子全部分布在瓜肉中的瓜类。

西瓜的购买 西瓜应该质地硬实而颜色均匀，并且手感沉重。在敲打时，不应该发出中空的声音，声音应该清脆。西瓜贴在地面上生长的那一侧应该呈浅黄色，而不应该是白色或者绿色。如果要购买切成块状的西瓜，要避免购买到肉质不新鲜的，或者肉质中有白色纹路的西瓜。

西瓜的储存 将西瓜切成片状后用保鲜膜包好，放入冰箱内，可以冷藏保存2天以上。没有切开的西瓜，可以在一个凉爽的地方储存2周以上。

西瓜的食用 新鲜时：可以冷藏之后切成块享用，可以加入水果盘内，可以切成丁用来制作沙拉。加工制作时：可以将切成块的西瓜或者将西瓜皮制作成泡菜，可以制作成果酱。西瓜子可以经过烘烤制作成盐霜西瓜子。

搭配各种风味 鸡肉、虾仁、螃蟹肉、菲达干酪、甜菜、甜瓜、苹果、浆果类、青柠檬、辣椒、姜、薄荷等。

经典食谱 西瓜莎莎酱；西瓜皮泡菜；希腊风味西瓜和菲达干酪沙拉；西瓜冰糕。

甜心宝贝西瓜（Sugar Baby）
这种小个头的西瓜呈圆形，有着深绿色的外皮以及超级甜的红色肉质。用来制作沙冰令人回味无穷。

色彩鲜艳、饱满多汁的肉质中分布着黑色的西瓜子。

查尔斯顿灰皮西瓜（Charleston Gray）
大个头的、广受欢迎的椭圆形西瓜，有着淡灰绿色的外皮和脆嫩的红色肉质。在各种场合使用都是最佳方式。

猕猴桃（kiwi）

尽管猕猴桃原产中国，但却是新西兰将猕猴桃进行了商业化开发。目前，猕猴桃在其他温带气候条件下的地方，如意大利、澳大利亚、美国加利福尼亚州以及智利等地都有种植。猕猴桃有时候也称之为中国鹅莓，猕猴桃的果实较小，呈蛋形，带有绒毛，外皮呈褐色。去皮之后，果肉为亮绿色，味道浓郁，汁液饱满，在中核周围的肉质中，分布着微小的黑色种子。

猕猴桃的购买 猕猴桃在冬季时品质最佳，要挑选那些质地硬实、肉质饱满、没有皱褶和瑕疵的猕猴桃，当被挤压时，会略有收缩。

猕猴桃的储存 要使猕猴桃成熟，可以将其在室温下储存几天的时间，或者装入纸袋内储存。成熟的猕猴桃可以装入开口的塑料袋内，在冰箱里冷藏保存大约10天。去皮之后的猕猴桃，可以浸泡在糖浆中冷冻保存。

猕猴桃的食用 生猕猴桃：可以切成两半，在室温下用勺挖取享用。可以去皮切成片状用来制作水果沙拉或者用来装饰蛋糕、蛋白饼以及各种糕点等。可以用来给肉类和鱼类进行装饰。可以切成丁用来制作莎莎酱。可以制成蓉泥用来制作冰沙、库利、雪芭以及腌泡汁等。加热烹调时：猕猴桃不适合做热食。加工制作时：去皮并切碎后可以制成蜜饯果酱等。

搭配各种风味 牛排、鸡肉、珍珠鸡、鱿鱼、三文鱼、箭鱼、辣椒、橙子、草莓、热带水果等。

经典食谱 水果沙拉；猕猴桃莎莎酱。

海沃德猕猴桃（Fuzzy Hayward）
一种形状如同扁桶状的非常受欢迎的猕猴桃品种，其黑色的种子在白色的核心四周形成了一种如同星光灿烂般的造型。可以生食，或者用来制作沙拉和莎莎酱。

黄金猕猴桃（Zespri Gold）
原产于新西兰的一种猕猴桃品种，在其细滑的青铜色外皮下，覆盖着的是汁液丰富的金黄色肉质，细小的种子呈环状地围绕着中间的肉核。

外皮薄而粗糙、多绒毛，不可以食用。

人参果（sapodilla）

人参果在从墨西哥南部到尼加拉瓜的野外生长，但是目前在其他地区也有人工栽培，包括东南亚等地。蛋形的果实有着粗糙的黄褐色外皮，晶莹剔透的果肉质地细腻而幼滑，滋味甘美而圆润。其亮黑色的种子不要食用，因为其种子的一端呈钩状，吞咽时会非常危险。

人参果的购买 出产高峰期是11月份，果实必须完全成熟：没有成熟的人参果非常坚硬，呈木质状，非常苦涩。当轻轻按压时，应该会略有收缩，但不应该是完全的绵软状。未成熟的人参果会有些许的淡绿色。要避免购买熟过头的人参果，因为此时其风味已经恶化。

人参果的储存 如果人参果没有去皮，闻起来没有芳香的风味，并且仍然坚硬，可以让其在室温下放置一周以上的时间让其成熟。成熟的人参果可以在冰箱内冷藏保存几天。整个的人参果可以冷冻保存，在半解冻之后如同雪糕一样享用。

人参果的食用 新鲜时：可以横切或者竖切开，然后去皮并切成块状，或者用勺将肉挖出。去掉果核后，可以冷藏之后享用，也可以在室温下享用。可以作为零食或者甜点享用。可以制作成果泥，然后与蛋黄酱或者油醋汁一起混合好之后享用。可以制成糊状后用来制作卡仕达酱、奶油酱、慕斯以及奶昔等。加热烹调时：人参果不适合加热烹调。

加工制作时：人参果肉可以制作果酱或者熬煮成糖浆。

搭配各种风味 鸡肉、鱼肉、奶油、热带水果、浆果类、柠檬、青柠檬、椰奶、朗姆酒等。

在食用之前，要去掉其亮黑色的、呈钩状的种子。

杧果（mango）

杧果自古以来在印度就有栽培，而目前在其他热带地区，如中国、墨西哥以及巴西等都有种植。杧果的颜色范围从斑驳的绿色到黄色和红色不等，而其大小和形状也各自不同。通常情况下，杧果的一侧会呈略微凸起着其成熟的脊状，而另外一端会呈一个"喙"形。其肉质一般都是橙色的，环抱着一个大的、多毛的、扁平的核。

杧果的购买 杧果的颜色并不代表着其成熟的程度。要挑选那些轻轻按压时会略微凹陷的杧果，并且其茎根处会带有芳香的气味。要避免购买那些受到挤压，有瑕疵、黑斑，或者有皱纹的杧果。

杧果的储存 如果杧果没有成熟，可以装入纸袋内在温暖的地方让其成

熟。而一旦成熟，就要放入冰箱内保存，但是要尽量早食用。切片杧果可以在糖浆中冷冻保存。杧果蓉也可以冷冻保存。

杧果的食用 新鲜时：在室温下，去皮去核后可以直接食用。可以切成片状或者切碎后用来制作沙拉和蛋糕。制成杧果蓉后可以用来制作果汁、沙拉和雪芭等。制成果蓉或者切碎后可以用来制作莎莎酱、沙司、慕斯以及杧果奶油等。加热烹调时：加热会破坏杧果本身的风味，所以，只在必要时，略微加热即可。加工制作时：可以切成片状与糖浆一起装瓶保存。可以切成条状进行干燥处理（见第474页果脯内容）。未成熟的青杧果可以用来制作印度泡菜和杧果酸辣酱。干的杧果粉在印度也被用来当做香料使用。

搭配各种风味 鸡肉、烟熏肉类、鱼肉、贝类海鲜、绿叶蔬菜、青柠檬、柠檬、进口水果、香草冰淇淋、糯米饭、辣椒、朗姆酒等。

经典食谱 杧果莎莎酱；杧果沙冰；杧果酸辣酱。

肯特杧果（kent）
原产美国佛罗里达州的一种非常受欢迎的椭圆形大个头杧果，肯特杧果在其薄薄的黄绿色外皮中有着一抹红色。其肉质柔软而风味香浓甘美。非常适合当做汁液饱满的水果零食享用。

阿方索杧果（Alphonso）
深绿色的"杧果之王"，在夏季的出产季节非常短暂。在黄油般的肉质中有着藏红花的色彩，其芳香风味令人陶醉，其甜美的滋味因为带有一丝酸味而得到增强。可以当做一道精美的甜点来享用。

阿道夫杧果（Ataulfo）
有时候也称为香槟杧果，这种非常受欢迎的墨西哥夏季杧果品种，呈略微椭圆形的金黄色，其丝滑的肉质呈深黄色，有着香醇而甘美的风味。可以制作成一道赏心悦目的水果沙拉。

肯辛顿杧果（Kensington Pride）
在澳大利亚种植最广泛的杧果品种，果实呈深橙色，柔软，在黄色外皮之下的多汁肉质中还有着一抹橙红色。可以直接食用，或者用来制作沙拉和莎莎酱。

果实中等大小，有着一层中等厚度的外皮，颜色从黄色到橙色不等。

制作简单的经典食谱（Simple Classics）

杧果酸辣酱（mango chutney）

杧果酸辣酱通常会用来搭配咖喱类菜肴，搭配干酪食用也非常不错。制作传统的杧果酸辣酱使用的是未成熟的绿色杧果，但是绿色杧果很难购买到，所以这道食谱使用质地硬实、半熟的杧果来代替，制作出的杧果酸辣酱是在一定的甜度中带有着一点浅浅的色彩。

大约可以制作出 2.5 千克的酸辣酱

400克白糖

500毫升苹果醋

2千克半熟的杧果，去皮切成块状

100克姜，去皮，擦碎成细末

100克红辣椒，去籽切成细丝

50克葡萄干

2茶勺盐

1 将糖和醋一起放入厚底锅内，用小火加热并搅拌至糖完全溶化开。

2 加入杧果、姜、辣椒、葡萄干以及盐。

3 将锅内的混合物烧开，期间要不时地搅拌。

4 改用微火炖1个小时，期间要不时地搅拌，直到锅内的混合物变得浓稠。

5 冷却后倒入消过毒的广口瓶内。密封好并在凉爽而避光的地方储存，这样制作好的杧果酸辣酱可以保存1年以上。

菠萝（pineapple）

菠萝在泰国、菲律宾、巴西以及哥斯达黎加等热带和亚热带气候条件下的国家里都有种植。其粗糙的、起伏不平的外皮上被分成了几十个菱形花纹，使其看起来像一个放大了的松果，顶端生长着带刺的羽状的灰绿色叶片。脆硬而味道浓郁的黄色至浅黄色的肉质多汁而甘美，回味带有些涩感。

菠萝的购买 菠萝是唯一成熟之后收获的水果（当购买整个的菠萝时，不管是外皮的颜色还是大小都应呈现出成熟的迹象。为了获取最佳风味，要挑选那些闻起来香甜，手感坚硬的菠萝，顶端生长在一簇硬而富有光泽的叶片。要避免购买那些看起来绵软或有擦伤，以及叶片枯萎的菠萝。

菠萝的制备 在削去菠萝的外皮时，可以切割的略微厚一些，这样就可以将褐色的"斑眼"也去掉。菠萝上剩余的斑眼可以用刀尖剔出。

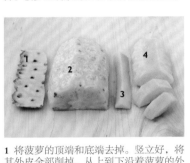

1 将菠萝的顶端和底端去掉。竖立好，将其外皮全部削掉，从上到下沿着菠萝的外皮顺形切削。**2** 纵长将菠萝切割成两半，再切割成四瓣。**3** 将每一瓣中间的硬核去掉。**4** 将菠萝瓣切成片状。

菠萝的储存 菠萝要尽快食用。整个的菠萝不要在冰箱内储存，但是，去皮、切成片状，或者切成块状的菠萝可以冷藏保存，可以装入密闭容器内，或者用保鲜膜覆盖好，在冰箱内可以冷藏保存3天以上。菠萝片和块状的菠萝都可以完好地进行冷冻保存。

菠萝的食用 新鲜时：去皮切成片状或者块状之后可以用来制作水果沙拉，莎莎酱、糕点以及甜品等。菠萝汁可以用来制作腌泡汁、饮料以及冰沙等。加热烹调时：菠萝片可以煎，可以挂糊炸，或者穿串用于烧烤。可以加入到蛋糕中烘烤。加工制作时：可以用来制作果酱、泡菜、酸辣酱以及蜜饯等。可以制成菠萝干或者水晶菠萝片。可以与糖浆一起装瓶保存。

搭配各种风味 猪肉、火腿、鸡肉、鸭肉、鱼肉、贝类海鲜、农家干酪、椰肉、姜、多香果、肉桂、黑胡椒、君度酒、朗姆酒、樱桃白兰地酒等。

经典食谱 咕咾肉；夏威夷大虾沙拉；倒转菠萝蛋糕；仙馔密酒；菠萝干酪蛋糕。

如果菠萝内部的叶片可以很容易地拔出，表示菠萝已成熟，可以直接食用。

菠萝（Pineapple）
各个菠萝品种之间的大小、形状和颜色会略有不同——有一些菠萝在成熟之后，外皮会呈金色，另外一些会呈深绿色或者红色——它们甘甜的程度也是如此。所有的菠萝都可以新鲜食用或者用来制作成沙拉和甜点等。

小菠萝（baby pineapple）
这些菠萝是较大菠萝的迷你版，但都是呈圆形。色彩艳丽，有着可以食用的、脆嫩而甘美的内核。适合两人享用，可以保存好用来制作特色甜点或者早餐。

木瓜（papaya）

木瓜也叫着pawpaw，木瓜在美国夏威夷州和南非等热带和亚热带气候条件的地区生长。其大小、形状以及颜色各不相同，但其代表性的形状是细长的梨形，有着薄而亮的黄绿色外皮和鲜艳的粉红色或者橙色果肉，香甜甘美而多汁。在木瓜和其叶片中含有一种叫作木瓜蛋白酶的酶，可以作为肉类嫩化剂使用。

木瓜的购买 木瓜一年四季都有售卖。要挑选那些对于其大小来说感觉要重一些的木瓜，外皮光滑，没有斑蚀或裂纹。成熟的木瓜会带有甘美的芳香风味，并足够柔软，当用手指轻轻按压时，会有一个按压印痕（要小心按压，以免形成淤伤）。

木瓜的储存 略微生一点的木瓜可以摆放在室温下，直到木瓜变软并变黄。如果是成熟的木瓜，要装入纸袋内密封好，放到冰箱里冷藏保存。木瓜肉可以在糖浆中冷冻保存。

木瓜的食用 新鲜时：可以用来制作沙拉、甜品以及莎莎酱等，可以榨汁。加热烹调时：未成熟时，木瓜可以当做蔬菜蒸熟，可以切成丁用来做汤，或者酿馅后烤熟，作为一道开胃菜享用。加工制作时：可以与糖浆一起装瓶，可以制作成果酱和泡菜，可以制作成木瓜干，或者木瓜糖/琉璃木瓜等。

搭配各种风味 肉类、烟熏肉类、鳄梨、辣椒、青柠檬、柠檬、其他热带水果类、椰奶、姜等。

经典食谱 泰国绿色木瓜沙拉；木瓜莎莎酱等。

墨西哥木瓜（Mexican papaya）
这种特大号的木瓜有着黄色、橙色或者粉红色的硬实而多汁的肉质，在风味上不如夏威夷木瓜那么强烈，是超市中最常见的木瓜品种。可以直接食用，或者用来制作各种沙司和冰沙等。

木瓜腹腔里面有松脆的木瓜籽，尽管通常不会吃，但却是可以食用的。

夏威夷木瓜（Hawaiian papaya）
一种外皮光滑，其腹腔内有着浅浅的木瓜籽的木瓜。充分的光照后肉质非常甘美。因为它们的大小非常适合一个人单独食用，所以夏威夷木瓜是单人木瓜群中的成员。

石榴（Pomegranate）

石榴原产伊朗，在类似于地中海气候条件下的地区都有生长。在其坚韧如同皮革般的光滑外皮之下，在其一端有着引人注目的如同皇冠一样的花萼，果实是由众多的石榴籽充满在腹腔内组成（叫作子壳）。除非是无籽品种，每一粒娇小而松脆的或者柔软的石榴籽都会覆盖着璀璨的宝石红色或白色的果胶。果胶中有着精致的酸甜风味和汁液丰富的质地。类似于小山羊皮一样的筋脉衬托在外皮里，与那些起分割作用的筋膜一样，味道都非常苦。

石榴的购买 石榴从晚秋到冬季月份里都有出产。要按重量而不是颜色挑选石榴，要选择那些富有光泽，感觉其重量要比其实际大小要重一些的石榴。

石榴的储存 整个的石榴可以在冰箱内冷藏保存几周。取出的石榴籽可以冷藏保存几天，或者冷冻之后用来制作石榴汁。

石榴的食用 新鲜时：可以用来制作沙拉、莎莎酱、沙拉汁以及冷的和冰的甜点等。可以榨取石榴汁。加热烹调时：可以将石榴汁或者石榴籽加入甜点中，加入汤菜、炖菜以及各种沙司中。加工制作时：可以制作石榴糖蜜、糖浆以及石榴甜酒等。

搭配各种风味 大虾、羊肉、鸡肉、鸭肉、山鸡肉、茄子、无花果、杏仁、开心果、古斯米蒸粗麦粉、米饭、橙味花水等。

经典食谱 鸡肉核桃石榴沙拉；波斯风味鸡肉米饭；石榴汤；石榴糖浆；石榴果胶；红石榴汁。

石榴的制备
将外皮割裂出缝隙，然后将石榴掰开，这样石榴籽就不会被刺破，其甘美而酸的汁液不会流淌出来。

1 将石榴的顶端切掉。**2** 将石榴的外皮按四等分切割至裂开，然后用手将石榴掰开。**3** 用手指或者一把勺子，沿着四周的筋膜取出石榴籽。

万德福石榴（wonderful）
有着最具特色的深红色的，加利福尼亚出产的主要的石榴品种，这种石榴汁液饱满丰富，风味甘美芳香，有着红彤彤的外皮，无论是直接享用还是榨汁，都是首选品种。

本大纳石榴（Bedana）
这种中等至大个头的印度石榴，带有浅色的子衣。因为本大纳石榴非常甘美多汁，而且无核，尤其适合新鲜享用。

百香果（passion fruit）

百香果，也叫granadilla，在温带到亚热带地区，如巴西、厄瓜多尔、肯尼亚以及澳大利亚等地有栽培。百香果主要有两大种类：紫色和黄色。紫色种类的百香果可以是圆形的或者略呈椭圆形，当百香果成熟后，带有酒窝状的，如皮质般的外皮会如同石榴一样碎裂开（除了紫色的巴拿马百香果以外，见右下图）。百香果的筋膜里面是呈果胶状的、如同泪滴状的黄灰色的外皮下充满着松脆的种子的果肉。其果汁是一种极富热带气息的滋味。黄色种类的百香果，生长在像夏威夷和斐济这样更加炎热的地区，个头往往比紫色种类的百香果要大，有着厚厚的、光滑的外皮。

百香果的购买 挑选那些比起其实际大小要重一些的百香果，要避免购买非常硬的百香果。紫色百香果在成熟之后，应该变成褐色，会碎裂开，并且有凹陷，香味扑鼻。如果外皮上皱褶的纹路特别深，或许是由于干瘪造成的。黄色的百香果外皮起皱时，表示果实已经成熟。

百香果的储存 百香果可以在常温下成熟。成熟后的百香果要装入开口的纸袋内，放入冰箱里冷藏保存。整个的百香果可以装入塑料袋内冷冻保存，或将果肉放到冰盒内冷冻保存。

百香果的食用 新鲜时：将百香果切割成两半，用勺挖出果肉，可以用来制作水果沙拉和甜点。将果肉过滤出汁液，可以用来制作沙拉汁、冰块、慕斯、饮料以及冰沙等。加热烹调时：百香果汁可以用来制作舒芙蕾和沙司。加工制作时：可以用百香果汁制作成凝乳或者果胶，或者百香果糖浆等。

搭配各种风味 金枪鱼、鹿肉、鸟类、奶油、酸奶、卡仕达、橙子、猕猴桃、草莓、香蕉、桃、红糖、朗姆酒等。

经典食谱 百香果舒芙蕾；奶油蛋白甜饼。

百香果的制备
百香果果肉内的所有部分都是可以食用的——芳香的、多汁的果肉和娇小而松脆的籽。

1 使用一把锋利的刀，将百香果从中间切开，切割成两半。**2** 使用一把小勺，沿着果皮的四周，将每一半百香果内的果肉从筋膜中刮下来，挖出。

外皮上有凹陷，就表示百香果可以食用了。

紫色百香果（Purple passion fruit）
通常会与青柠檬的大小相同。外皮细滑的紫色百香果是未成熟的。而一旦起皱，圆形、呈紫褐色的水果内会包含有大量的芳香浓郁、汁液饱满的胶囊，里面生长有小的松脆的籽。可以新鲜享用，或者用来作为一种芳香型的调味品。

甜百香果（Sweet granadilla）
这种百香果家族中的成员带有一种脆硬的橙色外皮和长把柄。灰白色的、果胶状的果肉有着甘美而精致的风味和黑色的籽，新鲜食用令人心情愉悦。

巴拿马百香果（Panama）
这种大个头的紫色品种的百香果是一个另类，在其光滑而深红色的外皮起皱之前是甘甜的，适用于作为甜点或者零食。

果胶状的子壳内果实甘美而多汁。

香蕉（banana）

在热带地区生长着成千上万种不同种类的香蕉。在中美洲的大种植园中出产的香蕉趋向于平淡、呈均匀的粉质状，而加纳利群岛等地出产的香蕉个头更小，也更甜，更弯曲。随着香蕉的成熟，其皮革状的，非常容易剥掉的香蕉皮颜色会从绿色转变成黄色。烹调香蕉（大蕉）或者芭蕉会更大一些，更扁平一些，有着硬实的肉质，一定要烹调成熟后才可以食用。

香蕉的购买 根据具体需要和个人爱好购买不同成熟阶段的香蕉，从翠绿色到黄黑色。外皮上有棕色斑点的香蕉，表明其非常柔软，当香蕉皮全部变成黑色时，表明香蕉熟过头了，但是仍然可以在烹调中使用。当芭蕉成熟后，其肉质的颜色会变得更深一些，也更甘美，并且其外皮上会生长出黑色的斑点。

香蕉的储存 成熟的香蕉可以在室温下储存。不要将香蕉在冰箱内冷藏或者冷冻保存。芭蕉在储藏室内凉爽的地方可以储存一周以上的时间。

香蕉的食用 新鲜时：去皮并切成片的香蕉可以用在水果沙拉和咸香风味的沙拉中，香蕉泥可以用来制作冰沙。加热制作时：可以整根的烤或者煎，或者切成片用来制作炸香蕉，可以制作香蕉泥或者切碎之后用来制作蛋糕和面包。硬质的绿色芭蕉可以煮熟后使用，那些黄色的半熟香蕉可以煎和铁扒，成熟后的黑色香蕉可以捣碎后使用，可以制作咖喱菜肴，或者制作成炸香蕉。加工制作时：可以用香蕉制作果酱和酸辣酱，或者制作成烘干香蕉片。

搭配各种风味 鸡肉、鳟鱼、奶油、酸奶、卡仕达酱、橙子、青柠檬、椰子、核桃仁、巧克力、咖啡、姜、红糖、利口酒、朗姆酒等。

经典食谱 香蕉面包；香蕉圣代；马里兰鸡扒；香蕉冰淇淋；火焰香蕉；香蕉太妃馅饼；古巴米；油炸香蕉。

外皮非常光滑，需要小心处理，否则很容易碰伤。

要选择那些大小均匀，有几个黑色斑点的香蕉，这样的香蕉表明已成熟。

黄色香蕉（Yellow banana）
标准的超市售卖的成串的大个头香蕉，呈黄色的弯曲状，皮厚而粗壮，使其非常容易运送，乳白色的肉质非常甘美，如果是有些粉质的香蕉，无论是新鲜食用还是用来烘焙都非常合适。

这些小个头的香蕉，会有另外一个名字——小香蕉。

芭蕉（Plantain）
主要的商业化芭蕉品种是玛丽康哥，这是一种大个头的带有棱角的芭蕉，在成熟之后，其绿色的外皮会转变成带有黑色斑点到褐色斑块的黄色。如同使用土豆一样的方法使用芭蕉即可。

红香蕉（Red banana）
比起一般的香蕉要更甜、更短，也更饱满。这种精致的香蕉，有着红葡萄酒色的外皮和乳脂状的粉紫色的肉质。

手指香蕉（Lady Finger）
有着乳白色肉质和非常甘美风味的娇小型香蕉，这个特点使其非常适合用来制作小吃或者整根用于制作炸香蕉。

皮革状的芭蕉外皮，在加热烹调前，必须去掉或者切除。

经典食谱（classic recipe）

香蕉面包（banana bread）

一种非常流行的茶点面包，这种面包非常滋润，而且可以长久保存。可以切成片，搭配或者不用搭配黄油食用。

制作一条面包

125克无盐黄油（淡味黄油），常温下

125克红糖

1个鸡蛋

1茶勺香草香精

250克普通面粉

1汤勺泡打粉

1/2茶勺盐

1/2茶勺现磨碎的豆蔻粉

500克熟透的香蕉，捣碎

100克葡萄干，用1茶勺面粉混合搅拌好

4汤勺切碎的核桃仁

1 将烤箱预热至180℃，将一个1升容量的面包模具涂上黄油。

2 用电动搅拌机将黄油和红糖一起打发至轻柔蓬松状。加入鸡蛋和香草香精，继续搅打至混合均匀。

3 将面粉过筛，与泡打粉、盐和豆蔻粉一起在另外一个碗里混合好。将面粉混合物分批加入打好的黄油中，与香蕉泥交替着混入，每次加完之后都要手动搅拌均匀。当完全混合好之后将混合好面粉的葡萄干和核桃仁加入搅拌好。

4 将混合好的混合物倒入面包模具中，放入烤箱内烘烤大约1个小时，或者一直烘烤到用一根扦子插入面包中，拔出时，扦子是干净的为好。取出后在模具里冷却5~10分钟的时间，然后再移出，摆放到烤架上冷却。

柿子（persimmon）

这种迷人的水果在地中海和亚热带气候条件下的地区都有种植。主要有两种类型：日本柿子或者东方柿子（kaki），以及更小一些的美国柿子，这是一种在花园里种植的柿子。日本柿子中的许多种类有着众多不同的形状、大小和色泽，但是许多柿子看起来像极了大个头的、蜡质的、琥珀色的番茄。其丝滑的肉质通常会呈亮丽的橙色。在成熟之后，大多数种类的柿子都有甘甜如蜜的味道。

柿子的购买 在晚秋时节以及冬季，可以挑选那些颜色丰富、外皮光滑，没有瑕疵的柿子。柿子看起来应该饱满，仿佛要涨裂开。叶片应该完好无损。

柿子的储存 柿子装入纸袋内后还会继续成熟，成熟后的柿子可以短时间内放入冰箱内冷藏保存。但是要尽快食用。或者可以将整个的柿子冷冻保存，或者制作成柿子蓉冷冻保存。

柿子的食用 新鲜时：可以将柿子的顶部切掉，用勺将果肉挖出享用，或者加入水果沙拉中。可以搅碎后用来制作冰沙，可以用来制作各种沙司和冷的以及冰的甜点等。加热烹调时：未成熟的柿子可以煮熟后使用。可以加入蛋糕中、面包里或者松饼中等。加工制作时：可以制作成柿子果脯，或者制成柿子蓉用来制作果酱等。

搭配各种风味 火腿、猪肉、野味、青柠檬、凝脂奶油、酸奶、新鲜干酪、核桃仁、姜、肉桂、多香果、豆蔻、蜂蜜等。

经典食谱 柿子布丁；柿子冰淇淋。

沙隆柿子的外皮和子均可以食用。

沙隆柿子（Sharon Fruit）
当其如同苹果一样硬实时，可以切成片状直接食用。这种以色列柿子有着一股甘美的如同枣一样的脆嫩质地，是制作鳄梨和水果沙拉的理想用料。

富余柿子是一种肉质硬实的，扁平而矮壮品种的柿子。

富余柿子（Fuyu）
虽然看起来似乎还没有成熟，当富余柿子颜色变浅并且变硬时，这个品种的柿子实际上就可以食用了。其甘美而松脆的质地，使得富余柿子特别适合用来制作沙拉。

八弥柿子（Hachiya）
大个头的心形柿子，有着一个薄如纸张的浅绿色花萼，八弥柿子必须几乎成为糊状之后才可以食用。此时的八弥柿子味道甘美如蜜，是制作布丁的上佳原材料。

罗若柿子（Rojo Brillante）
这种大个头的西班牙柿子有着长方形的形状和色泽艳丽的外皮。在成熟之后，软烂如泥。可以新鲜食用，或者用来制作甜点。

完全成熟之后的柿子会非常绵软，呈泥状，因此要小心处理。

西非荔枝果（Ackee）

西非荔枝果原产于西非，但是现在已经成为牙买加的国果。其梨形的果实在完全成熟之后被采摘下来：亮红色并裂开口呈"打哈欠"状或者"微笑"状，以显露出其乳黄色的肉质，或呈凝乳状并且是黑色的大的籽。只有成熟的凝乳状的部分可以使用，未成熟的凝乳部分和其他部分都有毒。尽管味道略甜，西非荔枝果的凝乳部分最常用的方式是当做蔬菜使用，因为他在菜肴中能够吸收其他原材料的口味。

西非荔枝果的购买 在牙买加以外的地方，新鲜的真空包装的西非荔枝果有时候可以在夏季见到。其他时间里则可以购买罐装的西非荔枝果。

西非荔枝果的储存 根据包装标签说明进行储存。

西非荔枝果的食用 加热烹调时：煮熟之后制成蓉，可以用来制作小馅饼。可以用来制作汤菜和炖焖类菜肴。可以用油煎炸。

搭配各种风味 培根、腌猪肉、腌鳕鱼、黄油、辣椒、胡椒、大蒜、番茄、咖喱香料等。

经典食谱 西非荔枝果与咸鱼；西非荔枝果小馅饼。

随着西非荔枝果的成熟，其颜色会由绿色转变成青黄色到红色，并沿着其接缝处形成裂口。

香瓜梨（Pepino）

有时候被称之为"树瓜"或者"瓜梨"，这种漂亮的心形水果 原产于安第斯山脉地区的温带气候条件下，在智利、新西兰以及澳大利亚都有培育。其浅黄色的肉质芳香扑鼻，在有些甘甜的滋味中又略带有一点酸味。有一些品种的香瓜梨中会带有很多的籽，而另外一些的香瓜梨则没有籽。

香瓜梨的购买 要挑选那些呈深黄色或者有着金色底色的香瓜梨，因为这些颜色表明香瓜梨已经完全成熟。要避免购买带有绿色的香瓜梨。其果实应硬实，但是用手指轻轻按压时，仍然会感觉到有一点柔软（香瓜梨易碎裂，因此在处理和运输的时候要轻拿轻放）。

香瓜梨的储存 根据需要可以在室温下让其成熟几天。如果香瓜梨已经成熟，可以直接将香瓜梨放入冰箱的底层冷藏保存一周以上，或者切成块之后与糖浆一起冷冻保存。

香瓜梨的食用 新鲜时：去皮之后切成片状可以单独食用，或者加入水果沙拉中。可以切成丁用来制作莎莎酱和蛋糕的馅料。加热烹调时：可以切成片状之后煮熟用来制作甜品。加工制作时：可以与糖浆一起装瓶保存，或者制作酸辣酱。

搭配各种风味 意大利烟熏火腿、大虾、鲜贝、香草冰淇淋、其他种类的热带水果、蜂蜜等。

经典食谱 异域风情水果沙拉；西班牙水果冷汤。

香瓜梨以晶莹的金色外皮中夹杂着紫罗兰色的纹路从而成为其特色的标志。

红玛宾（red mombin）

红玛宾或者叫作西班牙李子和乔克特（jocote），有着众多的俗称，原产于北美和南美的热带地区，但是目前在菲律宾也有种植，在菲律宾，红玛宾被称之为丝尼古拉。其肉质在深红色与红色之间，椭圆形的果实汁液饱满，芬芳的香味中有着香辛酸甜的风味。

红玛宾的购买 要选择那些质地硬实、八九分熟呈绿色的果实，用来制作酸辣酱，否则的话，要寻找那些颜色好看的，富有光泽的柔软果实。

红玛宾的储存 红玛宾非常脆嫩，因此要轻拿轻放。可以在室温下成熟，成熟后的红玛宾可以装入纸袋里，放到冰箱的底层保存。这种水果不适合冷冻保存。

红玛宾的食用 新鲜时：成熟的红玛宾，可以用手拿着直接食用。可以搅打成果蓉用来制作冰沙和冰淇淋。可以榨汁用来制作鸡尾酒。八九分熟的红玛宾可以用盐腌制成风味小吃，或者制作成绿色的酸味莎莎酱。加热烹调时：可以加入咖喱粉用小火炖熟。可以煮熟用来制作甜品。加工制作时：可以制作成蜜饯、酸辣酱以及泡菜，可以用于糖浆和香甜酒中，可以制成果脯，可以与糖浆一起装瓶保存。

搭配各种风味 辣椒、葡萄干、姜、肉桂、咖喱香料、红糖、玫瑰花水、朗姆酒等。

红玛宾的大小如同大个头的橄榄一样，果实中间有一个大的纤维状的核。

火龙果（dragon fruit）

仙人果结出的这种小果实，也称之为pitaya，原产于中美洲。但是在西印度群岛、东南亚以及其他热带地区也有种植。火龙果的外形以其带有肉质的鳞片和其外皮的颜色而引人注目，有晶莹的粉红色或者金黄色。其海绵状多汁的肉质，从深粉红色到珍珠白色不等，其中装点着黑色的籽，味道温和而略带甜味。

火龙果的购买 火龙果通常会在秋天成熟。如果成熟之后食用，火龙果在轻轻按压时会略微软。

火龙果的储存 要储存在冰箱的底层，但是在购买到之后要尽量早食用，火龙果不适合冷冻保存。

火龙果的食用 火龙果不宜加热烹调。新鲜时：为了取得最佳口味，最好是冷藏后食用。将火龙果切割成两半，将果肉挖出。可以添加到沙拉中。榨汁之后可以制作成饮料，鸡尾酒以及冰沙等。

搭配各种风味 其他的热带水果、青柠檬、柠檬、椰子、糖、姜等。

火龙果娇小的可食用的籽爽口清脆。

黄色火龙果（Yellow dragon fruit）
看起来像迷你菠萝和香蕉的杂交品种。这一品种的火龙果口感类似于粉红色的火龙果品种，也可以直接享用或者榨汁。

粉红色火龙果（Pink dragon fruit）
厚厚的鳞片让这种水果看起来像极了深红色洋蓟。其肉质是粉红色或者白色，味道甘美而清新爽口。可以直接享用或者榨汁饮用。

红毛丹（Rambutan）

红毛丹是荔枝的近亲，在整个东南亚地区以及热带地区的洪都拉斯和澳大利亚都有种植。与荔枝一样，红毛丹的外皮也易碎裂，并且其白色的肉质包裹着一个光滑的黑色的果核。其滋味同样也是芳香而甘美，只是更加鲜明一些。

红毛丹的购买 要挑选那些带有生机而卷曲"毛发"的红毛丹。不要购买那些看起来不够饱满，绵软，并且呈褐色的红毛丹。其果实易碎裂，所以要小心处理。

红毛丹的储存 红毛丹可以装入开口的纸袋里，在冰箱的底层冷藏保存几天的时间。但是应该在购买之后尽早食用。未去皮的红毛丹可以冷冻保存。

红毛丹的食用 新鲜时：可以作为零食享用，或者用来制作水果沙拉。果肉可以制成果酱用于制作饮料，冰沙以及冰淇淋等。加热烹调时：可以煮熟之后用来制作甜点。加工制作时：可以与糖浆一起装瓶保存。可以加入果酱中和果胶中。

搭配各种风味 猪肉、鸭肉、奶油、辣椒、鳄梨、其他种类的热带水果、椰子、香草、姜等。

荔枝和龙眼（Lychee And Longan）

荔枝以及龙眼产自中国和东南亚一带，属于关系非常密切的热带水果。心形的荔枝比龙眼略大一些。两者都是汁液饱满而甘美，肉质呈半透明状，荔枝的风味会更加浓郁一些。

荔枝和龙眼的购买 这些水果在夏季会处在其最佳品质期。要挑选那些颜色艳丽的红色或者粉红色的荔枝（带有绿色的荔枝，其成熟程度不够，带有褐色的荔枝口感不佳）。要避免购买那些看起来皱缩的水果。要少量购买，因为这些水果很容易就会变干燥。

荔枝和龙眼的储存 荔枝和龙眼要储存在开口的纸袋内，放入冰箱的底层储存，但是要在购买后尽快食用。没有去皮的荔枝和龙眼可以冷冻保存。

荔枝和龙眼的食用 新鲜时：去皮之后可以作为零食直接食用。可以用来制作沙拉或者冰淇淋。果肉制成蓉之后可以榨汁、制作冰沙、鸡尾酒以及沙拉酱汁等。加热烹调时：可以煮熟用于甜点。可以在制作酸甜类菜肴和炒菜类菜肴时的最后时刻加入菜肴中。加工制作时：可以整个的进行干燥处理。可以将去核之后的果肉与糖浆一起装瓶保存。可以加入果酱中或者用来制作果胶。

搭配各种风味 猪肉、鸭肉、海鲜、香草冰淇淋、辣椒、鳄梨、其他种类的热带水果、覆盆子、椰肉、姜、玫瑰花水等。

龙眼（longan）
这种水果有着一层粗糙的褐色外壳以及汁液丰富的肉质，包裹着一粒大的籽，呈深黑色，上面有着一个白色的眼睛状的标记。

荔枝（lychee）
在红色外皮下，是其珍珠白色的果肉，包含着一粒大的、亮晶晶的褐色果核。荔枝果肉有一种精致、甘美的清爽风味，与甜点和咸香风味的菜肴搭配都风味绝佳。

果实上的"毛发应该活泼而曲，不应呈扁的绵软状，或颜色呈褐色。

费约果（Feijoa）

尽管有时候被称为菠萝番石榴，费约果实际上与这些水果没有任何关系。原产于南美洲的这种水果，在温带地区温暖的气候条件下都有种植。呈桶状的，表面起伏不平的，有着青柠檬般的绿色的外皮，看上去就像一个小巧而圆润饱满的鳄梨。在其薄而韧的外皮里面，甘美而略酸，呈颗粒状的肉质环绕着一层胶质状的果肉，里面挤满了小而幼滑、可以食用的种子。

费约果的购买 一个成熟的费约果用手触摸时会略有反馈，其芬芳的香气会让人陶醉。

费约果的储存 要轻拿轻放，因为费约果极易擦伤。费约果装入纸袋内在室温下可以成熟。如果成熟之后，可以放入冰箱内冷藏保存几天。费约果蓉可以冷冻保存。

费约果的食用 新鲜时：切割成两半，用勺挖出果肉之后就可以直接食用，或者可以添加到水果沙拉中和莎莎酱中。加热烹调时：果肉可以制作成颗粒状，可以制作成小甜饼的馅料，以及用来制作馅饼等。煮熟之后可以用来制作成糖煮水果。可以制成果蓉用来制作成沙司。加工制作时：可以制作成果胶、酸辣酱或者开胃小菜，可以与糖浆一起装瓶保存。

搭配各种风味 烤肉类、意大利烟熏火腿、奶油、辣椒、沙拉用绿色蔬菜、姜、榛子等。

经典食谱 费约果果胶；费约果小甜饼；费约果莎莎酱。

当费约果成熟时，费约果内部的凝胶部分是清澈的，而不是白色的。

杨桃（star fruit）

杨桃也称之为五敛子，美丽的杨桃在热带和亚热带地区广泛种植。圆柱形的黄绿色果实有着厚厚的蜡状的外皮，上面有五个尖状的脊骨，看起来像极了凸起的鱼鳍。其脆嫩多汁的肉质如同柑橘类水果一样，根据品种不同和成熟的程度不同，杨桃的甘美程度也会有所不同。

杨桃的购买 要挑选那些富有光泽，颜色均匀，没有瑕疵的质地硬实的樱桃。杨桃在未成熟时会呈绿色，随着其成熟，颜色会变成浅黄色，最后会变成金色。在成熟之后，其芳香气味应是浓郁的水果香味。一旦变得柔软，杨桃很快就会失去其风味。购买到绿色的未成熟的杨桃，其酸味会更强烈，可以如同蔬菜一样加热烹调。

杨桃的储存 在常温下储存，直到散发出芬芳的香味。成熟的杨桃可以装入纸袋内，系好口，放到冰箱内冷藏保存几天，或者冷冻保存。

杨桃的食用 沿着五个凸起的脊部，将所有褐色的部分都去掉，因为这些部分的味道会发苦。新鲜时：可以用来制作水果沙拉。可以用来对菜肴进行装饰。可以榨取果汁用来制作饮料。加热烹调时：可以煮或者制成果蓉，用来制作蛋糕和甜点。可以制作成糖浆用来制作各种沙司。在亚洲国家，未成熟的杨桃是作为蔬菜来使用的。加工制作时：可以用来制作果酱、酸辣酱以及泡菜等。可以将杨桃切成片状，用糖腌制好，用作甜食。

搭配各种风味 家禽、大虾、鳄梨、红柿椒、其他种类的热带水果、青柠檬、椰子、柠檬草、豆蔻、香草、蜂蜜、朗姆酒、盐等。

番石榴（guava）

番石榴在热带和亚热带气候条件下都能够茁壮生长。番石榴有许多不同的品种，但是最常见的还是梨形的，有着薄薄的、黄绿色的外皮和多汁的、带有酸甜口味肉质的番石榴。在其外侧边缘，其果肉的质地逐渐变成了带有一些颗粒的程度。最甜美、最柔软的果肉是在其中心部位，这里排列着细小而硬质的、但却可以食用的籽。

番石榴的购买 要挑选那些无瑕疵的番石榴。番石榴在成熟之后，会带有强烈的花香气味，其质地很坚实，但是用手轻轻按压时会略有反馈（要轻拿轻放，因为番石榴很容易碰伤）。在亚洲国家里，使用八九分成熟程度的番石榴来制作沙拉和小吃非常受欢迎。

番石榴的储存 番石榴可以在温暖的房间内成熟，直到芳香四溢。成熟后的番石榴可以装入开口的纸袋内，放入冰箱里，冷藏保存几天的时间。去皮后的番石榴可以在糖浆中冷冻保存。

番石榴的食用 新鲜时：可以添加到甜味和咸香风味的沙司中。可以搅打成果蓉用来制作沙司、沙冰、小甜饼的馅料、雪芭以及冰淇淋等。加热烹调时：可以煮熟或者烤熟之后用来制作甜点、煮水果，以及咸香风味的菜品等。可以用来制作馅饼。加工制作时：可以用来制作果胶、果酱，或者"黄油"。可以与糖浆一起装瓶保存。

搭配各种风味 猪肉、山鸡肉、鸭肉、海鲜、鸡肉、奶油干酪、苹果、梨、青柠檬、辣椒其他种类的热带水果、柠檬、椰子、姜、蜂蜜等。

经典食谱 番石榴与苹果馅饼；番石榴果胶；番石榴黄油。

番石榴饱满多汁的肉质呈鲜艳的橙红色。

杨桃之所以被称之为星果，是因为将其横切下来的截面或者切成片状之后，具有和五角星一样的造型。

树番茄（tamarillo）

树番茄 或者称为tree tomato，在许多热带和亚热带国家都有种植，特别是新西兰。蛋形的小果实一端呈尖状，有着一根细细的茎秆。口感温和的黄色树番茄品种适合用来进行深度加工处理。独具魅力的红色果肉与黑色的可食用的籽构成了旋涡造型，有着一股扑鼻而来的酸甜风味。

树番茄的购买 可以在秋季购买到，要挑选那些相对于个头来说要重一些的果实，色彩丰富，用手触摸时会略感柔软。未成熟的树番茄会带有一股青涩的味道。在成熟之后，树番茄闻起来应该像番茄和杏的混合味道。树番茄只有在完全成熟之后才可以食用。

树番茄的储存 树番茄可以在常温下成熟至散发出芳香的风味。成熟之后的树番茄要装入塑料袋内放入冰箱内，可以保存一周以上。去皮后的树番茄可以干冻保存。

树番茄的食用 新鲜时：可以切割成两半，撒上糖之后，冷藏一晚上的时间，第二天用勺挖出冷藏好之后的果肉。可以添加到冰淇淋中享用。加热烹调时：去皮之后炖熟，可以用来制作咸香风味的沙司和开胃小菜。可以烤熟或者铁扒用来制作甜点和烩水果等。加工制作时：可以用来制作酸辣酱和果酱等。

搭配各种风味 烤肉类、鸡肉、鱼肉、奶油、猕猴桃、橙子、红糖、咖喱香料等。

经典食谱 树番茄冰淇淋；树番茄酸辣酱等。

其坚韧的、带有苦味的外皮不可以食用。这种深红色的树番茄品种最适合新鲜食用。

番荔枝（cherimoya）

与南美番荔枝（释迦果）和刺果番荔枝关系密切，在番荔枝光滑的绿色外皮上有着压痕般的纹路造型，就像放大了的手指印。番荔枝个大、多汁、芳香，有着略呈木纹状的肉质和一股芳醇的酸甜口味以及黑色的如同豆子一样的种子，番荔枝在亚热带地区，如巴西、澳大利亚、美国加利福尼亚州和西班牙等地大量种植。

番荔枝的购买 通常在冬季可以购买到，要挑选那些没有黑色斑点的果实。应该略显硬实，如果感觉到番荔枝非常柔软，表明已经熟过了，其质地会很差。

番荔枝的储存 要轻拿轻放，小心处理，因为番荔枝非常脆弱。装入纸袋内，番荔枝可以在常温下成熟。成熟后的番荔枝要使用保鲜膜包好，在冰箱内可以储存几天。其果蓉可以冷冻保存。

番荔枝的食用 新鲜时：果肉可以用勺挖出。可以添加到水果沙拉里，可以制作沙冰以及各种甜点。搅碎之后可以用来制作饮料。加热制作时：果肉或者果蓉可以用来制作咸香风味的菜肴，可以用来炒熟后食用。加工制作时：可以用来制作果酱和蜜饯等。

搭配各种风味 猪肉、鸡肉、柑橘类水果、酸奶、肉桂、姜等。

经典食谱 番荔枝沙冰；番荔枝沙司等。

菲诺番荔枝（Fino de Jete Campa）
在西班牙和新西兰被广泛种植的一个番荔枝品种，有着非常洁白的肉质，但芳香风味略有不足。可以用来制作雪芭和冰沙等。

榴梿（durian）

榴梿 的个头大概和一个足球差不多大，榴梿以其美味和令人恶心的、无处不在的气味而闻名。其木质般的外壳坚硬且如同装有钉子一般，榴梿果肉可以分开成段，里面包裹着甘美而香浓的黄白色肉质，其质地呈乳脂状的奶油冻。其中含有几个如同栗子大小的种子。榴梿的主要出口国家是泰国、马来西亚以及印度尼西亚等。

榴梿的购买 可以在夏天时节享用到非常新鲜的榴梿。要避免购买裂开或者有破损的榴梿，因为这样的榴梿意味着熟过头了。其气味让人无法抵抗。榴梿在成熟之后，果实会呈暗黄绿色，而其肉质为黄白色。

榴梿的储存 尽量地短时间储存，并且要与其他食物分离开。略微熟过一点的榴梿果肉可以装入塑料袋内冷冻保存。

榴梿的食用 新鲜时：将榴梿外壳掰开，挖出其籽四周的果肉。榴梿果肉可以搅碎成果蓉用来制作奶昔和冰沙。加热烹调时：可以加入蛋糕中。未成熟的榴梿经过加热成熟之后可以当做蔬菜使用。加工制作时：可以用来制作果酱。可以加糖和盐腌制用来制作成风味小吃和果脯。榴梿种子可以烤熟之后食用。可以加工成酱用来给甜点增添风味。

搭配各种风味 牛奶、奶油、椰子、热带水果、咖喱香料、辣椒、糯米等。

经典食谱 榴梿果酱；榴梿冰淇淋等。

多刺的榴梿外必须用力敲开，以暴露出里面乳脂状的肉质。

莉比（libby）
一种非常受欢迎的圆锥形番荔枝品种，其犬牙交错形的外皮就像被敲打过后的金属。甘美而浓郁的风味使得莉比番荔枝在新鲜食用时味道绝佳。

南美番荔枝（Custard apple）
与番荔枝非常相近，南美番荔枝是心形的，有着层层重叠的，鼓起的绿色翼瓣，更像是一个大的松果。在成熟之后会长出褐色的斑块。奶油冻状的肉质里包含着晶莹剔透的黑色种子。可以新鲜享用，或者用来制作馅饼、小甜饼以及咸香风味的沙司等。

马米苹果（mammee apple）

原产于加勒比海地区，其树（有时候称之为马梅或者马梅苹果，但是与马梅果榄不相同）被引入西非、东南亚、美国夏威夷州以及佛罗里达州等地。其圆形的橙子般大小的果实有着棕红色的外皮。

马米苹果的购买 未成熟的马米苹果，其果实质硬而沉重，但是果实在完全成熟之后，其肉质会变得略软。要挑选那些颜色均匀一致的马米苹果。

马米苹果的储存 刚成熟的硬质马米苹果可以在室温下存放。成熟之后的马米苹果可以在冰箱里储存一天或者两天的时间。马米苹果果肉可以冷冻保存。

马米苹果的食用 新鲜时：切成两半，去籽后可以生食。去皮，切成块状，可以加入沙拉中。制作成果蓉之后可以用来制作冰淇淋。可以榨汁用来制作成饮料。加热烹调时：去皮炖熟之后可以用来制作甜点、沙司、馅饼以及烩水果等。加工制作时：可以制作成果酱和蜜饯。可以用来酿酒。其花朵可以蒸馏之后制作成利口酒。

搭配各种风味 牛奶、奶油、酸奶、热带水果、青柠檬、柠檬等。

经典食谱 水果沙拉；马米苹果果酱；马米苹果馅饼等。

果肉呈杏黄色，有着沁人心扉的芳香。其大个头的果核应丢弃不用。

刺果番荔枝（guanabana/soursop）

在其品质最好时期，这种大个头的梨形水果非常柔软，并且汁液饱满，但是刺果番荔枝味道非常酸，因此得到一个别名soursop。刺果番荔枝在热带地区，如西印度群岛、中美洲、印度以及东南亚等地有栽培。

刺果番荔枝的购买 要选择那些绿色或者黄绿色的果实。如果变成了黄色，表示刺果番荔枝熟过了。要避免购买那些带有黑色斑点的刺果番荔枝。

刺果番荔枝的储存 可以储存到冰箱里，但是成熟后的刺果番荔枝要尽快使用，因为其很快就会发酵，并变得无法食用。其甜味的果蓉可以冷冻保存。

刺果番荔枝的食用 新鲜时：可以榨汁用来制作饮料和冰沙。其果肉可以加入水果沙拉中，其果蓉可以用来制作冰淇淋和乳脂风味的甜点。加热烹调时：未成熟的刺果番荔枝可以如同蔬菜一样烤熟或者煎熟后使用。加工制作时：刺果番荔枝多常见于罐装的售卖。

搭配各种风味 热带水果、奶油、炼乳、肉桂、香草、豆蔻等。

经典食谱 刺果番荔枝冰淇淋；刺果番荔枝卡仕达；刺果番荔枝果汁。

薄薄的坚韧的外皮上，遍布着柔软的体刺，在其纤维状的白色肉质中的种子带有毒性。

山竹（mangosteen）

在山竹厚厚的紫色外壳里面，筋膜分布的子壳内是多汁、芳香而甘美的果肉。在泰国、越南、中美洲以及澳大利亚大量种植。

山竹的购买 在夏季出品，要挑选那些深颜色的果实。可以通过轻轻按压来测试山竹是否成熟。山竹也有罐装的售卖。

山竹的储存 可以在常温下储存至山竹成熟，然后冷藏保存。

山竹的食用 新鲜时：将山竹的顶部切除，带着半壳使用。将果肉从筋膜里取出后可以生食。可以榨汁用来制作饮料或者雪芭。加热烹调时：山竹不适合加热后食用。加工制作时：未成熟的山竹可以用来制作蜜饯。

搭配各种风味 热带水果、椰子、草莓、柠檬草等。

经典食谱 异国风情水果沙拉；山竹雪芭等。

紫色的小果实上，有着非常醒目的、依附在茎把上的花萼。

阿恰恰果（achacha）

与山竹关系密切，阿恰恰果的意思是"甜蜜之吻"。起源于热带亚马逊流域，目前在澳大利亚北昆士兰被广泛种植。果实看起来像水的橙色高尔夫球。里面的果实，洁白的肉质中有着饱满的令人神清气爽的汁液。口感酸甜，非常适口。中间的种子要丢弃不用。

阿恰恰的购买 在澳大利亚出产的季节是从12月到来年的2月。要寻找那些质地硬实、颜色鲜艳，没有瑕疵的果实。

阿恰恰的储存 一旦收获，其果实不会再继续成熟，因此要储存在一个凉爽的地方，无需冷藏。整个的阿恰恰果可以冷冻保存。

阿恰恰果的食用 新鲜时：阿恰恰果可以用手将外皮捏裂开，果肉可以当做零食或者甜点食用。可以加入水果沙拉中。果肉可以用来制作沙司、冷饮、雪芭以及调味品等。加热烹调时：阿恰恰果不适合用来加热烹调。加工制作时：洗干净的果皮可以用来制作成一种清新爽口的饮料。

搭配各种风味 酸奶、青柠檬、浆果类、开心果、蜂蜜、薄荷、玫瑰花水、朗姆酒等。

经典食谱 异国风情水果沙拉；冻阿恰恰酸奶等。

麝香黄瓜（musk cucumber）

也称为香蕉瓜，这种水果在热带气候条件下的古巴、波多黎各和墨西哥被广泛种植。多年生的藤蔓草本植物生长出这种大个头的椭圆形的果实。其厚而硬的外壳有着各种不同的颜色，从橙红色到墨紫色不等。清爽的橙红色肉质坚实而甘美，并且芳香四溢。在果实中间位置的果肉更加柔软，而且沿着果实的纵长，排列着许多扁圆形的种子。

麝香黄瓜的购买 果实在成熟后，看起来应富有光泽而且光滑。

麝香黄瓜的储存 在夏季，如果保持干燥，避开阳光，麝香黄瓜可以保存几个月的良好状态。

麝香黄瓜的食用 新鲜时：去皮之后可以当做甜点食用。可以加入水果沙拉中。加热制作时：可以如同蔬菜一样切碎之后用来制作汤菜和炖焖类菜肴。加工制作时：可以用来制作果酱或者酸辣酱等。

搭配各种风味 青柠檬、椰子、肉桂、八角、姜、薄荷等。

经典食谱 异域风情水果沙拉；麝香黄瓜果酱等。

如同鱼雷般形状的麝香黄瓜可以长到如同丝瓜一样的大小。

在橙色的果实里面，白色的肉质饱满多汁并且状如雪芭（冰沙）。

果脯和水果蜜饯（dried and candied fruits）

干燥法是最古老的保存食品的方法之一。当此种方法运用到水果中时，干燥的过程会强化水果中天然糖分的滋味，特别是那些晒干的水果。水果蜜饯是使用糖浆保存的水果。当水果被覆盖上一层白糖以后，这种水果叫作糖霜蜜饯或者覆糖蜜饯。

果脯和水果蜜饯的购买 要寻找那些圆润饱满、没有瑕疵，柔软的果脯。要避免已经变硬和带有韧性的果脯。有时候会使用二氧化硫对果脯进行处理，以帮助果脯能够保存的时间更加长久，或者可能包含有额外添加的糖、油、调味料和添加剂等。这些都会在标签中进行标注。当购买水果蜜饯的时候，要确保其看起来柔软而湿润。

果脯和水果蜜饯的储存 一旦打开包装袋或者包装罐，要将果脯和水果蜜饯放入密闭容器内，在干燥、凉爽的地方储存好：果脯可以储存6个月以上，水果蜜饯可以储存一年以上。

果脯和水果蜜饯的食用 有一些果脯在使用之前，可能需要用水或者其他液体先行浸泡，而另外一些果脯则可以直接食用。果脯可以作为零食享用，或者加入麦片中享用。可以在甜味和咸香风味的菜肴中使用，可以用来作为酿馅、蛋糕、面包、饼干以及

馅饼材料使用。蜜饯果皮可以在蛋糕中和布丁中使用，或者将覆糖水果作为餐后的糖果食用。覆糖樱桃可以用来制作蛋糕，或者作为甜点的装饰。

搭配各种风味 家禽、猪肉、羊肉、新鲜的柑橘类水果、酸奶、卡仕达、燕麦、蜂蜜、瓜子、香料、利口酒等。

经典食谱 李子和阿马尼亚克酒拽；圣诞布丁；百果馅饼；瑞士梨面包；不列塔尼蛋糕；杏仁水果蛋糕；杏和李子羊肉锅；苏格兰汤。

什锦蜜饯果皮
之后甘美而芳

樱桃干（Dried cherry）
酸樱桃带有一股酸爽的口味，但却果味十足，使得它们作为零食时，成为无法抗拒的诱惑。甜樱桃可以用来制作布丁和馅饼，只需简单地加点糖即可。

柑橘皮蜜饯（Candied citrus peel）
由橙子、柠檬以及香橼等的外皮混合而成，可以制作出品质上乘的柑橘皮蜜饯。可以切成粒或者切成条状，用来制作蛋糕、饼干以及圣诞布丁等。

蓝莓干（Dried blueberry）
富有营养，酸甜可口的蓝莓，制作成蓝莓干之后耐嚼感更好一些。可以用来制作麦片、蛋糕、松饼、混合干果以及各种沙拉，用来增添风味和丰富色彩。

蔓越莓干（Dried cranberry）
干制之后，蔓越莓会比新鲜时更加甘美，但仍然会略带酸味，果味十足，并且耐嚼，蔓越莓干的用途非常广泛，可以添加到蛋糕、饼干、松饼、甜点、什锦麦片中，或者用来作为咸香风味的馅料使用。

香蕉干（Dried banana）
乳脂状的金色香蕉片，通常会覆盖一层糖或者蜂蜜，爽脆可口。褐色并带有黏性的更长一些的香蕉干，非常适合用来制作茶点面包、舒芙蕾、炖焖和冬季水果沙拉等。松脆的香蕉干还可以添加到什锦麦片中，或者直接作为零食享用。

可以将干的椰子片加入麦片和什锦麦片中。

椰子片（Dried coconut）
有甜味和淡味之分，椰子片和椰丝（干燥的），看起来应该新鲜而洁白。可以用在烘烤类、热菜类，或者在其他需要椰子风味的菜肴中使用。

杧果干（Dried mango）
呈橙色的片状、条状以及大块状的杧果干，有着充满活力的风味和耐嚼的质地。可以用来制作蛋糕、茶点、酸辣酱以及果酱等。

苹果干（Dried apple）
柔软中带有甜蜜的甘美风味，干制后的苹果圈和苹果块，在烩水果和砂锅类菜肴中风味良好，特别适合那些使用猪肉制作而成的菜肴。干的苹果片还可以加入什锦麦片中。

杏干（Dried apricot）
如同霓虹灯般的橙金色，柔软而温顺，可以立即食用的杏干可以用在烩水果中，或者与火腿、鸡肉、鸭肉以及米饭类菜肴搭配。在使用之前杏干不需要预先浸泡。最好的杏干来自于土耳其。杏干可以添加到炖焖类、砂锅类以及甜味菜肴中。

没有经过硫磺熏制的杏干颜色较深，有着更加强烈的风味。

无花果干（Dried fig）
紫色的无花果风味特别甘美。可以酿馅后作为糖果食用，或者用在烘烤食品、布丁以及烩水果中，也可以与家禽类和野味类一起制作成菜肴。卡利亚纳无花果，使用美国加利福尼亚州出产的士麦那无花果，肉质饱满，呈金色，富含膳食纤维。无论是用来烘焙，还是用来烹调都是极佳的选择。

果脯和水果蜜饯（dried and candied fruits）

草莓干（Dried strawberry）
可以将这些甘美的小浆果加入麦片、松饼、蛋糕中，并且可以在小吃店中售卖。

木瓜干（Dried papaya）
漂亮的粉色木瓜条或者木瓜块通常都会加上糖；而不加糖的木瓜干更耐嚼，但是其味道也会更加强烈。木瓜干可以对蛋糕类和松饼类形成很好的补充。

桃干（Dried peach）
使用大个头的，甘甜的，带有皱褶而耐嚼的半桃干或者切碎后用于制作烩水果、甜点、蛋糕以及砂锅类菜肴中。用葡萄酒浸泡，或者使用橙汁浸泡，以取得独具特色的风味。

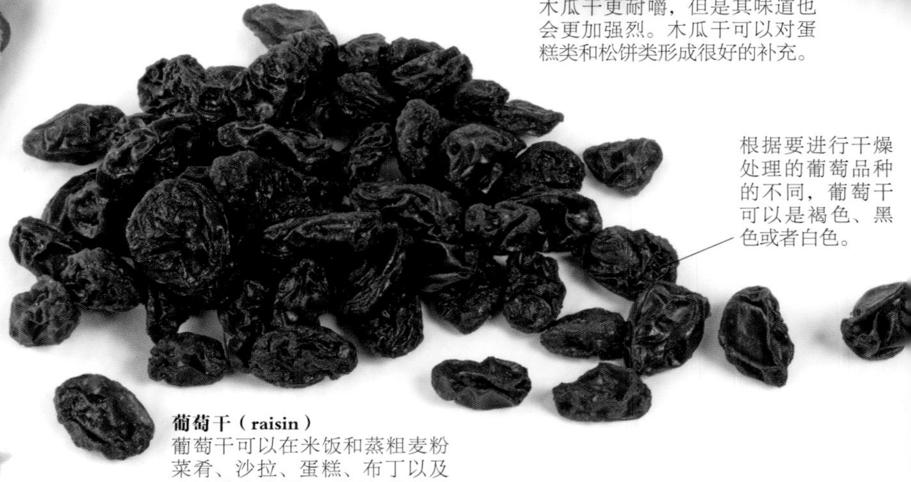

根据要进行干燥处理的葡萄品种的不同，葡萄干可以是褐色、黑色或者白色。

葡萄干（raisin）
葡萄干可以在米饭和蒸粗麦粉菜肴、沙拉、蛋糕、布丁以及酸辣酱中使用。无籽红葡萄干味道非常甘甜，是零食的首选。更大一些的黑色马纽卡葡萄干，其风味更加醇厚。

梨干通常都会以半梨的形式售卖。

梨干（Dried pear）
精致而甜美，并带有稍微耐嚼的质地，梨干可以作为一种零食直接食用，可以作为烩水果、各种甜点、蛋糕以及砂锅类菜肴时美味的补充。梨干制成果蓉之后可以制作成沙司，用来搭配猪肉和鹿肉类菜肴。

李子干（prune）
皱巴巴的黑色，即食性李子干（是经过干燥处理后的李子）柔软而鲜嫩，另外有一些李子干或者需要在使用之前先浸泡。阿让李子干是品质最佳的李子干。李子干可以加入咸香风味的菜肴中、甜点中以及烩水果里。

枸杞干（dried goji berry）
这些深红色的喜马拉雅山脉出产的浆果，据说非常有益健康。口感的甜美，风味介于蔓越莓和樱桃之间，是什锦麦片或者格兰诺拉燕麦卷、混合小吃以及酸奶等很好的补充。

干的菠萝圆片有时候在制作过程中会添加色素和甜味剂。

以将切成丁状的瓜干加入自制的合小吃中。

菠萝干（Dried pineapple）
浅黄色的水果干，可以有块状、圆片状，或者切成丁状，有着一股甘美的芳香风味，用来制作蛋糕和各种甜点，都会非常美味。

蜜饯柑橘皮（Candied citron peel）
这种厚重而芳香的蜜饯柑橘皮滋润而带有黏性。可以用在蛋糕中、用来制作柑橘类果酱以及果酱等。

无籽葡萄干（Dried currant）
无籽的（黑哥林多）桑特岛葡萄干，个头娇小而颜色漆黑，有着略带刺激的口感。它们是制作圣诞蛋糕和圣诞布丁的关键材料。

阿马尼亚克酒和李子挞（prune and Armagnac tart）

甘甜的阿让李子和香浓的香草卡仕达酱让这一道美味的法式李子挞得到优雅的展现。

供 6 人食用

| 200克阿让李子 |
| 6~7汤勺阿马尼亚克酒或者白兰地 |
| 300毫升高脂厚奶油 |
| 25克白糖 |
| 1根香草豆荚，纵长劈开 |
| 2个大的蛋黄 |
| 制作挞面团用料 |
| 175克普通面粉 |
| 10克糖粉 |
| 少许盐 |
| 75克淡味黄油，软化 |
| 1个大蛋黄 |

1 用阿马尼亚克酒浸没过李子，让其浸泡几个小时。

2 制作挞面团，将面粉过筛，与糖粉、盐一起放入盆内。加入黄油，将黄油用手指揉搓进入面粉中。用蛋黄和1~2汤勺的冷水将面粉叠拌成面团。用保鲜膜包好，放到冰箱内冷藏30分钟。

3 将烤箱预热至180℃，烤箱内放入烤盘一起预热。取出面团擀开，成为面皮，用来铺到一个涂抹过油的23厘米活动底花边挞模中，用一把叉子在底部戳几下，然后再铺上防油纸，放入焗豆（烤石）。

4 将模具放到烤箱内预热好的烤盘上，烤20~25分钟，或者一直烘烤到面皮酥脆而变色。从烤箱内取出，让模具一直摆放在烤盘内。抬起防油纸，取出焗豆。将模具放到一边备用。

5 将奶油和糖放入沙司锅内。将香草豆荚中的香草籽刮取到沙司锅内，之后将豆荚也放入锅内。将锅烧开，然后用微火加热，期间要不时地搅拌，直到将锅内的奶油爥浓至剩余三分之二的量。让其冷却一会，取出香草豆荚不用，拌入蛋黄。将制作好的卡仕达酱倒入量杯内。

6 将控净酒的李子撒到模具内的挞皮里面，倒入卡仕达酱。放到烤箱内烘烤35~40分钟，或者一直烘烤到卡仕达酱变成金黄色，并涨起，但是仍然带有一点颤动感的程度。

7 从烤箱内取出，将模具放到烤架上冷却。李子挞要在常温下享用。

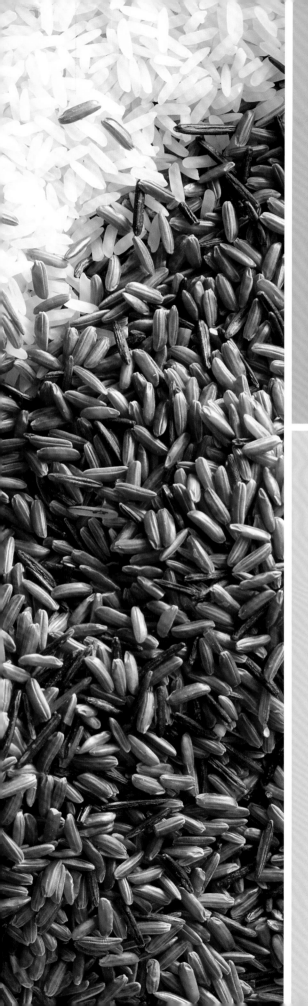

谷物类，大米，意大利面和面条类

大麦/黑麦/藜麦

小麦/野生米

新鲜意大利面/干意大利面

古斯米

米粉

小麦面条

谷物类，大米，意大利面和面条类概述

　　谷物类，大米，意大利面和面条类是使得人类世界运转数千年的能量、淀粉类和主食等的来源。不论是全谷类还是深加工产品，如米线、古斯米以及面粉等，这些食物是营养纤维和复合碳水化合物的宝贵来源。它们价格低廉，数量充足，与新鲜的原料相比较，它们的保存期长，这使得它们成为日常饮食中最实用的，也是必备的原材料。即便是橱柜中只有几种这样的原材料（最好是密封包装）也会让你从世界各地的美食中制作出自己的食谱——而这绝不仅仅局限于咸香风味的菜肴。

谷物类，大米，意大利面和面条类的购买

谷物类（grains） 很难从外观上来确定谷类的品质，但是在购买之前，一定要检查包装袋上的食品保质期。

大米（rice） 购买袋装的大米，用来补充你所烹调制作好的菜肴的花样，如使用印度香米来搭配咖喱类菜肴，茉莉花香大米来搭配泰国风味菜肴，使用阿皮罗米或者卡纳罗利米来制作意大利调味饭，或者使用西班牙派乐米来制作西班牙肉菜饭等。选择那些在保质期内并且没有破裂的米粒的袋装大米。

意大利面（pasta） 先决定好你是希望使用新鲜的还是干的意大利面来制作菜肴，以及你是否喜欢加有调味料的或者不含有小麦面粉的种类。意大利面种类繁多，有一些意大利面非常适合于肉类、番茄类，或者奶油沙司类，或者适合烘烤。要挑选那些最适合于你所烹调制作的菜肴形状的意大利面。

面条类（nooldles） 再说一遍，面条有多种形式，可供众多的菜肴使用。要购买那些没有断裂的，并且适合用来搭配你所烹调的菜肴的面条。

谷物类，大米，意大利面和面条类的储存

　　要核实包装袋上所有特殊标注的储存说明和保质期等。一般来说，所有的谷类、大米、意大利干面类和面条类都应该储存在密封的容器里，放在阴凉干燥的地方，避免阳光直射。以这种方式储存，这些所有的干制品可以保存一年以上，它们的品质不会出现任何变质的情况。

新鲜意大利面和面条的储存
最理想的情况是，新鲜的意大利面和面条应该在它们制作好或者购买到的当天就食用。如果必须要储存时，可以将它们装入密闭容器内，在冰箱里冷藏保存2~3天。它们也可以在一个密闭容器内冷冻保存一个月以上。

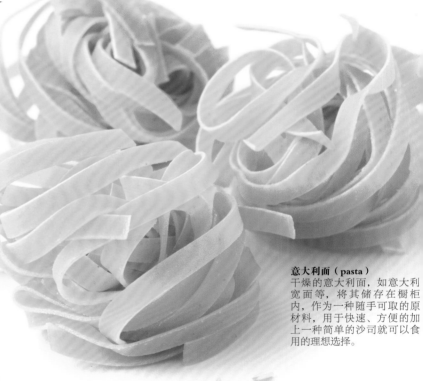

意大利面（pasta）
干燥的意大利面，如意大利宽面等，将其储存在橱柜内，作为一种随手可取的原材料，用于快速、方便的加上一种简单的沙司就可以食用的理想选择。

大米（rice）
将几种不同品种的大米在橱柜内储存一些，用来构成制作饭菜的必备之物，如西班牙肉菜饭和意大利调味饭等，以及用来作为炖焖类菜肴和咖喱类菜肴现成的配菜。

混合米（Rice mixtures） 米饭是许多热菜的理想配菜，但是它自己本身也能用来作为一道非常到位的菜肴。使用混合米可以增加菜肴的质感和风味。如上图所示的坚果风味野生米与长粒米混合在一起制作而成的菜肴。

谷物类，大米，意大利面和面条类的制备

面粉是一种由谷物研磨而成的用途广泛的粉末。有数不清的菜肴可以使用面粉作为主要材料来制作而成，从蛋糕、饼干、点心、小甜饼等，到意大利面、面包以及比萨面团等。有许多可供特种用途使用的面粉品种，例如高筋粉用来制作面包，00型号的面粉（Tipo 00，一种意大利硬质小麦粉）用来制作意大利面，自发粉和普通面粉用来制作蛋糕、饼干、点心以及各种沙司等，还有那些能够提供营养成分的面粉类，包括全麦面粉、黑麦面粉、苋菜粉以及大麦粉等，或者无谷胶（无麸质）种类的面粉，例如藜麦面粉和荞麦面粉用于那些对此过敏的人们。

制作意大利比萨面团

在家里自己制作比萨既能够满足口福，也超级简单。要想达到与当地比萨店一样好的效果，其秘诀是，在将比萨放到烤盘上之前，要预热一下烤盘，并且要确保烤箱也要尽可能地预热到位。

原材料
500克高筋面粉，多备出一点用作面扑
少许盐
1小袋干酵母
360毫升温水
60毫升橄榄油

1 将面粉过筛到盆内，加盐和干酵母。在面粉中间做出一个窝穴，倒入温水，然后再加入橄榄油，用木勺搅拌面粉并将其混合成为一个柔软的面团。同样也可以使用电动搅拌机加上和面钩将面粉搅拌成面团。

2 将混合好的面团从盆内扣出到撒有薄薄一层面粉的工作台面上，然后用手掌揉搓大约10分钟，或者一直将面团揉搓到柔软、光滑、劲道的程度。

3 将揉好的面团放回到盆内，然后用一块干净的毛巾或者保鲜膜覆盖好，将盆放到一个温暖的地方进行发酵，直至面团涨发到两倍大，这个过程需要30～45分钟。与此同时，制作你喜欢的比萨配料。

制作意大利面

新鲜的意大利面——只需将面粉、鸡蛋、盐简单地混合到一起即可。可以用一根擀面杖将意大利面擀开，但是使用一台手摇式压面机可以让制作出长而薄的面片这项工作变得轻松，而且会带给你专业级别的效果。

原材料
400克高筋面粉，多备出一些用作面扑
适量的盐
4个鸡蛋

1 将面粉堆积到一个干净的工作台面上，并且在面粉中间做出一个窝穴。撒上盐，并将鸡蛋打入到窝穴中。用叉子或者用手指，将面粉从外围逐渐地与鸡蛋混合到一起，形成一个面团。

2 当所有的面粉都混合均匀之后，将工作台面整理干净，并撒上面粉，用手掌将面团揉搓大约10分钟，或者一直揉搓到面团光滑有筋道的程度。在继续下一步操作之前，让面团松弛大约30分钟。

3 取一块面团擀开，成为厚度大约为2.5厘米的椭圆形。将压面机的滚轴宽度调整到最大，将这块擀开的面团用压面机反复挤压几次，直到面团变得光滑平整。将滚轴调整的薄一些，再反复挤压2～3次。将滚轴继续调整得薄一些，反复此操作步骤，直到将面团挤压到所希望的厚度。然后切割成各种面条造型。

制作面包面团

将各种原材料混合到一起形成面团是制作面包成功的关键因素，所以可以利用下述技巧来让技法无懈可击。

将各种原材料彻底混合均匀，尽可能快地制作出一个柔软而带有黏性的面团。一直翻动到盆的底部，并且用手指反复挤压面团，以确保盆内所有的面粉都与液体混合到位。

将所有粘连在手指上的面团刮落到盆里，然后用一块布盖好，以保持面团的湿润。先松弛10分钟之后再揉制。

揉面 揉面的关键是专注于将面团揉制得均匀到位。

在开始揉面之前，将面盆洗净并拭干，然后在盆里和手上抹点油。将盆放到一边备用。去掉面团上面的覆盖物，将面团放到撒有一层薄面粉的工作台面上，将面团从中间位置朝向自己身体方向折叠过来。

使用一只手，握住折叠过来的面团，用另外一只手的手掌轻缓但直接地朝下和朝外侧的方向按压面团，以排出面团中的气体并使其伸展开。

重复折叠，按压和转动面团10～12次，将面团揉成条状即可。将面团放回到涂抹过油的盆内，面团上面的接缝处朝下摆放，用一块棉布盖好，松弛10分钟。

重复揉面，每隔10分钟将面团取出揉搓一次，每一次揉搓都需要添加一点油。面团会从开始的流淌状态，到揉制后呈现出丝滑和带有弹性的状态。

面团的成形，经过初次醒发之后，要根据这块面团的用途——是制作小面包还是面包卷等，将面团分割成小块状。

将分割好的小面团称重，并据此分割成均等的块状。大的面包需要比小的面包烘烤更长的时间，所以采取过秤这种额外的预防措施，可以确保面包烘烤成熟的均匀。

在成形之前需要在工作台面上撒上一点面粉，这一步可以让面团的外面变得略微干燥，可以让面包在烘烤的过程中形成非常美观而香酥的硬皮。

制作吐司面包 至少两次试试这道食谱：一旦你养成在家烘烤面包的习惯，你就会发现它很容易地就融入到了你的生活方式之中，并且你从商店购买到的劣质风味的面包与你自己烘烤的面包根本没法比较。

原材料
500克高筋面粉，多备出一点用于面扑
2茶勺海盐
15克鲜酵母（用300毫升温水溶化开），或者一袋7克干酵母油，涂抹用。

1 将面粉过筛，与海盐一起放入盆内。将鲜酵母混合液（或者干酵母）放入盆内搅拌均匀。将面粉用手混合成一个面团，并揉搓至盆内没有干面粉。

2 将面团从盆内取出，放到撒有面粉的工作台面上。将面团揉搓至光滑而硬实并且不再粘连的程度。将揉好的面团放回到盆内，用一块干净的毛巾盖好，摆放到一个温暖的地方醒发。

3 一旦面团醒发到了体积的两倍大——这个过程需要1~2个小时——将面团从盆内取出，放回到撒有面粉的工作台面上，将面团朝下按压并揉制面团，以排出涨发面团中的气体。

4 将面团分割成两块，用手将两块面团分别揉搓成一个圆滚滚的长方形。在面包模具内涂上油，将两块面团紧挨着摆放到模具中。盖上一块毛巾，让其醒发大约30分钟。

5 将醒发好的面团放入220℃温度的烤箱内烘烤15分钟。然后将炉温下调至190℃，继续烘烤30分钟。要测试面包烘烤的成熟程度，可以用手指关节轻敲面包的底部位置，如果能够发出空洞的声音，表示面包已经烘烤好了。

全麦面包
原材料
15克鲜酵母（用300毫升温水溶化开），或者一袋7克干酵母
225克高筋面粉，多备出一些用作面扑
225克高筋全麦面粉
2茶勺细海盐
油，涂抹用

使用与制作吐司面包面团一样的和面方法制作全麦面包面团。

这道食谱中使用的两种类型的面粉，制作出的全麦面包比常规的全麦面包质地更加轻柔和湿润。如果你喜欢质地更密实，更沉重一些的全麦面包，可以使用500克全麦面粉，而不使用高筋面粉来制作全麦面包。

谷物类，大米，意大利面和面条类的加热烹调

谷物类，大米，意大利面和面条类的成功与失败都会通过加热烹调而得到体现。这些都是家庭厨师日复一日反复使用的原材料，但是即便是有这么多的练习机会，许多人仍然发现他们的制作方法或者是时间使用不当，得到的结果是过熟的或者不熟的食物。利用这些小窍门，你很快就会对这些原材料的使用变得游刃有余。

煮米饭 这种不盖锅盖煮米饭的技法，使用比大米多出5~6倍用量的水，就可以做出质地轻柔，独具特色的米饭。这种技法非常适合于长白米，也是所有整粒米品种的首选烹调方法，这其中唯一的不同是你要将整粒米加入冷水中，并且一旦煮开，要根据所使用整粒米的品种不同，继续熬煮18~25分钟。

原材料
500克长粒米
3升水

将水分全部吸收的煮米饭方法 这种技法在亚洲非常流行，最适合白色的大米。要准确地量出所使用液体的用量——应该是大米体积的1.25倍——并且要使用厚底锅和一个盖紧的锅盖。要记住使用足够大的厚底锅，因为大米在加热过程中会涨发到其3倍大。

1 将大米倒入大号沙司锅内，加入冷水或者高汤，用中火加热烧开，期间搅拌大米一次，然后改用小火，不盖锅盖继续煮10~12分钟，直到所有的液体被全部吸收。

原材料
500克长粒米
625毫升水或者高汤

1 将一大锅水烧开。加入大米，一旦烧开，转用小火继续加热12~15分钟，或者一直煮到米饭变软，但是还有些"硬芯"。

2 用过滤器将米饭过滤，盖上一块干净的毛巾，静置10分钟，让蒸汽挥发，上桌前用叉子翻动米饭使其蓬松。

2 将锅从火上端离开，在锅沿处盖上一块折叠好的干净毛巾，盖紧锅盖。然后将锅放回到火上，用最小火加热10分钟。

3 再次将锅从火上端离开，在揭开锅盖和去掉毛巾之前，先静置5分钟，这样米饭就好了。

将意大利面煮至有嚼劲

Al dente，从意大利语翻译过来的意思是"咬嚼"，用来表示将意大利面煮至完美的程度——煮熟，但是吃起来的时候，仍然略微有点硬。煮过之后的意大利面会变粗而绵软，所以要在快到了包装上建议的煮意大利面的时间时，要小心地检查意大利面的成熟程度。

1 将一大锅盐水烧开，将意大利面轻缓地倒进去。

2 不盖锅盖，继续加热烧开，根据包装说明上的时间要求继续加热，或者煮到略有硬芯的程度。

3 用过滤器将意大利面过滤，晃动过滤器，使意大利面不会粘连到一起，迅速趁热使用。

制作柔软的玉米粥

玉米粥是意大利北方地区的一种主食，并不都是使用玉米面制作而成的，尽管现在都是这样做的。它和美国的粗燕麦粉菜肴、罗马尼亚的玉米面糊以及南非的玉米粥等都非常相似，所有这些菜肴都来源于玉米。即食玉米粥或者预制玉米粥是一种快速的替代传统的石磨玉米面的加热烹调方法，尽管它们无法与后者优越的风味和质地相媲美。玉米粥通常的做法是，尽管不是必需的，但是会将一些风味调味料，如黄油、黑胡椒粉以及擦碎的帕玛森干酪，或者切成块状的半软质干酪，如芳提娜干酪等，在上桌之前，拌入到乳脂状的柔软的玉米粥中。

原材料
1.2升水
1茶勺粗粒海盐
175克石磨玉米面

1 将水在厚底锅内用小火加热，加入盐。一旦加热到水开始冒泡，将玉米面逐渐地加入锅内，同时用一个搅拌器不停地搅拌。

2 将火关小（此时玉米粥仍然会继续冒泡），继续加热，同时不停地搅拌，持续大约35～40分钟，或者一直加热到玉米粥变得浓稠、呈乳脂状，并且不再粘连到锅沿上为止。

制作古斯米

古斯米是一种细的和粗粒的小麦粉的混合物，传统上，它是使用一种非常费劲的研磨技法制作出之后蒸熟的，以保持小麦粉的分离状态，但随着现代加工制造技术的运用，古斯米的制作方式变得更加简单快捷。古斯米在上桌食用之前，一般都会加上一些油或者黄油以及调味品，使其风味变得更加浓郁。

原材料
400毫升水
300克即食古斯米
1汤勺橄榄油，或者50克黄油，切成小丁
1茶勺盐和现磨的黑胡椒粉

1 用一把水壶将水烧开。将古斯米放入大号的耐热碗里，将烧开的水浇淋到古斯米上。用保鲜膜覆盖好，静置5分钟。然后使用一把叉子，翻动古斯米，使其变得蓬松。

2 再用保鲜膜覆盖好，让其静置5分钟。然后加入橄榄油或者黄油，以及盐和胡椒粉等，用叉子翻动，使其混合均匀并变得蓬松和分散。立刻服务上桌。

蒸古斯米
将古斯米放入碗里，淋上水，静置5分钟。然后倒到铺有一块棉布的蒸笼中，放到蒸锅上，蒸15～20分钟。

煮面条

使用小麦面粉和荞麦面粉制作而成的面条在使用之前需要将其煮熟，而大多数米粉和那些基于淀粉类的面条，例如绿豆粉面条或甘薯粉面条等，只需要使用温水或者开水浸泡即可。如果你使用的是非常宽的干米粉，可以短暂地将其煮一下，使其变软。新鲜的面粉不需要煮，只需要重新加热即可。一旦制备好，如果你不打算马上使用，所有的面条都需要保持湿润，否则它们会变硬，或者粘连到一起。

1 使用一大锅开水，将面条煮2～3分钟，具体时间，可以参阅包装袋上你所使用的面条种类的说明。面条一旦煮至绵软而且呈弯曲状，就快煮好了。

2 将面条捞出用滤网控净水，并且要用冷水将其过凉，然后控干水分。将控净水的面条用少许油轻拌，以防止面条粘连到一起，煮好的面条可以立刻食用。

大麦（barley）

　　用途广泛的大麦在炎热和寒冷的气候条件下都可以生长，并在北美地区、欧洲以及俄罗斯被广泛种植。大麦是已知的最古老的主食品种之一，看起来与小麦非常相似，但是大麦往往更加饱满，口感也更加甘美。大麦是人体所需的膳食纤维和硒的重要来源。其适中的谷蛋白含量意味着作为面包粉的原材料使用时，通常会被忽略。但是，其浓郁的蜂蜜般的风味可以弥补上这一点缺憾。去壳大麦已经将其难以消化的外皮去掉了，但是仍然保留着大麦的麸皮层，半珍珠麦会将这一麸皮层去掉一些，而珍珠麦会通过打磨，将这一层麸皮全部去掉，或者去掉大部分的麸皮层。

　　大麦的购买　根据麸皮的含量，包装各有不同，这牵连到大麦中膳食纤维的含量和所需要加热烹调的时间，所以在购买大麦之前要看清楚包装袋上的说明。

　　大麦的储存　大麦很容易被侵染，因此最好是将大麦装入密封容器内，在凉爽、避光、空气干燥的地方储存，或者在冰箱内储存。

　　大麦的食用　一小把去壳大麦或者去麸皮大麦可以给汤菜和炖焖类菜肴增添浓稠程度、质感以及甘美的风味。使用高汤煮好的大麦，可以制作成耐嚼的肉饭或者配菜，用水煮熟之后，大麦可以作为沙拉的材料，而用牛奶煮熟之后，可以用来代替热的麦片粥和用来制作大米布丁等。

　　搭配各种风味　苹果、牛肉、啤酒、黑莓、卷心菜、胡萝卜、芹菜、鸭肉、羊肉、柠檬、蘑菇、洋葱、香芹、百里香等。

　　经典食谱　全麦面包；奥拉祖托（意大利大麦调味饭）；苏格兰浓汤；冰大麦茶；大麦柠檬水。

大麦碎（cracked grit）
这是使用去壳大麦或者半珍珠麦，将其切碎至两到三瓣之后制作而成的，将其淀粉胚乳暴露在外，这样在煮的时候会变得更加黏稠。大麦碎比起整粒的大麦加热烹调的速度更快，而没有损失其膳食纤维的含量，可以制作出美味可口的大麦粥。大麦碎可以研磨呈碎末状和研磨成粉状，有时候也会在烤熟之后售卖。

与其他谷物不同，麸皮会保留在去壳后的大麦中。

去壳大麦（Pot barley）
有时候去壳大麦也被称为苏格兰大麦或者全麦，这些谷物有着一种粗糙的、令人愉悦的耐嚼质地，其甘美的风味和烘烤后的香气得到很好的平衡。大麦煮的时间需要1.25个小时，这个特点使得去壳大麦非常适合用于慢火加热的炖焖类菜肴和汤菜中。

贝雷大麦粉（beremeal）
苏格兰高地和岛屿上的一种烟熏风味的特产，这种大麦粉是将大麦放到窑炉中，使用自身的外皮加热烘干之后研磨成粉状的。传统上，使用这种面粉来制作本诺克，一种可以快速制作的如同司康饼一样的面包，贝雷大麦粉也可以用来制作饼干。其强烈而浓郁的滋味可以使用小麦粉或者燕麦粉得到中和。

珍珠麦（Pearl barley）
有两种主要的类型可供选择。白色的，看起来呈粉末状的珍珠麦是完全去掉麸皮的，有着甘美的淡雅风味，需要20～25分钟的加热成熟时间。与此相反，浅褐色的珍珠麦在其胚乳四周，会保留一些本身带有坚果风味的麦麸，需要10～15分钟或者更长一些的时间小火加热成熟。

苋菜粉（amaranth）

苋属植物能够生长出可食用的类似于菠菜一样的绿色叶片以及娇小的无谷蛋白的种子，在我们所非常熟悉的谷类，如大米和小麦等周围很容易找到，在可以茂盛生长的气候条件下，竞相伴生。苋菜营养丰富，是植物蛋白、膳食纤维、铁以及钙等营养成分的极佳来源。印度、中国、美国以及玻利维亚等国家都是苋属植物的最常见的生产国。

苋菜粉的购买 如果要购买苋菜粉，要挑选一家商品周转率特别高的商店，因为苋菜在研磨成粉末状之后的几个月之内，味道就会变苦。

苋菜粉的储存 将苋菜颗粒和苋菜粉倒入密闭容器内，并储存在凉爽、避光、干燥的地方，或者放到冰箱内冷藏保存。其保质期根据其加工制作的不同而各自不同，因此，请注意观察包装袋上的食品保质期，苋菜粉在经过一段时间之后会变苦。为了延长其保质期，将苋菜粉密封好，可以冷冻保存6个月以上。

苋菜粉的食用 最简单的使用方法，可以作为炖焖类菜肴的淀粉材料使用，将整粒的苋菜颗粒用其3倍量的盐水煮20~25分钟。同样，也可以将粥状浓稠程度的苋菜粉再多煮5分钟，然后拌入切碎的新鲜水果和果脯。膨化后的苋菜颗粒可以加入什锦麦片、面团中，可以用来作为颗粒状的面扑。或者在停止加热前的15分钟时，将它们拌到肉桂风味的大米布丁中。苋菜粉可以加入糕点中、面糊中以及混合面团中，但是如果想要得到蓬松或者轻柔的质地，要与含有谷蛋白的面粉，如小麦面粉、黑麦面粉或者大麦面粉混合使用。

搭配各种风味 豆类、干酪、鸡肉、辣椒、巧克力、椰子、玉米、西葫芦、蜂蜜、牛奶、胡瓜、番茄等。

经典食谱 扁平面包/墨西哥玉米饼；摩尔；玉米粥（稀粥）；阿利格里亚（一种糖果）。

苋菜颗粒（whole）
这些个头细小的木质种子，很难看到它们漂浮起来之后的形状。在煮的时候，种子上细小的中线会绷紧伸直，有助于形成带有黏性的、海绵状的质地，经过短暂的烘烤也有助于保留其更多的特色。在面团混合物中加入烘烤后的苋菜颗粒，可以让面团带有一种令人愉悦的颗粒状的质感。

苋菜粉（flour）
可以为烘焙食品和热饮料提供一种麦芽、草本香料的风味。苋菜种子通常会按照天然有机标准进行种植，然后采用石磨的方式研磨，以保留其高膳食纤维的含量。

藜麦（quinoa）

发音是"keen-wah"，这种原产于南美的、口感发涩的植物，不是谷类植物科中的成员，而是阔叶藜科中的一种草本植物种子。这种植物的叶子也可以食用，可以如同菠菜一样制备。相比较而言，藜麦中有着较高的蛋白质和脂肪含量，使其成为选择较多的膳食品种。在藜麦中也富含钙和铁。大批量种植藜麦的国家包括美国、玻利维亚、秘鲁、中国以及英国等。藜麦也能在不适宜居住的气候条件下生长。它们有着各种不同的颜色，金色、黑色以及红色等均可以见到。

藜麦的购买 光凭外观目测，不可能判断出藜麦的品质，但是包装好的藜麦都会按照不同的程度进行清洁处理。现代加工处理技术可以非常高效地处理掉那些天然包裹在藜麦外面的，带有苦味的皂素粉。但是一定要在加热烹调之前将藜麦彻底清洗干净。

藜麦的储存 藜麦放在一个密封容器内，在凉爽、避光的地方可以储存一年以上，但是藜麦粉要在冰箱内冷藏保存，或者冷冻保存，并且要在4个月之内使用完。

藜麦的食用 藜麦有着如同珍珠般的、带有弹性的质地和一股略有苦味的青草风味，可以用来替代大米，并且加热成熟也更加快捷。

搭配各种风味 苹果、牛肉、黑豆、鸡肉、辣椒、香菜、玉米、葡萄、坚果、橙子、大虾、胡瓜、甘薯等。

经典食谱 藜麦肉饭；藜麦粥；藜麦沙拉；藜麦汤；炖蔬菜等。

藜麦粉（flour）
可以添加到所有的甜味和咸香风味的烘焙食品中的一种营养丰富的原材料，但是因为藜麦粉是无谷蛋白，因此需要与一种膨松剂，如泡打粉等混合好之后使用。可以与小麦面粉混合到一起后使用，有助于让藜麦粉带有一种更加甘美的风味。

在加热烹调时，藜麦的中线会绷紧伸直，让每一粒藜麦都会带上一点松脆的质感。

藜麦颗粒（whole）
要清洗干净，藜麦的风味呈中性，可以轻易吸收其他与之混合的原材料的风味。如果没有与其他原材料混合，其口感会带有苦味，这是由于在藜麦的天然皂素层中会有些许粉状的残留物，而绝大部分都会在加工处理的过程中被清除掉。藜麦是一种很好的大米替代品，或者可以作为一种风味绝佳的原材料，添加到馅料中或者加入各种沙拉中。

藜麦片（flakes）
藜麦在蒸熟之后擀压成片状，用于快速烹调中。藜麦片可以添加到杂粮面团中和面糊中，或者用来代替面包糠在炸制菜肴时使用，沾到菜肴上炸制。

这些可以快速加热烹调的藜麦片，非常适合用来制作速溶藜麦粥。

荞麦薄饼（buckwheat galettes）

在法国布列塔尼非常受欢迎，在法国西北地区，当地的风味美食是以香浓而淳朴的风格来定义的。

供 4 人食用

75克荞麦粉

75克普通面粉

2个鸡蛋，打散

250毫升牛奶

2汤匙葵花籽油，多备出一些用于煎薄饼用

2个红皮洋葱，去皮之后切成细丝

200克烟熏火腿，切碎

1茶匙百里香叶

115克布里干酪，切成小块

100毫升鲜奶油

1 将面粉过筛到大号搅拌盆内，在中间做出一些窝穴形，加入鸡蛋。用木勺逐渐地将鸡蛋搅打进面粉里，然后加入牛奶和100毫升的水，调制成光滑细腻的面糊。盖好之后放到一边静置2个小时。

2 在一个煎锅内加热油，加入洋葱，用小火煸炒至变软。加入火腿和百里香翻炒均匀，然后将锅从火上端离开，放到一边。

3 将烤箱预热至150℃。将可丽饼锅加热，并涂抹上油。舀取2汤匙的面糊放到锅内，转动可丽饼锅，让面糊完全覆盖过锅底，继续加热大约1分钟的时间，或者一直加热到薄饼的底面呈浅褐色，然后翻动薄饼，将另一面再加热1分钟，或者将两面都煎至褐色。以这种方式制作出7个薄饼。根据需要，在制作薄饼的过程中，可以再次在锅内涂抹些油。

4 将布里干酪和鲜奶油与锅内的洋葱馅料混合好，将混合物分别放到薄饼中。将薄饼卷起或者叠起，摆放到烤盘内。放到烤箱内烘烤10分钟之后服务上桌。

荞麦（buckwheat）

这是寒冷气候条件下的东欧、俄罗斯以及日本菜中最喜欢使用的原材料，形态饱满的荞麦原产于西伯利亚等地。如今，荞麦在中国、加拿大和澳大利亚等迥然不同的地区都有种植。荞麦的颜色是独特的褐色，并呈三角形，尽管名称中有麦字，但是却不是小麦家族中的成员；相反却与大黄和酸模草有关。

荞麦的购买 要寻找那些浅色的，带有斑点的面粉，而呈深灰褐色的面粉表明是陈年面粉，不是因为膳食纤维含量高的原因。在一系列由无谷蛋白制作的方便食品中都可以看到荞麦的身影，包括意大利面和早餐谷物类。

荞麦的储存 无论是以玻璃纸袋还是纸袋包装的方式售卖，最好是将荞麦粉倒入结实的密闭容器内，储存在干燥、避光的橱柜中。要注意包装袋上的保质期，因为荞麦粉的储存寿命是根据加工制作面粉的时间来决定的。将荞麦粉在冰箱内冷藏储存（可以储存3个月以上）或者冷冻储存（可以储存6个月以上）肯定会物有所值，

要密封好，以保持荞麦粉的潮湿度。

荞麦粉的食用 荞麦很容易就可以用点油将其炒熟，然后可以加入到高汤中或者水里煮熟，以制作出一种简单的，加上香草和其他各种原材料调味的肉饭饭的配菜。待其冷却之后，这种风味的荞麦饭，又可以用来制作成非常精致的沙拉基料。在冬季制作意大利调味饭时，在你制作米饭的时候，可以加入几汤勺的荞麦。在制作小甜饼面糊和意大利面时，加入一份比例用量的荞麦粉，对它们是非常好的补充，能够给普通的小麦面粉带来一股浓郁的风味。

荞麦可丽饼完全由荞麦粉制作而成，味道更浓郁，质地也更脆弱。

搭配各种风味 培根、鸡肉、奶油、黄瓜、凝乳酪、鸡蛋、鱼肉、姜、蘑菇、洋葱、香芹、米饭、酱油等。

经典食谱 荞麦薄饼；布列塔尼可丽饼或荞麦煎饼；荞麦面条；荞麦粥；波兰饺子；墨西哥玉米饼等。

荞麦粉（Buckwheat flour）
在日本，荞麦粉用来制作成香风味的粥，与一种大酱沙司一起食用。对于烘烤食品来说，将面粉与荞麦粉或者玉米粉按照1：3或者1：4的比例混合使用效果非常好。

刚研磨好的荞麦粉有着如同滑石粉一样的质地，而随着保存时间的延长，荞麦粉的颜色会变得更深、泥土的风味会加重，风味也更加浓郁。

卡萨荞麦（kasha）
什卡荞麦碎有时候也在包装上被贴上"烤荞麦"的标签。在冬季制作意大利调味饭时，加入几汤勺卡萨荞麦，能够与米饭一起形成一种更浓郁，更加有层次感的风味。

褐色的、预烤好的荞麦碎在煮之前，不需要再次烘烤，以增强其醇厚的风味。

荞麦颗粒（whole）
生的、绿褐色的荞麦碎即使是不可以食用，也被认为是全谷物类。深褐色的种皮（外皮）已经被去掉了，要购买深褐色的种子，特别适合用来发芽。可以使用树木风味的荞麦，用来制作大利调味饭风格的配菜和酿馅材料。

荞麦薄饼（blinis）

这些使用酵母发酵的小甜饼，搭配烟熏鱼肉、酸奶油或者鲜奶油，并撒上一点细香葱或者莳萝之后一起食用，非常美味可口。

制作 25 个

750毫升牛奶

1汤勺干酵母（15克）

125克荞麦粉

125克高筋面粉

3个鸡蛋，蛋清蛋黄分离开

1茶匙白糖

1汤勺融化的黄油，多备出一些用于煎荞麦薄饼

1 在一个小号沙司锅内，或者一个微波炉专用杯内，将一半牛奶加热至温。加入酵母，并搅拌使其完全溶化开。

2 将两种面粉各取一半，在一个搅拌盆内混合好，在面粉中间做出一个窝穴形。加入蛋黄、白糖以及一点盐，然后将温热的牛奶酵母混合液倒入，搅拌混合成面糊。盖好之后放到温暖的地方静置大约1个小时，或者一直等到混合液的体积变成两倍大。

3 将剩余的面粉、牛奶以及融化的黄油搅打到面糊中，覆盖好，并让其再次醒发好，至少需要1个小时。醒发一晚上效果会更好。在你准备制作荞麦薄饼时，在一个干净的碗里，将蛋清打发至硬性发泡的程度，并叠拌进醒发好的面糊中。

4 将一个大号的厚底煎锅用中火加热。当锅完全变热之后，在锅底涂上一点黄油，舀入一勺用量的面糊，制作出直径在5~8厘米大小的荞麦薄饼。将薄饼煎至表面开始冒出小气泡时，将薄饼翻过来，将另外一面也煎至金黄色。在继续煎荞麦薄饼的过程中，要将煎好的薄饼放入低温烤箱内保温。

玉米（corn）

在美洲被广泛地种植和食用，玉米（corn）或者（maize）也是非洲、罗马尼亚、意大利北部和马来西亚等不同地区的主要粮食作物。有5种主要的玉米植物分类以及成千上万种类玉米品种，每一品种的玉米都会有着多种颜色之分。甜玉米这个术语通常会用来区分谷物品种中所属的蔬菜作物类，但甜玉米并不是唯一可以新鲜食用的玉米。玉米中完全不含有谷蛋白，但却富含人体所必须的脂肪酸，复合碳水化合物，维生素钾以及镁等。

玉米的购买 因为玉米各个品种之间差异极大，因此要挑选那些适合自己需要的玉米使用。

玉米的储存 干燥的玉米粒可以在密封容器内储存几年的时间，而其品质不会有什么变化。经过脱皮和去胚的玉米面，包括大多数的玉米粥品牌，都可以在一个凉爽、干燥的橱柜里储存一年左右的时间，最好是在一个密闭容器内储存。但是，整粒的玉米，使用细腻研磨的玉米面，最好是密封包裹好，并且要在冷冻冰箱内储存，这样的话可以储存6个月以上。

玉米的食用 玉米口感清淡而甘美，植物感十足。充分利用玉米本身具有乳脂状质地这个优势，在许多的烹饪文化中都会将其研磨并进行熬煮，以制作成具有粘附性的、糊状的浓粥。可以单独配烤肉类菜肴一起食用，可以加入香草和干酪调味，或者加入甜味，用来制作成一种非常适口的布丁。使用玉米面制作而成的烘烤类食品，需要添加很高比例的油脂、鸡蛋或者奶油等，以让其质地更加滋润，因为玉米面食品很快就会变得干燥，因此在加热成熟之后，最好是立即食用。

搭配各种风味 豆类、牛肉、培根、鸡肉、辣椒、干酪、椰子、香菜、青柠檬、牛奶、蘑菇、猪肉、南瓜、兔肉、番茄等。

经典食谱 玉米面包；玉米饼；玉米粥；豆煮玉米；玉米粉蒸肉；玉米饼。

粗玉米面（Grits）
坚硬而干燥的玉米粒先经过压碎，然后将其粉质部分过滤掉。用石磨研磨的粗玉米面风味最佳，因为它们保留了玉米粒富有营养的胚乳，而商业化使用钢制压面机生产的粗玉米面尽管延长了玉米面的保质期，却将玉米中的胚乳去掉了。使用液体加热粗玉米面可以制作出糊状的玉米粥，并且可以添加成咸香风味或者甜味材料。也可以使用速煮型和速溶型的粗玉米面。

黄色的玉米面是制作玉米粥的最好材料，但是制作玉米粥的白色的玉米面，在威尼斯也很受欢迎。

马萨玉米面（Masa harina）
这种墨西哥玉米面是将干燥的婆婆里玉米粒或者去胚玉米粒研磨成粉状，通常用来制作玉米饼和玉米粉蒸肉。也是用来制作蛋糕的极佳材料。

制作玉米粥的玉米面（Polenta）
用石磨研磨的玉米面具有优良的风味和令人满意的耐嚼质地，但是需要一段较长的烹调加热的时间（30～45分钟）。玉米面可以煮成粥状，或者让其冷却凝固，然后切割成厚块状，用来煎或者铁扒。也可以用于烘焙食品中，但速溶型或者快煮型的玉米面会带有一股更呈砂粒般的松脆质地，因此在制作蛋糕时很少使用到。意大利北部地区传统上使用巴拉马塔玉米粥——玉米面与荞麦粉混合后制作而成。

经典食谱（classic recipe）

玉米面包（cornbread）

这种甘美的，黄油味道浓郁的金黄色面包最适合新鲜出炉后趁热享用。

供 6 人食用

黄油，涂抹用
200克玉米面
100克普通面粉
100克白糖
2茶勺泡打粉
600毫升脱脂乳
2个鸡蛋
4个红辣椒，去籽，切成薄片，或者切成碎末

1 将烤箱预热至190℃，在一个20～25厘米的圆形烤盘内，涂抹上一些黄油。

2 将玉米面和面粉、糖以及泡打粉一起在搅拌盆内混合好，并在中间做出窝穴形。将脱脂乳倒入量杯中，将鸡蛋和辣椒混到脱脂乳中，倒入干粉形成的窝穴中，将所有原材料混合均匀。

3 将混合好的糊状材料倒入准备好的圆形烤盘内，放到烤箱中间位置烘烤30～40分钟，或者一直烘烤到玉米面包变硬并呈金黄色，在中间位置插入一根扦子拔出时是干净的，表示玉米面包已经烘烤成熟。

爆米花（Popcorn）
爆米花有几种不同的颜色，使用的是一种特别硬的玉米品种，有着坚硬的外皮和胚乳，当经过加热以后，玉米粒内部的水分变成了水蒸气，导致玉米粒爆裂开，成为爆米花。

婆婆里玉米粒（posole/pozole）
传统的墨西哥玉米品种，这是一种极硬的，也是一种非甜质的玉米，在氢氧化钠溶液中经过浸泡并加热成熟，使其更容易被人体消化，而营养素也更容易被人体所吸收。由于每粒玉米底部尖状的胚芽都被去掉了，因此在经过加热烹调时，玉米粒会爆裂开，就像绽放的花朵一样。这种玉米主要用来制作以玉米粒的名字命名的炖汤类菜肴。

玉米面（玉米粉，Corn meal）
与其他的面粉类产品相比较，玉米面是一种粗磨的粉类，可以购买到白色、蓝色和黄色的玉米面品种。常用于烘焙类食品中，有时候也用来作为挂糊材料使用。

小米（millet）

小米在亚洲、非洲、美国以及欧洲等地被广泛种植，作为一种烹饪原材料，以及通常被认为是农村贫困百姓的食物，从而没有引起人们足够的重视。小米质轻而风味温和，用途广泛，娇小的念珠状的谷粒很快就可以被加热成熟，小米的吸水性良好，所以少量的小米就可以毫不费力地满足果腹之需。作为一种耐寒植物，成熟程度也能比其他谷类作物要快得多。对种植小米的农民来说，这是一种实实在在的优势。

小米的储存 在一个避光的地方，没有受到害虫的侵扰，可以保存几年的时间，但是小米面会带有苦味，因此要将小米面在一个密闭的容器内储存好，并尽快用完（可以考虑自己研磨小米面）。

小米的食用 由于小米是中性口味，并带有碱性风味，是最令人满意的大米替代品之一。在许多农村地区的食谱里，小米面是玉米面的先行者。

搭配各种风味 豆类、鸡肉、辣椒、香菜、奶油、鸡蛋、三文鱼、芝麻、酱油、菠菜等。

经典食谱 小米粥；牛奶布丁；肉饭；麦片粥。

为了让其味道更加深厚，在将小米加入沙司锅内与液体一起加热之前，可以先将小米烘烤至发出芳香的风味。

小米颗粒（whole）
使用水、高汤或者其他液体煮10～12分钟，就可以将小米煮至柔软而蓬松，或者煮更长一些时间，就可以煮成小米粥。这是香辛类菜肴，如咖喱类菜肴极好的基础材料。

小米面（flour）
这种无谷蛋白型的小米面，不会制作成发酵良好的面包，但它与其他面粉混合后使用效果很好。可以用来制作成面糊、可以用来制作某一些蛋糕、饼干以及牛奶布丁等。

在煮的过程中，这些轻质的薄片很快就会碎裂开，形成一种清淡而呈乳脂状的质地。

小米片（flake）
小米片是在熬煮热的麦片类时，用来代替小米或者燕麦片的一种速溶型的替代品。

燕麦和燕麦片（oats and oatmeal）

在寒冷气候条件下的一种惹人喜爱的谷物，燕麦在人为控制其缓慢生长时的风味最佳。因为这样可以让燕麦变得愈加饱满，优化其所含有的水分和脂肪的含量。燕麦富含可溶性膳食纤维（被证明能减少人体内胆固醇的含量）以及不溶性膳食纤维（对消化系统的健康有益），并能够帮助人体调节自身血糖的水平。燕麦中还含有一定量的B族维生素和钙。

燕麦和燕麦片的储存 整粒的燕麦可以放入到一个密闭容器内，在一个凉爽、避光的地方储存超过一年的时间，燕麦麸（因为燕麦中不包含有胚乳）可以保存的时间更长久。燕麦片和燕麦卷最好是在3个月之内使用完。

燕麦和燕麦片的食用 甘美而呈乳脂状风味的燕麦，使得它们成为了甜点制作和烘焙时的理想选择，经过烘烤和煎炒之后，可以给咸香风味的菜肴增添一股坚果的风味。

搭配各种风味 杏、浆果类、黄油、卷心菜、奶油、火腿、鲱鱼、羊肉、坚果、洋葱、桃、百里香、黑麦、香肠、糖浆等。

经典食谱 甜燕麦饼；水果脆片；鲱鱼燕麦粥；莱佛面包；什锦早餐麦片；燕麦饼；燕麦粥等。

半熟燕麦片（Medium oatmeal）
在苏格兰，这是制作麦片粥和skirile最受欢迎的原材料，并且在烘焙时，也是手头上最通用的原材料。在制作炸鱼时，也可以制作成口味极佳的、均匀涂抹的炸鱼糊。

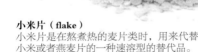

在制作炖肉类菜肴时，可以用来代替大麦，以取得独具一格的乳脂状的质地。

粗燕麦片（Coarse oatmeal）
可以制作出一种令人愉悦的耐嚼质地的燕麦粥，醋燕麦片特别适合用来将汤菜、炖焖类菜肴以及肉馅类变得浓稠。也可以淋到菜肴表面上，代替面包糠用来烤制菜肴。

细燕麦片（Fine oatmeal）
可以用于制作小甜饼、糕点、牛奶布丁，以及希望制作成质地细滑的或者是粉质的肉汁等一类的食谱中。

燕麦或去壳燕麦（Whole oats or oat groats）

这类燕麦需要花费1.25个小时煮熟，所以一般都会用于慢火长时间加热烹调的菜肴中。燕麦会给炖肉类菜肴、根类蔬菜以及绿叶蔬菜类增添一种美味的口感。在加热烹调的过程中燕麦会保持本身的形状不变，但却会变得柔软，并且会呈乳脂状。将燕麦提前烘烤好，可以添加到粗粒的面包面团中。

只需5分钟，就可以将燕麦熬煮到所希望的浓稠程度，并且整粒的燕麦还具有保健作用。

燕麦片（Rolled oats）

这是北美的发明，整粒的燕麦或者燕麦碎粒采用蒸制的方法使其变得柔软，然后擀压成片状。在制作燕麦粥、燕麦饼以及什锦燕麦时所使用的标志性的原材料，也是面包面团，包括斯堪的纳维亚薄脆饼干等可以添加的最受欢迎的风味原材料。

在熬煮的过程中，这些燕麦片很快就会碎裂开，形成一种细滑而醇厚的浓稠程度。

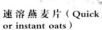

速溶燕麦片（Quick or instant oats）

这是一种经过高度精制的燕麦片，旨在能够快速地制作出热的早餐麦片。

燕麦麸（Oat bran）

可溶性膳食纤维的主要来源（有利于降低人体中的胆固醇含量），燕麦麸可以用来制作谷类食品、松饼、蛋糕以及面包等。

燕麦碎（Pinhead oatmeal）

将整粒的燕麦切割成几瓣，以将燕麦中的淀粉胚乳充分暴露出来。它有一种令人愉悦的粗糙的质地，适合用来制作风味质朴的燕麦饼，也会给炸鱼增添一种松脆的质感，也是制作肉馅羊肚生产商的最爱。

燕麦饼（oatcakes）

这些质朴的饼干非常适合搭配软质干酪、沙丁鱼、花生酱或者果酱等一起食用。

可以制作 12 个

100克细燕麦片，多备出一些用于淋洒

50克粗粒燕麦片

1/2茶勺细海盐

2汤勺黄油，多备出一些用来涂抹

1 先用水壶烧开一些水。将细燕麦片和粗粒燕麦片与盐一起在一个大的搅拌碗里混合好。将黄油切成粒状，与干的原材料混合好。

2 在混合物中间做出一个窝穴形，小心地倒入1汤勺开水。搅拌至混合物开始形成面团，根据需要可以分次加入更多用量的开水。

3 在工作台面上撒上细燕麦片，将面团擀开成为一个厚度在3～5毫米的大片状。让其松弛5～10分钟的时间，与此同时，将烤箱预热至150℃，在烤盘内涂抹上黄油。

4 使用一个直径为7.5厘米大小的圆形模具，从擀开的面片上切割出圆形的燕麦片。使用铲刀将圆形的燕麦片移至涂抹过黄油的烤盘上。将剩余的面团继续擀开，并继续切割出圆形的燕麦片，直到将所有的面团都切割完。

5 放入烤箱内烘烤30分钟，或者一直烘烤到燕麦饼的边缘处开始变成褐色。取出，在烤盘内冷却。燕麦饼可以在一个密闭容器内，储存5天以上的时间。

经典食谱（classic recipe）

黑麦脆薄饼（rye crispbreads）

这些风味质朴的黑麦脆薄饼有着很长的保质期，因此，可以常备在手头上，黑麦脆薄饼是搭配干酪、烟熏鱼，或者黄油与果酱等的理想美食。

制作 2 个

| 150克全麦黑麦粉，多备出一些用来淋洒 |
| 50克细燕麦片 |
| 1茶勺细海盐 |
| 1茶勺鲜酵母 |

1 在一个搅拌盆内，将黑麦粉、燕麦片以及盐混合好。将鲜酵母掰碎放到量杯内，加入175毫升温水混合好。将酵母液体倒入干粉材料中，制成一个细滑，但却带有一点黏性的糊状面团。用保鲜膜或者一块毛巾覆盖好，放到一边，在温暖的地方醒发3个小时。

2 在3个大号烤盘内铺上防油纸。待面团醒发好之后，分装到两个烤盘内，将面团均匀地摊开。在表面多撒上一些黑麦粉，以防止其粘连，然后在烤盘内将面团擀成厚度为5毫米的大片。再次覆盖好，让其再醒发1个小时，直到面团涨发到两倍的高度。

3 将烤箱预热至200℃。分别将烤盘内擀开的黑麦面团大片切割成直径为30厘米的圆片，并在中间位置切割出4厘米大小的圆孔。将多余的面团去掉，并再次揉制到一起，并擀开成为另外一种薄饼造型，并放到第三个烤盘内。使用木勺柄的末端在薄饼的表面上按压出一些凹形造型。

4 放入烤箱内烘烤40分钟，或者一直烘烤到薄饼的边缘处变得干而脆。从烤箱内取出，让其冷却好之后，放入密闭容器内，可以保存5天以上。

小麦（wheat）

将小麦作为一种谷物科，而不是单一的品种，可以更加准确地进行描述。因为人们对小麦高度认可，因此在世界各地都有小麦的身影，无论在营养方面还是烹饪方面都有其用武之地。但是，小麦对于人体健康的益处，取决于对小麦加工处理的程度：100%的全麦产品中富含膳食纤维、蛋白质、B族维生素、铁以及叶酸等营养成分，而高度精制的白面粉会保留其大部分的营养成分，小麦胚芽和麸皮却被去掉了。

小麦的储存 带有麸皮的小麦应该装入密闭容器内，在凉爽、避光的地方，储存不超过一年，碎粒状的小麦可以保存6个月以上，麦片可以保存3个月。小麦胚芽很快就会变质，因此必须在冰箱内储存，而且要在2周之内使用完。注意观察所有面粉包装袋上标注的有效期：它们的保质期因为生产日期和加工方式的不同而各不相同。但通常都必须在6个月之内使用完。

小麦的食用 小麦应该是用途最为广泛的谷物类，具有温和、甘美的风味，而其富含谷蛋白的特点让其在各种各样的食谱中都可以使用，从乡村面包到精致的点心。

搭配各种风味 干酪、奶油、水果、大蒜、火腿、香草、蘑菇、家禽、甜味香料、番茄等。

经典食谱 面包；古斯米；小甜饼；意大利面；糕点；粥；意大利蔬菜汤；塔博勒沙拉；麦麸松饼等。

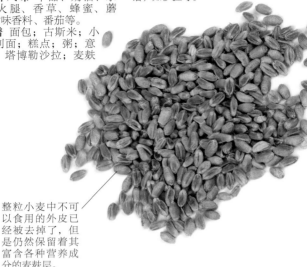

小麦颗粒（whole）
有时候麦粒也称之为麦子，整粒的小麦在开水中大约需要加热2个小时才能够变得柔软。小麦最适合于慢火加热烹调的菜肴，以及那些需要提前将小麦制作成熟的食谱，如沙拉等。

整粒小麦中不可以食用的外皮已经被去掉了，但是仍然保留着其富含各种营养成分的麦麸层。

黑麦（rye）

耐寒性极强的黑麦在潮湿的气候条件下和接近冰点的温度下生长良好，所以黑麦在俄罗斯、东欧、英国以及斯堪的纳维亚都是最受欢迎的农作物。它比许多其他种类的谷物类更具备饱腹感，这要得益于黑麦中高膳食纤维的含量和水合能力。

黑麦的储存 要仔细检查其保质期，因为黑麦极易发霉。使用石磨研磨的深色黑麦面粉应储存在冰箱里或者冷冻储存，并且要在6个月之内使用完，如果储存在橱柜内，要在2个月内使用完。面粉厂研磨的浅色黑麦面粉可以在一个凉爽、干燥的橱柜内储存一年以上的时间。

黑麦的食用 黑麦带有一种刺激的深色水果风味，对于那些不了解黑麦的人们来说没有什么吸引力。最常用的方法是制作面包以及酿酒，在斯堪的纳维亚、德国以及东欧等地的食谱中，都有着许多的使用剩余的黑麦

面包制作的菜肴食谱，包括饺子、沙司，以及汤菜等。

搭配各种风味 菜花、干酪、肉桂、蟹肉、奶油、茴香、火腿、蜂蜜、燕麦、橙子、大虾、葡萄干、德国酸菜、烟熏三文鱼等。

经典食谱 裸麦粗面包；荷兰蜂蜜蛋糕/早餐蛋糕；薄脆饼干。

黑麦片（rolled）
整粒的黑麦先蒸，一旦变得柔软，就擀压成片状。可以将黑麦片加入什锦早餐麦片中，加入面包或者饼干面团中，或者如同熬煮麦片粥一样进行熬煮。

独具特色的坚韧质地以及强烈的风味，意味着黑麦片最适合与味道较温和、也更加柔软的谷物类混合使用。

黑麦面粉（flour）
黑麦面粉中有足够的谷蛋白来让蛋糕和面包涨发起来，但是通常黑麦面粉都会与小麦面粉混合后使用，以增强其质地，并缓和其浓郁的水果风味。深色黑麦面粉和浅色黑麦面粉在烹调中用途一样，但是后者的味道会更温和一些，颜色也更浅一些，这是由于在加工过程中将麸皮和胚芽都去掉的缘故。

整粒的黑麦饱满而色深，会散发出芳香的浆果风味。

黑麦颗粒（whole）
整粒的黑麦需要煮上一个小时，以让其变得柔软。可以添加到汤菜中和炖焖类菜肴中，可以用来制作成酿馅或者丰盛的沙拉，或者让其发芽之后加入面包面团中。

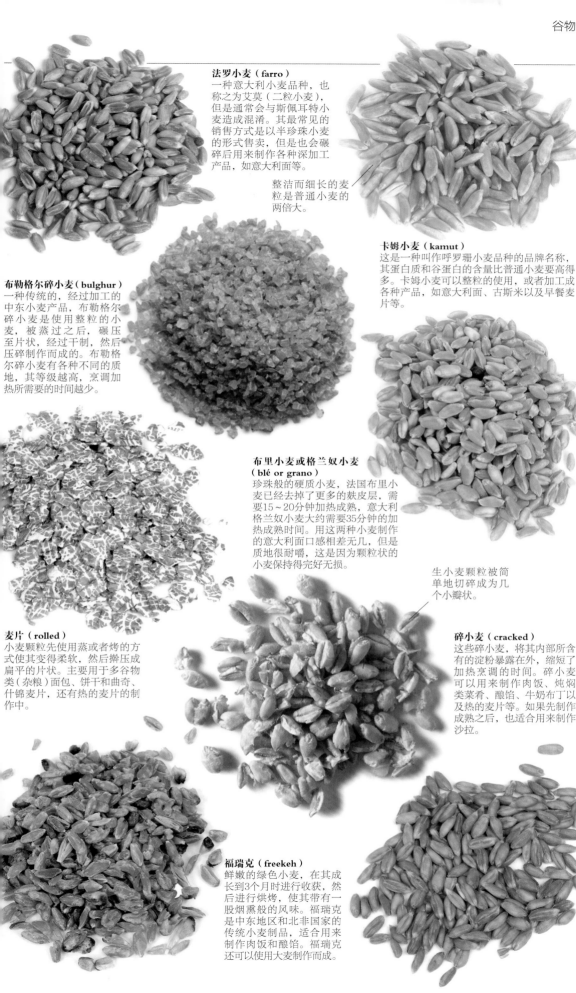

法罗小麦（farro）
一种意大利小麦品种，也称之为艾莫（二粒小麦），但是通常会与斯佩耳特小麦造成混淆。其最常见的销售方式是以半珍珠的形式售卖，但是也会碾碎后用来制作各种深加工产品，如意大利面等。

整洁而细长的麦粒是普通小麦的两倍大。

卡姆小麦（kamut）
这是一种叫作呼罗珊小麦品种的品牌名称，其蛋白质和谷蛋白的含量比普通小麦要高得多。卡姆小麦可以整粒的使用，或者加工成各种产品，如意大利面、古斯米以及早餐麦片等。

布勒格尔碎小麦（bulghur）
一种传统的，经过加工的中东小麦产品，布勒格尔碎小麦是使用整粒的小麦，被蒸过之后，碾压至片状，经过干制，然后压碎制作而成的。布勒格尔碎小麦有各种不同的质地，其等级越高，烹调加热所需要的时间越少。

布里小麦或格兰奴小麦（blé or grano）
珍珠般的硬质小麦，法国布里小麦已经去掉了更多的麸皮层，需要15～20分钟加热成熟，意大利格兰奴小麦大约需要35分钟的加热成熟时间。用这两种小麦制作的意大利面口感相差无几，但是质地很耐嚼，这是因为颗粒状的小麦保持得完好无损。

生小麦颗粒被简单地切碎成为几个小瓣状。

麦片（rolled）
小麦颗粒先使用蒸或者烤的方式使其变得柔软，然后擀压成扁平的片状。主要用于多谷物类（杂粮）面包、饼干和曲奇、什锦麦片，还有热的麦片的制作中。

碎小麦（cracked）
这些碎小麦，将其内部所含有的淀粉暴露在外，缩短了加热烹调的时间。碎小麦可以用来制作肉饭、炖焖类菜肴、酿馅、牛奶布丁以及热的麦片等。如果先制作成熟之后，也适合用来制作沙拉。

福瑞克（freekeh）
鲜嫩的绿色小麦，在其成长到3个月时进行收获，然后进行烘烤，使其带有一股烟熏般的风味。福瑞克是中东地区和北非国家的传统小麦制品，适合用来制作肉饭和酿馅。福瑞克还可以使用大麦制作而成。

斯佩耳特小麦（spelt）
这种古老的小麦品种，作为普通小麦的替代品，最近又重新焕发了青春。可以制作成白面粉和全麦面粉。作为一种耐嚼的小麦，也可以用来制作汤菜、肉饭以及意大利调味饭一类的菜肴。

塔博勒沙拉（Tabbouleh）

这是一种传统的黎巴嫩沙拉，通常会作为小拼盘（开胃小吃）的一部分，可以选择使用卷心菜叶，生菜叶，或者是葡萄叶来作为盛器。

供 4 人食用

25克布勒格尔碎小麦

6粒小番茄

6棵青葱，切成薄片

400克平叶香芹

75克薄荷，去掉梗

1/2茶勺小茴香粉

1/4茶勺肉桂粉

1个柠檬，榨取柠檬汁

6汤勺橄榄油，或者根据口味需要多备出一些

白卷心菜，生菜，或者新鲜的葡萄叶，装盘用

盐和黑胡椒粉

1 将布勒格尔碎小麦放入碗里，用冷水浸没，轻轻搅拌好，然后用一个细眼网筛过滤掉水分，再重复此操作步骤两三次，或者一直到过滤掉的水变得清澈为好。将布勒格尔碎小麦平铺到一个宽底沙拉碗里，放到一边备用。

2 将小番茄切细碎，连同番茄汁一起淋洒到碗里的布勒格尔碎小麦上，再淋洒上青葱。

3 将香芹的老叶和粗梗去掉，每一枝香芹上保留出2～2.5厘米长的梗。将香芹叶和梗切成薄片，也撒到布勒格尔碎小麦上。将薄荷叶也切成薄片，同样撒到沙拉碗里的布勒格尔碎小麦上。让沙拉静置30分钟。

4 将香料撒到碗里的沙拉上，然后加入柠檬汁和橄榄油搅拌均匀。用盐和多量的黑胡椒粉调味。盛放到各种叶片上。

使用不同的谷物和各种面粉作为制作各种面包的基本材料，利用花样百出的手工面包的优势，一展所长。

小麦（wheat）

烤饼（flatbread）

一种制作简单的，使用酵母发酵的扁平状的面包，可以使用煎锅烙熟。

制作 8 个

85克高筋面粉，多备出一点，用做面扑

7克袋装速溶干酵母

2茶勺盐

275毫升温水

3汤勺橄榄油，多备出一些用来涂抹

1 将面粉、酵母以及盐在盆里混合好。在面粉中间做出一个窝穴形，加水和油，搅拌混合成为一个柔软的面团。取出面团，放到撒有薄薄一层面粉的工作台面上，揉制大约10分钟。然后将揉制好的面团放入涂抹有油的盆内，转动面团，让面团都沾上油，用保鲜膜覆盖好。放到温暖的地方发酵45分钟，直到体积变成2倍大。

2 在撒有薄薄一层面粉的工作台面上，略微揉制几次面团。然后将面团切割成大小均匀的8块。将每一小块面团分别按压成1厘米厚的圆形。使用擀面杖将面团擀得更薄一些。摆放到撒有面粉的烤盘内，用保鲜膜覆盖好，放到一边继续醒发10分钟，直到涨发起来。

3 用中火加热大号的煎锅，加入醒发好的面饼，一次放一个。烙3分钟，直到底面变成褐色。将面饼翻转过来并继续烙2分钟，将另一面也烙成褐色。然后取出放到烤架上略微冷却。趁热食用。

全麦面粉（Wholemeal flour）
因为全麦面粉中含有谷物的麸皮和胚芽，因此要比精制白面粉更富有营养。全麦面粉不仅给烘焙食品增加了坚果风味，而且还增加了稠密的质地。在制作蛋糕和饼干时，可以使用经过细磨研磨的全麦面粉，或者在使用全麦面粉之前，将面粉过筛，以去掉所有的颗粒部分。

麦麸（Wheat bran）
从谷类的外皮研磨所得，这种原材料中膳食纤维的含量特别高，经常被推荐用来作为帮助消化的补充食品。麦麸可以拌入早餐麦片中或者松饼面糊中使用。

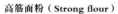

高筋面粉（Strong flour）
"高筋"的意思是表明面粉，不管是普通面粉或者是全麦面粉，其中蛋白质的含量非常高，也即是谷蛋白（面筋）的含量非常高。高筋面粉是制作面包的首选面粉。

特制油炸面粉（Harina especial para freír）
一种来自西班牙南部地区的面粉，专门用于油炸食品使用。这种面粉能够给炸鱼和炸海鲜类菜肴带来一股酥脆而不油腻的口感。

自发面粉（Self-raising flour）
这是在普通面粉中加入了膨松剂，如小苏打和磷酸二氢钙等，在生产过程中就加进去，用于烘烤食品和那些需要菜肴质地轻柔的食谱中。在普通面粉中加入一点泡打粉可以作为自发面粉很好的替代品。

低筋面粉（Pastry flour）
尽管有一些面粉生产商将蛋糕粉和低筋面粉在销售时混为一谈，但是真正的低筋面粉会制作成比蛋糕粉筋力更强一些的面团。更适合用来制作酥皮和泡芙一类的糕点，这些糕点在烘烤后，能够保持它们的组织结构不变。

小麦胚芽（Wheatgerm）
富有营养的麦芯，而一旦经过加工处理之后，往往会被当做一种保健品而不是食品。小麦胚芽可以添加到热的和冷的麦片中、面包里以及其他烘烤类食品中，预先烘烤好后再使用，可以得到更加浓郁的坚果风味。

00号面粉（Tipo 00）
也被称之为法里纳00号面粉和多皮奥零号面粉，这种意大利面粉使用硬质小麦研磨而成，用来制作新鲜的意大利面、汤团以及蛋糕等。

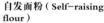

细磨研磨法，能够给特制的面粉带来一种滑石粉般的质地。

酥饼（shortbread）

香味浓郁的苏格兰黄油饼干，可以与茶一起享用，或者配奶油风味和水果风味的甜点一起享用。

制作 12 个

250克黄油，多备出一些，用于涂抹

100克白糖，多备出一些，用于撒面装饰

300克普通面粉，过筛，多备出一些，用于面扑

50克大米面或者淀粉，或者将这两种粉类混合使用

1 将黄油和白糖一起搅打至混合物变成浅白色，并呈乳脂状。逐渐地加入面粉，搅拌至混合物开始聚拢到一起，如同面团状。

2 将混合物取出放到撒有薄薄一层面粉的工作台面上，轻轻揉制成一个光滑的圆球形。将面团擀开成为厚度在3～5毫米的片状，并根据个人喜好进行各种形状的切割。用一把餐叉在面片上戳出一些细孔。

3 将各种造型的酥饼摆放到涂抹过油，并撒有面粉的烤盘内，放到冰箱里冷藏15分钟。将烤箱预热至150℃。

4 取出酥饼放到烤箱内的底层，烘烤12～15分钟，直到变成浅金色。取出并撒上一些白糖。放到一边让其冷却并定型5分钟，然后将酥饼移到一个烤架上，让其完全冷却好。

大米（rice）

大米虽然原产于亚洲，但是目前在每一个大陆都有种植。尽管在商店货架上，越来越多的各种不同包装的大米看起来令人眼花缭乱，但是与数千种不同种类的大米比较而言，这些仍然是极小的部分。大米一直被认为是品质最优质的主食，并且大米的生产过程——在一些地区涉及在大面积的干旱地区进行灌溉，或者在陡峭的山坡上对大米进行收获——意味着面对气候变化方面的挑战，大米的价格会变得更贵，最近几年，大米的价格已经急剧上涨了。

大米的购买 要挑选那些能够清晰地看到包装袋中米粒完整的大米。在混合大米中会带有野生米，这样的混合大米中会有些碎米，因此在加热烹调时，与包装袋中其他种类的大米一样使用即可。

大米的储存 整粒的大米和精白米可以在一个凉爽、干燥的橱柜里，储存两年以上，不过，芳香型品种的大米会变得不再那么香。米粉和米面在一个密闭容器内，可以储存一年以上的时间。

大米的食用 大米在烹调的过程中要多加留意，因为大米的质地千差万别。

搭配各种风味 豆类、干酪、香草、扁豆、牛奶、洋葱、香料、酱油、酸奶等。

经典食谱 印度香饭；西班牙肉菜饭；肉饭；大米布丁；意大利调味饭；寿司。

短粒米（Short grain）
短粒米有许多不同的类型，包括各种各样的制作意大利调味饭所使用的大米，带有黏性的大米，以及制作大米布丁的大米等。呈淀粉质地的短粒米圆滚而饱满。

大米也有褐色的短粒米品种，适合用于长时间、小火加热的菜肴中。

珍珠米和精白米富有光泽，外观呈亮白色，这一点在中东尤其受人赞赏。

珍珠米和精白米（Pearled and polished）
所有的白色大米都经过脱壳加工或者抛光处理。通常加工处理的过程，包括去除纤维麸皮和胚芽层，然后经过刷净或者研磨，有时候会加入葡萄糖浆、矿物质油，或者滑石粉进行加工处理。

野生米（wild rice）

抛开其名字，在北美地区，包括加利福尼亚州、明尼苏达州和加拿大等地，绝大多数的野生米都被大量地种植。在收获了这种水生草的绿色种子之后（水生菰），会进行加工和炒熟处理，会将野生米变成深褐色或者黑色，并强化了它们的风味。

野生米的购买 要挑选那些能够清晰地看到包装袋中米粒完整的野生米。在混合大米中会带有野生米，这些野生米会有碎裂开的，因此在加热烹调时，与包装袋中其他种类的大米一样使用即可。

野生米的储存 野生米在一个凉爽、避光而干燥的地方，装入密闭容器内，可以储存一年以上。

野生米的食用 像茶一样，带有浓郁的青草风味的野生米，意味着有点自己的特色。整粒的野生米需要花费45～50分钟的熬煮时间，当野生米沿着纵长裂开以后，就表示已经成熟，会暴露出其内部蓬松的白色肉质。不用预先浸泡野生米，这样的做法并不能缩短加热烹调的时间。

搭配各种风味 芦笋、培根、西芹、鸡蛋、野味、杧果、坚果类、枫叶糖浆、蘑菇、土豆、家禽类、南瓜、三文鱼、贝类海鲜等。

经典食谱 薄饼；野米花；酿馅原料等。

野生米（wild rice）
野生米尽管看起来非常俊美，这些黑色的长粒米在未煮熟的时候，吃起来就如同嚼钉子一般。将其煮到外皮裂开，就会呈现出一种令人愉悦的耐嚼质地。

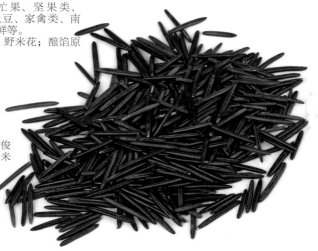

意大利调味饭团（risotto balls）

外皮酥脆，内里柔软并呈乳脂状，这些美味可口的饭团可以制作成一道非同凡响的配菜，或者可以作为一道宴会小吃，配上番茄或者甜辣蘸酱热食或者冷食。

供 4 ～ 6 人食用

175克制作意大利调味饭专用大米

1块蔬菜高汤块

60克格鲁耶尔干酪，擦碎

2汤勺香蒜酱

60克干燥的面包糠

炸油

罗勒叶，装饰用（可选）

1 将大米和高汤块放入沙司锅内，并加入900毫升水。用大火加热烧开。然后盖上锅盖，用小火继续加热15分钟，或者一直加热到米饭刚好成熟。

2 将大米捞出控净水，然后拌入干酪和香蒜酱，放到一边使其冷却。

3 使用湿润的双手，将米饭分离开，并揉搓成核桃大小的圆球形，在面包糠中滚过，均匀沾上面包糠。

4 在一个煎锅内，加热1厘米深的油。放入米饭团煎炸5～10分钟，或者一直煎炸至饭团外皮变得酥脆，并变成金黄色。捞出在厨房用纸上控净油，上菜时用罗勒叶装饰（根据需要）。同样，饭团也可以炸2～3分钟，直至变成金黄色为好。

大米（rice）

肉饭（basic pilaf）

一种制作简单的用来搭配鸡肉、鱼肉以及蔬菜类菜肴的咸香风味的配菜。制作出松软的米饭的秘诀是将大米中多余的淀粉漂洗干净，并且在煮的过程中不要搅拌，在上桌之前短暂地闷一会，让热气挥发。

供 4 人食用

200克长粒米

25克淡味黄油或者1汤勺橄榄油

1个洋葱，切成细末

1瓣蒜，切成细末

300毫升鸡高汤或者蔬菜高汤

盐和黑胡椒粉

1 将长粒米放入漏勺中，用自来水漂洗至水变得清澈。放到一边控净水。

2 将黄油或橄榄油放到沙司锅内，用中火加热，将洋葱末和蒜末煸炒5分钟，直到变软并呈透明状。加入长粒米并搅拌均匀，使得大米都均匀地沾上油脂。倒入高汤，加热烧开。

3 盖上锅盖，改用小火继续加热10分钟，然后将锅从火上端离开，让其定型，此时不要揭开锅盖，需要闷5分钟。

4 用一把叉子翻动米饭让其蓬松，同时用盐和胡椒粉调味。

西班牙袙埃拉米（Paella rice）
各种不同品种的西班牙大米都可以用来制作传统的西班牙肉菜饭，包括受原产地名称保护的，来自于卡拉斯帕拉和巴伦西亚的大米。你有可能购买到包装上标注为奔巴的大米，这是西班牙的一种主要的大米品种。

细长的米粒其长度大约为其宽度的四到五倍。

白色长粒米（White long grain）
在厨房里，洁净的长粒米是用途最为广泛的。不哗众取宠，甘美的风味与绝大部分的烹调风格都配合得很好。

泰国香米有白色或者褐色之分，带有坚果的芳香风味。

泰国香米（Thai jasmine rice）
一种略带黏性的长粒米，因为它有美妙的香味，因此，也叫泰国芳香米。它常用于泰国菜和中餐中咸香风味的菜肴中。

红米（red rice）
法国的卡玛格、意大利的皮埃蒙特、美国的萨克拉门托山谷以及不丹等地的特产农作物。只是大米的外皮为红色，内里还是白色。还可以见到带有颜色的大米和浅色的半珍珠品种的大米。非常适合用来制作自助沙拉和配菜。

其坚果的风味比起白色大米要更加浓郁，在制作成熟之后，其米粒也不会粘连到一起。

泰国黑糯米（Thai black sticky rice）
这些深紫色的大米，有着一股水果和青草的芳香风味，最常见的食用方法是作为早餐麦片——一种汤团状的小吃，或者作为使用椰奶和棕榈糖调味的布丁食用。

这些米粒很容易粘连到一起，所以最好是使用筷子进食。

糙米（Brown rice）
整粒的糙米外面包裹着一层富有营养的，褐色的麸皮层。绝大多数品种的糙米基本上都是如此。从意大利的短粒米，制作意大利调味饭风格的大米，到长粒米和香米，如印度香米等。这一层麸皮的存在延长了烹调的时间，糙米特别适合制作成配菜、沙拉、肉饭以及酿馅等。

白色糯米（white sticky rice）
白色糯米又称之为黏米或者甜糯米，这些米趋向于短粒米品种，如寿司米等。白色糯米在加热的过程中会变得有黏性，因此对它们轻轻按压时，就会粘连到一起。泰国白色糯米最适合的烹调方法是蒸，这样的烹调方法，会让糯米保持其颗粒分明的特点，而在煮过之后，糯米会变成糊状。

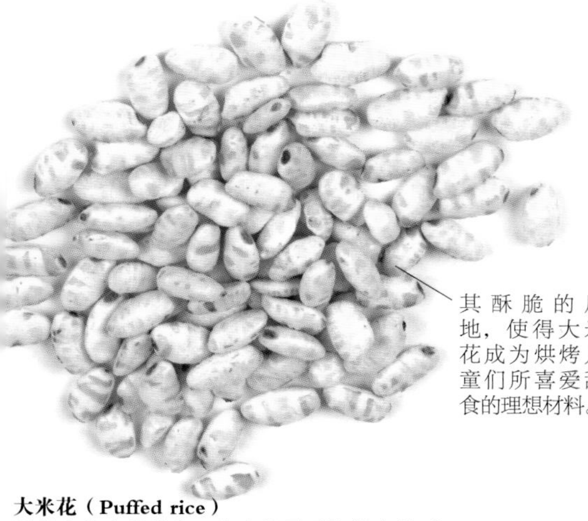

大米花（Puffed rice）
早餐麦片中的常客，大米花需要比爆米花更复杂的加工制作过程。加糖之后的短粒米在一定的压力之下加热，在大米粒内部形成了蒸汽，让其开始膨胀，形成大米花。尽管大米花也会出现在某些亚洲风味的咸香类的菜肴中，但通常会将大米花制作成甜味小吃。

其酥脆的质地，使得大米花成为烘烤儿童们所喜爱甜食的理想材料。

大米面（rice flour）
清淡、无谷蛋白的大米面可以使用任何一种大米研磨而成。大米面中最常见的是糯米面（糯米粉），在亚洲可以用来制作汤团、可丽饼、蛋糕以及甜食等，而褐色的大米面，对于那些有特殊饮食爱好的人们来说，非常适合于制作蛋糕、面包和饼干/曲奇等。

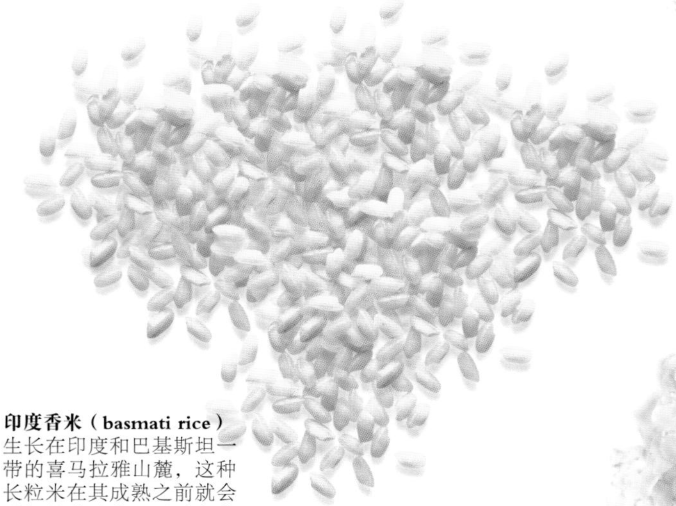

印度香米（basmati rice）
生长在印度和巴基斯坦一带的喜马拉雅山麓，这种长粒米在其成熟之前就会进行收获销售，以减少其水分的含量并强化其香气和风味。推荐使用印度香米来制作印度和伊朗菜肴。

大米片（flaked rice）
在亚洲，大米片是一种用来制作甜品和甜味小吃的非常受欢迎的原材料。这种大米在擀压成片之前，先要使其部分成熟，让其变得柔软。

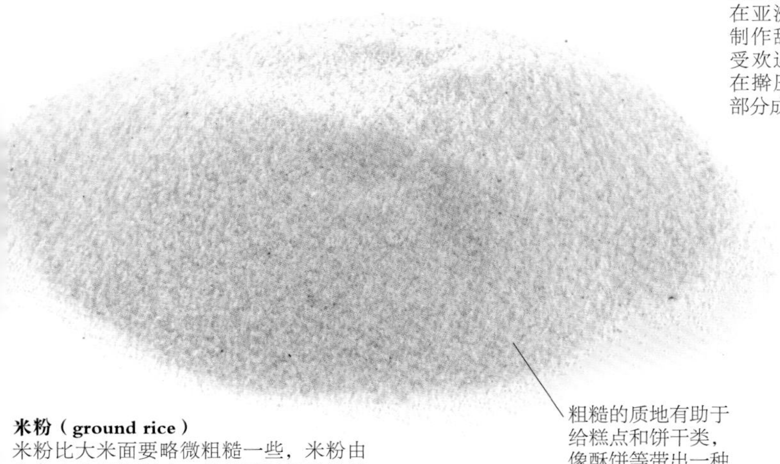

米粉（ground rice）
米粉比大米面要略微粗糙一些，米粉由白色大米制作而成，并且可以用于烘焙或者制作牛奶布丁等。

粗糙的质地有助于给糕点和饼干类，像酥饼等带出一种酥脆的质感。

在碾磨过程中，种皮被从大米粒上去掉，被加工成米糠和胚芽。

米糠和米胚芽（Rice bran and rice germ）
这些保健食品产品能够为人体提供维生素、矿物质、必需脂肪酸和膳食纤维等营养成分。它们不是美味食品，米糠最好是添加到早餐麦片和烘焙食品中使用，但也可以拌入汤菜和炖焖类菜肴中，以帮助菜肴增稠。从米糠和胚芽中提取的油可以用来煎炸，并且研究表明，这有利于降低血液胆固醇含量。

大米布丁（rice pudding）
这种传统的英式牛奶布丁富含黄油的芳香风味，可以简单到直接食用，或者搭配一些烩熟的时令水果，或者一点果酱一起食用。

供 4 人食用

600毫升全脂牛奶
25克白糖
半根香草豆荚，纵长劈开
15克黄油，切成小丁，多备出一些，用于涂抹
60克短粒米或者制作意大利调味饭专用米
现磨的豆蔻粉，撒面装饰用

1 将烤箱预热至130℃。在一个小号沙司锅内，将牛奶、白糖，以及香草豆荚一起用小火加热，搅拌至白糖完全溶化开。

2 与此同时，将一个900毫升大小的耐热焗盘涂抹上黄油，并将大米撒到焗盘的底部。浇入热牛奶，去掉香草豆荚。在牛奶表面撒上豆蔻粉，然后将黄油小丁也撒到牛奶上。

3 放入烤箱内烘烤3个小时，每隔30分钟取出搅拌一次，直到大米布丁变得柔软并呈乳脂状，颜色变成金黄色。

干意大利面（dried pasta）

对于意大利面来说，新鲜制作的意大利面并不一定是最好用的：有一些沙司更适合干意大利面的造型，一个优质品牌的干意大利面会优于由新鲜意大利面制造商制作的那些廉价的产品。由硬质小麦制作的干意大利面只是简单地将面粉和水使用机器进行擀压，然后切成小的、短的或者长的各种造型。与干意大利鸡蛋面相比较，干意大利面尝起来会带有有坚果的味道。干意大利鸡蛋面也是使用硬质小麦制作而成的，按照法律规定，干鸡蛋面中必须含有不低于5.5%的鸡蛋成分。鸡蛋赋予了意大利面更丰富的颜色和风味，但是不能只根据表面意思，认为干意大利鸡蛋面会优于只使用硬质小麦制作而成的干意大利面。

干意大利面的购买 粗糙的质地是意大利面返璞归真的特点，表明意大利面是小批量制作的，成型并切割好。而这各种意大利面所用的沙司会很好地粘附在面条上面。长的干意大利面，如意大利细面条，在将其弯曲的时候，会略呈一定的弧度。干的意大利鸡蛋面应呈诱人食欲的金色。

干意大利面的储存 干意大利面可以放入密闭容器内或者密封包装内，在一个干燥的地方储存至少一年。

干意大利面的食用 煮意大利面的时间要比生产商所建议的时间略短一些，然后快速控净水，并与沙司一起制作成菜肴。或者煮至al dente的程度（意大利面已经变软，但是还有一点硬芯，也就是我们说的有嚼劲的程度）然后控净水，用沙司拌好，在常温下可以作为沙拉菜肴的一部分。

搭配各种风味 西蓝花、高汤、黄油、鸡肉、辣椒、奶油、大蒜、鸡蛋、洋葱、胡椒、海鲜、番茄、白葡萄酒等。

经典食谱 干酪通心粉；阿尔费雷多奶油宽面；西蓝花意面。

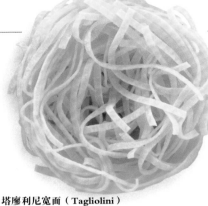

费力尼线状意大利面（Filini）
细长的意大利面，最常见的使用方式是用来制作非常讲究而丰盛的汤菜。其名字的意思是"小猫的胡须"，有一些费力尼面团会非常短，但是也有一些会保持细长形。因为费力尼面条太细，因此成熟得非常快。费力尼面条不但有新鲜的，还有干的鸡蛋费力尼和全麦费力尼的意面。

塔廖利尼宽面（Tagliolini）
非常薄的丝带状意大利面，一般都会配高汤或者汤汁非常多的沙司一起食用。塔廖利尼宽面有新鲜的和干的两种形式，并且成熟得非常快。可以寻找绿色的塔廖利尼宽面，可以与普通的塔廖利尼宽面一起使用。

玉米面条（Corn pasta）
为了迎合减肥人士的特殊需求，意大利面开始使用越来越多的非传统性谷物制作而成，包括藜麦、糙米以及混合谷物等。无谷蛋白的玉米是这其中最成功的替代谷物之一，因为玉米中性的风味和金黄的颜色，可以非常容易地用来代替使用硬质小麦制作的干意大利面。

螺旋面（如图所示）和意大利细面条（斯帕盖蒂），很容易获得，或者你也可以购买形状像通心粉和斜管面这样的意大利面。

猫耳朵面（Orecchiette）
这种普格里亚的特色意大利面，可以购买到干的和鲜的（不含有鸡蛋），有时候还会有彩色的猫耳朵面出售。这种碗状的意大利面（意思是"小耳朵"），可以将蔬菜或者浓稠的沙司等错落有致地摆放进来。猫耳朵面也可以用来制作沙拉等。

粉丝面（Vermicelli）
粉丝面是非常细的、由硬质小麦制作而成的意大利面，形状上与意大利细面条相类似，但是会更细，加热成熟的时间也更快（只需要煮5~6分钟）。在意大利各地，有许多不同的称呼，并且同一种意大利面在其他菜系中也使用，包括希腊、西班牙、墨西哥以及波斯等。在那不勒斯，传统做法是将贝类海鲜、蔬菜以及橄榄等混合到一起，分层之后，在表面撒上面包糠之后烘烤成熟，或者与使用金枪鱼和银鱼柳制作而成的沙司拌好之后食用。可以将粉丝面切成短的小段状，在制作汤菜的时候加入到高汤中。

意大利细面条（斯帕盖蒂，Spaghetti）
细且长，并呈圆形，意大利细面条（spaghetti的意思是"长的线"）是世界上最著名的意大利面的形状，这或许是因为这种意大利面是最古老的、使用最广泛的原因之一——可以使用任何一种原材料，从最简单的大蒜、辣椒以及橄榄油到奶油火腿沙司等。意大利细面条通常会有25厘米长和1.5毫米的直径，但是也可以更长一些。意大利细面条可以用不同的颜色和不同的面粉制作而成。

螺旋面（Fusilli）
各种各样的螺旋状的意大利面都会经久不衰。虽然螺旋面来自于坎帕尼亚，但是现在已经可以大量生产了，最传统的螺旋面是新鲜的，使用手擀的，不加鸡蛋的意大利面。在彩色意大利面中和使用杂粮组合制作而成的意大利面中是最受欢迎的面条形状。无论是用来制作沙拉还是用来烘烤意大利面，效果都非常好，就如同搭配蔬菜块或者奶油风味沙司一样。

粒粒面（Orzo）
Orzo在意大利语中是大麦的意思，虽然这种意大利面没有使用大麦面粉，而是使用硬质小麦来制作的。粒粒面可以用来制作汤菜、作为配菜使用，或者用来代替大米。粒粒面有许多不同的风味品种。希腊有着自己的粒粒面版本，叫作kritharaki，用来制作烘烤类菜肴和汤菜。

由硬质小麦制成的意大利面，将其制作成看起来像大麦粒一样的形状。

通心粉（Macaroni）
在意大利南方地区，通心粉就是意大利面的代名词，但是在其他地区，通常用来指细滑的，或者有棱角的短的、管状意大利面。Maccheroni leccesi指的是普利亚区莱切风格的意大利面，可以用来制作干酪通心粉和其他烘烤类的菜肴，如烤天巴鼓意大利面。

蝴蝶结面（Farfalle）
简单的番茄沙司或者干酪以及火腿等，是意大利北方地区的特色意大利面的经典搭配，这种面的造型如同蝴蝶结或者蝴蝶一样。同样，蝴蝶结面用来制作成意大利面沙拉和烘烤类的菜肴时也非常不错。小号的蝴蝶结面，叫farfalline，常用来制作成汤菜。

意大利宽面（Tagliatelle）
通常归拢成一团或者鸟巢的形状，干制后售卖，它搭配火腿或者三文鱼制作而成的奶油沙司非常受欢迎。

干宽叶面（Dried lasagne）
在购买干宽叶面时，要仔细检查其外包装，以看清楚干宽叶面在烘烤之前是否需要煮熟，或者不需要加热煮熟，直接就可以使用。有一些品种的宽叶面会带有卷曲的花边，对菜肴有有装饰性的效果，并且还可以装下肉块或者蔬菜。

经典食谱（classic recipe）

干酪通心粉（macaroni cheese）

一顿奶油味道浓郁，且带有一点芥末风味的舒适晚餐。可以配新鲜的沙拉或者蒸蔬菜一起享用。

供6～8人食用

500克干通心粉
50克黄油，多备出一些用于涂抹
50克普通面粉
500毫升牛奶
1茶勺英式芥末粉
现磨的豆蔻粉，适量
盐和现磨的黑胡椒粉
175克切达干酪，擦碎成细末状
100克格鲁耶尔干酪，擦碎成细末状
50克帕玛森干酪，擦碎成细末状
100克新鲜的面包糠

1 用一大锅加盐的开水将通心粉煮7～8分钟，或者比包装袋上标明的时间少煮2分钟。捞出控净水，用冷水过晾，然后放到一边控净水。

2 将烤箱预热至190℃，在一个30厘米×20厘米耐热焗盘内涂抹上黄油。在一个大锅内加热熔化黄油，再加入面粉，翻炒呈面糊状。继续加热翻炒1～2分钟，然后改用小火加热并将牛奶分次，每次一点点地加入到锅内，同时每次加入之后都要搅拌均匀之后再加入，以制作出质地细滑的沙司。将芥末粉和少许的豆蔻粉以及盐和黑胡椒粉加入锅内搅拌好。加热烧开，同时要不停地搅拌，再用小火加热5分钟，直到沙司变得浓稠而富有光泽。

3 加入150克切达干酪和所有的格鲁耶尔干酪，搅拌至干酪完全熔化。将通心粉轻轻地拌入。然后尝味并调味，用勺舀入到焗盘内。

4 在一个小碗里，将剩余的切达干酪和帕玛森干酪以及面包糠混合好，淋洒到焗盘内的通心粉上。放入烤箱内烘烤15～20分钟，然后放到焗炉内焗3～5分钟，直到通心粉的表面呈金黄色和酥脆状。

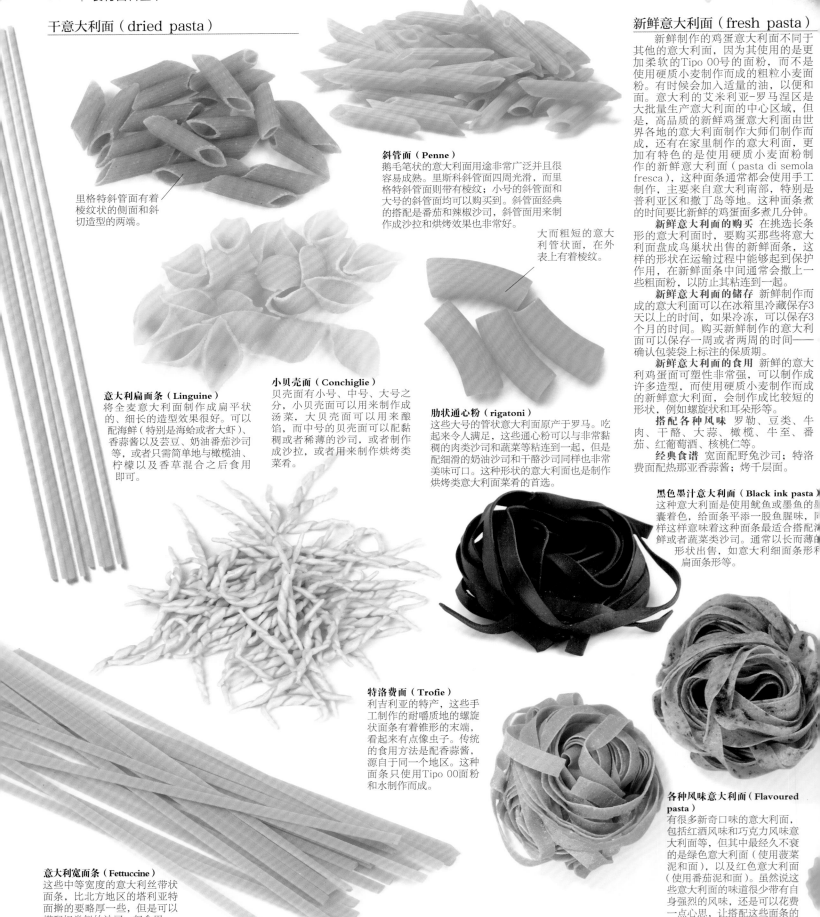

干意大利面（dried pasta）

斜管面（Penne）
鹅毛笔状的意大利面用途非常广泛并且很容易成熟。里斯科斜管面四周光滑，而里格特斜管面则带有棱纹；小号的斜管面和大号的斜管面均可以购买到。斜管面经典的搭配是番茄和辣椒沙司，斜管面用来制作成沙拉和烘烤效果也非常好。

里格特斜管面有着棱纹状的侧面和斜切造型的两端。

大而粗短的意大利管状面，在外表上有着棱纹。

意大利扁面条（Linguine）
将全麦意大利面制作成扁平状的、细长的造型效果很好。可以配海鲜（特别是海蛤或者大虾）、香蒜酱以及芸豆、奶油番茄沙司等，或者只需简单地与橄榄油、柠檬以及香草混合之后食用即可。

小贝壳面（Conchiglie）
贝壳面有小号、中号、大号之分，小贝壳面可以用来制作成汤菜，大贝壳面可以用来酿馅，而中号的贝壳面可以配黏稠或者稀薄的沙司，或者制作成沙拉，或者用来制作烘烤类菜肴。

肋状通心粉（rigatoni）
这些大号的管状意大利面原产于罗马。吃起来令人满足，这些通心粉可以与非常黏稠的肉类沙司和蔬菜等粘连到一起，但是配细滑的奶油沙司和干酪沙司同样也非常美味可口。这种形状的意大利面也是制作烘烤类意大利面菜肴的首选。

特洛费面（Trofie）
利吉利亚的特产，这些手工制作的耐嚼质地的螺旋状面条有着锥形的末端，看起来有点像虫子。传统的食用方法是配香蒜酱，源自于同一个地区。这种面条只使用Tipo 00面粉和水制作而成。

意大利宽面条（Fettuccine）
这些中等宽度的意大利丝带状面条，比北方地区的塔利亚特面擀的要略厚一些，但是可以搭配相类似的沙司一起食用。

新鲜意大利面（fresh pasta）

新鲜制作的鸡蛋意大利面不同于其他的意大利面，因为其使用的是更加柔软的Tipo 00号的面粉，而不是使用硬质小麦制作而成的粗粒小麦粉。有时候会加入适量的油，以便和面。意大利的艾米利亚-罗马涅区是大批量生产意大利面的中心区域，但是，高品质的新鲜鸡蛋意大利面由世界各地的意大利面制作大师们制作而成，还有在家里制作的意大利面，更加有特色的是使用硬质小麦面粉制作的新鲜意大利面（pasta di semola fresca），这种面条通常都会使用手工制作，主要来自意大利南部，特别是普利亚区和撒丁岛等地。这种面条煮的时间要比新鲜的鸡蛋面多煮几分钟。

新鲜意大利面的购买 在挑选长条形的意大利面时，要购买那些将意大利面盘成鸟巢状出售的新鲜面条，这样的形状在运输过程中能够起到保护作用，在新鲜面条中间通常会撒上一些粗面粉，以防止其粘连到一起。

新鲜意大利面的储存 新鲜制作而成的意大利面可以在冰箱里冷藏保存3天以上的时间，如果冷冻，可以保存3个月的时间。购买新鲜制作的意大利面可以保存一周或者两周的时间——确认包装袋上标注的保质期。

新鲜意大利面的食用 新鲜的意大利鸡蛋面可塑性非常强，可以制作成许多造型，而使用硬质小麦制作而成的新鲜意大利面，会制作成比较短的形状，例如螺旋状和耳朵形等。

搭配各种风味 罗勒、豆类、牛肉、干酪、大蒜、橄榄、牛至、番茄、红葡萄酒、核桃仁等。

经典食谱 宽面配野兔沙司；特洛费面配热那亚香蒜酱；烤千层面。

黑色墨汁意大利面（Black ink pasta）
这种意大利面是使用鱿鱼或墨鱼的墨囊着色，给面条平添一股鱼腥味，同样这样意味着这种面条最适合搭配海鲜或者蔬菜类沙司。通常以长而薄的形状出售，如意大利细面条形和扁面条形等。

各种风味意大利面（Flavoured pasta）
有很多新奇口味的意大利面，包括红酒风味和巧克力风味意大利面等，但其中最经久不衰的是绿色意大利面（使用菠菜泥和面），以及红色意大利面（使用番茄泥和面）。虽然说这些意大利面的味道很少带有自身强烈的风味，还是可以花费一点心思，让搭配这些面条的沙司风味与其具有互补性。

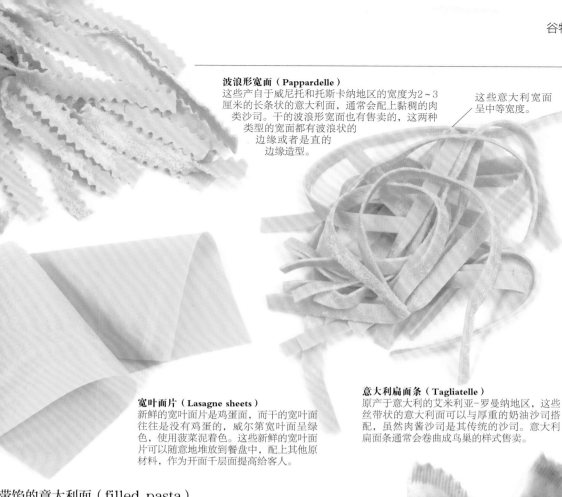

波浪形宽面（Pappardelle）
这些产自于威尼托和托斯卡纳地区的宽度为2~3厘米的长条状的意大利面，通常会配上黏稠的肉类沙司。干的波浪形宽面也有售卖的，这两种类型的宽面都有波浪状的边缘或者是直的边缘造型。

这些意大利宽面呈中等宽度。

宽叶面片（Lasagne sheets）
新鲜的宽叶面片是鸡蛋面，而干的宽叶面往往是没有鸡蛋的，威尔第宽叶面呈绿色，使用菠菜泥着色。这些新鲜的宽叶面片可以随意地堆放到餐盘中，配上其他原材料，作为开面千层面提高给客人。

意大利扁面条（Tagliatelle）
原产于意大利的艾米利亚-罗曼纳地区，这些丝带状的意大利面可以与厚重的奶油沙司搭配，虽然肉酱沙司是其传统的沙司。意大利扁面条通常会卷曲成鸟巢的样式售卖。

带馅的意大利面（filled pasta）

高品质的带馅意大利面看起来很奢侈，但实际上配方非常节俭：以皮埃蒙特的意大利肉饺为例，使用剩余的肉类和可用的当地蔬菜制作而成。其名字、形状以及馅料在整个意大利各自不同。所以其分类可能会让人混淆不清。

带馅意大利面的购买 要挑选那些饱满、包装密封完好的意大利面——在烹调的过程中渗出了汤汁和没有捏紧的带馅意大利面都会破皮。

带馅意大利面的储存 新鲜的带馅意大利面应在购买到后的当天就加热食用，但是，如果在冰箱里保持干燥的情况下，可以冷藏保存一到两天。当购买真空包装的带馅意大利面时，要仔细检查其保质期。

带馅意大利面的食用 带馅意大利面只需配一点熔化开的黄油或者一些香草和干酪就可以享用了。

搭配各种风味 洋蓟、芦笋、牛肉、戈尔根朱勒干酪、蘑菇、帕玛森干酪、南瓜、里科塔乳清干酪、菠菜、小牛肉、核桃仁等。

经典食谱 意大利馄饨配鼠尾草黄油；意大利高汤饺子（肉汤）；意式火腿青豆饺子；意式饺子配核桃仁沙司。

卡布丽缇饺子（cappelletti）
在意大利中部地区，这种意大利面是人们所钟爱的圣诞节晚餐美食。这种意大利面的形状，模仿了中世纪时期人们所戴的帽子造型。其传统的酿馅材料是混合的肉类或者干酪。

里内特半月形饺子（lunette）
这种半圆形造型的饺子类似于"小月亮"。使用干酪酿馅是人们所喜爱的传统风味，但是你也可以寻找到使用松露或者其他混合材料，如西蓝花和杏仁馅料制作而成的半月形饺子。

意大利拉维奥利方饺（ravioli）
带锯齿边的意大利方饺，通常是方形的，但是也可以制作成圆形的。干酪芝麻菜方饺（raviolini）是小个头的方饺，常用来制作成汤菜，拉维奥劳里（ravioloni）是大个头的意大利方饺。方饺可以配沙司后食用，或者只是简单地配上橄榄油或者黄油后食用。

吉拉索莱馄饨（girasole）
大个头的，圆形的馄饨，有着扇形的边缘，模仿了向日葵的形状（girasole在意大利语中是向日葵的意思）。它们的大小正好与浓稠的、炖烂的肉类馅料搭配。

意大利托尔泰利尼馄饨（tortellini）
这种馄饨的形状模仿了维纳斯的肚脐眼，制作得非常精美。干酪、肉类或者蔬菜都是其传统的馅料，这种馄饨会配上高汤，或者是奶油沙司，也或者是炖肉沙司等。大个头的馄饨可以使用蔬菜或者里科塔乳清干酪制作成馅料。

经典食谱（classic recipe）

烤千层面（lasagne al forno）

家庭餐桌上的美味佳肴，或者作为随意的待客美食。

供 4 人食用

1汤勺橄榄油
1个大洋葱，切碎
2根芹菜梗，切碎
2个小胡萝卜，切碎
50克意大利风味腌肉，切成小丁
500克牛肉馅
400克罐装番茄碎
1茶勺干牛至
50克黄油
50克普通面粉
600毫升牛奶
150克里科塔乳清干酪
12片预先煮熟的宽叶面片
50克帕玛森干酪，擦碎

1 制作炖肉沙司，在沙司锅内将油烧热，放入洋葱煸炒，在加入芹菜末、胡萝卜末，以及腌肉丁，煸炒5分钟，或者一直煸炒至开始上色，用勺背将锅内所有的原材料都炒散开。加热番茄、牛至以及150毫升水。加热烧开，然后改用小火炖40分钟。

2 与此同时，制作贝夏美沙司，在一个小号沙司锅内加热熔化黄油，加入面粉翻炒。用小火加热的同时不停的搅拌约1分钟。将沙司锅从火上端离开，将牛奶逐渐地加入进去搅拌均匀。将锅放回到火上并重新加热，不停地搅拌，直到沙司变得浓稠。用盐和黑胡椒粉调味，最后拌入里科塔乳清干酪。

3 将烤箱预热至190℃。在一个20厘米×30厘米的耐热焗盘底面上，浇淋上一层贝夏美沙司。在沙司上平铺好一层宽叶面片，然后第三层均匀地铺好炖肉沙司，在炖肉沙司上浇淋上1~2勺的贝夏美沙司，最上面一层再平铺好宽叶面片。

4 重复此操作步骤，直到所有的宽叶面片和炖肉沙司全部使用完，最顶层覆盖上厚厚的一层贝夏美沙司。在表面再撒上帕玛森干酪，放入烤箱内烘烤45分钟，或者一直烘烤到宽叶面的四周开始冒泡的程度。

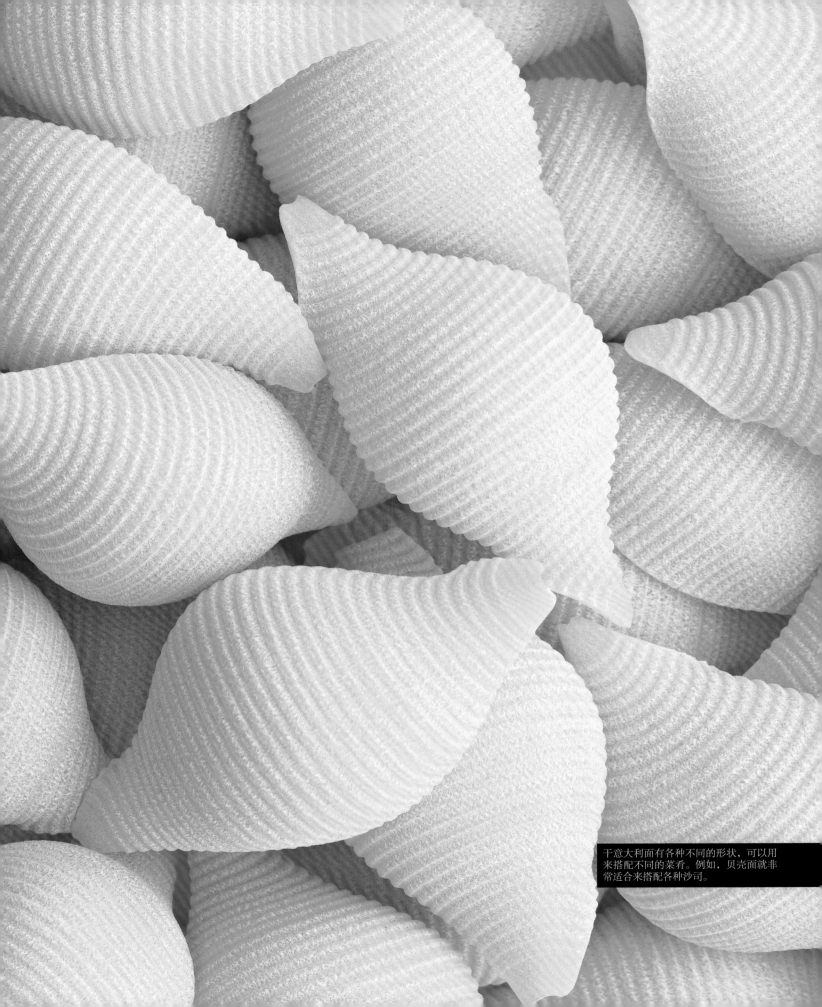

干意大利面有各种不同的形状，可以用来搭配不同的菜肴。例如，贝壳面就非常适合来搭配各种沙司。

古斯米配松子仁和杏仁（couscous with pine nuts and almonds）

可以用来代替大米的美味，趁热作为配菜食用，或者冷却后作为沙拉食用。非常适合用来搭配铁扒肉类、鸡肉，或者鱼肉等菜肴。

供4人食用

175克古斯米
适量开水，用来浸泡古斯米
1个红辣椒，去籽切碎
100克葡萄干
100克杏脯，切碎
半根黄瓜，去籽，切成小丁
12粒黑橄榄，去核
60克白杏仁，略微烘烤
100克松子仁，略微烘烤
4汤勺轻质橄榄油
半个柠檬，挤出柠檬汁
1汤勺切碎的薄荷
盐和现磨的黑胡椒粉

1 将古斯米放入碗里，浇入足够量的开水，没过古斯米大约2.5厘米。放到一边静置15分钟，或者一直到古斯米将所有的开水全部吸收完，然后用一把叉子将古斯米挑动至蓬松状。

2 将胡椒粉、葡萄干、杏脯、黄瓜、橄榄、杏仁以及松子仁拌入到古斯米中。

3 将橄榄油、柠檬汁和薄荷搅打到一起。用盐和胡椒粉调味，将其也拌入古斯米中。趁热立刻食用，或者让其冷却。

古斯米（couscous）

古斯米经常会因为其呈颗粒状，而被误认为是谷物，但是实际上，古斯米是一种经过加工后的类似于意大利面一样的产品。正如意大利面一样，最常见的制作方法是使用硬质小麦制成的粗面粉来制作的。也可以使用各种不同的谷物类来制作，现今在北非的农村中，那里是古斯米的起源地，仍是如此。

古斯米的储存 在避光、干燥的条件下，最好是装入密封罐内，古斯米可以保存至少12个月（通常柏柏尔人会制作出足够多的古斯米，以在一整年内都可以吃到古斯米），尽管古斯米的保质期长，但也应该参考包装袋上的使用日期。全麦品种的古斯米变质的时间较快，因为这些古斯米中含有谷物的胚芽——当古斯米不在其品质最佳期间时，你的鼻子会告诉你。

古斯米的食用 古斯米砂状的质地会让部分人喜爱，也让部分人讨厌，因此，在为客人提供服务之前，你可以先询问一下客人的喜好。颗粒更大一些的以色列古斯米和福瑞古拉古斯米口感会更充实，并且带有一种令人愉悦的烘烤的风味。北非出品的古斯米是通过补水或者蒸制制作而成的。但是以色列古斯米和福瑞古拉古斯米需要煮6～8分钟的时间。

搭配各种风味 杏仁、茄子、香菜、小茴香、羊肉、柠檬、橄榄、家禽、葡萄干、芝麻、南瓜等。

经典食谱 古斯米蛋糕；皇家古斯米；特拉本内斯古斯米；福瑞古拉古斯米配海蛤；五彩古斯米。

大麦古斯米（Barley couscous）
在突尼斯最常见的一种古斯米，在摩洛哥的一些地区也有着悠久的历史传统，这种古斯米比起使用小麦制作而成的古斯米，有着一股更加浓郁的、甜如蜜的风味，但是它们的制作和烹调方法都一样。

小麦古斯米（Wheat couscous）
在北非以外的地方，全麦制作的古斯米和精细的古斯米是使用最为广泛的古斯米品种。这两种古斯米都是使用粗粒小麦粉制作而成的——其坚硬的，硬质小麦中间的部分及其副产品，都被研磨进入面粉中。精细古斯米的质地更轻盈，但比起全麦古斯米要略微清淡一些。

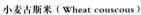

福瑞古拉古斯米（fregola）
撒丁岛出品的一种大颗粒的古斯米，在岛的南部地区是传统美食，通常与贝类海鲜一起食用。福瑞古拉古斯米使用粗面粉和水制作而成，就如同以色列古斯米一样，在制作之前要先经过烘烤，尽管有证据表明福瑞古拉古斯米的味道要比以色列古斯米更好一些。

以色列古斯米（Israeli couscous）
有时候也被称为巨型古斯米，这些珍珠状的意大利面球是由硬质小麦制成的，并且在制作过程中经过了烘烤，因此它们不会像北非古斯米那样黏稠，并且有着一种耐嚼的质地。以色列古斯米有白色和全麦古斯米之分。

米线（rice noodles）

这些不透明的面条是用米粉和水制作而成的，比起使用小麦制作而成的面条而言，口感和质地都更加精致，其结果是带来了更加清淡的用餐体验。米线更耐嚼一些，也或者是更加柔软一些，这取决于厨师对米线的精准烹调。

米线的购买 如果是从一家信誉良好，周转很快的商店购买到的新鲜米线，一般其品质要优于干米线，并且要在购买到米线的当天食用。

米线的储存 新鲜的米线应使用塑料袋包装好，放入冰箱内冷藏，这样米线至少可以保存一周，但是其质地很快就会受到影响。干米线可以在一个干燥的橱柜内保存几年，而品质不会受到影响。

米线的食用 新鲜的米线已经经过加热成熟，只需要重新加热即可食用。少数米线食谱中需要煮米线——来替代将米线在热水或者冷水中浸泡以补充其水分，这取决于不同的米线品种，然后捞出控净水分，与其他原材料混合到一起食用。

搭配各种风味 牛肉、辣椒、椰子、鸡蛋、大蒜、姜、羊肉、蚝油、花生、家禽、芝麻、贝类海鲜、酱油、香料、青葱等。

经典食谱 上海猪肉面；越南牛肉汤面；泰式炒面；春卷。

粉条（河粉，Rice sticks）
这些干制的扁平状的粉条，其宽度各自不同，从几毫米到大约1.2厘米不等。它们的制作方法中最有名的是泰式炒粉，粉条结实的质地使得它们非常适合用来炒。

细米粉（Fine rice noodles）
细米粉通常在泰国和越南生产，这些细长而扁的米粉，适合用来做汤菜和炒食。

粉丝面（Rice vermicelli）
非常细而易断裂的干粉丝面，会以成束的方式售卖，在整个远东地区和东南亚地区都会使用到。用它们给菜肴增加饱满度和质地。就如同在制作春卷和在沙拉中使用的那样，效果显而易见。粉丝面也可以炸制，这会让粉丝面膨胀起来，并且变得酥脆。

糙米面条（Brown udon rice noodles）
糙米面条中最常见的品种是泰国粉丝和日本乌冬面。要仔细检查包装袋上的原料成分表，因为乌冬面条可能会加上一定比例的小麦粉——加入糙米粉，会使面条的颜色更深，风味更加独特，且比普通的小麦面条或者米粉更结实。

小麦面条（wheat noodles）

在亚洲，小麦的地位仅次于大米，但是在寒冷的地区，像中国北方，小麦是主要的粮食作物，由小麦制作而成的面条，在当地烹饪中占据着主导地位。从那些地方开始，面条在亚洲其他地方和世界各地流行开来：在世界上最著名的面条类菜肴中都有小麦面条的身影，从鸡汤面到大批量生产的方便面食品等。

小麦面条的储存 新鲜的小麦面条最好是在制作好或者购买到的当天就使用，但是也可以在冰箱内最多冷藏保存一周。干面条，包裹好之后在干燥的橱柜内，最多可以保存几年，但最好是在两年之内使用完。

小麦面条的食用 将面团煮熟，然后配各种沙司，或者加入到汤中，或者制作炒面等。特别是在日本和韩国，某些面条和食谱适合于夏季（而非冬季）用餐，甚至吃凉面。

搭配各种风味 牛肉、腰果、辣椒、青椒、味噌、洋葱、蚝油、猪肉、家禽、菠菜、八角等。

经典食谱 炒面；面条蛋花汤；四川担担面；咖喱乌冬面；印度粉丝布丁。

中式鸡蛋面（Chinese egg noodles）

可以购买到干的和新鲜的，圆形的或者扁平状的等各种程度不同的面条。面条的颜色从棕褐色到金色不一。鸡蛋面条比不加鸡蛋的面条或者米线更耐煮，也更有弹性，其最著名的制作方法是鸡肉炒面，因此它们出现在中国各地的菜肴中，以及菲律宾、泰国、越南、马来西亚等国家的餐桌上。

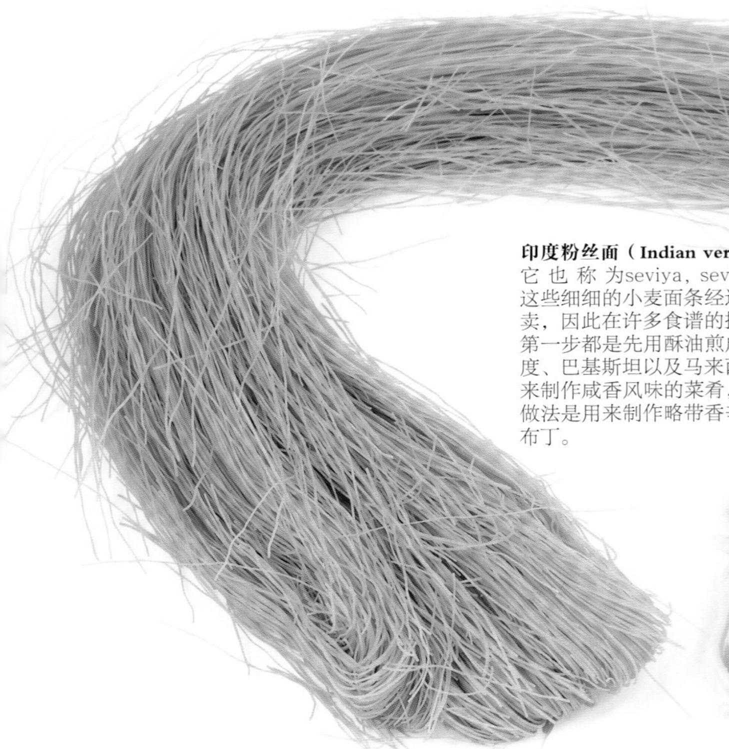

印度粉丝面（Indian vermicelli）

它也称为seviya，sev和sevian等，这些细细的小麦面条经过烘烤之后售卖，因此在许多食谱的操作步骤中的第一步都是先用酥油煎成褐色。在印度、巴基斯坦以及马来西亚等地常用来制作咸香风味的菜肴，但最常见的做法是用来制作略带香辛口味的牛奶布丁。

中式面条（Chinese wheat noodles）

这些不添加鸡蛋，风味较平淡的面条非常筋道而且用途广泛。产自中国北方地区，有新鲜和干燥的面条之分。可以用来制作炒面和丰盛的汤菜。

乌冬面（udon）

这些弯曲的白色小麦面条来自日本南部地区，圆润而饱满。可以购买到新鲜的或者干的乌冬面，最流行的制作方法是制作成热汤乌冬面和咖喱乌冬面。

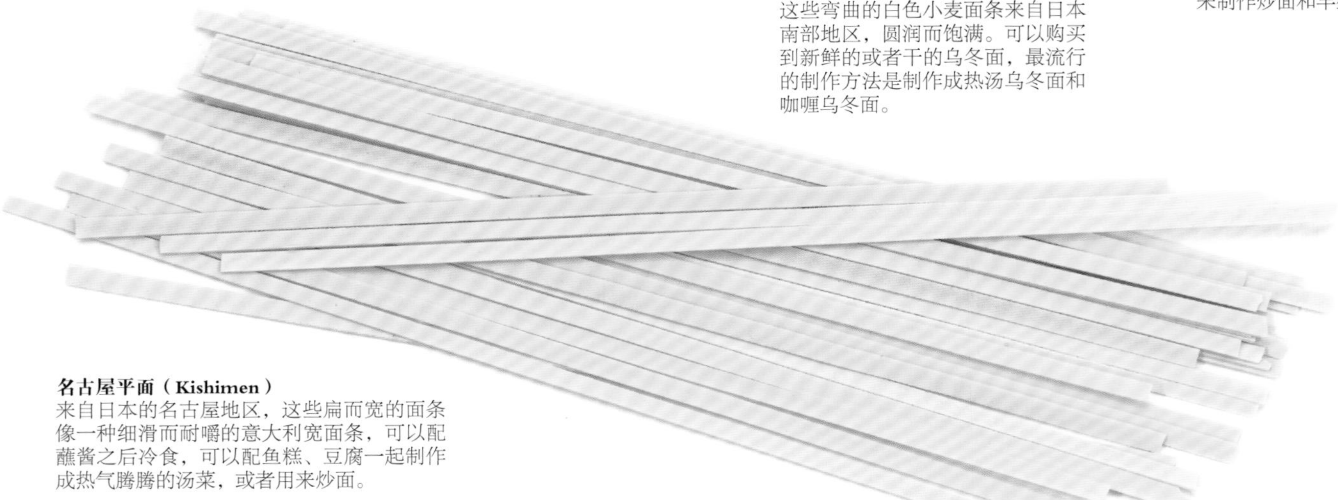

名古屋平面（Kishimen）

来自日本的名古屋地区，这些扁而宽的面条像一种细滑而耐嚼的意大利宽面条，可以配蘸酱之后冷食，可以配鱼糕、豆腐一起制作成热气腾腾的汤菜，或者用来炒面。

日本拉面（ramen）
日本人将中式小麦面条制作成快餐和受欢迎的路边摊美食，配上高汤和绿色蔬菜、青葱以及蛋白质一类的食物，如烤猪肉、鸡蛋、和鱼糕等。即食拉面是许多方便食品的主要材料。

索曼面（somen）
这些纤薄的日本小麦面条特别适合在炎热的夏季食用，通常会配蘸酱冷食，有时候会冰镇后食用。在专卖店和餐馆里，要留意各种不同风味的索曼面（有柑橘类风味、绿茶风味、李子风味等）。

其他的面条类（other noodles）

像面条这样的主食，在传统上每一个地区都会使用廉价的淀粉类原材料来制作。在有些地区，不适合生产小麦或者大米，那么其他的原材料，像块茎类和豆类就可以给制作面条提供令人满意的解决方案。

其他的面条类的购买 有些包装上的标签造成了混淆——要查看原材料成分表，以便弄清楚你购买的是哪一种面条。

其他的面条类的储存 干面条要储存在一个干燥的、避光的橱柜内，最理想的是使用塑料袋包装好，或者是在一个密闭容器内，最多可以储存一年的时间，不过最好是参考面条包装袋上的保质期。新鲜的苏打面条应在制作好之后的几天之内使用完。

其他的面条类的食用 除了面条的营养价值以外，在一系列的面条中都会富含复合碳水化合物，这些面条提供了各种诱人食欲的质地和风味，从淡雅的脆嫩到柔韧而有弹性。

搭配各种风味 牛肉、西蓝花、蟹肉、黄瓜、芸豆、蘑菇、大虾、海草、芝麻、酱油、青葱等。

经典食谱 春卷；韩国烤牛肉；炒蔬菜面条；泰国海鲜和面条沙拉；荞麦面配蘸酱；鸟巢面。

苏打面条（soda）
日本苏打面条使用专属的带有土腥味的荞麦制作而成，或者使用荞麦和小麦面粉混合到一起之后制作而成，干制的苏打面条更加常见，但在一些特别的商店内也售卖新鲜制作的苏打面条。

粉丝（Bean thread noodles）
轻柔的粉丝状的面条也称之为玻璃纸、玻璃以及结力面等，粉丝有着透明的外观和凝胶状的质地，能够进行水化处理。它们由绿豆和木薯淀粉制成，特别适合用来制作沙拉。

朝鲜冷面（Naengmyun）
由荞麦面粉和甘薯粉混合后制作而成，这些非常细的朝鲜面条非常有弹力，可以热食或者冷食。它们会在餐桌旁用剪刀剪得更短一些之后食用。

绿茶面条（Green tea noodles）
一种让人感兴趣的绿色面条品种，使用绿茶粉增添颜色和风味，给这种面条带来了一种淡淡的植物味道。通常都会用在沙拉中冷食，或者搭配上一种简单的蘸酱一起食用。

油脂类，
醋类和调味品类

橄榄油类/坚果油类

葡萄酒醋类

糖类/糖浆类

蜂蜜/酱油

味噌/调料酱/盐

橄榄油类（olive oils）

橄榄油是所有植物油中独一无二的油脂，因为橄榄油只是简单地将橄榄中的新鲜汁液榨取出来，将水分剔除后制作而成的油脂。橄榄经压碎后混合到一起，在离心力的作用下，油脂从固体植物中与水分进行了分离。传统的制作橄榄油的方法，是使用石磨和液压机进行加工，时至今日，在一些地方，这种传统的制作橄榄油的方法仍然在使用。橄榄油在满足了复杂的法律文件要求之后，分成初榨橄榄油和特级初榨橄榄油装瓶销售。这是品质最佳的橄榄油，味道极其鲜美，营养价值非常高。橄榄油在地中海盆地周围所有国家都有生产，在那些在北半球和南半球，与地中海盆地有着相类似的夏季炎热，冬季温和的气候条件的国家和地区都有生产。这些地方包括美国加利福尼亚州、中国、阿根廷、智利、澳大利亚、新西兰以及南非等。西班牙是橄榄油产量最大的国家，占全世界超过一半以上的橄榄油生产量。意大利和希腊排在第二和第三的位置。橄榄油有着各种不同的风味，每一个橄榄油产区都有其自己的橄榄油品种，产区内的小气候以及不同的种植方式和橄榄的加工方式，其产品风味各自不同。口感精致的橄榄油在其圆润的水果风味中有着低度的苦涩和胡椒风味。而中度风味的橄榄油，其各

种风味之间得到了很好的平衡。强烈风味的橄榄油中充斥着刺激的苦感和胡椒风味元素。橄榄油有着各种变种风味，可以使用单一品种的橄榄制作橄榄油，或者使用多个品种的橄榄混合到一起制作而成，有一些品种的橄榄油需要过滤，另外一些品种的橄榄油会保持自然状态。未经过滤的橄榄油，质地会更加浓稠，但是两者的味道没有明显的差异。经过过滤的橄榄油，其保质期会比未经过滤的橄榄油要长一些，但是营养价值略有不如。

橄榄油的购买 品质最佳的橄榄油会在27℃温度之下进行加工。标签上会标注出"冷榨"，意思是橄榄会在标注的温度之下使用传统的液压压榨工艺进行加工之后出品的橄榄油。"冷萃取"表示橄榄经过持续的离心力加工后得到的产品。有一些橄榄油会标注出"一榨"，这个标注毫无意义，因为几乎所有的橄榄油都会使用一次加工的方式出品。热量和光照都有损于橄榄油的品质，所以要选择使用深色玻璃瓶或者罐装包装的橄榄油，避免购买那些在橱窗内展示的或者置于强烈光线之下的橄榄油。

橄榄油的储存 橄榄油在一个凉爽、避光的地方，可以储存12~18个月，并且要在开瓶之后的3个月之内使用完。最好不要将橄榄油储存在冰箱里，因为橄榄油会凝固。这对橄榄油的品质没有什么损害，并且在室温下，很快就会变成液体状。

橄榄油的食用 橄榄油可以在所有的烹调方式中使用，从铁扒和煎到烤和烘焙。特级初榨橄榄油也是一种风味调味料，可以用来作为调味品或者蘸酱使用。橄榄油可以用来制作汤菜、各种沙司以及炖焖类菜肴，在制作菜肴的最后时刻涂抹到铁扒肉类和蔬菜类菜肴上。橄榄油是制作涂抹材料和腌制材料的最好基料，还可以应用到甜味菜肴、面包以及蛋糕的制作中。

精制程度的特级初榨橄榄油（delicate extra virgin olive oils

曼萨尼约橄榄油（Manzanillo varietal oil）
原产于安达卢西亚的哈恩地区，这个品种的橄榄油有着一丝番茄、青草以及香草的气息，使其成品橄榄油中带有细致淡雅的风味。除了需要最清淡风味的一类菜肴，如沙拉，几乎可以在所有的烹调方法中使用。

塔加斯卡橄榄油（Taggiasca varietal oil）
这种橄榄油中浸渍了苹果和坚果的清淡风味，有一股淡淡的苦涩和胡椒的风味。来自于意大利利古里亚的橄榄油，可以配鱼、加热成熟后的蔬菜，以及制作各种沙拉。

加尔达湖橄榄油（Lake Garda varietal blend）
特有的，使用产区内卡萨利维亚橄榄和莱钦橄榄混合之后制作而成的橄榄油。大部分的橄榄油都会在坚果风味中带有绣线菊草的回味和淡淡的苦涩以及胡椒风味。可以搭配油性的鱼类、鸡肉类菜肴和各种沙拉。

阿尔贝吉纳橄榄油（Arbequina varietal oil）
有着柔和的草本植物的风味，以及清晰的坚果风味和淡淡的胡椒风味。原产于西班牙北方的加泰罗尼亚，但是目前在世界各地都可以见到其身影。这是一种在烹调中和烘焙中，使用非常广泛的橄榄油。

拉坦奇橄榄油（La Tanche varietal oil）
来自于法国南部，普罗旺斯北部地区的，以苹果和梨的口味占据主导地位的甜味橄榄油。橄榄油中有一点苦涩或者胡椒的风味。可以在制作沙司和烘焙中使用。

奥利沃斯塔拉橄榄油（Olivastra varietal oil）
在苹果、香草以及坚果的复合口味中带有一点苦涩和胡椒的风味。这种橄榄油比产自意大利托斯卡纳地区的其他种类的橄榄油都要更加淡雅。适合用在大多数的烹调方法中。

中东混合橄榄油（Middle Eastern varietal blend）
地中海东部地区所出产的橄榄油，口味趋向于淡雅中带有淡淡的香草风味和苹果以及干果的气息。可以在不需要浓烈的风味，只需一般性风味的烹调方法中使用，或者在烘焙中使用。

欧西布兰卡橄榄油（Hojiblanca varietal blend）
在这种西班牙安达卢西亚所出产的橄榄油中有着清晰的鲜花和热带水果风味。可以给传统的冷汤类菜肴，如西班牙冷菜汤调味，可以给清淡的沙拉调味，或者用在使用橙子和其他水果制作的甜点中。

凯利特尔橄榄油（Cailletier varietal oil）
产自普罗旺斯地区尼斯的一种甜味橄榄油，带有一点苦涩或者胡椒的风味。其苹果、坚果以及切割沙拉的回味与意大利面和蒸蔬菜非常搭配，也或者用来制作蛋黄酱。

中等精制程度的特级初榨橄榄油（Medium-Delicate Extra Virgin Olive Oils）

通达爱比利亚橄榄油（Tonda Iblea oil）
这种西西里岛出产的橄榄油，有着番茄的滋味，带有香草的回味和中度的苦涩感与胡椒风味。可以用作蘸酱或者用于沙拉、鸡肉、羊肉以及蔬菜类菜肴中，如当地风味的茄子沙拉等。

安达卢西亚混合橄榄油（Andalucian varietal blend）
混合了皮库多、欧西布兰卡以及皮瓜儿橄榄之后制作而成的混合橄榄油，让这种水果味道浓郁的橄榄油带有了柠檬、热带水果以及杏仁的风味，还有一点苦涩和中等程度的胡椒风味。可以在当地的西班牙热菜、沙拉以及甜点类菜肴中使用。

葡萄牙混合橄榄油（Portuguese varietal blend）
品质最好的西班牙橄榄油有着复合的水果芳香以及均衡的苦涩和胡椒风味，其他品种的西班牙橄榄油，风味会更加质朴，会让人想起食用橄榄的原汁原味。在大多数的烹调方法中都可以使用。

克罗内基混合橄榄油（Koroneiki varietal blend）
这种广为流传的希腊风味橄榄油是一种草本植物风味型橄榄油，有着水果和胡椒风味。可以作为蘸酱使用，或者用来制作沙拉、铁扒肉类菜肴以及搭配蔬菜等。

西西里岛混合橄榄油（Sicilian varietal blend）
使用色拉索娄、本考利拉以及伯利兹等几种橄榄一起混合制作而成的一种橄榄油，这种橄榄油有浓郁的水果风味，并且带有番茄风味，通常还会有香草和柑橘类水果的风味。其中的苦涩和胡椒风味会有各种变化。这种橄榄油可以用来当做蘸酱使用，或者用来搭配意大利面。

普罗旺斯地区莱博混合橄榄油（Vallée des Baux varietal blend）
使用5~6种法国当地所产的橄榄品种制作而成的橄榄油，有着苹果、梨以及橙子的风味，并带有一丝香草和坚果的风味以及均衡的苦涩与胡椒风味。可以用作蘸酱和通用性的烹调用油。

莱钦橄榄油（Leccino varietal oil）
原产于意大利中部地区，这种橄榄目前在意大利的其他地区和南半球都有种植。此种橄榄油有着柔和的杏仁风味、淡淡的苦涩以及浓郁的胡椒风味。在大部分的烹调方法中均可以使用。

经典食谱（classic recipe）

油醋沙司（Vinaigrette）

被广泛地当做法式沙司使用，因为法国是其原产国，现在制作油醋沙司通常都会加上一茶勺左右的法国大藏芥末，或者一点切碎的葱头、大蒜，或者新鲜的香草等。

制作 150 毫升

5汤勺红葡萄酒醋
盐和黑胡椒粉
150毫升橄榄油

1 将红葡萄酒醋和调味料在一个碗里混合好。

2 逐渐将橄榄油呈细线状地倒入红葡萄酒醋中，并不停地搅拌。

3 在上桌之前检查一下口味，根据需要，可以加入更多的盐和胡椒。新做好的油醋沙司要放入密闭容器内，并放到冰箱内保存。

风味浓郁的特级初榨橄榄油（Strong Extra Virgin Olive Oils）

皮瓜儿橄榄油（Picual varietal oil）
原产于安达卢西亚的哈恩地区，这种橄榄在整个南半球都可以见到。有着浓郁的苦涩和胡椒风味，通常都会带有番茄、青草和香草风味。非常适合用作蘸酱和制作沙拉。

克拉缇娜橄榄油（Coratina varietal oil）
克拉缇娜橄榄通常都会与奥格里拉橄榄混合使用，制作而成的橄榄油，在其坚果风味中有着一股浓郁的胡椒风味。可以用来制作各种沙拉，以及意大利南部地区味道强烈的以蔬菜为主的菜肴中。

佛良多依奥橄榄油（Frantoio varietal oil）
这个品种的橄榄，世界各地都有种植，是制作托斯卡纳橄榄油的主要用料。这种橄榄油有着强烈的木质风味，夹杂着芝麻生菜、西洋菜以及生洋蓟的味道。苦涩中带有胡椒风味。非常适合用来作为蘸酱用油使用。

普利安混合橄榄油（Puglian varietal blend）
这种产自意大利南部地区普利亚的橄榄油品种，是一种味道非常有特色的橄榄油，有着苦涩的香草风味和杏仁风味，带有比较浓郁的胡椒风味。可以用来制作风味浓烈的沙拉和烧烤的肉类。

托斯卡纳混合橄榄油（Tuscan varietal blend）
最具有特色的橄榄油，托斯卡纳橄榄油使用佛良多依奥橄榄、莫莱罗橄榄以及莱钦橄榄混合制作而成的一种带有浓郁水果风味的橄榄油，带有许多苦涩和胡椒味道。可以用于制作意大利面，或者在传统的地方风味菜肴中使用。

南非混合橄榄油（South African blend）
欧洲橄榄在南非和南半球其他种植区内被大量种植。这些混合橄榄油的味道浓郁，在青苹果的韵味中有着苦杏仁和胡椒的风味。

坚果油类（nut oils）

品质最好的坚果油是将坚果压碎，将果肉略微烘烤之后，采用物理方式萃取的坚果油，可以充分地展示它们自己的风味。生的坚果油实际上是淡而无味的。所以这一类油通常会用于化妆品中和木材的防腐。坚果油通过压榨加工处理之后会保留它们本身的味道，所以使用品质越好的坚果，就会制作出品质更好的坚果油。使用物理压榨的方式生产坚果油的主要国家是法国。在别的地方，坚果油都是使用溶剂精炼之后制作而成的，风味成次要的了。

坚果油的购买 要检查油瓶上的保质期，因为坚果油的储存寿命非常短暂。

坚果油的储存 将瓶装坚果油密封好，在一个凉爽、避光的地方，可以保存6个月以上的时间。

坚果油的食用 可以用来制作沙拉沙司和蛋黄酱，可以给铁扒或者烤肉类、鱼类以及蔬菜类等增添风味。可以在烤面包和蛋糕时使用。坚果油通常不适合用来在很高的烹调温度下使用，但是少数几种油除外，如花生油等。

杏仁油（Almond oil）
这种油有一种甜杏仁的精致味道。可以用来涂刷到铁扒鱼肉上，蒸芸豆以及西蓝花上，或者用来制作糖果和烘烤那些使用杏仁制作的糕点和挞等。

开心果油（Pistachio oil）
一种风味浓郁的坚果油，带有独具特色的开心果的芳香和滋味。常用于希腊和中东风味的使用费罗酥皮制作的糕点中，或者在蒸蔬菜时使用。

松子油（Pine nut oil）
清淡的松子油中有着一股细腻的、微甜的风味。最好是不加热使用，用来制作沙拉沙司，淋洒到成熟之后的肉上，或者最后加入意大利面中等。它是制作香蒜酱时用来代替橄榄油的最佳坚果油。

榛子油（Hazelnut oil）
榛子浓郁的芳香风味和细腻的滋味，使得榛子油成为制作沙拉沙司和甜点时的首选。榛子油只适合在制作不需要加热的菜肴时使用，因为榛子油经过加热之后会带有苦味。

核桃油（Walnut oil）
烘烤过的核桃有着香浓的香气和滋味，传统上核桃油用来制作法国沙拉沙司。淋洒到成熟之后的蔬菜上，以及用来炒菜等。核桃油中富含多元不饱和脂肪酸，所以一旦开瓶之后要放入到冰箱内冷藏保存。

红棕榈油（red palm oil）

使用来自亚洲和非洲热带棕榈的果实制作而成的一种坚果油，这种未经提炼的油，颜色来自其所富含的胡萝卜素。这种颜色遇高温会遭到破坏，变成白色。经过提炼的红棕榈油和椰子棕榈油几乎是无味的。

红棕榈油的购买 带有颜色的棕榈油风味会更好。非洲产的棕榈油比南美产的棕榈油更黏稠一些。

红棕榈油的储存 与大部分的种子油都不同，红棕榈油富含饱和脂肪酸，所以不能长久保存。

红棕榈油的食用 在东南亚、加勒比海和非洲烹调中深受欢迎。

红棕榈油（Red palm oil）
有着独具特色的浓郁风味，传统使用方法是用作加勒比和西非的汤菜和炖菜中。也可以用来给蔬菜调味。

澳洲坚果油（Macadamia oil）
澳洲坚果油因为其稳定性而深受大厨们的喜爱——这种油可以用于高温烹调中——也有着其他广泛的用途。澳洲坚果油有一股细腻的、乳白色的坚果风味，非常适合用于烘焙中。

摩洛哥坚果油（argan oil）

摩洛哥坚果油使用摩洛哥坚果树（阿甘树）所产果实的核制作而成。摩洛哥坚果树是摩洛哥西南地区的原生树种。其核从硬质外壳中被提取出来，经过烘烤，然后与水混合好之后，研磨成粉末状。带有坚果风味的摩洛哥坚果油在过去是使用手工提炼的，但是现在会使用机械设备来提炼坚果油，这些设备与制作橄榄油所使用的设备相类似。

摩洛哥坚果油的购买 纯有机坚果油是厨房用油最好的选择。

摩洛哥坚果油的储存 可以在凉爽、避光的地方储存一年以上。坚果油一旦打开了瓶盖，就要在3个月之内使用完。

摩洛哥坚果油的食用 适合高温烹调，本身也可以用作风味调料。

摩洛哥坚果油（Argan oil）
经过略微烘烤所散发出的坚果风味，会让人想起榛子的味道。这种油常用于制作北非炖锅。可以用来制作沙拉沙司和你想使用坚果油进行烹调的时候使用。

鳄梨油（avocado oil）

鳄梨油是在不使用化学溶剂的情况下从鳄梨果肉中提炼出来的一种油。水会被添加到鳄梨果肉中，鳄梨肉和水的混合物被压碎成糊状，然后通过离心机将鳄梨油提取出来。鳄梨油的主要产区有美国加利福尼亚州、澳大利亚、新西兰以及智利等。

鳄梨油的购买 鳄梨油之间的风味差别很大，因此在购买之前要尝一下味道。要挑选带有浓郁的草香风味的鳄梨油，用于这种沙拉沙司和用来腌制，而更加清淡一些的鳄梨油，可以用于烹调。

鳄梨油的储存 鳄梨油在一个凉爽、避光的地方可以储存一年以上的时间。一旦打开瓶盖，就要在3个月之内使用完。

鳄梨油的食用 鳄梨油适合在所有温度下的烹调中使用，并且本身可以作为一种风味调料使用。

鳄梨油（avocade oil）
浓稠而柔软光滑的质地，加上浓郁的果香风味中带有的植物和草本植物的香味。可以用来制作沙拉沙司和其他各种沙司，也可以用来制作腌料汁、铁扒、炖菜，也可以作为一种浸渍油来使用。

种子油类（seed oils）

种子油是在使用溶剂的情况下，通过一套复杂的化学加工过程，从植物种子的细胞中提炼出来的一种油，然后经过精炼，去掉所有令人不愉快的气味和风味。经过这样生产出来的种子油有一点或者是根本就没有味道，但是这种油在高温下具有很好的稳定性。由于种子油极富营养价值，因此在二十世纪下半叶时得到大力开发。大部分的种子油都含有多元不饱和脂肪酸，被认为对心脏有益。在一些情况下，种子油完全是通过机械压榨的方式或者挤压的方式榨取，经过这样处理的种子油会带有其自身的芳香和风味。冷榨油，富含单元不饱和脂肪酸，性质非常稳定，并且能够承受高温。然而，那些含有高浓度的多元不饱和脂肪酸的种子油，性质就不会那么稳定。

种子油的购买 要挑选冷榨种子油，因为冷榨种子油以其本身的风味和营养价值高而著称。有一些冷榨种子油会标注"特级初榨"，但这句话，与其所涉及的种子油没有任何法律意义。

种子油的储存 不管是精炼种子油还是冷榨种子油都应该密封包装好进行储存，没有开封的种子油在一个凉爽、避光的地方，可以保存一年或者以上的时间。种子油一旦开瓶，精炼种子油应该在4～6个月之内用完，而冷榨种子油则必须储存到冰箱里，并且要在2～3个月之内用完。富含多元不饱和脂肪酸的种子油，也应该在冰箱里储存，并且要在几周内使用完。

种子油的食用 种子油在所有的烹调温度下均可以使用，包括用作炸油用等。除了冷榨种子油之外的所有种子油，都富含多元不饱和脂肪酸，不到225℃的温度，其所含有的多元不饱和脂肪酸不会被分解。种子油可以用来作为调制沙拉沙司和热沙司等的基料，如用来制作蛋黄酱等。

玉米油（corn oil）
带有非常清淡的油脂风味，这种油可以在大多数的烹调方法中使用，并且在美国特别受欢迎。这是一种非常好用的煎炸油，也是制作人造黄油的常用原材料。

豆油（soy oil）
从大豆中提炼而出的油，这种油有着非常清淡的油脂风味。可以在大多数的烹调方法中使用，特别是在亚洲和美国，可以用来制作沙拉以及制作人造黄油等。

菜籽油（Rapeseed or canola oil）
菜籽油有精炼和冷榨两种风味的油，后者带有明显但却温和的芸薹属植物的风味或者芦笋的风味。这两种类型的菜籽油性质都非常稳定，可以在高温下使用，也适用于所有的烹调方法。

葵花籽油（sunflower oil）
有精炼和冷榨两种风味的葵花籽油，前者有着淡淡的、油性的味道，而后者则带有浓烈的土腥味。可以在大部分的烹调方法中使用，包括使用高温的烹调方法。

红花油（Safflower oil）
属于向日葵家族中的一员，红花油的风味也非常清淡，其使用方法与葵花籽油相同。红花油是制作减肥型蛋黄酱和沙拉沙司的重要原材料。

南瓜籽油（Pumpkin seed oil）
经过精炼的南瓜籽油基本没有什么芳香风味，有着一点点甜味。冷榨型的南瓜籽油性质不稳定。南瓜籽油在奥地利被广泛使用，用来制作斯塔利亚南瓜汤、烤猪肉以及各种沙拉等，在最后时刻加入菜肴中提味。

香油（sesame oil）
经过精炼的香油有着淡雅的浆果和泥土的风味。但是，如果芝麻在加工之前先经过烘烤，香油就会带有一股浓郁的、烘烤的芳香气味和风味。这两种类型的香油在中餐烹调中被广泛使用。

芥末油（mustard oil）
从黑色和棕色的芥菜籽中获取，这种油有着独具一格的气味和一股淡雅的风味，并带有些许热度。在印度烹调中，可以用来代替酥油使用，或者用来制作咸香风味的饼干或者面包等。

花生油（groundnut oil）
精炼之后的花生油几乎没有滋味。在制作不需要添加任何风味的菜肴时使用。冷榨花生油在印度和中国深受欢迎——也称之为peanut oil，它们有着独具特色的花生风味。

葡萄籽油（Grapeseed oil）
有精炼和冷榨两种风味的葡萄籽油，这种油有着一股淡雅的风味，并且在法国烹调中和制作沙拉沙司时被广泛使用。葡萄籽油的稳定性非常好，所以非常适合用于高温烹调的方法中。

米糠油（Rice bran oil）
从大米粒的麸皮和胚芽中提炼出来的一种油，这种油有着一股温和的坚果风味，稳定性极高。在亚洲，用作炸油和需要高温烹调至酥脆的烹调方法中。

冷榨亚麻油（Cold-pressed flax oil）
这种油也被称为亚麻籽油。亚麻油有着独特的木质风味。因为其营养价值极高，因此，主要用于不需要加热烹调的菜肴中，亚麻油不适合用来烹调加热使用，因为它在高温下具有不稳定性。

调味油类（flavoured oils）

　　风味最佳的调味油类是将精挑细选出的水果或者香草等与橄榄一起研碎，然后以传统的方式加工而成的油品。在意大利南方，这些调味油被称之为阿格拉玛托油。其他生产高品质调味橄榄油的地区是西班牙北部和美国加利福尼亚州。调味油也可以通过将精选好的调味料浸渍到普通的橄榄油或者精炼好的蔬菜油中制作而成。这样的调味油应该使用经过特殊处理的调味料，以商业化的方式进行生产。因为如果是家庭制作这样的调味油，就会有细菌在油脂中繁殖，导致出现疾病的问题。有些调味油会使用香草香精或者水果香精来制作，这样的调味油通常不会有这么好的味道。

　　调味油的购买　要仔细检查标签，看看使用的是哪种油作为基料用来制作调味油，因为这可能影响到其整体的风味。在购买松露油的时候要特别注意，要购买你付得起的最好的油——在开瓶之后要仔细地闻油的味道，因为松露浓郁的芳香气味可以将不新鲜的油脂的味道遮盖住。如果有所怀疑，可以拿回到商店内退货。

　　调味油的储存　调味油可以在凉爽而干燥的地方储存6个月以上，在开瓶之后的2~3个月之内使用完。调味油不需要在冰箱内储存，因为这样做的话，调味油就会凝固。

　　调味油的食用　在大多数的烹调方法中都适用，用来给菜肴增添额外的风味，特别是当一些特殊的调味料不在手边时。在冬天，在新鲜的香草不多见的情况下，可以挑选出一些香草保留好。调味油不可以用在特别高的温度下加热烹调。

龙蒿油（tarragon oil）
这种油有着浓郁的龙蒿香草的味道和一丝辛辣的姜味。可以与核桃油混合到一起用来制作油醋沙司，或者淋洒到鸡肉类菜肴上、蒸胡萝卜上，或者洋蓟上等。

橙油（orange oil）
浓郁的橙子芳香气味和风味给腌泡汁增添了新的维度。也可以用来制作搭配芸豆、烧炙鲜贝以及铁扒猪排等菜肴的调味汁，或者用来给饼干类和蛋糕类调味。

白松露油（White truffle oil）
有着松露的浓郁的泥土和木质风味。使用白松露制作而成，这是比较有刺激性的调味油品种。可以简单地配意大利面菜肴和淋洒到铁扒类、炖焖类以及砂锅类菜肴上增添风味。

罗勒油（basil oil）
其香草的芳香会让人想起香蒜酱的风味。这种油淋到铁扒鸡胸肉和成熟的小牛排上效果非常好。也可以用来给制作简单的番茄和土豆沙拉调味。

迷迭香油（rosemary oil）
浓郁的迷迭香风味中有着辛辣的回味。特别适合羊肉和土豆类菜肴，也可以用来制作咸香风味的燕麦饼干或者干酪和意大利佛夏卡面包等。

黑松露油（Black truffle oil）
带有一种独特的泥土和木质香味，但是黑松露比起白松露的刺激风味要低一些。在意大利，大厨们使用黑松露油在低温下煎鸡蛋至半熟，然后摆放到布里欧面包上，再配上煎鸡蛋的油。

蒜油（garlic oil）
带有大蒜的泥土芳香，除了不适合在极高的温度下使用之外，可以在所有的烹调方法中使用蒜油。非常适合用来制作沙拉沙司、腌泡汁以及焗土豆一类的土豆类菜肴等。

柑橘类水果油（Citrus fruit oil）
有着浓郁的、特定的柑橘类水果的果皮风味。可以使用柠檬、橙子以及橘子等水果。柑橘类水果油可以用来搭配意大利面、制作腌泡汁，淋到蔬菜类菜肴和沙拉上，以及用来制作蛋糕和饼干等。

辣椒油（chilli oil）
辣椒油有很多不同的种类。但是他们都有着非常刺激的辛辣味道。可以用来制作比萨和意大利面类菜肴，或者添加到汤菜中和炖焖类菜肴中，以增加一点辛辣的刺激风味。

酸果汁（verjuice）

　　这是未发酵的果汁，使用未成熟的水果，如从葡萄和野苹果中榨取的。酸果汁你这个名字来自于法语vert jus或者green juice。在中世纪，这是一种非常流行的调味品，就像我们今天使用柠檬汁一样——给菜肴增添一种畅快淋漓的风味或者用来防止苹果和梨等水果的氧化。随着柠檬在欧洲和其他的地方出现，对酸果汁的使用几乎已经完全绝迹了。尽管酸果汁在伊朗和黎巴嫩还被广泛地使用，在那里分别被称为abghooreh和hosrum，常用于某些调味品中，如大藏芥末等。现在酸果汁作为一种通用性非常强的调味品，大有卷土重来之势，使用葡萄藤上早期发育阶段的小葡萄来制作酸果汁。特别是南非和澳大利亚的葡萄庄园中的葡萄。酸果汁的风味和其酸度主要取决于所使用的葡萄品种，以及所采摘的葡萄的成熟程度。

　　酸果汁的购买　红色酸果汁的风味要比黄色酸果汁更加浓郁，也更刺激。

　　酸果汁的储存　要在一个凉爽、避光的地方保存，开瓶之后要放到冰箱内冷藏保存。

　　酸果汁的食用　可以当做调味品用来给鱼肉和海鲜类菜肴调味，可以作为一种风味调料在众多的甜味和咸香风味的菜肴中使用。与醋和柠檬汁不同，酸果汁可以与葡萄酒成功地结合到一起后使用。

酸果汁（verjuice）
浓郁的果味中有着精致的酸味。在制作沙司时可以用来倒入锅内，给沙司增加亮度，可以加入炖焖类菜肴和砂锅类菜肴中，或者与坚果油一起混合好，用来给沙拉沙司中增添一种酸酸的味道。

葡萄酒醋类（wine vinegars）

白葡萄酒醋（White wine vinegar）
在精致的酸味中有着水果的芳香风味。可以用来制作沙拉沙司搭配清淡可口的沙拉，可以用来制作蛋黄酱，可以在制作搭配牛排、猪柳以及小牛排的奶油沙司时用来给沙司增加光亮度。

葡萄酒醋有着悠久的历史，其起源已无法考证。它是自然发生的经过双重发酵之后得到的产品。在第一次发酵时，酵母把甜味液体中的糖分转化为酒精。在第二次发酵时，细菌通过将酒精转化为醋酸而使液体变成酸味。在生产葡萄酒的国家里，葡萄和葡萄酒是其根基所在，但是在其他地方，苹果、苹果酒或其他水果和使用这些水果所制作而成的酒，如黑醋栗、接骨木、李子以及杏等都可以用来酿酒。在热带地区，时至今日，醋是使用枣或者椰子制作而成的。最好的葡萄酒醋是由高品质的葡萄酒控制在一定的条件之下，经过一段长时间的、缓慢的以及自然发酵的过程制作而成。一种由特殊的纯产酸菌培育而成的发酵剂被添加到葡萄酒中，然后将葡萄酒置于一定的环境温度之

下，就会转化为醋。有一些醋在装瓶和密封之前，先要在木桶中进行熟化处理，以强化其风味。葡萄酒醋也可以在一套酿醋装置中进行规模化的生产。在此过程中，葡萄酒与发酵剂一起被放置于一个大缸中，而热空气通过葡萄酒进行了过滤，将葡萄酒的温度升至30℃，此温度加快了细菌的繁殖。当醋发酵到所需要的醋酸程度时，就会被放走，经过过滤、巴氏消毒，然后装瓶。此后更多的葡萄酒被加入大缸里进行下一个批次酿醋的过程。在欧盟，葡萄酒醋必须是不低于6%的酸度。

葡萄酒醋的购买 每一种醋都有着自己独特的风味，而且在食谱中很少可以互换使用，因此要在精挑细选中做出购买的选择。

葡萄酒醋的储存 葡萄酒醋如果密

封完好，几乎可以无限期地保存下去。自然酿造的葡萄酒醋没有经过巴氏消毒或者几重过滤，可能会产生一种"醋母"或者产酸细菌群。只需去掉它们即可，或者用来在家里自制自己专属的醋。风味葡萄酒醋保存期不一样长，但是通常情况下，一般都可以储存2~3年。

葡萄酒醋的食用 可以用作调味品，以及作为一种风味调料，给沙拉沙司和蛋黄酱调味，可以用来制作热沙司，原锅烤以及炖焖类菜肴，还有巧克力菜肴等。更加常见的是，通常醋在一道菜肴中，会有多种用途：可以担当泡菜和酸辣酱的防腐剂，在腌泡汁中可以充当效果非常好的嫩化剂。如果在加热烹调的过程中使用了醋，那么要避免使用铝锅，并且在制作瓶装泡菜和酸辣酱时，要使用耐酸瓶盖。

红葡萄酒醋（Red wine vinegar）
在浓郁的水果风味中有着非常醇厚的酸度。可以在大部分的烹调方法中使用，包括炖肉类和砂锅类菜肴，红葡萄酒醋也可以在制作油醋沙司时作为一种法国风味醋的选择。

熟化的红葡萄酒醋（Mature red wine vinegar）
使用法国波尔多、西班牙里奥哈以及意大利巴罗洛等经典的红葡萄酒酿造而成，有着非常协调而圆润的风味，并且保留了其所使用的葡萄酒的主要成分。可以在沙拉沙司和菜肴制作的最后时刻加入，一展其风采。

调味葡萄酒醋类（flavoured wine vinegars）

最好的调味醋是将风味调料加入到白葡萄酒醋中浸渍而成。而另外一些风味葡萄酒醋则是添加香精制作而成的。如果仔细认真制作的话，就可以制作出讨人喜爱的醋，这种方法制作好的醋比较便宜，当然使用浸渍方法浸泡的醋通常滋味要更好一些。

调味葡萄酒醋的购买 如果在标签上出现了"天然成分"这几个字，通常意味着这种醋是通过添加香精制作而成的。

调味葡萄酒醋的储存 调味葡萄酒醋要在一个凉爽避光的地方储存。所有装入到瓶内的香草、水果或者香料等都会褪色。如果醋没有打开，可以保存一年以上的时间，而一旦开瓶，就需要在3个月之内使用完。

调味葡萄酒醋的食用 这些调味葡萄酒醋可以提升沙拉、腌泡汁以及各种沙司的风味。特别是在你所使用的特色调味料不太新鲜的情况下更是如此。

香槟酒醋（Champagne vinegar）
当香槟酒瓶内的沉淀物被通过冷冻被移除之后，使用瓶内顶部的葡萄酒冰塞制作而成。在细腻而精致的口感中带有水果的芳香风味。可以用来制作成搭配热鹅肝沙拉的沙司。

雪利酒醋（Sherry vinegar）
这是一种在一系列的木桶中经过多年熟化处理之后制作而成的一种醋。在醋里充斥着满满的果脯风味。可以用来制作成一种芳香四溢的沙拉沙司，搭配味道浓郁的沙拉。可以用来腌制猪柳，用于原锅烤菜肴。

蜂蜜葡萄酒醋（Honey vinegar）
将葡萄酒醋与蜂蜜混合制作而成，但有时候会将蜂蜜用水稀释，以制作出一种纯以蜂蜜为主料的蜂蜜醋。在甜味中有酸酸的回味。可以用作炸鱼柳的蘸酱，或者用来腌制黄瓜。

水果葡萄酒醋（Fruit vinegar）
这些水果葡萄酒醋特色鲜明，滋味浓郁，如覆盆子葡萄酒醋、黑莓葡萄酒醋以及樱桃葡萄酒醋等。有一些水果葡萄酒醋直接使用所属的水果葡萄酒制作而成，不需要浸渍制作。可以用覆盆子葡萄酒醋和油配切成片状的鳄梨一起享用。

马斯喀特葡萄酒醋（Muscat vinegar）
这种醋有着一股浓郁的芳香气息，带有所使用的马斯喀特葡萄的甘美的风味。这种醋的酸度很低。特别适合用来制作海鲜沙司、甜味类以及水果沙司等。

苹果酒醋（Apple and cider vinegar）
这些醋使用苹果汁发酵制作成苹果酒，然后制作而成的。这两种醋中苹果的滋味非常浓郁，可以作为葡萄酒醋使用。

龙蒿葡萄酒醋（Tarragon vinegar）
龙蒿葡萄酒醋，如同其他类型的香草醋一样，口味以其所加入的香草为特色。其他所使用的调味香草包括莳萝、牛至、百里香、混合香料、大蒜以及干葱等。这种醋可以用来制作沙拉沙司和腌泡汁等。

酸渍葡萄酒醋（Pickling vinegar）
将特制的酸渍混合香料浸渍到葡萄酒醋中，专门用来制作泡菜。通常都会使用麦芽酒醋。艾迪科啤酒醋是一种在丹麦广泛使用的特制泡菜用醋。

香脂醋类（balsamic vinegars）

香脂醋是将葡萄汁经过加热浓缩之后制作而成的，一般都会使用葡萄汁，但是苹果汁、接骨木汁、李子汁以及温柏汁等有时候也都会用到。香脂醋的风味可以十分复杂，因为，有一些香脂醋也可以加入一些其他原材料。而另外一些香脂醋则是混合了浓缩之后的葡萄汁和普通的葡萄酒醋，再加上焦糖和防腐剂制作而成。其中有一些香脂醋根本就没有进行熟化处理，而且尝起来只有焦糖味道。最著名的香脂醋产自意大利的摩德纳，在那里，最好的香脂醋是摩德纳的传统香脂醋。这种香脂醋使用当地的葡萄汁，在火上加热直到燻去三分之一的葡萄汁。然后将这种非常甜的液体倒入小木桶中，再加上一点老醋作为引子，醋就会在这些木桶中进行熟化的过程，就如同索莱拉体系一样（solera，成排酒桶使酒成熟法）。由于每个木桶都会使用不同的木材制作而成，而法律法规没有对所使用的木材类型做出规定，生产商可以选择属于他们自己的产品组合。最受欢迎的木材包括栗子木、樱桃木、橡木和桑树木等。不同的木材在最后制作好的香脂醋中，都会添加上它们自己本身特

有的颜色和风味。从索莱拉体系中制作出的第一批传统香脂醋必须至少熟化12年，最多可以熟化20年。摩德纳所产纯香脂醋的成本更低，最好的香脂醋是由浓缩葡萄汁和陈年葡萄酒醋混合而成的，在成排的木桶中，经过短短的8~10年的熟化即可。

香脂醋的购买 除了摩德纳的传统香脂醋以外，在已经贴好的标签上，价格和配料表是使用了哪一种方法来制作香脂醋的唯一标志。最好的香脂醋不包括焦糖或者防腐剂。如果是使用的葡萄汁和陈年葡萄酒醋的话，它们的制作就要遵守这个规则。那么就要准备好为购买一种高品质的香脂醋付更多的钱。

香脂醋的储存 香脂醋开瓶以后，要储存在一个凉爽、避光的橱柜内，这样做可以储存较长的时间。

香脂醋的食用 可以用作调味料，用来给甜味和咸香风味的烹调中增添厚重感的风味。摩德纳传统香脂醋非常昂贵，但是每次只需滴几滴即可。因为醋酸的含量非常低，因此香脂醋不能用来当做防腐剂使用。

摩德纳传统香脂醋（Traditional Balsamic Vinegar of Modena）
浓稠如糖浆一样的质地，在甘甜的滋味中有着复杂的糖浆和果脯风味。可以用来给咸香风味的菜肴增加厚重感，或者淋到陈年帕玛森干酪、冰淇淋以及水果甜点上。

摩德纳香脂醋（Balsamic Vinegar of Modena）
有着一股浓郁的水果香味的最佳香脂醋，非常适合用来制作沙拉沙司、咸香风味沙司以及甜点等。将摩德纳香脂醋熬煮到浓稠状，冷却之后，可以用这种带有强烈风味的香脂醋来对餐盘进行装饰。

柯林斯香脂醋（Corinthian vinegar）
在希腊大陆的伯罗奔尼撒地区种植的葡萄，在使用其葡萄汁之前，已经在葡萄藤上晒干了。强烈的水果风味中有着一股清新爽口的回味。可以作为蘸酱使用，与特级初榨橄榄油混合后使用。

白色香脂醋（White balsamic vinegar）
风味非常清淡的一种香脂醋，仅有些许的水果风味，白色香脂醋通常是最便宜的香脂醋，在香脂醋中不含有焦糖。可以用来给黄瓜沙拉或者生鱼片调味。

粮食醋类（grain vinegars）

粮食醋是由谷物类制作而成的，经过加热之后释放出其所含有的淀粉，然后转化成糖分，经过发酵处理之后就会产生少量的酒精。这反过来在木桶中或者是在酿醋罐中又转化成醋，就如同酿造葡萄酒醋一样。在北欧地区，用大麦发酵成的麦芽，是用来制作醋的一种最常见的基料，使用这样的基料，能够生产出一种有着浓郁酸味，并带有麦芽滋味的醋。在中国和日本，大米是制作醋时比较常见的基料，虽然高粱、小麦、大麦以及米糠也都可以用来酿造醋。这些醋比起欧洲版本的醋，口感要温和一些，并且很多醋都有着自己独特的复合风味。

粮食醋类的购买 要避免购买添加糖的粮食醋。为了长久保存起见，要挑选醋酸含量不低于5%的粮食醋。要避免购买"非酿造醋"，这不是真正意义上的醋，只是一种非常廉价的将水、醋酸以及糖浆混合到一起制作而成的。

粮食醋类的储存 粮食醋在密封良好的情况下，几乎可以无限期保存。粮食醋不需要冷藏保存。

粮食醋类的食用 在日常烹调中被广泛使用，特别是在东方，人们将粮食醋添加到咸香风味的菜肴中，包括腌泡汁、蘸酱、炒菜以及炖焖类菜肴中。每一种醋都有着自己独特的风味，而且在食谱中很少可以互换使用。在加热烹调使用粮食醋类的菜肴时，要避免使用铝锅，并且要确保装泡菜和酸辣酱时，其瓶盖是耐酸性的。

中式白米醋（Chinese white rice vinegar）
这种醋的醋酸含量越高，其口感越温和，酸味就越低。有着类似于白葡萄酒醋或者麦芽醋的风味。用于糖醋类菜肴和作为一种调味料使用。

中式红米醋（Chinese red rice vinegar）
在中餐烹调中被广泛使用，这种酸甜口味的米醋，非常适合用作蘸酱，也可以用来做汤菜、海鲜以及面条类菜肴。

山西高粱陈醋（Shanxi aged sorghum vinegar）
这种中国北方的特色醋有一股酸甜的芳醇风味。在北方地区的大多数菜系中都会用到，如糖醋肉丸、香辣茄子等。

中式黑米醋（Chinese black rice vinegar）
使用糯米和盐制作而成，这种醋有着圆润的、淡淡的烟熏风味。传统上是作为一种蘸酱和在炖焖类菜肴中使用，或者像香脂醋一样的使用方法。镇江醋被认为是最好的黑米醋。

日本米醋（Japanese rice vinegar）
与中式红米醋相类似，但是在风味上更加温和。加上盐和糖就可以制作成寿司醋，加上柠檬汁和酱油，就可以制作成潘素沙司。加入天妇罗面糊中，可以让菜肴炸得更加酥脆。

麦芽醋（Malt vinegar）
浓郁的酸味中有着一丝焦糖的风味。在西餐中是英式炸鱼、牛肚、甜菜以及其他蔬菜类的传统配菜。可以用来制作泡菜、酸辣酱，或者制作成沙司，用于炖焖类菜肴中。

糖类（sugars）

这里的糖指的是蔗糖，是从生长在热带地区的甘蔗中压榨而出的汁液中提炼出来的。或者从种植在温带地区的甜菜中提炼出来的。甘蔗汁可以用这样的方式进行加工处理，以保持其自然的颜色和味道，或者也可以经过精炼，以去除它们。甜菜汁一定要经过精炼，因为没有经过精炼的使用甜菜汁制成的糖，其味道不讨人喜。另外，更加稀有的糖是使用甜高粱制作而成的糖，并且在东南亚地区，棕榈糖是使用海枣树的树液提炼而成的。干燥的白糖经过了提炼，几乎就是100%的蔗糖。除了去除糖中的杂质以外，提炼这种方式也会将糖中除了甜味之外的所有味道都去掉。大多数的红糖都是干白糖，只是加入了一些糖蜜、糖浆或者焦糖色素等材料。浅色的红糖比起深色的红糖来说，加入的颜色要少，因此其风味也要更清淡一些。"生糖"是从未经过提炼的甘蔗汁提取的，它的质地湿润，并且有一种来自于残留在糖中的天然残留物所带来的独特的风味。

糖类的购买 在使用时要挑选合适的糖：浅色糖的风味会更细腻，也更适合用于烘焙，以及用来制作甜味沙司。颜色更深一些的糖，其味道会更加浓郁，非常适合用来制作咸香风味的菜肴、泡菜以及香浓的蛋糕等。要选择滋润，而没有形成硬块的红糖。滋润的红糖不是染色的白糖，通常会标注出"未经提炼的蔗糖"。

糖类的储存 如果不受潮，干糖就不会变质，可以储存一年或更长的时间。如果糖吸收了水分，就会结块并变硬，但是这样的糖可以通过将其粉碎进行逆转处理。湿润的糖应该防止其变干燥，否则的话，就会硬化成一个固体的块。这样的糖块，可以通过将糖块放入碗中，上面盖上一块湿毛巾，逆转处理成散开的糖。

糖类的食用 适用于在一切甜味的，从饮料和甜品到果酱和烘焙食品中使用。糖也是许多甜食和糖果的主要材料。糖也可以用来作为咸香风味类菜肴中的调味品，如炖焖类和蒸蔬菜等菜肴。滋润的、深色的红糖可以给姜味蛋糕和水果蛋糕这样味道非常浓郁的深色蛋糕等增加风味的厚重感，也可以用于腌泡汁、炖焖类菜肴，以及酸辣酱的制作中。当将糖在水中溶化开，并且一开始使用小火加热，并一直不停地轻轻搅拌，然后再用大火加热，糖就会全部均匀地分布在水中。

糖粉（糖霜，Icing sugar）
也称之为糖果糖或者粉末糖，这种经过精炼的精细的糖，通常都会加入少量的玉米淀粉，以防止形成结块。可用来装饰蛋糕。

粗糖（黑砂糖，Muscovado sugar）
这种糖有深色和浅色之分，未经过提炼的，非常滋润的粗糖有着或多或少的强烈的焦糖、香料以及苦涩的风味。深色的粗糖可以用来制作水果蛋糕和咸香风味的菜肴，浅色的粗糖可以用来制作饼干和撒到菜肴表面上。

白砂糖（Caster sugar）
这是一种更加精细的精制砂糖，是烘烤蛋糕、制作司康饼以及浅色饼干时的最好选择。如果手边没有这种糖，可以使用电动搅拌机将砂糖研磨碎之后使用即可。

石蜜（Jaggery sugar）
从甘蔗汁或棕榈树汁中加工出来的，没有经过提炼的块状或圆锥形糖。它有着浓郁的，几乎是矿物质的风味。在印度烹调中被广泛使用，用来代替盐作为一种风味增强剂。

焦糖沙司（caramel sauce）

自从糖第一次被制作成结晶糖之后，焦糖就开始被用作调味料使用。这种沙司最早出现在19世纪的欧洲烹饪书中，用来与布丁和冰淇淋等菜肴搭配使用。

制作 300 毫升

250克白糖

4汤勺水

60克咸味黄油

150毫升鲜奶油

1 将糖和水在一个厚底深边的汤锅内混合好。用小火加热，同时不停地搅拌，直到糖完全溶化开。继续加热4～5分钟的时间，直到形成焦糖，变成浓稠的琥珀色。

2 将锅从火上端离开，将黄油和鲜奶油拌入。再将锅放回到火上，使用小火加热，慢慢将锅烧开，期间要一直搅拌，直到锅内的沙司变得细滑。在使用之前，可以让其先冷却一会。

四川米糠醋（Sichuan rice bran vinegar）
这种带有强烈酸味的醋来自米糠、麦糠，并且基于大米酿造的，与风味浓烈的四川菜相互搭配相得益彰。这种醋特别适合用来制作糖醋类的菜肴，或者用来蘸食。

日本糙米醋（Japanese brown rice vinegar）
完全由整粒的糯米制作而成，其麸皮和胚芽没有受到破坏，这种醋有着一股柔和的滋味。以其具有药用性而闻名，更常见的是被用作补药饮用。

砂糖（Granulated sugar）
一种精炼糖，常用于一般性的烹调中和甜味的热饮中。砂糖是制作甜食和糖果的最佳选择。砂糖也有一种金色的未经提炼的版本。

德麦拉拉蔗糖（金砂糖，Demerara sugar）
原产于圭亚那，这是一种质地粗糙的结晶糖，传统上用于甜咖啡喝烘烤浓郁的水果蛋糕时使用。也有经过提炼的、着色的以及未经过提炼的德麦拉拉蔗糖。

巴巴多斯糖（Barbados sugar）
一种未经过提炼的略显湿润的粗糖，使用种植在巴巴多斯的甘蔗制作而成。其风味非常浓郁，可以用来制作香浓的水果蛋糕、水果布丁以及酸辣酱等。

糖蜜（Molasses sugar）
含有大约2%的天然甘蔗糖蜜，这种生糖有着一股香辛而甜苦的特性。可以用在黑色巧克力和姜味蛋糕中，也可以用在浓郁的圣诞蛋糕和圣诞布丁的制作中。

蜂蜜的颜色越深，其味道越丰厚，风味也更浓郁。巢脾蜜（蜂窝蜜）是一种从蜂房里直接采集出来的美味蜂蜜。

蜂巢形状的糖（Honeycomb）

这也称为海绵糖果，浩克炮克以及森德太妃糖等名字，这一道食谱最早是出现于19世纪的北美。

450克夏多布里昂牛排（牛柳，中间部位切割出的牛排）

450克白糖

250克水

4汤勺金色糖浆或者玉米糖浆

2茶勺小苏打

1 将糖、水以及糖浆在深边厚底的锅内混合好，用中火加热，期间要不停地搅拌，直到糖完全溶化开。

2 将锅烧开，然后盖上锅盖，再继续加热大约3分钟，去掉锅盖之后一直加热到锅内糖浆的温度达到了145℃。糖浆也开始变成深金黄色。

3 将锅从火上端离开，拌入泡打粉。混合物将会迅速产生出气泡。

4 将锅内的糖浆快速地倒入铺有不粘油纸的烤盘内（可以根据需要在油纸上涂抹上一点油）。不要尝试着去将糖浆抹平摊出，否则的话气泡就会消失。

5 在凉爽的地方让其冷却20分钟，直到糖浆变凉，待其完全凝固好，并且很容易地就可以掰开。再将其完全掰碎之前，可以先在一个角上掰一点试一下。

糖浆（sugar syrup）

最常见的糖浆是由糖在精炼过程中产生的副产品制作而成的。这种副产品本身在经过提炼之后，可以成为各种各样浓度不一的糖浆。制作糖浆的那些主料可能来自于甘蔗、甜菜或高粱等（后者被认为没有前两者好）。有一些甘蔗糖浆只是通过简单的熬煮甘蔗汁而制成，因此通过蒸发甘蔗汁而变得浓稠。玉米糖浆是用酶处理玉米淀粉之后得到的一种糖浆产品。

糖浆的购买 糖浆的颜色越深，其味道越浓，也会更苦一些。

糖浆的储存 糖浆在储存的过程中会形成结晶，但是这些结晶可以通过略微加热而溶解开。玉米糖浆储存时间不应超过4~6个月，因为玉米糖浆很容易发霉和发酵。

糖浆的食用 可以涂抹到面包上或者淋到麦片粥里。可以用作调味品或者甜味剂，用来给蛋糕和甜点增添风味，也可以添加到咸香风味的菜肴中来加深其香浓的程度。如果先将蜂蜜略微加热，在制作蛋糕或者饼干时，就可以非常容易地将浓稠的糖浆混合进去。

金色糖浆（Golden syrup）
有着淡淡的焦糖滋味和可以流淌的质地。在制作传统的蜜糖果馅饼、甜燕麦饼以及蒸姜味布丁时，金色糖浆都是一种主要的原材料。

黑蜜糖（Black treacle）
这是一种非常黏稠的，但是质地仍然会流淌的蜜糖，有着一股强烈风味，类似于糖蜜，但比起糖蜜要更清淡一些。可以用于制作味道浓郁的沙司，用来制作糖蜜太妃糖，或者在烘烤姜味蛋糕时使用。

赤糖蜜（Blackstrap molasses）
在甘蔗汁被煮过3次，以去掉其中的白糖晶体之后所剩余的未经提炼的糖浆。有着独特的苦甘参半的风味。可以用于这种香浓的水果蛋糕和深色酸辣酱。

玉米糖浆（Corn syrup）
有浅色和深色品种之分，玉米糖浆有着同甘蔗糖浆相类似的风味和同样的使用方法。可以与同金色糖浆一样用来制作蛋糕、甜品以及糖果等。

水果糖浆（果汁糖浆，fruit syrup）

这些糖浆是通过蒸发果汁或树液制作而成的糖浆，其滋味与其所使用的果汁和树液的味道相同。有一些糖浆在制作好之后会立即使用，而另外一些糖浆则需要熟化一到两年的时间，以让其风味更加香郁。根据所出品的区域不同，它们通常被冠以不同的名称。

水果糖浆的购买 仔细阅读标签上的标注。高品质的水果糖浆和温克拓葡萄糖浆不需要任何添加剂对其进行保存处理。要检查枫叶糖浆中没有添加玉米糖浆或者甘蔗糖浆进行调味。

水果糖浆的储存 将水果糖浆储存在凉爽、避光的地方，可以储存一年以上，而一旦打开瓶盖，就要尽快使用。

水果糖浆的食用 可以在甜味菜肴和咸香风味的菜肴中，用作调味料以及甜味剂。

葡萄糖蜜（Grape molasses）
浓稠如蜜般的质地中有着一股深色的香浓而舒心的葡萄风味。在土耳其，这种糖蜜叫作pekmez。可以涂抹到面包上，或者用来制作甜味沙司，浇淋到布丁和冰淇淋上。

温克拓葡萄糖浆（Vincotto）
这种意大利南部地区出品的糖浆，使用的是在葡萄树上干制的葡萄，经过压榨，然后煮熟并在橡木桶中发酵之后制作而成。这是一种带有浓郁葡萄干风味的呈流淌状的糖浆。可以用来加入咸香风味的沙司中以增添甜味的浓郁程度。

枣蜜（Date syrup）
这种黏稠的糖浆有着浓郁的枣的滋味，甘甜中略带苦味和酸味。与芝麻酱是绝佳搭配，常用来制作深受欢迎的中东菜肴有迪比斯·拉什（dibis w'rashi）。

石榴糖浆（Pomegranate syrup）
浓稠的质地中有着一股刺激的酸甜风味，比较浓稠的石榴糖浆会标注石榴糖蜜。在伊拉克和地中海东部地区制作的甜味和咸香风味的菜肴时经常使用。

枫叶糖浆（Maple syrup）
这是一种使用枫树汁制作而成的呈流淌状的糖浆。枫叶糖浆有着独具特色的淡雅的木材芳香和泥土的滋味。颜色越深的枫叶糖浆，其滋味就越浓郁。枫叶糖浆的传统使用方法是配煎薄饼和华夫饼。

蜂蜜（honey）

蜜蜂从附近的花草和植物中采集花蜜，然后把花蜜带回蜂房中，与酶混合并进行储存。随着其中水分的蒸发和酶的作用，将花蜜转化成了蜂蜜。从热带地区到西伯利亚的荒郊野外，到处都有蜜蜂产出蜂蜜的身影。天气越炎热，蜜蜂能够采集花蜜的时间就越长。蜂蜜的味道随蜜蜂采集花蜜的植物种类的不同而不尽相同。单花蜂蜜是由一种花卉品种的花蜜制作而成的。并且这些植物所带有的特殊味道，从蜜蜂所采集的花蜜中得到了体现。其他种类的蜂蜜是用多种花蜜混合制成的，"蜜露"是以新西兰黑红山毛榉树的汁液为食的昆虫的分泌物制成的。清澈的流淌状或者液体状的蜂蜜，并将蜂巢中的蜜蜡去掉，并且将蜂蜜提炼之后制作而成的。大多数的蜂蜜最后都会自然地结晶成固体的蜂蜜。蜂蜜是由果糖和葡萄糖混合之后制作而成的，其中葡萄糖的百分比越高，蜂蜜结晶的速度越快。用搅打或打发蜂蜜的方式，可以制作出通过商业化大批量生产过程才能够制作出的产品，可以在室温下涂抹到食品上。

蜂蜜的购买 蜂蜜的颜色越深，其风味就越加浓郁。浑浊的蜂蜜并不是标志着其放置时间过久或者是质量较差可能是没有经过过滤，或者准备开始形成结晶。蜂蜜只有标注出"纯正"，才是完全的蜂蜜，并不是在蜂蜜中混入了其他的甜味剂等材料。如果你喜欢单花蜂蜜，可以在标签上寻找到花的名字。

蜂蜜的储存 蜂蜜在室温下储存即可，如果没有打开瓶盖，并避免阳光直射，最多可以保存几年。

蜂蜜的食用 蜂蜜可以涂抹到面包上食用，或者淋到麦片粥中。也可以用来加热烹调时代替糖使用，但是其甜度太高，应适量使用。即便蜂蜜已经凝固了，它也会在热的或冷的液体中溶解开。蜂蜜能溶于水中，所以非常适合用来烘焙，因为蜂蜜能让蛋糕保持更长时间的湿润度。已经凝固了的蜂蜜可以通过将蜂蜜罐放入热水中浸泡1个小时左右，而重新让其变成流淌的液体状。

蜂窝蜜（巢脾蜜，comb honey）
蜂蜜装满整个蜂巢之后，被直接从蜂房中取出，并以原始状态进行售卖。可以直接涂抹到面包和饼干上。蜂蜜中会有少量的蜂蜡，所以这种蜂蜜不适合用于加热烹调中。

山毛榉蜜汁（Beech honeydew）
产自山毛榉树上蚜虫的分泌物，这种蜂蜜质地浓稠，不易结晶。其风味浓郁而质朴，特别适合配面包或者水果一起食用。

薰衣草蜜（Lavender honey）
法国、西班牙以及英国一些薰衣草蜜是用薰衣草花蜜制作的，但是另外的薰衣草蜜是使用浸渍的方式制成的，这两种薰衣草蜜都有着浓郁的薰衣草风味。可以用来制作蛋糕和饼干，或者用来制作甜味的饮料。

迷迭香蜜（Rosemary honey）
这种味道会让人联想到普罗旺斯香草的芳香。在西班牙和法国可以购买到，迷迭香蜜可以在甜食和咸香风味的菜肴中使用，也可以用来制作沙司和腌制猪肉、羊肉的腌泡汁。

石楠花蜜（Heather honey）
在英国和斯堪的纳维亚半岛可以见到，这是一种风味非常强烈的蜂蜜，有着淡雅的树脂的芳香。质地可以是蜡状的，坚硬的，或者稍带松脆感的。可以浇淋到麦片粥上，或者用来制作酥饼。

苜蓿蜜（紫云英蜜，Clover honey）
花香浓郁而甘美的苜蓿蜜有着一抹青草的风味。这种蜜主要常见于北美地区和新西兰。在大多数的烹调方法中均可以使用，非常适合用来制作甜味饼干和糕点等。

野生百里香蜜（Wild thyme honey）
一种独具特色的蜂蜜，带有着香草的芳香风味。在新西兰和希腊等地非常有名，在那里会搭配浓稠的原味酸奶。这种蜂蜜一般不会结晶。

青柠檬花蜜（Lime blossom honey）
有着典型而温和的青柠檬花香风味，这种蜂蜜遍布欧洲和中国。可以用来增加甜味，以及在饮料中增添一种薄荷风味。青柠檬树叶被称为菩提树。

栗子蜜（Chestnut honey）
这是一种呈流淌状的、风味强烈的蜂蜜，这种蜂蜜不会凝固。原产于意大利和法国南部地区，栗子蜜有着一股香辛的、似皮革的风味。通常会搭配意大利佩科里诺干酪，与新鲜的无花果是绝配。

桉树蜜（Eucalyptus honey）
独具一格的中等风味浓度的澳大利亚蜂蜜。桉树蜜的颜色根据蜜蜂在不同种类的桉树上所采集的花蜜不同，而颜色各异。尤其适合用来制作烧烤沙司搭配小牛肉和羊肉。

革木蜂蜜（Leatherwood honey）
据说是为了品尝热带雨林的滋味，这种独特的、黄油般质地的塔斯马尼亚蜂蜜，有着一股刺激性的芳香和复合风味。如同黄油般，有着可以涂抹的质地，非常适合用来搭配面包。

麦卢卡蜂蜜（Manuka honey）
曼努卡植物或新西兰茶树的花蜜中能够产出一种香浓的深色蜂蜜，其中有着芳香四溢的香味。它在新西兰被广泛使用，用来给蛋糕和甜点增添风味。

橙花蜜（Orange blossom honey）
产自西班牙、墨西哥以及美国佛罗里达州和加利福尼亚州的一种口感温和的蜂蜜。通常都会带有一股柑橘的风味，但是会比许多其他种类的蜂蜜更加甘美。在大多数的烹调方法中均可以使用。

酱油类（soy sauces）

　　酱油是亚洲特产，是使用大豆制作而成的，通常情况下，都会混入烘烤过的麦子、大米或者大麦等粮食类一起制作。这种混合液经过几个月的发酵之后被过滤和装瓶。酱油的颜色有浅色和深色之分（有生抽和老抽之分），颜色较深版本的酱油发酵的时间会更长一些。塔马里是一种日本酱油，只使用大豆发酵制作而成，里面不添加任何粮食类，日本白色酱油则相反，按照一定的比例在大豆中加入了小麦，可以加入80%或者更多的小麦。所有的酱油都是咸香风味的。甜味酱油是印度尼西亚的特产。

　　酱油的购买　一定要检查标签，以确保你没有购买到勾兑的酱油，这种酱油使用玉米糖浆、焦糖色素、盐和水等，几天的时间就可以勾兑好。

　　酱油的储存　未开瓶的酱油可以在室温下储存，一定要避免直接加热和太阳直晒，可以保存6个月以上。一旦开瓶，如果在冰箱里储存，酱油可以很好地保持其风味。

　　酱油的食用　只需少量的酱油就可以代替盐使用，并可以彰显出其他原材料的风味。可以用在腌泡汁和作为一种风味调料使用，生抽可以用于炒，而老抽可以用于炖。酱油也是一种非常不错的蘸酱。

甜味酱油（Sweet soy sauce）
在印度尼西亚叫作kecap manis，甜味酱油用棕榈糖来增加甜味，有些时候也使用大蒜和茴香调味。这种浓稠的酱油非常适合用作蘸酱和用来炒菜或者搭配面条、米饭等。

塔马里酱油（Tamari soy sauce）
这种日本酱油呈浓稠状，但是仍然可以流淌，有着一股浓郁的咸香风味和中度的咸味。可以用作蘸酱使用，可以用来给所有的咸香风味的日本食品调味和增添风味。

生抽（Chinese light soy sauce）
这种类型的酱油有着稀薄可以浇淋的质地和咸香风味，有着香草、柑橘以及酵母熟化的复合味道。可以作为调味品、蘸酱，以及炒菜时使用。

老抽（Chinese dark soy sauce）
深色的酱油，其发酵的时间较长，并加入糖浆，以制作出质地浓稠如糖浆般的质地，有着一股浓郁而圆润的风味。可以用于加热烹调以及中式红烧、烩类菜肴中。

鱼露类（fish sauces）

　　在许多亚洲风味的沙司中都会使用咸鱼干和发酵过的鱼，或者鱼汁等。蚝油是使用咸味的生蚝制作而成的，但是现在都是通过熬煮生蚝提取物与一些混合香料之后制作而成的。泰国和越南鱼露是通过将凤尾鱼和其他小鱼用海盐在木桶里或者陶罐里分层排好，让其腌制并发酵一年以上的时间制作出来的。有些鱼露在打开之后味道非常强烈，但是一旦经过加热烹调，它们刺激性的风味就会变成极具吸引力的风味，与其他烹调原材料混合后使用，效果很好。

泰国鱼露（Thai fish sauce）
鱼露在泰国被称为nam pla，这种鱼露清澈透明，没有沉淀，有着强烈的鱼香风味，但是口感并不过于浓烈。可以用来制作泰国沙拉沙司、炖焖以及咖喱类菜肴等。

辣酱油（Worcestershire sauce）
根据印度食谱制作而成，使用了凤尾鱼、罗望子、酱油、大蒜以及各种香料，一起熟化之后制作而成，有着刺激性风味的细腻的沙司。在传统的英式烹调中使用，还可以用来制作血腥玛丽鸡尾酒。

XO沙司（XO sauce）
一款相对来说较新的沙司（在20世纪80年代研发出来的），使用干贝、油、辣椒以及大蒜等制作而成，其质地厚实，呈油质状，有着咸香风味。用来给海鲜和蔬菜类菜肴增添风味。

蚝油（Oyster sauce）
这种香浓的咸香风味的沙司是通过加热蚝制作而成的，但却没有太多的鱼腥味。用于给中餐的肉类和蔬菜类菜肴调味，如蚝油牛肉或者红焖茄子等。

经典食谱（classic recipe）

烧烤沙司（barbecue sauce）

在北美随着户外烧烤的盛行，这种沙司得到了开发，烧烤之前和之后都可以使用。

制作 750 毫升

1个洋葱，去皮并切成细末

2瓣蒜，去皮，切碎

1.5汤勺色拉油

60毫升醋

100毫升番茄沙司

2汤勺辣酱油

100克红糖

1.5汤勺辣椒酱

2个柠檬，挤出柠檬汁，擦取柠檬皮

1汤勺芥末酱

适量现磨的黑胡椒粉

1 将洋葱和大蒜在一个锅内加上油，用小火翻炒至呈浅褐色。

2 将所有剩余的原材料全部加入锅内，加热烧开，转用小火熬煮10~15分钟，直到沙司变得浓稠。在使用之前让其冷却。

　　鱼露的购买　要检查核对标签，避免购买任何含有味精的鱼露，因为味精不是一种必需的原材料。也不要购买使用淀粉增稠或者焦糖增色的鱼露。

　　鱼露的储存　要储存在一个避光的地方，远离直接加热，因为鱼露周围环境的温度太高，就会发酵。一旦鱼露开瓶，要放入冰箱里保存，这样可以保存3~6个月。

　　鱼露的食用　在亚洲风味的烹调中，可以少量使用，用来增加咸味，并彰显出其他原材料的风味，更大使用量的话，可以用来给菜肴调味。鱼露很少用来作为蘸酱。

蔬菜沙司类（vegetable sauces）

有一些蔬菜沙司，像北美番茄沙司和英式蘑菇番茄酱等，都是通过将精挑细选出的蔬菜和盐、醋，以及各种各样的香料一起加热烹调至其质地变得浓稠，并且风味融合到一起之后制作而成的。然后这些蔬菜沙司经过过滤、制蓉，并装瓶。其他种类的蔬菜沙司，如塔巴斯科辣椒汁和各种中式豆瓣酱，都是通过将挑选好的蔬菜在木桶里捣碎、腌制，以及发酵之后制作而成的。发酵时的温度越高，制成的酱汁颜色就会越深。发酵的豆类可以熟化几个月或者几年。中式豆瓣酱根据生产者的不同，以及生产者所在地区的传统做法不同，可以加入米酒和糖，或者各种其他材料来制作。基于辣椒为主料的沙司，可以使用新鲜的和腌制的辣椒制作，在全世界各地都深受欢迎。传统风味的辣椒沙司在加勒比、墨西哥以及整个南美地区、中国、泰国，还有西班牙、葡萄牙和美国等，都能见到它们的身影。

蔬菜沙司的购买 仔细核对标签，要避免任何含有大量添加剂的蔬菜沙司。选择番茄酱制作甜味菜肴，辣椒酱用来制作辛辣风味的菜肴。

蔬菜沙司的储存 蔬菜沙司要储存在一个避光的地方，远离热源，因为蔬菜沙司周围环境的温度过高，就会变色或者开始发酵。一旦开瓶，要将蔬菜沙司放到冰箱内冷藏，这样可以保存3～6个月。辣椒酱的保存时间会更长一些。

蔬菜沙司的食用 可以用来作为一种调味品，或者用来给其他菜肴增添芳香风味，如炒菜、汤菜以及炖焖类菜肴等。这些沙司还可以用来涂抹到室外烧烤、铁扒以及烤肉类菜肴上增味增亮。也可以单独用来作为蘸酱，或者与酱油以及其他原材料混合后制作成蘸酱使用。有一些蔬菜沙司，包括塔巴斯科辣椒汁和海鲜酱等，味道会非常强烈，所以需要适量使用。

塔巴斯科辣椒汁（Tabasco sauce）
经过熟化之后的红辣椒与醋混合之后制作而成的一种沙司，有着一股强烈的辣椒风味和咸香酸的口感。可以用来给汤菜、沙司以及炖焖类菜肴增加香味，以及用来制作血腥玛丽鸡尾酒等。

番茄酱（Tomato ketchup）
这种以番茄为主料制成的调味品质地浓稠，在经过晃动之后会呈流淌状，有着一股甜酸口味，以及一抹香料的回味。可以搭配汉堡包和铁扒类菜肴，或者用来制作各种沙司等。

蘑菇番茄酱（Mushroom ketchup）
最早很可能起源于英国，这种稀薄但却辛辣的蘑菇风味沙司是烤肉类和野味的传统搭配沙司。在制作威尔士兔子这道菜肴时，可以用来代替辣酱油。

黄豆酱（Yellow bean sauce）
由发酵的大豆制作而成，这种沙司有着一股浓稠的光滑质地和咸香风味。在中式烹调中广泛使用，特别是制作猪肉、鸡肉菜肴以及炒蔬菜时。

黑豆酱（Black bean sauce）
根据所加入辣椒分量的不同，风味或者淡雅或者浓郁。可以用于炒菜或者蒸菜类菜肴中，特别是与牛肉和鸡肉搭配使用。要在菜肴制作的最后时刻加入到菜肴中。

中式风味辣椒酱（Chinese chilli sauce）
这种沙司有着不同的辛辣风味，通常会带有一点甜味。其质地一般都非常浓稠。非常适合用作蘸酱，或者炒菜时使用。在四川菜中会使用更辣的辣椒酱。

海鲜酱（Hoisin sauce）
主要使用大豆，加上大蒜、辣椒以及其他各种香料等制作而成，海鲜酱是一种浓稠而细滑的沙司，有着强劲而均衡的大蒜风味，以及咸香风味、香料风味。可以用来制作各种沙司，用来涂抹到肉类上，在烤肉时增加亮度，也可以用作蘸酱。

味噌（miso）

这是一种传统的日本调料酱，使用大豆与谷物类，如大米、大麦、小麦，或者黑麦等混合好，然后经过发酵制作而成的。使用一种特制的酵母菌用来发酵。发酵的时间越长，味噌的风味越浓郁，颜色也越深，滋味也更辛辣：一旦发酵好之后，混合物会被研磨成一种浓稠的酱状。最常见的日本味噌是使用大米制作而成的。根据所使用的原料不同，以及其发酵过程的长短不同，其颜色和质地各不相同。在中国，与之非常类似的产品被简称为豆瓣酱。味噌据说是一种可以代替盐的健康食品，因为味噌中还有矿物质这些微量元素，如锌、锰和铜等，以及酶和维生素B_{12}等。

味噌的购买 通常来说，浅色的味噌在风味上回趋向于更清淡、更甜一些，颜色越深的味噌，在风味上会越浓郁一些，也更加成熟一些。要仔细检查标签，以避免味噌中含有味精。

味噌的储存 装入密闭容器内，放到冰箱内冷藏保存。除了非常清淡的味噌之外，绝大多数的味噌都可以保存一年甚至更久。如果你喜欢，你可以将味噌冷冻保存，这样味噌就会有一个更长久的保质期。

味噌的食用 在日本料理中，味噌的使用非常广泛，特别是用来制作汤菜、调料和酱汁等。味噌也可以用来作为一种增亮剂涂抹到菜肴上，或者用到腌泡汁中，或者在炒菜、炖菜时使用。

大麦和大豆味噌（Barley and soy miso）
使用发酵的大麦和大豆制作而成。这种相当浓稠而呈深色的味噌，有着强烈而浓郁的咸香风味。可以用来给味道浓郁的汤菜、炖焖类菜肴以及各种沙司调味。

大米和大豆味噌（Rice and soy miso）
通常会呈光滑的，略微流淌状的质地，有着淡雅的水果和坚果风味。更清淡一些的白色味噌风味甜美，更深一些的红色味噌味道更加浓郁。可以用来制作汤菜、炖焖类菜肴，或者用作腌泡汁等。

小麦和大豆味噌（Wheat and soy miso）
这是一种以咸香风味为主的中等浓度的味噌，可以用于蔬菜类和肉类菜肴的制作，或者可以加入少许水将其稀释，用作蘸酱，蘸食生鱼片类菜肴或者配煎豆腐等。

蔬菜调料酱类（Vegetable Pastes）

简单一些的蔬菜调料酱会将精选出来的新鲜蔬菜粉碎，然后装瓶以备后续使用，但是有一些蔬菜调料酱也会在装瓶之前，通过加热将其浓缩。蔬菜调料酱根据其原产国的不同，还可以通过多种方式进行调味。有些情况下，所挑选出来的蔬菜会先经过干制、发酵或者腌制进行预先加工处理。

蔬菜调料酱的购买 要仔细检查新鲜蔬菜调料酱的保质期，因为它们的保质期都不会很长。如果购买到的是使用晒干的番茄制作的番茄酱，要检查番茄是在阳光下晒干的，而不是在脱水器中进行脱水处理过的，晒干的番茄，风味会更好。

蔬菜调料酱的储存 一旦开瓶，新鲜的蔬菜调料酱要储存在冰箱里，并且要在一周左右使用完。浓缩型的调料酱，如芝麻酱和番茄酱等，在冰箱内可以储存超过一年以上。有一些蔬菜调料酱也会加入防腐剂以让其有更长的保质期。

蔬菜调料酱的食用 新鲜的蔬菜调料酱通常可以在日常烹调中使用，在世界各地都是风味调料，并且可以制作成实用性非常强的方便食品。浓缩型的蔬菜调料酱可以直接使用，或者经过稀释后，作为蘸酱使用，或者添加到意大利面沙司中使用。

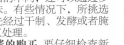

番茄泥（番茄蓉，Tomato purée）
有着强烈的番茄味道。通常用于制作汤菜、炖焖类菜肴以及各种沙司等，在意大利南部地区，为了让番茄泥更加甘美，水果风味更加浓郁，番茄在粉碎之前会先进行干制处理。

罗望子酱（Tamarind paste）
在印度菜、泰国菜和中餐中都是一种关键性的原材料。罗望子酱有着一股浓郁的水果风味和扑鼻而来的酸味。在制作甜味菜肴和咸香风味的菜肴时，都可以用来代替柠檬或者醋使用。

中式辣椒酱（Chinese chilli paste）
这种风味浓郁的辣椒酱，添加了大蒜和豆瓣酱来增添风味，有着厚重的质地和香辣的滋味。可以用来给炒肉类菜肴、家禽类以及蔬菜类菜肴，还有炖焖类菜肴增添辛辣的滋味。

青橄榄酱（绿橄榄酱，Green olive paste）
这种绿色的橄榄酱中有着未成熟橄榄的淡淡的苦涩感。成熟后的橄榄通常会用来制作黑橄榄酱，其滋味会更加浓郁，也更加厚重。这两种橄榄酱均可以作为一种涂抹酱使用，或者用来制作意大利面类菜肴。

胭脂树种子酱（Achiote paste）
一种特殊的调料酱，使用粉碎后的胭脂树的种子，与醋、大蒜以及其他香料混合之后制作而成。在墨西哥和整个中美洲地区，广泛应用于肉类和米饭类菜肴中。

蒜泥（Garlic paste）
蒜泥有着强烈的大蒜风味，与之相类似的还有洋葱泥和姜泥。可以在所有需要使用蒜泥的菜肴中用来代替新鲜的大蒜使用。

芝麻酱（Tahini paste）
来自中东，由粉碎后的芝麻制作而成的，非常浓稠而细滑的调料酱。使用研磨后的鹰嘴豆可以制作成鹰嘴豆泥，使用柠檬汁稀释之后，配法拉费和当地的菜肴一起食用。

哈里萨辣椒酱（Harissa paste）
一种有着独特香辛滋味的特辣辣椒酱，在北非广泛使用。在其中加入大蒜和香菜来增添风味，有时候也会加入葛缕子调味。可以用来作为一种涂抹酱，涂抹到烤肉类菜肴上，或者用来制作墨西哥香辣肉酱。

参巴酱（Sambal ulek paste）
在这种东南亚风味的调料酱中，使用辣椒混合盐和青柠檬、柠檬汁，或者醋等一起制作而成。参巴酱有着非常强烈的辣味和酸味。可以用作开胃小菜，或者用来给咸香风味的菜肴增添一种刺激风味。

鱼肉酱（Fish Pastes）

两种最常见的鱼肉酱是在欧洲使用腌制的凤尾鱼制作的鱼肉酱，以及在亚洲的中国南方地区、泰国、柬埔寨、越南、马来西亚、菲律宾等地使用虾干和其他小鱼发酵制作而成的调料酱。取决于所使用的鱼或贝类海鲜种类的不同，以及它们发酵时间长短的不同，有许多种不同的版本。这些调料酱的风味都十分强烈。那些发酵时间最长的调料酱，如来自于柬埔寨的一些调料酱，会非常辛辣，有一些经过最长发酵时间发酵的调料酱会干硬成块状。

鱼肉酱的购买 要检查核实好标签，以确认鱼肉酱是使用纯鱼肉或者贝类海鲜制成的，而没有其他添加剂。要避免购买鱼糜产品：这些制品是由各种各样的粉状鱼肉制成的，并经过综合调味。

鱼肉酱的储存 鱼肉酱可以不用在冰箱内就可以完好的储存，更加浓郁的亚洲鱼肉酱应该放入密闭容器内，以防止其风味被储存在它们旁边的食材所吸引。

鱼肉酱的食用 可以用来作为一种调味品，无论在欧洲还是在亚洲风味菜肴中均可以作为一种风味调料使用。可以用刀从固体鱼肉酱块上削下小片状的调料酱使用。许多东方风味鱼肉酱会带有一股非常浓郁的风味，所以要适量使用。

凤尾鱼酱（Anchovy paste）
有着非常强烈的凤尾鱼风味。可以涂抹到烤面包片上或者用来增强肉酱或者鱼类沙司的风味。黄油、香草以及香料等都可以加入到凤尾鱼酱中来制作可以涂抹的英式风味调料酱，或者开胃小菜。

亚洲虾酱（Asian shrimp paste）
气味非常刺鼻，有着强烈的鱼腥味。用来给亚洲特色风味的菜肴增添正宗的风味和更厚实的口感。可以用来制作绿色咖喱和红色咖喱类菜肴，以及鱼类和炒蔬菜等。

盐类（salts）

盐是由氯化钠晶体制成的。大多数的调味盐都是精制的岩盐，它是在地下开采出来的，被研磨成非常细小的颗粒状，并经过加工处理，以确保它能很容易地从容器内倒出来。有些品牌的盐增加了碘。海盐现在已不常见，有时候也被称为粗盐，或者烹调用盐，是通过蒸发海水而获得的盐。由于在盐中残留有微量的杂质成分，因此海盐的结晶体通常会更大一些，并有可能保留着独属于自身特色的淡淡的风味。在一些地区，会使用传统的方法来制备盐。海水被引入开放式的盐床中，在太阳直射的高温下自然蒸发。盐里也可以加入其他的原材料用来增加风味，如混合香料、芹菜以及大蒜等。有一些海盐还会经过冷熏处理（在低温下，使用木屑熏制）。

盐的购买 要挑选晶体状的岩盐或者为保存食物而挑选腌渍盐。海盐因为含有矿物质成分，因此不适合用来保存食物使用。要避免使用调味盐或者加碘盐腌制咸菜，因为它们会造成腌汁的浑浊或者让食物的颜色加深。

盐的储存 盐的储存时间可以是无限期的，但是，盐应该储存在一个密闭容器内，因为盐会从空气中吸收潮气，形成结块。如果发生了这种情况，可以将盐放入烤箱内烘烤，然后将结块打碎即可。含碘盐会变成黄色，但是这样的盐对人体无害。

盐的食用 可以用作调味品，佐料以及食品防腐剂。

调味盐（精盐，餐桌盐，Table salt）
厨房里常备的通用性盐，具有简单明了的咸味，这种盐最适合用来在餐桌上作为调味品食用，并且适合于所有类型的菜系中的日常烹调。

结晶岩盐（Rock salt crystals）
盐最常见的形态是带有一种普通的、咸的味道。岩盐被开采出来的，而不是从海水中蒸发出来的盐。使用岩盐最好的方式是从盐研磨器内研磨，并用来腌渍洋葱、酸黄瓜，或者核桃仁等。

黑盐（Black salt）
这种熔岩盐的颜色是由于其中在盐中含有各种杂质造成的，并赋予其一股独特的烟熏般的苦味。这种盐是制作马沙拉混合香料的一种重要材料，在许多印度咖喱菜肴中都会用到。

芹菜籽盐（celery salt）
这是一种有着强烈芹菜风味的盐，采用芹菜籽粉与调味盐混合制作而成。可以用来给汤菜、炖焖类菜肴调味，以及制作其他各种需要新鲜芹菜而又无法得到的菜肴时使用。

马尔登海盐（Maldon sea salt）
在埃塞克斯郡的马尔登，已经有两百多年的历史了，这种盐以其带有一点苦涩感而闻名。由于其独具一格的、洁净而清爽的风味，一般情况下，都会是大厨们在调味时的第一选择。

喜马拉雅岩盐（Himalayan rock salt）
这是巴基斯坦给出的这种岩盐的名字，其富含各种微量元素，因此有着浓郁的矿物质风味，以及一抹硫磺的风味。这种颜色美丽的盐在餐桌上极具吸引力。使用方法与其他盐相同。

粉红色墨累河盐（Murray River pink salt）
这种澳大利亚特色盐是在墨累河岸地区盆地生产的。碎片状的桃色盐，有着一点点甜味，略带花香的滋味。可以用来撒到甜味类的菜肴上，也可以用来制作沙拉沙司，以及用于烘焙中。

盐之花海盐（Fleur de Sel sea salt）
这是最纯正的海盐，来自盐床上所形成的盐的最顶层盐。法国的格尔安德地区以出产这种盐而闻名于世。可以淋洒到菜肴上，因为这种盐有着一股锐利而纯正的咸味。

蒜盐（Garlic salt）
这种盐有着浓缩的大蒜风味，由大蒜粉和调味盐混合制成。可以用来给汤菜、炖焖类菜肴，以及其他菜肴，当没有新鲜大蒜时，调味使用。

香料风味盐（Sel épicé）
香料风味盐是一种混合有香草和香料的风味盐，根据生产者所选择添加的原材料不同而不同，在法国菜中广泛使用，特别是制作沙拉沙司、汤菜，以及炖焖类菜肴。

烟熏风味海盐（Smoked sea salt）
咸味中有着淡雅的烟熏风味。可以用来给那些制作简单的菜肴中增添一种趣味，在平淡中能够带有一种非同寻常的滋味，例如冷汤，白色沙司，以及铁扒鱼肉或者鸡肉菜肴等等。